Gerhard Silber, Florian Steinwender

Bauteilberechnung und Optimierung mit der FEM

Materialtheorie, Anwendungen, Beispiele

Gerhard Silber, Florian Steinwender

Bauteilberechnung und Optimierung mit der FEM

Materialtheorie, Anwendungen, Beispiele

Mit 148 Abbildungen, 5 Tabellen und zahlreichen Beispielen

Teubner

B. G. Teubner Stuttgart · Leipzig · Wiesbaden

Bibliografische Information der Deutschen Bibliothek
Die Deutsche Bibliothek verzeichnet diese Publikation in der Deutschen Nationalbibliographie; detaillierte bibliografische Daten sind im Internet über <http://dnb.ddb.de> abrufbar.

Prof. Dr.-Ing. habil. Gerhard Silber, geb. 1950, Studium des Maschinenbaues an der Technischen Fachhochschule Berlin von 1975 bis 1978 und der Physikalischen Ingenieurwissenschaft an der Technischen Universität Berlin von 1978 bis 1982. Anschließende Promotion und Habilitation auf dem Gebiet der Kontinuumsmechanik und der Materialtheorie. Von 1989 bis 1992 Industrietätigkeiten und Fachgruppenleiter bei der BAM in Berlin. Seit 1992 Professor für Technische Mechanik und Werkstoffmechanik an der Fachhochschule Frankfurt am Main und seit 2002 Geschäftsführender Direktor des Instituts für Materialwissenschaften (IfM). Forschungsschwerpunkte sind die kontinuumsmechanische Modellierung von Festkörpern und Fluiden mit Anwendungen auf biomedizinische Systeme.

Prof. Dr.-Ing. Florian Steinwender, geb. 1945, Studium des Maschinenbaues an der Fachhochschule München von 1969 bis 1972 und an der Technischen Universität Darmstadt von 1974 bis 1977. Externe Promotion auf dem Gebiet der Systemidentifikation an der Universität Kaiserslautern und verfügt über eine 20jährige Industrieerfahrung als Konstrukteur, Versuchs- und Berechnungsingenieur mit den FE-Programmen ANSYS, STARDYNE und COSMOS. Seit 1987 Professor für Konstruktion/CAD und Finite-Elemente-Methode an der FH Frankfurt am Main. Seit 2002 Mitglied des Instituts für Materialwissenschaften an der FH Frankfurt.

LaTeX-Satz: Michael Schrodt, Frankfurt

1. Auflage April 2005

Der B. G. Teubner Verlag ist ein Unternehmen von Springer Science+Business Media.
www.teubner.de

Umschlaggestaltung: Ulrike Weigel, www.CorporateDesignGroup.de
Druck und buchbinderische Verarbeitung: Strauss Offsetdruck, Mörlenbach
Gedruckt auf säurefreiem und chlorfrei gebleichtem Papier.
Printed in Germany

ISBN 3-519-00425-9

Vorwort

In einer Zeit schnellen Wandels werden von Unternehmen immer kürzere Entwicklungszeiten für innovative hochtechnologische Produkte bei optimalem Materialeinsatz gefordert. Diese Produkte müssen außerdem kostengünstig und konkurrenzfähig sein und zwar unabhängig davon, ob es sich um Produkte des Maschinenbaus, der Luft- und Raumfahrtindustrie, der Medizintechnik oder anderer Bereiche handelt. Um diesen Ansprüchen gerecht werden zu können, ist die Entwicklung und Gestaltung eines Produktes bis hin zum Design unter Einbeziehung moderner Materialien weitestgehend nur noch mit Hilfe eines abgerundeten theoretischen Basiswissens sowie computerunterstützter Methoden, wie etwa der Finiten Elemente Methode (FEM) möglich.

Deshalb müssen heutige Absolventen von Ingenieurdisziplinen ebenso wie auch in der Praxis stehende Ingenieure sowohl über ausreichende Kenntnisse von Materialien und deren Verhalten (Werkstoffphänomenologie und Modellierung) einerseits sowie geeigneter numerischer Berechnungsverfahren (FEM) andererseits im Rahmen der Entwicklung und Konstruktion von Bauteilen und Bauteilsystemen (Produkten) verfügen.

Bei der Berechnung solcher Produkte reicht es aber nicht mehr aus, stets und höchstens linear–elastisches Materialverhalten oder gar die Bauteile als starre Körper vorauszusetzen. Ganz im Gegenteil hat der Entwickler im Rahmen einer Wertschöpfung heutzutage bei der Vielzahl von Materialien ja gerade die ,,Wahl", ein für das jeweilige Bauteil optimales Materialverhalten ,,einzubauen". Für solche ambitionierteren Modellierungen einer jeweils zu entwerfenden Struktur und deren Vorhersage im Betrieb ist allerdings ein bestimmtes Grundlagenwissen unabdingbar. Dieses Wissen setzt sich idealerweise aus Kenntnissen der Werkstoffphänomenologie, der Kontinuumsmechanik und Materialtheorie sowie der Finiten Elemente Methode (FEM) zusammen. Für diese drei ,,Blöcke" existieren zwar exzellente Bücher, die sich aber meistens nur mit einem der genannten Themen intensiv auseinandersetzen und die jeweils anderen entweder gar nicht oder nur am Rande behandeln.

Der vorliegende Band nun macht den Versuch, einen ,,Brückenschlag" zwischen der Phänomenologie, den analytischen Methoden - also der Kontinuumsmechanik und der Materialtheorie - und den numerischen Methoden (FEM) zu liefern. Dabei steht nicht das phänomenologische Werkstoffverhalten oder die Theorie isoliert für sich allein und es wird auch nicht die FEM ohne theoretisches bzw. analytisches und empirisches Hintergrundwissen ,,blind" angewendet, wie dies in den Manuals der meisten FE-Programme bekanntlich der Fall ist. Vielmehr steht im Vordergrund das Erlernen adäquater Methoden zur Bauteilberechnung, wobei die Lernenden die drei genannten ,,Säulen" so weit als möglich in verzahnter

Weise verfolgen und dabei auch mitunter die Grenzen der analytischen gegenüber der numerischen Berechnung und umgekehrt erkennen können sollen.

Infolge der gebotenen Seitenzahlbeschränkung können natürlich nicht alle drei der genannten Säulen in voller Breite und bis zur letzten wissenschaftlichen Konsequenz beleuchtet werden. Vielmehr wird hier Wert auf das Zusammenspiel der einzelnen Disziplinen gelegt. Selbstverständlich kann dies wiederum nur für ausgewählte Probleme auf nicht allzu hohem Niveau gelingen. Dennoch soll hier ein ,,Gefühl" für das Anwenden und die Zusammenhänge der einzelnen Methoden vermittelt werden. Daher werden vor allem grundlagenorientierte, universelle und gleichzeitig interdisziplinäre Kenntnisse bereitgestellt.

So wird im Rahmen der Behandlung der Kontinuumsmechanik und Materialtheorie auf linear- und nichtlinear-elastisches und viskoelastisches Materialverhalten eingeschränkt, dies aber bis hin zum räumlichen Fall konsequent betrieben. Der Leser soll hierbei besonders auch mit dem ausgeprägten zeitlichen bzw. viskoelastischen Verhalten von beispielsweise Natur- und Kunststoffen vertraut gemacht werden. Auf die im Rahmen der Viskoelastizität ansonsten sehr elegant anzuwendende LAPLACE-Transformation wurde allerdings aus Platzgründen verzichtet, so daß sämtliche Rechenoperationen ohne deren Kenntnis durchgeführt wurden, was freilich für den Lernenden nicht nur nachteilig sein dürfte.

Das Buch gliedert sich grob in einen Teil ,,I Theoretische Grundlagen" und einen Teil ,,II Anwendungen": In Teil I werden die Methoden und Gleichungen für die Ausführungen des praktischen Teiles bereitgestellt. Insbesondere werden hier die Kontinuumsmechanik und die Materialtheorie besprochen. Dabei soll nicht unerwähnt bleiben, daß Art und Weise sowie die Systematik der kontinuumsmechanischen Methoden in starkem Maße von der ,,Berliner Schule" geprägt sind, mit welcher die Namen TROSTEL und GUMMERT unweigerlich verbunden sind. Zum besseren Verständnis der durchaus anspruchsvollen Methoden, sind in den Text zahlreiche komplett durchgerechnete und mitunter umfangreiche Übungsbeispiele integriert. Die jeweils im Text definierten Begriffe und Rechenmethoden werden im Wesentlichen an den beiden wichtigen homogenen Bewegungen ,,uniaxiale Stauchung" und ,,einfache Scherung" verdeutlicht, die sich von den kontinuumsmechanischen Grundlagen bis hin zum Kapitel 10 durch das gesamte Buch ziehen.

In Teil II werden die wichtigsten Aspekte der FEM behandelt und Problemstellungen aus der Praxis (teilweise aus F&E-Projekten) prinzipiell theoretisch modelliert und anschließend mittels der FE-Methode ,,nachgerechnet". Hier reicht das Spektrum von viskoelastischen Stab- und Balkentragwerken, über rotationssymmetrisch belastete Hohlzylinder und Scheiben mit linear-elastischem und viskoelastischem Materialverhalten bis hin zur nicht–linear hyperelastischen Modellierung von Schaumstoffen. Im Rahmen dieser Rechnungen wird vor allem auch verdeutlicht, daß eine FE-Modellierung und deren quantitative Aussagen nur mit adäquaten Materialparametern, die wiederum mit einem geeigneten Materialgesetz verbunden sind, sinnvoll durchführbar ist. Auf welche Weise die im jeweiligen Materialgesetz vorkommenden Materialfunktionen bzw. –parameter bestimmt werden können (Materialidentifikation), wird anhand des Zusammenspieles zwischen ,,Experiment", ,,Modell" und ,,Parameteridentifikation" skizziert, wobei auf Letztere im Rahmen dieses Buches nicht näher eingegangen werden kann.

Insbesondere werden einige wichtige in den FE-Programmen COSMOS, LS DYNA und ABAQUS angebotenen Materialgesetze in verständlicher Form hergeleitet und deren Ursprung ausführlich erklärt und diskutiert, so daß der Anwender in die Lage versetzt wird, diese Materialgesetze in die entsprechende Theorie einzuordnen, deren Grenzen erkennt und nicht auf die oftmals sehr mageren Darstellungen der Manuals angewiesen ist.

Um die dreidimensionalen Ausführungen zur Kontinuumsmechanik und Materialtheorie in tensorieller Darstellung nachvollziehen zu können, werden schließlich in einem mathematischen Anhang die zum Verständnis der in diesem Buch behandelten Probleme wichtigsten Rechenregeln zur Vektor- und Tensorrechnung bereitgestellt. Dabei wird soweit als möglich von der kompakten koordinateninvarianten Schreibweise Gebrauch gemacht, da allein diese Darstellung am übersichtlichsten ist und nicht durch überfrachtete Koordinatengleichungen vom Wesentlichen ablenkt. Dennoch wird dort wo es sinnvoll ist, auf Koordinatenschreibweise übergegangen, wie vor allem in Abschnitt 5.4 und Kapitel 9, wo Probleme in Zylinderkoordinaten behandelt werden sowie in den Übungsbeispielen, wo meist noch zusätzlich die Matrizendarstellung herangezogen wird. Damit ist ein in der Matrizenrechnung kundiger Leser durchaus auch in der Lage, den Stoff nahezu *ohne* Tensorrechnung nachzuvollziehen.

Das Buch ist sowohl an Studierende von Fachhochschulen und Universitäten als auch an in der Praxis stehende Ingenieure gerichtet und kann durchaus auch als Einstiegslektüre benutzt werden, wobei sich der Leser einen ersten Überblick etwa nur über Kontinuumsmechanik und Materialtheorie oder nur über die FEM verschaffen kann. Der Inhalt des Buches schließt einen Großteil des in der sonst üblichen „Höheren Festigkeitslehre" behandelten Stoffes mit ein.

Die Verfasser danken aufs herzlichste Herrn Dipl.-Ing. Michael Schrodt für die Text- und Grafikverarbeitung dieses Buches, die er in aufopferungsvoller Arbeit neben seiner Promotion am Institut für Materialwissenschaften der Fachhochschule Frankfurt am Main durchführte sowie Herrn Prof. Dr.-Ing. habil. Horst Hennerici für die mühevolle Arbeit des Korrekturlesens und Herrn Dr. Martin Feuchte vom Teubner-Verlag, für die hervorragende Betreuung, die nicht zuletzt die Gestaltung und den Titel dieses Buches beinhaltet.

Frankfurt am Main, im Februar 2005 Gerhard Silber, Florian Steinwender

Inhaltsverzeichnis

Teil I

Theoretische Grundlagen

1 Werkstoff-Phänomenologie

Im Folgenden werden einige wichtige charakteristische Materialeigenschaften überblickshaft aufgezeigt, von denen wiederum einige für die späteren Bauteilberechnungen relevant sein werden. In der Ingenieurpraxis ist meistenteils das *phänomenologische* Materialverhalten des jeweils zu entwerfenden Bauteiles von Interesse, wobei im Unterschied zur atomistischen oder molekularen Betrachtungsweise vorrangig das makroskopische Bauteilverhalten eine Rolle spielt und die (makroskopischen) Stoffeigenschaften mit Hilfe geeigneter Experimente ermittelt werden.

1.1 Spannungs-Dehnungs-Verhalten

Eine zentrale Aussage über das jeweilige Werkstoffverhalten stellt das Kraft-Verlängerungs- bzw. Spannungs-Dehnungs-Diagramm dar, welches mit Hilfe eines Zugversuches gemäß DIN 50125 anhand einer Schulterprobe (meistens mit Kreisquerschnitt A_0, vgl. Bild 2.4) erzeugt wird. Dabei werden die einzige in Längsrichtung (quasistatisch) wirkende Kraft K und die jeweils zugeordnete Verlängerung Δl gemessen, wobei ein quasistatischer Vorgang so langsam abläuft, daß Trägheitskräfte vernachlässigt werden können. Die Gesamtlänge L des Probestabes muß dabei so groß sein, daß innerhalb der Meßlänge l_0 keine Randstörungen infolge der Einspannungen in den Spannbacken der Prüfmaschine auftreten und somit in diesem Bereich von einer *homogenen* Spannungsverteilung (auch über dem Querschnitt) ausgegangen werden kann (man spricht im ungestörten Bereich auch von der *Gleichmaßdehnung*). Bei der Versuchsdurchführung wird (zu jedem Zeitpunkt) der Last K die Längenänderung Δl zugeordnet, mit welcher sich die jeweilige momentane Länge l der Probe ermitteln läßt. Mit den Meßwertpaaren K und Δl lassen sich nun verschiedene Spannungs- und Dehnungsmaße definieren, wobei als die bekanntesten Spannungsmaße die *Nenn-* oder *Nominal-* oder *KIRCHHOFF-PIOLA-Spannung* und die wahre oder *CAUCHY-Spannung* zu nennen sind. Dabei entsteht die erst- bzw. zweitgenannte, indem die Kraft K auf den Ausgangsquerschnitt A_0 bzw. auf den aktuellen Querschnitt A bezogen wird (vgl. hierzu insbesondere Unterabschnitt 2.1.5 sowie Abschnitt 2.4).

Wird nun der Probekörper aus dem lastfreien Zustand heraus (auch *Bezugs-* oder *Referenzkonfiguration*) mit K belastet, so durchläuft die (CAUCHY-)Spannung bekanntermaßen wie in Bild 2.2b dargestellt den Proportionalitätsbereich (auch *HOOKEscher Bereich*), der durch die *Proportionalitätsgrenze* σ_P gekennzeichnet ist, bis zur *Elastizitätsgrenze* σ_E (im Bild 2.2b nicht gesondert dargestellt). Bei Erreichen der *Fließspannung* σ_F beginnt

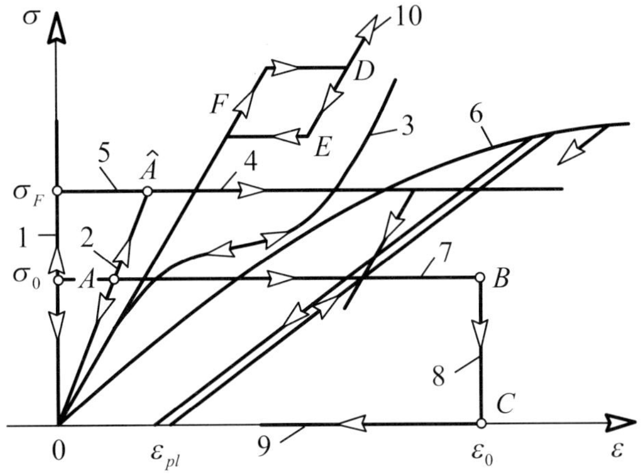

Bild 1.1: Idealisierte Spannungs-Dehnungs-Verläufe einiger technisch relevanter Materialien

der Werkstoff zu fließen, d.h. die Dehnung nimmt bei (praktisch) unveränderter Spannung weiter zu. Wird die Probe über σ_F hinaus belastet, so steigt die Spannung weiter an, durchläuft den *Verfestigungsbereich* bis zur *Bruchspannung* σ_B (Zugfestigkeit) und endet dann im Punkt Z, wo die Probe schließlich zerreißt (Kollaps). Das beschriebene Spannungs-Dehnungs-Verhalten kann nun je nach Werkstoff mehr oder weniger ausgeprägt und auch durch andere Verläufe gekennzeichnet sein (vgl. hierzu beispielsweise [Fre 95], [RB 03]). Diesbezüglich sind in Bild 1.1 die idealisierten Spannungs-Dehnungs-Linien einiger wichtiger technischer Werkstoffe qualitativ (unmaßstäblich) dargestellt, wobei die Pfeile in den Kurvenverläufen jeweils die Be- und Entlastungspfade andeuten: Im Einzelnen lassen sich die Kurvenverläufe in Bild 1.1 wie folgt kommentieren, wobei die jeweils vorgestellten Zahlen den jeweiligen Kurvenast bedeuten:

1 Starres Material: Werkstoffe mit diesem Verhalten verformen sich praktisch nicht bei (beliebiger) Belastung. Hierbei handelt es sich um eine extrem-idealisierte „Modellierung“, die nur für solche Bauteile zulässig, deren Verformungen so klein sind, daß diese vernachlässigt werden dürfen. Be- und Entlastungspfad liegen dabei auf *einer* Senkrechten.

Elastisches Materialverhalten ist grundsätzlich dadurch gekennzeichnet, daß Be- und Entlastungspfad auf ein und derselben Kurve liegen und das Bauteil nach Entlastung wieder in den ursprünglichen Zustand zurückgeht. Der Vorgang ist *reversibel* und man spricht von einem Material *ohne* Gedächtnis. Dabei muß wie folgt unterschieden werden:

2 Linear-elastisches Material: Der Spannungs-Dehnungs-Verlauf ist bis zur Proportionalitätsgrenze linear (also bis zum Punkt $\hat{A}$, der strenggenommen unterhalb der Fließgrenze liegt, was in Bild 1.1 nicht extra dargestellt wurde!), wobei die Dehnungen des Materials als sehr klein (aber endlich) vorausgesetzt werden. Derartige Werkstoffe werden auch als *streng-linear* bezeichnet und in Unterabschnitt 3.2.3 und in den Abschnitten 4.2, 5.2 und

5.4 sowie 9.1 bis 9.4 behandelt.

3 Nichtlinear-elastisches Material: Der Spannungs-Dehnungs-Verlauf ist durch einen *nicht-linearen* Kurvenverlauf gekennzeichnet, wobei die Deformationen bzw. Verzerrungen sehr groß werden können. Solches Materialverhalten tritt beispielsweise bei biologischen Strukturen (Pflanzenständer etc.) und Elastomeren insbesondere bei Gummi und Schaumstoffen auf und wird in den Unterabschnitten 3.2.1 und 3.2.2 sowie in Kapitel 10 behandelt (beispielsweise bei Schaumstoffen können allerdings Hysterese-Effekte auftreten, so daß dann kein rein elastisches Verhalten mehr gegegeben ist!).

Plastisches Materialverhalten ist grundsätzlich dadurch gekennzeichnet, daß *nach* Erreichen einer Grenzspannung (Fließspannung σ_F) Be- und Entlastungspfad nicht mehr aufeinander liegen, sondern bei völliger Entlastung eine plastische (bleibende) Dehnung ε_p verbleibt. Dieser Vorgang ist nicht mehr reversibel (*irreversibel*) und man spricht von einem Material mit *permanentem* Gedächtnis. Dabei kann wie folgt unterschieden werden:

4 Linear-elastisch-ideal-plastisches Material: Zeigt ein Werkstoff keinen ausgeprägten Verfestigungsbereich (wie in Bild 1.1 dargestellt), so läßt sich das Spannungs-Dehnungs-Verhalten durch den linear-elastischen (Kurve 2) und ideal-plastischen Verlauf (Kurve 4) annähern. Damit können solche Materialien beschrieben werden, die nach Erreichen einer gewissen Grenzspannung infolge elastischer Verformungen zu *fließen* beginnen.

5 Starr-plastisches Material: Sind die elastischen Verzerrungen eines Bauteiles gegenüber den plastischen vernachlässigbar, so läßt sich das Materialverhalten als starr-plastisch idealisieren, wobei sich das Bauteil bis zu einer Grenzspannung σ_F wie ein starrer Körper verhält (Kurve 1) und dann zu fließen beginnt (Kurve 5).

6 Plastisch verfestigendes Material: Bauteile mit derartigem Verhalten sind nach Entlastung durch eine bleibende Verformung ε_{pl} gekennzeichnet, wobei nach Wiederholung Be- und Entlastungspfad auf derselben Geraden liegen.

Viskoses Materialverhalten ist grundsätzlich dadurch gekennzeichnet, daß bei Erreichen einer Spannung $\sigma_0 < \sigma_F$ (also bereits *vor* Erreichen einer Fließspannung σ_F) beim Bauteil eine zeitabhängige Deformation (fließen) auftreten kann. Dabei sind prinzipiell drei Effekte zu unterscheiden:

7 Viskoses Material, Kriechen ($\sigma(t) = \sigma_0 = \text{const.}$, $\varepsilon = \varepsilon(t)$)**:** Werden beispielsweise Bauteile aus Plastomeren (PVC, PU etc.) sowie biologische Strukturen (Pflanzenständer, Haare, Gewebe etc.) durch eine zeitlich konstante Last σ_0 (die durchaus niedrig sein kann) beansprucht, so beginnt der Werkstoff zu „fließen". Dieser Vorgang wird als *Kriechen* bezeichnet.

8 Viskoses Material, Relaxation ($\varepsilon(t) = \varepsilon_0 = \text{const.}$, $\sigma = \sigma(t)$)**:** Wird ein Bauteil aus den unter 7 genannten Materialien einer zeitlich konstanten Deformation ε_0 unterzogen (etwa eine konstant bleibende Einbaulänge), so ist eine zeitliche Abnahme der Spannung (die unter Umständen auf Null zurückgehen kann) ab Punkt B zu beobachten. Dieses Phänomen wird *Spannungs-Relaxation* oder kurz *Relaxation* genannt.

9 Viskoses Material, Deformations-Relaxation: Werden Bauteile aus den unter 7 genannten Materialien plötzlich entlastet ($\sigma(t)= 0$), so nimmt die Deformation vom Punkt C aus ab und man nennt diesen Vorgang *Deformations-Relaxation* oder *Rückkriechen* oder *Retardation* (besser: *Relaxations-Deformation*).

Folgt die Spannungs-Dehnungs-Linie zunächst der elastischen Geraden $0A$ und erst ab A dem Kurvenast 7 (vgl. Bild 1.1), so liegt eine Kombination aus elastischem *und* viskosem Materialverhalten vor und man bezeichnet die unter 7 bis 9 genannten Materialien als *viskoelastisch*. Bauteile mit derartigem Materialverhalten ordnet man ein bezüglich der Zeit *schwindendes Gedächtnis* (*fading memory*) zu und werden in den Abschnitten 3.3, 3.4, 4.3, 5.3 und 9.5 sowie in den Kapiteln 8 und 10 behandelt.

10 Pseudo-elastisches Material: Beispielsweise Nickel-Titan-Legierungen (Ni-Ti) zeigen bei Belastung ähnliches Verhalten wie dasjenige linear-elastisch-ideal-plastischer Werkstoffe, wobei allerdings bei Erreichen von Punkt D eine *zweite elastische Gerade* durchlaufen wird. Bei Entlastung stellt sich bei einer „Rückstellspannung“ in E ein „Rückkriechen“ bis zum Erreichen der ersten elastischen Geraden in Punkt F ein. Bei weiterer Entlastung nimmt das Bauteil, wie im Falle eines elastischen Materials seine ursprünglich (unverformte) Lage wieder ein. Für solche Vorgänge sind Martensit-Austenit-Gefügeumwandlungen verantwortlich, die durch Aufbringen bestimmter Temperaturdifferenzen entstehen. Werkstoffe mit einem solchen Verhalten werden als Formgedächtnis- oder Memory-Metalle (*Shape-Memory-Alloys*) bezeichnet und besitzen ein *Gedächtnis* hinsichtlich der bei verschiedenen Temperaturen eingenommenen Lagen (Verformungen).

Prinzipiell sind nun beliebige Kombinationen der o. g. Materialklassen, wie etwa viskoplastisches Materialverhalten usw. möglich. Grundsätzlich kann bei jedem Material je nach Belastungsszenario mehr oder weniger jedes der genannten Verhalten auftreten, wobei das eine oder andere je nach Meßgenauigkeit mehr oder weniger meßbar ist und daher von Fall zu Fall vernachlässigt werden darf.

1.2 Zeit-Verhalten

Für die Beurteilung vieler Werkstoffe ist das Spannungs-Dehnungs-Verhalten allein nicht ausreichend, so daß weitere Zustandsdiagramme herangezogen werden müssen. So ist bekanntlich das mechanische Verhalten von Polymeren bereits bei Raumtemperatur stark zeitabhängig und daher viskoelastisch. Das gemäß der Spannungs-Dehnungs-Kurven 7 bis 9 gekennzeichnete viskoelastische Materialverhalten läßt sich hinsichtlich seines zeitlichen Verhaltens wie folgt veranschaulichen.

Kriechen: Das gemäß der Spannungs-Dehnungs-Kurve 7 in Bild 1.1 dargestellte Kriechen läßt sich im Spannungs-Zeit- und Dehnungs-Zeit-Diagramm wie folgt beschreiben (vgl. Bild

1.2a): Wird ein Bauteil zur Zeit $t = 0$ sprunghaft mit einer Spannung σ_0 beansprucht, die anschließend über der Zeit konstant gehalten wird (dabei bedeutet sprunghaft, daß der Vorgang so schnell abläuft, daß währenddessen keine meßbaren Verformungen entstehen, andererseits aber so langsam ist, daß Trägheitskräfte vernachlässigbar sind!), so steigt die Dehnung zunächst um den Betrag ε_0 sprunghaft an (*elastische* oder *Spontandehnung*) und nimmt dann mit der Zeit zu. Je nach Material und Verformung kann dann im Punkt B der *Kriechbruch* eintreten. Dabei lassen sich im Allgemeinen die drei Bereiche *Primär-*, *Sekundär-* und *Tertiärkriechen* (in Bild 1.2a durch I, II, bzw. III gekennzeichnet) unterscheiden. Ein elastisches Material würde im Punkt A des σ-ε-Diagrammes gemäß Bild 1.2 ,,verweilen", was einem über der Zeit konstantem Verlauf mit ε_0 entspricht (vgl. die gestrichelte Linie in Bild 1.2a).

In Bild 1.2a ist zusätzlich noch der zugehörige Verlauf der Deformationsgeschwindigkeit oder *Dehnrate* $\dot{\varepsilon}$ qualitativ eingezeichnet, wonach im Bereich I (bei steigender Dehnung) die Dehnrate abnimmt, im Bereich II (bei linearem Verlauf der Dehnung) die Dehnrate praktisch konstant bleibt und schließlich im Bereich III die Dehnrate mit steigender Dehnung ebenfalls ansteigt.

Relaxation: Das gemäß der Spannungs-Dehnungs-Kurve 8 in Bild 1.1 dargestellte Relaxieren läßt sich im Spannungs-Zeit- und Dehnungs-Zeit-Diagramm wie folgt beschreiben (vgl. Bild 1.2b): Wird die Dehnung zur Zeit $t = 0$ sprunghaft auf einen Wert ε_0 gesteigert und anschließend über der Zeit konstant gehalten, so steigt die Spannung zunächst um den Betrag σ_0 sprunghaft an (*elastische* oder *Spontanreaktion*) und nimmt dann mit der Zeit ab. Je nach Material kann die Spannung (für große Zeiten) einen bleibenden Wert annehmen oder auf Null abfallen. Ein elastisches Material würde mit über der Zeit konstantem σ_0 reagieren (vgl. die gestrichelte Linie in Bild 1.2b).

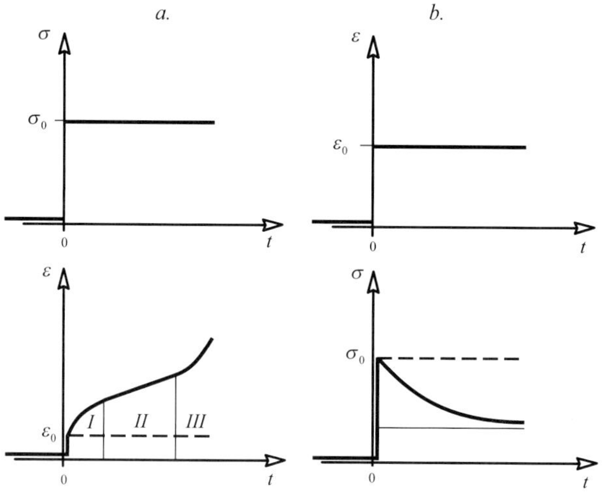

Bild 1.2: Zeit-Verhalten viskoelastischer Materialien, a. Kriechen, b. Relaxation, - - - elastisches Verhalten

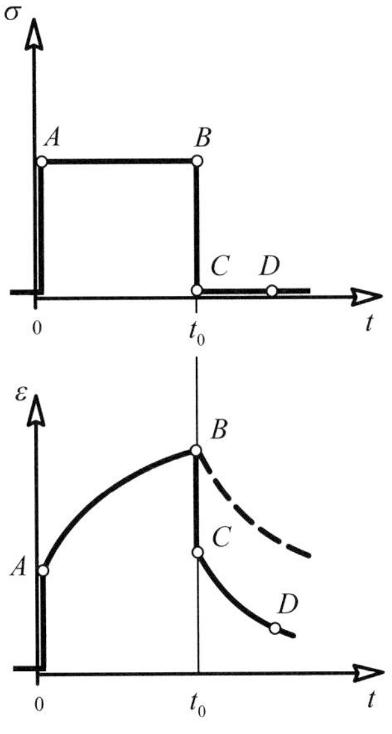

Bild 1.3: Zeit-Verhalten viskoelastischer Materialien: Retardation

Retardation: Die gemäß der Spannungs-Dehnungs-Kurve 9 dargestellte Deformations-Relaxation (Retardation) läßt sich im Spannungs-Zeit- und Dehnungs-Zeit-Diagramm wie folgt beschreiben (vgl. Bild 1.3). Wird die konstante Spannung σ_0 während eines Kriechprozesses im Punkt B zur Zeit t_0 plötzlich auf null gesenkt (dabei soll der Vorgang wieder so schnell ablaufen, daß währenddessen keine meßbaren Verformungen entstehen, andererseits aber so langsam sein, daß Trägheitskräfte vernachlässigbar sind!), so nimmt die Deformation mit der Zeit ab und kann je nach Material auf Null zurückgehen. Dabei kann zwischen B und C zunächst eine sprungartige Abnahme der Dehnung (*elastische* oder *Spontandehnung*) auftreten (vgl. hierzu auch Bild 1.1 Kurve 9), die dann ab Punkt C in ein Rückkriechen -also in die eigentliche Deformations-Relaxation- übergeht. Im Falle einer fehlenden Spontandehnung verläuft die Dehnungs-Zeit-Kurve entsprechend der strichlierten Linie in Bild 1.3.

Isochrone Spannungs-Dehnungs-Linien: Weiterhin läßt sich das Zeitverhalten viskoelastischer Materialien in sogenannten *Isochronen Spannungs-Dehnungs-Kurven* (kurz: *Isochronen*) darstellen. Diese lassen sich aus Kriech- bzw. Relaxationskurvenscharen unmittelbar bestimmen, indem jeweils die zu einer Zeit t_1, t_2 usw. zugehörigen „Wertepaare" $\sigma(t_1)$ und $\varepsilon(t_1)$, $\sigma(t_2)$ und $\varepsilon(t_2)$ usw. in einem σ-ε-Diagramm aufgetragen werden (vgl. Bild 1.4). Auf diese Weise entstehen Spannungs-Dehnungs-Linien, die dann parametrisch von der Zeit t abhängen. Prinzipiell nimmt die Steigung solcher Kurven (an einer jeweils festen Stelle ε) mit größer werdender Zeit $t_1 < t_2 < \ldots$ ab, was einer Abnahme der Festigkeit viskoelastischer Materialien mit zunehmender Zeit gleichkommt. Im Allgemeinen sind im Bereich kleiner Dehnungen die Isochronen in guter Näherung Geraden, so daß hier linear-viskoelastisches Verhalten vorliegt und zwischen Spannungen und Dehnungen Proportionalität herrscht.

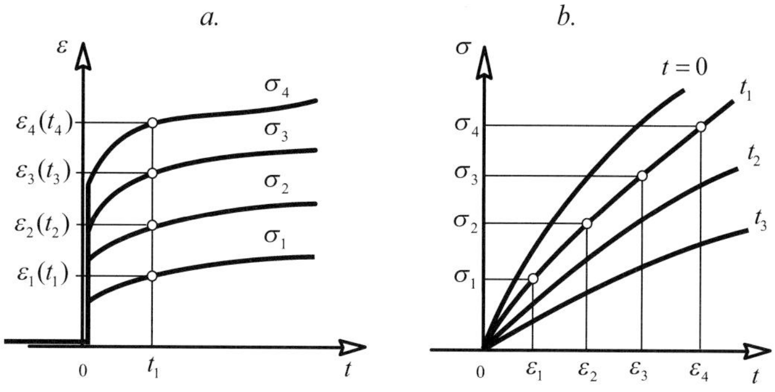

Bild 1.4: Isochrones Spannungs-Dehnungs-Diagramm, a. Kriechkurven als parametrische Funktion der Spannung ($\sigma_1 < \sigma_2 < \sigma_3 < \dots$), b. Isochronen ($t_1 < t_2 < \dots$)

2 Einführung in die Kontinuumsmechanik

2.1 Eindimensionale Vorbetrachtungen

Im folgenden werden dem Leser die wichtigsten Grundbegriffe der Kontinuumsmechanik am Beispiel eines Zugstabes in eindimensionaler Form erklärt. Eine Behandlung dieser und weiterer Grundbegriffe erfolgt dann jeweils ausführlicher sowie auch in verallgemeinerter Weise in dreidimensionaler Form in den anschließenden Abschnitten bzw. Kapiteln.

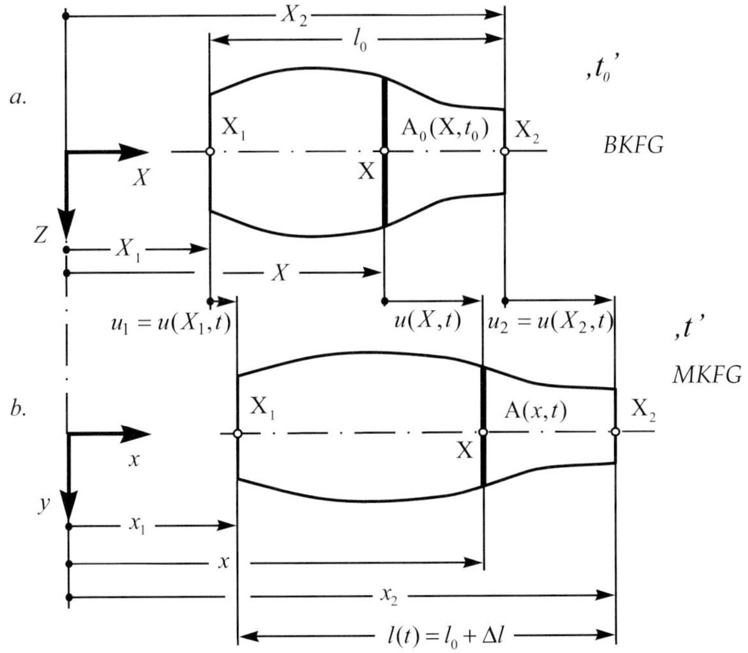

Bild 2.1: Stab unter Längsbelastung: a. Unverformte Lage (Bezugskonfiguration BKFG), b. verformte Lage (Momentankonfiguration MKFG)

2.1.1 Konfiguration und Bewegung

Betrachtet wird der in Bild 2.1a. dargestellte Stab. Dieser habe im unbelasteten Zustand die Ausgangslänge l_0. Es handelt sich dabei um die *unverformte* Lage des Stabes, die im Rahmen der Kontinuumsmechanik auch als *Bezugs-* oder *Referenzkonfiguration* (BKFG) zur Zeit t_0 bezeichnet wird. Ein beliebiger Punkt des Stabes wird fortan *materieller* Punkt genannt und mit (einem großen gerade gestellten) X gekennzeichnet. Die Lage eines materiellen Punktes X wird in der BKFG bezüglich eines *materiellen* Koordinatensystems angegeben, wobei die *materiellen* Koordinaten mit (den üblicherweise *kursiv* gesetzten Großbuchstaben) X, Y, Z bezeichnet werden und fest mit dem Stab verbunden sind! Damit hat ein beliebiger materieller Punkt X in der BKFG die Lage X. Der Querschnitt des Stabes an der Stelle X wird dann mit $A_0(X)$ bezeichnet.

Wird der Stab in Längsrichtung belastet (ohne hier weiter auf die einwirkende Kraft einzugehen), so nimmt er die *verformte* Lage mit der aktuellen Länge l an (vgl. Bild 2.1b.). Diese Lage wird als *Momentankonfiguration* oder *aktuelle Konfiguration* (MKFG) zur Zeit t bezeichnet. Üblicherweise wird nun zur Lagekennzeichnung in der MKFG ein *räumliches* Koordinatensystem mit den *räumlichen* Koordinaten x, y, z (*kursiv* gesetzte Kleinbuchstaben) benutzt. Damit hat ein materieller Punkt X mit der Lage X in der BKFG nun die aktuelle Lage x in der MKFG. Das gleiche gilt für den Querschnitt $A_0(X)$ an der Stelle X in der BKFG, der nun in den aktuellen Querschnitt $A(x)$ an der Stelle x in der MKFG übergeht. (Infolge einer Verlängerung/Verkürzung des Stabes kann sich die Querschnittsfläche selbstverständlich ändern. Auf die damit einhergehende Querkontraktion soll hier, um vom „roten Faden“ nicht unnötig abzulenken, nicht eingegangen werden.)

Dann haben die beiden (materiellen) Endpunkte X_1 und X_2 des Stabes in der BKFG die materiellen Koordinaten X_1 und X_2 und in der MKFG die räumlichen Koordinaten x_1 und x_2 (vgl. Bild 2.1b.).

Es ist weiterhin üblich die materiellen Koordinaten als *LAGRANGEsche* und die räumlichen Koordinaten als *EULERsche* Koordinaten zu bezeichnen. Der Zusammenhang zwischen diesen beiden Koordinaten wird durch eine Funktion χ vermittelt, so daß

$$x = \chi(X, t) \qquad \text{mit} \qquad \chi(X, t = t_0) = X \tag{2.1}$$

Dabei wird χ auch als *Bewegung* bezeichnet. Man sagt auch „χ vermittelt eine Abbildung des materiellen Punktes X (mit der Lage X in der BKFG) in die Momentanlage x zur Zeit t in der MKFG“. Gemäß $(2.1)_2$ sind die materielle und die räumliche Koordinate zur Zeit $t = t_0$, also im unverformten Zustand, identisch.

Nach (2.1) gelten dann für die beiden Endpunkte X_1 und X_2 des Stabes die folgenden Zusammenhänge (vgl. Bild 2.1):

$$\begin{aligned} x_1 &= \chi(X = X_1, t) \qquad \text{mit} \qquad \chi(X_1, t = t_0) &= X_1 \\ x_2 &= \chi(X = X_2, t) \qquad \text{mit} \qquad \chi(X_2, t = t_0) &= X_2 \end{aligned} \tag{2.2}$$

Das konkrete Aussehen der Funktion χ hängt vom jeweiligen Verformungsprozeß ab, den der Stab erfährt, also ob der Stab etwa gezogen, gestaucht, geschert oder tordiert wird (vgl. dazu Beispiel 2.1).

2.1.2 Verschiebung und Längenänderung

Beim Übergang von der BKFG in die MKFG erfährt jeder materielle Punkte X im Allgemeinen eine individuelle *Verschiebung* $u(X, t)$ in Längsrichtung. Gemäß Bild 2.1 ergibt sich die Verschiebung u eines materiellen Punktes X aus der Differenz zwischen der aktuellen Lage x und der Referenzlage X, so daß unter Beachtung von (2.1) gilt

$$u = x - X \qquad \text{bzw.} \qquad u\,(X,t) = \chi\,(X,t) - X \tag{2.3}$$

Danach erfahren die beiden Endpunkte X_1 und X_2 des Stabes die folgenden Verschiebungen (vgl. Bild 2.1):

$$\begin{aligned} u_1 &\equiv u\,(X = X_1,t) = x_1 - X_1 = \underbrace{\chi\,(X = X_1,t)}_{x_1} - X_1 \\ u_2 &\equiv u\,(X = X_2,t) = x_2 - X_2 = \underbrace{\chi\,(X = X_2,t)}_{x_2} - X_2 \end{aligned} \tag{2.4}$$

Die *Längenänderung* Δl des Stabes ist dann durch die Differenz aus den Verschiebungen der beiden Stabendpunkte X_1 und X_2 definiert, so daß unter Beachtung von (2.4) das folgende, aus der Festigkeitslehre bekannte Ergebnis entsteht:

$$\begin{aligned} \Delta l\,(t) &= u_2 - u_1 \equiv u\,(X = X_2,t) - u\,(X = X_1,t) \\ &= (x_2 - X_2) - (x_1 - X_1) \equiv \underbrace{x_2 - x_1}_{l(t)} - \underbrace{(X_2 - X_1)}_{l_0} = l\,(t) - l_0 \end{aligned} \tag{2.5}$$

Man beachte, daß sich die Längenänderung selbstverständlich mit der Zeit ändern kann und daher im Allgemeinen noch eine Zeitfunktion ist. Ist der Stab beispielsweise am linken Ende fest eingespannt, so gilt $u_1 = u(X = X_1,\, t) = 0$ und $x_1 = X_1$. Liegt das linke Stabende darüberhinaus im Koordinatenursprung, so gilt zusätzlich $X_1 = x_1 = 0$ und damit $u_1 = u(X = 0,\, t) = 0$, $x_2 = l$ sowie $X_2 = l_0$.

2.1.3 Geschwindigkeit und Beschleunigung

Die *Geschwindigkeit* v eines Teilchens X zur Zeit t ist durch die partielle Ableitung der Bewegungskoordinate x bzw. unter Beachtung von (2.3) durch die partielle Ableitung der Verschiebung u des materiellen Punktes nach der Zeit definiert, also (man beachte, daß die materielle Koordinate X nicht von der Zeit abhängt!)

$$v\,(X,t) = \frac{dx}{dt} = \frac{\partial \chi\,(X,t)}{\partial t} = \frac{\partial u\,(X,t)}{\partial t} \tag{2.6}$$

Die *Beschleunigung* a eines Teilchens X zur Zeit t ist durch die partielle Ableitung der Geschwindigkeit v des materiellen Punktes nach der Zeit definiert, also

$$a(X,t) = \frac{dv}{dt} = \frac{d^2x}{dt^2} = \frac{\partial v(X,t)}{\partial t} = \frac{\partial}{\partial t}\left[\frac{\partial \chi(X,t)}{\partial t}\right] = \frac{\partial^2 \chi(X,t)}{\partial t^2} = \frac{\partial^2 u(X,t)}{\partial t^2} \tag{2.7}$$

2.1.4 Deformations- und Verschiebungsgradient

Eine im Mittelpunkt der Kontinuumsmechanik stehende Größe ist der über die Vorschrift

$$F = \frac{\partial x}{\partial X} \equiv \frac{\partial \chi(X,t)}{\partial X} \tag{2.8}$$

definierte *Deformationsgradient* F, welcher durch (partielle) Ableitung der Bewegung $\chi(X,t)$ nach der (materiellen) Ortskoordinate X (der BKFG) entsteht und quasi die *Änderung der Bewegung* zwischen den beiden Konfigurationen BKFG und MKFG beschreibt. Daß durch F ein gewisses Dehnungsmaß angegeben wird, kann wie folgt eingesehen werden: Auflösen von $(2.3)_1$ nach x und weiteres Einsetzen in (2.8) führt nämlich auf

$$F = \frac{\partial x}{\partial X} = \frac{\partial(u+X)}{\partial X} = \frac{\partial u}{\partial X} + \underbrace{\frac{\partial X}{\partial X}}_{1} = \frac{\partial u}{\partial X} + 1 \tag{2.9}$$

Der in (2.9) auftretende Term $\partial u/\partial X$ heißt *Verschiebungsgradient* und ist im vorliegendem (eindimensionalen) Falle gleich der klassischen „Ingenieur-Dehnung" ε, so daß aus (2.9) auch die folgende Form erzeugt werden kann

$$\varepsilon(X,t) \equiv \frac{\partial u}{\partial X} = F(X,t) - 1 \tag{2.10}$$

Hinweis:

Liegt keine Bewegung (Verformung) vor, so gilt gemäß (2.1) $x = X$, womit weiter nach (2.8) $F = 1$ wird, aber die Dehnung nach (2.10) erwartungsgemäß Null ist. Das ist ein zentraler Grund dafür, warum der Deformationsgradient selbst kein adäquates Dehnungsmaß (Verzerrungsmaß) darstellt, da man für den Fall, daß keine Verformung stattfindet, auch keine Dehnung erwartet! In den später folgenden Abschnitten wird gezeigt, daß sich sämtliche Dehnungs- bzw. Verzerrungsmaße der nichtlinearen Kontinuumsmechanik dennoch durch geeignete Kombinationen des Deformationsgradienten mit sich selbst aufbauen lassen.

Nach (2.10) berechnet sich beispielsweise die Dehnung für den linken Endpunkt X_1 des Stabes unter Beachtung von (2.10) wie folgt:

$$\varepsilon_1 \equiv \varepsilon(X = X_1, t) = \left.\frac{\partial u}{\partial X}\right|_{X=X_1} = F(X = X_1, t) - 1 \tag{2.11}$$

Erst wenn die Funktion χ gegeben ist, können sämtliche oben definierte Größen berechnet werden. Dazu diene das folgende Beispiel.

Beispiel 2.1
Für die Bewegung x des in Bild (2.1) dargestellten Stabes gelte der folgende in der materiellen Koordinate X lineare Ansatz

$$x = \chi(X,t) = \alpha(t) + \beta(t)\,X \tag{a}$$

a. Man bestimme die beiden Zeitfunktionen α und β für die in Bild 2.1 dargestellte Situation.

b. Mit dem Ergebnis aus a. bestimme man die Verschiebung, die Geschwindigkeit, die Beschleunigung, den Deformations- und den Verschiebungsgradienten eines beliebigen Stabpunktes X zur Zeit t. Man gebe ferner die Verschiebung sowie den Deformations- und den Verschiebungsgradienten zur Zeit t_0 in der BKFG an, wenn die folgenden Bedingungen erfüllt werden:

$$l(t=t_0) = l_0 \quad , \quad u_1(t=t_0) = 0 \quad , \quad u_2(t=t_0) = 0 \tag{b}$$

Lösung a.:
Mit (a) muß unter Beachtung von (2.4) für die beiden Stabendpunkte X_1 und X_2 gelten

$$x_1 = \chi(X = X_1, t) = \alpha + \beta X_1 \quad , \quad x_2 = \chi(X = X_2, t) = \alpha + \beta X_2 \tag{c}$$

Durch (c) liegen zwei Gleichungen für die beiden Unbekannten α und β vor. Mit den beiden Vorschriften $(c)_2 - (c)_1$ und $(c)_2\, X_2 - (c)_1 X_1$ erhält man unter Beachtung von (2.5) nacheinander

$$\underbrace{x_2 - x_1}_{l} = l = \beta\underbrace{(X_2 - X_1)}_{l_0} = \beta l_0 \quad , \quad x_1X_2 - x_2X_1 = \alpha\underbrace{(X_2 - X_1)}_{l_0} = \alpha l_0 \tag{d}$$

Aus $(d)_1$ und $(d)_2$ folgt dann

$$\beta(t) = \frac{x_2 - x_1}{X_2 - X_1} = \frac{l(t)}{l_0} \quad , \quad \alpha(t) = \frac{x_1X_2 - x_2X_1}{X_2 - X_1} = \frac{x_1X_2 - x_2X_1}{l_0} \tag{e}$$

Beachtet man noch (2.3), nämlich $x = u + X$ und damit $x_1X_2 - x_2X_1 = u_1X_2 + X_1X_2 - (u_2X_1 + X_2X_1) = u_1X_2 - u_2X_1$ und setzt dies in $(e)_2$ ein, so ergibt weiteres Einsetzen auch von $(e)_1$ in (a) schließlich die an Bild 2.1 angepaßte Bewegung in der folgenden Form:

$$x = \chi(X,t) = \frac{u_1(t)\,X_2 - u_2(t)\,X_1}{l_0} + \frac{l(t)}{l_0}X \tag{f}$$

Lösung b.:
Einsetzen von (f) in (2.3) liefert unter Beachtung von (2.5), also $\Delta l = l - l_0 = u_2 - u_1$, die Verschiebung in den beiden folgenden Formen

$$\begin{aligned} u(X,t) &= \frac{u_1(t)\,X_2 - u_2(t)\,X_1}{l_0} + \left[\frac{l(t)}{l_0} - 1\right]X \equiv \\ &\equiv \frac{u_1(t)X_2 - u_2(t)X_1}{l_0} + \frac{l - l_0}{l_0}X \equiv \\ &\equiv \frac{1}{l_0}\left[u_2(t)(X - X_1) - u_1(t)(X - X_2)\right] \end{aligned} \tag{g}$$

Zeitliche Differentiation von (g) führt nach der Vorschrift (2.6) auf die Geschwindigkeit eines Stabpunktes als Funktion der materiellen Koordinate X und der Zeit t

$$\begin{aligned} v(X,t) &= \frac{\partial u(X,t)}{\partial t} = \frac{\dot u_1(t)\,X_2 - \dot u_2(t)\,X_1}{l_0} + \frac{\dot l(t)}{l_0}X \equiv \\ &\equiv \frac{1}{l_0}\left[\dot u_2(t)(X - X_1) - \dot u_1(t)(X - X_2)\right] \end{aligned} \tag{h}$$

Zeitliche Differentiation von (h) nach der Zeit ergibt gemäß (2.7) die Beschleunigung eines Stabpunktes

$$\begin{aligned} a(X,t) &= \frac{\partial v(X,t)}{\partial t} = \frac{\ddot u_1(t)\,X_2 - \ddot u_2(t)\,X_1}{l_0} + \frac{\ddot l(t)}{l_0}X \equiv \\ &\equiv \frac{1}{l_0}\left[\ddot u_2(t)(X - X_1) - \ddot u_1(t)(X - X_2)\right] \end{aligned} \tag{i}$$

Gemäß (f) bis (i) hängen die Bewegung, die Verschiebung, die Geschwindigkeit und die Beschleunigung jeweils *linear* von der Lagekoordinate X ab. Die jeweilige Abhängigkeit von der Zeit kann erst bei Kenntnis der Zeitfunktionen $u_1(t)$, $u_2(t)$ und $l(t)$ beurteilt werden.

Einsetzen von (g) in (2.9) liefert unter Beachtung von $(e)_1$ wie folgt den Deformationsgradienten

$$F(X,t) = \frac{\partial u}{\partial X} + 1 = \left[\frac{l(t)}{l_0} - 1\right] + 1 = \frac{l(t)}{l_0} \equiv \beta(t) \tag{j}$$

Nach (j) hängt F nicht mehr von der materiellen Koordinate X ab, sondern nur noch von der Zeit t, so daß sämtliche materiellen Punkte des Stabes die gleiche zeitabhängige Deformation erfahren. Man spricht in solchen Fällen auch von einer *homogenen Deformation.*

Der Verschiebungsgradient ergibt sich durch Einsetzen von (j) in (2.10) unter Beachtung von (2.5) und $(e)_1$ wie folgt

$$\varepsilon(X,t) \equiv \frac{\partial u}{\partial X} = F(X,t) - 1 = \frac{l(t)}{l_0} - 1 = \frac{l(t) - l_0}{l_0} \equiv \frac{\Delta l(t)}{l_0} = \beta(t) - 1 \tag{k}$$

Danach fällt der Verschiebungsgradient ebenfalls, wie der Deformationsgradient auch, als reine Zeitfunktion an. Somit erfahren sämtliche materiellen Punkte des Stabes die gleiche (zeitabhängige) Dehnung.

Unter Beachtung von (b) erhält man mit (g), (j) und (k) die entsprechenden Größen zur Zeit t_0 in der BKFG wie folgt

$$\begin{aligned} u(X,t_0) &= \frac{l(t_0) - l_0}{l_0} X = 0 \quad , \quad F(X,t_0) = \frac{l(t_0)}{l_0} = 1 \\ \frac{\partial u(X,t_0)}{\partial X} &= \frac{\Delta l(t_0)}{l_0} \equiv \frac{l(t_0) - l_0}{l_0} = \varepsilon(X,t_0) = 0 \end{aligned} \tag{l}$$

Erwartungsgemäß erfahren nach (l) sämtliche Stabpunkte X in der BKFG weder eine Verschiebung noch eine Dehnung. Der Wert Eins des Deformationsgradienten sagt aus, daß die BKFG auf sich selbst abgebildet wird.

2.1.5 Spannungsmaße

Betrachtet werden soll im Folgenden der in Bild 2.2 dargestellte Stab, der am linken Ende fest eingespannt und am rechten Ende durch die Längskraft K belastet wird (dies ist ein Spezialfall des in Bild 2.1 dargestellten Stabes für $X_1 = x_1 = 0$, $X_2 = l_0$, $u_1 = 0$ sowie $x_2 = l$ und $u_2 = u(l_0, t) = l - l_0 = \Delta l$ (vgl. hierzu (2.4) und (2.5)). Grundsätzlich gibt es nun zwei Definitionsmöglichkeiten von Spannungen, wobei im Rahmen dieser Vorbetrachtung vereinfachend davon ausgegangen werden soll, daß die Spannungen konstant über dem Querschnitt des Stabes verteilt sind. Wird die (Längs-)Kraft K auf die Querschnittsfläche A_0 des Stabes in der BKFG bezogen (vgl. Bild 2.2a), so entsteht die *Nominal-, Nenn- oder Erste PIOLA-KIRCHHOFFsche Spannung*

$$P^I = \frac{K}{A_0} \tag{2.12}$$

Die Nennspannung (2.12) wird beispielsweise beim Zugversuch von Schulterproben im Labor zugrundegelegt. Wird dagegen die (Längs-)Kraft K auf die *aktuelle* Querschnittsfläche A der MKFG bezogen, so entsteht die *wahre* oder *CAUCHYsche Spannung*

$$\sigma = \frac{K}{A} \tag{2.13}$$

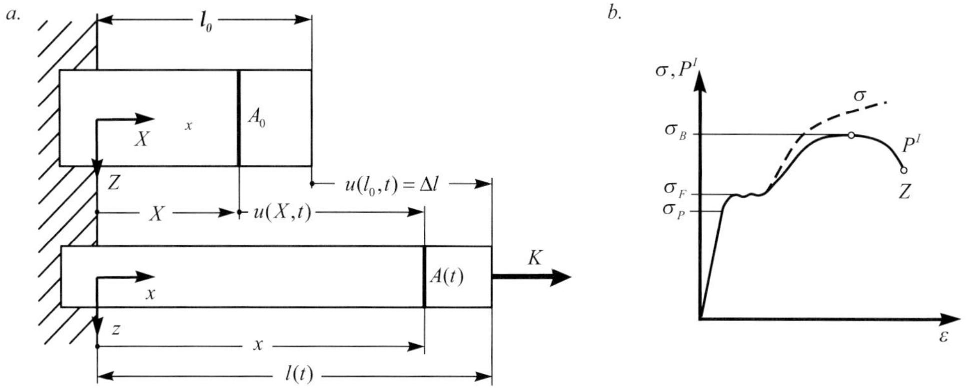

Bild 2.2: Zur Definition von Spannungsmaßen: a. Eingespannter Zugstab in der BKFG und MKFG, b. Vergleich der Nennspannung P^I mit der wahren Spannung σ

In Bild 2.2b sind die unterschiedlichen Spannungs-Dehnungs-Kurven der beiden oben definierten Spannungsmaße beim Zugversuch rein qualitativ dargestellt. Üblicherweise wird dabei die Nennspannung P^I über der *Ingenieur*-Dehnung $\varepsilon = \Delta l / l_0$ und die wahre Spannung σ über der sogenannten *logarithmischen* Dehnung (auf die hier nicht eingegangen wird) aufgetragen. Da jedoch die aktuelle Querschnittsfläche A infolge Querkontraktion mit wachsender Dehnung abnimmt, stellt sich für σ grundsätzlich der in Bild 2.2b dargestellte qualitative Verlauf ein.

Der Vergleich von (2.12) und (2.13) liefert die folgenden Zusammenhänge zwischen den beiden Spannungsmaßen

$$P^I = \frac{K}{A_0} \equiv \frac{A}{A}\frac{K}{A_0} \equiv \frac{A}{A_0}\underbrace{\frac{K}{A}}_{\sigma} = \frac{A}{A_0}\sigma \quad \text{bzw.} \quad \sigma = \frac{A_0}{A}P^I \tag{2.14}$$

Hinweis:
Es sei betont, daß die Zusammenhänge (2.14) im allgemeinen dreidimensionalen Fall keine Gültigkeit mehr haben (vgl. dazu die Beziehungen (2.144) und (2.145)! Ferner vergleiche man die Zusammenhänge (2.14) mit den Ergebnissen des Beispieles 2.13 in Unterabschnitt 2.4.2!

2.1.6 Materialgleichungen

Die obigen Definitionen kinematischer und dynamischer Größen (Bewegung, Verschiebung, Dehnung etc. und Spannungen) wurden unabhängig von irgendwelchen Materialeigenschaften des Stabes eingeführt. Wird ein wie in Bild 2.2 dargestellter Stab durch die Längskraft K belastet, so stellt sich jedoch die Dehnung materialabhängig auf die Belastung ein. Aus Erfahrung weiß man, daß sich beispielsweise ein Gummifaden leichter ziehen (dehnen) läßt, als ein Draht mit gleicher Geometrie (Durchmesser). Es muß also einen materialspezifischen Zusammenhang zwischen Belastung und Verformung bzw. zwischen Spannungen und Dehnungen des Zugstabes geben. Solche Verknüpfungen nennt man *Materialgleichungen*, *konstitutive Gleichungen* oder *Materialgesetze*.

Die Entwicklung von Materialgleichungen basiert im Rahmen einer systematischen Kontinuumsmechanik im Wesentlichen auf den folgenden *Prinzipen der Rationalen Mechanik:*

- Prinzip des Determinismus
- Prinzip der materiellen Objektivität
- Prinzip der lokalen Nachbarschaft

Prinzip des Determinismus: Im Sinne dieses Prinzipes wird beispielsweise die (CAUCHYsche) Spannung σ des materiellen Punktes X (mit der Ausgangslage X) als *Funktional* f der gesamten Bewegungs-*Geschichte* χ sämtlicher anderer materiellen Punkte Y des Stabes angesetzt. Die allgemeinste (eindimensionale) mechanische Materialgleichung hat dann die folgende Form:

$$\sigma\left(X,t\right)=\underset{\substack{\tau=-\infty\\X,Y\in Stab}}{\overset{t}{\mathrm{f}}}\left\langle\chi\left(Y,\tau\right),X,t\right\rangle \tag{2.15}$$

Das bedeutet einerseits, daß die Spannung σ am materiellen Punkt X (mit der Lagekoordinate X in der BKFG) abhängt von der Bewegung $x = \chi(X,t)$ des materiellen Punktes X selbst sowie der Bewegung $y = \chi\ (Y,t)$ sämtlicher anderer materiellen Punkte Y (mit der Lagekoordinate Y in der BKFG und der aktuellen Koordinate y in der MKFG). Andererseits ist aber auch noch zu beachten, daß nicht nur der jeweils aktuelle Wert der Bewegung eines Stabpunktes zur (Gegenwarts-)Zeit t, sondern die komplette Bewegungs-*Geschichte* von der entferntesten Vergangenheit τ = -∞ bis zur Gegenwart $\tau = t$ in die Berechnungsvorschrift mit einfließt. In (2.15) bedeutet das explizite Auftreten von X und t, daß noch *Inhomogenitäten* und *Alterungseffekte* berücksichtigt werden können.

Prinzip der materiellen Objektivität: Nach diesem Prinzip müssen die Materialgleichungen eines ruhenden Beobachters und eines sich gegenüber diesem rotierenden Beobachters für ein und denselben Prozeß die gleiche Gestalt besitzen. Es läßt sich zeigen, daß dann ein Materialgesetz nicht mehr von der (absoluten) Bewegungsgeschichte χ der Stabpunkte, sondern von deren Bewegungsdifferenz Geschichte $\Delta x = x - y = \chi(Y,t)$ - $\chi(X,t)$ abhängt (vgl. Bild 2.3). Schränkt man zusätzlich auf *homogene* und *nicht alternde* Stoffe ein, so entfällt das *explizite* Auftreten von X und t, so daß (2.15) übergeht in

$$\sigma\left(X,t\right)=\underset{\substack{\tau=-\infty\\X,Y\in Stab}}{\overset{t}{\mathrm{f}}}\left\langle\chi\left(Y,\tau\right)-\chi\left(X,\tau\right)\right\rangle \tag{2.16}$$

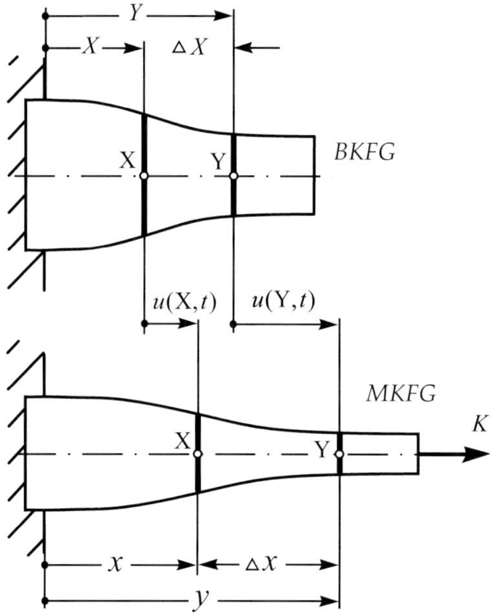

Bild 2.3: Zur allgemeinen Materialgleichung eines Stabes

Stoffe vom Grade N: Wird das Argument in (2.16) in eine TAYLOR-Reihe um X entwickelt, so gilt zunächst unter Beachtung der Definition $\Delta X \equiv Y - X$ (vgl. Bild 2.3)

$$\begin{aligned} \chi(Y,\tau) &= \chi(X+\Delta X,\tau) = \chi(X,\tau) + \frac{\partial\chi(X,\tau)}{\partial X}\Delta X + \cdots = \\ &= \chi(X,\tau) + \sum_{k=1}^{\infty}\frac{1}{k!}\frac{\partial^k\chi(X,\tau)}{\partial X^k}(\Delta X)^k \end{aligned} \tag{2.17}$$

Mit (2.17) geht (nach Differenzbildung)(2.16) zunächst über in

$$\sigma(X,t) = \underset{\tau=-\infty}{\overset{t}{\mathrm{f}}}\left\langle\sum_{k=1}^{\infty}\frac{1}{k!}\frac{\partial^k\chi\,(X,\tau)}{\partial X^k}(\Delta X)^k\right\rangle \tag{2.18}$$

worin nur noch die Ortsvariable X erscheint! Die Materialgleichung (2.18) läßt sich auch in der folgenden Form schreiben

$$\sigma\,(X,t) = \underset{\tau=-\infty}{\overset{t}{\mathrm{f}}}\left\langle\frac{\partial\chi\,(X,\tau)}{\partial X},\frac{\partial^2\chi\,(X,\tau)}{\partial X^2},\cdots,\frac{\partial^k\chi\,(X,\tau)}{\partial X^k},\cdots\right\rangle \tag{2.19}$$

oder unter Berücksichtigung der Definition des Deformationsgradienten gemäß (2.8) in der Form

$$\sigma\,(X,t) = \underset{\tau=-\infty}{\overset{t}{\mathrm{f}}}\left\langle\underbrace{F\,(X,\tau)\,,\frac{\partial F\,(X,\tau)}{\partial X},\cdots,\frac{\partial^{N-1}F\,(X,\tau)}{\partial X^{N-1}}}_{\text{Materialien vom Grade N}},\cdots\right\rangle \tag{2.20}$$

Die Materialgleichungen (2.19) bzw. (2.20) sind noch exakt, stellen also keine Approximationen dar und gelten noch für Materialien mit (zeitlichem) Gedächtnis sowie mit (örtlichem) „Empfinden" (*Gradiententheorie*). Letzteres wird durch die höheren Gradienten von F, also $\partial F/\partial X$, $\partial^2 F/\partial X^2$ usw. berücksichtigt, wodurch auf die Spannung im Punkt X des Stabes noch sämtliche Bewegungen aller anderen Punkte Y Einfluß nehmen.

Werden in (2.20) die Gradienten von F lediglich bis zum Grade N berücksichtigt (was einem Abbruch der TAYLOR-Reihe (2.17) nach dem (N-1)-tem Glied gleichkommt), so spricht man von einem *Material vom Grade N*. Dabei handelt es sich dann hinsichtlich des örtlichen Empfindens allerdings um eine approximierte Materialgleichung.

Es sei aber an dieser Stelle betont, daß Theorien für Materialien höheren Grades (Gradiententheorien) *nicht* ohne weiteres aus (2.20) entwickelt werden können, sondern für solche Ansätze von Energieerhaltungssätzen auszugehen ist (vgl. [Ali 01], [Tro 85], [Sil 86], [Sil 89])!

Prinzip der lokalen Nachbarschaft (Materialien vom Grade Eins): Im Sinne dieses Prinzipes wird die „Einflußumgebung" der auf den Stabpunkt X Einfluß nehmenden physikalischen Ereignisse (Bewegungen) radikal auf die unmittelbare (infinitesimale) Nachbarschaft eingeschränkt. Das bedeutet, daß die TAYLOR-Reihe (2.17) nach dem in ΔX linearen Term abgebrochen wird, womit in der Materialgleichung lediglich noch der Deformationsgradient F selbst, und nicht mehr höhere Gradienten von F berücksichtigt werden (der in Bild 2.3 dargestellte Abstand Δx geht dann über in den infinitesimalen Abstand dx). Die Materialgleichung (2.20) degeneriert dann zu der folgenden Form

$$\boxed{\sigma(X,t) = \underset{\tau=-\infty}{\overset{t}{\mathrm{f}}} \langle F(X,\tau) \rangle} \tag{2.21}$$

Durch die Form (2.21) wird die allgemeinste mechanische Materialgleichung *klassischer* Materialien repräsentiert, mittels derer auch noch Stoffe mit Gedächtniseigenschaften beschrieben werden können (vgl. Abschnitt 3.3).

Materialien ohne Gedächtnis: Für Materialien ohne Gedächtniseigenschaften geht das Funktional f in (2.21) über in eine *Funktion* f, so daß jetzt geschrieben werden kann

$$\sigma(X,t) = f\,[F(X,t)] \tag{2.22}$$

Danach hängt die (CAUCHYsche) Spannung σ am Ort X des Stabes zur Gegenwartszeit t nur noch vom *aktuellen* Deformationsgradienten F desselben Punktes ab. Wird jetzt in (2.22) F gemäß (2.8) durch die Dehnung ε ersetzt, so läßt sich auch schreiben

$$\sigma(X,t) = g\,[\varepsilon(X,t)] \tag{2.23}$$

Mit (2.23) liegt nun eine Materialgleichung für Stäbe mit zunächst noch *nicht-linear elastischem* Materialverhalten vor ($g[\bullet]$ kann noch eine beliebige Funktion von ε sein!). Fordert man nun noch Linearität zwischen der Spannung σ und der Dehnung ε, so geht die

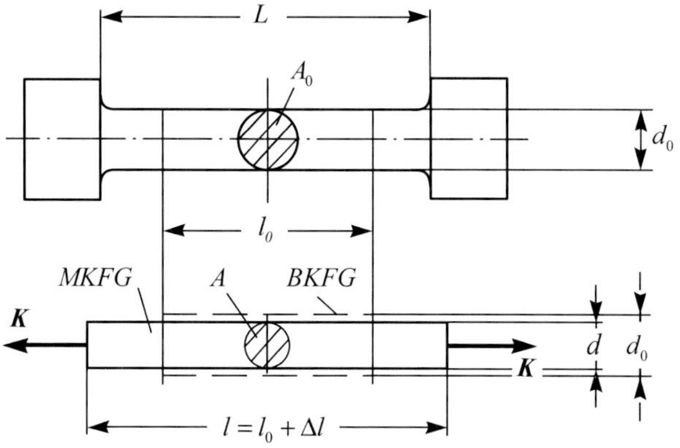

Bild 2.4: Zylindrische Schulterprobe für Zugversuch

Funktion $g[\bullet]$ über in einen Proportionalitätskoeffizienten. Identifiziert man diesen mit dem Elastizitätsmodul E, so erhält man schließlich das bekannte *HOOKEsche Materialgesetz* in eindimensionaler Form:

$$\sigma(X,t) = E\varepsilon(X,t) \tag{2.24}$$

Beispiel 2.2

Eine zylindrische Schulterprobe aus Kupfer mit der Ausgangslänge l_0 (Meßlänge) und dem Ausgangsdurchmesser d_0 werde mit der konstanten Zugkraft K gezogen (vgl. Bild 2.4). Im Versuch wird die zeitliche Verlängerung $\Delta l(t)$ des Stabes gemessen. Für den Bereich des linear-elastischen Materialverhaltens (Elastizitätsmodul E) bestimme man unter der Voraussetzung einer über dem Querschnitt konstanten Längsspannung σ den jeweils aktuellen Durchmesser $d(t)$ der Probe.

Lösung:

Umstellen von (2.24) nach ε und Einsetzen in (2.10) liefert unter Beachtung von (2.13) zunächst

$$\varepsilon(X,t) \equiv \frac{\partial u}{\partial X} = \frac{1}{E}\sigma(X,t) = \frac{1}{E}\frac{K}{A(X,t)} \tag{a}$$

Integration des Ausdruckes (a) über X führt auf

$$u(X,t) = \int \varepsilon(X,t)\,dX + C(t) = \int \frac{1}{E}\frac{K}{A(X,t)}dX + C(t) \tag{b}$$

Für die zylindrische Probe wird ein über der Lägsachse konstanter Querschnitt, also $A(X,t) = A(t)$ angenommen, so daß unter Beachtung der Randbedingung $u(X = 0,t) = 0$ aus (b) zunächst folgt

$$u(X,t) = \frac{1}{E}\frac{K}{A(t)}X \tag{c}$$

Mit (b) ergibt sich gemäß (2.5) unter Beachtung von $X_1 = x_1 = 0$, $X_2 = l_0$ und $u_1 = 0$ die Längenänderung zu

$$\Delta l(t) = u(X = l_0, t) = \frac{1}{E}\frac{K}{A(t)}l_0 \tag{d}$$

woraus schließlich unter Beachtung von $A(t) = d_2(t)\pi/4$ der aktuelle Durchmesser der Probe wie folgt lautet

$$d(t) = 2\sqrt{\frac{1}{\pi}\frac{K}{E}\frac{l_0}{\Delta l(t)}} \tag{e}$$

Fazit:

In diesem Abschnitt wurden die wichtigsten Begriffe der Kontinuumsmechanik anhand eines (eindimensionalen) Stabes eingeführt und verdeutlicht. Dem Leser wird empfohlen, auf diese Ausführungen während des Studiums der folgenden Abschnitte und Kapitel immer wieder zurückgreifen, um sich somit in die naturgemäß schwierigere dreidimensionale Beschreibung leichter „einpendeln“ zu können.

2.2 Körper und Kontinuum

In der Technik auftretende Problemstellungen haben überwiegend mit ausgedehnten, also endlich großen Körpern zu tun (etwa Konstruktionselemente des Maschinenbaues bis hin zu mikromechanischen Systemen). In diesen Fällen ist es sinnvoll, jeweils von einem Körper bzw. *Kontinuum* zu sprechen. Im Unterschied zur atomistischen Betrachtungsweise sind hierfür Methoden der Kontinuumsmechanik heranzuziehen, die eine sogenannte makroskopische Beschreibung der Vorgänge liefern. Dabei wird im Unterschied zur Atomphysik unterstellt, daß ein *Körper* ein solches zusammenhängendes Gebilde sei, welches kontinuierlich -also ohne Zwischenräume- mit Materie ausgefüllt ist. Jeder Punkt dieses Körper-Kontinuums besitzt Materie, so daß der Körper aus *materiellen Punkten* „dicht an dicht“ aufgebaut und seine Masse stetig verteilt ist. Ein solcher Körper wird auch *Punktkontinuum* genannt. Dabei wird jedem materiellen Punkt X, der sich zur Zeit t im Raumpunkt P befindet, ein (infinitesimales) Volumenelement dV mit der (infinitesimalen) Masse dm sowie ein Ortsvektor $\boldsymbol{r}$ zugeordnet (vgl. Bild 2.5). Es sei betont, daß ein materieller Punkt nichts mit einer Punktmasse (im Sinne der NEWTONschen Mechanik) zu tun hat und auch kein mathematischer Punkt (ohne Ausdehnung) ist, sondern im Allgemeinen aus einer großen Zahl von Molekülen bestehen kann, aber dennoch so (infinitesimal) klein ist, daß man eben von einem materiellen Punkt oder auch *Partikel* bzw. (infinitesimal kleinen) Volumenelement sprechen kann. Daher läßt sich die (stets positive) Dichte ρ eines Körpers gemäß

$$\rho\,(x,t) = \frac{dm}{dV} > 0 \tag{2.25}$$

definieren. Bezeichnet man den Körper mit K, so sind die materiellen Punkte X Elemente dieses Körpers –also X∈K. Der Körper wird durch die Randpunkte seiner Oberfläche O begrenzt. Damit stellt ein Kontinuum eine Punktmenge dar, die den Raum bzw. Teile des Raumes zu einem beliebigen Zeitpunkt ausfüllt. Man sagt dann auch „ein Körper K als eine Menge materieller Punkte ist in den dreidimensionalen EUKLIDischen Raum $\Re_3$ eingebettet“.

2.3 Kinematik

Die *Kinematik* ist diejenige Disziplin, die sich mit der geometrischen und analytischen Beschreibung von Bewegungen materieller Punkte oder Körper befaßt. Dabei bleiben die für

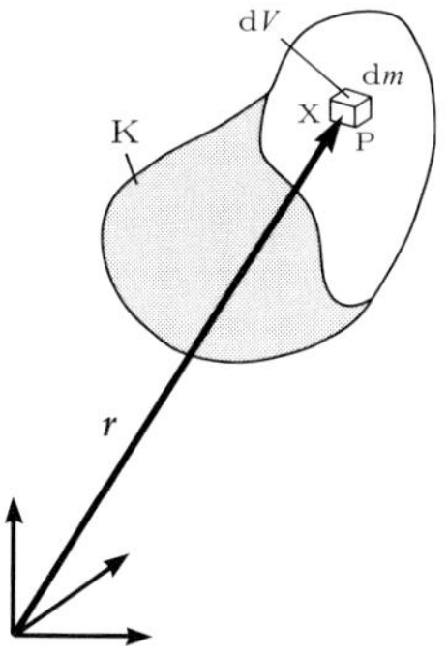

Bild 2.5: Zu den Begriffen Körper und Kontinuum

die Bewegung verantwortlichen Ursachen (etwa Kräfte, Spannungen) außer Acht. Grundsätzlich werden die Bewegungen materieller Körper durch deren materielle Punkte beschrieben. Dazu ist es im Falle von Festkörpern grundsätzlich notwendig, jedes Teilchen zu jeder Zeit identifizieren zu können.

2.3.1 Konfiguration und Bewegung

Konfiguration: Zweckmäßigerweise betrachtet man in der Kinematik zwei unterschiedliche Lagen bzw. Konfigurationen eines Körpers: Die *Bezugs-* oder *Referenzkonfiguration* (BKFG), die der Körper in seiner unverformten Ausgangslage zur Zeit t_0 einnehmen soll sowie die *Momentankonfiguration* (MKFG), welche den Körper in seiner verformten Momentanlage zu einer beliebigen Zeit t repräsentiert (vgl. Bild 2.6). Dabei nimmt der Körper K zur Zeit t_0 den Raumbereich Ω_0 (BKFG) und zur Zeit t den Raumbereich Ω (MKFG) ein. Bezeichnet man mit $\boldsymbol{\kappa}_0$ die Bezugskonfiguration, so wird gemäß

$$\boldsymbol{X} = \boldsymbol{\kappa_0}\,(\mathrm{X}, t_0) \tag{2.26}$$

jedem materiellen Punkt X$\in$ K zur Zeit t_0 durch $\boldsymbol{\kappa}_0$ seine Lage $\boldsymbol{X}$ in der BKFG zugeordnet. Damit ist das Teilchen X in der BKFG eindeutig identifiziert. Man sagt auch, daß der Vektor $\boldsymbol{X}$ die ,,materiellen“ Koordinaten bzw. die ,,Kennzeichnung“ des Teilchens X in der Ausgangslage angibt. Analog wird mit der Konfiguration $\boldsymbol{\kappa}$ über

$$\boldsymbol{x} = \boldsymbol{\kappa}\,(\mathrm{X}, t) \tag{2.27}$$

jedem materiellen Punkt X$\in$K in der MKFG seine räumliche Lage $\boldsymbol{x}$ zu einer beliebigen Zeit t zugeordnet. Dabei gibt der Vektor $\boldsymbol{x}$ die ,,räumlichen“ Koordinaten von X in der MKFG an. Setzt man voraus, daß $\boldsymbol{\kappa_0}$ invertierbar ist –also $\boldsymbol{\kappa_0}^{-1}$ existiert- so liegt eine ein-eindeutige Abbildung vor und aus (2.26) folgt sofort (man spricht in diesem Zusammenhang mathematisch vornehm auch von einer *topologischen Abbildung* oder von einem *Homöomorphismus*).

$$\mathrm{X} = \boldsymbol{\kappa_0}^{-1}\,(\boldsymbol{X}, t_0) \tag{2.28}$$

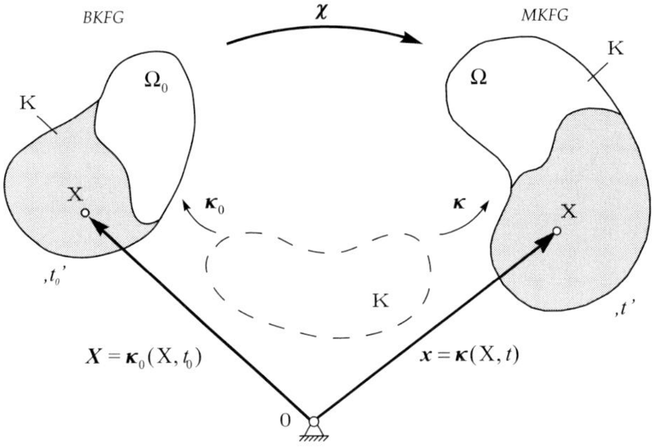

Bild 2.6: Zur Kinematik eines Körpers

Einsetzen von (2.28) in (2.27) führt dann zunächst formal auf $\boldsymbol{x} = \boldsymbol{\kappa}\left[\boldsymbol{\kappa}_0^{-1}(\boldsymbol{X}, t_0), t\right]$. Führt man noch die Abkürzung $\boldsymbol{\kappa}\left[\boldsymbol{\kappa}_0^{-1}(\boldsymbol{X}, t_0), t\right] =: \boldsymbol{\chi}(\boldsymbol{X}, t)$ ein, so folgt schließlich der funktionelle Zusammenhang zwischen den beiden Ortsvektoren in der MKFG und der BKFG $\boldsymbol{x}$ und $\boldsymbol{X}$ wie folgt

$$\boxed{\boldsymbol{x} = \boldsymbol{\chi}(\boldsymbol{X}, t)} \tag{2.29}$$

Die (vektorielle) Funktion $\boldsymbol{\chi}$ in (2.29) vermittelt eine Abbildung des in der BKFG durch die materielle Lage $\boldsymbol{X}$ zur Zeit t_0 gekennzeichneten materiellen Punktes X in die räumliche Lage $\boldsymbol{x}$ desselben materiellen Punktes zur Zeit t in der MKFG (vgl. Bild 2.6 und 2.7). Man bezeichnet $\boldsymbol{\chi}$ auch als die auf die Referenzkonfiguration $\boldsymbol{\kappa}_0$ bezogene Momentankonfiguration.

Bewegung: Eine stetige zeitliche Aufeinanderfolge von Abbildungen $\boldsymbol{\chi}$ aller materieller Punkte X∈K (also der gesamten Punktmenge) bezeichnet man als *Bewegung* des Körpers (vgl. die strichliert gekennzeichneten Momentanlagen des Körpers in Bild 2.7). Es sei an dieser Stelle bereits darauf hingewiesen, daß eine Bewegung nicht beliebig sein kann, sondern eine „mögliche“Bewegung stets sämtliche Bilanzgleichungen der Kontinuumsmechanik (vgl. Abschnitt 2.5) zu erfüllen hat.

Bahnkurve oder Bahnlinie: Wird nur ein einziges Teilchen X (mit seinem Lagevektor $\boldsymbol{X}$ in der BKFG) betrachtet, so gibt (2.29) die *Bahnkurve* oder *Bahnlinie* (auch „Schicksal“) von X an (vgl. Bild 2.7).

Kontinuumshypothese: Durch die Abbildungseigenschaft (2.29) wird sichergestellt, daß *ein* materieller Punkt nicht zur gleichen Zeit an *mehreren* Orten sein kann und *mehrere* Partikel nicht gleichzeitig an *ein und demselben* Ort sein können (*Kontinuumshypothese*). Gleichwohl nimmt aber ein und dasselbe Teilchen während seiner Bewegung -aber eben nacheinander zu verschiedenen Zeiten- unterschiedliche Raumpunkte ein, wobei die Verbin-

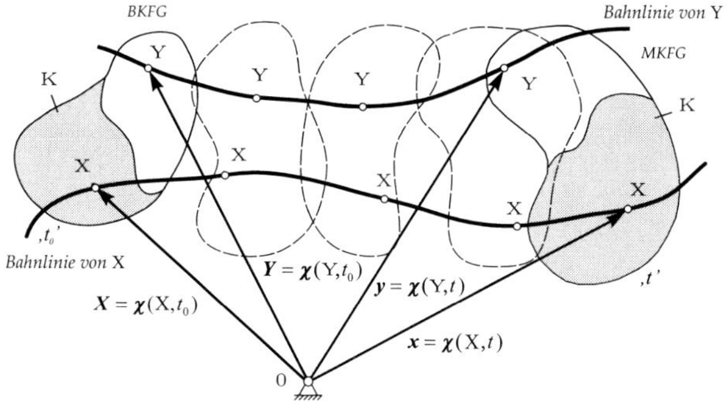

Bild 2.7: Zur Bewegung eines Körpers und zur Bahnlinie materieller Punkte

dung aller von X jemals durchlaufenen Raumpunkte ja gerade die *Bahnkurve* darstellt (vgl. Bild 2.7)! Zur Zeit t_0 geht die Bewegung (2.29) gemäß

$$\boxed{\boldsymbol{X} = \boldsymbol{\chi}(\boldsymbol{X}, t_0)} \tag{2.30}$$

wieder in die Lage $\boldsymbol{X}$ des Teilchens X in der BKFG über (vgl. Bild 2.7). Setzt man voraus, daß die *inverse Bewegung* $\boldsymbol{\chi}^{-1}$ existiert, so folgt aus (2.29)

$$\boldsymbol{X} = \boldsymbol{\chi}^{-1}(\boldsymbol{x}, t) \tag{2.31}$$

Entsprechend zu (2.29) wird durch (2.31) über $\boldsymbol{\chi}^{-1}$ eine Abbildung der räumlichen Lage $\boldsymbol{x}$ (MKFG) zurück in die Ausgangslage $\boldsymbol{X}$ (BKFG) eines beliebigen Teilchens X vermittelt. Mit (2.29) und (2.31) kann bezüglich der jeweiligen Lage von X zwischen der MKFG und der BKFG „hin und her gerechnet“ werden. Diese Darstellungen werden später im Zusammenhang mit unterschiedlichen Beschreibungsweisen von Kontinua noch von Interesse sein.

Beispiel 2.3

Ein Quader mit den Kantenlängen L_1, L_2, L_3 wird durch eine *einfache Scherung* verformt (vgl. Bild 2.8). Man ermittle die Bewegung des Quaders und deren Inverse. Dabei soll die Verformung mit der konstanten Schergeschwindigkeit v_0 aufgebracht werden. Man gebe ferner die Bewegung des speziellen Teilchens Z mit den materiellen Koordinaten $(X_1, X_2, X_3) = (L_1/2, L_2/2, L_3)$ zur Zeit t an.

Lösung:

Bezüglich des raumfesten Basissystems $\boldsymbol{e}_1$, $\boldsymbol{e}_2$, $\boldsymbol{e}_3$ im Ursprung O haben die Ortsvektoren $\boldsymbol{X}$ und $\boldsymbol{x}$ eines beliebigen materiellen Punktes X in der BKFG und der MKFG zunächst die folgenden kartesischen Darstellungen (vgl. Bild 2.8b)

$$\boldsymbol{X} = X_i \boldsymbol{e}_i = X_1 \boldsymbol{e}_1 + X_2 \boldsymbol{e}_2 + X_3 \boldsymbol{e}_3 \quad , \quad \boldsymbol{x} = x_i \boldsymbol{e}_i = x_1 \boldsymbol{e}_1 + x_2 \boldsymbol{e}_2 + x_3 \boldsymbol{e}_3 \tag{a}$$

Für die räumlichen Koordinaten des Vektors $\boldsymbol{x}$ zum Teilchen X gemäß (a) liest man nach Bild 2.8b ab

$$x_1 = \chi_1(X_1, X_2, X_3, t) = X_1 + \lambda(t) \tag{b}$$

$$x_2 = \chi_2(X_1, X_2, X_3, t) = X_2 \tag{c}$$

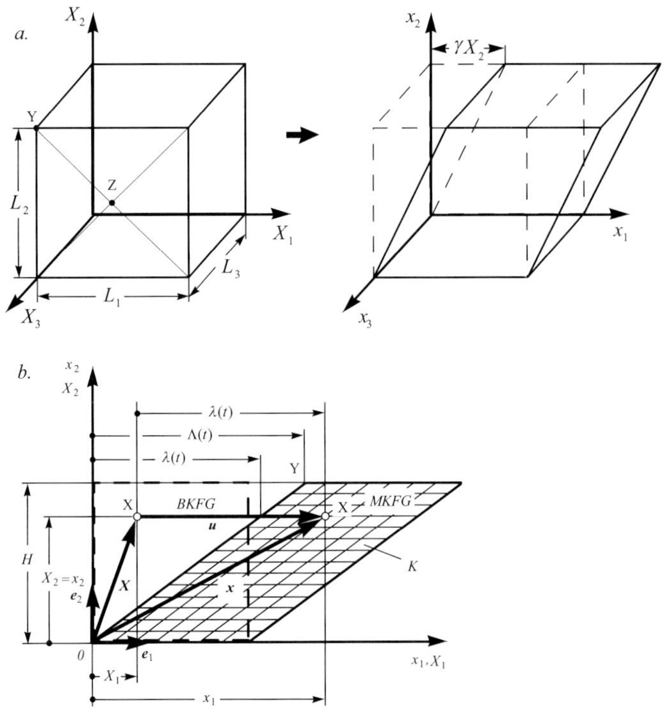

Bild 2.8: Einfache Scherung eines Quaders: a. Dreidimensionale Veranschaulichung und b. Verformung in der x_1, x_2-Ebene bei x_3=const

$$x_3 = \chi_3 \left(X_1, X_2, X_3, t\right) = X_3 \tag{d}$$

Mit Hilfe des Strahlensatzes ergibt sich nach Bild 2.8b der folgende Zusammenhang:

$$\frac{\Lambda\left(t\right)}{H} = \frac{\lambda\left(t\right)}{X_2} \qquad \text{und damit} \qquad \lambda\left(t\right) = \frac{\Lambda\left(t\right)}{H} X_2 \tag{e}$$

Nach Aufgabenstellung soll die Scherung mit der konstanten Geschwindigkeit v_0 gefahren werden, so daß für die (momentane) Koordinate $\Lambda(t)$ in $\boldsymbol{e}_1$-Richtung des materiellen Eckpunktes Y des Quaders noch gilt (vgl. Bild 2.8):

$$\Lambda\left(t\right) = v_0 t \tag{f}$$

Einsetzen von (b) bis (d) in $(a)_2$ führt unter Beachtung von (e) und (f) auf die Bewegung eines beliebigen materiellen Teilchens des Quaders in vektorieller Form

$$\boldsymbol{x} = \boldsymbol{\chi}\left(\boldsymbol{X}, t\right) = \left[X_1 + \gamma\left(t\right) X_2\right] \boldsymbol{e}_1 + X_2 \boldsymbol{e}_2 + X_3 \boldsymbol{e}_3 \tag{g}$$

worin

$$\gamma\left(t\right) \equiv \frac{\Lambda\left(t\right)}{H} = \frac{v_0 t}{H} \tag{h}$$

als *Scherung* oder *Schergradient* bezeichnet wird. Nach (g) ergibt sich unter Beachtung von $(a)_1$ und (h) für $t = t_0 = 0$ wieder die Lage des materiellen Punktes X in der BKFG, nämlich $\chi(X,\, t = t_0 = 0) = \boldsymbol{X}$. Gemäß (b) bis (d) erhält man durch entsprechendes Auflösen die materiellen Koordinaten zu

$$X_1 = \chi_1^{-1} \left(x_1, x_2, x_3, t\right) = x_1 - \lambda\left(t\right) \tag{i}$$

$$X_2 = \chi_2^{-1}(x_1, x_2, x_3, t) = x_2 \tag{j}$$

$$X_3 = \chi_3^{-1}(x_1, x_2, x_3, t) = x_3 \tag{k}$$

Einsetzen von (i) bis (k) in $(a)_1$ liefert die inverse Bewegung zu

$$\boldsymbol{X} = \boldsymbol{\chi}^{-1}(\boldsymbol{x}, t) = (x_1 - \gamma x_2)\,\boldsymbol{e}_1 + x_2\boldsymbol{e}_2 + x_3\boldsymbol{e}_3 \quad , \quad \gamma(t) = \frac{v_0 t}{H} \tag{l}$$

Die räumliche Lage des speziellen Teilchens Z ergibt sich gemäß Aufgabenstellung zur Zeit t aus (g) wie folgt:

$$\boldsymbol{x} = \boldsymbol{\chi}\left(X_1 = \frac{L_1}{2}, X_2 = \frac{L_2}{2}, X_3 = L_3, t\right) = \underbrace{\frac{1}{2}(L_1 + \gamma L_2)}_{x_1}\boldsymbol{e}_1 + \underbrace{\frac{1}{2}L_2}_{x_2}\boldsymbol{e}_2 + L_3\boldsymbol{e}_3 \tag{m}$$

Der Ausdruck (m) gibt die Bahnkurve des Teilchens Z mit den materiellen Koordinaten $(X_1,\ X_2,\ X_3) = (L_1/2,\ L_2/2,\ L_3)$ wieder. Dabei liegt die Bahnkurve von Z in der x_1, x_2-Ebene auf der konstanten Höhe $x_2 = L_2/2$. Es handelt sich also um eine geradlinige oder eindimensionale Bewegung, wobei sich sämtliche materiellen Punkte des Quaders auf zueinander parallelen „Schichten“ bewegen (vgl. Bild 2.8).

Im Rahmen der vorstehenden Ausführungen gab es grundsätzlich zwei Möglichkeiten die Lage eines materiellen Punktes X anzugeben: Einmal in der BKFG mittels des Vektors $\boldsymbol{X}$ (*materielle* Koordinaten von X) und einmal in der MKFG mittels des Vektors $\boldsymbol{x}$ (*räumliche* Koordinaten von X). Damit besteht die Möglichkeit alle weiteren in der Kontinuumsmechanik auftretenden Größen -wie etwa Verschiebungen, Geschwindigkeiten, Verzerrungen, Spannungen etc.- alternativ durch eine dieser beiden Variablen darzustellen. Dadurch ergeben sich zwei unterschiedliche Betrachtungsweisen, nämlich die *materielle* oder *LAGRANGEsche* und die *räumliche* oder *EULERsche* Betrachtungsweise.

Materielle oder LAGRANGEsche Betrachtungsweise (Joseph Louis de LAGRANGE, ital.-franz. Mathematiker, 1736-1813) (vgl. Bild 2.9a): Hierbei wird das „materielle Geschehen“ (Bewegung, Geschwindigkeit, etc.) *jedes* einzelnen materiellen Punktes X, Y,.... verfolgt. Der *aktuelle* Ortsvektor $\boldsymbol{x}$, $\boldsymbol{y}$,... „heftet“ sich quasi an das jeweils interessierende Teilchen X, Y,... Sämtliche Größen werden als Funktion des jeweiligen Lagevektors $\boldsymbol{X}$, $\boldsymbol{Y}$,.... des Teilchens X, Y,... in der BKFG und der Zeit t angegeben. Dabei wird die jeweilige Größe (beispielsweise der Geschwindigkeitsvektor $\boldsymbol{v}$) *eines* Teilchens X zu *allen* Zeiten t beobachtet (gemessen).

Beispiel: Wolke am Himmel, deren Bewegung (Verformung) vom Auge beobachtet und damit prinzipiell die Bewegung $\boldsymbol{x}$ und die Geschwindigkeit $\boldsymbol{v}$ jedes Wolkenpunktes (also dessen „Schicksal“) zeitlich verfolgt wird (vgl. Bild 2.9a).

Anwendungen: Festkörper oder spezielle Probleme der Fluidmechanik (etwa einzelne Tropfen bei der Zerstäubung von Flüssigkeiten in einer Gasatmosphäre, Wirbelbewegungen).

Räumliche oder EULERsche Betrachtungsweise Leonard EULER, schweiz. Mathematiker, 1707-1783) (vgl. Bild 2.9b)**:** Hiebei wird darauf verzichtet, den zeitlichen Verlauf *eines* oder jedes individuellen materiellen Teilchens zu kennen. Es wird danach gefragt, wie groß die jeweilige Größe an einem (raumfesten) Ort zu beliebigen Zeiten ist. Man denkt sich den Raum mit einem feststehenden Raster überzogen. Der Körper bzw. das

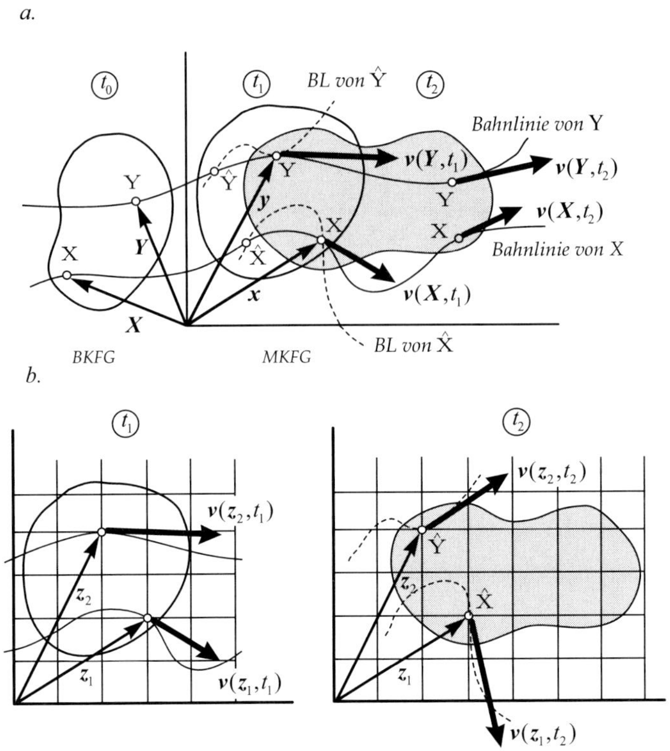

Bild 2.9: Zur LAGRANGEschen und EULERschen Betrachtungsweise: Geschwindigkeitsvektoren in a. materieller und b. räumlicher Darstellung

Gebiet (Fluidvolumen) schiebt sich dann hinter dem Raster vorbei. Die Größen (beispielsweise der Geschwindigkeitsvektor $\boldsymbol{v}$) werden an einem festen Ort $\boldsymbol{z}_1$, $\boldsymbol{z}_2$,... (des Rasters) als Funktion der Zeit t gemessen, wobei jetzt nicht mehr interessiert, um welches Teilchen es sich handelt! Es wird das „räumliche Geschehen" (Bewegung, Geschwindigkeit etc.) am (festen) Ort zu allen Zeiten t_1, t_2, ... beobachtet. Dies kommt in Bild 2.9b dadurch zum Ausdruck, daß zur Zeit t_2 bereits ein anderes Teilchen $\hat{\mathrm{X}}$ bzw. $\hat{\mathrm{Y}}$ den Ort $\boldsymbol{z}_1$ bzw. $\boldsymbol{z}_2$ mit der Geschwindigkeit $\boldsymbol{v}(\boldsymbol{z}_1, t_1)$ bzw. $\boldsymbol{v}(\boldsymbol{z}_2, t_2)$ passiert und die Bahnlinien von $\hat{\mathrm{X}}$ bzw. $\hat{\mathrm{Y}}$ sich im Allgemeinen selbstverständlich von denjenigen von X bzw. Y unterscheiden (vgl. hierzu auch Bild 2.9a!).

Beispielsweise wird also nicht die Geschwindigkeit eines bestimmten Teilchens zu allen Zeiten (dessen „Schicksal") verfolgt, sondern die Geschwindigkeit vieler Teilchen registriert, welche sich zu einer bestimmtem Zeit an diesem (festen) Ort aufhalten.

Beispiele: Ein Beobachter registriert (etwa durch ein Loch) auf einer Autobahnbrücke die Geschwindigkeiten derjenigen Autos, die dieses Loch zu verschiedenen Zeiten passieren. Ein anderes Beispiel wäre die Strömungsmessung einer Flüssigkeit in einem Rohr (etwa mittels

Laser-Doppler-Anemometrie): Es werden die Geschwindigkeiten am jeweils festen Ort (bestimmter Rohrradius) als Funktion der Zeit gemessen. Dabei ist vollkommen uninteressant, *welche*s Teilchen gerade diesen bestimmten Ort passiert!

Anwendung: Vorrangig bei der Beschreibung von Fluiden (Strömungsmechanik).

Hinweis:
Mit Hilfe von (2.29) und (2.30) lassen sich die LAGRANGEsche und die EULERsche Darstellung ineinander überführen!

2.3.2 Verschiebungs-, Geschwindigkeits- und Beschleunigungsfeld

Verschiebungsvektor: Beim Übergang von der BKFG in die MKFG erfährt jeder materielle Punkt X eines Körpers eine Verschiebung, die durch den *Verschiebungsvektor* $\boldsymbol{u}$ repräsentiert wird. Gemäß Bild 2.10 läßt sich dieser grundsätzlich aus der Vektordifferenz der beiden Ortsvektoren $\boldsymbol{x}$ und $\boldsymbol{X}$ des Teilchens X in der BKFG und der MKFG wie folgt berechnen:

$$\boxed{\boldsymbol{u}\,(\mathrm{X}, t) = \boldsymbol{x} - \boldsymbol{X}} \tag{2.32}$$

Formal hat man nun zwei Möglichkeiten den Verschiebungsvektor darzustellen: Unter Beachtung von (2.28) läßt sich die linke Seite von (2.32) zunächst auf die Form $\boldsymbol{u}\,(X, t) = \boldsymbol{u}\left[\boldsymbol{\kappa}_0^{-1}\,(\boldsymbol{X}, t_0)\,, t\right] = \boldsymbol{u}\,(\boldsymbol{X}, t)$ in (2.33) bringen (man beachte, daß hier die Vektorfunktionen $\boldsymbol{u}$ links und rechts des ersten Gleichheitszeichens aus Gründen der Übersichtlichkeit nicht durch ein neues Symbol unterschieden wurden), so daß unter Beachtung von (2.29) der Ausdruck (2.32) wie folgt auf den Verschiebungsvektor in der *materiellen* oder *LAGRANGEschen* Beschreibungsweise führt

$$\boldsymbol{u}\,(\mathrm{X}, t) = \boldsymbol{u}\,(\boldsymbol{X}, t) = \boldsymbol{x} - \boldsymbol{X} = \boldsymbol{\chi}\,(\boldsymbol{X}, t) - \boldsymbol{X} \tag{2.33}$$

Ersetzt man dagegen die Ortsvektoren $\boldsymbol{X}$ in (2.33) durch (2.31), so kommt man unter Beachtung von $\boldsymbol{u}\,(\boldsymbol{X}, t) = \boldsymbol{u}\left[\boldsymbol{\chi}^{-1}\,(\boldsymbol{x}, t)\,, t\right] =: \boldsymbol{u}\,(\boldsymbol{x}, t)$ (hierbei wurden wieder die Funktionssymbole aus Gründen der Übersichtlichkeit nicht unterschieden!) auf den Verschiebungsvektor in der *räumlichen* oder *EULERschen* Beschreibungsweise

$$\boldsymbol{u}\,(\mathrm{X}, t) = \boldsymbol{u}\,(\boldsymbol{x}, t) = \boldsymbol{x} - \boldsymbol{X} = \boldsymbol{x} - \boldsymbol{\chi}^{-1}\,(\boldsymbol{x}, t) \tag{2.34}$$

Die Gesamtheit aller Verschiebungsvektoren eines Körpers ergeben das *Verschiebungsfeld* (vgl. Bild 2.10).

Geschwindigkeitsvektor: Der *Geschwindigkeitsvektor* $\boldsymbol{v}$ eines Teilchens X zur Zeit t ist generell durch die Ableitung des Ortsvektors $\boldsymbol{x}$ (MKFG) nach der Zeit definiert, also

$$\boldsymbol{v} = \dot{\boldsymbol{x}} \tag{2.35}$$

Diese Ableitungsvorschrift wird auch als *materielle* oder *substantielle* Zeitableitung bezeichnet. Einsetzen der Bewegung (2.29) in (2.35) führt unter Beachtung des Verschiebungsvektors gemäß (2.33) auf (man beachte dabei, daß der Vektor $\boldsymbol{X}$ des Teilchens X in der BKFG nicht von der Zeit abhängt)

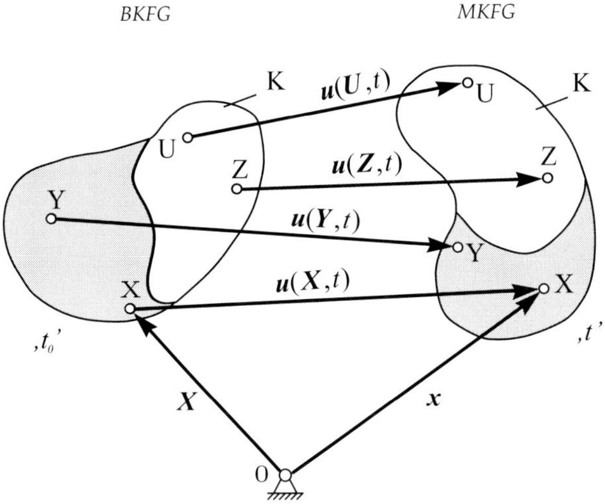

Bild 2.10: Verschiebungsvektoren materieller Punkte (Verschiebungsfeld)

$$\boldsymbol{v}(\boldsymbol{X},t) = \frac{d\boldsymbol{x}}{dt} = \frac{\partial \boldsymbol{\chi}(\boldsymbol{X},t)}{\partial t} = \frac{\partial \boldsymbol{u}(\boldsymbol{X},t)}{\partial t} \tag{2.36}$$

Analog zum Verschiebungsfeld läßt sich der Geschwindigkeitsvektor selbstverständlich auch in räumlichen Koordinaten darstellen, so daß man durch Einsetzen von (2.31) in (2.36) auch schreiben kann

$$\boldsymbol{v}(\mathbf{X},t) = \boldsymbol{v}\left[\boldsymbol{\chi}^{-1}(\boldsymbol{x},t),t\right] = \boldsymbol{v}(\boldsymbol{x},t) \tag{2.37}$$

Die Gesamtheit aller Geschwindigkeitsvektoren eines Körpers ergibt das *Geschwindigkeitsfeld*. Die folgenden Beispiele sollen die oben ausgeführten Zusammenhänge kurz verdeutlichen.

Beispiel 2.4

Man gebe für die Scherbewegung aus Beispiel 2.3 den Verschiebungsvektor $\boldsymbol{u}$ sowie den Geschwindigkeitsvektor $\boldsymbol{v}$ jeweils in LAGRANGEscher und EULERscher Betrachtungsweise an.

Lösung:

Gemäß (2.33) bzw. (2.34) erhält man mit den Ausdrücken (a) bis (d) bzw. (i) bis (k) unter Beachtung von (e) und (h) aus Beispiel 2.3 den Verschiebungsvektor in materieller bzw. räumlicher Darstellung zu

$$\boldsymbol{u}(\boldsymbol{X},t) = \lambda(t)\,\boldsymbol{e}_1 = \gamma(t)\,X_2\boldsymbol{e}_1 \quad , \quad \boldsymbol{u}(x,t) = \gamma(t)\,x_2\boldsymbol{e}_1 \quad , \quad \gamma(t) = \frac{v_0 t}{H} \tag{a}$$

Anmerkung: Das Ergebnis $(a)_2$ folgt auch sofort aus $(a)_1$, indem dort die materielle Koordinate X_2 gemäß (c) aus Beispiel 2.3 durch die räumliche Koordinate x_2 ersetzt wird.

Einsetzen von (g) und (h) aus Beispiel 2.3 in (2.36) liefert den Geschwindigkeitsvektor in LAGRANGEscher Betrachtungsweise

$$\begin{aligned}\boldsymbol{v}(\boldsymbol{X},t) &= \frac{\partial \boldsymbol{\chi}(\boldsymbol{X},t)}{\partial t} = \frac{\partial}{\partial t}\left[(X_1+\gamma X_2)\,\boldsymbol{e}_1 + X_2\boldsymbol{e}_2 + X_3\boldsymbol{e}_3\right] = \frac{\partial}{\partial t}(X_1+\gamma X_2)\,\boldsymbol{e}_1 \\ &= \dot{\gamma} X_2\boldsymbol{e}_1 = \frac{v_0}{H}X_2\boldsymbol{e}_1\end{aligned} \tag{b}$$

bzw. durch Einsetzen von (j) aus Beispiel 2.3 in (b) in EULERscher Betrachtungsweise

$$\boldsymbol{v}\,(\boldsymbol{x},t) = \dot{\gamma} x_2 \boldsymbol{e}_1 = \frac{v_0}{H} x_2 \boldsymbol{e}_1 \tag{c}$$

Nach (b) bzw. (c) nimmt die Geschwindigkeit der materiellen Punkte des Quaders allein mit der materiellen bzw. räumlichen Höhenkoordinate X_2 bzw. x_2 linear zu und die Richtung von $\boldsymbol{v}$ ist für alle Teilchen die $\boldsymbol{e}_1$-Richtung. Die Geschwindigkeit sämtlicher materieller Punkte ist bezüglich der Zeit konstant.

Beschleunigungsvektor: Der Beschleunigungsvektor $\boldsymbol{a}$ eines materiellen Punktes X zur Zeit t ist durch die zeitliche Differentiation des Geschwindigkeitsvektors $\boldsymbol{v}$ definiert, so daß mit (2.35) gilt

$$\boldsymbol{a} = \dot{\boldsymbol{v}} = \ddot{\boldsymbol{x}} \tag{2.38}$$

Für den Fall, daß der Geschwindigkeitsvektor in LAGRANGEscher Betrachtungsweise dargestellt ist, folgt mit (2.36) sofort der Beschleunigungsvektor in materieller Form

$$\boldsymbol{a}\,(\boldsymbol{X},t) = \frac{d\boldsymbol{v}}{dt} = \frac{d^2\boldsymbol{x}}{dt^2} = \frac{\partial \boldsymbol{v}\,(\boldsymbol{X},t)}{\partial t} = \frac{\partial^2 \boldsymbol{\chi}\,(\boldsymbol{X},t)}{\partial t^2} = \frac{\partial^2 \boldsymbol{u}\,(\boldsymbol{X},t)}{\partial t^2} \tag{2.39}$$

worin $d(\cdot)/dt$ wieder die *materielle* oder *substantielle* Ableitung bedeutet. Ist dagegen der Geschwindigkeitsvektor in EULERscher Betrachtungsweise dargestellt, so ist der Sachverhalt etwas komplizierter und man erhält unter Beachtung von (2.29) zunächst durch Anwendung der Kettenregel

$$\begin{aligned} \boldsymbol{a}\,(\boldsymbol{x},t) &= \frac{d\boldsymbol{v}}{dt} = \frac{d}{dt}\left[\boldsymbol{v}\,(\boldsymbol{x},t)\right] = \frac{d}{dt}\left\{\boldsymbol{v}\left[\boldsymbol{\chi}\,(\boldsymbol{X},t)\,,t\right]\right\} \\ &= \underbrace{\frac{\partial \boldsymbol{\chi}\,(\boldsymbol{X},t)}{\partial t}}_{\boldsymbol{v}} \cdot \frac{\partial \boldsymbol{v}\,(\boldsymbol{x},t)}{\partial \boldsymbol{\chi}} + \frac{\partial \boldsymbol{v}\,(\boldsymbol{x},t)}{\partial t} \end{aligned} \tag{2.40}$$

Der erste Term auf der rechten Seite von (2.40) stellt ein Skalarprodukt zwischen dem Vektor $\partial\boldsymbol{\chi}/\partial t$ und dem Tensor zweiter Stufe $\partial\boldsymbol{v}/\partial\boldsymbol{\chi}$ dar und bedarf einer näheren Erläuterung: Zunächst sei betont, daß die beiden Multiplikatoren $\partial\boldsymbol{\chi}/\partial t$ und $\partial\boldsymbol{v}/\partial\boldsymbol{\chi}$ aus tensoralgebraischen Gründen in dieser Reihenfolge zu stehen haben! Der Ausdruck $\partial\boldsymbol{\chi}/\partial t$ tauchte in (2.36) bereits auf und repräsentiert den Geschwindigkeitsvektor $\boldsymbol{v}$, wobei hier zu beachten ist, daß nach partieller Differentiation von $\boldsymbol{\chi}$, die Funktion $\partial\boldsymbol{\chi}/\partial t$ wieder in EULERschen Variablen auszudrücken, also $[\partial\boldsymbol{\chi}(\boldsymbol{X},t)/\partial t]_{\boldsymbol{X}=\boldsymbol{\chi}^{-1}(\boldsymbol{x},t)}$ zu bilden ist. Der Term $\partial\boldsymbol{v}/\partial\boldsymbol{\chi}$ stellt die Ableitung des Geschwindigkeitsvektors $\boldsymbol{v}$ nach dem Vektor $\boldsymbol{\chi}$ dar und ist somit gemäß Anhang A.2.3 ein Tensor zweiter Stufe. Letzterer läßt sich nach Anhang (A.129) mit dem *räumlichen* NABLA-Operator auch schreiben als

$$\frac{\partial \boldsymbol{v}\,(\boldsymbol{x},t)}{\partial \boldsymbol{\chi}} = \boldsymbol{\nabla}\boldsymbol{v}\,(\boldsymbol{x},t) = grad\boldsymbol{v}\,(\boldsymbol{x},t) \equiv \boldsymbol{L}^T \tag{2.41}$$

Der Ausdruck (2.41) wird auch als der transponierte *(räumliche) Gradient des Geschwindigkeitsvektors* $\boldsymbol{v}$ oder als der *(räumliche) Geschwindigkeitsgradient* bezeichnet. Einsetzen von (2.41) in (2.40) liefert schließlich den Beschleunigungsvektor in räumlicher Darstellung (EULERsche Betrachtungsweise)

$$\boldsymbol{a}\,(\boldsymbol{x},t) = \dot{\boldsymbol{v}}\,(\boldsymbol{x},t) = \frac{\partial \boldsymbol{v}\,(\boldsymbol{x},t)}{\partial t} + \boldsymbol{v}\,(\boldsymbol{x},t) \cdot \boldsymbol{\nabla}\boldsymbol{v}\,(\boldsymbol{x},t) \tag{2.42}$$

oder in übersichtlicherer Form unter Weglassung der Argumente

$$\boxed{\boldsymbol{a} = \dot{\boldsymbol{v}} = \frac{\partial \boldsymbol{v}}{\partial t} + \boldsymbol{v} \cdot \boldsymbol{\nabla} \boldsymbol{v}} \tag{2.43}$$

Der Term $\partial \boldsymbol{v}/\partial t$ in (2.43) wird als *lokale Ableitung* oder *lokale Beschleunigung* bezeichnet und gibt denjenigen Anteil des Beschleunigungsvektors an, der durch die *zeitliche* Änderung von $\boldsymbol{v}$ am *festen* Ort entsteht und von einem im Raumpunkt $\boldsymbol{x}$ befindlichen ortsfesten Beobachter registriert wird (vgl. die Ausführungen unter 2.3.1 zur EULERschen Betrachtungsweise).

Der zweite Term auf der rechten Seite von (2.43) heißt *konvektive Ableitung* oder *konvektive Beschleunigung* und gibt die *örtliche* Änderung von $\boldsymbol{v}$, nämlich den Gradienten $\boldsymbol{\nabla v}$, in Richtung von $\boldsymbol{v}$ an (das Skalarprodukt kann als Projektion des Geschwindigkeitsgradienten auf den Vektor $\boldsymbol{v}$ aufgefaßt werden!). Bei Ortsänderung erfährt also das Teilchen eine Geschwindigkeitsänderung!

Beispiel 2.5:
Für die einfache Scherung von Beispiel 2.3 bzw. 2.4 zeige man, daß der Beschleunigungsvektor null ist.

Lösung:
Einsetzen des Geschwindigkeitsvektors (b) von Beispiel 2.4 in (2.39) ergibt unter Beachtung von $v_0 = const.$

$$\boldsymbol{a}(\boldsymbol{X}, t) = \frac{d\boldsymbol{v}}{dt} = \frac{\partial \boldsymbol{v}(\boldsymbol{X}, t)}{\partial t} = \frac{\partial}{\partial t}\left(\frac{v_0}{H} X_2 \boldsymbol{e}_1\right) = \boldsymbol{0} \tag{a}$$

womit der Beschleunigungsvektor in materieller Darstellung null ist. Mit dem Geschwindigkeitsvektor in *räumlichen* Koordinaten (c) von Beispiel 2.4 folgt ebenfalls sogleich wegen der Zeitunabhängigkeit, daß zunächst die lokale Beschleunigung gemäß (2.43) verschwindet, also

$$\frac{\partial \boldsymbol{v}(\boldsymbol{x}, t)}{\partial t} = \frac{\partial}{\partial t}\left(\frac{v_0}{H} x_2 \boldsymbol{e}_1\right) = \boldsymbol{0} \tag{b}$$

Die Anwendung des NABLA-Operators in kartesischen Koordinaten nach (A.127) auf den Ausdruck (c) von Beispiel 2.4 liefert den räumlichen Geschwindigkeitsgradienten gemäß (2.41) wie folgt:

$$\begin{aligned} \boldsymbol{\nabla v}(\boldsymbol{x}, t) = grad\boldsymbol{v}(\boldsymbol{x}, t) &= \left(\frac{\partial}{\partial x_1}\boldsymbol{e}_1 + \frac{\partial}{\partial x_2}\boldsymbol{e}_2 + \frac{\partial}{\partial x_3}\boldsymbol{e}_3\right)\left(\frac{v_0}{H} x_2 \boldsymbol{e}_1\right) \\ &= \boldsymbol{e}_2 \frac{\partial}{\partial x_2}\left(\frac{v_0}{H} x_2 \boldsymbol{e}_1\right) = \frac{v_0}{H}\boldsymbol{e}_2\boldsymbol{e}_1 \end{aligned} \tag{c}$$

Skalare Multiplikation des Geschwindigkeitsvektors (c) aus Beispiel 2.4 mit der Dyade (c) ergibt unter Beachtung von (A.21) und (A.80)

$$\begin{aligned} \boldsymbol{v}(\boldsymbol{x}, t) \cdot [\boldsymbol{\nabla v}(\boldsymbol{x}, t)] &= \left(\frac{v_0}{H} x_2 \boldsymbol{e}_1\right) \cdot \left(\frac{v_0}{H}\boldsymbol{e}_2\boldsymbol{e}_1\right) = \left(\frac{v_0}{H}\right)^2 x_2 \left[\boldsymbol{e}_1 \cdot (\boldsymbol{e}_2\boldsymbol{e}_1)\right] \\ &= \left(\frac{v_0}{H}\right)^2 x_2 \underbrace{(\boldsymbol{e}_1 \cdot \boldsymbol{e}_2)}_{0} \boldsymbol{e}_1 = \boldsymbol{0} \end{aligned} \tag{d}$$

Mit (b) und (d) erhät man gemäß (2.43), daß selbstverständlich auch der Beschleunigungsvektor in räumlicher Darstellung verschwindet, also

$$\boldsymbol{a}(\boldsymbol{x}, t) = \dot{\boldsymbol{v}}(\boldsymbol{x}, t) = \frac{\partial \boldsymbol{v}(\boldsymbol{x}, t)}{\partial t} + \boldsymbol{v}(\boldsymbol{x}, t) \cdot \boldsymbol{\nabla v}(\boldsymbol{x}, t) = \boldsymbol{0} \tag{e}$$

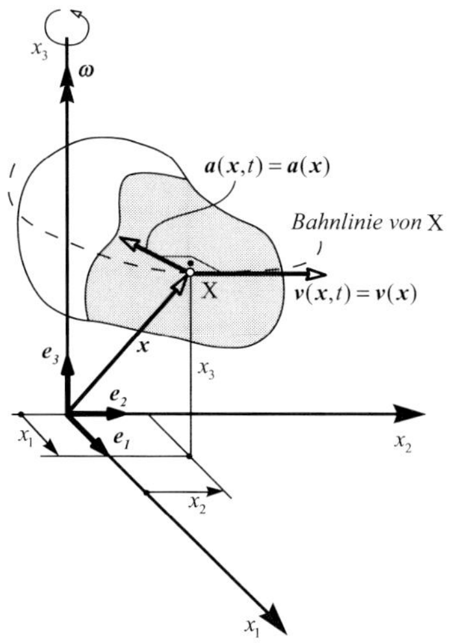

Bild 2.11: Zur Beschleunigung bei reiner Rotation eines starren Körpers

Beispiel 2.6:
Ein starrer Körper rotiert mit der konstanten Winkelgeschwindigkeit $\boldsymbol{\omega} = \omega_3 \boldsymbol{e}_3$ um die x_3-Achse. Man berechne das Geschwindigkeits- und das Beschleunigungsfeld (vgl. Bild 2.11).

Lösung:
Für den Fall reiner Rotation eines starren Körpers gilt für den Geschwindigkeitsvektor

$$\boldsymbol{v} = \boldsymbol{\omega} \times \boldsymbol{x} \tag{a}$$

Bezieht man sämtliche Vektoren von (a) auf ein kartesisches Basissystem $\boldsymbol{e}_i$ mit den aktuellen Koordinaten x_i in der MKFG, so gelten unter Beachtung von (A.83) die folgenden Darstellungen (Achtung EINSTEINsche Summationskonvention!)

$$\boldsymbol{v} = v_i \boldsymbol{e}_i \quad , \quad \boldsymbol{\omega} = \omega_3 \boldsymbol{e}_3 \quad , \quad \boldsymbol{x} = x_i \boldsymbol{e}_i \tag{b}$$

Einsetzen von (b) in (a) führt unter Beachtung der Rechenregeln für Kreuzprodukte (A.86) bis (A.89) auf

$$\begin{aligned} \boldsymbol{v} = \boldsymbol{\omega} \times \boldsymbol{x} &= (\omega_3 \boldsymbol{e}_3) \times x_i \boldsymbol{e}_i \equiv \omega_3 (x_i \boldsymbol{e}_3 \times \boldsymbol{e}_i) \\ &= \omega_3 \left(x_1 \underbrace{\boldsymbol{e}_3 \times \boldsymbol{e}_1}_{\boldsymbol{e}_2} + x_2 \underbrace{\boldsymbol{e}_3 \times \boldsymbol{e}_2}_{-\boldsymbol{e}_1} + x_3 \underbrace{\boldsymbol{e}_3 \times \boldsymbol{e}_3}_{\boldsymbol{0}} \right) = \\ &= \underline{\omega_3 (x_1 \boldsymbol{e}_2 - x_2 \boldsymbol{e}_1)} \overset{!}{=} v_1 \boldsymbol{e}_1 + v_2 \boldsymbol{e}_2 + v_3 \boldsymbol{e}_3 = \boldsymbol{v}(\boldsymbol{x}) \end{aligned} \tag{c}$$

Für die lokale Ableitung in (2.43) ergibt sich mit dem unterstrichen gekennzeichneten Ergebnis von (c), welches nicht *explizit* von der Zeit abhängt, sofort

$$\frac{\partial \boldsymbol{v}}{\partial t} = \frac{\partial}{\partial t} [\omega_3 (x_1 \boldsymbol{e}_2 - x_2 \boldsymbol{e}_1)] = \boldsymbol{0} \tag{d}$$

Gemäß (2.41) erhält man unter Beachtung von (c) und (A.127) für den Geschwindigkeitsgradienten

$$\boldsymbol{\nabla} \boldsymbol{v}(\boldsymbol{x}, t) = \left(\frac{\partial}{\partial x_1} \boldsymbol{e}_1 + \frac{\partial}{\partial x_2} \boldsymbol{e}_2 + \frac{\partial}{\partial x_3} \boldsymbol{e}_3 \right) [\omega_3 (x_1 \boldsymbol{e}_2 - x_2 \boldsymbol{e}_1)] = \omega_3 (\boldsymbol{e}_1 \boldsymbol{e}_2 - \boldsymbol{e}_2 \boldsymbol{e}_1) \tag{e}$$

Skalare Multiplikation des unterstrichen gekennzeichneten Terms von (c) mit (e) führt auf die konvektive Beschleunigung

$$\boldsymbol{v} \cdot \boldsymbol{\nabla} \boldsymbol{v}(x, t) = [\omega_3 (x_1 \boldsymbol{e}_2 - x_2 \boldsymbol{e}_1)] \cdot [\omega_3 (\boldsymbol{e}_1 \boldsymbol{e}_2 - \boldsymbol{e}_2 \boldsymbol{e}_1)] = -\omega_3^2 (x_1 \boldsymbol{e}_1 + x_2 \boldsymbol{e}_2) \tag{f}$$

Einsetzen von (d) und (f) in (2.43) ergibt schließlich das Beschleunigungsfeld, welches explizit nur noch vom Ort abhängt, wie folgt

$$\boldsymbol{a}(\boldsymbol{x},t) = -\omega_3^2(x_1\boldsymbol{e}_1 + x_2\boldsymbol{e}_2) = \boldsymbol{a}(x) \tag{g}$$

Mit (c) und (g) ergibt sich noch das Skalarprodukt aus dem Geschwindigkeits- und Beschleunigungsvektor zu

$$\begin{aligned}\boldsymbol{v}(\boldsymbol{x})\cdot\boldsymbol{a}(\boldsymbol{x}) &= [\omega_3(x_1\boldsymbol{e}_2 - x_2\boldsymbol{e}_1)]\cdot\left[-\omega_3^2(x_1\boldsymbol{e}_1 + x_2\boldsymbol{e}_2)\right] = \\ &= -\omega_3^3(x_1\boldsymbol{e}_2 - x_2\boldsymbol{e}_1)\cdot(x_1\boldsymbol{e}_1 + x_2\boldsymbol{e}_2) = -\omega_3^3(x_1x_2 - x_2x_1) = \boldsymbol{0}\end{aligned} \tag{h}$$

wonach Geschwindigkeitsfeld und (konvektives) Beschleunigungsfeld erwartungsgemäß *senkrecht* aufeinander stehen (vgl. Bild 2.11).

2.3.3 Deformations-, Geschwindigkeits- und Verschiebungsgradient

Deformationsgradient: In den vorhergehenden Ausführungen wurden Ableitungen der Bewegung $\boldsymbol{\chi}$ nach der *Zeit* gebildet, die dann auf das Geschwindigkeits- bzw. Beschleunigungsfeld führten. Eine wesentlich zentralere Rolle spielt in der Kontinuumsmechanik die Ableitung der Bewegung nach dem *Ort*. Wird die Bewegung (2.29) nach dem Lagevektor $\boldsymbol{X}$ (in der BKFG) abgeleitet, so entsteht der *Deformationsgradient* (besser: *Konfigurationsgradient*, da dieser den Gradienten oder die Änderung zwischen den beiden Konfigurationen BKFG und MKFG beschreibt)

$$\boldsymbol{F}(\boldsymbol{X},t) = \frac{\partial\boldsymbol{x}}{\partial\boldsymbol{X}} = \frac{\partial\boldsymbol{\chi}(\boldsymbol{X},t)}{\partial\boldsymbol{X}} \tag{2.44}$$

Mit dem materiellen NABLA-Operator $\boldsymbol{\nabla}_0$ (vgl. Unterabschnitt A.2.4) läßt sich dann schreiben

$$\boxed{\boldsymbol{F} = \boldsymbol{x}\boldsymbol{\nabla}_0} \tag{2.45}$$

wobei durch diese Operation, nämlich der Ableitung des (Orts-) *Vektors* $\boldsymbol{x}$ nach dem (Orts-) *Vektor* $\boldsymbol{X}$ ein *Tensor* (zweiter Stufe) entsteht (vgl.(A.124) bis (A.126)), im Unterschied zu den Zeitableitungen, die stets wieder auf Vektoren führten! Wichtig ist hierbei auch, daß bei der Form des gemäß (2.45) definierten Deformationsgradienten die Reihenfolge der beiden Vektoren nicht vertauscht werden darf (es sei erwähnt, daß andere Autoren diese Größe manchmal genau umgekehrt definieren, wobei sich diese Definition dann durch sämtliche folgende Rechnungen zieht, was aber durchaus zulässig ist!)

Hinweis:
Der Ausdruck (2.45) stellt ein *dyadisches Produkt* der beiden Vektoren $\boldsymbol{x}$ und $\boldsymbol{\nabla}_0$ dar, wobei im Allgemeinen der Ortsvektor $\boldsymbol{x}$ bezüglich eines räumlichen und der NABLA-Operator $\boldsymbol{\nabla}_0$ bezüglich eines materiellen Basissystems dargestellt werden können, so daß man daher auch von einem *Bivektor*, *Doppelfeld-* oder *Zweifeldtensor* spricht.

Werden sämtliche Größen bezüglich ein und derselben kartesischen Basis $\boldsymbol{e}_i$ dargestellt, so läßt sich (2.45) auch in der folgenden *indizistischen* Schreibweise angeben (gemäß der EIN-

STEINschen Summationskonvention ist über doppelt auftretende Indizes jeweils zu summieren, so daß insgesamt neun Koordinaten von $\boldsymbol{F}$ entstehen, vgl. auch hierzu Anhang A.90):

$$\begin{aligned}\boldsymbol{F} &= F_{ij}\boldsymbol{e}_i\boldsymbol{e}_j = \frac{\partial x_i}{\partial X_j}\boldsymbol{e}_i\boldsymbol{e}_j = \\ &= F_{11}\boldsymbol{e}_1\boldsymbol{e}_1 + F_{12}\boldsymbol{e}_1\boldsymbol{e}_2 + F_{13}\boldsymbol{e}_1\boldsymbol{e}_3 + F_{21}\boldsymbol{e}_2\boldsymbol{e}_1 + F_{22}\boldsymbol{e}_2\boldsymbol{e}_2 + F_{23}\boldsymbol{e}_2\boldsymbol{e}_3 + \\ &+ F_{31}\boldsymbol{e}_3\boldsymbol{e}_1 + F_{32}\boldsymbol{e}_3\boldsymbol{e}_2 + F_{33}\boldsymbol{e}_3\boldsymbol{e}_3\end{aligned} \tag{2.46}$$

In *Matrizenschreibweise* nimmt (2.45) bzw. (2.46) die folgende Form an:

$$[\boldsymbol{F}] = \begin{bmatrix} F_{11} & F_{12} & F_{13} \\ F_{21} & F_{22} & F_{23} \\ F_{31} & F_{32} & F_{33} \end{bmatrix} \langle \boldsymbol{e}_i\boldsymbol{e}_j \rangle = \begin{bmatrix} \frac{\partial x_1}{\partial X_1} & \frac{\partial x_1}{\partial X_2} & \frac{\partial x_1}{\partial X_3} \\ \frac{\partial x_2}{\partial X_1} & \frac{\partial x_2}{\partial X_2} & \frac{\partial x_2}{\partial X_3} \\ \frac{\partial x_3}{\partial X_1} & \frac{\partial x_3}{\partial X_2} & \frac{\partial x_3}{\partial X_3} \end{bmatrix} \langle \boldsymbol{e}_i\boldsymbol{e}_j \rangle \tag{2.47}$$

Die Berechnung von $\boldsymbol{F}$ kann also auf mehrere Arten durchgeführt werden, was anhand des folgenden Beispieles demonstriert werden soll:

Beispiel 2.7

Man berechne den Deformationsgradienten für die Scherbewegung gemäß Beispiel 2.3.

Lösung:

Nach der Vorschrift (2.45) erhält man zunächst mit dem NABLA-Operator in kartesischen Koordinaten gemäß (A.127) sowie mit dem Ausdruck (g) nach Beispiel 2.3 das dyadische Produkt aus $\boldsymbol{x}$ und $\boldsymbol{\nabla}_0$ wie folgt

$$\begin{aligned}\boldsymbol{F} &= \boldsymbol{x}\boldsymbol{\nabla}_0 = \\ &= [(X_1 + \gamma X_2)\,\boldsymbol{e}_1 + X_2\boldsymbol{e}_2 + X_3\boldsymbol{e}_3]\left(\frac{\partial}{\partial X_1}\boldsymbol{e}_1 + \frac{\partial}{\partial X_2}\boldsymbol{e}_2 + \frac{\partial}{\partial X_3}\boldsymbol{e}_3\right) = \\ &= \underbrace{\boldsymbol{e}_1\boldsymbol{e}_1 + \boldsymbol{e}_2\boldsymbol{e}_2 + \boldsymbol{e}_3\boldsymbol{e}_3}_{I} + \gamma\boldsymbol{e}_1\boldsymbol{e}_2 \equiv \boldsymbol{I} + \gamma\boldsymbol{e}_1\boldsymbol{e}_2 = \\ &= F_{11}\boldsymbol{e}_1\boldsymbol{e}_1 + F_{22}\boldsymbol{e}_2\boldsymbol{e}_2 + F_{12}\boldsymbol{e}_1\boldsymbol{e}_2 + F_{33}\boldsymbol{e}_3\boldsymbol{e}_3\end{aligned} \tag{a}$$

In Matrixschreibweise erhält man durch Ablesen aus (a) oder durch direkte Anwendung der in (2.47) angegebenen Matrixelemente auf den Ausdruck (g) aus Beispiel 2.3 unter Beachtung von (b) bis (d) aus demselben Beispiel wegen $\partial x_1/\partial X_1 = \partial x_2/\partial X_2 = \partial x_3/\partial X_3 = 1$, $\partial x_1/\partial X_2 = \gamma$ und $F_{13} = F_{21} = F_{31} = F_{32} = F_{23} = 0$

$$[\boldsymbol{F}] = \begin{bmatrix} F_{11} & F_{12} & 0 \\ 0 & F_{22} & 0 \\ 0 & 0 & F_{33} \end{bmatrix} \langle \boldsymbol{e}_i\boldsymbol{e}_j \rangle = \begin{bmatrix} 1 & \gamma & 0 \\ 0 & 1 & 0 \\ 0 & 0 & 1 \end{bmatrix} \langle \boldsymbol{e}_i\boldsymbol{e}_j \rangle, \quad \gamma(t) = \frac{v_0(t)}{H} \tag{b}$$

Wie in Beispiel 2.1 ist auch hier $\boldsymbol{F}$ nicht vom Ort, sondern nur von der Zeit abhängig, so daß es sich demnach bei der Scherbewegung ebenfalls um eine *homogene Deformation* handelt.

Der Deformationsgradient besitzt diverse, für kontinuumsmechanische Berechnungen zentrale Transformationseigenschaften, von denen im Folgenden fünf der wichtigsten (ohne Beweis) angegeben werden sollen.

Transformation von Linienelementen: Ist $d\boldsymbol{x}$ ein gerichtetes Linienelement in der MKFG (vgl. Bild 2.12), so erhält man durch Bildung des totalen Differentials der Bewegung (2.29) für einen festen Zeitpunkt t

$$d\boldsymbol{x} = d\left[\boldsymbol{\chi}\left(\boldsymbol{X}, t\right)\right] = \frac{\partial \boldsymbol{\chi}}{\partial \boldsymbol{X}} \cdot d\boldsymbol{X} \tag{2.48}$$

Mit der Definition des Deformationsgradienten gemäß (2.44) bzw. (2.45) geht dann (2.48) über in

$$\boxed{d\boldsymbol{x} = \boldsymbol{F} \cdot d\boldsymbol{X} \equiv (\boldsymbol{x}\boldsymbol{\nabla}_0) \cdot d\boldsymbol{X}} \tag{2.49}$$

Hinweise:

- Nach (2.49) bildet $\boldsymbol{F}$ ein (gerichtetes) Linienelement $d\boldsymbol{X}$ aus der BKFG in das zugehörige (gerichtete) Linienelement $d\boldsymbol{x}$ der MKFG ab (vgl. Bild 2.12).

- (2.49) läßt sich auch dahingehend auffassen, daß $\boldsymbol{F}$ infinitesimale Umgebungen aus der BKFG in infinitesimale Umgebungen aus der MKFG abbildet.

- Die mathematische Verknüpfung des Tensors $\boldsymbol{F}$ mit dem Vektor $d\boldsymbol{X}$ in (2.49) muß ein Skalarprodukt sein, da auf der linken Seite von (2.49) ein Vektor ($d\boldsymbol{x}$) steht!

Transformation von Flächenelementen: Sind $d\boldsymbol{A}_0 = dA\boldsymbol{n}_0$ und $d\boldsymbol{A} = dA\boldsymbol{n}$ das (gerichtete) Flächenelement in der BKFG bzw. MKFG mit jeweils auf dem Flächenelement dA_0 bzw. dA senkrecht stehendem Flächennormalenvektor $\boldsymbol{n}_0$ bzw. $\boldsymbol{n}$ (vgl. Bild 2.12), so gilt die Umrechnung

$$\boxed{d\boldsymbol{A} = J\boldsymbol{F}^{-T} \cdot d\boldsymbol{A}_0} \qquad \text{mit} \qquad J = \det \boldsymbol{F} \tag{2.50}$$

Hinweise:

- In (2.50) wird $J\boldsymbol{F}^{-T}$ auch als *Flächenkonfigurationstensor* bezeichnet, durch welchen eine lineare Transformation zwischen den gerichteten Flächenelemente $d\boldsymbol{A}_0$ und $d\boldsymbol{A}$ in der BKFG und der MKFG angegeben wird.
- Man bezeichnet $J = \det\boldsymbol{F}$ auch als die *JACOBI-Determinante*, die man durch Determinantenbildung der Matrix (2.47) erhält.

Transformation von Volumenelementen: Sind dV_0 und dV das Volumenelement in der BKFG bzw. MKFG (vgl. Bild 2.12), so gilt die Umrechnung

$$\boxed{dV = JdV_0} \qquad \text{mit} \qquad J = \det \boldsymbol{F} \tag{2.51}$$

Hinweise:

- Da Volumenelemente dV und dV_0 stets größer null sind, folgt aus (2.51), daß die Determinante von $\boldsymbol{F}$ ebenfalls größer null sein muß, also

$$J = det\boldsymbol{F} > 0 \tag{2.52}$$

- Bewegungen mit $J = 1$ sind *volumenerhaltend*, denn nach (2.51) gilt dann $dV = dV_0$. Man bezeichnet derartige Bewegungen auch als *isochor*.

Zeitableitung der JACOBI-Determinante: Ist $\boldsymbol{v}$ das Geschwindigkeitsfeld und $\boldsymbol{\nabla}$ der *räumliche* NABLA-Operator, so lautet die substantielle Zeitableitung von J unter Beachtung von (2.51)

$$\boxed{\dot{J} = J\boldsymbol{\nabla}\cdot\boldsymbol{v}} \qquad \text{mit} \qquad J = \det \boldsymbol{F} \tag{2.53}$$

Hinweis:
In (2.53) bedeutet $\boldsymbol{\nabla}\cdot\boldsymbol{v}$ die „Divergenz" des Geschwindigkeitsfeldes (vgl. hierzu (A.132).

Transformation des Gradientenoperators: Bedeuten $\boldsymbol{\nabla}_0$ bzw. $\boldsymbol{\nabla}$ den materiellen bzw. räumlichen NABLA-Operator in der BKFG bzw. MKFG und $\boldsymbol{z}$ einen beliebigen Vektor, der von $\boldsymbol{X}$ bzw. gemäß (2.31) von $\boldsymbol{x}$ abhängt, so erhält man mit Hilfe der Kettenregel unter Beachtung von (2.44) und (2.45) durch Gradientenbildung den Zusammenhang

$$\boldsymbol{z}\boldsymbol{\nabla}_0 = \frac{\partial \boldsymbol{z}}{\partial \boldsymbol{X}} = \underbrace{\frac{\partial \boldsymbol{z}}{\partial \boldsymbol{x}}}_{\boldsymbol{z}\boldsymbol{\nabla}} \cdot \underbrace{\frac{\partial \boldsymbol{x}}{\partial \boldsymbol{X}}}_{F} = (\boldsymbol{z}\boldsymbol{\nabla})\cdot\boldsymbol{F} \qquad \text{also} \qquad \boxed{\boldsymbol{z}\boldsymbol{\nabla}_0 = (\boldsymbol{z}\boldsymbol{\nabla})\cdot\boldsymbol{F}} \tag{2.54}$$

oder durch Multiplikation von (2.54) mit $\boldsymbol{F}^{-1}$ von rechts unter Beachtung von $\boldsymbol{F}\cdot\boldsymbol{F}^{-1} = \boldsymbol{I}$

$$\boxed{\boldsymbol{z}\boldsymbol{\nabla} = (\boldsymbol{z}\boldsymbol{\nabla}_0)\cdot\boldsymbol{F}^{-1}} \tag{2.55}$$

Geschwindigkeitsgradient: Im Rahmen der Hyperelastizität werden die Spannungen aus einer Verzerrungsenergiefunktion erzeugt (vgl. Unterabschnitt 3.2.2), wofür noch die folgende Umrechnung von Bedeutung ist: Setzt man in (2.54) mit $\boldsymbol{z} = \boldsymbol{v}$ das Geschwindigkeitsfeld ein, so ergibt sich unter Beachtung von (2.36), (2.37), (2.44) und (2.45) der folgende Zusammenhang zwischen dem räumlichen Geschwindigkeitsgradienten und dem Deforma-

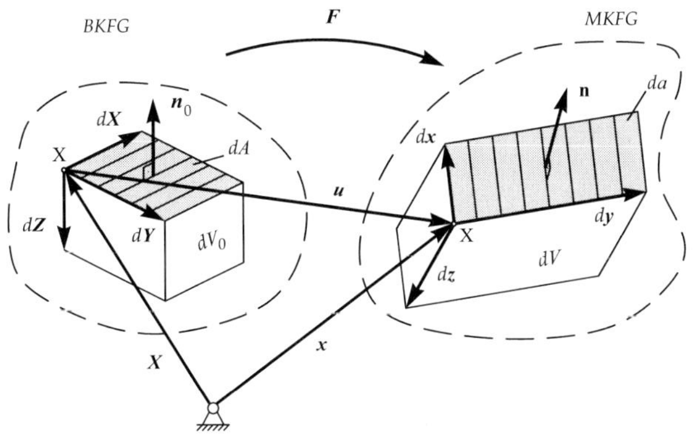

Bild 2.12: Zur Transformation von Linien, Flächen- und Volumenelementen

tionsgradienten sowie dessen Zeitableitung

$$\begin{aligned} \boldsymbol{v}\boldsymbol{\nabla} &= (\boldsymbol{v}\boldsymbol{\nabla}_0)\cdot\boldsymbol{F}^{-1} \equiv \left(\frac{\partial\boldsymbol{\chi}}{\partial t}\boldsymbol{\nabla}_0\right)\cdot\boldsymbol{F}^{-1} \equiv \frac{\partial}{\partial t}(\boldsymbol{\chi}\boldsymbol{\nabla}_0)\cdot\boldsymbol{F}^{-1} \equiv \\ &\equiv \frac{\partial}{\partial t}\Bigg(\underbrace{\boldsymbol{x}\boldsymbol{\nabla}_0}_{\boldsymbol{F}}\Bigg)\cdot\boldsymbol{F}^{-1} \equiv \underbrace{\frac{\partial\boldsymbol{F}}{\partial t}}_{\dot{\boldsymbol{F}}}\cdot\boldsymbol{F}^{-1} \end{aligned} \tag{2.56}$$

also unter Beachtung von (2.41) und (A.27) wegen $\boldsymbol{v}\boldsymbol{\nabla} = (\boldsymbol{\nabla}\boldsymbol{v})^T = (\boldsymbol{L}^T)^T = \boldsymbol{L}$ schließlich

$$\boxed{\boldsymbol{v}\boldsymbol{\nabla} = \dot{\boldsymbol{F}}\cdot\boldsymbol{F}^{-1} = \boldsymbol{L}} \tag{2.57}$$

Verschiebungsgradient: Für spätere Rechnungen im Zusammenhang mit der Linearisierung von Verzerrungstensoren (vgl. Unterabschnitt 2.3.5) ist es noch wichtig, den Deformationsgradienten mit dem Verschiebungsfeld zu verknüpfen. Dazu ist es zweckmäßig zunächst den *materiellen* bzw. *räumlichen Verschiebungsgradienten* $\boldsymbol{H}_0$ bzw. $\boldsymbol{H}$ gemäß

$$\boxed{\boldsymbol{H}_0 := \boldsymbol{u}\boldsymbol{\nabla}_0} \qquad \text{bzw.} \qquad \boxed{\boldsymbol{H} := \boldsymbol{u}\boldsymbol{\nabla}} \tag{2.58}$$

zu definieren. Dabei wird der Verschiebungsvektor $\boldsymbol{u}$ in materieller bzw. räumlicher Darstellung gemäß (2.33) bzw. (2.34) mittels des materiellen NABLA-Operators $\boldsymbol{\nabla}_0$ bzw. $\boldsymbol{\nabla}$ nach den materiellen bzw. räumlichen Koordinaten differenziert.

Werden sämtliche Größen in (2.58) bezüglich einer kartesischen Basis $\boldsymbol{e}_i$ dargestellt, so läßt sich (unter Verwendung der EINSTEINschen Summationskonvention) die folgende Schreibweise in indizistischer Form angeben

$$\boldsymbol{H}_0 = H^0_{ij}\boldsymbol{e}_i\boldsymbol{e}_j = \frac{\partial u_i}{\partial X_j}\boldsymbol{e}_i\boldsymbol{e}_j \qquad \text{bzw.} \qquad \boldsymbol{H} = H_{ij}\boldsymbol{e}_i\boldsymbol{e}_j = \frac{\partial u_i}{\partial x_j}\boldsymbol{e}_i\boldsymbol{e}_j \tag{2.59}$$

In Matrizenschreibweise (die für den räumlichen Verschiebungsgradienten $\boldsymbol{H}$ aus Platzgründen hier nicht angegeben wird, aber analoges Aussehen hat, indem die materiellen Koordinaten X_i durch die räumlichen x_i zu ersetzen sind) folgt analog zu (2.47)

$$[\boldsymbol{H}_0] = \begin{bmatrix} H^0_{11} & H^0_{12} & H^0_{13} \\ H^0_{21} & H^0_{22} & H^0_{23} \\ H^0_{31} & H^0_{32} & H^0_{33} \end{bmatrix} \langle\boldsymbol{e}_i\boldsymbol{e}_j\rangle = \begin{bmatrix} \dfrac{\partial u_1}{\partial X_1} & \dfrac{\partial u_1}{\partial X_2} & \dfrac{\partial u_1}{\partial X_3} \\ \dfrac{\partial u_2}{\partial X_1} & \dfrac{\partial u_2}{\partial X_2} & \dfrac{\partial u_2}{\partial X_3} \\ \dfrac{\partial u_3}{\partial X_1} & \dfrac{\partial u_3}{\partial X_2} & \dfrac{\partial u_3}{\partial X_3} \end{bmatrix} \langle\boldsymbol{e}_i\boldsymbol{e}_j\rangle \tag{2.60}$$

Weiterhin führt Einsetzen von (2.32) in (2.45) zunächst auf

$$\boldsymbol{F} = \boldsymbol{x}\boldsymbol{\nabla}_0 = (\boldsymbol{u} + \boldsymbol{X})\,\boldsymbol{\nabla}_0 = \boldsymbol{u}\boldsymbol{\nabla}_0 + \boldsymbol{X}\boldsymbol{\nabla}_0 \tag{2.61}$$

Mit den Darstellungen bezüglich kartesischer Koordinaten $\boldsymbol{X} = X_i\boldsymbol{e}_i$ und $\boldsymbol{\nabla}_0 = \partial/\partial X_i\boldsymbol{e}_i$ ergibt sich für den zweiten Term der rechten Seite von (2.61) unter Beachtung von $(A.143)_2$

$\boldsymbol{X}\boldsymbol{\nabla}_0 = (X_i \boldsymbol{e}_i)\,(\partial/\partial X_j \boldsymbol{e}_j) = \partial X_i \,/\partial X_j \boldsymbol{e}_i \boldsymbol{e}_j = \delta_{ij}\ \boldsymbol{e}_i \boldsymbol{e}_j = \boldsymbol{e}_i \boldsymbol{e}_i = \boldsymbol{I}$, was auf den Einheitstensor $\boldsymbol{I}$ führt (man kann dies auch schneller vektoriell mit der Operation $\boldsymbol{X}\boldsymbol{\nabla}_0 = \boldsymbol{X}(\partial/\partial \boldsymbol{X}) = \partial \boldsymbol{X}/\partial \boldsymbol{X} = \boldsymbol{I}$ erkennen, wobei die partielle Ableitung von $\boldsymbol{X}$ nach $\boldsymbol{X}$ die „tensorielle Eins", also den Einheitstensor ergibt (vgl. Unterabschnitt A.2.2). Zusammen mit (2.58) geht dann (2.61) in die folgende Form über:

$$\boxed{\boldsymbol{F} = \boldsymbol{I} + \boldsymbol{H}_0 \equiv \boldsymbol{I} + \boldsymbol{u}\boldsymbol{\nabla}_0} \tag{2.62}$$

Andererseits liefert Umstellen von (2.62) nach $\boldsymbol{H}_0$ zusammen mit (2.54) und $(2.58)_2$

$$\boldsymbol{H}_0 = \underline{\boldsymbol{F} - \boldsymbol{I} = \boldsymbol{u}\boldsymbol{\nabla}_0 = (\boldsymbol{u}\boldsymbol{\nabla}) \cdot \boldsymbol{F} = \boldsymbol{H} \cdot \boldsymbol{F}} \tag{2.63}$$

Skalare Multiplikation des unterstrichenen Teiles von (2.63) mit $\boldsymbol{F}^{-1}$ von rechts liefert unter Beachtung von $\boldsymbol{F}\cdot\boldsymbol{F}^{-1} = \boldsymbol{I}$ nach entsprechendem Umstellen schließlich die zu (2.62) analoge Beziehung bzw. den inversen Deformationsgradienten

$$\boxed{\boldsymbol{F}^{-1} = \boldsymbol{I} - \boldsymbol{H} = \boldsymbol{I} - \boldsymbol{u}\boldsymbol{\nabla}} \tag{2.64}$$

Hinweise:

- Gemäß (2.62) bzw. (2.64) wird der Deformationsgradient $\boldsymbol{F}$ bzw. dessen Inverse $\boldsymbol{F}^{-1}$ additiv in die identische Abbildung $\boldsymbol{I}$ und den materiellen bzw. räumlichen Verschiebungsgradienten $\boldsymbol{H}_0$ bzw. $\boldsymbol{H}$ zerlegt.
- Für $\boldsymbol{H}_0 = \boldsymbol{0}$ bzw. $\boldsymbol{H} = \boldsymbol{0}$ (also *räumlich konstante* Verschiebungsfelder) wird durch $\boldsymbol{F} = \boldsymbol{I}$ bzw. $\boldsymbol{F}^{-1} = \boldsymbol{I}$ jeweils eine reine Starrkörperbewegung wiedergegeben!

Beispiel 2.8

a. Eine quaderförmige Probe mit den Abmessungen a_0, b_0, und h_0 in der MKFG wird in $\boldsymbol{e}_3$-Richtung einer uniaxialen Stauchung unterzogen (vgl. Bild 2.13). Man gebe die Bewegung an und ermittle daraus den Deformations- und den materiellen Verschiebungsgradienten sowie die Determinante von $\boldsymbol{F}$.

b. Man bilde die Determinante J der Scherbewegung nach Beispiel 2.7 und vergleiche die Ergebnisse von a. und b.

Lösung zu a.:

Aus geometrischen Überlegungen anhand von Bild 2.13 sowie unter Zuhilfenahme der Vereinbarung (2.30), daß nämlich $\boldsymbol{x} = \boldsymbol{\chi}(\boldsymbol{X}, t = t_0) = \boldsymbol{X} = X_i \boldsymbol{e}_i$, zu erfüllen ist und damit $a(t = t_0) = a_0$ usw. sein muß, lautet die Bewegung im Falle einer uniaxialen Stauchung:

$$\boldsymbol{x} = \boldsymbol{\chi}\,(\boldsymbol{X}, t) = x_1 \boldsymbol{e}_1 + x_2 \boldsymbol{e}_2 + x_3 \boldsymbol{e}_3 = \lambda_1 X_1 \boldsymbol{e}_1 + \lambda_2 X_2 \boldsymbol{e}_2 + \lambda_3 X_3 \boldsymbol{e}_3 \tag{a}$$

mit

$$\lambda_1 := \frac{a\,(t)}{a_0} \quad , \quad \lambda_2 := \frac{b\,(t)}{b_0} \quad , \quad \lambda_3 := \frac{h\,(t)}{h_0} \tag{b}$$

Anwendung von (2.45) bzw. (2.47) auf (a) liefert den Deformationsgradienten in tensorieller bzw. Matrixschreibweise

$$\begin{aligned} \boldsymbol{F} = \boldsymbol{x}\boldsymbol{\nabla}_0 &= [\lambda_1 X_1 \boldsymbol{e}_1 + \lambda_2 X_2 \boldsymbol{e}_2 + \lambda_3 X_3 \boldsymbol{e}_3] \left(\frac{\partial}{\partial X_1} \boldsymbol{e}_1 + \frac{\partial}{\partial X_2} \boldsymbol{e}_2 + \frac{\partial}{\partial X_3} \boldsymbol{e}_3 \right) = \\ &= \frac{\partial}{\partial X_1} \left(\lambda X_1 \boldsymbol{e}_1\right) \boldsymbol{e}_1 + \frac{\partial}{\partial X_2} \left(\lambda_2 X_2 \boldsymbol{e}_2\right) \boldsymbol{e}_2 + \frac{\partial}{\partial X_3} \left(\lambda_3 X_3 \boldsymbol{e}_3\right) \boldsymbol{e}_3 \\ &= \lambda_1\,(t)\, \boldsymbol{e}_1 \boldsymbol{e}_1 + \lambda_2\,(t)\, \boldsymbol{e}_2 \boldsymbol{e}_2 + \lambda_3\,(t)\, \boldsymbol{e}_3 \boldsymbol{e}_3 = \\ &= F_{11}\,(t)\, \boldsymbol{e}_1 \boldsymbol{e}_1 + F_{22}\,(t)\, \boldsymbol{e}_2 \boldsymbol{e}_2 + F_{33}\,(t)\, \boldsymbol{e}_3 \boldsymbol{e}_3 = \boldsymbol{F}\,(t) \end{aligned} \tag{c}$$

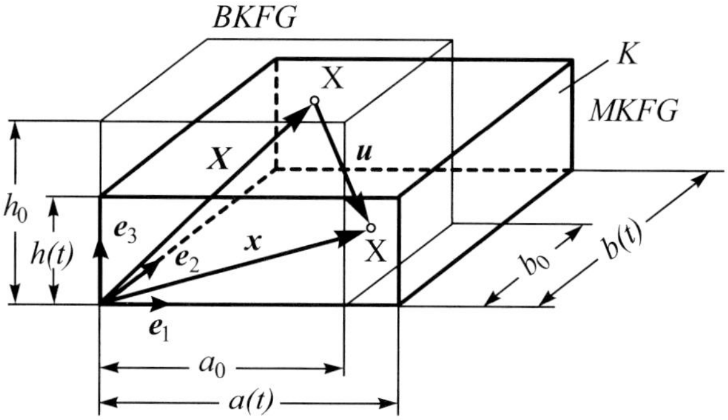

Bild 2.13: Zur uniaxialen Deformation eines Quaders

bzw.

$$[\boldsymbol{F}] = \begin{bmatrix} F_{11} & 0 & 0 \\ 0 & F_{22} & 0 \\ 0 & 0 & F_{33} \end{bmatrix} \langle \boldsymbol{e}_i \boldsymbol{e}_j \rangle = \begin{bmatrix} \lambda_1(t) & 0 & 0 \\ 0 & \lambda_2(t) & 0 \\ 0 & 0 & \lambda_3(t) \end{bmatrix} \langle \boldsymbol{e}_i \boldsymbol{e}_j \rangle \tag{d}$$

Wie im Falle der Scherbewegung nach Beispiel 2.7 handelt es sich bei der uniaxialen Stauchung ebenfalls um eine *homogene* Verformung, da $\boldsymbol{F}$ nur noch von der Zeit t und nicht mehr vom Ort abhängt. Gemäß (2.62) erhält man durch Umstellen

$$\begin{aligned} \boldsymbol{H}_0 = \boldsymbol{F} - \boldsymbol{I} &= \lambda_1 \boldsymbol{e}_1\boldsymbol{e}_1 + \lambda_2 \boldsymbol{e}_2\boldsymbol{e}_2 + \lambda_3 \boldsymbol{e}_3\boldsymbol{e}_3 - (\boldsymbol{e}_1\boldsymbol{e}_1 + \boldsymbol{e}_2\boldsymbol{e}_2 + \boldsymbol{e}_3\boldsymbol{e}_3) = \\ &= (\lambda_1 - 1)\,\boldsymbol{e}_1\boldsymbol{e}_1 + (\lambda_2 - 1)\,\boldsymbol{e}_2\boldsymbol{e}_2 + (\lambda_3 - 1)\,\boldsymbol{e}_3\boldsymbol{e}_3 = \\ &= (F_{11} - 1)\,\boldsymbol{e}_1\boldsymbol{e}_1 + (F_{22} - 1)\,\boldsymbol{e}_2\boldsymbol{e}_2 + (F_{33} - 1)\,\boldsymbol{e}_3\boldsymbol{e}_3 \end{aligned} \tag{e}$$

bzw.

$$\begin{aligned} [\boldsymbol{H}_0] &= \begin{bmatrix} H_{11}^0 & 0 & 0 \\ 0 & H_{22}^0 & 0 \\ 0 & 0 & H_{33}^0 \end{bmatrix} \langle \boldsymbol{e}_i \boldsymbol{e}_j \rangle = \begin{bmatrix} F_{11} - 1 & 0 & 0 \\ 0 & F_{22} - 1 & 0 \\ 0 & 0 & F_{33} - 1 \end{bmatrix} \langle \boldsymbol{e}_i \boldsymbol{e}_j \rangle = \\ &= \begin{bmatrix} \lambda_1 - 1 & 0 & 0 \\ 0 & \lambda_2 - 1 & 0 \\ 0 & 0 & \lambda_3 - 1 \end{bmatrix} \langle \boldsymbol{e}_i \boldsymbol{e}_j \rangle \end{aligned} \tag{f}$$

Aus (d) erhält man unter Beachtung von (b) sofort die Determinante

$$J = \det \begin{bmatrix} \lambda_1 & 0 & 0 \\ 0 & \lambda_2 & 0 \\ 0 & 0 & \lambda_3 \end{bmatrix} = \lambda_1(t)\,\lambda_2(t)\,\lambda_3(t) \equiv \frac{a(t)\,b(t)\,h(t)}{a_0 b_0 h_0} = J(t) \geq 1 \tag{g}$$

Lösung zu b.:
Mit (b) aus Beispiel 2.7 erhält man

$$J = \det \begin{bmatrix} 1 & \gamma & 0 \\ 0 & 1 & 0 \\ 0 & 0 & 1 \end{bmatrix} = 1 \tag{h}$$

Im Unterschied zu dem Ergebnis (g) der uniaxialen Stauchung handelt es sich bei der Scherbewegung nach (h) um eine *isochore*, also volumenerhaltende Bewegung. Man beachte, daß im Falle der Scherbewegung $\boldsymbol{F}$ wegen $\Lambda(t)$ eine Funktion der Zeit ist, jedoch (h) für jeden Zeitpunkt stets Eins ist, was für die uniaxiale Stauchung nach (g) lediglich für den Zeitpunkt $t = t_0$, also den unverformten Zustand zutrifft!

Polares Zerlegungstheorem: Wie vorstehend ausgeführt, ist der gemäß (2.44) bzw. (2.45) definierte Deformationsgradient zwar ein Maß für die Bewegung bzw. Transformation materieller Linien-, Flächen- und Volumenelemente von der BKFG in die MKFG und umgekehrt, enthält aber keine translatorischen Anteile der Bewegung mehr. Das kann wie folgt eingesehen werden: Unterscheiden sich zwei Bewegungen $\boldsymbol{x}_1$ und $\boldsymbol{x}_2 = \boldsymbol{x}_1 + \boldsymbol{c}(t)$ lediglich durch eine (nur noch von der Zeit abhängige) Translation $\boldsymbol{c}(t)$, so sind deren Deformationsgradienten gleich: Mit (2.45) gilt nämlich $\boldsymbol{F}_2 = \boldsymbol{x}_2\boldsymbol{\nabla}_0 = [\boldsymbol{x}_1 + \boldsymbol{c}(t)]\boldsymbol{\nabla}_0 = \boldsymbol{x}_1\boldsymbol{\nabla}_0 + \boldsymbol{c}(t)\boldsymbol{\nabla}_0 = \boldsymbol{x}_1\boldsymbol{\nabla}_0 = \boldsymbol{F}_1$, da wegen der Ortsunabhängigkeit von $\boldsymbol{c}(t)$ der Term $\boldsymbol{c}(t)\boldsymbol{\nabla}_0$ verschwindet (man beachte, daß mittels $\boldsymbol{\nabla}_0$ reine Ortsableitungen erzeugt werden!). Im Gegensatz dazu sind in $\boldsymbol{F}$ jedoch noch rotatorische Anteile der Bewegung enthalten, was anhand der polaren Zerlegung

$$\boldsymbol{F} = \boldsymbol{R} \cdot \boldsymbol{U} = \boldsymbol{V} \cdot \boldsymbol{R} \tag{2.65}$$

sichtbar wird. In dieser kann der Deformationsgradient $\boldsymbol{F}$ auf zweierlei Art eindeutig multiplikativ zerlegt werden und zwar in einen *rechten Streckungstensor* bzw. *linken Streckungstensor* $\boldsymbol{U}$ bzw. $\boldsymbol{V}$ und einen *Drehtensor* (oder *Versor*) $\boldsymbol{R}$. Dabei gelten die folgenden Eigenschaften:

1. $\boldsymbol{U}$ und $\boldsymbol{V}$ sind *symmetrische* und *positiv definite* Tensoren ($\boldsymbol{x} \neq \boldsymbol{0}$ beliebiger Vektor)

$$\boldsymbol{U} = \boldsymbol{U}^{\boldsymbol{T}}, \quad \boldsymbol{V} = \boldsymbol{V}^{\boldsymbol{T}} \qquad \text{und} \qquad (\boldsymbol{U} \cdot \boldsymbol{x}) \cdot \boldsymbol{x} > 0, \quad (\boldsymbol{V} \cdot \boldsymbol{x}) \cdot \boldsymbol{x} > 0 \tag{2.66}$$

Durch $\boldsymbol{U}$ und $\boldsymbol{V}$ wird die Konfigurationsänderung von Linien-, Flächen-, Volumenelementen etc. bei *unverdrehten* Hauptrichtungen beschrieben, d.h., es werden nur die *Streckungen* (oder *Stauchungen*) des jeweiligen Objektes beschrieben. Dabei sind $\boldsymbol{U}$ die auf die BKFG und $\boldsymbol{V}$ die auf die MKFG bezogenen Streckungen bzw. ist $\boldsymbol{U}$ ein *materieller* und $\boldsymbol{V}$ ein *räumlicher* Streckungstensor.

2. $\boldsymbol{R}$ ist ein *eigentlich orthogonaler Tensor* mit

$$\boldsymbol{R} \cdot \boldsymbol{R}^T = \boldsymbol{R}^T \cdot \boldsymbol{R} = \boldsymbol{I} \quad \text{bzw.} \quad \boldsymbol{R}^T = \boldsymbol{R}^{-1} \quad \text{mit} \quad \det \boldsymbol{R} = +1 \tag{2.67}$$

Durch $\boldsymbol{R}$ wird die *Starrkörperdrehung* der Hauptrichtungen (Hauptachsendreibein) angegeben. $\boldsymbol{R}$ ändert sich im Allgemeinen in *jedem* Kontinuumspunkt und gibt die starre Drehung eines materiellen Linienelementes (bzw. des Hauptachsendreibeins) an, *nicht* aber die *globale* Drehung eines starren Körpers!

3. $\boldsymbol{F}$ muß invertierbar sein:

$$J = \det \boldsymbol{F} \neq 0 \tag{2.68}$$

Hinweis:
Eine Zerlegung gemäß (2.65) gilt nicht nur für $\boldsymbol{F}$, sondern kann mathematisch für jeden beliebigen (zweistufigen) invertierbaren Tensor formuliert werden.

Für spätere wichtige Anwendungen sollen noch die folgenden Zusammenhänge zwischen den beiden Streckungstensoren $\boldsymbol{U}$ und $\boldsymbol{V}$ angegeben werden: Aus (2.65) erhält man unter Beachtung von (2.67) durch skalare Multiplikation mit $\boldsymbol{R}^T$ von links bzw. mit $\boldsymbol{R}^T$ von rechts

$$\boldsymbol{U} = \boldsymbol{R}^T \cdot \boldsymbol{F} \quad \text{bzw.} \quad \boldsymbol{V} = \boldsymbol{F} \cdot \boldsymbol{R}^T \tag{2.69}$$

Wird jetzt $\boldsymbol{F}$ in $(2.69)_1$ bzw. $(2.69)_2$ durch die rechte bzw. linke Zerlegung gemäß (2.65) substituiert, so erhält man die folgenden beiden Zusammenhänge zwischen $\boldsymbol{U}$ und $\boldsymbol{V}$

$$\boxed{\boldsymbol{U} = \boldsymbol{R}^T \cdot \boldsymbol{V} \cdot \boldsymbol{R}} \quad \text{bzw.} \quad \boxed{\boldsymbol{V} = \boldsymbol{R} \cdot \boldsymbol{U} \cdot \boldsymbol{R}^T} \tag{2.70}$$

Mit (2.66) und (2.69) folgt weiter

$$\begin{aligned} \boldsymbol{U} \cdot \boldsymbol{U}^T &= \boldsymbol{U}^2 = \left(\boldsymbol{R}^T \cdot \boldsymbol{F}\right) \cdot \left(\boldsymbol{R}^T \cdot \boldsymbol{F}\right)^T = \left(\boldsymbol{R}^T \cdot \boldsymbol{F}\right) \cdot \left(\boldsymbol{F}^T \cdot \boldsymbol{R}\right) = \\ &= \boldsymbol{R}^T \cdot \underline{\left(\boldsymbol{F} \cdot \boldsymbol{F}^T\right)} \cdot \boldsymbol{R} \end{aligned} \tag{2.71}$$

bzw.

$$\begin{aligned} \boldsymbol{V} \cdot \boldsymbol{V}^T &= \boldsymbol{V}^2 = \left(\boldsymbol{F} \cdot \boldsymbol{R}^T\right) \cdot \left(\boldsymbol{F} \cdot \boldsymbol{R}^T\right)^T = \left(\boldsymbol{F} \cdot \boldsymbol{R}^T\right) \cdot \left(\boldsymbol{R} \cdot \boldsymbol{F}^T\right) = \\ &= \boldsymbol{F} \cdot \underbrace{\left(\boldsymbol{R}^T \cdot \boldsymbol{R}\right)}_{I} \cdot \boldsymbol{F}^T = \underline{\boldsymbol{F} \cdot \boldsymbol{F}^T} \end{aligned} \tag{2.72}$$

Wird nun der in (2.71) unterstrichene Term durch den ebenfalls unterstrichenen Term von (2.72) ersetzt, so entstehen, wenn noch nach $\boldsymbol{V}^2$ aufgelöst wird schließlich die beiden wichtigen Beziehungen:

$$\boxed{\boldsymbol{U}^2 = \boldsymbol{R}^T \cdot \boldsymbol{V}^2 \cdot \boldsymbol{R}} \quad \text{bzw.} \quad \boxed{\boldsymbol{V}^2 = \boldsymbol{R} \cdot \boldsymbol{U}^2 \cdot \boldsymbol{R}^T} \tag{2.73}$$

Beispiel 2.9
Man zeige die Streck- bzw. Dreheigenschaften von $\boldsymbol{U}$ und $\boldsymbol{V}$ bzw. $\boldsymbol{R}$ anhand der Transformation einer Einheitskugel mit dem (Hauptachsen-)Dreibein $\boldsymbol{e}_1$, $\boldsymbol{e}_2$, $\boldsymbol{e}_3$, und dem Radius $|\boldsymbol{e}_1| = |\boldsymbol{e}_1| = |\boldsymbol{e}_1| = 1$ von der BKFG in die MKFG.

Lösung: Ersetzt man in (2.49) $d\boldsymbol{x}$ durch den Basisvektor $\bar{\boldsymbol{e}}_i$ $(i = 1,2,3)$ in der MKFG und $d\boldsymbol{X}$ durch den Basisvektor $\boldsymbol{e}_i$ $(i = 1,2,3)$ in der BKFG, so folgt unter Beachtung des Polaren Zerlegungstheorems (2.65) zunächst

$$\bar{\boldsymbol{e}}_i = \boldsymbol{F} \cdot \boldsymbol{e}_i = \boldsymbol{R} \cdot \underbrace{\boldsymbol{U} \cdot \boldsymbol{e}_i}_{\hat{\boldsymbol{e}}_i} = \boldsymbol{V} \cdot \underbrace{\boldsymbol{R} \cdot \boldsymbol{e}_i}_{\tilde{\boldsymbol{e}}_i} \tag{a}$$

also

$$\boxed{\bar{\boldsymbol{e}}_i = \boldsymbol{F} \cdot \boldsymbol{e}_i = \boldsymbol{R} \cdot \hat{\boldsymbol{e}}_i = \boldsymbol{V} \cdot \tilde{\boldsymbol{e}}_i} \quad \text{mit} \quad \hat{\boldsymbol{e}}_i := \boldsymbol{U} \cdot \boldsymbol{e}_i \quad , \quad \tilde{\boldsymbol{e}}_i := \boldsymbol{R} \cdot \boldsymbol{e}_i \quad (i = 1,2,3) \tag{b}$$

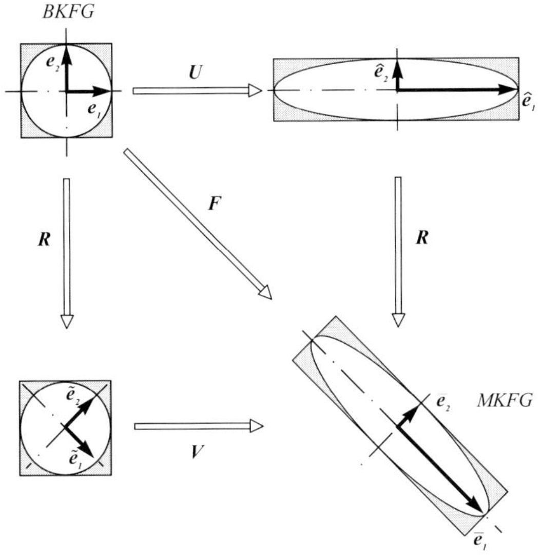

Bild 2.14: Anwendung des polaren Zerlegungstheorems auf eine Einheitskugel

Nach der Beziehung (b) ergeben sich nun zwei Möglichkeiten einer Transformation einer Einheitskugel von der BKFG in die MKFG (vgl. Bild 2.14): Einerseits wird der Einheitsvektor $\boldsymbol{e}_i$ (aus der BKFG) zunächst mit dem rechten Streckungstensor $\boldsymbol{U}$ gestreckt und in $\hat{e}_i$ und anschließend weiter per $\boldsymbol{R}$ in den gedrehten (und verzerrten) Einheitsvektor (in der BKFG) $\bar{\boldsymbol{e}}_i = R \cdot \hat{\boldsymbol{e}}_i$ überführt. Andererseits kann der Einheitsvektor $\boldsymbol{e}_i$ (aus der BKFG) zunächst mit $\boldsymbol{R}$ gedreht, also $\tilde{\boldsymbol{e}}_i$ gebildet und anschließend mit Hilfe des linken Streckungstensors $\boldsymbol{V}$ in den verzerrten (und gedrehten) Einheitsvektor $\bar{\boldsymbol{e}}_i = \boldsymbol{V} \cdot \tilde{\boldsymbol{e}}_i$ (in der MKFG) überführt werden (aufgrund einer besseren Übersichtlichkeit wurde in Bild 2.14 auf eine räumliche Darstellung verzichtet und die Vorgänge lediglich in der 1, 2-Ebene dargestellt, so daß der Basisvektor $\boldsymbol{e}_3$ im Bild nicht erscheint.).

2.3.4 Verzerrungstensoren

Nach dem polaren Zerlegungstheorem (2.65) enthält die Transformation eines materiellen Linien-, Flächen- oder Volumenelementes von der BKFG in die MKFG mittels des Deformationsgradienten noch eventuelle Starrkörperrotationen (vgl. Bild 2.14). Sofern nur die reinen Verformungen eines Körpers betrachtet werden sollen, sind diese Drehungen jedoch nicht von Interesse. Daher ist es sinnvoll, andere und geeignetere Verzerrungsmaße zu definieren. Im Folgenden wird gezeigt, daß sich solche Maße zwar wieder aus dem Deformationsgradienten aufbauen lassen, jedoch keine Drehungen mehr enthalten. In der Kontinuumsmechanik gibt es eine Vielzahl von möglichen Verzerrungsmaßen, im Rahmen dieses Buches werden aber lediglich zwei der wichtigsten behandelt.

Rechter CAUCHYscher Verzerrungstensor (Baron Augustin Louis CAUCHY, franz. Mathematiker 1789-1857): Für die Festlegung von Verzerrungsmaßen ist es zweckmäßig von den Transformationen der *Quadrate* der Linienelemente und nicht von den Linienelementen selbst auszugehen. Bezeichnet man das Linienelement in der MKFG mit $\boldsymbol{dx}$, so erhält man unter Beachtung von (2.49) sowie der Tatsache, daß ein Vektor gleich seinem Transponierten ist, also $\boldsymbol{dx} = \boldsymbol{F} \cdot d\boldsymbol{X} = \boldsymbol{dx}^T = (\boldsymbol{F} \cdot d\boldsymbol{X})^T = d\boldsymbol{X}^T \cdot \boldsymbol{F}^T = d\boldsymbol{X} \cdot \boldsymbol{F}^T$, für das Quadrat des Linienelementes den folgenden Ausdruck (man beachte dabei, daß das Quadrat des Linienelementes dessen Betrag zum Quadrat, also das Skalarprodukt des vektoriellen Linienelementes $\boldsymbol{dx}$ mit sich selbst und gemäß (A.14) die *Norm* ist!)

$$(\boldsymbol{dx})^2 = \boldsymbol{dx} \cdot \boldsymbol{dx} = (\boldsymbol{F} \cdot d\boldsymbol{X}) \cdot (\boldsymbol{F} \cdot d\boldsymbol{X}) = \left(d\boldsymbol{X} \cdot \boldsymbol{F}^T\right) \cdot (\boldsymbol{F} \cdot d\boldsymbol{X}) =$$
$$= d\boldsymbol{X} \cdot \underbrace{\left(\boldsymbol{F}^T \cdot \boldsymbol{F}\right)}_{\boldsymbol{C}} \cdot d\boldsymbol{X}$$

also

$$\boxed{(\boldsymbol{dx})^2 = \boldsymbol{dx} \cdot \boldsymbol{dx} = d\boldsymbol{X} \cdot \boldsymbol{C} \cdot d\boldsymbol{X}} \tag{2.74}$$

worin

$$\boxed{\boldsymbol{C} := \boldsymbol{F}^T \cdot \boldsymbol{F}} \tag{2.75}$$

als der *rechte CAUCHYsche* oder *rechte CAUCHY-GREENsche* Verzerrungstensor bezeichnet wird.

Hinweis:
Die Darstellung von $\boldsymbol{C}$ erfolgt in materiellen Koordinaten, da $\boldsymbol{C}$ gemäß (2.74) von links und rechts durch Skalarmultiplikation mit den (materiellen) Linienelementen $d\boldsymbol{X}$ der BKFG hervorgeht. Dies läßt sich auch daran erkennen, indem (2.45) in (2.75) eingesetzt wird, also $\boldsymbol{C} = (\boldsymbol{x}\boldsymbol{\nabla}_0)^T \cdot (\boldsymbol{x}\boldsymbol{\nabla}_0) = (\boldsymbol{\nabla}_0\boldsymbol{x}) \cdot (\boldsymbol{x}\boldsymbol{\nabla}_0)$ entsteht, wonach allein die Basisvektoren der materiellen NABLA-Operatoren $\boldsymbol{\nabla}_0$ verbleiben.

Eigenschaften des rechten CAUCHYschen Verzerrungstensors: $\boldsymbol{C}$ ist *symmetrisch*, da unter Beachtung von $\boldsymbol{F}^{TT} = \boldsymbol{F}$ die folgende Rechnung gilt:

$$\boldsymbol{C}^T = \left(\boldsymbol{F}^T \cdot \boldsymbol{F}\right)^T = \boldsymbol{F}^T \cdot \boldsymbol{F}^{T^T} = \boldsymbol{F}^T \cdot \boldsymbol{F} = \boldsymbol{C} \tag{2.76}$$

$\boldsymbol{C}$ ist *drehfrei*: Mit Hilfe des Polaren Zerlegungstheorems (2.65) bis (2.73) ergibt sich aus (2.75) der folgende Zusammenhang zwischen dem rechten CAUCHYschen Verzerrungstensor $\boldsymbol{C}$ und dem rechten und linken Streckungstensor $\boldsymbol{U}$ und $\boldsymbol{V}$

$$\boldsymbol{C} = \boldsymbol{F}^T \cdot \boldsymbol{F} = (\boldsymbol{R} \cdot \boldsymbol{U})^T \cdot (\boldsymbol{R} \cdot \boldsymbol{U}) = \left(\boldsymbol{U}^T \cdot \boldsymbol{R}^T\right) \cdot (\boldsymbol{R} \cdot \boldsymbol{U}) =$$
$$= \boldsymbol{U} \cdot \underbrace{\boldsymbol{R}^T \cdot \boldsymbol{R}}_{\boldsymbol{I}} \cdot \boldsymbol{U} = \boldsymbol{U} \cdot \boldsymbol{U} = \boldsymbol{U}^2$$

also

$$\boxed{\boldsymbol{C} = \boldsymbol{U}^2 = \boldsymbol{R}^T \cdot \boldsymbol{V}^2 \cdot \boldsymbol{R}} \tag{2.77}$$

Gemäß dem ersten Gleichungsteil von (2.77) ist $\boldsymbol{C}$ gleich dem Quadrat des rechten Streckungstensors $\boldsymbol{U}$ und stellt demnach ein *drehfreies* Verzerrungsmaß dar, da nach (2.65) und

(2.66) $\boldsymbol{U}$ ein reines Streckungsmaß ist und keine Drehungen $\boldsymbol{R}$ enthält!

Linker CAUCHYscher Verzerrungstensor: Bildet man analog zu den obigen Ausführungen das Quadrat des Linienelementes $d\boldsymbol{X}$ in der BKFG, so folgt unter Beachtung der Invertierung von (2.49), also $d\boldsymbol{X} = \boldsymbol{F}^{-1} \cdot d\boldsymbol{x}$ sowie (A.61) der Ausdruck

$$(d\boldsymbol{X})^2 = d\boldsymbol{X} \cdot d\boldsymbol{X} = \left(\boldsymbol{F}^{-1} \cdot d\boldsymbol{x}\right) \cdot \left(\boldsymbol{F}^{-1} \cdot d\boldsymbol{x}\right) = \left(d\boldsymbol{x} \cdot \boldsymbol{F}^{-T}\right)\left(\boldsymbol{F}^{-1} \cdot d\boldsymbol{x}\right) =$$
$$= d\boldsymbol{x} \cdot \left(\boldsymbol{F}^{-T} \cdot \boldsymbol{F}^{-1}\right) \cdot d\boldsymbol{x} = d\boldsymbol{x} \cdot \left(\underbrace{\boldsymbol{F} \cdot \boldsymbol{F}^T}_{\boldsymbol{B}}\right)^{-1} \cdot d\boldsymbol{x}$$

also

$$\boxed{(d\boldsymbol{X})^2 = d\boldsymbol{X} \cdot d\boldsymbol{X} = d\boldsymbol{x} \cdot \boldsymbol{B}^{-1} \cdot d\boldsymbol{x}} \tag{2.78}$$

worin

$$\boxed{\boldsymbol{B} := \boldsymbol{F} \cdot \boldsymbol{F}^T} \tag{2.79}$$

als der *linke CAUCHYsche*Verzerrungstensor!-linker CAUCHYscher oder linke CAUCHY-GREENsche Verzerrungstensor bezeichnet wird.

Hinweis:
Die Darstellung von $\boldsymbol{B}$ erfolgt in räumlichen Koordinaten, da $\boldsymbol{B}$ gemäß (2.78) von links und rechts durch Skalarmultiplikation mit den (räumlichen) Linienelementen $d\boldsymbol{x}$ der MKFG hervorgeht. Dies läßt sich auch daran erkennen, indem (2.45) in (2.79) eingesetzt wird, also $\boldsymbol{B} = (\boldsymbol{x}\boldsymbol{\nabla}_0)\cdot(\boldsymbol{x}\boldsymbol{\nabla}_0)^T = (\boldsymbol{x}\boldsymbol{\nabla}_0)\cdot(\boldsymbol{\nabla}_0\boldsymbol{x})$ entsteht, wonach allein die Basisvektoren der räumlichen Ortsvektoren $d\boldsymbol{x}$ verbleiben.

Eigenschaften des linken CAUCHYschen Verzerrungstensors: $\boldsymbol{B}$ ist *symmetrisch*, da unter Beachtung von $\boldsymbol{F}^{TT} = \boldsymbol{F}$ die folgende Rechnung gilt

$$\boldsymbol{B}^T = \left(\boldsymbol{F} \cdot \boldsymbol{F}^T\right)^T = \boldsymbol{F}^{T^T} \cdot \boldsymbol{F}^T = \boldsymbol{F} \cdot \boldsymbol{F}^T = \boldsymbol{B} \tag{2.80}$$

$\boldsymbol{B}$ ist *drehfrei*: Mit Hilfe des Polaren Zerlegungstheorems (2.65) bis (2.73) erhält man aus (2.79) den folgenden Zusammenhang zwischen dem linken CAUCHYschen Verzerrungstensor $\boldsymbol{B}$ und dem linken und rechten Streckungstensor $\boldsymbol{V}$ und $\boldsymbol{U}$

$$\boldsymbol{B} = \boldsymbol{F} \cdot \boldsymbol{F}^T = (\boldsymbol{V} \cdot \boldsymbol{R}) \cdot (\boldsymbol{V} \cdot \boldsymbol{R})^T = (\boldsymbol{V} \cdot \boldsymbol{R}) \cdot \left(\boldsymbol{R}^T \cdot \boldsymbol{V}^T\right) =$$
$$= \boldsymbol{V} \cdot \underbrace{\boldsymbol{R} \cdot \boldsymbol{R}^T}_{I} \cdot \boldsymbol{V} = \boldsymbol{V} \cdot \boldsymbol{V} = \boldsymbol{V}^2$$

also

$$\boxed{\boldsymbol{B} = \boldsymbol{V}^2 = \boldsymbol{R} \cdot \boldsymbol{U}^2 \cdot \boldsymbol{R}^T} \tag{2.81}$$

Gemäß dem ersten Gleichungsteil von (2.81) ist B gleich dem Quadrat des linken Streckungstensors V und stellt demnach ein *drehfreies* Verzerrungsmaß dar, da nach (2.65) und (2.67) V ein reines Streckungsmaß ist und keine Drehungen R enthält!

Durch wechselseitiges Einsetzen von (2.81) in (2.77) und umgekehrt ergeben sich die für spätere Anwendungen wichtigen beiden folgenden Zusammenhänge zwischen C und B:

$$\boxed{C = R^T \cdot B \cdot R} \quad \text{bzw.} \quad \boxed{B = R \cdot C \cdot R^T} \tag{2.82}$$

Rechter und linker GREENscher Verzerrungstensor (George GREEN, engl. Mathematiker, 1793-1841): Wie bereits unter dem Hinweis zu (2.62) und (2.64) vermerkt, bedeutet der Fall $F = I$, daß keine Deformation, sondern allenfalls eine reine Starrkörperbewegung stattfindet. Für diesen Fall gehen die bisher abgeleiteten Verzerrungstensoren (2.75) und (2.79) ebenfalls jweils in den Einheitstensor über (man setze dort jeweils $F = I$). Erst bei von einer Starrkörperbewegung abweichenden Bewegung bzw. Deformation werden durch diese Verzerrungstensoren Verformungen wiedergegeben. Insbesondere im Rahmen der Entwicklung von Materialgesetzen (vgl. Kapitel 3) werden jedoch solche Verzerrungsmaße bevorzugt, die für Starrkörperbewegungen nicht den Wert Eins, sondern Null annehmen und damit dann auch die Spannungen erwartungsgemäß Null werden. Dazu bildet man üblicherweise die Differenz aus den Quadraten der Linienelemente in der MKFG und der BKFG, so daß sich unter Beachtung von (2.74) die folgende Rechnung ergibt (man beachte, daß für beliebige Vektoren a gemäß (A.50) die Identität $a = a \cdot I$ gilt):

$$(dx)^2 - (dX)^2 = dX \cdot C \cdot dX - dX \cdot dX = dX \cdot C \cdot dX - dX \cdot I \cdot dX =$$
$$= dX \cdot \underbrace{(C - I)}_{2G} \cdot dX$$

also

$$\boxed{(dx)^2 - (dX)^2 = dX \cdot 2G \cdot dX} \tag{2.83}$$

worin man den Ausdruck (man beachte noch $C = U^2$ gemäß (2.77)

$$\boxed{G := \frac{1}{2}(C - I) = \frac{1}{2}\left(U^2 - I\right)} \tag{2.84}$$

als den *rechten GREENschen* oder *rechten GREEN-LAGRANGEschen* Verzerrungstensor bezeichnet.

Für spätere Zwecke im Rahmen der Materialgesetze (vgl. Kapitel 3) ist noch die zu (2.84) analoge Definition des *linken GREENschen* oder *linken GREEN-LAGRANGEschen* Verzerrungstensors mit Hilfe von (2.81) wie folgt sinnvoll:

$$\boxed{G^l := \frac{1}{2}(B - I) = \frac{1}{2}\left(V^2 - I\right)} \tag{2.85}$$

Hinweise:

- Da der Tensor $\boldsymbol{C}$ ein Maß bezüglich materieller Koordinaten darstellt (vgl. den Hinweis zu (2.74) und (2.75)), ist $\boldsymbol{G}$ ebenfalls ein materielles Maß.
- Da der Tensor $\boldsymbol{B}$ ein Maß bezüglich räumlicher Koordinaten darstellt (vgl. den Hinweis zu (2.79), ist $\boldsymbol{G}^l$ ebenfalls ein räumliches Maß.

Eigenschaften der GREENschen Verzerrungstensoren: Für einen starren Körper bzw. für eine Starrkörperbewegung findet mit $\boldsymbol{F} = \boldsymbol{I}$ keine Deformation statt, so daß damit gemäß (2.75) bzw. (2.79) ebenfalls $\boldsymbol{C} = \boldsymbol{I}$ bzw. $\boldsymbol{B} = \boldsymbol{I}$ ist und nach (2.84) bzw. (2.85) die GREENschen Verzerrungstensoren Null sind, also

$$\boldsymbol{G} = \boldsymbol{0} \quad \text{bzw.} \quad \boldsymbol{G}^l = \boldsymbol{0} \quad \text{(Starrkörperbewegung)} \tag{2.86}$$

Für den rechten GREENschen Verzerrungstensor $\boldsymbol{G}$ kann dies auch aus (2.83) gefolgert werden, denn für den Fall, daß keine Deformation stattfindet, ist die Differenz der Quadrate der Linienelemente Null, also $(d\boldsymbol{x})^2 - (d\boldsymbol{X})^2 = 0$ was für $d\boldsymbol{X} \neq \boldsymbol{0}$ nur mit $\boldsymbol{G} = \boldsymbol{0}$ erfüllt werden kann.

Wegen der Symmetrie von $\boldsymbol{C}$, $\boldsymbol{B}$ und $\boldsymbol{I}$ ist der rechte bzw. linke GREENsche Verzerrungstensor ebenfalls *symmetrisch*, d. h. es gilt

$$\boldsymbol{G} = \boldsymbol{G}^T \quad \text{bzw.} \quad \boldsymbol{G}^l = \boldsymbol{G}^{l^T} \tag{2.87}$$

ALMANSIscher Verzerrungstensor: Bildet man analog zu (2.83) die Differenz der Quadrate der Linienelemente aber jetzt unter Ausnutzung der Darstellung (2.78) in den räumlichen Linielementen $d\boldsymbol{x}$, so erhält man (man beachte wieder daß für beliebige Vektoren $\boldsymbol{a}$ die Identität $\boldsymbol{a} = \boldsymbol{a}\cdot\boldsymbol{I}$ gilt)

$$(d\boldsymbol{x})^2 - (d\boldsymbol{X})^2 = d\boldsymbol{x} \cdot d\boldsymbol{x} - d\boldsymbol{x} \cdot \boldsymbol{B}^{-1} \cdot d\boldsymbol{x} = d\boldsymbol{x} \cdot \underbrace{\left(\boldsymbol{I} - \boldsymbol{B}^{-1}\right)}_{2\boldsymbol{A}} \cdot d\boldsymbol{x}$$

und damit der zu (2.83) analoge Ausdruck

$$\boxed{(d\boldsymbol{x})^2 - (d\boldsymbol{X})^2 = d\boldsymbol{x} \cdot 2\boldsymbol{A} \cdot d\boldsymbol{x}} \tag{2.88}$$

In (2.88) wird die Größe (man beachte noch (2.81))

$$\boxed{\boldsymbol{A} = \frac{1}{2}\left(\boldsymbol{I} - \boldsymbol{B}^{-1}\right) = \frac{1}{2}\left[\boldsymbol{I} - \left(\boldsymbol{V}^2\right)^{-1}\right]} \tag{2.89}$$

als *ALMANSIscher* (auch *EULER-ALMANSIscher* oder *ALMANSI-EULER-HAMELscher*) Verzerrungstensor bezeichnet.

Hinweise:

- Für einen starren Körper bzw. für eine Starrkörperbewegung gilt analog zu (2.86) auch $\boldsymbol{A} = \boldsymbol{0}$.
- Wegen der Symmetrie von $\boldsymbol{B}$, $\boldsymbol{I}$ und $\boldsymbol{V}$ ist der ALMANSIsche Verzerrungstensor ebenfalls symmetrisch, d. h. es gilt

$$\boldsymbol{A} = \boldsymbol{A}^T \tag{2.90}$$

- Da der Tensor $\boldsymbol{B}$ ein Maß bezüglich räumlicher Koordinaten darstellt (vgl. den Hinweis zu (2.79) und (2.80)), ist $\boldsymbol{A}$ ebenfalls ein räumliches Maß.

Zusammenhang zwischen $\boldsymbol{A}$ und $\boldsymbol{G}$: Gleichsetzen von (2.83) und (2.88) liefert zunächst

$$d\boldsymbol{X} \cdot 2\boldsymbol{G} \cdot d\boldsymbol{X} = d\boldsymbol{x} \cdot 2\boldsymbol{A} \cdot d\boldsymbol{x} \tag{2.91}$$

Einsetzen der Abbildungseigenschaft (2.49) in die rechte Seite von (2.91) führt unter Beachtung von $d\boldsymbol{x} = \boldsymbol{F} \cdot d\boldsymbol{X} = d\boldsymbol{x}^T = (\boldsymbol{F} \cdot d\boldsymbol{X})^T = d\boldsymbol{X}^T \cdot \boldsymbol{F}^T = d\boldsymbol{X} \cdot \boldsymbol{F}^T$ auf die identischen Umformungen

$$\begin{aligned} \underline{d\boldsymbol{X} \cdot 2\boldsymbol{G} \cdot d\boldsymbol{X}} &= d\boldsymbol{x} \cdot 2\boldsymbol{A} \cdot d\boldsymbol{x} = (\boldsymbol{F} \cdot d\boldsymbol{X}) \cdot 2\boldsymbol{A} \cdot (\boldsymbol{F} \cdot d\boldsymbol{X}) \equiv \\ &\equiv \left(d\boldsymbol{X} \cdot \boldsymbol{F}^T\right) \cdot 2\boldsymbol{A} \cdot (\boldsymbol{F} \cdot d\boldsymbol{X}) \equiv \underline{d\boldsymbol{X} \cdot \left(\boldsymbol{F}^T \cdot 2\boldsymbol{A} \cdot \boldsymbol{F}\right) \cdot d\boldsymbol{X}} \end{aligned} \tag{2.92}$$

Gleichung (2.92) muß für beliebige Linienelemente $d\boldsymbol{X}$ erfüllt sein, so daß durch Vergleich der linken und rechten Seite (unterstrichene Terme) in $d\boldsymbol{X}$ die folgenden Umrechnungen entstehen:

$$\boxed{\boldsymbol{G} = \boldsymbol{F}^T \cdot \boldsymbol{A} \cdot \boldsymbol{F}} \quad \text{bzw. durch Invertierung} \quad \boxed{\boldsymbol{A} = \boldsymbol{F}^{-T} \cdot \boldsymbol{G} \cdot \boldsymbol{F}^{-1}} \tag{2.93}$$

Hinweise:

- Mit Hilfe von (2.93) kann das räumliche Verzerrungsmaß $\boldsymbol{A}$ in das materielle Verzerrungsmaß $\boldsymbol{G}$ und umgekehrt umgerechnet werden.
- Indem $(2.93)_1$ von links mit $\boldsymbol{F}^{-T}$ und von rechts mit $\boldsymbol{F}^{-1}$ skalar heranmultipliziert wird erhält man die Umkehrbeziehung $(2.93)_2$. Die Operationen $\boldsymbol{F}^{-T}\cdot(\bullet)\cdot\boldsymbol{F}^{-1}$ und $\boldsymbol{F}^T\cdot(\bullet)\cdot\boldsymbol{F}$ (wobei durch $(\bullet)$ eine beliebige Größe gekennzeichnet wird) bezeichnet man auch als *push-forward* und *pull-back*-Operationen, wobei Erstere die Transformation einer Größe von der BKFG in die MKFG und Letztere die umgekehrte Transformation angibt.

Beispiel 2.10

Für die Scherbewegung nach den Beispiel 2.7 ermittle man den rechten und linken GREENschen sowie den ALMANSIschen Verzerrungstensor.

Lösung:

Für die Berechnung von $\boldsymbol{G}$ bzw. $\boldsymbol{G}^l$ nach (2.84) bzw. (2.85) sind zunächst der rechte und linke CAUCHYsche Verzerrungstensor $\boldsymbol{C}$ und $\boldsymbol{B}$ zu bilden. Für den Deformationsgradienten einer reinen Scherbewegung gilt zunächst nach (a) aus Beispiel 2.7

$$\boldsymbol{F} = \boldsymbol{I} + \gamma \boldsymbol{e}_1 \boldsymbol{e}_2 \tag{a}$$

Daraus folgt der transponierte Deformationsgradient wegen $\boldsymbol{I} = \boldsymbol{I}^T$ zu

$$\boldsymbol{F}^T = (\boldsymbol{I} + \gamma \boldsymbol{e}_1 \boldsymbol{e}_2)^T = \boldsymbol{I}^T + (\gamma \boldsymbol{e}_1 \boldsymbol{e}_2)^T = \boldsymbol{I} + \gamma \boldsymbol{e}_2 \boldsymbol{e}_1 \tag{b}$$

Anmerkung: Durch Vergleich von (a) mit (2.62) identifiziert man noch den Verschiebungsgradienten für den Fall der Scherbewegung zu

$$\boldsymbol{H} = \gamma \boldsymbol{e}_1 \boldsymbol{e}_2 \tag{c}$$

Einsetzen von (a) und (b) in (2.75) bzw. (2.79) liefert wie folgt den rechten und linken CAUCHYschen Verzerrungstensor

$$\boldsymbol{C} = \boldsymbol{F}^T \cdot \boldsymbol{F} = (\boldsymbol{I} + \gamma \boldsymbol{e}_2 \boldsymbol{e}_1) \cdot (\boldsymbol{I} + \gamma \boldsymbol{e}_1 \boldsymbol{e}_2) = \boldsymbol{I} + \gamma (\boldsymbol{e}_1 \boldsymbol{e}_2 + \boldsymbol{e}_2 \boldsymbol{e}_1) + \gamma^2 \boldsymbol{e}_2 \boldsymbol{e}_2 \tag{d}$$

und

$$\boldsymbol{B}=\boldsymbol{F}\cdot\boldsymbol{F}^{T}=(\boldsymbol{I}+\gamma\boldsymbol{e}_1\boldsymbol{e}_2)\cdot(\boldsymbol{I}+\gamma\boldsymbol{e}_2\boldsymbol{e}_1)=\boldsymbol{I}+\gamma\left(\boldsymbol{e}_1\boldsymbol{e}_2+\boldsymbol{e}_2\boldsymbol{e}_1\right)+\gamma^2\boldsymbol{e}_1\boldsymbol{e}_1 \tag{e}$$

oder in matrizieller Form

$$[\boldsymbol{C}]=\begin{bmatrix}1&\gamma&0\\ \gamma&1+\gamma^2&0\\ 0&0&1\end{bmatrix}\langle\boldsymbol{e}_i\boldsymbol{e}_j\rangle \quad,\quad [\boldsymbol{B}]=\begin{bmatrix}1+\gamma^2&\gamma&0\\ \gamma&1&0\\ 0&0&1\end{bmatrix}\langle\boldsymbol{e}_i\boldsymbol{e}_j\rangle \tag{f}$$

Einsetzen von (d) in (2.84) bzw. (e) in (2.85) führt dann auf den rechten und linken GREENschen Verzerrungstensor

$$\boldsymbol{G}=\frac{1}{2}(\boldsymbol{C}-\boldsymbol{I})=\frac{1}{2}\left[\gamma\left(\boldsymbol{e}_1\boldsymbol{e}_2+\boldsymbol{e}_2\boldsymbol{e}_1\right)+\gamma^2\boldsymbol{e}_2\boldsymbol{e}_2\right] \tag{g}$$

und

$$\boldsymbol{G}^{l}=\frac{1}{2}(\boldsymbol{B}-\boldsymbol{I})=\frac{1}{2}\left[\gamma\left(\boldsymbol{e}_1\boldsymbol{e}_2+\boldsymbol{e}_2\boldsymbol{e}_1\right)+\gamma^2\boldsymbol{e}_1\boldsymbol{e}_1\right] \tag{h}$$

oder in matrizieller Form

$$[\boldsymbol{G}]=\begin{bmatrix}0&\gamma/2&0\\ \gamma/2&\gamma^2/2&0\\ 0&0&0\end{bmatrix}\langle\boldsymbol{e}_i\boldsymbol{e}_j\rangle \quad,\quad \left[\boldsymbol{G}^{l}\right]=\begin{bmatrix}\gamma^2/2&\gamma/2&0\\ \gamma/2&0&0\\ 0&0&0\end{bmatrix}\langle\boldsymbol{e}_i\boldsymbol{e}_j\rangle \tag{i}$$

Zur Berechnung des ALMANSIschen Verzerrungstensors $\boldsymbol{A}$ nach (2.89) ist die Ermittlung von $\boldsymbol{B}^{-1}$ erforderlich. Mit Hilfe des CAYLEY-HAMILTON-Theorems gemäß (A.79) gilt zunächst

$$\boldsymbol{B}^{-1}=\frac{1}{B_{III}}\left(\boldsymbol{B}^2-B_I\boldsymbol{B}+B_{II}\boldsymbol{I}\right) \tag{j}$$

mit den drei Invarianten

$$B_I=Sp\boldsymbol{B}=\boldsymbol{I}\cdot\cdot\boldsymbol{B},\quad B_{II}=\frac{1}{2}\left(B_I^2-Sp\boldsymbol{B}^2\right)=\frac{1}{2}\left[(\boldsymbol{I}\cdot\cdot\boldsymbol{B})^2-\boldsymbol{B}\cdot\cdot\boldsymbol{B}\right],\quad B_{III}=\det\boldsymbol{B} \tag{k}$$

Zur Bestimmung der zweiten Invariante wird also noch $\boldsymbol{B}^2$ benötigt. Mit (e) findet man

$$\begin{aligned}\boldsymbol{B}^2&=\left[\boldsymbol{I}+\gamma\left(\boldsymbol{e}_1\boldsymbol{e}_2+\boldsymbol{e}_2\boldsymbol{e}_1\right)+\gamma^2\boldsymbol{e}_1\boldsymbol{e}_1\right]^2=\left[\boldsymbol{I}+\gamma\left(\boldsymbol{e}_1\boldsymbol{e}_2+\boldsymbol{e}_2\boldsymbol{e}_1\right)+\gamma^2\boldsymbol{e}_1\boldsymbol{e}_1\right]\cdot\\ &\quad\cdot\left[\boldsymbol{I}+\gamma\left(\boldsymbol{e}_1\boldsymbol{e}_2+\boldsymbol{e}_2\boldsymbol{e}_1\right)+\gamma^2\boldsymbol{e}_1\boldsymbol{e}_1\right]=\\ &=\boldsymbol{I}+\gamma^2\left(3+\gamma^2\right)\boldsymbol{e}_1\boldsymbol{e}_1+\gamma\left(2+\gamma^2\right)\left(\boldsymbol{e}_1\boldsymbol{e}_2+\boldsymbol{e}_2\boldsymbol{e}_1\right)+\gamma^2\boldsymbol{e}_2\boldsymbol{e}_2\end{aligned} \tag{l}$$

bzw. in matrizieller Form

$$\left[\boldsymbol{B}^2\right]=\begin{bmatrix}1+\gamma^2\left(3+\gamma^2\right)&\gamma\left(2+\gamma^2\right)&0\\ \gamma\left(2+\gamma^2\right)&1+\gamma^2&0\\ 0&0&1\end{bmatrix}\langle\boldsymbol{e}_i\boldsymbol{e}_j\rangle \tag{m}$$

Mit (e) und (l) lauten die Invarianten gemäß (k)

$$B_I=B_{II}=3+\gamma^2,\qquad B_{III}=1 \tag{n}$$

Einsetzen von (e), (l) und (n) in (j) liefert schließlich den inversen Tensor

$$\boldsymbol{B}^{-1}=\boldsymbol{I}-\gamma\left(\boldsymbol{e}_1\boldsymbol{e}_2+\boldsymbol{e}_2\boldsymbol{e}_1\right)+\gamma^2\boldsymbol{e}_2\boldsymbol{e}_2\quad\text{bzw.}\ \left[\boldsymbol{B}^{-1}\right]=\begin{bmatrix}1&-\gamma&0\\ -\gamma&1+\gamma^2&0\\ 0&0&1\end{bmatrix}\langle\boldsymbol{e}_i\boldsymbol{e}_j\rangle \tag{o}$$

Einsetzen von (o) in (2.89) führt schließlich auf den ALMANSIschen Verzerrungstensor

$$\boldsymbol{A}=\frac{1}{2}\left[\gamma\left(\boldsymbol{e}_1\boldsymbol{e}_2+\boldsymbol{e}_2\boldsymbol{e}_1\right)-\gamma^2\boldsymbol{e}_2\boldsymbol{e}_2\right]\quad\text{bzw.}\ [\boldsymbol{A}]=\begin{bmatrix}0&\gamma/2&0\\ \gamma/2&-\gamma^2/2&0\\ 0&0&0\end{bmatrix}\langle\boldsymbol{e}_i\boldsymbol{e}_j\rangle \tag{p}$$

Man überprüfe das Ergebnis (p) mittels (2.93), indem dort $\boldsymbol{F}^{-1}$ und $\boldsymbol{F}^{-T}$ gemäß (a), (b) gebildet werden und noch (g) eingesetzt wird.

Geometrische Deutung des rechten GREENschen Verzerrungstensors -Zusammenhang zwischen den GREENschen Verzerrungen und den „Ingenieurdehnungen“: Zur Veranschaulichung der GREENschen Verzerrungen wird die Transformation zweier in der BKFG aufeinander senkrecht stehender (materieller) Linienelemente $d\boldsymbol{X}_1$ und $d\boldsymbol{X}_2$ in die MKFG betrachtet (vgl. Bild 2.15). Geht man von der Abbildungseigenschaft (2.74) aus und ersetzt dort gemäß (2.84) $\boldsymbol{C}$, nämlich durch $\boldsymbol{C} = \boldsymbol{I} + 2\boldsymbol{G}$, so folgt zunächst

$$\begin{aligned} d\boldsymbol{x}_1 \cdot d\boldsymbol{x}_2 &= d\boldsymbol{X}_1 \cdot \boldsymbol{C} \cdot d\boldsymbol{X}_2 = d\boldsymbol{X}_1 \cdot (\boldsymbol{I} + 2\boldsymbol{G}) \cdot d\boldsymbol{X}_2 = \\ &= d\boldsymbol{X}_1 \cdot d\boldsymbol{X}_2 + 2d\boldsymbol{X}_1 \cdot \boldsymbol{G} \cdot d\boldsymbol{X}_2 \end{aligned} \tag{2.94}$$

Man beachte, daß in (2.94) die beiden Linienelemente $d\boldsymbol{x}_1$ und $d\boldsymbol{x}_2$ (in der MKFG) im Allgemeinen nicht mehr aufeinander senkrecht stehen! Werden jetzt die vektoriellen Linienelemente $d\boldsymbol{X}_i$ $(i = 1{,}2)$ in der BKFG bezüglich einer orthonormierten Basis $\boldsymbol{e}_i$ und die vektoriellen Linienelemente $d\boldsymbol{x}_i$ in der MKFG bezüglich einer normierten (aber nicht mehr orthogonalen!) Basis $\boldsymbol{g}_i$ wie folgt dargestellt (vgl. Bild 2.15)

$$\begin{aligned} d\boldsymbol{X}_i = dX_i \boldsymbol{e}_i \quad \text{und} \quad d\boldsymbol{x}_i = dx_i \boldsymbol{g}_i \quad \text{mit} \quad & \boldsymbol{e}_i \cdot \boldsymbol{e}_i = \delta_{ij} \quad \text{und} \\ & \boldsymbol{g}_i \cdot \boldsymbol{g}_i = \cos\alpha_{ij} \quad (i = 1, 2) \end{aligned} \tag{2.95}$$

(Achtung: In $(2.95)_1$ und $(2.95)_2$ darf nicht über i summiert werden !) so erhält man mit dem ebenfalls in der orthonormierten Basis $\boldsymbol{e}_i$ dargestellten rechten GREENschen Verzerrungstensor

$$\boldsymbol{G} = G_{ij} \boldsymbol{e}_i \boldsymbol{e}_i \tag{2.96}$$

zunächst für die einzelnen Produkte der linken und rechten Seite von (2.94) nacheinander:

$$d\boldsymbol{x}_1 \cdot d\boldsymbol{x}_2 = (dx_1 \boldsymbol{g}_1) \cdot (dx_2 \boldsymbol{g}_2) = dx_1 dx_2 \boldsymbol{g}_1 \cdot \boldsymbol{g}_2 = dx_1 dx_2 \cos\alpha_{12} \tag{2.97}$$

$$d\boldsymbol{X}_1 \cdot d\boldsymbol{X}_2 = (dX_1 \boldsymbol{e}_1) \cdot (dX_2 \boldsymbol{e}_2) = dX_1 dX_2 \, (\boldsymbol{e}_1 \cdot \boldsymbol{e}_2) = dX_1 dX_2 \delta_{12} \tag{2.98}$$

$$\begin{aligned} d\boldsymbol{X}_1 \cdot \boldsymbol{G} \cdot d\boldsymbol{X}_2 &= (dX_1 \boldsymbol{e}_1) \cdot (G_{ij} \boldsymbol{e}_i \boldsymbol{e}_j) \cdot (dX_2 \boldsymbol{e}_2) = dX_1 dX_2 G_{ij} \boldsymbol{e}_1 \cdot \boldsymbol{e}_i \boldsymbol{e}_j \cdot \boldsymbol{e}_2 \\ &= dX_1 dX_2 G_{ij} \, (\boldsymbol{e}_1 \cdot \boldsymbol{e}_i) \, (\boldsymbol{e}_j \cdot \boldsymbol{e}_2) = dX_1 dX_2 G_{ij} \delta_{i1} \delta_{j2} = \\ &= dX_1 dX_2 G_{12} \end{aligned} \tag{2.99}$$

Einsetzen von (2.97) bis (2.99) in (2.94) führt nach entsprechendem Ausklammern auf

$$dx_1 dx_2 \cos\alpha_{12} = dX_1 dX_2 \, (\delta_{12} + 2G_{12})$$

woraus sich die Koordiante G_{12} des rechten GREENschen Verzerrungstensors $\boldsymbol{G}$ wie folgt ergibt:

$$G_{12} = \frac{1}{2} \left(\frac{dx_1}{dX_1} \frac{dx_2}{dX_2} \cos\alpha_{12} - \delta_{12} \right) \tag{2.100}$$

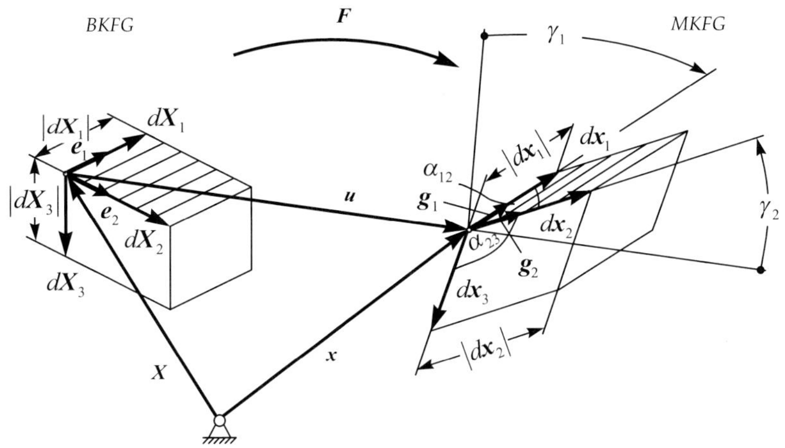

Bild 2.15: Zur Transformation orthogonaler Linienelemente aus der BKFG in die MKFG mittels des GREENschen Verzerrungstensors

Hinweis:
Es sei angemerkt, daß in (2.100) der Term δ_{12} selbstverständlich Null ist, aber aus Gründen einer nachfolgenden Verallgemeinerung des Ausdruckes (2.100) zunächst stehenbleiben soll.

Bezeichnet man mit γ_{12} die *Gleitung* oder den *Schubwinkel*, so läßt sich nach Bild 2.15 unter Beachtung der Definition γ_{12}:=γ_1+γ_2 der trigonometrische Zusammenhang α_{12} = $(\pi/2)$ - $(\gamma_1+\gamma_2)$ = $(\pi/2)$ - γ_{12} ablesen, womit sich unter weiterer Beachtung des entsprechenden Additionstheorems

$$\cos\alpha_{12} = \cos\left(\frac{\pi}{2} - \gamma_{12}\right) = \sin\gamma_{12} \tag{2.101}$$

schreiben läßt, so daß (2.100) zunächst übergeht in

$$G_{12} = \frac{1}{2}\left(\frac{dx_1}{dX_1}\frac{dx_2}{dX_2}\sin\gamma_{12} - \delta_{12}\right) \tag{2.102}$$

Definiert man nun wie üblich die „Ingenieur"-Dehnung ε_{ii} $(i = 1{,}2)$ derart, daß man die Längenänderung eines Linienelementes (zwischen BKFG und MKFG) $|d\boldsymbol{x}_i| - |d\boldsymbol{X}_i|$ zu der Ausgangslänge des Linienelementes (in der BKFG) $|d\boldsymbol{X}_i|$ ins Verhältnis setzt, also (für Längen bzw. deren Änderungen sind selbstverständlich jeweils die Beträge der entsprechenden Größen zu nehmen!)

$$\varepsilon_{ii} = \frac{|d\boldsymbol{x}_i| - |d\boldsymbol{X}_i|}{|d\boldsymbol{X}_i|} = \frac{dx_i - dX_i}{dX_i} = \underbrace{\frac{dx_i}{dX_i}}_{\lambda_i} - 1 = \lambda_i - 1 \qquad (i = 1,2) \tag{2.103}$$

worin der Quotient $\lambda_i = dx_i/dX_i$ als *lokale Streckung* bezeichnet wird, so ergeben sich damit für i = 1,2 durch jeweiliges Auflösen nach den Quotienten dx_i/dX_i die beiden Ausdrücke

$dx_1/dX_1 = 1 + \varepsilon_{11}$ und $dx_2/dX2 = 1 + \varepsilon_{22}$, womit (2.102) schließlich übergeht in

$$G_{12} = \frac{1}{2}\left[(1+\varepsilon_{11})(1+\varepsilon_{22})\sin\gamma_{12} - \delta_{12}\right] \tag{2.104}$$

Ein letzter Schritt besteht nun darin, die Indizes 1 und 2 in (2.104) durch die allgemeinen Indizes i und j zu ersetzen, so daß die Koordinaten G_{ij} des GREENschen Verzerrungstensors $\boldsymbol{G}$ schließlich wie folgt lauten

$$G_{ij} = \frac{1}{2}\left[(1+\varepsilon_{ij})(1+\varepsilon_{ij})\sin\gamma_{ij} - \delta_{ij}\right] \tag{2.105}$$

Für $i = j$ gilt $\alpha_{ii} = 0$ (vgl. Bild 2.15, für $i = j$ gibt es nur ein Linienelement dx_i, bzw liegen dx_i und dx_j aufeinander!) $\gamma_{ii} = \pi/2$ bzw. $\sin\gamma_{ii} = \sin\pi/2 = 1$ sowie $\delta_{ii} = 1$ womit sich die GREENschen *Dehnungen* aus (2.105) wie folgt ergeben (man multipliziere die Klammerausdrücke aus und fasse entsprechend zusammen)

$$\boxed{G_{ii} = \frac{1}{2}\left[(1+\varepsilon_{ii})(1+\varepsilon_{jj}) - 1\right] \equiv \frac{1}{2}(2+\varepsilon_{ii})\,\varepsilon_{ii} \equiv \varepsilon_{ii} + \frac{1}{2}(\varepsilon_{ii})^2} \quad (i = 1,2,3) \tag{2.106}$$

Entsprechend erhält man aus (2.105) für $i \neq j$ wegen $\delta_{ij} = 0$ die GREENschen *Schubverzerrungen*

$$\boxed{G_{ij} = \frac{1}{2}(1+\varepsilon_{ii})(1+\varepsilon_{jj})\sin\gamma_{ij} \equiv \frac{1}{2}(1+\varepsilon_{ii}+\varepsilon_{jj}+\varepsilon_{ii}\varepsilon_{jj})\sin\gamma_{ij}} \quad (i,j = 1,2,3) \tag{2.107}$$

Mit (2.106) und (2.107) läßt sich schließlich der GREENsche Verzerrungstensor wie folgt in Matrizenform angeben (dabei sind die Elemente der Matrix derart zu berechnen, indem in (2.106) und (2.107) für die Indizes i und j entsprechende Zahlen von 1 bis 3 einzusetzen sind):

$$\boxed{\begin{aligned}[\boldsymbol{G}] &= \begin{bmatrix} G_{11} & G_{12} & G_{13} \\ G_{12} & G_{22} & G_{23} \\ G_{13} & G_{23} & G_{33} \end{bmatrix} \langle \boldsymbol{e}_i \boldsymbol{e}_j \rangle = \\ &= \frac{1}{2} \begin{bmatrix} (2+\varepsilon_{11})\,\varepsilon_{11} & (1+\varepsilon_{11})(1+\varepsilon_{22})\sin\gamma_{12} & (1+\varepsilon_{11})(1+\varepsilon_{33})\sin\gamma_{13} \\ sym & (2+\varepsilon_{22})\,\varepsilon_{22} & (1+\varepsilon_{22})(1+\varepsilon_{33})\sin\gamma_{23} \\ sym & sym & (2+\varepsilon_{33})\,\varepsilon_{33} \end{bmatrix} \langle \boldsymbol{e}_i \boldsymbol{e}_j \rangle \end{aligned}} \tag{2.108}$$

Für den Tensor (2.108) lassen sich die folgenden Eigenschaften angeben:

$\boldsymbol{G}$ ist ein symmetrischer Verzerrungstensor (die jeweils gegenüberliegenden Nebendiagonalelemente sind gleich), mittels welchem beliebig große Verzerrungen (Verformungen) beschrieben werden können.

$\boldsymbol{G}$ beschreibt die Längen- und Winkeländerungen jeweils zweier (materieller) Linienelemente beim Wechsel von der BKFG in die MKFG (vgl. Bild 2.15).

$\boldsymbol{G}$ gibt einen Zusammenhang zwischen den GREENschen Verzerrungen und den klassischen „Ingenieur-Dehnungen" ε_{ij} an. Letztere werden in (2.108) durch die Größen ε_{ii} und γ_{ij} dargestellt und sind die bekannten Dehnungen und Gleitungen der linearen Elastizitätstheorie.

Die „Ingenieur-Dehnungen" ε_{ii} und γ_{ij} treten in (2.108) bis zu Termen dritter Ordnung auf: Ausmultiplizieren des zweiten Elementes ergibt beispielsweise einen Term der Form $\varepsilon_{11}\varepsilon_{22}\sin\gamma_{12}$, also einen in ε_{11} und ε_{22} bilinearen und in γ_{12} nicht-linearen Ausdruck! Daher ist der Tensor (2.108) in der Lage, große Verformungen zu beschreiben.

2.3.5 Geometrische Linearisierung von Verzerrungstensoren (Deformator)

Die bisher eingeführten Verzerrungstensoren gelten noch für beliebig große Verzerrungen (Dehnungen und Schubverzerrungen). Bei sehr vielen Problemstellungen in der Technik treten jedoch von vornherein nur kleine Verzerrungen auf bzw. müssen diese aus Gründen der Sicherheit klein gehalten werden. Für diese Fälle lassen sich die bisherigen Verzerrungsmaße vereinfachen, man spricht dann auch von einer *geometrischen Linearisierung.* Dazu ist es sinnvoll, zunächst die oben definierten Verzerrungstensoren als Funktion des Verschiebungsgradienten darzustellen. Einsetzen von (2.62) in (2.75) bzw. (2.79) führt nach Ausmultiplizieren wie folgt auf den rechten und linken CAUCHYschen Verzerrungstensor als Funktion des materiellen Verschiebungsgradienten

$$\boldsymbol{C} = \boldsymbol{I} + \boldsymbol{H}_0 + \boldsymbol{H}_0^T + \boldsymbol{H}_0^T \cdot \boldsymbol{H}_0 = \boldsymbol{I} + \boldsymbol{u}\boldsymbol{\nabla}_0 + \boldsymbol{\nabla}_0\boldsymbol{u} + (\boldsymbol{\nabla}_0\boldsymbol{u}) \cdot (\boldsymbol{u}\boldsymbol{\nabla}_0) \tag{2.109}$$

$$\boldsymbol{B} = \boldsymbol{I} + \boldsymbol{H}_0 + \boldsymbol{H}_0^T + \boldsymbol{H}_0 \cdot \boldsymbol{H}_0^T = \boldsymbol{I} + \boldsymbol{u}\boldsymbol{\nabla}_0 + \boldsymbol{\nabla}_0\boldsymbol{u} + (\boldsymbol{u}\boldsymbol{\nabla}_0) \cdot (\boldsymbol{\nabla}_0\boldsymbol{u}) \tag{2.110}$$

Weiteres Einsetzen von (2.109) in (2.84) bzw. von (2.110) in (2.85) liefert den rechten und linken GREENschen Verzerrungstensor als Funktion des materiellen Verschiebungsgradienten (diese Formen werden auch als *Verschiebungs-Verzerrungs-Gleichungen* bezeichnet)

$$\boxed{\boldsymbol{G} = \frac{1}{2}\left(\boldsymbol{H}_0 + \boldsymbol{H}_0^T + \boldsymbol{H}_0^T \cdot \boldsymbol{H}_0\right) = \frac{1}{2}\left[\boldsymbol{u}\boldsymbol{\nabla}_0 + \boldsymbol{\nabla}_0\boldsymbol{u} + (\boldsymbol{\nabla}_0\boldsymbol{u}) \cdot (\boldsymbol{u}\boldsymbol{\nabla}_0)\right]} \tag{2.111}$$

bzw.

$$\boxed{\boldsymbol{G}^l = \frac{1}{2}\left(\boldsymbol{H}_0 + \boldsymbol{H}_0^T + \boldsymbol{H}_0 \cdot \boldsymbol{H}_0^T\right) = \frac{1}{2}\left[\boldsymbol{u}\boldsymbol{\nabla}_0 + \boldsymbol{\nabla}_0\boldsymbol{u} + (\boldsymbol{u}\boldsymbol{\nabla}_0) \cdot (\boldsymbol{\nabla}_0\boldsymbol{u})\right]} \tag{2.112}$$

In (2.109) bis (2.112) ist zu erkennen, daß die Tensoren $\boldsymbol{C}$, $\boldsymbol{B}$, $\boldsymbol{G}$ und $\boldsymbol{G}^l$ infolge der "quadratischen" Produkte $(\boldsymbol{\nabla}_0\boldsymbol{u})\cdot(\boldsymbol{u}\boldsymbol{\nabla}_0)$ bzw. $(\boldsymbol{u}\boldsymbol{\nabla}_0)\cdot(\boldsymbol{\nabla}_0\boldsymbol{u})$ jeweils *nicht-lineare* Funktionen des materiellen Verschiebungsgradienten sind.

Die nachfolgenden Überlegungen sollen aus Platzgründen nur für den *rechten* GREENschen Verzerrungstensor ausgeführt werden, wobei sich diese für den linken GREEN aber völlig analog ergeben. Der Einfachheit halber ist es sinnvoll, o.B.d.A. auf kartesische Darstellungen in Form von Matrizen überzugehen. Dazu werden sämtliche Größen der linken und rechten Seite von (2.111) bezüglich einer orthonormierten Basis $\boldsymbol{e}_i$ dargestellt (vgl. hierzu Anhang A.1.6): Durch Einsetzen der kartesischen Darstellung des GREENschen Verzerrungstensors

$$\boldsymbol{G} = G_{ij}\boldsymbol{e}_i\boldsymbol{e}_j \tag{2.113}$$

sowie des (materiellen) Verschiebungsgradienten $\boldsymbol{H}_0$ gemäß (2.59) in (2.111) ergeben sich nach einem Koordinatenvergleich in den Dyaden $\boldsymbol{e}_i\boldsymbol{e}_j$ die Verschiebungs-Verzerrungs-Gleichungen Verschiebungs-Verzerrungs-Gleichungen in kartesischer Koordinatenschreibweise wie folgt:

$$G_{ij} = \frac{1}{2}\left(\frac{\partial u_i}{\partial X_j} + \frac{\partial u_j}{\partial X_i}\right) + \frac{1}{2}\frac{\partial u_k}{\partial X_i}\frac{\partial u_k}{\partial X_j} \tag{2.114}$$

Der rechte GREENsche Verzerrungstensor läßt sich dann wie folgt auch in Matrizenform angeben

$$[\boldsymbol{G}] = \begin{bmatrix} G_{11} & G_{12} & G_{13} \\ G_{12} & G_{22} & G_{23} \\ G_{13} & G_{23} & G_{33} \end{bmatrix} \langle \boldsymbol{e}_i\boldsymbol{e}_j \rangle \tag{2.115}$$

wobei die sechs Elemente (Verzerrungskoordinaten) G_{ij} $(i,\ j = 1,\ 2,\ 3)$ gemäß (2.114) zu nehmen sind. Zur Veranschaulichung der Verzerrungskoordinaten G_{ij} in (2.115) werden die Verschiebungs-Verzerrungs-Gleichungen (2.114) unter Beachtung der EINSTEINschen Summationskonvention (über doppelte Indizes ist zu summieren) wie folgt ausgeschrieben: Für $i = j$ ergeben sich nacheinander die drei Hauptdiagonalglieder

$$\begin{aligned}
G_{11} &= \frac{\partial u_1}{\partial X_1} + \frac{1}{2}\left[\left(\frac{\partial u_1}{\partial X_1}\right)^2 + \left(\frac{\partial u_2}{\partial X_1}\right)^2 + \left(\frac{\partial u_3}{\partial X_1}\right)^2\right] \\
G_{22} &= \frac{\partial u_2}{\partial X_2} + \frac{1}{2}\left[\left(\frac{\partial u_1}{\partial X_2}\right)^2 + \left(\frac{\partial u_2}{\partial X_2}\right)^2 + \left(\frac{\partial u_3}{\partial X_2}\right)^2\right] \\
G_{33} &= \frac{\partial u_3}{\partial X_3} + \frac{1}{2}\left[\left(\frac{\partial u_1}{\partial X_3}\right)^2 + \left(\frac{\partial u_2}{\partial X_3}\right)^2 + \left(\frac{\partial u_3}{\partial X_3}\right)^2\right]
\end{aligned} \tag{2.116}$$

Entsprechend erhält man für $i \neq j$ die Nebendiagonalglieder

$$\begin{aligned}
G_{12} = G_{21} &= \frac{1}{2}\left(\frac{\partial u_1}{\partial X_2} + \frac{\partial u_2}{\partial X_1}\right) + \frac{1}{2}\left(\frac{\partial u_1}{\partial X_1}\frac{\partial u_1}{\partial X_2} + \frac{\partial u_2}{\partial X_1}\frac{\partial u_2}{\partial X_2} + \frac{\partial u_3}{\partial X_1}\frac{\partial u_3}{\partial X_2}\right) \\
G_{13} = G_{31} &= \frac{1}{2}\left(\frac{\partial u_1}{\partial X_3} + \frac{\partial u_3}{\partial X_1}\right) + \frac{1}{2}\left(\frac{\partial u_1}{\partial X_1}\frac{\partial u_1}{\partial X_3} + \frac{\partial u_2}{\partial X_1}\frac{\partial u_2}{\partial X_3} + \frac{\partial u_3}{\partial X_1}\frac{\partial u_3}{\partial X_3}\right) \\
G_{23} = G_{32} &= \frac{1}{2}\left(\frac{\partial u_2}{\partial X_3} + \frac{\partial u_3}{\partial X_2}\right) + \frac{1}{2}\left(\frac{\partial u_1}{\partial X_2}\frac{\partial u_1}{\partial X_3} + \frac{\partial u_2}{\partial X_2}\frac{\partial u_2}{\partial X_3} + \frac{\partial u_3}{\partial X_2}\frac{\partial u_3}{\partial X_3}\right)
\end{aligned} \tag{2.117}$$

Analog zur tensoriellen Darstellung (2.111) ist anhand der Koordinatengleichungen (2.116) und (2.117) zu erkennen, daß die Hauptdiagonal- bzw. Nebendiagonalelemente des GREENschen Verzerrungstensors neben den linearen Termen $\partial u_1/\partial X_1$ usw. auch noch von den Quadraten der Verschiebungsableitungen $(\partial u_1/\partial X_1)^2$ usw. bzw. noch von bilinearen Termen $(\partial u_1/\partial X_1)(\partial u_1/\partial X_2)$ usw. abhängen.

Unter *geometrischer Linearisierung* versteht man nun, daß im Falle kleiner Verschiebungsableitungen, also wenn mit

$$\frac{\partial u_i}{\partial X_j} \ll 1 \qquad (i, j = 1, 2, 3) \tag{2.118}$$

die Verschiebungsableitungen sehr klein gegenüber Eins sind, in den Verschiebungs-Verzerrungs-Gleichungen generell Terme n-ter Ordnung gegenüber Termen (n-1)-ter Ordnung usw. in den Verschiebungsableitungen vernachlässigt werden können. Bezüglich der Ausdrücke (2.116) und (2.117) heißt das konkret, daß die in den Verschiebungsableitungen quadratischen bzw. bilinearen Terme, also $(\partial u_1/\partial X_1)^2$ usw. bzw. $(\partial u_1/\partial X_1)(\partial u_1/\partial X_2)$ usw. gegenüber den linearen Termen $\partial u_1/\partial X_2$ usw. zu streichen sind. Damit gilt

$$\frac{\partial u_k}{\partial X_i}\frac{\partial u_k}{\partial X_j} \ll \frac{\partial u_l}{\partial X_m} \qquad (i, j, k, l, m = 1, 2, 3) \qquad \text{(keine Summe über } k!) \tag{2.119}$$

Die Anwendung der Vorschrift (2.119) auf die Ausdrücke (2.116) und (2.117) liefert die nachfolgende *geometrisch linearisierte Form des rechten GREENschen Verzerrungstensors* in Matrizenschreibweise (man streiche in (2.116) und (2.117) sämtliche quadratischen bzw. bilinearen Terme und setze die verbleibenden Ausdrücke in (2.115) ein, vgl. hierzu auch Beispiel 2.11), wobei die Linearisierung mit dem Symbol „$lin(\bullet)$" gekennzeichnet werden soll

$$lin\,[\boldsymbol{G}] = \begin{bmatrix} \frac{\partial u_1}{\partial X_1} & \frac{1}{2}\left(\frac{\partial u_1}{\partial X_2} + \frac{\partial u_2}{\partial X_1}\right) & \frac{1}{2}\left(\frac{\partial u_1}{\partial X_3} + \frac{\partial u_3}{\partial X_1}\right) \\ \frac{1}{2}\left(\frac{\partial u_1}{\partial X_2} + \frac{\partial u_2}{\partial X_1}\right) & \frac{\partial u_2}{\partial X_2} & \frac{1}{2}\left(\frac{\partial u_2}{\partial X_3} + \frac{\partial u_3}{\partial X_2}\right) \\ \frac{1}{2}\left(\frac{\partial u_1}{\partial X_3} + \frac{\partial u_3}{\partial X_1}\right) & \frac{1}{2}\left(\frac{\partial u_2}{\partial X_3} + \frac{\partial u_3}{\partial X_2}\right) & \frac{\partial u_3}{\partial X_3} \end{bmatrix} \langle \boldsymbol{e}_i \boldsymbol{e}_j \rangle \tag{2.120}$$

Verfährt man in analoger Weise für die *tensoriellen* Notierungen, indem in den Gleichungen (2.109) bis (2.112) die Produkte $(\boldsymbol{\nabla}_0 \boldsymbol{u})\cdot(\boldsymbol{u}\boldsymbol{\nabla}_0)$ bzw. $(\boldsymbol{u}\boldsymbol{\nabla}_0)\cdot(\boldsymbol{\nabla}_0 \boldsymbol{u})$ gestrichen werden, so ergeben sich für die *linearisierten Versionen* der CAUCHYschen und der GREENschen Verzerrungstensoren die nachstehenden tensoriellen Zusammenhänge, wobei $(2.121)_2$ gerade die tensoriell symbolische Darstellung von (2.120) ist:

$$\begin{aligned} lin\boldsymbol{C} &= lin\boldsymbol{B} = \boldsymbol{I} + \boldsymbol{H}_0 + \boldsymbol{H}_0^T = \boldsymbol{I} + \boldsymbol{u}\boldsymbol{\nabla}_0 + \boldsymbol{\nabla}_0\boldsymbol{u} \\ lin\boldsymbol{G} &= lin\boldsymbol{G}^l = \frac{1}{2}\left(\boldsymbol{H}_0 + \boldsymbol{H}_0^T\right) = \frac{1}{2}\left(\boldsymbol{u}\boldsymbol{\nabla}_0 + \boldsymbol{\nabla}_0\boldsymbol{u}\right) \end{aligned} \tag{2.121}$$

Andererseits wird in der *linearen* Elastizitätstheorie (vgl. Unterabschnitt 3.2.3) üblicherweise gemäß

$$\boxed{\boldsymbol{E} = \frac{1}{2}\left(\boldsymbol{H}_0 + \boldsymbol{H}_0^T\right) = \frac{1}{2}\left(\boldsymbol{u}\boldsymbol{\nabla}_0 + \boldsymbol{\nabla}_0\boldsymbol{u}\right) = \frac{1}{2}\left(\boldsymbol{F} + \boldsymbol{F}^T - 2\boldsymbol{I}\right)} \tag{2.122}$$

der *Deformator* (auch *klassischer* oder *infinitesimaler Verzerrungstensor*) definiert (man beachte, daß die dritte Darstellung in (2.122) dadurch entsteht, indem $\boldsymbol{H}_0$ gemäß (2.62) ersetzt wird!). Mit (2.121) und (2.122) lassen sich dann die folgenden Zusammenhänge zwischen den linearisierten Formen von $\boldsymbol{C}$, $\boldsymbol{B}$, $\boldsymbol{G}$ und $\boldsymbol{G}^l$ angeben:

$$lin\boldsymbol{C} = lin\boldsymbol{B} = \boldsymbol{I} + 2lin\boldsymbol{G} = \boldsymbol{I} + 2lin\boldsymbol{G}^l = \boldsymbol{I} + 2\boldsymbol{E} \tag{2.123}$$

und

$$\boxed{lin\boldsymbol{G} = lin\boldsymbol{G}^l = \boldsymbol{E}} \tag{2.124}$$

Nach (2.124) gehen also die geometrisch linearisierten GREENsche Verzerrungstensoren über in den Deformator!

Mit der Darstellung des Deformators bezüglich einer kartesischen Basis

$$\boldsymbol{E} = \varepsilon_{ij}\boldsymbol{e}_i\boldsymbol{e}_j \tag{2.125}$$

erhält man unter Beachtung von (2.124) und (2.120) schließlich wie folgt die kartesische Matrizendarstellung des Deformators.

$$\begin{aligned}[\boldsymbol{E}] &= \begin{bmatrix} \varepsilon_{11} & \varepsilon_{12} & \varepsilon_{13} \\ \varepsilon_{12} & \varepsilon_{22} & \varepsilon_{23} \\ \varepsilon_{13} & \varepsilon_{23} & \varepsilon_{33} \end{bmatrix} \langle \boldsymbol{e}_i\boldsymbol{e}_j \rangle = \\ &= \begin{bmatrix} \frac{\partial u_1}{\partial X_1} & \frac{1}{2}\left(\frac{\partial u_1}{\partial X_2} + \frac{\partial u_2}{\partial X_1}\right) & \frac{1}{2}\left(\frac{\partial u_1}{\partial X_3} + \frac{\partial u_3}{\partial X_1}\right) \\ \frac{1}{2}\left(\frac{\partial u_1}{\partial X_2} + \frac{\partial u_2}{\partial X_1}\right) & \frac{\partial u_2}{\partial X_2} & \frac{1}{2}\left(\frac{\partial u_2}{\partial X_3} + \frac{\partial u_3}{\partial X_2}\right) \\ \frac{1}{2}\left(\frac{\partial u_1}{\partial X_3} + \frac{\partial u_3}{\partial X_1}\right) & \frac{1}{2}\left(\frac{\partial u_2}{\partial X_3} + \frac{\partial u_3}{\partial X_2}\right) & \frac{\partial u_3}{\partial X_3} \end{bmatrix} \langle \boldsymbol{e}_i\boldsymbol{e}_j \rangle = lin\,[\boldsymbol{G}]\end{aligned} \tag{2.126}$$

Mit Hilfe eines Koordinatenvergleiches (Elementenvergleich) extrahiert man aus (2.126) die *Verschiebungs-Verzerrungs-Gleichungen der linearen Elastizitätstheorie*, die wegen der zentralen Stellung in den entsprechenden späteren Kapiteln hier besonders hervorgehoben werden sollen:

$$\boxed{\begin{aligned} &\varepsilon_{11} = \frac{\partial u_1}{\partial X_1}, \quad \varepsilon_{22} = \frac{\partial u_2}{\partial X_2}, \quad \varepsilon_{33} = \frac{\partial u_3}{\partial X_3} \\ &\varepsilon_{12} = \varepsilon_{21} = \frac{1}{2}\left(\frac{\partial u_1}{\partial X_2} + \frac{\partial u_2}{\partial X_1}\right), \quad \varepsilon_{13} = \varepsilon_{31} = \frac{1}{2}\left(\frac{\partial u_1}{\partial X_3} + \frac{\partial u_3}{\partial X_1}\right) \\ &\varepsilon_{23} = \varepsilon_{32} = \frac{1}{2}\left(\frac{\partial u_3}{\partial X_2} + \frac{\partial u_2}{\partial X_3}\right) \end{aligned}} \tag{2.127}$$

bzw. in indizistischer Form

$$\boxed{\varepsilon_{ij} = \frac{1}{2}\left(\frac{\partial u_i}{\partial X_j} + \frac{\partial u_j}{\partial X_i}\right)} \tag{2.128}$$

Hinweise:

- Die Diagonalelemente in (2.126) bzw. die Größen mit gleichen Indizes ($i = j$) in (2.127) werden als *Dehnungen* bezeichnet und geben die relativen Verlängerungen bzw. Verkürzungen $\varepsilon_{ii} > 0$ bzw. $\varepsilon_{ii} < 0$) der Kanten der Volumenelemente beim Wechsel von der BKFG in die MKFG bei kleinen Verschiebungsableitungen an (vgl. auch die Definition (2.103) sowie Bild (2.15)).
- Die Elemente der Nebendiagonalen in (2.126) bzw. die Größen mit gemischten Indizes ($i \neq j$) in (2.127) werden als (halbe) *Gleitungen*, *Scherungen* bzw. *Schubverzerrungen* bezeichnet und geben jeweils die Abweichung vom rechten Winkel zweier Linienelemente beim Wechsel von der BKFG in ie MKFG bei kleinen Verschiebungsableitungen an (vgl. hierzu auch Bild 2.15).

Beispiel 2.11:
Man führe für den rechten GREENschen Verzerrungstensor in der Matrizendarstellung (2.108) im Sinne der Forderung (2.119) eine *geometrische Linearisierung* durch.

Lösung:
Im Sinne einer geometrischen Linearisierung ist zunächst zu beachten, daß für kleine Schubwinkel

$$\sin\gamma_{ij} \approx \gamma_{ij} \tag{a}$$

gilt. Mit (a) gehen die GREENschen Verzerrungen (2.106) und (2.107) zunächst über in

$$\begin{aligned} G_{ii} &= \varepsilon_{ii} + \frac{1}{2}(\varepsilon_{ii})^2 \\ G_{ij} &= \frac{1}{2}(1 + \varepsilon_{ii} + \varepsilon_{jj} + \varepsilon_{ii}\varepsilon_{jj})\gamma_{ij} \equiv \frac{1}{2}(\gamma_{ij} + \varepsilon_{ii}\gamma_{ij} + \varepsilon_{jj}\gamma_{ij} + \varepsilon_{ii}\varepsilon_{jj}\gamma_{ij}) \end{aligned} \tag{b}$$

Im Sinne einer geometrischen Linearisierung gemäß (2.119) sind nun in (b) generell die kubischen Terme in den Dehnungen bzw. Schubverzerrungen gegenüber quadratischen und bilinearen und diese wiederum gegenüber linearen Termen zu streichen. Das bedeutet

$$(\varepsilon_{ii})^2 << \varepsilon_{ii} \quad , \quad \varepsilon_{ii}\varepsilon_{jj}\gamma_{ij} << \varepsilon_{ii}\gamma_{ij} \quad , \quad \varepsilon_{ii}\gamma_{ij} << \gamma_{ij} \tag{c}$$

Anwendung von (c) auf (b) liefert die geometrisch linearisierten GREENschen Verzerrungen zu

$$\begin{aligned} linG_{ii} &= lin\left[\varepsilon_{ii} + \frac{1}{2}(\varepsilon_{ii})^2\right] = \varepsilon_{ii} \quad , \qquad (i = j) \\ linG_{ij} &= lin\frac{1}{2}(\gamma_{ij} + \varepsilon_{ii}\gamma_{ij} + \varepsilon_{jj}\gamma_{ij} + \varepsilon_{ii}\varepsilon jj\gamma_{ij}) = \frac{1}{2}\gamma_{ij} \quad , \qquad (i \neq j) \end{aligned} \tag{d}$$

Einsetzen von (d) in (2.108) führt dann auf den geometrisch linearisierten GREENschen Verzerrungstensor in Matrizenform

$$lin\,[\boldsymbol{G}] = lin \begin{bmatrix} G_{11} & G_{12} & G_{13} \\ G_{12} & G_{22} & G_{23} \\ G_{13} & G_{23} & G_{33} \end{bmatrix} \langle \boldsymbol{e}_i \boldsymbol{e}_j \rangle = \begin{bmatrix} \varepsilon_{11} & \gamma_{12}/2 & \gamma_{13}/2 \\ \gamma_{12}/2 & \varepsilon_{22} & \gamma_{23}/2 \\ \gamma_{13}/2 & \gamma_{23}/2 & \varepsilon_{33} \end{bmatrix} \langle \boldsymbol{e}_i \boldsymbol{e}_j \rangle \tag{e}$$

Führt man jetzt noch die übliche, zweckmäßige Definition zwischen den Schubverzerrungen und den Gleitungen

$$\varepsilon_{ij} = \frac{1}{2}\gamma_{ij} \qquad (i \neq j) \tag{f}$$

ein, so ergibt sich aus (e) sofort der Zusammenhang (2.126), daß nämlich der linearisierte GREENsche Verzerrungstensor gleich dem Deformator ist.

Beispiel 2.12
a. Für die einfache Scherung gemäß Beispiel 2.7 bzw. 2.10 berechne man den Deformator und vergleiche die Koordinaten als Funktion der Scherung mit dem nichtlinearen Verzerrungsmaß $\boldsymbol{G}^l$ gemäß (i) nach Beispiel 2.10.

b. Für die uniaxiale Stauchung gemäß Beispiel 2.8 berechne man den Deformator.

Lösung:

a. Einfache Scherung

Einsetzen von (a) und b nach Beispiel 2.10 in (2.122) liefert sofort unter Beachtung von (2.125)

$$\begin{aligned} \boldsymbol{E} &= \frac{1}{2}\left[\boldsymbol{I} + \gamma \boldsymbol{e}_1\boldsymbol{e}_2 + (\boldsymbol{I} + \gamma \boldsymbol{e}_1\boldsymbol{e}_2)^T - 2\boldsymbol{I}\right] = \frac{1}{2}(\boldsymbol{I} + \gamma \boldsymbol{e}_1\boldsymbol{e}_2 + \boldsymbol{I} + \gamma \boldsymbol{e}_2\boldsymbol{e}_1 - 2\boldsymbol{I}) = \\ &= \frac{\gamma}{2}(\boldsymbol{e}_1\boldsymbol{e}_2 + \boldsymbol{e}_2\boldsymbol{e}_1) = \varepsilon_{12}(\boldsymbol{e}_1\boldsymbol{e}_2 + \boldsymbol{e}_2\boldsymbol{e}_1) \end{aligned} \tag{a}$$

bzw.

$$[\boldsymbol{E}] = \begin{bmatrix} 0 & \varepsilon_{12} & 0 \\ \varepsilon_{12} & 0 & 0 \\ 0 & 0 & 0 \end{bmatrix} \langle \boldsymbol{e}_i\boldsymbol{e}_j \rangle = \begin{bmatrix} 0 & \gamma/2 & 0 \\ \gamma/2 & 0 & 0 \\ 0 & 0 & 0 \end{bmatrix} \langle \boldsymbol{e}_i\boldsymbol{e}_j \rangle \tag{b}$$

woraus sich durch Koordinatenvergleich die einzige von Null verschiedene Schubverzerrung des Deformators im Sinne von(f) aus Beispiel 2.11 wie folgt ergibt

$$\varepsilon_{12} = \frac{\gamma}{2} \tag{c}$$

Gemäß dem Ausdruck (i) von Beispiel 2.10 ergeben sich zunächst durch Koordinatenvergleich die Koordinaten des linken GREENschen Verzerrungstensors zu

$$G^l_{11} = \frac{\gamma^2}{2} \quad , \quad G^l_{12} = \frac{\gamma}{2} \tag{d}$$

Der Vergleich der obigen Matrix (b) bzw. des obigen Ausdruckes (c) mit der Matrix (i) von Beispiel 2.10 bzw. dem obigen Ausdruck (d) zeigt, daß zwar G^l_{12} mit ε_{12} übereinstimmt, $\boldsymbol{G}^l$ aber erst durch Linearisierung, also Vernachlässigung von γ^2 gegenüber γ in den Deformator $\boldsymbol{E}$ übergeht, da dann $G^l_{11} = 0$ folgt (dies wurde für den allgemeinen Fall gemäß (2.124) gezeigt).

b. Uniaxiale Stauchung

Einsetzen von (c) gemäß Beispiel 2.8 in (2.122) liefert wegen $\boldsymbol{F} = \boldsymbol{F}^T$ sofort

$$\begin{aligned} \boldsymbol{E} &= \frac{1}{2}\left(\boldsymbol{F} + \boldsymbol{F}^T - 2\boldsymbol{I}\right) = \boldsymbol{F} - \boldsymbol{I} = \lambda_1\boldsymbol{e}_1\boldsymbol{e}_1 + \lambda_2\boldsymbol{e}_2\boldsymbol{e}_2 + \lambda_3\boldsymbol{e}_3\boldsymbol{e}_3 \\ &- (\boldsymbol{e}_1\boldsymbol{e}_1 + \boldsymbol{e}_2\boldsymbol{e}_2 + \boldsymbol{e}_3\boldsymbol{e}_3) = (\lambda_1 - 1)\,\boldsymbol{e}_1\boldsymbol{e}_1 + (\lambda_2 - 1)\,\boldsymbol{e}_2\boldsymbol{e}_2 + (\lambda_3 - 1)\,\boldsymbol{e}_3\boldsymbol{e}_3 \end{aligned} \tag{e}$$

bzw.

$$[\boldsymbol{E}] = \begin{bmatrix} \varepsilon_{11} & 0 & 0 \\ 0 & \varepsilon_{22} & 0 \\ 0 & 0 & \varepsilon_{33} \end{bmatrix} \langle \boldsymbol{e}_i\boldsymbol{e}_j \rangle = \begin{bmatrix} \lambda_1 - 1 & 0 & 0 \\ 0 & \lambda_2 - 1 & 0 \\ 0 & 0 & \lambda_3 - 1 \end{bmatrix} \langle \boldsymbol{e}_i\boldsymbol{e}_j \rangle \tag{f}$$

Hinweis:

Man beachte, daß für diese spezielle Verformung der Deformator (e) bzw. (f) mit dem Verschiebungsgradienten $\boldsymbol{H}_0$ gemäß (e) bzw. (f) von Beispiel 2.8 übereinstimmt!

Fazit:

In diesem Unterabschnitt sind vier der wichtigsten Verzerrungsmaße vorgestellt worden, nämlich der rechte und linke CAUCHYsche und der rechte und linke GREENsche Verzerrungstensor. Die vorgestellten Methoden erlaubten eine Berechnung dreidimensionaler Verzerrungen bei vorgegebenen Bewegungen (beispielsweise Scherung und uniaxiale Stauchung). Es sei nochmals betont, daß diese Rechnungen rein kinematischer Natur waren, also unabhängig von Kräften, Momenten und Spannungen erfolgten und somit selbstverständlich noch jeweils unabhängig von irgendeinem Materialverhaltens einzuordnen sind und noch universell für die jeweilige Bewegung gelten!

2.4 Spannungszustand

2.4.1 Spannungsvektoren

Wird ein Körper (Bauteil) durch äußere Lasten (Kräfte und Momente bzw. flächenhaft verteilte Lasten) belastet, so treten als Reaktion hierzu Beanspruchungen im Körperinneren auf. Diese können mit Hilfe des auf EULER zurückgehenden Schnittprinzipes gedanklich sichtbar und einer mathematischen Berechnung zugänglich gemacht werden. Ebenso wie im Falle der kinematischen Größen (vgl. Unterabschnitt 2.3) muß auch hier grundsätzlich zwischen der BKFG und der MKFG unterschieden werden. Wird also ein in der MKFG beispielsweise durch die Lagerkräfte $\boldsymbol{L}_1$, $\boldsymbol{L}_2$ und die Gewichtskraft $\boldsymbol{G}$ belasteter Körper (vgl. Bild 2.16a) an einer beliebigen Stelle gedanklich geschnitten, so sind nach dem Schnittprinzip in der gedachten Schnittfläche A (an beiden entstandenen Teilkörpern K_1 und K_2, wobei Letzterer in Bild 2.16b nicht dargestellt ist!) flächenhaft verteilte Reaktionskräfte anzutragen, die als *Spannungen* $\boldsymbol{t}$ bezeichnet werden (vgl. Bild 2.16b). Diese Größen unterscheiden sich in jedem Punkt der Fläche nach Betrag, Richtung und Richtungssinn, so daß es sich um Spannungs-*Vektoren* handelt, die über der Schnittfläche ein ,,Spannungsgebirge" erzeugen (man beachte noch, daß durch die Zerlegung in zwei Teilkörper sich die Gewichtskraft $\boldsymbol{G}$ entsprechend in $\boldsymbol{G}_1$ und $\boldsymbol{G}_2$ aufteilt). Dabei ist jedem aktuellen Flächenelement dA im (materiellen) Punkt X der Schnittfläche A genau ein Spannungsvektor $\boldsymbol{t}$ zugeordnet (vgl. Bild 2.16b und Bild 2.16c): Somit gibt der dem Punkt X zugeordnete Spannungsvektor $\boldsymbol{t}$ eine (in der MKFG) pro Flächenelement dA übertragene Kraft an, die durch Integration über die gesamte Schnittfläche auf die resultierende (aktuelle) Schnittlast $\boldsymbol{K}_S$ führt. Rein formal

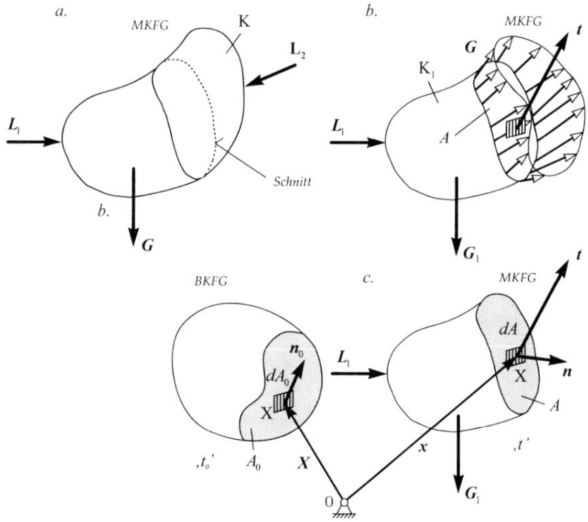

Bild 2.16: Zum Begriff der Spannung: a. Belasteter Körper in der BKFG, b. an beliebiger Stelle geschnittener Körper in der MKFG mit Spannungsvektoren als Reaktionen in der Schnittfläche A, c. Spannungsvektoren und zugeordnete Flächenelemente in der BKFG und der MKFG

und auch für spätere Zwecke nützlich, läßt sich auch ein Spannungsvektor $\boldsymbol{t}_0$ definieren, der auf ein Flächenelement dA_0 in der BKFG bezogen wird und formal dieselbe aktuelle Kraft $\boldsymbol{K}_S$ erzeugt, so daß gilt

$$\boldsymbol{K}_S = \int\limits_{A_0} \boldsymbol{t}_0 dA_0 = \int\limits_{A} \boldsymbol{t} dA \qquad (2.129)$$

Man kommt dann zu zwei grundsätzlichen, auch in der Werkstoffprüfung wichtigen Spannungsdefinitionen:

Nominal-, Nenn- oder Erste PIOLA-KIRCHHOFFsche Spannungen $\boldsymbol{t}_0$: Dabei wird die aktuelle (in der MKFG wirkende) Kraft $\boldsymbol{K}_S$ auf das Schnittflächenelement dA_0 der BKFG bezogen (erster Integralausdruck in (2.129)).

Wahre oder CAUCHYsche Spannungen $\boldsymbol{t}$: Dabei wird die aktuelle (in der MKFG wirkende) Kraft $\boldsymbol{K}_S$ auf das aktuelle Schnittflächenelement dA der MKFG bezogen (zweiter Integralausdruck in (2.129)). Die Spannungsvektoren in der BKFG bzw. MKFG $\boldsymbol{t}_0$ bzw. $\boldsymbol{t}$ können im Allgemeinen noch vom Ort $\boldsymbol{X}$ bzw. $\boldsymbol{x}$, der Richtung des zugehörigen Flächenelementes $\boldsymbol{n}_0$ bzw. $\boldsymbol{n}$ und der Zeit t abhängen, so daß

$$\boldsymbol{t}_0 = \boldsymbol{t}_0 \left(\boldsymbol{X}, \boldsymbol{n}_0, t\right) \quad , \quad \boldsymbol{t} = \boldsymbol{t} \left(\boldsymbol{x}, \boldsymbol{n}, t\right) \qquad (2.130)$$

Dabei werden die *Normalen-* oder *Stellungsvektoren* $\boldsymbol{n}_0$ bzw. $\boldsymbol{n}$ so definiert, daß sie stets senkrecht auf dem zugehörigen Flächenelement dA_0 bzw. dA stehen und jeweils nach außen gerichtet sind (vgl. Bild 2.16c).

Geht man nochmals auf Bild 2.16c zurück und schneidet gedanklich aus dem Körper in der MKFG ein (aktuelles) Volumenelement dV mit den Kantenlängen dx_1, dx_2, dx_3 heraus (vgl. Bild 2.17a), dieses Volumenelement kann o.B.d.A. orthogonal sein), so entstehen bezüglich des eingeführten kartesischen Koordinatensystems x_1, x_2, x_3 sechs orthogonale (infinitesimale) Schnittflächen mit den darauf jeweils senkrecht stehenden Stellungsvektoren $\boldsymbol{n}_1$, $\boldsymbol{n}_2$, $\boldsymbol{n}_3$ (vgl. Bild 2.17a); aus Gründen einer besseren Übersichtlichkeit sind hier nur diejenigen drei Schnittflächen mit positiven Stellungsvektoren dargestellt). Werden nun analog zu den vorstehenden Ausführungen jedem der drei angesprochenen Schnittflächen jeweils ein (CAUCHYscher) Spannungsvektor zugeordnet, so sind diese drei Vektoren, um Verwechslungen auszuschließen, durch entsprechende Indizes zu unterscheiden: Dabei wird so verfahren, daß der Spannungsvektor mit dem Stellungsvektor $\boldsymbol{n}_1$ mit 1 indiziert wird, also $\boldsymbol{t}_1$ usw. (vgl. Bild 2.17a).

Die drei CAUCHYschen Spannungsvektoren $\boldsymbol{t}_i$ lassen sich nun bezüglich der orthonormierten Basis $\boldsymbol{e}_1$, $\boldsymbol{e}_2$, $\boldsymbol{e}_3$ in jeweils drei Komponenten mit den jeweiligen Koordinaten σ_{i1}, σ_{i2} und $\sigma_{i3} (i = 1, 2, 3)$ zerlegen (wie in Bild 2.17a anhand $\boldsymbol{t}_1$ dargestellt), so daß gilt

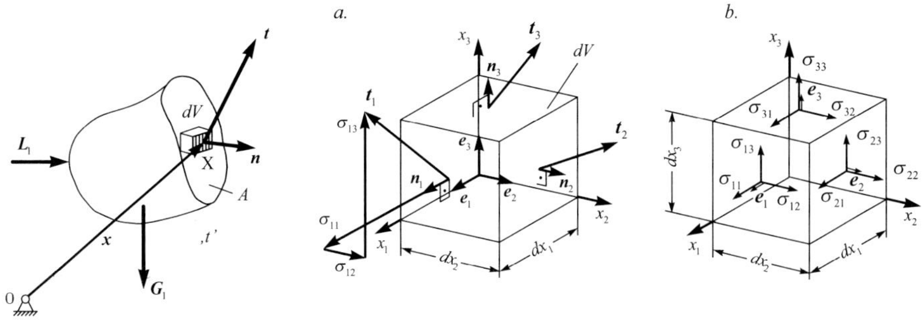

Bild 2.17: Spannungsvektoren am Volumenelement: a. Aus dem Körper an einer beliebigen Stelle der Schnittfläche A herausgeschnittenes Volumenelement dV mit den entsprechenden Reaktionsgrößen in Form von CAUCHYschen Spannungsvektoren, b. Spannungskoordinaten an den positiven Schnittufern des Volumenelements

$$\boldsymbol{t}_1 = \sigma_{11}\boldsymbol{e}_1 + \sigma_{12}\boldsymbol{e}_2 + \sigma_{13}\boldsymbol{e}_3 = \sigma_{1j}\boldsymbol{e}_j \tag{2.131}$$

$$\boldsymbol{t}_2 = \sigma_{21}\boldsymbol{e}_1 + \sigma_{22}\boldsymbol{e}_2 + \sigma_{23}\boldsymbol{e}_3 = \sigma_{2j}\boldsymbol{e}_j \tag{2.132}$$

$$\boldsymbol{t}_3 = \sigma_{31}\boldsymbol{e}_1 + \sigma_{32}\boldsymbol{e}_2 + \sigma_{33}\boldsymbol{e}_3 = \sigma_{3j}\boldsymbol{e}_j \tag{2.133}$$

oder kürzer

$$\boldsymbol{t}_i = \sigma_{ij}\boldsymbol{e}_j \quad (i = 1, 2, 3) \tag{2.134}$$

Hinweise:

- Bei der Formulierung der jeweils äußersten rechten Seite von (2.131) bis (2.133) bzw. in (2.134) wurde die EINSTEINsche Summationskonvention benutzt, nach der über zwei gleiche Indizes (im vorliegenden Falle, also jeweils über j) stets zu summieren ist (vgl. ab (A.83)).
- Infolge der notwendigen Indizierung der drei Spannungsvektoren entstehen neun (zwangsläufig) doppelt-indizierte Koordinaten σ_{ij}, nämlich σ_{11}, σ_{12}, σ_{13} bis σ_{33}!
- Bei den doppelt-indizierten Größen gibt der erste Index die Richtung des Stellungsvektors des jeweiligen Flächenelementes und der zweite Index die Richtung der (Spannungs-)Koordinate an.
- Diejenigen Spannungskoordinaten mit gleichnamigen Indizes -also σ_{ii} - heißen *Normalspannungen*, da diese in Richtung des jeweiligen Stellungsvektors der Schnittfläche weisen, also senkrecht oder ,,normal" auf dieser stehen. Die Koordinaten mit gemischten Indizes -also σ_{ij} $(i \neq$ j)- heißen *Tangential- Schub-* oder *Scherspannungen*, da diese in der jeweiligen Schnittfläche liegen, diese also ,,tangieren".
- Man beachte, daß die Spannungskoordinaten σ_{ij} und damit selbstverständlich auch die Spannungsvektoren $\boldsymbol{t}_i$ noch vom Ort $\boldsymbol{x}$ und der Zeit t abhängen können. Aus Gründen der Übersichtlichkeit werden hier die Argumente jedoch weggelassen.
- Diejenigen Spannungsvektoren, die sich jeweils auf den gegenüberliegenden Schnittflächen –also diametral zu den in Bild 2.17b dargestellten Spannungsvektoren $\boldsymbol{t}_i$ $(i = 1.2.3)$- befinden, können aus den Beziehungen (2.130) bis (2.133) durch deren Zuwächse mittels TAYLOR-Entwicklungen berechnet werden und tragen zum allgemeinen Spannungszustand keine neuen Informationen bei.

Mit (2.131) bis (2.133) können nun die neun Spannungskoordinaten σ_{11}, σ_{12}, σ_{13} bis σ_{33} in Form von Schnittlastenreaktionen direkt an den Schnittflächen des in Bild 2.17b dargestellten Volumenelementes angetragen werden. Dabei wurde die übliche Vorzeichenkonvention für Schnittlasten verwendet, wonach an positiven (negativen) Schnittufern die Schnittreaktionen positiv (negativ) angetragen werden.

2.4.2 Spannungstensoren

CAUCHYscher Spannungstensor: Die Einführung eines Spannungstensors läßt sich nun wie folgt motivieren: Gemäß (2.131) bis (2.133) werden die drei Spannungsvektoren durch *neun* Spannungskoordinaten σ_{ij} aufgebaut. Damit wird der Spannungszustand in einem materiellen Punkt (Volumenelement) offenbar durch neun Größen beschrieben. Die Frage ist jetzt, mit welchem mathematischen Objekt sich diese neun Größen auf „ökonomischere" Weise formal durch ein einziges Objekt so zusammenfassen lassen, so daß sich bei Bedarf durch geeignete algebraische Operationen daraus wieder die drei Spannungsvektoren ergeben. Da sich bereits die Verzerrungskinematik mittels (zweistufiger) Tensoren beschreiben ließ (vgl. die Unterabschnitte 2.3.3 und 2.3.4), liegt es nahe, auch hier einen geeigneten (zweistufigen) Tensor zu definieren. Bei den drei Spannungsvektoren $\boldsymbol{t}_i$ handelt es sich wie bereits oben erwähnt, um aktuelle Spannungen in der MKFG, die als wahre oder auch CAUCHYsche Spannungen bezeichnet wurden. In diesem Sinne wird durch

$$\begin{aligned}\boldsymbol{S} = \sigma_{ij} e_i e_j &= \sigma_{11} e_1 e_1 + \sigma_{12} e_1 e_2 + \sigma_{13} e_1 e_3 \\ &+ \sigma_{21} e_2 e_1 + \sigma_{22} e_2 e_2 + \sigma_{23} e_2 e_3 \\ &+ \sigma_{31} e_3 e_1 + \sigma_{32} e_3 e_2 + \sigma_{33} e_3 e_3\end{aligned} \tag{2.135}$$

bzw. in matrizieller Darstellung

$$[\boldsymbol{S}] = \begin{bmatrix} \sigma_{11} & \sigma_{12} & \sigma_{13} \\ \sigma_{21} & \sigma_{22} & \sigma_{23} \\ \sigma_{31} & \sigma_{32} & \sigma_{33} \end{bmatrix} \langle \boldsymbol{e}_i \boldsymbol{e}_j \rangle \tag{2.136}$$

der *CAUCHYsche Spannungstensor* $\boldsymbol{S}$ erklärt, der in tensorieller Notation durch neun Basisdyaden $\boldsymbol{e}_i \boldsymbol{e}_j$ aufgebaut wird. Sämtliche neun Spannungskoordinaten σ_{ij} der drei Spannungsvektoren (2.131) bis (2.133) werden also in dem Tensor (2.135) bzw. der Matrix (2.136) wiedergegeben. In (2.136) bezeichnet man die Koordinaten auf der Hauptdiagonalen -also σ_{11}, σ_{22} und σ_{33}- als *Normalspannungen* und die Koordinaten auf den Nebendiagonalen -also σ_{12}, σ_{23}, σ_{13} usw.- als *Scher*- oder *Schubspannungen*.

Im Hinblick auf Unterabschnitt "2.4.3 Hauptspannungen" sei an dieser Stelle bereits darauf hingewiesen, daß der CAUCHYsche Spannungstensor *symmetrisch* ist, aus Gründen einer systematischen Vorgehensweise dies aber erst im Rahmen der Ableitung des "Impuls- und Drallsatzes" in Unterabschnitt 2.5.3 gezeigt werden kann. Für den Fall eines symmetrischen Spannungstensors gilt gemäß (A.93) bis (A.96)

$$\boxed{\boldsymbol{S} = \sigma_{ij} \boldsymbol{e}_i \boldsymbol{e}_j = \sigma_{ji} \boldsymbol{e}_i \boldsymbol{e}_j = \boldsymbol{S}^T} \quad \boxed{[\boldsymbol{S}] = \begin{bmatrix} \sigma_{11} & \sigma_{12} & \sigma_{13} \\ \sigma_{12} & \sigma_{22} & \sigma_{23} \\ \sigma_{13} & \sigma_{23} & \sigma_{33} \end{bmatrix} \langle \boldsymbol{e}_i \boldsymbol{e}_j \rangle = \left[\boldsymbol{S}^T\right]} \tag{2.137}$$

wonach sich die neun Spannungskoordinaten auf insgesamt *sechs* voneinander unabhängige reduzieren. Die Symmetrieeigenschaft (2.137) wird oft auch als *BOLTZMANN-Axiom* oder mit dem "Satz der Gleichheit der einander zugeordneten Schubspannungen" bezeichnet. Es sei aber bereits hier schon betont, daß diese Eigenschaft nicht nur für die Statik, sondern auch für die gesamte Kinetik gilt! Gemäß dieser Eigenschaft sind selbstverständlich auch die Schubspannungen in den Ausdrücken (2.131) bis (2.133) einander gleich, so daß auch dort $\sigma_{12} = \sigma_{21}$ usw. gilt.

Lemma von CAUCHY: Vergleicht man jetzt die Struktur der rechten Seite von (2.135) bzw. der Matrix (2.136) mit der Gesamtheit der rechten Seiten von (2.131) bis (2.133), so liegt eine "optisch-strukturelle" Übereinstimmung der Anordnung der Spannungskoordinaten σ_{11}, σ_{12} usw. vor. Andererseits ist auch zu erkennen, daß sich nach identischer Umformung der linken Gleichungsseite (in indizistischer Formulierung) des Ausdruckes (2.163) und durch anschließenden Vergleich mit (2.134) offenbar der folgende Zusammenhang ergibt:

$$\boldsymbol{S} = \sigma_{ij}\boldsymbol{e}_i\boldsymbol{e}_j = \boldsymbol{e}_i \underbrace{(\sigma_{ij}\boldsymbol{e}_j)}_{\boldsymbol{t}_i} = \boldsymbol{e}_i\boldsymbol{t}_i \tag{2.138}$$

Die rechte Seite von (2.138) entspricht dabei einer "dyadischen Multiplikation" des CAUCHYschen Spannungsvektors mit $\boldsymbol{e}_i$ von links. Skalares Heranmultiplizieren beider Seiten von (2.138) mit dem Basisvektor $\boldsymbol{e}_k$ von *links* ergibt unter Beachtung der Tensorrechnung gemäß (A.21) und (A.83) wieder den i-ten Spannungsvektor $\boldsymbol{t}_i$ wie folgt:

$$\boldsymbol{e}_k \cdot (\boldsymbol{e}_i\boldsymbol{t}_i) = \underbrace{(\boldsymbol{e}_k \cdot \boldsymbol{e}_i)}_{\delta_{ik}}\boldsymbol{t}_i = \delta_{ik}\boldsymbol{t}_i = \underline{\boldsymbol{t}_k = \boldsymbol{e}_k \cdot \boldsymbol{S}} \tag{2.139}$$

Da nach Bild 2.17a die Stellungsvektoren $\boldsymbol{n}_i$ der jeweiligen Flächenelemente mit den Basisvektoren $\boldsymbol{e}_i$ identisch sind, also $\boldsymbol{e}_i = \boldsymbol{n}_i$ $(i = 1{,}2{,}3)$ gilt, läßt sich das in (2.139) unterstrichene Ergebnis unter Beachtung der Argumente schließlich schreiben als

$$\boxed{\boldsymbol{t}_k(\boldsymbol{x}, \boldsymbol{n}_k, t) = \boldsymbol{n}_k \cdot \boldsymbol{S}(\boldsymbol{x}, t)} \qquad (k = 1, 2, 3) \tag{2.140}$$

Der gemäß (2.140) vorliegende Zusammenhang zwischen den Spannungsvektoren $\boldsymbol{t}_i$ und dem Spannungstensor $\boldsymbol{S}$ wurde an einem Volumenelement mit *orthogonalen* Schnittflächen hergeleitet. Auf der Basis allgemeinerer Betrachtungen (die hier aus Platzgründen fortgelassen werden) läßt sich aber zeigen, daß sich dieses Ergebnis für beliebig gerichtete Schnittflächen, die auch auf der Oberfläche (Berandung) eines Körpers liegen können (vgl. Bild 2.18), verallgemeinert werden kann. Dies führt dann wie folgt auf das *Lemma von CAUCHY*:

$$\boxed{\boldsymbol{t}_n(\boldsymbol{x}, \boldsymbol{n}, t) = \boldsymbol{n} \cdot \boldsymbol{S}(\boldsymbol{x}, t)} \tag{2.141}$$

Hinweise:

- Gemäß (2.141) ordnet der CAUCHYsche Spannungstensor $\boldsymbol{S}$ dem Flächenelement dA mit dem Stellungsvektor $\boldsymbol{n}$ den Spannungsvektor $\boldsymbol{t}_n$ zu (vgl. Bild 2.18). Im Sinne einer *linearen Abbildung* sagt man auch "$\boldsymbol{S}$ bildet $\boldsymbol{n}$ in $\boldsymbol{t}_n$ ab", wobei der Tensor $\boldsymbol{S}$ ein linearer *Operator* ist.
- Nach (2.141) ist der Spannungsvektor $\boldsymbol{t}_n$ eine *lineare* Funktion des Stellungsvektors $\boldsymbol{n}$, wohingegen aber $\boldsymbol{S}$ von $\boldsymbol{n}$ unabhängig ist.
- Der Spannungszustand im (aktuellen) Ort $\boldsymbol{x}$ ist also entweder durch *drei* Spannungsvektoren $\boldsymbol{t}_i$ oder durch die *sechs* Spannungskoordinaten σ_{ij} des *einen* Spannungstensors $\boldsymbol{S}$ eindeutig bestimmt (vgl. (2.140)).

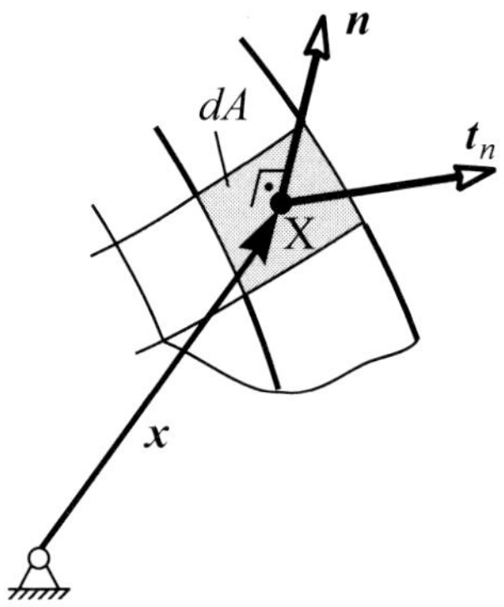

Bild 2.18: Zum Lemma von CAUCHY

- Der Spannungsvektor $\boldsymbol{t}_n$ nimmt im allgemeinen für jeden materiellen Punkt X des Kontinuums und jede Schnittrichtung $\boldsymbol{n}$ zu jeder Zeit t einen anderen Wert an.

Erster und Zweiter PIOLA-KIRCHHOFFscher Spannungstensor (Gustav Robert KIRCHHOFF, dt. Physiker, 1824-1887): In den vorstehenden Ausführungen ist gezeigt worden, wie der CAUCHYsche Spannungsvektor $\boldsymbol{t}$ bzw. $\boldsymbol{t}_n$ mit dem CAUCHYschen Spannungstensor $\boldsymbol{S}$ zusammenhängt. In Anlehnung hieran soll dies nun für den Nominalspannungsvektor $\boldsymbol{t}_0$ durchgeführt werden. Analog zu (2.141) gilt auch hier das entsprechende CAUCHYsche Lemma (vgl. hierzu Unterabschnitt 2.4.1 nach Formel (2.129))

$$\boxed{\boldsymbol{t}_{0n}\left(\boldsymbol{X},\boldsymbol{n}_0,t\right)=\boldsymbol{n}_0\cdot\boldsymbol{P}^I\left(\boldsymbol{X},t\right)} \tag{2.142}$$

worin mit $\boldsymbol{P}^I$ der dem Spannungsvektor $\boldsymbol{t}_{0n}$ zugeordnete *Erste PIOLA-KIRCHHOFFsche Spannungstensor* bezeichnet wird. Der Zusammenhang zwischen $\boldsymbol{P}^I$ und $\boldsymbol{S}$ läßt sich nun wie folgt erzeugen: Einsetzen von (2.141) und (2.142) in (2.129) (dabei sind jeweils $\boldsymbol{t}$ durch $\boldsymbol{t}_n$ und $\boldsymbol{t}_0$ durch $\boldsymbol{t}_{0n}$ zu ersetzen) führt unter Beachtung von (2.50) sowie von $\boldsymbol{a}\cdot\boldsymbol{T}=\boldsymbol{T}^T\cdot\boldsymbol{a}$ (für beliebige Vektoren $\boldsymbol{a}$ und Tensoren $\boldsymbol{T}$) auf:

$$\begin{aligned}\int_{A_0}\boldsymbol{t}_{0n}dA_0 &= \int_{A_0}\boldsymbol{n}_0\cdot\boldsymbol{P}^I dA_0=\int_{A_0}\boldsymbol{P}^{I^T}\cdot\underbrace{\boldsymbol{n}_0 dA_0}_{d\boldsymbol{A}_0}=\int_{A_0}\underline{\boldsymbol{P}^{I^T}\cdot d\boldsymbol{A}_0}=\int_{A}\boldsymbol{t}_n dA=\\ &=\int_A\boldsymbol{n}\cdot\boldsymbol{S}dA=\int_A\boldsymbol{S}^T\cdot\underbrace{\boldsymbol{n}dA}_{d\boldsymbol{A}}=\int_A\boldsymbol{S}^T\cdot d\boldsymbol{A}=\int_A\underline{J\boldsymbol{S}^T\cdot\boldsymbol{F}^{-T}\cdot d\boldsymbol{A}_0}\end{aligned} \tag{2.143}$$

Der Vergleich der beiden unterstrichenen Integranden in (2.143) liefert für beliebige gerichtete Flächenelemente $d\boldsymbol{A}_0$, nach Transposition beider Seiten schließlich den Zusammenhang zwischen dem Ersten PIOLA-KIRCHHOFFschen und dem CAUCHYschen Spannungstensor wie folgt

$$\boxed{\boldsymbol{P}^I=J\boldsymbol{F}^{-1}\cdot\boldsymbol{S}} \tag{2.144}$$

oder durch Invertierung (man multipliziere beide Seiten skalar mit $\boldsymbol{F}$ von links unter Beachtung von (A.60)

$$\boxed{\boldsymbol{S} = J^{-1}\boldsymbol{F} \cdot \boldsymbol{P}^{I}} \tag{2.145}$$

Man beachte, daß trotz der Symmetrie von $\boldsymbol{S}$ gemäß (2.137) der Erste PIOLA- KIRCHHOFFsche Spannungstensor im Allgemeinen *nicht* symmetrisch ist! Unter Berücksichtigung von $\boldsymbol{S} = \boldsymbol{S}^T$ gilt nämlich mit (2.144) die folgende Rechnung:

$$\boldsymbol{P}^{I^T} = \left(J\boldsymbol{F}^{-1} \cdot \boldsymbol{S}\right)^T = J\left(\boldsymbol{F}^{-1} \cdot \boldsymbol{S}\right)^T = J\boldsymbol{S}^T \cdot \boldsymbol{F}^{-T} = J\boldsymbol{S} \cdot \boldsymbol{F}^{-T} \neq \boldsymbol{P}^I$$

Abschließend wird noch der insbesondere im Rahmen der Finite Elemente Methode (FEM) wichtige *Zweite PIOLA-KIRCHHOFFsche Spannungstensor* angegeben, der wie folgt mit $\boldsymbol{P}^I$ und $\boldsymbol{S}$ zusammenhängt:

$$\boxed{\boldsymbol{P}^{II} = J\boldsymbol{F}^{-1} \cdot \boldsymbol{S} \cdot \boldsymbol{F}^{-T} = \boldsymbol{P}^I \cdot \boldsymbol{F}^{-T}} \tag{2.146}$$

Hinweise:

- Der Zweite PIOLA-KIRCHHOFFsche Spannungstensor gemäß (2.146) ist *symmetrisch*.
- Bei diesem Tensor handelt es sich streng genommen um eine Pseudo-Spannungsgröße, die physikalisch nicht weiter interpretierbar ist, aber in der FEM eine wichtige Rolle auch deshalb spielt, da es sich um ein symmetrisches Spannungsmaß handelt.

Beispiel 2.13

Der Quader nach Beispiel 2.8 werde mit der Einzelkraft K über eine starre Platte uniaxial gestaucht (vgl. Bild 2.19). Man berechne unter der Annahme eines homogenen Spannungszustandes den CAUCHYschen und den Ersten PIOLA-KIRCHHOFF schen Spannungstensor und vergleiche deren Koordinaten.

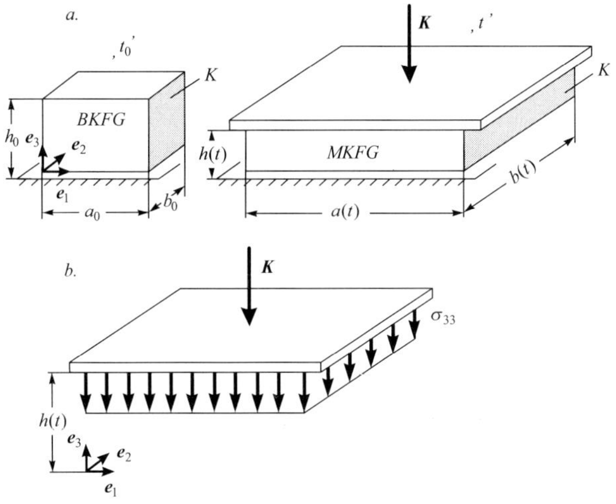

Bild 2.19: Zur Berechnung der Spannungen bei uniaxialer Stauchung eines Quaders: a. BKFG und MKFG bei Stauchung mit der Kraft K, b. freigemachte Platte

Lösung:
Kräfte-Gleichgewicht in $\boldsymbol{e}_3$-Richtung an der freigeschnittenen Platte liefert (vgl. Bild 2.19: da es sich um ein *negatives* Schnittufer handelt, wurden die Schnittlasten (CAUCHYsche Spannungen) nach der üblichen Schnittlastenkonvention konsequent in negativer Richtung angetragen):

$$-\sigma_{33}A - K = 0 \tag{a}$$

Mit der aktuellen Fläche $A(t) = a(t)b(t)$ folgt weiter

$$\sigma_{33} = -\frac{K}{a\,(t)\,b\,(t)} \tag{b}$$

Mit (b) ergibt sich gemäß (2.135) bzw. (2.136) der CAUCHYsche Spannungstensor mit der einzigen von Null verschiedenen Spannung σ_{33} zu

$$\boldsymbol{S} = \sigma_{33}\boldsymbol{e}_3\boldsymbol{e}_3 = -\frac{K}{a\,(t)\,b\,(t)}\boldsymbol{e}_3\boldsymbol{e}_3 \quad \text{bzw.} \quad [\boldsymbol{S}] = \begin{bmatrix} 0 & 0 & 0 \\ 0 & 0 & 0 \\ 0 & 0 & -K/a\,(t)\,b\,(t) \end{bmatrix} \langle \boldsymbol{e}_i\boldsymbol{e}_j \rangle \tag{c}$$

Zur Berechnung des Ersten PIOLA-KIRCHHOFFschen Spannungstensor gemäß (2.144) ist noch die Inverse $\boldsymbol{F}^{-1}$ des Deformationsgradienten $\boldsymbol{F}$ zu bilden. Letzterer liegt bereits gemäß (c) bzw. (d) von Beispiel 2.8 in *Diagonalform* vor, so daß sich $\boldsymbol{F}^{-1}$ einfach durch die reziproken Koordinaten in tensorieller bzw. materieller Form wie folgt ergibt (man beachte herifür (A.60) oder uach (A.79)!):

$$\begin{aligned} \boldsymbol{F}^{-1} &= [\lambda_1\,(t)]^{-1}\,\boldsymbol{e}_1\boldsymbol{e}_1 + [\lambda_2\,(t)]^{-1}\,\boldsymbol{e}_2\boldsymbol{e}_2 + [\lambda_2\,(t)]^{-1}\,\boldsymbol{e}_3\boldsymbol{e}_3 \\ &= \frac{a_0}{a\,(t)}\boldsymbol{e}_1\boldsymbol{e}_1 + \frac{b_0}{b\,(t)}\boldsymbol{e}_2\boldsymbol{e}_2 + \frac{h_0}{h\,(t)}\boldsymbol{e}_3\boldsymbol{e}_3 \end{aligned} \tag{d}$$

bzw.

$$\left[\boldsymbol{F}^{-1}\right] = \begin{bmatrix} (\lambda_1)^{-1} & 0 & 0 \\ 0 & (\lambda_2)^{-1} & 0 \\ 0 & 0 & (\lambda_3)^{-1} \end{bmatrix} \langle \boldsymbol{e}_i\boldsymbol{e}_j \rangle = \begin{bmatrix} a_0/a\,(t) & 0 & 0 \\ 0 & b_0/b\,(t) & 0 \\ 0 & 0 & h_0/h\,(t) \end{bmatrix} \langle \boldsymbol{e}_i\boldsymbol{e}_j \rangle \tag{e}$$

Weiterhin ergibt sich mit (c) und (d) bzw. (c) und (e) das Skalarprodukt

$$\boldsymbol{F}^{-1}\cdot\boldsymbol{S} = \left[\frac{a_0}{a\,(t)}\boldsymbol{e}_1\boldsymbol{e}_1 + \frac{b_0}{b\,(t)}\boldsymbol{e}_2\boldsymbol{e}_2 + \frac{h_0}{h\,(t)}\boldsymbol{e}_3\boldsymbol{e}_3\right]\cdot\left(-\frac{K}{ab}\boldsymbol{e}_3\boldsymbol{e}_3\right) = -\frac{h_0}{h\,(t)}\frac{K}{a\,(t)\,b\,(t)}\boldsymbol{e}_3\boldsymbol{e}_3$$

bzw.

$$\begin{aligned} \left[\boldsymbol{F}^{-1}\right]\cdot[\boldsymbol{S}] &= \left\{\begin{bmatrix} a_0/a\,(t) & 0 & 0 \\ 0 & b_0/b\,(t) & 0 \\ 0 & 0 & h_0/h\,(t) \end{bmatrix} \langle \boldsymbol{e}_i\boldsymbol{e}_j \rangle\right\}\cdot \\ &\quad\cdot\left\{\begin{bmatrix} 0 & 0 & 0 \\ 0 & 0 & 0 \\ 0 & 0 & -K/a\,(t)\,b\,(t) \end{bmatrix} \langle \boldsymbol{e}_i\boldsymbol{e}_j \rangle\right\} = \\ &= \begin{bmatrix} 0 & 0 & 0 \\ 0 & 0 & 0 \\ 0 & 0 & -\left[h_0/h\,(t)\right]\left(K/a\,(t)\,b\,(t)\right) \end{bmatrix} \langle \boldsymbol{e}_i\boldsymbol{e}_j \rangle \end{aligned} \tag{f}$$

Einsetzen von (g) aus Beispiel 2.8 sowie (f) dieses Beispieles in (2.144) liefert nach entsprechendem Kürzen den Ersten PIOLA-KIRCHHOFFschen Spannungstensor wie folgt:

$$\begin{aligned} \boldsymbol{P}^I &= J\boldsymbol{P}^{-1}\cdot\boldsymbol{S} = -\underbrace{\frac{a\,(t)\,b\,(t)\,h\,(t)}{a_0b_0h_0}}_{J}\,\frac{h_0}{h\,(t)}\,\underbrace{\frac{K}{a\,(t)\,b\,(t)}}_{-\sigma_{33}}\,\boldsymbol{e}_3\boldsymbol{e}_3 = \\ &= -\frac{K}{a_0b_0}\boldsymbol{e}_3\boldsymbol{e}_3 = -\frac{K}{A_0}\boldsymbol{e}_3\boldsymbol{e}_3 = P^I_{33}\boldsymbol{e}_3\boldsymbol{e}_3 \end{aligned} \tag{g}$$

bzw.

$$\left[\boldsymbol{P}^I\right] = J\left[\boldsymbol{F}^{-1}\right]\cdot[\boldsymbol{S}] = \frac{a(t)\,b(t)\,h(t)}{a_0 b_0 h_0}\begin{bmatrix} 0 & 0 & 0 \\ 0 & 0 & 0 \\ 0 & 0 & -\left[h_0/h(t)\right]\left[K/a(t)\,b(t)\right] \end{bmatrix}\langle \boldsymbol{e}_i\boldsymbol{e}_j\rangle = \\ = \begin{bmatrix} 0 & 0 & 0 \\ 0 & 0 & 0 \\ 0 & 0 & -K/a_0 b_0 \end{bmatrix}\langle \boldsymbol{e}_i\boldsymbol{e}_j\rangle \tag{h}$$

Durch Koordinatenvergleich ergibt sich aus (h)

$$P^I_{33} = -\frac{K}{A_0} \tag{i}$$

Der Vergleich der beiden Ergebnisse (b) und (i) zeigt nochmals einleuchtend, daß die CAUCHYsche Spannung σ_{33} auf die aktuelle Fläche ab in der MKFG und die PIOLA-KIRCHHOFF sche Spannung P^I_{33} auf die Fläche $a_0 b_0$ in der BKFG bezogen ist. Wird der Quader anstatt auf Druck durch uniaxialen *Zug* belastet, so kehren sich die Vorzeichen der Spannungen um. Weiterhin entnimmt man durch Koordinatenvergleich dem Ausdruck (h) noch den (skalaren) Zusammenhang zwischen der (jeweils einzigen von Null verschiedenen) Spannungskoordinate P^I und σ_{33} des Ersten PIOLA-KIRCHHOFFschen und CAUCHYschen Spannungstensors wie folgt

$$P^I_{33} = J\frac{h_0}{h}\sigma_{33} = \frac{ab}{a_0 b_0}\sigma_{33} = \frac{A}{A_0}\sigma_{33} \tag{j}$$

2.4.3 Hauptspannungen (Eigenwertproblem)

Die in den vorstehenden Ausführungen behandelten Spannungsmaße, oder besser: deren *Koordinaten* ändern im Allgemeinen (sofern es sich nicht um *homogene* Spannungszustände handelt) in jedem Punkt eines belasteten Körpers (Bauteiles) ihre Richtung und Größe (Tensorfeld). Um das Versagen eines Bauteiles infolge zu hoher Spannungen ausschließen zu können, müssen dem Konstruktions- und Berechnungsingenieur unbedingt Ort und Richtung der maximalen Spannungen im Bauteil bekannt sein. Gemäß (2.137) liegt in jedem Körperpunkt zunächst ein solcher Spannungszustand vor, der durch drei Normal- und drei Schubspannungskoordinaten σ_{ii} und $\sigma_{ij} (i \neq j)$ gekennzeichnet ist. Es läßt sich nun zeigen, daß durch Drehung des Koordinatensystems, auf welches die σ_{ij} bezogen sind, ein solcher Spannungszustand (Spannungstensor) erzeugt werden kann, bei dem die Schubspannungen sämtlich verschwinden und die verbleibenden Normalspannungen Extremalwerte annehmen (vgl. Bild 2.20).

Das Ziel besteht nun darin, den Spannungstensor (2.137) in eine äquivalente Diagonalform zu bringen in welcher nur noch Hauptspannungen auftreten *(Hauptnormalspannungszustand)*, so daß gilt (auf der rechten Seite von (2.147) muß das Summenzeichen benutzt werden, da mehr als zwei gleiche Indizes auftreten!)

$$\boxed{\boldsymbol{S} = \sigma_{ij}\boldsymbol{e}_i\boldsymbol{e}_j = \sum_{i=1}^{3}\sigma_{Hi}\boldsymbol{n}_{Hi}\boldsymbol{n}_{Hi}} \tag{2.147}$$

bzw. in matrizieller Form

$$[\boldsymbol{S}] = \begin{bmatrix} \sigma_{11} & \sigma_{12} & \sigma_{13} \\ \sigma_{12} & \sigma_{22} & \sigma_{23} \\ \sigma_{13} & \sigma_{23} & \sigma_{33} \end{bmatrix}\langle \boldsymbol{e}_i\boldsymbol{e}_j\rangle \stackrel{!}{=} \begin{bmatrix} \sigma_{H1} & 0 & 0 \\ 0 & \sigma_{H2} & 0 \\ 0 & 0 & \sigma_{H3} \end{bmatrix}\langle \boldsymbol{n}_{Hi}\boldsymbol{n}_{Hj}\rangle \tag{2.148}$$

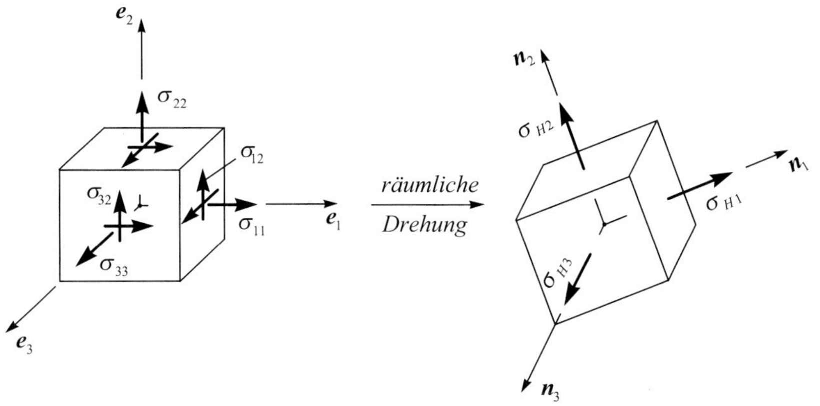

Bild 2.20: Zur Hauptspannungstransformation des Spannungstensors

In (2.147) bzw. (2.148) bedeuten σ_{Hi} die *Hauptnormalspannungen* $\boldsymbol{n}_{Hi}$ die zugeordneten (othonomierten) *Hauptrichtungen*. Skalare Multiplikation von (2.147) mit $\boldsymbol{n}_{Hj}$ (beispielsweise) von rechts liefert unter Beachtung von $\boldsymbol{n}_{Hi} \cdot \boldsymbol{n}_{Hi} = \delta_{ij}$ den Ausdruck (man beachte, daß auf der rechten Seite jetzt nicht über j summiert werden darf!)

$$\boldsymbol{S} \cdot \boldsymbol{n}_{Hj} = \left(\sum_{i=1}^{3} \sigma_{Hi} \boldsymbol{n}_{Hi} \boldsymbol{n}_{Hi} \right) \cdot \boldsymbol{n}_{Hj} = \sum_{i=1}^{3} \sigma_{Hi} \underbrace{(\boldsymbol{n}_{Hi} \cdot \boldsymbol{n}_{Hj})}_{\delta ij} \boldsymbol{n}_{Hi} = \\ = \sigma_{Hj} \boldsymbol{n}_{Hj} \tag{2.149}$$

$$\boxed{\boldsymbol{S} \cdot \boldsymbol{n}_{Hj} = \sigma_{Hj} \boldsymbol{n}_{Hj}} \qquad (j = 1, 2, 3) \tag{2.150}$$

Nach (2.150) werden solche (Richtungs-)Vektoren $\boldsymbol{n}_{Hj}$ gesucht, die mit dem Operator $\boldsymbol{S}$ in ein "Vielfaches" $\sigma_{Hj}\boldsymbol{n}_{Hj}$ abegbildet werden. Solche Gleichungen werden auch als *Eigenwertprobleme* bezeichnet, wobei die Hauptspannungen σ_{Hj} die Eigenwerte darstellenEigenwertproblem.

Hinweis
Unter Beachtung des Lemma von CAUCHY gemäß (2.141) sowie $\boldsymbol{a} \cdot \boldsymbol{S} = \boldsymbol{S} \cdot \boldsymbol{a}$ (Symmetrie von $\boldsymbol{S}$) läßt sich (2.150) auch in die Form

$$\boldsymbol{S} \cdot \boldsymbol{n}_{Hj} = \underline{\sigma_{Hj} \boldsymbol{n}_{Hj} = \boldsymbol{t}_{Hj}} \qquad (j = 1, 2, 3) \tag{2.151}$$

bringen, wonach jetzt gemäß der in (2.151) unterstrichenen Terme die CAUCHYschen Hauptspannungsvektoren $\boldsymbol{t}_{Hi}$ allein noch aus den Hauptspannungen σ_{Hi} (Eigenwerte) aufgebaut werden, also keine Scherspannungskoordinaten mehr enthalten und somit nach Bild 2.18 *kollinear* mit den Hautprichtungen $\boldsymbol{n}_{Hi}$ wären.

Unter Beachtung von (A.50) läßt sich (2.150) wie folgt identisch umformen

$$\boldsymbol{S} \cdot \boldsymbol{n}_{Hj} - \sigma_{Hj} \boldsymbol{n}_{Hj} \equiv \boldsymbol{S} \cdot \boldsymbol{n}_{Hj} - \sigma_{Hj} \boldsymbol{I} \cdot \boldsymbol{n}_{Hj} = \boldsymbol{0} \tag{2.152}$$

Mit Hilfe von (A.24) geht (2.152) schließlich in das algebraische, homogene lineare Gleichungssystem

$$\boxed{(\boldsymbol{S} - \sigma_{Hj}\boldsymbol{I}) \cdot \boldsymbol{n}_{Hj} = \boldsymbol{0}} \qquad (j = 1,2,3) \tag{2.153}$$

für die drei Eigenvektoren $\boldsymbol{n}_{Hi}$ über, welches unter Beachtung von (2.137) ausgeschrieben wie folgt lautet (dabei sind n_{iHi} ($i = 1,2,3$; $j = 1,2,3$) jeweils die drei Koordianten der drei Eigenvektoren $\boldsymbol{n}_{Hi}$)

$$\begin{aligned} (\sigma_{11} - \sigma_{Hj})n_{1Hj} &+ \sigma_{12}n_{2Hj} + \sigma_{13}n_{3Hj} = 0 \\ \sigma_{12}n_{1Hj} &+ (\sigma_{22} - \sigma_{Hj})n_{2Hj} + \sigma_{23}n_{3Hj} = 0 \quad (j = 1,2,3) \\ \sigma_{13}n_{1Hj} &+ \sigma_{23}n_{2Hj} + (\sigma_{33} - \sigma_{Hj})n_{3Hj} = 0 \end{aligned} \tag{2.154}$$

Gemäß der Linearen Algebra hat das homogene Gleichungssystem (2.153) bzw. (2.154) nur dann nichtriviale Lösungen $\boldsymbol{n}_H \neq \boldsymbol{0}$, wenn die Koeffizientendeterminante dieses Gleichungssystems verschwindet (*Lösbarkeitsbedingung*), also

$$\det(\boldsymbol{S} - \sigma_{Hi}\boldsymbol{I}) = \begin{vmatrix} \sigma_{11} - \sigma_{Hi} & \sigma_{12} & \sigma_{13} \\ \sigma_{12} & \sigma_{22} - \sigma_{Hi} & \sigma_{23} \\ \sigma_{13} & \sigma_{23} & \sigma_{33} - \sigma_{Hi} \end{vmatrix} \overset{!}{=} \boldsymbol{0} \tag{2.155}$$

Ausführen der Determinantenoperation (2.155) führt auf das folgende *Charakteristische Polynom* in Form einer kubischen Gleichung für die Eigenwerte σ_{Hi}

$$\boxed{P(\sigma_{Hi}) = \det(\boldsymbol{S} - \sigma_{Hi}\boldsymbol{I}) = \sigma_{Hi}^3 - S_I\sigma_{Hi}^2 + S_{II}\sigma_{Hi} - S_{III} = 0} \tag{2.156}$$

In (2.156) bedeuten S_i ($i = I, II, III$) die drei Grundinvarianten des Spannungstensors $\boldsymbol{S}$, die unter Beachtung von $\boldsymbol{S} = \boldsymbol{S}^T$ gemäß (A.110) wie folgt lauten:

$$\begin{aligned} S_I &= Sp\boldsymbol{S} = \sigma_{11} + \sigma_{22} + \sigma_{33} \\ S_{II} &= \frac{1}{2}\left(S_I^2 - Sp\boldsymbol{S}^2\right) = \sigma_{11}\sigma_{22} + \sigma_{11}\sigma_{33} + \sigma_{22}\sigma_{33} - \left(\sigma_{12}^2 + \sigma_{13}^2 + \sigma_{23}^2\right) \\ S_{III} &= \det\boldsymbol{S} = \sigma_{11}\sigma_{22}\sigma_{33} + 2\sigma_{12}\sigma_{23}\sigma_{13} - \left(\sigma_{11}\sigma_{23}^2 + \sigma_{33}\sigma_{12}^2 + \sigma_{22}\sigma_{13}^2\right) \end{aligned} \tag{2.157}$$

Bei bekanntem Spannungstensor $\boldsymbol{S}$ (und damit bekannten Koordinaten σ_{ij}) können die drei Invarianten (2.157) und anschließend über (2.156) prinzipiell die Eigenwerte (Hauptspannungen) σ_{Hi} bestimmt werden, wobei gegebenenfalls eine kubische Gleichung zu lösen ist!

Die Ermittlung der Eigenwerte σ_{Hi} und Eigenrichtungen $\boldsymbol{n}_{Hi}$ soll anhand des folgenden Beispieles demonstriert werden:

Beispiel 2.14

Für das Problem der *einfachen Scherung* nach Beispiel 2.12 besitzt der CAUCHYsche Spannungstensor, sofern auf eine orthonormierte Basis $\boldsymbol{e}_i$ ($i = 1,2,3$) bezogen wird, die folgende Form (vgl. Bild 2.21):

$$\boldsymbol{S} = \tau\left(\boldsymbol{e}_1\boldsymbol{e}_2 + \boldsymbol{e}_2\boldsymbol{e}_1\right) \quad \text{bzw.} \quad [\boldsymbol{S}] = \begin{bmatrix} 0 & \tau & 0 \\ \tau & 0 & 0 \\ 0 & 0 & 0 \end{bmatrix} \langle \boldsymbol{e}_i\boldsymbol{e}_j \rangle \quad \text{mit} \quad \tau \equiv \tau_{12} = \tau_{21} \tag{a}$$

Man gebe die Diagonalform des Tensors $\boldsymbol{S}$ gemäß (2.147) bzw. (2.148) an.

Anmerkung: Es sei hier schon darauf hingewiesen, daß die Verhältnisse bei der *einfachen Scherung* gar nicht so einfach sind: Der oben angegebene Spannungszustand ist nur für HOOKEsches Materialverhalten (also bei kleinen Verschiebungsableitungen) zutreffend. Aus didaktischen Gründen soll das Problem an dieser Stelle jedoch nicht überfrachtet werden, einerseits um den Blick für das Wesentliche nicht zu verstellen und andererseits, da bis dato ohnehin das Materialverhalten eines Körpers (Bauteiles) noch gar nicht angesprochen wurde. Die Problematik wird später im Rahmen des Kapitels 3 an entsprechender Stelle noch diskutiert werden.

Lösung:
Zur Auswertung des Charakteristischen Polynoms (2.156) werden zunächst die drei Grundinvarianten von $\boldsymbol{S}$ benötigt. Nach (a) gilt zunächst durch Vergleich mit (2.137)

$$\sigma_{11} = \sigma_{22} = \sigma_{33} = \sigma_{13} = \sigma_{23} = 0 \quad , \quad \sigma_{12} = \tau \tag{b}$$

Mit (b) ergeben sich dann die drei Invarianten gemäß (2.157) wie folgt

$$S_I = 0, \quad S_{II} = -\tau^2, \quad S_{III} = 0 \tag{c}$$

Einsetzen von (c) in (2.156) führt auf das Charakteristische Polynom

$$P(\sigma_{Hi}) = \sigma_{Hi}^3 - \tau^2 \sigma_{Hi} = \sigma_{Hi}\left(\sigma_{Hi}^2 - \tau^2\right) = 0 \tag{d}$$

Aus (d) ergeben sich die drei nach ihrer Größe geordneten reellen „Wurzeln“ bzw. Hauptnormalspannungen (Eigenwerte) zu

$$\sigma_{H1} = \tau, \quad \sigma_{H2} = 0, \quad \sigma_{H3} = -\tau \tag{e}$$

Für *jeden* der drei Eigenwerte σ_{Hi} $(i = 1, 2, 3)$ gemäß (e) ist nun durch jeweiliges Einsetzen in das Gleichungssystem (2.154) ein Eigenvektor (Eigenrichtung) $\boldsymbol{n}_{Hi}$ zu bestimmen. Sukzessives Einsetzen der drei Eigenwerte (e) in das Gleichungssystem (2.154) liefert unter Beachtung von (b) nacheinander:

$j = 1:$ $\boxed{\sigma_{H1} = \tau}$

$$\begin{array}{llll} -\tau n_{1H1} + & \tau n_{2H1} + & 0 & = 0 \\ \tau n_{1H1} & + -\tau n_{2H1} + & 0 & = 0 \\ 0 \quad + & 0 & + -\tau n_{3H1} & = 0 \end{array} \tag{f}$$

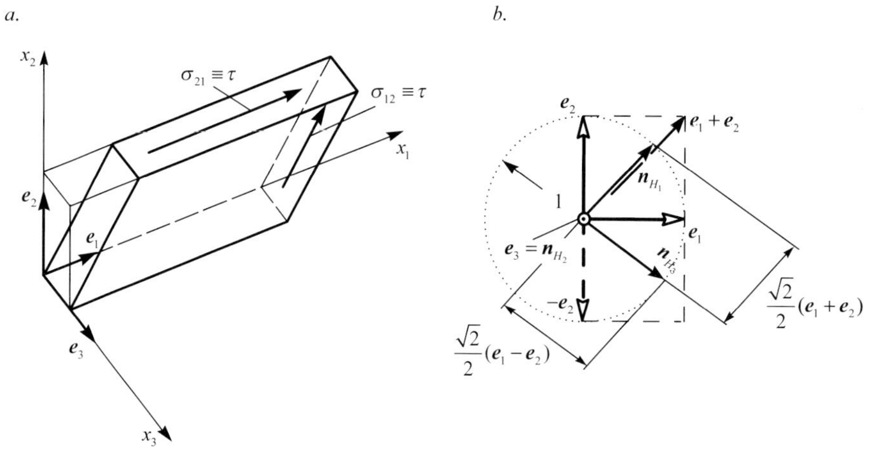

Bild 2.21: a. Spannungszustand und b. Hauptachsensystem bei einfacher Scherung (kleine Verschiebungsableitungen

Aus $(\mathrm{f})_3$ folg sofort

$$n_{3H1} = 0 \tag{g}$$

Die beiden verbleibenden Gleichungen $(\mathrm{f})_1$ und $(\mathrm{f})_2$ können nur für

$$n_{1H1} = n_{2H1} \tag{h}$$

erfüllt werden. Mit (g) und (h) lautet der erste Eigenvektor bei Bezugnahme auf eine orthonormierte Basis

$$\boldsymbol{n}_{H1} = n_{iH1}\boldsymbol{e}_i \equiv n_{1H1}\boldsymbol{e}_1 + n_{2H1}\boldsymbol{e}_2 + n_{3H1}\boldsymbol{e}_3 = n_{1H1}\,(\boldsymbol{e}_1 + \boldsymbol{e}_2) \tag{i}$$

über die Normierungsbedingung $\boldsymbol{n}_{Hi} \cdot \boldsymbol{n}_{Hi} = 1$ läßt sich der freie Parameter n_{1H1} wie folgt bestimmen:

$$\boldsymbol{n}_{H1} \cdot \boldsymbol{n}_{H1} = [n_{1H1}\,(\boldsymbol{e}_1 + \boldsymbol{e}_2)] \cdot [n_{1H1}\,(\boldsymbol{e}_1 + \boldsymbol{e}_2)] = 2n_{1H1}^2 \overset{!}{=} 1 \quad \text{also} \quad n_{1H1} = \frac{1}{\sqrt{2}} = \frac{\sqrt{2}}{2} \tag{j}$$

Einsetzen von (j) in (i) liefert schließlich den normierten Eigenvektor

$$\boxed{\boldsymbol{n}_{H1} = \frac{\sqrt{2}}{2}\,(\boldsymbol{e}_1 + \boldsymbol{e}_2)} \tag{k}$$

$j = 2:$ $\boxed{\sigma_{H2} = 0}$

$$\begin{array}{rcccl} 0 & +\tau n_{2H2}+ & 0 & = 0 \\ \tau n_{1H2}+ & 0 \quad + & 0 & = 0 \\ 0 \quad + & 0 & +0 \cdot n_{3H2} & = 0 \end{array} \tag{l}$$

Aus $(\mathrm{l})_3$ folgert man sofort

$$n_{3H2} \quad \text{beliebig} \tag{m}$$

und wegen $\tau \neq 0$ aus den beiden verbleibenden Gleichungen $(\mathrm{l})_1$ und $(\mathrm{l})_2$

$$n_{1H2} = n_{2H2} = 0 \tag{n}$$

so daß mit (m) und (n) der zweite Eigenvektor lautet

$$\boldsymbol{n}_{H2} = n_{iH2}\boldsymbol{e}_i \equiv n_{1H2}\boldsymbol{e}_1 + n_{2H2}\boldsymbol{e}_2 + n_{3H2}\boldsymbol{e}_3 = n_{3H2}\boldsymbol{e}_3 \tag{o}$$

Mit Hilfe der Normierungsbedingung findet man $n_{3H2} = 1$, womit (o) schließlich übergeht in

$$\boxed{\boldsymbol{n}_{H2} = \boldsymbol{e}_3} \tag{p}$$

$j = 3:$ $\boxed{\sigma_{H3} = -\tau}$

$$\begin{array}{rcccl} \tau n_{1H3} & +\tau n_{2H3}+ & 0 & = 0 \\ \tau n_{1H1} & +\tau n_{2H3}+ & 0 & = 0 \\ 0 \quad + & 0 & +\tau n_{3H3} & = 0 \end{array} \tag{q}$$

Analog der Rechnung für $j = 1$ entnimmt man aus dem Gleichungssystem (q)

$$n_{3H3} = 0 \qquad \text{und} \qquad n_{1H3} = -n_{2H3} \tag{r}$$

so daß sich schließlich unter Beachtung der Normierungsbedingung der dritte Eigenvektor wie folgt ergibt

$$\boxed{\boldsymbol{n}_{H3} = \frac{\sqrt{2}}{2}\,(\boldsymbol{e}_1 - \boldsymbol{e}_2)} \tag{s}$$

Einsetzen von (e) in die rechte Seite von (2.147) liefert schließlich die gesuchte Diagonalform des Spannungstensors (a) wie folgt

$$\boldsymbol{S} = \tau\,(\boldsymbol{n}_{H1}\boldsymbol{n}_{H1} - \boldsymbol{n}_{H3}\boldsymbol{n}_{H3}) \quad \text{bzw.} \quad [\boldsymbol{S}] = \begin{bmatrix} \tau & 0 & 0 \\ 0 & 0 & 0 \\ 0 & 0 & -\tau \end{bmatrix} \langle \boldsymbol{n}_{Hi}\boldsymbol{n}_{Hj} \rangle \tag{t}$$

Durch Einsetzen von (k) und (s) in $(\mathrm{t})_1$ läßt sich wie folgt wieder die Darstellung (a) erzeugen:

$$\begin{aligned} \boldsymbol{S} &= \tau \left\{ \left[\frac{\sqrt{2}}{2} (\boldsymbol{e}_1 + \boldsymbol{e}_2) \right] \left[\frac{\sqrt{2}}{2} (\boldsymbol{e}_1 + \boldsymbol{e}_2) \right] - \left[\frac{\sqrt{2}}{2} (\boldsymbol{e}_1 - \boldsymbol{e}_2) \right] \left[\frac{\sqrt{2}}{2} (\boldsymbol{e}_1 - \boldsymbol{e}_2) \right] \right\} \equiv \\ &\equiv \tau \frac{1}{2} \left[\boldsymbol{e}_1\boldsymbol{e}_1 + \boldsymbol{e}_1\boldsymbol{e}_2 + \boldsymbol{e}_2\boldsymbol{e}_1 + \boldsymbol{e}_2\boldsymbol{e}_2 - (\boldsymbol{e}_1\boldsymbol{e}_1 - \boldsymbol{e}_1\boldsymbol{e}_2 - \boldsymbol{e}_2\boldsymbol{e}_1 + \boldsymbol{e}_2\boldsymbol{e}_2) \right] \equiv \tau (\boldsymbol{e}_1\boldsymbol{e}_2 + \boldsymbol{e}_2\boldsymbol{e}_1) \end{aligned} \tag{u}$$

Mit (u) ergibt sich dann die Identität der beiden Darstellungen (a) und (t), so daß gilt

$$\boldsymbol{S} = \tau (\boldsymbol{e}_1\boldsymbol{e}_2 + \boldsymbol{e}_2\boldsymbol{e}_1) = \tau (\boldsymbol{n}_{H1}\boldsymbol{n}_{H1} - \boldsymbol{n}_{H3}\boldsymbol{n}_{H3}) \tag{v}$$

bzw.

$$[\boldsymbol{S}] = \begin{bmatrix} 0 & \tau & 0 \\ \tau & 0 & 0 \\ 0 & 0 & 0 \end{bmatrix} \langle \boldsymbol{e}_i\boldsymbol{e}_j \rangle = \begin{bmatrix} \tau & 0 & 0 \\ 0 & 0 & 0 \\ 0 & 0 & -\tau \end{bmatrix} \langle \boldsymbol{n}_{Hi}\boldsymbol{n}_{Hj} \rangle \tag{w}$$

Für die berechneten Eigenvektoren (k), (p) und (s) bestätigt man unter Beachtung von $\boldsymbol{e}_i \cdot \boldsymbol{e}_j = \delta_{ij}$ noch wie folgt deren *Orthogonalität*:

$$\begin{aligned} \boldsymbol{n}_{H1} \cdot \boldsymbol{n}_{H2} &= \left[\frac{\sqrt{2}}{2} (\boldsymbol{e}_1 + \boldsymbol{e}_2) \right] \cdot \boldsymbol{e}_3 = \frac{\sqrt{2}}{2} \Big(\underbrace{\boldsymbol{e}_1 \cdot \boldsymbol{e}_3}_{0} + \underbrace{\boldsymbol{e}_2 \cdot \boldsymbol{e}_1}_{0} \Big) = 0 \\ \boldsymbol{n}_{H1} \cdot \boldsymbol{n}_{H3} &= \left[\frac{\sqrt{2}}{2} (\boldsymbol{e}_1 + \boldsymbol{e}_2) \right] \cdot \left[\frac{\sqrt{2}}{2} (\boldsymbol{e}_1 - \boldsymbol{e}_2) \right]_1 = \frac{1}{2} \Big(\underbrace{\boldsymbol{e}_1 \cdot \boldsymbol{e}_1}_{1} - \underbrace{\boldsymbol{e}_1 \cdot \boldsymbol{e}_2}_{0} + \underbrace{\boldsymbol{e}_2 \cdot \boldsymbol{e}_1}_{0} - \underbrace{\boldsymbol{e}_2 \cdot \boldsymbol{e}_2}_{1} \Big) = 0 \\ \boldsymbol{n}_{H3} \cdot \boldsymbol{n}_{H2} &= \left[\frac{\sqrt{2}}{2} (\boldsymbol{e}_1 - \boldsymbol{e}_2) \right] \cdot \boldsymbol{e}_3 = \frac{\sqrt{2}}{2} \Big(\underbrace{\boldsymbol{e}_1 \cdot \boldsymbol{e}_3}_{0} - \underbrace{\boldsymbol{e}_2 \cdot \boldsymbol{e}_3}_{0} \Big) = 0 \end{aligned} \tag{x}$$

Anhand der für alle drei Eigenvektoren gültigen Normierungsbedingung $(\mathrm{j})_1$ ist weiterhin ersichtlich, daß es sich bei den drei Eigenvektoren um Einsvektoren (mit der Größe Eins) handelt. In Bild 2.21 ist das orthonormierte Basissystem (Laborsystem) sowie das aus den Eigenvektoren (k), (p) und (s) gebildete Hauptachsensystem dargestellt, wonach sich Letzteres durch Drehung um 45° um die (3)-Achse aus dem Laborsystem ergibt.

2.5 Bilanzgleichungen

In den vorhergehenden Abschnitten wurden nacheinander verschiedene Verzerrungs- und Spannungsmaße zur Beschreibung des Verzerrungs- und Spannungszustandes eines deformierbaren Kontinuums (Körper, Bauteil) vorgestellt. Dabei sind die Verzerrungs- und Spannungstensoren unabhängig voneinander betrachtet worden, womit bis dato also noch kein Zusammenhang zwischen diesen beiden (kinematischen und dynamischen) Größen besteht. Im Folgenden wird im Rahmen der Bilanzgleichungen insbesondere für Impuls und Drehimpuls erstmalig eine Verknüpfung zwischen der Bewegung (Geschwindigkeit bzw. Beschleunigung) und den Spannungen hergestellt. Dabei versteht man unter einer Bilanzgleichung eine Gleichung, in der Größen gleicher "Qualität" bilanziert werden. Als bekannteste Bilanzgleichung ist (als Sonderfall des Impulssatzes) der Massenmittelpunktsatz zu nennen, in welchem die Summe der äußeren Kräfte mit der Trägheitskraft des Körpers gleichgesetzt bzw. bilanziert wird ("Kraft gleich Masse mal Beschleunigung").

Bilanzgleichungen sind, genau wie Verzerrungen und Spannungen für sich, jeweils vom Material unabhängig. Man nennt sie daher auch *universelle* Gleichungen. Allerdings können Bilanzgleichungen je nachdem, wie ein Körper modelliert wird, unterschiedlich aussehen. Innerhalb dieses Buches werden die klassischen Bilanzgleichungen behandelt, die auf dem klassischen Kontinuumsmodell basieren. Hierbei wird ein Körper derart modelliert, daß jedem materiellen Punkt (Körperpunkt) lediglich ein einziger vektorwertiger Freiheitsgrad (Verschiebungsvektor $\boldsymbol{u}$) zugeordnet wird (vgl. Unterabschnitt 2.3.1 und 2.3.2). Das bedeutet selbstverständlich hinsichtlich der Beschreibung bestimmter Phänomene eine Einschränkung: So lassen sich mit dieser Modellierung beispielsweise keine Phänomene beschreiben, die sich im Volumenelement selbst abspielen (etwa *meso-* bzw. *mikromechanische* Effekte). Hierfür sind "sensiblere" Kontinuumstheorien erforderlich. Als Beispiel für eine solche Theorie sei das sogenannte (einfache) *COSSERAT-Kontinuum* genannt, welches neben dem Verschiebungsvektor noch einen weiteren, von diesem unabhängigen, vektorwertigen Freiheitsgrad, nämlich den Winkelgeschwindigkeitsvektor $\boldsymbol{\omega}$ für jeden Kontinuumspunkt zuläßt. Prinzipiell ändern sich damit allerdings -abgesehen von deren Aussehen- die Anzahl der Bilanzgleichungen, da für den neu hinzu genommenen Drehfreiheitsgrad selbstverständlich eine zusätzliche Gleichung entsteht! Ebenso können hier auch *Gradiententheorien* oder sogenannte *nicht-lokale Theorien* weiterhelfen (vgl. Kapitel 3).

Weiterhin wurden sämtliche bisher erzeugten Größen (Verschiebungen, Verzerrungen, Spannungen) für einen (beliebigen) materiellen Punkt eines Körpers formuliert. Um später konkrete Fragestellungen bearbeiten zu können, müssen die im Folgenden herzuleitenden Bilanzgleichungen ebenfalls für einen beliebigen Kontinuumspunkt erzeugt werden. Dazu wird tets von der jeweils *globalen* -also für den Gesamtkörper geltenden- Bilanzgleichung (Masse, Impuls, Drehimpuls, Energie) ausgegangen, die dann jeweils in eine *lokale* -also für den materiellen Punkt geltende- *Feld*-Gleichung überführt wird. Bei der Herleitung der Bilanzgleichungen muß grundsätzlich wieder, wie dies bereits bei den Verzerrungs- und Spannungsmaßen der Fall war, zwischen BKFG und MKFG unterschieden werden.

2.5.1 Massebilanz

Im Sinne der Kontinuumsmechanik besitzt jedes Kontinuum a priori Masse, die stets aus denselben Partikeln besteht und demzufolge zeitlich unverändert bleibt (Masseerhaltung). Bezeichnet man die (Gesamt-)Masse eines Körpers mit m, die Dichte und das Volumen in der MKFG mit ρ und V, so gilt zunächst mit (2.25)

$$m = \int\limits_{V(t)} \rho\,(\boldsymbol{x}, t)\, dV \tag{2.158}$$

Mit der Forderung nach Masseerhaltung ist die *substantielle* Zeitableitung von (2.158) null, so daß

$$\frac{dm}{dt} \equiv \dot{m} = \frac{d}{dt} \int\limits_{V(t)} \rho dV = 0 \tag{2.159}$$

Um die Differentiation eines Integrales mit zeitlich veränderlichen Grenzen (man beachte, daß sich das momentane *Volumen* $V(t)$ in der MKFG im Gegensatz zur Masse selbstverständlich mit der Zeit ändern kann!) zu umgehen, ist es sinnvoll, die Integrationsvariable in die Bezugskonfiguration zu transformieren. Einsetzen der Transformations-Regel (2.51) in (2.159) führt auf

$$\frac{d}{dt} \int\limits_{V_0} \rho J dV_0 = 0 \tag{2.160}$$

Da die Integrationsgrenze V_0 (Volumen des Körpers in der BKFG) in (2.160) jetzt nicht mehr von der Zeit abhängt, dürfen Integration und Differentiation vertauscht werden. Dann erhält man unter Beachtung der Produktregel:

$$\frac{d}{dt} \int\limits_{V_0} \rho J dV_0 = \int\limits_{V_0} \frac{d}{dt} (\rho J dV_0) = \int\limits_{V_0} \left[\frac{d\rho}{dt} J dV_0 + \rho \frac{dJ}{dt} dV_0 + \rho J d \left(\frac{dV_0}{dt} \right) \right] = 0 \tag{2.161}$$

Da das Volumen V_0 in der BKFG nicht von der Zeit abhängt, gilt $dV_0/dt = 0$, so daß (2.161) übergeht in

$$\int\limits_{V_0} \left(\frac{d\rho}{dt} J + \rho \frac{dJ}{dt} \right) dV_0 = 0 \quad \text{bzw.} \quad \int\limits_{V_0} \left(\dot{\rho} J + \rho \dot{J} \right) dV_0 = 0 \tag{2.162}$$

Einsetzen der Transformation (2.53) in (2.162) liefert, indem unter nochmaliger Beachtung von (2.51) wieder in die MKFG zurück transformiert wird, den Ausdruck

$$\int\limits_{V_0} \left[\frac{d\rho}{dt} J + \rho J \left(\nabla \cdot v \right) \right] dV_0 = \int\limits_{V_0} \left(\frac{d\rho}{dt} + \rho \nabla \cdot v \right) \underbrace{J dV_0}_{dV} = \int\limits_{V(t)} \left(\frac{d\rho}{dt} + \rho \nabla \cdot v \right) dV = 0 \tag{2.163}$$

Gleichung (2.163) muß für beliebige (aktuelle) Volumina $V(t)$ Null sein, womit der Integrand verschwinden muß, was auf die folgende lokale Massebilanz oder *Kontinuitätsgleichung in lokaler Form* führt

$$\boxed{\frac{d\rho}{dt} + \rho \nabla \cdot \boldsymbol{v} = 0} \quad \text{bzw.} \quad \boxed{\dot{\rho} + \rho \nabla \cdot \boldsymbol{v} = 0} \tag{2.164}$$

Hinweise:
Die Kontinuitätsgleichung (2.164) gilt in jedem Punkt eines Kontinuums und stellt eine differentielle Form der Masseerhaltung dar. (2.164) ist eine skalare Differentialgleichung in der die beiden Felder der Dichte ρ und der Geschwindigkeit $\boldsymbol{v}$ verknüpft werden.

Abschließend wird noch ein Zusammenhang zwischen den Dichten in der BKFG und der MKFG ρ_0 und ρ hergestellt: Die Masse eines Körpers läßt sich auch in materieller Beschreibungsweise darstellen, so daß mit (2.158) gilt

$$m = \int\limits_{V(t)} \rho(\boldsymbol{x}, t)\, dV = \int\limits_{V_0} \rho_0(\boldsymbol{X}, t)\, dV_0$$

und weiter durch Umstellen sowie unter Berücksichtigung von (2.25) und (2.51)

$$\int\limits_{V(t)} \rho(\boldsymbol{x}, t)\, dV - \int\limits_{V_0} \rho_0(\boldsymbol{X}, t)\, dV_0 = \int\limits_{V_0} \{\rho[\boldsymbol{\chi}(\boldsymbol{X}, t), t]\, J - \rho_0(\boldsymbol{X}, t)\} dV_0 = 0 \tag{2.165}$$

(2.165) muß wieder für beliebige Volumina V_0 erfüllt sein, so daß der geschweifte Klammerausdruck unter dem letzten Integral verschwinden muß, womit sich der zu (2.51) analoge (reziproke) Zusammenhang zwischen den Dichten in BKFG und MKFG (unter Weglassen der Argumente) wie folgt ergibt:

$$\boxed{\rho_0 = J\rho} \tag{2.166}$$

2.5.2 Impulsbilanz

Der *Impulssatz* der Mechanik (Axiom I) geht auf NEWTONs *lex secunda* (Sir Isaac NEWTON, engl. Physiker, 1643-1727) zurück und lautet bekanntlich

$$\boldsymbol{K}^a = \dot{\boldsymbol{p}} \quad \text{mit} \quad \dot{\boldsymbol{p}} = \frac{d\boldsymbol{p}}{dt} \tag{2.167}$$

wonach die Summe der an einem Körper angreifenden *äußeren Kräfte* $\boldsymbol{K}^a$ gleich der zeitlichen Änderung des *Impulsvektors* $\boldsymbol{p}$ ist. Dabei setzt sich der resultierende Kraftvektor $\boldsymbol{K}^a$ wie folgt additiv aus dem Vektor der *Volumenkräfte* $\boldsymbol{K}^V$ und dem Vektor der *Oberflächenkräfte* $\boldsymbol{K}^A$ zusammen

$$\boldsymbol{K}^a = \boldsymbol{K}^V + \boldsymbol{K}^A \tag{2.168}$$

Da der Impulssatz später sowohl in materieller als auch in räumlicher Form benötigt wird, sollen aus Gründen der Okonomie und einer besseren Übersichtlichkeit wegen im Folgenden sämtliche einfließenden Größen parallel in LAGRANGEscher und EULERscher Form dargestellt werden. Für den Volumenkraftvektor $\boldsymbol{K}^V$ in (2.168) gilt

$$\boldsymbol{K}^V = \int\limits_{V_0} \boldsymbol{k}_0^V\, dV_0 = \int\limits_{V} \boldsymbol{k}^V dV \tag{2.169}$$

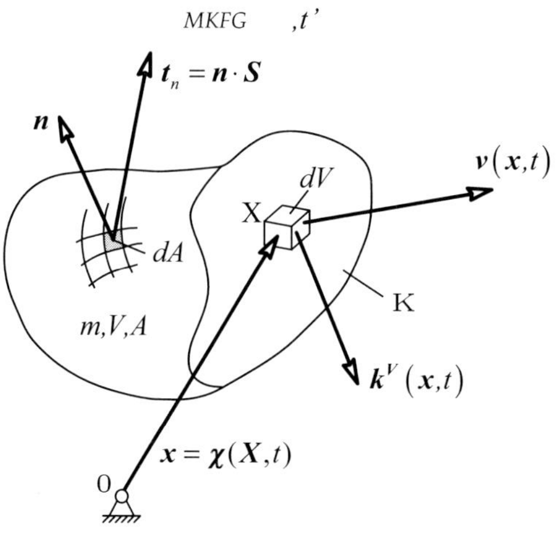

Bild 2.22: Zu bilanzierende Größen an einem Körper in der MKFG

worin $\boldsymbol{k}_0^V$ bzw. $\boldsymbol{k}^V$ die *Volumenkraftdichte* in materieller bzw. räumlicher Form bedeutet. Der Vektor der Oberflächenkräfte $\boldsymbol{K}^A$ wird in analoger Weise zu (2.129) aus den über die Oberfläche eines Körpers integrierten Spannungsvektoren $\boldsymbol{t}_{0n}$ bzw. $\boldsymbol{t}_n$ aufgebaut, so daß (A_0 bzw. A bedeuten jetzt die Oberflächenbereiche des Körpers, an welchen die Spannungen wirken, vgl. auch Bild 2.22)

$$\boldsymbol{K}^A = \int\limits_{A_0} \boldsymbol{t}_{0n} dA_0 = \int\limits_{A} \boldsymbol{t}_n dA \tag{2.170}$$

Dabei beinhaltet der Vektor $\boldsymbol{K}^A$ selbstverständlich auch eventuell am Körper angreifende Punktlasten. Der Impulsvektor in (2.167) ist über

$$\boldsymbol{p} = \int\limits_{m} \boldsymbol{v} dm = \int\limits_{V_0} \rho_0 \boldsymbol{v} dV_0 = \int\limits_{V} \rho \boldsymbol{v} dV \tag{2.171}$$

definiert. Einsetzen von (2.168) bis (2.171) in (2.167) führt unter Beachtung des Lemma von CAUCHY (2.141) und (2.142) auf die Impulsbilanz eines Kontinuums in LAGRANGEscher bzw. EULERscher Betrachtungsweise in zunächst noch *globaler* Form (vgl. hierzu auch Bild 2.22)

$$\boxed{\int\limits_{V_0} \boldsymbol{k}_0^V dV_0 + \int\limits_{A_0} \boldsymbol{n}_0 \cdot \boldsymbol{P}^I dA_0 = \frac{d}{dt} \int\limits_{V_0} \rho_0 \boldsymbol{v} dV_0} \quad ,$$

$$\boxed{\int\limits_{V} \boldsymbol{k}^V dv + \int\limits_{A} \boldsymbol{n} \cdot \boldsymbol{S} dA = \frac{d}{dt} \int\limits_{V} \rho \boldsymbol{v} dV} \tag{2.172}$$

Die globalen Impulsbilanzen (2.172) gelten für beliebige *feste* und *fluide* Körper endlicher Größe! Im Allgemeinen sind die Feldgrößen ρ_0, $\boldsymbol{P}^I$ bzw. ρ, $\boldsymbol{S}$ und $\boldsymbol{v}$ unbekannt und im Rahmen einer (kontinuumsmechanischen) Festigkeitsanalyse von Interesse. Diese Felder können aber -auch wenn der Vektor der äußeren Kräfte gemäß (2.168) bekannt wäre- im Allgemeinen nicht aus den (*globalen*) Integralausdrücken (2.172) bzw. bestimmt werden. Für diese Größen sind deshalb Differentialbeziehungen und damit die *lokalen* Bilanzgleichungen erforderlich. Um nun in analoger Weise, wie dies bei der Erzeugung der Kontinuitätsgleichung von (2.163) nach (2.164) gezeigt wurde, vorgehen zu können, sind die Oberflächenintegrale in (2.172) zunächst in Volumenintegrale umzuformen. Nach dem GAUSSschen Integralsatz (A.144) gilt zunächst:

$$\int_{A_0} \boldsymbol{n}_0 \cdot \boldsymbol{P}^I dA_0 = \int_{V_0} \boldsymbol{\nabla}_0 \cdot \boldsymbol{P}^I dV_0 \quad \text{bzw.} \quad \int_A \boldsymbol{n} \cdot \boldsymbol{S} dA = \int_V \boldsymbol{\nabla} \cdot \boldsymbol{S} dV \tag{2.173}$$

Bei der auszuführenden Differentiation der rechten Seite von $(2.172)_1$ kann wieder wie im Falle von (2.161) Differentiation und Integration vertauscht werden und bei der rechten Seite von $(2.172)_2$ kann dies mit Hilfe von (2.51) und (2.166) erreicht werden, so daß sich unter Beachtung von (2.171) beide Formen wie folgt ergeben:

$$\frac{d}{dt}\int_{V_0} \rho_0 \boldsymbol{v} dV_0 = \int_{V_0} \frac{d}{dt}(\rho_0 \boldsymbol{v} dV_0) = \int_{V_0} \rho_0 \dot{\boldsymbol{v}} dV_0 = \int_V \underbrace{JJ^{-1}}_{1} \rho \dot{\boldsymbol{v}} dV = \int_V \rho \dot{\boldsymbol{v}} dV \tag{2.174}$$

Einsetzen von (2.173) und (2.174) in (2.172) liefert nachdem noch sämtliche Terme jeweils auf eine Seite gebracht worden sind

$$\int_{V_0} \left(\boldsymbol{\nabla}_0 \cdot \boldsymbol{P}^I + \boldsymbol{k}_0^V - \rho_0 \dot{\boldsymbol{v}}\right) dV_0 = \boldsymbol{0} \quad \text{bzw.} \quad \int_V \left(\boldsymbol{\nabla} \cdot \boldsymbol{S} + \boldsymbol{k}^V - \rho \dot{\boldsymbol{v}}\right) dV = \boldsymbol{0} \tag{2.175}$$

Da die Integrale (2.175) für beliebige Volumina V_0 bzw. V verschwinden müssen, müssen die Integranden selbst wieder Null sein, so daß sich damit (nach entsprechendem Umordnen) unter Beachtung von (2.39) und (2.43) die *lokale Impulsbilanz* in materieller bzw. räumlicher Darstellung (auch CAUCHY I genannt) wie folgt ergibt

$$\boxed{\boldsymbol{\nabla}_0 \cdot \boldsymbol{P}^I + \boldsymbol{k}_0^V = \rho_0 \dot{\boldsymbol{v}} \equiv \rho_0 \frac{\partial \boldsymbol{v}}{\partial t} = \rho_0 \frac{\partial^2 \boldsymbol{u}}{\partial t^2}} \qquad \text{(CAUCHY I)} \tag{2.176}$$

bzw.

$$\boxed{\boldsymbol{\nabla} \cdot \boldsymbol{S} + \boldsymbol{k}^V = \rho \dot{\boldsymbol{v}} \equiv \rho \left(\frac{\partial \boldsymbol{v}}{\partial t} + \boldsymbol{v} \cdot \boldsymbol{\nabla} \boldsymbol{v}\right)} \qquad \text{(CAUCHY I)} \tag{2.177}$$

Hinweise:

- Die beiden Gleichungen (2.176), (2.177) stellen Feldgleichungen dar, die von den Feldern ρ_0, $\boldsymbol{u}$, und $\boldsymbol{P}^I$ bzw. ρ, $\boldsymbol{v}$, und $\boldsymbol{S}$ bei gegebenem $\boldsymbol{k}_0^V$ bzw. $\boldsymbol{k}^V$ in jedem Punkt eines Kontinuums (Körpers) erfüllt sein müssen.

- Es handelt sich bei (2.176), (2.177) um jeweils *eine* vektorwertige Gleichung für die insgesamt *drei* skalar-, vektor- und tensorwertigen Unbekannten ρ, $\boldsymbol{v}$ und $\boldsymbol{P}^I$ bzw. $\boldsymbol{S}$ bzw. um *drei* skalarwertige Gleichungen für die insgesamt 13 Unbekannten ρ_0 und P^I_{ij} bzw. $\rho\ \sigma_{ij}$ und v_i.
- Mathematisch gesehen stellt (2.176) bzw. (2.177) ein gekoppeltes partielles Differentialgleichungs-System erster Ordnung im Ort und erster bzw. zweiter Ordnung in der Zeit dar.
- Gleichung (2.176) bzw. (2.177) wird auch als *Bewegungsgleichung* bezeichnet. Praktisch ist diese Gleichung der NEWTONsche Impulssatz (2.167) für ein Volumenelement.
- Die materielle Form (2.176) wird überwiegend zur Beschreibung von Festkörpern und die räumliche Form (2.177) zur Beschreibung von Flüssigkeiten eingesetzt. Dabei ist zu erkennen, daß es sich in (2.177) bei dem Term $\boldsymbol{v}\cdot\boldsymbol{\nabla}\boldsymbol{v}$ a priori um einen im Geschwindigkeitsvektor $\boldsymbol{v}$ nicht-linearen Ausdruck handelt!
- In (2.176)) sind sämtliche Größen in materiellen Koordinaten und in (2.177) in räumlichen Koordinaten darzustellen (vgl. dazu auch die Ausführungen in den Unterabschnitten 2.3.1 und 2.3.2!

Beispiel 2.15
Gegeben sei der Spannungszustand für die *einfache Scherung* (für den Fall kleiner Verschiebungsableitungen) nach Beispiel 2.14

a. Man bestimme die Volumenkraftdichte $\boldsymbol{k}_0^V$, so daß CAUCHY I in materieller Form erfüllt wird!
b. Man berechne den Spannungszustand, für den Fall, daß die Volumenkraftdichte $\boldsymbol{k}_0^V$ in die 1-Richtung weist und zeige, daß dann bei Vernachlässigung der Dichte des Materials ein homogener Spannungszustand vorliegt!

Lösung a.:
Der Spannungszustand für die einfache Scherung gemäß (a) von Beispiel 2.14 lautete

$$\boldsymbol{S} = \tau\,(\boldsymbol{e}_1\boldsymbol{e}_2 + \boldsymbol{e}_2\boldsymbol{e}_1) \quad \text{bzw.} \quad [\boldsymbol{S}] = \begin{bmatrix} 0 & \tau & 0 \\ \tau & 0 & 0 \\ 0 & 0 & 0 \end{bmatrix} \langle \boldsymbol{e}_i\boldsymbol{e}_j \rangle \quad \text{mit} \quad \tau = \tau_{12} = \tau_{21} \tag{a}$$

Zur Berechnung des Ersten PIOLA-KIRCHHOFFschen Spannungstensors gemäß (2.144) müssen zunächst $\boldsymbol{F}^2$ und $\boldsymbol{F}^{-1}$ berechnet werden. Mit Hilfe des CAYLEY-HAMILTON-Theorems (A.79) gilt

$$\boldsymbol{F}^{-1} = \frac{1}{F_{III}}\left(\boldsymbol{F}^2 - \boldsymbol{F}_I\boldsymbol{F} + F_{II}\boldsymbol{I}\right) \tag{b}$$

Der Deformationsgradienten lautet gemäß (a) bzw. (b.) nach Beispiel 2.7

$$\boldsymbol{F} = \boldsymbol{I} + \gamma\boldsymbol{e}_1\boldsymbol{e}_2 \quad \text{bzw.}\, [\boldsymbol{F}] = \begin{bmatrix} 1 & \gamma & 0 \\ 0 & 1 & 0 \\ 0 & 0 & 1 \end{bmatrix} \langle \boldsymbol{e}_i\boldsymbol{e}_j \rangle \tag{c}$$

Mit (c) ergibt sich

$$\begin{aligned} &\boldsymbol{F}^2 = \boldsymbol{F}\cdot\boldsymbol{F} = (\boldsymbol{I} + \gamma\boldsymbol{e}_1\boldsymbol{e}_2)\cdot(\boldsymbol{I} + \gamma\boldsymbol{e}_1\boldsymbol{e}_2) = \boldsymbol{I} + 2\gamma\boldsymbol{e}_1\boldsymbol{e}_2 \quad \text{bzw.} \\ &[\boldsymbol{F}^2] = \begin{bmatrix} 1 & 2\gamma & 0 \\ 0 & 1 & 0 \\ 0 & 0 & 1 \end{bmatrix} \langle \boldsymbol{e}_i\boldsymbol{e}_j \rangle \end{aligned} \tag{d}$$

Mit (c) und (d) erhält man gemäß (A.73) die Invarianten von $\boldsymbol{F}$ zu

$$F_I = Sp\boldsymbol{F} = 3, \quad F_{II} = \frac{1}{2}\left(F_I^2 - Sp\boldsymbol{F}^2\right) = \frac{1}{2}\,(9-3) = 3, \quad F_{III} = J = \det\boldsymbol{F} = 1 \tag{e}$$

Einsetzen von (c) bis (e) in (b) führt auf

$$\begin{aligned} &\boldsymbol{F}^{-1} = \boldsymbol{I} + 2\gamma\boldsymbol{e}_1\boldsymbol{e}_2 - 3\,(\boldsymbol{I} + \gamma\boldsymbol{e}_1\boldsymbol{e}_2) + 3\boldsymbol{I} = \boldsymbol{I} - \gamma\boldsymbol{e}_1\boldsymbol{e}_2 \quad \text{bzw.} \\ &[\boldsymbol{F}^{-1}] = \begin{bmatrix} 1 & -\gamma & 0 \\ 0 & 1 & 0 \\ 0 & 0 & 1 \end{bmatrix} \langle \boldsymbol{e}_i\boldsymbol{e}_j \rangle \end{aligned} \tag{f}$$

Einsetzen von (a), $(e)_3$ und (f) in (2.144) liefert

$$\boldsymbol{P}^I = J\boldsymbol{F}^{-1}\cdot\boldsymbol{S} = (\boldsymbol{I}-\gamma\boldsymbol{e}_1\boldsymbol{e}_2)\cdot[\tau(\boldsymbol{e}_1\boldsymbol{e}_2+\boldsymbol{e}_2\boldsymbol{e}_1)] = \tau(\boldsymbol{e}_1\boldsymbol{e}_2+\boldsymbol{e}_2\boldsymbol{e}_1-\gamma\boldsymbol{e}_1\boldsymbol{e}_1) \tag{g}$$

bzw.

$$\left[\boldsymbol{P}^I\right] = \begin{bmatrix} -\tau\gamma & \tau & 0 \\ \tau & 0 & 0 \\ 0 & 0 & 0 \end{bmatrix}\langle\boldsymbol{e}_i\boldsymbol{e}_i\rangle \tag{h}$$

Gemäß (a) von Beispiel 2.5 gilt für den Beschleunigungsvektor bei einfacher Scherung $\partial\boldsymbol{v}/\partial t = \boldsymbol{0}$ (quasistatischer Prozeß), so daß damit aus (2.176) zunächst folgt

$$\boldsymbol{\nabla}_0\cdot\boldsymbol{P}^I + \boldsymbol{k}_0^V = \boldsymbol{0} \tag{i}$$

Mit dem NABLA-Operator bezüglich kartesischer Koordinaten gemäß (A.127) sowie (h) ergibt sich aus (i) unter Beachtung, daß wegen $\gamma = v_0 t/H = \gamma(t)$ die Scherung nur von der Zeit, nicht aber vom Ort abhängt, schließlich die Volumenkraftdichte

$$\begin{aligned}\boldsymbol{k}_0^V &= -\boldsymbol{\nabla}_0\cdot\boldsymbol{P}^I = -\left(\frac{\partial}{\partial X_1}\boldsymbol{e}_1+\frac{\partial}{\partial X_2}\boldsymbol{e}_2+\frac{\partial}{\partial X_3}\boldsymbol{e}_3\right)\cdot[\tau(\boldsymbol{e}_1\boldsymbol{e}_2+\boldsymbol{e}_2\boldsymbol{e}_1-\gamma\boldsymbol{e}_1\boldsymbol{e}_1)] = \\ &= \left[\left(\gamma\frac{\partial\tau}{\partial X_1}-\frac{\partial\tau}{\partial X_2}\right)\boldsymbol{e}_1-\frac{\partial\tau}{\partial X_1}\boldsymbol{e}_2\right]\end{aligned} \tag{j}$$

Lösung b.:
Wird der Scherversuch so durchgeführt, daß die Volumenkraftdichte $\boldsymbol{k}_0^V$ in die 1-Richtung weist, so gilt mit der Erdgravitation g

$$\boldsymbol{k}_0^V = -\rho g\boldsymbol{e}_1 \tag{k}$$

Gleichsetzen von (k) und (j) liefert nach anschließendem Koordinatenvergleich in $\boldsymbol{e}_1$- und $\boldsymbol{e}_2$-Richtung

$$\gamma\frac{\partial\tau}{\partial X_1}-\frac{\partial\tau}{\partial X_2} = -\rho g \quad , \quad \frac{\partial\tau}{\partial X_1} = 0 \tag{l}$$

Einsetzen von $(l)_2$ in $(l)_1$ ergibt

$$\frac{\partial\tau}{\partial X_2} = \rho g \tag{m}$$

Geht man davon aus, daß der Spannungszustand von der 3-Richtung nicht abhängt (ebenes Problem), so folgt durch Integration aus (m)

$$\tau(X_1,X_2,X_3,t) = \rho g X_2 + C(t) \tag{n}$$

Ist die Dichte des Materials vernachlässigbar ($\rho = 0$), so folgert man aus (n) schließlich für den Scherversuch einen homogenen Spannungszustand

$$\tau(X_1,X_2,X_3,t) = C(t) \tag{o}$$

der lediglich noch eine Funktion der Zeit sein kann.

2.5.3 Drehimpulsbilanz

Das zweite Grundgesetz der Mechanik ist der *Drallsatz* (Axiom II)

$$\boldsymbol{M}_0^a = \dot{\boldsymbol{d}}_0 \quad \text{mit} \quad \dot{\boldsymbol{d}}_0 = \frac{d\boldsymbol{d}_0}{dt} \tag{2.178}$$

wonach die Summe der an einem Körper angreifenden *äußeren Momente* $\boldsymbol{M}_0^a$ bezüglich eines raumfesten Punktes 0 gleich der zeitlichen Änderung des *Drallvektors* $\boldsymbol{d}_0$ bezüglich desselben

Punktes ist. Dabei setzt sich der resultierende Momentenvektor $\boldsymbol{M}_0^a$ wie folgt additiv aus dem Vektor der *Volumenmomente* $\boldsymbol{M}_0^V$ und dem Vektor der *Oberflächenmomente* $\boldsymbol{M}_0^O$ zusammen

$$\boldsymbol{M}_0^a = \boldsymbol{M}_0^V + \boldsymbol{M}_0^O \tag{2.179}$$

Es ist nun ausreichend, die Herleitung der *lokalen* Drehimpulsbilanz beispielsweise auf die räumliche Darstellung zu beschränken, da eine Umrechnung des Ergebnisses in die materielle Form ohne großen Aufwand möglich ist. Der Vektor der Volumenmomente und der Oberflächenmomente sowie der Drallvektor lauten in der MKFG (vgl. auch Bild 2.22 sowie überhaupt den Dualismus zur Impulsbilanz)

$$\boldsymbol{M}_0^V = \int\limits_V \boldsymbol{x} \times \boldsymbol{k}^V dV \quad , \quad \boldsymbol{M}_0^A = \int\limits_A \boldsymbol{x} \times \boldsymbol{t}_n dA \tag{2.180}$$

$$\boldsymbol{d}_0 = \int\limits_V \rho \boldsymbol{x} \times \boldsymbol{v} dV \tag{2.181}$$

Einsetzen von (2.179) bis (2.181) in (2.178) liefert unter Berücksichtigung des Lemma von CAUCHY (2.141) die *globale* Drehimpulsbilanz in der MKFG

$$\boxed{\int\limits_V \boldsymbol{x} \times \boldsymbol{k}^V dV + \int\limits_A \boldsymbol{x} \times (\boldsymbol{n} \cdot \boldsymbol{S})\, dA = \frac{d}{dt} \int\limits_V \rho \boldsymbol{x} \times \boldsymbol{v} dV} \tag{2.182}$$

Wie bei der Impulsbilanz muß auch hier wieder mit Hilfe des GAUSSschen Satzes das Oberflächenintegral in (2.182) in ein Volumenintegral umgeformt werden. Unter Beachtung von (A.36) findet man zunächst für den Integranden (für die Anwendung des GAUSSschen Satzes muß der Normalenvektor $\boldsymbol{n}$ nach links aus dem Produkt herausgezogen werden!)

$$\boldsymbol{x} \times (\boldsymbol{n} \cdot \boldsymbol{S}) = -\,(\boldsymbol{n} \cdot \boldsymbol{S}) \times \boldsymbol{x} = -\boldsymbol{n} \cdot (\boldsymbol{S} \times \boldsymbol{x})$$

Damit läßt sich nun das Oberflächenintegral in (2.182) unter Beachtung von (A.144) wie folgt umschreiben

$$\int\limits_A \boldsymbol{x} \times (\boldsymbol{n} \cdot \boldsymbol{S})\, dA = -\int\limits_V \boldsymbol{\nabla} \cdot (\boldsymbol{S} \times \boldsymbol{x}) dV \tag{2.183}$$

In Anlehnung an die Ausführung der Differentiation bezüglich (2.174) findet man für die rechte Seite von (2.182) unter Beachtung von $\dot{\boldsymbol{x}} \times \boldsymbol{v} = \boldsymbol{v} \times \boldsymbol{v} = \boldsymbol{0}$ sowie der Masseerhaltung

$$\frac{d}{dt} \int\limits_V \rho \boldsymbol{x} \times \boldsymbol{v} dV = \int\limits_V \rho\, (\dot{\boldsymbol{x}} \times \boldsymbol{v} + \boldsymbol{x} \times \dot{\boldsymbol{v}})\, dV = \int\limits_V \rho \boldsymbol{x} \times \dot{\boldsymbol{v}} dV \tag{2.184}$$

Einsetzen von (2.183) und (2.184) in (2.182) führt unter Beachtung von (A.140) sowie (2.177), wenn noch sämtliche Terme auf die linke Seite gebracht werden zunächst auf

$$\int\limits_V \left[\boldsymbol{x} \times \underbrace{\left(\boldsymbol{\nabla} \cdot \boldsymbol{S} + \boldsymbol{k}^V - \rho \dot{\boldsymbol{v}} \right)}_{\boldsymbol{0}} - \overset{(3)}{\boldsymbol{\varepsilon}} \cdot \cdot\, \boldsymbol{S} \right] dV = -\int\limits_V \overset{(3)}{\boldsymbol{\varepsilon}} \cdot \cdot\, \boldsymbol{S} dV = \boldsymbol{0} \tag{2.185}$$

Das verbleibende Restintegral in (2.185) muß wieder für beliebige Volumina V verschwinden, was nur dann erfüllbar ist, wenn der Integrand selbst Null ist, so daß

$$\overset{(3)}{\boldsymbol{\varepsilon}} \cdot\cdot\, \boldsymbol{S} = \boldsymbol{0} \qquad (2.186)$$

Der Ausdruck (2.186) stellt das Doppeltskalarprodukt des (dreistufigen) antimetrischen Epsilon-Tensors $\overset{(3)}{\boldsymbol{\varepsilon}}$ mit dem CAUCHYschen Spannungstensor $\boldsymbol{S}$ dar, wobei dieses Produkt (aufgrund der Antisymmetrie von $\boldsymbol{\varepsilon}$) gemäß (A.69) nur dann Null sein kann, wenn $\boldsymbol{S}$ symmetrisch ist. Daraus folgt die *lokale Drehimpulsbilanz* in Form der *Symmetrie des CAUCHYschen Spannungstensors* (auch CAUCHY II genannt)

$$\boxed{\boldsymbol{S} = \boldsymbol{S}^T} \qquad \text{(CAUCHY II)} \qquad (2.187)$$

Hinweise:

- Der Ausdruck (2.187) ist der Nachweis der bereits gemäß (2.137) angekündigten Symmetrieeigenschaft von $\boldsymbol{S}$. Im Rahmen der oben durchgeführten Herleitung wird nun deutlich, daß dieses Ergebnis für beliebige (zulässige) kinetische Prozesse gilt, und nicht nur, wie dies in manchen Büchern zu finden ist, für die Statik, da ja die universelle Drehimpulsbilanz als Grundlage diente!
- Zusammen mit (2.136) folgt aus (2.187) unter Beachtung von (A.93) bis (A.96) die „Gleichheit einander zugeordneter Schubspannungen", nämlich

$$\boxed{\sigma_{ij}\boldsymbol{e}_i\boldsymbol{e}_j = \sigma_{ij}\boldsymbol{e}_j\boldsymbol{e}_i = \sigma_{ji}\boldsymbol{e}_i\boldsymbol{e}_j} \quad \text{bzw.} \quad \boxed{\sigma_{ij} = \sigma_{ji}} \qquad (2.188)$$

- Bei (2.188) handelt es sich um *drei* weitere skalare Gleichungen, nämlich (man beachte, daß für $i = j = 1,2,3$ lediglich Identitäten entstehen!)

$$\sigma_{12} = \sigma_{21} \qquad \sigma_{23} = \sigma_{32} \qquad \sigma_{13} = \sigma_{31} \qquad (2.189)$$

Die lokale Drehimpulsbilanz in materieller Darstellung erhält man nun wie folgt. Mit (2.187) und (2.145) ergibt sich zunächst

$$\boldsymbol{S} = \underline{J^{-1}\boldsymbol{F}\cdot\boldsymbol{P}^I} = \boldsymbol{S}^T = \left(J^{-1}\boldsymbol{F}\cdot\boldsymbol{P}^I\right)^T = \underline{J^{-1}\boldsymbol{P}^{I^T}\cdot\boldsymbol{F}^T}$$

woraus sich dann durch Vergleich der beiden unterstrichenen Gleichungsterme (zuzüglich der Forderung $J \neq 0$) sofort die folgende Symmetrie-Aussage für den Ersten PIOLA-KIRCHHOFFschen Spannungstensor (PK1) folgern läßt:

$$\boxed{\boldsymbol{F}\cdot\boldsymbol{P}^I = \boldsymbol{P}^{I^T}\cdot\boldsymbol{F}^T} \qquad (2.190)$$

Stellt man die Tensoren in (2.190) bezüglich einer orthonormierten Basis $\boldsymbol{e}_i$ dar, also $\boldsymbol{F} = F_{ij}\;\boldsymbol{e}_i\boldsymbol{e}_j$ und $\boldsymbol{P}^I = P^I_{ij}\;\boldsymbol{e}_i\boldsymbol{e}_j$, so folgert man weiter den Zusammenhang für die Koordinaten

$$\boxed{F_{ij}P^I_{jl} = F_{lj}P^I_{ji}} \qquad (2.191)$$

Hinweise:

- Der Ausdruck (2.190) bzw. (2.191) gilt ebenfalls für beliebige (zulässige) kinetische Prozesse.

- Im Gegensatz zu (2.187) bis (2.189) ist der PK1 im Allgemeinen selbst *nicht* symmetrisch, wohl aber stellt die Symmetrieeigenschaft (2.191) drei weitere skalare Gleichungen dar, nämlich (man beachte, daß noch jeweils über j zu summieren ist!)

$$F_{1j}P^I_{j2} = F_{2j}P^I_{j1} \quad , \quad F_{1j}P^I_{j3} = F_{3j}P^I_{j1} \quad , \quad F_{2j}P^I_{j3} = F_{3j}P^I_{j2} \tag{2.192}$$

wobei wieder wie im Falle von (2.188) bzw. (2.189) für $i = l = 1{,}2{,}3$ lediglich Identitäten entstehen würden.

Fazit:

Der Wichtigkeit für spätere Anwendungen wegen, seien nachstehend nochmals die bisher zur Verfügung stehenden Feldgleichungen zusammengefaßt, wobei aus Platzgründen auf die räumlichen Darstellungen (EULERsche Betrachtungsweise) beschränkt werden soll (analoges gilt selbstverständlich für die Gleichungen in LAGRANGEscher Form! Als sofort ersichtliche *räumliche* VVG könnte in (2.193) statt $\boldsymbol{G}^l$ auch der gemäß (2.89) definierte ALMANSIsche Verzerrungstensor genommen werden, der nach [Alt 94] als Funktion des *räumlichen* Verschiebungsgradienten die Form $\boldsymbol{A} = \frac{1}{2}\left[\boldsymbol{u}\boldsymbol{\nabla} + \boldsymbol{\nabla}\boldsymbol{u} - (\boldsymbol{\nabla}\boldsymbol{u})\cdot(\boldsymbol{u}\boldsymbol{\nabla})\right]$ besitzt):

$$\begin{array}{|ll|}\hline \text{VVG} & \boldsymbol{G}^l = \dfrac{1}{2}\left[\boldsymbol{u}\boldsymbol{\nabla}_0 + \boldsymbol{\nabla}_0\boldsymbol{u} + (\boldsymbol{u}\boldsymbol{\nabla}_0)\cdot(\boldsymbol{\nabla}_0\boldsymbol{u})\right] = \boldsymbol{G}^{l^T} \\ \text{KG} & \dot{\rho} + \rho\boldsymbol{\nabla}\cdot\boldsymbol{v} = 0 \\ \text{CAUCHY I} & \boldsymbol{\nabla}\cdot\boldsymbol{S} + \boldsymbol{k}^V = \rho\dot{\boldsymbol{v}} = \rho\ddot{\boldsymbol{u}} \\ \text{CAUCHY II} & \boldsymbol{S} = \boldsymbol{S}^T \\ \hline\end{array} \tag{2.193}$$

Unter der Voraussetzung, daß die Volumenkraftdichte $\boldsymbol{k}^V$ vorgegeben ist, besitzt das (Feld-) Gleichungssystem (2.193) bis dato die Unbekannten ρ, $\boldsymbol{v} = \dot{\boldsymbol{u}}$, $\boldsymbol{G}^l$ und $\boldsymbol{S}$, also insgesamt 1 + 3 + 6 + 9 = 19 skalare unbekannte Größen. Demgegenüber stehen 6 skalare Gleichungen der Verschiebungs-Verzerrungs-Gleichungen (VVG), 1 (skalare) Kontinuitätsgleichung (KG), 3 skalare Gleichungen der Impulsbilanz (CAUCHY I) und 3 skalare Gleichungen der Drehimpulsbilanz (CAUCHY II), also insgesamt 6 + 1 + 3 + 3 = 13 Gleichungen. Damit fehlen zur eindeutigen Bestimmung der 19 unbekannten Feldgrößen offenbar noch 6 Gleichungen. Diese fehlenden Gleichungen sind gerade die noch ausstehenden Materialgesetze, die in Kapitel 3 behandelt werden.

2.5.4 Erster Hauptsatz der Thermodynamik (Energiebilanz)

Grundsätzlich ist zur Lösung rein mechanischer Probleme der Gleichungssatz (2.193) (zuzüglich eines Materialgesetzes) vollständig und ausreichend. Dieser ist dann entsprechend zu erweitern, wenn auch nichtmechanische Größen eine Rolle spielen. Für den Fall, daß beispielsweise *thermische* oder *dissipative* Effekte zu berücksichtigen sind, ist stets der *Erste Hauptsatz der Thermodynamik* heranzuziehen, welcher im Rahmen der Physik eine außerordentlich zentrale Rolle spielt. Der Erste Hauptsatz der Thermodynamik bietet als Energiebilanz überdies elegante Möglichkeiten zur Erzeugung von Materialgleichungsstrukturen. Beispielsweise lassen sich die Stoffgesetze *hyperelastischer* Medien aus der sogenannten *Verzerrungsenergiefunktion* gewinnen. Hierfür wäre zwar der Leistungssatz der Mechanik (mechanische Energiebilanz) ausreichend, um aber möglichst allgemein zu bleiben, soll im Folgenden der Erste Hauptsatz der Thermodynamik vorgestellt werden, aus dem dann durch

Spezialisierung die mechanische Bilanzgleichung erzeugt wird.

Nach dem Ersten Hauptsatz der Thermodynamik ist die Summe aus der zeitlichen Änderung der inneren Energie U und der kinetischen Energie E gleich der Summe aus der äußeren Leistung P und der zeitlichen Änderung der zugeführten Wärmemenge Q des gesamten Körpers (Kontinuums), also

$$\dot{E} + \dot{U} = P + \dot{Q} \tag{2.194}$$

Zur weiteren Konkretisierung sind für die vier Teilenergien in (2.194) axiomatische Ansatzstrukturen anzugeben. Bezeichnet man mit e und u als die auf die Masseneinheit bezogene kinetische und innere Energie, so lauten zunächst die gesamte kinetische und innere Energie E und U des Körpers (in räumlicher Darstellung)

$$E = \int_m e dm = \int_V \rho e dV \quad \text{mit} \quad e = \frac{1}{2}\boldsymbol{v} \cdot \boldsymbol{v} = \frac{1}{2}\boldsymbol{v}^2 \tag{2.195}$$

$$U = \int_m u dm = \int_V \rho u dV \tag{2.196}$$

worin $\boldsymbol{v}$ den gemäß (2.36) bzw. (2.37) definierten Geschwindigkeitsvektor bedeutet. Die äußere Leistung P setzt sich additiv aus der Leistung der Volumenkräfte und der Oberflächenkräfte zusammen, also

$$P = \int_V \boldsymbol{k}^V \cdot \boldsymbol{v} dV + \int_A \boldsymbol{t}_n \cdot \boldsymbol{v} dA \tag{2.197}$$

worin $\boldsymbol{k}^V$ die gemäß (2.169) definierte Volumenkraftdichte und $\boldsymbol{t}_n$ den gemäß (2.170) definierten Spannungsvektor am Oberflächenelement dA bedeuten. Die zeitliche Änderung der Wärmezufuhr setz sich gemäß

$$\dot{Q} = -\int_A \boldsymbol{n} \cdot \boldsymbol{q} dA + \int_V \rho r dV \tag{2.198}$$

additiv aus der Wärmezufuhr über die Oberfläche A infolge des Wärmeflußvektors $\boldsymbol{q}$ und einer Wärmezufuhr im Volumen V infolge der Strahlungswärme r zusammen. Die in (2.194) benötigten Zeitableitungen erhält man mit (2.195) und (2.196) analog zur Zeitableitung des Impulsvektors (vg. Unterabschnitt 2.5.2 und dort (2.174)) wie folgt nacheinander

$$\begin{aligned} \dot{E} &= \frac{d}{dt}\int_m e dm = \int_V \rho \dot{e} dV = \int_V \rho \frac{d}{dt}\left(\frac{1}{2}\boldsymbol{v} \cdot \boldsymbol{v}\right) dV = \\ &= \int_V \rho \frac{1}{2}\left(\dot{\boldsymbol{v}} \cdot \boldsymbol{v} + \boldsymbol{v} \cdot \dot{\boldsymbol{v}}\right) dV = \int_V \rho \dot{\boldsymbol{v}} \cdot \boldsymbol{v} dV \end{aligned} \tag{2.199}$$

$$\dot{U} = \frac{d}{dt}\int_m u dm = \int_V \rho \dot{u} dV \tag{2.200}$$

Einsetzen von (2.197) bis (2.200) in (2.194) führt dann zunächst auf den *Ersten Hauptsatz der Thermodynamik in globaler Form* (also für den gesamten Körper)

$$\int_V \rho\dot{\boldsymbol{v}}\cdot\boldsymbol{v}dV + \int_V \rho\dot{u}dV = \int_V \boldsymbol{k}^V\cdot\boldsymbol{v}dV + \underbrace{\int_A \boldsymbol{t}_n\cdot\boldsymbol{v}dA}_{I_1} - \underbrace{\int_A \boldsymbol{n}\cdot\boldsymbol{q}dA}_{I_2} + \int_V \rho r dV \quad (2.201)$$

Um die lokale Form zu erhalten, müssen in (2.201) wieder die Oberflächenintegrale I_1 und I_2 mittels des GAUSSschen Integralsatzes in Volumenintegrale überführt werden. Anwendung von (A.144) auf I_1 und I_2 liefert unter Beachtung des Lemma von CAUCHY (2.141)

$$I_1 = \int_A \boldsymbol{t}_n\cdot\boldsymbol{v}dA = \int_A \boldsymbol{n}\cdot\boldsymbol{S}\cdot\boldsymbol{v}dA = \int_V \underline{\boldsymbol{\nabla}\cdot(\boldsymbol{S}\cdot\boldsymbol{v})}dV \quad (2.202)$$

$$I_2 = \int_A \boldsymbol{n}\cdot\boldsymbol{q}dA = \int_V \boldsymbol{\nabla}\cdot\boldsymbol{q}dV \quad (2.203)$$

Der in (2.202) unterstrichene Integrand läßt sich mit der Differentiationsregel (Produktregel) (A.141) unter Beachtung der Definition des (räumlichen) *Geschwindigkeitsgradienten* gemäß (2.41) bzw (2.57) wie folgt ausdrücken

$$\boldsymbol{\nabla}\cdot(\boldsymbol{S}\cdot\boldsymbol{v}) = (\boldsymbol{\nabla}\cdot\boldsymbol{S})\cdot\boldsymbol{v} + \boldsymbol{S}\cdot\cdot\underbrace{(\boldsymbol{v}\boldsymbol{\nabla})}_{\boldsymbol{L}} \equiv (\boldsymbol{\nabla}\cdot\boldsymbol{S})\cdot\boldsymbol{v} + \boldsymbol{S}\cdot\cdot\boldsymbol{L} \quad (2.204)$$

Einsetzen von (2.202) und (2.203) in (2.201) liefert unter Beachtung von (2.204) nach entsprechendem Umordnen schließlich (man beachte, daß der Term in runden Klammern in (2.205) wegen der Impulsbilanz (2.177) verschwindet!)

$$\begin{aligned}\int_V &\left[\boldsymbol{S}\cdot\cdot\boldsymbol{L} - \boldsymbol{\nabla}\cdot\boldsymbol{q} + \rho r - \rho\dot{u} + \underbrace{\left(\boldsymbol{\nabla}\cdot\boldsymbol{S} + \boldsymbol{k}^V - \rho\dot{\boldsymbol{v}}\right)}_{0}\cdot\boldsymbol{v}\right]dV \equiv \\ &\equiv \int_V (\boldsymbol{S}\cdot\cdot\boldsymbol{L} - \boldsymbol{\nabla}\cdot\boldsymbol{q} + \rho r - \rho\dot{u})\,dV = 0\end{aligned} \quad (2.205)$$

Da das Integral (2.205) für beliebige Volumina V verschwinden muß, muß wieder der Integrand selbst Null sein, so daß sich damit (nach entsprechendem Umordnen) zunächst

$$\rho\dot{u} = \boldsymbol{S}\cdot\cdot\boldsymbol{L} - \boldsymbol{\nabla}\cdot\boldsymbol{q} + \rho r \quad (2.206)$$

ergibt. Definiert man noch unter Beachtung von (2.57) gemäß

$$\boldsymbol{D} := \frac{1}{2}\left(\boldsymbol{L} + \boldsymbol{L}^T\right) \equiv \frac{1}{2}\left(\dot{\boldsymbol{F}}\cdot\boldsymbol{F}^{-1} + \boldsymbol{F}^{-T}\cdot\dot{\boldsymbol{F}}^T\right) = \boldsymbol{D}^T \quad (2.207)$$

den *Verzerrungsgeschwindigkeitstensor* als den symmetrischen Anteil des Geschwindigkeitsgradienten, so läßt sich das Doppelt-Skalarprodukt in (2.206) mit Hilfe von (A.65) auch schreiben als $\boldsymbol{S}\cdot\cdot\boldsymbol{L} = \boldsymbol{S}\cdot\cdot\boldsymbol{D}$. Damit geht (2.206) schließlich über in die übliche (bezüglich der MKFG) *lokale Form des Ersten Hauptsatzes der Thermodynamik*, nämlich

$$\boxed{\rho\dot{u} = \boldsymbol{S}\cdot\cdot\boldsymbol{D} - \boldsymbol{\nabla}\cdot\boldsymbol{q} + \rho r} \tag{2.208}$$

In (2.208) wird der Term $\boldsymbol{S}\cdot\cdot\boldsymbol{D}$ als (auf die Volumeneinheit bezogene) *spezifische Spannungsleistung* bezeichnet.

Mechanische Bilanzgleichung: Für rein mechanische *(adiabate)* Prozesse verbleibt mit $\boldsymbol{q} = \boldsymbol{0}$ und $r = 0$ aus (2.208) der *lokale Leistungssatz der Mechanik* (mechanische Bilanzgleichung)

$$\boxed{\rho\dot{u} = \boldsymbol{S}\cdot\cdot\boldsymbol{D}} \tag{2.209}$$

wonach die (auf die Masseneinheit bezogene) Rate der inneren Energie $\dot{u}$ gleich der spezifischen Spannungsleistung $\boldsymbol{S}\cdot\cdot\boldsymbol{D}$ ist. Über (2.209) läßt sich noch unter Beachtung von (2.145), (2.146), (2.207), (2.166) und (A.54) die folgende, in der Kontinuumsmechanik wichtige Beziehung erzeugen

$$\boxed{\dot{u} = \frac{1}{\rho}\boldsymbol{S}\cdot\cdot\boldsymbol{D} = \frac{1}{\rho_0}\boldsymbol{P}^{I^T}\cdot\cdot\dot{\boldsymbol{F}} = \frac{1}{\rho_0}\boldsymbol{P}^{II}\cdot\cdot\dot{\boldsymbol{G}}} \tag{2.210}$$

Hinweise:

- Man bezeichnet (2.210) auch als äquivalente Verknüpfungen zueinander *konjugierter* Spannungs- und Verzerrungsgeschwindigkeitstensoren (zeitliche Ableitungen der entsprechenden Verzerrungstensoren).
- Gemäß (2.210) läßt sich die Spannungsleistung also *nicht* durch beliebige Kombinationen irgendwelcher Spannungs- und Verzerrungsgeschwindigkeitstensoren darstellen, sondern nur durch die zueinander konjugierten Maße!
- Da die Zeitableitung des Einheitstensors Null ist, kann gemäß (2.84) im letzten Ausdruck von (2.210) statt der Zeitableitung des rechten GREENschen auch diejenige des rechten CAUCHYschen Verzerrungstensors genommen werden.

Die mechanische Bilanzgleichung (2.210) wird später in Unterabschnitt 3.2.2 als Basis zur Erzeugung der Materialgleichungen *hyperelastischer* Stoffe dienen.

3 Materialgleichungen (Materialtheorie)

Wie bereits am Ende von Unterabschnitt 2.5.3 verdeutlicht (vgl. dort Kasten (2.193)), kann eine vollständige Beschreibung und damit auch die Lösung eines kontinuumsmechanischen Problems (etwa Festigkeitsanalyse eines Bauteiles) erst dann erfolgen, wenn sechs weitere skalarwertige Gleichungen zur Verfügung stehen. Diese werden im Rahmen dieses Kapitels in Form von *Materialgleichungen* (*constitutive equations*) anfallen, die je nach Literatur auch *Konstitutivgleichungen*, *Materialgesetze*, *Stoffgesetze* oder *Stoffgleichungen* genannt werden. Sie nehmen innerhalb der Kontinuumsmechanik eine zentrale Stellung ein und werden heutzutage innerhalb eines eigenständigen wissenschaftlichen Bereiches, nämlich der "Materialtheorie" behandelt. Der im Rahmen dieses Buches diesbezüglich behandelte Ausschnitt nimmt vor allem Bezug auf diejenigen Stoffgesetze, die in den gängigen FE-Programmen implementiert sind sowie auf die späteren Anwendungen im zweiten Hauptteil des Buches "II Anwendungen".

Im vorigen Kapitel wurden unabhängig von irgendwelchen Materialeigenschaften und auch unabhängig voneinander Verzerrungs- und Spannungsgrößen eingeführt. Wird nun ein Bauteil einer äußeren Belastung ausgesetzt, so stellen sich jedoch die Verzerrungen (Verformungen) *materialabhängig* auf die Belastungen ein. So weiß man aus Erfahrung, daß sich bei jeweils gleicher Geometrie beispielsweise ein Lineal aus Kunststoff leichter verbiegen läßt, als ein solches aus Metall. Demnach gibt es offenbar einen wohldefinierten materialspezifischen Zusammenhang zwischen Belastung und Verformung bzw. zwischen Spannungen und Verzerrungen. Das primäre Ziel bei der Konstruktion von Materialgleichungen besteht daher in einer dem jeweiligen Material (des Bauteiles) Rechnung tragenden Verknüpfung kinematischer Größen (Verzerrungsmaße) mit dynamischen Größen (Spannungsmaße) in Form einer Spannungs-Verzerrungs- bzw. "Ursache-Wirkungs-Relation".

Für eine systematische Erzeugung von Materialgleichungen wurden in den 60er Jahren des vorigen Jahrhunderts "Konstruktionskriterien" entwickelt, die heute als "Prinzipe der Rationalen Mechanik" bezeichnet werden und von einer Materialgleichung stets zu erfüllen sind. Diese quasi ein "Naturphilosophisches Konzept" darstellenden Prinzipe sind im Wesentlichen:

- Kausalität
- Determinismus
- Materielle Objektivität (Beobachterinvarianz, Rahmeninvarianz)
- Lokale Wirkung (Nachbarschaft)
- Aquipräsenz
- Physikalische Konsistenz

Die Umsetzung der Konstruktion von Stoffgleichungen auf Basis der genannten Prinzipe kann grundsätzlich auf drei verschiedene Arten erfolgen: Über den Ersten Hauptsatz der Thermodynamik (Energiefunktionale), über Funktionaldarstellungen von Spannungs-Verzerrungs-Relationen oder über Rheologische Modelle. Da eine systematische und konsequente Handhabung jeder der drei angesprochenen Methoden sehr aufwendig ist, wird im Rahmen dieses Buches eine den jeweiligen "Materialklassen" entsprechende, angepaßte -und damit "gemischte"- Vorgehensweise gewählt. Obwohl der dabei jeweils beschrittene Weg lediglich grob skizziert werden kann, soll der Leser diesbezüglich zumindest mit den wichtigsten Aspekten vertraut gemacht werden.

3.1 Reduzierte Form einer allgemeinen Materialgleichung (Funktionale)

Prinzip der Kausalität: Dieses Prinzip legt die Auswahl der abhängigen und unabhängigen Variablen bei der Bildung der Stoffgleichungen fest. Im Folgenden soll auf rein *mechanische* Prozesse beschränkt werden. Bezüglich des bis dato vorliegenden Feldgleichungssets (2.193) steht noch eine Verknüpfung des CAUCHYschen Spannungstensors $\boldsymbol{S}$ mit der Bewegung $\boldsymbol{\chi}$ aus, wobei als abhängige Variable $\boldsymbol{S}$ und als unabhängige Variable $\boldsymbol{\chi}$ festgelegt werden.

Prinzip des Determinismus: Der aktuelle Zustand an einem materiellen Punkt des Kontinuums ist nicht nur durch die *aktuelle* Bewegung, sondern durch die gesamte Bewegungs-*Geschichte* sämtlicher anderen materiellen Punkte des Kontinuums bestimmt. Das bedeutet: Der Spannungstensor $\boldsymbol{S}$ am materiellen Punkt X zur (Gegenwarts-)Zeit t ist bestimmt durch die Konfigurationsgeschichte $\boldsymbol{\kappa}$ aller materiellen Punkte Y des Körpers K (vgl. hierzu Unterabschnitt 2.3.1) und zwar von der entferntesten Vergangenheit $\tau = -\infty$ bis zur Gegenwart $\tau = t$. Damit nimmt die allgemeinste Materialgleichung (eines mechanischen Prozesses) die folgende Form an (vgl. Bild 2.6 und 3.1):

$$\boxed{\boldsymbol{S}\,(\mathrm{X},t) = \underset{\substack{\tau=-\infty \\ \mathrm{X,Y}\in K}}{\overset{t}{\mathbf{f}}} \langle \boldsymbol{y}, \mathrm{X}, t\rangle = \underset{\substack{\tau=-\infty \\ \mathrm{X,Y}\in K}}{\overset{t}{\mathbf{f}}} \langle \boldsymbol{\kappa}\,(\mathrm{Y},\tau)\,, \mathrm{X}, t\rangle} \tag{3.1}$$

Mit (2.27) und (2.29) läßt sich (3.1) auch wie folgt schreiben (man ersetze dabei in (2.27) bis (2.29) jeweils X durch Y bzw. $\boldsymbol{X}$ durch $\boldsymbol{Y}$)

$$\boxed{\boldsymbol{S}\,(\mathrm{X},t) = \underset{\substack{\tau=-\infty \\ \mathrm{X,Y}\in K}}{\overset{t}{\mathbf{f}}} \langle \boldsymbol{\chi}\,(\boldsymbol{Y},\tau)\,, \boldsymbol{X}, t\rangle} \tag{3.2}$$

Hinweise:

- In (3.1) bzw. (3.2) bedeutet $\mathbf{f}$ eine noch beliebige "funktionale" Vorschrift, wie etwa ein Integral oder Differential oder auch lediglich eine Funktion etc. Die in die spitzen Klammern "$\langle\bullet\rangle$" gesetzten Argumente sollen den Unterschied eines Funktionals zu den sonst üblichen runden Klammern einer Funktion deutlich machen.
- Der momentane Wert von $\boldsymbol{S}$ hängt von der *gesamten* (vergangenen) Bewegungsgeschichte $\boldsymbol{\chi}$ ab und nicht nur von dessen Momentanwert!

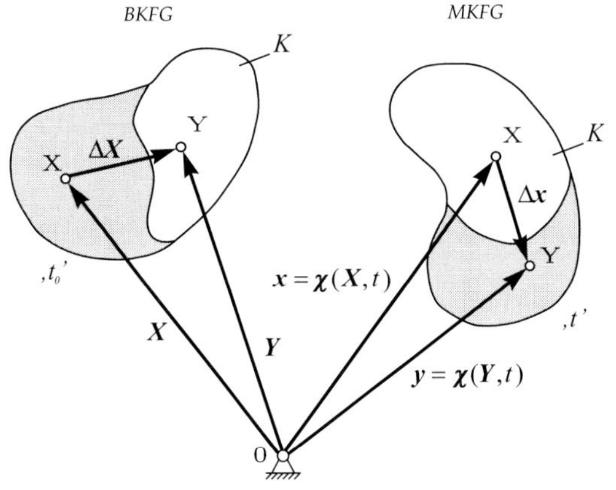

Bild 3.1: Zum Prinzip des Determinismus und zum Prinzip der lokalen Nachbarschaft: Der Zustand bei X hängt von den Zuständen sämtlicher anderen materiellen Punkte Y des Körpers K von der entferntesten Vergangenheit bis zur Gegenwart ab.

- Gemäß (3.2) kann $\boldsymbol{S}$ auch noch explizit vom Ort $\boldsymbol{X}$ und der Zeit t abhängen, womit noch *inhomogene* und *alternde* Materialien eingeschlossen sind. Bei inhomogenen Materialien können an jedem materiellen Punkt unterschiedliche Materialeigenschaften vorherrschen (materielle Inhomogenität). Alterungseffekte werden beispielsweise im Rahmen von Kriechverformungen mit abnehmender Geschwindigkeit bei Beton beobachtet.
- Nach dem Prinzip des Determinismus wird nur der Vergangenheit (einschließlich der Gegenwart) des jeweiligen Prozesses Rechnung getragen. Man spricht in diesem Zusammenhang auch von dem *Gedächtnis* eines Materiales. Es werden aber keine zukünftigen Einflüsse berücksichtigt (was naturphilosophisch nicht unbedingt ausgeschlossen werden kann!).

Schränkt man auf *homogene* und *nicht alternde* Materialien ein, so entfällt in (3.2) die explizite Abhängigkeit von $\boldsymbol{X}$ und t, so daß

$$\boxed{\boldsymbol{S}(\boldsymbol{X},t) = \underset{\substack{\tau=-\infty \\ \mathrm{X,Y} \in K}}{\overset{t}{\mathfrak{f}}} \langle \boldsymbol{\chi}(\boldsymbol{Y},\tau) \rangle} \tag{3.3}$$

Die Form der Materialgleichung (3.3) ist noch sehr allgemein und deshalb auch unhandlich, so daß für eine Konkretisierung weitere Restriktionen in Form der oben genannten Prinzipe einzuarbeiten sind.

Prinzip der materiellen Objektivität (Beobachter- oder Rahmeninvarianzprinzip, Beobachterwechsel): Eine Materialgleichung darf nicht von der Wahl des Bezugssystems bzw. von der Wahl des Beobachters abhängen. Das bedeutet: Die Spannungen $\boldsymbol{S}$ sollen für zwei zueinander bewegte Beobachter gleich sein. Dabei verfolgen die beiden Beobachter die Bewegungsgeschichte eines materiellen Punktes X von zwei verschiedenen Bezugspunkten O bzw. O* aus (vgl. Bild 3.2). Man sagt: Die Beobachter gehen mittels EUKLIDischer Transformation auseinander hervor. Bezeichnet man mit $\boldsymbol{\chi}(\boldsymbol{X},t)$ bzw. mit $\boldsymbol{\chi}^*(\boldsymbol{X},t)$ die Konfiguration (Bewegung) ein und desselben (!) Körpers K (aber) zweier verschiedener Beobachter O bzw. O*, so soll durch (3.3) die Materialgleichung des in O *ruhenden* Beobachters und durch

$$\boldsymbol{S}^*(\mathrm{X},t) = \underset{\substack{\tau=-\infty \\ \mathrm{X},\mathrm{Y}\in K}}{\overset{t}{\mathbf{f}}} \langle \boldsymbol{\chi}^*(\boldsymbol{Y},\tau)\rangle \tag{3.4}$$

die Materialgleichung des gegenüber O *bewegten* Beobachters O* gekennzeichnet sein. Weiterhin wird ein Tensor -insbesondere hier der Spannungstensor $\boldsymbol{S}$- als dann *objektiv* bezeichnet, wenn gilt

$$\boldsymbol{S}^* = \boldsymbol{Q}\cdot\boldsymbol{S}\cdot\boldsymbol{Q}^T \tag{3.5}$$

mit

$$\boldsymbol{Q} = \boldsymbol{Q}(t) \quad \text{mit} \quad \boldsymbol{Q}\cdot\boldsymbol{Q}^T = \boldsymbol{Q}^T\cdot\boldsymbol{Q} = \boldsymbol{I} \quad \text{bzw.} \quad \boldsymbol{Q}^T = \boldsymbol{Q}^{-1} \quad \text{und} \quad \det\boldsymbol{Q} = +1 \tag{3.6}$$

Hinweise:

- In (3.5) bedeutet $\boldsymbol{Q}$ einen gemäß der Eigenschaften (3.6) (eigentlich) orthogonalen (zeitabhängigen) Drehtensor.
- Gemäß (3.5) sind die vom bewegten Beobachter O* gemessenen Spannungen $\boldsymbol{S^*}$ gleich denjenigen mit $\boldsymbol{Q}$ zurückgedrehten (also die mit $\boldsymbol{Q}$ korrigierten) Spannungen $\boldsymbol{S}$ des ruhenden Beobachters O. Demnach schließen beide, über die definierte Transformation (3.5) verknüpften Beobachter auf *denselben* Spannungszustand.

Einsetzen von (3.3) und (3.4) in (3.5) führt dann auf die *Objektivitätsbedingung* für die Materialgleichung

$$\underbrace{\underset{\substack{\tau=-\infty \\ \mathrm{X},\mathrm{Y}\in K}}{\overset{t}{\mathbf{f}}} \langle \boldsymbol{\chi}^*(\boldsymbol{Y},\tau)\rangle}_{\boldsymbol{S}^*} = \boldsymbol{Q}\cdot \underbrace{\underset{\substack{\tau=-\infty \\ \mathrm{X},\mathrm{Y}\in K}}{\overset{t}{\mathbf{f}}} \langle \boldsymbol{\chi}(\boldsymbol{Y},\tau)\rangle}_{\boldsymbol{S}} \cdot\boldsymbol{Q}^T \tag{3.7}$$

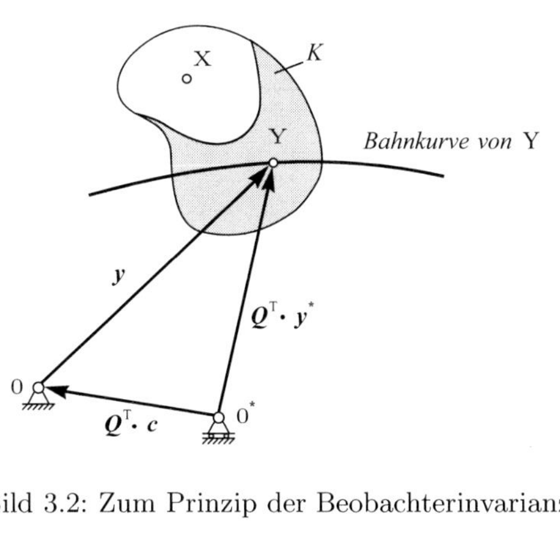

Bild 3.2: Zum Prinzip der Beobachterinvarianz

Die beiden Bewegungsgeschichten in (3.7) $\boldsymbol{y}^* = \boldsymbol{\chi}^*(\boldsymbol{Y},t)$ und $\boldsymbol{y} = \boldsymbol{\chi}(\boldsymbol{Y},t)$ sollen nun gemäß einer “Starrbewegungsmodifikation” wie folgt zusammenhängen (vgl. auch Bild 3.2):

$$\boldsymbol{y}^* = \boldsymbol{Q}(t) \cdot \boldsymbol{y} + \boldsymbol{c}(t) \quad \text{mit} \quad \boldsymbol{Q}(t=0) = \boldsymbol{I} \quad \text{und} \quad \boldsymbol{c}(t=0) = 0 \tag{3.8}$$

bzw. unter Beachtung von (2.29) (man ersetze dort $\boldsymbol{x}$ durch $\boldsymbol{y}$ und $\boldsymbol{X}$ durch $\boldsymbol{Y}$)

$$\boldsymbol{\chi}^*(\boldsymbol{Y},t) = \boldsymbol{Q}(t) \cdot \boldsymbol{\chi}(\boldsymbol{Y},t) + \boldsymbol{c}(t) \tag{3.9}$$

Hinweise:

- Man bezeichnet (3.8) bzw. (3.9) auch als EUKLIDische Transformation.
- $\boldsymbol{c}(t)$ bedeutet eine beliebige (zeitabhängige) Translation und $\boldsymbol{Q}$ den bereits oben benutzten (eigentlich) orthogonalen Drehtensor. Beide Größen sind voneinander unabhängig.
- Unter Beachtung von (3.6) läßt sich (3.8) wie folgt nach $\boldsymbol{y}(t)$ auflösen:

$$\boldsymbol{y} = \boldsymbol{Q}^T(t) \cdot \boldsymbol{y}^* - \boldsymbol{Q}^T(t) \cdot \boldsymbol{c}(t) = \boldsymbol{Q}^T(t) \cdot [\boldsymbol{y}^* - \boldsymbol{c}(t)] \tag{3.10}$$

Nach (3.10) setzt sich nun (bei festgehaltenem $\boldsymbol{y}^*$) die Lage $\boldsymbol{y}$ des materiellen Punktes Y bezüglich des Beobachters in O (Sehstrahl des Beobachters in O) aus der translatorischen Verschiebung $-\boldsymbol{Q}^T \cdot \boldsymbol{c}$ (von O* nach O) und der mit $\boldsymbol{Q}$ gedrehten Lage $\boldsymbol{y}^*$ (Sehstrahl des Beobachters in O*) zusammen (vgl. die Vektoraddition der genannten Größen in Bild 3.2. Die Lage des materiellen Punktes Y bezüglich des zweiten Beobachters in O* (bei festgehaltenem $\boldsymbol{y}$) folgt aus (3.10) zu (vgl. ebenfalls die Vektoraddition in Bild 3.2)

$$\boldsymbol{Q}^T(t) \cdot \boldsymbol{y}^* = \boldsymbol{y} + \boldsymbol{Q}^T(t) \cdot \boldsymbol{c}(t) \tag{3.11}$$

Einsetzen von (3.9) in (3.7) liefert (man beachte, daß dabei in (3.9) t durch τ zu ersetzen ist!)

$$\underset{\substack{\tau=-\infty \\ \mathrm{X,Y} \in K}}{\overset{t}{\mathbf{f}}} \langle \boldsymbol{Q}(t) \cdot \boldsymbol{\chi}(\boldsymbol{Y},\tau) + \boldsymbol{c}(\tau) \rangle = \boldsymbol{Q} \cdot \underset{\substack{\tau=-\infty \\ \mathrm{X,Y} \in K}}{\overset{t}{\boldsymbol{f}}} \langle \boldsymbol{\chi}(\boldsymbol{Y},\tau) \rangle \cdot \boldsymbol{Q}^T \tag{3.12}$$

Da in (3.8) bzw. (3.12) die beiden Größen $\boldsymbol{c}(t)$ und $\boldsymbol{Q}$ *beliebig* und *unabhängig* voneinander sind, dürfen diese auch beispielsweise wie folgt gewählt werden:

$$\boldsymbol{c}(t) = -\boldsymbol{\chi}(\boldsymbol{X},t) \quad , \quad \boldsymbol{Q}(t) = \boldsymbol{I} \tag{3.13}$$

Die spezielle Wahl $(3.13)_1$ bedeutet, daß die Bewegungsgeschichten *aller* materieller Punkte X, Y$\in K$ gleich sind und durch eine reine Translation $\boldsymbol{c}(t)$ dargestellt werden. Durch $(3.13)_2$ degeneriert die Drehung $\boldsymbol{Q}$ zu einer identischen Abbildung.

Einsetzen von (3.13) in (3.12) führt schließlich unter Beachtung von (3.3) auf die erste reduzierte Form der Materialgleichung

$$\boxed{\boldsymbol{S}(\mathrm{X},t) = \underset{\substack{\tau=-\infty \\ \mathrm{X,Y} \in K}}{\overset{t}{\mathbf{f}}} \langle \boldsymbol{\chi}(\boldsymbol{Y},\tau) - \boldsymbol{\chi}(\boldsymbol{X},\tau) \rangle} \tag{3.14}$$

Hinweise:

- Die Form (3.14) erfüllt die Prinzipe des Determinismus und der Objektivität.
- Gemäß (3.14) wird der Spannungszustand $\boldsymbol{S}$ am materiellen Punkt X mit der Lage $\boldsymbol{X}$ in der BKFG zur (Gegenwarts-)Zeit t nicht durch die *absolute* Bewegung $\boldsymbol{\chi}\ (\boldsymbol{Y},t)$, sondern durch die Bewegungs-*Differenz*-Geschichte $\Delta\boldsymbol{x} = \boldsymbol{\chi}(\boldsymbol{Y},t) - \boldsymbol{\chi}(\boldsymbol{X},t)$ bestimmt (vgl. Bild 3.2)!
- Der Spannungstensor $\boldsymbol{S}$ am materiellen Punkt X wird gemäß (3.14) noch durch das "Geschehen" an sämtlichen anderen Körperpunkten mit der Lage $\boldsymbol{Y}$ in der BKFG beeinflußt.

Starrer Körper: Im Falle eines *starren* Körpers besitzt jeder materielle Punkt die gleiche Bewegungsgeschichte, also $\boldsymbol{\chi}(\boldsymbol{Y},t) = \boldsymbol{\chi}(\boldsymbol{X},t)$, so daß dann $\Delta\boldsymbol{x} = \boldsymbol{\chi}(\boldsymbol{Y},t) - \boldsymbol{\chi}(\boldsymbol{X},t) = \boldsymbol{0}$ wird und die Bewegungsgeschichte verschwindet und nach (3.14) gilt:

$$\boldsymbol{S}(\mathrm{X},t) = \underset{\substack{\tau=-\infty \\ \mathrm{X,Y}\in K}}{\overset{t}{\mathbf{f}}} \langle \boldsymbol{\chi}(\boldsymbol{Y},\tau) - \boldsymbol{\chi}(\boldsymbol{X},\tau)\rangle = \underset{\substack{\tau=-\infty \\ \mathrm{X,Y}\in K}}{\overset{t}{\mathbf{f}}} \langle \boldsymbol{0}\rangle \overset{!}{=} 0 \tag{3.15}$$

Gemäß (3.15) wird vereinbart, daß in einem starren Körper eine beliebige Bewegungsgeschichte keine Spannungen hervorrufen kann!

Materialien vom Grade N: Um die Einflußumgebung im Hinblick auf das *Prinzip der lokalen Nachbarschaft* einzuschränken, ist es sinnvoll, die Bewegungs-Differenz-Geschichte in (3.14) in eine TAYLOR-Reihe zu entwickeln, die dann entsprechend abgebrochen werden kann. Definiert man zunächst über

$$\Delta\boldsymbol{X} = \boldsymbol{Y} - \boldsymbol{X} \tag{3.16}$$

den Abstandsvektor zweier materieller Punkte X und Y mit deren Lage $\boldsymbol{X}$ und $\boldsymbol{Y}$ in der BKFG (vgl. Bild 3.1), dann läßt sich die Bewegungsgeschichte von Y auch wie folgt schreiben:

$$\boldsymbol{\chi}(\boldsymbol{Y},\tau) = \boldsymbol{\chi}(\boldsymbol{X} + \Delta\boldsymbol{X},\tau) \tag{3.17}$$

In Anlehnung an die Formulierung einer TAYLOR-Reihe einer skalarwertigen Funktion mehrerer Variabler lautet die TAYLOR-Entwicklung von $\boldsymbol{\chi}(\boldsymbol{Y},\tau)$ um die Lage $\boldsymbol{X}$ des materiellen Punktes X dann wie folgt (in (3.18) ist $\partial\boldsymbol{\chi}/\partial\boldsymbol{X}$ gemäß (A.126) ein Tensor, der skalar mit $\Delta\boldsymbol{X}$ und $\partial^2\boldsymbol{\chi}/\partial\boldsymbol{X}^2$ ein Tensor dritter Stufe, der doppelt skalar mit der Dyade $\Delta\boldsymbol{X}\Delta\boldsymbol{X}$ multipliziert wird usw.!)

$$\begin{aligned}\boldsymbol{\chi}(\boldsymbol{Y},\tau) &= \boldsymbol{\chi}(\boldsymbol{X} + \Delta\boldsymbol{X},\tau) = \\ &= \boldsymbol{\chi}(\boldsymbol{X},\tau) + \frac{1}{1!}\frac{\partial\boldsymbol{\chi}(\boldsymbol{X},\tau)}{\partial\boldsymbol{X}}\cdot\Delta\boldsymbol{X} + \frac{1}{2!}\frac{\partial^2\boldsymbol{\chi}(\boldsymbol{X},\tau)}{\partial\boldsymbol{X}^2}\cdot\cdot(\Delta\boldsymbol{X}\Delta\boldsymbol{X}) + \ldots \\ &= \boldsymbol{\chi}(\boldsymbol{X},\tau) + \sum_{k=1}^{\infty}\frac{1}{k!}\frac{\partial^k\boldsymbol{\chi}(\boldsymbol{X},\tau)}{\partial\boldsymbol{X}^k}\underbrace{\cdot\ldots\ldots\cdot}_{\text{k mal}}\underbrace{(\Delta\boldsymbol{X}\Delta\boldsymbol{X}\ldots\Delta\boldsymbol{X})}_{\text{k mal}}\end{aligned} \tag{3.18}$$

Unter Beachtung von (2.44) lassen sich die einzelnen Terme in (3.18) auch wie folgt schreiben:

$$\frac{\partial\boldsymbol{\chi}(\boldsymbol{X},\tau)}{\partial\boldsymbol{X}} = \frac{\partial\boldsymbol{x}}{\partial\boldsymbol{X}} = \boldsymbol{x}\boldsymbol{\nabla} = \boldsymbol{F}(\boldsymbol{X},\tau) \tag{3.19}$$

$$\frac{\partial^2 \chi(\boldsymbol{X},\tau)}{\partial \boldsymbol{X}^2} = \frac{\partial^2 \boldsymbol{x}}{\partial \boldsymbol{X}^2} = \frac{\partial(\boldsymbol{x}\nabla)}{\partial \boldsymbol{X}} = \boldsymbol{x}\nabla\nabla = \boldsymbol{F}(\boldsymbol{X},\tau)\nabla \tag{3.20}$$

usw.

$$\frac{\partial^k \chi(\boldsymbol{X},\tau)}{\partial \boldsymbol{X}^k} = \frac{\partial^k \boldsymbol{x}}{\partial \boldsymbol{X}^k} = \frac{\partial^{k-1}(\boldsymbol{x}\nabla)}{\partial \boldsymbol{X}^{k-1}} = \boldsymbol{x}\underbrace{\nabla\nabla\ldots\nabla}_{\text{k mal}} = \boldsymbol{F}(\boldsymbol{X},\tau)\underbrace{\nabla\ldots\nabla}_{\text{(k-1) mal}} \tag{3.21}$$

Mit (3.19) bis (3.21) erhält man aus (3.18) nach Umstellen zunächst die Bewegungs-Differenz-Geschichte in der Form

$$\begin{aligned}\chi(\boldsymbol{Y},\tau)-\chi(\boldsymbol{X},\tau) &= \boldsymbol{F}\cdot\Delta\boldsymbol{X}+\frac{1}{2!}(\boldsymbol{F}\nabla)\cdot\cdot(\Delta\boldsymbol{X}\Delta\boldsymbol{X})+\cdots+\ldots\\ &= \sum_{k=1}^{\infty}\frac{1}{k!}\left[\boldsymbol{F}(\boldsymbol{X},\tau)\underbrace{\nabla\ldots\nabla}_{\text{k-1 mal}}\right]\underbrace{\cdot\cdot\ldots\cdot\cdot}_{\text{k mal}}\underbrace{(\Delta\boldsymbol{X}\Delta\boldsymbol{X}\ldots\Delta\boldsymbol{X})}_{\text{k mal}}\end{aligned} \tag{3.22}$$

Einsetzen von (3.22) in (3.14) führt schließlich auf die folgende Materialgleichung

$$\boxed{\begin{aligned}\boldsymbol{S}(\boldsymbol{X},t) &= \underset{\tau=-\infty}{\overset{t}{\mathbf{f}}}\left\langle\sum_{k=1}^{\infty}\frac{1}{k!}\left[\boldsymbol{F}(\boldsymbol{X},\tau)\underbrace{\nabla\ldots\nabla}_{\text{k-1 mal}}\right]\underbrace{\cdot\cdot\ldots\cdot\cdot}_{\text{k mal}}\underbrace{(\Delta\boldsymbol{X}\Delta\boldsymbol{X}\ldots\Delta\boldsymbol{X})}_{\text{k mal}}\right\rangle =\\ &= \underset{\tau=-\infty}{\overset{t}{\mathbf{f}}}\left\langle\underbrace{\boldsymbol{F}(\boldsymbol{X},\tau),\boldsymbol{F}(\boldsymbol{X},\tau)\nabla,\ldots,\boldsymbol{F}(\boldsymbol{X},\tau)\underbrace{\nabla\ldots\nabla}_{\text{N-1 mal}}}_{\text{Materialien vom Grade N}},\ldots\ldots\right\rangle\end{aligned}} \tag{3.23}$$

Hinweise:

- Die Form (3.23) erfüllt die Prinzipe des Determinismus, *nicht* aber das der Objektivität, da $\boldsymbol{F}$ kein objektiver Tensor ist (vgl. hierzu die folgenden Ausführungen nach (3.25))!
- In der zweiten Darstellung von(3.23) wurde die unendliche Reihe formal in die Funktionalvorschrift **f** mit hineingenommen, so daß nur noch die Argumente $\boldsymbol{F}$, $\boldsymbol{F}\nabla$ usw. erscheinen!
- In (3.23) müßten die Funktionalzeichen **f** streng genommen unterschieden werden, was hier aber, um den Formalismus nicht zu überladen, unterlassen wird. Man beachte, daß in der Form $(3.23)_1$ die Abstandsvektoren $\Delta\boldsymbol{X}$ als entsprechend hohe dyadische Produkte auftreten, die entsprechend k mal skalar mit $\boldsymbol{F}\nabla\ldots\nabla$ multipliziert werden!
- (3.23) stellt noch die *exakte* Materialgleichung mit sämtlichen Fernwirkungen dar, da die (unendliche) TAYLOR-Reihe nicht abgebrochen wird bzw. noch sämtliche Gradienten von $\boldsymbol{F}$ berücksichtigt werden. Man spricht deshalb auch von einer Berücksichtigung "nicht-lokaler" Wirkungen.

Die *Materialgleichung für Stoffe vom Grade N* entsteht nun aus (3.23) formal dadurch, daß die TAYLOR-Reihe nach dem (N-1)-ten Glied abgebrochen wird und im Funktional **f** nur noch maximal bis zu N-ten Gradienten von $\boldsymbol{F}$ berücksichtigt werden (vgl. in (3.23) den durch die geschweifte Klammer zusammengefaßten Ausdruck), womit dann eine Restgliedabschätzung verbunden wäre. Es sei aber darauf hingewiesen, daß diese Vorgehensweise zur Erzeugung einer Theorie für Materialien vom Grade N *nicht* weiterführt! Eine diesbezügliche Diskussion würde den Rahmen dieses Buches sprengen, so daß auf einschlägige Literatur verwiesen wird [Ali 01], [Eri 76], [Min 65], [Sil 86], [Sil 89], [Tro 85]. Solche, gegenüber der klassischen Kontinuumstheorie "sensibleren" Theorien, sind dann übrigens in der Lage, auch meso- bzw. mikromechanische Materialeigenschaften zu beschreiben.

Prinzip der lokalen Nachbarschaft – "Einfache Stoffe" oder "Stoffe vom Grade Eins": Der Zustand am materiellen Punkt X soll nur noch durch seine unmittelbare (*infinitesimale*) Umgebung beeinflußt werden. Bis dato wird der Spannungszustand nach (3.14) bzw. (3.23) am materiellen Punkt X noch in Form einer Fernwirkung durch das Geschehen an sämtlichen anderen Kontinuumspunkten beeinflußt (es wird die Bewegungsgeschichte nicht nur von $\boldsymbol{X}$, sondern auch von allen anderen Punkten $\boldsymbol{Y}$ berücksichtigt, was in (3.23) durch die vollständige TAYLOR-Reihe gewährleistet wird!).

Nun läßt sich das Materialgesetz (3.23) auch derart interpretieren, daß falls der (nichtlokale) Einfluß der Fernwirkungen –also das Geschehen an sämtlichen anderen materiellen Punkten Y auf das Geschehen bei X- in Form der höheren Gradienten von $\boldsymbol{F}$ auf die Spannungen $\boldsymbol{S}$ mit zunehmendem Abstand $|\Delta\boldsymbol{X}| = |\boldsymbol{Y} - \boldsymbol{X}|$ hinreichend rasch abnimmt, die Einflußumgebung nur noch auf die unmittelbare Nachbarschaft beschränkt werden braucht (vgl. Bild 3.3). Dabei muß die Abweichung der Differenzgeschichte $\boldsymbol{\chi}(\boldsymbol{Y},t) - \boldsymbol{\chi}(\boldsymbol{X},t)$ von ihrer (abgebrochenen) TAYLOR-Reihe –also das Restglied - gemäß (3.22) allerdings klein sein (vgl. Bild 3.3). Entsprechend dem Prinzip der lokalen Nachbarschaft sind nun in (3.23) quadratische Produkte in $\Delta\boldsymbol{X}$ gegenüber $\Delta\boldsymbol{X}$ selbst zu vernachlässigen usw., so daß von der TAYLOR-Reihe nur noch der erste Term, also $\boldsymbol{F}$ selbst, verbleibt. Damit ergibt sich aus (3.23) wie folgt die auf [Tru 65] zurückgehende Stoffgleichung für *einfache Stoffe* (auch *Materialien vom Grade Eins*, in (3.23) ist N = 1 zu setzen)

$$\boxed{\boldsymbol{S}(X,t) = \mathop{\mathbf{f}}_{\tau=-\infty}^{t} \langle \boldsymbol{F}(\boldsymbol{X},\tau) \rangle} \tag{3.24}$$

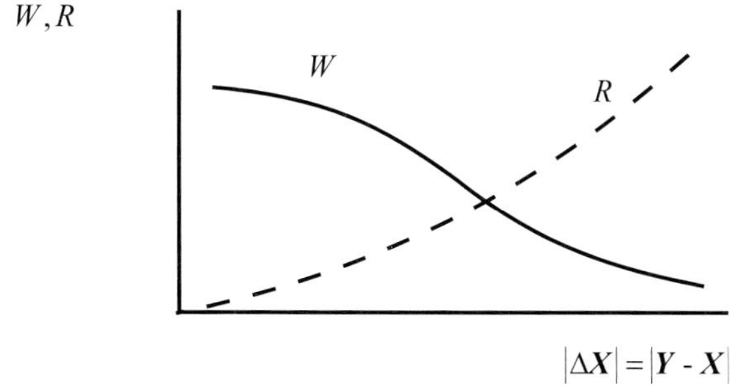

Bild 3.3: Zum Prinzip der lokalen Nachbarschaft: Fernwirkungen W und Restglied R der TAYLOR-Reihe als Funktion des Abstandes zweier materieller Punkte $|\Delta\boldsymbol{X}| = |\boldsymbol{Y} - \boldsymbol{X}|$

Hinweise:

- Die Form (3.24) erfüllt ebenfalls wie (3.23) die Prinzipe des Determinismus und der lokalen Nachbarschaft, *nicht* aber das der Objektivität (vgl. den nachfolgenden Text) und ist die einfachste Approximation der allgemeinen Materialgleichung (3.23).
- Gemäß (3.24) hängt der Spannungstensor $\boldsymbol{S}$ im materiellen Punkt X eines einfachen Stoffes nur noch von der Deformationsgradienten-*Geschichte* $\boldsymbol{F}(\boldsymbol{X},\tau)$ desselben Punktes ab.
- Mit der Materialgleichung (3.24) läßt sich die überwiegende Zahl von Materialklassen kontinuumsmechanisch beschreiben.
- Wie eingangs gesagt, soll der Zustand am materiellen Punkt X nur noch durch seine unmittelbare *infinitesimale* Umgebung beeinflußt werden. Dies läßt sich nun auch anhand der TAYLOR-Reihe (3.22) erkennen, indem dort $\Delta\boldsymbol{X}$ in $d\boldsymbol{X}$ und $\Delta\boldsymbol{x} = \boldsymbol{\chi}(\boldsymbol{Y},t) - \boldsymbol{\chi}(\boldsymbol{X},t)$ in $d\boldsymbol{x} = \boldsymbol{\chi}(\boldsymbol{Y},t) - \boldsymbol{\chi}(\boldsymbol{X},t)$ übergeht (vgl. auch Bild 3.1), so daß aus (3.22) lediglich noch

$$d\boldsymbol{x} = \boldsymbol{\chi}(\boldsymbol{Y},\tau) - \boldsymbol{\chi}(\boldsymbol{X},\tau) = \boldsymbol{F}\cdot d\boldsymbol{X} \tag{3.25}$$

  verbleibt, womit wieder die Abbildungseigenschaft (2.49) erscheint und jetzt $\boldsymbol{F}$ infinitesimale Umgebungen $d\boldsymbol{X}$ aus der BKFG in infinitesimale Umgebungen $d\boldsymbol{x}$ aus der MKFG abbildet.

Wie bereits in den Hinweisen zu (3.23) und (3.24) angedeutet, erfüllen diese Formen noch nicht automatisch das Prinzip der materiellen Objektivität, da sich die Objektivitätsbedingung (3.7) ja auf die Bewegungs-Geschichte bezog und in der *objektiven* Form (3.14) noch die Bewegungs-Differenz-Geschichte steht, im Funktional (3.24) aber statt dessen die *Deformationsgradienten*-Geschichte erscheint. Geht man davon aus, daß die Objektivitätsbedingung (3.7) formal auch für den Deformationsgradient als Argumenttensor gelten soll, so folgt unter Beachtung von (3.24) zunächst formal

$$\underbrace{\mathop{\boldsymbol{f}}_{\tau=-\infty}^{t}\langle\boldsymbol{F}^*(\boldsymbol{X},\tau)\rangle}_{\boldsymbol{S}^*} = \boldsymbol{Q}\cdot\underbrace{\mathop{\boldsymbol{f}}_{\tau=-\infty}^{t}\langle\boldsymbol{F}(\boldsymbol{X},\tau)\rangle}_{\boldsymbol{S}}\cdot\boldsymbol{Q}^T \tag{3.26}$$

Das transformierte Argument $\boldsymbol{F}^*$ in (3.26) erhält man wie folgt: Einsetzen von (3.8) in (2.45) führt auf (indem dort $\boldsymbol{x} = \boldsymbol{y}^*$ gesetzt wird und noch beachtet wird, daß $\boldsymbol{Q}$ und $\boldsymbol{c}$ nur von der Zeit abhängen können)

$$\begin{aligned}\boldsymbol{F}^* &= \boldsymbol{y}^*\boldsymbol{\nabla}_0 = [\boldsymbol{Q}(t)\cdot\boldsymbol{y} + \boldsymbol{c}(t)]\,\boldsymbol{\nabla}_{\boldsymbol{0}} = [\boldsymbol{Q}(t)\cdot\boldsymbol{y}]\,\boldsymbol{\nabla}_0 + \underbrace{\boldsymbol{c}(t)\,\boldsymbol{\nabla}_0}_{\boldsymbol{0}} = \\ &= \boldsymbol{Q}(t)\cdot\underbrace{(\boldsymbol{y}\boldsymbol{\nabla}_0)}_{\boldsymbol{F}} = \boldsymbol{Q}(t)\cdot\boldsymbol{F}\end{aligned}$$

also

$$\boldsymbol{F}^* = \boldsymbol{Q}(t)\cdot\boldsymbol{F} \tag{3.27}$$

Hinweise:

- Gemäß (3.27) transformiert sich $\boldsymbol{F}$ unter Beobachterwechsel offenbar nicht wie ein objektiver Tensor nach (3.5), so daß hier das Stern-Symbol $(\bullet)^*$ für den transformierten Tensor streng genommen nicht benutzt werden darf! Entsprechend der gängigen Literatur wird aber hierauf keine Rücksicht genommen, zudem es sich ja, wie bereits im Hinweis zu (2.45) vermerkt, bei $\boldsymbol{F}$ streng genommen um keinen Tensor, sondern um einen Bivektor oder Doppelfeld-Tensor handelt, und die Transformationseigenschaft (3.27) in der Tat für objektive *Vektoren* gilt!

- In (3.27) bedeuten $\boldsymbol{F}^*$ bzw. $\boldsymbol{F}$ denjenigen Deformationsgradienten, der vom (EUKLIDisch) bewegten bzw. ruhenden Beobachter gemessen wird.

Einsetzen von (3.27) in (3.26) führt schließlich auf die *Objektivitätsbedingung*

$$\underbrace{\mathop{\mathrm{f}}_{\tau=-\infty}^{t} \langle \boldsymbol{Q}(\tau) \cdot \boldsymbol{F}(\boldsymbol{X},\tau)\rangle}_{\boldsymbol{S}^*} \stackrel{!}{=} \boldsymbol{Q}(t) \cdot \underbrace{\mathop{\mathrm{f}}_{\tau=-\infty}^{t} \langle \boldsymbol{F}(\boldsymbol{X},\tau)\rangle}_{\boldsymbol{S}} \cdot \boldsymbol{Q}^T(t) \tag{3.28}$$

Durch skalare Multiplikation von (3.28) mit $\boldsymbol{Q}^T$ von links und $\boldsymbol{Q}$ von rechts folgt schließlich unter Beachtung von (3.6) die objektive Form der reduzierten Materialgleichung für *einfache Stoffe*

$$\boldsymbol{S}(\mathrm{X},t) = \mathop{\mathrm{f}}_{\tau=-\infty}^{t} \langle \boldsymbol{F}(\boldsymbol{X},\tau)\rangle \stackrel{!}{=} \boldsymbol{Q}^T(t) \cdot \mathop{\mathrm{f}}_{\tau=-\infty}^{t} \langle \boldsymbol{Q}(\tau) \cdot \boldsymbol{F}(\boldsymbol{X},\tau)\rangle \cdot \boldsymbol{Q}(t) \tag{3.29}$$

Hinweise:

- Die Form (3.29) erfüllt die Prinzipe des Determinismus, der lokalen Nachbarschaft *und* der Objektivität.
- Nur Stoffgesetze, welche die Bedingung (3.28) bzw. (3.29) erfüllen, sind zulässige Materialgleichungen!

Anhand des folgenden Beispieles soll die Anwendung der Objektivitätsbedingung (3.28) verdeutlicht werden.

Beispiel 3.1:
Man überprüfe, ob die drei nachfolgenden Zusammenhänge Materialgleichungen einfacher Stoffe darstellen, wenn $\boldsymbol{S}$ den CAUCHYschen Spannungstensor, $\boldsymbol{F}$ den Deformationsgradienten, $\boldsymbol{G}^l$ den linken GREENschen Verzerrungstensor, $\boldsymbol{I}$ den (zweistufigen) Einheitstensor, C_{11} die 11-Koordinate des rechten CAUCHYschen Verzerrungstensors $\boldsymbol{C}$, φ eine beliebige Funktion und λ einen beliebigen Skalar bedeuten:

$$\alpha) \qquad \boldsymbol{S}(\mathrm{X},t) = \mathop{\mathrm{f}}_{\tau=-\infty}^{t} \langle \boldsymbol{F}(\boldsymbol{X},\tau)\rangle = \varphi(C_{11})\,\boldsymbol{G}^l$$

$$\beta) \qquad \boldsymbol{S}(\mathrm{X},t) = \mathop{\mathrm{f}}_{\tau=-\infty}^{t} \langle \boldsymbol{F}(\boldsymbol{X},\tau)\rangle = \lambda\left(Sp\boldsymbol{F}^3 - 1\right)\boldsymbol{F}$$

$$\gamma) \qquad \boldsymbol{S}(\mathrm{X},t) = \mathop{\mathrm{f}}_{\tau=-\infty}^{t} \langle \boldsymbol{F}(\boldsymbol{X},\tau)\rangle = \varphi(F_{III})\,\boldsymbol{I} \quad , \quad F_{III} = \det \boldsymbol{F}$$

Lösung $\boldsymbol{\alpha}$:
Für C_{11} gilt zunächst unter Beachtung von (2.75) und (A.90)

$$C_{11} = \boldsymbol{e}_1 \cdot \boldsymbol{C} \cdot \boldsymbol{e}_1 = \boldsymbol{e}_1 \cdot \boldsymbol{F}^T \cdot \boldsymbol{F} \cdot \boldsymbol{e}_1 \tag{a}$$

Der linke GREENsche Verzerrungstensor lautet gemäß (2.85) unter Beachtung von (2.79)

$$\boldsymbol{G}^l = \frac{1}{2}(\boldsymbol{B} - \boldsymbol{I}) = \frac{1}{2}\left[\boldsymbol{F} \cdot \boldsymbol{F}^T - \boldsymbol{I}\right] \tag{b}$$

Einsetzen von (a) und (b) in obiges Funktional α) ergibt

$$\boldsymbol{S}(\mathrm{X},t) = \mathop{\mathrm{f}}_{\tau=-\infty}^{t} \langle \boldsymbol{F}(\boldsymbol{X},\tau)\rangle = \frac{1}{2}\varphi\left(\boldsymbol{e}_1 \cdot \boldsymbol{F}^T \cdot \boldsymbol{F} \cdot \boldsymbol{e}_1\right)\left(\boldsymbol{F} \cdot \boldsymbol{F}^T - \boldsymbol{I}\right) \tag{c}$$

Mit (c) erhält man dann die linke Seite der Objektivitätsbedingung (3.28) nach entsprechenden Umformungen unter Beachtung von (3.6) zu (dabei ist in (c) $\boldsymbol{F}$ durch $\boldsymbol{Q}\cdot\boldsymbol{F}$ zu ersetzen!)

$$\begin{aligned}\underset{\tau=-\infty}{\overset{t}{\mathbf{f}}}\langle\boldsymbol{Q}(\tau)\cdot\boldsymbol{F}(\boldsymbol{X},\tau)\rangle &= \frac{1}{2}\varphi\left[\boldsymbol{e}_1\cdot(\boldsymbol{Q}\cdot\boldsymbol{F})^T\cdot(\boldsymbol{Q}\cdot\boldsymbol{F})\cdot\boldsymbol{e}_1\right]\left[(\boldsymbol{Q}\cdot\boldsymbol{F})\cdot(\boldsymbol{Q}\cdot\boldsymbol{F})^T-\boldsymbol{I}\right]=\\ &=\frac{1}{2}\varphi\left[\boldsymbol{e}_1\cdot\left(\boldsymbol{F}^T\cdot\underbrace{\boldsymbol{Q}^T\cdot\boldsymbol{Q}}_{\boldsymbol{I}}\cdot\boldsymbol{F}\right)\cdot\boldsymbol{e}_1\right]\left(\boldsymbol{Q}\cdot\boldsymbol{F}\cdot\boldsymbol{F}^T\cdot\boldsymbol{Q}^T-\boldsymbol{I}\right)=\\ &=\frac{1}{2}\varphi\left[\boldsymbol{e}_1\cdot\left(\boldsymbol{F}^T\cdot\boldsymbol{F}\right)\cdot\boldsymbol{e}_1\right]\left(\boldsymbol{Q}\cdot\boldsymbol{F}\cdot\boldsymbol{F}^T\cdot\boldsymbol{Q}^T-\boldsymbol{I}\right)\end{aligned}\tag{d}$$

Unter Beachtung von (a) geht (d) schließlich über in

$$\underset{\tau=-\infty}{\overset{t}{\mathbf{f}}}\langle\boldsymbol{Q}(\tau)\cdot\boldsymbol{F}(\boldsymbol{X},\tau)\rangle=\frac{1}{2}\varphi(C_{11})\left(\boldsymbol{Q}\cdot\boldsymbol{F}\cdot\boldsymbol{F}^T\cdot\boldsymbol{Q}^T-\boldsymbol{I}\right)\tag{e}$$

Andererseits folgt mit (c) unter Beachtung von (3.6) und (a) die rechte Seite von (3.28) zu

$$\begin{aligned}\boldsymbol{Q}(t)\cdot\underset{\tau=-\infty}{\overset{t}{\mathbf{f}}}\langle\boldsymbol{F}(\boldsymbol{X},\tau)\rangle\cdot\boldsymbol{Q}^T(t)&=\boldsymbol{Q}\cdot\left[\frac{1}{2}\varphi(C_{11})\left(\boldsymbol{F}\cdot\boldsymbol{F}^T-\boldsymbol{I}\right)\right]\cdot\boldsymbol{Q}^T=\\ &=\frac{1}{2}\varphi(C_{11})\left(\boldsymbol{Q}\cdot\boldsymbol{F}\cdot\boldsymbol{F}^T\cdot\boldsymbol{Q}^T-\boldsymbol{I}\right)\end{aligned}\tag{f}$$

Da die rechten Seiten der Ausdrücke (e) und (f) übereinstimmen, erfüllt der Zusammenhang α) die Objektivitätsbedingung (3.28), so daß eine objektive Materialgleichung vorliegt.

Lösung $\boldsymbol{\beta}$):
Durch analoges Vorgehen zu Lösung α) erhält man mit dem Funktional β) zunächst für die linke Seite von (3.28) (indem noch $(\boldsymbol{Q}\cdot\boldsymbol{F})^3$ ausmultipliziert wird)

$$\begin{aligned}\underset{\tau=-\infty}{\overset{t}{\mathbf{f}}}\langle\boldsymbol{Q}(\tau)\cdot\boldsymbol{F}(\boldsymbol{X},\tau)\rangle&=\lambda\left[Sp\,(\boldsymbol{Q}\cdot\boldsymbol{F})^3-1\right]\boldsymbol{Q}\cdot\boldsymbol{F}\equiv\\ &\equiv\lambda\underbrace{[Sp\,(\boldsymbol{Q}\cdot\boldsymbol{F}\cdot\boldsymbol{Q}\cdot\boldsymbol{F}\cdot\boldsymbol{Q}\cdot\boldsymbol{F})-1]}_{\alpha(\boldsymbol{Q}\cdot\boldsymbol{F})}\boldsymbol{Q}\cdot\boldsymbol{F}\equiv\\ &\equiv[\lambda\alpha(\boldsymbol{Q}\cdot\boldsymbol{F})]\,\boldsymbol{Q}\cdot\boldsymbol{F}\end{aligned}\tag{g}$$

Für die rechte Seite von (3.28) ergibt sich

$$\boldsymbol{Q}\cdot\underset{\tau=-\infty}{\overset{t}{\mathbf{f}}}\langle\boldsymbol{F}(\boldsymbol{X},\tau)\rangle\cdot\boldsymbol{Q}^T=\boldsymbol{Q}\cdot\left\{\lambda\underbrace{[Sp\,(\boldsymbol{F}\cdot\boldsymbol{F}\cdot\boldsymbol{F})-1]}_{\alpha(\boldsymbol{F})}\boldsymbol{F}\right\}\cdot\boldsymbol{Q}^T=[\lambda\alpha(\boldsymbol{F})]\,\boldsymbol{Q}\cdot\boldsymbol{F}\cdot\boldsymbol{Q}^T\tag{h}$$

Durch Vergleich der beiden rechten Seiten von (g) und (h) ist unabhängig von dem skalaren Ausdruck $\lambda\alpha(\boldsymbol{F})$ bzw. $\lambda\alpha(\boldsymbol{Q}\cdot\boldsymbol{F})$ zu erkennen, daß die Tensoren $\boldsymbol{Q}\cdot\boldsymbol{F}$ und $\boldsymbol{Q}\cdot\boldsymbol{F}\cdot\boldsymbol{Q}^T$ nicht übereinstimmen, so daß die Objektivitätsbedingung (3.28) *nicht* erfüllt wird und somit *keine* objektive Materialgleichung vorliegt!

Lösung $\boldsymbol{\gamma}$):
Mit der gleichen Vorgehensweise wie vorstehend gezeigt, erhält man mit dem Funktional γ) für die linke und rechte Seite von (3.28) unter Beachtung der Eigenschaften (3.6) sowie von (A.62) nacheinander:

$$\underset{\tau=-\infty}{\overset{t}{\mathbf{f}}}\langle\boldsymbol{Q}(\tau)\cdot\boldsymbol{F}(\boldsymbol{X},\tau)\rangle=\varphi\,[\det(\boldsymbol{Q}\cdot\boldsymbol{F})]\,\boldsymbol{I}=\varphi\left[\underbrace{(\det\boldsymbol{Q})}_{+1}\underbrace{(\det\boldsymbol{F})}_{F_{III}}\right]\boldsymbol{I}=\varphi(F_{III})\,\boldsymbol{I}\tag{i}$$

$$\boldsymbol{Q}\cdot\underset{\tau=-\infty}{\overset{t}{\mathbf{f}}}\langle\boldsymbol{F}(\boldsymbol{X},\tau)\rangle\cdot\boldsymbol{Q}^T=\boldsymbol{Q}\cdot[\varphi(F_{III})\,\boldsymbol{I}]\cdot\boldsymbol{Q}^T=\varphi(F_{III})\underbrace{\underbrace{\boldsymbol{Q}\cdot\boldsymbol{I}}_{\boldsymbol{Q}}\cdot\boldsymbol{Q}^T}_{\boldsymbol{I}}=\varphi(F_{III})\,\boldsymbol{I}\tag{j}$$

Der Vergleich von (i) und (j) zeigt die Übereinstimmung der beiden rechten Seiten, so daß die Objektivitätdbedingung (3.28) erfüllt wird und somit eine objektive Materialgleichung vorliegt.

Mit (3.28) bzw. (3.29) liegt bis dato ein ausreichendes Kriterium zur Konstruktion von Materialgleichungen einfacher Stoffe vor. Es ist aber von Vorteil, statt des Deformationsgradienten $\boldsymbol{F}$ ein geeignetes Verzerrungsmaß im Funktional stehen zu haben. Mit dem polaren Zerlegungstheorem (2.65) läßt sich $\boldsymbol{F}$ in (3.29) zunächst wie folgt durch den rechten Streckungstensor $\boldsymbol{U}$ substituieren:

$$\boldsymbol{S}(X,t) = \underset{\tau=-\infty}{\overset{t}{\mathrm{f}}} \langle \boldsymbol{F}(\boldsymbol{X},\tau)\rangle = \boldsymbol{Q}^T(t) \cdot \underset{\tau=-\infty}{\overset{t}{\mathrm{f}}} \langle \boldsymbol{Q}(\tau)\cdot \boldsymbol{R}(\boldsymbol{X},\tau)\cdot \boldsymbol{U}(\boldsymbol{X},\tau)\rangle \cdot \boldsymbol{Q}(t) \tag{3.30}$$

Da die Relation (3.30) für beliebige orthogonale Tensoren $\boldsymbol{Q}$ gilt, muß sie auch für die spezielle Wahl $\boldsymbol{Q} = \boldsymbol{R}^T$ erfüllt sein, so daß dann unter Beachtung von (2.67) die folgende Form der *Materialgleichung für einfache Stoffe* entsteht

$$\boxed{\boldsymbol{S}(X,t) = \underset{\tau=-\infty}{\overset{t}{\mathrm{f}}} \langle \boldsymbol{F}(\boldsymbol{X},\tau)\rangle = \boldsymbol{R}(t) \cdot \underset{\tau=-\infty}{\overset{t}{\mathrm{f}}} \langle \boldsymbol{U}(\boldsymbol{X},\tau)\rangle \cdot \boldsymbol{R}^T(t)} \tag{3.31}$$

Benutzt man noch (2.77), so erhält man eine zu (3.31) alternative Form

$$\boxed{\boldsymbol{S}(X,t) = \underset{\tau=-\infty}{\overset{t}{\mathrm{f}}} \langle \boldsymbol{F}(\boldsymbol{X},\tau)\rangle = \boldsymbol{R}(t) \cdot \underset{\tau=-\infty}{\overset{t}{\mathrm{f}}} \langle \boldsymbol{C}(\boldsymbol{X},\tau)\rangle \cdot \boldsymbol{R}^T(t)} \tag{3.32}$$

Hinweise:

- Die beiden Materialgleichungsformen (3.31) und (3.32) erfüllen jeweils die Prinzipe des Determinismus, der Objektivität und der lokalen Nachbarschaft.
- In (3.31) bzw. (3.32) erscheinen jetzt der symmetrische rechte Streckungstensor $\boldsymbol{U}$ bzw. rechte CAUCHYsche Verzerrungstensor $\mathbf{C}$ als unabhängige Variable.
- Im Gegensatz zur Darstellung (3.29) liegen mit (3.31) und (3.32) jetzt solche Materialgleichungsstrukturen vor, in denen eine Aufspaltung in eine funktionale Abhängigkeit einer Streckungs- bzw. Verzerrungsgröße (rechte Streckungstensoren-Geschichte $\boldsymbol{U}$, rechte CAUCHY- Verzerrungstensoren -Geschichte $\boldsymbol{C}$) und eine anschließende Starrkörper-Rotation mit $\boldsymbol{R}$ gelungen ist.

Materielle Symmetrie: Für eine weitere Reduktion der vorstehenden Materialgleichungsfunktionale lassen sich, sofern vorhanden, noch die einem Material innewohnenden *materiellen Symmetrien* heranziehen. Dabei versteht man unter einer solchen Symmetrie die Unempfindlichkeit des Spannungstensors gegenüber den diese Symmetrien charakterisierenden Richtungen. Wird also beispielsweise mit einem (würfelförmigen) Probekörper ein Zugversuch durchgeführt und diese Probe aus zwei verschiedenen zueinander definiert gedrehten (spannungs- und verzerrungsfreien) Ausgangslagen (BKFG) heraus gezogen (deformiert), so liegt dann eine materielle Symmetrie vor, wenn die beiden Spannungs-Dehnungs-Kurven identisch sind. Man kann die Erzeugung dieser beiden Ausgangslagen auch als *Vorschaltoperation* bezeichnen. Im Kontext der bisher angewandten Prinzipe (Determinismus, materielle Objektivität und lokale Nachbarschaft) sei aber betont, daß diese Prinzipe von einer Materialgleichung *stets* zu erfüllen sind, hingegen materielle Symmetrien in einem Material

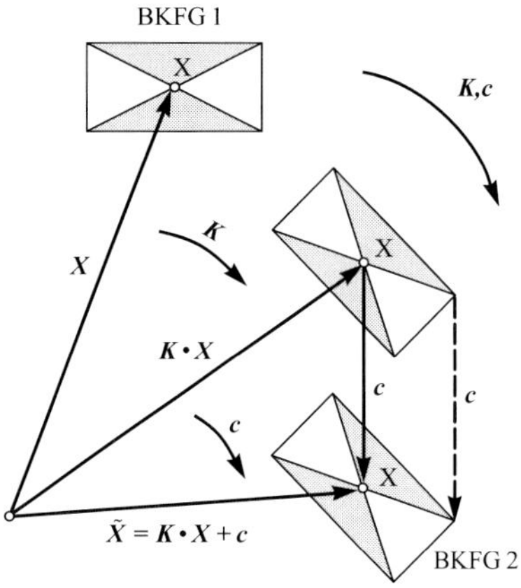

Bild 3.4: Zur materiellen Symmetrie eines Materials (Bauteils)

(Bauteil) vorhanden sein *können* oder auch nicht, so daß diese Reduktionsmöglichkeit für eine Materialgleichung eben nur in solchen Fällen eine weitere *Möglichkeit* darstellt und daher nicht zum Prinzip erhoben werden kann!

Im Sinne der vorstehend bezeichneten *Vorschaltoperation* werden jetzt zwei Bezugskonfigurationen BKFG 1 und BKFG 2 betrachtet (vgl. Bild 3.4). In Anlehnung zu der im Rahmen der materiellen Objektivität eingeführten Starrbewegungsmodifikation (3.8) bzw. (3.9), durch welche die (aktuellen) Lagen zweier zueinander bewegter Beobachter in der MKFG transformiert wurden, wird jetzt durch

$$\tilde{\boldsymbol{X}} = \boldsymbol{K} \cdot \boldsymbol{X} + \boldsymbol{c} \tag{3.33}$$

die Transformation eines materiellen Punktes X zwischen zwei unterschiedlichen BKFG (!) angegeben, wobei $\boldsymbol{X}$ bzw. $\tilde{\boldsymbol{X}}$ die Lage eines materiellen Punktes X in der BKFG 1 bzw. BKFG 2, $\boldsymbol{K}$ den Tensor des „Bezugskonfigurations-Wechsels“ und $\boldsymbol{c}$ eine Translation bedeuten (hierbei sind jetzt $\boldsymbol{K}$ und $\boldsymbol{c}$ zeitunabhängig). Die Bewegung, durch welche der materielle Punkt X mit seiner Lage $\boldsymbol{X}$ bzw. $\tilde{\boldsymbol{X}}$ aus der BKFG 1 bzw. BKFG 2 in die Lage $\boldsymbol{x}$ der MKFG transformiert wird, lautet dann gemäß (2.29)

$$\boldsymbol{x} = \chi(\boldsymbol{X}, t) = \tilde{\chi}\left(\tilde{\boldsymbol{X}}, t\right) \tag{3.34}$$

Die Anwendung von (2.44) auf (3.34) führt unter Beachtung von (3.33) sowie der Kettenregel zunächst auf (vgl. hierzu auch Unterabschnitt A.2.3 im Anhang)

$$\boldsymbol{F} = \frac{\partial \boldsymbol{x}}{\partial \boldsymbol{X}} = \frac{\partial \tilde{\chi}\left(\tilde{\boldsymbol{X}}, t\right)}{\partial \boldsymbol{X}} = \frac{\partial \tilde{\chi}\left[\tilde{\boldsymbol{X}}(\boldsymbol{X}), t\right]}{\partial \boldsymbol{X}} = \underbrace{\frac{\partial \tilde{\chi}\left[\tilde{\boldsymbol{X}}(\boldsymbol{X}), t\right]}{\partial \tilde{\boldsymbol{X}}}}_{\tilde{\boldsymbol{F}}} \cdot \underbrace{\frac{\partial \tilde{\boldsymbol{X}}}{\partial \boldsymbol{X}}}_{\boldsymbol{K}} = \tilde{\boldsymbol{F}} \cdot \boldsymbol{K}$$

woraus man durch skalare Multiplikation mit $\boldsymbol{K}^{-1}$ von rechts unter Beachtung von (A.60) schließlich die folgende Transformation erhält

$$\tilde{\boldsymbol{F}} = \boldsymbol{F} \cdot \boldsymbol{K}^{-1} \tag{3.35}$$

Hinweis:

Die beiden Deformationsgradienten $\boldsymbol{F}$ bzw. $\tilde{\boldsymbol{F}}$ unterscheiden sich also durch die Operation des Bezugskonfigurations-Wechsels mittels des Tensors $\boldsymbol{K}^{-1}$.

Im Sinne einer materiellen Symmetrie muß nun gelten, daß der Spannungstensor in Form der Materialgleichung einfacher Stoffe (3.24) unempfindlich gegenüber einem Bezugskonfigurations-Wechsel von der BKFG 1 in die BKFG 2 gemäß (3.35) sein muß, so daß die folgende *Symmetriebedingung* zu erfüllen ist:

$$\boxed{\boldsymbol{S} = \underset{\tau=-\infty}{\overset{t}{\mathfrak{f}}} \langle \boldsymbol{F} \rangle \overset{!}{=} \underset{\tau=-\infty}{\overset{t}{\mathfrak{f}}} \left\langle \tilde{\boldsymbol{F}} \right\rangle = \underset{\tau=-\infty}{\overset{t}{f}} \left\langle \boldsymbol{F} \cdot \boldsymbol{K}^{-1} \right\rangle} \tag{3.36}$$

Hinweise:

- Die Beziehung (3.36) läßt sich so interpretieren, daß der der Deformationsgradienten-Geschichte $\boldsymbol{F}$ vorausgehende Bezugskonfigurations-Wechsel $\boldsymbol{K}^{-1}$ keine Wirkung auf die Materialgleichung ausübt und damit der Spannungstensor $\boldsymbol{S}$ gleich bleibt.
- Durch $\boldsymbol{K}^{-1}$ können Drehungen und/oder auch andere Operationen vermittelt werden.

Mit Hilfe von (3.36) können nun verschiedenste materielle Symmetrieeigenschaften definiert werden, die dann auch noch jeweils mit sogenannten *Kristallklassen* in Verbindung gebracht werden können, worauf im Rahmen dieses Buches jedoch nicht eingegangen wird. Es sollen lediglich zwei Extremfälle erwähnt werden, nämlich

1. Vollständig anisotrope Materialien: Der Tensor des „Bezugskonfigurations-Wechsels" ist der Einheitstensor, d. h. unter Beachtung des Sonderfalles von (A.60)

$$\boldsymbol{K} = \boldsymbol{I} \quad \text{bzw.} \quad \boldsymbol{K}^{-1} = \boldsymbol{I}^{-1} = \boldsymbol{I} \tag{3.37}$$

Danach besitzt das Material in *jeder* Richtung *verschiedene* Materialeigenschaften. Die Beziehung (3.36) stellt dann wegen $\boldsymbol{F} = \tilde{\boldsymbol{F}}$ keine Symmetrie-*Bedingung* mehr dar und liefert keine weitere Reduktionsmöglichkeit für das Materialgleichungsfunktional.

2. Isotrope Materialien: Dieser Fall ist für technische Problemstellungen weitaus wichtiger, da die meisten Probleme damit beschrieben werden können. Der Tensor des „Bezugskonfigurations-Wechsels" beinhaltet sämtliche *orthogonalen Transformationen* (Drehtensoren, vgl. (3.6)), d. h.

$$\boldsymbol{K} = \boldsymbol{Q} \quad \text{mit} \quad \boldsymbol{Q} \cdot \boldsymbol{Q}^T = \boldsymbol{Q}^T \cdot \boldsymbol{Q} = \boldsymbol{I} \quad \text{bzw.} \quad \boldsymbol{Q}^T = \boldsymbol{Q}^{-1} \quad \text{und} \quad \det\boldsymbol{Q} = +1$$

so daß (3.36) in die folgende *Isotropiebedingung* übergeht:

$$\boxed{\boldsymbol{S} = \underset{\tau=-\infty}{\overset{t}{\mathfrak{f}}} \langle \boldsymbol{F} \rangle \overset{!}{=} \underset{\tau=-\infty}{\overset{t}{\mathfrak{f}}} \left\langle \boldsymbol{F} \cdot \boldsymbol{Q}^T \right\rangle} \tag{3.38}$$

Hinweise:

- Die Beziehung (3.38) läßt sich wie folgt interpretieren: Im Falle von Isotropie ist der Spannungstensor $\boldsymbol{S}$ stets gleich, egal ob das Material aus einer BKFG heraus durch $\boldsymbol{F}$ direkt deformiert oder wenn das Material aus der BKFG zunächst mit $\boldsymbol{Q}^T$ (in eine andere BKFG) gedreht wird und dann mit $\boldsymbol{F}$ -also mit der Gesamtdeformation $\boldsymbol{F}\cdot\boldsymbol{Q}^T$-deformiert wird.
- Die Spannungen $\boldsymbol{S}$ sind unabhängig von der Anfangslage (Orientierung) des Körpers.
- Das Material besitzt in allen Richtungen die gleichen Materialeigenschaften (Richtungsunabhängigkeit oder *Isotropie*).

Die Kombination der Objektivitätsbedingung (3.28) mit der Isotropiebedingung (3.38) führt wie folgt auf eine wichtige Funktionalgleichung für isotrope einfache Stoffe: Mit Hilfe des polaren Zerlegungstheorems (2.65) geht (3.38) zunächst mit $\boldsymbol{F} = \boldsymbol{V}\cdot\boldsymbol{R}$ über in

$$\boldsymbol{S} = \underset{\tau=-\infty}{\overset{t}{\mathbf{f}}} \langle \boldsymbol{F} \rangle = \underset{\tau=-\infty}{\overset{t}{\mathbf{f}}} \left\langle \boldsymbol{V} \cdot \boldsymbol{R} \cdot \boldsymbol{Q}^T \right\rangle \tag{3.39}$$

Da (3.39) auch speziell für $\boldsymbol{Q} = \boldsymbol{R}$ erfüllt sein muß, entsteht unter Beachtung von (2.67) die reduzierte Materialgleichung einfacher, isotroper Stoffe mit finiten Verzerrungen:

$$\boldsymbol{S} = \underset{\tau=-\infty}{\overset{t}{\mathbf{f}}} \langle \boldsymbol{F} \rangle = \underset{\tau=-\infty}{\overset{t}{\mathbf{f}}} \langle \boldsymbol{V} \rangle \tag{3.40}$$

Andererseits liefert Einsetzen von $\boldsymbol{F} = \boldsymbol{V}\cdot\boldsymbol{R}$ in die Objektivitätsbedingung (3.28) zunächst

$$\boldsymbol{S} = \mathbf{f}\langle \boldsymbol{F} \rangle = \boldsymbol{Q}^T \cdot \left[\underset{\tau=-\infty}{\overset{t}{\mathbf{f}}} \langle \boldsymbol{Q} \cdot \boldsymbol{V} \cdot \boldsymbol{R} \rangle \right] \cdot \boldsymbol{Q} \tag{3.41}$$

Da (3.41) ebenfalls auch speziell für $\boldsymbol{R} = \boldsymbol{Q}^T$ erfüllt sein muß, erhält man schließlich durch Gleichsetzen von (3.40) und (3.41) nach anschließender (skalarer) Multiplikation mit $\boldsymbol{Q}$ von links und $\boldsymbol{Q}^T$ von rechts unter Beachtung von (3.6) die folgende Funktionalgleichung, die auch als *Bedingungsgleichung für isotrope Tensorfunktionale* bezeichnet wird:

$$\boxed{\underbrace{\underset{\tau=-\infty}{\overset{t}{\mathbf{f}}} \left\langle \boldsymbol{Q} \cdot \boldsymbol{V} \cdot \boldsymbol{Q}^T \right\rangle}_{\boldsymbol{S}^+} = \boldsymbol{Q} \cdot \underbrace{\underset{\tau=-\infty}{\overset{t}{\mathbf{f}}} \langle \boldsymbol{V} \rangle}_{\boldsymbol{S}} \cdot \boldsymbol{Q}^T} \tag{3.42}$$

bzw. unter Beachtung von $\boldsymbol{V}^+ = \boldsymbol{Q} \cdot \boldsymbol{V} \cdot \boldsymbol{Q}^T$ und $\mathbf{f}^+ \langle \bullet \rangle = \boldsymbol{Q} \cdot \mathbf{f} \langle \bullet \rangle \cdot \boldsymbol{Q}^T$ auch kürzer

$$\boldsymbol{S}^+ = \boldsymbol{Q} \cdot \boldsymbol{S} \cdot \boldsymbol{Q}^T \quad \text{bzw.} \quad \underset{\tau=-\infty}{\overset{t}{\mathbf{f}}} \left\langle \boldsymbol{V}^+ \right\rangle = \underset{\tau=-\infty}{\overset{t}{\mathbf{f}^+}} \langle \boldsymbol{V} \rangle \tag{3.43}$$

Hinweise:

- Um den Unterschied zwischen Objektivität und Isotropie zu kennzeichnen, ist in (3.42)und $(3.43)_1$ für den Spannungstensor des transformierten Argumentes ein ,,Kreuz" statt des ,,Sterns" in (3.4) bzw. (3.7) benutzt worden!
- Materialgleichungsfunktionale, welche die Bedingung (3.42) bzw. (3.43) erfüllen heißen isotrope Tensorfunktionale. Diese Funktionale stellen Materialgleichungen für einfache isotrope Stoffe dar, die die Prinzipe des Determinismus, der lokalen Nachbarschaft *und* der Objektivität erfüllen.
- Die Darstellung $(3.43)_2$ läßt sich auch wie folgt ausdrücken: ,,Das Funktional der Transformierten $\boldsymbol{V}^+$ ist gleich dem transformierten Funktional $\mathbf{f}^+$".

Durch Umstellen nach $\boldsymbol{S}$ erhält man aus $(3.43)_1$ schließlich die zu (3.29) analoge *Materialgleichungsform für isotrope einfache Stoffe* wie folgt:

$$\boxed{\boldsymbol{S}(\mathrm{X},t) = \underset{\tau=-\infty}{\overset{t}{\mathbf{f}}} \langle \boldsymbol{V}(\boldsymbol{X},\tau)\rangle = \boldsymbol{Q}^T(t) \cdot \underset{\tau=-\infty}{\overset{t}{\mathbf{f}}} \left\langle \boldsymbol{Q}(\tau)\cdot \boldsymbol{V}(\boldsymbol{X},\tau)\cdot \boldsymbol{Q}^T(\tau)\right\rangle \cdot \boldsymbol{Q}(t)} \tag{3.44}$$

Hinweis:
Die Form (3.44) erfüllt die Prinzipe des Determinismus, der lokalen Nachbarschaft *und* der Objektivität und gilt nur für *isotrope* Materialien!

Fazit:

In diesem Abschnitt wurde unter Ausnutzung der Prinzipe der Rationalen Mechanik (Determinismus, Objektivität, lokale Nachbarschaft) gemäß (3.29) bzw. (3.31) und (3.32) die Form einer allgemeinen –aber lediglich *mechanische* Prozesse registrierenden- Materialgleichung *einfacher* Stoffe angegeben. Die Berücksichtigung materieller Symmetrien führte dann für den Extremfall der Isotropie schließlich auf das Materialgleichungsfunktional (3.40) für einfache *isotrope* Stoffe, die stets die Bedingung (3.42) bzw. (3.44) zu erfüllen haben. Diese Formen stellen aber immer noch lediglich Konstruktionsrichtlinien zur Erzeugung kontinuumsmechanisch zulässiger Materialgesetze dar und enthalten noch keine konkreten Materialeigenschaften wie etwa Elastizität, Viskoelastizität etc.. Die Einarbeitung solcher Eigenschaften wird in den folgenden Abschnitten durchgeführt.

3.2 Elastizität

Wie bereits im Fazit des vorigen Abschnittes ausgeführt, enthalten die bis dato angegebenen Materialgleichungsfunktionale noch keinerlei spezielle Materialeigenschaften und gelten, indem stets noch die „Geschichte" des jeweiligen Verzerrungsmaßes berücksichtigt wird (Determinismus), auch für Stoffe mit (noch näher zu konkretisierenden) Gedächtniseigenschaften. Materialien mit rein *elastischen* Eigenschaften sind nun derart definiert, daß sie gerade *keine* Gedächtniseigenschaften besitzen und somit *spontan* reagieren und deshalb auch als Materialklasse der *Spontanstoffe* bezeichnet werden. Die Phänomenologie solcher Materialien ist anhand derjenigen Spannungs-Dehnungs-Verläufe in Bild 1.1 (vgl. Kapitel 1) zu erkennen, wo die Be- und Entlastungskurve jeweils auf einer Linie liegen und die Entlastungskurve stets zum Ursprung der Koordinatenachsen zurückkehrt (*lineare* und *nicht-lineare Elastizität* gemäß der Kurven 2 und 3). Man kann deshalb sagen: „Elastische Materialien vergessen alles und erinnern sich an nichts".

3.2.1 CAUCHY-Elastizität

Im Sinne des vorstehend Gesagten wird in der Materialgleichung für die Spannungen $\boldsymbol{S}$ jetzt nicht mehr die Verformungs-*Geschichte*, sondern lediglich deren aktueller Wert (zur Gegenwartszeit t) berücksichtigt, so daß die *Funktional*-Form (3.24) nun übergeht in eine tensorwertige *Funktion* $\mathbf{f}$ des momentanen Deformationsgradienten $\boldsymbol{F}(\boldsymbol{X},t)$:

$$\boldsymbol{S}\,(\mathrm{X},t) = \mathbf{f}[\boldsymbol{F}\,(\boldsymbol{X},t)] \tag{3.45}$$

Hinweise:

- Im Unterschied zu (3.24) werden in (3.45) jetzt nicht mehr sämtliche, zeitlich zurückliegenden Werte von $\boldsymbol{F}$ berücksichtigt, sondern lediglich dessen jeweils *aktueller* Wert zur Gegenwartszeit t! Derartige Materialien werden demnach nicht mehr durch deren Vergangenheit, sondern ausschließlich durch den gegenwärtigen Zustand bestimmt.
- Stoffe mit der Materialgleichungsform (3.45) werden auch als CAUCHY-*elastisch* bezeichnet.

Isotrope elastische Materialien: Schränkt man weiter auf *isotrope* Materialeigenschaften ein, so geht (3.45) gemäß (3.40) unter Beachtung von (2.81) schließlich über in die folgende Form (in (3.46) wird die Substitution $\boldsymbol{V}^2 = \boldsymbol{B}$ bzw $\boldsymbol{V} = \boldsymbol{B}^{1/2}$ mit einem anderen Funktionssymbol $\boldsymbol{g}$ abgegolten)

$$\boldsymbol{S}\,(\mathrm{X},t) = \mathbf{f}[\boldsymbol{V}\,(\boldsymbol{X},t)] = \boldsymbol{g}\,[\boldsymbol{B}\,(\boldsymbol{X},t)] \tag{3.46}$$

Um nun (3.46) für eine rechnerische Anwendung „griffig“ machen zu können, muß eine konkrete Abhängigkeit $\boldsymbol{g}$ zwischen den Spannungen $\boldsymbol{S}$ und den Verzerrungen $\boldsymbol{B}$ angegeben werden. Dabei muß die Tensorfunktion $\boldsymbol{g}$, ebenfalls wie die Tensorfunktion $\mathbf{f}$, die Isotropiebedingung (3.42) erfüllen (hinsichtlich (3.46) ist dort $\boldsymbol{V}$ durch $\boldsymbol{B}$ und $\mathbf{f}$ durch $\boldsymbol{g}$ zu ersetzen), so daß als „Lösung“ von (3.42) die folgende Darstellung der Materialgleichung für den Spannungstensor $\boldsymbol{S}$ als isotrope Tensorfunktion des linken CAUCHYschen Verzerrungstensors $\boldsymbol{B}$ gemäß (2.79) angegeben werden kann:

$$\boxed{\boldsymbol{S}\,(\mathrm{X},t) = \boldsymbol{g}\,(\boldsymbol{B}) = \Phi_0\boldsymbol{I} + \Phi_1\boldsymbol{B} + \Phi_2\boldsymbol{B}^2} \tag{3.47}$$

In (3.47) hängen die drei skalarwertigen *Materialfunktionen*

$$\Phi_i = \Phi_i\,(B_I, B_{II}, B_{III}) \qquad (i = 0, 1, 2) \tag{3.48}$$

jeweils von den gemäß (A.110) definierten drei *Grundinvarianten* des linken CAUCHYschen Verzerrungstensors ab, nämlich

$$B_I = \mathrm{Sp}\boldsymbol{B} = \boldsymbol{I}\cdot\cdot\boldsymbol{B} \quad , \quad B_{II} = \frac{1}{2}\left(B_I^2 - \mathrm{Sp}\boldsymbol{B}^2\right) \quad , \quad B_{III} = \det\boldsymbol{B} \tag{3.49}$$

Hinweise:

- Eine andere Möglichkeit zur Erzeugung der Form (3.46) bietet die *Koaxialität* (Gleichheit der Hauptachsen) von $\boldsymbol{S}$ und $\boldsymbol{B}$ im Falle der Isotropie.
- Die Materialgleichungsform (3.47) erhält man grundsätzlich, indem die rechte Seite von (3.46) als Potenzreihe in $\boldsymbol{B}$ aufgeschrieben wird und dann sämtliche Potenzen ab dritter Ordnung in $\boldsymbol{B}$ mittels der CAYLEY-HAMILTON-Gleichung (A.78) auf zweite Potenzen in $\boldsymbol{B}$ reduziert werden. Es sei darauf hingewiesen, daß es sich bei (3.47) um keine Näherungsgleichung, sondern immer noch um eine *exakte* und vollständige Darstellung der isotropen Tensorfunktion $\boldsymbol{g}(\boldsymbol{B})$ handelt!
- Die drei Materialfunktionen Φ_i sind prinzipiell durch geeignete Experimente zu determinieren.
- Die Materialgleichung (3.47) gilt noch für beliebige finite Verzerrungen homogener, isotroper, elastischer, nicht alternder Stoffe.

Bei manchen Anwendungen kann es von Vorteil sein, in (3.47) den Term $\boldsymbol{B}^2$ durch die Inverse $\boldsymbol{B}^{-1}$ zu ersetzen. Dazu wird mit Hilfe des CAYLEY-HAMILTON-Theorems (A.78) für $p = 2$ zunächst

$$\boldsymbol{B}^2 = B_I \boldsymbol{B} - B_{II} \boldsymbol{I} + B_{III} \boldsymbol{B}^{-1} \tag{3.50}$$

gebildet und in (3.47) eingesetzt, so daß damit die Alternativform

$$\boxed{\boldsymbol{S}(\mathrm{X}, t) = \boldsymbol{h}(\boldsymbol{B}) = \Psi_{-1} \boldsymbol{B}^{-1} + \Psi_0 \boldsymbol{I} + \Psi_1 \boldsymbol{B}} \tag{3.51}$$

mit den drei neuen Materialfunktionen

$$\Psi_i = \Psi_i (B_I, B_{II}, B_{III}) \qquad (i = -1, 0, 1) \tag{3.52}$$

entsteht, die wieder von den drei gemäß (3.49) angegebenen Grundinvarianten von $\boldsymbol{B}$ abhängen.

Für die spätere Linearisierung des Materialgesetzes (3.47) ist es zweckmäßig, dieses noch als Funktion des linken GREENschen Verzerrungstensors darzustellen: Mit (2.85) läßt sich (3.47) sofort in die folgende Form bringen:

$$\begin{aligned} \boldsymbol{S}(\mathrm{X}, t) = \boldsymbol{g}\left(\boldsymbol{G}^l\right) &= \Phi_0 \boldsymbol{I} + \Phi_1 \left(\boldsymbol{I} + 2\boldsymbol{G}^l\right) + \Phi_2 \left(\boldsymbol{I} + 2\boldsymbol{G}^l\right)^2 = \\ &= (\Phi_0 + \Phi_1 + \Phi_2) \boldsymbol{I} + 2(\Phi_1 + 2\Phi_2) \boldsymbol{G}^l + 4\Phi_2 \left(\boldsymbol{G}^l\right)^2 \end{aligned} \tag{3.53}$$

Mit entsprechenden Umbenennungen der Materialfunktionen erhält man schließlich die folgende Materialgleichung, die auch als *REINERsche Stoffgleichung* bezeichnet wird:

$$\boxed{\boldsymbol{S}(\mathrm{X}, t) = \boldsymbol{h}\left(\boldsymbol{G}^l\right) = \Omega_0 \boldsymbol{I} + \Omega_1 \boldsymbol{G}^l + \Omega_2 \left(\boldsymbol{G}^l\right)^2} \tag{3.54}$$

In (3.54) hängen die drei neuen (skalarwertigen) Materialfunktionen

$$\Omega_i = \Omega_i \left(G_I^l, G_{II}^l, G_{III}^l\right) \qquad (i = 0, 1, 2) \tag{3.55}$$

jetzt von den drei folgenden *Grundinvarianten* des linken GREENschen Verzerrungstensor $\boldsymbol{G}^l$ ab, nämlich

$$G_I^l = \mathrm{Sp}\boldsymbol{G}^l = \boldsymbol{I} \cdot\cdot \boldsymbol{G}^l \quad , \quad G_{II}^l = \frac{1}{2}\left[\left(G_I^l\right)^2 - \mathrm{Sp}\left(\boldsymbol{G}^l\right)^2\right] \quad , \quad G_{III}^l = \det \boldsymbol{G}^l \tag{3.56}$$

Beispiel 3.2: Für das Problem der *einfachen Scherung* nach Beispiel 2.10 bestimme man für den Fall, daß die Probe aus elastischem Material ist, gemäß der Materialgleichung (3.51) die Koordinaten des CAUCHYschen Spannungstensors.

Lösung:
Nach Beispiel 2.10 liegen bereits sämtliche für die Materialgleichung (3.51) erforderlichen Größen vor: Einsetzen von (e) und (o) aus Beispiel 2.10 in (3.51) liefert unter Beachtung der Darstellung (2.135) bzw. (2.137) zunächst

$$\begin{aligned} \boldsymbol{S} &= \Psi_{-1}\left[\boldsymbol{I} - \gamma\left(\boldsymbol{e}_1\boldsymbol{e}_2 + \boldsymbol{e}_2\boldsymbol{e}_1\right) + \gamma^2\boldsymbol{e}_2\boldsymbol{e}_2\right] + \Psi_0\boldsymbol{I} + \Psi_1\left[\boldsymbol{I} + \gamma\left(\boldsymbol{e}_1\boldsymbol{e}_2 + \boldsymbol{e}_2\boldsymbol{e}_1\right) + \gamma^2\boldsymbol{e}_1\boldsymbol{e}_1\right] = \\ &= \left(\Psi_{-1} + \Psi_0 + \Psi_1\right)\Bigg(\underbrace{\boldsymbol{e}_1\boldsymbol{e}_1 + \boldsymbol{e}_2\boldsymbol{e}_2 + \boldsymbol{e}_3\boldsymbol{e}_3}_{\boldsymbol{I}}\Bigg) + \Psi_1\gamma^2\boldsymbol{e}_1\boldsymbol{e}_1 + \Psi_{-1}\gamma^2\boldsymbol{e}_2\boldsymbol{e}_2 + \\ &+ \left(\Psi_1 - \Psi_{-1}\right)\gamma\left(\boldsymbol{e}_1\boldsymbol{e}_2 + \boldsymbol{e}_2\boldsymbol{e}_1\right) \overset{!}{=} \sigma_{11}\boldsymbol{e}_1\boldsymbol{e}_1 + \sigma_{22}\boldsymbol{e}_2\boldsymbol{e}_2 + \sigma_{33}\boldsymbol{e}_3\boldsymbol{e}_3 + \sigma_{12}\left(\boldsymbol{e}_1\boldsymbol{e}_2 + \boldsymbol{e}_2\boldsymbol{e}_1\right) + \\ &+ \sigma_{13}\left(\boldsymbol{e}_1\boldsymbol{e}_3 + \boldsymbol{e}_3\boldsymbol{e}_1\right) + \sigma_{23}\left(\boldsymbol{e}_2\boldsymbol{e}_3 + \boldsymbol{e}_3\boldsymbol{e}_2\right) \end{aligned} \tag{a}$$

bzw. in matrizieller Form, indem $(f)_2$ und $(o)_2$ aus Beispiel 2.10 in (3.51) eingesetzt und (2.137) beachtet wird

$$\begin{aligned} \boldsymbol{S} &= \Psi_{-1}\left\{\begin{bmatrix} 1 & -\gamma & 0 \\ -\gamma & 1+\gamma^2 & 0 \\ 0 & 0 & 1 \end{bmatrix} + \Psi_0\begin{bmatrix} 1 & 0 & 0 \\ 0 & 1 & 0 \\ 0 & 0 & 1 \end{bmatrix} + \Psi_1\begin{bmatrix} 1+\gamma^2 & \gamma & 0 \\ \gamma & 1 & 0 \\ 0 & 0 & 1 \end{bmatrix}\right\}\langle\boldsymbol{e_i}\boldsymbol{e_j}\rangle \overset{!}{=} \\ &\overset{!}{=} \begin{bmatrix} \sigma_{11} & \sigma_{12} & \sigma_{13} \\ \sigma_{12} & \sigma_{22} & \sigma_{23} \\ \sigma_{13} & \sigma_{23} & \sigma_{33} \end{bmatrix}\langle\boldsymbol{e_i}\boldsymbol{e_i}\rangle \end{aligned} \tag{b}$$

Mit einem Koordinatenvergleich in den Dyaden $\boldsymbol{e}_i\boldsymbol{e}_j$ entnimmt man der Darstellung (a) bzw. (b) die folgenden kartesischen Koordinaten des CAUCHYschen Spannungstensors

$$\boxed{\begin{aligned} &\sigma_{11} = \Psi_{-1} + \Psi_0 + \Psi_1\left(1+\gamma^2\right) = \sigma_{33} + \Psi_1\gamma^2 \\ &\sigma_{22} = \Psi_0 + \Psi_1 + \Psi_{-1}\left(1+\gamma^2\right) = \sigma_{33} + \Psi_{-1}\gamma^2 \\ &\sigma_{33} = \Psi_0 + \Psi_1 + \Psi_{-1} = \sigma_{11} - \Psi_1\gamma^2 = \sigma_{22} - \Psi_{-1}\gamma^2 \\ &\sigma_{12} = \sigma_{21} = \left(\Psi_1 - \Psi_{-1}\right)\gamma \\ &\sigma_{13} = \sigma_{23} = 0 \end{aligned}} \tag{c}$$

Hinweise:

- Durch (c) werden die Koordinaten der Materialgleichung für den CAUCHYschen Spannungstensor für den Fall eines auf einfache Scherung beanspruchten Quaders repräsentiert.
- Gemäß (n) von Beispiel 2.10 können die drei Materialfunktionen Ψ_i nur noch von γ^2 abhängen, also

$$\Psi_i = \Psi_i\left(\gamma^2\right) \qquad (i = -1, 0, 1) \tag{d}$$

  womit sämtliche Spannungsfunktionen allein noch von der Scherung γ abhängen können.
- Die drei Materialfunktionen Ψ_i sind durch geeignete Experimente zu determinieren (curve-fitting), wobei der einfache Scherversuch ein solches Experiment sein kann.
- Insbesondere die Gleichungen der Normalspannungen $(c)_1$ bis $(c)_3$ zeigen, daß bei Verwendung einer nichtlinearen Materialgleichung offenbar die einfache Scherung nur dann realisierbar ist, wenn im Gegensatz zu Bild 2.21 (vgl. Beispiel 2.14 und insbesondere die dortige Anmerkung nach Gleichung (a)!) außer einer Scherkraft zusätzlich noch Normalkräfte bzw. -spannungen aufgebracht werden! Man bezeichnet dieses Phänomen auch als *POYNTING-Effekt*. Ginge man davon aus, daß keine Normalspannungen wirken können, also $\sigma_{11} = \sigma_{22} = \sigma_{33} = 0$ gälte, so würde aus $(c)_1$ und $(c)_2$ wegen $\gamma \neq 0$ sofort $\Psi_{-1} = \Psi_1 = 0$ folgen, womit dann nach $(c)_4$ auch keine Scherspannung mehr möglich wäre und damit auf der Basis der nicht-linearen Elastizität das Problem der einfachen Scherung offensichtlich nicht realisiert werden könnte!

Beispiel 3.3

a) Für das Problem der *uniaxialen Deformation* nach Beispiel 2.8 bestimme man für den Fall, daß die Probe aus elastischem Material ist, gemäß der Materialgleichung (3.51) die CAUCHYschen Spannungen und bringe das Ergebnis in Zusammenhang mit den Ergebnissen von Beispiel 2.13.

b) Man rechne das Ergebnis gemäß a) in den Ersten PIOLA-KIRCHHOFFschen Spannungstensor um.

Lösung a):

Für (3.51) sind zunächst die Größen $\boldsymbol{B}$ und $\boldsymbol{B}^{-1}$ zu bestimmen. Einsetzen von $\boldsymbol{F}$ gemäß (d) aus Beispiel 2.8 in (2.79) führt unter Beachtung von (A.80) bzw. (A.102) auf (man beachte, daß in diesem speziellen Fall $\boldsymbol{F}$ symmetrisch ist!)

$$\begin{aligned}\boldsymbol{B} = \boldsymbol{F}\cdot\boldsymbol{F}^T &= [\lambda_1\boldsymbol{e_1e_1} + \lambda_2\boldsymbol{e_2e_2} + \lambda_3\boldsymbol{e_3e_3}]\cdot[\lambda_1\boldsymbol{e_1e_1} + \lambda_1\boldsymbol{e_2e_2} + \lambda_3\boldsymbol{e_3e_3}] = \\ &= \lambda_1^2\boldsymbol{e_1e_1} + \lambda_2^2\boldsymbol{e_2e_2} + \lambda_3^2\boldsymbol{e_3e_3}\end{aligned} \tag{a}$$

bzw.

$$[\boldsymbol{B}] = \begin{bmatrix} B_{11} & 0 & 0 \\ 0 & B_{22} & 0 \\ 0 & 0 & B_{33}\end{bmatrix}\langle\boldsymbol{e}_i\boldsymbol{e}_j\rangle = \begin{bmatrix} \lambda_1^2 & 0 & 0 \\ 0 & \lambda_2^2 & 0 \\ 0 & 0 & \lambda_3^2\end{bmatrix}\langle\boldsymbol{e}_i\boldsymbol{e}_j\rangle \tag{b}$$

Da $\boldsymbol{B}$ gemäß (a) bzw. (b) bereits Diagonalform besitzt, läßt sich die Inverse einfach durch die reziproken Werte der Koordinaten bilden, also

$$\boldsymbol{B}^{-1} = \lambda_1^{-2}\boldsymbol{e}_1\boldsymbol{e}_1 + \lambda_2^{-2}\boldsymbol{e}_2\boldsymbol{e}_2 + \lambda_3^{-2}\boldsymbol{e}_3\boldsymbol{e}_3 \tag{c}$$

bzw.

$$[\boldsymbol{B}^{-1}] = \begin{bmatrix} B_{11}^{-1} & 0 & 0 \\ 0 & B_{22}^{-1} & 0 \\ 0 & 0 & B_{33}^{-1}\end{bmatrix}\langle\boldsymbol{e}_i\boldsymbol{e}_j\rangle = \begin{bmatrix} \lambda_1^{-2} & 0 & 0 \\ 0 & \lambda_2^{-2} & 0 \\ 0 & 0 & \lambda_3^{-2}\end{bmatrix}\langle\boldsymbol{e}_i\boldsymbol{e}_j\rangle \tag{d}$$

Für die zweite Grundinvariante von $\boldsymbol{B}$ benötigt man noch $\boldsymbol{B}^2$, so daß mit (a) bzw. (b) folgt:

$$\begin{aligned}\boldsymbol{B}^2 &= (\lambda_1^2\boldsymbol{e}_1\boldsymbol{e}_1 + \lambda_2^2\boldsymbol{e}_2\boldsymbol{e}_2 + \lambda_3^2\boldsymbol{e}_3\boldsymbol{e}_3)\cdot(\lambda_1^2\boldsymbol{e}_1\boldsymbol{e}_1 + \lambda_2^2\boldsymbol{e}_2\boldsymbol{e}_2 + \lambda_3^2\boldsymbol{e}_3\boldsymbol{e}_3) = \\ &= \lambda_1^4\boldsymbol{e}_1\boldsymbol{e}_1 + \lambda_2^4\boldsymbol{e}_2\boldsymbol{e}_2 + \lambda_3^4\boldsymbol{e}_3\boldsymbol{e}_3\end{aligned} \tag{e}$$

bzw.

$$[\boldsymbol{B}^2] = \begin{bmatrix} \lambda_1^4 & 0 & 0 \\ 0 & \lambda_2^4 & 0 \\ 0 & 0 & \lambda_3^4\end{bmatrix}\langle\boldsymbol{e}_i\boldsymbol{e}_j\rangle \tag{f}$$

Mit (a) bis (f) ergeben sich die drei Grundinvarianten gemäß (3.49) wie folgt:

$$B_I = Sp\boldsymbol{B} = \lambda_1^2 + \lambda_2^2 + \lambda_3^2 \tag{g}$$

$$B_{II} = \frac{1}{2}\left(B_I^2 - Sp\boldsymbol{B}^2\right) = \lambda_1^2\lambda_2^2 + \lambda_1^2\lambda_3^2 + \lambda_2^2\lambda_3^2 \tag{h}$$

$$B_{III} = \det\boldsymbol{B} = \lambda_1^2\lambda_2^2\lambda_3^2 \tag{i}$$

Einsetzen von (a) bis (c) in (3.51) liefert unter Beachtung der Darstellung des CAUCHYschen Spannungstensors in kartesischen Koordinaten gemäß (2.135) sowie von (A.92) nach Koordinatenvergleich in den Dyaden $\boldsymbol{e}_i\boldsymbol{e}_j$ (vgl. hierzu das Vorgehen in Beispiel 3.2) die drei von Null verschiedenen Spannungskoordianten

$$\sigma_{11} = \Psi_{-1}\lambda_1^{-2} + \Psi_0 + \Psi_1\lambda_1^2 \tag{j}$$

$$\sigma_{22} = \Psi_{-1}\lambda_2^{-2} + \Psi_0 + \Psi_1\lambda_2^2 \tag{k}$$

$$\sigma_{33} = \Psi_{-1}\lambda_3^{-2} + \Psi_0 + \Psi_1\lambda_3^2 \tag{l}$$

mit

$$\Psi_i = \Psi_i\left(\lambda_1^2, \lambda_2^2, \lambda_3^2\right) \quad (i = -1, 0, 1) \tag{m}$$

wobei die drei Materialfunktionen Ψ_i von den drei Hauptstreckungen λ_i ($i = 1,2,3$) in noch unbestimmter Weise abhängen. Geht man weiter davon aus, daß die quaderförmige Probe gemäß Bild 2.19 (in Beispiel 2.13) nur in e_3-Richtung gestaucht wird, so bleiben die Seitenflächen spannungsfrei und es gilt

$$\sigma_{11} = \sigma_{22} = 0 \tag{n}$$

und weiter mit (j) und (k)

$$\Psi_{-1}\lambda_1^{-2} + \Psi_0 + \Psi_1\lambda_1^2 = 0 \quad , \quad \Psi_{-1}\lambda_2^{-2} + \Psi_0 + \Psi_1\lambda_2^2 = 0 \tag{o}$$

Mit (o) liegen nun zwei Gleichungen vor, die unter Beachtung von (n) noch in irgendeiner Weise von den drei Hauptstreckungen λ_i (i = 1,2,3) abhängen können. Je nach Komplexität dieser beiden Funktionen, lassen sich aber prinzipiell damit beispielsweise die beiden Hauptstreckungen λ_1 und λ_2 eliminieren bzw. als Funktion der dritten Hauptstreckung λ_3 darstellen, so daß schließlich (l) übergeht in

$$\boxed{\sigma_{33} = f(\lambda_3) = \Psi_{-1}(\lambda_3)\,\lambda_3^{-2} + \Psi_0(\lambda_3) + \Psi_1(\lambda_3)\,\lambda_3^2} \qquad \lambda_3 = h(t)/h_0 \tag{p}$$

Hinweise:

- Nach (p) ist die einzige von Null verschiedene (Normal-)Spannung des CAUCHYschen Spannungstensors σ_{33} allein noch eine Funktion der dritten Hauptstreckung $\lambda_3 = h(t)/h_0$.
- Der Ausdruck (p) repräsentiert die eindimensionale nicht-lineare Materialgleichung (Spannungs-Streckungs-Relation) der CAUCHYschen Spannungskoordinate σ_{33} eines auf uniaxialen Druck beanspruchten elastischen Quaders.
- Die drei Materialfunktionen Ψ_i sind durch geeignete Experimente zu determinieren (curve-fitting).

Bringt man nun dieses Ergebnis mit den Ergebnissen aus Beispiel 2.13 zusammen, so ist der dortige Ausdruck (b) mit obigem Ausdruck $(\text{p})_1$ gleichzusetzen, so daß mit Rücksubstitution von λ_3 mittels $(\text{p})_2$ die folgende Gleichung entsteht:

$$\boxed{\frac{K}{ab} = -\left[\Psi_{-1}\left(\frac{h}{h_0}\right)\right]\left(\frac{h}{h_0}\right)^{-2} + \Psi_0\left(\frac{h}{h_0}\right) + \left[\Psi_1\left(\frac{h}{h_0}\right)\right]\left(\frac{h}{h_0}\right)^2} \tag{q}$$

Hinweise:

- Durch (q) liegt eine Kraft-Streckungs-Relation auf Basis des CAUCHYschen Spannungstensors für den Fall eines durch die Kraft K auf uniaxialen Druck belasteten elastischen Quaders vor.
- Ein mögliches Experiment, welches zur Determinierung (zumindest einer) der drei Materialfunktionen beitragen könnte, wäre etwa ein uniaxialer Druckversuch, an dessen Daten –nämlich die Meßwertpaare (K, λ_3)- Gleichung (q) anzupassen wäre.

Lösung b):
Zur Erzeugung des Ersten PIOLA-KIRCHHOFFschen Spannungstensors gemäß (2.144) ist (3.51) mit $J\boldsymbol{F}^{-1}$ skalar von links zu multiplizieren, so daß zunächst

$$\boldsymbol{P}^I = J\boldsymbol{F}^{-1}\cdot\boldsymbol{S} = \Psi_{-1}J\boldsymbol{F}^{-1}\cdot\boldsymbol{B}^{-1} + \Psi_0 J\boldsymbol{F}^{-1} + \Psi_1 J\boldsymbol{F}^{-1}\cdot\boldsymbol{B} \tag{r}$$

entsteht. Mit den Ausdrücken (a) und (c) dieses Beispieles sowie (g) aus Beispiel 2.8 und (d) aus Beispiel 2.13 ergeben sich nacheinander der erste und dritte Term in (r) wie folgt

$$\begin{aligned} J\boldsymbol{F}^{-1}\cdot\boldsymbol{B}^{-1} &= \frac{abh}{a_0b_0h_0}\left(\lambda_1^{-1}\boldsymbol{e}_1\boldsymbol{e}_1 + \lambda_2^{-1}\boldsymbol{e}_2\boldsymbol{e}_2 + \lambda_3^{-1}\boldsymbol{e}_3\boldsymbol{e}_3\right)\cdot \\ &\quad\cdot\left(\lambda_1^{-2}\boldsymbol{e}_1\boldsymbol{e}_1 + \lambda_2^{-2}\boldsymbol{e}_2\boldsymbol{e}_2 + \lambda_3^{-2}\boldsymbol{e}_3\boldsymbol{e}_3\right) = \\ &= \frac{abh}{a_0b_0h_0}\left(\lambda_1^{-3}\boldsymbol{e}_1\boldsymbol{e}_1 + \lambda_2^{-3}\boldsymbol{e}_2\boldsymbol{e}_2 + \lambda_3^{-3}\boldsymbol{e}_3\boldsymbol{e}_3\right) \end{aligned} \tag{s}$$

$$\begin{aligned} J\boldsymbol{F}^{-1}\cdot\boldsymbol{B} &= \frac{abh}{a_0b_0h_0}\left(\lambda_1^{-1}\boldsymbol{e}_1\boldsymbol{e}_1 + \lambda_2^{-1}\boldsymbol{e}_2\boldsymbol{e}_2 + \lambda_3^{-1}\boldsymbol{e}_3\boldsymbol{e}_3\right)\cdot \\ &\quad\cdot\left(\lambda_1^{2}\boldsymbol{e}_1\boldsymbol{e}_1 + \lambda_2^{2}\boldsymbol{e}_2\boldsymbol{e}_2 + \lambda_3^{2}\boldsymbol{e}_3\boldsymbol{e}_3\right) = \\ &= \frac{abh}{a_0b_0h_0}\left(\lambda_1\boldsymbol{e}_1\boldsymbol{e}_1 + \lambda_2\boldsymbol{e}_2\boldsymbol{e}_2 + \lambda_3\boldsymbol{e}_3\boldsymbol{e}_3\right) \end{aligned} \tag{t}$$

Einsetzen von (s), (t) sowie (d) aus Beispiel 2.13 in (r) liefert nach anschließendem Koordinatenvergleich in den Dyaden $\boldsymbol{e}_i \boldsymbol{e}_j$ die drei von Null verschiedenen Spannungskoordianten des Ersten PIOLA-KIRCHHOFFschen Spannungstensors wie folgt

$$\begin{aligned} P^I_{11} &= J\left(\Psi_{-1}\lambda_1^{-3} + \Psi_0\lambda_1^{-1} + \Psi_1\lambda_1\right) \equiv J\lambda_1^{-1}\left(\Psi_{-1}\lambda_1^{-2} + \Psi_0 + \Psi_1\lambda_1^2\right) \\ P^I_{22} &= J\left(\Psi_{-1}\lambda_2^{-3} + \Psi_0\lambda_2^{-1} + \Psi_1\lambda_2\right) \equiv J\lambda_2^{-1}\left(\Psi_{-1}\lambda_2^{-2} + \Psi_0 + \Psi_1\lambda_2^2\right) \\ P^I_{33} &= J\left(\Psi_{-1}\lambda_3^{-3} + \Psi_0\lambda_3^{-1} + \Psi_1\lambda_3\right) \equiv J\lambda_3^{-1}\left(\Psi_{-1}\lambda_3^{-2} + \Psi_0 + \Psi_1\lambda_3^2\right) \end{aligned} \tag{u}$$

mit den drei Materialfunktionen Ψ_i gemäß (m). Durch Vergleich der Ausdrücke (j) bis (l) mit den Ausdrücken (u) erkennt man noch die (skalaren) Zusammenhänge zwischen den Koordinaten des Ersten PIOLA-KIRCHHOFF und des CAUCHYschen Spannungstensors (Achtung: in (v) ist nicht über i zu summieren!)

$$P^I_{ii} = J\lambda_i^{-1}\sigma_{ii} \quad \text{bzw.} \quad \sigma_{ii} = J^{-1}\lambda_i P^I_{ii} \quad \text{mit} \quad (i = 1,2,3) \tag{v}$$

Durch (v) werden quasi die Koordinatengleichungen der Umrechnungen von (2.144) bzw. (2.145) für den Fall, daß $\boldsymbol{F}$ die spezielle Form (c) gemäß Beispiel 2.8 besitzt, wiedergegeben.

Durch analoges Vorgehen zu (n) bis (p) erhält man unter Beachtung, daß wegen $J \neq 0$ durch J dividiert werden darf die zu (p) entsprechende eindimensionale Materialgleichung der Spannungskoordinate P^I_{33} des Ersten PIOLA-KIRCHHOFFschen Spannungstensors (wobei selbstverständlich auch hierfür der Zusammenhang (v) gilt)

$$\boxed{P^I_{33} = J\lambda_3^{-1}\sigma_{33} = J\left[\Psi_{-1}(\lambda_3)\,\lambda_3^{-3} + \Psi_0(\lambda_3)\,\lambda_3^{-1} + \Psi_1(\lambda_3)\,\lambda_3\right]} \tag{w}$$

Einsetzen von (i) aus Beispiel 2.13 in (w) führt dann unter Beachtung der Rücksubstitution von λ_3 gemäß $(\mathrm{p})_2$ und Division durch h_0/h schließlich auf die Kraft-Streckungs-Relation auf Basis des Ersten PIOLA-KIRCHHOFFschen Spannungstensors für den Fall eines auf uniaxialen Druck belasteten elastischen Quaders in der Form

$$\left[\Psi_{-1}\left(\frac{h}{h_0}\right)\right]\left(\frac{h}{h_0}\right)^{-2} + \Psi_0\left(\frac{h}{h_0}\right) + \left[\Psi_1\left(\frac{h}{h_0}\right)\right]\left(\frac{h}{h_0}\right)^2 = -\frac{K}{ab} \tag{x}$$

Der Vergleich der beiden Ergebnisse (q) und (x) zeigt, daß die beiden Ausdrücke identisch sind!

3.2.2 GREEN- oder Hyper-Elastizität

Hyperelastische Materialien sind dadurch gekennzeichnet, daß ein *elastisches Potential* existiert, aus welchem sich die Spannungen durch Ableitungsoperationen nach den Verzerrungen erzeugen lassen. Solche Materialien bilden daher eine Untermenge der elastischen (bzw. CAUCHY-elastischen) Materialien. Ausgangspunkt hierfür ist die lokale mechanische Bilanzgleichung gemäß (2.209): Multipliziert man beide Seiten von (2.209) mit J und führt wie üblich eine *Verzerrungsenergiefunktion* $w = \rho_0 u$ ein, so geht (2.209) unter Beachtung von (2.166) über in

$$\boxed{\dot{w} = J\boldsymbol{S}\cdot\cdot\boldsymbol{D}} \quad \text{mit} \quad w = \rho_0 u \tag{3.57}$$

Die Verzerrungsenergiefunktion w in (3.57) stellt jetzt das *elastische Potential* dar, aus welchem die Materialgleichung für die Spannungen erzeugt werden soll, so daß w selbst als Materialgleichung anzusehen ist und somit die Prinzipe der Rationalen Mechanik zu erfüllen hat. In diesem Sinne soll zunächst gelten

$$w = w(\boldsymbol{F}) = \begin{cases} > \;\; 0, & \text{für} \quad \boldsymbol{F} \neq \boldsymbol{0} \\ = \;\; 0, & \text{für} \quad \boldsymbol{F} \neq \boldsymbol{I} \end{cases} \tag{3.58}$$

wonach w im Sinne des *Prinzipes der Äquipräsenz*, ebenfalls wie der Spannungstensor $\boldsymbol{S}$ gemäß 3.45, als eine (jetzt allerdings *skalarwertige*) Funktion des momentanen Deformationsgradienten $\boldsymbol{F}$ angesetzt wird. Für die Realisierung eines deformierten Zustands ($\boldsymbol{F} \neq \boldsymbol{0}$) ist gemäß (3.58) stets Verzerrungsenergie aufzuwenden, so daß hierfür $w > 0$ sein muß, wobei w in der (verzerrungsfreien) Bezugskonfiguration, -also für $\boldsymbol{F} = \boldsymbol{I}$- Null sein soll. Da die Formulierung (3.58) bereits die Prinzipe der Kausalität, des Determinismus und der lokalen Nachbarschaft enthält, ist zur weiteren Reduktion von $w(\boldsymbol{F})$ lediglich noch das Prinzip der materielle Objektivität heranzuziehen. In Anlehnung an (3.28) muß jetzt die skalarwertige Funktion w unempfindlich gegenüber einem Beobachterwechsel gemäß (3.27) sein, so daß gelten muß

$$w = w(\boldsymbol{F}) = w(\boldsymbol{F}^*) = w(\boldsymbol{Q} \cdot \boldsymbol{F}) \tag{3.59}$$

Da $\boldsymbol{F}$ kein Verzerrungsmaß darstellt, ist es zweckmäßig in der rechten Seite von (3.59) $\boldsymbol{F}$ wie folgt mit Hilfe des polaren Zerlegungstheorems (2.65) zu ersetzen, so daß

$$w = w(\boldsymbol{F}) = w(\boldsymbol{Q} \cdot \boldsymbol{R} \cdot \boldsymbol{U}) \tag{3.60}$$

Die Relation (3.60) gilt für beliebige orthogonale Tensoren $\boldsymbol{Q}$ und muß daher auch für die spezielle Wahl $\boldsymbol{Q} = \boldsymbol{R}^T$ erfüllt sein, so daß dann unter Beachtung von (2.67) die folgende Form entsteht

$$w = w(\boldsymbol{F}) = w\left(\underbrace{\boldsymbol{R}^T \cdot \boldsymbol{R}}_{\boldsymbol{I}} \cdot \boldsymbol{U}\right) = w(\boldsymbol{U}) \tag{3.61}$$

und schließlich wegen (2.77) auch (einer besseren Übersichtlichkeit wegen wird kein neues Funktionssymbol verwendet und die Vorschrift $\boldsymbol{U} = \boldsymbol{C}^{1/2}$ der Funktion w zugeschlagen!)

$$\boxed{w = w(\boldsymbol{F}) = w(\boldsymbol{U}) = w(\boldsymbol{C})} \tag{3.62}$$

Hinweis:

Nach (3.62) kann die Verzerrungsenergiefunktion w nur vom *rechten* Streckungstensor $\boldsymbol{U}$ bzw. vom *rechten* CAUCHYschen Verzerrungstensor $\boldsymbol{C}$ abhängen!

Gemäß (3.57) ist nun die Zeitableitung von w zu bilden, wozu wie folgt verfahren werden kann: Unter Beachtung von (A.119) ergibt sich die substantielle Zeitableitung von w gemäß (3.62) zu

$$\dot{w} = \frac{d\boldsymbol{C}}{dt} = \left(\frac{\partial w}{\partial \boldsymbol{C}}\right)^T \cdot\cdot\, \dot{\boldsymbol{C}} \tag{3.63}$$

Einsetzen von (3.63) in (3.57) liefert zunächst

$$\left(\frac{\partial w}{\partial \boldsymbol{C}}\right)^T \cdot\cdot\, \dot{\boldsymbol{C}} = J\boldsymbol{S} \cdot\cdot\, \boldsymbol{D} \tag{3.64}$$

Das Ziel besteht nun darin, (3.64) nach $\boldsymbol{S}$ aufzulösen, um somit die Rechenvorschrift für die Materialgleichung des Spannungstensors $\boldsymbol{S}$ zu erhalten. Da es sich um eine Tensorgleichung handelt, ist eine Division ausgeschlossen und es muß ein Vergleich in den Verzerrungsmaßen durchgeführt werden. In der vorliegenden Form ist dies jedoch noch nicht möglich, da in (3.64) links die zeitliche Ableitung des rechten CAUCHYschen Verzerungstensors $\boldsymbol{C}$ und rechts der Verzerrungsgeschwindigkeitstensor $\boldsymbol{D}$ steht. Es muß zunächst einer von beiden Tensoren in den anderen umgerechnet werden. Dies kann wie folgt bewerkstelligt werden: Die zeitliche Differentiation des gemäß (2.75) definierten rechten CAUCHYschen Verzerrungstensors führt auf

$$\dot{\boldsymbol{C}} = \frac{d}{dt}\left(\boldsymbol{F}^T \cdot \boldsymbol{F}\right) = \dot{\boldsymbol{F}}^T \cdot \boldsymbol{F} + \boldsymbol{F}^T \cdot \dot{\boldsymbol{F}} \qquad (3.65)$$

Der Vergleich von (3.65) mit dem bereits gemäß (2.207) definierten Verzerrungsgeschwindigkeitstensor $\boldsymbol{D}$ führt unter Beachtung von (A.60) auf den Zusammenhang

$$\dot{\boldsymbol{C}} = 2\boldsymbol{F}^T \cdot \boldsymbol{D} \cdot \boldsymbol{F} \qquad (3.66)$$

bzw. durch skalare Multiplikation von (3.66) mit $\boldsymbol{F}^{-T}$ von links und mit $\boldsymbol{F}^{-1}$ von rechts (*push-forward*)

$$\boldsymbol{D} = \frac{1}{2}\boldsymbol{F}^{-T} \cdot \dot{\boldsymbol{C}} \cdot \boldsymbol{F}^{-1} \qquad (3.67)$$

Setzt man nun beispielsweise (3.66) in die linke Seite von (3.64) ein, so erhält man unter Beachtung von (A.57) sowie $\boldsymbol{D} = \boldsymbol{D}^T$

$$2\left(\frac{\partial w}{\partial \boldsymbol{C}}\right)^T \cdot\cdot\, \boldsymbol{F}^T \cdot \boldsymbol{D} \cdot \boldsymbol{F} = \underline{2\boldsymbol{F} \cdot \frac{\partial w}{\partial \boldsymbol{C}} \cdot \boldsymbol{F}^T \cdot\cdot\, \boldsymbol{D} = J\boldsymbol{S} \cdot\cdot\, \boldsymbol{D}} \qquad (3.68)$$

Die Gleichung (3.68) muß für beliebige Verzerrungsgeschwindigkeitstensoren $\boldsymbol{D}$ erfüllt sein, so daß damit im unterstrichenen Teil von Gleichung in (3.68) ein „Koeffizientenvergleich" in $\boldsymbol{D}$ vorgenommen werden kann, der schließlich auf die folgende Vorschrift für die Materialgleichungsstruktur des CAUCHYschen Spannungstensors führt:

$$\boxed{\boldsymbol{S} = 2J^{-1}\boldsymbol{F} \cdot \frac{\partial w(\boldsymbol{C})}{\partial \boldsymbol{C}} \cdot \boldsymbol{F}^T} \qquad (3.69)$$

Hinweise:

- Die Form (3.69) repräsentiert die allgemeinste Form einer Materialgleichungsstruktur für den CAUCHYschen Spannungstensors nicht-linearer hyperelastischer anisotroper Materialien.
- Zur Beschreibung eines realen Materialverhaltens ist die Verzerrungsenergiefunktion w entsprechend zu konkretisieren, worin übrigens die „Kunst" der Anwendung solcher Gleichungen liegt!

Mit Hilfe von (2.144) bzw. (2.146) erhält man aus (3.69) den Ersten bzw. Zweiten PIOLA-KIRCHHOFFschen Spannungstensor wie folgt:

$$\boxed{\boldsymbol{P}^I = J\boldsymbol{F}^{-1} \cdot \boldsymbol{S} = 2\frac{\partial w(\boldsymbol{C})}{\partial \boldsymbol{C}} \cdot \boldsymbol{F}^T} \quad \text{bzw.} \quad \boxed{\boldsymbol{P}^{II} = J\boldsymbol{F}^{-1} \cdot \boldsymbol{S} \cdot \boldsymbol{F}^{-T} = 2\frac{\partial w(\boldsymbol{C})}{\partial \boldsymbol{C}}} \qquad (3.70)$$

Hinweis:
Mit (3.70) läßt sich leicht zeigen, daß $\boldsymbol{P}^I$ die Symmetriebedingung (2.190) erfüllt und $\boldsymbol{P}^{II}$ wegen der Symmetrie von $\boldsymbol{C}$ ebenfalls symmetrisch ist.

Isotrope hyperelastische Materialien: Schränkt man auf *isotrope* Materialeigenschaften ein, so muß für die gemäß (3.62) angegebene objektive Verzerrungsenergiefunktion w noch die Isotropiebedingung angegeben werden. In Anlehnung an die Isotropiebedingung (3.38) für *tensorwertige* Tensorfunktionen gilt für *skalarwertige* Tensorfunktionen und insbesondere für w gemäß (3.62) zunächst

$$w(\boldsymbol{F}) = w\left(\boldsymbol{F}\cdot\boldsymbol{Q}^T\right) \tag{3.71}$$

Überträgt man diese Vorschrift auf das Argument $\boldsymbol{C}$ in (3.62), so ergibt sich unter Beachtung von (2.75) weiter

$$w(\boldsymbol{F}) = w(\boldsymbol{C}) = w\left(\boldsymbol{F}^T\cdot\boldsymbol{F}\right) \stackrel{!}{=} w\left[\left(\boldsymbol{F}\cdot\boldsymbol{Q}^T\right)^T\cdot\boldsymbol{F}\cdot\boldsymbol{Q}^T\right] = w\left(\boldsymbol{Q}\cdot\underbrace{\boldsymbol{F}^T\cdot\boldsymbol{F}}_{\boldsymbol{C}}\cdot\boldsymbol{Q}^T\right) \tag{3.72}$$

Aus (3.72) entsteht also für die Verzerrungsenergiefunktion w die folgende *skalarwertige Isotropiebedingung*

$$\boxed{w(\boldsymbol{C}) = w\left(\boldsymbol{Q}\cdot\boldsymbol{C}\cdot\boldsymbol{Q}^T\right)} \tag{3.73}$$

Es kann gezeigt werden, daß die „Lösung" von (3.73) durch die *reduzierte Form*

$$\boxed{w(\boldsymbol{C}) = w(C_I, C_{II}, C_{III})} \tag{3.74}$$

darstellbar ist [Bet 93], [Spe 88] wobei C_i die drei Grundinvarianten des rechten CAUCHYschen Verzerrungstensors gemäß

$$C_I = Sp\boldsymbol{C} = \boldsymbol{I}\cdot\cdot\boldsymbol{C} \quad , \quad C_{II} = \frac{1}{2}\left(C_I^2 - Sp\boldsymbol{C}^2\right) \quad , \quad C_{III} = \det\boldsymbol{C} \tag{3.75}$$

bedeuten. Damit hängt die Verzerrungsenergiefunktion w im isotropen Fall nur noch von den drei Grundinvarianten von $\boldsymbol{C}$ ab.

Bildet man jetzt die in (3.69) erforderliche partielle Ableitung von $\partial w/\partial\boldsymbol{C}$, so ergibt sich mit (3.74) unter Beachtung der Kettenregel zunächst

$$\frac{\partial w(\boldsymbol{C})}{\partial\boldsymbol{C}} = \frac{\partial w(C_I, C_{II}, C_{III})}{\partial\boldsymbol{C}} = \frac{\partial w}{\partial C_I}\frac{\partial C_I}{\partial\boldsymbol{C}} + \frac{\partial w}{\partial C_{II}}\frac{\partial C_{II}}{\partial\boldsymbol{C}} + \frac{\partial w}{\partial C_{III}}\frac{\partial C_{III}}{\partial\boldsymbol{C}} \tag{3.76}$$

Die in (3.76) auftretenden drei partiellen Ableitungen $\partial C_i\ /\partial\boldsymbol{C}$ $(i = I,\ II,\ III)$ ergeben sich mit den gemäß (3.75) definierten Grundinvarianten sowie mit Hilfe der gemäß (A.121) definierten GATEAUX-Variation sowie (A.54) wie folgt nacheinander:

$$\begin{aligned}\delta C_I\left(\boldsymbol{C};\bar{\boldsymbol{C}}\right) &= \frac{d}{d\lambda}\left[C_I\left(\boldsymbol{C}+\lambda\bar{\boldsymbol{C}}\right)\right]\Big|_{\lambda=0} = \frac{d}{d\lambda}\left[\boldsymbol{I}\cdot\cdot\left(\boldsymbol{C}+\lambda\bar{\boldsymbol{C}}\right)\right]\Big|_{\lambda=0} = \\ &= \frac{d}{d\lambda}\left[\boldsymbol{I}\cdot\cdot\boldsymbol{C}\right]\big|_{\lambda=0} + \frac{d}{d\lambda}\left[\boldsymbol{I}\cdot\cdot\lambda\bar{\boldsymbol{C}}\right]\Big|_{\lambda=0} = \underline{\boldsymbol{I}\cdot\cdot\bar{\boldsymbol{C}} = \left(\frac{\partial C_I}{\partial \boldsymbol{C}}\right)^T\cdot\cdot\bar{\boldsymbol{C}}}\end{aligned} \tag{3.77}$$

$$\begin{aligned}&\delta C_{II}\left(\boldsymbol{C};\bar{\boldsymbol{C}}\right) = \\ &= \frac{d}{d\lambda}\left[C_{II}\left(\boldsymbol{C}+\lambda\bar{\boldsymbol{C}}\right)\right]\Big|_{\lambda=0} = \frac{d}{d\lambda}\frac{1}{2}\left\{\left[\boldsymbol{I}\cdot\cdot\left(\boldsymbol{C}+\lambda\bar{\boldsymbol{C}}\right)\right]^2 - \boldsymbol{I}\cdot\cdot\left(\boldsymbol{C}+\lambda\bar{\boldsymbol{C}}\right)^2\right\}\Big|_{\lambda=0} = \\ &= \frac{1}{2}\left\langle 2\left[\boldsymbol{I}\cdot\cdot\left(\boldsymbol{C}+\lambda\bar{\boldsymbol{C}}\right)\right]\Big|_{\lambda=0}\left(\boldsymbol{I}\cdot\cdot\bar{\boldsymbol{C}}\right) - \frac{d}{d\lambda}\left\{\boldsymbol{I}\cdot\cdot\left[\boldsymbol{C}\cdot\boldsymbol{C}+\lambda\left(\boldsymbol{C}\cdot\bar{\boldsymbol{C}}+\bar{\boldsymbol{C}}\cdot C\right)+\lambda^2\bar{\boldsymbol{C}}^2\right]\right\}\Big|_{\lambda=0}\right\rangle = \\ &= \left(\boldsymbol{I}\cdot\cdot\boldsymbol{C}\right)\left(\boldsymbol{I}\cdot\cdot\bar{\boldsymbol{C}}\right) - \frac{1}{2}\left[\boldsymbol{I}\cdot\cdot\left(\boldsymbol{C}\cdot\bar{\boldsymbol{C}}+\bar{\boldsymbol{C}}\cdot\boldsymbol{C}\right)\right] = \left(\boldsymbol{I}\cdot\cdot\boldsymbol{C}\right)\left(\boldsymbol{I}\cdot\cdot\bar{\boldsymbol{C}}\right) - \boldsymbol{I}\cdot\cdot\left(\boldsymbol{C}\cdot\bar{\boldsymbol{C}}\right) = \\ &= \left\{\left[\underbrace{\left(\boldsymbol{I}\cdot\cdot\boldsymbol{C}\right)}_{C_I}\boldsymbol{I}\right] - \underbrace{\boldsymbol{I}\cdot\boldsymbol{C}}_{\boldsymbol{C}}\right\}\cdot\cdot\bar{\boldsymbol{C}} = \underline{\left(C_I\boldsymbol{I}-\boldsymbol{C}\right)\cdot\cdot\bar{\boldsymbol{C}} = \left(\frac{\partial C_{II}}{\partial \boldsymbol{C}}\right)^T\cdot\cdot\bar{\boldsymbol{C}}}\end{aligned} \tag{3.78}$$

Durch Vergleich der in (3.77) und (3.78)) jeweils unterstrichenen Gleichungsanteile in den *beliebigen* „Richtungs"-Tensoren $\bar{C}$ erhält man die gesuchten partiellen Ableitungen (man beachte dabei, daß wegen der Symmetrie von $\boldsymbol{I}$ und $\boldsymbol{C}$ die transponierte Ableitung gleich der Ableitung selbst ist!)

$$\frac{\partial C_I}{\partial \boldsymbol{C}} = \boldsymbol{I} \quad , \quad \frac{\partial C_{II}}{\partial \boldsymbol{C}} = C_I\boldsymbol{I} - \boldsymbol{C} \tag{3.79}$$

Wegen der sehr umfangreichen Rechnung wird für die Ableitung der dritten Grundinvarianten von $\boldsymbol{C}$ deren Ergebnis direkt angegeben (grundsätzlich entsteht diese, indem die zweite Form für C_{III} gemäß $(A.73)_3$ gewählt wird und dann unter Beachtung von $(3.79)_1$ und $(3.79)_2$ nach $\boldsymbol{C}$ differenziert wird ! Die zweite Form in (3.80) entsteht durch Beachtung von (A.70)).

$$\frac{\partial C_{III}}{\partial \boldsymbol{C}} = C_{III}\boldsymbol{C}^{-1} = C_{II}\boldsymbol{I} - C_I\boldsymbol{C} + \boldsymbol{C}^2 \tag{3.80}$$

Einsetzen von (3.79) bis (3.80) in (3.76) liefert schließlich, wenn noch nach steigenden Potenzen von $\boldsymbol{C}$ geordnet wird

$$\boxed{\frac{\partial w\left(\boldsymbol{C}\right)}{\partial \boldsymbol{C}} = C_{III}\frac{\partial w}{\partial C_{III}}\boldsymbol{C}^{-1} + \left(\frac{\partial w}{\partial C_I} + C_I\frac{\partial w}{\partial C_{II}}\right)\boldsymbol{I} - \frac{\partial w}{\partial C_{II}}\boldsymbol{C}} \tag{3.81}$$

Einsetzen von (3.81) in $(3.70)_2$ führt sofort auf die *Materialgleichung des Zweiten PIOLA-KIRCHHOFFschen Spannungstensors isotroper nicht-linearer hyperelastischer Materialien* (die auf „natürliche" Weise als tensorwertige Tensorfunktion von $\boldsymbol{C}$ anfällt)

$$\boxed{\boldsymbol{P}^{II} = \boldsymbol{f}(\boldsymbol{C}) = 2\left[C_{III}\frac{\partial w}{\partial C_{III}}\boldsymbol{C}^{-1} + \left(\frac{\partial w}{\partial C_I} + C_I\frac{\partial w}{\partial C_{II}}\right)\boldsymbol{I} - \frac{\partial w}{\partial C_{II}}\boldsymbol{C}\right]} \tag{3.82}$$

Beachtet man $\boldsymbol{F}\cdot\boldsymbol{I}\cdot\boldsymbol{F}^T = \boldsymbol{F}\cdot\boldsymbol{F}^T = \boldsymbol{B}$, $\boldsymbol{F}\cdot\boldsymbol{C}\cdot\boldsymbol{F}^T = \boldsymbol{F}\cdot\boldsymbol{F}^T\ \boldsymbol{F}\cdot\boldsymbol{F}^T = \boldsymbol{B}^2$ und $\boldsymbol{F}\cdot\boldsymbol{C}^{-1}\cdot\boldsymbol{F}^T = \boldsymbol{F}\cdot(\boldsymbol{F}^T\ \boldsymbol{F})^{-1}\cdot\boldsymbol{F}^T = \boldsymbol{F}\cdot\boldsymbol{F}^{-1}\cdot\boldsymbol{F}^{-T}\cdot\boldsymbol{F}^T = \boldsymbol{I}$, so ergibt Einsetzen von (3.81) in (3.69) die *Materialgleichung des CAUCHYschen Spannungstensors isotroper nicht-linearer hyperelastischer Materialien*

$$\boxed{\boldsymbol{S} = \boldsymbol{g}(\boldsymbol{B}) = 2J^{-1}\left[B_{III}\frac{\partial w}{\partial B_{III}}\boldsymbol{I} + \left(\frac{\partial w}{\partial B_I} + B_I\frac{\partial w}{\partial B_{II}}\right)\boldsymbol{B} - \frac{\partial w}{\partial B_{II}}\boldsymbol{B}^2\right]} \tag{3.83}$$

Indem in (3.83) $\boldsymbol{B}^2$ mit Hilfe der CAYLEY-HAMILTON-Gleichung (A.78) elimimiert wird, entsteht die zu (3.51) analoge Materialgleichungsstruktur für hyperelastische Materialien

$$\boxed{\boldsymbol{S} = \boldsymbol{h}(\boldsymbol{B}) = 2J^{-1}\left[-B_{III}\frac{\partial w}{\partial B_{II}}\boldsymbol{B}^{-1} + \left(B_{II}\frac{\partial w}{\partial B_{II}} + B_{III}\frac{\partial w}{\partial B_{III}}\right)\boldsymbol{I} + \frac{\partial w}{\partial B_I}\boldsymbol{B}\right]} \tag{3.84}$$

Hinweise:

- Die beiden Materialgleichungen (3.83) und (3.84) sind spezielle Formen von (3.69) für *isotrope* Medien !
- Man beachte, daß (3.83) bzw. (3.84) im Unterschied zu (3.82) jeweils als tensorwertige Tensorfunktion von $\boldsymbol{B}$ anfallen!
- Es sei daraufhingewiesen, daß in (3.83) und (3.84) anstatt der Grundinvarianten C_i des rechten CAUCHYschen Verzerrungstensors nunmehr diejenigen des linken CAUCHYschen Verzerrungstensors $\boldsymbol{B}$ stehen! Dies kann wie folgt eingesehen werden: Einsetzen von $(2.82)_1$ in $(3.75)_1$ liefert unter Beachtung von (A.54) sowie der Symmetrie von $\boldsymbol{B}$

$$C_I = \mathrm{Sp}\boldsymbol{C} = \mathrm{Sp}\boldsymbol{R}^T\cdot\boldsymbol{B}\cdot\boldsymbol{R} = \mathrm{Sp}\boldsymbol{B}\cdot\underbrace{\boldsymbol{R}\cdot\boldsymbol{R}^T}_{\boldsymbol{I}} = \mathrm{Sp}\boldsymbol{B} = B_I \tag{3.85}$$

Mit den in (3.85) durchgeführten Umformungen ergibt sich weiter:

$$\begin{aligned}\mathrm{Sp}\boldsymbol{C}^2 &= \mathrm{Sp}\left(\boldsymbol{R}^T\cdot\boldsymbol{B}\cdot\boldsymbol{R}\right)^2 = \mathrm{Sp}\boldsymbol{R}^T\cdot\boldsymbol{B}\cdot\underbrace{\boldsymbol{R}\cdot\boldsymbol{R}^T}_{\boldsymbol{I}}\cdot\boldsymbol{B}\cdot\boldsymbol{R} = \\ &= \mathrm{Sp}\boldsymbol{R}^T\cdot\underbrace{\boldsymbol{B}\cdot\boldsymbol{B}}_{\boldsymbol{B}^2}\cdot\boldsymbol{R} = \mathrm{Sp}\boldsymbol{B}^2\cdot\underbrace{\boldsymbol{R}\cdot\boldsymbol{R}^T}_{\boldsymbol{I}}\end{aligned} \tag{3.86}$$

Einsetzen von (3.85) und (3.86) in $(3.75)_2$ liefert schließlich

$$C_{II} = \frac{1}{2}\left(B_I^2 - \mathrm{Sp}\boldsymbol{B}^2\right) = B_{II} \tag{3.87}$$

Unter Zuhilfenahme von der zweiten Form $(A.73)_3$ läßt sich mit (3.85) bis (3.87) ebenfalls verifizieren, daß gilt

$$C_{III} = \det\boldsymbol{C} = \det\boldsymbol{B} = B_{III} \tag{3.88}$$

Gemäß (3.85) bis (3.88) sind also die drei Grundinvarianten von $\boldsymbol{C}$ und $\boldsymbol{B}$ stets gleich, so daß gilt

$$\boxed{C_i = B_i} \qquad (i = I, II, III) \tag{3.89}$$

Durch Vergleich der beiden analogen Materialgleichungen der CAUCHYschen Elastizität (3.47) bzw. (3.51) und der Hyperelastizität (3.83) bzw. (3.84) stellt man noch die folgenden Zusammenhänge zwischen den Materialfunktionen Φ_i und w bzw. Ψ_i und w fest:

$$\boxed{\Phi_0 = 2J^{-1} B_{III} \frac{\partial w}{\partial B_{III}}, \quad \Phi_1 = 2J^{-1} \left(\frac{\partial w}{\partial B_I} + B_I \frac{\partial w}{\partial B_{II}} \right), \quad \Phi_2 = -2J^{-1} \frac{\partial w}{\partial B_{II}}} \tag{3.90}$$

$$\boxed{\Psi_{-1} = -2J^{-1} B_{III} \frac{\partial w}{\partial B_{II}}, \quad \Psi_0 = 2J^{-1} \left(B_{II} \frac{\partial w}{\partial B_{II}} + B_{III} \frac{\partial w}{\partial B_{III}} \right), \quad \Psi_1 = 2J^{-1} \frac{\partial w}{\partial B_I}} \tag{3.91}$$

Hinweis:
Nach (3.90) bzw. (3.91) lassen sich die drei Materialfunktionen Φ_i bzw. Ψ_i der Materialgleichung CAUCHY-elastischer Materialien (3.47) bzw.(3.51) für den Fall *hyperelastischer* Stoffe durch Ableitungen nach den Invarianten von $\boldsymbol{B}$ aus der Verzerrungsenergiefunktion w bestimmen.

Mit (3.82) bis (3.84) stehen nun die wichtigsten Materialgleichungen nicht-linear hyperelastischer isotroper Stoffe in einer solchen Form zur Verfügung, für die lediglich noch spezielle Verzerrungsenergiefunktionen w benötigt werden. Letztere sind der einschlägigen Literatur für einige wichtige Modellierungsmöglichkeiten entnommen und nachfolgend aufgelistet worden, wobei darauf hingewiesen wird, daß diese Funktionen noch keine kinematischen Einschränkungen enthalten und deshalb noch für *kompressible* bzw. schwach *kompressible* Stoffe gelten. Dabei muß für konkrete Anwendungsfälle von Fall zu Fall entschieden werden, welche Funktion das jeweils vorliegende Materialverhalten auf der Basis geeigneter experimenteller Befunde am besten abbildet, wobei letztendlich stets eigene Erfahrungen zu machen sind.

Neo-HOOKE-Modell: Gemäß [BKLM 01], [Hol 00], [Wri 01] lautet für dieses Modell die Verzerrungsenergiefunktion

$$\boxed{w(\boldsymbol{C}) = w(C_I, J) = \frac{\mu}{2}(C_I - 3) + f(J)} \tag{3.92}$$

wobei für die Funktion $f(J)$ diverse Vorschläge existieren, von denen einige nachstehend aufgelistet sind [BKLM 01], [Ree 94], [Wri 01]:

$$f(J) = \frac{1}{2}\lambda(\ln J)^2 - \mu \ln J \tag{3.93}$$

$$f(J) = \frac{\mu}{\beta}\left(J^{-2\beta} - 1\right) \tag{3.94}$$

$$f(J) = -\sum_{i=1}^{N} \mu_i \ln J + \frac{\lambda}{(2\beta)^2}\left(J^{-2\beta} - 1 + 2\beta \ln J\right) \tag{3.95}$$

$$f(J) = \boldsymbol{c}\left(J^2 - 1\right) - b \ln J \tag{3.96}$$

In ((3.93) bis (3.95) bedeuten λ und μ die *LAME*-Konstanten mit $\mu = G$ dem *Scher*- oder *Gleitmodul* (vgl. hierzu Unterabschnitt 3.2.3), c und b sind Materialparameter sowie ν die *Querkontraktionszahl* (vgl. Unterabschnitt 3.2.3). Weiterhin gilt in (3.94) bis (3.96)

$$\beta := \frac{\lambda}{2\mu} = \frac{\nu}{1 - 2\nu} \qquad \text{sowie} \qquad c > 0, b > 0 \tag{3.97}$$

MOONEY-RIVLIN-Modell: Gemäß [BKLM 01], [Hol 00], [Wri 01] läßt sich die allgemeine Form für die Verzerrungsenergiefunktion wie folgt angeben

$$\boxed{(\boldsymbol{w}) = w(C_I, C_{II}, J) = \frac{\mu_1}{2}(C_I - 3) + \frac{\mu_2}{2}(C_{II} - 3) + f(J)} \tag{3.98}$$

In (3.98) bedeuten μ_1 und μ_2 Materialparameter und für die Funktion $f(J)$ existieren wieder diverse Vorschläge, von denen einige nachstehend aufgelistet sind [COS], [Hol 00]:

$$f(J) = \boldsymbol{c}(J - 1)^2 - b \ln J \tag{3.99}$$

$$f(J) = a\left(J^{-4} - 1\right) + b\left(J^2 - 1\right)^2 \tag{3.100}$$

In (3.99) bedeuten b und c Materialparameter und für (3.100) gelten die folgenden Zusammenhänge

$$a = \frac{1}{4}(\mu_1 + 2\mu_2) \qquad \text{und} \qquad b = \frac{\mu_1(5\nu - 2) + \mu_2(11\nu - 5)}{4(1 - 2\nu)} \tag{3.101}$$

worin ν die *Querkontraktionszahl* bedeutet.

BLATZ & KO-Modell: Die hierfür angegebene Funktion ist insbesondere auf Elastomerschäume (etwa hochkompressible Polyurethanschäume bzw.-gummis) anwendbar und lautet gemäß [COS]:

$$\boxed{\begin{aligned} &w(C) = w(C_I, C_{II}, C_{III}) = \\ &\quad = \vartheta \frac{\mu}{2}\left[(C_I - 3) + \frac{1}{\beta}\left(C_{III}^{-\beta} - 1\right)\right] + (1 - \vartheta)\frac{\mu}{2}\left[\left(C_{II}C_{III}^{-1} - 3\right) + \frac{1}{\beta}\left(C_{III}^{\beta} - 1\right)\right] \end{aligned}} \tag{3.102}$$

In (3.102) bedeutet μ wieder die LAME-Konstante mit $\mu = G$ dem *Scher*- oder *Gleitmodul* und $\vartheta \in [0{,}1]$ einen *Gewichtungsfaktor*. In [COS] wird noch der Zusammenhang zwischen β und ν gemäß $(3.97)_1$ angegeben. Ferner entnimmt man in [COS] noch die folgende aus (3.102) erzeugte Approximation:

$$\boxed{w(\boldsymbol{C}) = w(C_{II}, C_{III}) = \frac{\mu}{2}\left(C_{II}C_{III}^{-1} + 2\sqrt{C_{III}} - 5\right)} \tag{3.103}$$

mit $\mu = G$ dem *Scher-* oder *Gleitmodul.*

Verzerrungsenergiefunktion in der BKFG: Gemäß (3.58) muß w in der BKFG verschwinden. In der BKFG gilt $\boldsymbol{F} = \boldsymbol{I}$ womit sich gemäß (3.75) die drei Invarianten zu $C_I = C_{II} = 3$ und $C_{III} = 1$ ergeben sowie wegen $C_{III} = \det \boldsymbol{C} = (\det \boldsymbol{F})^2 = J^2$ weiter $J = 1$ ist. Damit ist offensichtlich, daß sämtliche der oben angegebenen Verzerrungsenergiefunktionen den Wert $w(\boldsymbol{F} = \boldsymbol{I}) = 0$ annehmen und somit die Bedingung (3.58) jeweils erfüllt wird.

Beispiel 3.4

Für den Fall der uniaxialen Stauchung gemäß der Beispiele 2.8 und 3.3 berechne man die Materialgleichungen des Zweiten PIOLA-KIRCHHOFFschen Spannungstensor für die Verzerrungsenergiefunktion nach BLATZ und KO gemäß (3.102).

Lösung:

Ausgehend von der Materialgleichung des Zweiten PIOLA-KIRCHHOFFschen Spannungstensors gemäß (3.82) ergeben sich mit (3.102) zunächst die Materialfunktionen in (3.82) wie folgt:

$$C_{III}\frac{\partial w}{\partial C_{III}} = \frac{\mu}{2}\left[(1-\vartheta)\left(C_{III}^{1+\beta} - C_{II}\right)C_{III}^{-1} - \vartheta C_{III}^{-\beta}\right] \tag{a}$$

$$\frac{\partial w}{\partial C_I} + C_I\frac{\partial w}{\partial C_{II}} = \frac{\mu}{2}\left[\vartheta + (1-\vartheta)\,C_I C_{III}^{-1}\right] \tag{b}$$

$$\frac{\partial w}{\partial C_{II}} = (1-\vartheta)\,\frac{\mu}{2}C_{III}^{-1} \tag{c}$$

Da für den isotropen Fall nach (3.89) die drei Grundinvarianten von $\boldsymbol{C}$ und $\boldsymbol{B}$ gleich sind, erhält man die Invarianten in (a) bis (c) sofort mit den Ausdrücken (g) bis (i) aus Beispiel 3.3, nämlich

$$C_I = B_I = \lambda_1^2 + \lambda_2^2 + \lambda_3^2 \tag{d}$$

$$C_{II} = B_{II} = \lambda_1^2\lambda_2^2 + \lambda_1^2\lambda_3^2 + \lambda_2^2\lambda_3^2 \tag{e}$$

$$C_{III} = B_{III} = \lambda_1^2\lambda_2^2\lambda_3^2 \tag{f}$$

mit den Abkürzungen

$$\lambda_1 = a\,(t)\,/a_0 \qquad \lambda_2 = b\,(t)\,/b_0 \qquad \lambda_3 = h\,(t)\,/h_0 \tag{g}$$

Da für den Spezialfall der uniaxialen Stauchung $\boldsymbol{F} = \boldsymbol{F}^T$ gilt (vg. Beispiel 2.8), folgt nach (2.75) und (2.79) auch $\boldsymbol{B} = \boldsymbol{C}$ und $\boldsymbol{B}^{-1} = \boldsymbol{C}^{-1}$, so daß man mit den Ausdrücken (a) bis (d) aus Beispiel 3.3 sofort die für die Darstellung (3.82) erforderlichen Verzerrungstensoren wie folgt erhält:

$$\boldsymbol{C} \doteq \boldsymbol{B} = \lambda_1^2\boldsymbol{e}_1\boldsymbol{e}_1 + \lambda_2^2\boldsymbol{e}_2\boldsymbol{e}_2 + \lambda_3^2\boldsymbol{e}_3\boldsymbol{e}_3 = \begin{bmatrix} \lambda_1^2 & 0 & 0 \\ 0 & \lambda_2^2 & 0 \\ 0 & 0 & \lambda_3^2 \end{bmatrix} \langle \boldsymbol{e}_i\boldsymbol{e}_j \rangle \tag{h}$$

$$\boldsymbol{C}^{-1} \doteq \boldsymbol{B}^{-1} = \lambda_1^{-2}\boldsymbol{e}_1\boldsymbol{e}_1 + \lambda_2^{-2}\boldsymbol{e}_2\boldsymbol{e}_2 + \lambda_3^{-2}\boldsymbol{e}_3\boldsymbol{e}_3 = \begin{bmatrix} \lambda_1^{-2} & 0 & 0 \\ 0 & \lambda_2^{-2} & 0 \\ 0 & 0 & \lambda_3^{-2} \end{bmatrix} \langle \boldsymbol{e}_i\boldsymbol{e}_j \rangle \tag{i}$$

Einsetzen von (a) bis (c) sowie von (h) und (i) in (3.82) liefert unter Beachtung der Darstellung für den Einheitstensor $\boldsymbol{I} = \boldsymbol{e}_i\boldsymbol{e}_i$ nach einem Koordinatenvergleich in den Dyaden $\boldsymbol{e}_i\boldsymbol{e}_j$ die Spannungskoordinaten des Zweiten PIOLA-KIRCHHOFFschen Spannungetensors zu

$$\boxed{\begin{aligned}
P_{11}^{II} &= \mu\left[\vartheta + (1-\vartheta)\,C_I C_{III}^{-1}\right] + \mu\left[(1-\vartheta)\left(C_{III}^{1+\beta} - C_{II}\right)C_{III}^{-1} - \vartheta C_{III}^{-\beta}\right]\lambda_1^{-2} + \beta\mu\,(1-\vartheta)\,C_{III}^{-1}\lambda_1^2 \\
P_{22}^{II} &= \mu\left[\vartheta + (1-\vartheta)\,C_I C_{III}^{-1}\right] + \mu\left[(1-\vartheta)\left(C_{III}^{1+\beta} - C_{II}\right)C_{III}^{-1} - \vartheta C_{III}^{-\beta}\right]\lambda_2^{-2} + \beta\mu\,(1-\vartheta)\,C_{III}^{-1}\lambda_2^2 \\
P_{33}^{II} &= \mu\left[\vartheta + (1-\vartheta)\,C_I C_{III}^{-1}\right] + \mu\left[(1-\vartheta)\left(C_{III}^{1+\beta} - C_{II}\right)C_{III}^{-1} - \vartheta C_{III}^{-\beta}\right]\lambda_3^{-2} + \beta\mu\,(1-\vartheta)\,C_{III}^{-1}\lambda_3^2 \\
P_{ij}^{II} &= 0 \qquad \text{für} \qquad i \neq j
\end{aligned}} \tag{j}$$

Mit der Bedingung (n) aus Beispiel 3.3, daß nämlich die Seitenflächen beim Uniaxialversuch spannungsfrei bleiben, folgt hier entsprechend mit (j) unter der Voraussetzung, daß $\mu \neq 0$ gilt:

$$g_1(\lambda_1, \lambda_2, \lambda_3) := \left[\vartheta + (1-\vartheta)\, C_I C_{III}^{-1}\right] + \left[(1-\vartheta)\left(C_{III}^{1+\beta} - C_{II}\right) C_{III}^{-1} - \vartheta C_{III}^{-\beta}\right] \lambda_1^{-2} + \beta(1-\vartheta)\, C_{III}^{-1} \lambda_1^2 = 0$$

$$g_2(\lambda_1, \lambda_2, \lambda_3) := \left[\vartheta + (1-\vartheta)\, C_I C_{III}^{-1}\right] + \left[(1-\vartheta)\left(C_{III}^{1+\beta} - C_{II}\right) C_{III}^{-1} - \vartheta C_{III}^{-\beta}\right] \lambda_2^{-2} + \beta(1-\vartheta)\, C_{III}^{-1} \lambda_2^2 = 0$$

Damit ergibt sich schließlich der folgende Spannungszustand nach der Materialgleichung des Zweiten PIOLA-KIRCHHOFFschen Spannungstensors bei uniaxialer Stauchung im Falle des BLATZ & KO-Modells:

$$\boxed{\begin{aligned} &P_{33}^{II} = g_3(\lambda_1, \lambda_2, \lambda_3) = \mu \left\{\vartheta + (1-\vartheta)\, C_I C_{III}^{-1} + \left[(1-\vartheta)\left(C_{III}^{1+\beta} - C_{II}\right) C_{III}^{-1} - \vartheta C_{III}^{-\beta}\right] \lambda_3^{-2} + \beta(1-\vartheta)\, C_{III}^{-1} \lambda_3^2\right\} \\ &P_{ij}^{II} = 0 \quad \text{für} \quad i \neq j \\ &g_i(\lambda_1, \lambda_2, \lambda_3) := \left[\vartheta + (1-\vartheta)\, C_I C_{III}^{-1}\right] + \left[(1-\vartheta)\left(C_{III}^{1+\beta} - C_{II}\right) C_{III}^{-1} - \vartheta C_{III}^{-\beta}\right] \lambda_i^{-2} + \beta(1-\vartheta)\, C_{III}^{-1} \lambda_i^2 = 0,\ i = (1,2) \end{aligned}} \tag{k}$$

Hinweise:

- Nach (k) enthält die Materialgleichung des Zweiten PIOLA-KIRCHHOFFschen Spannungstensors im Falle uniaxialer Stauchung bei Verwendung des BLATZ & KO-Modells *zwei* zu determinierende Materialparameter μ und β wobei μ linear eingeht und β gemäß $(3.97)_1$ mit der Querkontraktionszahl ν zusammenhängt.
- Mit Hilfe der beiden Bedingungen $(k)_3$ läßt sich grundsätzlich ein Zusammenhang zwischen den beiden Streckungen λ_1 und λ_2 herstellen, wobei λ_3 eliminiert wird, oder es lassen sich λ_1 und λ_2 als Funktion von λ_3 darstellen und dann in $(k)_1$ einsetzen, so daß damit P_{33}^{II} allein noch von λ_3 abhängt.
- In (k) sind noch die Invarianten C_i gemäß (d) bis (f) und die Streckungen λ_i gemäß (g) einzusetzen!
- Die Materialparameter μ und β sowie der *Gewichtungsfaktor* ϑ sind unter Berücksichtigung von $(k)_3$ durch geeignete Experimente zu bestimmen.

Materialgleichungen in Spektraldarstellung: Häufig werden in der einschlägigen Literatur sowie in diversen FE-Programmen die Verzerrungsenergiefunktionen w und die daraus abgeleiteten Materialgleichungen in Abhängigkeit der Hauptstreckungen des rechten Streckungstensors $\boldsymbol{U}$ der polaren Zerlegung (2.65) angegeben, wobei dann die Spannungstensoren in Hauptachsen- bzw. *Spektraldarstellungen* anfallen. Eine Verbindung der bisherigen Ergebnisse mit diesen Darstellungen läßt sich wie folgt herstellen: Analog zu der Hauptachsentransformation des CAUCHYschen Spannungstensors $\boldsymbol{S}$ gemäß Unterabschnitt 2.4.3 läßt sich der rechte Streckungstensor $\boldsymbol{U}$ mit Hilfe des zu (2.153) entsprechenden Eigenwertproblems grundsätzlich in die *Spektraldarstellung*

$$\boldsymbol{U} = \sum_{i=1}^{3} \lambda_i \boldsymbol{m}_i \boldsymbol{m}_i \quad \text{bzw.} \quad [\boldsymbol{U}] = \begin{bmatrix} \lambda_1 & 0 & 0 \\ 0 & \lambda_2 & 0 \\ 0 & 0 & \lambda_3 \end{bmatrix} \langle \boldsymbol{m}_i \boldsymbol{m}_i \rangle \tag{3.104}$$

bringen, worin λ_i die *Eigenwerte* oder *Hauptstreckungen* und $\boldsymbol{m}_i$ die *Eigenvektoren* oder *Hauptrichtungen* von $\boldsymbol{U}$ bedeuten. Da gemäß den Erklärungen zu (2.66) $\boldsymbol{U}$ auf die BKFG bezogen ist, handelt es sich bei den $\boldsymbol{m}_i$ um die Hauptrichtungen in der BKFG! Um die bisherigen Darstellungen von w als Funktion des rechten CAUCHYschen Verzerrungstensors $\boldsymbol{C}$ weiterhin verwenden zu können, ist es zweckmäßig, eine Verbindung zwischen $\boldsymbol{U}$ und $\boldsymbol{C}$

herzustellen. Mit (2.77) und (3.104) ergibt sich sogleich unter Beachtung von $\boldsymbol{m}_i \cdot \boldsymbol{m}_i = \delta_{ij}$ die entsprechende Spektraldarstellung für den rechten CAUCHYschen Verzerrungstensor

$$\boldsymbol{C} = \boldsymbol{U}^2 = \left(\sum_{i=1}^{3} \lambda_i \boldsymbol{m}_i \boldsymbol{m}_i\right) \cdot \left(\sum_{i=1}^{3} \lambda_i \boldsymbol{m}_i \boldsymbol{m}_i\right) = \sum_{i=1}^{3} \lambda_i^2 \boldsymbol{m}_i \boldsymbol{m}_i = \sum_{i=1}^{3} \kappa_i \boldsymbol{m}_i \boldsymbol{m}_i \tag{3.105}$$

also

$$\boldsymbol{C} = \sum_{i=1}^{3} \kappa_i \boldsymbol{m}_i \boldsymbol{m}_i \quad \text{mit} \quad \kappa_i = \lambda_i^2 \quad \text{bzw.} \quad [\boldsymbol{C}] = \begin{bmatrix} \lambda_1^2 & 0 & 0 \\ 0 & \lambda_2^2 & 0 \\ 0 & 0 & \lambda_3^2 \end{bmatrix} \langle \boldsymbol{m}_i \boldsymbol{m}_j \rangle \tag{3.106}$$

Nach (3.106) besitzt $\boldsymbol{C}$ dieselben Eigenvektoren $\boldsymbol{m}_i$ wie $\boldsymbol{U}$, die Eigenwerte sind aber gerade die Quadrate derjenigen von $\boldsymbol{U}$! Die drei Eigenvektoren $\boldsymbol{m}_i$ und Eigenwerte κ_i von $\boldsymbol{C}$ werden mit Hilfe des zu (2.153) analogen Eigenwertproblems

$$(\boldsymbol{C} - \kappa_i \boldsymbol{I}) \cdot \boldsymbol{m}_i = 0 \quad (i = 1, 2, 3) \tag{3.107}$$

ermittelt. Mit (3.106) ergeben sich dann die drei Grundinvarianten von $\boldsymbol{C}$ gemäß den Vorschriften (3.75) wie folgt als Funktionen der drei Hauptstreckungen:

$$\begin{aligned} C_I &= Sp\boldsymbol{C} = \lambda_1^2 + \lambda_2^2 + \lambda_3^2, \quad C_{II} = \frac{1}{2}\left(C_I^2 - Sp\boldsymbol{C}^2\right) = \lambda_1^2\lambda_2^2 + \lambda_2^2\lambda_3^2 + \lambda_1^2\lambda_3^2 \\ C_{III} &= \det \boldsymbol{C} = \lambda_1^2\lambda_2^2\lambda_3^2 \end{aligned} \tag{3.108}$$

Hinweis:
Es sei betont, daß die Ausdrücke (3.108) mit den Ausdrücken (d) bis (f) aus Beispiel 3.4 bzw. (g) bis (i) aus Beispiel 3.3 nur *formal* übereinstimmen! Die Streckungen λ_i in (3.108) können noch beliebiges Aussehen infolge beliebiger Bewegungen annehmen, währenddessen die anderen genannten Invarianten speziell nur für die *uniaxiale Stauchung* gelten!

Zur späteren Umrechnung der Spannungstensoren nach (2.144) bis (2.146) bzw. für deren Spektraldarstellungen werden zusätzlich noch der Deformationsgradient in einer spektralartigen Darstellung sowie die Eigenrichtungen des linken Streckungstensors $\boldsymbol{V}$ benötigt. Dies kann ohne größeren Aufwand wie folgt erreicht werden: Durch Einsetzen von (3.104) in $(2.70)_2$ erhält man unter Beachtung von $\boldsymbol{R}{\cdot}\boldsymbol{m} = (\boldsymbol{R}{\cdot}\boldsymbol{m})^T = \boldsymbol{m}{\cdot}\boldsymbol{R}^T$ zunächst den linken Streckungstensor zu

$$\boldsymbol{V} = \boldsymbol{R} \cdot \left(\sum_{i=1}^{3} \lambda_i \boldsymbol{m}_i \boldsymbol{m}_i\right) \cdot \boldsymbol{R}^T = \sum_{i=1}^{3} \lambda_i \left(\boldsymbol{R} \cdot \boldsymbol{m}_i\right) \left(\boldsymbol{m}_i \cdot \boldsymbol{R}^T\right) = \sum_{i=1}^{3} \lambda_i \underbrace{(\boldsymbol{R} \cdot \boldsymbol{m}_i)}_{\boldsymbol{n}_i} (\boldsymbol{R} \cdot \boldsymbol{m}_i)$$

also

$$\boldsymbol{V} = \sum_{i=1}^{3} \lambda_i \boldsymbol{n}_i \boldsymbol{n}_i \qquad \text{mit} \qquad \boldsymbol{n}_i = \boldsymbol{R} \cdot \boldsymbol{m}_i \tag{3.109}$$

wonach $\boldsymbol{V}$ dieselben Eigenwerte λ_i wie $\boldsymbol{U}$ besitzt, die Eigenrichtungen $\boldsymbol{n}_i$ jedoch gegenüber den $\boldsymbol{m}_i$ mit dem Versor $\boldsymbol{R}$ gedreht sind! Weiterhin ist in $(3.109)_1$ und $(3.109)_2$ zu beachten, daß es sich bei den $\boldsymbol{n}_i$ um die Hauptrichtungen in der MKFG handelt (vgl. hierzu die Erklärungen zu (2.66)! Einsetzen von (3.109) in (2.81) führt auf den zu (3.105) analogen Zusammenhang allerdings, jetzt zwischen $\boldsymbol{V}$ und $\boldsymbol{B}$

$$\boldsymbol{B} = \boldsymbol{V}^2 = \left(\sum_{i=1}^{3} \lambda_i \boldsymbol{n}_i \boldsymbol{n}_i\right) \cdot \left(\sum_{i=1}^{3} \lambda_i \boldsymbol{n}_i \boldsymbol{n}_i\right) = \sum_{i=1}^{3} \lambda_i^2 \boldsymbol{n}_i \boldsymbol{n}_i = \sum_{i=1}^{3} \kappa_i \boldsymbol{n}_i \boldsymbol{n}_i \tag{3.110}$$

also

$$\boldsymbol{B} = \sum_{i=1}^{3} \kappa_i \boldsymbol{n}_i \boldsymbol{n}_i \quad \text{mit} \quad \kappa_i = \lambda_i^2 \quad \text{bzw.} \quad [\boldsymbol{B}] = \begin{bmatrix} \lambda_1^2 & 0 & 0 \\ 0 & \lambda_2^2 & 0 \\ 0 & 0 & \lambda_3^2 \end{bmatrix} \langle \boldsymbol{n}_i \boldsymbol{n}_j \rangle \tag{3.111}$$

Nach (3.111) sind die Eigenwerte von $\boldsymbol{B}$ und $\boldsymbol{C}$ identisch, die Eigenrichtungen sind gemäß $(3.109)_2$ jedoch wieder gegenüber den $\boldsymbol{m}_i$ mit $\boldsymbol{R}$ gedreht. Letztere gewinnt man aus dem zu (3.107) analogen Eigenwertproblem

$$(\boldsymbol{B} - \kappa_i \boldsymbol{I}) \cdot \boldsymbol{n}_i = \boldsymbol{0} \quad (i = 1, 2, 3) \tag{3.112}$$

Eine spektralartige Darstellung des Deformationsgradienten $\boldsymbol{F}$ entsteht nun durch Einsetzen von (3.104) in die linke Zerlegung von (2.65), so daß dann mit $(3.109)_2$ schließlich gilt

$$\boldsymbol{F} = \boldsymbol{R} \cdot \boldsymbol{U} = \boldsymbol{R} \cdot \left(\sum_{i=1}^{3} \lambda_i \boldsymbol{m}_i \boldsymbol{m}_i\right) = \sum_{i=1}^{3} \lambda_i \underbrace{(\boldsymbol{R} \cdot \boldsymbol{m}_i)}_{\boldsymbol{n}_i} \boldsymbol{m}_i \tag{3.113}$$

also

$$\boldsymbol{F} = \sum_{i=1}^{3} \lambda_i \boldsymbol{n}_i \boldsymbol{m}_i \qquad \text{bzw.} \qquad [\boldsymbol{F}] = \begin{bmatrix} \lambda_1 & 0 & 0 \\ 0 & \lambda_2 & 0 \\ 0 & 0 & \lambda_3 \end{bmatrix} \langle \boldsymbol{n}_i \boldsymbol{m}_j \rangle \tag{3.114}$$

Hinweise:

- Anhand der Darstellung (3.114) bezüglich der ,,gemischten“ Hauptrichtungsdyaden $\boldsymbol{n}_i \boldsymbol{m}_i$ ist die *Zweifeldtensor*-Eigenschaft von $\boldsymbol{F}$ besonders deutlich zu erkennen, da nach den vorstehenden Ausführungen $\boldsymbol{n}_i$ bzw. $\boldsymbol{m}_i$ die Hauptrichtungen in der MKFG bzw. BKFG bedeuten (vgl. hierzu auch die Hinweise unter (2.45)).
- In der Darstellung (3.114) sind die Koordinaten von $\boldsymbol{F}$ die Hauptstreckungen λ_i von $\boldsymbol{U}$ gemäß (3.106).

Aus der besonders einfachen Form (3.114) ergeben sich die Inverse von $\boldsymbol{F}$ und die JACOBI-Determinante (dritte Invariante von $\boldsymbol{F}$) J sofort zu

$$\boldsymbol{F}^{-1} = \sum_{i=1}^{3} \lambda_i^{-1} \boldsymbol{m}_i \boldsymbol{n}_i \qquad \text{bzw.} \qquad [\boldsymbol{F}] = \begin{bmatrix} \lambda_1^{-1} & 0 & 0 \\ 0 & \lambda_2^{-1} & 0 \\ 0 & 0 & \lambda_3^{-1} \end{bmatrix} \langle \boldsymbol{m}_i \boldsymbol{n}_j \rangle \tag{3.115}$$

und

$$J = \det \boldsymbol{F} = \lambda_1 \lambda_2 \lambda_3 \tag{3.116}$$

Mit (3.108) ist nun einleuchtend, daß sich die Verzerrungsenergiefunktion w gemäß (3.74) auch wie folgt als Funktion der drei Hauptstreckungen angeben läßt:

$$\boxed{w(\boldsymbol{C}) = w\left[C_I(\lambda_1, \lambda_2, \lambda_3), C_{II}(\lambda_1, \lambda_2, \lambda_3), C_{III}(\lambda_1, \lambda_2, \lambda_3)\right] = w(\lambda_1, \lambda_2, \lambda_3)} \tag{3.117}$$

Die für die Ausdrücke (3.69) und (3.70) jeweils erforderliche partielle Ableitung $\partial w / \partial \boldsymbol{C}$ ergibt sich aus (3.117) unter Beachtung der Kettenregel in Anlehnung an (3.76) zu

$$\frac{\partial w(\boldsymbol{C})}{\partial \boldsymbol{C}} = \frac{\partial w(\lambda_1, \lambda_2, \lambda_3)}{\partial \boldsymbol{C}} = \frac{\partial w}{\partial \lambda_1} \frac{\partial \lambda_1}{\partial \boldsymbol{C}} + \frac{\partial w}{\partial \lambda_2} \frac{\partial \lambda_2}{\partial \boldsymbol{C}} + \frac{\partial w}{\partial \lambda_3} \frac{\partial \lambda_3}{\partial \boldsymbol{C}} = \sum_{i=1}^{3} \frac{\partial w}{\partial \lambda_i} \frac{\partial \lambda_i}{\partial \boldsymbol{C}} \tag{3.118}$$

Die in (3.118) auftretenden partiellen Ableitungen $\partial \lambda_i / \partial \boldsymbol{C}$ können mit dem folgenden ,,Kunstgriff" erzeugt werden: Zunächst gilt nach der Kettenregel (keine Summation über i!)

$$\frac{\partial \lambda_i^2(\boldsymbol{C})}{\partial \boldsymbol{C}} = 2\lambda_i(\boldsymbol{C}) \frac{\partial \lambda_i(\boldsymbol{C})}{\partial \boldsymbol{C}} \quad \text{bzw.} \quad \frac{\partial \lambda_i(\boldsymbol{C})}{\partial \boldsymbol{C}} = \frac{1}{2\lambda_i(\boldsymbol{C})} \frac{\partial \lambda_i^2(\boldsymbol{C})}{\partial \boldsymbol{C}} \qquad (i = 1, 2, 3) \tag{3.119}$$

Die rechte Seite von $(3.119)_2$ kann weiter wie folgt vereinfacht werden: Skalare Multiplikation von (3.106) mit $\boldsymbol{m}_k$ von links und rechts liefert zunächst wie nachstehend das Quadrat der Hauptstreckung λ_i als Funktion von $\boldsymbol{C}$ (keine Summation über k!)

$$\boldsymbol{m}_k \cdot \boldsymbol{C} \cdot \boldsymbol{m}_k = \sum_{i=1}^{3} \lambda_i^2 \underbrace{(\boldsymbol{m}_k \cdot \boldsymbol{m}_i)}_{\delta_{ik}} \underbrace{(\boldsymbol{m}_i \cdot \boldsymbol{m}_k)}_{\delta_{ik}} = \lambda_k^2$$

oder unter Beachtung von (A.58) schließlich (man beachte weiter, daß die Indizes k ohne weiteres in i umbenannt werden können)

$$\lambda_i^2 = \lambda_i^2(\boldsymbol{C}) = \boldsymbol{m}_i \cdot \boldsymbol{C} \cdot \boldsymbol{m}_i = (\boldsymbol{m}_i \boldsymbol{m}_i) \cdot\cdot\, \boldsymbol{C} \tag{3.120}$$

Mit Hilfe der gemäß (A.121) definierten GATEAUX-Variation gewinnt man nun mit (3.120) die gewünschte Ableitung der rechten Seite von (3.119):

$$\begin{aligned} \delta \lambda_i^2(\boldsymbol{C}; \bar{\boldsymbol{C}}) &= \frac{d}{d\lambda} \lambda_i^2 \left[(\boldsymbol{C} + \lambda \bar{\boldsymbol{C}})\right]\Big|_{\lambda=0} = \frac{d}{d\lambda} \left[\boldsymbol{m}_i \boldsymbol{m}_i \cdot\cdot (\boldsymbol{C} + \lambda \bar{\boldsymbol{C}})\right]\Big|_{\lambda=0} \\ &= \frac{d}{d\lambda} (\boldsymbol{m}_i \boldsymbol{m}_i \cdot\cdot \boldsymbol{C})\big|_{\lambda=0} + \frac{d}{d\lambda} \left[\boldsymbol{m}_i \boldsymbol{m}_i \cdot\cdot \lambda \bar{\boldsymbol{C}}\right]\Big|_{\lambda=0} = \\ &= \underline{\boldsymbol{m}_i \boldsymbol{m}_i \cdot\cdot \bar{\boldsymbol{C}} = \left(\frac{\partial \lambda_i^2}{\partial \boldsymbol{C}}\right)^T \cdot\cdot \bar{\boldsymbol{C}}} \end{aligned} \tag{3.121}$$

Da (3.121) für beliebige „Richtungs"-Tensoren $\bar{\boldsymbol{C}}$ gilt, erhält man aus dem unterstrichenen Teil der Gleichung die gesuchte partielle Ableitung wie folgt (man beachte dabei, daß wegen der Symmetrie von $\boldsymbol{C}$ die transponierte Ableitung gleich der Ableitung selbst ist!)

$$\frac{\partial \lambda_i^2}{\partial \boldsymbol{C}} = \boldsymbol{m}_i \boldsymbol{m}_i \tag{3.122}$$

Einsetzen von (3.122) in (3.119) sowie weiteres Einsetzen in (3.118) führt schließlich auf das Endergebnis

$$\boxed{\frac{\partial w(\boldsymbol{C})}{\partial \boldsymbol{C}} = \sum_{i=1}^{3} \frac{1}{2\lambda_i(\boldsymbol{C})} \frac{\partial w}{\partial \lambda_i} \boldsymbol{m}_i \boldsymbol{m}_i} \tag{3.123}$$

Weiteres Einsetzen von (3.123) in (3.69) und (3.70) liefert schließlich unter Beachtung von (3.114) und (3.115) den CAUCHYschen sowie die beiden PIOLA-KIRCHHOFFschen Spannungstensoren wie folgt:

$$\boxed{\boldsymbol{S} = J^{-1} \sum_{i=1}^{3} \lambda_i \frac{\partial w}{\partial \lambda_i} \boldsymbol{n}_i \boldsymbol{n}_i} \qquad J = \lambda_1 \lambda_2 \lambda_3 \tag{3.124}$$

$$\boxed{\boldsymbol{P}^{I} = \sum_{i=1}^{3} \frac{\partial w}{\partial \lambda_i} \boldsymbol{m}_i \boldsymbol{n}_i} \qquad \boxed{\boldsymbol{P}^{II} = \sum_{i=1}^{3} \frac{1}{\lambda_i} \frac{\partial w}{\partial \lambda_i} \boldsymbol{m}_i \boldsymbol{m}_i} \tag{3.125}$$

Hinweise:

- Man beachte, daß gemäß (3.124) die Darstellungen des CAUCHYsche Spannungstensors bezüglich der (in der MKFG definierten) Hauptrichtungen $\boldsymbol{n}_i$, die des Ersten PIOLA-KIRCHHOFFschen Spannungstensors gemäß (3.125) bezüglich gemischter Hauptrichtungen und die des Zweiten PIOLA-KIRCHHOFFschen Spannungstensors bezüglich der (in der BKFG definierten) Hauptrichtungen $\boldsymbol{m}_i$ anfallen!
- Bei den λ_i handelt es sich stets um die Eigenwerte (Hauptstreckungen) des rechten Streckungstensors $\boldsymbol{U}$(!), so daß grundsätzlich erst das Eigenwertproblem (3.104) bzw. das entsprechende Eigenwertproblem für den rechten CAUCHYschen Verzerrungstensor $\boldsymbol{C}$ zu lösen ist (vgl. hierzu das folgende Beispiel 3.5)!

Verzerrungsenergiefunktion hochkompressibler hyperelastischer Materialien:
Nach der einschlägigen Literatur [Ree 94], [Sto 86], [ABA] wird für hochkompressible Polymere beispielsweise die folgende Form der Verzerrungsenergiefunktion vorgeschlagen:

$$\boxed{w = \sum_{k=1}^{N} 2\frac{\mu_k}{\alpha_k^2} \left[\lambda_1^{\alpha_k} + \lambda_2^{\alpha_k} + \lambda_3^{\alpha_k} - 3 + f(J)\right]} \tag{3.126}$$

Hinweise:

- In (3.126) bedeuten λ_i die Hauptstreckungen des rechten Streckungstensors $\boldsymbol{U}$, μ_k und α_k Materialparameter sowie $f(J)$ eine „Volumendehnungsfunktion". Der Parameter N hängt vom zu beschreibenden Material ab und ist wie die Parameter μ_k und α_k durch geeignete Versuche zu bestimmen.
- Die meisten Autoren geben in (3.126) nicht den „Vorfaktor" $2\mu_k/(\alpha_k)^2$ sondern μ_k/α_k an. Die oben angegebene Form lehnt sich an die in [ABA] vorgeschlagene an.

In (3.126) sind wie im Falle von (3.92) usw. für die Funktion f(J) wieder mehrere Formen möglich, wobei hierfür grundsätzlich die Vorschläge (3.93) bis (3.96) und (3.99) sowie (3.100) genommen werden können. Ergänzend wird hier die in [Sto 86],[ABA] vorgeschlagene Form für hochkompressible hyperelastische Materialien wie folgt angegeben

$$\boxed{f(J) = \frac{1}{\beta_k}\left(J^{-\alpha_k \beta_k} - 1\right)} \tag{3.127}$$

worin β_k zusätzliche Materialparameter bedeuten. In [Sto 86], [ABA] werden für (3.126) noch der *Anfangs-Schermodul* sowie der *Anfangs-Kompressionsmodul* über

$$\mu_0 = G_0 := \sum_{i=1}^{N} \mu_i \quad \text{und} \quad \kappa_0 := \sum_{i=1}^{N} 2\left(\frac{1}{3} + \beta_i\right)\mu_i \tag{3.128}$$

definiert. Für den Fall, daß sämtliche Materialparameter β_k gleich einer Konstanten β sind, gilt der Zusammenhang mit der *Querkontraktionszahl* ν wie folgt

$$\nu = \frac{\beta}{1 + 2\beta} \tag{3.129}$$

wobei (3.129) durch Umstellen nach ν sofort aus $(3.97)_1$ folgt. Im Falle ,,stabiler" Materialien gilt $\beta >$ -1/3. Zunächst sollen mit (3.126) die in den Ausdrücken (3.124) und (3.125) auftretende partiellen Ableitung $\partial w / \partial \lambda_i$ für beliebige Funktionen $f(J)$ erzeugt werden: Unter Beachtung der Kettenregel ergibt sich mit (3.126)

$$\begin{aligned} \frac{\partial w}{\partial \lambda_i} &= \frac{\partial}{\partial \lambda_i}\left\{\sum_{k=1}^{N} 2\frac{\mu_k}{\alpha_k^2}\left[\lambda_1^{\alpha_k} + \lambda_2^{\alpha_k} + \lambda_3^{\alpha_k} - 3 + f(J)\right]\right\} = \\ &= \sum_{k=1}^{N} 2\frac{\mu_k}{\alpha_k^2}\left[\alpha_k \lambda_i^{\alpha_k - 1} + \frac{\partial f(J)}{\partial \lambda_i}\right] = \sum_{k=1}^{N} 2\frac{\mu_k}{\alpha_k}\left[\lambda_i^{\alpha_k - 1} + \frac{1}{\alpha_k}\frac{\partial f(J)}{\partial \lambda_i}\right] \end{aligned} \tag{3.130}$$

Für die in (3.130) auftretende Ableitung $\partial f / \partial \lambda_i$ erhält man unter Berücksichtigung von (3.116) mit der Kettenregel

$$\frac{\partial f(J)}{\partial \lambda_i} = \frac{\partial f(J)}{\partial J}\frac{\partial J}{\partial \lambda_i} = \frac{\partial f}{\partial J}\frac{\partial}{\partial \lambda_i}(\lambda_1 \lambda_2 \lambda_3) = \frac{\partial f}{\partial J}\frac{J}{\lambda_i} = \frac{\partial f}{\partial J} J \lambda_i^{-1} \tag{3.131}$$

Einsetzen von (3.131) in (3.130) liefert, wenn man noch den gemeinsamen Term λ^{-1} aus der Summe herauszieht, schließlich das wichtige Ergebnis:

$$\boxed{\frac{\partial w}{\partial \lambda_i} = \frac{2}{\lambda_i}\sum_{k=1}^{N} \frac{\mu_k}{\alpha_k}\left[\lambda_i^{\alpha_k} + \frac{1}{\alpha_k} J \frac{\partial f(J)}{\partial J}\right]} \qquad (i = 1, 2, 3) \tag{3.132}$$

Mit Hilfe von (3.132) können nun die Materialgleichungen (3.124) und (3.125) konkretisiert werden, wozu der nachstehende ,,Fahrplan" dienen soll.

,,Fahrplan" zur Ermittlung einer Materialgleichung hyperelastischer isotroper Stoffe bei vorliegen einer von den Hauptstreckungen abhängigen Verzerrungsenergiefunktion:

1: Berechnung von $\boldsymbol{F}$ gemäß (2.45) bzw. (2.46), (2.47) für die jeweils vorgegebene Bewegung $\boldsymbol{x}$.
2: Berechnung von $\boldsymbol{C}$ aus $\boldsymbol{F}$ gemäß (2.75).
3: Berechnung der Eigenwerte κ_i und der Eigenrichtungen $\boldsymbol{m}_i$ von $\boldsymbol{C}$ gemäß (3.107).
4: Berechnung der Hauptstreckungen λ_i von $\boldsymbol{U}$ nach $(3.106)_2$.
5: Einsetzen der Hauptstreckungen λ_i in (3.132) und weiteres Einsetzen in den gewünschten Spannungstensor (3.124), (3.125). Zur Berechnung von $\boldsymbol{S}$ und $\boldsymbol{P}^I$ sind noch zusätzlich die Eigenvektoren $\boldsymbol{n}_i$ von $\boldsymbol{B}$ mit Hilfe von (3.112) zu bestimmen, wobei zunächst $\boldsymbol{B}$ gemäß (2.79) zu ermitteln ist.
6: Wird eine Darstellung der jeweiligen Materialgleichung (Spannungstensor) bezüglich eines raumfesten Basissystems gewünscht (etwa zur Materialidentifikation der Materialparameter anhand von im Labor erzeugten Versuchsdaten), so sind die jeweiligen Eigenvektoren als Funktion der raumfesten Basis in die Spektraldarstellungen einzusetzen.

Die obigen Ausführungen sollen anhand des folgenden Beispieles verdeutlicht werden.

Beispiel 3.5 (Eigenwertproblem)
Für das Problem der *einfachen Scherung* nach den Beispielen 2.3, 2.4, 2.7 und 2.10 bestimme man die Koordinaten der Materialgleichungen des CAUCHYschen sowie des Ersten und Zweiten PIOLA-KIRCHHOFFschen Spannungstensors bezüglich einer raumfesten Basis für den Fall der Verzerrungsenergiefunktion (3.126).

Lösung:
α. Gemeinsame Eigenwerte von B und C sowie Hauptstreckungen
Gemäß den Ausdrücken (a) und (d) bzw. (e) aus Beispiel 2.10 liegen $\boldsymbol{F}$ und $\boldsymbol{C}$ bzw. $\boldsymbol{B}$ bereits für den Fall der einfachen Scherung vor, so daß sofort mit der Ermittlung der Eigenwerte und Eigenrichtungen von $\boldsymbol{C}$ und $\boldsymbol{B}$ begonnen werden kann. Analog zu (2.153) bis (2.156) ergibt sich das (3.107) zugeordnete charakteristische Polynom für den vorliegenden Fall mit (f) aus Beispiel 2.10 zu

$$\begin{aligned}\boldsymbol{P}(\kappa_i) = \det(\boldsymbol{C} - \kappa_i \boldsymbol{I}) &= \det\left\langle\left\{\begin{bmatrix} 1 & \gamma & 0 \\ \gamma & 1+\gamma^2 & 0 \\ 0 & 0 & 1\end{bmatrix} - \kappa_i \begin{bmatrix} 1 & 0 & 0 \\ 0 & 1 & 0 \\ 0 & 0 & 1\end{bmatrix}\right\}\langle \boldsymbol{e}_i \boldsymbol{e}_j\rangle\right\rangle \\ &= \det\left\{\begin{bmatrix} 1-\kappa_i & \gamma & 0 \\ \gamma & 1-\kappa_i+\gamma^2 & 0 \\ 0 & 0 & 1-\kappa_i\end{bmatrix}\langle \boldsymbol{e}_i \boldsymbol{e}_j\rangle\right\} = 0\end{aligned} \tag{aα}$$

Aus (aα) ergibt sich durch Ausführung der Determinantenvorschrift

$$\boxed{P(\kappa_i) = (1-\kappa_i)\left[(1-\kappa_i)\left(1-\kappa_i+\gamma^2\right) - \gamma^2\right] = 0} \quad , \quad (i = 1,2,3) \tag{bα}$$

Hinweis:
Das charakteristische Polynom (bα) hätte auch direkt analog zu (2.156) mit den drei Grundinvarianten

$$C_I = C_{II} = 3 + \gamma^2, \qquad C_{III} = 1$$

hingeschrieben werden können, wobei sich jedoch nicht die in (bα) ersichtliche günstige Produktform ergeben hätte, so daß im vorliegenden Falle die obige Rechnung vorzuziehen ist. Die drei vorstehenden Grundinvarianten C_i ergeben sich wegen der gemäß (3.89) gültigen Gleichheit mit den Grundinvarianten von $\boldsymbol{B}$ sofort mit den Ausdrücken (n) aus Beispiel 2.10.

Die Lösung von (bα) führt sogleich auf den ersten Eigenwert (der mit der Zahl 3 indiziert wird, da in x_3-Richtung die Streckung Eins sein muß (vgl. dazu auch Bild 2.8 in Beispiel 2.3)

$$\kappa_3 = 1 \tag{cα}$$

und damit weiter auf die aus (bα) verbleibende quadratische Gleichung

$$\left[(1-\kappa_i)\left(1-\kappa_i+\gamma^2\right)-\gamma^2\right]=\kappa_i^2-\left(2+\gamma^2\right)\kappa_i+1=0 \qquad (i=2,3) \tag{dα}$$

Die Lösung von (dα) führt gemäß $(3.106)_2$ bzw. $(3.111)_2$ wie folgt auf die gemeinsamen Eigenwerte von $\boldsymbol{C}$ und $\boldsymbol{B}$ (Streckungen in x_1- und x_2-Richtung)

$$\kappa_{1,2}=\frac{1}{2}\left(2+\gamma^2\pm\gamma\sqrt{4+\gamma^2}\right)=1+\frac{\gamma^2}{2}\pm\gamma\sqrt{1+\left(\frac{\gamma}{2}\right)^2} \tag{eα}$$

Mit (cα) und (eα) ergeben sich dann gemäß $(3.106)_2$ bzw. $(3.111)_2$ die Hauptstreckungen des rechten Streckungstensors $\boldsymbol{U}$ zu

$$\boxed{\begin{aligned}\lambda_{1,2}&=\sqrt{\kappa_{1,2}}=\sqrt{1+\frac{\gamma^2}{2}\pm\gamma\sqrt{1+\left(\frac{\gamma}{2}\right)^2}}\\ \lambda_3&=\sqrt{\kappa_3}=1\end{aligned}} \tag{fα}$$

β. Hauptrichtungen von $\boldsymbol{C}$ und $\boldsymbol{B}$

Werden in (3.107) sämtliche vektoriellen und tensoriellen Größen bezüglich einer orthonormierten raumfesten Basis $\boldsymbol{e}_i$ dargestellt, also

$$\boldsymbol{m}_i={}_i m_k\boldsymbol{e}_k \qquad (i=1,2,3) \quad , \quad \boldsymbol{I}=\boldsymbol{e}_k\boldsymbol{e}_k \quad , \quad \boldsymbol{C}=C_{kl}\boldsymbol{e}_k\boldsymbol{e}_l \tag{aβ}$$

so entsteht nach einem Koordinatenvergleich aus der tensoriellen Gleichung (3.107) zunächst das folgende zu (2.154) analoge Gleichungssystem:

$$\begin{array}{ccccccc}(C_{11}-\kappa_i)_i m_1 & + & C_{12\,i}m_2 & + & C_{13\,i}m_3 & = & 0\\ C_{12\,i}m_1 & + & (C_{22}-\kappa_i)_i m_2 & + & C_{23\,i}m_3 & = & 0\\ C_{13\,i}m_1 & + & C_{23\,i}m_2 & + & (C_{33}-\kappa_i)_i m_3 & = & 0\end{array} \quad (i=1,2,3) \tag{bβ}$$

Für den speziellen Fall der einfachen Scherung gilt nach $(\mathrm{f})_1$ aus Beispiel 2.10 für die Koordinaten von $\boldsymbol{C}$

$$C_{11}=C_{33}=1, \quad C_{22}=1+\gamma^2, \quad C_{12}=\gamma, \quad C_{13}=C_{23}=0 \tag{cβ}$$

Mit (cβ) geht (bβ) über in das spezielle Gleichungssystem

$$\boxed{\begin{array}{ccccl}(1-\kappa_i)\,{}_i m_1 & + & \gamma\,{}_i m_2 & & =0\\ \gamma\,{}_i m_1 & + & \left(1+\gamma^2-\kappa_i\right){}_i m_2 & & =0\\ & & & (1-\kappa_i)\,{}_i m_3 & =0\end{array}} \quad (i=1,2,3) \tag{dβ}$$

Für die beiden Eigenwerte $\kappa_{1,2}$ gemäß (eα) gilt dann zunächst formal dasselbe Gleichungssystem (dβ), allerdings nur für i = 1,2:

$$\begin{array}{ccccl}(1-\kappa_i)\,{}_i m_1 & + & \gamma\,{}_i m_2 & & =0\\ \gamma\,{}_i m_1 & + & \left(1+\gamma^2-\kappa_i\right){}_i m_2 & & =0\\ & & & (1-\kappa_i)\,{}_i m_3 & =0\end{array} \quad (i=1,2) \tag{eβ}$$

Aus $(\mathrm{e}\beta)_3$ folgt wegen $1-\kappa_i\neq 0$ sofort

$${}_i m_3=0 \quad (i=1,2) \tag{fβ}$$

Aus den beiden voneinander linear abhängigen verbleibenden Gleichungen $(\mathrm{e}\beta)_1$ bzw. $(\mathrm{e}\beta)_2$ folgt

$${}_i m_2=-\frac{1-\kappa_i}{\gamma}\,{}_i m_1 \quad \text{bzw.} \quad {}_i m_2=-\frac{\gamma}{1-\kappa_i+\gamma^2}\,{}_i m_1 \quad , \quad {}_i m_1 \quad \text{beliebig} \tag{gβ}$$

Wählt man die Beziehung $(\mathrm{g}\beta)_1$ zur weiteren Rechnung, so ergeben sich mit $(\mathrm{a}\beta)_1$ unter Beachtung von (fβ) die beiden, den Eigenwerten $\kappa_{1,2}$ zugeordneten Eigenvektoren zunächst wie folgt

$$\boldsymbol{m}_i={}_i m_k\boldsymbol{e}_k={}_i m_1\boldsymbol{e}_1+{}_i m_2\boldsymbol{e}_2+{}_i m_3\boldsymbol{e}_3={}_i m_1\left(\boldsymbol{e}_1-\frac{1-\kappa_i}{\gamma}\boldsymbol{e}_2\right) \tag{hβ}$$

Mit der Normierungsbedingung (keine Summation über i!)

$$\begin{aligned}\boldsymbol{m}_i\cdot\boldsymbol{m}_i &= \left[{}_im_1\left(\boldsymbol{e}_1-\frac{1-\kappa_i}{\gamma}\boldsymbol{e}_2\right)\right]\cdot\left[{}_im_1\left(\boldsymbol{e}_1-\frac{1-\kappa_i}{\gamma}\boldsymbol{e}_2\right)\right]=\\ &=({}_im_1)^2\left[1+\left(\frac{1-\kappa_i}{\gamma}\right)^2\right]\stackrel{!}{=}1\end{aligned} \qquad (\mathrm{i}\beta)$$

ergibt sich

$${}_im_1=\frac{1}{\sqrt{1+\left(\frac{1-\kappa_i}{\gamma}\right)^2}} \qquad (i=1,2) \qquad (\mathrm{j}\beta)$$

so daß mit (jβ) die Eigenvektoren (hβ) schließlich übergehen in

$$\boxed{\boldsymbol{m}_i=\frac{1}{\sqrt{1+\left(\frac{1-\kappa_i}{\gamma}\right)^2}}\left(\boldsymbol{e}_1-\frac{1-\kappa_i}{\gamma}\boldsymbol{e}_2\right)} \quad i=1,2) \qquad (\mathrm{k}\beta)$$

Für den dritten Eigenwert $\kappa_3=1$ gemäß (cα) ergibt sich mit $i=3$ nach (dβ) das Gleichungssystem

$$\begin{array}{lcll} 0\cdot{}_3m_1 & + & \gamma{}_3m_2 & =0\\ \gamma{}_3m_1 & + & \gamma^2{}_3m_2 & =0\\ & & 0\cdot{}_3m_3 & =0\end{array} \qquad (\mathrm{l}\beta)$$

Aus $(\mathrm{l}\beta)_3$ folgt sofort, daß ${}_3m_3$ beliebig sein kann, womit sich weiter aus den beiden anderen Gleichungen

$${}_3m_1={}_3m_2=0 \qquad (\mathrm{m}\beta)$$

ergibt. Mit der zu (iβ) analogen Normierungsbedingung erhält man dann gemäß $(\mathrm{a}\beta)_1$ den dritten Eigenvektor zu

$$\boxed{\boldsymbol{m}_3=\boldsymbol{e}_3} \qquad (\mathrm{n}\beta)$$

Hinweise:

- Man beachte, daß die beiden Eigenvektoren (kβ) von der Scherung γ und damit wegen (h) aus Beispiel 2.3 von der Zeit t abhängen! Das bedeutet, daß sich die Hauptrichtungen während der Scherverformung permanent räumlich ändern!
- Mit (kβ) und (nβ) bestätigt man noch, daß die drei Eigenvektoren orthogonal zueinander sind, also

$$\boldsymbol{m}_1\cdot\boldsymbol{m}_2=\boldsymbol{m}_1\cdot\boldsymbol{m}_3=\boldsymbol{m}_2\cdot\boldsymbol{m}_3=0 \qquad (\mathrm{o}\beta)$$

Zur Ermittlung der drei Hauptrichtungen von $\boldsymbol{B}$ ergibt sich unter Beachtung von

$$\boldsymbol{n}_i={}_in_k\boldsymbol{e}_k \quad (i=1,2,3) \quad , \quad \boldsymbol{I}=\boldsymbol{e}_k\boldsymbol{e}_k \quad , \quad \boldsymbol{B}=B_{kl}\boldsymbol{e}_k\boldsymbol{e}_l \qquad (\mathrm{p}\beta)$$

zunächst das zu (bβ) analoge Gleichungssystem:

$$\begin{array}{lclclc} (B_{11}-\kappa_i)\,{}_in_1 & + & B_{12\,i}n_2 & + & B_{13\,i}n_3 & =0\\ B_{12\,i}n_1 & + & (B_{22}-\kappa_i)\,{}_in_2 & + & B_{23\,i}n_3 & =0\\ B_{13\,i}n_1 & + & B_{23\,i}n_2 & + & (B_{33}-\kappa_i)\,{}_in_3 & =0\end{array} \quad (i=1,2,3) \qquad (\mathrm{q}\beta)$$

Nach der Darstellung (g) aus Beispiel 2.10 gilt für die Koordinaten von $\boldsymbol{B}$

$$B_{22}=B_{33}=1 \quad , \quad B_{11}=1+\gamma^2 \quad , \quad B_{12}=\gamma \quad , \quad B_{13}=B_{23}=0 \qquad (\mathrm{r}\beta)$$

womit das Gleichungssystem (qβ) übergeht in

$$\boxed{\begin{array}{lclcl} (1+\gamma^2-\kappa_i)\,{}_in_1 & + & \gamma_in_2 & & =0\\ \gamma_in_1 & + & (1-\kappa_i)\,{}_in_2 & & =0\\ & & & (1-\kappa_i)\,{}_in_3 & =0\end{array}} \quad (i=1,2,3) \qquad (\mathrm{s}\beta)$$

Analog zur obigen Vorgehensweise hinsichtlich der Berechnung der Eigenrichtungen von $\boldsymbol{C}$ erhält man aus (sβ) die drei Eigenrichtungen von $\boldsymbol{B}$ wie folgt:

$$\boxed{\boldsymbol{n}_i = -\frac{1}{\sqrt{1+\left(\frac{1-\kappa_i}{\gamma}\right)^2}}\left(\frac{1-\kappa_i}{\gamma}\boldsymbol{e}_1 - \boldsymbol{e}_2\right)} \quad (i=1,2) \qquad (\mathrm{t}\beta)$$

und

$$\boxed{\boldsymbol{n}_3 = \boldsymbol{e}_3} \qquad (\mathrm{u}\beta)$$

γ. Materialgleichung des CAUCHYschen Spannungstensors

Einsetzen von (tβ) und (uβ) in (3.124) führt zunächst unter Beachtung von $J=1$ gemäß (h) aus Beispiel 2.8 auf die folgende tensorielle Form des CAUCHYschen Spannungstensors als Funktion der Hauptstreckungen des rechten Streckungstensors $\boldsymbol{U}$ (bei den Umformungen wurde noch $\gamma^2/(1-\kappa_i) = 1-\kappa_i+\gamma^2$ benutzt, was sofort aus (dα) folgt)

$$\begin{aligned}\boldsymbol{S} = &\sum_{i=1}^{2} \lambda_i \frac{\partial w}{\partial \lambda_i}\frac{1}{2\left(\lambda_i^2-1\right)-\gamma^2}\left[\left(\lambda_i^2-1\right)\boldsymbol{e}_1\boldsymbol{e}_1 + \gamma\left(\boldsymbol{e}_1\boldsymbol{e}_2+\boldsymbol{e}_2\boldsymbol{e}_1\right) + \left(\lambda_i^2-1-\gamma^2\right)\boldsymbol{e}_2\boldsymbol{e}_2\right] + \\ &+ \lambda_3 \frac{\partial w}{\partial \lambda_3}\boldsymbol{e}_3\boldsymbol{e}_3\end{aligned} \qquad (\mathrm{a}\gamma)$$

Weiteres Einsetzen von (3.132) in (aγ) liefert schließlich unter Beachtung der Darstellung (2.137) nach einem Koordinatenvergleich in den Dyaden $\boldsymbol{e}_i\boldsymbol{e}_j$ die Koordinatengleichungen der Materialgleichung des CAUCHYschen Spannungstensors für den Fall der einfachen Scherung und der Verzerrungsenergiefunktion (3.126) bei noch beliebiger Volumendehnungsfunktion $f(J)$:

$$\boxed{\begin{aligned}&\sigma_{11} = \sum_{i=1}^{2}\Lambda_{11}^{(i)} Z_i \;,\quad \sigma_{22} = \sum_{i=1}^{2}\Lambda_{22}^{(i)} Z_i \;,\quad \sigma_{12}=\sigma_{21} = \sum_{i=1}^{2}\Lambda_{12}^{(i)} Z_i \\ &\sigma_{33} = 2\sum_{k=1}^{N}\frac{\mu_k}{\alpha_k}\left[1+\frac{1}{\alpha_k}J\frac{\partial f(J)}{\partial J}\right] \;,\quad \sigma_{13}=\sigma_{23}=0\end{aligned}} \qquad (\mathrm{b}\gamma)$$

mit den Abkürzungen

$$\boxed{\begin{aligned}&\Lambda_{11}^{(i)}(\gamma) := \frac{2\left(\lambda_i^2-1\right)}{2\left(\lambda_i^2-1\right)-\gamma^2},\quad \Lambda_{22}^{(i)}(\gamma) := \frac{2\left(\lambda_i^2-1-\gamma^2\right)}{2\left(\lambda_i^2-1\right)-\gamma^2},\quad \Lambda_{12}^{(i)}(\gamma) := \frac{2\gamma}{2\left(\lambda_i^2-1\right)-\gamma^2} \\ &Z_i := \sum_{k=1}^{N}\frac{\mu_k}{\alpha_k}\left[\lambda_i^{\alpha_k}+\frac{1}{\alpha_k}J\frac{\partial f(J)}{\partial J}\right]\end{aligned}} \qquad (\mathrm{c}\gamma)$$

Hinweise:

- Die Normalspannungen in (bγ) besagen, daß im Falle nicht-linearer Hyperelastizität der einfache Scherversuch *nicht* ohne Normalspannungen realisierbar ist. In diesem Zusammenhang spricht man auch vom POYNTING-Effekt.
- In (bγ) wurde in der Normalspannung σ_{33} bereits $\lambda_3 = 1$ gemäß $(\mathrm{f}\alpha)_2$ berücksichtigt!
- In (bγ) und (cγ) sind die Hauptstreckungen $\lambda_i$gemäß (fα) einzusetzen.

δ. Materialgleichung des Ersten PIOLA-KIRCHHOFFschen Spannungstensors

Einsetzen von (kβ), (nβ), (tβ) und (uβ) in $(3.125)_1$ führt in analoger Weise zu (aγ) zunächst auf

$$\begin{aligned}\boldsymbol{P}^I = &\sum_{i=1}^{2}\frac{\partial w}{\partial \lambda_i}\frac{1}{2\left(\lambda_i^2-1\right)-\gamma^2}\left[\gamma\left(\boldsymbol{e}_1\boldsymbol{e}_1+\boldsymbol{e}_2\boldsymbol{e}_2\right) + \left(\lambda_i^2-1-\gamma^2\right)\boldsymbol{e}_1\boldsymbol{e}_2 + \left(\lambda_i^2-1\right)\boldsymbol{e}_2\boldsymbol{e}_1\right] + \\ &+ \frac{\partial w}{\partial \lambda_3}\boldsymbol{e}_3\boldsymbol{e}_3\end{aligned} \qquad (\mathrm{a}\delta)$$

Weiteres Einsetzen von (3.132) in (aδ) liefert schließlich nach einem Koordinatenvergleich in den Dyaden $\boldsymbol{e}_i\boldsymbol{e}_j$ die Koordinatengleichungen der Materialgleichung des Ersten PIOLA-KIRCHHOFF schen Spannungstensors für den Fall der einfachen Scherung und der Verzerrungsenergiefunktion (3.126) bei noch beliebiger Volumendehnungsfunktion $f(J)$:

$$\boxed{\begin{aligned} &P^I_{11} = P^I_{22} = \sum_{i=1}^{2} \Lambda^{(i)}_{12} \frac{Z_i}{\lambda_i} \quad , \quad P^I_{12} = \sum_{i=1}^{2} \Lambda^{(i)}_{22} \frac{Z_i}{\lambda_i} \quad , \quad P^I_{21} = \sum_{i=1}^{2} \Lambda^{(i)}_{11} \frac{Z_i}{\lambda_i} \quad , \\ &P^I_{33} = 2\sum_{k=1}^{N} \frac{\mu_k}{\alpha_k}\left[1 + \frac{1}{\alpha_k} J \frac{\partial f\,(J)}{\partial J}\right], \quad P^I_{13} = P^I_{31} = P^I_{23} = P^I_{32} = 0 \end{aligned}} \tag{bδ}$$

mit den Abkürzungen Λ^i_{ij} und Z_i gemäß (cγ). Man beachte, daß $\boldsymbol{P}^I$ nicht mehr symmetrisch ist und deshalb zwei unterschiedliche Scherspannungen P^I_{12} und P^I_{21} auftreten!

ε. Materialgleichung des Zweiten PIOLA-KIRCHHOFFschen Spannungstensors

Einsetzen von (kβ) und (nβ) in $(3.125)_2$ führt in analoger Weise zu (aγ) und (aδ) zunächst auf

$$\begin{aligned} \boldsymbol{P}^{II} = &\sum_{i=1}^{2} \frac{1}{\lambda_i}\frac{\partial w}{\partial \lambda_i} \frac{1}{2\left(\lambda_i^2 - 1\right) - \gamma^2} \left[\left(\lambda_i^2 - 1 - \gamma^2\right) \boldsymbol{e}_1\boldsymbol{e}_1 + \gamma\left(\boldsymbol{e}_1\boldsymbol{e}_2 + \boldsymbol{e}_2\boldsymbol{e}_1\right) + \left(\lambda_i^2 - 1\right)\boldsymbol{e}_2\boldsymbol{e}_2\right] + \\ &+ \frac{1}{\lambda_3}\frac{\partial w}{\partial \lambda_3} \boldsymbol{e}_3\boldsymbol{e}_3 \end{aligned} \tag{aε}$$

Weiteres Einsetzen von (3.132) in (aε) liefert schließlich nach einem Koordinatenvergleich in den Dyaden $\boldsymbol{e}_i\boldsymbol{e}_j$ die Koordinatengleichungen der Materialgleichung des Zweiten PIOLA-KIRCHHOFF schen Spannungstensors für den Fall der einfachen Scherung und der Verzerrungsenergiefunktion (3.126) bei noch beliebiger Volumendehnungsfunktion $f(J)$:

$$\boxed{\begin{aligned} &P^{II}_{11} = \sum_{i=1}^{2} \Lambda^{(i)}_{22} \frac{Z_i}{\lambda_i^2} \quad , \quad P^{II}_{22} = \sum_{i=1}^{2} \Lambda^{(i)}_{11} \frac{Z_i}{\lambda_i^2} \quad , \quad P^{II}_{12} = P^{II}_{21} = \sum_{i=1}^{2} \Lambda^{(i)}_{12} \frac{Z_i}{\lambda_i^2} \\ &P^{II}_{33} = 2\sum_{k=1}^{N} \frac{\mu_k}{\alpha_k}\left[1 + \frac{1}{\alpha_k} J \frac{\partial f\,(J)}{\partial J}\right] \quad , \quad P^{II}_{13} = P^{II}_{23} = 0 \end{aligned}} \tag{bε}$$

mit den Abkürzungen $\Lambda^{(i)}_{ij}$ und Z_i gemäß (cγ).

Beispiel 3.6

Man spezialisiere die Scherspannungen von $\boldsymbol{S}$, $\boldsymbol{P}^I$ und $\boldsymbol{P}^{II}$ des vorigen Beispieles für die Volumendehnungsfunktion (3.127) und gebe die Kraft-Scherungs-Relation im Fall der CAUCHYschen Spannungen für einen Scherversuch an, bei dem die Probe wie in Bild 3.5 dargestellt, unten fest gelagert ist und oben über eine starre Platte mit der (konstanten) Kraft K geschert wird. Mit der speziellen Volumendehnungsfunktion (3.127) erhält man für den in den Materialgleichungen (bγ), (bδ) und (bε) auftretenden Term $J(\partial f/\partial J)/\alpha_k$ zunächst allgemein

$$\begin{aligned} \frac{1}{\alpha_k} J \frac{\partial f(J)}{\partial J} &= \frac{1}{\alpha_k} J \frac{1}{\beta_k}\frac{\partial}{\partial J}\left(J^{-\alpha_k\beta_k} - 1\right) = -\frac{1}{\alpha_k} J \frac{1}{\beta_k} \alpha_k\beta_k J^{-\alpha_k\beta_k - 1} = \\ &\equiv -JJ^{-1}J^{-\alpha_k\beta_k} = -J^{-\alpha_k\beta_k} \end{aligned} \tag{a}$$

und unter Beachtung von $J = 1$ (vgl. (h) in Beispiel 2.8) schließlich

$$\frac{1}{\alpha_k} J \frac{\partial f(J)}{\partial J} = -J^{-\alpha_k\beta_k} = -1 \tag{b}$$

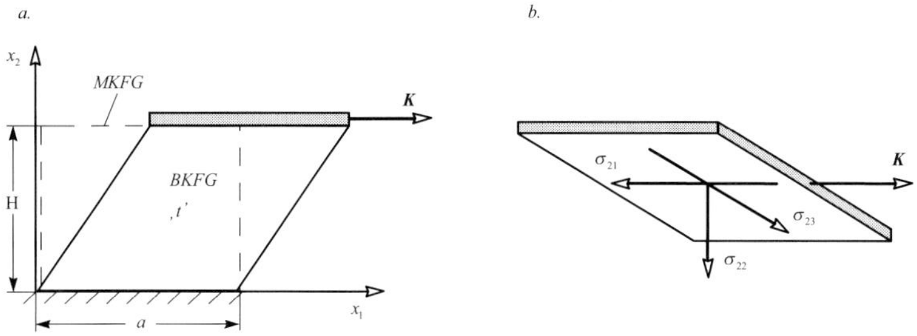

Bild 3.5: Zur Berechnung der Scherspannungen bei der einfachen Scherung: a. gescherte Probe, b. freigemachte Platte

Mit (aδ) ergeben sich gemäß (bγ)$_3$, (bδ)$_2$, (bδ)$_3$ und (bε)$_3$ insbesondere die für Scherversuche jeweils wichtigen Scherspannungen des vorliegenden Falles wie folgt nacheinander:

Scherspannungen des CAUCHYschenSpannungstensors:

$$\boxed{\sigma_{12} = \sigma_{21} = \sum_{i=1}^{2} \left[\Lambda_{12}^{(i)} \sum_{k=1}^{N} \frac{\mu_k}{\alpha_k} \left(\lambda_i^{\alpha_k} - 1 \right) \right]} \tag{c}$$

Scherspannungen des Ersten KIRCHHOFF-PIOLAschen Spannungstensors:

$$\boxed{P_{12}^{I} = \sum_{i=1}^{2} \left[\frac{1}{\lambda_i} \Lambda_{22}^{(i)} \sum_{k=1}^{N} \frac{\mu_k}{\alpha_k} \left(\lambda_i^{\alpha_k} - 1 \right) \right] \quad , \quad P_{21}^{I} = \sum_{i=1}^{2} \left[\frac{1}{\lambda_i} \Lambda_{11}^{(i)} \sum_{k=1}^{N} \frac{\mu_k}{\alpha_k} \left(\lambda_i^{\alpha_k} - 1 \right) \right]} \tag{d}$$

Scherspannungen des Zweiten KIRCHHOFF-PIOLAschen Spannungstensors:

$$\boxed{P_{12}^{II} = P_{21}^{II} = \sum_{i=1}^{2} \left[\frac{1}{\lambda_i^2} \Lambda_{12}^{(i)} \sum_{k=1}^{N} \frac{\mu_k}{\alpha_k} \left(\lambda_i^{\alpha_k} - 1 \right) \right]} \tag{e}$$

Hinweise:

- Die Form der CAUCHYschen Materialgleichung (c) wird beispielsweise in [ABA] angegeben.
- In (c) bis (e) sind die Hauptstreckungen λ_i gemäß (fα) und die Abkürzungen $\Lambda_{ij}^{(i)}$ gemäß (cγ) zu nehmen.

Kräfte-Gleichgewicht in $\boldsymbol{e}_1$-Richtung an der freigeschnittenen Platte liefert (vgl. Bild 3.5b)

$$-ab\sigma_{12} + K = 0 \qquad \text{also} \qquad \sigma_{12} = \frac{K}{ab} \tag{f}$$

Einsetzen von (f) in (c) führt schließlich auf die Kraft-Scherungs-Relation bei einfacher Scherung im Falle der CAUCHYschen Scherspannung

$$\boxed{K = K(\gamma) = ab \sum_{i=1}^{2} \left\{ \Lambda_{12}^{(i)}(\gamma) \sum_{k=1}^{N} \frac{\mu_k}{\alpha_k} \left[\lambda_i^{\alpha_k}(\gamma) - 1 \right] \right\}} \tag{g}$$

3.2.3 HOOKE-Elastizität (streng-lineare Elastizität)

In einer Vielzahl technischer Probleme tritt *linear*-elastisches Materialverhalten auf. Die hierfür erforderlichen Gleichungen entstehen durch eine Linearisierung der Materialgleichungen der nicht-linearen Elastizität, wobei hier grundsätzlich zwischen *geometrischer* und *physikalischer* Linearisierung zu unterscheiden ist.

Geometrische Linearisierung: Unter geometrischer Linearisierung wird eine Substitution der nicht-linearen durch lineare Verzerrungsmaße in den Materialgleichungen verstanden. Ersetzt man also in (3.54) den linken GREENschen Verzerrungstensor $\boldsymbol{G}^l$ durch seine gemäß (2.124) definierte linearisierte Version $\boldsymbol{E}$, so ensteht zunächst

$$\boldsymbol{S}(\mathrm{X}, t) = \boldsymbol{h}(\boldsymbol{E}) = \Omega_0 \boldsymbol{I} + \Omega_1 \boldsymbol{E} + \Omega_2 \boldsymbol{E}^2 \tag{3.133}$$

Da durch den quadratischen Term $\boldsymbol{E}^2$ jedoch immer noch eine „Nicht-Linearität“ (wenn auch im geometrisch linearen Deformator $\boldsymbol{E}$) vorliegt, erhält man erst durch Vernachlässigung von $\boldsymbol{E}^2$ gegenüber $\boldsymbol{E}$ aus (3.133) schließlich die *geometrisch lineare Form der REINERschen Stoffgleichung* zu

$$\boxed{\boldsymbol{S}(\mathrm{X}, t) = \boldsymbol{k}(\boldsymbol{E}) = g_0(E_I, E_{II}, E_{III})\,\boldsymbol{I} + g_1(E_I, E_{II}, E_{III})\,\boldsymbol{E}} \tag{3.134}$$

worin $g_i(E_I,E_{II},E_{III})$ $(i = 0,1)$ neue Materialfunktionen bedeuten und E_i $(i = I,II,III)$ die drei folgenden Grundinvarianten des Deformators $\boldsymbol{E}$ sind:

$$E_I = Sp\boldsymbol{E}, \quad E_{II} = \frac{1}{2}\left(E_I^2 - Sp\boldsymbol{E}^2\right), \quad E_{III} = \det \boldsymbol{E} \tag{3.135}$$

Hinweise:

- Die Materialgleichung (3.134) enthält im Unterschied zur REINERschen Stoffgleichung (3.54) nicht mehr drei, sondern nur noch *zwei* Materialfunktionen.
- Die Materialgleichung (3.134) ist insofern noch nicht-linear in den Verzerrungen, als daß die zwei Materialfunktionen g_0 und g_1 noch in beliebiger Weise von den Grundinvarianten des Deformators abhängen können.
- Die Materialgleichung (3.134) gilt für homogene, nicht alternde isotrope Elastizität bei kleinen Verzerrungen (Verschiebungsableitungen).

Physikalische Linearisierung: Unter physikalischer Linearisierung versteht man die Erzeugung einer solchen Materialgleichung, die einen *Tensor-linearen* Zusammenhang zwischen Spannungen und Verzerrungen wiedergibt. Geht man wieder von (3.54) aus, so müssen unter der genannten Voraussetzung zunächst die drei Materialfunktionen Ω_i wie folgt lauten

$$\Omega_0 = \Omega_0\left(G_I^l\right) = \Omega_{00} G_I^l = \Omega_{00} Sp G^l, \quad \Omega_1 = \Omega_{10} = const, \quad \Omega_2 = 0 \tag{3.136}$$

Weiterhin ist in (3.54) $\boldsymbol{G}^{l2}$ gegenüber $\boldsymbol{G}^l$ zu vernachlässigen, so daß mit (3.136) die Form (3.54) in die folgende *Tensor-lineare* Form übergeht

$$\boxed{\boldsymbol{S} = \boldsymbol{l}\left(\boldsymbol{G}^l\right) = \Omega_{00}\left(Sp\boldsymbol{G}^l\right)\boldsymbol{I} + \Omega_{10}\boldsymbol{G}^l} \tag{3.137}$$

Hinweise:

- Die Materialgleichung (3.137) enthält im Unterschied zur REINERschen Stoffgleichung (3.54) nicht mehr drei Materialfunktionen, sondern lediglich noch *zwei* konstante *Materialkoeffizienten* (Materialparameter) Ω_{00} und Ω_{01}.
- Die Materialgleichung (3.137) gilt für homogene, nicht alternde isotrope Elastizität, allerdings bei noch großen Verzerrungen, welche durch das nicht-lineare Verzerrungsmaß $\boldsymbol{G}^l$ repräsentiert werden (finite Elastizität)!
- Die in den zweiten PIOLA-KIRCHHOFFschen Spannungstensor umgeformte Gleichung (3.137) wird auch als Stoffgesetz für ST. VENANT-Materialien bezeichnet.

HOOKE-Elastizität –streng lineare Elastizität: Unter *strenger Linearität* versteht man eine Materialgleichung, die sowohl geometrisch als auch physikalisch linear ist. Diesbezüglich führt die Verknüpfung der beiden Materialgleichungsformen (3.134) und (3.137) sofort auf die folgende streng-lineare Materialgleichung, die üblicherweise auch als das *HOOKEsche Gesetz in LAMÉscher Form* bezeichnet wird (indem analog zu (3.136) die Materialfunktionen in (3.134) durch $g_0 = g_0(E_I) = g_{00}\ E_I = g_{00}\ \mathrm{Sp}\boldsymbol{E}$ und $g_1 = g_{10} = \mathrm{const.}$ ersetzt und noch $g_{00} = \lambda$ sowie $g_{10} = 2\nu$ gesetzt wird):

$$\boxed{\boldsymbol{S} = \boldsymbol{l}\,(\boldsymbol{E}) = \lambda\,(Sp\boldsymbol{E})\,\boldsymbol{I} + 2\mu\boldsymbol{E}} \tag{3.138}$$

(Gabriel. LAMÉ, fr. Mathematiker, 1795-1870). Mit Hilfe der Umrechnungen für die beiden LAMÉ-Koeffizienten λ und ν

$$\boxed{\lambda = \frac{E}{1+\nu}\frac{\nu}{1-2\nu} = 2G\frac{\nu}{1-2\nu}} \quad \text{und} \quad \boxed{\mu = G = \frac{E}{2\,(1+\nu)}} \tag{3.139}$$

bzw.

$$\boxed{E = 2\,(1+\nu)\,G} \tag{3.140}$$

läßt sich die LAMEsche Form (3.138) in das bekannte *HOOKEsche Materialgesetz* wie folgt überführen

$$\boxed{\boldsymbol{S} = 2G\left[\frac{\nu}{1-2\nu}\,(Sp\boldsymbol{E})\,\boldsymbol{I} + \boldsymbol{E}\right]} \qquad G > 0 \quad , \quad 0 \le \nu \le 1/2 \tag{3.141}$$

Hinweise:

- Das HOOKEsche Materialgesetz (3.141) gilt für homogene, nicht alternde isotrope elastische Materialien bei kleinen Verzerrungen (Verschiebungsableitungen).
- Das Materialgesetz (3.141) enthält noch *zwei* konstante Materialkoeffizienten (Materialparameter) und zwar den *Gleit-* oder *Schermodul* G und die *Querkontraktionszahl* (oder POISSON-Zahl) ν.
- Das HOOKEsche Materialgesetz (3.141) ist die physikalisch und geometrisch linearisierte Form der REINERschen Stoffgleichung.
- In (3.141) wird der Term

  $$d \equiv E_I := Sp\boldsymbol{E} \tag{3.142}$$

  als die bei (kleiner) Verformung auftretende *Volumendilatation* bezeichnet. Diese gibt die auf das Ausgangsvolumen in der BKFG bezogene Volumenänderung eines materiellen Volumenelementes an. Für *isochore* (volumenerhaltende) Prozesse gilt $d = 0$. Materialien, die sich derart verhalten heißen *inkompressibel.*

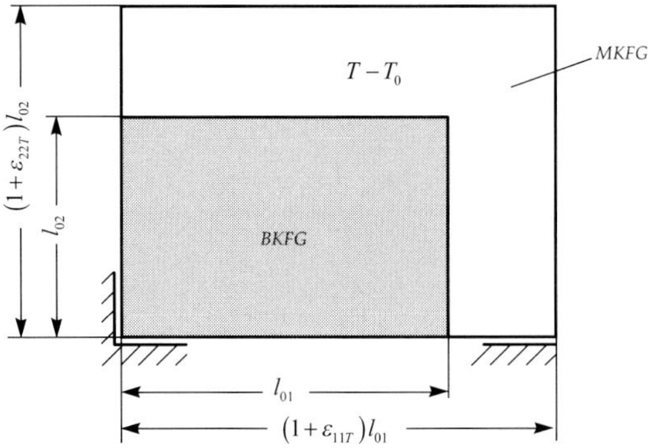

Bild 3.6: Thermische Dehnungen eines homogenen, isotropen Körpers

Für spätere Anwendungen soll das Gesetz (3.141) im Folgenden noch für die lineare Thermoelastizität erweitert werden.

Lineare Thermoelastizität: Experimentell läßt sich zeigen, daß Verzerrungen auch in Abwesenheit von mechanischen Spannungen $\boldsymbol{S}$, allein infolge von Temperaturänderungen entstehen können. Wird ein Körper aus homogenem, isotropem Material bei Abwesenheit äußerer Kräfte (und damit mechanischer Spannungen) an einer beliebigen Stelle gleichmäßig von einer (Umgebungs-)Temperatur T_0 auf eine Temperatur T erwärmt bzw. abgekühlt (*homothermer* Prozeß), so entstehen nur *thermische* Dehnungen (Wärmedehnungen) ε_{11T}, ε_{22T}, ε_{22T} in 1-, 2- und 3-Richtung, jedoch keine Wärmeschubverzerrungen bzw. –gleitungen (vgl. Bild 3.6).

Die Wärmedehnungen sind bei den meisten Werkstoffen in einem weiten Temperaturbereich proportional zur Temperaturdifferenz $T - T_0$ und sind unabhängig davon, wie die Temperatur als Funktion der Zeit von T_0 auf T gebracht wird, so daß gilt

$$\varepsilon_{11T} = \varepsilon_{22T} = \varepsilon_{33T} = \alpha\,(T - T_0) \tag{3.143}$$

In Anlehung an die erste Darstellung in (2.126) läßt sich dann mit (3.143) der entsprechende *thermische Dehnungstensor* in Matrizenform wie folgt angeben

$$[\boldsymbol{E}_T] = \begin{bmatrix} \varepsilon_{11T} & 0 & 0 \\ 0 & \varepsilon_{22T} & 0 \\ 0 & 0 & \varepsilon_{33T} \end{bmatrix} \langle \boldsymbol{e}_i \boldsymbol{e}_j \rangle = \alpha\,(T - T_0) \begin{bmatrix} 1 & 0 & 0 \\ 0 & 1 & 0 \\ 0 & 0 & 1 \end{bmatrix} \langle \boldsymbol{e}_i \boldsymbol{e}_j \rangle \tag{3.144}$$

bzw. in tensorieller Form

$$\boxed{\boldsymbol{E}_T = \alpha\,(T - T_0)\,\boldsymbol{I}} \tag{3.145}$$

Hinweise:

- Bei (3.144) bzw. (3.145) handelt es sich um eine lineare Materialgleichung zwischen den thermischen Dehnungen ε_{11T}, ε_{22T}, ε_{22T} und der Temperaturdifferenz $T - T_0$, worin der Proportionalitätsfaktor α als *thermischer Ausdehnungskoeffizient*, *Wärmeausdehnungskoeffizient* oder auch *linearer Temperaturausdehnungskoeffizient* bezeichnet wird.

- Der thermische Ausdehnungskoeffizient α stellt einen weiteren Materialparameter dar, der prinzipiell experimentell zu bestimmen oder Tabellenwerken zu entnehmen ist.

Eine Erweiterung des HOOKEschen Materialgesetzes für die lineare Thermoelastizität gelingt nun dadurch, indem die mechanischen und die thermischen Dehnungen $\boldsymbol{E}$ und $\boldsymbol{E}_T$ superponiert werden. Dies ist deshalb erlaubt, da es sich bei den beiden Materialgleichungen (3.141) und (3.145) um *lineare* Verknüpfungen zwischen $\boldsymbol{S}$ und $\boldsymbol{E}$ bzw. zwischen $\boldsymbol{E}$ und $T - T_0$ handelt. Um nun $\boldsymbol{E}$ und $\boldsymbol{E}_T$ superponieren zu können, ist zunächst die spannungsexplizite Materialgleichung (3.141) in seine verzerrungsexplizite Form $\boldsymbol{E} = \boldsymbol{l}(\boldsymbol{S})$ zu bringen, wozu (3.141) invertiert werden muß. Das HOOKEsche Materialgesetz in *verzerrungsexpliziter* Form lautet wie folgt (vgl. hierzu das nachstehende Beispiel 3.7)

$$\boxed{\boldsymbol{E} = \frac{1}{2G}\left[\boldsymbol{S} - \frac{\nu}{1+\nu}\,(\mathrm{Sp}\boldsymbol{S})\,\boldsymbol{I}\right]} \tag{3.146}$$

Unterliegt nun ein HOOKE-elastischer Körper sowohl einer mechanischen als auch thermischen Beanspruchung, so sind die thermischen Dehnungen und die mechanischen Verzerrungen (3.145) und (3.146) zu addieren, so daß sich schließlich das *HOOKEsche Materialgesetz der linearen Thermoelastizität in verzerrungsexpliziter Form* wie folgt ergibt

$$\boxed{\boldsymbol{E} = \frac{1}{2G}\left[\boldsymbol{S} - \frac{\nu}{1+\nu}\,(\mathrm{Sp}\boldsymbol{S})\,\boldsymbol{I}\right] + \alpha\,(T - T_0)\,\boldsymbol{I}} \tag{3.147}$$

Indem nun (3.147) wieder invertiert wird (vgl. hierzu wieder das nachstehende Beispiel 3.7), entsteht das *HOOKEsche Materialgesetz der linearen Thermoelastizität in spannungsexpliziter Form*

$$\boxed{\boldsymbol{S} = 2G\left[\boldsymbol{E} + \frac{\nu}{1-2\nu}\,(\mathrm{Sp}\boldsymbol{E})\,\boldsymbol{I}\right] - 2G\frac{1+\nu}{1-2\nu}\alpha\,(T - T_0)\,\boldsymbol{I}} \tag{3.148}$$

Hinweise:

- Das HOOKEsche Materialgesetz in der Form (3.147) bzw. (3.148) gilt für homogene, nicht alternde isotrope thermo-elastische Materialien bei kleinen Verzerrungen (Verschiebungsableitungen).

- Das Materialgesetz (3.147) bzw. (3.148) enthält jeweils noch *drei* konstante Materialkoeffizienten (Materialparameter) und zwar den Gleit- oder Schermodul G und die Querkontraktionszahl (oder POISSON-Zahl) ν sowie jeweils zusätzlich noch den Wärmeausdehnungskoeffizienten α.

- Für *isotherme Prozesse* folgen aus (3.147) bzw. (3.148) mit $T = T_0$ sofort wieder die beiden Formen des HOOKEschen Materialgesetzes (3.141) und (3.146) für den Fall reiner mechanischer Belastungen.

Wegen der zentralen Stellung innerhalb der linearen Elastizitätstheorie sollen die tensoriellen Formen (3.147) und (3.148) noch in kartesischen Koordinaten angegeben werden: Einsetzen der Darstellungen (2.126) und (2.137) in (3.147) bzw. (3.148) liefert schließlich nach einem Koordinatenvergleich in den Basisdyaden $\boldsymbol{e}_i\boldsymbol{e}_j$ die Koordinaten des HOOKEschen Materialgesetzes in *verzerrungsexpliziter* Form (für die jeweils zweite Darstellung wurde die

Umrechnung (3.140) benutzt)

$$\begin{aligned}
\varepsilon_{11} &= \frac{1}{2G}\left[\sigma_{11} - \frac{\nu}{1+\nu}(\sigma_{11}+\sigma_{22}+\sigma_{33})\right] + \alpha(T-T_0) \equiv \\
&\equiv \frac{1}{E}\left[\sigma_{11} - \nu(\sigma_{22}+\sigma_{33})\right] + \alpha(T-T_0) \\
\varepsilon_{22} &= \frac{1}{2G}\left[\sigma_{22} - \frac{\nu}{1+\nu}(\sigma_{11}+\sigma_{22}+\sigma_{33})\right] + \alpha(T-T_0) \equiv \\
&\equiv \frac{1}{E}\left[\sigma_{22} - \nu(\sigma_{11}+\sigma_{33})\right] + \alpha(T-T_0) \\
\varepsilon_{33} &= \frac{1}{2G}\left[\sigma_{33} - \frac{\nu}{1+\nu}(\sigma_{11}+\sigma_{22}+\sigma_{33})\right] + \alpha(T-T_0) \equiv \\
&\equiv \frac{1}{E}\left[\sigma_{33} - \nu(\sigma_{11}+\sigma_{22})\right] + \alpha(T-T_0) \\
\varepsilon_{12} &= \frac{1}{2G}\sigma_{12} \quad , \quad \varepsilon_{13} = \frac{1}{2G}\sigma_{13} \quad , \quad \varepsilon_{23} = \frac{1}{2G}\sigma_{23}
\end{aligned} \tag{3.149}$$

und in *spannungsexpliziter* Form

$$\begin{aligned}
\sigma_{11} &= 2G\left[\varepsilon_{11} + \frac{\nu}{1-2\nu}(\varepsilon_{11}+\varepsilon_{22}+\varepsilon_{33}) - \frac{1+\nu}{1-2\nu}\alpha(T-T_0)\right] = \\
&= \frac{E}{(1+\nu)(1-2\nu)}\left[(1-\nu)\varepsilon_{11} + \nu(\varepsilon_{22}+\varepsilon_{33}) - (1+\nu)\alpha(T-T_0)\right] \\
\sigma_{22} &= 2G\left[\varepsilon_{22} + \frac{\nu}{1-2\nu}(\varepsilon_{11}+\varepsilon_{22}+\varepsilon_{33}) - \frac{1+\nu}{1-2\nu}\alpha(T-T_0)\right] = \\
&= \frac{E}{(1+\nu)(1-2\nu)}\left[(1-\nu)\varepsilon_{22} + \nu(\varepsilon_{11}+\varepsilon_{33}) - (1+\nu)\alpha(T-T_0)\right] \\
\sigma_{33} &= 2G\left[\varepsilon_{33} + \frac{\nu}{1-2\nu}(\varepsilon_{11}+\varepsilon_{22}+\varepsilon_{33}) - \frac{1+\nu}{1-2\nu}\alpha(T-T_0)\right] = \\
&= \frac{E}{(1+\nu)(1-2\nu)}\left[(1-\nu)\varepsilon_{33} + \nu(\varepsilon_{11}+\varepsilon_{22}) - (1+\nu)\alpha(T-T_0)\right] \\
\sigma_{12} &= 2G\varepsilon_{12} \quad , \quad \sigma_{13} = 2G\varepsilon_{13} \quad , \quad \sigma_{23} = 2G\varepsilon_{23}
\end{aligned} \tag{3.150}$$

Hinweise:

- Die Koordinatengleichungen des HOOKEsche Materialgesetzes in der Form (3.149) bzw. (3.150) enthalten jeweils noch drei konstante Materialkoeffizienten (Materialparameter) und zwar entweder die mechanischen Parameter ν und G oder ν und E sowie jeweils zusätzlich noch den thermischen Parameter α.
- Die Koordinatengleichungen des HOOKEsche Materialgesetzes in der Form (3.149) bzw. (3.150) gelten für homogene, nicht alternde isotrope thermo-elastische Materialien bei kleinen Verzerrungen (Verschiebungsableitungen).
- Für *isotherme Prozesse* folgen aus (3.149) und (3.150) mit $T = T_0$ die entsprechenden Formen des HOOKEschen Materialgesetzes für den Fall reiner mechanischer Belastungen.
- Gemäß (3.142) lautet in den Ausdrücken (3.149) bzw. (3.150) jeweils die *Volumendilatation* bezüglich kartesischer Koordinaten

$$d = Sp\boldsymbol{E} = \varepsilon_{11} + \varepsilon_{22} + \varepsilon_{33} \tag{3.151}$$

sowie analog dazu die „Spur des Spannungstensors", die auch mit dem sogenannten *hydrostatischen Druck* p wie folgt verknüpft wird (vgl. dazu die folgenden Ausführungen zum Volumen- und Gestaltänderungsanteil nach dem Beispiel 3.7)

$$3p = \mathrm{Sp}\boldsymbol{S} = \sigma_{11} + \sigma_{22} + \sigma_{33} \tag{3.152}$$

Eindimensionales HOOKEsches Materialgesetz: Wird ein Bauteil (Körper) beispielsweise nur in 3-Richtung belastet, so sind außer $\sigma_{33} \neq 0$ sämtliche anderen Spannungen Null und aus (3.149) ergibt sich nach Auflösen in die Spannungen der Spezialfall des bekannten *HOOKEschen Materialgesetzes in eindimensionaler Form*

$$\boxed{\begin{array}{ll} \sigma_{33} = E\varepsilon_{33} \quad , & \sigma_{11} = \sigma_{22} = \sigma_{12} = \sigma_{13} = \sigma_{23} = 0 \\ \varepsilon_{11} = \varepsilon_{22} = -\nu\varepsilon_{33} \quad , & \varepsilon_{12} = \varepsilon_{13} = \varepsilon_{23} = 0 \end{array}} \tag{3.153}$$

Beispiel 3.7
Man bilde die verzerrungsexplizite Form der Materialgleichung (3.141) sowie die spannungsexplizite Form der Materialgleichung (3.147) durch jeweilige Invertierung.

Lösung:
a. Verzerrungsexplizite Form von (3.141): Auflösen der spannungsexpliziten Form (3.141) nach dem Verzerrungstensor (Deformator) $\boldsymbol{E}$ liefert zunächst

$$\boldsymbol{E} = \frac{1}{2G}\boldsymbol{S} - \frac{\nu}{1-2\nu}(\mathrm{Sp}\boldsymbol{E})\,\boldsymbol{I} \tag{a}$$

In (a) ist jetzt noch der Term $\mathrm{Sp}\boldsymbol{E}$ als Funktion von $\boldsymbol{S}$ zu ersetzen. Dazu wird wie folgt unter Beachtung von (A.46) bis (A.49) und (A.56) die *Spur* von (a) gebildet

$$\begin{aligned} \mathrm{Sp}\boldsymbol{E} &= \mathrm{Sp}\left[\frac{1}{2G}\boldsymbol{S} - \frac{\nu}{1-2\nu}(\mathrm{Sp}\boldsymbol{E})\,\boldsymbol{I}\right] = \frac{1}{2G}\mathrm{Sp}\boldsymbol{S} - \frac{\nu}{1-2\nu}(\mathrm{Sp}\boldsymbol{E})\underbrace{(\mathrm{Sp}\boldsymbol{I})}_{=3} = \\ &= \frac{1}{2G}\mathrm{Sp}\boldsymbol{S} - \frac{3\nu}{1-2\nu}(\mathrm{Sp}\boldsymbol{E}) \end{aligned} \tag{b}$$

Durch Auflösen nach $\mathrm{Sp}\boldsymbol{E}$ ergibt sich aus (b)

$$\mathrm{Sp}\boldsymbol{E} = \frac{1}{2G}\frac{1-2\nu}{1+\nu}\mathrm{Sp}\boldsymbol{S} \tag{c}$$

Einsetzen von (c) in (a) liefert sofort das Ergebnis (3.146).

b. Spannungsexplizite Form von (3.147):
Auflösen der verzerrungsexpliziten Form (3.147) nach dem Spannungstensor $\boldsymbol{S}$ liefert zunächst

$$\boldsymbol{S} = 2G\boldsymbol{E} + \frac{\nu}{1+\nu}(\mathrm{Sp}\boldsymbol{S})\,\boldsymbol{I} - 2G\alpha\,(T-T_0)\,\boldsymbol{I} \tag{d}$$

„Spur"-Bildung von (d) liefert analog zu (b)

$$Sp\boldsymbol{S} = 2G\,(\mathrm{Sp}\boldsymbol{E}) + \frac{3\nu}{1+\nu}(\mathrm{Sp}\boldsymbol{S}) - 6G\alpha\,(T-T_0) \tag{e}$$

Auflösen von (e) nach dem Term $\mathrm{Sp}\boldsymbol{S}$ ergibt

$$\mathrm{Sp}\boldsymbol{S} = 2G\frac{1+\nu}{1-2\nu}\left[\mathrm{Sp}\boldsymbol{E} - 3\alpha\,(T-T_0)\right] \tag{f}$$

Einsetzen von (f) in (d) führt schließlich auf die Form (3.148).

Beispiel 3.8
Für die beiden Fälle der einfachen Scherung und der uniaxialen Stauchung ermittle man die kartesischen Koordianten des CAUCHYschen Spannungstensors nach dem HOOKEschen Materialgesetz, wenn jeweils ein isothermer Vorgang vorausgesetzt werden kann.

Lösung:
Für isotherme Vorgänge gilt $T = T_0$, so daß im HOOKEschen Materialgesetz (3.148) bzw. (3.150) der Temperaturterm entfällt!

a. Einfache Scherung
Der Verzerrungszustand für den Fall der einfachen Scherung lautet gemäß dem Deformators (b) aus Beispiel 2.12

$$\varepsilon_{11} = \varepsilon_{22} = \varepsilon_{33} = \varepsilon_{13} = \varepsilon_{23} = 0 \quad , \quad \varepsilon_{12} = \gamma/2 \tag{a}$$

Mit (a) ergibt sich zunächst gemäß (3.151) die Volumendilatation zu

$$d = \varepsilon_{11} + \varepsilon_{22} + \varepsilon_{33} = 0 \tag{b}$$

Einsetzen von (a) und (b) in die Koordinatengleichungen des HOOKEschen Materialgesetzes (3.150) liefert unter Beachtung der Isothermie den Spannungszustand im Falle der einfachen Scherung

$$\sigma_{11} = \sigma_{22} = \sigma_{33} = \sigma_{13} = \sigma_{23} = 0 \quad , \quad \sigma_{12} = 2G\varepsilon_{12} = G\gamma \tag{c}$$

Hinweise:

- Bei der einfachen Scherung verbleibt σ_{12} als einzige von Null verschiedene Spannung.
- Durch Vergleich des Ergebnisses (c) mit den Koordinaten des CAUCHYschen Spannungstensors im nichtlinearen Falle gemäß (c) nach Beispiel 3.2 ist zu erkennen, daß nach der linearen Elastizitätstheorie (HOOKE) keine Normalspannungen mehr auftreten und somit das Phänomen des POYNTING-Effektes nicht beschrieben werden kann (vgl. hierzu die Hinweise zu (c) in Beispiel 3.2).

b. Uniaxiale Stauchung
Der Verzerrungszustand für den Fall der uniaxialen Stauchung lautet gemäß dem Deformators (f) aus Beispiel 2.12

$$\varepsilon_{ii} = \lambda_i - 1 \qquad (i = 1,2,3) \quad , \quad \varepsilon_{12} = \varepsilon_{13} = \varepsilon_{23} = 0 \tag{d}$$

Mit (d) ergibt sich zunächst gemäß (3.151) die Volumendilatation zu

$$d = \varepsilon_{11} + \varepsilon_{22} + \varepsilon_{33} = \lambda_1 + \lambda_2 + \lambda_3 - 3 \tag{e}$$

Einsetzen von (d) und (e) in die Koordinatengleichungen des HOOKEschen Materialgesetzes (3.150) liefert unter Beachtung der Isothermie zunächst die Spannungskoordinaten

$$\begin{aligned}
\sigma_{11} &= \frac{E}{(1+\nu)(1-2\nu)} \{(1-\nu)(\lambda_1 - 1) + \nu[(\lambda_2 - 1) + (\lambda_3 - 1)]\} \\
\sigma_{22} &= \frac{E}{(1+\nu)(1-2\nu)} \{(1-\nu)(\lambda_2 - 1) + \nu[(\lambda_1 - 1) + (\lambda_3 - 1)]\} \\
\sigma_{33} &= \frac{E}{(1+\nu)(1-2\nu)} \{(1-\nu)(\lambda_3 - 1) + \nu[(\lambda_1 - 1) + (\lambda_2 - 1)]\} \\
\sigma_{12} &= \sigma_{13} = \sigma_{23} = 0
\end{aligned} \tag{f}$$

Bei der uniaxialen Stauchung wird die Probe in 3-Richtung gestaucht, so daß die Seitenflächen mit den Normalen in 1- und 2-Richtung unbelastet sind und somit die zugeordneten Normalspannungen verschwinden müssen, also $\sigma_{11} = 0$ und $\sigma_{22} = 0$ gelten muß (vgl. hierzu auch (n) in Beispiel 3.3). Mit den ersten beiden Gleichungen von (f) führt dies auf die beiden folgenden Bedingungen:

$$(1-\nu)(\lambda_1 - 1) + \nu[(\lambda_2 - 1) + (\lambda_3 - 1)] = 0 \tag{g}$$

$$(1-\nu)(\lambda_2 - 1) + \nu[(\lambda_1 - 1) + (\lambda_3 - 1)] = 0 \tag{h}$$

Bildet man die Differenz (g) − (h) und die Addition (g) + (h), so folgt nach etwas Rechnung für $\nu \neq 1/2$

$$\lambda_1 = \lambda_2 \tag{i}$$

$$(\lambda_1 - 1) + (\lambda_2 - 1) = -2\nu\,(\lambda_3 - 1) \tag{j}$$

Einsetzen von (i) in (j) führt weiter auf

$$\lambda_1 - 1 = \lambda_2 - 1 = -\nu\,(\lambda_3 - 1) \tag{k}$$

also unter Beachtung von (d) bzw. mit den Abkürzungen (g) aus Beispiel 3.4 auf den bekannten linearen Zusammenhang zwischen Längs- und Querdehnungen bei uniaxialer Verformung (Zug, Druck), nämlich

$$\varepsilon_{11} = \varepsilon_{22} = -\nu\varepsilon_{33} \quad \text{bzw.} \quad \frac{a}{a_0} - 1 = \frac{b}{b_0} - 1 = -\nu\left(\frac{h}{h_0} - 1\right) \tag{l}$$

wobei durch $(\mathrm{l})_1$ der Verzerrungszustand der uniaxialen Stauchung repräsentiert wird. Einsetzen von (k) in die dritte Gleichung von (f) führt dann schließlich unter Beachtung von $(1+\nu)(1-2\nu) = 1 - \nu - 2\nu^2$ sowie von (d) und $\lambda_3 = h/h_0$ endgültig auf den Spannungszustand bei der uniaxialen Stauchung:

$$\sigma_{33} = E\varepsilon_{33} = E\,(\lambda_3 - 1) = E\left(\frac{h}{h_0} - 1\right), \quad \sigma_{11} = \sigma_{22} = \sigma_{12} = \sigma_{13} = \sigma_{23} = 0 \tag{m}$$

Ersetzt man jetzt noch in (m) die Spannung σ_{33} durch den Ausdruck (b) von Beispiel 2.13, so führt das auf die Kraft-Streckungs-Relation bei Stauchung eines Quaders aus homogenem, isotropem, linear-elastischem Material in der Form

$$K = K\,(h) = abE\left(1 - \frac{h}{h_0}\right) \quad \text{mit} \quad K\,(h = h_0) = 0 \tag{n}$$

Schließlich erhält man noch durch Umstellen von (l) die folgende Meßvorschrift für die Querkontraktionszahl zu:

$$\nu = -\frac{a - a_0}{a_0}\,\frac{h_0}{h - h_0} = -\frac{b - b_0}{b_0}\,\frac{h_0}{h - h_0} \tag{o}$$

Volumen- und Gestaltänderungsanteil: Das HOOKEsche Materialgesetz (3.148) läßt sich noch in eine besonders einfache Form bringen, wenn Spannungen und Dehnungen in einen *Volumenänderungs-* und einen *Gestaltänderungsanteil* additiv zerlegt werden. Eine solche Zerlegung ist auch im Zusammenhang mit der dreidimensionalen (linearen) Viskoelastizität von großem Nutzen (vgl. Abschnitt 3.4). Wie in Bild 3.7 für den zweidimensionalen Fall dargestellt, wird dabei die (strichliert gekennzeichnete) Verformung eines durch den Spannungszustand $\sigma_{11} \neq 0$ und $\sigma_{12} = \sigma_{21} \neq 0$ beanspruchten Flächenelementes additiv in eine reine *Volumenänderung* (ohne Änderung der Gestalt) infolge einer allseitig gleich wirkenden reinen ,,Normalspannung" p und eine reine *Gestaltänderung* (ohne Änderung des Volumens) infolge der Schubspannung $\sigma_{12} = \sigma_{21}$ und der jeweils um p verminderten Normalspannungen in 1- und 2-Richtung, also $\hat{\sigma}_{11} = \sigma_{11} - p$ und $\hat{\sigma}_{22} = \sigma_{22} - p$ zerlegt. Dabei werden p auch als *hydrostatischer* oder *Kugeltensor-Anteil* und $\hat{\sigma}_{11}$ und $\hat{\sigma}_{22}$ als *deviatorische* oder *Deviator-Anteile* des Spannungstensors bezeichnet (deviare: lat. abweichen; also von der Gestalt abweichen).

Für den räumlichen Fall läßt sich dies wie folgt bewerkstelligen: Zunächst wird der Spannungstensor $\boldsymbol{S}$ rein formal um einen Null-Tensor $-p\boldsymbol{I} + p\boldsymbol{I}$ erweitert, also

$$\boldsymbol{S} = \underbrace{\boldsymbol{S} - p\boldsymbol{I}}_{\hat{\boldsymbol{S}}} + p\boldsymbol{I} = \hat{\boldsymbol{S}} + p\boldsymbol{I} \tag{3.154}$$

worin

$$\hat{\boldsymbol{S}} := \boldsymbol{S} - p\boldsymbol{I} \quad \text{mit} \quad p := \frac{1}{3}\mathrm{Sp}\boldsymbol{S} \tag{3.155}$$

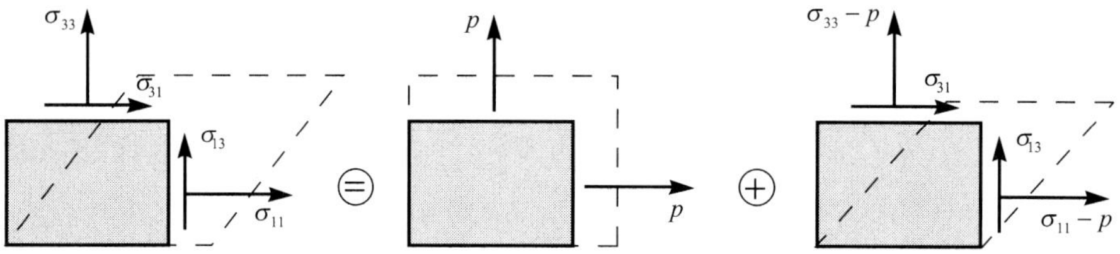

Bild 3.7: Volumen- und Gestaltänderung eines Flächenelementes

als *Spannungsdeviator* und $p\boldsymbol{I}$ als *Volumenänderungsanteil* (Kugeltensor) definiert sind. Dabei kann p noch wegen $p = (\sigma_{11} + \sigma_{22} + \sigma_{33})/3$ als *mittlere Normalspannung* bezeichnet werden. Die Matrizendarstellung des Tensors (3.155) bezüglich kartesischer Koordinaten hat folgendes Aussehen, wobei p gemäß (3.152) einzusetzen ist:

$$\left[\hat{\boldsymbol{S}}\right] = \begin{bmatrix} \hat{\sigma}_{11} & \hat{\sigma}_{12} & \hat{\sigma}_{13} \\ \hat{\sigma}_{21} & \hat{\sigma}_{22} & \hat{\sigma}_{23} \\ \hat{\sigma}_{31} & \hat{\sigma}_{32} & \hat{\sigma}_{33} \end{bmatrix} \langle \boldsymbol{e}_i \boldsymbol{e}_j \rangle = \left\{ \begin{bmatrix} \sigma_{11} & \sigma_{12} & \sigma_{13} \\ \sigma_{12} & \sigma_{22} & \sigma_{23} \\ \sigma_{13} & \sigma_{23} & \sigma_{33} \end{bmatrix} - p \begin{bmatrix} 1 & 0 & 0 \\ 0 & 1 & 0 \\ 0 & 0 & 1 \end{bmatrix} \right\} \langle \boldsymbol{e}_i \boldsymbol{e}_j \rangle \equiv$$
$$\equiv \begin{bmatrix} \sigma_{11} - p & \sigma_{12} & \sigma_{13} \\ \sigma_{12} & \sigma_{22} - p & \sigma_{23} \\ \sigma_{13} & \sigma_{23} & \sigma_{33} - p \end{bmatrix} \langle \boldsymbol{e}_i \boldsymbol{e}_j \rangle \tag{3.156}$$

Die zu (3.154) analoge Zerlegung für den (infinitesimalen) Verzerrungstensors $\boldsymbol{E}$ lautet wie folgt

$$\boldsymbol{E} = \hat{\boldsymbol{E}} + \frac{1}{3}\,(\mathrm{Sp}\boldsymbol{E})\,\boldsymbol{I} \quad \text{bzw.} \quad \hat{\boldsymbol{E}} := \boldsymbol{E} - \frac{1}{3}\,(\mathrm{Sp}\boldsymbol{E})\,\boldsymbol{I} \tag{3.157}$$

bzw. in Matrizendarstellung, worin d gemäß (3.151) einzusetzen ist

$$\left[\hat{\boldsymbol{D}}\right] = \begin{bmatrix} \hat{\varepsilon}_{11} & \hat{\varepsilon}_{12} & \hat{\varepsilon}_{13} \\ \hat{\varepsilon}_{21} & \hat{\varepsilon}_{22} & \hat{\varepsilon}_{23} \\ \hat{\varepsilon}_{31} & \hat{\varepsilon}_{32} & \hat{\varepsilon}_{33} \end{bmatrix} \langle \boldsymbol{e}_i \boldsymbol{e}_j \rangle = \left\{ \begin{bmatrix} \varepsilon_{11} & \varepsilon_{12} & \varepsilon_{13} \\ \varepsilon_{12} & \varepsilon_{22} & \varepsilon_{23} \\ \varepsilon_{13} & \varepsilon_{23} & \varepsilon_{33} \end{bmatrix} - \frac{d}{3} \begin{bmatrix} 1 & 0 & 0 \\ 0 & 1 & 0 \\ 0 & 0 & 1 \end{bmatrix} \right\} \langle \boldsymbol{e}_i \boldsymbol{e}_j \rangle \equiv$$
$$\equiv \begin{bmatrix} \varepsilon_{11} - d/3 & \varepsilon_{12} & \varepsilon_{13} \\ \varepsilon_{12} & \varepsilon_{22} - d/3 & \varepsilon_{23} \\ \varepsilon_{13} & \varepsilon_{23} & \varepsilon_{33} - d/3 \end{bmatrix} \langle \boldsymbol{e}_i \boldsymbol{e}_j \rangle \tag{3.158}$$

Zur Identifikation des Deviator- und Kugeltensoranteiles des (dreidimensionalen) HOOKEschen Materialgesetzes wird nun (3.154) und $(3.157)_1$ in (3.148) eingesetzt, womit durch entsprechendes Ordnen zunächst

$$\underline{\hat{\boldsymbol{S}} - 2G\hat{\boldsymbol{E}}} + \left\{ \frac{1}{3}\mathrm{Sp}\boldsymbol{S} - 2G\frac{1+\nu}{3\,(1-2\nu)}\,[\mathrm{Sp}\boldsymbol{E} - 3\alpha\,(T - T_0)] \right\} \boldsymbol{I} = \boldsymbol{0} \tag{3.159}$$

entsteht. Die (tensorwertige) Gleichung (3.159) ist dann erfüllt, wenn der unterstrichene und der in der geschwungenen Klammer stehende Term jeweils für sich verschwinden, so daß sich damit unter Beachtung von (3.142) schließlich die einfache Form des HOOKEschen Materialgesetzes wie folgt ergibt:

$$\boxed{\hat{\boldsymbol{S}} = 2G\hat{\boldsymbol{E}} \quad , \quad p = \kappa \left[d - 3\alpha \left(T - T_0\right)\right]} \tag{3.160}$$

mit $\hat{\boldsymbol{S}}$ gemäß $(3.155)_1$, $\hat{\boldsymbol{E}}$ gemäß $(3.157)_2$, p gemäß $(3.155)_2$, der *Volumendilatation* d gemäß (3.151) sowie dem *Kompressionsmodul*

$$\kappa := \frac{2}{3}\frac{(1+\nu)\,G}{1-2\nu} \equiv \frac{1}{3}\frac{E}{1-2\nu} \tag{3.161}$$

Hinweise:

- Die beiden Ausdrücke in (3.160) bilden eine zu (3.148) äquivalente Darstellung des (dreidimensionalen) HOOKEschen Materialgesetzes. Einsetzen von$(3.155)_1$ und $(3.157)_2$, in $(3.157)_1$ führt nämlich mit $(3.160)_2$ wieder auf die Darstellung (3.148)!
- Mit dem Kompressionsmodul (3.161) liegen für den Fall der isotropen streng-linearen Thermoelastizität wieder insgesamt drei Materialparameter vor, nämlich G, κ und α.
- Die oben gezeigte Zerlegung in Deviator- und Kugeltensoranteil gilt grundsätzlich für jeden *beliebigen* zweistufigen Tensor.
- Mit (3.155) kann noch unter Beachtung von (A.56) wie folgt gezeigt werden, daß die *Spur* eines Deviators stets verschwindet:

$$\mathrm{Sp}\hat{\boldsymbol{S}} = \mathrm{Sp}\left(\boldsymbol{S} - p\boldsymbol{I}\right) = \mathrm{Sp}\boldsymbol{S} - p\,\underbrace{\mathrm{Sp}\boldsymbol{I}}_{3} = \mathrm{Sp}\boldsymbol{S} - \frac{1}{3}3\left(\mathrm{Sp}\boldsymbol{S}\right) = 0 \tag{3.162}$$

Ein besonderer Vorteil der Darstellung (3.160) besteht darin, daß sich durch einfaches algebraisches Umstellen (Invertierung) das *verzerrungsexplizite* HOOKEsche Materialgesetz wie folgt erzeugen läßt:

$$\boxed{\hat{\boldsymbol{E}} = \frac{1}{2G}\hat{\boldsymbol{S}} \quad , \quad e = \frac{p}{\kappa} + 3\alpha \left(T - T_0\right)} \tag{3.163}$$

Einsetzen von $(3.155)_1$ und $(3.157)_2$, in $(3.163)_1$ führt mit $(3.163)_2$ wieder auf die verzerrungsexplizite Darstellung (3.147)!

3.3 Lineare Viskoelastizität (eindimensional)

Im vorigen Abschnitt wurde *elastisches* Materialverhalten behandelt, bei dem gemäß Bild 1.1 ein eindeutiger Zusammenhang zwischen Spannung und Dehnung existiert. Danach liegen Belastungs- und Entlastungskurve jeweils aufeinander und zwar gleichgültig, ob es sich um lineare oder nicht-lineare Elastizität handelt. Darüber hinaus ist der Zusammenhang zwischen Spannung und Dehnung von der Zeit unabhängig, wonach sich bei Belastung eines Bauteiles eine *sofortige* Dehnung einstellt, die nach Entlastung *sofort* wieder auf Null zurückgeht. Dieses zeitunabhängige Verhalten läßt sich aber noch besser im Spannungs-Zeit- und Dehnungs-Zeit-Diagramm gemäß Bild 1.2 verdeutlichen: Danach reagiert ein elastischer Körper auf eine zeitlich konstante Belastung (Spannung) mit einer ebenfalls zeitlich konstanten Dehnung bzw. auf eine zeitlich konstante Dehnung mit einer ebenfalls zeitlich konstanten Spannung (vgl. dort die gestrichelten Linien). Bei *viskoelastischen* Materialien gilt dies nicht mehr: Dort nimmt die Dehnung bei konstanter Spannung mit der Zeit zu bzw. nimmt die Spannung bei konstanter Dehnung mit der Zeit ab (vgl. Bild 1.2). Im ersten Fall spricht man von *Kriechen* und im zweiten Fall von *Spannungsrelaxation* oder kurz *Relaxation*. Beide Phänomene führt man auf sogenannte *Gedächtniseigenschaften* des Materials zurück und lassen sich mit den Materialgleichungen der Elastizität nicht mehr beschreiben.

Beschränkt man sich zunächst auf eindimensionale Betrachtungen sowie auf kleine Verschiebungsableitungen, so hätte die allgemeinste mechanische Materialgleichung gemäß (2.21) bis (2.23) bis das folgende Aussehen (Funktionaldarstellung):

$$\sigma(X,t) = \underset{\tau=-\infty}{\overset{t}{\mathrm{f}}} \langle \varepsilon(X,\tau) \rangle \tag{3.164}$$

Danach besteht ein zunächst noch beliebiger *funktionaler* Zusammenhang f zwischen der Spannung σ (am Ort X) zur Gegenwartszeit t und der Dehnungs-*Geschichte* ε als Funktion des Ortes X und der entferntesten Vergangenheitszeit τ = -∞ bis zur Gegenwartszeit t.

Die weitere Konkretisierung des Materialgesetzes (3.164) für *viskoelastische* Stoffe könnte nun basierend auf den Prinzipen der Rationalen Mechanik in ebenso systematischer Weise, wie dies für die Elastizität in den vorstehenden Abschnitten gezeigt wurde, durchgeführt werden. Man erhielte dann grundsätzlich den Spannungstensor als Funktionaldarstellung von Verzerrungs- und/oder Verzerrungsgeschwindigkeitstensoren. Diese Vorgehensweise ist allerdings nicht zuletzt deswegen nicht ganz unproblematisch, als eine Invertierung dieser Stoffgesetze in eine verzerrungsexplizite Form nicht immer gelingt. Um Kriech- und Relaxationsvorgänge zu beschreiben, sind jedoch sowohl die spannungsexplizite als auch die verzerrungsexplizite Form des jeweiligen Materialgesetzes wünschenswert. Aus diesem Grunde sowie auch aus didaktischen Gründen wird im Folgenden ein anderer und gleichzeitig anschaulicherer Weg beschritten, der sich der Mittel der sogenannten *Rheologischen Modelle* bedient.

3.3.1 Rheologische Modell-Elemente (eindimensional)

Das Gebiet der Rheologie wurde von Eugene Cook BINGHAM und Markus REINER im Jahre 1928 gemeinsam begründet und hat sich bis heute zu einer eigenständigen Disziplin entwickelt. Aber schon 1916 bezieht sich Theodore von KÁRMÁN (ungar. Aerodynamiker, 1881-1963) in [K5́6] auf eine Arbeit von Pierre Simon Marquis de LAPLACE (fr. Mathematiker, 1749-1827) [Lap 14] von 1814 (!), in welcher bereits als Rheologische Gleichungen anzusehende Formen von "Gedächtnisintegralen" angegeben werden, die "das Gedächtnis der Materie" beschreiben sollen. Die Rheologie ging ursprünglich insbesondere aus der Beschreibung von Flüssigkeiten hervor und wird heute sinngemäß als die Wissenschaft vom Verformungs- und Fließverhalten von Körpern bezeichnet. Bei der Verwendung rheologischer Modelle geht man von der Vorstellung aus, daß das Kontinuum (Körper, Bauteil) bzw. das Volumenelement (materieller Punkt X) aus einfachen Modell-Elementen und speziell im Falle der Viskoelastizität aus Federn und (Flüssigkeits-)Dämpfern aufgebaut ist.

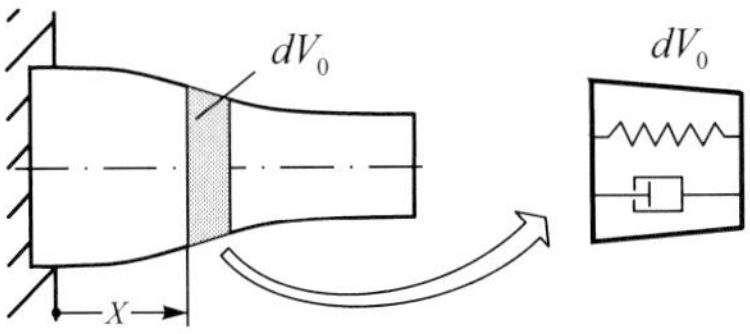

Bild 3.8: Zum Aufbau eines Stabelementes durch rehologische Modelle

Im Folgenden soll die Modellierung mittels Rheologischer Modelle zunächst wieder am Beispiel eines *eindimensionale* Zug/Druckstabes erklärt werden. Hierbei denkt man sich ein beliebiges Stabelement (in der BKFG) dV_0 an der Stelle X aus Feder-Dämpfer-Elementen wie in Bild 3.8 dargestellt aufgebaut. Im Folgenden werden die für die Viskoelastizität beiden wichtigsten Grundelemente vorgestellt.

HOOKE-Modell: Das HOOKE-Modell steht für die *linear-elastischen* Eigenschaften eines Körpers. Als Symbol wird eine (masselose) Feder mit der "Federkonstanten" E (Elastizitätsmodul) eingeführt (vgl. Bild 3.9a). Die "Federkennlinie" wird durch das zugeordnete Spannungs-Dehnungs-Diagramm wiedergegeben, wobei σ_H die (HOOKEsche) Spannung und ε_H die (HOOKEsche) Dehnung bedeuten. Damit wird das HOOKE-Modell in Analogie zu (3.153) durch das eindimensionale Materialgesetz

$$\boxed{\sigma_H(X,t) = E\varepsilon_H(X,t)} \tag{3.165}$$

beschrieben, wobei Spannung und Dehnung jeweils vom Ort X *und* von der Zeit t abhängen (LAGRANGEsche Betrachtungsweise).

NEWTON-Modell: Durch das NEWTON-Modell wird das zeitabhängige *inelastische* Verhalten –speziell die *linear-viskosen* Eigenschaften eines Körpers berücksichtigt. Als Symbol dient ein masseloser (Flüssigkeits- oder Gas-)Dämpfer mit der Viskosität η (auch Zähigkeit oder Dämpfungskonstante). Wird der Dämpfer mit der Dehnungsgeschwindigkeit $\dot{\varepsilon}_N$ (auch Dehnungsrate) auseinandergezogen bzw. zusammengedrückt, so reagiert er mit der Spannung σ_N (vgl. Bild 3.9b). Damit lautet die Materialgleichung für das NEWTON-Modell

$$\boxed{\sigma_N(X,t) = \eta\dot{\varepsilon}_N(X,t)} \tag{3.166}$$

worin Spannung und Dehnungsrate wieder jeweils vom Ort X und von der Zeit t abhängen (LAGRANGEsche Betrachtungsweise). Streng genommen bedeutet in (3.166) $\dot{\varepsilon}_N$ die materielle Zeitableitung $\partial\varepsilon/\partial t$ gemäß (2.36). Zum Verständnis von (3.166) stelle man sich eine Luftpumpe vor, bei der man weiß, daß je schneller diese zusammengedrückt wird (je höher also $\dot{\varepsilon}_N$ ist), desto größer die auszuübende (Kolben-)Kraft (also die Spannung σ_N) ist. Die Viskosität η ist dabei quasi ein Maß für die innere Reibung des Materials.

3.3.2 Standard-Versuche

Zur Beurteilung von vikoelastischem Materialverhalten dienen üblicherweise zwei Standardversuche, die im Folgenden erklärt werden.

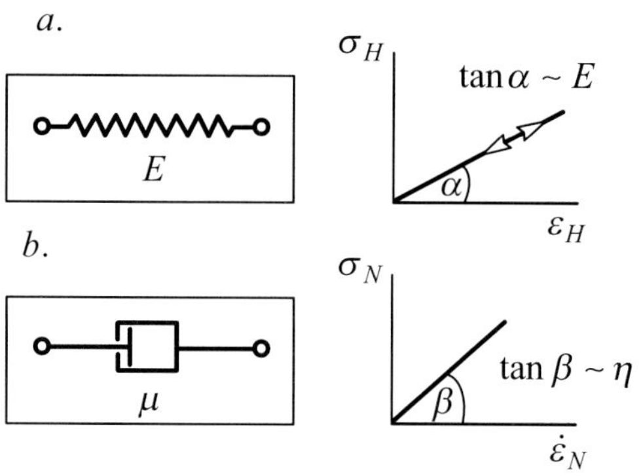

Bild 3.9: Rehologische Modell-Elemente und deren Materialverhalten: a. HOOKE-Modell (Feder), b. NEWTON-Modell (Dämpfer)

Relaxationsversuch: Gemäß Bild 1.2 wird beim Relaxationsversuch zum Zeitpunkt $t = 0$ sprunghaft eine Dehnung ε_0 aufgebracht, die dann zeitlich konstant gehalten wird. Das "Dehnungsprogramm" lautet in diesem Falle (vgl. Bild 3.10a)

$$\boxed{\varepsilon(t) = \begin{cases} 0, & t \leq 0 \\ \varepsilon_0, & t > 0 \end{cases}} \quad \text{oder} \quad \boxed{\varepsilon(t) = \varepsilon_0 H(t), \quad \text{mit} \quad H(t) = \begin{cases} 0, & t \leq 0 \\ 1, & t > 0 \end{cases}} \tag{3.167}$$

wobei $H(t)$ die *HEAVISIDE*-Funktion bedeutet (Oliver HEAVISIDE, engl. Physiker, 1850-1925). Gefragt wird nun nach der *Spannungsantwort* $\sigma(t)$ des Materials, wobei dann von *Spannungsrelaxation* oder *Relaxation* gesprochen wird, wenn die Spannung mit der Zeit abnimmt. Der Versuch wird wie folgt am HOOKEschen und NEWTONschen Modell demonstriert: Für t > 0 ergibt sich mit (3.167) aus (3.165) die Spannungsantwort

$$\sigma_H(t) = E\varepsilon_H(t) = E\varepsilon_0 = const. \tag{3.168}$$

womit also das HOOKE-Modell keine Relaxation beschreiben kann, da die Spannung über der Zeit konstant bleibt (vgl. Bild 3.10a). Üblicherweise wird noch für t > 0 über

$$\boxed{R(t) := \frac{\sigma(t)}{\varepsilon_0}} \tag{3.169}$$

die *Relaxationsfunktion* definiert, die im Falle des HOOKE-Elementes mit (3.168) wie folgt lautet

$$R(t) = \frac{\sigma_H(t)}{\varepsilon_0} = E = const. \tag{3.170}$$

Für das NEWTON-Element ergibt sich mit (3.166) für t > 0 gemäß (3.167)

$$\sigma_N(t) = \eta\dot{\varepsilon}_N(t) = \eta\frac{d}{dt}[\varepsilon(t)] = \eta\frac{d}{dt}[\varepsilon_0 H(t)] = \eta\varepsilon_0\frac{dH(t)}{dt} = \eta\varepsilon_0\delta(t) \tag{3.171}$$

worin $\delta(t)$ die Ableitung der HEAVISIDE-Funktion nach der Zeit ist und auch *DIRAC-Funktion* (auch *Einheits-Impuls* oder „singuläre Distribution") heißt (Paul Adrien Maurice DIRAC, engl. Physiker, 1902-1984). Nach (3.171) zeigt das reine Dämpfer-Element ebenfalls kein Relaxationsverhalten, da an der Stelle $t = 0$ ein Spannungs-Peak entsteht und danach die Spannung sofort wieder Null ist (vgl. Bild 3.10a). Nach (3.169) ergibt sich mit (3.171) formal die folgende Relaxationsfunktion für das NEWTON-Element

$$R(t) = \frac{\sigma_N(t)}{\varepsilon_0} = \eta\delta(t) \tag{3.172}$$

wonach ein Dehnungssprung in einem Einzeldämpfer eine „unendlich" große Spannung $\varepsilon_0\eta\delta(t)$ erzeugt.

Kriechversuch: Gemäß Bild 1.2 wird beim Kriechversuch zum Zeitpunkt $t = 0$ sprunghaft eine Spannung σ_0 aufgebracht, die dann zeitlich konstant gehalten wird. Das „Spannungsprogramm" lautet also (vgl. Bild 3.10b)

$$\boxed{\sigma(t) = \begin{cases} 0, & t < 0 \\ \sigma_0, & t \geq 0 \end{cases}} \quad \text{oder} \quad \boxed{\sigma(t) = \sigma_0 H(t)} \tag{3.173}$$

worin H wieder die gemäß (3.167) definierte HEAVISIDE-Funktion bedeutet. Gefragt wird nun nach der *Dehnungsantwort* $\varepsilon(t)$ des Materials, wobei dann von *Kriechen* gesprochen wird, wenn die Dehnung mit der Zeit zunimmt. Der Versuch wird wieder am HOOKEschen und NEWTONschen Modell demonstriert: Für t> 0 ergibt sich mit (3.173) aus (3.165) die Dehnungsantwort

$$\varepsilon_H(t) = \frac{1}{E}\sigma_H(t) = \frac{1}{E}\sigma_0 = const. \tag{3.174}$$

womit das HOOKE-Modell also kein Kriechen beschreibt, da die Dehnung über der Zeit konstant bleibt (vgl. Bild 3.10b). Üblicherweise wird noch für $t > 0$ gemäß

$$\boxed{K(t) := \frac{\varepsilon(t)}{\sigma_0}} \tag{3.175}$$

die *Kriechfunktion* definiert, die mit (3.174) im Falle des HOOKE-Elementes wie folgt lautet

$$K(t) = \frac{\varepsilon_H(t)}{\sigma_0} = \frac{1}{E} = const. \tag{3.176}$$

Für das NEWTON-Element ergibt sich mit (3.166) durch bestimmte Integration von 0 bis t die Dehnungsantwort bzw. mit (3.175) die Kriechfunktion wie folgt

$$\varepsilon_N(t) = \frac{\sigma_0}{\eta}t \quad \text{bzw.} \quad K(t) = \frac{\varepsilon_N(t)}{\sigma_0} = \frac{1}{\eta}t \tag{3.177}$$

Gemäß (3.177) gibt das NEWTON-Element offenbar ein gewisses Kriechverhalten wieder, da die Dehnung mit der Zeit linear ansteigt (vgl. Bild 3.10b).

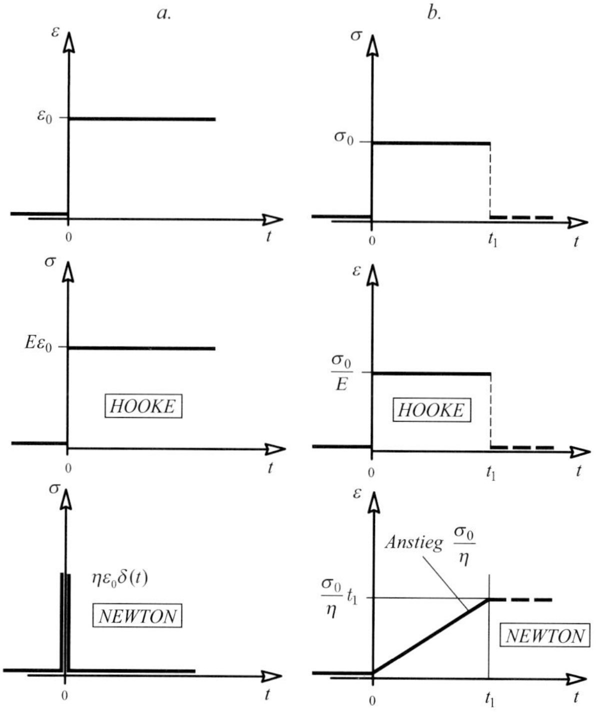

Bild 3.10: Zeitverhalten des HOOKE-Modells (Feder) und NEWTON-Modells (Dämpfer): a. Relaxationsversuch, b. Kriech- und Kriecherholungsversuch (gestrichelte Linien)

Ein weiterer wichtiger Versuch zur Einschätzung viskoelastischen Materialverhaltens ist der *Kriecherholungs-* oder *Rückkriechversuch* (recovering), der wie folgt beschrieben wird.

Kriecherholungsversuch: Hierbei wird während des Kriechversuches das Material plötzlich entlastet, so daß zum Zeitpunkt t_1 die Spannung σ_0 auf Null zurückgeht (vgl. in Bild 3.10b die gestrichelten Linien). Das komplette (den Kriechversuch beinhaltende) Spannungsprogramm lautet

$$\boxed{\sigma(t) = \begin{cases} 0, & t \leq 0 \\ \sigma_0, & 0 < t \leq t_1 \\ 0, & t > t_1 \end{cases}} \quad \text{oder} \quad \boxed{\sigma(t) = \sigma_0 \left[H(t) - H(t - t_1) \right]} \tag{3.178}$$

worin H wieder die gemäß (3.167) definierte HEAVISIDE-Funktion bedeutet. Gefragt wird nun nach der Dehnungsantwort $\varepsilon(t)$ für Zeiten $t > t_1$, die sich unter Beachtung der über (3.175) definierten Kriechfunktion wie folgt schreiben läßt

$$\boxed{\varepsilon(t) = \sigma_0 \left[K(t) - K(t - t_1) \right]} \tag{3.179}$$

Das Phänomen wird wieder am HOOKEschen und NEWTONschen Modell erklärt. Einsetzen von (3.176) in (3.179) führt wegen der Zeitunabhängigkeit der Kriechfunktion sogleich auf die Dehnungsantwort des HOOKE-Modelles im Falle der Kriecherholung für $t > t_1$ (vgl. in Bild 3.10b die gestrichelten Linien)

$$\varepsilon_H(t) = \sigma_0 \left(\frac{1}{E} - \frac{1}{E} \right) = 0 \tag{3.180}$$

Nach (3.180) springt die Dehnung des HOOKE-Modelles nach Entlastung ebenfalls auf Null zurück. Mit $(3.177)_2$ ergibt sich nach (3.179) die Kriecherholungsantwort für $t > t_1$ des NEWTON-Modelles zu

$$\varepsilon_N(t) = \sigma_0 \left[\frac{1}{\eta} t - \frac{1}{\eta} (t - t_1) \right] = \frac{\sigma_0}{\eta} t_1 \quad (t > t_1) \tag{3.181}$$

Gemäß (3.177) erhält man für $t = t_1$ den Wert $\varepsilon_N(t = t_1) = (\sigma_0/\eta) t_1$, womit unter Beachtung von (3.181) bei $t = t_1$ ein Knick in der ε-t-Kurve entsteht und die Dehnung konstant weiterläuft (vgl. in Bild 3.10b die gestrichelten Linien).

Damit sind die zur Beschreibung viskoelastischer Phänomene beiden wichtigsten Modell-Elemente und Standardversuche definiert, so daß darauf aufbauend im Folgenden komplexere Feder-Dämpfer-Modelle entworfen werden können. Solche Modelle entstehen grundsätzlich dadurch, indem HOOKE- und NEWTON-Modelle in Form von Reihen- und/oder Parallelschaltungen (analog zu elektrischen Schaltkreisen) angeordnet werden. Es sei angemerkt, daß der Trockenreibungs-Klotz ein drittes Grundmodell darstellt, dieses jedoch nur im Rahmen von plastizierenden Effekten relevant ist, auf die in diesem Buch jedoch nicht eingegangen wird.

3.3.3 MAXWELL-Modell

Materialgleichung vom Differentialtyp: Ordnet man ein HOOKE- und ein NEWTON-Modell (mittels starrer Verbindungen) als Hintereinanderschaltung (Reihenschaltung) an, so entsteht das sogenannte MAXWELL-Modell (James Clerk MAXWELL, engl. Physiker, 1831-1879), mit dessen Hilfe bereits visko-elastisches Materialverhalten simuliert werden kann (vgl. Bild 3.11). Die zugehörige Materialgleichung ist aus den Materialgleichungen der Einzelelemente (HOOKE, NEWTON) wie folgt zu erzeugen: Anhand des freigeschnittenen, durch die äußere Spannung σ belasteten Feder-Dämpfer-Elementes gemäß Bild 3.11c erhält man über die („Kraft“-)Gleichgewichtsbedingung zunächst die Gleichheit von σ und der Reaktionsspannung $\hat{\sigma}$, also (wenn die nach rechts gerichteten Spannungen positiv gezählt werden) $-\sigma + \hat{\sigma} = 0$ bzw. wegen $\hat{\sigma} = \sigma_H = \sigma_N$ schließlich

$$\sigma = \sigma_H = \sigma_N \qquad \text{(Gleichgewicht)} \tag{3.182}$$

Hinsichtlich der Verformung des MAXWELL-Modelles wird angenommen, daß sich die am verformten Modell-Element entstehende Gesamtdehnung ε aus der *elastischen* Dehnung ε_H des HOOKEschen und der *inelastischen* Dehnung ε_N des NEWTONschen Elementes additiv zusammensetzt (vgl. Bild 3.11b): Es sei betont, daß strenggenommen nur Längenmaße, aber keine Dehnungsmaße im Symbolbild 3.11b darstellbar sind und diese deshalb in Gänsefüßchen gesetzt wurden!). Dann gilt

$$\varepsilon = \varepsilon_H + \varepsilon_N \qquad \text{(Kompatibilitätsbedingung)} \tag{3.183}$$

Ziel ist nun, mit den Beziehungen (3.165), (3.166), (3.182) und (3.183) einen solchen Zusammenhang zwischen der äußeren Spannung σ und der (Gesamt-)Dehnung ε zu erzeugen, bei dem die Indizes H und N nicht mehr auftauchen. Da in der Materialgleichung des NEWTONschen Modelles (3.166) nicht die Dehnung, sondern die Dehnrate steht, ist (3.183) zunächst nach der Zeit zu differenzieren, so daß

$$\dot{\varepsilon} = \dot{\varepsilon}_H + \dot{\varepsilon}_N \tag{3.184}$$

Indem das HOOKEsche Materialgesetz (3.165) nach der Zeit differenziert wird erhält man durch jeweiliges Umstellen aus der differenzierten Gleichung (3.165) und (3.166) die folgenden dehnratenexpliziten Darstellungen:

$$\dot{\varepsilon}_H = \frac{1}{E}\dot{\sigma}_H \quad \text{bzw.} \quad \dot{\varepsilon}_N = \frac{1}{\eta}\sigma_N \tag{3.185}$$

Einsetzen von (3.185) in (3.184) führt schließlich unter Beachtung von (3.182) auf die Materialgleichung des MAXWELL-Modelles in *differentieller* Form Form (Differentialtyp)

$$\boxed{\dot{\sigma} + \frac{E}{\eta}\sigma = E\dot{\varepsilon}} \tag{3.186}$$

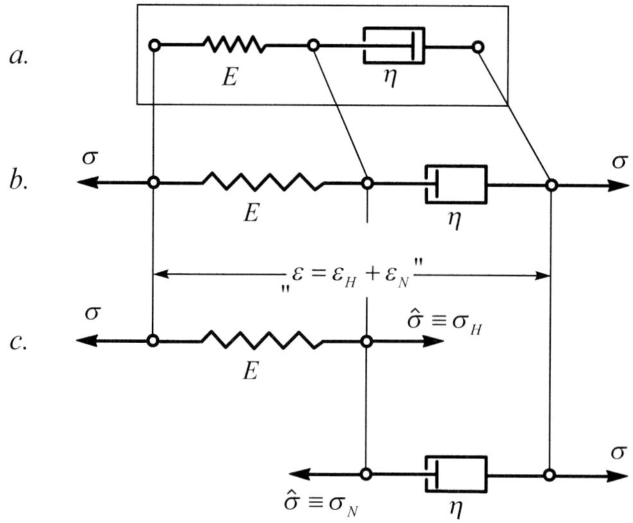

Bild 3.11: MAXWELL-Modell, a. Modell-Element, b. zur Verformungsanalyse und c. zur Spannungsanalyse

Hinweise:

- Bei (3.186) handelt es sich um eine in der Spannung σ lineare, gewöhnliche, inhomogene Differentialgleichung erster Ordnung in der Zeit mit konstanten Koeffizienten. Die zwei Koeffizienten E und η stellen Materialkonstanten dar, die durch geeignete Experimente zu bestimmen sind.
- (3.186) stellt einen Zusammenhang zwischen Spannung, Spannungs- und Dehnungsgeschwindigkeit dar. Die Spannungsrate $\dot{\sigma}$ wird dabei durch das HOOKE- und *nicht* durch das NEWTON-Element eingebracht!

Wie in (3.165) und (3.166) dargestellt, hängen auch in (3.186) Spannung σ, Dehnung ε sowie deren Zeitableitungen neben der Zeit t auch noch vom Ort X ab. Aus Gründen einer besseren übersichtlichkeit werden die Abhängigkeiten von diesen Argumenten im Folgenden nur wenn nötig hervorgehoben.

Materialgleichung vom Integraltyp: Um auf eine *spannungsexplizite* Form der Materialgleichung (3.186) zu kommen, muß die DGL (3.186) nach σ,,aufgelöst" -also integriert werden. Da es sich um eine inhomogene DGL handelt, ist zweckmäßigerweise zunächst die Lösung der homogenen DGL

$$\dot{\sigma}_h + \frac{E}{\eta}\sigma_h = 0 \tag{3.187}$$

zu bestimmen. Diese kann entweder mit Hilfe der ,,Trennung der Variablen" oder mittels des Exponential-Ansatzes für gewöhnliche DGLn

$$\sigma_h\left(t\right) = Ce^{-\alpha t} \tag{3.188}$$

generiert werden, worin C und α noch zu bestimmende Konstanten bedeuten und das Minuszeichen im Exponenten aus Gründen der Zweckmäßigkeit eingeführt wurde. Einsetzen von (3.188) in (3.187) liefert (für nicht-triviale Lösungen $C \neq 0$) die charakteristische Gleichung für α und deren Lösung

$$-\alpha + \frac{E}{\eta} = 0 \quad \text{also} \quad \alpha = \frac{E}{\eta} > 0 \tag{3.189}$$

Einsetzen von $(3.189)_2$ in (3.188) führt auf die *Lösung der homogenen DGL*

$$\sigma_h\left(t\right) = Ce^{-\frac{E}{\eta}t} \tag{3.190}$$

Da die Lösung der inhomogenen DGL (3.186) für allgemeine Dehnungsfunktionen $\varepsilon(t)$ der rechten Seite erzeugt werden soll, bietet sich die Benutzung der ,,Methode der Variation der Konstanten" an. Mit Hilfe der Lösung der homogenen DGL (3.190) lautet dann der Ansatz für die Lösung der inhomogenen DGL

$$\sigma\left(t\right) = C\left(t\right)e^{-\alpha t} \quad , \quad \alpha = \frac{E}{\eta} > 0 \tag{3.191}$$

worin nun die Zeitfunktion $C(t)$ zu bestimmen ist. Einsetzen von (3.191) in (3.186) liefert

$$\left[\dot{C}\left(t\right) - \alpha C\left(t\right) + \alpha C\left(t\right)\right]e^{-\alpha t} = E\dot{\varepsilon}\left(t\right)$$

und daraus schließlich nach Multiplikation beider Seiten mit $e^{\alpha t}$

$$\dot{C}(t) \equiv \frac{dC}{dt} = Ee^{\alpha t}\dot{\varepsilon}(t) \tag{3.192}$$

Formal ließe sich (3.192) nun ohne weiteres unbestimmt integrieren, wobei hier aber ein anschaulicherer und mit der Kontinuumsmechanik verbundener Weg beschritten werden soll. Gemäß dem *Prinzip des Determinismus* (vgl. Unterabschnitt 2.1.6 bzw. Abschnitt 3.1) sind in einer Materialgleichung die Prozeßgeschichten (Deformationsgradient, Verzerrungen, Dehnungen etc.) stets von der entferntesten Vergangenheit ($\tau = t_0 = -\infty$) bis zur Gegenwart ($\tau = t$) zu berücksichtigen, so daß damit durch entsprechende Integration der Ausdruck (3.192) übergeht in

$$\int\limits_{\tau=t_0}^{t} \frac{dC(\tau)}{d\tau} d\tau = \int\limits_{\tau=t_0}^{t} Ee^{\alpha\tau}\dot{\varepsilon}(\tau) d\tau \tag{3.193}$$

Die linke Seite von (3.193) läßt sich sofort integrieren, so daß weiter folgt

$$C(t) = C(t_0) + \int\limits_{\tau=t_0}^{t} Ee^{\alpha\tau}\dot{\varepsilon}(\tau) d\tau \tag{3.194}$$

Einsetzen von (3.194) in (3.191) führt auf die Spannung (man beachte dabei, daß die Exponentialfunktion in (3.191) von der Gegenwartszeit t abhängt und deshalb ohne weiteres in das Integral in (3.195) hineingezogen werden darf, da dort die Integrationsvariable ja τ ist!)

$$\sigma(t) = C(t_0)\, e^{-\alpha t} + \int\limits_{\tau=t_0}^{t} Ee^{-\alpha(t-\tau)}\dot{\varepsilon}(\tau) d\tau \tag{3.195}$$

Für $t = t_0$ ergibt sich aus (3.195) die Integrationskonstante $C(t_0) = \sigma(t_0)e^{\alpha t_0}$ (man beachte dabei, daß für $t = t_0$ das Integral verschwindet!), so daß damit (3.195) zunächst übergeht in

$$\sigma(t) = \sigma(t_0)\, e^{-\alpha(t-t_0)} + \int\limits_{\tau=t_0}^{t} Ee^{-\alpha(t-\tau)}\dot{\varepsilon}(\tau) d\tau \tag{3.196}$$

Für die spätere Interpretation sowie für konkrete Rechnungen ist es zweckmäßig (3.196) noch partiell zu integrieren: Aus dem Integral in (3.196) wird dann

$$\int\limits_{\tau=t_0}^{t} Ee^{-\alpha(t-\tau)}\dot{\varepsilon}(\tau) d\tau = Ee^{-\alpha(t-\tau)}\varepsilon(\tau)\Big|_{\tau=t_0}^{t} - \int\limits_{\tau=t_0}^{t} \alpha Ee^{-\alpha(t-\tau)}\varepsilon(\tau) d\tau$$

womit (3.196) schließlich übergeht in:

$$\sigma(t) = E\varepsilon(t) + [\sigma(t_0) - E\varepsilon(t_0)]\, e^{-\alpha(t-t_0)} - \int\limits_{\tau=t_0}^{t} \alpha Ee^{-\alpha(t-\tau)}\varepsilon(\tau) d\tau \tag{3.197}$$

Wählt man jetzt noch die Anfangswerte $\sigma(t_0) = 0$ und $\varepsilon(t_0) = 0$, was einem spannungs- und verzerrungsfreien „Urzustand" entspricht, so geht (3.197) schließlich über in die *spannungsexplizite Materialgleichung des MAXWELL-Modelles* (Integraltyp)

$$\boxed{\sigma(X,t) = \underbrace{E\varepsilon(X,t)}_{\text{Spontananteil}} - \underbrace{\int_{\tau=t_0}^{t} \alpha E e^{-\alpha(t-\tau)} \varepsilon(X,\tau) d\tau}_{\text{Gedächtnisanteil}}} \quad , \quad \alpha = \frac{E}{\eta} > 0 \qquad (3.198)$$

Hinweise:

- Gemäß (3.198) hängt die *momentane* Spannung $\sigma(X,\ t)$ von der Dehnungs-*Geschichte* $\varepsilon(X,\ \tau)$ der gesamten Prozeßdauer $t - t_0$ ab.
- In (3.198) bezeichnet man den Term $E\varepsilon(X,\ t)$ als *Spontananteil* oder *elastischen* Anteil, $\int \alpha E e^{-\alpha(t-\tau)} \varepsilon d\tau$ als *Gedächtnisanteil* oder *Nachwirkungsintegral* und $E e^{-\alpha(t-\tau)}$ als *Integralkern* oder *Gedächtnisfunktion*, welche die Dehnungsgeschichte gewissermaßen gewichtet. Der Spontananteil repräsentiert quasi das HOOKEsche Materialgesetz.
- Die beiden Formen (3.186) und (3.198) sind *äquivalent* und daher stets ineinander überführbar!
- Durch Vergleich der Integral-Darstellung (3.198) mit der Funktionaldarstellung (3.164) identifiziert man noch die spezielle Funktionalvorschrift

$$\underset{\tau=t_0}{\overset{t}{\mathrm{f}}} \langle\rangle = E\langle\rangle + \int_{\tau=t_0}^{t} \alpha E e^{\alpha(t-\tau)} \langle\rangle d\tau$$

  worin in die spitzen Klammern die „unabhängige Variable" $\varepsilon(X,\ t)$ einzusetzen ist. Damit läßt sich die Darstellung (3.198) in die Funktionaldarstellung (3.164) einordnen.
- Die Materialgleichung (3.198) enthält ebenfalls wie die differentielle Form (3.186) zwei Materialkonstanten E und α bzw. η, die durch geeignete Experimente zu bestimmen sind.

Spontan- und Gedächtnisanteil: Die Deutung der einzelnen Terme in (3.198) kann wie folgt grafisch veranschaulicht werden: Betrachtet werde die in Bild 3.12 dargestellte (beliebige) Dehnungsgeschichte $\varepsilon(\tau)$ zwischen der entferntesten Vergangenheit $\tau = t_0 = -\infty$ und der Gegenwartszeit $\tau = t$ (Prozeßdauer). Der Spontananteil $E\varepsilon(X,\ t)$ in (3.198) ist als *elastischer* Anteil der Gesamtspannung deutbar und allein durch den Funktionswert der *momentanen* Dehnung $\varepsilon(t)$ (multipliziert mit E) bei $\tau = t$ (also zur Gegenwartszeit bzw. nur durch den Prozeß-*End*-Wert) bestimmt (vgl. Bild 3.12a). Der Gedächtnisanteil $\int \alpha E e^{-\alpha(t-\tau)} \varepsilon d\tau$ in (3.198) dagegen berücksichtigt prinzipiell summarisch *sämtliche* Werte von $\varepsilon(\tau)$ und zwar von der entferntesten Vergangenheit $\tau = t_0 = -\infty$ bis zur Gegenwartszeit $\tau = t$, also den zeitlichen Einfluß der *gesamten* Prozeßgeschichte (vgl. Bild 3.12b)! Die „Gewichtung" von $\varepsilon(\tau)$ erfolgt in diesem Falle durch den speziellen Integralkern $E e^{-\alpha(t-\tau)}$. Der Gedächtnisanteil entsteht also dadurch, indem an jeder Stelle τ das Produkt aus dem Funktionswert $\varepsilon(\tau)$ mit dem Funktionswert $e^{-\alpha\tau}$ gebildet und sämtliche Produkte zwischen $\tau = t_0$ und $\tau = t$ „aufsummiert" werden. Da der Exponent stets negativ ist und dadurch entfernter zurück liegende Ereignisse $\varepsilon(\tau)$ schwächer gewichtet werden als gegenwartsnähere, spricht man in diesem Zusammenhang auch von einem *schwindenden* Gedächtnis des Materials (fading memory). Daran wird deutlich, daß solche Materialverhalten durch rein elastische Materialgesetze nicht mehr beschreibbar sind und eine ausschließliche Berücksichtigung elastischer Anteile zu falschen Ergebnissen führen würde!

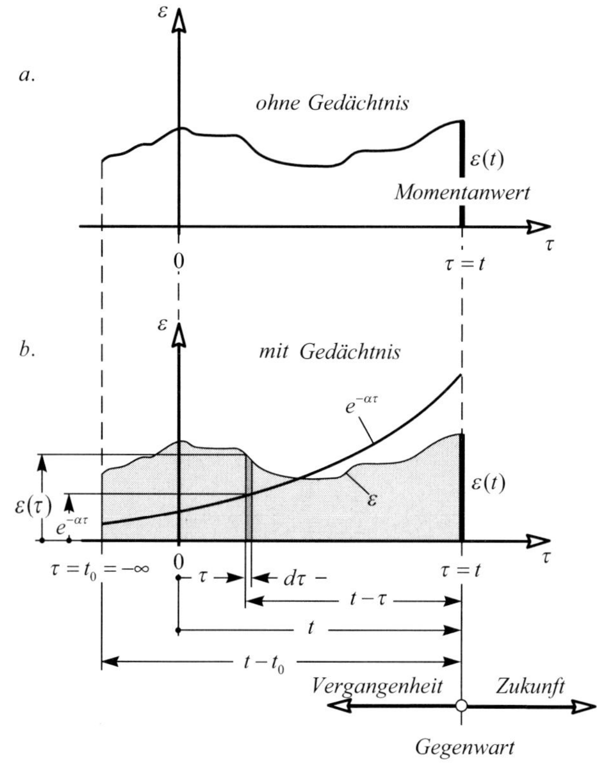

Bild 3.12: Zur Gedächtnisfunktion eines MAXWELL-Modelles: a. Ohne Gedächtnis, b. mit Gedächtnis

Die *dehnungsexplizite* Form der Materialgleichung eines MAXWELL-Modelles erhält man durch „Auflösen" der DGL (3.186) nach der Dehnung $\varepsilon(t)$ bei beliebiger (aber vorgegebener) Spannungsgeschichte $\sigma(\tau)$. Auflösen von (3.186) zunächst nach der Dehnungsrate $\dot{\varepsilon}$ und anschließende bestimmte Integration von der entferntesten Vergangenheit ($\tau = t_0 := -\infty$) bis zur Gegenwart ($\tau = t$), liefert in Anlehnung an (3.192) bis (3.194) den Ausdruck

$$\int\limits_{\tau=t_0}^{t} \dot{\varepsilon} d\tau \equiv \int\limits_{\tau=t_0}^{t} \frac{d\varepsilon(\tau)}{d\tau} d\tau \equiv \int\limits_{\tau=t_0}^{t} d\varepsilon = \varepsilon(t) - \varepsilon(t_0) = \frac{1}{E} \int\limits_{\tau=t_0}^{t} \frac{d\sigma}{d\tau} d\tau + \frac{1}{\eta} \int\limits_{\tau=t_0}^{t} \sigma(\tau)\, d\tau \equiv$$

$$\equiv \frac{1}{E} \int\limits_{\tau=t_0}^{t} d\sigma + \int\limits_{\tau=t_0}^{t} \sigma(\tau)\, d\tau = \frac{1}{E} [\sigma(t) - \sigma(t_0)] + \frac{1}{\eta} \int\limits_{\tau=t_0}^{t} \sigma(\tau)\, d\tau \tag{3.199}$$

Aus (3.199) ergibt sich unter Beachtung von $(3.189)_2$ schließlich, sofern man wieder mit $\sigma(t_0) = 0$ und $\varepsilon(t_0) = 0$ von einem spannungs- und verzerrungsfreien „Urzustand" ausgeht die folgende *dehnungsexplizite Materialgleichung des MAXWELL-Modelles*:

$$\boxed{\varepsilon(X,t) = \underbrace{\frac{1}{E}\sigma(X,t)}_{\text{Spontananteil}} + \underbrace{\frac{1}{\eta}\int\limits_{\tau=t_0}^{t}\sigma(X,\tau)\,d\tau}_{\text{Gedächtnisanteil}} \equiv \frac{1}{E}\left[\sigma(X,t) + \alpha\int\limits_{\tau=t_0}^{t}\sigma(X,\tau)\,d\tau\right]} \tag{3.200}$$

Analog zu (3.198) können in (3.200) die entsprechenden Terme wieder als Spontan- bzw. Gedächtnisanteil gedeutet werden, wobei in letzterem allerdings keine Gedächtnisfunktion (Integralkern) enthalten ist! Dennoch wird nach (3.200) die *momentane* Dehnung grundsätzlich durch die komplette Spannungs-*Geschichte* während der Prozeßdauer $t - t_0$ beeinflußt!

Vereinbarung: Da die Wahl der unteren Integrations-Grenze t_0 definiert werden kann, wird für die folgenden Rechnungen vereinbart, daß in den Integral-Ausdrücken von (3.193) bis (3.200) und im Folgenden als untere Grenze jeweils $t_0 = 0$ festgelegt wird, wobei dann stets darauf zu achten ist, daß der Lastbeginn erst für $t > 0$ zu erfolgen hat. Damit lauten die spannungs- bzw. verzerrungsexplizite Darstellung der Materialgleichung des MAXWELL-Modelles ab jetzt:

$$\boxed{\sigma(X,t) = E\left[\varepsilon(X,t) - \int\limits_{\tau=0}^{t}\alpha e^{-\alpha(t-\tau)}\varepsilon(X,\tau)d\tau\right]} \quad , \quad \alpha = \frac{E}{\eta} > 0 \tag{3.201}$$

bzw.

$$\boxed{\varepsilon(X,t) = \frac{1}{E}\left[\sigma(X,t) + \alpha\int\limits_{\tau=0}^{t}\sigma(X,\tau)\,d\tau\right]} \tag{3.202}$$

Relaxationsversuch: Zur Berechnung der „Spannungsantwort" ist hier die Form (3.201) zweckmäßig, so daß Einsetzen von (3.167) in (3.201) auf

$$\sigma(t) = E\varepsilon_0\left[1 - \alpha\int\limits_{\tau=0}^{t}e^{-\alpha(t-\tau)}d\tau\right] = E\varepsilon_0\left[1 - \alpha\frac{1}{\alpha}\,e^{-\alpha(t-\tau)}\Big|_0^t\right] = E\varepsilon_0\left(1 - 1 + e^{-\alpha t}\right)$$

und damit schließlich für $t > 0$ auf die Spannung bzw. auf die gemäß (3.169) definierte Relaxationsfunktion des MAXWELL-Modelles wie folgt führt:

$$\boxed{\sigma(t) = E\varepsilon_0 e^{-\alpha t}} \quad \text{bzw.} \quad \boxed{R(t) = \frac{\sigma(t)}{\varepsilon_0} = Ee^{-\alpha t}} \quad \alpha = \frac{E}{\eta} > 0 \tag{3.203}$$

Nach (3.203) „antwortet" das MAXWELL-Material zur Zeit $t = 0$ mit einem Spannungssprung $E\varepsilon_0$ (vgl. Bild 3.13a) der als *elastische* (spontane) Reaktion des HOOKE-Elementes

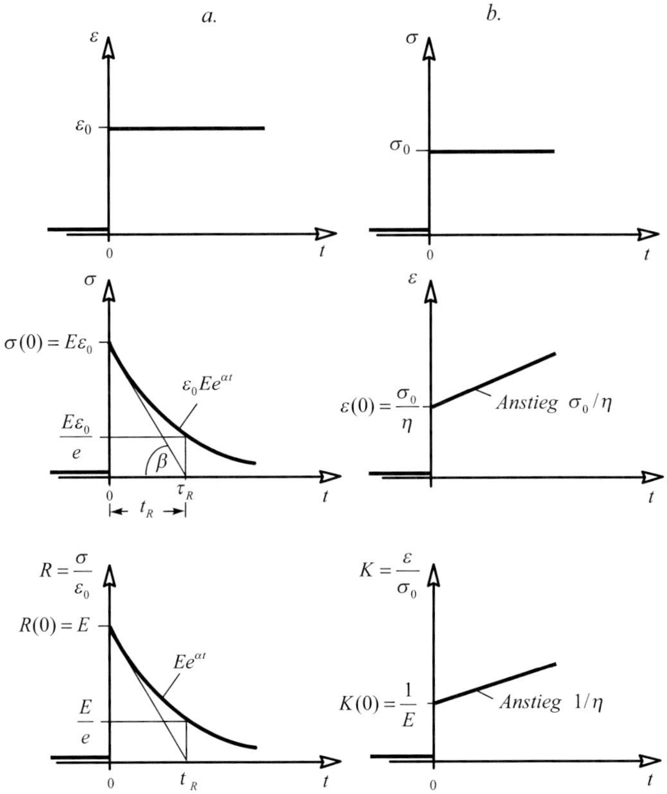

Bild 3.13: Zeitverhalten eines MAXWELL-Modells: a. Relaxations- und b. Kriechversuch

(Feder) gedeutet werden kann. Anschließend nimmt die Spannung mit wachsender Zeit t exponentialartig ab (Spannungsrelaxation) und geht für $t \to \infty$ gegen Null. Dieser Vorgang kann als *viskose* Reaktion des Dämpfers gedeutet werden, der sich durch die Entspannung der Feder dehnt. In Bild 3.13a ist zusätzlich die Relaxationsfunktion $R(t)$ dargestellt, die später noch von Interesse sein wird.

Relaxationszeit: Aus Bild 3.13a entnimmt man dem σ-t-Diagramm für die Tangente an die σ-t-Kurve den folgenden Zusammenhang

$$\tan \beta = \frac{E\varepsilon_0}{t_R} \tag{3.204}$$

worin t_R als *Relaxationszeit* bezeichnet wird. Andererseits läßt sich nach $(3.203)_1$ die Tangente an die σ-t-Kurve durch die Zeitableitung der Spannung (Spannungsrate) an der Stelle $t = 0$ darstellen, so daß

$$\dot{\sigma}(t) = -\alpha E \varepsilon_0 e^{-\alpha t} \quad \text{also} \quad \dot{\sigma}(t = 0) = -\alpha E \varepsilon_0 \tag{3.205}$$

Gleichsetzen von (3.204) mit $(3.205)_2$ führt wie folgt auf die Relaxationszeit des MAXWELL-Modelles (man beachte, daß der Tangens von β gerade der negativen Ableitung entspricht und daher das Minuszeichen zu setzen ist!)

$$\dot{\sigma}\,(t=0) = -\alpha E\varepsilon_0 \overset{!}{=} -\tan\beta = -\frac{E\varepsilon_0}{t_R} \quad \text{also} \quad t_R = \frac{1}{\alpha} = \frac{\eta}{E} \tag{3.206}$$

Gemäß (3.206) ist die Relaxationszeit gleich dem Reziprokwert des Koeffizienten α. Die Relaxationszeit stellt eine charakteristische Materialgröße dar und ist ein Maß für die Schnelligkeit des Abklingens der Spannung. Bildet man nun den Wert der Spannung σ an der Stelle $t = t_R$, so erhält man mit $(3.203)_1$ unter Beachtung von $(3.206)_2$, nämlich $\alpha t_R = 1$

$$\sigma\,(t=t_R) = E\varepsilon_0 e^{-\alpha t_R} = E\varepsilon_0 e^{-1} \equiv \frac{E\varepsilon_0}{e} \tag{3.207}$$

Der Ausgangswert der Spannung zur Zeit $t = 0$, beträgt gemäß $(3.203)_1$

$$\sigma\,(t=0) = E\varepsilon_0 \tag{3.208}$$

womit die Spannung zur Zeit t_R unter Beachtung von (3.207) dann auf etwa $[\sigma(t_R)/\sigma(0)] \times 100 = (1/e) \times 100 \approx 37\%$ des Ausgangswertes abgefallen ist! Die Rechnung ist selbstverständlich auch mit der Relaxationsfunktion $R(t)$ durchführbar, wobei sich zwar die Steigung der $R-t$-Kurve von derjenigen der σ-t-Kurve unterscheidet, der Wert der Relaxationszeit jedoch unverändert bleibt (vgl. 3.13a)!

Kriechversuch: Zur Berechnung der ,,Dehnungsantwort" ist hier die Form (3.202) zweckmäßig, so daß Einsetzen von (3.173) in (3.202) für $t > 0$ auf die Dehnung bzw. auf die gemäß (3.175) definierte Kriechfunktion des MAXWELL-Modelles wie folgt führt:

$$\boxed{\varepsilon\,(t) = \sigma_0 \left(\frac{1}{E} + \frac{1}{\eta}t\right)} \quad \text{bzw.} \quad \boxed{K\,(t) := \frac{\varepsilon\,(t)}{\sigma_0} = \frac{1}{E} + \frac{1}{\eta}t} \tag{3.209}$$

Gemäß (3.209) ,,antwortet" das MAXWELL-Material zur Zeit $t = 0$ mit einem Dehnungssprung σ_0/E (vgl. Bild 3.13b) der wieder als *elastische* (spontane) Reaktion des HOOKE-Elementes (Feder) aufgefaßt werden kann. Anschließend nimmt die Dehnung linear mit der Zeit t zu, was als *viskoses* Dehnen des Dämpfers deutbar ist. Aufgrund der linearen Dehnungszunahme spricht man auch von ,,Kriechen in erster Näherung". In Bild 3.13b ist gleichzeitig die Kriechfunktion $K(t)$ dargestellt, die später noch von Interesse sein wird. Der Anfangswert $K(0) = 1/E$ im K-t-Diagramm in Bild 3.13b wird auch als *momentane Nachgiebigkeit* oder *Komplianz* (engl. compliance) bezeichnet.

Hinweise:

- Die ,,Antwort" (3.209) erhält man selbstverständlich auch aus der DGL (3.186), indem dort wegen (3.173) beim Kriechversuch $\dot{\sigma} = 0$ zu setzten ist und $\varepsilon(t)$ durch anschließende Integration erzeugt werden kann.
- Die Kriechfunktion $K(t)$ wird mitunter auch als *Kriechkomplianz* (engl.: creep compliance) oder *Nachgiebigkeit* bezeichnet.
- Man beachte, daß die Kriechfunktion $(3.209)_2$ des MAXWELL-Modelles durch *Addition* der Kriechfunktionen der Einzelelemente HOOKE und NEWTON (3.176) und $(3.177)_2$ enststeht (Parallelschaltung)! Vgl. hierzu auch die Ausführungen zu (3.254).

Beispiel 3.9 (Spannversuch)

Ein Material mit MAXWELL-Verhalten wird durch das in Bild 3.14 dargestellte Dehnungsprogramm beansprucht. Derartige Prozesse werden auch als *Anlauf-* oder *Spannversuch* (stressing viscosity) bezeichnet. Der Spannversuch entsteht, indem dem Relaxationsversuch eine Dehnungs-Rampe vorgeschaltet wird. Man bestimme die Spannungsantwort als Funktion der Zeit.

Lösung:

Aus Bild 3.13a liest man das folgende Dehnungsprogramm ab:

$$\varepsilon(t) = \begin{cases} 0, & t \leq 0 \\ \frac{\varepsilon_0}{t_1} t & 0 < t \leq t_1 \\ \varepsilon_0, & t > t_1 \end{cases} \tag{a}$$

Die Spannungsantwort für den Bereich $t < 0$ ergibt sich sofort mit $\varepsilon(t) = 0$ gemäß (3.201) zu $\sigma(t) = 0$.

Bereich I: $0 < t < t_1$

Zur Berechnung der Spannungsantwort für diesen Bereich wird direkt die spannungsexplizite Materialgleichung (3.201) herangezogen: Einsetzen der Dehnung für dieses Zeitintervall (a) in (3.201) liefert zunächst

$$\sigma_{\mathrm{I}}(t) = E\frac{\varepsilon_0}{t_1}t - \alpha E \int\limits_{\tau=0}^{t} e^{-\alpha(t-\tau)} E\frac{\varepsilon_0}{t_1}\tau d\tau \equiv E\frac{\varepsilon_0}{t_1}\left[t - \alpha \int\limits_{\tau=0}^{t} \tau e^{-\alpha(t-\tau)} d\tau\right] \tag{b}$$

Um die Integration in (b) ausführen zu können, muß zunächst wie folgt partiell integriert werden:

$$\begin{aligned} \alpha \int\limits_{\tau=0}^{t} \tau e^{-\alpha(t-\tau)} d\tau &= \alpha \left\{ \left[\tau \frac{1}{\alpha} e^{-\alpha(t-\tau)}\right]\Bigg|_{\tau=0}^{t} - \int\limits_{\tau=0}^{t} \left(\frac{1}{\alpha}\right) e^{-\alpha(t-\tau)} d\tau \right\} = \\ &= t - \left[\alpha \frac{1}{\alpha^2} e^{-\alpha(t-\tau)}\right]\Bigg|_{\tau=0}^{t} = t - \frac{1}{\alpha}\left(1 - e^{-\alpha t}\right) \end{aligned} \tag{c}$$

Einsetzen von (c) in (b) liefert

$$\sigma_{\mathrm{I}}(t) = E\frac{\varepsilon_0}{t_1}\left[t - t + \frac{1}{\alpha}\left(1 - e^{-\alpha t}\right)\right] \equiv \frac{E}{\alpha}\frac{\varepsilon_0}{t_1}\left(1 - e^{-\alpha t}\right) \tag{d}$$

Unter Beachtung von $\alpha = E/\eta$ geht (d) schließlich über in die Spannungsantwort

$$\underline{\sigma_{\mathrm{I}}(t) = \eta \frac{\varepsilon_0}{t_1}\left(1 - e^{-\frac{E}{\eta}t}\right)} \tag{e}$$

Bereich II: $t > t_1$

Zur Bestimmung der Spannungsantwort wird wieder die spannungsexplizite Form (3.201) verwendet, wobei

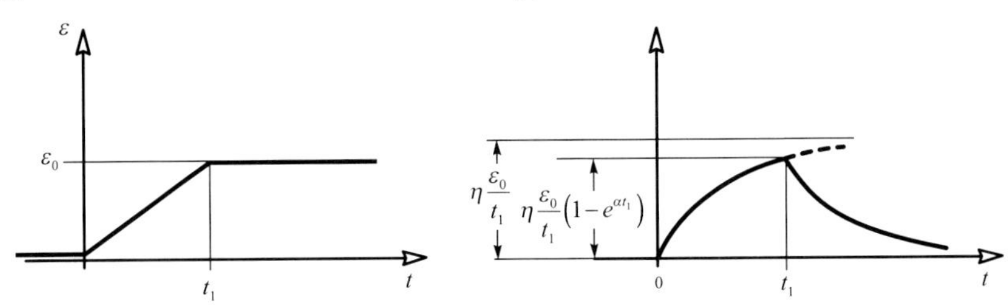

Bild 3.14: Spannversuch mit einem MAXWELL-Modell: a. Dehnungsprogramm, b. Spannungsantwort

jetzt aber zu beachten ist, daß über den Knick an der Stelle $t = t_1$ der ε-t-Kurve (vgl. Bild 3.14a) zu integrieren und daher die Integration von 0 bis t in zwei entsprechende Integrale aufzuspalten ist. Weiterhin ist für den Spontananteil in (3.201) gemäß (a) die Dehnung $\varepsilon(t) = \varepsilon_0$ zu setzen, so daß zunächst der folgende Ausdruck entsteht:

$$\begin{aligned}\sigma_{\text{II}}(t) &= E\varepsilon_0 - \alpha E \int_{\tau=0}^{t_1} e^{-\alpha(t-\tau)} \frac{\varepsilon_0}{t_1} \tau d\tau - \alpha E \int_{\tau=t_1}^{t} e^{-\alpha(t-\tau)} \varepsilon_0 d\tau \equiv \\ &\equiv E\varepsilon_0 \left\{ 1 - \alpha \left[\frac{1}{t_1} \int_{\tau=0}^{t_1} \tau e^{-\alpha(t-\tau)} d\tau + \int_{\tau=t_1}^{t} e^{-\alpha(t-\tau)} d\tau \right] \right\}\end{aligned} \tag{f}$$

Die partielle Integration des ersten Integrales in (f) kann direkt gemäß (c) mit entsprechend modifizierten Integrationsgrenzen entnommen werden, so daß weiter folgt

$$\begin{aligned}\sigma_{\text{II}}(t) &= E\varepsilon_0 \left\{ 1 - \frac{1}{\alpha t_1} \left[1 - \left(1 - \alpha t_1 e^{\alpha t_1} \right) \right] e^{-\alpha t} - \left(1 - e^{\alpha t_1} e^{-\alpha t} \right) \right\} \equiv \\ &\equiv -\frac{E}{\alpha} \frac{\varepsilon_0}{t_1} \left(1 - e^{\alpha t_1} \right) e^{-\alpha t}\end{aligned} \tag{g}$$

Unter Beachtung von $\alpha = E/\eta$ geht (g) schließlich über in

$$\underline{\sigma_{\text{II}}(t) = \eta \frac{\varepsilon_0}{t_1} \left(e^{\frac{E}{\eta} t_1} - 1 \right) e^{-\frac{E}{\eta} t}} \tag{h}$$

Die gesamte Spannungsantwort ist gemäß der Ergebnisse (e) und (h) in Bild 3.14b dargestellt. Dabei ist noch zu beachten, daß der weiter laufende Kurvenast im Bereich I ($0 < t < t_1$) die Asymptote (man beachte, daß α positiv ist)

$$\lim_{t\to\infty} \sigma_{\text{I}}(t) = \lim_{t\to\infty} \left[\eta \frac{\varepsilon_0}{t_1} \left(1 - e^{-\frac{E}{\eta} t} \right) \right] = \eta \frac{\varepsilon_0}{t_1} \tag{i}$$

besitzt.

3.3.4 KELVIN-VOIGT-Modell

Materialgleichung vom Differentialtyp: Wird ein HOOKE- und ein NEWTON-Modell parallel geschaltet, so entsteht das sogenannte KELVIN-VOIGT-Modell (Lord KELVIN of Largs, engl. Physiker, 1824-1907; Woldemar VOIGT, dt. Physiker, 1850-1919) (vgl. Bild 3.15). Die zugehörige Materialgleichung wird wieder, wie im Falle des MAXWELL-Modelles, aus den Materialgleichungen der Einzelelemente (HOOKE, NEWTON) erzeugt: Anhand des freigeschnittenen, durch die äußere Spannung σ belasteten Feder-Dämpfer-Elementes gemäß Bild 3.15b erhält man über die („Kraft"-)Gleichgewichtsbedingung zunächst die Gesamtspannung als Addition der Teilspannungen (wenn die nach rechts gerichteten Spannungen wieder positiv gezählt werden)

$$\sigma = \sigma_H + \sigma_N \qquad \text{(Gleichgewicht)} \tag{3.210}$$

Anhand von Bild 3.15c entnimmt man weiterhin, daß die *elastische* Dehnung ε_H des HOOKEschen und die *inelastische* Dehnung ε_N des NEWTONschen Elementes stets gleich sind und damit auch gleich der Gesamtdehnung ε des KELVIN-VOIGT-Modelles sind, so daß gilt

$$\varepsilon = \varepsilon_H = \varepsilon_N \qquad \text{(Kompatibilitätsbedingung)} \tag{3.211}$$

Einsetzen der beiden Teilmaterialgleichungen (3.165) und (3.166) in (3.210) liefert unter Beachtung von (3.211) sofort die *Materialgleichung des KELVIN-VOIGT-Modelles in spannungsexpliziter Form*

$$\boxed{\sigma\,(X,t) = E\varepsilon\,(X,t) + \eta\dot{\varepsilon}\,(X,t)} \tag{3.212}$$

Im Unterschied zum MAXWELL-Modell ist nach (3.212) die *momentane* Spannung eines KELVIN-VOIGT-Modelles nicht durch ein Nachwirkungsintegral, sondern allein durch die *momentanen* Werte der Dehnung ε und deren zeitlicher Änderung (Dehnrate) festgelegt. Die in (3.212) auftretenden zwei Materialkonstanten E und η sind wieder durch geeignete Experimente zu bestimmen (und unterscheiden sich selbstverständlich von denen des MAXWELL-Modelles!).

Materialgleichung vom Integraltyp: Die dehnungsexplizite Form der Materialgleichung des KELVIN-VOIGT-Modelles kann aus der aus (3.212) durch entsprechendes Umstellen entstehenden DGL

$$\dot{\varepsilon} + \frac{E}{\eta}\varepsilon = \frac{1}{\eta}\sigma \tag{3.213}$$

wie folgt leicht gewonnen werden. Bei (3.213) handelt es sich um eine in analoger Weise zu (3.186) jetzt allerdings in der Dehnung ε lineare, gewöhnliche DGL erster Ordnung in der Zeit mit konstanten Koeffizienten. Mit Hilfe dieser zur DGL (3.186) offensichtlich

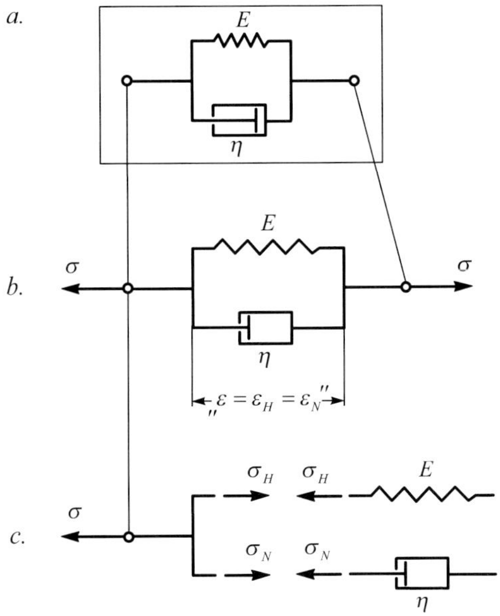

Bild 3.15: KELVIN-VOIGT-Modell, a. Modell-Element, b. zur Verformungsanalyse und c. zur Spannungsanalyse

bestehenden „Dualität" kann die dehnungsexplizite Form sofort „durch scharfes Hinsehen" wie folgt erzeugt werden: Durch Vergleich von (3.186) und (3.196) mit (3.213) erkennt man, daß in (3.196) die Substitutionen

$$\sigma \to \varepsilon \quad , \quad E \to \frac{1}{\eta} \quad , \quad \dot{\varepsilon} \to \sigma \tag{3.214}$$

vorzunehmen sind. Damit erhält man dann, sofern man wieder mit $\sigma(t_0) = 0$ von einem spannungsfreien „Urzustand" ausgeht und wieder als untere Integrationsgrenze $t_0 = 0$ festlegt (vgl. die Vereinbarung nach Formel (3.200)), die *dehnungsexplizite Form der Materialgleichung des KELVIN-VOIGT-Modells* unmittelbar wie folgt:

$$\boxed{\varepsilon(X,t) = \int\limits_{\tau=0}^{t} \frac{1}{\eta} e^{-\alpha(t-\tau)} \sigma(X,\tau) d\tau} \qquad \alpha = \frac{E}{\eta} \tag{3.215}$$

Hinweise:

- Gemäß (3.215) hängt die momentane Dehnung $\varepsilon(X,\, t)$ von der Spannungs-*Geschichte* $\sigma(X,\, \tau)$ von 0 bis t (Prozeßdauer) ab, wobei ein elastischer Anteil nicht existiert.
- Die momentane Dehnung $\varepsilon(X,\, t)$ ist allein durch den *Gedächtnisanteil* oder das *Nachwirkungsintegral* $\int(1/\eta)\mathrm{e}^{-\alpha(t-\tau)}\sigma d\tau$ bestimmt, worin $(1/\eta)\mathrm{e}^{-\alpha(t-\tau)}$ wieder den *Integralkern* oder die *Gedächtnisfunktion* bedeutet.
- Die beiden Formen (3.212) und (3.215) sind *äquivalent* und daher stets ineinander überführbar!
- Die Materialgleichung (3.215) enthält wieder die zwei Materialkonstanten η und α bzw. η und E, die durch geeignete Experimente zu bestimmen sind.

Relaxationsversuch: Für den Relaxationsversuch gilt wieder das „Dehnungsprogramm" (3.167), wobei zur Berechnung der „Spannungsantwort" die Form (3.212) heranzuziehen ist. Mit (3.167) gilt unter Beachtung von (3.171) $\dot{\varepsilon} = \dot{\varepsilon}_0 = \varepsilon_0 \delta(t)$ womit aus (3.212) die folgende Spannung bzw. Relaxationsfunktion für das KELVIN-VOIGT-Modell verbleibt:

$$\boxed{\sigma(t) = \varepsilon_0 \left[E + \eta\delta(t)\right]} \quad \text{bzw.} \quad \boxed{R(t) := \frac{\sigma(t)}{\varepsilon_0} = E + \eta\delta(t)} \tag{3.216}$$

Nach (3.216) „antwortet" das KELVIN-VOIGT-Material zur Zeit $t = 0$ mit einem Spannungssprung $E\varepsilon_0$ und einem Einheitsimpuls $\varepsilon_0\eta\delta(t)$ (vgl. Bild 3.16a). Somit reagiert das KELVIN-VOIGT-Modell, abgesehen von dem Einheitsimpuls, rein elastisch, so daß *keine* Spannungsrelaxation beschrieben werden kann!

Hinweis:

Man beachte, daß die Relaxationsfunktion $(3.216)_2$ des KELVIN-VOIGT-Modelles durch *Addition* der Relaxationsfunktionen der Einzelelemente HOOKE und NEWTON (3.170) und (3.172) entsteht (Reihenschaltung)! Vgl. hierzu auch die Ausführungen zu Formel (3.253).

Kriechversuch: Für den Kriechversuch gilt wieder das „Spannungsprogramm" (3.173), wobei zur Berechnung der Dehnungsantwort die Form (3.215) zweckmäßig ist. Einsetzen von

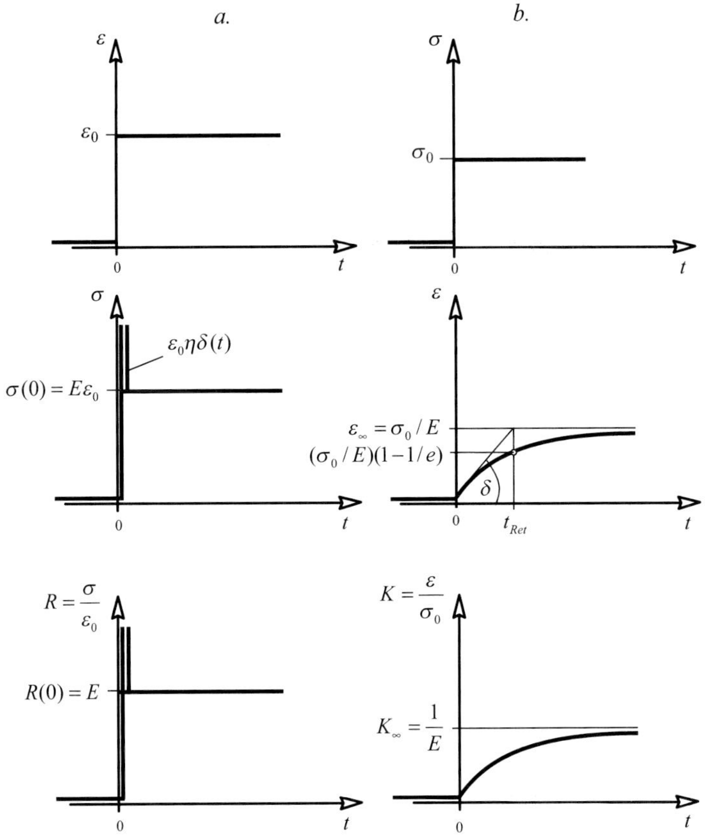

Bild 3.16: Zeitverhalten eines KELVIN-VOIGT-Modells: a. Relaxations- und b. Kriechversuch

(3.173) in (3.215) liefert nach Ausführung der Integration die Dehnung bzw. Kriechfunktion des KELVIN-VOIGT-Modelles wie folgt:

$$\boxed{\varepsilon\left(t\right)=\frac{\sigma_0}{E}\left(1-e^{-\alpha t}\right)} \quad \text{bzw.} \quad \boxed{K\left(t\right):=\frac{\varepsilon\left(t\right)}{\sigma_0}=\frac{1}{E}\left(1-e^{-\alpha t}\right)} \tag{3.217}$$

Gemäß (3.217) beginnt beim KELVIN-VOIGT-Material die Dehnung zur Zeit $t = 0$ mit dem Wert Null und strebt dann asymptotisch (für $t \to \infty$) dem Wert $\varepsilon_\infty = \sigma_0/E$, also dem elastischen „Grenzwert" entgegen (vgl. Bild 3.16b). Damit verhält sich das KELVIN-VOIGT-Modell unmittelbar nach Lastaufbringung *viskos* und langfristig dagegen *elastisch*. Es ist weiterhin offensichtlich, daß bei einem KELVIN-VOIGT-Material zur Zeit $t = 0$ kein Dehnungssprung (mit einer endlichen Spannung σ_0) realisierbar ist! Für $t \to \infty$ ergibt sich aus der Kriechfunktion $(3.217)_2$ der Wert $K_\infty = 1/E$, der auch als *Gleichgewichtsnachgiebigkeit* bezeichnet wird (vgl. die $K - t$-Kurve in Bild 3.16b).

Zusammenfassend kann gesagt werden, daß mittels des KELVIN-VOIGT-Modelles allein

Kriechen, *nicht* aber Relaxieren simuliert werden kann.

Retardationszeit: ähnlich wie im Falle des MAXWELL-Modelles die Relaxationszeit, ist beim KELVIN-VOIGT-Modell die *Retardationszeit* t_{Ret} eine charakteristische Materialgröße und stellt ein Maß für die Geschwindigkeit der Annäherung an den elastischen Grenzwert (Asymptote) dar. Die Tangente an die ε-t-Kurve in Bild 3.16b erhält man einerseits wieder durch die Zeitableitung der Dehnung an der Stelle $t = 0$, also mit $(3.217)_1$ zu

$$\dot{\varepsilon}(t) = \alpha \frac{\sigma_0}{E} e^{-\alpha t} \quad \text{also} \quad \dot{\varepsilon}(t = 0) = \alpha \frac{\sigma_0}{E} \tag{3.218}$$

und andererseits wieder mit Hilfe der Trigonometrie, nämlich (vgl. Bild 3.16b)

$$\tan \delta = \frac{\sigma_0 / E}{t_{Ret}} \tag{3.219}$$

Gleichsetzen von (3.218) und (3.219) liefert nach entsprechendem Umstellen die Retardationszeit zu

$$t_{Ret} = \frac{1}{\alpha} = \frac{\eta}{E} \tag{3.220}$$

also bemerkenswerterweise das Ergebnis $(3.206)_2$, wobei aber zu beachten ist, daß beim MAXWELL- und beim KELVIN-VOIGT-Modell sich im Allgemeinen die Werte für E und η jeweils unterscheiden können (es werden mit den Modellen unterschiedliche Materialien modelliert)! Zum Zeitpunkt t_R nimmt gemäß $(3.217)_1$ unter Beachtung von (3.220), nämlich $\alpha t_{Ret} = 1$, die Dehnung den folgenden Wert an

$$\varepsilon(t = t_{Ret}) = \frac{\sigma_0}{E}\left[1 - e^{-\alpha t_{Ret}}\right] = \frac{\sigma_0}{E}\left(1 - \frac{1}{e}\right) \tag{3.221}$$

Bezieht man diesen Wert auf den elastischen Grenzwert, nämlich auf

$$\varepsilon_\infty := \lim_{t \to \infty} \varepsilon(t) = \lim_{t \to \infty} \frac{\sigma_0}{E}\left(1 - e^{-\alpha t}\right) = \frac{\sigma_0}{E} \tag{3.222}$$

so hat die Dehnung eines KELVIN-VOIGT-Modelles zur Zeit t_{Ret} bereits $(1 - 1/\mathrm{e}) \times 100 = [(\mathrm{e} - 1)/\mathrm{e}] \times 100 \approx 63{,}2\%$ des elastischen Grenzwertes erreicht. Diese Rechnung ist selbstverständlich anstatt mit der Dehnung in analoger Weise mit Hilfe der Kriechfunktion durchführbar, wobei der Wert der Retardationszeit aber unverändert bleibt!

Beispiel 3.10 (Kriecherholung)
Ein Material mit KELVIN-VOIGT-Verhalten wird während des Kriechversuches gemäß dem Spannungsprogramm (3.178) bei $t = t_1$ plötzlich entlastet (vgl. Bild 3.17). Man bestimme die Dehnungsantwort als Funktion der Zeit und zeige den Zusammenhang mit der Retardationszeit.

Lösung:
Bereich I: $t < 0$
Zur Berechnung der Dehnungsantwort für den Bereich $t < 0$ ist die Benutzung der dehnungsexpliziten Materialgleichung (3.215) insofern ungünstig, als daß bei $t = 0$ ein Spannungssprung vorliegt. Deshalb wird

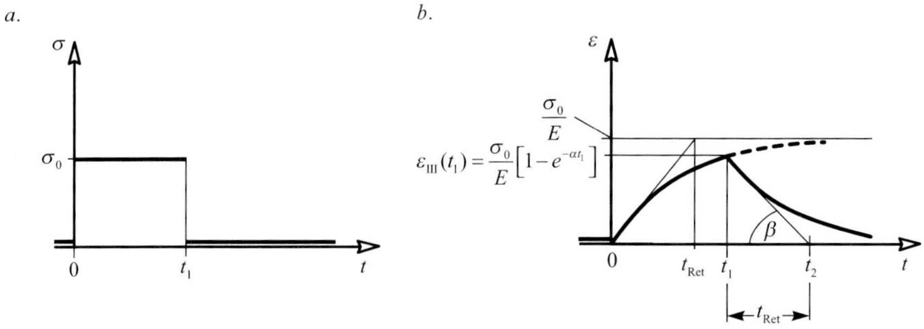

Bild 3.17: Kriecherholung beim KELVIN-VOIGT-Modell: a. Spannungsprogramm, b. Dehnungsantwort

hier von der differentiellen Form (3.212) bzw. (3.213) ausgegangen: Einsetzen von $\sigma\,(t) = 0$ gemäß (3.178) in (3.213) liefert unter Beachtung von $\alpha := E/\eta$ mit Hilfe der ,,Methode der Trennung der Variablen

$$\dot{\varepsilon}_{\mathrm{I}} + \alpha\varepsilon_{\mathrm{I}} = 0 \quad \text{bzw.} \quad \frac{d\varepsilon_{\mathrm{I}}}{\varepsilon_{\mathrm{I}}} = -\alpha dt \tag{a}$$

Unbestimmte Integration von $(a)_2$ auf beiden Seiten liefert

$$\ln \varepsilon_{\mathrm{I}}\,(t) = -\alpha t + C_{\mathrm{I}} \quad \text{bzw.} \quad \varepsilon_{\mathrm{I}}\,(t) = D_{\mathrm{I}} e^{-\alpha t} \quad , \quad D_{\mathrm{I}} := e^{C_{\mathrm{I}}} \tag{b}$$

Mit der Anfangsbedingung $\varepsilon_{\mathrm{I}} = 0$ für $t < 0$ folgt $D_{\mathrm{I}} = 0$ und damit nach (b) schließlich die Dehnungsantwort

$$\underline{\varepsilon_{\mathrm{I}}\,(t) = 0} \tag{c}$$

Bereich II: $0 < t < t_1$

Die Dehnungsantwort im Zeitintervall $0 < t < t_1$ liegt bereits mit $(3.217)_1$ vor, so daß

$$\underline{\varepsilon_{\mathrm{II}}\,(t) = \frac{\sigma_0}{E}\left(1 - e^{-\alpha t}\right)} \tag{d}$$

Bereich III: $t > t_1$

Die Dehnungsantwort für diesen Bereich wird mit Hilfe der Vorschrift (3.179) erzeugt, so daß unter Beachtung von $(3.217)_2$ zunächst folgt

$$\varepsilon_{\mathrm{III}}\,(t) = \sigma_0\left[K\,(t) - K\,(t - t_1)\right] = \frac{\sigma_0}{E}\left\{1 - e^{-\alpha t} - \left[1 - e^{-\alpha(t-t_1)}\right]\right\} \tag{e}$$

Nach Ausmultiplizieren und entsprechendem Umformen verbleibt aus (e) schließlich die Kriecherholungsantwort des KELVIN-VOIGT-Modelles

$$\underline{\varepsilon_{\mathrm{III}}\,(t) = \frac{\sigma_0}{E}\left(e^{\alpha t_1} - 1\right) e^{-\alpha t}} \tag{f}$$

Nach (f) gilt für große Zeiten (man beachte, daß α negativ ist!)

$$\lim_{t\to\infty} \varepsilon_{\mathrm{III}}\,(t) = \frac{\sigma_0}{E}\left(e^{\alpha t_1} - 1\right) \lim_{t\to\infty} e^{-\alpha t} = 0 \tag{g}$$

womit für das KELVIN-VOIGT-Material nach Entlastung keine bleibende Dehnung auftritt. Die gesamte Dehnungsantwort ist gemäß (c), (d) und (f) in Bild 3.17 dargestellt. Dabei ist zu beachten, daß nach (d) und (f) für die Zeit $t = t_1$

$$\varepsilon_{\mathrm{II}}\,(t = t_1) = \frac{\sigma_0}{E}\left[1 - e^{-\alpha t_1}\right] \tag{h}$$

und

$$\varepsilon_{III}(t = t_1) = \frac{\sigma_0}{E}\left(e^{\alpha t_1} - 1\right) e^{-\alpha t_1} \equiv \frac{\sigma_0}{E}\left[1 - e^{-\alpha t_1}\right] \tag{i}$$

also $\varepsilon_{II}(t = t_1) = \varepsilon_{III}(t = t_1)$ gilt und daher an dieser Stelle ein Knick, aber kein Sprung auftritt.

Der Zusammenhang der Kriecherholung mit der gemäß (3.220) definierten Retardationszeit läßt sich wie folgt gewinnen: Mit Hilfe der Zeitableitung von (f) erhält man zunächst die Tangente an die Kriechkurve

$$\dot{\varepsilon}_{III}(t) = -\alpha \frac{\sigma_0}{E}\left(e^{\alpha t_1} - 1\right) e^{-\alpha t}$$

und damit zur Zeit t_1

$$\dot{\varepsilon}_{III}(t = t_1) = -\alpha \frac{\sigma_0}{E}\left(e^{\alpha t_1} - 1\right) e^{-\alpha t_1} \equiv -\alpha \frac{\sigma_0}{E}\left(1 - e^{-\alpha t_1}\right) \tag{j}$$

Andererseits liest man aus Bild 3.17 für die Tangente an die Kurve den Zusammenhang ab.

$$\tan\beta = \frac{\varepsilon_{III}(t = t_1)}{t_2 - t_1} \tag{k}$$

Einsetzen von (i) in (k) und weiteres Gleichsetzen dieses Ausdruckes mit (j) führt auf (man beachte wieder das negative Vorzeichen wegen der entsprechend definierten Tangente!)

$$-\alpha \frac{\sigma_0}{E}\left(1 - e^{-\alpha t_1}\right) \stackrel{!}{=} -\frac{\sigma_0}{E}\frac{1 - e^{-\alpha t_1}}{t_2 - t_1} \tag{l}$$

Aus (l) folgert man nach Kürzen für die Zeitdifferenz $t_2 - t_1$ unter Beachtung von (3.220)

$$\underline{t_2 - t_1 \equiv t_{Ret} = \frac{1}{\alpha} = \frac{\eta}{E}} \tag{m}$$

wonach die Zeitdifferenz zwischen t_1 bis zum Schnittpunkt der Tangente an die Kriecherholungskurve zur Zeit t_2 genau der Größe der Retardationszeit entspricht!

3.3.5 Komplexere Rheologische Modelle

In den vorigen Unterabschnitten wurden mit dem MAXWELL- und KELVIN-VOIGT-Modell die beiden einfachsten Feder-Dämpfer-Element-Kombinationen behandelt. Dabei wies das MAXWELL-Modell bereits ein Relaxations- sowie ein Kriechverhalten in erster Näherung auf. Das KELVIN-VOIGT-Modell dagegen zeigte keine Relaxation, dafür aber ein gegenüber dem MAXWELL-Modell der Realität mehr entsprechendes Kriechverhalten. Das mittels solcher einfachen Modelle darstellbare Materialverhalten ist aber im Allgemeinen noch nicht in der Lage, reale viskoelastische Werkstoffe hinreichend zufriedenstellend abzubilden. Es liegt auf der Hand, daß durch Reihen- und Parallelschaltungen der beiden Grundelemente *Feder* und *Dämpfer* und/oder des MAXWELL- und KELVIN-VOIGT-Modelles beliebig komplexe weitere Modelle entworfen werden können, die grundsätzlich ein jeweils unterschiedliches viskoelastisches Materialverhalten modellieren. Dabei werden allerdings die Materialgleichungen in differentieller Form immer komplizierter und die Erzeugung der spannungs- bzw. dehnungsexpliziten Darstellungen erfordern einen erhöhten Aufwand, wie man im Folgenden sehen wird.

a. BURGERS-Modell

Als repräsentatives Beispiel eines bereits komplexeren Modelles, welches auch zur Beschreibung diverser Probleme in Technik und Naturwissenschaft herangezogen wird, soll das BURGERS-Modell behandelt werden (Johannes Martinus BURGERS, niederl. Physiker, 1895-1981). Dieses entsteht gemäß Bild 3.18 aus einer *Reihenschaltung* eines MAXWELL- und eines KELVIN-VOIGT-Modelles.

Um zur Materialgleichung des BURGERS-Modelles zu kommen, kann aufgrund der Reihenschaltung wie im Falle des MAXWELL-Modelles gemäß Unterabschnitt 3.3.3 verfahren werden, indem jetzt an die Stelle des HOOKE-Elementes dasjenige des MAXWELL-Modelles und an die Stelle des NEWTON-Elementes das des KELVIN-VOIGT-Modelles tritt (vgl. Bild 3.18b). Analog zu (3.182) bis (3.184) erhält man jetzt mit den Indizes „M“ für MAXWELL und „K“ für KELVIN-VOIGT für das („Kraft“-)Gleichgewicht und die Kompatibilität (vgl. Bild 3.18c) sowie deren Zeitableitungen:

$$\sigma = \sigma_M = \sigma_K \quad \text{bzw.} \quad \dot{\sigma} = \dot{\sigma}_M = \dot{\sigma}_K \quad \text{Gleichgewicht} \tag{3.223}$$

und

$$\varepsilon = \varepsilon_M + \varepsilon_K \quad \text{bzw.} \quad \dot{\varepsilon} = \dot{\varepsilon}_M + \dot{\varepsilon}_K \quad \text{Kompatibilität} \tag{3.224}$$

Die Teil-Materialgleichungen für das MAXWELL- und KELVIN-VOIGT-Modell lauten gemäß (3.186) und (3.212) mit entsprechender Indizierung („M“ MAXWELL, „K“ KELVIN-VOIGT):

$$\dot{\sigma}_M + \frac{E_M}{\eta_M}\sigma_M = E_M\dot{\varepsilon}_M \quad \text{bzw.} \quad \dot{\varepsilon}_M = \frac{1}{E_M}\dot{\sigma}_M + \frac{1}{\eta_M}\sigma_M \tag{3.225}$$

und

$$\sigma_K = E_K\varepsilon_K + \eta_K\dot{\varepsilon}_K \quad \text{bzw.} \quad \dot{\varepsilon}_K = \frac{1}{\eta_K}\sigma_K - \frac{E_K}{\eta_K}\varepsilon_K \tag{3.226}$$

Einsetzen von $(3.225)_2$ und $(3.226)_2$ in $(3.224)_2$ liefert zunächst unter Weglassung der Indizes bei den Spannungen und der Spannungsrate (gemäß (3.223) sind diese gleich!)

$$\dot{\varepsilon} = \frac{1}{E_M}\dot{\sigma} + \left(\frac{1}{\eta_M} + \frac{1}{\eta_K}\right)\sigma - \frac{E_K}{\eta_K}\varepsilon_K \tag{3.227}$$

In (3.227) ist noch der Index „K“ der Dehnung zu eliminieren. Nach $(3.224)_1$ gilt auch $\varepsilon_K = \varepsilon - \varepsilon_M$ womit (3.227) zunächst übergeht in

$$\dot{\varepsilon} = \frac{1}{E_M}\dot{\sigma} + \left(\frac{1}{\eta_M} + \frac{1}{\eta_K}\right)\sigma - \frac{E_K}{\eta_K}\left(\varepsilon - \varepsilon_M\right) \tag{3.228}$$

Differentiation von (3.228) nach der Zeit liefert

$$\ddot{\varepsilon} = \frac{1}{E_M}\ddot{\sigma} + \left(\frac{1}{\eta_M} + \frac{1}{\eta_K}\right)\dot{\sigma} - \frac{E_K}{\eta_K}\left(\dot{\varepsilon} - \dot{\varepsilon}_M\right) \tag{3.229}$$

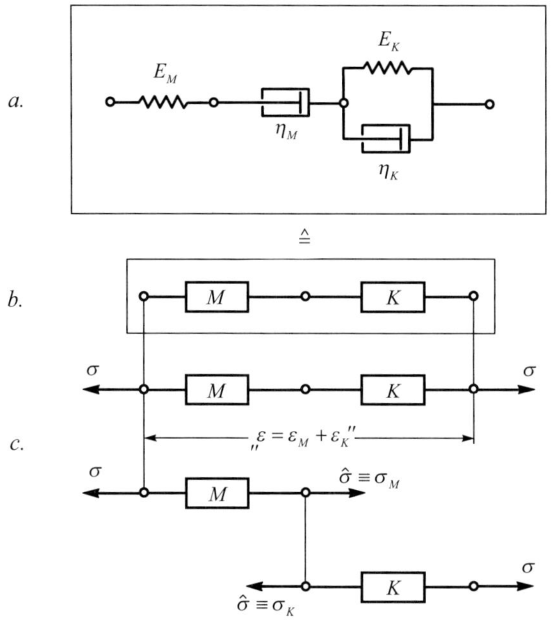

Bild 3.18: BURGERS-Modell: a. Modell-Element, b. Vereinfachte Symbolik, c. zur Verformungs- und Spannungsanalyse

Nochmaliges Einsetzen von $(3.225)_2$ in (3.229) führt nach entsprechendem Umordnen schließlich auf die *Materialgleichung des BURGERS-Modelles in differentieller Form* (Differentialtyp):

$$\boxed{\ddot{\sigma} + (\alpha_M + \alpha_K + \alpha_{MK})\,\dot{\sigma} + \alpha_M \alpha_K \sigma = E_M\,(\ddot{\varepsilon} + \alpha_K \dot{\varepsilon})} \qquad (3.230)$$

mit den Abkürzungen

$$\alpha_M := \frac{E_M}{\eta_M} > 0 \quad , \quad \alpha_K := \frac{E_K}{\eta_K} > 0 \quad , \quad \alpha_{MK} := \frac{E_M}{\eta_k} > 0 \qquad (3.231)$$

Hinweise:

- (3.230) stellt sowohl für die Spannung σ als auch die Dehnung ε jeweils eine DGL zweiter Ordnung in der Zeit dar.
- Die Materialgleichung (3.230) enthält *vier* voneinander unabhängige Materialkoeffizienten E_M, α_M, α_K, und α_{MK}. Diese müssen wieder durch geeignete Experimente bestimmt werden.

Es ist offensichtlich, daß die Erzeugung der spannungs- und dehnungsexpliziten Materialgleichungsformen aus (3.230) nur mit erheblichem Aufwand zu bewerkstelligen ist, wobei die Methode der LAPLACE-Transformation hier sehr hilfreich und elegant wäre, diese aber in diesem Buch aus Platzgründen nicht behandelt wird. Dennoch soll im folgenden mit den zur Verfügung stehenden einfachen Mitteln zumindest die Kriechfunktion des BURGERS-Modells erzeugt werden.

Kriechversuch: Für den Kriechversuch gilt das Spannungsprogramm (3.173), womit für $t \geq 0$ gilt

$$\sigma(t) = \sigma_0 = \text{const}, \quad \dot{\sigma} = 0, \quad \ddot{\sigma} = 0 \tag{3.232}$$

und somit (3.230) übergeht in

$$\ddot{\varepsilon} + \alpha_K \dot{\varepsilon} = \frac{\alpha_M \alpha_K}{E_M} \sigma_0 \tag{3.233}$$

Bei (3.233) handelt es sich um eine in der Dehnung ε lineare, gewöhnliche, inhomogene DGL zweiter Ordnung in der Zeit mit konstanten Koeffizienten. Durch Einsetzen des Ansatzes $\varepsilon_h(t) = Ce^{\lambda t}$ in die homogene DGL $\ddot{\varepsilon}_h + \alpha_K \dot{\varepsilon}_h = 0$ führt für nichttriviale Lösungen $C \neq 0$ auf

$$\lambda^2 + \alpha_K \lambda \equiv (\lambda + \alpha_K)\lambda = 0 \quad \text{also} \quad \lambda_1 = 0, \quad \lambda_2 = -\alpha_K \tag{3.234}$$

Mit (3.234) lautet die Lösung der homogenen DGL

$$\varepsilon_h(t) = C_1 + C_2 e^{-\alpha_K t} \tag{3.235}$$

Das partikuläre Integral von (3.233) erhält man für die (bekannte) rechte Seite mit dem speziellen Ansatz

$$\varepsilon_p(t) = b_0 + b_1 t \quad \text{womit} \quad \dot{\varepsilon}_p = b_1, \quad \ddot{\varepsilon}_p = 0 \tag{3.236}$$

Einsetzen von (3.236) in (3.233) liefert

$$\alpha_K b_1 = \frac{\alpha_M \alpha_K}{E_M} \sigma_0 \quad \text{woraus mit } (3.231)_1 \text{ folgt} \quad b_1 = \frac{\sigma_0}{\eta_M} \tag{3.237}$$

Einsetzen von (3.237) in $(3.236)_1$ ergibt weiter

$$\varepsilon_p(t) = b_0 + \frac{\sigma_0}{\eta_M} t \tag{3.238}$$

so daß mit (3.235) und (3.238) die allgemeine Lösung der inhomogenen DGL (3.233) schließlich wie folgt lautet (die Konstante b_0 ist dabei der Integrationskonstanten C_1 zugeschlagen worden)

$$\varepsilon(t) = \varepsilon_h(t) + \varepsilon_p(t) = C_1 + C_2 e^{-\alpha_K t} + \frac{\sigma_0}{\eta_M} t \tag{3.239}$$

Für die beiden Integrationskonstanten C_1 und C_2 in (3.239) sind nun zwei Anfangsbedingungen in der Dehnung ε zu formulieren: Gemäß (3.209) gilt für das MAXWELL-Modell zur Zeit $t = 0$ (vgl. auch Bild 3.13b)

$$\varepsilon_M(t=0) = \frac{\sigma_0}{E_M} \quad \text{und} \quad \dot{\varepsilon}_M(t=0) = \frac{d}{dt}\left[\sigma_0 \left(\frac{1}{E_M} + \frac{1}{\eta_M} t\right)\right]_{t=0} = \frac{\sigma_0}{\eta_M} \tag{3.240}$$

Gemäß (3.217) gilt unter Beachtung von $(3.231)_2$ für das KELVIN-VOIGT-Modell zur Zeit $t = 0$

$$\varepsilon_K\,(t=0) = 0 \quad \text{und} \quad \dot{\varepsilon}_K\,(t=0) = \frac{d}{dt}\left[\frac{\sigma_0}{E}\left(1 - e^{-\alpha t}\right)\right]_{t=0} = -\frac{\alpha_K}{E_K}\sigma_0 \equiv \frac{\sigma_0}{\eta_K} \tag{3.241}$$

Einsetzen von (3.240) und (3.241) in (3.224) liefert die beiden gesuchten Anfangsbedingungen

$$\varepsilon\,(t=0) = \varepsilon_M\,(t=0) + \varepsilon_K\,(t=0) = \frac{\sigma_0}{E_M} \tag{3.242}$$

$$\dot{\varepsilon}\,(t=0) = \dot{\varepsilon}_M\,(t=0) + \dot{\varepsilon}_K\,(t=0) = \left(\frac{1}{\eta_M} + \frac{1}{\eta_K}\right)\sigma_0 \tag{3.243}$$

Mit (3.242), (3.243) und (3.239) findet man die beiden Integrationskonstanten $C_1 = \sigma_0\ (1/E_M + 1/E_K)$ und $C_2 = -\sigma_0/E_K$, womit sich schließlich die Dehnungsantwort des BURGERS-Modelles bzw. die gemäß (3.175) definierte Kriechfunktion wie folgt ergibt:

$$\boxed{\varepsilon\,(t) = \left[\frac{1}{E_M} + \frac{1}{\eta_M}t + \frac{1}{E_K}\left(1 - e^{-\alpha_K t}\right)\right]\sigma_0} \tag{3.244}$$

bzw.

$$\boxed{K\,(t) = \frac{1}{E_M} + \frac{1}{\eta_M}t + \frac{1}{E_K}\left(1 - e^{-\alpha_K t}\right)} \tag{3.245}$$

Hinweis:
Man beachte, daß die Kriechfunktion (3.245) des BURGERS-Modelles durch *Addition* der Kriechfunktionen der Einzelelemente MAXWELL und KELVIN-VOIGT gemäß $(3.209)_2$ und $(3.217)_2$ entsteht (Reihenschaltung)! Vgl. hierzu auch die Ausführungen zu (3.254).

Das Zusammenspiel der Materialgleichung in differentieller Form (3.230) und der Kriechdehnung (3.244) soll am folgenden Beispiel der *Kriecherholung* studiert werden.

Beispiel 3.11 (Kriecherholung)
Ein Material mit BURGERS-Verhalten soll gemäß des Spannungsprogrammes (3.178) einem Kriecherholungsversuch unterzogen werden. Man bestimme die Dehnungsantwort als Funktion der Zeit.

Lösung:
Der Lösungsweg verläuft analog zu demjenigen von Beispiel 3.10 und wird daher nur kurz skizziert.

Bereich I: $t \leq 0$
Gemäß (3.178) gilt hier $\sigma = 0$, womit (3.230) übergeht in

$$\ddot{\varepsilon}_{\mathrm{I}} + \alpha_K \dot{\varepsilon}_{\mathrm{I}} = 0 \tag{a}$$

Die DGL (a) entspricht der homogenen DGL von (3.233), so daß die Lösungsstruktur (3.235) übernommen werden kann, also

$$\varepsilon_{\mathrm{I}}\,(t) = C_1^{\mathrm{I}} + C_2^{\mathrm{I}} e^{-\alpha_K t} \tag{b}$$

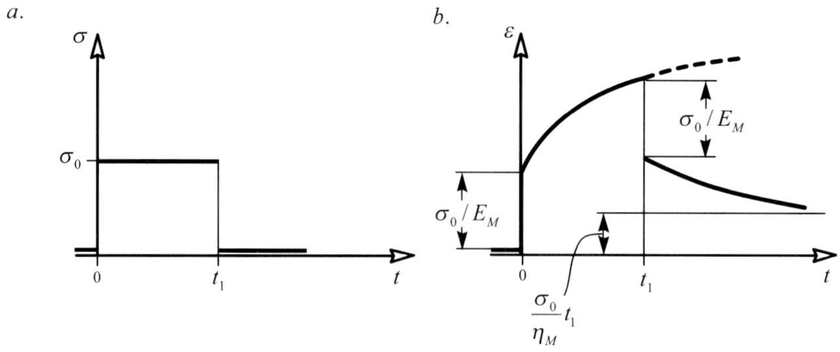

Bild 3.19: Kriecherholung beim BURGERS-Modell: a. Spannungsprogramm, b. Dehnungsantwort

Zu Zeiten $t \leq 0$ soll ein unverzerrter Anfangszustand vorliegen, womit gelten muß

$$\varepsilon_{\mathrm{I}} = 0, \quad \dot{\varepsilon}_{\mathrm{I}} = 0, \quad t \leq 0 \tag{c}$$

Mit (c) folgt aus (b) die Dehnungsantwort für den Bereich I

$$\underline{\varepsilon_{\mathrm{I}}(t) = 0, \quad t \leq 0} \tag{d}$$

Bereich II: $0 < t < t_1$

Die Dehnungsantwort für dieses Zeitintervall liegt bereits mit (3.244) vor, so daß

$$\underline{\varepsilon_{\mathrm{II}}(t) = \left[\frac{1}{E_M} + \frac{1}{\eta_M} t + \frac{1}{E_K}\left(1 - e^{-\alpha_K t}\right)\right] \sigma_0} \tag{e}$$

Bereich III: $t > t_1$

Die Dehnungsantwort für diesen Bereich wird mit Hilfe der Vorschrift (3.179) erzeugt, so daß unter Beachtung von (3.245) zunächst folgt

$$\begin{aligned} \varepsilon_{\mathrm{III}}(t) &= \sigma_0 \left[K(t) - K(t - t_1)\right] = \\ &= \sigma_0 \left\langle \frac{1}{E_M} + \frac{1}{\eta_M} t + \frac{1}{E_K}\left(1 - e^{-\alpha_K t}\right) - \left\{\frac{1}{E_M} + \frac{1}{\eta_M}(t - t_1) + \frac{1}{E_K}\left[1 - e^{-\alpha_K (t - t_1)}\right]\right\}\right\rangle \end{aligned} \tag{f}$$

Nach Ausmultiplizieren und entsprechendem Umformen verbleibt aus (f) schließlich die Kriecherholungsantwort des BURGERS-Modelles wie folgt:

$$\begin{aligned} \varepsilon_{\mathrm{III}}(t) &= \sigma_0 \left\{\frac{1}{\eta_M} t_1 + \frac{1}{E_K}\left[e^{-\alpha_K (t - t_1)} - e^{-\alpha_K t}\right]\right\} \equiv \\ &\equiv \underline{\sigma_0 \left[\frac{1}{\eta_M} t_1 + \frac{1}{E_K}\left(e^{\alpha_K t_1} - 1\right) e^{-\alpha_K t}\right]} \end{aligned} \tag{g}$$

Mit (g) findet man noch für große Zeiten (man beachte, daß α_K positiv ist und daher die Werte der beiden e-Funktionen gegen Null gehen!)

$$\lim_{t \to \infty} \varepsilon_{\mathrm{III}}(t) = \lim_{t \to \infty} \left\{\sigma_0 \left[\frac{1}{\eta_M} t_1 + \frac{1}{E_K}\left(e^{\alpha_K t_1} - 1\right) e^{-\alpha_K t}\right]\right\} = \underline{\frac{\sigma_0}{\eta_M} t_1} \tag{h}$$

womit die Dehnung nach Kriecherholung im Unterschied zum KELVIN-VOIGT-Modell gegen den auf der rechten Seite in (h) verbleibenden von Null verschiedenen Grenzwert läuft! Ein weiterer Unterschied zum KELVIN-VOIGT-Modell besteht darin, daß das BURGERS-Modell an der Stelle $t = t_1$ einen Sprung liefert, der wie folgt bestimmt wird: Nach (e) bzw. (g) gilt jeweils für $t = t_1$

$$\varepsilon_{\mathrm{II}}(t = t_1) = \left[\frac{1}{E_M} + \frac{1}{\eta_M} t_1 + \frac{1}{E_K}\left(1 - e^{-\alpha_K t_1}\right)\right] \sigma_0 \tag{i}$$

$$\varepsilon_{III}(t=t_1) = \left[\frac{1}{\eta_M}t_1 + \frac{1}{E_K}\left(1-e^{-\alpha_K t_1}\right)\right]\sigma_0 \tag{j}$$

Bildet man die Differenz (i) – (j), so verbleibt der Dehnungssprung an der Stelle $t = t_1$ wie folgt

$$\underline{\varepsilon_{II}(t=t_1) - \varepsilon_{III}(t=t_1) = \frac{\sigma_0}{E_M}} \tag{k}$$

Die gesamte Dehnungsantwort ist gemäß den Ergebnissen (d), (e), (g), (h) und (k) in Bild 3.19 dargestellt. Dabei ist noch hervorzuheben, daß das BURGERS-Modell gemäß (e) zur Zeit $t = 0$ mit dem elastischen Dehnungssprung

$$\varepsilon_{II}(t=0) = \frac{\sigma_0}{E_M} \tag{l}$$

antwortet (Spontanelastizität). Dies ist derselbe Wert, um den die Dehnung bei Entlastung zum Zeitpunkt $t = t_1$ abfällt (Kriecherholung)! Im Anschluß an die Spontanelastizität setzt anfänglich stärkeres Kriechen ein, welches in gleichmäßiges (stationäres) Kriechen übergeht (auch *Primär-* und *Sekundärkriechen* genannt, vgl. hier auch Abschnitt 1.2).

Abschließend wird noch aus Gründen der Vollständigkeit die *Relaxationsfunktion* des BURGER -Modelles nach [Gie 94], [Now 65] wie folgt für $t > 0$ angegeben:

$$\boxed{R(t) = \frac{\sigma(t)}{\varepsilon_0} = \frac{E_M}{\lambda_2 - \lambda_1}\left[(\alpha_K - \lambda_1)\,e^{-\lambda_1 t} - (\alpha_K - \lambda_2)\,e^{-\lambda_2 t}\right]} \tag{3.246}$$

In (3.246) sind die beiden neuen Materialkoeffizienten λ_1 und λ_2 jeweils größer Null und werden in bestimmter Weise aus den gemäß (3.231) definierten Koeffizienten gebildet (womit aber wieder nur insgesamt vier voneinander unabhängige Materialkoeffizienten verbleiben!). Wegen der positiven Koeffizienten λ_1 und λ_2 ist anhand von (3.246) leicht zu erkennen, daß das BURGERS-Modell ein solches Relaxationsverhalten beschreiben kann, welches für große Zeiten $t \to \infty$ den Wert Null liefert.

b. Mechanisch äquivalente Modelle

Wie bereits erwähnt, sind beliebige weitere Kombinationen der bisherigen Grundmodelle HOOKE und NEWTON mit sich selbst sowie mit den Modellen MAXWELL, KELVIN-VOIGT und BURGERS denkbar und möglich. Dabei gibt es allerdings solche Kombinationen, die zwar von der Schaltungssymbolik zunächst unterschiedlich aussehen, jedoch auf die gleiche differentielle Materialgleichung führen, somit gleiches Materialverhalten charakterisieren und daher einander *äquivalent* sind. Exemplarisch sei dies am Standard- und am POYNTING-THOMSON-Modell) demonstriert. Für das Standard-Modell erhält man gemäß der *Reihenschaltung* aus einem HOOKE- und einem KELVIN-VOIGT-Modell (vgl. Bild 3.20a) die folgenden Grundgleichungen für („Kraft"-)Gleichgewicht und Kompatibilität (der Index „H" steht für HOOKE und „K" für KELVIN-VOIGT)

$$\sigma = \sigma_H = \sigma_K \quad \text{und} \quad \varepsilon = \varepsilon_H + \varepsilon_K \tag{3.247}$$

Analog zum Vorgehen des MAXWELL- oder BURGERS-Modelles ergibt sich mit (3.247) sowie den Einzelmaterialgleichungen (3.165) und (3.213) die *Materialgleichung des Standard-Modelles in Differentialform*

$$\boxed{a_0\sigma + a_1\dot{\sigma} = b_0\varepsilon + b_1\dot{\varepsilon}} \tag{3.248}$$

mit den Abkürzungen

$$a_0 := 1 + \frac{E_K}{E_H}, \quad a_1 := \frac{\eta_K}{E_H}, \quad b_0 := E_K, \quad b_1 := \eta_K \tag{3.249}$$

Für das POYNTING-THOMSON-Modell erhält man entsprechend der *Parallelschaltung* aus einem HOOKE- und einem MAXWELL-Modell (vgl. Bild 3.20b) die folgenden Grundgleichungen für („Kraft"-)Gleichgewicht und Kompatibilität (der Index „H" steht wieder für HOOKE und „M" für MAXWELL)

$$\sigma = \sigma_H + \sigma_M \quad \text{und} \quad \varepsilon = \varepsilon_H = \varepsilon_M \tag{3.250}$$

Analog zum Vorgehen des KELVIN-VOIGT-Modelles (Parallelschaltung) entsteht dann mit (3.250) die gleiche DGL (3.248) allerdings jetzt mit den folgenden Materialkoeffizienten (zur Unterscheidung des Elastizitätsmodules E_H des HOOKE-Elementes innerhalb des Standard-Modelles wurde der Elastizitätsmodul des HOOKE-Elementes innerhalb des POYNTING-THOMSON-Modelles mit E_H^* bezeichnet!)

$$a_0 := \frac{1}{\eta_M}, \quad a_1 := \frac{1}{E_M}, \quad b_0 := \frac{E_H^*}{\eta_M}, \quad b_1 := 1 + \frac{E_H^*}{E_M} \tag{3.251}$$

Aus (3.249) und (3.251) lassen sich die folgenden Umrechnungen erzeugen (Achtung: Hierbei sind die drei voneinander unabhängigen Größen E_M, E_H^* und η_M in *eindeutiger* Weise

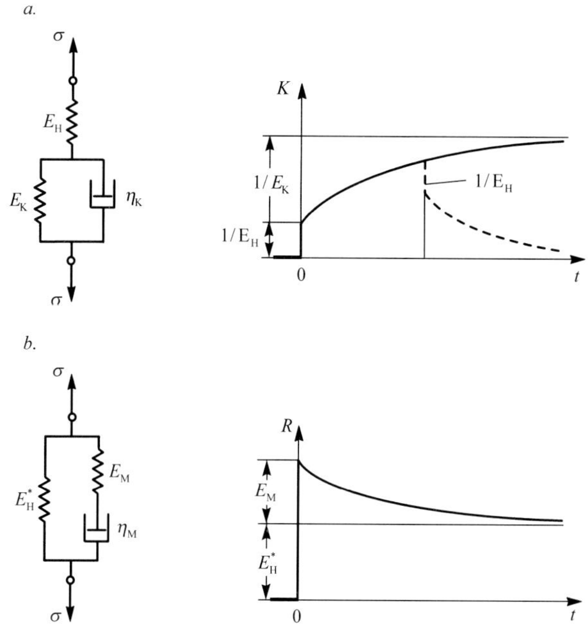

Bild 3.20: Mechanisch äquivalente Modelle: a. Standard-Modell mit Kriecherholungskurve, b. ZERNER oder POYNTING-THOMSON-Modell mit Relaxationskurve

durch die drei anderen voneinander unabhängigen Größen E_K, E_H und η_K oder umgekehrt auszudrücken!)

$$E_M = \frac{E_H^2}{E_H + E_K}, \quad E_H^* = \frac{E_H E_K}{E_H + E_K}, \quad \eta_M = \left(\frac{E_H}{E_H + E_K} \right)^2 \eta_K \tag{3.252}$$

Hinweis:
Man beachte, daß die DGL (3.248) zwar *vier* Koeffizienten beinhaltet, nämlich a_0, a_1, b_0 und b_1, die aber *nicht* voneinander unabhängig sind! Die beiden Modelle besitzen jedoch nur jeweils *drei* voneinander unabhängige Materialparameter (!), nämlich E_M, E_H^* und η_M bzw. E_K, E_H und η_K. Man spricht deshalb auch von drei-Parameter-Modellen.

Zur Ermittlung der Relaxations- und Kriechfunktionen der beiden oben dargestellten Modelle gelangt man nun ohne größere Rechnungen mit Hilfe zweier wichtiger Aussagen: Anhand des KELVIN-VOIGT-Modelles (Parallelschaltung) ist zu sehen, daß sich dessen *Relaxationsfunktion* (3.216) additiv aus den Einzel-Relaxationsfunktionen des HOOKE- und des NEWTON-Modelles gemäß (3.170) und (3.172) zusammensetzt. Dagegen entsteht die *Kriechfunktion* des MAXWELL-Modelles (Reihenschaltung) gemäß (3.202) durch Addition der Einzel-Kriechfunktionen des HOOKE- und NEWTON-Modelles (3.176) und $(3.177)_2$ bzw. die des BURGERS-Modelles (Reihenschaltung) gemäß (3.245) aus den Einzel-Kriechfunktionen des MAXWELL- und des KELVIN-VOIGT-Modelles gemäß (3.209) und $(3.217)_2$. Daraus lassen sich die beiden folgenden Sätze formulieren (die sich auch allgemein beweisen lassen):

Satz 1: Parallelschaltung
Die Relaxationsfunktion $R(t)$ eines Rheologischen Modelles, welches aus N *parallel* geschalteten Einzelelementen aufgebaut ist, ist gleich der Summe der Relaxationsfunktionen $R_i(t)$ der Einzelelemente, also

$$R(t) = \sum_{i=1}^{N} R_i(t) \tag{3.253}$$

Satz 2: Reihenschaltung
Die Kriechfunktion $K(t)$ eines Rheologischen Modelles, welches aus N *hintereinander geschalteten* Einzelelementen aufgebaut ist, ist gleich der Summe der Kriechfunktionen $K_i(t)$ der Einzelelemente, also

$$K(t) = \sum_{i=1}^{N} K_i(t) \tag{3.254}$$

Da die beiden Modelle in Bild 3.20 einander äquivalent sind, kann jetzt anhand des parallel geschalteten POYNTING-THOMSON-Modelles die Relaxationsfunktion und anhand des in

Reihe geschalteten Standard-Modelles die Kriechfunktion wie folgt bestimmt werden: Mit (3.253) erhält man sofort durch Addition der beiden Kriechfunktionen des HOOKE- und des MAXWELL-Modelles gemäß (3.170) und $(3.203)_2$ die folgende *Relaxationsfunktion des POYNTING-THOMSON-Modelles*:

$$\boxed{R(t) = E_H^* + E_M e^{-\alpha_M t}} \quad , \quad \alpha_M = \frac{E_M}{\eta_M} > 0 \tag{3.255}$$

Die Relaxationsfunktion (3.255) ist in Bild 3.20a dargestellt. Mit (3.254) erhält man entsprechend durch Addition der beiden Kriechfunktionen des HOOKE- und des KELVIN-VOIGT-Modelles gemäß (3.176) und $(3.217)_2$ die folgende *Kriechfunktion des Standard-Modelles*:

$$\boxed{K(t) = \frac{1}{E_H} + \frac{1}{E_K}\left(1 - e^{-\alpha_K t}\right)} \quad , \quad \alpha_K = \frac{E_k}{\eta_k} > 0 \tag{3.256}$$

Die Kriechfunktion (3.256) ist in Bild 3.20b dargestellt. Mit den Umrechnungen (3.252) lassen sich beide Funktionen (3.255) und (3.256) dann noch durch die jeweils gleichen Materialparameter darstellen. Dies ist vor allem im Rahmen einer Materialidentifikation wichtig, wo beide Funktionen an experimentelle Befunde angepaßt werden und letztendlich dann nur insgesamt drei Koeffizienten zu bestimmen sind.

c. 2*N*-Parameter-MAXWELL- und -KELVIN-VOIGT-Modelle

Die vorangehenden drei- und vier-Parameter-Modelle (Standard, POYNTING-THOMSON, BURGERS) sind in der Praxis teilweise nur eingeschränkt einsetzbar, da diese noch zu „starr“ auf reale experimentelle Befunde reagieren. Eine Erhöhung der Parameterzahl kann zwar Probleme im Rahmen einer Materialidentifikation (numerische Optimierung der Parameter) nach sich ziehen, erlaubt aber sehr oft bessere Anpassungen an die physikalische Realität. Im Folgenden werden daher Verallgemeinerungen des MAXWELL- und des KELVIN-VOIGT-Modelles vorgestellt. Dabei wird eine Parallelschaltung aus $2N$ MAXWELL- bzw. aus $2N$ KELVIN-VOIGT-Modellen gemäß Bild 3.21 als $2N$-Parameter-MAXWELL-bzw. $2N$-Parameter-KELVIN-VOIGT-Modell bezeichnet. Es kann gezeigt werden, daß beide Modelle mechanisch äquivalent sind und daher dasselbe Materialverhalten abbilden können (vgl. dazu die Ausführungen unter Punkt b. dieses Unterabschnittes).

Zur Relaxations- bzw. Kriechfunktion der beiden Modelle gelangt man wie folgt: Für erstere wird zweckmäßigerweise die Parallelschaltung der N MAXWELL-Modelle gemäß Bild 3.21a herangezogen. Deren Grundgleichungen („Kraft“-Gleichgewicht und Kompalibilität) ergeben sich infolge der Parallelschaltung analog zu (3.210) und (3.211) bzw. zu (3.250) wie folgt:

$$\sigma = \sigma_1 + \sigma_2 + \sigma_3 + \cdots + \sigma_N = \sum_{i=1}^{N} \sigma_i \tag{3.257}$$

$$\varepsilon = \varepsilon_1 = \varepsilon_2 = \varepsilon_3 = \cdots = \varepsilon_N \quad \text{bzw.} \quad \varepsilon = \varepsilon_i \quad (i = 1, 2, \ldots N) \tag{3.258}$$

Wegen der jeweils unterschiedlichen Elastizitätsmoduli und Viskositäten E_i und η_i sind die Spannungen der Einzelelemente im Allgemeinen verschieden voneinander, so daß $\sigma_1 \neq$

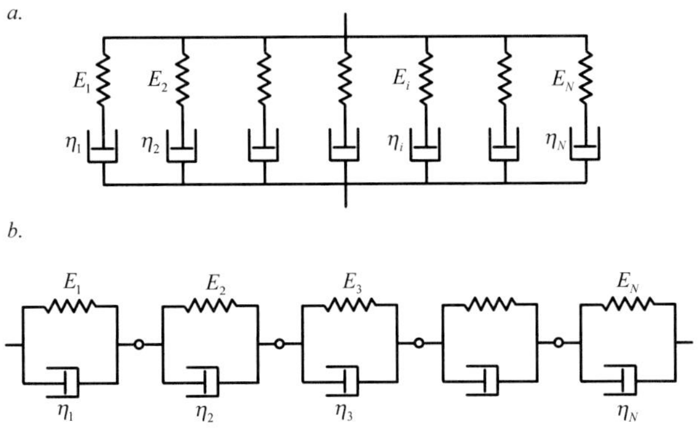

Bild 3.21: 2N-Parameter-Modelle: a. 2N-MAXWELL-Modell, b. 2N-KELVIN-VOIGT-Modell

$\sigma_2 \neq \ldots \neq \sigma_N$ gilt. In Anlehnung an (3.201) lautet die spannungsexplizite Materialgleichung des i-ten MAXWELLschen Einzelelementes

$$\sigma_i(t) = E_i \varepsilon_i(t) - \int\limits_{\tau=0}^{t} \alpha_i E_i e^{-\alpha_i(t-\tau)} \varepsilon_i(\tau) d\tau, \quad \alpha_i := \frac{E_i}{\eta_i} \tag{3.259}$$

Bildet man mit (3.259) die Summe von Eins bis N, so ergibt sich zunächst unter Beachtung von (3.257) und (3.258)

$$\begin{aligned} \underbrace{\sum_{i=1}^{N} \sigma_i(t)}_{\sigma(t)} &= \sum_{i=1}^{N} \left[E_i \varepsilon_i(t) - \int\limits_{\tau=0}^{t} \alpha_i E_i e^{-\alpha_i(t-\tau)} \varepsilon_i(\tau) d\tau \right] = \\ &= \sum_{i=1}^{N} E_i \underbrace{\varepsilon_i(t)}_{\varepsilon(t)} - \sum_{i=1}^{N} \left[\int\limits_{\tau=0}^{t} \alpha_i E_i e^{-\alpha_i(t-\tau)} \underbrace{\varepsilon_i(\tau)}_{\varepsilon(\tau)} d\tau \right] \end{aligned} \tag{3.260}$$

und somit schließlich die *spannungsexplizite Materialgleichung des 2N-Parameter-MAXWELL-Modelles* als verallgemeinerte Form von (3.201)

$$\boxed{\sigma(X,t) = E\varepsilon(X,t) - \int\limits_{\tau=0}^{t} \left[\sum_{i=1}^{N} \alpha_i E_i e^{-\alpha_i(t-\tau)} \right] \varepsilon(X,\tau)\, d\tau} \tag{3.261}$$

mit den Abkürzungen

$$E := \left(\sum_{i=1}^{N} E_i \right) \quad , \quad \alpha_i := \frac{E_i}{\eta_i} \tag{3.262}$$

Für eine konstante Dehnung $\varepsilon = \varepsilon_0$ folgt aus (3.261) unter Beachtung von $(3.262)_1$ sofort und wieder völlig analog zu $(3.203)_2$ die *Relaxationsfunktion des 2N-Parameter-MAXWELL-Modelles*

$$\boxed{R(t) = \frac{\sigma(t)}{\varepsilon_0} = \sum_{i=1}^{N} E_i e^{-\alpha_i t}} \qquad (3.263)$$

Anhand von (3.263) kann unter Beachtung von (3.203) wieder Satz 1 mit (3.253) bestätigt werden, daß nämlich die Relaxationsfunktion einer *Parallelschaltung* aus MAXWELLschen Elementen die Summe der Relaxationsfunktionen der Einzelelemente ist!

Vergleicht man (3.263) mit (3.203), so treten in der Relaxationsfunktion (3.263) statt einer e-Funktion, wie im Falle des einfachen MAXWELL-Modelles, nun N e-Funktionen auf, wobei diese durch die $2N$ Materialparameter E_i und α_i festgelegt sind. Man bezeichnet die einzelnen Summanden auch als *Linienspektrum* oder *diskretes Relaxationsspektrum*, welches sich wie in Bild 3.22a darstellen läßt (üblicherweise werden dazu die Reziprokwerte $1/\alpha_i$ genommen). Dabei werden die E_i als *Relaxationsstärken* und die $1/\alpha_i$ als *Relaxationszeiten* bezeichnet. Die Materialparameter E_i und α_i sind letztlich durch geeignete Experimente zu bestimmen. Zur Erzeugung der Kriechfunktion ist es zweckmäßig von der Reihenschaltung der N KELVIN-VOIGT-Modelle gemäß Bild 3.21b auszugehen. Deren Grundgleichungen („Kraft"-Gleichgewicht und Kompalibilität) ergeben sich aufgrund der Reihenschaltung analog zu (3.223) und (3.224) bzw. zu (3.182) und (3.183) wie folgt:

$$\sigma = \sigma_1 = \sigma_2 = \sigma_3 = \cdots = \sigma_M \quad \text{bzw.} \quad \sigma = \sigma_i \quad (i = 1, 2, \ldots N) \qquad (3.264)$$

$$\varepsilon = \varepsilon_1 + \varepsilon_2 + \varepsilon_3 + \cdots + \varepsilon_N = \sum_{i=1}^{M} \varepsilon_i \qquad (3.265)$$

Die dehnungsexplizite Materialgleichung des i-ten KELVIN-VOIGTschen Einzelelementes lautet analog zu (3.215) (wie im Falle der äquivalenten drei-Parameter-Modelle gemäß Unterpunkt b., sind hier auch wieder zunächst die Materialkoeffizienten des MAXWELL- und

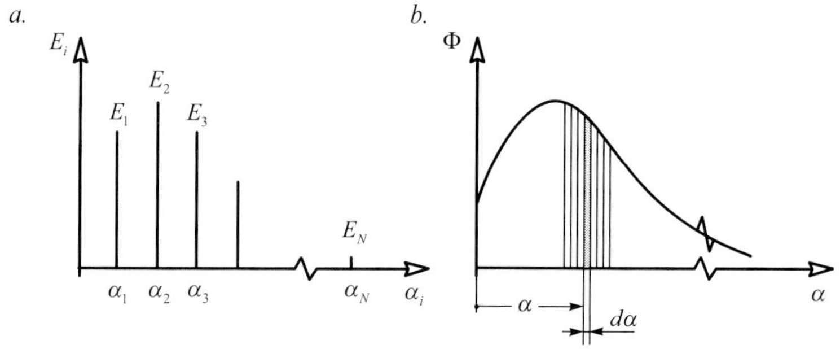

Bild 3.22: Relaxationsspektren, a. diskretes und b. kontinuierliches Spektrum

des KELVIN-VOIGT-Modelles voneinander zu unterscheiden, deshalb sind diejenigen des KELVIN-VOIGT-Modelles im Folgenden jeweils mit einem Stern gekennzeichnet)

$$\varepsilon_i(t) = \int\limits_{\tau=0}^{t} \frac{1}{\eta_i^*} e^{-\alpha_i^*(t-\tau)} \sigma_i(\tau) d\tau, \qquad \alpha_i^* = \frac{E_i^*}{\eta_i^*} \tag{3.266}$$

Bildet man wieder mit (3.266) die Summe von Eins bis N, so ergibt sich zunächst unter Beachtung von (3.264) und (3.265)

$$\underbrace{\sum_{i=1}^{N} \varepsilon_i(t)}_{\varepsilon(t)} = \sum_{i=1}^{N} \int\limits_{\tau=0}^{t} \frac{1}{\eta_i^*} e^{-\alpha_i^*(t-\tau)} \sigma_i(\tau) d\tau = \int\limits_{\tau=0}^{t} \sum_{i=1}^{N} \frac{1}{\eta_i^*} e^{-\alpha_i^*(t-\tau)} \underbrace{\sigma_i(\tau)}_{\sigma(t)} d\tau \tag{3.267}$$

womit schließlich die *dehnungsexplizite Materialgleichung des 2N-Parameter*-KELVIN-VOIGT-Modelles als verallgemeinerte Form von (3.215) wie folgt lautet:

$$\boxed{\varepsilon(X,t) = \int\limits_{\tau=0}^{t} \left[\sum_{i=1}^{N} \frac{1}{\eta_i^*} e^{-\alpha_i^*(t-\tau)} \right] \sigma(X,\tau)\, d\tau} \quad \text{mit} \quad \alpha_i^* = \frac{E_i^*}{\eta_i^*} \tag{3.268}$$

Für eine konstante Spannung $\sigma = \sigma_0$ folgt aus (3.268) wegen $1/\alpha_i^* \eta_i^* = 1/E_i^*$ analog zu (3.217) die *Kriechfunktion des 2N-Parameter-KELVIN-VOIGT-Modelles*

$$\boxed{K(t) = \frac{\varepsilon(t)}{\sigma_0} = \sum_{i=1}^{N} \frac{1}{E_i^*} \left(1 - e^{-\alpha_i^* t}\right)} \tag{3.269}$$

Anhand von (3.269) kann wieder unter Beachtung von (3.217) Satz 2 mit (3.254) bestätigt werden, daß nämlich die Kriechfunktion einer *Reihenschaltung* aus KELVIN-VOIGTschen Elementen die Summe der Kriechfunktionen der Einzelelemente ist! Die $2N$ Materialparameter E_i^* und α_i^* in (3.269) charakterisieren die Kriechfunktion und werden analog zum Relaxationsspektrum (vgl. (3.263)) als *diskretes Retardationsspektrum* bezeichnet, welches sich analog zu dem in Bild 3.22a gezeigten Relaxationsspektrum darstellen läßt. Dann sind die E_i^* die *Retardationsstärken* und die $1/\alpha_i^*$ die *Retardationszeiten.*

Es sei noch darauf hingewiesen, daß zwischen den jeweils $2N$ Material-Parametern des MAXWELL-Modelles und des KELVIN-Modelles E_i, α_i und E_i^*, α_i^* analog zu den unter Punkt b. behandelten mechanisch äquivalenten Modellen grundsätzlich definierte Zusammenhänge bestehen, auf die aber hier nicht weiter eingegangen wird.

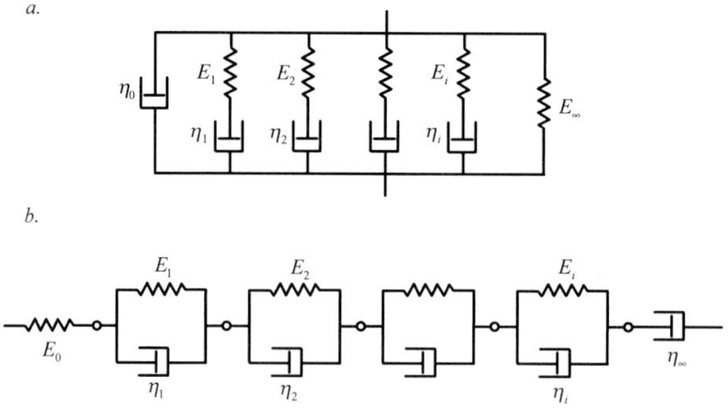

Bild 3.23: Generalisierte Modelle: a. Generalisiertes MAXWELL-Modell, b. Generalisiertes KELVIN-VOIGT-Modell

d. Generalisierte MAXWELL- und -KELVIN-VOIGT-Modelle

Vor allem auch im Hinblick auf die spätere Anwendung der Finite Elemente Methode (FEM) ist die Einführung generalisierter Modelle von großer Wichtigkeit, da solche Modelle in FE-Programme sehr oft bereits implementiert sind. Von einem generalisierten MAXWELL- bzw. KELVIN-VOIGT-Modell spricht man, wenn ersteres durch *Parallelschaltung* bzw. letzteres durch *Reihenschaltung* je eines einzelnen HOOKE- und NEWTON-Elementes ergänzt wird (vgl. Bild 3.23). Die zugehörige Relaxations- bzw. Kriechfunktion läßt sich ohne großen Aufwand wie folgt formulieren: Anwendung von Satz 1 bzw. (3.253) auf die Parallelschaltung in Bild 3.23a, also *Addition* der Relaxationsfunktion (3.263) und der Relaxationsfunktionen des HOOKE- und des NEWTON-Modelles gemäß (3.170) und (3.172) liefert die *Relaxationsfunktion des generalisierten MAXWELL-Modelles* wie folgt

$$\boxed{R(t) = E_\infty + \eta_0 \delta(t) + \sum_{i=1}^{N} E_i e^{-\alpha_i t}} \quad \text{mit} \quad \alpha_i := \frac{E_i}{\eta_i} \tag{3.270}$$

In (3.270) bedeuten $E_\infty = R(t = \infty)$ den *Gleichgewichts-* oder *Langzeitmodul*, der die Endelastizität des HOOKEschen Einzelelementes repräsentiert und η_0 die *Anfangsviskosität.*

Die *Kriechfunktion des generalisierten KELVIN-VOIGT-Modelles*Kriechfunktion entsteht durch Anwendung von Satz 2 bzw. (3.254) auf die Reihenschaltung in Bild 3.23b, also durch *Addition* der Kriechfunktion (3.269) und der Kriechfunktionen des HOOKE- und des NEWTON-Modelles gemäß (3.176) und $(3.177)_2$, also

$$\boxed{K(t) = \frac{1}{E_0} + \frac{1}{\eta_\infty} t + \sum_{i=1}^{N} \frac{1}{E_i^*} \left(1 - e^{-\alpha_i^* t}\right)} \quad \alpha_i^* = \frac{E_i^*}{\eta_i^*} \tag{3.271}$$

worin $E_0 = K(t = 0)$ als „Spontannachgiebigkeit“ und η_∞ als „Endviskosität“ bezeichnet werden können.

Hinweis:
Die Relaxtions- und Kriechfunktion (3.255) und (3.256) des POYNTING-THOMSON- und Standard-Modelles gehen als strukturelle Spezialfälle aus (3.270) und (3.271) hervor, wenn dort jeweils der einzelne Dämpfer des NEWTON-Elementes verschwindet ($\eta_\infty \to \infty$ bzw. $\eta_0 \to 0$).

e. Allgemeinste lineare Materialgleichung

Die bisher beschriebenen Rheologischen Modelle lassen sich sämtlich auf die folgende Materialgleichung in differentieller Form zurückführen

$$\boxed{\sum_{i=0}^{N} a_i \frac{\partial^i \sigma}{\partial t^i} = \sum_{j=0}^{M} b_j \frac{\partial^j \varepsilon}{\partial t^j}} \qquad \sigma(X,t), \quad \varepsilon(X,t) \tag{3.272}$$

Die Form (3.272) lautet unter Beachtung von $\partial^0(\bullet)/\partial t^0 = 1(\bullet)$ sowie der vereinfachenden Darstellung $\partial(\bullet)/\partial t = d(\bullet)/dt$ ausgeschrieben

$$a_0\sigma + a_1\dot{\sigma} + a_2\ddot{\sigma} + \cdots + a_N\sigma^{(N)} = b_0\varepsilon + b_1\dot{\varepsilon} + b_2\ddot{\varepsilon} + \cdots + b_N\varepsilon^{(M)}$$

Bei der DGL (3.272) handelt es sich um eine in der Spannung σ bzw. Dehnung ε lineare, gewöhnliche inhomogene DGL N-ter bzw. M-ter Ordnung mit $M + N$ konstanten Koeffizienten a_i und b_i, wobei die partiellen Differentialoperatoren $\partial^i(\bullet)/\partial t^i$ verdeutlichen sollen, daß sowohl die Spannung, als auch die Dehnung generell vom Ort X und der Zeit t abhängen! Durch (3.272) wird die allgemeinste Materialgleichung der *linearen* Viskoelastizität repräsentiert (linearer Zusammenhang zwischen σ und ε), in die sich sämtliche Spezialfälle Rheologischer Modelle einordnen lassen. Zur Demonstration seien im Folgenden einige solcher Spezialfälle extrahiert:

HOOKE-Element: Zur Generierung von (3.165) ist in (3.272) $N = M = 0$ zu setzen, so daß

$$a_0\sigma = b_0\varepsilon \quad \text{also} \quad \underline{\sigma = E\varepsilon} \quad \text{mit} \quad E \equiv \frac{b_0}{a_0}$$

NEWTON-Element: Zur Generierung von (3.166) ist in (3.272) $N = 0$, $M = 1$, $b_0 = 0$ zu setzen, so daß

$$a_0\sigma = b_1\dot{\varepsilon} \quad \text{also} \quad \underline{\sigma = \eta\dot{\varepsilon}} \quad \text{mit} \quad \eta \equiv \frac{b_1}{a_0}$$

MAXWELL-Element: Zur Generierung von (3.186) ist in (3.272) $N = M = 1$, $b_0 = 0$ zu setzen, so daß

$$a_0\sigma + a_1\dot{\sigma} = b_1\dot{\varepsilon} \quad \text{also} \quad \underline{\dot{\sigma} + \frac{E}{\eta}\sigma = E\dot{\varepsilon}} \quad \text{mit} \quad E \equiv \frac{b_1}{a_1}, \quad \eta \equiv \frac{b_1}{a_0}$$

usw.

f. Kontinuierliche Spektren

Die Relaxations- und Kriechfunktionen der oben behandelten verallgemeinerten MAXWELL- und KELVIN-VOIGT-Modelle waren infolge der das jeweilige Modell bestimmenden *endlichen* Anzahl von Einzelelementen (MAXWELL- oder KELVIN-VOIGT) durch *diskrete* Relaxations- und Retardationsspektren charakterisiert (vgl. Bild 3.22a). Stellt man sich nun ein Material aus *unendlich* vielen solcher Einzelelemente aufgebaut vor, so läßt sich das Material *nicht* mehr durch eine endliche Anzahl von Materialkoeffizienten E_i und α_i oder E_i^*, α_i^* charakterisieren, sondern durch kontinuierliche *Funktionen*. Dies kann man sich derart vorstellen, daß die in Bild 3.22a dargestellten Relaxationszeiten $1/\alpha_i$ „infinitesimal dicht" zusammenrücken, so daß die in Bild 3.22b dargestellte Funktion $\phi(\alpha)$ entsteht. Diese Funktionen ergeben sich durch Grenzübergang $N \to \infty$ aus den in (3.263) und (3.269) bzw. (3.270) und (3.271) stehenden (diskreten) Summen-Termen wie folgt zunächst gilt:

$$\lim_{N\to\infty} \sum_{i=1}^{N} E_i = \phi(\alpha) \quad \text{und} \quad \lim_{N\to\infty} \sum_{i=1}^{N} \frac{1}{E_i^*} = \psi(\alpha^*) \tag{3.273}$$

Die in (3.273) erzeugten Ausdrücke $\phi(\alpha)$ und $\psi(\alpha^*)$ heißen *kontinuierliches Relaxations-* und *Retardationsspektrum*. Mit (3.273) folgt weiter

$$\lim_{N\to\infty} \sum_{i=1}^{N} E_i e^{-\alpha_i t} = \int_{\alpha=0}^{\infty} \phi(\alpha) e^{-\alpha t} d\alpha \tag{3.274}$$

$$\lim_{N\to\infty} \sum_{i=1}^{N} \frac{1}{E_i^*} \left[1 - e^{-\alpha_i^* t}\right] = \int_{\alpha^*=0}^{\infty} \psi(\alpha^*) \left(1 - e^{-\alpha^* t}\right) d\alpha^* \tag{3.275}$$

Mit (3.274) und (3.275) gehen die Relaxationsfunktion des $2N$-Parameter-MAXWELL- und die Kriechfunktion des $2N$-Parameter-KELVIN-VOIGT-Modelles (3.263) und (3.269) über in

$$\boxed{R(t) = \int_{\alpha=0}^{\infty} \phi(\alpha) e^{-\alpha t} d\alpha} \quad \text{und} \quad \boxed{K(t) = \int_{\alpha^*=0}^{\infty} \psi(\alpha^*) \left(1 - e^{-\alpha^* t}\right) d\alpha^*} \tag{3.276}$$

Die Relaxationsfunktion $(3.276)_1$ wird nun durch das kontinuierliche Relaxationsspektrum $\phi(\alpha)$ und die Kriechfunktion $(3.276)_2$ durch das kontinuierliche Retardationsspektrum $\psi(\alpha^*)$ charakterisiert. Diese Spektren stellen jetzt quasi jeweils eine viskoelastisches Material charakterisierende „Materialfunktion" dar, die jeweils durch geeignete Experimente zu bestimmen ist.

Selbstverständlich lassen sich die Relaxations- und die Kriechfunktion des generalisierten MAXWELL- und KELVIN-VOIGT-Modelles (3.270) und (3.271) auf die gleiche Weise erweitern, indem die Ausdrücke (3.274) und (3.275) dort an entsprechender Stelle eingesetzt werden.

3.3.6 Verallgemeinerte Darstellungen

In den vorigen Unterabschnitten wurden viskoelastische Modelle betrachtet, die aus Feder-Dämpfer-Kombinationen aufgebaut sind. Solche Modelle führten stets auf Materialgleichungen in Form von Differentialbeziehungen zwischen Spannung und Dehnung sowie deren Zeitableitungen. Da es sich dabei stets um gewöhnliche, lineare Differentialgleichungen handelte, enthielten die Spannungs- bzw. dehnungsexpliziten Darstellungen der Materialgleichungen (Integraldarstellungen) ausschließlich Nachwirkungsintegrale mit *Exponentialfunktionen* als Gedächtnisfunktionen (Integralkerne). Zur Beschreibung realer Werkstoffe reichen solche Gedächtnisfunktionen jedoch oftmals nicht mehr aus, auch wenn die kontinuierlichen Spektren (3.276) zum Einsatz kommen. Um nun einerseits vom jeweiligen Rheologischen Modell unabhängige Darstellungen zu bekommen, andererseits aber auch solche Integralkerne zulassen zu können, die nicht auf rheologische Modelle zurückführbar sind (also keine Exponentialfunktionen), werden im Folgenden verallgemeinerte Darstellungen erzeugt. Damit bekommt man gleichzeitig auch noch strukturelle Vorgaben zur Gestaltung dreidimensionaler Materialgleichungen.

Einen Zugang zu den gesuchten Darstellungen bekommt man bereits durch die spannungsexplizite Materialgleichung des einfachen MAXWELL-Modelles (3.201) sowie die zugehörige Relaxationsfunktion $(3.203)_2$. Setzt man in Letzterer als Argument t - τ ein, so entsteht zunächst

$$R(t-\tau) = Ee^{-\alpha(t-\tau)} \quad \text{und damit} \quad R(0) = E \tag{3.277}$$

Differentiation von $(3.277)_1$ nach der Zeit-Variablen τ liefert den Ausdruck

$$\dot{R}(t-\tau) := \frac{dR(t-\tau)}{d\tau} = \frac{d}{d\tau}\left[Ee^{-\alpha(t-\tau)}\right] = \alpha Ee^{-\alpha(t-\tau)} \tag{3.278}$$

also genau den Integranden des Integrales in (3.201). Mit (3.277) und (3.278) läßt sich nun (3.201) in die folgende Form bringen:

$$\boxed{\sigma(t) = R(0)\,\varepsilon(t) - \int\limits_{\tau=0}^{t} \dot{R}(t-\tau)\varepsilon(\tau)\,d\tau} \tag{3.279}$$

Für die Fälle, wo anstatt des Dehnungsverlaufes ε, der Verlauf der Dehnungsrate $\dot{\varepsilon}(t) = \frac{d\varepsilon}{dt}$ bzw. $\dot{\varepsilon}(\tau) = \frac{d\varepsilon}{d\tau}$ vorgegeben ist, ist es zweckmäßig (3.279) partiell zu integrieren: Man erhält zunächst

$$\sigma(t) = R(0)\,\varepsilon(t) - \left[R(t-\tau)\,\varepsilon(\tau)\Big|_{\tau=0}^{t} - \int\limits_{\tau=0}^{t} R(t-\tau)\dot{\varepsilon}(\tau)\,d\tau\right] =$$

$$= R(0)\,\varepsilon(t) - R(0)\,\varepsilon(t) + R(t)\,\varepsilon(0) + \int\limits_{\tau=0}^{t} R(t-\tau)\dot{\varepsilon}(\tau)\,d\tau$$

und damit schließlich die Alternativform zu (3.279)

$$\boxed{\sigma(t) = R(t)\,\varepsilon(0) + \int\limits_{\tau=0}^{t} R(t-\tau)\dot{\varepsilon}(\tau)\,d\tau} \tag{3.280}$$

Die Beziehungen (3.279) bzw. (3.280) repräsentieren die *allgemeinsten spannungsexpliziten Materialgleichungsformen eindimensionaler linear-viskoelastischer Materialien.* Dabei können jetzt die Relaxationsfunktion $R(t)$ bzw. der Relaxationskern $\dot{R}(t) = \frac{dR}{dt}$ beliebige Funktionen sein, die allerdings noch gewisse Monotonieforderungen (strenge Monotonie) erfüllen müssen. Die Form (3.279) ist bereits in der von Theodore von KÁRMÁN 1916 verfaßten Arbeit [K56] zu finden, wobei dort diese Beziehung als ,,Grundformel in der Lehre vom Gedächtnis der Materie" bezeichnet wird. Die beiden Formen (3.279) bzw. (3.280) lassen sich auch exakt auf der Basis des von BOLTZMANN in 1874 aufgestellten *Superpositionsprinzipes* (allerdings mit etwas mehr Aufwand) ableiten.

Die *dehnungsexpliziten Materialgleichungsformen eindimensionaler linear-viskoelastischer Materialien* erhält man sogleich, indem in (3.279) und (3.280) die Substitutionen $\sigma \longrightarrow \varepsilon$ und $R \rightarrow K$ vorgenommen werden, so daß die beiden folgenden Beziehungen entstehen:

$$\boxed{\varepsilon(t) = K(0)\,\sigma(t) - \int\limits_{\tau=0}^{t} \dot{K}(t-\tau)\sigma(\tau)\,d\tau} \tag{3.281}$$

$$\boxed{\varepsilon(t) = K(t)\,\sigma(0) + \int\limits_{\tau=0}^{t} K(t-\tau)\dot{\sigma}(\tau)\,d\tau} \tag{3.282}$$

Hinweise:

- Mit den Materialgleichungen (3.279) bis (3.282) lassen sich bei vorgegebener Dehnung ε und bekannter Relaxationsfunktion $R(t)$ die Spannungen σ bzw. bei vorgegebener Spannung σ und bekannter Kriechfunktion $K(t)$ die Dehnung ε bestimmen und zwar für *beliebige* Prozesse!
- Die Relaxations- bzw. Kriechfunktion in (3.279) bis (3.282) sind nicht mehr auf Exponentialfunktionen beschränkt, sondern können *beliebige* Form haben oder, falls keine Vorgaben gemacht werden können, direkt durch Experimente bestimmt werden.
- Die Integrale in (3.279) bis (3.282) werden auch als *Faltungsintegrale* und die Funktionen $\dot{R}$ und $\dot{K}$ als *Integralkerne* bezeichnet. Falls die jeweiligen Integranden ε in (3.279) bzw. σ in (3.281) nicht bekannt sind, so handelt es sich für diese Größen um *VOLTERRA-Integralgleichungen.*
- Aus (3.279) ergibt sich für eine konstante Dehnungsgeschichte (Relaxationsversuch) $\varepsilon(\tau) = \varepsilon(t) = \varepsilon_0$

$$\sigma(t) = \varepsilon_0 \left[R(0) - \int\limits_{\tau=0}^{t} \dot{R}(t-\tau)d\tau\right] =$$
$$= \varepsilon_0 \left[R(0) - R(t-\tau)|_{\tau=0}^{t}\right] = \varepsilon_0 \left[R(0) - R(0) + R(t)\right] \equiv \varepsilon_0 R(t)$$

also wieder der Zusammenhang (3.169). Entsprechend entsteht aus (3.281) für eine konstante Spannungsgeschichte $\sigma(\tau) = \sigma(t) = \sigma_0$ die gemäß (3.175) definierte Kriechfunktion.

Die Relaxations- und Kriechfunktion $R(t)$ und $K(t)$ in (3.280) und (3.282) sind aber nicht voneinander unabhängig, sondern über die Integralgleichung

$$\frac{d}{dt}\int\limits_{\tau=0}^{t} K(t-\tau)\,R(\tau)\,d\tau = 1 \tag{3.283}$$

miteinander verknüpft. Damit kann bei bekannter Kriechfunktion $K(t)$ die Relaxationsfunktion $R(t)$ bzw. umgekehrt, bei bekannter Relaxationsfunktion $R(t)$ die Kriechfunktion $K(t)$ bestimmt werden. Hierfür bietet sich allerdings insbesondere die Methode der LAPLACE-Transformation an, die hier aus Platzgründen aber nicht behandelt werden kann.

In [Gum 86] werden die folgenden Relaxationsfunktionen vorgeschlagen:

LAPLACE-Kern:

$$R(t) = e^{\alpha t}, \quad \alpha < 0 \tag{3.284}$$

(Singulärer) BOLTZMANN-Kern:

$$R(t) = \frac{c}{t}, \quad c = const \tag{3.285}$$

Nicht-singulärer BOLTZMANN-Kern:

$$R(t) = \frac{c_0}{c_1 + t} \quad , c_0 = const, \quad c_1 = const \tag{3.286}$$

ABEL- oder FINDLEY-Kern [Göl 92]:

$$R(t) = E\sum_{n=0}^{\infty}(-1)^n \frac{[\Gamma(\alpha+1)]^n}{\Gamma(n\alpha+1)}\left(\frac{t}{T}\right)^{n\alpha} \tag{3.287}$$

worin E der Elastizitätsmodul, T eine Normierungszeit, Γ die GAMMA-Funktion und α den Kriechexponenten bedeuten. Die Normierungszeit T gibt diejenige Zeit an, in welcher durch das Kriechen der doppelte Wert der Dehnung gegenüber der elastischen Anfangsdehnung erreicht wurde. Die zugehörige und über (3.283) bestimmbare *Kriechfunktion* lautet [Göl 92]

$$K(t) = \frac{1}{E}\left[1 + \left(\frac{t}{T}\right)^{\alpha}\right] \tag{3.288}$$

Näherung des ABEL- oder FINDLEY-Kerns[Göl 92]:

$$R(t) = \frac{E}{1 + \left(\frac{t}{T}\right)^{\alpha}}, \quad \alpha = 0,15\ldots 0,2, \quad \text{bzw.} \quad \alpha < 0,3 \tag{3.289}$$

Modifizierter ABEL-Kern:

$$R(t) = \frac{c_0}{(c_1 + t^{\alpha})^{\beta}} \quad \alpha, \beta = const \tag{3.290}$$

LIOUVILLE-Kern:

$$R(t) = \frac{t^{\beta}}{\Gamma(1+\alpha)} \qquad -1 \leq \beta \leq 0, \quad 0 < \alpha < 1, \quad \Gamma \text{ GAMMA-Funktion} \tag{3.291}$$

BRONSKIY-Kern:

$$R(t) = \frac{c}{t^{\alpha}} e^{-t^{1-\alpha}}, \quad c = const, \quad 0 < \alpha < 1 \tag{3.292}$$

Logarithmischer Kern:

$$R(t) = \frac{c}{\ln\left(e + \frac{t}{T}\right)^{\alpha}}, \quad c = const, \quad \text{mit } \alpha > 0 \tag{3.293}$$

Es sei betont, daß „beliebige" weitere Funktionen zur experimentellen Bestimmung konstruiert werden können, wenn diese nur die Forderung der strengen Monotonie erfüllen! Je nach Größe der in den Kernen enthaltenen Parametern kann ein Kurzzeit- bzw. Langzeitgedächtnis des jeweils vorliegenden Materials beschrieben werden.

3.4 Lineare Viskoelastizität (dreidimensional)

Im Folgenden werden die Ergebnisse des vorangegangenen Abschnittes für den räumlichen Fall verallgemeinert. Dies wird hauptsächlich durch analoges Übertragen der eindimensionalen Beziehungen in den dreiachsigen Fall bewerkstelligt. Dabei sind grundsätzlich die bisherige (eindimensionale) Spannung σ bzw. Dehnung ε jetzt durch den (dreidimensionalen) CAUCHYschen Spannungs- bzw. infinitesimalen Verzerrungstensor (Deformator) $\boldsymbol{S}$ und $\boldsymbol{E}$ zu ersetzen, also

$$\sigma \rightarrow \boldsymbol{S} \quad , \quad \varepsilon \rightarrow \boldsymbol{E} \quad \text{bzw.} \quad \dot{\sigma} \rightarrow \dot{\boldsymbol{S}} \quad , \quad \dot{\varepsilon} \rightarrow \dot{\boldsymbol{E}} \tag{3.294}$$

3.4.1 Dreidimensionales MAXWELL-Modell

Materialgleichung vom Differentialtyp: Mit Hilfe von (3.294) gehen die eindimensionalen Gleichungen (3.182) bis (3.184) für das dreidimensionale MAXWELL-Modell über in

$$\boldsymbol{S} = \boldsymbol{S}_H = \boldsymbol{S}_N \qquad \boldsymbol{E} = \boldsymbol{E}_H + \boldsymbol{E}_N \qquad \dot{\boldsymbol{E}} = \dot{\boldsymbol{E}}_H + \dot{\boldsymbol{E}}_N \tag{3.295}$$

Die Teil-Materialgleichung des HOOKEschen Materialgesetzes liegt bereits in dreidimensionaler Form gemäß (3.148) (für isotherme Prozesse mit $T = T_0$) vor und lautet nun mit entsprechender Indizierung

$$\boldsymbol{S}_H = 2G\left[\frac{\nu}{1-2\nu}\left(Sp\boldsymbol{E}_H\right)\boldsymbol{I} + \boldsymbol{E}_H\right] \quad \text{mit} \quad G = \frac{E}{2(1+\nu)} \tag{3.296}$$

Die Verallgemeinerung der eindimensionalen NEWTONschen Teil-Materialgleichung (3.166) für den dreidimensionalen Fall folgert man analog zur Verallgemeinerung von(3.165) auf (3.148), so daß

$$\boldsymbol{S}_N = 2V\left[\frac{\mu}{1-2\mu}\left(Sp\dot{\boldsymbol{E}}_N\right)\boldsymbol{I} + \dot{\boldsymbol{E}}_N\right] \quad \text{mit} \quad V := \frac{\eta}{2\,(1+\mu)} \tag{3.297}$$

In (3.297) wird V als *Scherviskositätsmodul* bezeichnet, der in zu $(3.296)_2$ analoger Weise mit der Viskosität η und der *Volumenviskosität* μ zusammenhängt, wobei $V > 0, \eta > 0$ und $0 \leq \mu \leq \frac{1}{2}$ gilt [Tro 99]. Die invertierte Version der Materialgleichung (3.296) liegt bereits gemäß (3.146) bzw. (3.147) vor und lautet mit entsprechender Indizierung

$$\boldsymbol{E}_H = \frac{1}{2G}\left[\boldsymbol{S}_H - \frac{\nu}{1+\nu}\left(Sp\boldsymbol{S}_H\right)\boldsymbol{I}\right] \tag{3.298}$$

In Anlehnung an (3.298) ergibt sich die invertierte Form von (3.297) analog zu

$$\dot{\boldsymbol{E}}_N = \frac{1}{2V}\left[\boldsymbol{S}_N - \frac{\mu}{1+\mu}\left(Sp\boldsymbol{S}_N\right)\boldsymbol{I}\right] \tag{3.299}$$

Einsetzen von (3.298) (nachdem diese Gleichung nach der Zeit differenziert wurde) und (3.299) in $(3.295)_3$ liefert die *differentielle Form der Materialgleichung des dreidimensionalen MAXWELL-Modelles* (Differentialtyp) wie folgt:

$$\boxed{\dot{\boldsymbol{S}} - \frac{\nu}{1+\nu}\left(Sp\dot{\boldsymbol{S}}\right)\boldsymbol{I} + \frac{G}{V}\left[\boldsymbol{S} - \frac{\mu}{1+\mu}\left(Sp\boldsymbol{S}\right)\boldsymbol{I}\right] = 2G\dot{\boldsymbol{E}}} \tag{3.300}$$

Hinweise:

- Gleichung (3.300) stellt die für den räumlichen Fall verallgemeinerte Materialgleichung (3.186) dar. Dabei handelt es sich jetzt um eine tensorwertige Differentialgleichung erster Ordnung in der Zeit zwischen dem CAUCHYschen Spannungstensor $\boldsymbol{S}$ und dem infinitesimalen Verzerrungstensor $\boldsymbol{E}$.
- Im Unterschied zum eindimensionalen Fall (3.186) enthält die dreidimensionale MAXWELLsche Materialgleichung insgesamt *vier* Materialparameter, nämlich G, V, μ und ν bzw. mit $(3.296)_2$ und $(3.297)_2$ auch E, η, μ und ν.
- Es sei betont, daß die Größen $\boldsymbol{S}$ und $\boldsymbol{E}$ jetzt jeweils vom (vektoriellen) (Orts-)Vektor $\boldsymbol{X}$ (etwa in der BKFG) und von der Zeit t abhängen, also

  $$\boldsymbol{S} = \boldsymbol{S}\,(\boldsymbol{X}, t) \quad , \quad \boldsymbol{E} = \boldsymbol{E}\,(\boldsymbol{X}, t) \tag{3.301}$$

  und es sich daher in (3.300) strenggenommen um jeweils partielle Differentiationen handelt, dies aber im Folgenden, wenn nicht unbedingt erforderlich aus Gründen einer besseren Ubersichtlichkeit fortgelassen wird!

Zur Erzeugung der zu (3.201) analogen spannungsexpliziten Form müssen zunächst in (3.300) die tensorwertigen Anteile von den skalarwertigen "Spur"-Anteilen separiert werden. Dazu bietet sich die additive Zerlegung von $\boldsymbol{S}$ und $\boldsymbol{E}$ in ihre Deviator- und Kugeltensor-Anteile gemäß (3.154) und (3.157) an. Für die Zeitableitungen gilt dann unter Beachtung von (3.142)

$$\dot{\boldsymbol{S}} = \dot{\hat{\boldsymbol{S}}} + \dot{p}\boldsymbol{I} \quad \text{bzw.} \quad \dot{\hat{\boldsymbol{S}}} := \dot{\boldsymbol{S}} - \dot{p}\boldsymbol{I} \quad \text{mit} \quad \dot{p} = \frac{1}{3}Sp\dot{\boldsymbol{S}} \tag{3.302}$$

$$\dot{\boldsymbol{E}} = \dot{\hat{\boldsymbol{E}}} + \frac{\dot{d}}{3}\boldsymbol{I} \quad \text{bzw.} \quad \dot{\hat{\boldsymbol{E}}} = \dot{\boldsymbol{E}} - \frac{\dot{d}}{3}\boldsymbol{I} \quad \text{mit} \quad \dot{d} = Sp\dot{\boldsymbol{E}} \tag{3.303}$$

Einsetzen von (3.154), (3.157), $(3.302)_1$ und $(3.303)_1$ in (3.300) liefert nach entsprechendem Ordnen:

$$\underline{\dot{\hat{\boldsymbol{S}}} + \frac{G}{V}\hat{\boldsymbol{S}} - 2G\dot{\hat{\boldsymbol{E}}}} + \left\{ \frac{1-2\nu}{3(1+\nu)} Sp\dot{\boldsymbol{S}} + \frac{G}{V}\frac{1-2\mu}{3(1+\mu)} Sp\boldsymbol{S} - \frac{2G}{3} Sp\dot{\boldsymbol{E}} \right\} \boldsymbol{I} = \boldsymbol{0} \tag{3.304}$$

Analog zu (3.159) in Unterabschnitt 3.2.3 wird wieder geschlossen, daß die tensorwertige Gleichung (3.304) dann erfüllt wird, wenn der unterstrichene und der in geschweiften Klammern stehende Term jeweils für sich verschwinden. Damit ergibt sich die einfacherere, in *Deviator-* und *Kugeltensoranteile* zerlegte differentielle Form der Materialgleichung des dreidimensionalen MAXWELL-Modelles wie folgt (Differentialtyp):

$$\boxed{\dot{\hat{\boldsymbol{S}}} + \frac{G}{V}\hat{\boldsymbol{S}} = 2G\dot{\hat{\boldsymbol{E}}} \quad , \quad \dot{p} + \frac{\kappa}{\kappa_V} p = \kappa\dot{d}} \tag{3.305}$$

Einer besseren Übersichtlichkeit wegen wurden in $(3.305)_2$ die Abkürzungen $(3.155)_2$, $(3.302)_3$ und $(3.303)_3$ benutzt. In $(3.305)_2$ ist der Kompressionsmodul κ gemäß (3.161) zu nehmen, wobei analog dazu der *viskoelastische Kompressionsmodul* κ_V unter Beachtung von $(3.297)_2$ über

$$\kappa_V := \frac{2}{3}\frac{(1+\mu)V}{1-2\mu} \equiv \frac{1}{3}\frac{\eta}{1-2\mu} \tag{3.306}$$

definiert wird. Die beiden Ausdrücke in (3.305) bilden eine zu (3.300) *äquivalente* Darstellung der (dreidimensionalen) MAXWELLschen Materialgleichung. Einsetzen von $(3.155)_1$, $(3.157)_2$, $(3.302)_2$ und $(3.303)_2$ in $(3.305)_1$ führt nämlich mit $(3.305)_2$ wieder auf die Darstellung (3.300). Bei $(3.305)_1$ handelt es sich um eine für den Spannungsdeviator $\hat{\boldsymbol{S}}$ lineare, inhomogene *tensorwertige* DGL erster Ordnung in der Zeit t mit konstanten Koeffizienten und bei $(3.305)_2$ entsprechend um eine *skalarwertige* DGL für (die skalare Größe) p bzw. wegen $p = (Sp\boldsymbol{S})/3$ auch für die tensorwertige Größe $\boldsymbol{S}$, wobei $Sp\boldsymbol{S}$ die erste Invariante des Spannungstensors ist.

Spannungsexplizite Materialgleichung (Integraltyp): Zur Erzeugung der entsprechenden Integraldarstellungen sind die beiden DGLn (3.305) für den Spannungsdeviator $\hat{\boldsymbol{S}}$ bzw. den Spur-Anteil $p = (Sp\boldsymbol{S})/3$ zu lösen. Diese Lösungen können völlig analog zum Vorgehen in Unterabschnitt 3.3.3 erfolgen. Dabei kann die Lösung $p(t)$ der inhomogenen DGL $(3.305)_2$ sofort durch Vergleich mit der DGL (3.186) und deren Lösung (3.201) erzeugt werden: Führt man nämlich in (3.201) die Substitutionen

$$\sigma \to p \quad , \quad \varepsilon \to d \quad , \quad E \to \kappa \quad , \quad \eta \to \kappa_V \tag{3.307}$$

durch, so ergibt sich schließlich der *Volumenänderungsanteil* (mittlere Normalspannung) der spannungsexpliziten Materialgleichung des dreidimensionalen MAXWELL-Modelles wie folgt (Integraltyp)

$$\boxed{p(\boldsymbol{X},t) = \kappa \left[d(\boldsymbol{X},t) - \int\limits_{\tau=0}^{t} \beta e^{-\beta(t-\tau)} d(\boldsymbol{X},\tau) d\tau \right]} \quad \text{mit} \quad \beta := \frac{\kappa}{\kappa_V} \tag{3.308}$$

Hinweise:

- In (3.308) sind p und d gemäß $(3.155)_2$ und (3.142) zu nehmen.
- Analog zu (3.201) kann der erste Term in (3.308) wieder als *elastischer* oder *Spontananteil* und der Integralterm als *Gedächtnisanteil* gedeutet werden.
- Für $V \to \infty$ folgt wegen (3.306) auch $\kappa_V \to \infty$ bzw. wegen $(3.308)_2$ auch $\beta \to 0$, so daß aus (3.308) der Spezialfall der HOOKEschen Volumenänderung (für isotherme Prozesse mit $T = T_0$) gemäß $(3.160)_2$ verbleibt.

Die Lösung der tensoriellen DGL $(3.305)_1$ könnte nun auf analoge Weise wie oben erzeugt werden, soll aber, da mit Tensoren zu arbeiten ist, aus Gründen einer besseren Transparenz für den Leser kurz skizziert werden: Einsetzen des zu (3.188) analogen Ansatzes

$$\hat{\boldsymbol{S}}_h(t) = \boldsymbol{A} e^{-\lambda t} \tag{3.309}$$

worin jetzt $\boldsymbol{A}$ einen (konstanten) Tensor mit von der Zeit unabhängigen Koordinaten und λ einen positiven Parameter bedeuten, in die homogene DGL von $(3.305)_1$ liefert für nichttriviale Lösungen $\boldsymbol{A} \neq \boldsymbol{0}$

$$\left(-\lambda + \frac{G}{V}\right) \boldsymbol{A} e^{\lambda t} = \boldsymbol{0} \quad , \quad \text{also} \quad \lambda = \frac{G}{V} > 0 \tag{3.310}$$

Analog zu (3.191) lautet dann mit Hilfe der “Methode der Variation der Konstanten” der Ansatz für die inhomogene DGL $(3.305)_1$

$$\hat{\boldsymbol{S}}(t) = \boldsymbol{A}(t) e^{-\lambda t} \quad , \quad \text{mit} \quad \lambda = \frac{G}{V} > 0 \tag{3.311}$$

Einsetzen von (3.311) in $(3.305)_1$ liefert analog zu (3.192)

$$\dot{\boldsymbol{A}}(t) = 2G \dot{\hat{\boldsymbol{E}}} e^{\lambda t} \tag{3.312}$$

In völliger Analogie zu (3.194) folgt mit (3.312) weiter nach Integration von 0 bis t

$$\boldsymbol{A}(t) = \boldsymbol{A}(0) + \int\limits_{\tau=0}^{t} 2G e^{\lambda \tau} \dot{\hat{\boldsymbol{E}}}(\tau) d\tau \tag{3.313}$$

Weiteres Einsetzen von (3.313) in (3.311) führt nach partieller Integration analog zu (3.197) auf

$$\hat{\boldsymbol{S}}(t) = 2G\hat{\boldsymbol{E}}(t) + \left[\hat{\boldsymbol{S}}(0) - 2G\hat{\boldsymbol{E}}(0)\right] e^{-\lambda t} - \int\limits_{\tau=0}^{t} 2G\lambda e^{-\lambda(t-\tau)} \hat{\boldsymbol{E}}(\tau)\, d\tau \tag{3.314}$$

Wenn jetzt noch die Anfangswerte $\boldsymbol{S}(t=0) = \boldsymbol{0}$ und $\boldsymbol{E}(t=0) = \boldsymbol{0}$ entsprechend einem spannungs- und verzerrungsfreien “Urzustand” gewählt werden, folgt schließlich völlig analog zu (3.201) der *Gestaltänderungsanteil* der spannungsexpliziten Materialgleichung des dreidimensionalen MAXWELL-Modelles (Integraltyp) zu

$$\boxed{\hat{\boldsymbol{S}}\left(\boldsymbol{X},t\right) = 2G\left[\hat{\boldsymbol{E}}\left(\boldsymbol{X},t\right) - \int\limits_{\tau=0}^{t} \lambda e^{-\lambda(t-\tau)}\hat{\boldsymbol{E}}\left(\boldsymbol{X},\tau\right)d\tau\right]} \qquad \lambda = \frac{G}{V} \tag{3.315}$$

Hinweise:

- Analog zu (3.201) kann der erste Term in (3.315) wieder als *elastischer* oder *Spontananteil* und der Integralterm als *Gedächtnisanteil* gedeutet werden.
- Für $V \to \infty$ folgt wegen $(3.315)_2$ auch $\lambda \to 0$, so daß aus (3.315) der Spezialfall der HOOKEschen Gestaltänderung (für isotherme Prozesse mit $T = T_0$) gemäß $(3.160)_1$ verbleibt.
- Die beiden Gleichungen (3.308) und (3.315) bilden einen zu (3.305) *äquivalenten* Gleichungssatz.

Mit (3.308) und (3.315) ist es nun gelungen aus den beiden Differentialgleichungen (3.305) äquivalente Integraldarstellungen zu erzeugen, die allerdings noch in ihre Volumen- und Gestaltänderungsanteile separiert sind. Für spätere Uberlegungen und Anwendungen ist jedoch eine geschlossene Darstellung zweckmäßiger. Einsetzen von (3.155) und $(3.157)_2$ in (3.315) führt zusammen mit (3.308) (nach etwas längerer Rechnung) auf die *spannungsexplizite Materialgleichung des dreidimensionalen MAXWELL-Modelles* (Integraltyp) in geschlossener Form:

$$\boxed{\begin{aligned}\boldsymbol{S}\left(X,t\right) = {}& \underline{2G\boldsymbol{E}\left(\boldsymbol{X},t\right) + \left(\kappa - \frac{2}{3}G\right)\left[Sp\boldsymbol{E}\left(\boldsymbol{X},t\right)\right]\boldsymbol{I}} - \\ & - \int\limits_{\tau=0}^{t}\left\{2G\lambda e^{-\lambda(t-\tau)}\boldsymbol{E}\left(\boldsymbol{X},\tau\right) + \left[\kappa\beta e^{-\beta(t-\tau)} - \frac{2}{3}G\lambda e^{-\lambda(t-\tau)}\right]\left[Sp\boldsymbol{E}\left(\boldsymbol{X},\tau\right)\right]\boldsymbol{I}\right\}d\tau\end{aligned}} \tag{3.316}$$

Hinweise:

- Die Version (3.316) ist äquivalent zu den Formen (3.308) und (3.315) sowie zu der differentiellen Form (3.300).
- (3.316) beschreibt die streng-lineare isotrope dreidimensionale Viskoelastizität mit insgesamt *vier* Materialparametern G, κ, λ und β.
- Der in (3.316) unterstrichene Term repräsentiert den Spontan- bzw. elastischen Anteil und der Integralausdruck den Gedächtnisanteil.
- (3.316) ist die dreidimensionale Verallgemeinerung von (3.201).

Ersetzt man in (3.316) noch κ gemäß (3.161) so entsteht noch die wichtige Umrechnung zwischen den Materialparametern

$$\kappa - \frac{2}{3}G \equiv \frac{2}{3}\frac{(1+\nu)\,G}{1-2\nu} - \frac{2}{3}G \equiv 2G\frac{\nu}{1-2\nu} \tag{3.317}$$

Für $V \to \infty$ folgt wegen (3.306) (3.308) und $(3.315)_2$ auch $\lambda \to 0$ und $\beta \to 0$, so daß unter Beachtung von (3.317) der in (3.316) unterstrichene Teil gerade das dreidimensionale HOOKEsche Materialgesetz in spannungsexpliziter Form (3.141) wiedergibt.

Verzerrungsexplizite Materialgleichung (Integraltyp): Zur Erzeugung der verzerrungsexpliziten Materialgleichung des dreidimensionalen MAXWELL-Modelles sind zunächst die beiden DGLn (3.305) nach den Verzerrungsraten $\dot{\hat{\boldsymbol{E}}}$ und $\dot{d}$ umzustellen, so daß

$$\dot{\hat{\boldsymbol{E}}} = \frac{1}{2G}\dot{\hat{\boldsymbol{S}}} + \frac{1}{2V}\hat{\boldsymbol{S}} \quad , \quad \dot{d} = \frac{1}{\kappa}\dot{p} + \frac{1}{\kappa_V}p \tag{3.318}$$

Bestimmte Integration der beiden DGLn (3.318) von 0 bis t ergibt

$$\boxed{\hat{\boldsymbol{E}}(t) = \frac{1}{2G}\hat{\boldsymbol{S}}(t) + \int_{\tau=0}^{t} \frac{1}{2V}\hat{\boldsymbol{S}}(\tau)\,d\tau \quad , \quad d(t) = \frac{1}{\kappa}p(t) + \int_{\tau=0}^{t}\frac{1}{\kappa_V}p(\tau)\,d\tau} \tag{3.319}$$

Indem nun $\hat{\boldsymbol{E}}$ und $\hat{\boldsymbol{S}}$ in (3.319) durch $(3.157)_2$ und $(3.155)_1$ ersetzt werden folgt unter Beachtung von (3.318) sowie $(3.155)_2$ nach entsprechendem Ordnen schließlich die *verzerrungsexplizite Materialgleichung des dreidimensionalen MAXWELL-Modelles* wie folgt:

$$\boxed{\begin{aligned}\boldsymbol{E}(\boldsymbol{X},t) &= \frac{1}{2G}\boldsymbol{S}(\boldsymbol{X},t) + \frac{1}{3}\left(\frac{1}{3\kappa} - \frac{1}{2G}\right)[Sp\boldsymbol{S}(\boldsymbol{X},t)]\,\boldsymbol{I} + \\ &+ \int_{\tau=0}^{t}\left\{\frac{1}{2V}\boldsymbol{S}(\boldsymbol{X},\tau) + \frac{1}{3}\left(\frac{1}{3\kappa_V} - \frac{1}{2V}\right)[Sp\boldsymbol{S}(\boldsymbol{X},\tau)]\,\boldsymbol{I}\right\}d\tau\end{aligned}} \tag{3.320}$$

Hinweis:
(3.320) ist die invertierte Form der Materialgleichung (3.316) stellt die dreidimensionale Verallgemeinerung von (3.200) dar.

Unter Beachtung von (3.306) und (3.317) findet man noch die beiden Umrechnungen

$$\frac{1}{3}\left(\frac{1}{3\kappa} - \frac{1}{2G}\right) \equiv -\frac{1}{2G}\frac{\nu}{1+\nu} \quad , \quad \frac{1}{3}\left(\frac{1}{3\kappa_V} - \frac{1}{2V}\right) \equiv -\frac{1}{2V}\frac{\mu}{1+\mu} \tag{3.321}$$

womit sich (3.320) schließlich in die folgende einfache Form bringen läßt

$$\boxed{\begin{aligned}\boldsymbol{E}(\boldsymbol{X},t) &= \underline{\frac{1}{2G}\left\{\boldsymbol{S}(\boldsymbol{X},t) - \frac{\nu}{1+\nu}[Sp\boldsymbol{S}(\boldsymbol{X},t)]\,\boldsymbol{I}\right\}} + \\ &+ \int_{\tau=0}^{t}\frac{1}{2V}\left\{\boldsymbol{S}(\boldsymbol{X},\tau) - \frac{\mu}{1+\mu}[Sp\boldsymbol{S}(\boldsymbol{X},\tau)]\,\boldsymbol{I}\right\}d\tau\end{aligned}} \tag{3.322}$$

Für $V \to \infty$ verbleibt in (3.322) gerade das (unterstrichen gekennzeichnete) dreidimensionale HOOKEsche Materialgesetz in verzerrungsexpliziter Form (3.146). Der in (3.322) unterstrichene Term repräsentiert wieder den Spontan- bzw. elastischen Anteil und der Integralausdruck den Gedächtnisanteil der Materialgleichung.

3.4.2 Verallgemeinerte Darstellungen

Spannungsexplizite Materialgleichungsformen: Um nun auch für den dreidimensionalen Fall auf Materialgleichungen zu kommen, die von Rheologischen Modellen unabhängig sind, werden analog zu Unterabschnitt 3.3.6 verallgemeinerte Darstellungen erzeugt. Ausgehend von der Materialgleichung des dreidimensionalen MAXWELL-Modelles (3.316) lassen sich dort analog zu (3.277) die beiden folgenden Relaxationsfunktionen identifizieren

$$M(t-\tau) := Ge^{-\lambda(t-\tau)} \tag{3.323}$$

und

$$\Lambda(t-\tau) := \kappa e^{-\beta(t-\tau)} - \frac{2}{3}Ge^{-\lambda(t-\tau)} \tag{3.324}$$

Aus (3.323) und (3.324) ergeben sich sofort die “Anfangsmoduli”

$$M(0) = G \quad \text{und} \quad \Lambda(0) = \kappa - \frac{2}{3}G \tag{3.325}$$

sowie die Ableitungen nach der Zeitvariablen τ

$$\dot{M}(t-\tau) := \frac{dM(t-\tau)}{d\tau} = \frac{d}{d\tau}\left[Ge^{-\lambda(t-\tau)}\right] = G\lambda e^{-\lambda(t-\tau)} \tag{3.326}$$

und

$$\begin{aligned}\dot{\Lambda}(t-\tau) :&= \frac{d\Lambda(t-\tau)}{d\tau} = \frac{d}{d\tau}\left[\kappa e^{-\beta(t-\tau)} - \frac{2}{3}Ge^{-\lambda(t-\tau)}\right] = \\ &= \kappa\beta e^{-\beta(t-\tau)} - \frac{2}{3}G\lambda e^{-\lambda(t-\tau)}\end{aligned} \tag{3.327}$$

Setzt man (3.323) bis (3.327) in (3.316) ein, so entsteht die zu (3.279) analoge, für den dreidimensionalen Fall verallgemeinerte spannungsexplizite Materialgleichungsform für die streng-lineare isotrope Viskoelastizität:

$$\boxed{\begin{aligned}\boldsymbol{S}(\boldsymbol{X},t) &= \underline{2M(0)\,\boldsymbol{E}(\boldsymbol{X},t) + \Lambda(0)\left[Sp\boldsymbol{E}(\boldsymbol{X},t)\right]\boldsymbol{I}} - \\ &- \int\limits_{\tau=0}^{t}\left\{2\dot{M}(t-\tau)\,\boldsymbol{E}(\boldsymbol{X},\tau) + \dot{\Lambda}(t-\tau)\left[Sp\boldsymbol{E}(\boldsymbol{X},\tau)\right]\boldsymbol{I}\right\}d\tau\end{aligned}} \tag{3.328}$$

Für die Fälle in denen anstatt der Verzerrungstensor $\boldsymbol{E}$ der Verzerrungsgeschwindigkeitstensor $\dot{\boldsymbol{E}}$ gegeben ist, wird (3.328) noch partiell integriert, wobei zunächst die beiden Integralausdrücke in (3.328) übergehen in

$$\begin{aligned}\int\limits_{\tau=0}^{t} 2\dot{M}(t-\tau)\,\boldsymbol{E}(\boldsymbol{X},\tau)\,d\tau &= 2M(t-\tau)\,\boldsymbol{E}(\boldsymbol{X},\tau)\Big|_{\tau=0}^{t} - \int\limits_{\tau=0}^{t} 2M(t-\tau)\,\dot{\boldsymbol{E}}(\boldsymbol{X},\tau)\,d\tau = \\ &= 2\left[M(0)\,\boldsymbol{E}(\boldsymbol{X},t) - M(t)\,\boldsymbol{E}(\boldsymbol{X},0)\right] - \int\limits_{\tau=0}^{t} 2M(t-\tau)\,\dot{\boldsymbol{E}}(\boldsymbol{X},\tau)\,d\tau\end{aligned}$$

(3.329)

und

$$\int_{\tau=0}^{t} \dot{\Lambda}(t-\tau)\, Sp\boldsymbol{E}(X,\tau)\, d\tau = \Lambda(t-\tau)\, Sp\boldsymbol{E}(X,\tau)\big|_{\tau=0}^{t} - \int_{\tau=0}^{t} \Lambda(t-\tau)\, Sp\dot{\boldsymbol{E}}(X,\tau)\, d\tau =$$
$$= \Lambda(0)\, Sp\boldsymbol{E}(X,t) - \Lambda(t)\, Sp\boldsymbol{E}(X,0) - \int_{\tau=0}^{t} \Lambda(t-\tau)\, Sp\dot{\boldsymbol{E}}(X,\tau)\, d\tau$$

(3.330)

Einsetzen von (3.329) und (3.330) in (3.328) führt auf die zu (3.328) alternative Darstellung, die als dreidimensionale Verallgemeinerung von (3.280) angesehen werden kann, nämlich

$$\boxed{\begin{aligned} \boldsymbol{S}(\boldsymbol{X},t) &= 2M(t)\,\boldsymbol{E}(\boldsymbol{X},0) + \Lambda(t)\left[Sp\boldsymbol{E}(\boldsymbol{X},0)\right]\boldsymbol{I} + \\ &+ \int_{\tau=0}^{t} \left\{2M(t-\tau)\,\dot{\boldsymbol{E}}(\boldsymbol{X},\tau) + \Lambda(t-\tau)\left[Sp\dot{\boldsymbol{E}}(\boldsymbol{X},\tau)\right]\boldsymbol{I}\right\} d\tau \end{aligned}} \tag{3.331}$$

Hinweise:

- Die beiden Materialgleichungsformen (3.328) und (3.331) sind gültig für streng-lineare isotrope viskoelastische Materialien und enthalten (statt einer je nach Rheologischem Modell abhängigen Anzahl von Materialparametern) jeweils *zwei* voneinander unabhängige *Materialfunktionen* M und Λ (Relaxationsfunktionen) die wieder über geeignete Experimente zu bestimmen sind.

- Für M und Λ können beliebige Funktionen der Art (3.284) bis (3.293) sowie die Relaxationsfunktionen der verallgemeinerten MAXWELL- und KELVIN-VOIGT-Modelle eingesetzt werden.

- Bei (3.328) bzw. (3.331) handelt es sich um die für den dreidimensionalen Fall verallgemeinerten Darstellungen (3.279) und (3.280) (vgl. Unterabschnitt 3.3.6).

- Für $V \to \infty$ folgt wegen (3.306), $(3.308)_2$ und $(3.315)_2$ auch $\lambda \to 0$ und $\beta \to 0$ und wegen (3.326) und (3.327) auch $\dot{M} = \dot{\Lambda} = 0$, so daß dann aus (3.328) unter Beachtung von (3.317) und (3.325) der Spezialfall des HOOKEschen Materialgesetzes (3.141) verbleibt.

- Die Materialgleichungsformen (3.328) und (3.331) können auch anhand der im Abschnitt 3.1 dargestellten systematischen kontinuumsmechanischen Materialtheorie abgeleitet werden

Für spätere Anwendungen ist es noch sinnvoll, die Koordinatengleichungen beispielsweise der tensoriellen Darstellung (3.328) bezüglich einer kartesischer Basis anzugeben: Einsetzen der kartesischen Darstellungen für den Verzerrungstensor $\boldsymbol{E}$ gemäß (2.125) und den CAUCHYschen Spannungstensor $\boldsymbol{S}$ gemäß (2.137) in (3.328) liefert unter Beachtung von (3.151) nach Koordinatenvergleich in den Basis-Dyaden $\boldsymbol{e}_i \boldsymbol{e}_j$ die folgenden Gleichungen zwischen den Spannungs- und Verzerrungskoordinaten σ_{ij} und ε_{ij} (dabei wurden aus Platzgründen nur je eine Normal- und eine Schubspannung angegeben, wobei die anderen vier

Gleichungen durch zyklisches Vertauschen der Indizes entstehen)

$$\boxed{\begin{aligned} &\sigma_{11}(t) = 2M(0)\,\varepsilon_{11}(t) + \Lambda(0)\left[\varepsilon_{11}(t) + \varepsilon_{22}(t) + \varepsilon_{33}(t)\right] - \\ &\quad - \int\limits_{\tau=0}^{t} \left\{2\dot{M}(t-\tau)\,\varepsilon_{11}(t) + \dot{\Lambda}(t-\tau)\left[\varepsilon_{11}(\tau) + \varepsilon_{22}(\tau) + \varepsilon_{33}(\tau)\right]\right\} d\tau \\ &\quad \text{usw.} \\ &\sigma_{12}(t) = 2M(0)\,\varepsilon_{12}(t) - \int\limits_{\tau=0}^{t} 2\dot{M}(t-\tau)\,\varepsilon_{12}(t)\,d\tau \\ &\quad \text{usw.} \end{aligned}} \tag{3.332}$$

Hinweise:

- In (3.332) ist noch zu beachten, daß die jeweils sechs Spannungs- und Verzerrungskoordinaten im Allgemeinen noch von drei Ortkoordinaten und der Zeit abhängen, also $\sigma_{ij} = \sigma_{ij}(X_1,X_2,X_3,t)$ und $\varepsilon_{ij} = \varepsilon_{ij}(X_1,X_2,X_3,t)$.

- Für $V \to \infty$ folgt wegen (3.306), $(3.308)_2$ und $(3.315)_2$ auch $\lambda \to 0$ und $\beta \to 0$ und wegen (3.326) und (3.327) auch $\dot{M} = \dot{\Lambda} = 0$, sodaß dann aus (3.332) der Spezialfall des HOOKEschen Materialgesetzes (3.150) für den isothermen Fall verbleibt.

Verzerrungsexplizite Materialgleichungsformen: Für die Fälle, wo die Spannungsgeschichte vorgegeben ist und nach der Verzerrungsantwort gefragt wird (etwa Kriechen), ist eine verzerrungsexplizite Darstellung von (3.328) bzw. (3.331) erforderlich. Damit ist prinzipiell die jeweilige spannungsexplizite Materialgleichung zu invertieren, falls eine differentielle Form nicht vorliegt. Da dies ein zentraler und gleichzeitig auch nicht unproblematischer Aspekt in der Viskoelastizitätstheorie ist, soll im Folgenden auch nur eine Möglichkeit der Invertierung skizziert werden, die selbstverständlich keinen Anspruch auf Allgemeingültigkeit hat.

Nochmals zurückkommend auf die Form (3.316) lassen sich anstatt der gemäß (3.323) und (3.324) definierten Relaxationsfunktionen auch die folgenden Definitionen vereinbaren:

$$\Phi_1(t-\tau) \equiv M(t-\tau) := Ge^{-\lambda(t-\tau)} \quad \text{und} \quad \Phi_2(t-\tau) := \kappa e^{-\beta(t-\tau)} \tag{3.333}$$

Mit (3.333) ergibt sich dann weiter für die "Anfangsmoduli"

$$\Phi_1(0) \equiv M(0) := G \quad \text{und} \quad \Phi_2(0) := \kappa \tag{3.334}$$

und für die Ableitungen nach der Zeitvariablen τ

$$\dot{\Phi}_1(t-\tau) \equiv \dot{M}(t-\tau) := G\lambda e^{-\lambda(t-\tau)} \quad \text{und} \quad \dot{\Phi}_2(t-\tau) := \kappa\beta e^{-\beta(t-\tau)} \tag{3.335}$$

Einsetzen von (3.333) bis (3.335) in (3.316) liefert dann die zu (3.328) äquivalente Form der spannungsexpliziten Materialgleichung für die streng-lineare isotrope Viskoelastizität:

$$\boxed{\begin{aligned} &\boldsymbol{S}(\boldsymbol{X},t) = \underline{2\Phi_1(0)}\,\boldsymbol{E}(\boldsymbol{X},t) + \underline{\left[\Phi_2(0) - \frac{2}{3}\Phi_1(0)\right]}\left[Sp\boldsymbol{E}(\boldsymbol{X},t)\right]\boldsymbol{I} - \\ &- \int\limits_{\tau=0}^{t} \left\{\underline{2\dot{\Phi}_1}(t-\tau)\,\boldsymbol{E}(\boldsymbol{X},\tau) + \underline{\left[\dot{\Phi}_2(t-\tau) - \frac{2}{3}\dot{\Phi}_1(t-\tau)\right]}\left[Sp\boldsymbol{E}(\boldsymbol{X},\tau)\right]\boldsymbol{I}\right\} d\tau \end{aligned}} \tag{3.336}$$

bzw. die zu (3.331) analoge Alternativform

$$\boxed{\begin{aligned} &\boldsymbol{S}(\boldsymbol{X},t) = 2\Phi_1(t)\,\boldsymbol{E}(\boldsymbol{X},0) + \left[\Phi_2(t) - \frac{2}{3}\Phi_1(t)\right]\left[Sp\boldsymbol{E}(\boldsymbol{X},0)\right]\boldsymbol{I} + \\ &+ \int\limits_{\tau=0}^{t} \left\{2\Phi_1(t-\tau)\,\dot{\boldsymbol{E}}(\boldsymbol{X},\tau) + \left[\Phi_2(t-\tau) - \frac{2}{3}\Phi_1(t-\tau)\right]\left[Sp\dot{\boldsymbol{E}}(\boldsymbol{X},\tau)\right]\boldsymbol{I}\right\} d\tau \end{aligned}} \tag{3.337}$$

Eine mögliche Invertierung von (3.336) läßt sich nun in Anlehnung an [Sch 90] ausgehend vom dreidimensionalen HOOKEschen Materialgesetz in verzerrungsexpliziter Form (3.146) wie folgt konstruieren. Definiert man zunächst die beiden “Anfangsnachgiebigkeiten”

$$\Psi_1(0) := \frac{1}{G} \quad \text{und} \quad \Psi_2(0) := \frac{1}{\kappa} \tag{3.338}$$

so läßt sich die Umrechnung $(3.321)_1$ auch schreiben als

$$\frac{1}{3}\left(\frac{1}{3\kappa} - \frac{1}{2G}\right) \equiv -\frac{1}{2G}\frac{\nu}{1+\nu} \equiv \frac{1}{3}\left[\frac{1}{3}\Psi_2(0) - \frac{1}{2}\Psi_1(0)\right] \tag{3.339}$$

Mit (3.338) und (3.339) geht dann die verzerrungsexplizite Darstellung des HOOKEschen Materialgesetzes (3.146) über in die Folgende Form

$$\boldsymbol{E} = \frac{1}{2}\Psi_1(0)\,\boldsymbol{S} + \frac{1}{3}\left[\frac{1}{3}\Psi_2(0) - \frac{1}{2}\Psi_1(0)\right](Sp\boldsymbol{S})\,\boldsymbol{I} \tag{3.340}$$

Erweitert man nun (3.340) für den viskoelastischen Fall durch analoge Übertragung der eindimensionalen Darstellung (3.281), daß mämlich die Kriechkerne Ψ_1 und Ψ_2 als Zeitableitungen (mit entsprechenden Argumenten) in den Integralausdrücken zu stehen haben (wie dies in der dreidimensionalen *spannungsexpliziten* Form (3.336) zu sehen ist, vgl. dort die unterstrichenen Terme)so entsteht die folgende verzerrungsexplizite Materialgleichung für die streng-lineare isotrope Viskoelastizität

$$\boxed{\begin{aligned}\boldsymbol{E}(\boldsymbol{X},t) &= \frac{1}{2}\Psi_1(0)\,\boldsymbol{S}(\boldsymbol{X},t) + \frac{1}{3}\left[\frac{1}{3}\Psi_2(0) - \frac{1}{2}\Psi_1(0)\right][Sp\boldsymbol{S}(\boldsymbol{X},t)]\,\boldsymbol{I} - \\ &- \int\limits_{\tau=0}^{t}\left\{\frac{1}{2}\dot{\Psi}_1(t-\tau)\,\boldsymbol{S}(\boldsymbol{X},\tau) + \frac{1}{3}\left[\frac{1}{3}\dot{\Psi}_2(t-\tau) - \frac{1}{2}\dot{\Psi}_1(t-\tau)\right][Sp\boldsymbol{S}(\boldsymbol{X},\tau)]\,\boldsymbol{I}\right\}d\tau\end{aligned}} \tag{3.341}$$

Hinweise:

- Die beiden Materialgleichungsformen (3.336) und (3.341) sind gültig für streng-lineare isotrope viskoelastische Materialien und enthalten (statt einer je nach Rheologischem Modell abhängigen Anzahl von Materialparametern) jeweils *zwei* voneinander unabhängige *Materialfunktionen* Φ_1 und Φ_2 (Relaxationsfunktionen) bzw. Ψ_1 und Ψ_2 (Kriechfunktionen) die wieder über geeignete Experimente zu bestimmen sind.
- Die vier Materialfunktionen sind *nicht* voneinander unabhängig, sondern müssen prinzipiell Integralgleichungen der Form (3.283) erfüllen. So läßt sich mit (3.334) und (3.338) leicht zeigen, daß

$$\Phi_1(0)\,\Psi_1(0) = G\frac{1}{G} = 1 \quad \text{und} \quad \Phi_2(0)\,\Psi_2(0) = \kappa\frac{1}{\kappa} = 1 \tag{3.342}$$

  und daher prinzipiell in Fortschreibung an (3.283) gelten muß

$$\frac{d}{dt}\int\limits_{\tau=0}^{t}\Phi_\alpha(t-\tau)\,\Psi_\alpha(\tau)\,d\tau = 1 \quad \text{für} \quad \alpha = 1,2 \tag{3.343}$$

- Prinzipiell können die jeweils zwei voneinander unabhängigen Materialfunktionen Φ_1 und Φ_2 bzw. Ψ_1 und Ψ_2 beliebig gewählt werden, müssen dabei aber qualitatives Relaxationsverhalten (also eine Abnahme der Spannung über der Zeit) bzw. Kriechverhalten (also eine Zunahme der jeweiligen Verzerrung über der Zeit) wiedergeben.
- Man bezeichnet Φ_1 auch als (zeitabhängigen) *Schermodul* und Φ_2 als (zeitabhängigen) *Kompressionsmodul* (vgl. hierzu die nachstehenden Ausführungen).
- Die verzerrungsexplizite Form (3.341) kann als die für den dreidimensionalen Fall verallgemeinerte Version (3.281) aufgefaßt werden.

Für spätere Anwendungen werden nachstehend noch die zu (3.332) analogen kartesischen spannungs- und verzerrungsexpliziten Koordinatengleichungen der beiden tensoriellen Materialgleichungen (3.336) und (3.341) angegeben:

$$\begin{aligned}\sigma_{11}(t) &= 2\Phi_1(0)\,\varepsilon_{11}(t) + \left[\Phi_2(0) - \frac{2}{3}\Phi_1(0)\right][\varepsilon_{11}(t) + \varepsilon_{22}(t) + \varepsilon_{33}(t)] - \\ &- \int\limits_{\tau=0}^{t}\left\{2\dot{\Phi}_1(t-\tau)\,\varepsilon_{11}(t) + \left[\dot{\Phi}_2(t-\tau) - \frac{2}{3}\dot{\Phi}_1(t-\tau)\right][\varepsilon_{11}(\tau) + \varepsilon_{22}(\tau) + \varepsilon_{33}(\tau)]\right\}d\tau\end{aligned} \tag{3.344}$$

usw.

$$\sigma_{12}(t) = 2\Phi_1(0)\,\varepsilon_{12}(t) - \int\limits_{\tau=0}^{t}2\dot{\Phi}_1(t-\tau)\,\varepsilon_{12}(\tau)\,d\tau$$

usw.

bzw. die gemäß (3.337) entstehenden Alternativgleichungen

$$\boxed{\begin{aligned}
&\sigma_{11}(t) = 2\Phi_1(t)\,\varepsilon_{11}(0) + \left[\Phi_2(t) - \frac{2}{3}\Phi_1(t)\right]\left[\varepsilon_{11}(0) + \varepsilon_{22}(0) + \varepsilon_{33}(0)\right] - \\
&+ \int\limits_{\tau=0}^{t} \left\{2\Phi_1(t-\tau)\,\dot{\varepsilon}_{11}(t) + \left[\Phi_2(t-\tau) - \frac{2}{3}\Phi_1(t-\tau)\right]\left[\dot{\varepsilon}_{11}(\tau) + \dot{\varepsilon}_{22}(\tau) + \dot{\varepsilon}_{33}(\tau)\right]\right\} d\tau \\
&\text{usw.} \\
&\sigma_{12}(t) = 2\Phi_1(t)\,\varepsilon_{12}(0) - \int\limits_{\tau=0}^{t} 2\Phi_1(t-\tau)\,\dot{\varepsilon}_{12}(\tau)\,d\tau \\
&\text{usw.}
\end{aligned}} \tag{3.345}$$

$$\boxed{\begin{aligned}
&\varepsilon_{11}(t) = \frac{1}{2}\Psi_1(0)\,\sigma_{11}(t) + \frac{1}{3}\left[\frac{1}{3}\Psi_2(0) - \frac{1}{2}\Psi_1(0)\right]\left[\sigma_{11}(t) + \sigma_{22}(t) + \sigma_{33}(t)\right] - \\
&- \int\limits_{\tau=0}^{t} \left\{\frac{1}{2}\dot{\Psi}_1(t-\tau)\,\sigma_{11}(t) + \frac{1}{3}\left[\frac{1}{3}\dot{\Psi}_2(t-\tau) - \frac{1}{2}\dot{\Psi}_1(t-\tau)\right]\left[\sigma_{11}(\tau) + \sigma_{22}(\tau) + \sigma_{33}(\tau)\right]\right\} d\tau \\
&\text{usw.} \\
&\varepsilon_{12}(t) = \frac{1}{2}\Psi_1(0)\,\sigma_{12}(t) - \int\limits_{\tau=0}^{t} \frac{1}{2}\dot{\Psi}_1(t-\tau)\,\sigma_{12}(\tau)\,d\tau \\
&\text{usw.}
\end{aligned}} \tag{3.346}$$

3.4.3 Spezielle Bewegungsgeschichten

Anhand der beiden folgenden homogenen Bewegungsgeschichten lassen sich noch die Begriffe *Schermodul* und *Kompressionsmodul* anschaulich erklären.

Einfache Scherung: Nach den Beispielen 2.3, 2.4, 2.7 und 2.12 gelten für einen in der x_1,x_2-Ebene gescherten Quader nacheinander die Ausdrücke für die Bewegung $\boldsymbol{x}$, den Verschiebungsvektor $\boldsymbol{u}$, den Deformationsgradienten $\boldsymbol{F}$ und den infinitesimalen Verzerrungstensor $\boldsymbol{E}$ Kompressionsmodul

$$\boldsymbol{x} = \boldsymbol{\chi}(\boldsymbol{X}, t) = [X_1 + \gamma(t)\,X_2]\,\boldsymbol{e}_1 + X_2\boldsymbol{e}_2 + X_3\boldsymbol{e}_3 \tag{3.347}$$

$$\boldsymbol{u}(\boldsymbol{X}, t) = \boldsymbol{x} - \boldsymbol{X} = \gamma(t)\,X_2\boldsymbol{e}_1, \quad \text{mit} \quad \gamma(t) = \frac{v_0 t}{H} \tag{3.348}$$

$$\boldsymbol{F} = \boldsymbol{x}\boldsymbol{\nabla}_0 = \boldsymbol{u}\boldsymbol{\nabla}_0 + \boldsymbol{X}\boldsymbol{\nabla}_0 = \boldsymbol{I} + \gamma\boldsymbol{e}_1\boldsymbol{e}_2 \tag{3.349}$$

$$\boldsymbol{E} = \frac{1}{2}\left(\boldsymbol{F} + \boldsymbol{F}^T - 2\boldsymbol{I}\right) = \frac{\gamma}{2}\left(\boldsymbol{e}_1\boldsymbol{e}_2 + \boldsymbol{e}_2\boldsymbol{e}_1\right) = \varepsilon_{12}\left(\boldsymbol{e}_1\boldsymbol{e}_2 + \boldsymbol{e}_2\boldsymbol{e}_1\right) \tag{3.350}$$

Aus (3.350) ergibt sich unter Beachtung von (3.151) weiterhin

$$Sp\boldsymbol{E} = 0 \tag{3.351}$$

Einsetzen von (3.350) und (3.351) in (3.336) führt auf die spezielle, nur noch von der Zeit abhängige Materialgleichung

$$\boldsymbol{S}(\boldsymbol{X},t) = \boldsymbol{S}(t) = \left[\Phi_1(0)\,\gamma(t) - \int\limits_{\tau=0}^{t} \dot{\Phi}_1(t-\tau)\,\gamma(\tau)\,d\tau\right]\left(\boldsymbol{e}_1\boldsymbol{e}_2 + \boldsymbol{e}_2\boldsymbol{e}_1\right) \tag{3.352}$$

Aus (3.352) erhält man weiterhin mit den kartesischen Darstellungen (2.135) nach Koordinatenvergleich die einzige von Null verschiedene Spannungskoordinate

$$\boxed{\underline{\sigma_{12}(t) = \Phi_1(0)\,\gamma(t)} - \int\limits_{\tau=0}^{t} \dot{\Phi}_1(t-\tau)\,\gamma(\tau)\,d\tau} \tag{3.353}$$

Anhand von (3.353) ist nun erkennbar, daß im Falle der einfachen Scherung vom gesamten Spannungstensor noch eine einzige (skalarwertige) Materialgleichung zwischen der Scherspannung σ_{12} und der Scherung γ verbleibt. Diese enthält lediglich noch eine Materialfunktion, nämlich die Relaxationsfunktion Φ_1, die deshalb auch *zeitabhängiger Schermodul* genannt wird. Unter Berücksichtigung von $(3.334)_1$ und $\gamma = 2\varepsilon_{12}$ identifziert man den in (3.353) unterstrichenen Anteil als die entsprechende Koordinate des dreidimensionalen HOOKEschen Materialgesetzes (3.150) und damit als den elastischen Anteil von (3.353).

Scherrelaxieren: Wird die Scherbewegung derart spezialisiert, daß dem Material für $t > 0$ mit $\gamma\,(t) = \gamma_0 = \text{const}$ eine zeitlich konstante Schergeschichte aufgeprägt wird, so ergibt sich nach (3.348) zunächst das folgende Verschiebungsfeld (vgl. Bild 3.24)

$$\boldsymbol{u}(\boldsymbol{X},t) = \begin{cases} 0 & , \quad t < 0 \\ \gamma_0 X_2 \boldsymbol{e}_1 & , \quad t > 0 \end{cases} \tag{3.354}$$

Weiterhin folgt mit $\gamma\,(t) = \gamma_0 = \text{const}$ aus (3.353) nach Integration sofort

$$\sigma_{12}(t) = \gamma_0 \Phi_1(t) \tag{3.355}$$

woraus sich durch Messung der Scherspannung σ_{12} und Vorgabe von γ_0 die unbekannte Relaxationsfunktion Φ_1 bestimmen läßt (Materialidentifikation). Diese kann zwecks einer numerischen Anpassung prinzipiell in Anlehnung an die Vorschläge (3.284) bis (3.293) angesetzt werden.

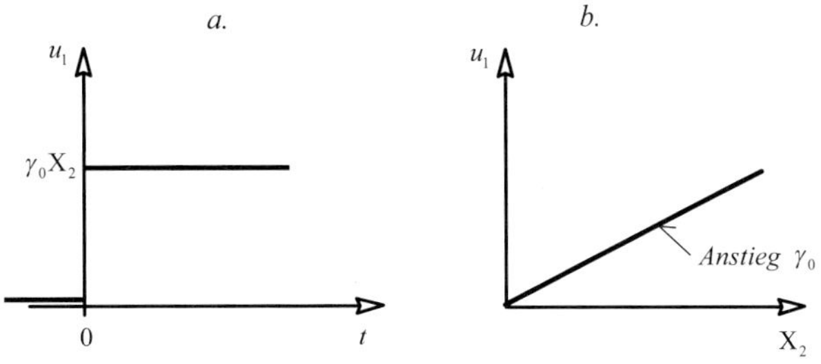

Bild 3.24: Verschiebungsfeld beim Scherrelaxieren, a.Verschiebungskoordinate als Funktion der Zeit, b. Verschiebungskoordiante als Funktion der Scherproben-Höhenkoordinate

Isotrope Kompression: Eine würfelförmige Probe mit der Kantenlänge a_0 aus isotropem viskoelastischem Material wird von allen drei Seiten gleichzeitig gestaucht. Nach den Beispielen 2.8 und 2.12 ergibt sich dann für die gleichförmige Streckung

$$\lambda_1(t) = \lambda_2(t) = \lambda_3(t) = \frac{a(t)}{a_0} =: \lambda(t) \tag{3.356}$$

und weiterhin nacheinander für die Bewegung $\boldsymbol{x}$, den Verschiebungsvektor $\boldsymbol{u}$, den Deformationsgradienten $\boldsymbol{F}$ und den infinitesimalen Verzerrungstensor $\boldsymbol{E}$

$$\boldsymbol{x} = \boldsymbol{\chi}(\boldsymbol{X}, t) = \lambda(t)\,\boldsymbol{X} \quad , \quad \boldsymbol{u}(\boldsymbol{X}, t) = \boldsymbol{x} - \boldsymbol{X} = [\lambda(t) - 1]\,\boldsymbol{X} \tag{3.357}$$

$$\boldsymbol{F} = \boldsymbol{x}\nabla_0 = \lambda(t)\,\boldsymbol{I}, \quad \boldsymbol{E} = \frac{1}{2}\left(\boldsymbol{F} + \boldsymbol{F}^T - 2\boldsymbol{I}\right) = \boldsymbol{F} - \boldsymbol{I} = [\lambda(t) - 1]\,\boldsymbol{I} \tag{3.358}$$

Mit $(3.358)_2$ ergibt sich weiter unter Beachtung von (A.56)

$$Sp\boldsymbol{E} = [\lambda(t) - 1]\,Sp\boldsymbol{I} = 3\,[\lambda(t) - 1] \tag{3.359}$$

Einsetzen von $(3.358)_2$ und (3.359) in (3.336) liefert zunächst die tensorielle, nur noch von der Zeit abhängige Materialgleichung

$$\boldsymbol{S}(\boldsymbol{X}, t) = \boldsymbol{S}(t) = 3\left\{[\lambda(t) - 1]\,\Phi_2(0) + \int\limits_{\tau=0}^{t} [\lambda(\tau) - 1]\,\dot{\Phi}_2(t-\tau)\,d\tau\right\}\boldsymbol{I} \tag{3.360}$$

Aus (3.360) erhält man mit den kartesischen Darstellungen (2.135) sowie $\boldsymbol{I} = \boldsymbol{e}_i\boldsymbol{e}_i$ nach Koordinatenvergleich in den Basis-Dyaden $\boldsymbol{e}_i\boldsymbol{e}_j$ die drei von Null verschiedenen skalarwertigen Materialgleichungen der Normalspannungen σ_{ii} als Funktion der Streckung λ wie folgt (wegen der Gleichheit der drei Normalspannungen wurde noch $p = \sigma_{11} = \sigma_{22} = \sigma_{33}$ gemäß (3.152) berücksichtigt)

$$p(t) = \sigma_{11}(t) = \sigma_{22}(t) = \sigma_{33}(t) = 3\left\{[\lambda(t) - 1]\,\Phi_2(0) + \int\limits_{\tau=0}^{t} [\lambda(\tau) - 1]\,\dot{\Phi}_2(t-\tau)\,d\tau\right\} \tag{3.361}$$

Hinweise:

- Anhand von (3.361) ist erkennbar, daß im Falle der isotropen Kompression vom gesamten Spannungstensor allein noch die drei Normalspannungen verbleiben, diese einander gleich sind und jeweils als (skalarwertige) Materialgleichung von der Streckung λ anfallen.
- Die Materialgleichung (3.361) enthält lediglich noch eine Materialfunktion, nämlich die Relaxationsfunktion Φ_2, die deshalb auch als *zeitabhängiger Kompressionsmodul* bezeichnet wird.
- Wegen $\lambda < 1$ für $t > 0$ gilt $p < 0$, womit dann dem Problem entsprechend Druckspannungen vorliegen.

Kompressionsrelaxation: Wird die Kompression derart spezialisiert, daß dem Material für $t > 0$ mit $\lambda(t) = \lambda_0 = \text{const}$ eine zeitlich konstante Stauchungsgeschichte aufgeprägt wird, so ergibt sich nach $(3.357)_2$ zunächst das folgende Verschiebungsfeld

$$\boldsymbol{u}(\boldsymbol{X}, t) = \begin{cases} 0 & , t < 0 \\ (\lambda_0 - 1)\boldsymbol{X} & , t > 0 \end{cases} \tag{3.362}$$

Weiterhin folgt mit $\lambda(t) = \lambda_0 = \text{const}$ aus (3.361) nach Integration sofort

$$p(t) = \sigma_{11}(t) = \sigma_{22}(t) = \sigma_{33}(t) = 3(\lambda_0 - 1)\Phi_2(t) \tag{3.363}$$

woraus sich durch Messung der Normalpannung σ_{11} und Vorgabe von λ_0 die unbekannte Relaxationsfunktion Φ_2 bestimmen läßt. Diese kann zwecks einer numerischen Anpassung prinzipiell wieder in Anlehnung an die Vorschläge (3.284) bis (3.293) angesetzt werden.

3.4.4 Spezielle Relaxationsfunktion in COSMOS/M und ABAQUS

Für spätere Anwendungen soll noch auf die im FE-Programm COSMOS/M und ABAQUS implementierte Materialgleichung viskoelastischer Stoffe eingegangen werden, die dort wie folgt angegeben wird [COS]:

$$\boldsymbol{S}(\boldsymbol{X}, t) = \int_{\tau=0}^{t} 2G(t-\tau)\,\dot{\hat{\boldsymbol{E}}}(\boldsymbol{X}, \tau)\,d\tau + \int_{\tau=0}^{t} \kappa(t-\tau)\left[Sp\dot{\boldsymbol{E}}(\boldsymbol{X}, \tau)\right]\boldsymbol{I}\,d\tau \tag{3.364}$$

Hinweise:

- In (3.364) bedeuten $\hat{\boldsymbol{E}}$ den Deviator des (infinitesimalen) Verzerrungstensors, $G(t)$ und $\kappa(t)$ den zeitabhängigen Scher- den Kompressionsmodul.
- Die Form (3.364) entsteht sofort aus (3.337), wenn dort mit $\boldsymbol{E}(\boldsymbol{X},0) = \boldsymbol{0}$ und $\text{Sp}\boldsymbol{E}(\boldsymbol{X},0) = 0$ ein verzerrungsfreier Anfangszustand definiert, $\dot{\boldsymbol{E}} = \dot{\hat{\boldsymbol{E}}} + \dot{d}\boldsymbol{I}/3$ gemäß $(3.303)_1$ eingesetzt sowie $\Phi_1(t) \equiv G(t)$ und $\Phi_2(t) \equiv \kappa(t)$ gesetzt werden.

Als *Scher-* und *Kompressions-Relaxationsfunktionen* werden in [COS] auf der Basis eines verallgemeinerten MAXWELL-Modelles die Ausdrücke

$$G(t) = G_0\left[1 - \sum_{i=1}^{N_G} g_i\left(1 - e^{-\alpha_i^G t}\right)\right] \tag{3.365}$$

und

$$\kappa(t) = \kappa_0 \left[1 - \sum_{i=1}^{N_\kappa} k_i \left(1 - e^{-\alpha_i^\kappa t}\right)\right] \tag{3.366}$$

angegeben. Anhand von (3.365) wird wie folgt exemplarisch gezeigt, daß es sich dabei um eine Relaxationsfunktion der Form (3.270) handelt: Identische Umformung von (3.365) führt zunächst auf

$$G(t) = G_0 \left[1 - \sum_{i=1}^{N_G} g_i \left(1 - e^{-\alpha_i^G t}\right)\right] \equiv G_0 \left(1 - \sum_{i=1}^{N_G} g_i\right) + \sum_{i=1}^{N_G} G_0 g_i e^{-\alpha_i^G t} \tag{3.367}$$

Mit (3.367) ergibt sich

$$G(t=0) = G_0 \quad \text{und} \quad G(\infty) = G_0 \left(1 - \sum_{i=1}^{N_G} g_i\right) =: G_\infty \tag{3.368}$$

so daß damit sowie mit der Abkürzung

$$G_i := G_0 g_i \tag{3.369}$$

die Form (3.365) bzw. in analoger Weise der Kompressionsmodul (3.366) schließlich übergehen in

$$G(t) = G_\infty + \sum_{i=1}^{N_G} G_i e^{-\alpha_i^G t} \quad \text{und} \quad \kappa(t) = \kappa_\infty + \sum_{i=1}^{N_\kappa} \kappa_i e^{-\alpha_i^\kappa t} \tag{3.370}$$

Anhand von (3.370) ist durch Vergleich mit (3.270) erkennbar, daß (3.365) und analog auch (3.366) die Relaxationsfunktion des generalisierten MAXWELL-Modelles gemäß (3.270) darstellen, allerdings ohne Einzeldämpfer (Anfangsviskosität $\eta_0 \equiv 0$). Prinzipiell hängen die Elastizitätsmoduli E_i und E_∞ (der eindimensionalen Theorie) in (3.270) mit den Materialparametern G, ν und κ der dreidimensionalen Theorie über die drei folgenden Ausdrücke zusammen, die sich mit Hilfe von (3.140) und (3.161) erzeugen lassen [Bec 90], [Sch 90]:

$$G_i = \frac{3\kappa_i E_i}{9\kappa_i - E_i} \equiv \frac{E_i}{2(1+\nu_i)} \equiv \frac{3\kappa_i(1-2\nu_i)}{2(1+\nu_i)} \qquad (i = 1, 2, \ldots \infty) \tag{3.371}$$

$$\kappa_i = \frac{E_i G_i}{9G_i - 3E_i} \equiv \frac{E_i}{3(1-2\nu_i)} \equiv \frac{2G_i(1+\nu_i)}{3(1-2\nu_i)} \qquad (i = 1, 2, \ldots \infty) \tag{3.372}$$

$$\alpha_i^G = \frac{9\kappa_0 - E_0}{9\kappa_0 - E_\infty}\alpha_i \qquad (i = 1, 2, \ldots \infty) \tag{3.373}$$

4 Randwertprobleme

4.1 Feldgleichungsset

In der Praxis sind stets komplette Bauteile bzw. Bauteilsysteme hinsichtlich Festigkeit und Verformbarkeit zu berechnen. Um Aussagen über maximale Spannungen, Verzerrungen oder Verformungen (Verschiebungen) zu erhalten, müssen der Verschiebungs-, Verzerrungs- und Spannungszustand zunächst prinzipiell an jedem (materiellen) Punkt eines Bauteiles (Körpers) bekannt sein. Dazu stehen die bisher erzeugten Verzerrungs- und Spannungsmaße bereit, können aber nicht ohne weiteres für sich berechnet werden, da diese Größen noch über die Bilanzgleichungen für Masse, Impuls und Energie sowie die Materialgleichungen miteinander gekoppelt sind. Diese Kopplungen treten nun grundsätzlich in Form von Differentialgleichungen auf, die es zu lösen gilt. Für die dabei anfallenden Integrationskonstanten ist die Kenntnis von Randbedingungen erforderlich, die von Form, Lagerungsart und Belastung eines Bauteiles abhängen (Spannungs- und Verschiebungsrandbedingungen). Solche Probleme werden daher als *Randwertprobleme* bezeichnet.

Mit Hilfe des Gleichungssets (2.193) war es noch nicht möglich ein kontinuumsmechanisches Randwertproblem zu lösen, da noch sechs (skalare) Gleichungen fehlten (vgl. am Ende von Unterabschnitt 2.5.3). Mit Kenntnis einer für das jeweilige Problem geeigneten Materialgleichung aus Kapitel 3 liegen nun die sechs gesuchten Gleichungen in Form einer tensoriellen Beziehung zwischen einem Spannungs- und Verzerrungtensor vor, womit der Gleichungsset (2.193) komplettiert wird und sich generell lösen läßt. Für den Fall nichtlinearer Stoffgesetze können jedoch analytische Lösungen kaum angegeben werden, so daß im Folgenden auf (streng-)lineare Probleme eingeschränkt wird. Damit tritt an die Stelle des in (2.193) angegebenen linken GREENschen Verzerrungstensors (VVG) nun der gemäß (2.122) bzw. (2.126) definierte infinitesimale Verzerrungstensor oder Deformator. Bei geometrisch-linearen Problemen tritt insofern eine Erleichterung ein, als daß zwischen Momentan- und Bezugskonfiguration und damit zwischen räumlichen und materiellen Koordinaten nicht mehr unterschieden zu werden braucht. Dies kann wie folgt eingesehen werden: Gemäß (2.58) bzw. (2.63) gilt unter Beachtung von (2.54)

$$\boldsymbol{H}_0 = \boldsymbol{u}\boldsymbol{\nabla}_0 = (\boldsymbol{u}\boldsymbol{\nabla}) \cdot \boldsymbol{F} = (\boldsymbol{u}\boldsymbol{\nabla}) \cdot (\boldsymbol{I} + \boldsymbol{H}_0) \tag{4.1}$$

Im Falle einer geometrisch linearisierten Theorie setzt man kleine Verschiebungsableitungen voraus, womit $|\boldsymbol{H}_0| \ll 1$ bzw. (2.118) gilt und die Koordinaten des Verschiebungsgradienten $\boldsymbol{H}$ gegenüber denjenigen des Einheitstensors $\boldsymbol{I}$ vernachlässigt werden können (vgl. hierzu die Ausführungen in Unterabschnitt 2.3.5). Aus (4.1) ergibt sich dann die folgende Näherung

$$\boldsymbol{u}\boldsymbol{\nabla}_0 \approx (\boldsymbol{u}\boldsymbol{\nabla}) \cdot \boldsymbol{I} = \boldsymbol{u}\boldsymbol{\nabla} \tag{4.2}$$

womit materieller und räumlicher Gradient gleich sind und deshalb auch $\partial/\partial X_i = \partial/\partial x_i$ gilt. Auf der Basis von (2.193) ergibt sich unter Beachtung von (4.2) schließlich für *streng-lineare* Probleme der folgende vollständige Feldgleichungsset:

$$\begin{array}{|ll|}\hline \text{VVG} & \boldsymbol{E} = \dfrac{1}{2}\left(\boldsymbol{u}\boldsymbol{\nabla} + \boldsymbol{\nabla}\boldsymbol{u}\right) = \boldsymbol{E}^T \\ \text{KG} & \dot{\rho} + \rho\boldsymbol{\nabla}\cdot\boldsymbol{v} = 0 \\ \text{CAUCHY I} & \boldsymbol{\nabla}\cdot\boldsymbol{S} + \boldsymbol{k}^V = \rho\dot{\boldsymbol{v}} = \rho\ddot{\boldsymbol{u}} \\ \text{MG} & \boldsymbol{S} = \boldsymbol{f}\left(\boldsymbol{E}\right) = \boldsymbol{S}^T \\ \hline \end{array} \tag{4.3}$$

In (4.3) kann für $\boldsymbol{S} = \boldsymbol{f}(\boldsymbol{E})$ noch eine beliebige Materialgleichung eingesetzt werden, sofern diese streng-lineares Materialverhalten beschreibt. Unter der Voraussetzung, daß das Feld der Volumenkraftdichte $\boldsymbol{k}^V$ vorgegeben ist, besitzt das Feldgleichungssystem (4.3) die unbekannten Felder $\rho, \boldsymbol{v} = d\boldsymbol{u}/dt$ bzw. $\boldsymbol{u}$, $\boldsymbol{E}$ und $\boldsymbol{S}$, also insgesamt $1 + 3 + 6 + 6 = 16$ skalare unbekannte Größen (man beachte, daß bei dieser Zählung die jeweilige Symmetrie von $\boldsymbol{E}$ und $\boldsymbol{S}$ schon berücksichtigt wurde!). Für diese 16 Unbekannten stehen jetzt genau 16 skalare Gleichungen zur Verfügung, nämlich die 6 Verschiebungs-Verzerrungs-Gleichungen (VVG), 1 (skalare) Kontinuitätsgleichung (KG), 3 skalare Gleichungen der Impulsbilanz (CAUCHY I) und 6 skalare Gleichungen der Materialgleichung (MG). Zur Lösung von (4.3) sind grundsätzlich noch Spannungs- und/oder Verschiebungsrandbedingungen anzugeben (Randwertproblem), da sowohl der Spannungstensor $\boldsymbol{S}$, als auch das Verschiebungsfeld $\boldsymbol{u}$ wegen $\boldsymbol{\nabla}\cdot\boldsymbol{S}$ bzw. $\boldsymbol{\nabla}\boldsymbol{u}$ in (4.3) als Ortsableitungen auftreten und diese Größen daher über (partielle) Differentialgleichungen mit den anderen Feldgrößen gekoppelt sind (vgl. diese Terme im obigen Gleichungssystem (4.3)). Daher müssen also noch Verschiebungen $\boldsymbol{u}_R$ oder Spannungen $\boldsymbol{t}_R$ jeweils an der Oberfläche A_u bzw. A_t eines Kontinuums (Bauteiles) oder beides (*gemischte* Randwertaufgabe) vorgegeben sein (vgl. Bild 4.1), so daß im allgemeinen unter Beachtung von (2.141) geschrieben werden kann:

$$\boldsymbol{u}(\boldsymbol{X},t) = \boldsymbol{u}_R(\boldsymbol{X},t)\,, \quad \boldsymbol{X} \in A_u \quad \text{und} \quad \boldsymbol{t}_R(\boldsymbol{X},t) = \boldsymbol{n}\cdot\boldsymbol{S}(\boldsymbol{X},t)\,, \quad \boldsymbol{X} \in A_t \tag{4.4}$$

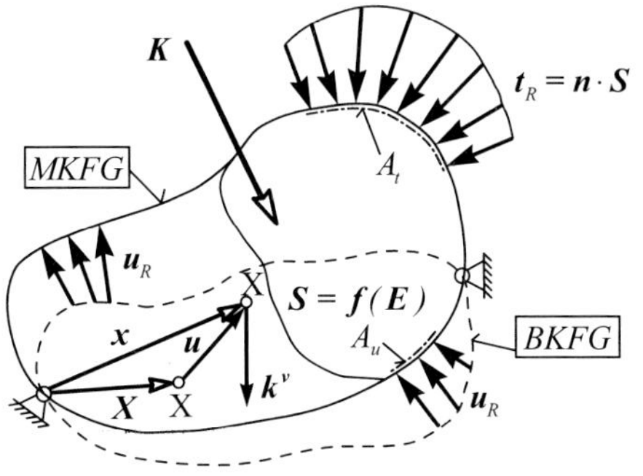

Bild 4.1: Zum Randwertproblem eines Kontinuums

Die Formulierung konkreter Randbedingungen wird anhand von Beispielen in Teil II "Anwendungen" gezeigt. Grundsätzlich läßt sich das Gleichungssystem (4.3) auf zwei verschiedene Arten lösen und zwar mit Hilfe der

- Methode der Elimination der Spannungen oder der
- Methode der Elimination der Verschiebungen

Im Rahmen dieses Buches soll im Hinblick auf die späteren Anwendungen auf die *Methode der Elimination der Spannungen* beschränkt werden. Dazu sind die in Abschnitt 4.2 demonstrierten beiden folgenden Schritte durchzuführen.

4.2 Grundgleichung der linearen Elastokinetik

Für den Fall streng-linearen thermoelastischen Materialverhaltens ist jetzt in (4.3) für $\boldsymbol{S} = \boldsymbol{f}(\boldsymbol{E})$ das HOOKEsche Materialgesetz gemäß (3.148) einzusetzen:

- **Schritt 1:** Einsetzen der VVG $(4.3)_1$ in die MG (3.148)

Zur Durchführung dieser Vorschrift ist zunächst für (3.148) die "Spur" des Deformators, also $\mathrm{Sp}\boldsymbol{E} \equiv \boldsymbol{I}\cdot\cdot\boldsymbol{E}$ zu bilden. Unter Beachtung von (A.55) folgt mit $(4.3)_1$

$$\begin{aligned} Sp\boldsymbol{E} &= \boldsymbol{I}\cdot\cdot\left[\frac{1}{2}(\boldsymbol{u}\boldsymbol{\nabla}+\boldsymbol{\nabla}\boldsymbol{u})\right] = \frac{1}{2}\left[\boldsymbol{I}\cdot\cdot(\boldsymbol{u}\boldsymbol{\nabla}) + \boldsymbol{I}\cdot\cdot(\boldsymbol{\nabla}\boldsymbol{u})\right] = \\ &= \frac{1}{2}(\boldsymbol{u}\cdot\boldsymbol{\nabla}+\boldsymbol{\nabla}\cdot\boldsymbol{u}) = \boldsymbol{\nabla}\cdot\boldsymbol{u} \end{aligned} \tag{4.5}$$

Einsetzen von $(4.3)_1$ in (3.148) liefert dann unter Beachtung von (4.5):

$$\boldsymbol{S} = \boldsymbol{S}(\boldsymbol{u}) = G\left[\boldsymbol{u}\boldsymbol{\nabla}+\boldsymbol{\nabla}\boldsymbol{u}+\frac{2\nu}{1-2\nu}(\boldsymbol{\nabla}\cdot\boldsymbol{u})\boldsymbol{I}\right] - 2G\frac{1+\nu}{1-2\nu}\alpha(T-T_0)\boldsymbol{I} \tag{4.6}$$

Mit (4.6) liegt nun das HOOKEsche Materialgesetz der linearen Thermoelastizität als tensorwertige Funktion $\boldsymbol{S}(\boldsymbol{u})$ zwischen dem Spannungstensor $\boldsymbol{S}$ und dem Verschiebungsvektor $\boldsymbol{u}$ (oder genauer dem Gradienten von $\boldsymbol{u}$) vor.

- **Schritt 2:** Einsetzen von $\boldsymbol{S} = \boldsymbol{S}(\boldsymbol{u})$ gemäß (4.6) in CAUCHY I gemäß $(4.3)_3$

Zur Durchführung dieser Vorschrift ist die "Divergenz"-Operation von $\boldsymbol{S}$ zu bilden, die mit (4.6) unter Beachtung der (räumlichen) Konstanz der Materialkoeffizienten G, α, und ν zunächst wie folgt lautet

$$\begin{aligned} \boldsymbol{\nabla}\cdot\boldsymbol{S} = \boldsymbol{S}(\boldsymbol{u}) = G\left\{\boldsymbol{\nabla}\cdot(\boldsymbol{u}\boldsymbol{\nabla}) + \boldsymbol{\nabla}\cdot(\boldsymbol{\nabla}\boldsymbol{u}) + \frac{2\nu}{1-2\nu}\boldsymbol{\nabla}\cdot[(\boldsymbol{\nabla}\cdot\boldsymbol{u})\boldsymbol{I}]\right\} - \\ - 2G\frac{1+\nu}{1-2\nu}\alpha\boldsymbol{\nabla}\cdot[(T-T_0)\boldsymbol{I}] \end{aligned} \tag{4.7}$$

Die in (4.7) auftretenden Divergenz-Terme ergeben sich mit Hilfe von (A.2.4) wie folgt

$$\begin{aligned} &\boldsymbol{\nabla}\cdot(\boldsymbol{u}\boldsymbol{\nabla}) = (\boldsymbol{\nabla}\cdot\boldsymbol{u})\boldsymbol{\nabla} \equiv \boldsymbol{\nabla}(\boldsymbol{\nabla}\cdot\boldsymbol{u}) \qquad &&\boldsymbol{\nabla}\cdot[(\boldsymbol{\nabla}\cdot\boldsymbol{u})\boldsymbol{I}] = \boldsymbol{\nabla}(\boldsymbol{\nabla}\cdot\boldsymbol{u}) \\ &\boldsymbol{\nabla}\cdot[(T-T_0)\boldsymbol{I}] = [\boldsymbol{\nabla}(T-T_0)]\cdot\boldsymbol{I} = \boldsymbol{\nabla}T \qquad &&\boldsymbol{\nabla}\cdot(\boldsymbol{\nabla}\boldsymbol{u}) = \underbrace{(\boldsymbol{\nabla}\cdot\boldsymbol{\nabla})}_{\Delta}\boldsymbol{u} \equiv \Delta\boldsymbol{u} \end{aligned} \tag{4.8}$$

Einsetzen von (4.8) in (4.7) und anschließendes Einsetzen in $(4.3)_3$ führt schließlich auf die *Grundgleichung der Elastokinetik*

$$\boxed{G\left[\Delta \boldsymbol{u} + \frac{1}{1-2\nu}\boldsymbol{\nabla}\left(\boldsymbol{\nabla}\cdot\boldsymbol{u}\right)\right] - 2G\frac{1+\nu}{1-2\nu}\alpha\boldsymbol{\nabla}T + \boldsymbol{k}^V = \rho\ddot{\boldsymbol{u}}} \tag{4.9}$$

Hinweise:

- Mit (4.9) liegt eine vektorwertige, lineare (partielle) Differentialgleichung zweiter Ordnung in Ort und Zeit für das Verschiebungsfeld $\boldsymbol{u}$ vor. Gleichung (4.9) wird auch als Verschiebungs-Differentialgleichung oder Bewegungsgleichung bezeichnet.
- Gleichung (4.9) gilt für homogene, isotrope, nicht alternde und linear-thermoelastische Materialien.
- Gleichung (4.9) muß in jedem (materiellen) Punkt eines Körpers (Bauteiles) erfüllt sein.

Schränkt man (4.9) auf isotherme (T = const) und elastostatische ($\dot{\boldsymbol{u}} = \boldsymbol{0}$) Prozesse ohne Volumenkraftdichte ($\boldsymbol{k}^V = \boldsymbol{0}$) ein, so erhält man die folgende Form, welche auch als *NAVIER-CAUCHY-Gleichung* bezeichnet wird:

$$\boxed{\Delta \boldsymbol{u} + \frac{1}{1-2\nu}\boldsymbol{\nabla}\left(\boldsymbol{\nabla}\cdot\boldsymbol{u}\right) = \boldsymbol{0}} \tag{4.10}$$

Für die Gleichungen (4.9) und (4.10) existieren keine allgemeinen Lösungen. Lediglich für Spezialfälle, insbesondere für rotationssymmetrische oder ebene Probleme (vgl. hierzu die Anwendungen auf Zylinderschalen in Kapitel 5) lassen sich für die NAVIER-CAUCHY-Gleichung (4.10) mit Hilfe von sogenannten *LOVEschen Verschiebungsfunktionen* Lösungen von *Bipotentialgleichungen* konstruieren.

4.3 Grundgleichung der linearen Visko-Elastokinetik

Für den Fall streng-linearen viskoelastischen Materialverhaltens kann in (4.3) für $\boldsymbol{S} = \boldsymbol{f}(\boldsymbol{E})$ beispielsweise die verallgemeinerte Materialgleichung der linearen Viskoelastizität (3.328) eingesetzt werden. Diese geht unter Beachtung der VVG gemäß $(4.3)_1$ sowie (4.5) zunächst wie folgt in ein Funktional $\boldsymbol{S}\langle\boldsymbol{u}\rangle$ des Verschiebungsvektors $\boldsymbol{u}$ über:

$$\begin{aligned}\boldsymbol{S} = \boldsymbol{S}\left\langle\boldsymbol{u}\right\rangle &= M(0)\left[\boldsymbol{u}(\boldsymbol{X},t)\,\boldsymbol{\nabla} + \boldsymbol{\nabla}\boldsymbol{u}(\boldsymbol{X},t)\right] + \Lambda(0)\left(\boldsymbol{\nabla}\cdot\boldsymbol{u}\right)\boldsymbol{I} - \\ &- \int\limits_{\tau=0}^{t}\Big\{\dot{M}(t-\tau)\left[\boldsymbol{u}(\boldsymbol{X},\tau)\,\boldsymbol{\nabla} + \boldsymbol{\nabla}u(\boldsymbol{X},\tau)\right] + \dot{\Lambda}(t-\tau)\,\boldsymbol{\nabla}\cdot\boldsymbol{u}(\boldsymbol{X},\tau)\,\boldsymbol{I}\Big\}d\tau\end{aligned} \tag{4.11}$$

Anwendung der Divergenz-Operation auf (4.11) führt analog zu (4.7) auf den folgenden Ausdruck (man beachte, daß die Divergenz-Operation eine reine Ortsableitung darstellt und somit ohne weiteres unter das Zeitintegral gezogen werden darf!)

$$\begin{aligned}\boldsymbol{\nabla}\cdot\boldsymbol{S} &= M(0)\left[\boldsymbol{\nabla}\cdot\boldsymbol{u}(\boldsymbol{X},t)\,\boldsymbol{\nabla} + \boldsymbol{\nabla}\cdot\boldsymbol{\nabla}\boldsymbol{u}(\boldsymbol{X},t)\right] + \Lambda(0)\,\boldsymbol{\nabla}\cdot\left[\left(\boldsymbol{\nabla}\cdot\boldsymbol{u}\right)\boldsymbol{I}\right] - \\ &- \int\limits_{\tau=0}^{t}\Big\{\dot{M}(t-\tau)\left[\boldsymbol{\nabla}\cdot\boldsymbol{u}(\boldsymbol{X},\tau)\,\boldsymbol{\nabla} + \boldsymbol{\nabla}\cdot\boldsymbol{\nabla}\boldsymbol{u}(\boldsymbol{X},\tau)\right] + \dot{\Lambda}(t-\tau)\,\boldsymbol{\nabla}\cdot\left[\boldsymbol{\nabla}\cdot\boldsymbol{u}(\boldsymbol{X},\tau)\,\boldsymbol{I}\right]\Big\}d\tau\end{aligned} \tag{4.12}$$

Unter Beachtung der Umrechnungen (4.8) erhält man durch Einsetzen von (4.12) in $(4.3)_3$ schließlich die zu (4.9) analoge *Grundgleichung der Visko-Elastokinetik*

$$\boxed{\begin{aligned}&-\int\limits_{\tau=0}^{t}\left\{\dot{M}(t-\tau)\,\Delta\boldsymbol{u}(\boldsymbol{X},\tau)+\left[\dot{M}(t-\tau)+\dot{\Lambda}(t-\tau)\right]\boldsymbol{\nabla\nabla}\cdot\boldsymbol{u}(\boldsymbol{X},\tau)+\dot{\Lambda}(t-\tau)\right\}d\tau+\\&+\underline{M(0)\,\Delta\boldsymbol{u}(\boldsymbol{X},t)+[M(0)+\Lambda(0)]\,\boldsymbol{\nabla\nabla}\cdot\boldsymbol{u}(\boldsymbol{X},t)+\boldsymbol{k}^V=\rho\ddot{\boldsymbol{u}}}\end{aligned}} \tag{4.13}$$

Hinweise:

- Mit (4.13) liegt eine vektorwertige Integro-Differentialgleichung für das Verschiebungsfeld $\boldsymbol{u}$ vor.
- Gleichung (4.13) gilt für homogene, isotrope und linear-viskoelastische Materialien.
- Gleichung (4.13) muß in jedem (materiellen) Punkt eines Körpers (Bauteiles) erfüllt sein.
- Die in (4.13) unterstrichenen Terme repräsentieren den elastischen Anteil oder Spontananteil dessen Struktur mit (4.9) übereinstimmt.

Ebenfalls wie im Falle der Grundgleichung der Elastokinetik existiert für (4.13) keine allgemeine Lösung. Insbesondere für kinematische Zwangsbedingungen an das Verschiebungsfeld $\boldsymbol{u}$ (wirbelfreie Longitudinalbewegungen, dilatationsfreie Transversalbewegungen) oder zeitharmonische Wellenansätze lassen sich für (4.13) Lösungen oder zumindest für die Technik interessante Interpretationen erzeugen.

5 Spezielle Tragwerke

Im Folgenden sollen für spätere Anwendungen auf Probleme der Praxis die Berechnungsgleichungen spezieller Tragwerke (Bauteile) wie Stäbe, Balken und Zylinderschalen bereitgestellt werden. Diese ergeben sich grundsätzlich durch Spezialisierung der in den Kapiteln 2 bis 4 abgehandelten Gleichungen für ein Kontinuum, wobei die geometrischen Eigenheiten des jeweiligen Tragwerkes noch zu berücksichtigen sind. Dabei sind auch die Zusammenhänge zwischen den an einem Bauteil angreifenden Schnittlasten und Spannungen -die *Äquivalenzbedingungen*- von zentraler Bedeutung.

5.1 Äquivalenzbedingungen

In Fortschreibung zu der in Bild 2.16c dargestellten Situation läßt sich, wie bereits gemäß (2.129) definiert, über

$$\boldsymbol{K}_S = \int_A d\boldsymbol{K}_S = \int_A \boldsymbol{t} dA \tag{5.1}$$

der *Schnittkraftvektor* $\boldsymbol{K}_S$ einführen, der im Sinne einer äquivalenten Kräftereduktion durch Aufsummieren aller “Elementarkräfte” $d\boldsymbol{K}_S = \boldsymbol{t}dA$ über die Schnittfläche A entsteht und die resultierende Kraftgröße darstellt (vgl. Bild 5.1, [Küh 00]). Als resultierend übertragene Momentengröße erhält man analog dazu den *Schnittmomentenvektor*

$$\boldsymbol{M}_S^{FM} = \int_A \boldsymbol{x} \times d\boldsymbol{K}_S = \int_A \boldsymbol{x} \times \boldsymbol{t} dA \tag{5.2}$$

wenn als Bezugspunkt der üblicherweise benutzte Flächenmittelpunkt FM der Schnittfläche A gewählt wird. Nach (5.1) und (5.2) lassen sich also beide (Ersatz-)Schnittgrößen $\boldsymbol{K}_S$ und $\boldsymbol{M}_S^{FM}$ auf eine gemeinsame “Wurzel”, nämlich den Spannungsvektor $\boldsymbol{t}$ zurückführen

Im Folgenden sollen in Anlehnung an die einschlägige Literatur die in der Kontinuumstheorie benutzten Indizes 1, 2, 3 (vgl. die Kapitel 2 bis 4) durch die in der Technischen Mechanik üblichen Indizes x, y, z sowie ebenfalls die Ortskoordinaten x_1, x_2, x_3 durch x, y, z ersetzt werden. Die Darstellungen des Schnittkraft- und Schnittmomentenvektors (5.1) und (5.2) bezüglich des in Bild 5.2 festgelegten orthonormierten kartesischen Basissystems $\boldsymbol{e}_x$, $\boldsymbol{e}_y$, $\boldsymbol{e}_z$ lauten zunächst:

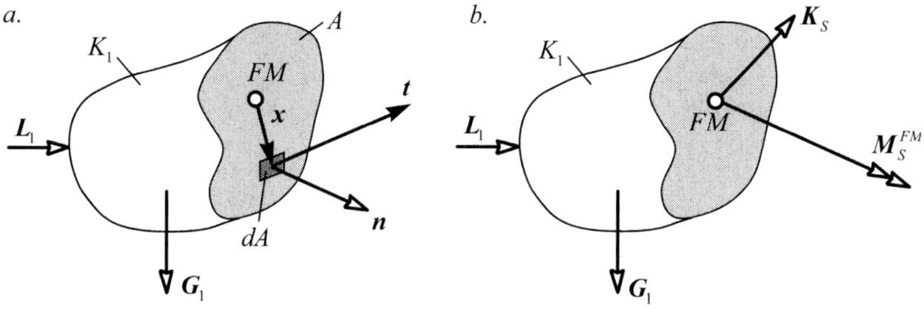

Bild 5.1: Zum Schnittkraft- und Schnittmomentenvektor: a. Spannungsvektor $\boldsymbol{t}$ auf der Schnittfläche A mit Stellungsvektor $\boldsymbol{n}$, b. resultierende Schnittlastenvektoren

$$\boldsymbol{K}_S = N\boldsymbol{e}_x + Q_y\boldsymbol{e}_y + Q_z\boldsymbol{e}_z \tag{5.3}$$

und

$$\boldsymbol{M}_S^{FM} = M_T\boldsymbol{e}_x + M_y\boldsymbol{e}_y + M_z\boldsymbol{e}_z \tag{5.4}$$

worin N die Normalkraft, Q_y und Q_z die beiden Querkräfte sowie M_T das Torsionsmoment, M_y und M_z die beiden Biegemomente bedeuten. Betrachtet man ferner eine Schnittfläche A mit dem Stellungsvektor $\boldsymbol{n}_1 = \boldsymbol{e}_x$, so gilt für den Spannungsvektor $\boldsymbol{t}_1 = \boldsymbol{t}_x$ gemäß (2.131) jetzt die Darstellung

$$\boldsymbol{t}_x = \sigma_{xx}\boldsymbol{e}_x + \sigma_{xy}\boldsymbol{e}_y + \sigma_{xz}\boldsymbol{e}_z \tag{5.5}$$

Mit der Darstellung des Ortsvektors vom Flächenmittelpunkt FM zu einem beliebigen Flächenelement dA (vgl. Bild 5.2)

$$\boldsymbol{x} = y\boldsymbol{e}_y + z\boldsymbol{e}_z \tag{5.6}$$

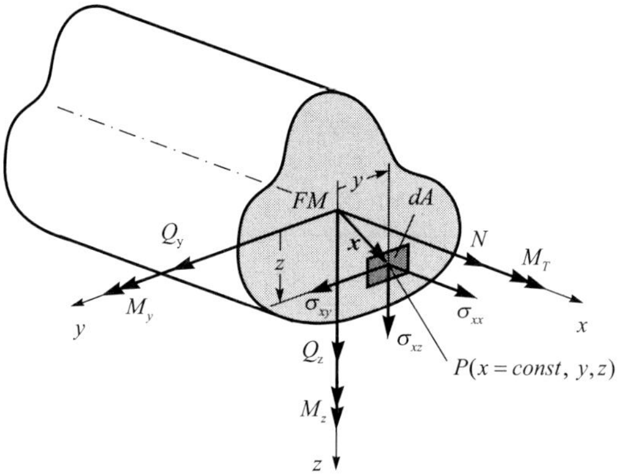

Bild 5.2: Zur Darstellung des Spannungsvektors und der Schnittlastenvektoren bezüglich kartesischer Koordinaten

erhält man schließlich durch Einsetzen von (5.3) bis (5.6) in (5.1) und (5.2) nach einem anschließenden Koordinatenvergleich die folgenden Zusammenhänge zwischen den sechs Schnittlastenkoordinaten N, Q_y, Q_z, M_T, M_y und M_z und den sechs Spannungskoordinaten $\sigma_{ix}(i = x, y, z)$, die man auch als *Äquivalenzbedingungen* bezeichnet:

$$\boxed{\begin{array}{l} N = \int\limits_A \sigma_{xx} dA \quad , \quad Q_y = \int\limits_A \sigma_{xy} dA \quad , \quad Q_z = \int\limits_A \sigma_{xz} dA \\ M_T = \int\limits_A (y\sigma_{xz} - z\sigma_{xy})\, dA \quad , \quad M_y = \int\limits_A z\sigma_{xx} dA \quad , \quad M_z = \int\limits_A y\sigma_{xx} dA \end{array}} \qquad (5.7)$$

Die in (5.7) aufgelisteten Größen stellen die resultierenden (Schnitt-)Kräfte bzw. –momente der in der Schnittfläche A des Tragwerkes wirkenden Normal- und Schubspannungen dar.

5.2 Linear-thermoelastische Stab- und Balkentheorie

Im Folgenden werden mit Hilfe der Gleichungen eines Kontinuums gemäß der Kapitel 2 bis 4 sowie der Äquivalenzbedingungen gemäß (5.7) erzeugbaren Grundgleichungen der linear-elastischen Stab-/Balkentheorie kurz wiedergegeben. Dabei wird unter einem geraden Stab/Balken ein schlanker, prismatischer (linienhafter) Körper verstanden, der die folgenden *Voraussetzungen* erfüllen muß:

- Die Stab-/Balkenachse (Systemlinienkoordinate) ist gerade und die Verbindungslinie (geometrischer Ort) aller Flächenmittelpunkte FM der dazu jeweils senkrecht stehenden Schnittflächen A.
- Die Länge des Stabes/Balkens ist groß im Verhältnis zu den Querabmessungen.
- Der Querschnitt des Stabes/Balkens darf sich entlang der Stabachse nur geringfügig ändern.
- Der Ursprung der Querschnittskoordinaten soll ohne Beschränkung der Allgemeinheit stets im Flächenmittelpunkt liegen (Zentral-Achsen-System).

Für weitere Details sei auf die Literatur der Technischen Mechanik verwiesen.

5.2.1 Längsproblem (Zug/Druck)

Verschiebungs-Verzerrungs-Gleichung (Kinematik): Betrachtet wird ein infolge einer Längskraft K bzw. Normalkraft N belasteter gerader *Stab*, der als eindimensionales, auf seine Stabachse abgebildetes Kontinuum aufgefaßt wird (vgl. Bild 5.3). Unter Berücksichtigung der *EULERschen (Verformungs-)Hypothese*, daß nämlich die Querschnittsflächen A sowohl im unbelasteten Ausgangszustand (BKFG) als auch im verformten Zustand (MKFG) stets *eben* und *senkrecht* zur Stabachse bleiben, erfahren sämtliche materiellen Punkte einer Querschnittsfläche die gleiche Verschiebung u in x-Richtung (vgl. Bild 5.3).

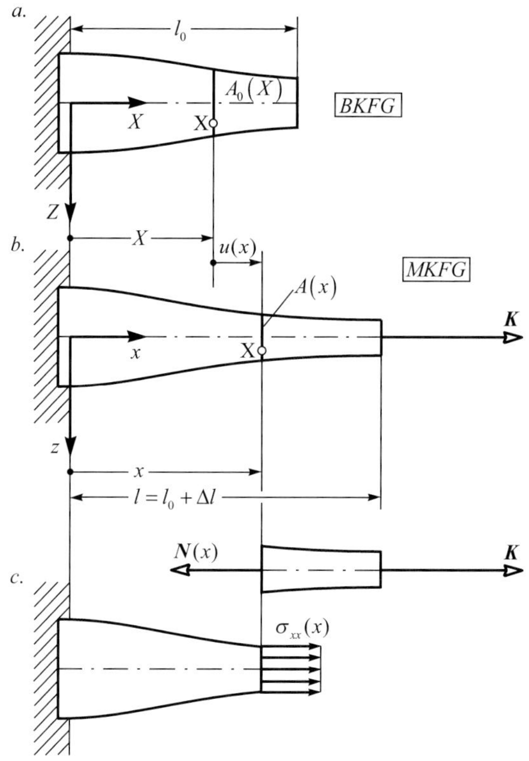

Bild 5.3: Zum Längsproblem (Zug- bzw. Druckbelastung) eines geraden Stabes: a. unverformter Zustand (BKFG), b. verformter Zustand (MKFG), c. Freischnitt an beliebiger Stelle x mit Längsspannung σ_{xx} und Normalkraft N

Bezieht man sämtliche (Feld-)Größen auf ein orthonormiertes Basissystem $\boldsymbol{e}_i$ ($i = x, y, z$) und nimmt als Stabachse die x-Koordinate an, so lautet die Verschiebungskoordinate u (der Stabachse!), die im Folgenden als *Längsverschiebung* bezeichnet wird

$$u\,(x, y, z) = u\,(x) \tag{5.8}$$

Mit (5.8) ergibt sich dann gemäß (2.127) die einzig verbleibende *Verschiebungs-Verzerrungs-Gleichung* (man beachte, da u nur von x abhängt, geht die partielle Differentiation $\partial(\bullet)/\partial x$ in eine gewöhnliche Differentiation $d(\bullet)/dx$ über!)

$$\boxed{\varepsilon_{xx}\,(x) = \frac{\partial u}{\partial x} \equiv \frac{du\,(x)}{dx} \equiv u'\,(x)} \tag{5.9}$$

Spannungszustand (Äquivalenzbedingung), Materialgesetz und Material-Struktur-Gleichung: Bei einer reinen Längsbelastung infolge einer Normalkraft $N \neq 0$ (sämtliche anderen Schnittlastenkoordinaten sind Null) ist der Schnittlastenzustand nach (5.3) und (5.4) durch

$$\boldsymbol{K}_S = N\boldsymbol{e}_x \quad , \quad \boldsymbol{M}_S^{FM} = \boldsymbol{0} \tag{5.10}$$

gekennzeichnet (vgl. Bild 5.3b). Damit verbleibt wegen (5.7) als einzige (Normal-)Spannung die *Längsspannung* σ_{xx} in x-Richtung und der Spannungstensor ist gemäß (2.135) bzw. (2.137) wie folgt besetzt:

$$\boldsymbol{S} = \sigma_{xx}\boldsymbol{e}_x\boldsymbol{e}_x \quad \text{bzw.} \quad [\boldsymbol{S}] = \begin{bmatrix} \sigma_{xx} & 0 & 0 \\ 0 & 0 & 0 \\ 0 & 0 & 0 \end{bmatrix} \langle \boldsymbol{e}_i\boldsymbol{e}_j \rangle \tag{5.11}$$

Nach dem HOOKEschen Materialgesetz der linearen Thermoelastizität in verzerrungsexpliziter Form (3.149) verbleiben mit (5.11) die drei folgenden Dehnungs-Spannungs-Relationen

$$\begin{aligned} \varepsilon_{xx} = \frac{1}{E}\sigma_{xx} + \alpha\,(T - T_0) \quad , \quad \varepsilon_{yy} = \varepsilon_{zz} &= -\frac{\nu}{E}\sigma_{xx} + \alpha\,(T - T_0) \equiv \\ &\equiv -\nu\varepsilon_{xx} + (1+\nu)\,\alpha\,(T - T_0) \end{aligned} \tag{5.12}$$

womit der Deformator wie folgt besetzt ist

$$\begin{aligned} [\boldsymbol{E}] &= \begin{bmatrix} \varepsilon_{xx} & 0 & 0 \\ 0 & \varepsilon_{yy} & 0 \\ 0 & 0 & \varepsilon_{zz} \end{bmatrix} \langle \boldsymbol{e}_i\boldsymbol{e}_j \rangle \equiv \\ &\equiv \left\{ \frac{\sigma_{xx}}{E} \begin{bmatrix} 1 & 0 & 0 \\ 0 & -\nu & 0 \\ 0 & 0 & -\nu \end{bmatrix} + \alpha\,(T - T_0) \begin{bmatrix} 1 & 0 & 0 \\ 0 & 1 & 0 \\ 0 & 0 & 1 \end{bmatrix} \right\} \langle \boldsymbol{e}_i\boldsymbol{e}_j \rangle \end{aligned} \tag{5.13}$$

Umstellen von $(5.12)_1$ nach der Längsspannung σ_{xx} liefert unter Beachtung von (5.9) das (eindimensionale) *HOOKEsche Materialgesetz linear-thermoelastischer Stäbe*

$$\boxed{\sigma_{xx}\,(x) = E\,\{\varepsilon_{xx}\,(x) - \alpha\,[T\,(x) - T_0]\} \equiv E\,[u' - \alpha\,(T - T_0)]} \tag{5.14}$$

Hinweise:

- Man beachte, daß nach (5.11) und (5.13) der *ein*achsige Spannungszustand einen *drei*achsigen Verzerrungszustand nach sich zieht!
- Man hätte (5.14) auch direkt aus der spannungsexpliziten Form des HOOKEschen Materialgesetzes (3.150) extrahieren können, allerdings etwas umständlicher, da noch die Bedingungen der Spannungsfreiheit in y- und z-Richtung hätten eingearbeitet werden müssen.

Da sämtliche Größen in (5.14) einschließlich der Längsspannung σ_{xx} nur noch von x abhängen können, lautet unter Beachtung von (5.10) die aus $(5.7)_1$ für das Längsproblem einzig verbleibenden Äquivalenzbedingung (man beachte, daß wegen $dA = dydz$ der Integrand aus dem Integral herausgezogen werden kann!)

$$N = \int\limits_A \sigma_{xx}\,(x)\,dA = \sigma_{xx}\,(x) \int\limits_A dA = \sigma_{xx}\,(x)\,A \tag{5.15}$$

Aus (5.15) ergibt sich durch Umstellen schließlich der folgende Zusammenhang zwischen der Längsspannung σ_{xx} und der Normalkraft N

$$\boxed{\sigma_{xx}(x) = \frac{N(x)}{A(x)} \begin{cases} > 0 & \text{Zug} \\ < 0 & \text{Druck} \end{cases}} \tag{5.16}$$

Einsetzen von (5.14) in (5.15) liefert die *Material-Struktur-Gleichung linear-thermoelastischer Stäbe*

$$\boxed{N = EA\left[u' - \alpha\left(T - T_0\right)\right]} \tag{5.17}$$

Hinweise:

- Durch (5.17) wird der Zusammenhang zwischen der Normalkraft N (Schnittlast) und der Längsverschiebung u wiedergegeben, der auch als *Stab-Materialgleichung* bezeichnet wird.
- Das Produkt EA (Elastiztätsmodul mal Querschnittsfläche) wird als *Längs-* oder *Zugsteifigkeit* bezeichnet.

5.2.2 Biegeproblem (ebene oder einachsige Biegung)

Verschiebungs-Verzerrungs-Gleichung (Kinematik): Ausgegangen wird von einem infolge eines Biegemomentes M_y in der x, z-Ebene belasteten geraden *Balken*, der (wie im Falle des Längsproblems) als eindimensionales, auf seine Stabachse (*Neutrale Faser*) abgebildetes Kontinuum aufgefaßt wird (vgl. Bild 5.4a). Gemäß der *EULERschen Hypothese* sollen die Querschnittsflächen A sowohl im unbelasteten Ausgangszustand (BKFG) als auch im verformten Zustand (MKFG) stets *eben* und *senkrecht* zur Balkenachse bleiben, wobei die Verschiebungskoordinate (der materiellen Punkte der Balkenachse) mit $w(x)$ bezeichnet wird (vgl. Bild 5.4). Die für die Balkenachsendehnung ε_{xx} relevante Verschiebungskoordinate u eines um den Abstand z von der Balkenachse entfernten materiellen Punktes X kann wie folgt beschrieben werden: Gemäß Bild 5.4b findet man unter Beachtung eines kleinen Querschnittsverdrehungswinkels ψ -also sin$\psi \approx \psi$- die geometrische Beziehung $u = z\sin\psi = z\psi$. Nach der EULERschen Hypothese wird der Querschnittsverdrehungswinkel gemäß $\psi(x) = -w'(x)$ durch die Neigung der Biegelinie w' ersetzt (die Neigung der Biegelinie ist negativ (positiv), wenn w längs der Balkenachse x abnimmt (zunimmt)). Damit entsteht schließlich der Verformungsansatz in Form einer Produktzerlegung

$$u(x, z) = -zw'(x) \tag{5.18}$$

Mit (5.18) folgt aus (2.127) die einzig verbleibende *Verschiebungs-Verzerrungs-Gleichung* in Form einer über die Querschnittskoordinate $z$linear verteilten *Längsdehnung*

$$\boxed{\varepsilon_{xx}(x, z) = \frac{\partial u(x, z)}{\partial x} = -z\frac{dw(x)}{dx} \equiv -zw''(x)} \tag{5.19}$$

Spannungszustand (Äquivalenzbedingung), Materialgesetz und Material- Struktur- Gleichung: Bei reiner Beanspruchung infolge eines Biegemomentes M_y ist der Schnittlastenzustand gemäß (5.3) und (5.4) durch

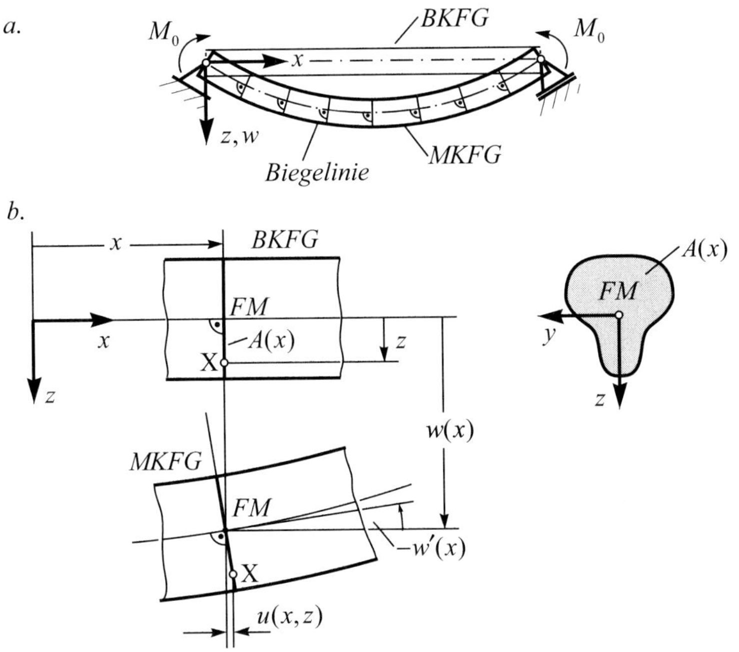

Bild 5.4: Zum Biegeproblem eines geraden Balkens: a. unverformte Ausgangslage (BKFG) und verformter Zustand eines Balkens, b. geometrische Verhältnisse bei der EULERschen Hypothese

$$\boldsymbol{K}_S = \boldsymbol{0} \quad , \quad \boldsymbol{M}_S^{FM} = M_y \boldsymbol{e}_y \tag{5.20}$$

gekennzeichnet (vgl. Bild 5.4). Unter Beachtung von (5.20) treten dann gemäß (5.7) lediglich (Normal-)Spannungen σ_{xx} in x-Richtung auf, die jetzt als *Biegespannungen* bezeichnet werden. Damit ist der Spannungstensor gemäß (2.135) bzw. (2.137) wie folgt besetzt:

$$\boldsymbol{S} = \sigma_{xx} \boldsymbol{e}_x \boldsymbol{e}_x \quad \text{bzw.} \quad [\boldsymbol{S}] = \begin{bmatrix} \sigma_{xx} & 0 & 0 \\ 0 & 0 & 0 \\ 0 & 0 & 0 \end{bmatrix} \langle \boldsymbol{e}_i \boldsymbol{e}_j \rangle \tag{5.21}$$

Mit Hilfe des HOOKEschen Materialgesetzes der linearen Thermoelastizität in verzerrungsexpliziter Form (3.149) verbleiben mit (5.21) für *isotherme* Prozesse ($T = T_0$) die drei Dehnungs-Spannungs-Relationen

$$\varepsilon_{xx} = \frac{1}{E} \sigma_{xx} \quad , \quad \varepsilon_{yy} = \varepsilon_{zz} \equiv -\nu \varepsilon_{xx} = -\frac{\nu}{E} \sigma_{xx} \tag{5.22}$$

womit der Deformator wie folgt besetzt ist

$$[\boldsymbol{E}] = \begin{bmatrix} \varepsilon_{xx} & 0 & 0 \\ 0 & \varepsilon_{yy} & 0 \\ 0 & 0 & \varepsilon_{zz} \end{bmatrix} \langle \boldsymbol{e}_i \boldsymbol{e}_j \rangle \equiv \varepsilon_{xx} \begin{bmatrix} 1 & 0 & 0 \\ 0 & -\nu & 0 \\ 0 & 0 & -\nu \end{bmatrix} \langle \boldsymbol{e}_i \boldsymbol{e}_j \rangle = \\ = \frac{\sigma_{xx}}{E} \begin{bmatrix} 1 & 0 & 0 \\ 0 & -\nu & 0 \\ 0 & 0 & -\nu \end{bmatrix} \langle \boldsymbol{e}_i \boldsymbol{e}_j \rangle \tag{5.23}$$

Umstellen von $(5.22)_1$ nach der Biegespannung σ_{xx} liefert unter Beachtung von (5.19) das (eindimensionale) *HOOKEsche Materialgesetz linear-elastischer Balken*

$$\boxed{\sigma_{xx}(x,z) = E\varepsilon_{xx}(x,z) = -Ezw''(x)} \tag{5.24}$$

Einsetzen von (5.24) in die einzige von Null verschiedene Äquivalenzbedingung $(5.7)_5$ liefert zunächst

$$M_y(x) = \int_A z\sigma_{xx}(x,z)\,dA = -Ew''(x) \underbrace{\int_A z^2 dA}_{I_{yy}} \tag{5.25}$$

Mit der Abkürzung des (im Allgemeinen noch von der Balkenachse x abhängigen) Flächenträgheitsmomentes I_{yy} gemäß

$$I_{yy}(x) = \int_A z^2 dA \tag{5.26}$$

folgt dann aus (5.25) sofort die *Material-Struktur-Gleichung linear-elastischer Balken*

$$\boxed{M_y(x) = -EI_{yy}w''(x)} \tag{5.27}$$

Ersetzt man in (5.27) den Term Ew'' gemäß (5.24) durch σ_{xx}/z , so entsteht schließlich der folgende Zusammenhang zwischen der Biegenormalspannung σ_{xx} und dem Biegemoment M_y

$$\boxed{\sigma_{xx}(x,z) = \frac{M_y(x)}{I_{yy}(x)} z} \tag{5.28}$$

Hinweise:

- Durch (5.27) wird der Zusammenhang zwischen dem Biegemoment M_y (Schnittlast) und der Durchbiegung w wiedergegeben. Man bezeichnet (5.27) auch als *Balken-Materialgleichung*.
- Das Produkt EI_{yy} (Elastiztätsmodul mal Flächenträgheitsmoment) wird auch als *Biegesteifigkeit* bezeichnet.
- Die Beziehung (5.28) ist nur für y- und/oder z-symmetrische Querschnitte gültig (keine Deviationsmomente)!

5.3 Linear-viskoelastische Stab- und Balkentheorie

5.3.1 Längsproblem (Zug/Druck)

Zur Formulierung der *viskoelastischen* Stabtheorie können bis auf die Materialgleichung sämtliche Beziehungen für elastische Stäbe aus Unterabschnitt 5.2.1 übernommen werden, wobei als unabhängige Variable jeweils noch die Zeit zu ergänzen ist. Die modifizierten Gleichungen für die *Längsverschiebung* (5.8), die *Verschiebungs-Verzerrungs-Gleichung* (5.9) sowie die *Äquivalenzbedingung* (5.15) lauten dann nacheinander:

$$u(x,y,z) = u(x,t) \tag{5.29}$$

$$\varepsilon_{xx}(x,t) \equiv \frac{\partial u(x,t)}{\partial x} \tag{5.30}$$

$$N(x,t) = \sigma_{xx}(x,t)\,A \tag{5.31}$$

Die allgemeine Darstellung der (eindimensionalen) spannungsexpliziten Materialgleichung linear-viskoelastischer Materialien gemäß (3.279) nimmt dann unter Beachtung, daß jetzt $\sigma(t) \equiv \sigma_{xx}(x,t)$ die *Längsspannung* und $\varepsilon(t) \equiv \varepsilon_{xx}(x,t)$ die *Längsdehnung* im Stab bedeuten, die folgende Form an:

$$\sigma_{xx}(x,t) = R(0)\,\varepsilon_{xx}(x,t) - \int_{\tau=t_0}^{t} \dot{R}(t-\tau)\varepsilon_{xx}(x,\tau)\,d\tau \tag{5.32}$$

Einsetzen von (5.30) in (5.32) und weiteres Einsetzen der so entstandenen Gleichung in (5.31) führt dann sofort auf die *schnittlastexplizite Material-Struktur-Gleichung linear-viskoelastischer Stäbe*

$$\boxed{N(x,t) = A\left[R(0)\,\frac{\partial u(x,t)}{\partial x} - \int_{\tau=0}^{t} \dot{R}(t-\tau)\frac{\partial u(x,\tau)}{\partial x}\,d\tau\right]} \tag{5.33}$$

Die Alternativform zu (5.33) ergibt sich wie vor anstatt mit (5.32) mit Hilfe von (3.280), wobei wieder $\sigma(t) \equiv \sigma_{xx}(x,t)$ und $\varepsilon(t) \equiv \varepsilon_{xx}(x,t)$ zu setzen ist, so daß

$$\boxed{N(x,t) = A\left\{R(t)\,\frac{\partial u(x,0)}{\partial x} + \int_{\tau=0}^{t} R(t-\tau)\frac{\partial}{\partial \tau}\left[\frac{\partial u(x,\tau)}{\partial x}\right]d\tau\right\}} \tag{5.34}$$

Hinweise:

- Durch (5.33) bzw. (5.34) wird der Zusammenhang zwischen der Schnittlast N (Normalkraft) und der Längsverschiebung u linear-viskoelastischer Stäbe wiedergegeben.
- Für den Fall, daß N gegeben ist, stellen (5.33) bzw. (5.34) Integro-Differentialgleichungen für u bzw. den Verschiebungsgradienten $\partial u/\partial x$ dar.
- In (5.33) bzw. (5.34) können beliebige Relaxationsfunktionen $R(t)$ eingesetzt werden (vgl. dazu Unterabschnitt 3.3.6).

- Der Spezialfall *elastischer* Stäbe (5.17) für den isothermen Fall ($T = T_0$) ergibt sich sofort aus (5.33) durch Einsetzen der Relaxationsfunktion des HOOKE-Modelles gemäß (3.170), nämlich $R(t) = R(t-\tau) = E = const$ und deshalb auch $\dot{R}(t-\tau) = 0$.

Die zu (5.33) verschiebungsexplizite Version erhält man durch Einsetzen von (3.281) in (5.30) (wieder unter Setzung von $\sigma(t) \equiv \sigma_{xx}(x,t)$ und $\varepsilon(t) \equiv \varepsilon_{xx}(x,t)$), so daß bei gleichzeitiger Multiplikation der Gleichung mit der Querschnittsfläche A des Stabes zunächst

$$\varepsilon_{xx}(x,t)\,A = \frac{\partial u(x,t)}{\partial x} A = K(0)\underbrace{\sigma_{xx}(x,t)\,A}_{N(x,t)} - \int\limits_{\tau=0}^{t} \dot{K}(t-\tau)\underbrace{\sigma_{xx}(x,\tau)\,A}_{N(x,\tau)}\,d\tau \qquad (5.35)$$

entsteht. Unter Beachtung von (5.31) ergibt sich daraus die *verschiebungsexplizite Material-Struktur-Gleichung linear-viskoelastischer Stäbe*

$$\boxed{\frac{\partial u(x,t)}{\partial x} = \frac{1}{A}\left[K(0)\,N(x,t) - \int\limits_{\tau=0}^{t} \dot{K}(t-\tau)\,N(x,\tau)d\tau\right]} \qquad (5.36)$$

Mit der zu (5.36) analogen Vorgehensweise findet man mit (3.282) noch die zu (5.36) alternative Darstellung

$$\boxed{\frac{\partial u(x,t)}{\partial x} = \frac{1}{A}\left\{K(t)\,N(x,0) + \int\limits_{\tau=0}^{t} K(t-\tau)\,\frac{\partial}{\partial\tau}\left[N(x,\tau)\right]d\tau\right\}} \qquad (5.37)$$

Hinweise:

- Durch (5.36) bzw. (5.37) wird der verschiebungsexplizite Zusammenhang zwischen der Schnittlast N (Normalkraft) und der Längsverschiebung u linear-viskoelastischer Stäbe wiedergegeben.
- Für den Fall, daß der Verschiebungsgradient $\partial u/\partial x$ gegeben ist, stellen (5.36) bzw. (5.37) Integro-Differentialgleichungen für die Normalkraft N dar.
- In (5.36) bzw. (5.37) können beliebige Kriechfunktionen $K(t)$ eingesetzt werden (vgl. dazu Unterabschnitt 3.3.6).
- Der Spezialfall *elastischer* Stäbe (5.17) für den isothermen Fall ($T = T_0$) ergibt sich sofort aus (5.36), wenn dort die Kriechfunktion des HOOKE-Modelles gemäß (3.176), nämlich $K(t) = K(t-\tau) = 1/E = const$ und deshalb auch $\dot{K}(t-\tau) = 0$ eingesetzt wird.

Es sei betont, daß die Relaxations- und Kriechfunktionen $R(t)$ und $K(t)$ in (5.33) bis (5.37) nicht unabhängig voneinander sind, sondern stets die Beziehung (3.283) erfüllen bzw. über diese wechselseitig bestimmbar sein müssen!

KELVIN-artige Materialien: Mit den oben stehenden Stab-Materialgleichungsformen lassen sich generell sämtliche linear-viskoelastischen Probleme von Stäben mit beliebigen Relaxations- und Kriechfunktionen berechnen, wobei aber diese Darstellungen durchaus in manchen Fällen auf die Lösung einer Integral- bzw. Integro-Differentialgleichung für die Verschiebung bzw. deren Gradienten hinauslaufen können. Für KELVIN-artige Materialien läßt sich dies zumindest für die schnittlast-explizite Form vermeiden, da sich hierfür von vornherein die Material-Struktur-Gleichung auf eine Differentialgleichungsform bringen läßt: Setzt man nämlich (3.212) in (5.31) ein, so folgt zunächst

$$N(x,t) = EA\varepsilon_{xx}(x,t) + \eta A\dot{\varepsilon}_{xx}(x,t) \tag{5.38}$$

Einsetzen von (5.30) in (5.38) liefert schließlich die *schnittlastexplizite Material-Struktur-Gleichung für linear-viskoelastische KELVIN-Stäbe*

$$N(x,t) = EA\frac{\partial u(x,t)}{\partial x} + \eta A\frac{\partial}{\partial t}\left[\frac{\partial u(x,t)}{\partial x}\right] \tag{5.39}$$

oder kürzer mit $\partial(\bullet)/\partial x \equiv (\bullet)'$ und $\partial(\bullet)/\partial t \equiv d(\bullet)/dt$

$$\boxed{N(x,t) = EAu'(x,t) + \eta A\dot{u}'(x,t) \equiv [EAu(x,t) + \eta\dot{u}(x,t)]'} \tag{5.40}$$

5.3.2 Biegeproblem (ebene oder einachsige Biegung)

Zur Formulierung des *viskoelastischen* Biegproblems (Balkenheorie) können bis auf die Materialgleichung ebenfalls wieder sämtliche Beziehungen für elastische Balken aus Unterabschnitt 5.2.2 übernommen werden, wobei wieder als unabhängige Variable jeweils noch die Zeit zu ergänzen ist. Die modifizierten Gleichungen für die *EULERsche Hypothese* (5.18), die *Verschiebungs-Verzerrungs-Gleichung* (5.19) sowie die *Äquivalenzbedingung* $(5.7)_5$ lauten dann nacheinander:

$$u(x,z,t) = -zw'(x,z=0,t) \tag{5.41}$$

$$\varepsilon_{xx}(x,z,t) = \frac{\partial u(x,z,t)}{\partial x} = -z\frac{\partial^2 w(x,t)}{\partial x^2} \tag{5.42}$$

$$M_y(x,t) = \int\limits_A z\sigma_{xx}(x,z,t)\,dA \tag{5.43}$$

Als spannungsexplizite Materialgleichung linear-viskoelastischer Materialien ist wieder die Form (3.279) zu nehmen, worin jetzt $\sigma(t) \equiv \sigma_{xx}(x,z,t)$ die *Biegespannung* und $\varepsilon(t) \equiv \varepsilon_{xx}(x,z,t)$ die *Längsdehnung* im Balken bedeuten und somit

$$\sigma_{xx}(x,z,t) = R(0)\,\varepsilon_{xx}(x,z,t) - \int\limits_{\tau=0}^{t} \dot{R}(t-\tau)\varepsilon_{xx}(x,z,\tau)\,d\tau \tag{5.44}$$

entsteht. Einsetzen von (5.42) in (5.44) und weiteres Einsetzen in (5.43) liefert unter Beachtung, daß die Relaxationsfunktion R und die Biegelinie w nicht von den Querschnittskoordinaten y und z abhängen und deshalb aus den Integralen herausgezogen werden können

$$M_y(x,t) = -\int_A \left[R(0)\, z^2 \frac{\partial^2 w(x,t)}{\partial x^2}\right] dA + \int_A \left[\int_{\tau=0}^{t} \dot{R}(t-\tau)\, z^2 \frac{\partial^2 w(x,\tau)}{\partial x^2} d\tau\right] dA =$$
$$= -R(0)\, \frac{\partial^2 w(x,t)}{\partial x^2} \underbrace{\int_A z^2 dA}_{I_{yy}} + \int_{\tau=0}^{t} \dot{R}(t-\tau)\, \frac{\partial^2 w(x,\tau)}{\partial x^2} d\tau \underbrace{\int_A z^2 dA}_{I_{yy}} \tag{5.45}$$

Mit der Definition des Flächenträgheitsmomentes (5.26) erhält man schließlich die *schnittlastexplizite Material-Struktur-Gleichung linear-viskoelastischer Balken* wie folgt

$$\boxed{M_y(x,t) = -I_{yy}(x) \left[R(0)\, \frac{\partial^2 w(x,t)}{\partial x^2} - \int_{\tau=0}^{t} \dot{R}(t-\tau)\, \frac{\partial^2 w(x,\tau)}{\partial x^2} d\tau\right]} \tag{5.46}$$

bzw. mit Hilfe der zu (5.44) analogen Alternativform (3.280) auch

$$\boxed{M_y(x,t) = -I_{yy}(x) \left\{R(t)\, \frac{\partial^2 w(x,0)}{\partial x^2} + \int_{\tau=0}^{t} R(t-\tau)\, \frac{\partial}{\partial \tau}\left[\frac{\partial^2 w(x,\tau)}{\partial x^2}\right] d\tau\right\}} \tag{5.47}$$

Hinweise:

- Durch (5.46) bzw. (5.47) wird der Zusammenhang zwischen der Schnittlast M_y (Biegemoment um die y-Achse) und der Verschiebung (Durchbiegung) w linear-viskoelastischer Balken wiedergegeben. Man bezeichnet diese Beziehungen auch als Balken-Materialgleichungen.
- Für den Fall, daß M_y gegeben ist, stellen (5.46) bzw. (5.47) Integro-Differentialgleichungen für w bzw. deren zweite Ableitung $\partial^2 w/\partial x^2$ dar.
- In (5.46) bzw. (5.47) können beliebige Relaxationsfunktionen $R(t)$ eingesetzt werden (vgl. dazu Unterabschnitt 3.3.6).
- Der Spezialfall *elastischer* Balken (5.27) ergibt sich aus (5.46) durch Einsetzen der Relaxationsfunktion des HOOKE-Modelles gemäß (3.170), nämlich $R(t) = R(t - \tau) = E$ analog zu (5.34) (vgl. die Rechnung unter den dortigen Hinweisen!)

Die zu (5.46) verschiebungsexplizite Version erhält man durch Einsetzen von (3.281) in (5.42) (wieder unter Setzung von $\sigma(t) \equiv \sigma_{xx}(x,z,t)$ und $\varepsilon(t) \equiv \varepsilon_{xx}(x,z,t)$), so daß zunächst entsteht

$$\varepsilon_{xx}(x,z,t) = -z \frac{\partial^2 w(x,t)}{\partial x^2} = K(0)\, \sigma_{xx}(x,z,t) - \int_{\tau=0}^{t} \dot{K}(t-\tau) \sigma_{xx}(x,z,\tau)\, d\tau \tag{5.48}$$

Multiplikation mit z und anschließende Integration über die Querschnittsfläche A des Balkens auf beiden Seiten von (5.48) führt auf

$$-\int_A z^2 \frac{\partial^2 w(x,t)}{\partial x^2} dA = -\frac{\partial^2 w(x,t)}{\partial x^2} \underbrace{\int_A z^2 dA}_{I_{yy}} =$$
$$= K(0) \underbrace{\int_A z\sigma_{xx}(x,z,t)\, dA}_{M_y(x,t)} - \int_{\tau=0}^{t} \left[\dot{K}(t-\tau) \underbrace{\int_A z\sigma_{xx}(x,z,\tau)\, dA}_{M_y(x,\tau)} \right] d\tau \tag{5.49}$$

Mit dem Flächenträgheitsmoment I_{yy} gemäß (5.26) entsteht dann aus (5.49) schließlich die *verschiebungsexplizite Material-Struktur-Gleichung linear-viskoelastischer Balken*

$$\boxed{\frac{\partial^2 w(x,t)}{\partial x^2} = -\frac{1}{I_{yy}(x)} \left[K(0)\, M_y(x,t) - \int_{\tau=0}^{t} \dot{K}(t-\tau)\, M_y(x,\tau)\, d\tau \right]} \tag{5.50}$$

bzw. die dazu alternative Form

$$\boxed{\frac{\partial^2 w(x,t)}{\partial x^2} = -\frac{1}{I_{yy}(x)} \left\{ K(t)\, M_y(x,0) + \int_{\tau=0}^{t} K(t-\tau) \frac{\partial}{\partial \tau} \left[M_y(x,\tau) \right] d\tau \right\}} \tag{5.51}$$

Hinweise:

- Durch (5.50) bzw. (5.51) wird der verschiebungsexplizite Zusammenhang zwischen der Schnittlast M_y und der Durchbiegung w linear-viskoelastischer Balken wiedergegeben.
- Für den Fall, daß die zweite Verschiebungsableitung $\partial^2 w / \partial x^2$ gegeben ist, stellen (5.50) bzw. (5.51) Integro-Differentialgleichungen für das Biegemoment M_y dar.
- In (5.50) bzw. (5.51) können wieder beliebige Kriechfunktionen $K(t)$ eingesetzt werden (vgl. dazu Unterabschnitt 3.3.6).
- Der Spezialfall *elastischer* Balken (5.25) ergibt sich aus (5.50), wenn dort wieder die Kriechfunktion des HOOKE-Modelles gemäß (3.176), nämlich $K(t) = K(t\,\text{-}\tau) = 1/E$ eingesetzt wird.

Es sei wieder betont, daß die Relaxations- und Kriechfunktionen $R(t)$ und $K(t)$ in (5.46) bis (5.51) nicht voneinander unabhängig sind und über die Beziehung (3.283) zusammenhängen!

Äquivalenzbedingung: Ergänzend sei noch gezeigt, daß die Form der Äquivalenzbedingung (5.28) auch im Falle der linearen Viskoelastizität gilt: Gemäß (5.42) läßt sich auch schreiben

$$\frac{\partial^2 w(x,t)}{\partial x^2} = -\frac{\varepsilon_{xx}(x,z,t)}{z} \tag{5.52}$$

Einsetzen von (5.52) in (5.46) ergibt

$$M_y(x,t) = \frac{I_{yy}(x)}{z} \underbrace{\left[R(0)\,\varepsilon_{xx}(x,z,t) - \int\limits_{\tau=0}^{t} \dot{R}(t-\tau)\,\varepsilon_{xx}(x,z,\tau)d\tau \right]}_{\sigma_{xx}(x,z,t)} \tag{5.53}$$

woraus unter Beachtung, daß der Ausdruck in den eckigen Klammern identisch mit (5.44) ist, schließlich die für den linear-viskoelastischen Fall um die Variable t erweiterte Äquivalenzbedingung (5.28) fließt, nämlich

$$\boxed{\sigma_{xx}(x,z,t) = \frac{M_y(x,t)}{I_{yy}(x)} z} \tag{5.54}$$

KELVIN-artige Materialien: Analog zu (5.40) läßt sich für KELVIN-artige Materialien die Material-Struktur-Gleichung wieder auf eine Differentialgleichungsform bringen. Die spannungsexplizite Materialgleichung des KELVIN-Modelles (3.212) nimmt für Balken zunächst die folgende Form an:

$$\sigma_{xx}(x,z,t) = E\varepsilon_{xx}(x,z,t) + \eta\dot{\varepsilon}_{xx}(x,z,t) \tag{5.55}$$

Einsetzen von (5.42) in (5.55) liefert nach Multiplikation mit z und anschließender Integration über die Querschnittsfläche A des Balkens auf beiden Seiten von (5.55) zunächst

$$\underbrace{\int\limits_A z\sigma_{xx}(x,z,t)\,dA}_{M_y(x,t)} = -\int\limits_A Ez^2 \frac{\partial^2 w(x,t)}{\partial x^2} dA - \int\limits_A \eta z^2 \frac{\partial}{\partial t}\left[\frac{\partial^2 w(x,t)}{\partial x^2}\right] dA \tag{5.56}$$

worin der Ausdruck auf der linken Seite von (5.56) gerade das Biegemoment gemäß der Äquivalenzbedingung $(5.7)_5$ ist. Wegen $dA = dydz$ können die Verschiebungsgradienten auf der rechten Seite von (5.56) aus den Integralen herausgezogen werden, so daß mit der Definition des Flächenträgheitsmomentes (5.26) aus (5.56) schließlich die folgende *schnittlastexplizite Material-Struktur-Gleichung für linear-viskoelastische KELVIN-Balken* fließt

$$M_y(x,t) = -I_{yy}\left\{E\frac{\partial^2 w(x,t)}{\partial x^2} + \eta\frac{\partial}{\partial t}\left[\frac{\partial^2 w(x,t)}{\partial x^2}\right]\right\} \tag{5.57}$$

oder kürzer mit $\partial(\bullet)/\partial x \equiv (\bullet)'$ und $\partial(\bullet)/\partial t \equiv d(\bullet)/dt$

$$\boxed{M_y(x,t) = -I_{yy}\left[Ew''(x,t) + \eta\dot{w}''(x,t)\right] \equiv -I_{yy}\left[Ew(x,t) + \eta\dot{w}(x,t)\right]''} \tag{5.58}$$

Hinweise:

- Die Struktur-Material-Gleichung (5.58) ist nur für das KELVIN-Modell gültig!
- Die Ermittlung der Verschiebung $w(x,t)$ bei bekannter Schnittlast M_y kann durch Lösung einer DGL erreicht werden.
- Für $\eta = 0$ entsteht aus (5.58) der Sonderfall der Material-Struktur-Gleichung des elastischen Balkens gemäß (5.27).

5.4 Linear-elastische Träger mit ringförmiger Querschnittsform

Im Folgenden werden die wesentlichen Gleichungen zur Berechnung von Bauteilen mit ringförmiger Querschnittsform (vgl. Kapitel 9) bereitgestellt. Dabei wird zunächst eine ringförmige, aber sonst beliebige Querschnittsgeometrie eines Bauteiles unterstellt (ein Spezialfall wäre etwa eine Kreisringform). Ferner werden die Verschiebungs-Verzerrungs-Gleichungen, das HOOKEsche Materialgesetz sowie die Grundgleichung der Elastokinetik (strenglineare Elastizitätstheorie) für den isothermen Fall ($T = T_0$) gemäß der Unterabschnitte 2.3.5 und 3.2.3 sowie Abschnitt 4.2 zugrunde gelegt.

5.4.1 Verschiebungs-, Verzerrungs- und Spannungszustand in Zylinderkoordinaten

Im Falle von Bauteilen mit ringförmiger Querschnittsform ist es zweckmäßig sämtliche Feldgrößen auf Zylinderkoordinaten r, φ und z zu beziehen, wobei im Folgenden r und φ die Querschnittskoordinaten und z die Längskoordinate bedeuten (vgl. Bild 5.5). Der Verschiebungsvektor $\boldsymbol{u}$ hat dann gemäß (A.148) die folgende Darstellung

$$\boldsymbol{u}(\boldsymbol{x},t) = u\boldsymbol{e}_r + v\boldsymbol{e}_\varphi + w\boldsymbol{e}_z \tag{5.59}$$

worin die drei Verschiebungskoordinaten

$$u = u(r,\varphi,z)\,, \quad v = v(r,\varphi,z)\,, \quad w = w(r,\varphi,z) \tag{5.60}$$

im Allgemeinen noch von allen drei Zylinderkoordinaten abhängen können. Dabei wird u als *radiale*, v als *tangentiale* und w als *Längs*-Verschiebung bezeichnet. Der infinitesimale Verzerrungstensor $\boldsymbol{E}$ lautet dann gemäß (A.149) in Analogie zu (2.125) und (2.126) bezüglich Zylinderkoordinaten in tensorieller bzw. Matrizenform

$$\begin{aligned}\boldsymbol{E} = {} & \varepsilon_{rr}\boldsymbol{e}_r\boldsymbol{e}_r + \varepsilon_{\varphi\varphi}\boldsymbol{e}_\varphi\boldsymbol{e}_\varphi + \varepsilon_{zz}\boldsymbol{e}_z\boldsymbol{e}_z + \\ & + \varepsilon_{r\varphi}(\boldsymbol{e}_r\boldsymbol{e}_\varphi + \boldsymbol{e}_\varphi\boldsymbol{e}_r) + \varepsilon_{rz}(\boldsymbol{e}_r\boldsymbol{e}_z + \boldsymbol{e}_z\boldsymbol{e}_r) + \varepsilon_{\varphi z}(\boldsymbol{e}_\varphi\boldsymbol{e}_z + \boldsymbol{e}_z\boldsymbol{e}_\varphi)\end{aligned} \tag{5.61}$$

bzw.

$$[\boldsymbol{E}] = \begin{bmatrix} \varepsilon_{rr} & \varepsilon_{r\varphi} & \varepsilon_{rz} \\ \varepsilon_{r\varphi} & \varepsilon_{\varphi\varphi} & \varepsilon_{\varphi z} \\ \varepsilon_{rz} & \varepsilon_{\varphi z} & \varepsilon_{zz} \end{bmatrix} \langle \boldsymbol{e}_i\boldsymbol{e}_j \rangle \qquad (i,j = r,\varphi,z) \tag{5.62}$$

Man bezeichnet in (5.62) ε_{rr} als *radiale Dehnung*, $\varepsilon_{\varphi\varphi}$ als *tangentiale Dehnung* und ε_{zz} als *Längsdehnung*. Entsprechend lauten die Darstellungen für den Spannungstensor

$$\begin{aligned}\boldsymbol{S} = {} & \sigma_{rr}\boldsymbol{e}_r\boldsymbol{e}_r + \sigma_{\varphi\varphi}\boldsymbol{e}_\varphi\boldsymbol{e}_\varphi + \sigma_{zz}\boldsymbol{e}_z\boldsymbol{e}_z + \\ & + \sigma_{r\varphi}(\boldsymbol{e}_r\boldsymbol{e}_\varphi + \boldsymbol{e}_\varphi\boldsymbol{e}_r) + \sigma_{rz}(\boldsymbol{e}_r\boldsymbol{e}_z + \boldsymbol{e}_z\boldsymbol{e}_r) + \sigma_{\varphi z}(\boldsymbol{e}_\varphi\boldsymbol{e}_z + \boldsymbol{e}_z\boldsymbol{e}_\varphi)\end{aligned} \tag{5.63}$$

bzw.

$$[\boldsymbol{S}] = \begin{bmatrix} \sigma_{rr} & \sigma_{r\varphi} & \sigma_{rz} \\ \sigma_{r\varphi} & \sigma_{\varphi\varphi} & \sigma_{\varphi z} \\ \sigma_{rz} & \sigma_{\varphi z} & \sigma_{zz} \end{bmatrix} \langle \boldsymbol{e}_i\boldsymbol{e}_j \rangle \qquad (i,j = r,\varphi,z) \tag{5.64}$$

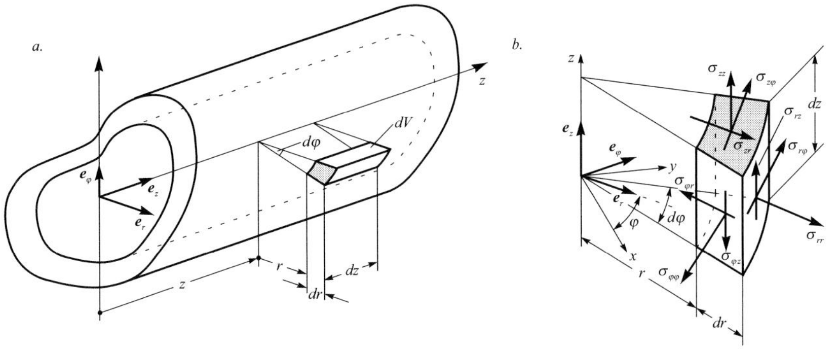

Bild 5.5: Träger mit ringförmigem Querschnitt, a. Koordinatensystem und Volumenelement dV, b. Spannungskoordinaten am Volumenelement (entsprechend Schnittlastenkonvention am negativen/positiven Schnittufer)

Dabei werden σ_{rr} als *Radialspannung*, $\sigma_{\varphi\varphi}$ als *Tangentialspannung* und σ_{zz} als *Längsspannung* bezeichnet.

5.4.2 HOOKEsches Materialgesetz in Zylinderkoordinaten

Mit (5.61) bzw. (5.62) ergeben sich nach (3.141) die Koordinatengleichungen des HOOKEschen Materialgesetzes in spannungsexpliziter Form bezüglich Zylinderkoordinaten wie folgt

$$\boxed{\begin{aligned}
\sigma_{rr} &= 2G\left[\varepsilon_{rr} + \frac{\nu}{1-2\nu}\left(\varepsilon_{rr}+\varepsilon_{\varphi\varphi}+\varepsilon_{zz}\right)\right] = \frac{E}{(1+\nu)(1-2\nu)}\left[(1-\nu)\,\varepsilon_{rr}+\nu\left(\varepsilon_{\varphi\varphi}+\varepsilon_{zz}\right)\right]\\
\sigma_{\varphi\varphi} &= 2G\left[\varepsilon_{\varphi\varphi} + \frac{\nu}{1-2\nu}\left(\varepsilon_{rr}+\varepsilon_{\varphi\varphi}+\varepsilon_{zz}\right)\right] = \frac{E}{(1+\nu)(1-2\nu)}\left[(1-\nu)\,\varepsilon_{\varphi\varphi}+\nu\left(\varepsilon_{rr}+\varepsilon_{zz}\right)\right]\\
\sigma_{zz} &= 2G\left[\varepsilon_{zz} + \frac{\nu}{1-2\nu}\left(\varepsilon_{rr}+\varepsilon_{\varphi\varphi}+\varepsilon_{zz}\right)\right] = \frac{E}{(1+\nu)(1-2\nu)}\left[(1-\nu)\,\varepsilon_{zz}+\nu\left(\varepsilon_{rr}+\varepsilon_{\varphi\varphi}\right)\right]\\
\sigma_{r\varphi} &= 2G\varepsilon_{r\varphi},\quad \sigma_{rz} = 2G\varepsilon_{rz},\quad \sigma_{\varphi z} = 2G\varepsilon_{\varphi z}
\end{aligned}} \tag{5.65}$$

und entsprechend mit (5.63) bzw. (5.64) gemäß (3.146) in verzerrungsexpliziter Form

$$\boxed{\begin{aligned}
\varepsilon_{rr} &= \frac{1}{2G}\left[\sigma_{rr} - \frac{\nu}{1+\nu}\left(\sigma_{rr}+\sigma_{\varphi\varphi}+\sigma_{zz}\right)\right] = \frac{1}{E}\left[\sigma_{rr}-\nu\left(\sigma_{\varphi\varphi}+\sigma_{zz}\right)\right]\\
\varepsilon_{\varphi\varphi} &= \frac{1}{2G}\left[\sigma_{\varphi\varphi} - \frac{\nu}{1+\nu}\left(\sigma_{rr}+\sigma_{\varphi\varphi}+\sigma_{zz}\right)\right] = \frac{1}{E}\left[\sigma_{\varphi\varphi}-\nu\left(\sigma_{rr}+\sigma_{zz}\right)\right]\\
\varepsilon_{zz} &= \frac{1}{2G}\left[\sigma_{zz} - \frac{\nu}{1+\nu}\left(\sigma_{rr}+\sigma_{\varphi\varphi}+\sigma_{zz}\right)\right] = \frac{1}{E}\left[\sigma_{zz}-\nu\left(\sigma_{rr}+\sigma_{\varphi\varphi}\right)\right]\\
\varepsilon_{r\varphi} &= \frac{1}{2G}\sigma_{r\varphi},\quad \varepsilon_{rz} = \frac{1}{2G}\sigma_{rz},\quad \varepsilon_{\varphi z} = \frac{1}{2G}\sigma_{\varphi z}
\end{aligned}} \tag{5.66}$$

Durch (5.65) und (5.66) werden die zu den kartesischen Darstellungen (3.149) und (3.150) analogen Koordinatengleichungen bezüglich Zylinderkoordinaten wiedergegeben.

5.4.3 Verschiebungs-Verzerrungs-Gleichungen und Materialgesetz als Funktion der Verschiebungskoordinaten

Einsetzen von (5.59) in $(4.3)_1$ führt unter Beachtung von (A.154) nach Koeffizientenvergleich in den Basisdyaden $\boldsymbol{e}_i \boldsymbol{e}_j$ $(i,j = r,\ \varphi,\ z)$ wie folgt auf die Verschiebungs-Verzerrungs-Gleichungen bezüglich zylindrischer Koordinaten

$$\boxed{\begin{aligned} \varepsilon_{rr} &= \frac{\partial u}{\partial r} \quad , \quad \varepsilon_{r\varphi} = \frac{1}{2}\left(\frac{1}{r}\frac{\partial u}{\partial \varphi} + \frac{\partial v}{\partial r} - \frac{v}{r}\right) \quad , \quad \varepsilon_{rz} = \frac{1}{2}\left(\frac{\partial u}{\partial z} + \frac{\partial w}{\partial r}\right) \\ \varepsilon_{zz} &= \frac{\partial w}{\partial z} \quad , \quad \varepsilon_{\varphi\varphi} = \frac{u}{r} + \frac{1}{r}\frac{\partial v}{\partial \varphi} \quad , \quad \varepsilon_{\varphi z} = \frac{1}{2}\left(\frac{\partial v}{\partial z} + \frac{1}{r}\frac{\partial w}{\partial \varphi}\right) \end{aligned}} \tag{5.67}$$

Die sechs Beziehungen (5.67) stellen die zu (2.127) analogen Verschiebungs-Verzerrungs-Gleichungen in Zylinderkoordinaten dar. Einsetzen von (5.67) in (5.65) bzw. von (5.59) in (4.6) führt wie folgt auf die sechs Spannungskoordinaten des HOOKEschen Materialgesetzes als Funktion der drei Verschiebungskoordinaten:

$$\boxed{\begin{aligned} \sigma_{rr} &= 2G\left[\frac{\partial u}{\partial r} + \frac{\nu}{1-2\nu}\left(\frac{\partial u}{\partial r} + \frac{u}{r} + \frac{1}{r}\frac{\partial v}{\partial \varphi} + \frac{\partial w}{\partial z}\right)\right] \equiv \\ &\equiv \frac{2G}{1-2\nu}\left[(1-\nu)\frac{\partial u}{\partial r} + \nu\left(\frac{u}{r} + \frac{1}{r}\frac{\partial v}{\partial \varphi} + \frac{\partial w}{\partial z}\right)\right] \\ \sigma_{\varphi\varphi} &= 2G\left[\frac{u}{r} + \frac{1}{r}\frac{\partial v}{\partial \varphi} + \frac{\nu}{1-2\nu}\left(\frac{\partial u}{\partial r} + \frac{u}{r} + \frac{1}{r}\frac{\partial v}{\partial \varphi} + \frac{\partial w}{\partial z}\right)\right] \equiv \\ &\equiv \frac{2G}{1-2\nu}\left[(1-\nu)\left(\frac{u}{r} + \frac{1}{r}\frac{\partial v}{\partial \varphi}\right) + \nu\left(\frac{\partial u}{\partial r} + \frac{\partial w}{\partial z}\right)\right] \\ \sigma_{zz} &= 2G\left[\frac{\partial w}{\partial z} + \frac{\nu}{1-2\nu}\left(\frac{\partial u}{\partial r} + \frac{u}{r} + \frac{1}{r}\frac{\partial v}{\partial \varphi} + \frac{\partial w}{\partial z}\right)\right] \equiv \\ &\equiv \frac{2G}{1-2\nu}\left[(1-\nu)\frac{\partial w}{\partial z} + \nu\left(\frac{\partial u}{\partial r} + \frac{u}{r} + \frac{1}{r}\frac{\partial v}{\partial \varphi}\right)\right] \\ \sigma_{r\varphi} &= G\left(\frac{\partial v}{\partial r} + \frac{1}{r}\frac{\partial u}{\partial \varphi} - \frac{v}{r}\right), \quad \sigma_{rz} = G\left(\frac{\partial u}{\partial z} + \frac{\partial w}{\partial r}\right), \quad \sigma_{z\varphi} = G\left(\frac{\partial v}{\partial z} + \frac{1}{r}\frac{\partial w}{\partial \varphi}\right) \end{aligned}} \tag{5.68}$$

5.4.4 Impulsbilanz (CAUCHY I) in Zylinderkoordinaten

Für spätere Rechnungen im Rahmen von praxisnahen Anwendungen (9) ist die Erzeugung der Impulsbilanz in Zylinderkoordinaten noch von Bedeutung. Mit der zu (5.59) analogen Darstellung des Volumenkraftvektors

$$\boldsymbol{k}^V = k_r^V \boldsymbol{e}_r + k_\varphi^V \boldsymbol{e}_\varphi + k_z^V \boldsymbol{e}_z \tag{5.69}$$

erhält man unter Beachtung von (A.156) für den symmetrischen Spannungstensor aus $(4.3)_3$ nach Koordinatenvergleich in den drei Basisvektoren $\boldsymbol{e}_r$, $\boldsymbol{e}_\varphi$ und $\boldsymbol{e}_z$ die drei folgenden Koordinatengleichungen von CAUCHY I (einer besseren Übersichtlichkeit wegen wurden die Zeitableitungen in den Trägheitstermen auf den rechten Seiten von (5.70) nicht weiter konkretisiert, wobei $\dot{\boldsymbol{v}} \cdot \boldsymbol{e}_i$ mit $i = r, \varphi, z$ die jeweiligen Projektionen von $\dot{\boldsymbol{v}}$ in $\boldsymbol{e}_r$-, $\boldsymbol{e}_\varphi$ - und $\boldsymbol{e}_z$–Richtung bedeuten!):

$$\begin{aligned}
&\frac{\partial \sigma_{rr}}{\partial r} + \frac{1}{r}\frac{\partial \sigma_{r\varphi}}{\partial \varphi} + \frac{\partial \sigma_{rz}}{\partial z} + \frac{1}{r}\left(\sigma_{rr} - \sigma_{\varphi\varphi}\right) &&+ k_r^V = \rho\left(\dot{\boldsymbol{v}} \cdot \boldsymbol{e}_r\right)\\
&\frac{\partial \sigma_{r\varphi}}{\partial r} + \frac{1}{r}\frac{\partial \sigma_{\varphi\varphi}}{\partial \varphi} + \frac{\partial \sigma_{\varphi z}}{\partial z} + \frac{2}{r}\sigma_{r\varphi} &&+ k_\varphi^V = \rho\left(\dot{\boldsymbol{v}} \cdot \boldsymbol{e}_\varphi\right)\\
&\frac{\partial \sigma_{rz}}{\partial r} + \frac{1}{r}\frac{\partial \sigma_{\varphi z}}{\partial \varphi} + \frac{\partial \sigma_{zz}}{\partial z} + \frac{1}{r}\sigma_{rz} &&+ k_z^V = \rho\left(\dot{\boldsymbol{v}} \cdot \boldsymbol{e}_z\right)
\end{aligned} \tag{5.70}$$

5.4.5 Grundgleichung der Elastokinetik in Zylinderkoordinaten

Einsetzen von den jeweils ersten Darstellungen von (5.68) in (5.70) oder von (5.59) in (4.9) führt unter Beachtung von Anhang A.2.4 nach Vergleich in den drei Basisvektoren $\boldsymbol{e}_r$, $\boldsymbol{e}_\varphi$ und $\boldsymbol{e}_z$ wie folgt auf die Koordinatengleichungen der Grundgleichung der Elastokinetik bezüglich Zylinderkoordinaten (einer besseren Übersichtlichkeit wegen wurden die Zeitableitungen in den Trägheitstermen auf den rechten Seiten von (5.71)wie in (5.70) behandelt!):

$$\begin{aligned}
&G\left[\Delta u - \frac{1}{r^2}\left(u + 2\frac{\partial v}{\partial \varphi}\right) + \frac{1}{1-2\nu}\frac{\partial}{\partial r}\left(\frac{\partial u}{\partial r} + \frac{u}{r} + \frac{1}{r}\frac{\partial v}{\partial \varphi} + \frac{\partial w}{\partial z}\right)\right] &&+ k_r^V = \rho\left(\dot{\boldsymbol{v}} \cdot \boldsymbol{e}_r\right)\\
&G\left[\Delta v - \frac{1}{r^2}\left(v - 2\frac{\partial u}{\partial \varphi}\right) + \frac{1}{1-2\nu}\frac{\partial}{\partial \varphi}\left(\frac{\partial u}{\partial r} + \frac{u}{r} + \frac{1}{r}\frac{\partial v}{\partial \varphi} + \frac{\partial w}{\partial z}\right)\right] &&+ k_\varphi^V = \rho\left(\dot{\boldsymbol{v}} \cdot \boldsymbol{e}_\varphi\right)\\
&G\left[\Delta w + \frac{1}{1-2\nu}\frac{\partial}{\partial z}\left(\frac{\partial u}{\partial r} + \frac{u}{r} + \frac{1}{r}\frac{\partial v}{\partial \varphi} + \frac{\partial w}{\partial z}\right)\right] &&+ k_z^V = \rho\left(\dot{\boldsymbol{v}} \cdot \boldsymbol{e}_z\right)\\
&\text{mit} \quad \Delta(\bullet) = \frac{\partial^2(\bullet)}{\partial r^2} + \frac{1}{r}\frac{\partial(\bullet)}{\partial r} + \frac{1}{r^2}\frac{\partial^2(\bullet)}{\partial \varphi^2} + \frac{\partial^2(\bullet)}{\partial z^2}
\end{aligned} \tag{5.71}$$

Hinweise:

- Mit (5.71) liegen drei lineare, gekoppelte partielle Differentialgleichungen zweiter Ordnung im Ort für die drei Verschiebungskoordinaten u, v und w vor. Zur Lösung dieses Gleichungssystems sind noch dem jeweiligen Problem entsprechende Randbedingungen anzugeben!
- Das Gleichungssystem (5.71) gilt nur für Probleme mit homogenem, isotropem, nicht alterndem und isothermem linear-elastischem Materialverhalten.
- Das Gleichungssystem (5.71) ist analytisch nur für Spezialfälle lösbar.

Liegen die Lösungen der drei Verschiebungskoordinaten u, v und w aus (5.71) vor, so läßt sich damit sofort der Verzerrungs- und Spannungszustand gemäß (5.67) und (5.68) berechnen.

Teil II

Anwendungen

6 Finite Elemente Methode (FEM)

6.1 Einführung

Bei der Anwendung der Finite Elemente Methode (FEM) ist neben den eigentlichen Soft- und Hardwarekenntnissen auch ein gewisses Grundverständnis der Technischen Mechanik zwingend notwendig. Denn bereits bei der Umsetzung der realen Struktur (Kontinuum) in ein approximiertes, diskretes FE-Modell (Geometrie, Werkstoffeigenschaften, Rand- und Übergangsbedingungen usw.) ist es erforderlich, dass sinnvolle und zulässige Vereinfachungen angenommen werden. Der Anwender muss sich bei der Wahl der FEM-Software und der zur Verfügung stehenden Hardware über deren Leistungsfähigkeit und deren Grenzen im Klaren sein. Er muss in der Lage sein, die Fehlermeldungen (Errors), die Warnhinweise (Warnings) der eingesetzten Software sowie die berechneten Daten des jeweilig angewendeten FE-Programms richtig zu interpretieren, damit er das "Werkzeug" FE-Programm erfolgreich anwenden kann.

Die wichtigste Voraussetzung für ein repräsentatives Rechenergebnis ist, dass die Rand- und Übergangsbedingungen, die Materialkenngrößen, die Elementwahl und die numerische Approximation der physikalischen Struktur sowie das Analyseverfahren mit allen Optionen vom Anwender eines FE-Programms richtig gesetzt werden. Der Anwender entscheidet, ob die FE-Analyse hinsichtlich Modellerstellung, Rechenzeit, Auswertung usw. kostengünstig ist.

Dieses Kapitel hat das Ziel, dem Nutzer eines FE-Programms den Einstieg zu erleichtern und soviel Hintergrundwissen zu vermitteln, dass er die mit einem FE-Programm erhaltenen Rechnerdaten und Fehlermeldungen richtig interpretieren, die in den anschließenden Kapiteln durchgerechneten Beispiele nachvollziehen und darauf aufbauend selbständig ähnliche Problemstellungen lösen kann. Das Kapitel hat nicht das Ziel, die FEM vollständig zu erklären und alle Methoden sowie Anwendungsgebiete abzudecken. Dabei wird hier bewusst die FEM schrittweise anhand der Statik im wesentlichen am Stabelement erklärt. Dies erleichtert dem Ungeübten den Zugang zur FEM, denn das Stabelement ist einfach, die Rechenbeispiele mit den Stäben bleiben überschaubar, und es lassen sich alle wichtigen Aspekte der FEM zeigen und diskutieren.

Die Kontinuumsmechanik benutzt zum Teil die gleichen Formelzeichen wie die FEM, jedoch haben sie teilweise eine andere Bedeutung. Es wird in diesem Kapitel versucht, soweit wie möglich, Überschneidungen zu vermeiden. Exemplarisch wird auf die angeführte Literatur in der Literaturliste verwiesen.

Die Finite Elemente Methode wurde zunächst zum Lösen von Problemen der linearen Elastomechanik entwickelt. Sie ist ein Näherungsverfahren, und ihr Grundgedanke ist, dass die Struktur in beliebig kleine, endliche (finite), bekannte Elemente zerlegt wird. Für diese Elemente lassen sich durch Näherungsansätze die gesuchten Feldgrößen bestimmen (etwa Verschiebung, Verzerrung, Spannungen). Dabei ist zu beachten, dass die Wahl der Parameter so erfolgt, dass weitgehend ein widerspruchsfreier Kontakt zu den Nachbarelementen möglich ist. Der Begriff „finite elements" wurde geprägt durch CLOUGH in dem Artikel "The finite element in plane stress analysis"[Clo 60]. Dabei wurde eine elastische Membran (Kontinuum) in eine diskrete Anzahl von kleinen, aber finiten (endlichen) Subregionen oder Elementen unterteilt. Die Idee war nicht neu, denn bereits 1943 hatte COURANT dies ebenfalls schon vorgeschlagen. Die praktische Anwendung dieser Methode war erst mit der Entwicklung der Digitaltechnik (Mitte 1950) gegeben. Es waren TURNER, CLOUGH und andere, welche die Idee der diskreten Elemente und den Matrizenaufbau der Struktursteifigkeiten miteinander kombinierten und so ein systematisches Verfahren entwickelten, welches später unter dem Namen der Finite Element Method (FEM) bekannt wurde. Interessante Anmerkungen zu diesen ersten Entwicklungen der FEM können in den eigenen Kommentaren von CLOUGH „The finite element method after twenty-five years. A personal View." nachgelesen werden [Clo 80].

Mit der Entwicklung der Computer fand die FEM eine rapide steigende Anwendung und stürmische Weiterentwicklung. So wurden für Großechner die FE-Programmsysteme, u.a. NASTRAN, ABAQUS, ADINA, ANSYS, MARC, und für PC's, u.a. MSC/PAL, COSMOS/M, ANSYS–PC, SAP90, entwickelt.

In der Regel stehen heutzutage dem Anwender zur Generierung eines FE-Modells unterschiedliche Prozessoren zur Verfügung. Entweder benutzt man den im FE-Programm implementierten Geometrie-Prozessor, oder man erstellt das FE-Modell der zu untersuchenden Struktur mit einem CAD–Programm und importiert das CAD–Modell mit geeigneten Schnittstellen in das FE–Programm zur weiteren Bearbeitung. Die dritte Möglichkeit ist, dass das CAD–Programm einen FE–Analyse–Modul besitzt und so die FE–Analyse während der CAD–Sitzung durchgeführt werden kann. Dabei ist zu beachten, dass in der Regel bei den CAD–Programmen mit implementiertem FE–Analyse–Modul nicht alle Analyseverfahren, insbesondere das nichtlineare Analysemodul, und keine komplexen Elementtypen zur Verfügung stehen. Die mit den 3D–CAD–Editoren erstellten Modelle eignen sich hauptsächlich für die FE-Analyse mit Volumenmodellen. Dagegen lassen sich mit einem Editor eines FEM–Programms alle Elementtypen, wie Punkt–, Linien–, Oberflächen– und Volumenelemente, ohne Einschränkung auf die Modellgenerierung anwenden.

Die FEM wurde zunächst zum Lösen von linear elastischen Problemen der Festkörpermechanik entwickelt. Diese Arbeiten bilden die Basis für die Weiterentwicklung der FEM. Zur Bestimmung der Spannungen und Deformationen eines Festkörpers wird angenommen, wie dies bei den meisten Ingenieurproblemen üblich ist, dass das Material richtungsbezogen homogen aufgebaut ist. Dabei wird angenommen, dass das richtungsbezogene Materialver-

Tabelle 6.1: Klasseneinteilung der Elastizitätstheorie

Theorie	Verformung	Gleichgewicht am	Beispiele
1.Ordnung	klein	unverformten System	lineare Balken- und Plattentheorie
2.Ordnung	klein	verformten System	Euler-Knickung
3.Ordnung	groß	verformten System	nichtlineare Balken- und Plattentheorie

halten unabhängig von der inneren inhomogenen Materialverteilung des Werkstoffes, wie z.B. Korngrößen, Einschlüsse usw., ist. Diese Kontinuumsannahme lässt sich anhand empirisch ermittelter Daten mit hinreichender Genauigkeit bestätigen.

Das Strukturverhalten eines deformierbaren Körpers lässt sich mit den vorhandenen Lasten und Verrückungen und den sich daraus einstellenden Belastungs- und Verrückungsbeziehungen erklären. Dies sind im allgemeinen Spannungen und Verzerrungen (Dehnungen und Gleitungen bzw. Winkeländerungen). Dabei müssen drei Bedingungen erfüllt sein:

1. Gleichgewicht (Equilibrium)
2. Verträglichkeits- bzw. Kompatibilitätsbedingung (Compatibility)
3. Materialverhalten bzw. Werkstoffgesetz (Constitutive)

Die erste Bedingung ist erfüllt, wenn die inneren Kräfte mit den äußeren Kräften im Gleichgewicht sind. Bei einfachen Problemen lassen sich die Schnittlasten (Kräfte und Momente) mit Hilfe der Gleichgewichtsbedingungen an einem Freikörperbild formulieren und direkt lösen. Die Kompatibilitätsbedingung ist erfüllt, wenn die Verformung physikalisch möglich und zulässig ist. Dies bedeutet, dass unter einer Belastung die miteinander verbundenen Partikel an ihren Grenzen die gleichen Verformungen haben, und so keine Lücken, Überlappungen oder Gleitungen im Kontinuum entstehen können (vgl. Bild 6.1). Die Kontinuumsbeschreibung wird vervollständigt mit den Werkstoffgesetzen, z.B. HOOKsches Gesetz. Das Werkstoffgesetz beschreibt die Beziehung zwischen den inneren Kräften, charakterisiert durch Spannungen, und den lokalen Dehnungen, charakterisiert durch dimensionslose Verformungen. Zunächst wird nur das Werkstoffgesetz für ein homogenes, isotropes und linear-elastisches Material behandelt.

Mit Hilfe der Elastizitätstheorie lassen sich infolge von Kräften und unterschiedlichen Temperaturen die Spannungen und Verformungen an einem elastischen Körper bestimmen. Die vollständigen Gleichungen lassen sich meist nicht lösen. Damit man komplexe Strukturen rechnen kann, werden diese in der Ingenieurmechanik durch einfache Gebilde wie Stäbe, Balken, Scheiben, Platten, Schalen usw. idealisiert und elastizitätstheoretisch untersucht. Die Elastizitätstheorie lässt sich in drei Klassen (vgl. Tabelle 6.1) einteilen. Die äußeren Lasten (Punkt-, Oberflächen- und Volumenkräfte) erzeugen nicht nur in den Auflagern Reaktionen, sondern rufen auch innere Kräfte hervor. Mit Hilfe des EULERSCHEN Schnittprinzips werden am Teilkörper im Schwerpunkt der Schnittebene die Schnittlasten derart angenommen, dass der Teilkörper im Gleichgewicht ist. Diese Schnittlasten sind in Wirklichkeit nicht vorhanden, sondern sie sind die Resultierende der in oder auf der Schnittebene verteilten inneren Flächenkräfte bzw. Spannungen.

In der Regel werden bei Ingenieurproblemen (allgemeine Festigkeitslehre) die lokalen Einflüsse infolge Krafteinleitung (mathematische Singularitäten) nicht berücksichtigt. In hinreichender Entfernung vom Angriffsbereich eines Kräftesystems hängt die Verteilung der Spannungen und Verformungen nicht mehr merkbar von der lokalen Störstelle (Lokalspannungen infolge Punktbelastung) ab (Prinzip von DE SAINT-VÉNANT) [Sza 75], [Sza 77], [Tim 82].

Z.B. bei einem Balken ist der lokale Einfluss der Einzelkrafteinleitung (Punktkraft) nach einer Entfernung von etwa der Größe der Balken-Querschnittsabmessung (hinreichende Entfernung) abgebaut [Sza 75].

6.2 FEM und Elementtypen in der Strukturmechanik

6.2.1 Analyseverfahren

Die Anwendung der FEM lag und liegt hauptsächlich in der Spannungs– bzw. Verformungsberechnung von strukturmechanischen Problemen. Die einfachste und meist angewandte Routineanwendung der FE–Analyse ist die der linear–elastischen Strukturen (siehe Bild 6.2). Dagegen erfordern das nichtlinear–elastische sowie das ideal elastisch-plastische Materialverhalten (vgl. Abschnitt 1.1), die geometrischen Nichtlinearitäten und dynamischen Analysen einen weitaus komplexeren Aufwand hinsichtlich Modellaufbereitung und Berechnung sowie Auswertung. Beispielsweise hängt bei der Modalanalyse der erforderliche Rechenaufwand sehr stark von den Dämpfungseigenschaften der Struktur bzw. von dem gewählten Dämpfungsmodell ab. Weiter können die linearen und nichtlinearen Probleme in statische und dynamische Berechnungen unterteilt werden. Mit den heutigen FE-Programmen lassen sich

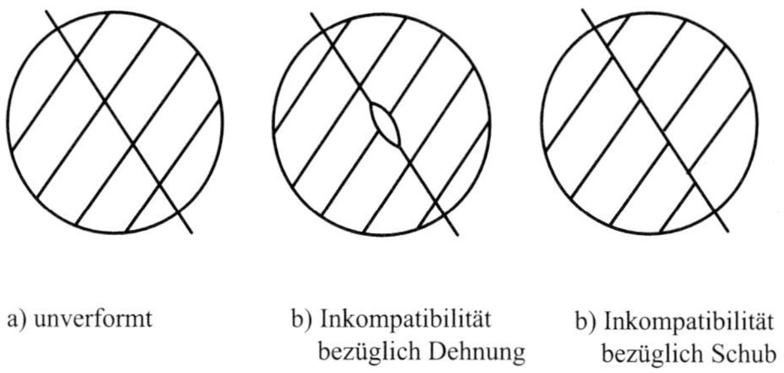

Bild 6.1: Verschiebungsinkompatibilität; a) unverformt, b) Inkompatibilität bezüglich Dehnung (Zug), c) Inkompatibilität bezüglich Abgleitung (Schub)

je nach Berechnungsmodul u.a. folgende Probleme bearbeiten:

- Aufgaben der linearen Statik
- Aufgaben der linearen Frequenz– und Beulanalyse
- Lineare und nichtlineare Zeitverlaufsberechnung
- Nichtlineare statische/dynamische Analysen (Materialverhalten, geometrische Nichtlinearitäten, Kontaktprobleme)
- Temperaturfeldberechnung
- Elektro–magnetische Analysen
- Ermüdungsanalysen
- Strömungsberechnungen und
- Bauteiloptimierungen

Die oben angeführten Berechnungsverfahren sind eine allgemeine Aufzählung möglicher FE–Anwendung. Welches Berechnungsverfahren in der Praxis angewendet wird, hängt stark vom zur Verfügung stehenden FE–Programm und der Leistungsfähigkeit des benutzten Rechners ab.

6.2.2 Elementtypen

Der erste Schritt zur Generierung eines FE-Modells ist, dass die reale Struktur in diskrete Elemente (finite Elemente) unterteilt wird. Neben der Elementgenerierung (Knotenverteilung und Wahl der Elementtypen) müssen auch die notwendigen Materialeigenschaften und die dazugehörigen geometrischen Eigenschaften, z. B. je nach Elementtyp die Fläche, die Trägheitsmomente, die Dicke usw., eingegeben werden. Je nach Anwendungsgebiet und Eigenschaften der gewählten Elemente sind vom Anwender u.a. die entsprechenden Elementeigenschaften, das Analyseverfahren sowie die Input– und Output–Optionen zu setzen. Eine einfache Elementeinteilung erfolgt in Abhängigkeit der Geometrie der jeweils realen Struktur. In Bild 6.3 sind die möglichen Elementtypen dargestellt, nämlich

- Punktelement (z. B. Masse)
- 1D- oder Linienelement (z. B. Stab oder Balken),
- 2D- oder Flächenelement (z. B. Scheibe oder Schale) und
- 3D- oder Volumenelement (z.B. Tetraeder).

Entscheidend für die korrekte Abbildung der realen Struktur in das FE-Modell ist neben der Geometrie aber auch die reale Strukturbelastung, die zu charakteristischen Spannungszuständen führt. Diese von der Geometrie und Belastung abhängigen Spannungszustände werden durch bestimmte Elementtypen abgebildet, wobei die Bewegungsmöglichkeiten der Elementknotenpunkte (Knotenfreiheitsgrade) entscheidenden Einfluss haben.

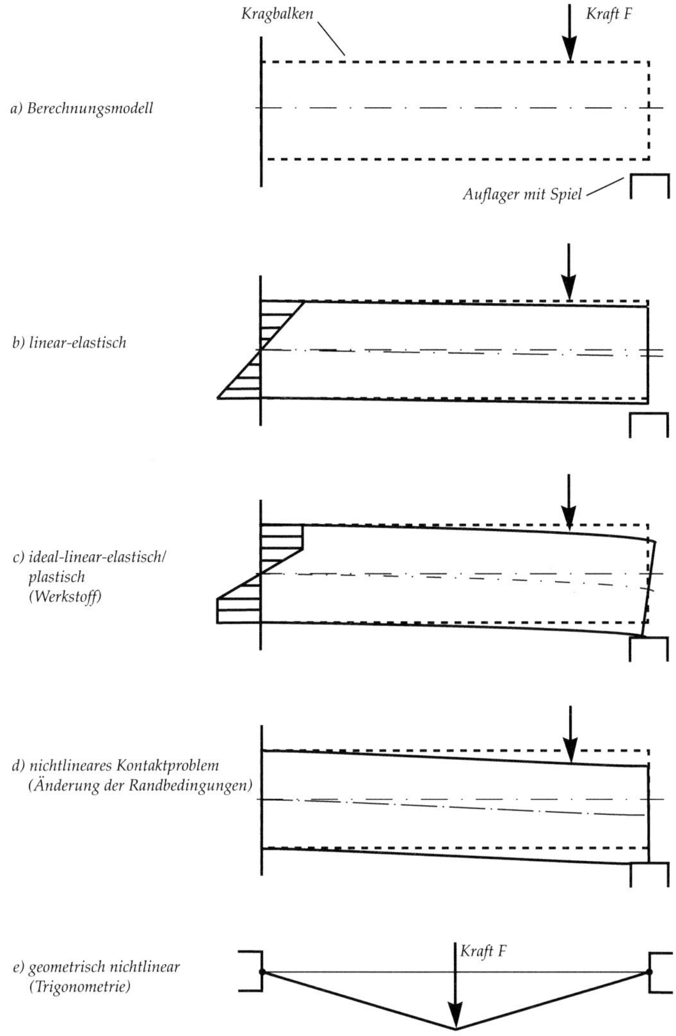

Bild 6.2: Beispiele von strukturmechanischen Problemstellungen

Wie Bild 6.3 zeigt, lassen sich die Elemente auch bezüglich der Knotenfreiheitsgrade (Degree of Freedom oder kurz DOF) und so nach ihrem Strukturverhalten unterteilen. Entsprechend der Technischen Mechanik besteht der Hauptunterschied darin, dass die Knoten einer Elementgruppe entweder *nur* Translationsfreiheitsgrade (bis zu 3 DOF pro Knoten) oder Translations- *und* Rotationsfreiheitsgrade (bis zu 6 DOF pro Knoten) besitzen. Generell lässt sich feststellen, dass die erste Elementgruppe lediglich Knotenverschiebungen (Translations-Freiheitsgrade) besitzt und nur deshalb auch Knotenkräfte erfasst werden können. Die zweite Elementgruppe mit Translations- *und* Rotations-Freiheitsgraden ist komplexer und berücksichtigt z.B. die Aspekte wie beispielsweise Verschiebungen und

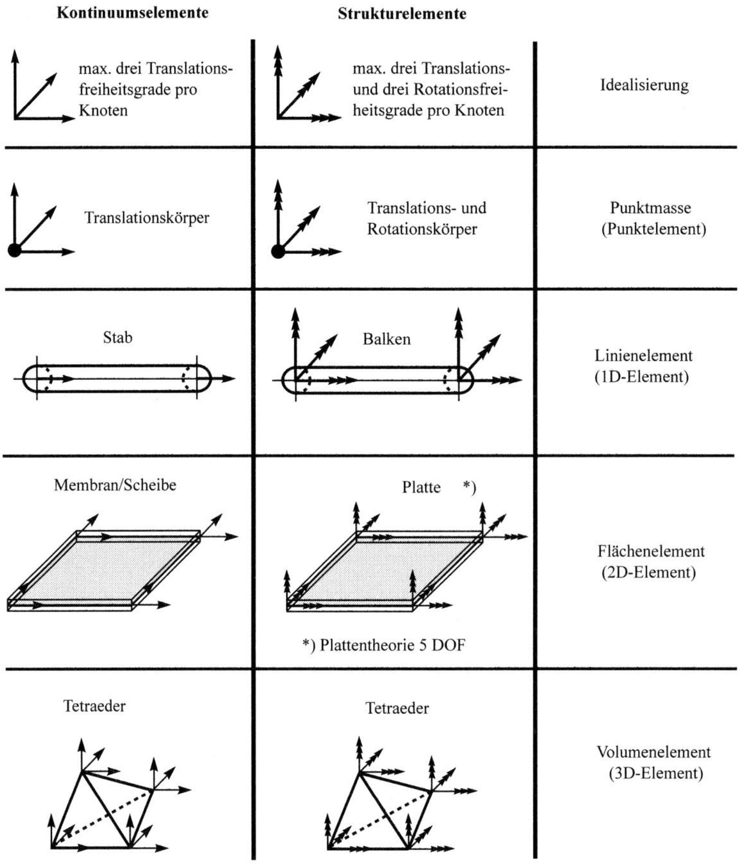

Bild 6.3: Elementierung bezüglich Knotenfreiheitsgrade (DOF) und geometrische Idealisierung

Krümmungen im Falle der Balken- und Plattentheorie. Die Elementtypen können nach [Ast 92] und [Bat 86] auch in Struktur- oder Kontinuumselemente unterteilt werden (siehe Bild 6.3). Wie bereits angedeutet, stehen in der Elementbibliothek eines FE–Programmes eine beachtliche Anzahl von Elementtypen zur Verfügung, die mit den Berechnungsmodellen für reale Strukturen in der Technischen Mechanik (Balkentheorie, Plattentheorie, Schalentheorie usw.) korrespondieren. Elementtypen können aus verschiedenen Grundtypen z.B. Stab plus Balken zusammengesetzt sein.

6.2.3 Einsatz und Anwendung der FE–Methode bei strukturmechanischen Problemen

Entsprechend der Aufgabenstellung läßt sich der erforderliche Nachweis, z.B. ein Festigkeits– oder Standsicherheitsnachweis, entweder mit der Methode der klassischen Mechanik oder mit empirischen Verfahren oder mit einem numerischen Rechenverfahren, wie z.B. der FE-

Methode, führen. Die klassischen Analyseverfahren eignen sich in der Regel für einfache Fragestellungen und sind dementsprechend kostengünstig. Empirische Verfahren werden i.d.R. für komplexe Strukturen mit entsprechenden unklaren Rand- und Übergangsbedingungen, wie etwa dem Schwingungsverhalten von Rohrleitungen mit Stoßbremsen oder Dauerfestigkeitsnachweis mit stochastischer Belastung, eingesetzt. Diese empirischen Untersuchungen sind zeitaufwändig, erfordern einen Prototypen und eine entsprechende Versuchseinrichtung. Große Strukturen lassen sich nur unter Anwendung und Beachtung von Modellgesetzen empirisch untersuchen. Wegen des großen Zeitaufwands und der Erstellung von Versuchsspezifikationen usw. liegen die Versuchsergebnisse relativ spät im Produktentwicklungsprozess eines zu entwickelnden Bauteils vor. Dadurch liegen die Erkenntnisse für eine Verbesserung oder Optimierung des Bauteils ebenfalls erst spät vor und führen möglicherweise zu mit hohen Kosten verbundenen Änderungen in einem fortgeschrittenen Stadium der Produktentwicklung.

Mit der FE–Methode lassen sich nun sowohl die Nachteile einer analytischen Rechnung (die wie oben beschrieben lediglich auf einfache Bauteile anwendbar ist) als auch einer empirischen Herangehensweise (die meist zu kostenaufwändig ist und stets einen Prüfkörper benötigt) überwinden. Darüber hinaus lassen sich mit der FE–Methode bereits in der ersten Entwurfsphase eines Bauteils Aussagen etwa hinsichtlich Spannungs–Dehnungs–Verhalten oder Strukturverhalten machen (vgl. Bild 6.4). Dabei ist es bei der FEM–Analyse unerheblich, ob die abzubildende Struktur sehr groß oder sehr klein ist.

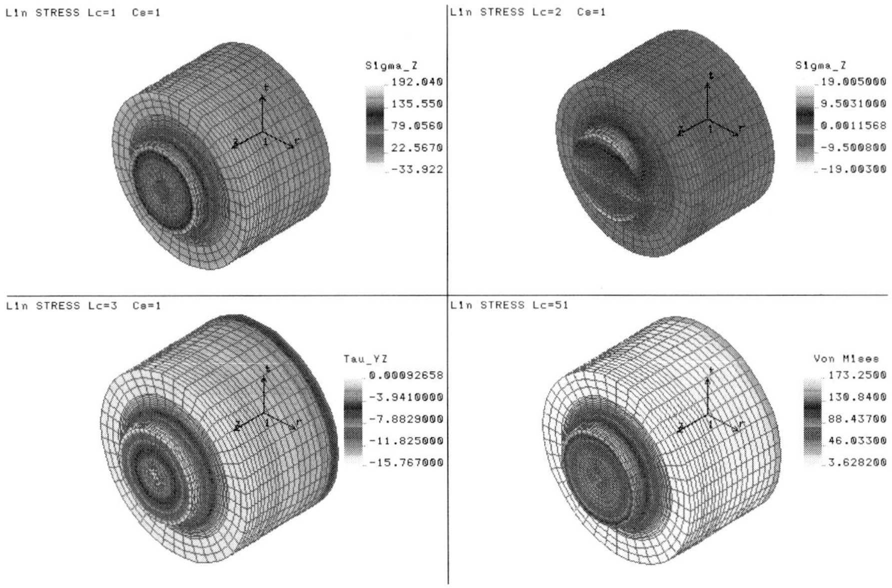

Bild 6.4: Spannungsanalyse im Kerbgrund bei Zugbelastung (links oben), Biegebelastung (rechts oben), Torsionsbelastung (links unten) und deren Überlagerung (rechts unten)

6.2.4 Form der FE-Gleichungen

Hinweis: Im Folgenden wird, wie in der FEM üblich, bis auf Ausnahmen die Matrizenschreibweise angewendet, wobei Vektoren und Matrizen fett und entweder groß oder klein geschrieben werden. Die Matrizen sind zusätzlich noch jeweils unterstrichen.

Wie bereits erwähnt, muss eine physikalische Struktur (Kontinuum), etwa ein ebenes Fachtragwerk, in ein diskretes FE-Modell (siehe Bild 6.5) überführt werden. Dieses approximierte, mathematische FE-Modell muss dann entsprechend der jeweiligen Fragestellung das Strukturverhalten richtig beschreiben. Bei dem in Bild 6.5 gezeigten Fachwerk darf angenommen werden, dass in den Knoten (Stabanschlüssen) keine Momente, sondern nur Stabkräfte übertragen werden, womit in den Knotenanschlüssen nur Translations (Verschiebungen δ_n) bzw. -Freiheitsgrade (Degree of Freedom) zur Übertragung der Kräfte F_n zugelassen sind. Bereits vor der Rechnung sind die äußeren Belastungen, (etwa $F_4 = 2000N$), und die Verschiebungen in den Auflagern, (beispielsweise $\delta_1 = 0$), bekannt. Im allgemeinen interessieren die Knotenverschiebungen und die Kräfte in den Knoten (siehe Bild 6.5) sowie Stäben. Wie in Bild 6.6 exemplarisch dargestellt, werden beim Aufbau eines FE-Modells Stabanschlüsse (4 Knoten) und Elemente (3 Stäbe) durchnummeriert sowie die Auflagerbedingungen und die Belastung definiert. Da es sich im vorliegenden Falle um

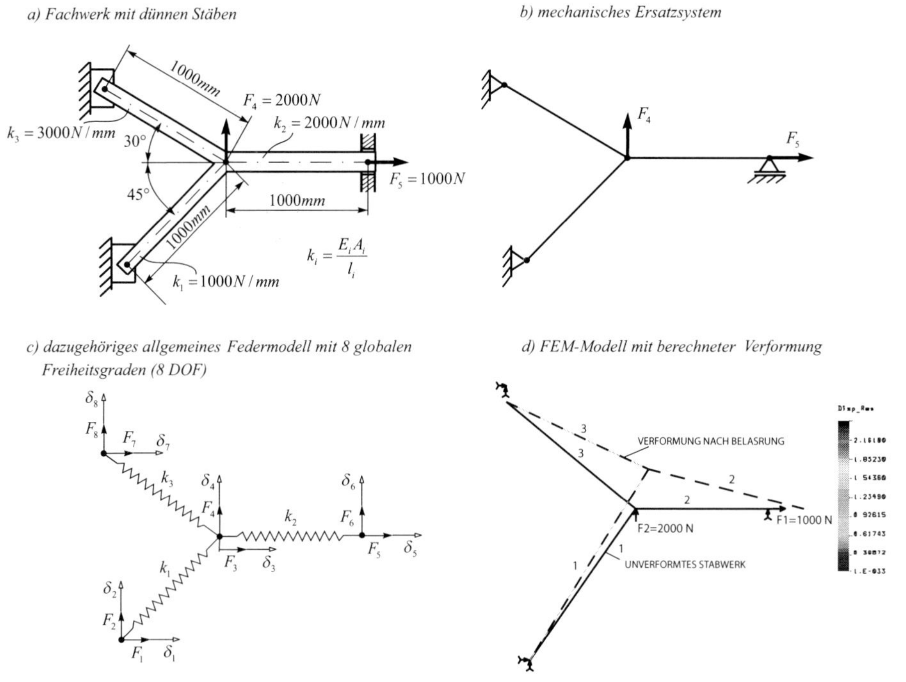

Bild 6.5: Ebenes Stabwerk mit Ersatzmodell und berechneter Verformung

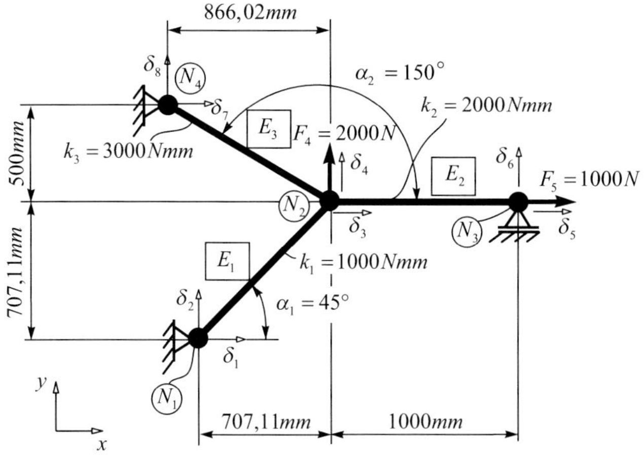

Legende:

$N_1 \hat{=}$ *Knoten – Nummer*

$E_1 \hat{=}$ *Element – Nummer*

$\delta_1 \hat{=}$ *Freiheitsgrad (DOF) im Globalkoordiantensystem x – y*

$k_1 \hat{=}$ *Stabsteifigkeit*

Bild 6.6: FE-Modell des in Bild 6.5 abgebildeten ebenen Stabwerks

ein ebenes Problem handelt und das Fachwerk nur aus Stäben besteht, hat jeder Knoten einen Translations-Freiheitsgrad in horizontaler und vertikaler Richtung oder allgemein die Freiheitsgrade i und j. Die Freiheitsgrade werden ebenfalls durchnumeriert, wobei keine Nummerierung zweimal vorkommen darf. In gleicher Weise werden die Belastungen gekennzeichnet, so z.B. im Bild 6.5 hat am Knoten 2 die Kraft entsprechend der Codierung die Bezeichnung F_4.

Das im Bild 6.5 gezeigte Fachwerk hat insgesamt 8 Freiheitsgrade (2 DOF pro Knoten), davon sind am Knoten 1 und 4 die Verschiebungen $\delta_1 = \delta_2 = \delta_7 = \delta_8 = 0$ und am Knoten 3 die Verschiebung $\delta_6 = 0$ laut Vorgabe bekannt.Liegt ein lineares Strukturverhalten aus Geometrie und/oder Materialverhalten vor, dann dürfen (entsprechend den Annahmen der Technischen Mechanik) in den Stabknoten die Verschiebungen und Kräfte wie folgt approximiert werden:

1. Im Vergleich zur Stablänge ist die Längenänderung eines Stabes relativ klein. Mit guter Näherung lassen sich Kreisbögen durch Tangenten ersetzen.
2. Die einzelnen Knotenverschiebungen infolge der äußeren Einzelkräfte dürfen superponiert werden.
3. Die einzelnen Knotenpunktverschiebungen variieren linear mit dem Betrag jeder äußeren Kraft.

Nach Aussage 2 ist die Gesamtverschiebung δ_i eines Knotens i die Summe der Einzelverschiebungen δ_{ij} der Einzelkräfte F_j, so daß die folgenden Beziehungen gelten (Achtung: Das

Symbol δ_{ij} bedeutet in diesem Kapitel nicht das KRONECKER-Symbol!):

$$\begin{aligned} \delta_1 &= \delta_{11} + \delta_{12} + \delta_{13} + \ldots + \delta_{1n} \\ \delta_2 &= \delta_{21} + \delta_{22} + \delta_{23} + \ldots + \delta_{2n} \\ &\ldots \\ &\ldots \\ \delta_n &= \delta_{n1} + \delta_{n2} + \delta_{n3} + \ldots + \delta_{nn} \end{aligned} \qquad \text{mit} \quad i, j = 1, 2, \ldots n \tag{6.1}$$

Die Aussage 3 besagt, dass die Einzelkraft F_j den Betrag der Einzelverschiebung δ_{ij} zur Gesamtverschiebung δ_i leistet. Die Einzelverschiebung δ_{ij} ist proportional zur Einzelkraft F_j , wobei c_{ij} die Proportionalitätsfaktoren sind:

$$\delta_{ij} = c_{ij} F_j \tag{6.2}$$

Die Konstante c_{ij} wird als *Verschiebungseinflusszahl* oder kurz *Einflusszahl* bezeichnet. Setzt man (6.2) in (6.1) ein, so wird

$$\begin{aligned} \delta_1 &= c_{11}F_1 + c_{12}F_2 + c_{13}F_3 + \ldots + c_{1n}F_n \\ \delta_2 &= c_{21}F_1 + c_{22}F_2 + c_{23}F_3 + \ldots + c_{2n}F_n \\ &\ldots \\ &\ldots \\ \delta_n &= c_{n1}F_1 + c_{n2}F_2 + c_{n3}F_3 + \ldots + c_{nn}F_n \end{aligned} \tag{6.3}$$

oder in Matrixform

$$\boldsymbol{d} = \underline{\boldsymbol{C}}\, \boldsymbol{F} \tag{6.4}$$

wobei $\boldsymbol{d}$ den Vektor aller Knotenverschiebungen, $\underline{\boldsymbol{C}}$ die Nachgiebigkeitsmatrix und $\boldsymbol{F}$ den Vektor aller Knotenkräfte bedeuten. Hat eine Struktur n Freiheitsgrade, dann hat sie n^2 Einflusszahlen. Sind diese bekannt, dann lässt sich das Problem mit den n-Gleichungen nur dann lösen, wenn mindestens in der Summe n Größen aus Verschiebungen und Einzelkräften bekannt sind.

Zum Verständnis der Finite Elemente Methode soll (6.4) näher betrachtet werden. Unter der Voraussetzung, dass die Nachgiebigkeitsmatrix $\underline{\boldsymbol{C}}$ nicht singulär ist, was bei einem statisch bestimmten oder überbestimmten System der Fall ist, kann die Nachgiebigkeitsmatrix $\underline{\boldsymbol{C}}$ invertiert werden. Multiplikation von (6.4) mit der inversen Nachgiebigkeitsmatrix $\underline{\boldsymbol{C}}^{-1}$ (Kehrmatrix) von links führt auf

$$\underline{\boldsymbol{C}}^{-1}\boldsymbol{d} = \underline{\boldsymbol{C}}^{-1}\underline{\boldsymbol{C}}\, \boldsymbol{F} \tag{6.5}$$

wobei man die inverse Nachgiebigkeitsmatrix $\underline{\boldsymbol{C}}^{-1}$ als *Steifigkeitsmatrix* bezeichnet und mit $\underline{\boldsymbol{K}}$ abgekürzt wird. Unter Beachtung von $\underline{\boldsymbol{C}}^{-1}\underline{\boldsymbol{C}} = \underline{\boldsymbol{I}}$ und $\underline{\boldsymbol{I}}\, \boldsymbol{F} = \boldsymbol{F}$ (vgl. hierzu die analoge Tensorrechnung gemäß (A.1)) geht (6.5) über in

$$\underline{\boldsymbol{K}}\, \boldsymbol{d} = \boldsymbol{F} \tag{6.6}$$

Für den Fall einer statischen Analyse wird das Gleichungssystem (6.6) herangezogen, wohingegen für den dynamischen Fall (6.6) gemäß der Struktur des Impulssatzes für etwa schwingende Systeme um Massen -und Dämpfungsmatrix mit jeweils dem Geschwindigkeits- und

Beschleunigungsvektor zu erweitern ist.

Die Koeffizienten der Steifigkeitsmatrix $\underline{\boldsymbol{K}}$ lassen sich direkt berechnen. Die Finite Elemente Methode benutzt die Verschiebungsmethode (6.6), denn im allgemeinen sind die Verschiebungen unbekannt und werden zuerst berechnet. Aus den berechneten Verschiebungen werden die Spannungen und Dehnungen anschließend abgeleitet.

6.2.5 Grundgedanke der FEM am Beispiel eines Stabwerks demonstriert

Bild 6.6 zeigt das in Bild 6.5 abgebildete ebene Stabwerk mit drei unterschiedlichen Stäben als FE-Modell. Am Koppelknoten der drei Stäbe greift eine vertikale Kraft $F_4 = 2000N$ und am rechten Endknoten des vertikalen Stabes eine horizontale Kraft $F_5 = 1000N$ an. Gesucht sind die Lagerkräfte und die unbekannten Knotenverschiebungen. Das ungefesselte ebene Stabsystem mit 4 Knoten hat pro Knoten zwei globale Freiheitsgrade, d.h. es besitzt 2 mal 4 = 8 Freiheitsgrade (Degree of Freedom, kurz DOF).Die allgemeine Stab-Elementsteifigkeit lässt sich bei Stäben und Balken mit der ,,Direct Stiffness Method" bestimmen, d.h. hier ist nicht, wie später im Kapitel 6.3 gezeigt wird, der Umweg über die Energie- und Arbeitsätze notwendig.

FE-Programme besitzen eine Elementbibliothek (Element Library), in der alle vom FE-Programm je nach Aufgabe und Rechenmodell nutzbaren Elementtypen in sogenannten Elementgruppen gespeichert sind. Z.B. ist für das allgemeine räumliche 1D-Stabelement die lokale Steifigkeitsmatrix $\underline{\boldsymbol{k}}$ gespeichert. Mit der ,,Direct Stiffness Method" wird hier die Elementstabsteifigkeit für ein ebenes Stabelement (1D-Linienelement) allgemein ermittelt. Für das räumliche Stabelement erfolgt die Herleitung analog. Für die Herleitung der Steifigkeitsmatrix wird angenommen, dass an beiden Stabenden unterschiedliche Kräfte in gleicher Achsrichtung (Stablängsachse) wirken, die ebenfalls in gleicher Achsrichtung Verschiebungen hervorrufen. Wie Bild 6.7 zeigt, greift am Stabelement am Anfangsknoten N1 die lokale Elementkraft $\boldsymbol{f}_1$ und am Endknoten N2 die lokale Elementkraft $\boldsymbol{f}_2$ an. Die Elementknoten erfahren eine Verschiebung $\boldsymbol{u}_1$ und $\boldsymbol{u}_2$. Das lokale Elementkoordinatensystem x_e hat seinen Ursprung im Anfangsknoten N_1 und zeigt in Richtung des Endknotens N_2 . Die ,,Direct Method [Coo 95]" beruht wie später noch gezeigt wird darauf, das Elementverhalten derart zu untersuchen, dass nacheinander alle an einem Element vorhandenen Knoten-Freiheitsgrade (DOF) bis auf einen Null gesetzt werden. Bei unserem Beispiel wird zunächst $u_1 = 0$ und

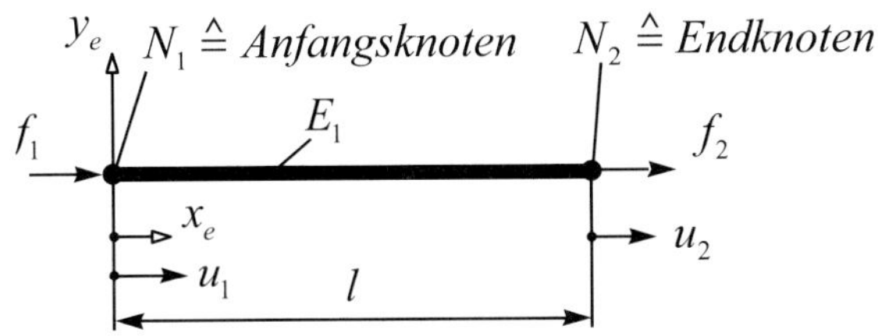

Bild 6.7: Stabelement mit lokalem Elementkoordinatensystem

$u_2 \neq 0$ gesetzt. Wenn $u_2 \ll$ l ist, erhält man bei einem gewichtslosen Stab (Massenkräfte werden nicht berücksichtigt!) mit isotropem Werkstoff folgende Beziehung:

$$\begin{aligned} \sigma_x &= \frac{f_2}{A} = E\varepsilon = E\frac{u_2}{l} \\ f_2 &= \frac{EA}{l}u_2 = k_{2,2}u_2 \\ k_{2,2} &= \frac{f_2}{u_2} = \frac{EA}{l} \end{aligned} \tag{6.7}$$

Wobei $\sigma_{xx} = \sigma_x$ die Normalspannung in Stablängsachse, $E_{xx} = E$ der Elastizitätsmodul, $\varepsilon_{xx} = \varepsilon$ die Stabslängsdehnung, A die Stabsquerschnittsfläche und l die Stablänge ist.

Bei der Verschiebung u_2 erfährt das festgehaltene Stabende ($u_1 = 0$) am Knoten N1 eine Reaktionskraft f_1. Aus Gleichgewichtsgründen muss $f_1 = -f_2$ sein:

$$\begin{aligned} f_1 &= k_{1,2}u_2 = -\frac{EA}{l}u_2 = -k_{2,2}u_2 \\ k_{1,2} &= \frac{f_1}{u_2} = -\frac{EA}{l} \end{aligned} \tag{6.8}$$

Nun wird $u_2 = 0$ und $u_1 \neq 0$ gesetzt. Mit $u_1 \ll l$ wird:

$$\begin{aligned} \sigma_x &= \frac{f_1}{A} = E\varepsilon = E\frac{u_1}{l} \\ f_1 &= \frac{EA}{l}u_1 = k_{1,1}u_1 \\ k_{1,1} &= \frac{f_1}{u_1} = \frac{EA}{l} \end{aligned} \tag{6.9}$$

Aus Gleichgewichtsgründen $f_2 = -f_1$ ist

$$\begin{aligned} f_2 &= k_{2,1}u_1 = -\frac{EA}{l}u_2 = -k_{1,1}u_1 \\ k_{2,1} &= \frac{f_2}{u_1} = -\frac{EA}{l} \end{aligned} \tag{6.10}$$

Da ein Stab laut Voraussetzung nur Kräfte und Verschiebungen in Stabslängsachse erfährt, hat er auch nur zwei Freiheitsgrade und zwar u_1 und u_2. Im allgemeinen Fall haben die beiden Stabenden eine Verschiebung, und die Stabverlängerung ist $\Delta u = u_2 - u_1$, damit wird

$$\begin{aligned} f_1 &= k_{1,1}u_1 + k_{1,2}u_2 = \frac{EA}{l}(u_1 - u_2) \\ f_2 &= k_{2,1}u_1 + k_{2,2}u_2 = \frac{EA}{l}(-u_1 + u_2) \end{aligned} \tag{6.11}$$

Das Gleichungssystem (6.11) läßt sich in Matrizenschreibweise darstellen

$$\begin{bmatrix} f_1 \\ f_2 \end{bmatrix}_i = \begin{bmatrix} k_{1,1} & k_{1,2} \\ k_{1,2} & k_{2,2} \end{bmatrix}_i \begin{bmatrix} u_1 \\ u_2 \end{bmatrix}_i = \frac{EA}{l} \begin{bmatrix} 1 & -1 \\ -1 & 1 \end{bmatrix}_i \begin{bmatrix} u_1 \\ u_2 \end{bmatrix}_i \tag{6.12}$$

oder

$$\boldsymbol{f}_i = \underline{\boldsymbol{k}}_i\, \boldsymbol{u}_i \tag{6.13}$$

mit

$\boldsymbol{f}_i$	Kraftvektor des i-ten Stabelements
$\underline{\boldsymbol{k}}_i$	Steifigkeitsmatrix des i-ten Stabelements
$\boldsymbol{u}_i$	Verschiebungsvektor des i-ten Stabelements
$\dfrac{E_i A_i}{l_i}$	Federsteifigkeit des i-ten Stabelements

Damit ist die Steifigkeit eines einzelnen Stabelementes beschrieben. Die Wechselwirkungen mit anderen Elementen (hier Stäben im Stabverband) müssen allerdings noch erfasst werden. Die lokalen Größen (Kräfte, Steifigkeit und Verschiebungen) müssen daher in das globale Koordinatensystem transformiert werden, d.h. in das globale Gesamtsystem eingefügt werden.

Im nächsten Schritt sollen nun die Transformationsregeln erarbeitet werden. In Bild 6.8 ist ein Stabelement mit seinem lokalen Koordinatensystem (x_e, y_e) in der X-Y-Globalebene abgebildet. Die lokalen Verschiebungen heißen u$_i$ und die Globalverschiebungen δ_i. Dabei ist zu beachten, dass nur kleine Verschiebungen der Elementknoten zugelassen werden, d.h. vor und nach der Verschiebung der Knoten N1 und N2 bleibt der Winkel $\alpha_1 \approx \alpha_1^{'} \approx \alpha_1^{''}$ erhalten, bzw. Winkeländerungen werden vernachlässigt oder anders gesagt, die Verschiebung in y_e wird nicht berücksichtigt bzw. wird vernachlässigt. Aus Bild 6.9 lässt sich folgender

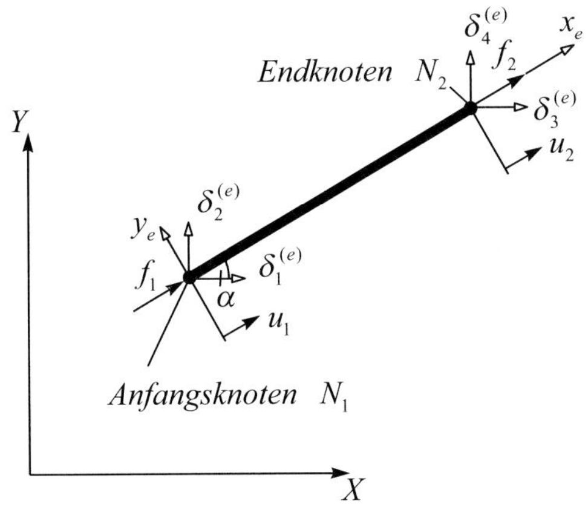

Bild 6.8: Stabelement mit lokalem Knotenkräften f_i (i=1,2) und Knotenverschiebungen u_i (i=1,2) im lokalen Elementkoordinatensystem sowie mit den jeweiligen dazugehörigen globalen Knoten-Verschiebungen $\delta_i^{(e)}$ (i=1,2,3,4) im X-Y-Globalkoordinatensystem

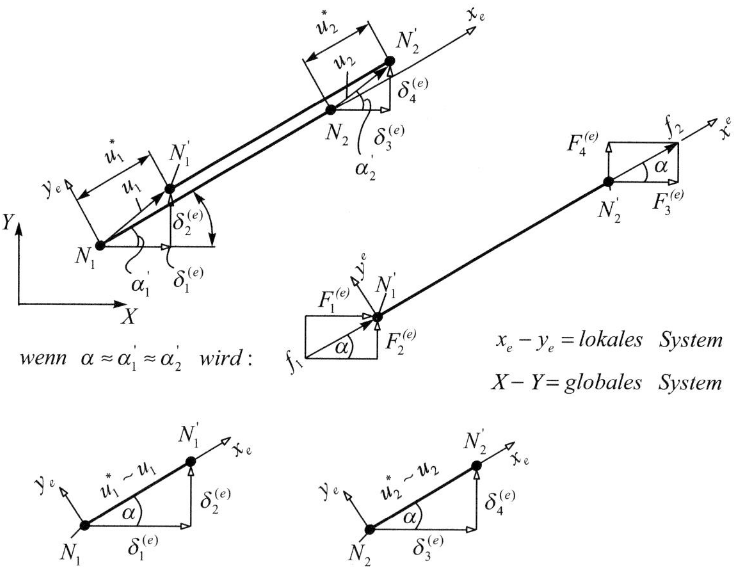

Bild 6.9: Zusammenhang zwischen lokaler $u_i (i = 1, 2)$ und globaler $\delta_j (j = 1, 2, 3, 4)$ Knotenverschiebung sowie lokaler Knotenkräfte $f_i (i = 1, 2)$ bzw. globaler Knotenkräfte $F_j^{(e)} (j = 1, 2, 3, 4)$ bei $\alpha \approx \alpha_1' \approx \alpha_2'$

Zusammenhang ablesen

$$\begin{aligned} u_1 &= \delta_1^{(i)} \cos\alpha_i + \delta_2^{(i)} \sin\alpha_i \\ u_2 &= \delta_3^{(i)} \cos\alpha_i + \delta_4^{(i)} \sin\alpha_i \end{aligned} \tag{6.14}$$

in Matrixform

$$\begin{bmatrix} u_1 \\ u_2 \end{bmatrix}_i = \begin{bmatrix} \cos\alpha_i & \sin\alpha_i & 0 & 0 \\ 0 & 0 & \cos\alpha_i & \sin\alpha_i \end{bmatrix}_i \begin{bmatrix} \delta_1 \\ \delta_2 \\ \delta_3 \\ \delta_4 \end{bmatrix}_i \tag{6.15}$$

bzw.

$$\boldsymbol{u}_i = \underline{\boldsymbol{T}}_i \, \boldsymbol{d}_i \tag{6.16}$$

und

$$\begin{aligned} f_1 &= F_1^{(i)} \cos\alpha_i + F_2^{(i)} \sin\alpha_i \\ f_2 &= F_3^{(i)} \cos\alpha_i + F_4^{(i)} \sin\alpha_i \end{aligned} \tag{6.17}$$

in Matrixform

$$\begin{bmatrix} f_1 \\ f_2 \end{bmatrix}_i = \begin{bmatrix} \cos\alpha_i & \sin\alpha_i & 0 & 0 \\ 0 & 0 & \cos\alpha_i & \sin\alpha_i \\ 8 & & & \end{bmatrix}_i \begin{bmatrix} F_1 \\ F_2 \\ F_3 \\ F_4 \end{bmatrix}_i \tag{6.18}$$

bzw.

$$\boldsymbol{f}_i = \underline{\boldsymbol{T}}_i \, \boldsymbol{F}_i \tag{6.19}$$

In den Gleichungen (6.15), (6.16), (6.18) und (6.19) sind

$\boldsymbol{u}_i$	der Element-Verschiebungsvektor im Elementkoordinatensystem
$\boldsymbol{f}_i$	der Element-Kraftvektor im Elementkoordinatensystem
$\boldsymbol{d}_i$	der Element-Verschiebungsvektor im Globalkoordinatensystem
$\boldsymbol{F}_i$	der Element-Kraftvektor im Globalkoordinatensystem und
$\underline{\boldsymbol{T}}_i$	die Element-Transformationsmatrix
α_i	der Winkel zwischen der lokalen x_e-Koordinate des i-ten Elements und der X-Koordinate des Globalsystems

Der globale Kraftvektor $\boldsymbol{F}_i$ in (6.19) lässt sich, wie aus Bild 6.9 einfach zu erkennen ist, mit den trigonometrischen Funktionen und dem lokalen Kraftvektor f_i bestimmen. (6.19) wird nach den globalen Kraftvektor $\boldsymbol{F}_i = \underline{\boldsymbol{T}}_i^T \boldsymbol{f}_i$ umgestellt. Die so erhaltene Transformationsmatrix $\underline{\boldsymbol{T}}_i^T$ ist die Transponierte der oben erstellten Element-Transformationsmatrix $\underline{\boldsymbol{T}}_i$ und mit (6.13) und (6.16) lassen sich nun für das Stabelement die lokalen Größen in globale Größen transformieren.

$$\boldsymbol{F}_i = \underline{\boldsymbol{T}}_i^T \boldsymbol{f}_i = \underline{\boldsymbol{T}}_i^T \underline{\boldsymbol{k}}_i \, \boldsymbol{u}_i = \underline{\boldsymbol{T}}_i^T \underline{\boldsymbol{k}}_i \, \underline{\boldsymbol{T}}_i \, \boldsymbol{d}_i = \underline{\boldsymbol{K}}_i \, \boldsymbol{d}_i \tag{6.20}$$

mit

$\underline{\boldsymbol{T}}_i^T$	die transponierte Element-Transformationsmatrix
$\underline{\boldsymbol{K}}_i = \underline{\boldsymbol{T}}_i^T \underline{\boldsymbol{k}}_i \, \underline{\boldsymbol{T}}_i$	die Element-Steifigkeitsmatrix im Globalkoordinatensystem

oder in Indexschreibweise

$$F_k^{(i)} = \sum_l K_{k,l}^{(i)} d_l^{(i)} \tag{6.21}$$

$k, l = 1, 2, \ldots, m =$ Anzahl der Freiheitsgrade des i-ten Elements im Globalsystem
Die globale Element-Steifigkeitsmatrix $\underline{\boldsymbol{K}}_i$ für das i-te ebene Stabelement mit entsprechender Stabsteifigkeit ist

$$\underline{\boldsymbol{K}}_i = \underline{\boldsymbol{T}}_i^T \underline{\boldsymbol{k}}_i \, \underline{\boldsymbol{T}}_i = \\ = \frac{E_i A_i}{l_i} \begin{bmatrix} \cos^2\alpha_i & \cos\alpha_i \sin\alpha_i & -\cos^2\alpha_i & -\cos\alpha_i \sin\alpha_i \\ \cos\alpha_i \sin\alpha_i & \sin^2\alpha_i & -\cos\alpha_i \sin\alpha_i & -\sin^2\alpha_i \\ -\cos^2\alpha_i & -\cos\alpha_i \sin\alpha_i & \cos^2\alpha_i & \cos\alpha_i \sin\alpha_i \\ -\cos\alpha_i \sin\alpha_i & -\sin^2\alpha_i & \cos\alpha_i \sin\alpha_i & \sin^2\alpha_i \end{bmatrix}_i \tag{6.22}$$

Da ein System aus n Elementen besteht, müssen diese Einzelgrößen in (6.20) in einem Gesamtsystem zusammengefügt werden.

$$\boldsymbol{F} = \underline{\underline{\boldsymbol{K}}}\ \boldsymbol{d} \tag{6.23}$$

oder in Indexschreibweise

$$F_p = \sum_q K_{p,q} d_q \tag{6.24}$$

wobei $p, q = 1, 2, 3, \ldots, n =$ Anzahl der globalen Freiheitsgrade des Gesamtsystems sind. Für das Stabwerk (siehe Bild 6.6) ergibt sich nach(6.15) bzw. (6.16) für die drei Einzelstäbe folgender Zusammenhang der lokalen und globalen Verschiebungen (vgl. Bild 6.10)

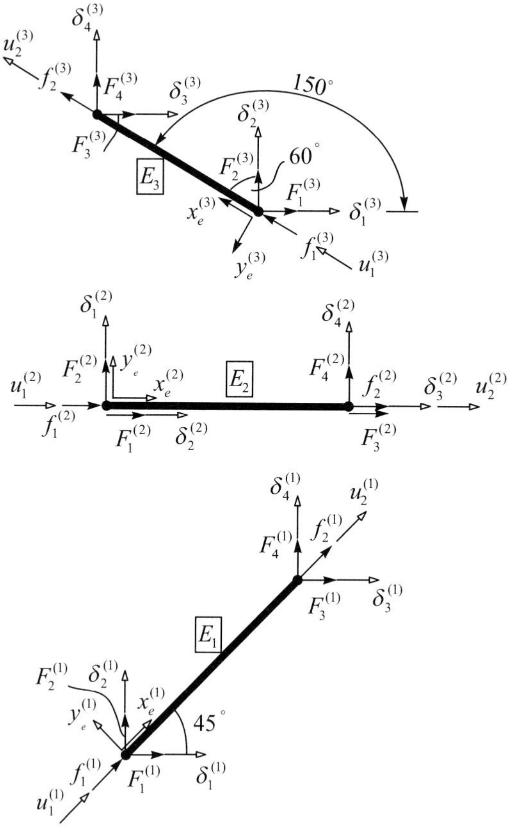

Bild 6.10: Lokale und globale Knotenkräfte sowie Knotenverschiebungen an den drei Einzelstäben des im Bild 6.6 abgebildeten Beispiels

Stab 1

$$\begin{bmatrix} u_1 \\ u_2 \end{bmatrix}_1 = \begin{bmatrix} \cos 45^o & \sin 45^o & 0 & 0 \\ 0 & 0 & \cos 45^o & \sin 45^o \end{bmatrix}_1 \begin{bmatrix} \delta_1 \\ \delta_2 \\ \delta_3 \\ \delta_4 \end{bmatrix}_1 \tag{6.25}$$

bzw. $\boldsymbol{u}_1 = \underline{\boldsymbol{T}}_1 \, \boldsymbol{d}_1$

Stab 2

$$\begin{bmatrix} u_1 \\ u_2 \end{bmatrix}_2 = \begin{bmatrix} \cos 0^o & \sin 0^o & 0 & 0 \\ 0 & 0 & \cos 0^o & \sin 0^o \end{bmatrix}_2 \begin{bmatrix} \delta_1 \\ \delta_2 \\ \delta_3 \\ \delta_4 \end{bmatrix}_2 \tag{6.26}$$

bzw. $\boldsymbol{u}_2 = \underline{\boldsymbol{T}}_2 \, \boldsymbol{d}_2$

Stab 3

$$\begin{bmatrix} u_1 \\ u_2 \end{bmatrix}_3 = \begin{bmatrix} \cos 150^o & \sin 150^o & 0 & 0 \\ 0 & 0 & \cos 150^0 & \sin 150^o \end{bmatrix}_3 \begin{bmatrix} \delta_1 \\ \delta_2 \\ \delta_3 \\ \delta_4 \end{bmatrix}_3 \tag{6.27}$$

bzw. $\boldsymbol{u}_3 = \underline{\boldsymbol{T}}_3 \, \boldsymbol{d}_3$

Die Gleichungen (6.25) bis (6.27) stellen die Verknüpfung zwischen den jeweiligen lokalen und globalen Knotenverschiebungen der Einzelstäbe mit Hilfe der Transformationsmatrix her. Wie (6.18) zeigt, ist die allgemeine Transformationsmatrix zwischen den lokalen und globalen Knotenkräften der drei Stäbe gleich.

Im nächsten Schritt werden nun die drei lokalen Stabelementsteifigkeiten in die globale Steifigkeitsmatrix mit Hilfe von (6.20) und (6.22) transformiert. Für die einzelnen Stabelemente ergibt sich

Stab 1

$$\begin{bmatrix} F_1 \\ F_2 \\ F_3 \\ F_4 \end{bmatrix}_1 = \frac{1000N}{mm} \begin{bmatrix} 0,5 & 0,5 & -0,5 & -0,5 \\ 0,5 & 0,5 & -0,5 & -0,5 \\ -0,5 & -0,5 & 0,5 & 0,5 \\ -0,5 & -0,5 & 0,5 & 0,5 \end{bmatrix}_1 \begin{bmatrix} \delta_1 \\ \delta_2 \\ \delta_3 \\ \delta_4 \end{bmatrix}_1 \tag{6.28}$$

Stab 2

$$\begin{bmatrix} F_1 \\ F_2 \\ F_3 \\ F_4 \end{bmatrix}_2 = \frac{2000N}{mm} \begin{bmatrix} 1 & 0 & -1 & 0 \\ 0 & 0 & 0 & 0 \\ -1 & 0 & 1 & 0 \\ 0 & 0 & 0 & 0 \end{bmatrix}_2 \begin{bmatrix} \delta_1 \\ \delta_2 \\ \delta_3 \\ \delta_4 \end{bmatrix}_2 \tag{6.29}$$

Stab 3

$$\begin{bmatrix} F_1 \\ F_2 \\ F_3 \\ F_4 \end{bmatrix}_3 = \frac{3000N}{mm} \begin{bmatrix} 0,75 & -0,433 & -0,75 & 0,433 \\ -0,433 & 0,25 & 0,433 & -0,25 \\ -0,75 & 0,433 & 0,75 & -0,433 \\ 0,433 & -0,25 & -0,433 & 0,25 \end{bmatrix}_3 \begin{bmatrix} \delta_1 \\ \delta_2 \\ \delta_3 \\ \delta_4 \end{bmatrix}_3 \tag{6.30}$$

Diese Einzelgleichungen(6.28) bis (6.30) müssen in einer Gesamtgleichung des Globalsystems (vgl. (6.23)) zusammengefasst werden.

Die berechneten Elementsteifigkeiten $\underline{\boldsymbol{K}}_i$ (vgl. (6.20), (6.22) und (6.28) bis (6.30)) sind jeweils 4x4 Matrizen. Das Gesamtsystem hat jedoch 8 Freiheitsgrade, und die Gesamtsteifigkeitsmatrix $\underline{\boldsymbol{K}}$ ist nach (6.23) eine 8x8 Matrix. Dies bedeutet, dass die Elementsteifigkeiten $\underline{\boldsymbol{K}}_i$ der Einzelelemente im Gesamtsystem $\underline{\boldsymbol{K}}$ sich wiederfinden müssen. Zur Beantwortung dieser Frage werden die Freiheitsgrade (vgl. Bild 6.11) der Einzelelemente und des Gesamtsystems im jeweiligen Knoten-Globalsystem verglichen. Die Tabelle im Bild 6.11 wird als Übereinstimmungstabelle oder Koinzidenztabelle bezeichnet, und man erhält für das Beispiel Stabwerk folgende Koinzidenztabelle.
Die Koinzidenztabelle zeigt beispielsweise für das Stabelement 2, dass der Element- Freiheitsgrad (DOF = 1) mit dem Gesamtsystem-DOF = 3 übereinstimmt (vgl. Bilder 6.6 und 6.10). D.h., man muss allgemein die Koeffizienten der globalen Elementsteifigkeitsmatrix $\underline{\boldsymbol{K}}_i$ durch die entsprechenden Koeffizienten des Gesamtsystems ersetzen und in die Gesamtsteifigkeitsmatrix $\underline{\boldsymbol{K}}$ übertragen. Für das Stabelement No. 2 wird dies nun exemplarisch durchgeführt und, wie Bild 6.12 zeigt, ergibt sich daraus folgendes Indexschema. Aus dem Indexschema im Bild 6.12 läßt sich ablesen, dass

$$K_{k,l}^{(2)} = \tilde{K}_{p,q}^{(2)} \tag{6.31}$$

ist. (6.31) gilt allgemein für jedes i-te Element

$$K_{(k,l)}^{(i)} = \tilde{K}_{p,q}^{(i)} \tag{6.32}$$

$k, l = 1, 2, \ldots, m =$ Anzahl der Freiheitsgrade des i-ten Elements im Globalsystem
$p, q = 1, 2, 3, \ldots, n =$ Anzahl der globalen Freiheitsgrade des Gesamtsystems

Element – Nr.	*Stab* 1	*Stab* 2	*Stab* 3
Element – DOF	1 2 3 4	1 2 3 4	1 2 3 4
	↓ ↓ ↓ ↓	↓ ↓ ↓ ↓	↓ ↓ ↓ ↓
Gesamtsystem – DOF	1 2 3 4	3 4 5 6	3 4 7 8

Bild 6.11: Koinzidenztabelle für das Stabwerk

Element – DOF → / Global – DOF → / Element – DOF ↓ ↓	1 = 1, $q = 3$	1 = 2, $q = 4$	1 = 3, $q = 5$	1 = 4, $q = 6$
$k = 1$ → $p = 3$ →	$K_{1,1^{(2)}}$ $\tilde{K}_{3,3^{(2)}}$	$K_{2,1^{(2)}}$ $\tilde{K}_{3,4^{(2)}}$	$K_{1,3^{(2)}}$ $\tilde{K}_{3,5^{(2)}}$	$K_{1,4^{(2)}}$ $\tilde{K}_{3,6^{(2)}}$
$k = 2$ → $p = 4$ →	$K_{2,1^{(2)}}$ $\tilde{K}_{4,3^{(2)}}$	$K_{2,2^{(2)}}$ $\tilde{K}_{4,4^{(2)}}$	$K_{2,3^{(2)}}$ $\tilde{K}_{4,5^{(2)}}$	$K_{2,4^{(2)}}$ $\tilde{K}_{4,6^{(2)}}$
$k = 3$ → $p = 5$ →	$K_{3,1^{(2)}}$ $\tilde{K}_{5,3^{(2)}}$	$K_{3,2^{(2)}}$ $\tilde{K}_{5,4^{(2)}}$	$K_{3,3^{(2)}}$ $\tilde{K}_{5,5^{(2)}}$	$K_{3,4^{(2)}}$ $\tilde{K}_{5,6^{(2)}}$
$k = 4$ → $p = 6$ →	$K_{4,1^{(2)}}$ $\tilde{K}_{6,3^{(2)}}$	$K_{4,2^{(2)}}$ $\tilde{K}_{6,4^{(2)}}$	$K_{4,3^{(2)}}$ $\tilde{K}_{6,5^{(2)}}$	$K_{4,4^{(2)}}$ $\tilde{K}_{6,6^{(2)}}$

Bild 6.12: Indexschema bei Stabelement No.2

Die globale Elementsteifigkeit $\underline{\boldsymbol{K}}_i$ mit der Indexnummerierung des Gesamtsystems setzt sich aus den Beiträgen der Element-Einzelsteifigkeiten

$$K_{p,q} = \sum_i \tilde{K}_{p,q}^{(i)} \tag{6.33}$$

$p, q = 1, 2, \ldots, n$; $i = 1, 2, \ldots, n_i$ der i-Elemente des Gesamtsystems zusammen. Der Zusammenhang zwischen dem Elementverschiebungsvektor $\boldsymbol{d}_i$ und dem Gesamtverschiebungsvektor $\boldsymbol{d}$ erhält man, wie Bild 6.11 zeigt, mit einer Koinzidenztransformation. Die Koinzidenztransformation ist das Einsortieren der Einzelmatrizen in das Gesamtsystem. Für das Stabelement No. 2 läßt sich mit Hilfe der Tabellen im Bild 6.11 und 6.12 die Koinzidenzmatrix $\underline{\tilde{\boldsymbol{T}}}_2$ aufstellen.

$$\begin{bmatrix} \delta_1 \\ \delta_2 \\ \delta_3 \\ \delta_4 \end{bmatrix}_2 = \begin{bmatrix} 0 & 0 & 1 & 0 & 0 & 0 & 0 & 0 \\ 0 & 0 & 0 & 1 & 0 & 0 & 0 & 0 \\ 0 & 0 & 0 & 0 & 1 & 0 & 0 & 0 \\ 0 & 0 & 0 & 0 & 0 & 1 & 0 & 0 \end{bmatrix}_2 \begin{bmatrix} \delta_1 \\ \delta_2 \\ \delta_3 \\ \delta_4 \\ \delta_5 \\ \delta_6 \\ \delta_7 \\ \delta_8 \end{bmatrix} \tag{6.34}$$

Entsprechend der Koinzidenztabelle (Bild 6.11) erhält man für das Stabelement No. 1 und 3 die Koinzidenzmatrizen.

$$\begin{bmatrix} \delta_1 \\ \delta_2 \\ \delta_3 \\ \delta_4 \end{bmatrix}_1 = \begin{bmatrix} 1 & 0 & 0 & 0 & 0 & 0 & 0 & 0 \\ 0 & 1 & 0 & 0 & 0 & 0 & 0 & 0 \\ 0 & 0 & 1 & 0 & 0 & 0 & 0 & 0 \\ 0 & 0 & 0 & 1 & 0 & 0 & 0 & 0 \end{bmatrix}_1 \begin{bmatrix} \delta_1 \\ \delta_2 \\ \delta_3 \\ \delta_4 \\ \delta_5 \\ \delta_6 \\ \delta_7 \\ \delta_8 \end{bmatrix} \tag{6.35}$$

$$\begin{bmatrix} \delta_1 \\ \delta_2 \\ \delta_3 \\ \delta_4 \end{bmatrix}_3 = \begin{bmatrix} 0 & 0 & 1 & 0 & 0 & 0 & 0 & 0 \\ 0 & 0 & 0 & 1 & 0 & 0 & 0 & 0 \\ 0 & 0 & 0 & 0 & 0 & 0 & 1 & 0 \\ 0 & 0 & 0 & 0 & 0 & 0 & 0 & 1 \end{bmatrix}_3 \begin{bmatrix} \delta_1 \\ \delta_2 \\ \delta_3 \\ \delta_4 \\ \delta_5 \\ \delta_6 \\ \delta_7 \\ \delta_8 \end{bmatrix} \tag{6.36}$$

oder in Kurzform allgemein

$$\boldsymbol{d}_i = \underline{\tilde{\boldsymbol{T}}}_i\, \boldsymbol{d} \tag{6.37}$$

Wegen des Einsortiervorgangs stehen in der Koinzidenzmatrix nur die Werte Null oder Eins. Dieser Einsortiervorgang ist für alle Elemente des Gesamtsystems durchzuführen.

$$\boldsymbol{F} = \sum_i \underline{\tilde{\boldsymbol{T}}}_i^T\, \boldsymbol{F}_i = \underline{\boldsymbol{K}}\, \boldsymbol{d} = \sum_i \underline{\tilde{\boldsymbol{T}}}_i^T\, \underline{\boldsymbol{K}}_i\, \underline{\tilde{\boldsymbol{T}}}_i\, \boldsymbol{d} = \sum_i \underline{\tilde{\boldsymbol{K}}}_i\, \boldsymbol{d} \tag{6.38}$$

mit

$$\underline{\boldsymbol{K}} = \sum_i \underline{\tilde{\boldsymbol{T}}}_i^T\, \underline{\boldsymbol{K}}_i\, \underline{\tilde{\boldsymbol{T}}}_i$$

Die Transformation der berechneten lokalen Elementsteifigkeiten in die Globalsteifigkeitsmatrix zeigt (6.40). Eine Transformation der Kraft-

$$\boldsymbol{F} = \sum_i \underline{\tilde{\boldsymbol{T}}}_i^T\, \boldsymbol{F}_i \tag{6.39}$$

und Verschiebungsvektoren in das Globalsystem ist hier nicht nötig. Denn die äußeren Kräfte liegen bereits hier als Knotenkräfte wie auch die Knotenverschiebungen im Globalkoordinatensystem vor. Wäre dies nicht der Fall, dann müßten die äußeren Kräfte, wie z.B. Flächen- oder Volumenkräfte, zuerst vor der notwendigen Transformation in das Globalsystem in Knotenkräfte umgerechnet werden.

Aus Gleichgewichtsgründen müssen die inneren Schnittkräfte verschwinden. Ebenso müssen aus kinematischen Gründen an den Koppelknoten der Einzelelemente die Knotenverschiebungen gleich sein (vgl. Bilder 6.6 und 6.9). Für das Stabwerk ergibt sich mit (6.38) das Gesamtgleichungssystem im Globalkoordinatensystem.

$$\begin{bmatrix} F_1 \\ F_2 \\ F_3 \\ F_4 \\ F_5 \\ F_6 \\ F_7 \\ F_8 \end{bmatrix} = \frac{N}{mm} \begin{bmatrix} 500 & 500 & -500 & -500 & 0 & 0 & 0 & 0 \\ 500 & 500 & -500 & -500 & 0 & 0 & 0 & 0 \\ -500 & -500 & 4750 & -800 & -2000 & 0 & -2250 & 1300 \\ -500 & -500 & -800 & 1250 & 0 & 0 & 1300 & -750 \\ 0 & 0 & -2000 & 0 & 2000 & 0 & 0 & 0 \\ 0 & 0 & 0 & 0 & 0 & 0 & 0 & 0 \\ 0 & 0 & -2250 & 1300 & 0 & 0 & 2250 & -1300 \\ 0 & 0 & 1300 & -750 & 0 & 0 & -1300 & 750 \end{bmatrix} \begin{bmatrix} \delta_1 \\ \delta_2 \\ \delta_3 \\ \delta_4 \\ \delta_5 \\ \delta_6 \\ \delta_7 \\ \delta_8 \end{bmatrix} \tag{6.40}$$

mit

$$\underline{\boldsymbol{K}} = \tilde{\underline{\boldsymbol{T}}}_1^T \underline{\boldsymbol{K}}_1 \tilde{\underline{\boldsymbol{T}}}_1 + \tilde{\underline{\boldsymbol{T}}}_2^T \underline{\boldsymbol{K}}_2 \tilde{\underline{\boldsymbol{T}}}_2 + \tilde{\underline{\boldsymbol{T}}}_3^T \underline{\boldsymbol{K}}_3 \tilde{\underline{\boldsymbol{T}}}_3 \tag{6.41}$$

Das Gleichungssystem mit $n = 8$ Zeilen hat zunächst 2n bzw. 16 Unbekannte. Die quadratische Steifigkeitsmatrix ist symmetrisch und hat auf der Hauptdiagonalen eine Steifigkeit, die Null ist (singuläre Steifigkeitsmatrix). D.h., das Gleichungssystem ist zunächst nicht lösbar. Mit den vorgegebenen Rand- und Übergangsbedingungen läßt es sich auf 7 Unbekannte reduzieren und lösen. Anhand der Rand- und Übergangsbedingungen ist im Globalsystem

$F_3 = 0$ N
$F_4 = 2000$ N
$F_5 = 1000$ N
$F_6 = 0$ N
und
$\delta_1 = \delta_2 = \delta_6 = \delta_7 = \delta_8 = 0$mm

Mit den Randbedingungen wird aus (6.40)

$$\begin{bmatrix} F_1 = ? \\ F_2 = ? \\ F_3 = 0N \\ F_4 = 2000N \\ F_5 = 1000N \\ F_6 = 0N \\ F_7 = ? \\ F_8 = ? \end{bmatrix} = \frac{N}{mm} \begin{bmatrix} 500 & 500 & -500 & -500 & 0 & 0 & 0 & 0 \\ 500 & 500 & -500 & -500 & 0 & 0 & 0 & 0 \\ -500 & -500 & 4750 & -800 & -2000 & 0 & -2250 & 1300 \\ -500 & -500 & -800 & 1250 & 0 & 0 & 1300 & -750 \\ 0 & 0 & -2000 & 0 & 2000 & 0 & 0 & 0 \\ 0 & 0 & 0 & 0 & 0 & 0 & 0 & 0 \\ 0 & 0 & -2250 & 1300 & 0 & 0 & 2250 & -1300 \\ 0 & 0 & 1300 & -750 & 0 & 0 & -1300 & 750 \end{bmatrix} \begin{bmatrix} \delta_1 = 0mm \\ \delta_2 = 0mm \\ \delta_3 = ? \\ \delta_4 = ? \\ \delta_5 = ? \\ \delta_6 = 0mm \\ \delta_7 = 0mm \\ \delta_8 = 0mm \end{bmatrix} \tag{6.42}$$

Im Gleichungssystem werden die 6. Zeile sowie die 6. Spalte in der Steifigkeitsmatrix gestrichen, da sie nur Nullen enthalten. Das Gleichungssystem hat dann 4 unbekannte globale Knotenkräfte und 3 unbekannte globale Knotenverschiebungen (vgl. 6.42). Durch Vertauschen von Zeilen und Spalten wird das Gleichungssystem so umgestellt (vgl. 6.43), dass im Kraftvektor oben bekannte Kräfte F_b und unten unbekannte Kräfte F_u sowie im Verschiebungsvektor oben unbekannte Verschiebungen δ_u und unten bekannte Verschiebungen δ_b stehen.

$$\begin{bmatrix} \boldsymbol{F}_b \\ \boldsymbol{F}_u \end{bmatrix} = \begin{bmatrix} \underline{\boldsymbol{k}}_{bb} & \underline{\boldsymbol{k}}_{bu} \\ \underline{\boldsymbol{k}}_{ub} & \underline{\boldsymbol{k}}_{uu} \end{bmatrix} \begin{bmatrix} \boldsymbol{\delta}_u \\ \boldsymbol{\delta}_b \end{bmatrix} \tag{6.43}$$

Zunächst werden unter Beachtung der Vertauschungsregeln der Matrizenrechung im Gleichungssystem (6.42) die 7., 4. und 5. Zeile nach oben in die 1., 2. und 7. Zeile verschoben und die 1. und 2. rutschen entsprechend nach unten. Danach werden die 7., 4. und 5. Spalte auf die 1., 2. und 7. Spalte verschoben und die 1. und 2. Spalte rutschen entsprechend nach rechts. Nach dieser Manipulation erhält man (vgl. dazu 6.43):

$$\begin{bmatrix} F_3 = 0N \\ F_4 = 2000N \\ F_5 = 1000N \\ F_1 = ? \\ F_2 = ? \\ F_7 = ? \\ F_8 = ? \end{bmatrix} = \frac{N}{mm} \begin{bmatrix} 4750 & -800 & -2000 & -500 & -500 & -2250 & 1300 \\ -800 & 1250 & 0 & -500 & -500 & 1300 & -750 \\ -2000 & 0 & 2000 & 0 & 0 & 0 & 0 \\ -500 & -500 & 0 & 500 & 500 & 0 & 0 \\ -500 & -500 & 0 & 500 & 500 & 0 & 0 \\ -2250 & 1300 & 0 & 0 & 0 & 2250 & -1300 \\ -1300 & -750 & 0 & 0 & 0 & -1300 & 750 \end{bmatrix} \begin{bmatrix} \delta_3 = ? \\ \delta_4 = ? \\ \delta_5 = ? \\ \delta_1 = 0mm \\ \delta_2 = 0mm \\ \delta_7 = 0mm \\ \delta_8 = 0mm \end{bmatrix} \tag{6.44}$$

Auch nach der Manipulation ist die quadratische Steifigkeitsmatrix symmetrisch, und sie ist positiv definit und nicht singulär. In den ersten drei Zeilen des Gleichungssystems (6.44) sind nur noch die drei gesuchten Verschiebungen als Unbekannte vorhanden. Entsprechend (6.43) werden die drei Gleichungen mit den drei bekannten Globalkräften, den 4 vorgegebenen Globalverschiebungen sowie den drei unbekannten Verschiebungen in ein Subsystem zusammengefasst.

$$\begin{bmatrix} 0N \\ 2000N \\ 1000N \end{bmatrix} = \frac{N}{mm} \begin{bmatrix} 4750 & -800 & -2000 & -500 & -500 & -2250 & 1300 \\ -800 & 1250 & 0 & -500 & -500 & 1300 & -750 \\ -2000 & 0 & 2000 & 0 & 0 & 0 & 0 \end{bmatrix} \begin{bmatrix} \delta_3 \\ \delta_4 \\ \delta_5 \\ 0mm \\ 0mm \\ 0mm \\ 0mm \end{bmatrix} \tag{6.45}$$

Da die vorgegebenen Verschiebungen an den Einspannungen gleich Null sind, reduziert sich das Subsystem auf eine 3x3 Sub-Steifigkeitsmatrix bzw. es wird dann

$$\begin{bmatrix} 0N \\ 2000N \\ 1000N \end{bmatrix} = \frac{N}{mm} \begin{bmatrix} 4750 & -800 & -2000 \\ -800 & 1250 & 0 \\ -2000 & 0 & 2000 \end{bmatrix} \begin{bmatrix} \delta_3 \\ \delta_4 \\ \delta_5 \end{bmatrix} \tag{6.46}$$

Dieses Gleichungssystem läßt sich zur Optimierung der numerischen Lösung bezüglich Bandbreite noch umschreiben, d.h. die quadratisch symmetrische Steifigkeitsmatrix wird so organisiert, indem alle Steifigkeitselemente $k_{i,j} \neq 0$ um die Hauptdiagonale angeordnet werden. Durch Vertauschen von Zeilen und Spalten wird aus (6.46)

$$\begin{bmatrix} 1000N \\ 0N \\ 2000N \end{bmatrix} = \frac{N}{mm} \begin{bmatrix} 2000 & -2000 & 0 \\ -2000 & 4750 & -800 \\ 0 & -800 & 1250 \end{bmatrix} \begin{bmatrix} \delta_5 \\ \delta_3 \\ \delta_4 \end{bmatrix} \tag{6.47}$$

Das lineare Gleichungssystem (6.47) kann mit einem Iterations- oder Eliminationsverfahren gelöst werden. In der Regel wird der GAUßsche Algorithmus bzw. das CHOLESKY-Verfahren (vgl. Kapitel 6.9.3) angewandt [ZRF 84]. Beim CHOLESKY-Verfahren wird die Symmetrieeigenschaft der Steifigkeitsmatrix genutzt, was sich positiv auf die Rechenzeit auswirkt. Das CHOLESKY-Verfahren ist numerisch sehr stabil und liefert selbst bei großen Steifigkeitsunterschieden in der Struktur, bei fast singulärer Koeffizientenmatrix (Determinante ist ungewöhnlich klein), befriedigende Lösungen. Das CHOLESKY-Verfahren ist bei diesen „ill conditioned“ Systemen meist nur noch der einzige gangbare Weg [ZRF 84].

Für die Lösung des Gleichungssystems (6.46) oder (6.47) genügt es, wenn die CRAMER-Regel angewandt wird, und man erhält:

$$
\begin{aligned}
\delta_3 &= 1,0188\text{mm}, \\
\delta_4 &= 2,2520\text{mm und} \\
\delta_5 &= 1,5188\text{mm}
\end{aligned}
$$

Da nun alle Globalverschiebungen bekannt sind, können die noch unbekannten Globalkräfte berechnet werden. Die Zeilen 4 bis 7 des Gleichungssystem (6.44) werden entsprechend (6.43) zusammengefasst.

$$
\begin{bmatrix} F_1 \\ F_2 \\ F_7 \\ F_8 \end{bmatrix} = \frac{N}{mm} \begin{bmatrix} -500 & -500 & 0 & 500 & 500 & 0 & 0 \\ -500 & -500 & 0 & 500 & 500 & 0 & 0 \\ -2250 & 1300 & 0 & 0 & 0 & 2250 & -1300 \\ 1300 & -750 & 0 & 0 & 0 & -1300 & 750 \end{bmatrix} \begin{bmatrix} 1,0188mm \\ 2,2520mm \\ 1,5188mm \\ 0mm \\ 0mm \\ 0mm \\ 0mm \end{bmatrix} \tag{6.48}
$$

Dieses Gleichungssystem ist zu lösen, und nach einiger Rechenarbeit erhält man die gesuchten Knotenkräfte im Globalkoordinatensystem.

F_1= -1635 N,
F_2 = -1635 N,
F_7 = 635,3 N und
F_8 = -364,6 N

Im letzten Schritt sollen nun die Knotenkräfte und Verschiebungen im lokalen Elementkoordinatensystem berechnet werden. Mit Kombination von (6.13), (6.16) und (6.37) wird

$$
\boldsymbol{f}_i = \underline{\boldsymbol{k}}_i\, \boldsymbol{u}_i = \underline{\boldsymbol{k}}_i\, \underline{\boldsymbol{T}}_i\, \boldsymbol{d}_i = \underline{\boldsymbol{k}}_i\, \underline{\boldsymbol{T}}_i\, \underline{\tilde{\boldsymbol{T}}}_i\, \boldsymbol{d} \tag{6.49}
$$

und damit können die Elementkräfte im lokalen Elementkoordinatensystem berechnet werden.

<u>Stab 1</u>

$$
\begin{bmatrix} f_1 \\ f_2 \end{bmatrix}_1 = \frac{1000N}{mm} \begin{bmatrix} 1 & -1 \\ -1 & 1 \end{bmatrix}_1 [*]_1 \begin{bmatrix} 1 & 0 & 0 & 0 & 0 & 0 & 0 & 0 \\ 0 & 1 & 0 & 0 & 0 & 0 & 0 & 0 \\ 0 & 0 & 1 & 0 & 0 & 0 & 0 & 0 \\ 0 & 0 & 0 & 1 & 0 & 0 & 0 & 0 \end{bmatrix}_1 \begin{bmatrix} \delta_1 = 0mm \\ \delta_2 = 0mm \\ \delta_3 = 1,0188mm \\ \delta_4 = 2,2520mm \\ \delta_5 = 1,5188mm \\ \delta_6 = 0mm \\ \delta_7 = 0mm \\ \delta_8 = 0mm \end{bmatrix} \tag{6.50}
$$

$$
\text{mit} \quad [*]_1 = \begin{bmatrix} \cos 45^\circ & \sin 45^\circ & 0 & 0 \\ 0 & 0 & cos 45^\circ & \sin 45^\circ \end{bmatrix}_1
$$

$$
\begin{bmatrix} f_1 \\ f_2 \end{bmatrix}_1 = \begin{bmatrix} -2312N \\ 2312N \end{bmatrix}_1
$$

Stab 2

$$\begin{bmatrix} f_1 \\ f_2 \end{bmatrix}_2 = \frac{2000N}{mm} \begin{bmatrix} 1 & -1 \\ -1 & 1 \end{bmatrix}_2 [*]_2 \begin{bmatrix} 0 & 0 & 1 & 0 & 0 & 0 & 0 & 0 \\ 0 & 0 & 0 & 1 & 0 & 0 & 0 & 0 \\ 0 & 0 & 0 & 0 & 1 & 0 & 0 & 0 \\ 0 & 0 & 0 & 0 & 0 & 1 & 0 & 0 \end{bmatrix}_2 \begin{bmatrix} \delta_1 = 0mm \\ \delta_2 = 0mm \\ \delta_3 = 1,0188mm \\ \delta_4 = 2,2520mm \\ \delta_5 = 1,5188mm \\ \delta_6 = 0mm \\ \delta_7 = 0mm \\ \delta_8 = 0mm \end{bmatrix} \tag{6.51}$$

$$\text{mit} \quad [*]_2 = \begin{bmatrix} \cos 0^\circ & \sin 0^\circ & 0 & 0 \\ 0 & 0 & \cos 0^\circ & \sin 0^\circ \end{bmatrix}_2$$

$$\begin{bmatrix} f_1 \\ f_2 \end{bmatrix}_2 = \begin{bmatrix} -1000,4N \\ 1000,4N \end{bmatrix}_2$$

Stab 3

$$\begin{bmatrix} f_1 \\ f_2 \end{bmatrix}_3 = \frac{3000N}{mm} \begin{bmatrix} 1 & -1 \\ -1 & 1 \end{bmatrix}_3 [*]_3 \begin{bmatrix} 0 & 0 & 1 & 0 & 0 & 0 & 0 & 0 \\ 0 & 0 & 0 & 1 & 0 & 0 & 0 & 0 \\ 0 & 0 & 0 & 0 & 0 & 0 & 1 & 0 \\ 0 & 0 & 0 & 0 & 0 & 0 & 0 & 1 \end{bmatrix}_3 \begin{bmatrix} \delta_1 = 0mm \\ \delta_2 = 0mm \\ \delta_3 = 1,0188mm \\ \delta_4 = 2,2520mm \\ \delta_5 = 1,5188mm \\ \delta_6 = 0mm \\ \delta_7 = 0mm \\ \delta_8 = 0mm \end{bmatrix} \tag{6.52}$$

$$\text{mit} \quad [*]_3 = \begin{bmatrix} \cos 150^\circ & \sin 150^\circ & 0 & 0 \\ 0 & 0 & \cos 150^\circ & \sin 150^\circ \end{bmatrix}_3$$

$$\begin{bmatrix} f_1 \\ f_2 \end{bmatrix}_3 = \begin{bmatrix} 731,7N \\ -731,7N \end{bmatrix}_3$$

In Verbindung mit Bild 6.10 ergibt sich, dass die Stäbe 1 und 2 Zugstäbe sind und Stab 3 ein Druckstab ist. Denn bei Stab 1 und 2 wirken die Kräfte am Knoten N1 entgegen der x_e-Richtung und am Knoten N2 in x_e-Richtung, während beim Stab 3 die Kraft am Knoten N1 in x_e-Richtung und am Knoten N2 gegen die x_e-Richtung zeigt.

Über die Formulierung der Gleichgewichtsbedingungen an den Fachwerkknoten können die Stabkräfte F_{Stab_i} auch analytisch bestimmt werden. Man erhält für das einfache Beispiel (vgl. Bild 6.5):

Stabkraft $\boldsymbol{F}_{Stab1}$

$$F_{Stab1} = \frac{2\sqrt{3}+1}{\sqrt{2}(1+\sqrt{3})} 2000N = 2310,789N \tag{6.53}$$

Stabkraft $\boldsymbol{F}_{Stab2}$

$$F_{Stab2} = 1000N \tag{6.54}$$

Stabkraft $\boldsymbol{F}_{Stab3}$

$$F_{Stab3} = -\frac{1}{1+\sqrt{3}} 1000N = -732,051N \tag{6.55}$$

Die Abweichung zu den Stabkräften $\boldsymbol{f}_i$ (vgl. (6.50) bis (6.52)), die nach der FE-Methode ermittelt wurden, sind auf die Rundungen der Zwischenergebnisse auf maximal 4 Nachkommastellen zurückzuführen. Die Rechengenauigkeit moderner Computer liegt erheblich höher, so dass man davon ausgehen kann, dass die oben angegebenen exakten Lösungen (vgl. (6.53) bis (6.55)) zu erzielen sind.

Abschließend sollen noch die Knotenverschiebungen des Beispiels Stabwerk im Elementkoordinatensystem mit(6.56) (Kombination aus (6.16) und (6.37)) berechnet werden.

$$\boldsymbol{u}_i = \underline{\boldsymbol{T}}_i \, \boldsymbol{d}_i = \underline{\boldsymbol{T}}_i \, \underline{\tilde{\boldsymbol{T}}}_i \, \boldsymbol{d} \tag{6.56}$$

Stab 1

$$\begin{bmatrix} u_1 \\ u_2 \end{bmatrix}_1 = [*]_1 \begin{bmatrix} 1 & 0 & 0 & 0 & 0 & 0 & 0 & 0 \\ 0 & 1 & 0 & 0 & 0 & 0 & 0 & 0 \\ 0 & 0 & 1 & 0 & 0 & 0 & 0 & 0 \\ 0 & 0 & 0 & 1 & 0 & 0 & 0 & 0 \end{bmatrix}_1 \begin{bmatrix} \delta_1 = 0mm \\ \delta_2 = 0mm \\ \delta_3 = 1,0188mm \\ \delta_4 = 2,2520mm \\ \delta_5 = 1,5188mm \\ \delta_6 = 0mm \\ \delta_7 = 0mm \\ \delta_8 = 0mm \end{bmatrix} \tag{6.57}$$

$$\text{mit} \quad [*]_1 = \begin{bmatrix} cos45^\circ & \sin 45^\circ & 0 & 0 \\ 0 & 0 & \cos 45^\circ & \sin 45^\circ \end{bmatrix}_1$$

$$\begin{bmatrix} u_1 \\ u_2 \end{bmatrix}_1 = \begin{bmatrix} 0 \\ 2,313mm \end{bmatrix}_1$$

Stab 2

$$\begin{bmatrix} u_1 \\ u_2 \end{bmatrix}_2 = [*]_2 \begin{bmatrix} 0 & 0 & 1 & 0 & 0 & 0 & 0 & 0 \\ 0 & 0 & 0 & 1 & 0 & 0 & 0 & 0 \\ 0 & 0 & 0 & 0 & 1 & 0 & 0 & 0 \\ 0 & 0 & 0 & 0 & 0 & 1 & 0 & 0 \end{bmatrix}_2 \begin{bmatrix} \delta_1 = 0mm \\ \delta_2 = 0mm \\ \delta_3 = 1,0188mm \\ \delta_4 = 2,2520mm \\ \delta_5 = 1,5188mm \\ \delta_6 = 0mm \\ \delta_7 = 0mm \\ \delta_8 = 0mm \end{bmatrix} \tag{6.58}$$

$$\text{mit} \quad [*]_2 = \begin{bmatrix} \cos 0^\circ & \sin 0^\circ & 0 & 0 \\ 0 & 0 & \cos 0^\circ & \sin 0^\circ \end{bmatrix}_2$$

$$\begin{bmatrix} u_1 \\ u_2 \end{bmatrix}_2 = \begin{bmatrix} 1,0188mm \\ 1,5188mm \end{bmatrix}_2$$

Stab 3

$$\begin{bmatrix} u_1 \\ u_2 \end{bmatrix}_3 = [*]_3 \begin{bmatrix} 0 & 0 & 1 & 0 & 0 & 0 & 0 & 0 \\ 0 & 0 & 0 & 1 & 0 & 0 & 0 & 0 \\ 0 & 0 & 0 & 0 & 0 & 0 & 1 & 0 \\ 0 & 0 & 0 & 0 & 0 & 0 & 0 & 1 \end{bmatrix} \begin{bmatrix} \delta_1 = 0mm \\ \delta_2 = 0mm \\ \delta_3 = 1,0188mm \\ \delta_4 = 2,2520mm \\ \delta_5 = 1,518mm \\ \delta_6 = 0mm \\ \delta_7 = 0mm \\ \delta_8 = 0mm \end{bmatrix} \tag{6.59}$$

$$\text{mit} \quad [*]_3 = \begin{bmatrix} cos 150^\circ & \sin 150^\circ & 0 & 0 \\ 0 & 0 & cos 150^\circ & \sin 150^\circ \end{bmatrix}_3$$

$$\begin{bmatrix} u_1 \\ u_2 \end{bmatrix}_3 = \begin{bmatrix} 0,2437mm \\ 0mm \end{bmatrix}_3$$

Vergleicht man die Knotenverschiebungen der einzelnen Stäbe, dann stellt man fest, dass die Stabverlängerung $\Delta u = u_2 - u_1$ bei den Stäben 1 und 2 positiv und bei dem Stab 3 negativ ist (vgl. Bild 6.9). Dies bedeutet, dass, wie bereits aus der Berechnung der Stabkräfte bekannt, die Stäbe 1 und 2 Zugstäbe sind und der Stab 3 ein Druckstab ist. Bild 6.5 zeigt das mit dem FE-Programm COSMOS/M generierte FE-Modell einmal im unverformten und verformten Zustand mit dem entsprechenden resultierenden Verschiebungsvektor u_{res}. Wie zu erwarten war, zeigt der Vergleich zwischen der numerischen FE-Berechnung und der hier durchgeführten Berechnung eine gute Übereinstimmung.

Das hier zum Verständnis vorgestellte Verfahren, die Ermittlung der Einzelsteifigkeiten mit Hilfe der Verschiebungsmethode [Coo 95] und der Zusammenbau der Gesamtsteifigkeit durch Addition der Einzelelementsteifigkeiten, wird als Direct Stiffness Method bezeichnet. Kommerzielle FEM-Programme verwenden die Direct Stiffness Method nicht, sondern das GALERKIN-Verfahren oder Energiemethoden, wie z.B. das Verfahren des minimalen Gesamtpotentials. Im nächsten Abschnitt wird das Verfahren des minimalen Gesamtpotentials im wesentlichen für die FEM-Anwendung wiederholt, und zum Vergleich des Aufwands wird das mit der Direct Stiffness Method erhaltene Gesamtgleichungssystem (vgl. (6.40) und (6.42)) mit Hilfe des Verfahrens des minimalen Gesamtpotentials nochmals erstellt.

6.2.6 Zusammenfassung der FEM-Systematik

Die vorherigen Kapitel 6.2.4 und 6.2.5 hatten das Ziel, die Systematik und spezifische Organisation der FEM einfach und nachvollziehbar zu erklären. Auch bei noch so komplexen Anwendungen bleiben diese grundsätzlichen Vorgehensweisen, die für das Verständnis wichtig sind, erhalten. Deshalb lässt sich der Vorgang gut automatisieren und so mit einem Computer bearbeiten. I.d.R. bereitet dem Computer auch eine große Anzahl von Unbekannten wenig Mühe. Im der Tabelle 6.2 sind die wichtigsten Arbeitsschritte der FEM-Systematik zusammengestellt. Die Arbeitsschritte Pre- und Post-Processing werden vom FE-Programm-Anwender und der Arbeitsschritt Solution vom Computer ausgeführt.Der

Arbeitsschritt „Pre-Processing", die Problemaufbereitung, wird fast ausschließlich mit grafischer Benutzeroberfläche (meist z.T. auf CAD-Basis) durchgeführt. Der Arbeitsschritt „Solution" läuft für den Nutzer meist kaum wahrnehmbar automatisch im Hintergrund ab. Die Ergebnisauswertung und -aufbereitung, dritter Arbeitschritt „Post-Processing", erfolgt meist in grafischer Darstellung.

6.3 Energie-, Arbeits- und Näherungssätze in der FEM

6.3.1 Einführung

Im Kapitel 6.2 wurde das Erstellen des Gesamtgleichungssystems mit Hilfe der Direct Stiffness Method beschrieben, und sie ist die einfachste, verständlichste Methode. Ist die Struktur kein Rahmenwerk mehr, sondern ein allgemeines dreidimensionales Kontinuum, dann hat die Direct Stiffness Method konzeptionelle Probleme und stößt schnell an ihre Grenzen. Die über entsprechende elastizitätstheoretische Ansätze herzuleitenden partiellen Differentialgleichungssysteme müssen näherungsweise unter Berücksichtigung der jeweiligen Randbedingungen gelöst werden. Existiert in dem Randwertproblem eine äquivalente Variationsaufgabe, dann lässt sich das RAYLEIGH-RITZ-Verfahren anwenden. Ist dies nicht der Fall, dann müssen andere Wege zur Entwicklung der Näherungslösung benutzt werden. Eine solche Näherungslösung ist die Methode der gewichteten Residuen oder Methode nach GALERKIN. Sie hat eine sehr breite Anwendung, ist aber weniger anschaulich, und der Bezug zu den physikalischen Problemen ist weniger deutlich. Jedoch bei komplizierten Ansätzen ist das GALERKIN-Verfahren der gangbare Weg [Käm 90], [Kle 99], [Bat 86].

Die hier behandelte Methode ist die systematische Anwendung des RAYLEIGH-RITZ-Verfahrens. Bei dem Näherungsverfahren der Finite Elemente Methode beschreiben die Element- Ansatzfunktionen die Interpolation der Elementknotenverrückungen ins Elementinnere, und sie sind die Basisfunktionen des RAYLEIGH-RITZ-Ansatzes. Die diskreten Knotenverrückungen sind dann die unbekannten Koeffizienten im RAYLEIGH-RITZ-Ansatz.

Das Problem der Erstellung des Gesamtgleichungssystems des FE-Modells bzw. einzelner Elementsteifigkeitsmatrizen lässt sich auch mit Energie- bzw. Arbeitsätzen lösen. Die Lösung aus Gleichgewichts-, Kompatibilitätsbedingungen und dem Werkstoffgesetz wird dabei zurückgeführt auf die Annahme, dass die im System gespeicherte potentielle Energie minimal wird. So lassen sich mit dem Variationsprinzip oder dem Prinzip der virtuellen Arbeit näherungsweise die Matrizen für die Berechnung der Verrückungen, Kräfte, Momente und somit Spannungen bestimmen. Hier wird nur auf das Wesentliche eingegangen und auf die einschlägige Literatur verwiesen. Dazu ist ein Literaturauszug im Anhang des Kapitels angegeben.

Im nächsten Schritt wird hier kurz das Energieprinzip (totales Potential) anhand eines einfachen Beispiels beschrieben, und danach wird für das in Bild 6.5 abgebildete Beispiel das Gesamtgleichungssystem (vgl. (6.40) und (6.42)) erstellt. Anschließend werden die Variationsansätze zur Lösung von Differentialgleichungen (DGL) behandelt.

Tabelle 6.2: Wichtige Arbeitsschritte der FEM-Systematik

I:	**Eingabe**
	• Erstellung des Geometriemodells • Wahl der Elementgruppen • Zuordnung von Werkstoff-, Geometrie-, Orientierungs- und Belastungsparamter • Generierung des FE-Netzes und Zusammenbau des FE-Gesamtmodells • Definition der Belastungen, Rand- und Übergangsbedingungen • Festlegung der Berechnungsart • Check der Input-Daten und Festlegung der Outputform
II: Solution	**Numerische Analyse**
	• Berechnung der Elementsteifigkeitsmatrizen und der Elementlastvektoren • Transformation ins Globalkoordinatensystem • Zusammenbau der Systemsteifigkeitsmatrix und des Systemlastvektors zum Gesamtgleichungssystem • Einbau der geometrischen Randbedingungen • Lösung des reduzierten Gesamtgleichungssystems mit dem Ergebnis der globalen Knotenverschiebung • Berechnung der Lagerreaktionen, Knotenkräfte, Schnittlasten, Spannungen usw. im Global- und Lokalelementsystem (optional)
III:	**Auswertung und Weiterbearbeitung der Rechnerergebnisse:**
	• Plausibilitätsprüfung der Rechenergebnisse • Aufbereiten der Rechenergebnisse • Lastfallüberlagerung • Aufbereitung für weitere numerische Analysen usw.

6.3.2 Einfaches Beispiel für das Energieprinzip „Totales Potential“

Zwei prismatische Zugstäbe mit unterschiedlichen Dehnsteifigkeiten sind miteinander gelenkig verbunden (siehe Bild 6.13). Ein Stab ist gelenkig gelagert, und das freie Ende des anderen Stabes wird mit einer Kraft F belastet. Gesucht ist die Gesamtenergie oder das totale Potential des Systems, der Stationärwert, d.h. das Minimum des Gesamtpotentials, sowie der Zusammenhang zwischen der äußeren Belastung und den Knotenverschiebungen. Dabei wird ein konservatives System vorausgesetzt, d.h. die Arbeit ist wegunabhängig. Die Gesamtenergie oder das totale Potential Π (6.60) ist gleich der Summe aus gespeicherter Energie U im elastisch verformten System (Energiedichte mal Volumen) plus potentieller Energie E_p (Fähigkeit der äußeren Kräfte um Arbeit zu leisten)

$$\Pi = U + E_p \tag{6.60}$$

Vorzeichenregel: Wird die potentielle Energie E_p erhöht, dann muss Arbeit W geleistet werden und umgekehrt, nimmt die potentielle Energie E_p ab, dann leistet das System eine Arbeit W. Dies bedeutet im oben angeführten Beispiel:

$$E_p = -W = -\int \boldsymbol{F} \cdot d\boldsymbol{s} = -F_2 u_2 = -F u_2 \tag{6.61}$$

Die elastische Energiedichte $d\bar{U}$ berechnet sich für den Stab (axialer Fall bzw. eindimensionaler Fall) wie folgt (siehe Bild 6.14a)

$$\bar{U} = \int_0^{\tilde{\varepsilon}} \sigma_{xx} \cdot \varepsilon_{xx} \tag{6.62}$$

mit dem HOOKEschen-Gesetz $\boldsymbol{\sigma}_{xx} = E_{xx} \cdot \varepsilon_{xx}$ bzw. $\sigma = E \cdot \varepsilon$ wird

$$\bar{U} = \int_0^{\tilde{\varepsilon}} E \cdot \varepsilon d\varepsilon = \frac{E\varepsilon^2}{2} = \frac{\sigma \cdot \varepsilon}{2} \tag{6.63}$$

Die gespeicherte Energie in einem elastisch verformten Körper berechnet sich aus Energiedichte $\bar{U}$ mal dem Körpervolumen V, d.h. für einen Stab mit einer Gesamtlängendehnung

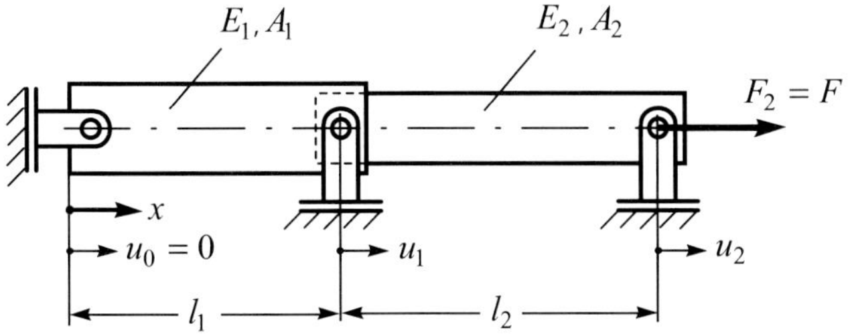

Bild 6.13: Zwei–Stabsystem mit zulässiger Verschiebung nur in Kraftrichtung

von $\varepsilon = \Delta l / l = (u_j - u_k)/l$ wird allgemein:

$$U_i = \bar{U}_i V_{Stab_i} = \frac{1}{2} \frac{E(u_j - u_k)^2}{l^2} A \cdot l = \frac{1}{2} \frac{EA}{l} (u_j - u_k)^2 = \frac{1}{2} k (u_j - u_k)^2 \qquad (6.64)$$

Mit (6.64) lässt sich für das in Bild 6.13 dargestellte System die gespeicherte Energie allgemein unter Berücksichtigung der Randbedingungen u_0 bestimmen.

$$U_{ges} = U_1 + U_2 = \frac{1}{2} \frac{E_1 A_1}{l_1} (u_1)^2 + \frac{1}{2} \frac{E_2 A_2}{l_2} (u_2 - u_1)^2 = \frac{1}{2} k_1 (u_1)^2 + \frac{1}{2} k_2 (u_2 - u_1)^2 \qquad (6.65)$$

Mit (6.61) und (6.65) erhält man für das Stabsystem, siehe Bild 6.13, die Gesamtenergie Π

$$\Pi = U_1 + U_2 + E_p = \frac{1}{2} k_1 (u_1^2) + \frac{1}{2} k_2 (u_2 - u_1)^2 - F u_2 \qquad (6.66)$$

Das Gesamtpotential Π nimmt in der Gleichgewichtslage einen Stationärwert (Extremum) an. Für einen linear elastischen Körper ist das Gesamtpotential in der Gleichgewichtslage minimal, d.h.

$$\frac{\partial \Pi}{\partial u_i} = 0 \quad \text{mit} \quad i = 1, 2 \qquad (6.67)$$

Das Minimum (Gleichgewichtslage) der Gesamtenergie Π des Stabsystems (6.66) wird entsprechend der Extremwertrechnung partiell nach den Verrückungen u_1 und u_2 abgeleitet

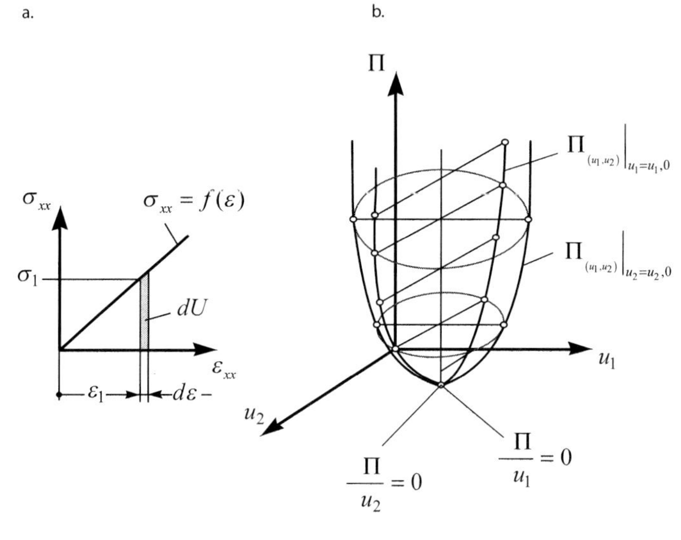

Bild 6.14: Elastische Energiedichte (einachsiger Spannungszustand) und Gesamtpotential mit dazu gehörigem Extremum des Zwei–Stabsystems (siehe Bild 6.13)

und gleich Null gesetzt.

$$\frac{\partial \Pi}{\partial u_1} = k_1(u_1) + k_2(u_2 - u_1)(-1) = 0 \tag{6.68}$$

$$\frac{\partial \Pi}{\partial u_2} = k_2(u_2 - u_1) - F = 0 \tag{6.69}$$

(6.68) und (6.69) lassen sich in Matrizenform schreiben, es wird:

$$\begin{bmatrix} k_1 + k_2 & -k_2 \\ -k_2 & k_2 \end{bmatrix} \begin{bmatrix} u_1 \\ u_2 \end{bmatrix} = \begin{bmatrix} 0 \\ F \end{bmatrix} \tag{6.70}$$

Dies ist das zu lösende statische Gleichungssystem für das in Bild 6.13 dargestellte Zwei-Stabsystem. Im Bild 6.14 ist das Gesamtpotential mit dazugehörigem Extremum (Minimum der potentiellen Energie) abgebildet.

Im allgemeinen Fall greifen an einem Körper äußere Kräfte, wie Punktkräfte, Oberflächenkräfte und Volumenkräfte, an (siehe Bild 6.15). Die totale Energie Π wird dann:

$$\Pi(\boldsymbol{U}) = U(\boldsymbol{u}) + E_p(\boldsymbol{u}) = U(\boldsymbol{u}) - \sum_{i=1}^{n} \boldsymbol{F}_i \boldsymbol{u}_i^T - \int_O (\boldsymbol{q}\boldsymbol{u}^T) dO - \int_V (\boldsymbol{p}\boldsymbol{u}^T) dV \tag{6.71}$$

Wobei mit (6.71) die Verrückungen $\boldsymbol{u}(x)$ die Körperverrückungen sind, und das Prinzip der totalen Energie besagt, dass das kompatible Verrückungsfeld $\boldsymbol{u}(x)$ korrekt ist, wenn, wie am Beispiel Zwei-Stabsystem gezeigt, die totale Energie einen stationären Wert annimmt, (vgl. Bild 6.14).

6.3.3 Bestimmung des Gesamtgleichungssystems für das in Bild 6.5 abgebildete Beispiel mit Hilfe des „Totalen Potentials“

Das Gesamtgleichungssystem (6.40) bzw. (6.42) wurde mit der Direct Stiffness Method erstellt. Zur Gegenüberstellung soll nun mit dem Energieprinzip „Totales Potential“ das Gesamtgleichungssystem für das in Bild 6.5 abgebildete Stabwerk nochmals erstellt werden. In den Bildern 6.6 und 6.10 sind die dafür notwendigen Systemgrößen bezüglich der lokalen und globalen Koordinatensysteme zusammengestellt. Mit (6.66) (siehe auch (6.61) und(6.64)) ergibt sich für das in Bild 6.5 gezeigte Stabwerk folgendes totale Potential. Dabei ist zu beachten, dass die Verschiebungen u_i des lokalen und δ_j des globalen Koordinatensystem sind.

$$\begin{aligned} \Pi = {} & \frac{1}{2}k_1(u_2^{(1)} - u_1^{(1)})^2 + \frac{1}{2}k_2(u_2^{(2)} - u_1^{(2)})^2 + \frac{1}{2}k_3(u_2^{(3)} - u_1^{(3)})^2 - \\ & - F_1\delta_1 - F_2\delta_2 - F_3\delta_3 - F_4\delta_4 - F_5\delta_5 - F_6\delta_6 - F_7\delta_7 - F_8\delta_8 \end{aligned} \tag{6.72}$$

Die lokalen Knotenverschiebungen u_i in (6.72) lassen sich mit (6.14) (siehe Bild 6.10) in das globale Koordinatensystem transformieren bzw. in globale Knotenverschiebungen δ_j

umrechnen, und die (6.72) lässt sich dann wie folgt schreiben

$$\begin{aligned}\Pi = &\frac{k_1}{2}\left[(\delta_3\cos 45^\circ + \delta_4 \sin 45^\circ) - (\delta_1 \cos 45^\circ + \delta_2 \sin 45^\circ)\right]^2 + \\ &+ \frac{k_2}{2}\left[(\delta_5\cos 0^\circ + \delta_6 \sin 0^\circ) - (\delta_3 \cos 0^\circ + \delta_4 \sin 0^\circ)\right]^2 + \\ &+ \frac{k_3}{2}\left[(\delta_7\cos 150^\circ + \delta_8 \sin 150^\circ) - (\delta_3 \cos 150^\circ + \delta_4 \sin 150^\circ)\right]^2 - \\ &- F_1\delta_1 - F_2\delta_2 - F_3\delta_3 - F_4\delta_4 - F_5\delta_5 - F_6\delta_6 - F_7\delta_7 - F_8\delta_8\end{aligned} \tag{6.73}$$

bzw.

$$\begin{aligned}\Pi = &\frac{k_1}{4}\left[\delta_3 + \delta_4 - \delta_1 - \delta_2\right]^2 + \frac{k_2}{2}\left[\delta_5 - \delta_3\right]^3 \\ &+ \frac{k_3}{2}\left[0,866\delta_3 - 0,5\delta_4 - 0,866\delta_7 + 0,5\delta_8\right]^2 - \\ &- F_1\delta_1 - F_2\delta_2 - F_3\delta_3 - F_4\delta_4 - F_5\delta_5 - F_6\delta_6 - F_7\delta_7 - F_8\delta_8\end{aligned} \tag{6.74}$$

Entsprechend der Gleichung 6.67 lässt sich mit $i = 1, 2..., 8$ der Stationärwert (Minimum der gespeicherten potentiellen Energie) bestimmen. Die Gesamtenergie bzw. das totale Potential des jeweiligen Systems, hier Gleichung 6.74, wird partiell nach den einzelnen Knotenverschiebungen, hier δ_i mit $i = 1, 2..., 7, 8$, abgeleitet und das Ergebnis gleich Null gesetzt.

$$\frac{\partial \Pi}{\partial \delta_i} = 0, \qquad \text{für} \quad (i = 1, 2, 3, ..., 7, 8) \tag{6.75}$$

berechnet.

$$\begin{aligned}\frac{\partial \Pi}{\partial \delta_1} &= \frac{k_1}{2}\left(\delta_3 + \delta_4 - \delta_1 - \delta_2\right)(-1) - F_1 = 0 \\ \frac{\partial \Pi}{\partial \delta_2} &= \frac{k_1}{2}\left(\delta_3 + \delta_4 - \delta_1 - \delta_2\right)(-1) - F_2 = 0 \\ \frac{\partial \Pi}{\partial \delta_3} &= \frac{k_1}{2}\left(\delta_3 + \delta_4 - \delta_1 - \delta_2\right) + k_2\left(\delta_5 - \delta_3\right)(-1) + \\ &\quad + k_3\left(0,866\delta_3 - 0,5\delta_4 - 0,866\delta_7 + 0,5\delta_8\right) - F_3 = 0 \\ \frac{\partial \Pi}{\partial \delta_4} &= \frac{k_1}{2}\left[\delta_3 + \delta_4 - \delta_1 - \delta_2\right] + k_3\left[0,866\delta_3 - 0,5\delta_4 - 0,866\delta_7 + 0,5\delta_8\right](-0,5) - F_4 = 0 \\ \frac{\partial \Pi}{\partial \delta_5} &= k_2\left(\delta_5 - \delta_3\right) - F_5 = 0 \\ \frac{\partial \Pi}{\partial \delta_6} &= -F_6 = 0 \\ \frac{\partial \Pi}{\partial \delta_7} &= k_3\left[0,5\delta_8 - 0,866\delta_7 - 0,5\delta_4 + 0,866\delta_3\right](-0,866) - F_7 = 0 \\ \frac{\partial \Pi}{\partial \delta_8} &= k_3\left[0,5\delta_8 - 0,866\delta_7 - 0,5\delta_4 + 0,866\delta_3\right](0,5) - F_8 = 0\end{aligned} \tag{6.76}$$

In die Gleichung 6.76 werden die Systemkenngrößen $k_1 = 1000N/mm$, $k_2 = 2000N/mm$

und $k_3 = 3000N/mm$ eingesetzt, und man erhält:

$$\begin{aligned}
F_1 &= 500\frac{N}{mm}\delta_1 + 500\frac{N}{mm}\delta_2 - 500\frac{N}{mm}\delta_3 - 500\frac{N}{mm}\delta_4 \\
F_2 &= 500\frac{N}{mm}\delta_1 + 500\frac{N}{mm}\delta_2 - 500\frac{N}{mm}\delta_3 - 500\frac{N}{mm}\delta_4 \\
F_3 &= -500\frac{N}{mm}\delta_1 - 500\frac{N}{mm}\delta_2 + 4750\frac{N}{mm}\delta_3 - 800\frac{N}{mm}\delta_4 - 2000\frac{N}{mm}\delta_5 - \\
&\quad - 2250\frac{N}{mm}\delta_7 + 1300\frac{N}{mm}\delta_8 \\
F_4 &= -500\frac{N}{mm}\delta_1 - 500\frac{N}{mm}\delta_2 - 800\frac{N}{mm}\delta_3 + 1250\frac{N}{mm}\delta_4 + 1300\frac{N}{mm}\delta_7 - 750\frac{N}{mm}\delta_8 \\
F_5 &= -2000\frac{N}{mm}\delta_3 + 2000\frac{N}{mm}\delta_5 \\
F_6 &= 0 \\
F_7 &= -2250\frac{N}{mm}\delta_3 + 1300\frac{N}{mm}\delta_4 + 2250\frac{N}{mm}\delta_7 - 1300\frac{N}{mm}\delta_8 \\
F_8 &= -1300\frac{N}{mm}\delta_3 - 750\frac{N}{mm}\delta_4 - 1300\frac{N}{mm}\delta_7 + 750\frac{N}{mm}\delta_8
\end{aligned} \tag{6.77}$$

Vergleicht man Gl. 6.77 mit Gl. 6.40, so erkennt man, dass das Ergebnis beider Methoden gleich ist. Der Vorteil der Energiemethode liegt darin, dass man ohne große Transformationsregeln das Gesamtgleichungssystem des FE–Modells direkt erhält. Damit lassen sich komplexe Formen, z.B. Balken, Rechtecke, Tetraeder usw., generieren und berechnen.

6.3.4 Prinzip der virtuellen Arbeit

An dieser Stelle soll nur kurz das Prinzip der virtuellen Arbeit behandelt werden, und es wird auf die einschlägige Literatur verwiesen. Ein elastischer Körper ist unter gegebenen äußeren Kräften, wie Punktlasten, Oberflächenlasten und Volumenlasten, im Gleichgewicht, wenn die äußere virtuelle Arbeit $\delta\mathrm{W}_a$ gleich der inneren virtuellen Arbeit $\delta\mathrm{W}_i$ ist (siehe Bild 6.15), und man erhält das Axiom:

$$\delta W_i = \delta W_a \tag{6.78}$$

Nach Bild 6.15 ergibt sich die äußere virtuelle Arbeit δW_a:

$$\delta W_a = \sum \delta \boldsymbol{u}_i^T \boldsymbol{F}_i + \int_O \delta \boldsymbol{u}^T \boldsymbol{q} dO + \int_V \delta \boldsymbol{u}^T \boldsymbol{p} dV \tag{6.79}$$

Dabei ist in (6.79) der erste Term die äußere virtuelle Arbeit infolge der Punktlasten, der zweite infolge der Oberflächenlasten und der dritte infolge der Volumenkräfte.

Die innere virtuelle Arbeit δW_i ist:

$$\delta W_i = \int_V \delta \boldsymbol{\varepsilon}^T \boldsymbol{s} dV \tag{6.80}$$

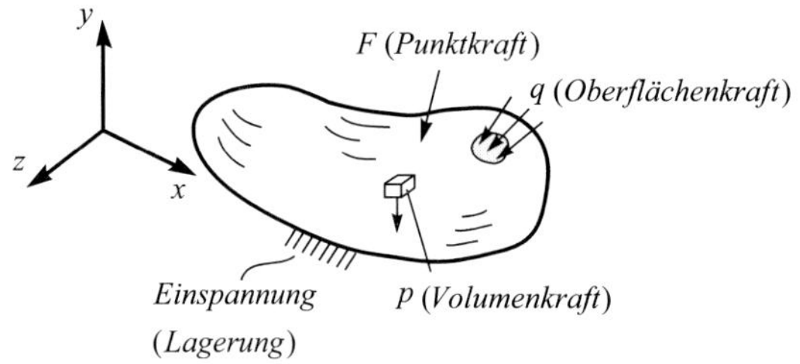

Bild 6.15: Eingespannte allgemeine elastische Struktur mit möglichen äußeren Lasten

Mit dem Axiom $\delta W_i = \delta W_a$ wird:

$$\int\limits_V \delta\boldsymbol{\varepsilon}^T \boldsymbol{s} dV = \sum \delta\boldsymbol{u}_i^T \boldsymbol{F}_i + \int\limits_O \delta\boldsymbol{u}^T \boldsymbol{q} dO \int\limits_V \delta\boldsymbol{u}^T \boldsymbol{p} dV \tag{6.81}$$

Die linke Seite von (6.81) lässt sich mit der kinematischen Beziehung $\boldsymbol{\varepsilon} = \underline{\boldsymbol{D}}\,\boldsymbol{u}$ und mit dem Werkstoffgesetz $\boldsymbol{s} = \underline{\boldsymbol{E}}\,\boldsymbol{\varepsilon}$ wie folgt umschreiben ($\underline{\boldsymbol{D}}$ ist die Differentialoperationsmatrix, siehe u.a. (6.151))

$$\boldsymbol{s} = \underline{\boldsymbol{E}}\,\boldsymbol{\varepsilon} = \underline{\boldsymbol{E}}\,\underline{\boldsymbol{D}}\,\boldsymbol{u} \tag{6.82}$$

und $\boldsymbol{\varepsilon} = \underline{\boldsymbol{D}}\,\boldsymbol{u}$ wird

$$\boldsymbol{\varepsilon}^T = \boldsymbol{u}^T \underline{\boldsymbol{D}}^T \quad \text{bzw.} \quad \delta\boldsymbol{\varepsilon}^T = \delta\boldsymbol{u}^T \underline{\boldsymbol{D}}^T \tag{6.83}$$

(6.82) und (6.83) werden in (6.81) eingesetzt und man erhält:

$$\int\limits_V \delta\boldsymbol{u}^T \underline{\boldsymbol{D}}^T \underline{\boldsymbol{E}}\,\underline{\boldsymbol{D}} dV \boldsymbol{u} = \sum \delta\boldsymbol{u}_i^T \boldsymbol{F}_i + \int\limits_O \delta\boldsymbol{u}^T \boldsymbol{q} dO + \int\limits_V \delta\boldsymbol{u}^T \boldsymbol{p} dV \tag{6.84}$$

Die Beziehung (6.84) ist wie die (6.71) exakt, wenn mit $\boldsymbol{u}$ die tatsächlichen Verschiebungen benutzt werden, denn es wurden bisher keine Näherungen benutzt. Die exakte geschlossene Lösung unter Berücksichtigung allgemeiner Randbedingungen ist oftmals nicht möglich. Mit Näherungssätzen lassen sich mit den Energie- bzw. Arbeitsprinzipien brauchbare Näherungslösungen finden.

6.3.5 Näherungsansätze

Im Bild 6.16 ist ein Kragbalken mit einer konstanten Streckenbelastung q_0 abgebildet. Die exakte Lösung ist den verschiedenen Approximationen gegenübergestellt. Nur eine Ansatzfunktion, die die wirkliche Lösung gut annähert, lässt eine gute Übereinstimmung mit der exakten Lösung erwarten (siehe Beispiel im Kapitel 6.3.6).

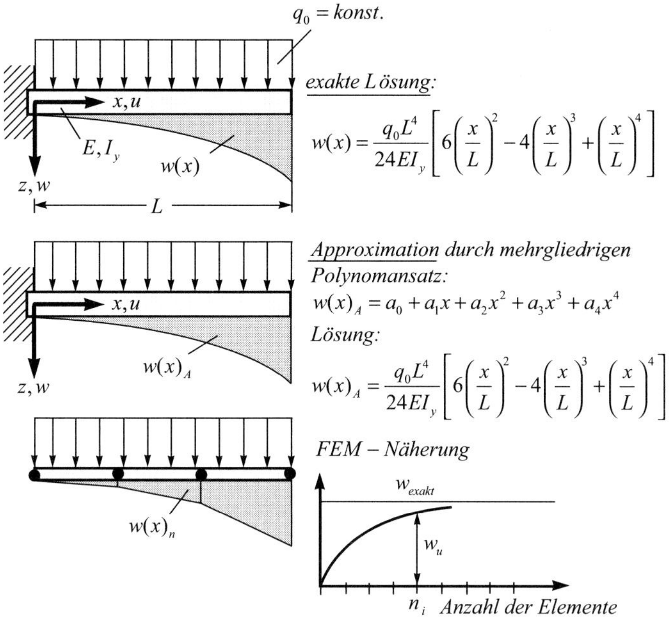

Bild 6.16: Exakte Biegelinie und deren Approximation mit verschiedenen Ansatzfunktionen am Beispiel eines Kragbalkens mit konstanter Streckenlast (vgl.(6.135))

6.3.6 Variationsansätze

Die Systemmatrizen, wie z.B. Steifigkeitsmatrizen, lassen sich auch näherungsweise mit der Variationsrechnung berechnen. Dieses Vorgehen hat sich bei Flächen- und Volumenelementen als sehr wirksam erwiesen.In allgemeiner Form formuliert sich die Problemstellung in der Variationsrechnung im ebenen Fall wie folgt:

$$I(y) = \int_a^b F\left\{x, y(x), y'(x), \ldots, y(x)^{(m)}\right\} dx \rightarrow Min. \qquad (6.85)$$

In Analogie zur Extremwertbestimmung, wo für eine vorgegebene Funktion $y = g(x)$ der Wert x gesucht wird, soll die Funktion $I(y)$ ein Minimum (Extremum) annehmen. Für das Integral $I(y)$, das im Integranden eine unbekannte Funktion $y = g(x)$ enthält, wird diese unbekannte Funktion gesucht. Dabei wird gefordert, dass die Funktion $F(x)$ den vorgegebenen Randbedingungen genügen muss. Besitzt die gestellte Aufgabe eine geschlossene Lösung, was nicht unbedingt gegeben ist, dann muss diese der EULERschen-Differentialgleichung (DGL)

$$\frac{\partial F}{\partial y} - \frac{d}{dx}\left(\frac{\partial F}{\partial y'}\right) + \frac{d^2}{dx^2}\left(\frac{\partial F}{\partial y''}\right) - \cdots - (-1)^m \frac{d^m}{dx^m}\left(\frac{\partial F}{\partial y^{(m)}}\right) = 0 \qquad (6.86)$$

genügen.

6.3.7 Notwendiges Kriterium für das Vorliegen eines Minimums

Anhand eines einfachen Beispiels soll das methodische Vorgehen zum Auffinden des Minimums einer Funktion demonstriert werden. In dem Beispiel sind in der y-x-Ebene zwei Punkte A und B gegeben, und es sollen alle Funktionen $y = g(x)$ zugelassen werden, die durch die Punkte A und B gehen, und stetig differenzierbar sind (siehe Bild 6.17). D.h., man beschränkt sich auf die Funktionen, die die Randbedingungen $g(a) = y_a$ und $g(b) = y_b$ erfüllen. Entsprechend der Aufgabe wird nun die Funktion $y = g(x)$ gesucht, die die kürzeste Verbindung (Minimum) von A nach B liefert. Die Aufgabe lässt sich lösen, indem man das formulierte Funktional $I(g(x))$ minimiert. Die gesuchte Funktion $y = g(x)$ ist die Bogenlänge ds von A nach B (siehe Bild 6.17). Mit Hilfe des Integralsatzes für Kurvenintegrale lässt sich das Integral der Bogenlänge für eine allgemeine Kurve $y = g(x)$ entwickeln. Das Differential der Bogenlänge ds/dx wird wie folgt ermittelt:

$$ds^2 = dx^2 + dy^2 \tag{6.87}$$

oder

$$\left(\frac{ds}{dx}\right)^2 = 1 + \left(\frac{dy}{dx}\right)^2 \tag{6.88}$$

und mit

$$y' = \left(\frac{dy}{dx}\right) = g' \tag{6.89}$$

wird

$$\frac{ds}{dx} = \sqrt{1 + g'^2(x)} \tag{6.90}$$

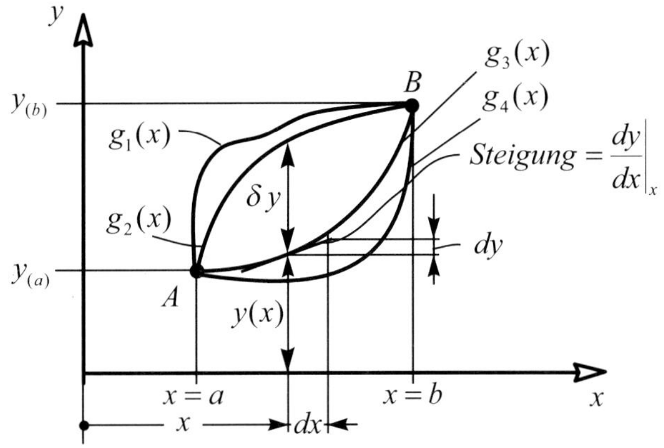

Bild 6.17: Zugelassene Funktionen $g_i(x)$ und Unterschied zwischen der Variation δy und dem Differential dy

Die Bogenlänge $s(x)$ ergibt sich durch Integration zwischen den Punkten $A(a, g(a))$ und $B(b, g(b))$.

$$s(x) = \int_a^b \sqrt{1 + g'^2(x)}\, dx \tag{6.91}$$

Damit wird das Funktional

$$I(g(x)) = \int_a^b \sqrt{1 + g'^2(x)}\, dx \tag{6.92}$$

D.h., das Variationsproblem für die Funktion mit einer Veränderlichen $y = g(x)$ ist zu untersuchen. Es können Ableitungen bis zur 2. Ordnung vorkommen, und die Funktionen müssen zweimal stetig differenzierbar sein. Entsprechend der Variationsaufgabe wird die Funktion $y = g(x)$ mit den Randbedingungen

$$y_a = g(a); \quad y_b = g(b); \quad y'_a = g'(a) \quad \text{und} \quad y'_b = g'(b)$$

gesucht, die das Funktional

$$I(y) = \int_a^b F(x, g(x), g'(x), g''(x))\, dx = \int_a^b F(x, y, y', y'')\, dx \tag{6.93}$$

minimiert. Entsprechend dem Beispiel ist das Funktional (6.92)

$$I(g(x)) = \int_a^b \sqrt{1 + g'^2(x)}\, dx \quad \text{mit}$$

$$F = \sqrt{(1 + y'^2)} \tag{6.94}$$

in die zum Variationsproblem I(y) $\rightarrow$ Minimum dazugehörige EULERsche Differentialgleichung (siehe (6.86))

$$\frac{\partial F}{\partial y} - \frac{d}{dx}\left(\frac{\partial F}{\partial y'}\right) + \frac{d^2}{dx^2}\left(\frac{\partial F}{\partial y''}\right) = 0 \tag{6.95}$$

umzuwandeln.

Es ist zu beachten, dass y und y'' zur Bestimmung der Bogenlänge im aufgestellten Funktional $I(g(x)) = \int_a^b \sqrt{1 + g'^2(x)}\, dx$ bzw. in der Funktion $F = \sqrt{(1 + y'^2)}$ fehlen. D.h., mit (6.95) wird

$$\frac{\partial F}{\partial y'} = \frac{1}{2}(1 + y'^2)^{-1/2} 2y' = \frac{y'}{\sqrt{1 + y'^2}} \tag{6.96}$$

und in (6.95) eingesetzt folgt

$$-\frac{d}{dx}\left(\frac{\partial F}{\partial y'}\right) = -\frac{d}{dx}\left(\frac{y'}{\sqrt{1+y'^2}}\right) = 0 \tag{6.97}$$

Entsprechend der Differentialrechnung muss somit

$$\frac{y'}{\sqrt{1+y'^2}} = C \tag{6.98}$$

eine Konstante C sein. Nach Auflösen von (6.98) nach

$$y' = \sqrt{\frac{C^2}{1-C^2}} = C_1 \tag{6.99}$$

ergibt sich, dass $y' = C_1$ ebenfalls eine Konstante ist. Mit $y' = C_1$ über x integriert erhält man mit

$$y = \bar{g}(x) = \int C_1 \, dx = C_1 \, x + C_2 \tag{6.100}$$

eine Geradengleichung. Die Konstanten C_1 und C_2 werden durch die Randbedingungen bestimmt. Das Ergebnis war zu erwarten, denn in der Ebene ist die Strecke zwischen den Punkten A und B (siehe Bild 6.18) die kürzeste Verbindung, und (6.100) ist die gesuchte Lösung.

Ein notwendiges Kriterium für das Vorliegen eines Minimums lässt sich wie folgt entwickeln. Die Funktion $y = \bar{g}(x)$ ist die Funktion, die das Funktional minimiert. Dabei werden nur Funktionen $y = g(x)$ zugelassen, die sich über eine Differenzfunktion $y = d(x)$ ausdrücken lassen (siehe Bild 6.18).

$$g(x) = \bar{g}\ (x) + \varepsilon d(x) \tag{6.101}$$

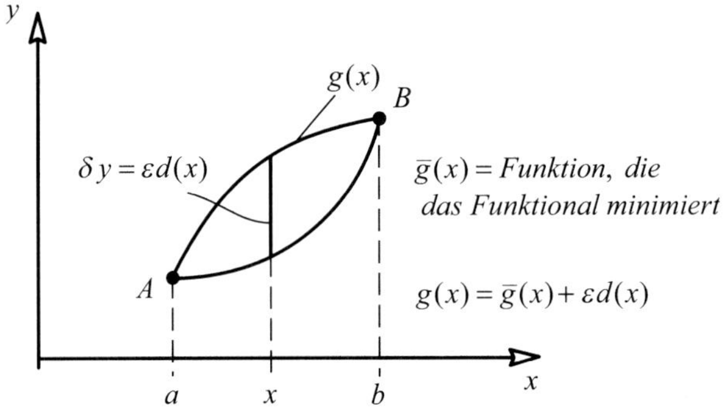

Bild 6.18: Variation zugelassener Funktionen

Durch die Veränderung von ε lassen sich beliebig viele Nachbarfunktionen von $y = \bar{g}\ (x)$ konstruieren. Die Variation des Parameters ε erfasst die zugelassene Funktionenschar. Für die Variation $\varepsilon\ d(x)$ wird abkürzend

$$\delta y = \varepsilon\ d(x) \tag{6.102}$$

geschrieben, und heißt die Variation der zu minimierenden Funktion $y = \bar{g}(x)$. Denn jede Variation $\delta y = \varepsilon\ d(x)$ führt aus dem minimierten Zustand in einen Nachbarzustand. Für alle zugelassenen Funktionen wird gefordert, dass die Randbedingungen

$$\begin{aligned} \bar{g}(a) &= g(a); \quad \bar{g}'(a) = g'(a) \\ \bar{g}(b) &= g(b); \quad \bar{g}'(b) = g'(b) \end{aligned} \tag{6.103}$$

erfüllt werden. Daraus ergibt sich

$$d(a) = d(b) = 0 \quad \text{und} \quad d'(a) = d'(b) = 0.$$

Das Funktional

$$I(y) = \int_a^b F(x, y, y', y'')\ dx \tag{6.104}$$

ist für eine beliebige zugelassene Funktion

$$y = g(x) = \bar{g}(x) + \varepsilon\ d(x) \tag{6.105}$$

nicht mehr ein Funktional von y, sondern ist, wie (6.106) zeigt, ein Funktional, das von ε abhängt.

$$I(\varepsilon) = \int_a^b F(x, \bar{g} + \varepsilon d, \bar{g}' + \varepsilon d', \bar{g}'' + \varepsilon d'')\ dx \tag{6.106}$$

Da ein Minimum für $I(y)$ vorliegen soll, ist es notwendig, dass

$$\left.\frac{dI(\varepsilon)}{d\varepsilon}\right|_{\varepsilon=0} = 0 \tag{6.107}$$

ist. Damit erhält man die 1. Variation von $I(y)$

Definition: 1. Variation von $I(y)$

$$\delta I = \varepsilon \left[\left.\frac{dI(\varepsilon)}{d\varepsilon}\right|_{\varepsilon=0} \right] \tag{6.108}$$

Aus der 1. Variation δI von $I(y)$ und der Variation δy der minimierenden Funktion $y = g(x)$ lassen sich zwei Eigenschaften herleiten.

1. Eigenschaft:

$$\delta y = \varepsilon\; d(x) = \varepsilon\; (g(x) - \bar{g}(x)$$

und

$$\delta y' = \varepsilon d'(x) = \varepsilon\; (g'(x) - \bar{g}'(x)) \tag{6.109}$$

wird

$$\delta y' = (\varepsilon(g(x) - \bar{g}(x))' = \frac{d}{dx}(\delta y)$$

Daraus ergibt sich folgende Rechenregel

$$\delta y' = \delta \left(\frac{dy}{dx}\right) = \frac{d}{dx}(\delta y) \tag{6.110}$$

D.h., die Ableitung der Variation einer Funktion ist vertauschbar mit ihrer Differentiation.

2. Eigenschaft

Die Variation

$$\delta I(y) = \delta \int_a^b F(x, y, y', y'')\; dx \tag{6.111}$$

mit (6.108) wird

$$\delta I = \left. \frac{\varepsilon\; d\left(\int_a^b F(x, \bar{g} + \varepsilon d, \bar{g}' + \varepsilon d', \bar{g}'' + \varepsilon d'')\right)}{d\varepsilon} \right|_{\varepsilon=0} \tag{6.112}$$

und

$$\delta I = \int_a^b \delta F(x, y, y', y'')\; dx$$

Die Berechnung der Variation $\delta F(x, y, y', y'')$ erfolgt mit Hilfe der Differentiations- und Integrationsregeln unter Beachtung der Randbedingungen. Wegen der umfangreichen Rechenoperationen wird hier auf eine Herleitung verzichtet und auf die einschlägige Literatur (vgl. u.a. [Göl 91], [Käm 90], [Lin 90] und [Ste 98]) verwiesen. Nach einigen Rechenoperationen erhält man (6.113) .

$$\frac{\partial F}{\partial y} - \frac{d}{dx}\left(\frac{\partial F}{\partial y'}\right) + \frac{d^2}{dx^2}\left(\frac{\partial F}{\partial y''}\right) = 0 \tag{6.113}$$

Dies ist die EULERsche–DGL, die zum Variationsproblem $I(y) \to$ Minimum gehört. Man löst das Variationsproblem nicht direkt, sondern die EULERsche–DGL unter den gegebenen Randbedingungen. Mit der Definition der 2. Variation des Funktionals $I(y)$

$$\delta^2 I = \varepsilon^2 \left[\left. \frac{d^2 I(\varepsilon)}{d\varepsilon^2} \right|_{\varepsilon=0} \right] \tag{6.114}$$

erhält man ein hinreichendes Kriterium

$$\left. \frac{d^2 I(\varepsilon)}{d\varepsilon^2} \right|_{\varepsilon=0} > 0 \tag{6.115}$$

bzw.

$$\delta^2 I > 0$$

für das Vorliegen eines Minimums von $I(y)$. Das Näherungsverfahren eines Variationsproblems soll nun an einem Beispiel der Elastizitätstheorie verdeutlicht werden. Dieses Variationsverfahren bezeichnet man auch als RAYLEIGH–RITZ–Methode.

6.4 Variationsverfahren nach RAYLEIGH–RITZ

Wie bereits erwähnt, versucht man nicht das Variationsproblem direkt zu lösen, sondern man versucht, eine vorliegende DGL als EULERsche–DGL zu schreiben und das Variationsproblem mit einem zugehörigen Näherungsansatz z.B.

$$y(x) \approx w(x) = \sum_{i=0}^{k} a_i w_i(x) \tag{6.116}$$

zu lösen. Die Ansatzfunktionen $w_i(x)$ müssen zulässige Funktionen sein, d.h. sie müssen differenzierbar sein, und die geometrischen Randbedingungen (wesentliche Randbedingungen) müssen erfüllt sein. Das Verfahren von RAYLEIGH–RITZ soll nun an dem Beispiel Kragbalken mit konstanter Streckenlast q_0 = konst. (siehe Bild 6.19) vorgestellt werden. Zunächst ist die Gesamtenergie oder das totale Potential $\Pi = U + E_p$ nach (6.60) für den einachsigen Spannungszustand (Schubspannungen infolge Querkraft bleiben unberücksichtigt) zu bestimmen.

$$\bar{U} = \frac{U}{V} = \frac{1}{2} \sigma_{xx} \varepsilon_{xx} \tag{6.117}$$

Für die Berechnung der elastischen Energiedichte eines ebenen Linien- bzw. Balkenelements (Kombination aus Stab und Balken), welches mit einer Normalkraft (Kraft in Balkenlängsachse) und einem Biegemoment belastet wird, sind die Normalspannungen und die entsprechenden axialen Dehnungen in (6.117) einzusetzen, es wird:

$$\frac{U}{V} = \frac{1}{2} \left[\frac{F_x}{A_x} + z \frac{M_y}{I_y} \right] \left[\frac{du}{dx} - z \frac{d^2 w}{dx^2} \right] \tag{6.118}$$

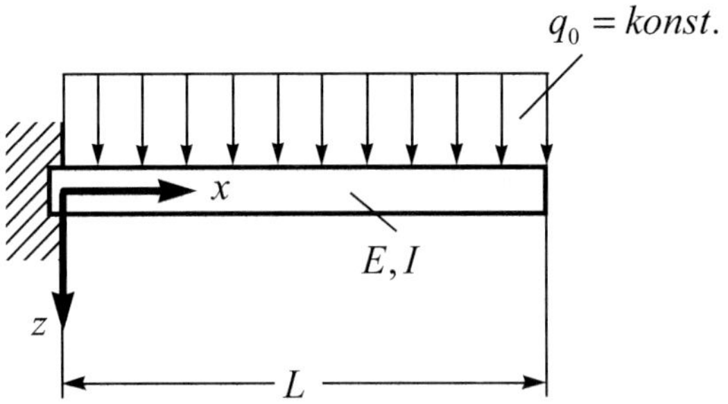

Bild 6.19: Kragbalken mit konstanter Streckenlast

Nach Ausmultiplizieren von (6.117) und unter Beachtung, dass der Balkenquerschnitt A konstant sein soll, ist das Volumen V

$$V = dxdydz = dxdA \tag{6.119}$$

und es ergibt sich (6.120), nämlich die elastische Energiedichte pro Längeneinheit dx für den Balken.

$$\frac{U}{\text{Länge}} = \frac{1}{2}\left\{\frac{F_x}{A}\frac{du}{dx}\int\limits_A dA + \left[\frac{M_y}{I_y}\frac{du}{dx} - \frac{F}{A}\frac{d^2u}{dx^2}\right]\int\limits_A zdA - \left[\frac{M_y}{I_y}\frac{d^2w}{dx^2}\right]\int\limits_A z^2dA\right\} \tag{6.120}$$

Mit der Balkenquerschnittsfläche $\int\limits_A dA = A$, dem statischen Flächenmoment $\int\limits_A zdA = 0$ und dem Flächenträgheitsmoment $\int\limits_A z^2dA = I_y$ wird

$$\frac{U}{\text{Länge}} = \frac{1}{2}\left\{F_x\frac{du}{dx} + M_y\left(-\frac{d^2w}{dx^2}\right)\right\} \tag{6.121}$$

Mit

$$\sigma_{xx} = E\varepsilon_{xx} = E\frac{du}{dx} = \frac{F_x}{A}$$

wird

$$F_x = EA\frac{du}{dx}$$

und (6.122)

$$w'' = -\frac{M_y}{EI_y} = -\frac{d^2w}{dx^2}$$

wird

$$M_y = -EI_y\frac{d^2w}{dx^2}$$

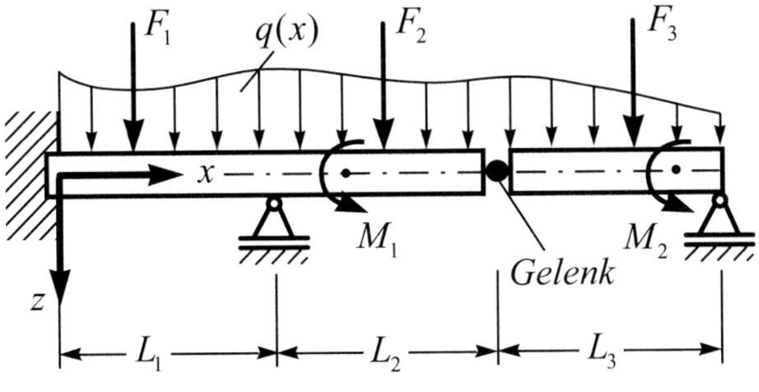

Bild 6.20: Biegeträger mit äußeren Lasten, ohne Volumenkräfte

Die Beziehungen von (6.122) werden in (6.121) eingesetzt, und man erhält die elastische Energiedichte für das ebene Linienelement

$$\frac{U}{\text{Länge}} = \frac{1}{2}\left\{EA\left(\frac{du}{dx}\right)^2 + EI_y\left(\frac{d^2w}{dx^2}\right)^2\right\} \tag{6.123}$$

Wenn eine Normalkraft nicht vorhanden ist, dann wird

$$\frac{U}{\text{Länge}} = \frac{1}{2}EI_y\left(\frac{d^2w}{dx^2}\right)^2 = \frac{1}{2}EI_y\,(w'')^2 \tag{6.124}$$

Für einen beliebigen Balken (siehe Bild 6.20) mit Querkräften F_i, Biegemomenten M_k und Streckenlast $q(x)$, aber ohne Volumenkräfte, ist das Gesamtpotential (siehe (6.71))

$$\Pi = U + E_p = \int\limits_0^{l=l_1+l_2+l_3} \left(\frac{1}{2}EI(w'')^2\right)dx - \sum_i F_i w_i - \sum_k M_k \varphi_k - \int\limits_0^{l=l_1+l_2+l_3} q(x)w\,dx \tag{6.125}$$

Laut Voraussetzung greift am Kragbalken (siehe Bild 6.19) mit der Länge l als äußere Belastung eine konstante Streckenlast q_0 an, und so reduziert sich das Gesamtpotential

$$\Pi = \int\limits_0^l \left(\frac{1}{2}EI_y(w'')^2 - q_0 w\right)dx \tag{6.126}$$

Für den Kragbalken mit konst. Streckenlast (vgl. Bild 6.19) liegt die exakte Lösung der Biegelinie vor. Sie ist eine rationale Funktion 4. Grades. D.h. es wird nach (6.116) folgender Näherungsansatz gewählt:

$$w(x) = a_0 + a_1x + a_2x^2 + a_3x^3 + a_4x^4 \tag{6.127}$$

Der Ansatz $w(x)$ wird zweimal nach x abgeleitet

$$w'(x) = a_1 + 2a_2x + 3a_3x^2 + 4a_4x^3 \tag{6.128}$$

$$w''(x) = 2a_2 + 6a_3x^2 + 12a_4x^2 \tag{6.129}$$

und mit den Randbedingungen $w(x = 0) = 0$ und $w'(x = 0) = 0$ werden

$$a_0 = 0 \quad \text{und} \quad a_1 = 0.$$

Der Ansatz (6.127) und die Ableitung (6.129) werden unter Beachtung der Randbedingungen in (6.126) eingesetzt, es wird

$$\Pi = \int_0^L \left[EI_y(2a_2 + 6a_3x + 12a_4x^2)^2 - q_0(a_2x^2 + a_3x^3 + a_4x^4)\right] \, dx \tag{6.130}$$

Nach der Integration und einiger Rechenarbeit erhält man für den Kragbalken mit konstanter Streckenlast das Gesamtpotential

$$\begin{aligned} \Pi = EI_y &\left[2a_2^2L + 6a_2a_3L^2 + 8a_2a_4L^3 + 6a_3^2L^3 + 18a_3a_4L^4 + \frac{72}{5}a_4^2L^5\right] - \\ - q_0 &\left[\frac{a_2L^3}{3} + \frac{a_3L^4}{4} + \frac{a_4L^5}{5}\right] \end{aligned} \tag{6.131}$$

Entsprechend dem Variationsproblem ist das Minimum der Funktion Π in Abhängigkeit der im Ansatz enthaltenen unbekannten Größen a_i gesucht. Die notwendige Bedingung hierfür ist, dass die Ableitungen der Funktion Π nach den einzelnen Größen a_i verschwinden, d.h.

$$\frac{\partial \Pi}{\partial a_i} = 0 \tag{6.132}$$

Die Funktion Π wird nach a_2, a_3 und a_4 partiell abgeleitet. Die Gleichungen werden gleich Null gesetzt, und dies liefert ein lineares Gleichungssystem für die einzelnen a_i .

$$\begin{aligned} \frac{\partial \Pi}{\partial a_2} &= EI_y\left(4a_2L + 6a_3L^2 + 8a_4L^3\right) - \frac{q_0L^3}{3} = 0 \\ \frac{\partial \Pi}{\partial a_3} &= EI_y\left(6a_2L^2 + 12a_3L^3 + 18a_4L^4\right) - \frac{q_0L^4}{4} = 0 \\ \frac{\partial \Pi}{\partial a_4} &= EI_y\left(8a_2L^3 + 18a_3L^4 + \frac{144}{5}a_4L^5\right) - \frac{q_0L^5}{5} = 0 \end{aligned} \tag{6.133}$$

Nach Auflösung erhält man die gesuchten Größen

$$\begin{aligned} a_2 &= \frac{q_0L^2}{4EI_y} \\ a_3 &= -\frac{q_0L}{6EI_y} \\ a_4 &= \frac{q_0}{24EI_y} \end{aligned} \tag{6.134}$$

Diese Größen und $a_0 = a_1 = 0$ aus den Randbedingungen werden in den Ansatz (6.127) eingesetzt, und man erhält die Biegeline mit dem Verfahren nach RAYLEIGH–RITZ:

$$w(x) = \frac{q_0 L^2}{4EI_y} x^2 - \frac{q_0 L}{6EI_y} x^3 + \frac{q_0}{24EI_y} x^4 = \frac{q_0 L^4}{24EI_y} \left[6\left(\frac{x}{L}\right)^2 - 4\left(\frac{x}{L}\right)^3 + \left(\frac{x}{L}\right)^4 \right] \tag{6.135}$$

Dies ist die exakte Biegelinie nach der BERNOULLI–EULER–Theorie. Die mit dem Verfahren nach RAYLEIGH–RITZ näherungsweise berechnete Biegelinie stimmt mit der exakten Biegeline deshalb überein, weil diese in der Ansatzfunktion enthalten ist. D.h., man kann nicht erwarten, dass die näherungsweise berechnete Biegelinie mit der wirklichen Biegelinie eine Ähnlichkeit hat, wenn die wesentliche Ansatzfunktion fehlt. Mit einer Ansatzfunktion eines trigonometrischen Polynoms wird lediglich eine Näherungslösung erzielt.

Das vorgestellte konventionelle RAYLEIGH–RITZ–Verfahren erfordert, dass jedes Problem ganz neu aufbereitet werden muss, was zunächst für die numerische Anwendung ungeeignet ist. Um das RAYLEIGH-RITZ-Verfahren mit dem Digitalrechner anwenden zu können, wird nicht mehr für die gesamte Struktur eine Ansatzfunktionen vorgewählt, sondern man unterteilt die Struktur in kleine bekannte Abschnitte (Finite Elemente), sucht für jeden Abschnitt mit entsprechenden Ansätzen (Ansatzfunktionen oder Shape Functions) deren Lösung und fügt diese zur Gesamtlösung zusammen. Natürlich müssen diese an den Übergangstellen den entsprechenden Kompatibilitätsbedingungen genügen. Im nächsten Abschnitt soll nach einer allgemeinen Betrachtung am Beispiel eines Finiten-Stabelements mit Hilfe der Ansatzfunktion das Aufstellen der Systemgleichungen demonstriert werden.

6.5 Aufstellen der Systemgleichungen mit Hilfe von Ansatzfunktionen

In (6.84) bzw. (6.71) wurden für die Verrückungen keine Näherungen benutzt. Jedoch führt dieser Weg, wegen der meist unüberwindbaren mathematischen Probleme, nicht ans Ziel. Zunächst soll die nachfolgend formulierte Näherung (6.136) in die (6.84), die mit dem Prinzip der virtuellen Arbeit hergeleitet wurde, eingesetzt und allgemein für das statische und dynamische Gleichgewicht formuliert werden. Anschließend sollen die Systemgleichungen für ein Einheits-Stabelement ermittelt werden, dabei soll die (6.84), die mit dem Energieprinzip ,,Totales Potential“ erstellt wurde, die Ausgangsgleichung für die FEM-Näherung sein. Hier wird nur auf das Wesentliche eingegangen und bezüglich weiterer Details auf die entsprechende Literatur verwiesen, z.B. [Ast 92], [Coo 95], [Käm 90], [Lin 90], [Ste 98], [Sto 98], [Wri 01], und [Sch 84].

Für die FEM-Näherung wird im Gegensatz zur gesamten Struktur (vgl. (6.116)) mit Hilfe von Verschiebungsansätzen für einen bekannten Abschnitt (finites Element)

$$\boldsymbol{u} = \underline{\boldsymbol{N}}\, \boldsymbol{d} \tag{6.136}$$

die Verbindung zwischen den beliebigen Verrückungen $\boldsymbol{u}$ in dem Elementkörper über bestimmte Stützstellen $\boldsymbol{d}$ (Knotenverrückungen) hergestellt. Diese Verbindung stellt die Shape

Matrix (Zeilenmatrix) $\underline{\boldsymbol{N}}$ her, und in ihr sind die Ansatzfunktionen des jeweiligen Elements enthalten. In (6.84) ist die Variation des transponierten Verrückungsvektors enthalten, und mit den Matrizenrechenregeln wird aus (6.136)

$$\boldsymbol{u}^T = (\underline{\boldsymbol{N}}\,\boldsymbol{d})^T = \boldsymbol{d}^T\,\underline{\boldsymbol{N}}^T \tag{6.137}$$

und deren Variation

$$\delta\boldsymbol{u}^T = \delta\boldsymbol{d}^T\,\underline{\boldsymbol{N}}^T \tag{6.138}$$

(6.138) wird in (6.84) eingesetzt, und man erhält als Näherung.

$$\int\limits_V \delta\boldsymbol{d}^T\,\underline{\boldsymbol{N}}^T\,\underline{\boldsymbol{D}}^T\,\underline{\boldsymbol{E}}\,\underline{\boldsymbol{D}}\,\underline{\boldsymbol{N}}\,dV\,\boldsymbol{d} = \delta\boldsymbol{d}^T\,\underline{\boldsymbol{N}}^T\boldsymbol{F} + \int\limits_O \delta\boldsymbol{d}^T\,\underline{\boldsymbol{N}}^T\boldsymbol{q}dO + \int\limits_V \delta\boldsymbol{d}^T\,\underline{\boldsymbol{N}}^T\boldsymbol{p}\,dV \tag{6.139}$$

Diese Form (6.139) muss allen restlichen und wesentlichen Randbedingungen, in der Elastomechanik sind dies üblicherweise die geometrischen und dynamischen Randbedingungen, genügen, d.h. es muss für alle Variationen gelten:

$$\int\limits_V (\underline{\boldsymbol{D}}\,\underline{\boldsymbol{N}})^T\underline{\boldsymbol{E}}\,\underline{\boldsymbol{D}}\,\underline{\boldsymbol{N}}\,dV\,\boldsymbol{d} = \underline{\boldsymbol{N}}^T\boldsymbol{F} + \int\limits_O \underline{\boldsymbol{N}}^T\boldsymbol{q}\,dO + \int\limits_V \underline{\boldsymbol{N}}^T\boldsymbol{p}\,dV \tag{6.140}$$

oder

$$\underline{\boldsymbol{B}} = \underline{\boldsymbol{D}}\,\underline{\boldsymbol{N}}$$

wird

$$\int\limits_V \underline{\boldsymbol{B}}^T\underline{\boldsymbol{E}}\,\underline{\boldsymbol{B}}\,dV\,\boldsymbol{d} = \underline{\boldsymbol{N}}^T\boldsymbol{F} + \int\limits_O \underline{\boldsymbol{N}}^T\boldsymbol{q}\,dO + \int\limits_V \underline{\boldsymbol{N}}^T\boldsymbol{p}\,dV \tag{6.141}$$

Analysiert man (6.140) oder führt man einen Dimensionsvergleich dieser Gleichung durch, dann erkennt man, dass sie das statische Gleichgewicht

$$\underline{\boldsymbol{K}}\,\boldsymbol{d} = \boldsymbol{F} \tag{6.142}$$

beschreibt. Für das dynamische Gleichgewicht

$$\underline{\boldsymbol{M}}\,\ddot{\boldsymbol{u}} + \underline{\boldsymbol{K}}\,\boldsymbol{u} = \boldsymbol{F}(t) \tag{6.143}$$

wird mit der zeitlichen Ableitung von (6.136)

$$\ddot{\boldsymbol{u}} = \underline{\boldsymbol{N}}\ddot{\boldsymbol{d}} \tag{6.144}$$

$$\int\limits_V \rho\,\underline{\boldsymbol{N}}^T\underline{\boldsymbol{N}}\,dV\ddot{\boldsymbol{d}} + \int\limits_V (\underline{\boldsymbol{D}}\,\underline{\boldsymbol{N}})^T\underline{\boldsymbol{E}}\,\underline{\boldsymbol{D}}\,\underline{\boldsymbol{N}}\,dV\,\boldsymbol{d} = \boldsymbol{F}(t) \tag{6.145}$$

bzw.

$$\int_V \rho\, \underline{\boldsymbol{N}}^T \underline{\boldsymbol{N}}\, dV \ddot{\boldsymbol{d}} + \int_V \underline{\boldsymbol{B}}^T \underline{\boldsymbol{E}}\, \underline{\boldsymbol{B}}\, dV\, \boldsymbol{d} = \boldsymbol{F}(t) \tag{6.146}$$

Die Steifigkeitsmatrix $\underline{\boldsymbol{K}} = \int_V \underline{\boldsymbol{B}}^T \underline{\boldsymbol{E}}\ \underline{\boldsymbol{B}}\ dV$ in (6.141) und (6.146) und die Massenmatrix $\underline{\boldsymbol{M}} = \int_V \rho\ \underline{\boldsymbol{N}}^T \underline{\boldsymbol{N}}\ dV$ in (6.146) lassen sich in Abhängigkeit der Knotenverrückungen bzw. Knotenbeschleunigungen bei gegebener Shape Matrix $\underline{\boldsymbol{N}}$ bestimmen.

6.5.1 Stabelement

Im nächsten Schritt soll nun der Ansatz in (6.136) in (6.71), die das Energieprinzip ,,Totales Potential" repräsentiert, eingesetzt und mit Hilfe der Ansatzfunktion die Systemgleichungen erstellt werden. Im Gegensatz zur obigen allgemeinen Herleitung soll dies nun am Beispiel eines Zugstabes mit der Länge L, der einen Elastizitätsmodul E und eine Querschnittsfläche A hat, gezeigt werden (siehe Bild 6.21). Der Stab hat einen Anfangsknoten N1 mit einer Verschiebung u_1 und einen Endknoten $N2$ mit einer Verschiebung u_2. Das Stabelement kann ein finites Element einer Gesamtstruktur sein. Die Knotenverschiebung u_1 in Stablängsachse repräsentiert die Starrkörperbewegung des Einzelstabes. Die Differenz der Knotenverschiebungen $\Delta u = u_2 - u_1$ liefert den Beitrag zur inneren Energie U des Stabelements. Rotationen können vorkommen, sie liefern jedoch beim Stab keinen Beitrag für die innere Energie U.

6.5.2 Steifigkeitsermittlung mit Hilfe einer Ansatzfunktion

Gesucht ist nun die Funktion (shape function), die die Verbindung (Beziehung) zwischen der axialen Verschiebung $u(x)$ in jedem Punkt der Struktur (Stab) und Elementknoten (hier zwei Endknoten) herstellt. Es wird ein linearer Ansatz (Linearvariation) gewählt,

$$u(x) = \alpha_1 + \alpha_2 x \tag{6.147}$$

welcher die Forderung erfüllt.Die Konstanten α_1 und α_2 lassen sich mit Hilfe der Randbedingungen $u(x=0) = u_1$ und $u(x=L) = u_2$ bestimmen. Man erhält

$$\alpha_1 = u_1 \quad \text{und} \quad \alpha_2 = (u_2 - u_1)/L$$

und erkennt, dass $\alpha_1 = u_1$ die Starrkörperbewegung in x-Richtung und $\alpha_2 = (u_2 - u_1)/L$ die Gesamtdehnung des Stabes repräsentieren. Nach dem Einsetzen von $\alpha_1 = u_1$ und $\alpha_2 = (u_2 - u_1)/L$ in (6.147) und Umsortierung wird:

$$u(x) = \left(1 - \frac{x}{L}\right) u_1 + \frac{x}{L} u_2 = n_1(x) u_1 + n_2(x) u_2 \tag{6.148}$$

wobei

$$\begin{aligned} n_1 &= (1 - x/L) \quad \text{und} \\ n_2 &= x/L \end{aligned} \tag{6.149}$$

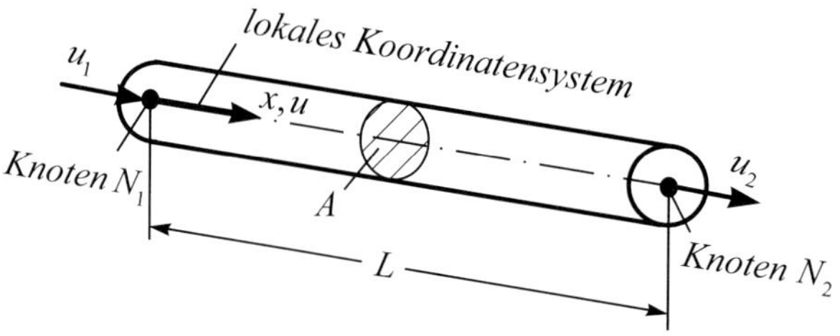

Bild 6.21: Topologie eines Stabelements mit der Länge L

die Ansatzfunktionen oder Shape Functions des Stabelements sind (vgl. Bild 6.22). Sie stellen die Beziehung zwischen den Verschiebungen der Elementknoten und den Verschiebungen in jedem Punkt im Elementinneren her. Der Stab hat zwei Knoten und nur eine Längsdehnung, d.h. zwei Ansatzfunktionen n_1 und n_2 (vgl. (6.148)) bei einem linearen Ansatz, (6.147). (6.148) lässt sich in Matrixform schreiben.

$$\boldsymbol{u}(x) = [n_1(x)\ ;\ n_2(x)] \begin{bmatrix} u_1 \\ u_2 \end{bmatrix} = \underline{\boldsymbol{N}}\ \boldsymbol{d} \tag{6.150}$$

mit

$\boldsymbol{u}(x) =$ der Verschiebungsvektor im Elementinneren (das Stabelement hat nur eine Komponente in Längsrichtung, andere Elemente z.B. 2D-Elemente können zwei und zwar eine Komponente Längs- und eine Querrichtung oder 3D-Elemente entsprechend drei Komponenten haben),

$\underline{\boldsymbol{N}} =$ die Interpolationsmatrix oder die Shape Matrix, welche die Ansatzfunktionen beinhaltet, hier beim 2-Knoten-Stabelement ist sie eine 1x2 Matrix und

$\boldsymbol{d} =$ der Spaltenvektor, welcher die Knotenverrückungen beinhaltet, hier beim 2-Knoten-Stabelement ist es ein 2x1 Spaltenvektor.

Allgemein heißt das, je komplexer das Element ist, um so komplexer werden die Ansätze und die Zahl der Ansatzfunktionen [Ast 92], [Coo 95], [Käm 90], [Kle 99], [Lin 90], [Ste 98], [Sto 98], [Wri 01], [Sch 84] u.a.. Die Größe des Spaltenvektors $\boldsymbol{d}$ und der Interpolationsmatrix $\underline{\boldsymbol{N}}$ können je nach Elementknotenzahl variieren, jedoch das Produkt daraus, der Verschiebungsvektor im Elementinneren, bestehend aus entweder einer, zwei oder drei Komponenten, ändert sich nicht.

Die im Stab gespeicherte elastische Energiedichte $\bar{U}$ berechnet sich nach (6.63) bzw. die gespeicherte innere Energie nach (6.64). (6.144) wird in die kinematische Beziehung $\boldsymbol{\varepsilon} = \underline{\boldsymbol{D}}\ \boldsymbol{u}$ eingesetzt, und für das eindimensionale Stabelement wird:

$$\begin{aligned}
\varepsilon_{xx} &= \frac{du}{dx} \approx \frac{d(n_1(x)u_1 + n_2(x)u_2)}{dx} = \frac{d(n_1(x))}{dx}u_1 + \frac{d(n_2(x))}{dx}u_2 = \\
&= \frac{d\left(1 - \frac{x}{L}\right)}{dx}u_1 + \frac{d\left(\frac{x}{L}\right)}{dx}u_2 \\
\varepsilon_{xx} &= \left(-\frac{1}{L}\right)u_1 + \left(\frac{1}{L}\right)u_2
\end{aligned} \tag{6.151}$$

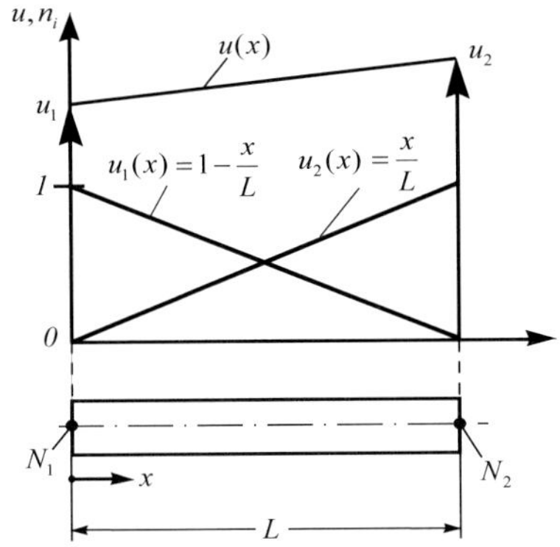

Bild 6.22: Verschiebung und Ansatzfunktionen eines Stabelements mit zwei Knoten

und in Matrixform

$$\varepsilon_{xx} = \left[\frac{d}{dx}\right]\left[\left(1-\frac{x}{L}\right) \; ; \; \left(\frac{x}{L}\right)\right]\begin{bmatrix}u_1\\u_2\end{bmatrix} = \left[\left(-\frac{1}{L}\right) \; ; \; \left(\frac{1}{L}\right)\right]\begin{bmatrix}u_1\\u_2\end{bmatrix} = \underline{\boldsymbol{D}}\,\underline{\boldsymbol{N}}\,\boldsymbol{d} = \underline{\boldsymbol{B}}\,\boldsymbol{d} \tag{6.152}$$

oder allgemein in Matrixform

$$\boldsymbol{\varepsilon} = \underline{\boldsymbol{B}}\,\boldsymbol{d} \tag{6.153}$$

In der Matrix $\underline{\boldsymbol{B}}$ stehen die Ableitungen der Ansatzfunktionen, und sie ist die Verknüpfung der Matrix mit den Differentialoperatoren $\underline{\boldsymbol{D}}$ und der Interpolationsmatrix $\underline{\boldsymbol{N}}$ oder Shape Matrix.

Wird ein linear-elastisches Werkstoffgesetz (HOOKEsches Gesetz) vorausgesetzt und werden die oben angeführten Beziehungen angewandt, dann wird:

$$\sigma_{xx} = E_{xx}\varepsilon_{xx} = E_{xx}\left[\left(-\frac{1}{L}\right)u_1 + \left(\frac{1}{L}\right)u_2\right] = [E]\left[\left(-\frac{1}{L}\right) \; ; \; \left(\frac{1}{L}\right)\right]\begin{bmatrix}u_1\\u_2\end{bmatrix} \tag{6.154}$$

oder generell in Matrixform

$$\boldsymbol{s} = \underline{\boldsymbol{E}}\,\underline{\boldsymbol{B}}\,\boldsymbol{d} \tag{6.155}$$

wobei $\boldsymbol{s}$ der Spannungsvektor und $\underline{\boldsymbol{E}}$ die Elastizitätsmatrix ist. Bei einem Stab hat der Spannungsvektor nur eine Komponente, und die Elastizitätsmatrix ist eine 1x1 Matrix.

Unter der Annahme, dass kein Temperatureinfluss gegeben ist, ist die innere Energiedichte für den Stab $U = \frac{1}{2}(\sigma_{xx} \quad \varepsilon_{xx})$, und die innere Energie für den Stab wird:

$$U = \int_0^L \left(\frac{1}{2}\sigma_{xx}\varepsilon_{xx}\right) A dx \tag{6.156}$$

Mit (6.154) und (6.151) wird aus (6.156)

$$U = \int_0^L \frac{1}{2} E_{xx} \left\{ \left(-\frac{1}{L}\right) u_1 + \left(\frac{1}{L}\right) u_2 \right\} \left\{ \left(-\frac{1}{L}\right) u_1 + \left(\frac{1}{2}\right) u_2 \right\} A dx \tag{6.157}$$

Nach Ausmultiplizieren der Klammerausdrücke und Integration über die Stablänge wird:

$$U = \int_0^L \frac{E_{xx}A}{L^2} \left\{ u_1^2 - 2u_1u_2 + u_2^2 \right\} dx = \frac{1}{2}\frac{E_{xx}A}{L}(u_2 - u_1)^2 = \frac{1}{2}k(u_2 - u_1)^2 \tag{6.158}$$

Dies ist die innere Energie des Zugstabes in Abhängigkeit der Knotenverschiebungen. Schreibt man (6.158) aus

$$U = \frac{1}{2}(ku_1^2 - 2ku_1u_2 + ku_2^2) \tag{6.159}$$

und in Matrixform

$$\begin{aligned} U &= \frac{1}{2}[u_1\,;\,u_2] \begin{bmatrix} k & -k \\ -k & k \end{bmatrix} \begin{bmatrix} u_1 \\ u_2 \end{bmatrix} \quad \text{oder} \\ U &= \frac{1}{2}\boldsymbol{d}^T \underline{\boldsymbol{k}}\, \boldsymbol{d} \end{aligned} \tag{6.160}$$

Die quadratische $2x2$ Matrix im Zentrum der (6.160) ist die schon bekannte lokale Stab–Steifigkeitsmatrix $\underline{\boldsymbol{k}}$ für ein Stabelement mit einem Anfangs- und Endknoten (vgl. (6.12)).

Der Spannungs- und der Dehnungsvektor haben allgemein nicht nur eine Komponente. Z.B. hat der Spannungsvektor im ebenen Spannungszustand die Komponenten (σ_{xx}, σ_{yy} und τ_{xy}) und der Dehnungsvektor (ε_{xx}, ε_{yy} γ_{xy} und außerdem $\varepsilon_{zz} = -\frac{\nu}{E}(\sigma_{xx} + \sigma_{yy})$). Da die innere Energiedichte das Skalarprodukt des Spannungs- und des Dehnungsvektors ist, wird die innere Energiedichte für den ebenen Spannungszustand

$$\begin{aligned} \bar{U} &= \frac{1}{2}(\sigma_{xx}\varepsilon_{xx} + \sigma_{yy}\varepsilon_{yy} + \tau_{xy}\gamma_{xy}) \quad \text{oder} \\ \bar{U} &= \frac{1}{2}(\boldsymbol{s}^T\boldsymbol{\varepsilon}) \end{aligned} \tag{6.161}$$

Entsprechend (6.64) lässt sich allgemein schreiben

$$U = \bar{U}dV = \int_V \frac{1}{2}(\boldsymbol{s}^T\boldsymbol{\varepsilon})\, dV \tag{6.162}$$

(6.153) und (6.155) werden in (6.162) eingesetzt, und es wird:

$$\begin{aligned} U &= \int_V \frac{1}{2}(\underline{\boldsymbol{E}}\,\underline{\boldsymbol{B}}\,\boldsymbol{d})^T(\underline{\boldsymbol{B}}\,\boldsymbol{d})\,dV = \int_V \frac{1}{2}\boldsymbol{d}^T\underline{\boldsymbol{B}}^T\underline{\boldsymbol{E}}^T\underline{\boldsymbol{B}}\,\boldsymbol{d}\,dV = \\ &= \frac{1}{2}\boldsymbol{d}^T\int_V \underline{\boldsymbol{B}}^T\underline{\boldsymbol{E}}^T\underline{\boldsymbol{B}}^T\,dV\,\boldsymbol{d} \\ U &= \frac{1}{2}\boldsymbol{d}^T\underline{\boldsymbol{k}}\,\boldsymbol{d} \quad \text{mit} \\ \underline{\boldsymbol{k}} &= \int_V \underline{\boldsymbol{B}}^T\underline{\boldsymbol{E}}^T\underline{\boldsymbol{B}}\,dV \end{aligned} \tag{6.163}$$

$\underline{\boldsymbol{k}}$ ist die lokale Elementsteifigkeit in allgemeiner Form, und mit den oben erstellten Beziehungen $\underline{\boldsymbol{B}} = [-1/L; 1/L]$ und $\underline{\boldsymbol{E}}^T = [E_x]$ erhält man mit $(6.163)_4$ die Steifigkeitsmatrix für den Stab.

$$\begin{aligned} \underline{\boldsymbol{k}}_{\text{Stab}} &= \int_0^L \begin{bmatrix} -\frac{1}{L} \\ \frac{1}{L} \end{bmatrix} E_{xx}\left[\left(-\frac{1}{L}\right)\;;\;\left(\frac{1}{L}\right)\right] A dx = \begin{bmatrix} \frac{E_{xx}A}{L} & -\frac{E_{xx}A}{L} \\ -\frac{E_{xx}A}{L} & \frac{E_{xx}A}{L} \end{bmatrix} \\ &\text{mit} \\ k &= \frac{E_{xx}A}{L} \\ &\text{wird} \\ \underline{\boldsymbol{k}}_{\text{Stab}} &= \begin{bmatrix} k & -k \\ -k & k \end{bmatrix} \end{aligned} \tag{6.164}$$

Das Ergebnis welches über die FEM-Näherung (6.136) berechnet wurde, stimmt mit der Lösung der Direct Stiffness Method (vgl. (6.13)) überein, da die Ansatzfunktionen des Stabelementes den exakten Verschiebungen im Stabinneren entsprechen, vergleichbar dem im Kapitel 6.3.6 gelösten Balkenbiegungsproblem. Die Elastizitätsmatrix $\underline{\boldsymbol{E}}$ ist in der Regel symmetrisch, d.h. $\underline{\mathbf{E}} = \underline{\boldsymbol{E}}^T$, und so lässt sich $(6.163)_4$ endgültig schreiben

$$\underline{\boldsymbol{k}} = \int_V \underline{\boldsymbol{B}}^T\underline{\boldsymbol{E}}\,\underline{\boldsymbol{B}}\,dV \tag{6.165}$$

6.5.3 Potentielle Energie eines Elements und äquivalente Knotenkräfte

Das Prinzip des Minimums des totalen Potentials erfordert, dass nicht nur die innere Energie, sondern auch die potentielle Energie eines Elements (vgl. (6.71)) aufgestellt werden muss. I.d.R. wird das FE-Modell so generiert, dass an den Stellen, wo äußere Punktlasten angreifen, ein Knoten gesetzt wird, und so dann die eingegebenen Punktlasten bereits als Knotenkräfte vorliegen (vgl. Kapitel 6.2.5). Ist dies nicht der Fall, dann müssen innerhalb eines Elements angreifende Kräfte auf die Elementknoten transformiert werden. An einem

Stabelement können laut Voraussetzung auch noch Volumenkräfte angreifen. Diese sind bei konstantem Querschnitt A und konstanter Wichte $p = g\rho$ (homogene Gewichtsverteilung) gleichmäßig verteilt und sollen nur in Richtung der Stablängsachse wirken. Entsprechend dem letzten Term von (6.71) und unter Beachtung des Vorzeichens wird für den eindimensionalen Fall mit (6.148)

$$\begin{aligned} E_p &= -\int\limits_V (up)dV = -\int\limits_V (n_1(x)u_1 + n_2(x)u_2)g\rho dV = \\ &= -\int\limits_0^L \left\{\left(1-\frac{x}{L}\right)u_1 + \left(\frac{x}{L}\right)u_2\right\} g\rho A dx \end{aligned} \tag{6.166}$$

(6.166) lässt sich umschreiben, und es wird:

$$E_p = -u_1 \int\limits_0^L g\rho A\left(1-\frac{x}{L}\right)dx - u_2\int\limits_0^L g\rho A\left(\frac{x}{L}\right)dx = -\left[u_1\,;\,u_2\right]\begin{bmatrix} p_1 \\ p_2 \end{bmatrix} \tag{6.167}$$

mit

$$\begin{aligned} p_1 &= \int\limits_0^L \rho A\left(1-\frac{x}{L}\right)dx = \frac{1}{2}g\rho AL \\ &\text{und} \\ p_2 &= \int\limits_0^L g\rho A(\frac{x}{L})dx = \frac{1}{2}g\rho AL \end{aligned} \tag{6.168}$$

Die Gleichungen (6.166) bis (6.168) lassen sich wie folgt physikalisch interpretieren. Das Potential der gleichmäßig verteilten Gewichtsbelastung im Stabelement ist exakt gleich dem Potential der an den beiden Knoten angreifenden konzentrierten Punktkräfte p_1 und p_2. Die Gewichtskraft $(g\rho AL)$ wird beim Stabelement mit zwei Knoten gleichmäßig auf die Knoten verteilt. Dies gilt nicht allgemein, denn die Verteilung der Gewichtkraft hängt von der Element-Knotenanzahl und damit von den Ansatzfunktionen ab.

Allgemein kann (6.166) als Vektorprodukt $(\boldsymbol{u}^T\boldsymbol{p})$ geschrieben werden und als potentielle Energiedichte bezeichnet werden. Im Gegensatz zum Stabelement können bei zwei- oder dreidimensionalen Problemen die Vektoren $\boldsymbol{u}$ und $\boldsymbol{p}$ mehrere Komponenten besitzen, jedoch bleibt der Ausdruck der potentiellen Energiedichte $(\boldsymbol{u}^T\boldsymbol{p})$ unverändert und wird in (6.166) substituiert.

$$E_p = -\int\limits_V \boldsymbol{u}^T\boldsymbol{p}\, dV \tag{6.169}$$

und mit (6.136) wird

$$E_p = -\int_V (\underline{\boldsymbol{N}}\,\boldsymbol{d})^T \boldsymbol{p}\,dV = -\boldsymbol{d}^T \int_V \underline{\boldsymbol{N}}^T \boldsymbol{p}\,dV = -\boldsymbol{d}^T \boldsymbol{f}_p$$

mit (6.170)

$$\boldsymbol{f}_p = \int_V \underline{\boldsymbol{N}}^T \boldsymbol{p}\,dV$$

Vergleicht man die letzte Gleichung mit (6.140) oder (6.141), so erkennt man, dass auf der rechten Seite der letzte Term dieser Gleichungen mit der Volumenkraft $\boldsymbol{f}_p$ übereinstimmt. D.h., die rechte Seite von (6.140) und (6.141) bilden die Knotenkräfte der äußeren Punkt- Oberflächen- und Volumenkräfte, die mit dem Prinzip der virtuellen Arbeit und der FEM-Näherung (vgl. (6.136)) hergeleitet wurden. Diese Gleichungen wurden zwar für eine Gesamtstruktur hergeleitet, sie lassen sich auch für die jeweiligen Einzelelemente anwenden, um deren Größen mit den entsprechenden Ansätzen zu berechnen.

6.5.4 Temperatureinfluss und äquivalente Temperaturlasten

Bisher wurde der Temperatureinfluss bei der Energiebilanz nicht berücksichtigt. Diese Restriktion wird nun aufgegeben, und die Normalspannung im Stabelement wird:

$$\sigma_{xx} = E(\varepsilon_{xx} - \varepsilon_T) = E(\varepsilon_{xx} - \alpha_T \Delta T) \tag{6.171}$$

Diese Gleichung wird in (6.63) eingesetzt und entsprechend (6.64) über das Stabvolumen integriert.

$$U_i = \int_V \tfrac{1}{2}\sigma_{xx}\varepsilon_{xx} dV = \int_0^L \tfrac{1}{2}[E(\varepsilon - \varepsilon_T)](\varepsilon - \varepsilon_T)A dx = \int_0^L \tfrac{1}{2}E(\varepsilon - \alpha_T \Delta T)^2 A dx \tag{6.172}$$

(6.151) wird in (6.172) substituiert, und es wird

$$U_i = \int_0^L \frac{1}{2} E \left\{ \left[\left(-\frac{1}{L} \right) u_1 + \frac{1}{L} u_2 \right] - \alpha_T \Delta T \right\}^2 A dx \tag{6.173}$$

Nach Auswertung des Integrals erhält man:

$$U_i = \frac{1}{2}\frac{EA}{L}(u_2 - u_1)^2 - u_1 \left(-\int_0^L \frac{E\alpha_T \Delta T}{L} A dx \right) - u_2 \int_0^L \frac{E\alpha_T \Delta T}{L} A dx + \\ + \int_0^L \frac{1}{2}(E\alpha_T \Delta T)^2 A dx \tag{6.174}$$

oder

$$U_i = \frac{1}{2}k(u_2 - u_1)^2 - (u_1 h_1 + u_2 h_2) + \int_0^L \frac{1}{2}E(\alpha_T \Delta T)^2 A dx$$

mit

$$h_1 = \int_0^L \left(-\frac{1}{L}\right) E\alpha_T \Delta T A dx$$
$$h_2 = \int_0^L \left(\frac{1}{L}\right) E\alpha_T \Delta T A dx \tag{6.175}$$

Eine Analyse von (6.175) zeigt, dass der erste Term nicht von der Temperatur abhängt. Er ist die innere Energie des Stabelements (vgl. z.B. (6.158)). Der zweite Term $-u_1 h_1 + u_2 h_2$ ist die Summe der Produkte aus den Knotenverschiebungen mit den Integralen h_1 sowie h_2. Die Integrale h_1 und h_2 haben die Einheit einer Kraft und entsprechen äquivalenten thermischen Knotenkräften. Ihr Beitrag als konzentrierte Knotenkräfte zur Dehnungsenergie bzw. inneren Energie entspricht der potentiellen Energie und ist äquivalent zur gleichmäßigen Temperaturverteilung im Stabelement. Im Falle einer konstanten Temperaturerhöhung von $\Delta T = T_1 - T_0$ werden die entsprechenden Knotenkräfte $h_1 = -EA\alpha_T \Delta T$ und $h_2 = EA\alpha_T \Delta T$. Diese Kräfte sind Druck- bzw. Zugkräfte am Stabanfang (Anfangsknoten) bzw. Stabende (Endknoten) und bewirken eine elastische Verformung, die der entsprechenden thermischen Ausdehnung äquivalent ist.

Der dritte Term von (6.175) hängt nicht von den Knotenverschiebungen bzw. der Verformung ab, sondern beschreibt die thermische EnergieEnergie!-thermische im Stabelement. Da beim RAYLEIGH-RITZ-Verfahren das totale Potential bezüglich des Verformungsfelds minimiert wird, kann der dritte Term als eine Konstante angesehen werden und liefert so keinen Beitrag für die Minimierung. D.h., für die Anwendung des RAYLEIGH-RITZ-Verfahrens kann der dritte Term außer Acht gelassen werden, und (6.175) lässt sich wie folgt umschreiben:

$$U_i = \frac{1}{2}[u_1\ ;\ u_2]\begin{bmatrix} k & -k \\ -k & k \end{bmatrix}\begin{bmatrix} u_1 \\ u_2 \end{bmatrix} - [u_1\ ;\ u_2]\begin{bmatrix} h_1 \\ h_2 \end{bmatrix} \tag{6.176}$$

oder in allgemeiner Matrizenform

$$U_i = \frac{1}{2}\boldsymbol{d}_i^T \underline{\boldsymbol{k}}_i\, \boldsymbol{d}_i + \boldsymbol{d}_i^T \boldsymbol{f}_{Ti}$$

mit

$$\boldsymbol{f}_{Ti} = \int_V \underline{\boldsymbol{B}}_i^T \underline{\boldsymbol{E}}_i\, \varepsilon_T) dV \tag{6.177}$$

(6.177) wurde zunächst für das Stabelement hergeleitet und soll nun allgemein betrachtet werden. Bei dem Stabelement wird nur die Längenausdehnung $\alpha_T \Delta T$ in Stablängsachse betrachtet. Jedoch kann bei einem mehrdimensionalen Problem die Temperaturausdehnung mehrdimensional sein. Entsprechend wird der Spannungsvektor $\boldsymbol{s} = \underline{\boldsymbol{E}}[\boldsymbol{\varepsilon} - \boldsymbol{\varepsilon}_T]$. Der Spannungsvektor wird in (6.172) eingesetzt, und nach einiger Rechenarbeit erhält man (6.177).

6.5.5 Gesamtenergie oder totales Potential eines Elements

Mit (6.167) und (6.176) wird die Gesamtenergie bzw. das totale Potential des Stabelements.

$$\begin{aligned} \Pi_i = U_i + E_{p,i} = \frac{1}{2}[u_1\ ;\ u_2]\begin{bmatrix} k & -k \\ -k & k \end{bmatrix}\begin{bmatrix} u_1 \\ u_2 \end{bmatrix} - \\ - [u_1\ ;\ u_2]\begin{bmatrix} h_1 \\ h_2 \end{bmatrix} - [u_1\ ;\ u_2]\begin{bmatrix} p_1 \\ p_2 \end{bmatrix} \end{aligned} \tag{6.178}$$

wobei $k = AE/L$ die Stabsteifigkeit ist, und h_i bzw. $p_i (i = 1, 2)$ die äquivalenten Knotenkräfte bezüglich der Temperaturänderung ΔT bzw. der Gewichtskraft sind. (6.178)wird in allgemeiner Matrixform.

$$\begin{aligned} \Pi_i &= \frac{1}{2}\boldsymbol{d}_i^T \underline{\boldsymbol{k}}_i\, \boldsymbol{d}_i - \boldsymbol{d}_i^T\, [\boldsymbol{f}_{Ti} + \boldsymbol{f}_{pi}] \\ &\text{mit} \\ \underline{\boldsymbol{k}}_i &= \int_V \left(\underline{\boldsymbol{B}}_i^T \underline{\boldsymbol{E}}_i\, \underline{\boldsymbol{B}}_i\right)\, dV \\ \boldsymbol{f}_{Ti} &= \int_V \left(\underline{\boldsymbol{B}}_i^T \underline{\boldsymbol{E}}_i\, \boldsymbol{\varepsilon}_T\right)\, dV \\ \boldsymbol{f}_{pi} &= \int_V \left(\underline{\boldsymbol{N}}_i^T \boldsymbol{p}_i\right)\, dV \end{aligned} \tag{6.179}$$

In (6.179) entsprechen die Stabsteifigkeitsmatrix $\underline{\boldsymbol{k}}$ der Form (6.165), der Kraftvektor $\boldsymbol{f}_{Ti}$ in $(6.177)_2$ und der Kraftvektor $\boldsymbol{f}_{pi}$ in $(6.170)_2$. Obwohl diese Gleichungen für das Stabelement hergeleitet wurden, so lassen sie sich allgemein anwenden, jedoch müssen vor der Integration über das Elementvolumen die entsprechenden Elementmatrizen $\underline{\boldsymbol{B}}_i$, $\underline{\boldsymbol{E}}_i$ und $\underline{\boldsymbol{N}}_i$ vorliegen.

6.5.6 Zusammenbau der Einzelelemente, Minimierung der Gesamtenergie bzw. des totalen Potentials und deren Lösung

Die Gesamtenergie eines FE-Modells erhält man durch Aufsummieren der Element-Gesamtenergien. Da die Energie ein Skalar ist, kann diese einfach algebraisch aufaddiert werden, vgl. Kapitel 6.3.2 und 6.3.3. Dies ist bei komplexen FE-Modellen nicht praktikabel. Es ist besser die Matrixnotation von (6.179) beizubehalten und sie auf das ganze FE-Modell auszudehnen. Wie im Einführungsbeispiel (vgl. Kapitel 6.2.5) gezeigt, lassen sich die Matrizen auch in einem einfachen Summen-Algorithmus darstellen. Beim Zusammenbau z.B. der Gesamtsystemmatrizen müssen die lokalen Steifigkeitskomponenten an die entsprechende Stelle der globalen Steifigkeitsmatrix transformiert werden. Die Größe der Systemgleichungen wird durch den maximalen globalen Freiheitsgrad des FE-Modells bestimmt, und bevor die verschiedenen Komponenten der Systemgleichungen aufgefüllt werden, werden alle

Komponenten mit Null belegt. Dabei ist für die unterschiedlichen FE-Elemente die unterschiedliche Anzahl der Elementknoten mit deren gegebenen Freiheitsgraden zu beachten. Z.B. hat ein 3D-Balkenelement mit 2 Knoten und 6 Freiheitsgraden pro Knoten eine lokale 12x12 Steifigkeitsmatrix. Bei ungünstiger Knotennummerierung ist dann die Bandbreite der Matrizen nicht optimal (siehe (6.46) und (6.47) und u.a. [Ast 92], [EM 96], [Käm 90], [Kle 99], [Ste 98],[ZRF 84], [Sch 84]). Durch die Bandbreitenoptimierung lassen sich der Speicherplatz minimieren und die Rechenzeit verkürzen. Von den meisten FE-Programmen wird durch interne Umnummerierung der Knoten automatisch das Gesamtgleichungssystem für die eigentliche Berechnung optimiert, dadurch bleibt es dem Anwender erspart, dass er bereits bei der Modellerstellung auf die Optimierung der Systemgleichungen achten muss.

Der Zusammenbau von verschiedenen Elementen bzw. das Aufstellen der Systemmatrizen eines FE-Modells wurde in den vorherigen Kapiteln 6.2.5, 6.3.2 und 6.3.3 durchgeführt und wird hier nicht wiederholt.

Die Gesamtenergie aller n Elemente ergibt sich durch Aufsummierung von $(6.179)_1$.

$$\Pi = \sum_{i=1}^{n} \Pi_i = \frac{1}{2}\boldsymbol{d}^T \underline{\boldsymbol{K}}\, \boldsymbol{d} - \boldsymbol{d}^T \left[\boldsymbol{F}_T + \boldsymbol{F}_p\right] \tag{6.180}$$

Allgemein ist bei der Energiebilanz (6.180) der Beitrag der äußeren Punktkräfte und Oberflächenkräfte (vgl. (6.71)) noch nicht berücksichtigt. Das betrachtete FE-Modellbeispiel besteht nur aus Stabelementen, und ein Stabelement kann per Definition keine äußeren Oberflächenkräfte (vgl. (6.141), rechte Seite zweiter Term) aufnehmen. Die Berechnung der äquivalenten Knotenkräfte infolge Oberflächenkräften erfolgt formal der in Kapitel 6.5.3 gezeigten Prozedur. Jedoch wird nicht über das Volumen, sondern über die Oberfläche integriert, und die Volumenkräfte (Dichte) werden durch Flächenkräfte (Drücke) ersetzt.

$$\boldsymbol{f}_{qi} = \int\limits_O \left(\underline{\boldsymbol{N}}_i^T \boldsymbol{q}_i\right) dO \tag{6.181}$$

Entsprechend der Generierung des FE-Modells sollen die Punktkräfte direkt an den Knoten angreifen und die Richtung der Kraftkomponenten mit den entsprechenden globalen Knotenfreiheitsgraden zusammenfallen, d.h. der Beitrag zur potentiellen Energie ist pro Komponente $-\delta_i\ F_i$, und für das Gesamtsystem ist dann

$$\underline{\boldsymbol{E}}_{p,f} = -\boldsymbol{d}^T \boldsymbol{F}_f, \tag{6.182}$$

wobei $\boldsymbol{d}^T$ der Gesamtverrückungsvektor und $\boldsymbol{F}_f$ der Kraftvektor mit den entsprechenden Knoten-Punktkräften (vgl. (6.42)) ist. Mit (6.182) und (6.180) ergibt sich die Gesamtenergie bzw. das totale Potential des Stabsystems:

$$\Pi = \sum_{i=1}^{n} \Pi_i - \boldsymbol{d}^T \boldsymbol{F}_f = \frac{1}{2}\boldsymbol{d}^T \underline{\boldsymbol{K}}\ + \boldsymbol{d} - \boldsymbol{d}^T \left[\boldsymbol{F}_T + \boldsymbol{F}_p\right] - \boldsymbol{d}^T \boldsymbol{F}_f = \frac{1}{2}\boldsymbol{d}^T \underline{\boldsymbol{K}}\, \boldsymbol{d} - \boldsymbol{d}^T \boldsymbol{F}$$

mit

$$\boldsymbol{F} = \boldsymbol{F}_f + \boldsymbol{F}_T + \boldsymbol{F}_p \tag{6.183}$$

Der globale Kraftvektor $\boldsymbol{F}$ besteht aus den Kraftvektoren der Punktkräfte $\boldsymbol{F}_f$, der äquivalenten Knotenkräfte bezüglich Temperatur $\boldsymbol{F}_T$ und der Volumenkräfte $\boldsymbol{F}_p$.(6.183)$_1$ ist in Abhängigkeit der Verschiebungskomponenten δ_i zu minimieren. Entsprechend dem RAYLEIGH-RITZ-Verfahren wird die Gesamtenergie bzw. das totale Potential nach den einzelnen Knotenverrückungen δ_i differenziert und deren Ableitungen gleich Null gesetzt. Die partiellen Ableitungen des totalen Potentials Π (vgl. z.B. (6.183)$_1$) können in einer Spaltenmatrix $\boldsymbol{d\Pi}$ zusammengefasst werden, die von den Knotenverrückungen δ_i abhängt.

$$d\boldsymbol{\Pi} = \begin{bmatrix} \frac{\partial \Pi}{\partial \delta_1} \\ \frac{\partial \Pi}{\partial \delta_2} \\ \cdot \\ \cdot \\ \frac{\partial \Pi}{\partial \delta_n} \end{bmatrix} \tag{6.184}$$

Wie bereits erwähnt, ist die Energie ein Skalar, d.h., dass die Einzelbeiträge der Elemente algebraisch aufsummiert werden können und (6.184) wird:

$$\Pi(\delta_1, \delta_2, \ldots, \delta_n) = \frac{1}{2}\left(\sum_{i=1}^{n}\sum_{j=1}^{n} k_{ij}\delta_i\delta_j\right) - \sum_{i=1}^{n} F_i\delta_i \tag{6.185}$$

Die Form (6.185) ist partiell nach den Knotenverrückungen δ_i abzuleiten.

$$\frac{\partial \Pi}{\partial \delta_k} = \frac{1}{2}\left(\sum_{i=1}^{n}\sum_{j=1}^{n} k_{ij}\left[\left(\frac{\partial \delta_i}{\partial \delta_k}\right)\delta_j + \left(\frac{\partial \delta_j}{\partial \delta_k}\right)\delta_i\right]\right) - \sum_{i=1}^{n} F_i\left(\frac{\partial \delta_i}{\partial \delta_k}\right) \tag{6.186}$$

Per Definition ist

$$\frac{\partial \delta_j}{\partial \delta_k} = 1 \quad , \quad \text{wenn} \quad j = k \quad \text{und}$$

$$\frac{\partial \delta_j}{\partial \delta_k} = 0 \quad , \quad \text{wenn} \quad j \neq k$$

Unter dieser Bedingung reduziert sich (6.186).

$$\frac{\partial \Pi}{\partial \delta_k} = \frac{1}{2}\left(\sum_{i=1}^{n} k_{ki}\delta_i + \sum_{j=1}^{n} k_{kj}\delta_j\right) - F_k \tag{6.187}$$

Nutzt man noch die Symmetrieeigenschaften der Steifigkeitsmatrix $k_{jk} = k_{kj}$ aus und ersetzt den Dummyindex $j = i$, dann wird:

$$\frac{\partial \Pi}{\partial \delta_k} = \sum_{i=1}^{n} k_{ki}\delta_i - F_k \tag{6.188}$$

Wird (6.188) in Matrizenform ausgeschrieben, dann erhält man:

$$\begin{bmatrix} \frac{\partial \Pi}{\partial \delta_1} \\ \frac{\partial \Pi}{\partial \delta_2} \\ . \\ \frac{\partial \Pi}{\partial \delta_n} \end{bmatrix} = \begin{bmatrix} k_{11} & k_{12} & . & k_{1n} \\ k_{21} & k_{22} & . & k_{2n} \\ . & . & . & . \\ k_{n1} & k_{n2} & . & k_{nn} \end{bmatrix} \begin{bmatrix} \delta_1 \\ \delta_2 \\ . \\ \delta_n \end{bmatrix} - \begin{bmatrix} F_1 \\ F_2 \\ . \\ F_n \end{bmatrix} = 0 \tag{6.189}$$

oder

$$d\boldsymbol{\Pi} = \underline{\boldsymbol{K}}\, \boldsymbol{d} - \boldsymbol{F} = 0$$

Die rechte Seite von (6.189) ist laut Forderung für ein Minimum gleich Null zu setzen und entspricht dann dem statischen Gleichgewicht von (6.40) und der Gl. 6.77. Wie im Kapitel 6.2.5 beschrieben, müssen nun in (6.189) die Rand- und Übergangsbedingungen (vgl. (6.42)) eingesetzt werden, entsprechend der Vorschrift nach (6.43) muss dann (6.189) umgestellt und deren Subsysteme gelöst werden.

6.5.7 Anwendung an Beispielen und Vergleich mit den exakten Lösungen

<u>Beispiel 1:</u> Einseitig eingespannter Stab mit Eigengewicht und Punktlast

Es soll ein mit konst. Querschnitt A am oberen Ende eingespannter vertikaler Stab mit Eigengewicht (gleichmäßig verteilte Volumenkraft bzw. Gewichtskraft) und einer am unteren Ende angreifenden Punktlast F untersucht werden (vgl. Bild 6.23). Die Länge des Stabes soll $2L$ und der Elastizitätsmodul soll E sein. Ein Temperatureinfluss wird vernachlässigt. Wie Bild 6.23 zeigt, wird der Stab als ein FE-Modell mit zwei Stabelementen und drei Knoten generiert. Gesucht sind die globalen Knotenverrückungen und die Normalspannungen in den Elementen. Diese FEM-Ergebnisse sollen mit der exakten Lösung verglichen werden. Die exakte Lösung für den Stab erhält man durch Superposition der Verrückung aus Punktlast und Gewichtskraft (vgl. z.B. [HSG 86]). Nach einiger Rechenarbeit ergibt sich für

a) die Verschiebung

$$u(x) = \frac{F}{EA}x + \frac{2g\rho x}{E}\left(L - \frac{x}{4}\right) \tag{6.190}$$

b) die Reaktionskraft

$$F_1 = (F + 2g\rho AL) \tag{6.191}$$

c) die Normalspannung

$$\sigma(x) = \frac{F}{A} + \rho g(2L - x) \tag{6.192}$$

Entsprechend (6.179) und (6.182) lassen sich die lokalen Steifigkeiten, die äquivalenten Knotenkräfte aus Element-Volumenkraft und Punktkräfte berechnen, und mit (6.183) die Gesamtenergie des FE-Modells ermitteln. Die Ermittlung der lokalen Stab-Steifigkeitsmatrix

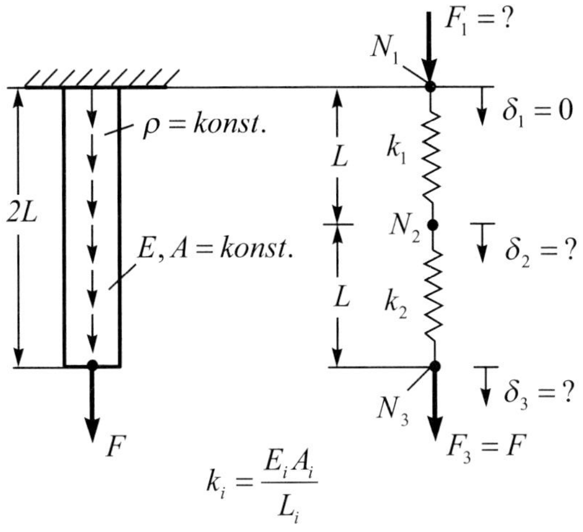

Bild 6.23: Vertikalstab und dazugehöriges FE–Modell

$\underline{\boldsymbol{k}}_{Stab}$ wurde u.a. mit (6.163) bzw. (6.164) demonstriert und wird nicht wiederholt. Im Kapitel 6.5.3 wurde die Berechnung der äquivalenten Stab-Elementknotenkräfte bereits durchgeführt. Das Ergebnis (6.168) zeigt, dass bei homogener Gewichtsverteilung (Wichte p = g ρ ; Dichte ρ ist konst.) das Elementgewicht gleichmäßig zur Hälfte auf beide Stabknoten verteilt wird. An dem Knoten N3 greift die äußere Punktlast F und am Knoten N1 die noch zu bestimmende Reaktionskraft an. Unter Beachtung der Transformationsregeln (vgl. Kapitel 6.2.5) ergibt sich mit (6.183) die Gesamtenergie oder das totale Potential des Stabwerks.

$$\Pi = \frac{1}{2}\,[\delta_1\ ;\ \delta_2\ ;\ \delta_3]\begin{bmatrix} k & -k & 0 \\ -k & 2k & -k \\ 0 & -k & k \end{bmatrix}\begin{bmatrix} \delta_1 \\ \delta_2 \\ \delta_3 \end{bmatrix} - [\delta_1\ ;\ \delta_2\ ;\ \delta_3]\left[\begin{bmatrix} \frac{g\rho AL}{2} \\ g\rho AL \\ \frac{g\rho AL}{2} \end{bmatrix} + \begin{bmatrix} F_1 \\ F_2 \\ F_3 \end{bmatrix}\right] \tag{6.193}$$

Die Verschiebungen δ_2 , δ_3 und die Reaktionskraft F_1 sind noch unbekannt bzw. sind zu bestimmen. Laut Voraussetzung sind die äußeren Knotenpunktkräfte $F_2 = 0$, $F_3 = F$ und die Verschiebung $\delta_1 = 0$. Diese Rand- und Übergangsbedingungen werden in (6.193) eingesetzt, und entsprechend (6.189) wird das statische Gleichgewicht für das FE-Modell mit zwei Stab-Elementen:

$$\begin{bmatrix} k & -k & 0 \\ -k & 2k & -k \\ 0 & -k & k \end{bmatrix}\begin{bmatrix} \delta_1 = 0 \\ \delta_2 =? \\ \delta_3 =? \end{bmatrix} = \begin{bmatrix} \frac{g\rho AL}{2} \\ g\rho AL \\ \frac{g\rho AL}{2} \end{bmatrix} + \begin{bmatrix} F_1 =? \\ F_2 = 0 \\ F_3 = F \end{bmatrix} \tag{6.194}$$

Um das Gleichungssystem lösen zu können, ist (6.194) durch Spalten- und Zeilenvertauschen auf die Form von (6.43) zu bringen.

$$\begin{bmatrix} k & -k & 0 \\ -k & 2k & -k \\ 0 & -k & k \end{bmatrix} \begin{bmatrix} \delta_3 \\ \delta_2 \\ \delta_1 = 0 \end{bmatrix} = \begin{bmatrix} \dfrac{g\rho AL}{2} \\ g\rho AL \\ \dfrac{g\rho AL}{2} \end{bmatrix} + \begin{bmatrix} F_3 = F \\ 0 \\ F_1 \end{bmatrix} \tag{6.195}$$

(6.195) wird entsprechend der in Kapitel 6.2.5 beschriebenen Prozedur (6.43) gelöst. Mit den ersten beiden Gleichungen lassen sich die gesuchten Knotenverschiebungen berechnen.

$$\begin{aligned} \delta_2 &= \frac{2F + 3g\rho AL}{2k} = \frac{FL}{EA} + \frac{3g\rho L^2}{2E} \\ &\text{und} \\ \delta_3 &= \frac{2F + 2g\rho AL}{k} = \frac{2FL}{EA} + \frac{2g\rho L^2}{E} \end{aligned} \tag{6.196}$$

Aus den bekannten Knotenverschiebungen lässt sich mit der dritten Zeile von (6.195) die Reaktionskraft ermitteln.

$$F_1 = -(F + 2g\rho AL) \tag{6.197}$$

Im Bild 6.23 ist, wie bei der FEM üblich, auch am negativen Schnittufer die Kraft F_1 positiv angenommen. Aus Gleichgewichtsgründen muss eine Vorzeichenkorrektur erfolgen, und das Ergebnis stimmt dann mit der exakten Lösung überein (vgl. (6.191)).

Mit (6.154) wird abschließend noch die Spannung in den einzelnen Stabelementen berechnet. Wobei die lokalen Knotenverschiebungen des ersten Elements $u_1 = \delta_1$ und $u_2 = \delta_2$ und des zweiten Elements $u_1 = \delta_2$ und $u_2 = \delta_3$ den globalen Knotenverschiebungen entsprechen.

$$\begin{aligned} \sigma_1 &= [E] \left[\left(-\frac{1}{L}\right) ; \left(\frac{1}{L}\right) \right] \begin{bmatrix} 0 \\ \dfrac{2F + 3g\rho AL}{2k} \end{bmatrix} = \frac{E}{L} \frac{(2F + 3g\rho AL)}{2k} = \frac{F}{A} + \frac{3}{2} g\rho L \\ \sigma_2 &= [E] \left[\left(-\frac{1}{L}\right) ; \left(\frac{1}{L}\right) \right] \begin{bmatrix} \dfrac{2F + 3g\rho AL}{2k} \\ \dfrac{2F + 2g\rho AL}{k} \end{bmatrix} = \frac{E}{L} \frac{(2F + g\rho AL)}{2k} = \frac{F}{A} + \frac{1}{2} g\rho L \\ &\text{mit} \\ k &= \frac{EA}{L} \end{aligned} \tag{6.198}$$

Wie Bild 6.24 zeigt, stimmt das Ergebnis der FEM-Berechung mit dem Ergebnis der exakten Analyse nur zum Teil überein. Die Verschiebung der exakten Lösung (6.190) setzt sich aus einem linearen und einem quadratischen Anteil zusammen. An den Elementknoten stimmen die Verschiebungen der exakten Lösung und der FEM-Näherung überein, jedoch nicht

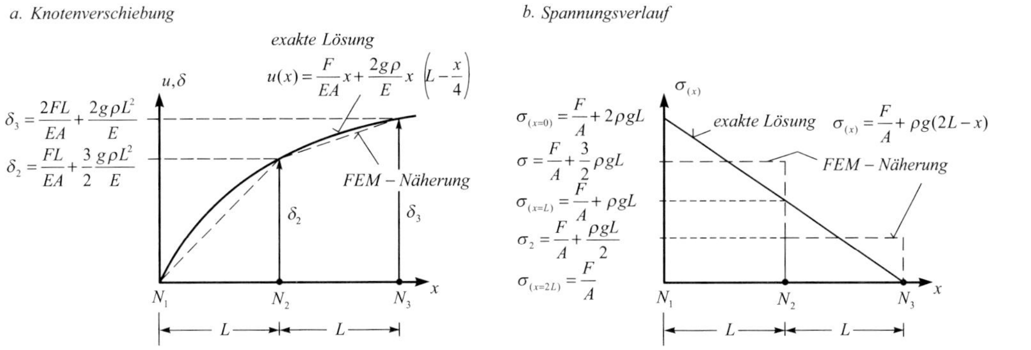

Bild 6.24: Vergleich des Verschiebungs- und Spannungsverlaufs der exakten Lösung und der FEM–Näherung am Beispiel eines Stabes (vgl. Bild 6.23)

in dem Elementinneren, da sie mit der FEM-Näherung nicht berechnet wurden. Entsprechend der exakten Lösung setzt sich der Spannungsverlauf im Stab aus einer Konstanten und einem linearen Anteil zusammen, d.h. im Stabinneren ist der Spannungsverlauf linear abnehmend. Dagegen ist bei der FEM–Näherung der Spannungsverlauf im Elementinneren jeweils konstant (vgl. (6.198)). Im allgemeinen werden die Steifigkeitsmatritzen mit Hilfe der numerischen Integration ermittelt. Dabei werden an Stützstellen mit der Quadratformel nach GAUß die Funktionswerte berechnet. D.h., die an den Stützstellen berechneten Spannungen sind bei Bedarf auf Knotenspannungen umzurechenen (vgl. Kapitel 6.9). Unter Vernachlässigung des Eigengewichts wäre die Verschiebung $u(x)$ linear und die Spannung im Stab konstant. In diesem Fall hätte der verwendete lineare Verschiebungsansatz der FEM-Näherung eine genaue Übereinstimmung mit der exakten Lösung geliefert. Um ein besseres Ergebnis mit der FEM-Näherung zu erhalten, müsste die Stab–Struktur feiner unterteilt oder mit höherwertigen Elementen mit einem quadratischen Verschiebungsansatz mit drei Elementknoten (siehe nächstes Kapitel) abgebildet werden. Allgemein geht dies jedoch auf Kosten der Modellgenerierung und Rechenzeit. Der Anwender muss entsprechend seiner Aufgabenstellung in der Lage sein und abschätzen können, wie grob er das FE–Modell aus Kostengründen modellieren kann und wie fein er es aus Qualitätsgründen bezüglich Verformung, Spannungsvorhersage usw. aufbereiten muss.

Beispiel 2: Einseitig eingespannter Stab mit Temperaturbelastung und Punktlasten

Der in Bild 6.23 dargestellte Vertikalstab mit der Länge $2L$ und der Dehnsteifigkeit EA soll nun gewichtslos sein, und am Knoten N2 greift eine äußere Vertikalkraft $F_2 = F$ nach oben und am Knoten N3 eine äußere Vertikalkraft $F_3 = F$ nach unten an. Der Stab wird durch zwei Stabelemente abgebildet (vgl. Bild 6.25). Der Stab wird gleichmäßig mit der Temperaturänderung ΔT aufgeheizt. Der Stabwerkstoff hat einen thermischen Ausdehnungskoeffizient (Wärmeausdehnungskoeffizient) α_T. Nach (6.179) bzw. (6.175) ergeben sich folgende

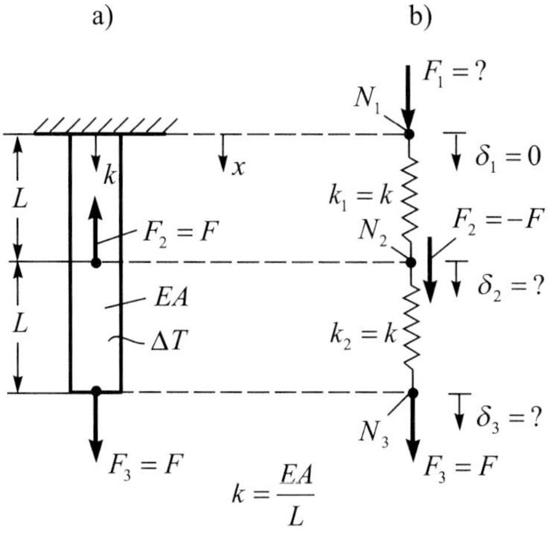

Bild 6.25: a) Gewichtsloser Vertikalstab mit Punktbelastung und gleichmäßiger Temperaturbelastung sowie dazugehöriges FE–Modell, b) dazugehöriges FE–Modell

Knotenkräfte für das i-te Element.

$$h_1 = (h_1)_i = \int_0^L \left(-\frac{1}{L}\right) E\alpha_T \Delta T A dx = -EA\alpha_T \Delta T$$

und (6.199)

$$h_2 = (h_2)_i = \int_0^L \left(\frac{1}{L}\right) E\alpha_T \Delta T A dx = EA\alpha_T \Delta T$$

Entsprechend von (6.183) erhält man das Gesamtpotential des Stabwerks, und aus deren Ableitung (vgl. (6.189)) ergibt sich entsprechend (6.194) ein ähnliches statisches Gleichgewicht für das FE-Modell. Der Stab ist gewichtslos, d.h. der Gewichtskraftvektor in (6.194) ist gleich Null. Da der Stab gleichmäßig mit der Temperatur ΔT aufgeheizt wird, ist der Vektor der globalen äquivalenten Temperaturknotenkräfte $F_{k,T}$ in (6.194) einzusetzen, und man erhält folgendes Gleichungssystem:

$$\begin{bmatrix} k & -k & 0 \\ -k & 2k & -k \\ 0 & -k & k \end{bmatrix} \begin{bmatrix} \delta_1 = 0 \\ \delta_2 =? \\ \delta_3 =? \end{bmatrix} = \begin{bmatrix} F_1 =? \\ F_2 = -F \\ F_3 = F \end{bmatrix} + \\ + \begin{bmatrix} F_{1,T} = (h_1)_1 = -\alpha_T EA\Delta T \\ F_{2,T} = (h_2)_1 + (h_1)_2 = \alpha_T EA\Delta T - \alpha_T EA\Delta T = 0 \\ F_{3,T} = (h_2)_2 = \alpha_T EA\Delta T \end{bmatrix} \tag{6.200}$$

Um wiederum das Gleichungssystem lösen zu können, ist (6.201) durch Spalten- und Zeilenvertauschen auf die Form von (6.43) zu bringen. Man erhält nach der Prozedur folgendes

Gleichungssystem (vgl. auch (6.195)).

$$\begin{bmatrix} k & -k & 0 \\ -k & 2k & -k \\ 0 & -k & k \end{bmatrix} \begin{bmatrix} \delta_3 \\ \delta_2 \\ \delta_1 = 0 \end{bmatrix} = \begin{bmatrix} F_3 = F \\ F_2 = -F \\ F_1 \end{bmatrix} + \begin{bmatrix} F_{3,T} = \alpha_T EA\Delta T \\ F_{2,T} = 0 \\ -F_{1,T} = \alpha_T EA\Delta T \end{bmatrix} \tag{6.201}$$

Mit $k = \frac{EA}{L}$ und entsprechend der in Kapitel 6.2.5 beschriebenen Prozedur (6.43) erhält man aus den ersten beiden Zeilen von (6.201) die gesuchten Knotenverschiebungen.

$$\begin{aligned} &\delta_2 = L\alpha_T\Delta T \\ &\quad \text{und} \\ &\delta_3 = 2L\alpha_T\Delta T + \frac{FL}{EA} \end{aligned} \tag{6.202}$$

Nach Einsetzen der berechneten Knotenverschiebungen erhält man aus der dritten Zeile von (6.201) die Reaktionskraft

$$F_1 = 0N. \tag{6.203}$$

Nach (6.171) lässt sich die Spannung bei bekannten Knotenverschiebungen in den Elementen bestimmen, es wird für das

1. Stabelement

$$\begin{aligned} \sigma_{x,1} = E_x\varepsilon_x + \sigma_{x0} = E(\varepsilon_x - \varepsilon_T) = E\left[\left(\frac{\delta_2 - \delta_1}{L}\right) - \alpha_T\Delta T\right] = \\ = E\left[\frac{\alpha_T L\Delta T - 0}{L} - \alpha_T\Delta T\right] = 0 \end{aligned} \tag{6.204}$$

und für das 2. Stabelement

$$\sigma_{x,2} = E\left(\frac{\delta_3 - \delta_2}{L}\right) - \alpha_T\Delta T = E\left[\left(\frac{2L\alpha\Delta T + \frac{FL}{AE} - L\alpha_T\Delta T}{L}\right) - \alpha_T\Delta T\right] = \frac{F}{A} \tag{6.205}$$

Das Ergebnis zeigt, dass die berechneten Verschiebungen, die Reaktionskraft sowie die Spannungen in den einzelnen Elementen mit der exakten Lösung übereinstimmen. Durch die Temperaturerhöhung wurde eine Stabverlängerung ermittelt. Weil aber keine Ausdehnungsbehinderung vorliegt, verursacht diese Stabverlängerung keine Spannungserhöhung.

Beispiel 3: Beidseitig eingespannter Stab mit Temperaturbelastung

Im nächsten Beispiel soll der Fall untersucht werden, in dem der gewichtslose Stab mit der Länge $2L$ an beiden Enden fest eingespannt ist. Er wird wiederum gleichmäßig mit der Temperatur ΔT aufgeheizt. Zusätzlich wird er in der Stabmitte mit einer äußeren Kraft

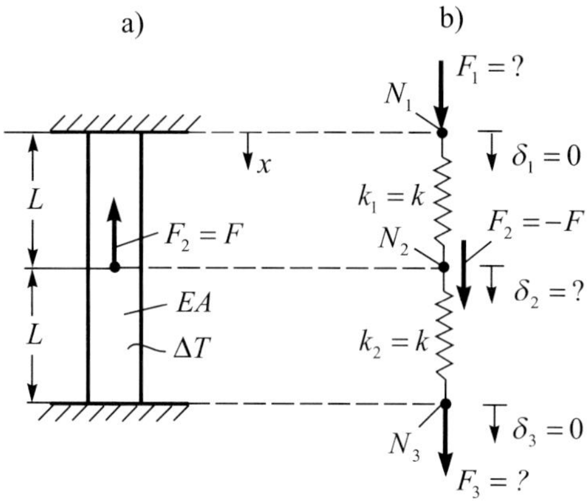

Bild 6.26: a) Beidseitig eingespannter gewichtsloser Vertikalstab mit Punktbelastung und gleichmäßiger Temperaturbelastung, b) dazugehöriges FE-Modell

$F_2 = F$, die nach oben wirkt, beaufschlagt (vgl. Bild 6.26). Unter Beachtung von $\delta_1 = \delta_3 = 0$ und $F_2 = -F$ wird (6.200):

$$\begin{bmatrix} k & -k & 0 \\ -k & 2k & -k \\ 0 & -k & k \end{bmatrix} \begin{bmatrix} \delta_1 = 0 \\ \delta_2 = ? \\ \delta_3 = 0 \end{bmatrix} = \begin{bmatrix} F_1 = ? \\ F_2 = -F \\ F_3 = ? \end{bmatrix} + \\ + \begin{bmatrix} F_{1,T} = (h_1)_1 = -\alpha_T EA\Delta T \\ F_{2,T} = (h_2)_1 + (h_1)_2 = \alpha_T EA\Delta T - \alpha_T EA\Delta T = 0 \\ F_{3,T} = (h_2)_2 = \alpha_T EA\Delta T \end{bmatrix} \tag{6.206}$$

und nach bekannter Umstellungsprozedur wird:

$$\begin{bmatrix} 2k & -k & -k \\ -k & k & 0 \\ -k & 0 & k \end{bmatrix} \begin{bmatrix} \delta_2 \\ \delta_1 = 0 \\ \delta_3 = 0 \end{bmatrix} = \begin{bmatrix} F_2 = -F \\ F_1 \\ F_3 \end{bmatrix} + \begin{bmatrix} 0 \\ -F_{1,T} = \alpha_T EA\Delta T \\ F_{3,T} = \alpha_T EA\Delta T \end{bmatrix} \tag{6.207}$$

Entsprechend der in Kapitel 6.2.5 beschriebenen Prozedur (6.43) und mit $k = \frac{EA}{L}$ erhält man aus der ersten Zeile von (6.207) die gesuchten Knotenverschiebungen.

$$\delta_2 = -\frac{FL}{2EA} \tag{6.208}$$

Nach Einsetzen der berechneten Knotenverschiebung lassen sich aus der zweiten und dritten Zeile (6.207) die Reaktionskräfte bestimmen.

$$F_1 = \frac{F}{2} + \alpha_T EA\Delta T \\ \text{und} \\ F_3 = \frac{F}{2} - \alpha_T EA\Delta T \tag{6.209}$$

Nach (6.171) lässt sich wiederum die Spannung bei bekannten Knotenverschiebungen in den Elementen bestimmen, es wird für das

1. Stabelement

$$\sigma_{x,1} = E_x\left[\varepsilon_x - \alpha_T \Delta T\right] = E\left[\left(\frac{\delta_2 - \delta_1}{L}\right) - \alpha_T \Delta T\right] = E\left[\left(\frac{-\frac{FL}{2AE} - 0}{L}\right) - \alpha_T \Delta T\right] = -\frac{F}{2A} - E\alpha_T \Delta T \tag{6.210}$$

und für das 2. Stabelement

$$\sigma_{x,2} = E\left[\left(\frac{\delta_3 - \delta_2}{L}\right)\right] - \alpha_T \Delta T = E\left[\left(\frac{0 - \left(-\frac{FL}{2AE}\right)}{L}\right) - \alpha_T \Delta T\right] = \frac{F}{2A} - E\alpha_T \Delta T \tag{6.211}$$

Die berechnete Verschiebung, die ermittelten Reaktionskräfte sowie die Spannungen stimmen in den einzelnen Elementen mit der exakten Lösung überein. Durch die Temperaturerhöhung wurde keine Stabverlängerung ermittelt. Weil eine Ausdehnungsbehinderung vorliegt, wird zwangläufig durch die Temperaturerhöhung allerdings eine Spannungsänderung verursacht.

6.6 FE-Formulierung eines Balkenelements

In diesem Abschnitt soll für den statischen Fall und ohne Temperaturbelastungen die FE-Formulierung für ein Balkenelement gezeigt werden. Dabei wird vorausgesetzt, dass der Balken mit einem konstanten Querschnitt gerade und schlank (siehe Abschnitt 6.10.3) ist. Der Balken wird als Zwei-Knoten-Element abstrahiert. Hier soll entsprechend die in der FEM-Anwendung übliche Notation übernommen werden (siehe Bild 6.27). Im Gegensatz zur Technischen Mechanik ist es i.d.R. bei Anwendung der FEM üblich, dass Verrückungen, Verdrehungen, Kräfte, Momente usw. auch am negativen Schnittufer positiv angenommen und diese entsprechend der Freiheitsgrade durchnummeriert werden. Das Gleichgewicht wird über das Vorzeichen hergestellt. Auf diesen Umstand ist beim Lesen der Output-Daten zu achten. D.h., bei dem Balkenelement zeigen die Verrückungen und Drehungen u_1, u_2, ..., u_{12} sowie die analogen Belastungen (hier Kräfte und Momente f_1, f_2, ..., f_{12}) auch am negativen Schnittufer in die positive Richtung des gewählten orthogonalen Element-Koordinatensystems. Im Gegensatz zur üblichen Biegebalken-Annahme soll der Balken nicht nur Querkräfte (f_2, f_3, f_8 und f_9) und Biegemomente (f_5, f_6, f_{11} und f_{12}) sondern auch axiale Kräfte (f_1 und f_7) und Torsionsmomente (f_4 und f_{10}) übertragen können. Dieses FEM-3D-Balken-Element ist somit eine Kombination aus Biegebalken, Zug-/Druck- und Torsionsstab. Das lokale Element-Koordinatensystem hat seinen Ursprung im Schwerpunkt der Querschnittsfläche des Anfangsknotens i, und die positive x_1-Koordinate

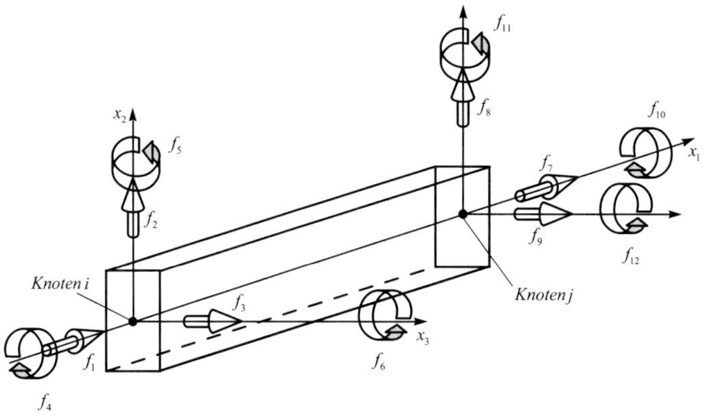

Bild 6.27: Zwei-Knoten-Balkenelement mit den Anfangsknoten i und Endknoten j mit den daran angreifenden Belastungen

zeigt vom Anfangsknoten i zum Endknoten j. Die x_2- und x_3-Koordinaten fallen mit den Hauptträgheitsachsen der Querschnittfläche zusammen. Durch die Annahme, dass Axialkräfte f_1 und f_7 nur axiale Verformungen u_1 und u_7 hervorrufen, sind sie von den restlichen Kräften und Momenten entkoppelt. Die Beziehung zwischen den Axialkräften und axialen Verformungen wird durch die bekannte Stabfedersteifigkeit EA/l beschrieben. Ebenso sollen die Torsionsmomente f_4 und f_{10} nur Verdrehungen um die Balkenlängsachse und zwar u_4 und u_{10} hervorrufen (reine Torsion) und sind ebenfalls von den restlichen Größen entkoppelt. Die Drehfedersteifigkeit GJ/l beschreibt die Beziehung zwischen den axialen Torsionsmomenten und deren Verdrehungen.

Die in Richtung der Hauptträgheitsachse x_2 angreifenden Querkräfte f_2, f_8 sind mit den Biegemomenten f_6 und f_{12} gekoppelt. Sie sind von den anderen Kräften und Momenten unabhängig. Dies gilt auch für die in der zweiten Hauptträgheitsachse x_3 verbleibenden Querkräfte f_3 und f_9, die nur mit den Biegemomenten f_5 und f_{11} gekoppelt sind.

Die Koeffizienten der $12x12$-Steifigkeitsmatrix (2 mal 6 DOF/Knoten) können zum einen mit den bekannten Stab- und Balkenbeziehungen aus der Technischen Mechanik hergeleitet werden (vgl. Abschnitt 6.2.5). Dieser Weg soll nicht beschritten werden, sondern, wie im Abschnitt 6.5.2 gezeigt, soll die Balken-Steifigkeitsmatrix mit Hilfe der noch aufzustellenden Ansatzfunktion erstellt werden. Es sei daraufhingewiesen, dass die Prozessabfolge zur Balkensteifigkeits-Ermittlung analog zum Stabelement ist und hier als bekannt angenommen wird.

Da, wie bereits beschrieben, nur die in der (x_1,x_2)-Ebene liegenden Querkräfte f_2, f_8 und Biegemomente f_6 und f_{12} miteinander gekoppelt sind, wird exemplarisch für dieses Subsystem die FE-Formulierung durchgeführt. In der (x_1,x_3)-Ebene ist die Herleitung der entsprechenden Steifigkeitskoeffizienten analog.

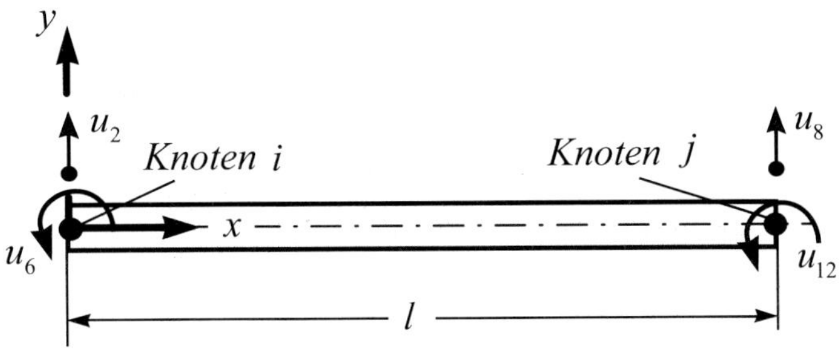

Bild 6.28: 2D-Balkenelement (Notation siehe Bild 6.27)

In der (x_1, x_2)-Ebene (ebenes Problem) hat jeder der zwei Knoten zwei Freiheitsgrade (DOF) und zwar eine vertikale Verschiebung und eine Verdrehung (Neigung der deformierten Balkenachse), d.h. 4 DOF insgesamt (siehe Bild 6.28). Wegen der besseren Übersichtlichkeit wird die (x_1, x_2)-Ebene durch die gewohnte (x, y)-Ebene im folgenden umbenannt. Entsprechend der 4 DOF wird nun ein Polynom dritter Ordnung angesetzt.

$$u_y(x) = \alpha_1 + \alpha_2 x + \alpha_3 x^2 + \alpha_4 x^3 \tag{6.212}$$

Das Polynom mit den 4 unbekannten Koeffizienten repräsentiert das Verschiebungsfeld. Unter Beachtung der Randbedingungen an den Elementgrenzen ergeben sich für die zwei Verschiebungen u_y und zwei Verdrehungen du_y/dx folgende vier Gleichungen und zwar: am Anfangsknoten i

$$u_y(x = 0) = u_2 = \alpha_1 \tag{6.213}$$

und

$$\left.\frac{d(u_y x)}{dx}\right|_{x=0} = u_y'(x = 0) = u_6 = \alpha_2 \tag{6.214}$$

am Endknoten j

$$u_y(x = l) = u_8 = \alpha_1 + \alpha_2 l + \alpha_3 l^2 + \alpha_4 l^4 \tag{6.215}$$

und

$$\left.\frac{d(u_y x)}{dx}\right|_{x=l} = u_y'(x = l) = u_{12} = \alpha_2 + 2\alpha_3 l + 3\alpha_4 l^2 \tag{6.216}$$

Mit diesen vier Gleichungen lassen sich die vier unbekannten Koeffizienten bestimmen und diese werden danach in den Ansatz 6.212 eingesetzt. Durch Umsortieren erhält man folgendes Ergebnis.

$$u_y(x) = \left(1 - \frac{3x^2}{l^2} + \frac{2x^3}{l^3}\right) u_2 + \left(x - \frac{2x^2}{l} + \frac{x^3}{l^2}\right) u_6 + \left(\frac{3x^2}{l^2} - \frac{2x^3}{l^3}\right) u_8 + \\ + \left(-\frac{x^2}{l} + \frac{x^3}{l^2}\right) u_{12} \tag{6.217}$$

mit

$$\begin{aligned}
n_1 &= \left(1 - \frac{3x^2}{l^2} + \frac{2x^3}{l^3}\right) \\
n_2 &= \left(x - \frac{2x^2}{l} + \frac{x^3}{l^2}\right) \\
n_3 &= \left(\frac{3x^2}{l^2} - \frac{2x^3}{l^3}\right) \\
n_4 &= \left(-\frac{x^2}{l} + \frac{x^3}{l^2}\right)
\end{aligned} \tag{6.218}$$

wobei n_2, n_6, n_8 und n_{12} die Ansatzfunktionen (siehe Bild 6.29) sind, die sich in eine 1×4 Matrix $\underline{\boldsymbol{N}}$ zusammenfassen lassen.

$$\boldsymbol{u}_y(x) = [n_2; n_6; n_8; n_{12}] \begin{bmatrix} u_2 \\ u_6 \\ u_8 \\ u_{12} \end{bmatrix} = \underline{\boldsymbol{N}}\, \boldsymbol{d} \tag{6.219}$$

Wie im Falle des Stabelements, müssen die Ansatzfunktionen folgende Bedingungen erfüllen. Am Anfangsknoten i mit $x = 0$ muss $n_2 = 1$ und $n_6 = n_8 = n_{12} = 0$ sowie $dn_6/dx = 1$ und $dn_2/dx = dn_8/dx = dn_{12}/dx = 0$ sein. Am Endknoten j mit $x = l$ muss $n_8 = 1$ und $n_2 = n_6 = n_{12} = 0$ sowie $dn_{12}/dx = 1$ und $dn_2/dx = dn_6/dx = dn_8/dx = 0$ sein. Wie Bild 6.29 zeigt, sind die Bedingungen erfüllt. Wie bereits darauf hingewiesen, soll der Schubeinfluss vernachlässigt werden, d.h. der Balken ist schubstarr, und es gelten die Annahmen des klassischen BERNOULLI-EULER-Balkens. Dies bedeutet, dass die Querschnitte auch nach der Verformung eben bleiben und normal zur Biegeline der neutralen Faser stehen. Mit dem

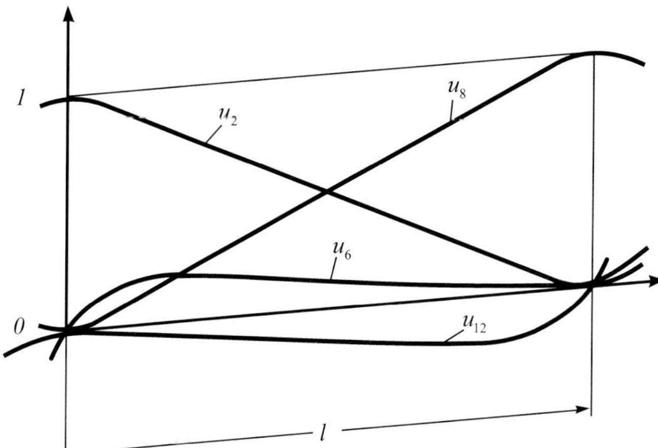

Bild 6.29: Ansatzfunktion(HERMITsche- oder Formfunktionen)

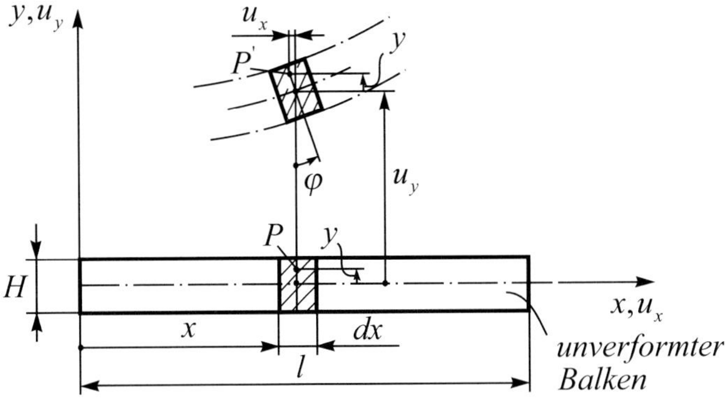

Bild 6.30: Unverformtes und verformtes Balkenelement dx

Werkstoffgesetz für elastische Schubbeanspruchung

$$\tau = \gamma G = G\left(\frac{\partial u_y}{\partial x} + \frac{\partial u_x}{\partial y}\right) = \frac{Q}{A\kappa} \tag{6.220}$$

wird bei schubstarren Bedingungen $GA\kappa \to \infty$

$$\frac{\partial u_y}{\partial x} + \frac{\partial u_x}{\partial y} = u_y' + \varphi \tag{6.221}$$

Bild 6.30 zeigt ein Balkenelement im unbelasteten und belasteten Zustand. Dabei wandert der mit einem beliebigen Abstand y zur Balkenachse gekennzeichnete Punkt P nach P' und erfährt dabei neben der Balkendurchbiegung $u_y(x)$ eine Verschiebung $u_x(x, y)$ in x-Richtung

$$u_x(x, y) = -\varphi(x)y \tag{6.222}$$

Mit dem linear-elastischen Werkstoffgesetz (HOOKEsches Gesetz) wird mit (6.222)

$$\sigma_{xx} = E\varepsilon_{xx} = E\frac{\partial u_x}{\partial x} = -E\varphi'(x)y \tag{6.223}$$

Die Ableitung von (6.221) $\phi(x) = -u_y'$ wird in (6.223) eingesetzt, und man erhält

$$\sigma_{xx} = Ey\frac{\partial^2 u_y}{\partial x^2} = Eyu_y''(x) \tag{6.224}$$

In den vorherigen Abschnitten wurde die Herleitung der Stabsteifigkeit mit Hilfe der Arbeits- bzw. Energiesätze gezeigt, und die allgemein gültigen Beziehungen lassen sich beim Balkenelement anwenden. D.h., nach 6.224 muss nun das Verschiebungsfeld $u_y(x)$, welches über die Ansatzfunktionen und den Knotenverschiebungen und –verdrehungen beschrieben wird, zweimal nach x differenziert werden. Ansatzfunktionen beim Balkenelement

$$\boldsymbol{u}_y''(x) = \frac{d^2}{dx^2}\left[n_2; n_6; n_8; n_{12}\right]\begin{bmatrix} u_2 \\ u_6 \\ u_8 \\ u_{12} \end{bmatrix} = \underline{\boldsymbol{N}}'' \tag{6.225}$$

mit

$$\underline{\boldsymbol{N}}'' = [n_2''; n_6''; n_8''; n_{12}''] \tag{6.226}$$

$$\begin{aligned} n_2'' &= \frac{d^2 n_2}{dx^2} = -\frac{6}{l^2} + \frac{12x}{l^3} \\ n_6'' &= \frac{d^2 n_6}{dx^2} = -\frac{4}{l} + \frac{6x}{l^2} \\ n_8'' &= \frac{d^2 n_8}{dx^2} = \frac{6}{l^2} - \frac{12x}{l^3} \\ n_{12}'' &= \frac{d^2 n_{12}}{dx^2} = -\frac{2}{l} + \frac{6x}{l^2} \end{aligned} \tag{6.227}$$

Nun lässt sich die Steifigkeitsmatrix für das 2-Knoten-Balkenelement mit jeweils zwei Freiheitsgraden mit der bekannten Gleichung 6.165 berechnen.

$$\underline{\boldsymbol{k}} = \int\limits_V \underline{\boldsymbol{B}}^T \underline{\boldsymbol{E}}\, \underline{\boldsymbol{B}}\, dV = \int\limits_V y(\underline{\boldsymbol{N}}'')^T\, E\, y\underline{\boldsymbol{N}}''\, dV = \int\limits_l \left(\int\limits_A y^2 dA \right) E\, (\underline{\boldsymbol{N}}'')^T \underline{\boldsymbol{N}}''\, dx \tag{6.228}$$

Mit der Beziehung des axialen Flächenträgheitsmomentes

$$I_z = \int\limits_A y^2 dA \tag{6.229}$$

erhält man endgültig die Berechnungsvorschrift für die gesuchten Koeffizienten der Balken-Steifigkeitsmatrix.

$$\underline{\boldsymbol{k}} = E\, I_z \int\limits_l (\underline{\boldsymbol{N}}'')^T \underline{\boldsymbol{N}}'' dx \tag{6.230}$$

bzw.

$$\underline{\boldsymbol{k}} = EI_z \int\limits_0^l \begin{bmatrix} \left(n_2''\right)^2 & \left(n_2''\right)\left(n_6''\right) & \left(n_2''\right)\left(n_8''\right) & \left(n_2''\right)\left(n_{12}''\right) \\ \left(n_6''\right)\left(n_2''\right) & \left(n_6''\right)^2 & \left(n_6''\right)\left(n_8''\right) & \left(n_6''\right)\left(n_{12}''\right) \\ \left(n_8''\right)\left(n_2''\right) & \left(n_8''\right)\left(n_6''\right) & \left(n_8''\right)^2 & \left(n_8''\right)\left(n_{12}''\right) \\ \left(n_{12}''\right)\left(n_2''\right) & \left(n_{12}''\right)\left(n_6''\right) & \left(n_{12}''\right)\left(n_8''\right) & \left(n_{12}''\right)^2 \end{bmatrix} dx \tag{6.231}$$

Nach Substitution von (6.227) in (6.231) Integration der einzelnen Koeffizienten der Steifigkeitsmatrix erhält man folgende Beziehung des statischen Subsystems.

$$\begin{bmatrix} f_2 \\ f_6 \\ f_8 \\ f_{12} \end{bmatrix} = \frac{EI_z}{l^3} \begin{bmatrix} 12 & 6l & -12 & 6l \\ 6l & 4l^2 & -6l & 2l^2 \\ -12 & -6l & 12 & -6l \\ -6l & 2l^2 & -6l & 4l^2 \end{bmatrix} \begin{bmatrix} u_2 \\ u_6 \\ u_8 \\ u_{12} \end{bmatrix} \tag{6.232}$$

Wie schon angedeutet, folgt die Berechnung der Steifigkeits-Koeffizienten in der (x_1, x_3)-Ebene analog. Die Axialkräfte f_1 und f_7 sind mit der bereits bekannten Stabsteifigkeits-Matrix nur mit den Verschiebungen u_1 und u_7 gekoppelt.

$$\begin{bmatrix} f_1 \\ f_7 \end{bmatrix} = \frac{EA}{l} \begin{bmatrix} 1 & -1 \\ -1 & 1 \end{bmatrix} \begin{bmatrix} u_1 \\ u_7 \end{bmatrix} \tag{6.233}$$

Ein gleicher Sachverhalt ist, wie beim Zug-/Druckstab, für den Torsionsstab (Balkentorsion) gegeben. Mit der bekannten Beziehung

$$\frac{d\varphi}{dx} = \frac{M_t}{GJ} \tag{6.234}$$

lässt sich analog zum Stabelement für die Torsionsmomente f_4 und f_{10} und den Drehwinkel u_4 und u_{10} folgende statische Beziehung aufstellen.

$$\begin{bmatrix} f_4 \\ f_{10} \end{bmatrix} = \frac{GJ}{l} \begin{bmatrix} 1 & -1 \\ -1 & 1 \end{bmatrix} \begin{bmatrix} u_4 \\ u_{10} \end{bmatrix} \tag{6.235}$$

Soll die Schubverformung bei der Balkenbiegung berücksichtigt werden, dann lässt sich die Schubabsenkung infolge einer Querkraft Q durch Integration der Neigung $u_{y'\text{Schub}} = Q/GA_{\text{Schub}}$ über die Balkenlänge des schubstarren Balkens abschätzen.

Die oben erstellten Subsysteme müssen nun zu einem Gesamtsystem (6.238) zusammengefügt werden. Dabei wird der Einfluss der Schubabsenkung jeweils mit den Größen Φ_y bzw. Φ_z erfasst. Es sind:
A = Querschnittsfläche, J = Flächenträgheitsmoment infolge Torsion, $\mathrm{I}_y = \mathrm{I}_{x2}$ = Flächenträgheitsmoment um die x_2-Achse, $\mathrm{I}_z = \mathrm{I}_{x3}$ = Flächenträgheitsmoment um die x_3-Achse, $\mathrm{A}_{sx2} \stackrel{\wedge}{=} A_{sy}$ = wirksame Querschnittsfläche des Balkens für Schub in x_2-Richtung, $\mathrm{A}_{sx3} \stackrel{\wedge}{=} A_{sz}$ = wirksame Querschnittsfläche des Balkens für Schub in x_3-Richtung

$$\Phi_y = \frac{12EI_z}{GA_{sy}l^2} \stackrel{\wedge}{=} \Phi x_2 \tag{6.236}$$

$$\Phi_z = \frac{12EI_y}{GA_{sz}l^2} \stackrel{\wedge}{=} \Phi x_3 \tag{6.237}$$

Als nächstes sollen für das im Bild 6.28 gezeigte ebene Balkenelement mit konstanter Streckenlast q_0 = konst. die Knotenkräfte/-momente (kurz Knotenlasten) bestimmt werden. Im Bild 6.31 sind entsprechend der vorgegebenen Notation die gesuchten Knotenlasten eingetragen. Die Knotenlasten lassen sich wieder über zwei Möglichkeiten ermitteln. Zum einen über das Gleichgewicht oder zum anderen über die Arbeit der äußeren Kräfte. Hier soll die zweite Möglichkeit angewandt werden.

$$\begin{bmatrix} f_1 \\ f_2 \\ f_3 \\ f_4 \\ f_5 \\ f_6 \\ f_7 \\ f_8 \\ f_9 \\ f_{10} \\ f_{11} \\ f_{12} \end{bmatrix} = \begin{bmatrix}
\frac{AE}{l} & 0 & 0 & 0 & 0 & 0 & -\frac{AE}{l} & 0 & 0 & 0 & 0 & 0 \\
 & \frac{12EI_z}{l^3(1+\Phi_y)} & 0 & 0 & 0 & \frac{6EI_z}{l^2(1+\Phi_y)} & 0 & -\frac{12EI_z}{l^3(1+\Phi_y)} & 0 & 0 & 0 & \frac{6EI_z}{l^2(1+\Phi_y)} \\
 & & \frac{12EI_y}{l^2(1+\Phi_z)} & 0 & -\frac{6EI_y}{l^2(1+\Phi_z)} & 0 & 0 & 0 & -\frac{12EI_y}{l^2(1+\Phi_z)} & 0 & -\frac{6EI_y}{l^2(1+\Phi_z)} & 0 \\
 & & & \frac{GJ}{l} & 0 & 0 & 0 & 0 & 0 & -\frac{GJ}{l} & 0 & 0 \\
 & & & & \frac{EI_y(4+\Phi_z)}{l(1+\Phi_z)} & 0 & 0 & 0 & \frac{6EI_y}{l^2(1+\Phi_z)} & 0 & \frac{EI_y(2-\Phi_z)}{l^2(1+\Phi_z)} & 0 \\
 & & & & & \frac{EI_z(4+\Phi_y)}{l(1+\Phi_y)} & 0 & -\frac{6EI_z}{l^2(1+\Phi_y)} & 0 & 0 & 0 & \frac{EI_z(2-\Phi_y)}{l^2(1+\Phi_y)} \\
 & & & & & & \frac{AE}{l} & 0 & 0 & 0 & 0 & 0 \\
 & & & & & & & \frac{12EI_z}{l^3(1+\Phi_y)} & 0 & 0 & 0 & -\frac{6EI_z}{l^2(1+\Phi_y)} \\
 & & & & & & & & \frac{12EI_y}{l^2(1+\Phi_z)} & 0 & \frac{6EI_y}{l^2(1+\Phi_z)} & 0 \\
 & & & & & & & & & \frac{GJ}{l} & 0 & 0 \\
 & \text{Symmetrie} & & & & & & & & & \frac{EI_y(4+\Phi_z)}{l(1+\Phi_z)} & 0 \\
 & & & & & & & & & & & \frac{EI_z(4+\Phi_y)}{l(1+\Phi_y)}
\end{bmatrix} \begin{bmatrix} u_1 \\ u_2 \\ u_3 \\ u_4 \\ u_5 \\ u_6 \\ u_7 \\ u_8 \\ u_9 \\ u_{10} \\ u_{11} \\ u_{12} \end{bmatrix} \tag{6.238}$$

Die Streckenlast q_0 leistet an dem im Bild 6.31 abgebildeten Balkenelement folgende Arbeit

$$W = \int_l \boldsymbol{u}_y(x)\boldsymbol{q}_0 dx \tag{6.239}$$

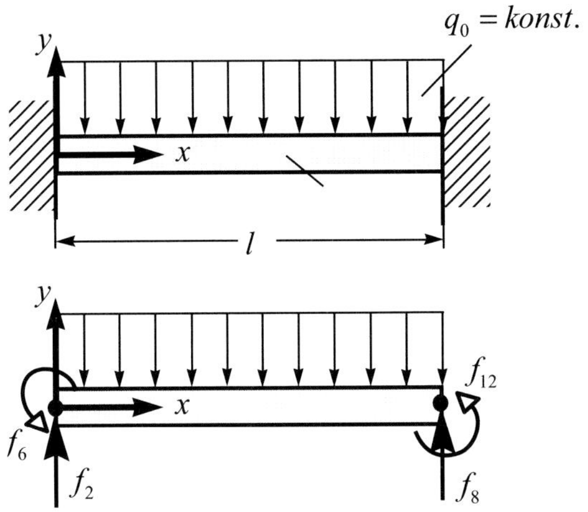

Bild 6.31: Beidseitig eingespanntes Balkenelement mit konstanter Streckenlast q_0

In (6.239) ist nun (6.219) einzusetzen und in Matrixform wird:

$$W = \int_0^l [\boldsymbol{u}_y(x)]^T \, \boldsymbol{q}_0 dx = \int_0^l \boldsymbol{d}^T \underline{\boldsymbol{N}}^T \, \boldsymbol{q}_0 dx \tag{6.240}$$

Die Differenzierung der Arbeit nach der Knotenverrückung liefert die gesuchten Knotenkräfte f_2 und f_8 sowie die Knotenmomente f_6 und f_{12}.

$$\boldsymbol{f}_e = \int_0^l \underline{\boldsymbol{N}}^T \boldsymbol{q}_0 dx \tag{6.241}$$

bzw.

$$\begin{bmatrix} f_2 \\ f_6 \\ f_8 \\ f_{12} \end{bmatrix} = q_0 \int_0^l \begin{bmatrix} 1 - \dfrac{3\boldsymbol{x}^2}{l^2} + \dfrac{2\boldsymbol{x}^3}{l^3} \\ \boldsymbol{x} - \dfrac{2\boldsymbol{x}^2}{l} + \dfrac{\boldsymbol{x}^3}{l^2} \\ \dfrac{3\boldsymbol{x}^2}{l^2} - \dfrac{2\boldsymbol{x}^3}{l^3} \\ -\dfrac{\boldsymbol{x}^2}{l} + \dfrac{\boldsymbol{x}^3}{l^2} \end{bmatrix} d\boldsymbol{x} = q_0 l \begin{bmatrix} \dfrac{1}{2} \\ \dfrac{l}{12} \\ \dfrac{1}{2} \\ -\dfrac{l}{12} \end{bmatrix} \tag{6.242}$$

Die in (6.242) ermittelten Größen sind die im Bild 6.31 gesuchten Reaktionskräfte/-momente des betrachteten Subsystems mit konstanter Streckenlast q_0. Wie nicht anders zu erwarten war, stimmt das Ergebnis mit dem in den Formelsammlungen angegebenen Größen überein. Dabei ist zu beachten, dass die Drehrichtung des Biegemoments f_{12} durch das negative

Vorzeichen berichtigt wird. Wie bereits bemerkt, wirken die Querkräfte f_3 und f_5 und die Biegemomente f_9 und f_{11} in der (x_1, x_3)-Ebene und sind von den anderen verbleibenden Größen unabhängig. Die Herleitung des Lastvektors für dieses Subsystem kann entsprechend der oben gezeigten Vorgehensweise erfolgen. Schließlich müssen, wie in (6.238) angegeben, die erstellten Größen in den 12x1-Kraftvektor des Elementsystems eingesetzt werden. Anschließend ist, wie beim Stabwerk gezeigt, das lokale Gleichungssystem in das globale Koordinatensystem zu transformieren, mit den anderen Elementen zu einem Gesamtsystem zusammenzufügen und zu lösen.

6.7 Höherwertige Elemente

Wie im Unterabschnitt 6.5.7 gezeigt wurde, war für das einfache Stabelement der lineare Ansatz (Constant Strain Element) hinreichend, wenn an einem gewichtslosen Stabelement nur äußere Knotenkräfte angreifen, denn die Dehnung und Spannung ist dann konstant im jeweiligen Element. Bereits bei der Anwesenheit von Volumenkräften war eine Übereinstimmung zwischen der Dehnungs- bzw. Spannungsvorhersage der FEM-Näherung und der exakten Lösung nicht mehr gegeben. Nur in der Elementmitte stimmen dann die Dehnung bzw. Spannung mit den exakten Werten überein. Ein weiteres Problem ist, dass bei 2- und 3-dimensionalen Strukturen u.U. die Berandungskurven einer Fläche oder eines Volumens gekrümmt sind und/oder schiefwinklig zueinander stehen. Soll die Struktur auch an ihrer Berandung richtig erfasst werden, dann lässt sich dies nur mit geometrisch verzerrten Flächen- oder Volumenelementen mit gekrümmten Berandungen über höherwertige Elemente erfassen. Man spricht von höherwertigen Elementen, wenn auf den Elementkanten mindestens ein zusätzlicher Zwischenknoten zwischen den beiden Eckknoten vorhanden ist. Beispielsweise mit einem Zwischenknoten wird der Verschiebungsansatz bzw. der Verschiebungsverlauf quadratisch, und der Dehnungsverlauf ist nicht mehr konstant wie beim Constant Strain Element, sondern linear (vgl. Bild 6.32). Ein Element ist um so höherwertiger, je größer die Anzahl der Zwischenknoten ist. Das Anwenden der höherwertigen Elemente ist jedoch auch mit Nachteilen verbunden. Wegen der größeren Knotenanzahl wird ein größerer Speicherplatz für die Systemgleichungen benötigt. Der Aufwand für die Erstellung der Systemgrößen (z. B. Steifigkeitsmatrix) wird größer und somit werden höhere Rechenkosten verursacht. Da die Spannungen und die Dehnungen nicht mehr konstant sind, erhöht sich der Integrationsaufwand zur Ermittlung der Steifigkeitskoeffizienten, der äquivalenten Knotenkräfte, bzw. die Integration ist i.d.R. nicht mehr trivial. Die Integration lässt sich meist nur noch mit numerischem Verfahren durchführen.

Um die oben beschriebenen Probleme zu verringern, wurde u.a. die isoparametrische Elementfamilie entwickelt. Dabei wird für die Einheitselemente wie Dreieck, Quadrat, Tetraeder, Würfel in dimensionslosen Koordinaten z.B. deren Steifigkeitsmatrix allgemein formuliert. Mit einer geeigneten Koordinatentransformation lassen sich dann diese Systemgrößen der Einheitselemente auf die Systemgrößen mit realen Elementgeometrien übertragen.

Entsprechend der Zielvorgabe dieses Buches, „den Zugang zur FEM zu erleichtern“, wird die Behandlung der höherwertigen Elemente, des isoparametrischen Konzepts und der nu-

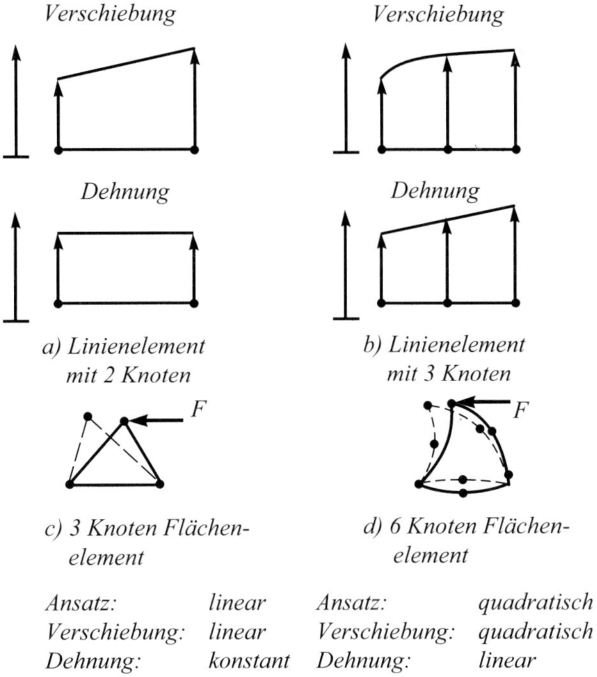

Bild 6.32: Exemplarische Verschiebungs- und Dehnungsverläufe unterschiedlicher Elementtypen

merischen Integration am Beispiel des Stabelements gezeigt und für weitergehende Studien auf die einschlägige Literatur z.B. [Ast 92], [Coo 95], [Käm 90], [Kle 99], [Küh 00], [Lin 90], [Ste 98], [Sto 98], [Wri 01] und [Sch 84] verwiesen. In den nächsten Kapiteln soll das Stabelement (siehe Bild 6.21 und 6.22) als höherwertiges Element mit drei Knoten approximiert werden. Danach wird das im Bild 6.23 abgebildete Stabmodell bzw. das dazugehörige FE-Modell einmal mit einem 3-Knoten-Stabelement und zum anderen mit zwei 3-Knoten-Stabelementen generiert. Die erhaltenen Verformungen und Spannungen der unterschiedlichen FE-Modelle werden mit der exakten Lösung verglichen. Danach werden anhand des Einheits-Stabelements mit drei Knoten das isoparametrische Konzept und die numerische Integration behandelt.

6.7.1 Höherwertiges Stabelement mit drei Knoten

Das Stabelement mit drei Knoten soll wie das 2-Knoten-Stabelement mit Volumenkräften (Eigengewicht) beaufschlagt sein. Temperatureinflüsse werden allerdings nicht berücksichtigt.

Der quadratische Verschiebungsansatz für das in Bild 6.33 gezeigte 3-Knoten-Stabelement

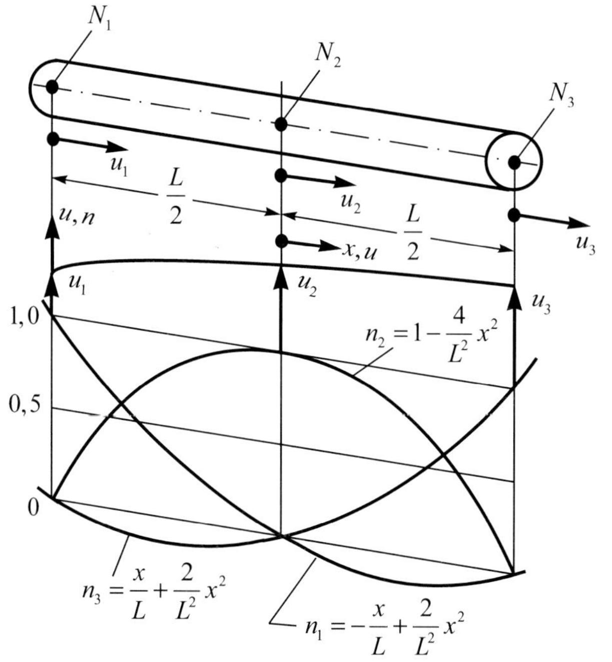

Bild 6.33: Stabelement mit drei Knoten und deren Ansatzfunktionen (Shape Functions)

mit der Länge L ist:

$$u(x) = \alpha_0 + \alpha_1 x + \alpha_2 x^2 \tag{6.243}$$

Mit Einsetzen der Rand- und Übergangsbedingungen

$$u(x = -L/2) = u_1$$

$$u(x = 0) = u_2 \quad \text{und}$$

$$u(x = L/2) = u_3$$

in (6.243) erhält man 3 Gleichungen mit den Unbekannten α_0, α_1 und α_1.Diese werden dann in (6.243) eingesetzt und mit entsprechender Umstellung erhält man:

$$u(x) = \left(-\frac{1}{L}x + \frac{2}{L^2}x^2\right) u_1 + \left(1 - \frac{4}{L^2}x^2\right) u_2 + \left(\frac{x}{L} + \frac{2}{L^2}x^2\right) u_3 \tag{6.244}$$

Entsprechend (6.146) werden die Ansatzfunktionen in die Interpolationsmatrix (Zeilenmatrix oder Shape Matrix) $\underline{\boldsymbol{N}}$ und deren Ableitung nach x (siehe (6.152)) in der Matrix $\underline{\boldsymbol{B}}$

zusammengefasst.

$$\underline{\boldsymbol{N}} = \left[\left(-\frac{1}{L}x + \frac{2}{L^2}x^2 \right) ; \left(1 - \frac{4}{L^2}x^2 \right) ; \left(\frac{x}{L} + \frac{2}{L^2}x^2 \right) \right]$$

und (6.245)

$$\underline{\boldsymbol{B}} = \left[\left(-\frac{1}{L} + \frac{4x}{L^2} \right) ; \left(-\frac{8}{L^2}x \right) ; \left(\frac{1}{L} + \frac{4}{L^2}x \right) \right]$$

Wie bereits bei dem 2-Knotenstablement festgestellt und hier nochmals gezeigt, lässt sich folgende Prozedur festlegen:

- Die Interpolation zwischen den Verrückungen im Elementinneren und den Elementknoten wird mit einem Polynom hergestellt, dabei ist die Anzahl der unbekannten Polynomkoeffizienten gleich der Knotenzahl und definiert die Elementtopologie (vgl. (6.243)).
- Die Ansatzfunktionen (Interpolations Functions) lassen sich mit den Knotenverrückungen bestimmen. Nach Bestimmung der gesuchten Polynomkoeffizienten werden diese in dem Polynomansatz substituiert und die Gleichungsterme so manipuliert, dass sie von den Knotenverrückungen abhängen (vgl. (6.244)).
- Die so gefundenen Polynomkoeffizienten beschreiben die Ansatzfunktionen, die sich zu einem Satz zusammenfassen lassen. Die Ansatzfunktionen müssen die Forderung erfüllen, dass sie an jeweils einem Knoten den Wert Eins und an allen anderen Knoten den Wert gleich Null besitzen (vgl. (6.245), Bild 6.22 und Bild 6.33).

Mit (6.165) soll nun die lokale Steifigkeitsmatrix des 3-Knotenstabelements ermittelt werden. Dabei wird wieder ein homogenes Materialverhalten $E = E_x$ vorausgesetzt, und das Volumen ist : $dV = Adx$.

$$\underline{\boldsymbol{k}} = \int_V \underline{\boldsymbol{B}}^T \underline{\boldsymbol{E}}\, \underline{\boldsymbol{B}}\, dV = \int_{-\frac{L}{2}}^{\frac{L}{2}} \underline{\boldsymbol{B}}^T \underline{\boldsymbol{E}}\, \underline{\boldsymbol{B}}\, Adx =$$

$$= \int_{-\frac{L}{2}}^{\frac{L}{2}} \begin{bmatrix} -\frac{1}{L} + \frac{4}{L^2}x \\ -\frac{8}{L^2}x^2 \\ \frac{1}{L} + \frac{4}{L^2}x \end{bmatrix} [\underline{\boldsymbol{E}}] \left[\left(-\frac{1}{L} + \frac{4}{L^2}x \right) ; \left(-\frac{8}{L^2}x^2 \right) ; \left(\frac{1}{L} + \frac{4}{L^2}x \right) \right] Adx$$

$$\underline{\boldsymbol{k}} = EA \int_{-\frac{L}{2}}^{\frac{L}{2}} \begin{bmatrix} (-\frac{1}{L} + \frac{4}{L^2}x)^2 & (-\frac{1}{L} + \frac{4}{L^2}x)(-\frac{8}{L^2}x^2) & (-\frac{1}{L} + \frac{4}{L^2}x)(\frac{1}{L} + \frac{4}{L^2}x) \\ (-\frac{8}{L^2}x^2)(-\frac{1}{L} + \frac{4}{L^2}x) & (-\frac{8}{L^2}x^2)^2 & (-\frac{8}{L^2}x^2)(\frac{1}{L} + \frac{4}{L^2}x) \\ (\frac{1}{L} + \frac{4}{L^2}x)(-\frac{1}{L} + \frac{4}{L^2}x) & (\frac{1}{L} + \frac{4}{L^2}x)(-\frac{8}{L^2}x^2) & (\frac{1}{L} + \frac{4}{L^2}x)^2 \end{bmatrix} dx$$

Nach einiger Rechenarbeit erhält man die 3x3-Steifigkeitsmatrix des 3-Knotenstabelements.

$$\underline{\boldsymbol{k}} = \frac{EA}{L} \begin{bmatrix} \frac{7}{3} & -\frac{8}{3} & \frac{1}{3} \\ -\frac{8}{3} & \frac{16}{3} & -\frac{8}{3} \\ \frac{1}{3} & -\frac{8}{3} & \frac{7}{3} \end{bmatrix} \tag{6.246}$$

Im nächsten Schritt werden nach $(6.170)_2$ die äquivalenten Knotenkräfte infolge Volumenkraft $\boldsymbol{p} = \boldsymbol{g}\rho =$ konst. (gleichmäßig verteiltes Eigengewicht $\boldsymbol{G} = \boldsymbol{g}\rho V$) ermittelt.

$$\boldsymbol{f}_p = \int_V \underline{\boldsymbol{N}}^T \boldsymbol{p}\, dV = \int_{-\frac{L}{2}}^{\frac{L}{2}} \begin{bmatrix} -\dfrac{x}{L} + \dfrac{2}{L^2}x^2 \\ 1 - \dfrac{4}{L^2}x^2 \\ \frac{x}{L} + \frac{2}{L^2}x^2 \end{bmatrix} \boldsymbol{g}\rho A dx = \begin{bmatrix} \dfrac{1}{6}g\rho AL \\ \dfrac{2}{3}g\rho AL \\ \dfrac{1}{6}g\rho AL \end{bmatrix} \tag{6.247}$$

Vergleicht man die Ergebnisse von (6.246) und (6.247) mit den Ergebnissen des 2- Knotenelements (vgl. (6.164) und (6.168)), so zeigt sich, dass zwar die Steifigkeitsmatrix des 3-Knotenelements auch symmetrisch ist, jedoch sind die Koeffizienten unterschiedlich groß. Nicht alle Nebendiagonalkoeffizienten der Steifigkeitsmatrix haben beim 3- Stab- Knotenelement ein negatives Vorzeichen. Auch die äquivalenten Knotenkräfte infolge konstanter Volumenkraft sind nicht mehr gleichmäßig verteilt. Die Summe der Einzelknotenkräfte ergibt das Gesamtgewicht des Stabes.

6.7.2 Anwendung des 3-Knoten-Stabelements

Das im Bild 6.23 abgebildete Vertikalstabelement mit Eigengewicht soll nun als FE-Modell zum einen mit zwei 3-Knoten-Stabelementen und zum anderen nur mit einem 3-Knoten-Stabelement abgebildet werden (vgl. Bild 6.34). Die Ergebnisse der beiden Modelle sollen mit dem Ergebnis des im Bild 6.23 abgebildeten FE-Modells mit den 2-Knoten-Stabelementen und der exakten Lösung diskutiert werden. Das Aufstellen der Systemgleichungen wurde in den vorherigen Kapiteln ausführlich beschrieben. Nach Anwendung der beschriebenen Prozedur erhält man für das FE-Modell mit zwei 3-Knoten-Stabelementen und 5 globalen

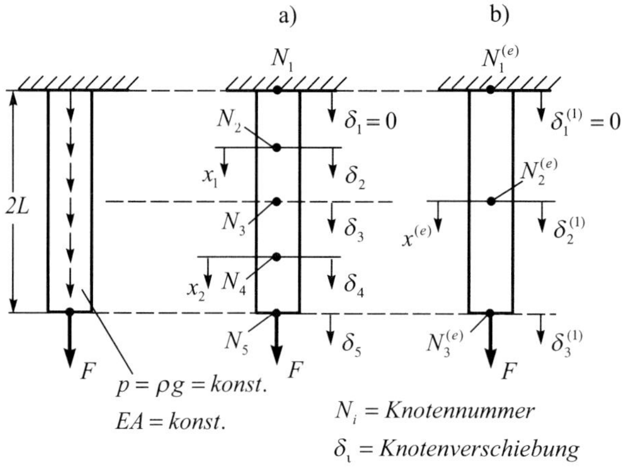

Bild 6.34: Vertikalstab mit zwei unterschiedlichen FE-Modellen: a) zwei 3-Knoten-Stabelemente, b) ein 3-Knoten-Stabelement

Freiheitsgraden folgende Beziehung für das statische Gleichgewicht:

$$\frac{EA}{L}\begin{bmatrix} \frac{7}{3} & -\frac{8}{3} & \frac{1}{3} & 0 & 0 \\ -\frac{8}{3} & \frac{16}{3} & -\frac{8}{3} & 0 & 0 \\ \frac{1}{3} & -\frac{8}{3} & \frac{14}{3} & -\frac{8}{3} & \frac{1}{3} \\ 0 & 0 & -\frac{8}{3} & \frac{16}{3} & -\frac{8}{3} \\ 0 & 0 & \frac{1}{3} & -\frac{8}{3} & \frac{7}{3} \end{bmatrix}\begin{bmatrix} \delta_1 = 0 \\ \delta_2 =? \\ \delta_3 =? \\ \delta_4 =? \\ \delta_5 =? \end{bmatrix} = \begin{bmatrix} F_1 =? \\ F_2 = 0 \\ F_3 = 0 \\ F_4 = 0 \\ F_5 = F \end{bmatrix} + \begin{bmatrix} \frac{1}{6}g\rho AL \\ \frac{2}{3}g\rho AL \\ \frac{1}{3}g\rho AL \\ \frac{2}{3}g\rho AL \\ \frac{1}{6}g\rho AL \end{bmatrix} \tag{6.248}$$

(6.248) wird entsprechend (6.43) manipuliert, und nach Lösen der Subsysteme erhält man

$$\begin{aligned} \delta_2 &= \frac{1}{2}\frac{FL}{EA} + \frac{7}{8}\frac{g\rho L^2}{E} \\ \delta_3 &= \frac{FL}{EA} + \frac{3}{2}\frac{g\rho L^2}{E} \\ \delta_4 &= \frac{3}{2}\frac{FL}{EA} + \frac{15}{8}\frac{g\rho L^2}{E} \\ \delta_5 &= \frac{2FL}{EA} + \frac{2g\rho L^2}{E} \\ F_1 &= -(F + 2g\rho AL) \end{aligned}$$

Für das FE-Modell mit der Länge $2L$ und nur mit <u>einem</u> 3-Knoten-Stabelement (vgl. Bild 6.34) erhält man für das statische Gleichgewicht folgendes Gleichungssystem.

$$\frac{EA}{2L}\begin{bmatrix} \frac{7}{3} & -\frac{8}{3} & \frac{1}{3} \\ -\frac{8}{3} & \frac{16}{3} & -\frac{8}{3} \\ \frac{1}{3} & -\frac{8}{3} & \frac{7}{3} \end{bmatrix}\begin{bmatrix} \delta_1^{(e)} = 0 \\ \delta_2^{(e)} =? \\ \delta_3^{(e)} =? \end{bmatrix} = \begin{bmatrix} F_1^{(e)} =? \\ F_2^{(e)} = 0 \\ F_3^{(e)} = F \end{bmatrix} + \begin{bmatrix} \frac{1}{6}2g\rho AL \\ \frac{2}{3}2g\rho AL \\ \frac{1}{6}2g\rho AL \end{bmatrix} \tag{6.249}$$

Im Gegensatz zum Gleichungssystem (6.248) hat das Gleichungssystem (6.249) nur 3 Freiheitsgrade. Bei gleicher Grundstruktur und gleichem FE-Element werden durch die Vergrößerung der Elementlänge von L auf $2L$ und die dadurch bedingte Reduzierung von <u>zwei</u> auf <u>ein</u> FE-Element der Aufbau der Steifigkeitsmatrix, der Verrückungsvektor und die Vektoren der äußeren sowie der äquivalenten Knotenkräfte beeinflusst.

Die Lösung von (6.249) ist:

$$\delta_2^{(e)} = \frac{FL}{EA} + \frac{3}{2}\frac{g\rho L^2}{E}$$
$$\delta_3^{(e)} = \frac{2FL}{EA} + \frac{2g\rho L^2}{E}$$
$$F_1^{(e)} = -(F + 2g\rho AL)$$

Im nächsten Schritt sind die Spannungsverläufe der beiden FE-Modelle mit den höherwertigen Elementen (vgl. Bild 6.34) zu ermitteln. Die Elementspannung kann unter Beachtung der abgeleiteten Ansatzfunktion des höherwertigen 3-Knoten-Stabelementes nach (6.154) bzw. (6.155) berechnet werden.

Für das FE-Modell mit den zwei 3-Knoten-Stabelementen ergibt sich nach (6.154) folgende Normalspannung für das

a) Element 1 mit den Knoten $N1$ bis $N3$ und der Koordinate $-L/2 \le x_1 \le L/2$.

$$\sigma_1 = [E]\left[\left(-\frac{1}{L} + \frac{4}{L^2}x_1\right) ; \left(-\frac{8}{L^2}x_1\right) ; \left(\frac{1}{L} + \frac{4}{L^2}x_1\right)\right]\begin{bmatrix} \delta_1 = 0 \\ \delta_2 = \frac{1}{2}\frac{FL}{EA} + \frac{7}{8}\frac{g\rho L^2}{E} \\ \delta_3 = \frac{FL}{EA} + \frac{3}{2}\frac{g\rho L^2}{E} \end{bmatrix}$$
$$\sigma_1 = \frac{F}{A} + g\rho(\frac{3}{2}L - x_1) \tag{6.250}$$

Es besteht folgender Zusammenhang $x_1 = x - L/2$ zwischen der lokalen Elementkoordinate x_1 und der Globalkoordinate x (vgl. Bild 6.34) mit gleicher Elementlänge L. Unter Beachtung der Koordinatenverschiebung $x_1 = x - L/2$ erhält man mit (6.250) den Spannungsverlauf im Stabelement 1

$$\sigma_1 = \frac{F}{A} + g\rho\left[\frac{3}{2}L - \left(x - \frac{L}{2}\right)\right] = \frac{F}{A} + g\rho\,(2L - x) \tag{6.251}$$

b) Element 2 mit den Knoten $N3$ bis $N5$ und der Koordinate $-L/2 \le x_2 \le L/2$.

$$\sigma_2 = [E]\left[\left(-\frac{1}{L} + \frac{4}{L^2}x_2\right) ; \left(-\frac{8}{L^2}x_2\right) ; \left(\frac{1}{L} + \frac{4}{L^2}x_2\right)\right]\begin{bmatrix} \delta_3 = \frac{FL}{EA} + \frac{3}{2}\frac{g\rho L^2}{E} \\ \delta_4 = \frac{3}{2}\frac{FL}{EA} + \frac{15}{8}\frac{g\rho L^2}{E} \\ \delta_3 = \frac{2FL}{EA} + \frac{2g\rho L^2}{E} \end{bmatrix}$$
$$\sigma_2 = \frac{F}{A} + g\rho(\frac{1}{2}L - x_2) \tag{6.252}$$

Es besteht folgender Zusammenhang $x_2 = x - \frac{3}{2}L$ zwischen der lokalen Elementkoordinate x_2 und x Globalkoordinate (vgl. Bild 6.34) mit gleicher Elementlänge L. Unter Beachtung der Koordinatenverschiebung $x_2 = x - \frac{3}{2}L$ erhält man mit (6.252) den Spannungsverlauf im Stabelement 2

$$\sigma(x) = \frac{F}{A} + g\rho\left[\frac{1}{2}L - \left(x - \frac{3}{2}\right)\right] = \frac{F}{A} + g\rho(2L - x) \tag{6.253}$$

der im Bild 6.35 als exakte Lösung dargestellt ist. Nach (6.155) errechnet sich folgender Normalspannungsverlauf für das FE-Modell mit <u>einem</u> 3-Knoten-Stabelement und der Koordinate $-L \leq x^{(e)} \leq L$. Es ist zu beachten, dass sich die Ansatzfunktionen (Shape Functions) und natürlich auch deren Ableitungen wegen der Verdopplung der Elementlänge ebenfalls ändern.

$$\sigma_1^{(e)} = [E]\left[\left(-\frac{1}{2L} + \frac{1}{L^2}x^{(e)}\right) ; \left(-\frac{2}{L^2}x^{(e)}\right) ; \left(\frac{1}{2L} + \frac{1}{L^2}x^{(e)}\right)\right]\begin{bmatrix} \delta_{1_1}^{(e)} = 0 \\ \delta_2^{(e)} = \frac{FL}{EA} + \frac{3}{2}\frac{g\rho L^2}{E} \\ \delta_3^{(e)} = \frac{2FL}{EA} + \frac{2g\rho L^2}{E} \end{bmatrix}$$

$$\sigma_1^{(e)} = \frac{F}{A} + g\rho(L - x^{(e)}) \tag{6.254}$$

Es besteht folgender Zusammenhang $x^{(e)} = x - L$ zwischen der lokalen Elementkoordinate $x^{(e)}$ und der Globalkoordinate x (vgl. Bild 6.34). Unter Beachtung der Koordinatenverschiebung $x^{(e)} = x - L$ erhält man mit (6.254) den Spannungsverlauf im Stabelement.

$$\sigma_1^{(e)} = \frac{F}{A} + g\rho\,[L - (x - L)] = \frac{F}{A} + g\rho(2L - x) \tag{6.255}$$

Ein Vergleich der Lösungen von (6.248) und(6.249) zeigt, dass die Ergebnisse $\delta_3 = \delta_2^{(e)}$, $\delta_5 = \delta_3^{(e)}$ und $F_1 = F_1^{(e)}$ mit der exakten Lösung an den Stellen $x = L$ und $x = 2L$ (vgl. (6.190)) und mit der Lösung des FE-Modells mit zwei 2-Knoten-Stabelementen (vgl. Bild 6.24 und (6.196)) übereinstimmen. Auch die Reaktionskräfte der drei unterschiedlichen FE-Modelle des vertikal aufgehängten Stabes stimmen, unter Beachtung des Vorzeichens, mit der exakten Lösung überein. Mit der FEM werden die Knotenverschiebungen berechnet und sind so Stützstellen des tatsächlichen Verschiebungsverlaufs. D.h., je mehr Elementknoten bzw. Stützstellen im FE-Modell vorkommen, umso besser ist die Approximation an den tatsächlichen Verschiebungsverlauf.

Der Vergleich der berechneten Normalspannungen mit den höherwertigen 3- Knoten- Stabelementen zeigt, dass die Spannungen mit der exakten Lösung übereinstimmen (vgl. Bild 6.35). Dieses Ergebnis ist nicht überraschend, da der Verschiebungsansatz beim höherwertigen 3-Knoten-Stabelement quadratisch ist und somit die Dehnung im Element nicht mehr, wie beim Zwei-Knotenelement, konstant (vgl. (6.151)), sondern linear ist (vgl. (6.210)).

Wie Bild 6.35 zeigt, hat der Spannungsverlauf des FE-Modells mit dem zwei 2- Knoten-Stabelement an der Schnittstelle der beiden Elemente eine Unstetigkeit. Es werden, wie dies meist bei den FE-Programmen üblich, die Spannungskomponenten an einem Verbindungsknoten arithmetisch gemittelt. Bei dem FE-Modell mit dem zwei 2-Knoten-Stabelement

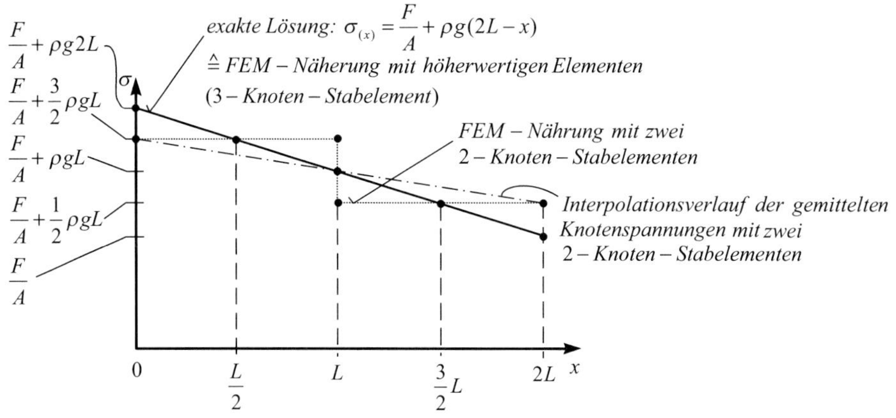

Bild 6.35: Vergleich zwischen dem exakten Spannungsverlauf und der mit den FE-Modellen berechneten Spannungsverläufen des Vertikalstabes gemäß Bild 6.23 und Bild 6.34

entspricht der arithmetische Mittelwert dem tatsächlichen Spannungswert an der Schnittstelle der beiden Stabelemente. Jedoch die Randspannung an der Einspannung ist zu klein und an der Krafteinleitung zu hoch. Dies lässt sich bei den Elementen mit dem linearen Verschiebungsansatz (konstante Dehnung) dadurch verbessern, indem die Elementanzahl deutlich erhöht wird. Die Treppenfunktion der mit der FEM-Näherung berechneten Spannungen wird immer feiner und nähert sich dem tatsächlichen Spannungsverlauf immer besser an. Dadurch werden auch die Randspannungen an den Einspannungen und Krafteinleitungen an den tatsächlichen Wert angenähert, aber nicht erreicht. Wie hier gezeigt, konvergieren die Spannungen langsamer als die Verrückungen gegen den exakten Wert. Die Ursache liegt darin, dass die Spannungen aus den Ableitungen der Ansatzfunktionen bestimmt werden und damit ihre Approximation schlechter ist.

Ist das Stabelement gewichtslos, die Dehnsteifigkeit $EA =$ konstant und es ist nur die Gesamtverschiebung gefragt, dann genügt ein Stabelement mit einem Anfangs- und Endknoten. Denn ohne Volumenkräfte (beim Stab werden Oberflächenkräfte nicht berücksichtigt) ist die Verschiebung bzw. die Dehnung linear, und die Normalspannung im Stabinneren ist konstant. Unter diesen Bedingungen stimmt die FEM-Näherung mit dem linearen Ansatz bezüglich der Gesamtverschiebung und der Spannung mit der exakten Lösung überein.

6.8 Isoparametrisches Konzept

Bisher wurden nur Linienelemente betrachtet. Im allgemeinen reicht es nicht aus, eine beliebige Struktur mit Linienelementen abzubilden. Je nach Breite-Höhe-Längen-Verhältnis der abzubildenden Struktur und der äußeren Lasten wird das FE-Modell aus Linien-, Flächen- und/oder Volumenelementen generiert. Die zu untersuchende physikalische oder technische Struktur kann krummlinig begrenzt sein. Die Flächenelemente mit 3- oder 4-

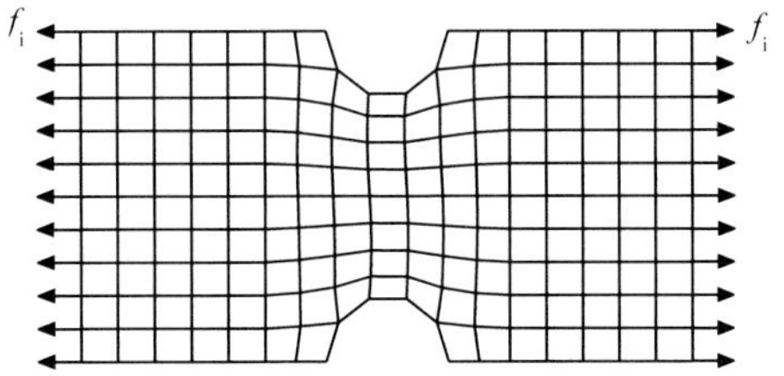

Bild 6.36: FE-Netz eines Kerbstabes mit verzerrten 4-Knoten-Flächenelementen und Einzelkräften f_i

Eckknoten sowie die Tetraeder-Volumenelemente mit 4-Eckknoten oder die 8-Eckknoten-Solid-Volumenelemente besitzen geradlinige Elementkanten. Auch bei hoher Elementdichte lassen sich gekrümmte Berandungskurven mit den Elementen, die geradlinige Elementkanten haben, nicht exakt wiedergeben. (vgl. Bild 6.36). Durch krummlinige begrenzte Elemente ist eine Annäherung an den gekrümmtem Rand besser möglich. Das isoparametrische Konzept ermöglicht es, dass die Strukturgrößen des realen verzerrten und/oder gekrümmten Elements im physikalischen Raum mit Hilfe eines Elements im Einheitsraum berechnet werden können. Hier soll nur das ebene Vier-Knoten-Flächenelement diskutiert werden und anschließend das Verfahren am Beispiel des 3-Knoten-Stabelements demonstriert werden. Andere isoparametrische Elemente haben mehr Knoten und so mehr Ansatzfunktionen, aber es wird das gleiche Konzept und Berechnungsverfahren verwendet.

Beim isoparametrischen Konzept geht man von einem Einheitselement, das im Einheitsraum liegt, aus. Das 4-Knoten-Einheitselement ist rechtwinklig und liegt in der imaginären $\xi - \eta$-Ebene mit den Knotenkoordinaten (± 1, ± 1). Das im physikalischen Raum liegende verzerrte reale 4-Knotenelement hat das x-y-Koordinatensystem (natürliches Koordinatensystem) mit den Knotenkoordinaten (x_1, y_1), (x_2, y_2), (x_3, y_3) und (x_4, y_4) (vgl. Bild 6.37). Das Feld der Verschiebungsvektoren $\boldsymbol{x}$ für alle materiellen Punkte X innerhalb der Fläche

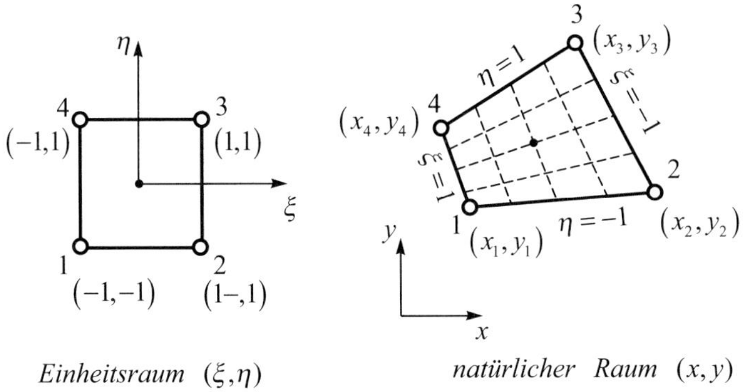

Bild 6.37: Vier-Knotenelement im Einheitskoordinatensystem und natürlichen Koordinatensystem

ist:

$$x(x,y,z) = u(x,y,z)e_x + v(x,y,z)e_y + 0e_z \tag{6.256}$$

Der materielle Punkt X mit den natürlichen Koordinaten $(x, y, z = 0)$ lässt sich durch die Einheitskoordinaten (ξ, η) und Ansatzfunktionen im Einheitsraum wie folgt definieren:

$$X = \begin{pmatrix} x(\xi,\eta) \\ y(\xi,\eta) \end{pmatrix} = \begin{pmatrix} n_1(\xi,\eta)x_1 + n_2(\xi,\eta)x_2 + n_3(\xi,\eta)x_3 + n_4(\xi,\eta)x_4 \\ n_1(\xi,\eta)y_1 + n_2(\xi,\eta)y_2 + n_3(\xi,\eta)y_3 + n_4(\xi,\eta)y_4 \end{pmatrix}$$

$$X = \begin{bmatrix} n_1 & 0 & n_2 & 0 & n_3 & 0 & n_4 & 0 \\ 0 & n_1 & 0 & n_2 & 0 & n_3 & 0 & n_4 \end{bmatrix} \begin{bmatrix} x_1 \\ y_1 \\ x_2 \\ y_2 \\ x_3 \\ y_3 \\ x_4 \\ y_4 \end{bmatrix} \tag{6.257}$$

Wobei

$$\begin{aligned} n_1(\xi,\eta) &= \frac{1}{4}(1-\xi)(1-\eta)\,;\; n_2(\xi,\eta) = \frac{1}{4}(1+\xi)(1-\eta) \\ n_3(\xi,\eta) &= \frac{1}{4}(1+\xi)(1+\eta)\,;\; n_4(\xi,\eta) = \frac{1}{4}(1-\xi)(1+\eta) \end{aligned} \tag{6.258}$$

die Ansatzfunktionen des 4-Knoten-Einheitselements im Einheitsraum sind. $(6.257)_1$ kann als Transformation eines Punktes (ξ, η) des Einheitselements auf einen Punkt (x, y) des natürlichen Systems angesehen werden. Die Ansatzfunktionen müssen die Kompatibilitätsbedingungen entlang der Elementgrenzen erfüllen, und bei dem entsprechenden Knoten muss die dazugehörige Ansatzfunktion den Wert Eins und an allen anderen Knoten den Wert Null haben (vgl. Bild 6.33). Die Ansatzfunktionen des physikalischen Elements werden nicht ermittelt, sie werden wie die Geometrie transformiert.

Für das isoparametrische Element lassen sich die Steifigkeitsmatrix wie auch die äquivalenten Knotenkräfte entsprechend (6.165), (6.177) und $(6.179)_{2\,\mathrm{bis}\,4}$ berechnen. Die lokale Steifigkeitsmatrix für das vierseitige 4-Knotenelement mit dem Flächenelement $dA = dxdy$ und der Dicke t ist:

$$\underline{\boldsymbol{k}}_i = \int_A t\, \underline{\boldsymbol{B}}_i^T \underline{\boldsymbol{E}}\, \underline{\boldsymbol{B}}_i\, dxdy \tag{6.259}$$

Es müssen nun zwei Probleme gelöst werden. Zum einen muss die Fläche mit den natürlichen Koordinaten x und y über die Integration der Einheitskoordinaten ξ und η bestimmt werden. Zum anderen sind die Komponenten der Dehnungs-Verschiebungsmatrix $\underline{\boldsymbol{B}}_i$ zu bestimmen.

6.38 zeigt die Fläche dA in der (ξ, η)-Ebene. Der Übergang von den Variablen η und ξ zu den Variablen x und y ist mit Hilfe von Funktionen, die i. allg. die nicht linearen Ränder der Fläche dA beschreiben, möglich. Durch diese Funktionen, die vorausgesetzt stetig differenzierbar sind, wird eine Abbildung der (ξ, η)-Ebene in die (x, y)-Ebene beschrieben. Werden in den Abbildungsgleichungen der Variablen ξ und η nur die linearen Glieder berücksichtigt, dann ergeben sich, wie im Bild 6.38 gezeigt, nach dem TAYLORschen Satz folgende Näherungsbeziehungen (vgl. [28]). Damit ergibt sich für

$$
\begin{aligned}
dA &= |d\xi x d\eta| = \left| \begin{bmatrix} \dfrac{\partial x}{\partial \xi} d\xi \\ \dfrac{\partial y}{\partial \xi} d\xi \end{bmatrix} \times \begin{bmatrix} \dfrac{\partial x}{\partial \eta} d\eta \\ \dfrac{\partial y}{\partial \eta} d\eta \end{bmatrix} \right| \\
dA &= \left| \left(\frac{\partial x}{\partial \xi}\frac{\partial y}{\partial \eta} - \frac{\partial x}{\partial \eta}\frac{\partial y}{\partial \xi} \right) (d\xi d\eta) \right| \\
dA &= \det(\underline{\boldsymbol{J}}) d\xi d\eta
\end{aligned}
\tag{6.260}
$$

Für die lineare Elastizitätstheorie ist der Zusammenhang der Verschiebungs-Verzerrungsgleichung im Kapitel 2 gegeben. Die Komponenten der Dehnungs-Verschiebungsmatrix $\underline{\boldsymbol{B}}_i$ sind die partiellen Ableitungen der Ansatzfunktionen und zwar $\partial u_i / \partial x$ und $\partial u_i / \partial y$. Die Ansatzfunktionen sind jedoch Funktionen der Einheitskoordinaten ξ und η. Um die Dehnungs-Verschiebungsmatrix $\underline{\boldsymbol{B}}_i$ aufbauen zu können, muß die Kettenregel angewandt werden.

$$
\begin{bmatrix} \dfrac{\partial n_i}{\partial \xi} \\ \dfrac{\partial n_i}{\partial \eta} \end{bmatrix} = \begin{bmatrix} \dfrac{\partial n_i}{\partial x}\dfrac{\partial x}{\partial \xi} & \dfrac{\partial n_i}{\partial y}\dfrac{\partial y}{\partial \xi} \\ \dfrac{\partial n_i}{\partial x}\dfrac{\partial x}{\partial \eta} & \dfrac{\partial n_i}{\partial y}\dfrac{\partial y}{\partial \eta} \end{bmatrix} = \begin{bmatrix} \dfrac{\partial x}{\partial \xi} & \dfrac{\partial y}{\partial \xi} \\ \dfrac{\partial x}{\partial \eta} & \dfrac{\partial y}{\partial \eta} \end{bmatrix} \begin{bmatrix} \dfrac{\partial n_i}{\partial x} \\ \dfrac{\partial n_i}{\partial y} \end{bmatrix} = \underline{\boldsymbol{J}} \begin{bmatrix} \dfrac{\partial n_i}{\partial x} \\ \dfrac{\partial n_i}{\partial y} \end{bmatrix} \tag{6.261}
$$

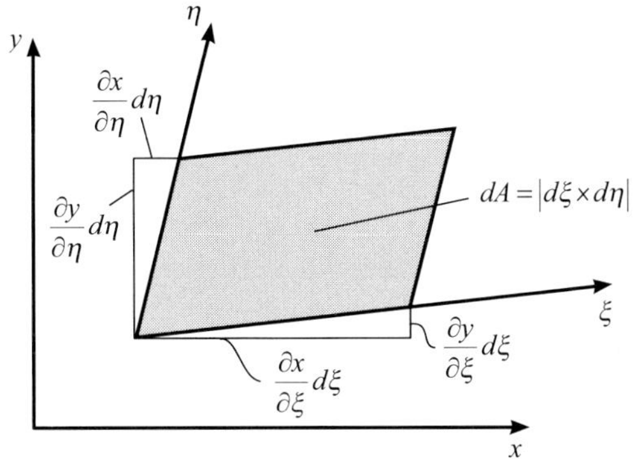

Bild 6.38: Definition von dA

wobei

$$\underline{\boldsymbol{J}} = \begin{bmatrix} \dfrac{\partial x}{\partial \xi} & \dfrac{\partial y}{\partial \xi} \\ \dfrac{\partial x}{\partial \eta} & \dfrac{\partial y}{\partial \eta} \end{bmatrix} = \begin{bmatrix} \sum\limits_{i=1}^{4} \dfrac{\partial n_i}{\partial \xi} x_i & \sum\limits_{i=1}^{4} \dfrac{\partial n_i}{\partial \xi} y_i \\ \sum\limits_{i=1}^{4} \dfrac{\partial n_i}{\partial \eta} x_i & \sum\limits_{i=1}^{4} \dfrac{\partial n_i}{\partial \eta} y_i \end{bmatrix} \tag{6.262}$$

die JACOBI-Matrix ist. Sie gibt das Streckungs- und Richtungsverhältnis zwischen den beiden Koordinatensystemen wieder. Die lokalen Komponenten der JACOBI-Matrix

$$\begin{aligned} \frac{\partial x}{\partial \xi} &= \frac{\partial n_1}{\partial \xi} x_1 + \frac{\partial n_2}{\partial \xi} x_2 + \frac{\partial n_3}{\partial \xi} x_3 + \frac{\partial n_4}{\partial \xi} x_4 = \sum_{i=1}^{4} \frac{\partial n_i}{\partial \xi} x_i \\ \frac{\partial y}{\partial \xi} &= \frac{\partial n_1}{\partial \xi} y_1 + \frac{\partial n_2}{\partial \xi} y_2 + \frac{\partial n_3}{\partial \xi} y_3 + \frac{\partial n_4}{\partial \xi} y_4 = \sum_{i=1}^{4} \frac{\partial n_i}{\partial \xi} y_i \\ \frac{\partial x}{\partial \eta} &= \frac{\partial n_1}{\partial \eta} x_1 + \frac{\partial n_2}{\partial \eta} x_2 + \frac{\partial n_3}{\partial \eta} x_3 + \frac{\partial n_4}{\partial \eta} x_4 = \sum_{i=1}^{4} \frac{\partial n_i}{\partial \eta} x_i \\ \frac{\partial y}{\partial \eta} &= \frac{\partial n_1}{\partial \eta} y_1 + \frac{\partial n_2}{\partial \eta} y_2 + \frac{\partial n_3}{\partial \eta} y_3 + \frac{\partial n_4}{\partial \eta} y_4 = \sum_{i=1}^{4} \frac{\partial n_i}{\partial \eta} y_i \end{aligned} \tag{6.263}$$

lassen sich aus den gegebenen Ansatzfunktionen einfach berechnen. Die Determinante der JACOBI-Matrix ist:

$$|\underline{\boldsymbol{J}}| = \det \underline{\boldsymbol{J}} = \frac{\partial x}{\partial \xi}\frac{\partial y}{\partial \eta} - \frac{\partial y}{\partial \xi}\frac{\partial x}{\partial \eta} \tag{6.264}$$

(6.261) lässt sich nach dem Vektor der rechten Seite umstellen.

$$\begin{aligned} \begin{bmatrix} \dfrac{\partial n_i}{\partial x} \\ \dfrac{\partial n_i}{\partial y} \end{bmatrix} &= \underline{\boldsymbol{J}}^{-1} \begin{bmatrix} \dfrac{\partial n_i}{\partial \xi} \\ \dfrac{\partial n_i}{\partial \eta} \end{bmatrix} = \begin{bmatrix} \dfrac{\partial \xi}{\partial x} & \dfrac{\partial \eta}{\partial x} \\ \dfrac{\partial \xi}{\partial y} & \dfrac{\partial \eta}{\partial y} \end{bmatrix} \begin{bmatrix} \dfrac{\partial n_i}{\partial \xi} \\ \dfrac{\partial n_i}{\partial \eta} \end{bmatrix} = \\ &= \frac{1}{\det \underline{\boldsymbol{J}}} \begin{bmatrix} \dfrac{\partial y}{\partial \eta} & -\dfrac{\partial x}{\partial \eta} \\ -\dfrac{\partial x}{\partial \xi} & \dfrac{\partial x}{\partial \xi} \end{bmatrix} \begin{bmatrix} \dfrac{\partial n_i}{\partial \xi} \\ \dfrac{\partial n_i}{\partial \eta} \end{bmatrix} \end{aligned} \tag{6.265}$$

Die Matrix $\underline{\boldsymbol{J}}^{-1}$ ist die Inverse der JACOBI-Matrix $\underline{\boldsymbol{J}}$, und sie liefert die Ableitung von ξ und η nach x und y. Die Dehnungs-Verschiebungsmatrix $\underline{\boldsymbol{B}}_i$ lässt sich nun berechnen. Die

Dehnung ε_x wird

$$\varepsilon_x = \frac{\partial u}{\partial x} = \frac{\partial n_1}{\partial x} u_1 + \frac{\partial n_2}{\partial x} u_2 + \frac{\partial n_3}{\partial x} u_3 + \frac{\partial n_4}{\partial x} u_4$$

$$\varepsilon_x = \left(\frac{\partial n_1}{\partial \xi}\frac{\partial \xi}{\partial x} + \frac{\partial n_1}{\partial \eta}\frac{\partial \eta}{\partial x} \right) u_1 + \left(\frac{\partial n_2}{\partial \xi}\frac{\partial \xi}{\partial x} + \frac{\partial n_2}{\partial \eta}\frac{\partial \eta}{\partial x} \right) u_2 +$$

$$+ \left(\frac{\partial n_3}{\partial \xi}\frac{\partial \xi}{\partial x} + \frac{\partial n_3}{\partial \eta}\frac{\partial \eta}{\partial x} \right) u_3 + \left(\frac{\partial n_4}{\partial \xi}\frac{\partial \xi}{\partial x} + \frac{\partial n_4}{\partial \eta}\frac{\partial \eta}{\partial x} \right) u_4$$

$$\varepsilon_x = J_{11}^* \sum_{i=1}^{4} \frac{\partial n_i}{\partial \xi} u_i + J_{12}^* \sum_{i=1}^{4} \frac{\partial n_i}{\partial \eta} u_i$$

Wobei J_{11}^* und J_{12}^* die Koeffizienten der inversen JACOBI-Matrix $\underline{\boldsymbol{J}}^{-1}$ sind.

Die verbleibenden ebenen Verzerrungen ε_y und γ_{xy} lassen sich nach dem gleichen Schema ermitteln. Die Dehnungs-Verschiebungsmatrix $\underline{\boldsymbol{B}}_i$ geht in $\underline{\boldsymbol{B}}_i(\xi, \eta)$ über in (6.259) und wird dann

$$\begin{aligned} \underline{\boldsymbol{k}} &= \int_A t \; \left[\underline{\boldsymbol{B}}\,(\xi,\eta)_i\right]^T \underline{\boldsymbol{E}}\, \underline{\boldsymbol{B}}\,(\xi,\eta)\, dxdy = \int_A \underline{\boldsymbol{k}}\,(\xi,\eta)\, dxdy = \\ &= \int_{-1}^{+1}\int_{-1}^{+1} \underline{\boldsymbol{k}}\,(\xi,\eta)\, |\underline{\boldsymbol{J}}|\; d\xi d\eta \end{aligned} \tag{6.266}$$

Die äquivalenten Knotenkräfte (vgl. $(6.179)_3$ und $(6.179)_4$) lassen sich mit dem gleichen Schema bestimmen.

$$\begin{aligned} \boldsymbol{f}_{\varepsilon i} &= \int_{-1}^{+1}\int_{-1}^{+1} t \left[\, \underline{\boldsymbol{B}}\,(\xi,\eta)_i\right]^T \underline{\boldsymbol{E}}\; \boldsymbol{\varepsilon}_T |\underline{\boldsymbol{J}}|\; d\xi d\eta \\ &\text{und} \\ \boldsymbol{f}_{pi} &= \int_{-1}^{+1}\int_{-1}^{+1} t \left[\, \underline{\boldsymbol{B}}\,(\xi,\eta)_i\right]^T \underline{\boldsymbol{E}}\; \boldsymbol{p} |\underline{\boldsymbol{J}}|\; d\xi d\eta \end{aligned} \tag{6.267}$$

Die Determinante $|\underline{\boldsymbol{J}}|$ kann als ein Skalierungsfaktor zwischen den Flächen angesehen werden, denn $dxdy = |\underline{\boldsymbol{J}}|\; d\xi d\eta$. Im allgemeinen ist $|\underline{\boldsymbol{J}}|$ eine Funktion der Koordinaten, bei einem Rechteck ist der Wert $A/4$ und der Flächeinhalt ist „4“ mit den Koordinaten $\xi = 2$ und $\eta = 2$. Die Ordnung der Polynome zur Beschreibung der Kantengeometrie hängt von der Anzahl der Zwischenknoten ab, d.h. je größer die Anzahl der Zwischenknoten umso größer ist die Anzahl der Ansatzfunktionen. Im Fall von Volumenelementen ist über die Elementdicke t mit den Grenzen $t = \pm 1$ ebenfalls zu integrieren, und (6.266) bis (6.267) sind dann 3-fach Integrale.

6.8.1 Beispiel zum Isoparametrischen Konzept

Es soll wieder am Beispiel des 3-Knoten-Einheits-Stabelementes das isoparametrische Konzept verdeutlicht werden. Dabei ist zu beachten, dass das isoparametrische Konzept nur für Flächen- und Volumenelemente von Interesse ist, weil es bei Linienelementen keinen nennenswerten Vorteil bringt. Wendet man es ohne Modifikation auf das Stabelement an, wird die JACOBI-Determinante null. Die Rechteckfläche artet in eine Strecke oder einen Punkt aus. Bei dem hier gezeigten Beispiel wird das isoparametrische Konzept modifiziert am Linienelement exemplarisch gezeigt, weil die Matrizen noch übersichtlich sind, die Integration überschaubar bleibt und einfach nachvollziehbar ist. Das gewählte Stabelement mit jeweils einem Endknoten und einem Zwischenknoten hat im natürlichen Raum die Länge L und im Einheitsraum die Länge 2ξ, eine konstante Querschnittsfläche A und einen Elastizitätsmodul E (vgl. Bild 6.39). Entsprechend dem Ansatz (siehe Kapitel 6.7.1)

$$u(\xi) = \alpha_1 + \alpha_2 \xi + \alpha_2 \xi^2 \tag{6.268}$$

wird mit den Rand- und Übergangsbedingungen $u(\xi = -1), u(\xi = 0)$ und $u(\xi = 1)$ die Knoten-Verschiebungsfunktion

$$u(\xi) = \left(-\frac{1}{2}\xi + \frac{1}{2}\xi^2\right) u_1 + \left(1 - \xi^2\right) u_2 + \left(\frac{1}{2}\xi + \frac{1}{2}\xi\right) u_3 \tag{6.269}$$

mit den Ansatzfunktionen (vgl. Bild 6.39)

$$\underline{\boldsymbol{B}} = \left[\left(-\frac{1}{2}\xi + \frac{1}{2}\xi^2\right) \left(1 - \xi^2\right) \left(\frac{1}{2}\xi + \frac{1}{2}\xi^2\right)\right] \tag{6.270}$$

und der Dehnungs-Verschiebungsmatrix

$$\tilde{\boldsymbol{B}} = \left[\left(-\frac{1}{2} + \xi\right) (-2\xi) \left(\frac{1}{2} + \xi\right)\right] \tag{6.271}$$

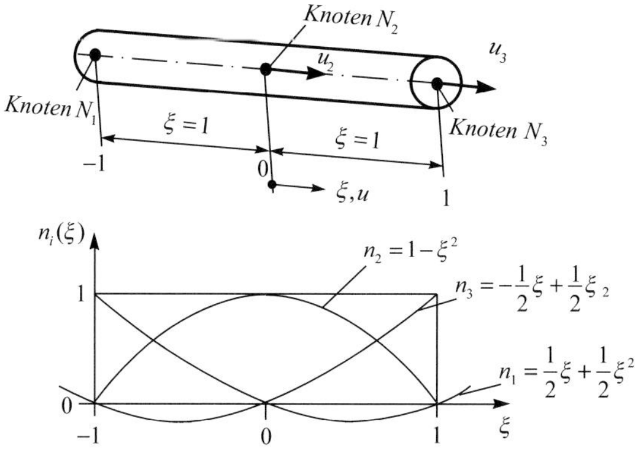

Bild 6.39: Stab-Einheitselement mit 3 Knoten und dazugehörige Ansatzfunktion

Mit (6.262) bzw. (6.263) werden die Komponenten der JACOBI-Matrix bestimmt. Da es sich hier um keine Fläche, sondern um eine Länge handelt, hat die JACOBI-Matrix nur eine Komponente und zwar

$$\begin{aligned}\frac{\partial x}{\partial \xi} &= \sum_{i=1}^{3} \frac{\partial n_i}{\partial \xi} x_i = \frac{\partial(-\frac{1}{2}\xi + \frac{1}{2}\xi^2)}{\partial \xi} x_1 + \frac{\partial(1-\xi^2)}{\partial \xi} x_2 + \frac{\partial(\frac{1}{2}\xi + \frac{1}{2}\xi^2)}{\partial \xi} x_3 \\ \frac{\partial x}{\partial \xi} &= \left(-\frac{1}{2} + \xi\right) x_1 + (-2\xi)\, x_2 + \left(\frac{1}{2} + \xi\right) x_3\end{aligned} \tag{6.272}$$

Mit den Rand- und Übergangsbedingungen $x_1 = -L/2, x_2 = 0$ und $x_3 = L/2$ wird

$$\frac{\partial x}{\partial \xi} = (-\frac{1}{2} + \xi)(-\frac{L}{2}) - 2\xi(0) + (\frac{1}{2} + \xi)(\frac{L}{2}) = \frac{L}{2}$$

bzw.

$$|\underline{\tilde{\boldsymbol{J}}}| = \frac{L}{2} \tag{6.273}$$

und

$$J^*_{11} = \frac{2}{L}$$

Die Komponenten der lokalen Steifigkeitsmatrix des 3-Knotenstabelements lassen sich nun entsprechend (6.246) berechnen. Jedoch wird entsprechend dem isoparametrischen Konzept nun nicht über die natürlichen Elementkoordinaten, sondern über die Einheitskoordinaten integriert.

$$\begin{aligned}\underline{\boldsymbol{k}} &= \int_{-1}^{+1} \left[J^*_{11}\, \tilde{\boldsymbol{B}}\right]^T \underline{\boldsymbol{E}} \left[J^*_{11}\, \tilde{\boldsymbol{B}}\right] |\underline{\tilde{\boldsymbol{J}}}|\, A d\xi = \\ &= \int_{-1}^{+1} \frac{2}{L} \begin{bmatrix} \left(-\frac{1}{2} + \xi\right) \\ (-2\xi) \\ \left(\frac{1}{2} + \xi\right) \end{bmatrix} [\underline{\boldsymbol{E}}]\, \frac{2}{L} \left[\left(\frac{1}{2} + \xi\right) ; (-2\xi) ; \left(\frac{1}{2} + \xi\right)\right] \frac{L}{2}\, A dx\end{aligned} \tag{6.274}$$

$$\underline{\boldsymbol{k}} = \frac{2EA}{L} \int_{-1}^{+1} \begin{bmatrix} (-\frac{1}{2} + \xi)^2 & (-\frac{1}{2} + \xi)(-2\xi) & (-\frac{1}{2} + \xi)(\frac{1}{2} + \xi) \\ (-2\xi)(-\frac{1}{2} + \xi) & (-2\xi)^2 & (-2\xi)(\frac{1}{2} + \xi) \\ (\frac{1}{2} + \xi)(-\frac{1}{2} + \xi) & (\frac{1}{2} + \xi)(-2\xi) & (\frac{1}{2} + \xi)^2 \end{bmatrix} d\xi$$

Unter Ausnutzung der Symmetrieeigenschaften der Steifigkeitsmatrix erhält man nach einiger Rechenarbeit die Komponenten der 3x3-Steifigkeitsmatrix.

$$\underline{\boldsymbol{k}} = \frac{EA}{L} \begin{bmatrix} \frac{7}{3} & -\frac{8}{3} & \frac{1}{3} \\ -\frac{8}{3} & \frac{16}{3} & -\frac{8}{3} \\ \frac{1}{3} & -\frac{8}{3} & \frac{7}{3} \end{bmatrix} \tag{6.275}$$

Die mit dem isoparametrischen Konzept erstellte Steifigkeitsmatrix stimmt mit der Steifigkeitsmatrix, die über die natürlichen Koordinaten erstellt wurde (vgl. (6.246)), exakt überein.

Es ist bei dem gewählten Stabelement der Vorteil des isoparametrischen Konzepts nicht sofort erkennbar. Mit dem isoparametrischen Konzept kann die Integration einfach im Einheitsraum durchgeführt werden, und die JACOBI-Determinante stellt die Beziehung zwischen den mehrdimensionalen Elementstücken im natürlichen Raum und Einheitsraum her. Jedoch bei Flächen oder Volumen muss über zwei bzw. drei Dimensionen integriert werden. Dann wird die Integration im natürlichen Raum aufwändig, unübersichtlich oder analytisch unmöglich. In diesem Fall wird die Integration numerisch durchgeführt.

6.9 Kurzeinführung in die Numerische Integration

In der einschlägigen Literatur wird die numerische Integration ausführlich behandelt. Hier soll nur kurz ein Einblick in die numerische Integration am Beispiel des 3-Knoten-Stabelements gegeben werden.

Für die näherungsweise Berechnung bestimmter Integrale stehen eine Anzahl von numerischen Algorithmen bzw. Quadraturformeln zur Verfügung. Dabei wird das Integral in Teilintervalle zerlegt und aufsummiert.

$$I = \int_a^b f(\xi)d\xi \approx \sum_{i=1}^{n} f(\xi)\Delta\xi_i \tag{6.276}$$

Die numerische Integration ist z.B. eine Linearkombination aus Funktionswerten des Intergranden an diskreten Stützstellen des Integrationsintervalls mit Gewichten. Bei der Quadraturformel von GAUß werden die Subintervalllänge $\Delta\xi_i$ das Gewicht W_i und die diskreten Funktionswerte $f(\xi_i)$ an den Stützstellen ξ_i berechnet. Die Multiplikation aus Gewicht und Funktionswert wird über den Teilintervallen aufsummiert und liefert den ungefähren Wert des Integrals. Falls das Intervall $[-1, +1]$ ist, dann wird:

$$I = \sum_{i=1}^{n} f(\xi_i)W_i \tag{6.277}$$

In der FEM wird meist die Quadraturformel von GAUß angewandt, da sie Polynome der Ordnung

$$m = 2n - 1 \tag{6.278}$$

mit n Integrationspunkten exakt integriert [Coo 95], [Bat 86]. D.h., mit zwei Integrationspunkten lässt sich ein kubisches Polynom, bei drei Integrationspunkten ein Polynom 5. Ordnung exakt integrieren usw. Die Stützstellen und Gewichte können aus Tabellen entnommen werden [Ast 92], [EM 96],[Käm 90], [Kle 99] u.a. Für ein dreidimensionales Element lässt sich die Steifigkeitsmatrix numerisch wie folgt berechnen.

$$\underline{\boldsymbol{k}} = \sum_{i,j,k,=1}^{n} (W_i W_j W_k)\, \underline{\boldsymbol{k}}\,(\xi_i, \eta_j, \varsigma_k)\, |\underline{\boldsymbol{J}}| \tag{6.279}$$

Am Beispiel des 3-Knotenstab-Elements (vgl. Bild 6.39) soll die Steifigkeitsmatrix (vgl. (6.274)) mittels numerischer Integration nach GAUß gezeigt werden. Da der Verschiebungsansatz quadratisch ist (vgl.(6.268), Polynom der Ordnung $m = 2$), sind für die exakte Integration nach (6.278) theoretisch mindestens $n = (m+1)/2 = 1,5$ bzw. 2 Integrationsstützpunkte nötig. Entsprechend dem isoparametrischen Konzept wird nicht über die natürlichen Koordinaten, sondern über Einheitskoordinaten integriert. Für das Intervall $[-1, +1]$ mit der Ordnung 2 werden die Wichte (Wichtungskoeffizienten) $W_i = 1$ und den Funktionswerten $k_{j,k}(\xi_i)$ an den Stützstellen $\xi_i = \pm 0{,}57735\ 02691\ 89626$ (siehe [Ast 92], [EM 96], [Käm 90], [Kle 99] usw.) gesetzt. (6.279) wird für das eindimensionale 3-Knoten-Stabelement.

$$\underline{\boldsymbol{k}} = \sum_{i=1}^{2} W_i\, \underline{\boldsymbol{k}}(\xi_i)\, |\underline{\tilde{\boldsymbol{J}}}| \tag{6.280}$$

$$\underline{\boldsymbol{k}} = \sum_{i=1}^{2} \frac{2}{L} \begin{bmatrix} \left(-\frac{1}{2} + \xi_i\right) \\ (-2\xi_i) \\ \left(\frac{1}{2} + \xi_i\right) \end{bmatrix} [\underline{\boldsymbol{E}}]\, \frac{2}{L} \left[\left(\frac{1}{2} + \xi_i\right)\ ;\ (-2\xi_i)\ ;\ \left(\frac{1}{2} + \xi_i\right)\right] \frac{L}{2} \tag{6.281}$$

$$\underline{\boldsymbol{k}} = \frac{2EA}{L} \sum_{i=1}^{2} \begin{bmatrix} (-\frac{1}{2} + \xi_i)^2 & (-\frac{1}{2} + \xi_i)(-2\,\xi_i) & (-\frac{1}{2} + \xi_i)(\frac{1}{2} + \xi_i) \\ (-2\xi_i)(-\frac{1}{2} + \xi_i) & (-2\xi_i)^2 & (-2\xi_i)(\frac{1}{2} + \xi_i) \\ (\frac{1}{2} + \xi_i)(-\frac{1}{2} + \xi_i) & (\frac{1}{2} + \xi_i)(-2\xi_i) & (\frac{1}{2} + \xi_i)^2 \end{bmatrix}$$

Der Vergleich von (6.281) und (6.274) zeigt, dass der Matrizenaufbau gleich ist. (6.274) beinhaltet einen Integralausdruck mit den Integrationsgrenzen ±1. (6.281) ist eine Summenformel mit dem Wichtungskoeffizienten $W_i = 1$ und den Funktionswerten $k_{j,k}(\xi_i)$ an den Stützstellen $\xi_i = \pm\ 0{,}57735\ 02691\ 89626$ (vgl. u.a. [Ast 92]).

Exemplarisch soll die Leistungsfähigkeit der numerischen Integration nach GAUß anhand der Berechnung der Steifigkeitskomponenten $k_{1,1}$ und $k_{2,1} = k_{1,2}$ demonstriert werden. Dabei wird eine Rechengenauigkeit mit fünf Stellen hinter dem Komma zugelassen, d.h. der Stützwert $\xi_i = \pm\ 0{,}57735$.

$$k_{1,1} = \frac{2EA}{L} \sum_{i=1}^{2} \left(-\frac{1}{2} + \xi_i\right)^2 =$$

$$= \frac{2EA}{L} \left[\left(-\frac{1}{2} + 0,57735\right)^2 + \left(-\frac{1}{2} + (-0,57735)\right)^2\right] = \frac{EA}{L} 2,33333$$

und

$$k_{1,2} = \frac{2EA}{L} \sum_{i=1}^{2} \left[\left(-\frac{1}{2} + \xi_i\right)(-2\xi_i)\right] =$$

$$= \frac{2EA}{L} \left[\left(-\frac{1}{2} + 0,57735\right)(-2(0,57735)) + \left(-\frac{1}{2} + (-0,57735)\right)(-2(-0,57735))\right]$$

$$k_{1,2} = -\frac{EA}{L} 2,66666$$

Alle anderen Steifigkeitskomponenten lassen sich entsprechend berechnen. Nach erfolgter numerischer Integration nach GAUß erhält man folgende Steifigkeitsmatrix.

$$\underline{\boldsymbol{k}} = \frac{EA}{L} \begin{bmatrix} 2,3333 & -2,6666 & 0,3333 \\ -2,6666 & 5,3333 & -2,6666 \\ 0,3333 & -2,6666 & 2,3333 \end{bmatrix} \cong \frac{EA}{L} \begin{bmatrix} \frac{7}{3} & -\frac{8}{3} & \frac{1}{3} \\ -\frac{8}{8} & \frac{16}{3} & -\frac{8}{3} \\ \frac{1}{3} & -\frac{8}{3} & \frac{7}{3} \end{bmatrix} \tag{6.282}$$

Vergleicht man das Ergebnis der numerischen Integration nach GAUß (6.282) mit dem Ergebnis der analytischen Integration (vgl. (6.275)), dann stimmt das Ergebnis beider Verfahren sehr gut überein. Es ist zu beachten, dass die Steifigkeitskomponenten mit einem Stützwert nicht mit 15 Stellen hinter dem Komma, sondern mit nur fünf Stellen hinter dem Komma berechnet wurden.

Wie bereits gezeigt, lässt sich die Spannungsverteilung im Element mit Hilfe des lineareren HOOKschen-Gesetzes, der differenzierten Ansatzfunktionen und der berechneten Knotenverschiebungen ermitteln. Bei einem linearen Verschiebungsansatz ist der Dehnungsverlauf im finiten Element konstant, wie dies beispielsweise beim 2-Knoten-Stabelement der Fall ist (siehe Bilder 6.22 und 6.24). Im Falle des 3-Knoten-Stabelements mit quadratischem Verschiebungsansatz ist der Dehnungsverlauf linear (siehe Bilder 6.33 und 6.35). Bei einem 4-Knotenstabelement ist der Verschiebungsansatz kubisch und somit sind die daraus abgeleiteten Dehnungsverläufe quadratisch. D.h., ein Polygon-Verschiebungsansatz der n-ten Ordnung liefert einen Dehnungsverlauf eines Polygons der Ordnung n-1. Entsprechendes gilt für Flächen- und Volumenelemente.

Beschreiben die Ansatzfunktionen das analytische Strukturverhalten richtig, dann wird der Dehnungsverlauf des Elements richtig beschrieben. Dies wurde beispielsweise bei der Abbildung eines Stabes mit zwei 3-Knotenstabelementen demonstriert. Bei der FE-Modellgenerierung einer realen Struktur sind u.a. in der Regel bei der Elementwahl Kompromisse einzugehen, d.h. je nach Elementwahl approximieren die Ansatzfunktionen die realen Verhältnisse mehr oder weniger gut (siehe dazu nächstes Beispiel und Bild 6.40).

Beim 2-Knotenstabelement, auch Constant-Strain-Element bezeichnet, stimmt die mit der FE-Analyse berechnete Spannung nur mit dem theoretischem Wert in der Elementmitte überein (siehe Bild 6.24). An den Elementrändern weichen die mit der FE-Analyse berechneten Spannungen vom theoretischem Wert mehr oder weniger stark ab. Wie bereits festgestellt, lässt sich durch weitere Netzverfeinerung der mit der FE-Analyse ermittelte Spannungsverlauf an den theoretischen Spannungsverlauf approximieren. Jedoch bleiben an den Elementgrenzen mehr oder weniger große Spannungssprünge bestehen. Dies wird noch verstärkt, wenn bei ungleichmäßiger FE-Netzverteilung an den Elementknoten jeweils unterschiedlich viele Elemente angeschlossen sind. Die mit den FE-Programmen berechneten Knotenspannungen sind in der Regel gemittelte Spannungen der an den Elementknoten angeschlossenen Elemente. Dies kann zu beträchtlichen Interpolationsfehlern führen. Generell gilt das für jedes generierte FE-Modell mit unterschiedlichen Elementtypen und/oder Elementeigenschaften.

Untersuchungen an 2D- und 3D-Elementen hinsichtlich der genauesten Spannungsermittlung in den Elementen haben gezeigt, dass bei der Spannungsberechnung mit Constant-Strain-Elementen die Elementschwerpunkt-Koordinaten angewandt werden sollten. Bei allen anderen Elementen sollen die Stützstellen der numerischen Integration nach GAUß benutzt werden. Dies wird im nächsten Beispiel „Rundstab mit veränderlichem Querschnitt" (vgl. Bild 6.40) gezeigt.

Zunächst soll anhand des 3-Knotenelements mit der Länge $2L$ (siehe Bild 6.34) unter Verwendung von (6.254) die Spannungswerte an den Stützstellen der numerischen Integration nach GAUß im Element- und Globalkoordinatensystem berechnet werden. Die Stützstellen sind beim 3-Knoten-Linienelement $\xi_i \approx \pm 0,57735$. Nach (6.254) ergeben sich folgende Elementspannungen mit den Elementkoordinaten $x^{(e)} = -0,57735L$

$$\sigma_1^{(e)}(x^{(e)} = -0,57735L) = \frac{F}{A} + \rho g(L - (-0,57735L)) = \frac{F}{A} + \rho gL(1 + 0,57735) \tag{6.283}$$

und $x^{(e)} = +0,57735L$

$$\sigma_1^{(e)}(x^{(e)} = +0,57735L) = \frac{F}{A} + \rho g(L - (+0,57735L)) = \frac{F}{A} + \rho gL(1 - 0,57735) \tag{6.284}$$

Diese Spannungswerte werden nun nach Gl. (6.254) im Globalkoordinatensystem an den entsprechenden Stützstellen $x = L(1 \pm 0,57735)$ (siehe Bild 6.34) berechnet. Es wird:

$$\sigma_1^{(e)}(x = L(1-0,57735)) = \frac{F}{A} + \rho g(2L - (L(1-0,57735))) = \frac{F}{A} + \rho g L(1+0,57753) \tag{6.285}$$

und

$$\sigma_1^{(e)}(x = L(1+0,57735)) = \frac{F}{A} + \rho g(2L - (L(l+0,57735))) = \frac{F}{A} + \rho g L(1-0,57753) \tag{6.286}$$

Der Vergleich zeigt, dass die Ergebnisse übereinstimmen. Die Elementspannungen lassen sich einfach anhand der berechneten Knotenverschiebungen problemlos im Elementinneren berechnen.

Wie nicht anders zu erwarten war, stimmen die Spannungen bzw. Dehnungen im vorherigen FE-Beispiel im Vergleich mit der Theorie gut überein, da der Ansatz mit linearem Dehnungs- bzw. Spannungsverlauf im Inneren des finiten Elements mit der Theorie übereinstimmt. Dies ändert sich, wenn die Spannungen bzw. Dehnungen nicht mehr linear in der Struktur vorausgesetzt werden dürfen.

Im nächsten Beispiel soll dies exemplarisch gezeigt werden. Ein einseitig eingespannter Rundstab mit veränderlichem Querschnitt soll unter einer am freien Stabende angreifenden konstanten Zugkraft untersucht werden. Die Stablänge $L = 1000mm$, der Elastizitätsmodul $E_{xx} = 2000MPa$ und die Zugkraft $F_x = 10000N$. Der eingespannte Stabquerschnitt hat einen Radius $R_0 = 10$ mm. Am freien Stabende hat der Querschnitt einen Radius $R_L =$ 5 mm (vgl. Bild 6.40). Im Stab sollen keine Volumenkräfte wirken. Zunächst werden für diesen Rundstab mit veränderlichem Querschnitt die Verformungen und Spannungen aufgestellt. Anschließend soll dieser Rundstab durch zwei gleichlange 3-Knoten-Stabelemente (Linienelement mit mittigem Zwischenknoten) abgebildet werden. Der veränderliche Querschnitt wird durch zwei konstante Querschnitte mit jeweils arithmetischen gemittelten Radien $R_1 = 8,75mm$ und $R_2 = 6,25mm$ ersetzt (vgl. Bild 6.40). Die exakte Lösung für diesen Rundstab mit veränderlichem Querschnitt ist für

a) die Verschiebung

$$u(x) = \frac{F_x L}{\pi E(R_L - R_0)} \left(\frac{1}{R_0} - \frac{1}{(\frac{R_L - R_O}{L})x + R_0} \right) \tag{6.287}$$

b) die Normalspannung

$$\sigma(x) = \frac{F_x}{\pi} \frac{1}{\left(R_0 + (\frac{R_L - R_0}{L})x\right)^2} \tag{6.288}$$

Im Folgenden wird die Systemgleichung für das vereinfachte FE-Modell mit zwei gleichlangen 3-Knoten-Stabelementen und jeweils konstantem Querschnitt aufgestellt. Entsprechend (6.246) lassen sich beide Element-Steifigkeitsmatrizen berechnen und nach (6.38) zur Gesamtsteifigkeitsmatrix zusammenfügen. Für die fünf globalen Freiheitsgrade wird anhand der bereits bekannten Vorgehensweise die Systemgleichung aus Steifigkeitsmatrix, Verrückungs- und Kraftvektor des Global-Koordinatensystems erstellt (vgl. (6.41)). Für das vereinfachte FE-Modell des Rundstabes ergibt sich folgendes Gesamtgleichungssystem für das statische Gleichgewicht:

$$\frac{N}{mm}\begin{bmatrix} 2244,9 & -2565,6 & 320,7 & 0 & 0 \\ -2565,6 & 5131,3 & -2565,6 & 0 & 0 \\ 320,7 & -2565,6 & 3390,3 & -1309,0 & 163,6 \\ 0 & 0 & -1309,0 & 2618,0 & -1309,0 \\ 0 & 0 & 163,6 & -1309,0 & 1145,4 \end{bmatrix}\begin{bmatrix} \delta_1 = 0 \\ \delta_2 = ? \\ \delta_3 = ? \\ \delta_4 = ? \\ \delta_5 = ? \end{bmatrix} = \begin{bmatrix} F_1 = ? \\ F_2 = 0 \\ F_3 = 0 \\ F_4 = 0 \\ F_5 = F \end{bmatrix} \tag{6.289}$$

Nach bekannter Manipulation und Lösen der Subsysteme erhält man das Ergebnis. In Tabelle 6.3 sind die berechneten Knoten-Verschiebungen der exakten Lösung und des vereinfachten FE-Modells gegenübergestellt und im Bild 6.40 grafisch dargestellt. Anhand von (6.155)

Tabelle 6.3: Vergleich der Knoten-Verschiebung

	Knotenverschiebungen berechnet mit	
Global-Koordinate	exakter Lösung (6.287)	vereinfachtem FE-Modell (6.289)
$x_1 = 0$ mm	0 mm	0 mm
$x_2 = 250$ mm	4,549 mm	5,1969 mm
$x_3 = 500$ mm	10,599 mm	10,394 mm
$x_4 = 750$ mm	19,104 mm	20,580 mm
$x_5 = 1000$ mm	31,530 mm	30,766 mm

lassen sich mit den berechneten Knotenverschiebungen, der Dehnungs-Verschiebungsmatrix (6.271) und der Beziehung J^*_{11} aus (6.273) die Element-Spannungen berechnen, es wird:

$$\sigma_{xx}^{(e)} = E_{xx}\left[J^*\underline{\tilde{\boldsymbol{B}}}\right]\underline{\boldsymbol{d}} = E_{xx}\left[\frac{2}{L}[(-\frac{1}{2}+\xi);(-2\xi);(\frac{1}{2}+\xi)]\right]\begin{bmatrix} \delta_1^{(e)} \\ \delta_2^{(e)} \\ \delta_3^{(e)} \end{bmatrix} \tag{6.290}$$

Mit(6.290) lassen sich nun die Element-Spannungen an den Stützstellen $\xi_i \approx \pm 0{,}57735$ bzw. $x_i^{(e)} = \xi_i\ L_i$ mit Hilfe der numerischen Integration nach GAUß zum einen mit den Knoten-Verschiebungen des vereinfachten FE-Modells und zum anderen der exakten Lösung berechnen. In Tabelle 6.4 sind die Ergebnisse eingetragen und denen der exakten Lösung gegenübergestellt. Die Koordinaten sind auf das Globalsystem umgerechnet. Im Bild 6.40 sind die jeweiligen Spannungen grafisch abgebildet. Der Vergleich zeigt, dass die Verschiebungen der exakten Lösung mit dem vereinfachen FE-Modell an den jeweiligen Element-Endknoten relativ gut übereinstimmen, jedoch, wie zu erwarten war, ist die Abweichung an den Zwischenknoten deutlich. Dies wirkt sich zwangsläufig, obwohl höherwertige 3-Knoten-Stabelemente benutzt wurden, auf die berechneten Element-Spannungen gravierend aus. Zwar stimmen in den Elementmitten die Spannungen relativ gut mit den exakten Werten überein, aber an den Stützpunkten und an den Elementgrenzen sind die Abweichungen erheblich.

Tabelle 6.4: Vergleich der berechneten Spannungen an den jeweiligen Element-Stützstellen

	Spannung σ_{xx} berechnet mit		
Koordinate im Global-System (Gaußpunkte)	(6.287), exakte Lösung	(6.290), Knotenverschiebung der exakten Lösung (vgl. Tab. 6.3)	(6.290), Knotenverschiebung des vereinfachten FE-Modells (vgl. Tab. 6.3)
$x_1^{(e1)}$= 105,7 mm	35,48 MPa	35,46 Mpa	41,46 MPa
$x_2^{(e1)}$ = 394,3 mm	49,38 MPa	49,33 Mpa	43,18 MPa
$x_3^{(e2)}$ = 605,7 mm	65,49 MPa	65,61 Mpa	81,49 MPa
$x_4^{(e2)}$ = 894,3 mm	104,14 MPa	101,83 Mpa	81,49 MPa

Werden die exakten Knotenverschiebungen für die Berechnung der Spannungen (6.290) herangezogen, dann stimmen bereits bei dem relativ groben FE-Modell die Spannungswerte in den Stützstellen der numerischen Integration nach GAUß mit der exakten Lösung (6.288) sehr gut überein. D.h., für die Berechnung der Elementspannung sind die Stützstellen der numerischen Integration nach GAUß besonders gut geeignet.

Wie gezeigt, werden bei der FE-Analyse die Element-Spannungen an den Stützstellen berechnet und auf die Elementgrenzen extrapoliert. Durch das grobe FE-Modell sind die Fehler an den Elementgrenzen z.T. immer noch groß. Dies lässt sich durch eine höhere Anzahl der Elemente mit ungleichen Elementlängen deutlich verbessern. Naturgemäß gilt dies auch für die berechneten Knotenverschiebungen. Je exakter die berechneten Verschiebungen mit den tatsächlichen übereinstimmen, um so besser stimmen die daraus berechneten Spannungen mit den realen Werten überein. Dies setzt voraus, dass die Element-, die Materialwahl, die Netzdichte, die Wahl der geometrischen Größen und das Lösungsverfahren richtig vom Anwender des jeweiligen FE-Programms selektiert und gesetzt werden.

In den FEM-Software-Manuals und in der gängigen Literatur wird auf Probleme bezüglich der numerischen Integration hingewiesen. Es kann zum Überschätzen der realen Steifigkeiten durch die gewählten Ansatzfunktionen kommen. So kann es bei Platten- und Schalenelementen bei abnehmender Wanddicke zu einem Überschätzen des Einflusses der Schubverzerrung kommen, und die berechnete Durchbiegung liegt weit unter dem realen Wert. Man spricht in diesem Fall von Locking, und die Anzahl der Gauß-Integrationspunkte ist zu groß. Um die Locking-Effekte zu vermeiden, wird häufig die reduzierte Integration angewandt, d.h. die GAUß-Integrationspunkte werden reduziert. Bei der reduzierten Integration kann eine energiefreie Verformung oder der gefährliche Spurious mechanism (auch hour-glass-mode oder zero-energy mode genannt) eintreten (vgl. u.a. [Ast 92], [EM 96]).

6.9.1 Numerische Integration von Zeitverläufen

Entgegen der Zielsetzung des Kapitels 6 "FEM-Einführung anhand der Statik" soll hier die Statik kurz verlassen werden. Am Beispiel eines Einmassenschwingers wird ein Einblick in

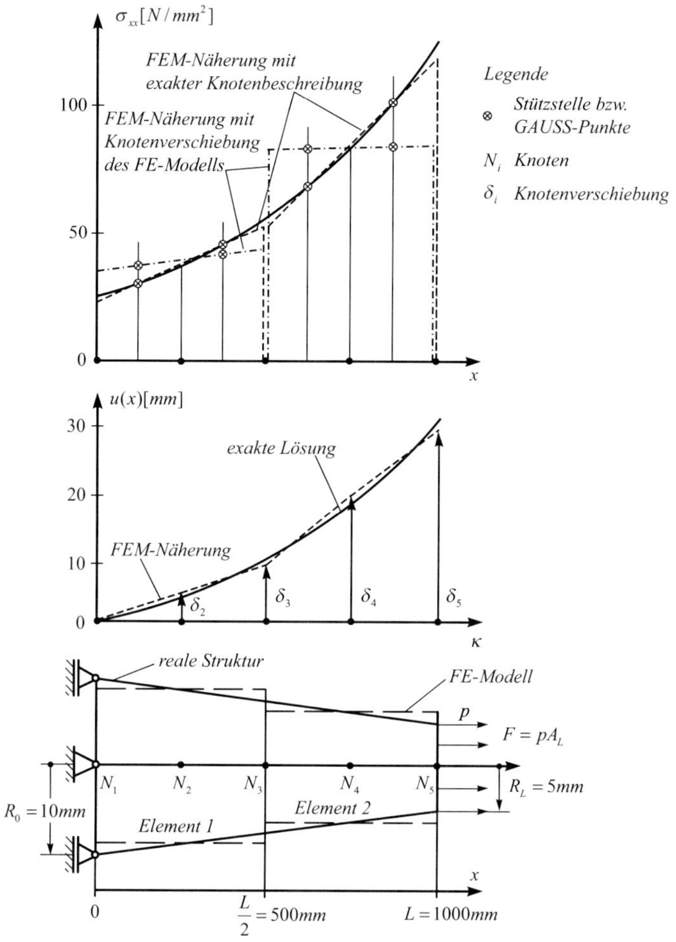

Bild 6.40: Spannungen und Verschiebungen der exakten Lösung und des vereinfachten FE-Modells eines Rundstabes mit veränderlichem Querschnitt unter einer konstanten Zugkraft, die am freien Ende angreift

die numerische Integration von Zeitverläufen gegeben.

Für die numerische Integration von nicht periodischen und transienten Kraft- Anregungszeitverläufen gibt es mehrere Integrationsverfahren (vgl. u.a. [Ast 92], [Coo 95], [EM 96], [GHSW 95], [Wri 01], [Big 64], [Tim 74], [Bat 86], [BKLM 01] und [Bat 76]). Ein einfaches Verfahren ist die direkte Integrationsmethode Lumped-Impulse Procedure. Dieses Verfahren liefert brauchbare Ergebnisse, wenn die Zeitintervalle klein genug gewählt werden. Für die Extrapolation zur Bestimmung des Schwingweges $x(t)$ des nächsten Zeitschritts $t = s + 1$ muss neben der Beschleunigung und des Schwingweges des augenblicklichen Zeitschritts $t = s$, auch der Schwingweg des vorausgegangenen Zeitschrittes $t = s - 1$ bekannt sein.

D.h., um die Berechnung starten zu können, müssen diese als Startwerte vorliegen. Diese Startwerte lassen sich durch die Annahmen bestimmen wie z.B., dass innerhalb des ersten Zeitschrittes die Beschleunigung konstant oder linear ist.

Bei dem direkten Integrationsverfahren Linear-Acceleration Method wird angenommen, dass die Beschleunigung innerhalb eines Zeitintervalls Δt linear variiert. Das Verfahren soll an einem Einmassen-Schwinger mit konstanter Federkennlinie und massenloser Feder sowie mit bekanntem Kraft- Anregungszeitverlauf vorgestellt werden (vgl. Bild 6.41). Die Bewegungsgleichung des in Bild 6.41 abgebildeten Einmassenschwingers ist

$$m\ddot{x} + kx = f(t) \tag{6.291}$$

Die Schwingungsdauer T mit der Kreisfrequenz ω des Einmassen-Schwingers wird

$$T = \frac{2\pi}{\omega} = 2\pi\sqrt{\frac{m}{k}} \tag{6.292}$$

Die Beschleunigung zwischen den Zeitschritten s und $s+1$ läßt sich wie folgt linear approximieren.

$$\ddot{x} = \ddot{x}^{(s)} + \frac{\ddot{x}^{(s+1)} - \ddot{x}^{(s)}}{\Delta t}(t - t^{(s)}) \tag{6.293}$$

Die Geschwindigkeit bei einer beliebigen Zeit t innerhalb des Zeitintervalls ist:

$$\dot{x} = \ddot{x}^{(s)} + \int_{t^{(s)}}^{t} \ddot{x} dt \tag{6.294}$$

(6.293) wird in (6.294) substituiert

$$\dot{x} = \dot{x}^{(s)} + \int_{t^{(s)}}^{t} \left[\ddot{x}^{(s)} + \frac{\ddot{x}^{(s+1)} - \ddot{x}^{(s)}}{\Delta t}(t - t^{(s)})\right] dt \tag{6.295}$$

und nach erfolgter Integration von $t^{(s)}$ bis zu einer beliebigen Zeit t innerhalb des Zeitintervalls Δt erhält man:

$$\dot{x} = \dot{x}^{(s)} + \ddot{x}^{(s)}(t - t^{(s)}) + \frac{\ddot{x}^{(s+1)} - \ddot{x}^{(s)}}{2\Delta t}(t - t^{(s)})^2 \tag{6.296}$$

Wird über das ganze Zeitintervall $\Delta t = t^{(s+1)} - t^{(s)}$ integriert, dann wird aus (6.296) die folgende Beziehung:

$$\dot{x}^{(s+1)} = \dot{x}^{(s)} + \frac{\Delta t}{2}(\ddot{x}^{(s+1)} + \ddot{x}^{(s)}) \tag{6.297}$$

Der Weg x zu einer beliebigen Zeit t innerhalb des Zeitintervalls Δt ist

$$x = x^{(s)} + \int_{t^{(s)}}^{t} \dot{x} dt \tag{6.298}$$

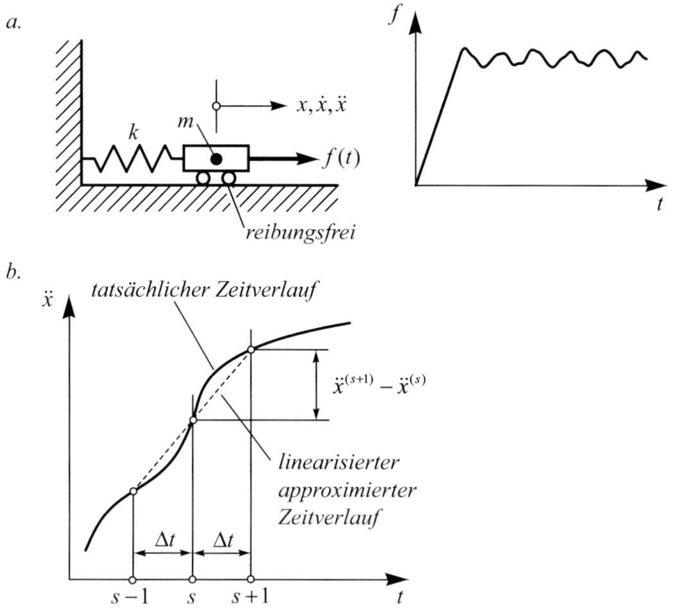

Bild 6.41: Einmassenschwinger mit beliebiger Kraftanregung und linerarisierter Beschleunigung innerhalb eines Zeitinetrvalls Δt

(6.296) wird in(6.298) eingesetzt

$$x = x^{(s)} + \int\limits_{t^{(s)}}^{t} \left[\dot{x}^{(s)} + \ddot{x}^{(s)}(t - t^{(s)}) + \frac{\ddot{x}^{(s+1)} - \ddot{x}^{(s)}}{2\Delta t}(t - t^{(s)})^2 \right] dt \tag{6.299}$$

und nach erfolgter Integration von $t^{(s)}$ bis zu einer beliebigen Zeit t innerhalb des Zeitintervalls Δt wird:

$$x = x^{(s)} + \dot{x}^{(s)}(t - t^{(s)}) + \frac{\ddot{x}^{(s)}(t - t^{(s)})^2}{2} + \frac{\ddot{x}^{(s+1)} - \ddot{x}^{(s)}}{6\Delta t}(t - t^{(s)})^3 \tag{6.300}$$

Wird wieder über das ganze Zeitintervall $\Delta t = t^{(s+1)} - t^{(s)}$ integriert, dann ergibt die folgende Beziehung:

$$x^{(s+1)} = x^{(s)} + \dot{x}^{(s)}\Delta t + \frac{(\Delta t)^2}{6} \left[2\ddot{x}^{(s)} + \ddot{x}^{(s+1)} \right] \tag{6.301}$$

Mit (6.297) läßt sich die Geschwindigkeit

$$\dot{x}^{(s)} = \dot{x}^{(s-1)} + \frac{\Delta t}{2} \left(\ddot{x}^{(s)} + \ddot{x}^{(s-1)} \right) \tag{6.302}$$

bestimmen.

Zum Zeitschritt t = s sind die Beschleunigungen $\ddot{x}^{(s)}$ und $\ddot{x}^{(s-1)}$ und die Geschwindigkeit $\dot{x}^{(s-1)}$ aus dem vorausgegangenen Rechenschritt oder Startwerte aus den Anfangsbedingungen bzw. Annahmen bekannt, so läßt sich mit (6.302) die Geschwindigkeit $\dot{x}^{(s)}$ berechnen. Das Ergebnis wird in(6.301) eingesetzt. Um endgültig den Weg $x^{(s+1)}$ mit (6.301) bestimmen zu können, muss noch die Beschleunigung $\ddot{x}^{(s+1)}$ bestimmt werden. In dem Fall der Analyse für einen Einmassen-Schwinger läßt sich die Beschleunigung zur Zeit $t = s + 1$ mit der Schwingungsgleichung (6.291) wie folgt bestimmen:

$$\ddot{x}^{(s+1)} = \frac{f(t^{(s+1)}) - kx^{(s+1)}}{m} \tag{6.303}$$

(6.302) wird in(6.301) substituiert und nach einiger Umformarbeit erhält man:

$$x^{(s+1)} = \frac{x^{(s)} + \dot{x}^{(s)}\Delta t + \frac{(\Delta t)^2}{3}\ddot{x}^{(s)} + \frac{(\Delta t)^2}{6}\frac{f(t^{(s+1)})}{m}}{1 + \frac{(\Delta t)^2}{6}\frac{k}{m}} \tag{6.304}$$

Mit (6.304) kann zusammen mit (6.302) das dynamische Problem des Einmassen-Schwingers mit beliebiger, zeitlich veränderlicher Kraftanregung mittels direkter Integration gelöst werden. Für die Berechnung $x^{(s+1)}$ sind die Wege, die Geschwindigkeiten und Beschleunigungen aus den vorherigen Zeitschritten bekannt.

Die mit der direkten Integration Linear-Acceleration Method hergeleiteten (6.301) und(6.302) wurden für einen Einmassen-Schwinger (System mit einem Freiheitsgrad) hergeleitet und sind die Basis für die numerische direkte Integration. Für Systeme mit n Freiheitsgraden hat das Gleichungssystem n Schwingungsgleichungen und wird entsprechend komplex. In diesem Fall sind iterative Verfahren gewöhnlich besser geeignet.

6.9.2 NEWMARK-BETA Method

Zur Berechnung von Zeitverläufen wird i.d.R. die NEWMARK-BETA Method oder die WILSON-THETA Method angewandt. Die von NEWMARK entwickelte Methode wird hier vorgestellt (vgl. u.a. [Coo 95] ,[GHSW 95], [Big 64]).

$$\begin{aligned} x^{(s+1)} &= x^{(s)} + \dot{x}^{(s)}\Delta t + \frac{(\Delta t)^2}{2}\left\{(1-2\beta)\ddot{x}^{(s)} + 2\beta\ddot{x}^{(s+1)}\right\} \\ &\text{mit} \\ \dot{x}^{(s+1)} &= \dot{x}^{(s)} + \Delta t\left\{(1-\delta)(\ddot{x}^{(s)} + \ddot{x}^{(s+1)})\right\} \end{aligned} \tag{6.305}$$

Innerhalb bestimmter Grenzen kann β und δ gewählt werden. Die Wahl des β- und δ-Wertes beeinflusst die Konvergenz innerhalb eines Zeitschritts bei angewandtem Iterationsprozess, und damit die Stabilität der Analyse und den Rechenfehler. Bei richtiger Wahl der β- und δ-Werte ist das NEWMARK-β -Verfahren äußerst stabil. Wird jedoch der Zeitschritt zu groß gewählt, dann kann der Rechenfehler beachtlich sein.

Anhand zahlreicher Untersuchungen hat sich gezeigt, wenn δ=1/2 und der β-Wert zwischen 1/4 und 1/6 gewählt wird und der Zeitschritt Δt in etwa 1/6 bis 1/5 der kleinsten

Schwingungsdauer des Systems liegt, dann erhält man im Allgemeinen die besten Ergebnisse [Big 64]. Dabei ist zu beachten, daß bei diesen Untersuchungen nur mit festem $\delta = 1/2$ durchgeführt wurde, also der Einfluss der Variation von δ wurde nicht untersucht. In den FEM-Software-Manuals wird meist empfohlen, dass der Zeitschritt kleiner als 1/10 der kleinsten Schwingungsdauer des untersuchten Systems sein soll.

In [Coo 95] wird darauf hingewiesen, wenn $2\beta \geq \delta \geq 0,5$ ist, dann ist das numerische Verfahren sehr stabil. Eine schärfere Bedingung für eine hohe Stabilität der numerischen Integration ist, wenn die Forderungen, dass der Dämpfungsgrad D (LEHRsches Dämpfungsmaß oder Damping Ratio)

$$0 \leq D < 1 \quad \text{und} \quad \delta \geq \frac{1}{2} \quad \text{sowie} \quad \beta \geq \frac{1}{4}\left(\delta + \frac{1}{2}\right)^2$$

erfüllt ist.

Wenn $\delta > \frac{1}{2}$ und $\beta = \frac{1}{4}(\delta + \frac{1}{2})^2$ gewählt werden, dann werden die Systemantworten der höheren Eigenformen zusätzlich künstlich gedämpft [Coo 95].

$(6.305)_2$ und (6.302) sind identisch, wenn $\delta = \frac{1}{2}$ gewählt wird. Wird in $(6.305)_1$ ein $\beta = 1/6$ eingesetzt, dann erhält man exakt (6.301), die mit dem direkten numerischen Integrationsverfahren Linear-Acceleration Method hergeleitet wurde. NEWMARK hat ürsprünglich als Methode der konst. mittleren Beschleunigung (Trapezregel) vorgeschlagen, dann wird $\delta = \frac{1}{2}$ und $\beta = \frac{1}{4}$ [Bat 86].

Anschließend sei noch vermerkt, daß bei der WILSON-THETA Method die Beschleunigung über das Zeitintervall von $t^{(s)}$ nach $t^{(s)} + \Theta\Delta t$ mit $\Theta \geq 1$ linear variiert (vgl. (6.293) und [Bat 86]). Die WILSON-THETA Method liefert mit $\Theta = 1$ das gleiche Ergebnis, wie die NEWMARK-BETA-Method mit $\delta = \frac{1}{2}$ und $\beta = \frac{1}{6}$.

6.9.3 CHOLESKY-Verfahren zur Lösung linearer Gleichungssysteme mit symm. Matrizen

Lineare Gleichungssysteme spielen in der Technik und Physik eine signifikante Rolle. Beispielweise treten sie bei statisch unbestimmten Systemen, bei Berechnungen von Netzwerken in der Elektrotechnik usw. auf. Zur Lösung dieser Gleichungssysteme können Iterationsverfahren oder Eliminationsverfahren angewandt werden [Ast 92], [EM 96], [Kle 99]. Das nach GAUSS benannte Eliminationsverfahren, der GAUSSsche Algorithmus, ist für das Lösen von linearen Gleichungssystemen ein wesentliches Hilfsmittel. Das betrachtete lineare Gleichungssystem hat die Form

$$\underline{\boldsymbol{A}}\, x = b \tag{6.306}$$

Gesucht sind alle Vektoren $\boldsymbol{x}$, die das Gleichungssystem erfüllen. Das Gleichungssystem ist inhomogen, wenn mindestens eine Komponente $b_i \neq 0$ ist. Wenn $\boldsymbol{b} = 0$, dann handelt es sich um ein homogenes Gleichungssystem. Das Eliminationsverfahren GAUSSscher Algorithmus wandelt durch gewisse Umformungen das gegebene Gleichungssystem (6.306) in ein einfacheres Gleichungssystem um. Das überführte einfachere Gleichungssystem muss dieselbe Lösungsmenge besitzen. Bei diesem Einblick wird zunächst vorausgesetzt, dass die Matrix $\underline{\boldsymbol{A}}$ quadratisch und nichtsingulär ist. Bei einer nichtsingulären $\underline{\boldsymbol{A}}$, auch reguläre Matrix bezeichnet, ist die Determinante det $\underline{\boldsymbol{A}} \neq 0$ und es existiert eine eindeutige Lösung des Gleichungssystems. Beim GAUSSschen Algorithmus wird durch einen fortgesetzten Eliminationsprozess der Unbekannten das Ausgangssystem in ein gestaffeltes umgewandelt. Beispielsweise wird die quadratische Matrix $\underline{\boldsymbol{A}}$ in eine Rechtsdreiecksmatrix $\underline{\boldsymbol{R}}$ (auch obere Dreiecksmatrix bezeichnet) mit $\mathrm{r}_{ik} = 0$ für $i > k$ umgewandelt. Durch Rückwärtseinsetzen lassen sich mit Hilfe des gestaffelten Systems die gesuchten Komponenten des Vektors $\boldsymbol{x}$ bestimmen. Diese Schritt für Schritt ausgeführten Rechenoperationen lassen sich hintereinanderschalten. Man gelangt so zu einer Verkettung aller Operationen. Diese Matrizenmanipulation wird als verketteter Algorithmus bezeichnet. Dabei wird die Matrix $\underline{\boldsymbol{A}}$ des Gleichungssystems (6.306) umgewandelt in das Produkt $\underline{\boldsymbol{A}} = \underline{\boldsymbol{L}}\ \underline{\boldsymbol{R}}$ einer Linksdreiecksmatrix $\underline{\boldsymbol{L}}$ (auch untere Dreiecksmatrix bezeichnet) mit $l_{ik} = 0$ für $i < k$ und einer Rechtsdreiecksmatrix $\underline{\boldsymbol{R}}$. Der Lösungsvektor $\boldsymbol{x}$ wird wie folgt bestimmt:

a) Für $\underline{\boldsymbol{A}}\,\boldsymbol{x} = \boldsymbol{b}$ wird $\underline{\boldsymbol{L}}\ \underline{\boldsymbol{R}}\,\boldsymbol{x} = \boldsymbol{b}$ geschrieben und das Produkt $\underline{\boldsymbol{R}}\,\boldsymbol{x} = \boldsymbol{y}$ bezeichnet,
b) durch Vorwärtseinsetzen wird die Gleichung $\underline{\boldsymbol{L}}\,\boldsymbol{y} = \boldsymbol{b}$ hinsichtlich $\boldsymbol{y}$ gelöst,
c) durch Rückwärtseinsetzen wird die Gleichung $\underline{\boldsymbol{R}}\,\boldsymbol{x} = \boldsymbol{y}$ hinsichtlich $\boldsymbol{x}$ gelöst.

Ist die Koeffizientenmatrix symmetrisch, wie das beispielsweise bei der Steifigkeitsmatrix der Fall ist, dann reduziert sich die Anzahl der Rechenoperationen auf etwa die Hälfte. Dies ist eine wesentliche Vereinfachung. So wird bei großen Matrizen die Rechenzeit signifikant verkürzt. Es genügt, die Anzahl der Koeffizienten oder Elemente der Matrix des oberen Dreiecks einschließlich der Diagonalelemente zu speichern. Unter der Voraussetzung daß sämtliche Diagonalelemente positiv sind, ist die symmetrische Matrix positiv definit ($\boldsymbol{x}^T \underline{\boldsymbol{A}}\,\boldsymbol{x} > 0$) und damit streng regulär ($det\underline{\boldsymbol{A}} > 0$). Dies ist bei vielen Anwendungen der Fall, siehe beispielsweise (6.47)

Bei dem CHOLESKY-Verfahren wird anstelle des Ansatzes $\underline{\boldsymbol{A}} = \underline{\boldsymbol{L}}\ \underline{\boldsymbol{R}}$ der Ansatz $\underline{\boldsymbol{A}} = \underline{\boldsymbol{R}}^T\,\underline{\boldsymbol{R}}$ benutzt. Das gegebene Gleichungssystem $\underline{\boldsymbol{A}}\,\boldsymbol{x} = \boldsymbol{b}$ besitzt eine symmetrisch, positiv definite Matrix $\underline{\boldsymbol{A}} = (a_{ik})$, $i, k = 1, 2, \ldots, n$ und einen Vektor $\boldsymbol{b} = (b_i), i = 1, 2, \ldots, n$. Der gesuchte Lösungsvektor $\boldsymbol{x} = (x_i), i = 1, 2, \ldots, n$ lässt sich mit den nacheinander folgenden Schritten bestimmen:

a) Die Faktorisierung $\underline{\boldsymbol{A}} = \underline{\boldsymbol{R}}^T\underline{\mathbf{R}}$ für jedes $j = 1, 2, \cdots, n$

$$r_{jj} = \sqrt{a_{jj} - r_{1j}^2 - r_{2j}^2 - \cdots - r_{i-1,j}^2} = \sqrt{a_{jj} - \sum_{i=1}^{j-1} r_{ij}^2} \tag{6.307}$$

und für jedes $k = j + 1,\ j + 2, \ldots, n$

$$r_{jk} = \frac{1}{r_{jj}} \left[a_{jk} - r_{1j}r_{1k} - r_{2j}r_{2k} - \cdots - r_{j-1,j}r_{j-1,k}\right] = \frac{1}{r_{jj}} \left[a_{jk} - \sum_{i=1}^{j-1} r_{ij}r_{ik}\right] \tag{6.308}$$

b) Vorwärtselimination $\underline{\boldsymbol{R}}^T \boldsymbol{y} = \boldsymbol{b}$ für jedes $j = 1, 2, \ldots, n$

$$y_j = \frac{1}{r_{jj}} \left[b_j - \sum_{i=1}^{j-1} r_{ij} y_i \right] \tag{6.309}$$

c) Rückwärtselimination $\underline{\boldsymbol{R}}\, \boldsymbol{x} = \boldsymbol{y}$ für jedes $j = 1, 2, \cdots, n$

$$\boldsymbol{x}_n = \frac{y_n}{r_{nn}} \tag{6.310}$$

und für jedes $i = n-1, n-2, \ldots, 1$

$$x_i = \frac{1}{r_{ii}} \left[y_n - \sum_{k=i+1}^{n} r_{ik} x_k \right] \tag{6.311}$$

Für die Koeffizientendeterminante gilt:

$$\det \underline{\boldsymbol{A}} = \det \left(\underline{\boldsymbol{R}}^T \right) \det \underline{\boldsymbol{R}} = (\det \underline{\boldsymbol{R}})^2 = (r_{11} r_{22} r_{33} \ldots r_{nn})^2 \tag{6.312}$$

Das CHOLESKY-Verfahren soll nun an zwei Beispielen demonstriert werden

Beispiel 1
Für das gegebene Gleichungssystem soll der Lösungsvektor $\boldsymbol{x}$ bestimmt werden.

$$\begin{bmatrix} 0,8 & -0,4 & 1,2 & 0,4 \\ -0,4 & 3,4 & -2,2 & 3,8 \\ 1,2 & -2,2 & 4,4 & -3,8 \\ 0,4 & 3,8 & -3,8 & 8,6 \end{bmatrix} \begin{bmatrix} x_1 \\ x_2 \\ x_3 \\ x_4 \end{bmatrix} = \begin{bmatrix} 6 \\ -7 \\ 14 \\ -5,8 \end{bmatrix} \tag{6.313}$$

Die einzelnen Rechenoperationen (6.307) bis (6.311) werden nacheinander in Tabellenform durchgeführt. Aus Symmetriegründen genügt es, die obere Dreiecksmatrix von $\underline{\boldsymbol{A}}$ anzuschreiben. In Tab. 3.3a ist die Verkettung der Rechenoperationen schematisch für j = 3 und k = 4 dargestellt.

Das Ergebnis $\boldsymbol{x}^T = (1,99925, -1,00015, 3,00035, 1,00026)$ stimmt mit der exakten Lösung $\boldsymbol{x}^T_{\text{exakt}} = (2, -1, 3, 1)$ trotz geringer Stellengenauigkeit und kleiner $\det \underline{\boldsymbol{A}} = 0,7373$ sehr gut überein.

			$j=3$	$k=4$		
$\underline{A}$ =	0,8	-0,4	1,2	0,4		
		3,4	-2,2	3,8		
$j=3$	symmetrisch		a_{33} = 4,4	a_{34} = -3,8		
				8,6		
$\underline{R}$ =	0,89443	-0,44721	r_{13} = 1,34164	r_{14} = 0,44721	6,70818	1,99925
		1,78886	r_{23} = 0.89443	r_{34} = 2,23607	-2,23608	1,00015
$j=3$		0	r_{33} = 1,34164	r_{34} = -1,78885	2,23608	3,00035
	0		0	0,44722	0,44733	1,00026
b^T =	6	-7	14	-5,8	$y = \underline{R}^T b$	$x = \underline{R}\, y$

Bild 6.42: Berechnungsschema zur Bestimmung des Lösungsvektors $\boldsymbol{x}$ von (6.313) mit dem CHOLESKY-Verfahren

Beispiel 2

Das Gleichungssystem (6.47) soll nun mit dem CHOLESKY-Verfahren gelöst werden (vgl. Bild 6.43).

Das Ergebnis (6.43) stimmt mit dem der Lösung von (6.47) überein. Das Verhältnis des

$\underline{K}$ =	2000	-2000	0		
		4750	-800		
	symmetrisch		1250		
$\underline{R}$ =	44,721	-44,721		22,361	$_5$ = 1,5188 *mm*
	0	52,440	-15,255	19,069	$_3$ = 1,0188 *mm*
	0		31,894	71,828	$_4$ = 2,2250 *mm*
F =	1000	0	2000	$y = \underline{R}^T F$	$\underline{R}\, y$

Bild 6.43: Berechnung des Lösungsvektors $\boldsymbol{\delta}$ des Gleichungssystems (6.47) mit dem CHOLESKY-Verfahren. Aus Übersichtlichkeit werden die Dimensionen weggelassen

größten und kleinsten Diagonalelements der Steifigkeitsmatrix $\underline{\boldsymbol{K}}$ ist relativ klein und die Determinante $\det \underline{\boldsymbol{K}} = 273,49$. Die vorgenommene Bandbreitenoptimierung wirkt sich zusätzlich positiv auf den Speicherbedarf und somit auf die Rechenzeit aus. Das CHOLESKY-Verfahren ist numerisch recht stabil. Treten sehr kleine Diagonalelemente auf, dann ist die Koeffizientenmatrix fast singulär. Dies kann zu einem erheblichen Stellenverlust führen. Das Ergebnis der praktischen Berechnung ist somit in Frage gestellt. Auch bei sogenannten bösartigen (ill conditioned) Systemen liefert das CHOLESKY-Verfahren noch befriedigende Lösungen [ZRF 84]. Abschließend sei noch darauf hingewiesen, dass sich durch Zerlegung $\underline{\boldsymbol{A}} = \underline{\boldsymbol{R}}^T \underline{\boldsymbol{D}}\ \underline{\boldsymbol{R}}$ oder $\underline{\boldsymbol{A}} = \underline{\boldsymbol{R}}^T \underline{\boldsymbol{D}}^{1/2} \underline{\boldsymbol{D}}^{1/2} \underline{\boldsymbol{R}}$ das Prinzip des CHOLESKY-Verfahren in einer weiteren Form darstellen lässt. Dabei ist $\underline{\boldsymbol{D}} = diag.(d_{ii})$ eine Diagonalmatrix. Eine ausführlichere Beschreibung der Eliminationsverfahren für das Lösen von linearen Gleichungssystemen wird u.a. in [EM 96], [ZRF 84] und [Sch 84] gegeben.

6.10 Einblick in die nichtlineare Finite-Element-Methode

6.10.1 Einleitung

In der Elastizitätstheorie der 1. Ordnung werden die Strukturgleichungen an der unverformten Struktur aufgestellt. Die berechneten Verformungen (räumliche Ausrichtung, siehe theoretische Grundlagen) müssen so klein sein, dass Steifigkeits- und Laständerung ignoriert werden können. Falls dies nicht der Fall ist, dann kann die Änderung der räumlichen Ausrichtung nicht mehr vernachlässigt werden. Mit Hilfe des GREEN-LAGRANGEschen und EULER-ALMANSIschen Verzerrungstensor, und den dazu konjugierten PIOLA-KIRCHHOFFschen und CAUCHYschen Spannungstensoren lassen sich die finiten lokalen Geometrieänderungen während der Strukturanalyse ermitteln (vgl. theoretische Grundlagen).

Die Generierung eines FE-Modells, welches das tatsächliche reale Strukturverhalten rechnerisch möglichst seriös vorhersagt bzw. wiedergibt, ist die schwierigste Aufgabe des FE-Software-Anwenders. Dabei ist u.a. von großer Bedeutung, wie genau die Geometrie, das Materialverhalten und die Einspann- und Übergangsbedingungen vom idealisierten FE-Modell erfasst werden. Die Wahl der Elementtypen und das Setzen der Elementoptionen, das generierte FE-Netz und das gewählte Rechenverfahren sind für das Rechnerergebnis von großer Bedeutung. Eine reale Struktur ist im allgemeinen nichtlinear. Ob die Approximation einer nichtlinearen Struktur durch ein lineares Rechenmodell (analytisches Rechenmodell oder FE-Modell) zulässig ist, hängt u.a. von der Verformung, vom Lasteintrag und geometrischer Idealisierung ab.

6.10.2 Arten der Nichtlinearitäten

In der Strukturmechanik lässt sich das nichtlineare Strukturverhalten wie folgt einteilen (vgl. Bild 6.2):

- geometrische Nichtlinearität,
- nichtlineares Materialverhalten und
- Kontaktprobleme.

Geometrische Nichtlinearitäten können bei großen Verformungen eine signifikante Veränderung der Geometrie hinsichtlich räumlicher Orientierung hervorrufen, und so müssen die Geometrieform (Länge, Fläche, Dicke oder Volumen) und die Lastrichtungsänderung berücksichtigt werden. Dies hat zur Folge, dass sich eine nicht konstante Struktursteifigkeitsänderung einstellt, die progressiv oder degressiv sein kann.

Das nichtlineare Materialverhalten ist ein weiteres wichtiges Gebiet in der Nichtlinearität. Das Materialverhalten Dehnung zu Spannung kann z.B. elastisch nichtlinear, hyperelastisch, plastisch, temperaturabhängig, viskoelastisch usw. sein. Für die einzelnen Materialverhalten stehen entsprechende Materialgesetze zur Verfügung (vgl. theoretische Grundlagen).

Kontaktprobleme werden hervorgerufen durch Änderungen der Randbedingungen, z.B. durch Anschlagen von Strukturen, Kontakt durch Zähnräder, Schrumpfprobleme, erzwungenen Kontakt usw. Für die Lösung von Kontaktproblemen stehen spezielle Gap-Elemente zur Verfügung.

6.10.3 Grenzen der Elastizitätstheorie der 1. Ordnung (Beispiele)

Neben den vorher aufgezählten offensichtlichen Grenzen der linearen Elastizitätstheorie gibt es noch weitere Einschränkungen der Elastizitätstheorie der 1. Ordnung, die anhand von Beispielen in diesem Kapitel exemplarisch aufgezeigt werden sollen. Der Anwender der FEM sollte u.a. bei der Generierung seines FE-Modells sowie bei der Elementwahl mit den nachfolgend angesprochenen Problemen vertraut sein.

In der Regel werden bei Ingenieurproblemen (allgemeine Festigkeitslehre) die lokalen nichtlinearen Einflüsse z.B. infolge einer Punktkraft nicht berücksichtigt. In hinreichender Entfernung sind lokale Störungen abgebaut (Prinzip von DE SAINT-VÉNANT). Bei einem Balken liegt diese Entfernung etwa in der Größe der Balken-Querschnittsabmessungen [Sza 75].

Die Balken- und Plattentheorie erlaubt ein räumliches Problem (Volumen oder 3D-Problem) auf ein Linienproblem (einachsiges oder 1D-Ersatzmodell) oder auf ein Flächenproblem (2D-Ersatzmodell) zurückzuführen. Der Balken soll dabei lang und schlank und die Plattendicke gegenüber der Flächenausdehnung klein sein. Unter diesen Umständen sind die Einschnürungen zur Balkenquerschnitts - und Plattenmittelfläche klein, d.h. die Schubverformung über die Balkenhöhe und Plattendicke wird vernachlässigt. Die klassische BERNOULLI-EULER-Balken-Theorie oder kurz Balkentheorie wurde für lange schlanke und gerade Balken mit beliebigen Querschnitten hergeleitet. Dabei stehen die Querschnittsflächen vor und nach der Verformung senkrecht auf der Schwerpunktlinie (neutrale Faser) bzw. neutralen Ebene. Sind jedoch Bauteile kurz und gedrungen oder die Querschnittsprofile dünnwandig, dann kann der Schubeinfluss nicht mehr vernachlässigt werden. Bei Berücksichtigung des Schubeinflusses ist ein Balken nicht mehr schubstarr, und die Durchbiegung wird dann größer. Ist ein Balken nicht lang und schlank, dann kann infolge des Schubeinflusses ein Ebenbleiben der Querschnitte nicht erwartet werden, und es ist anstelle der BERNOULLI-EULER-Balken-Theorie die Theorie von TIMOSHENKO bzw. die TIMOSHENKO-Balken-Theorie anzuwenden. Ferner ist zu beachten, ob das gewählte FE-Balkenelement den Einfluss berücksichtigt, dass ggf. Flächenschwerpunkt und der Schubmittelpunkt nicht identisch sind (vgl. u.a. [Ger 99] und [Küh 00]).

Nach [Roa 75] ist ein Balken gerade oder beinahe gerade, wenn die Krümmung in der Biegeebene und der Krümmungsradius R des unverformten Balken mindestens 10 mal größer ist als die Balkenhöhe h. Ein Metall-Balken ist lang, wenn bei kompakten Querschnitten das Verhältnis Balkenlänge l zu Balkenhöhe h mindestens 8 und bei Balken mit dünnwandigen Profilen mindestens 15 ist. Bei einem Rechteckbalken mit einer Balkenlänge größer als die fünffache Höhe des Querschnittes beträgt die Schubabsenkung nur ungefähr 3 % des Biegeanteils. Der Schubkorrekturfaktor κ = Schubfläche/Gesamtfläche ist bei einem Rechteck $\kappa = 5/6$, bei einem Kreisquerschnitt $\kappa = 9/10$ und einem Rohr $\kappa = 1/2$. Im praktischen Fall lässt sich der Schubkorrekturfaktor κ vereinfacht mit den Teilflächen einer zusammengesetzten Querschnittsfläche bestimmen. Mit Hilfe einer Plausibilitätsbetrachtung werden die Teilflächen, die hauptsächlich an der Schubübertragung infolge Querkraft beteiligt sind, ins Verhältnis zum Gesamtquerschnitt gesetzt. Z.B. lassen sich für ein I-Profil die Schubkorrekturfaktoren κ_y und κ_z vereinfacht wie folgt bestimmen.

a) Querkraft in Stegrichtung des I-Profils:

$$\kappa_y \approx \frac{A_y}{A_{ges}} = \frac{\text{Stegfläche} \cdot \text{des} \cdot \text{I-Profils}}{\text{Gesamtfläche} \cdot \text{des} \cdot \text{I-Profils}} \tag{6.314}$$

und

b) Querkraft in Flanschrichtung des I-Profils:

$$\kappa_z \approx \frac{A_z}{A_{ges}} = \frac{2 \cdot \text{mal} \cdot \text{Flanschfläche} \cdot \text{des} \cdot \text{I-Profils}}{\text{Gesamtfläche} \cdot \text{des} \cdot \text{I-Profils}} \tag{6.315}$$

Wobei A_y und A_z die entsprechenden Schubflächen sind.

Wird eine Struktur u.a. aus Kostengründen vereinfacht im FE-Modell mit Balken- und/oder Stabelementen abgebildet, dann werden natürlich lokale Spannungsüberhöhungen z.B. durch Kerben oder Schweißnahtverbindungen nicht erfasst. Durch das richtige Setzen der Elementknoten werden u.a. auch an diesen Stellen die Knotenkräfte berechnet. Sie stehen dann für eine anschließende analytische lokale Spannungsberechnung [Ste 97] oder für ein detailliertes, mehrachsiges Sub-FE-Modell zur Verfügung.

Die von de SAINT-VÉNANT entwickelte Torsionstheorie wurde für kreiszylindrische Querschnitte entwickelt und berücksichtigt die Verwölbung der Querschnitte nicht. Ist ein auf Torsion belasteter realer Balken oder Torsionsstab kurz und/oder die Querschnitte sind nicht kreisrund und/oder offen und dünnwandig, dann kann bei Anwendung der ST.-VENANTschen Torsionstheorie im FE-Modell die Abweichung zwischen dem Rechenergebnis und dem tatsächlichen Strukturverhalten beachtlich sein [Ger 99], [Göl 91], [Küh 00], [Sza 75], [Sza 77], [Tim 82] und [F. 85]. In [GHSW 95] werden u.a. die Anwendungsgrenzen der St.-Venantschen Torsionstheorie aufgezeigt und in [Roa 75] für eine Anzahl von Beispielen die entsprechenden Berechnungsformeln angegeben.

Bei dünnen schubstarren Platten wird die Plattendurchbiegung mit der klassischen Kirchhoffschen Plattentheorie (Theorie der dünnen Platten mit kleiner Durchbiegung) ermittelt. Für eine lineare Analyse sollten folgende Annahmen eingehalten werden ([Coo 95], [Roa 75]):

1. Die Platte ist eben und deren Dicke ist konstant
2. Der Plattenwerkstoff ist homogen und isotrop
3. Die Plattendicke t ist ungefähr oder kleiner als $1/10$ Plattenlänge oder -breite
4. Die maximale Plattendurchbiegung w ist nicht größer als die halbe Plattendicke ($w < t/2$), und die Durchbiegung wird von der Mittelebene beschrieben (Verformung in Plattenhöhe ist klein bzw. vernachlässigbar)
5. Die Streckgrenze wird nicht überschritten
6. Die Plattenmittelebene ist spannungsfrei
7. Die Plattenquerschnitte stehen vor und nach der Verformung (Biegung) normal zur Plattenmittelebene

Allein wenn schon die Plattendurchbiegung größer als die Hälfte der Plattendicke ist, dann wird die rechnerisch vorhergesagte Plattendurchbiegung mit der linear-elastischen Analyse falsch. D.h., nur eine nichtlineare Berechnung kann Abhilfe schaffen.

Die Schubverformung wird bei der KIRCHHOFFschen Plattentheorie nicht berücksichtigt. Ab einer Plattendicke $t > 1/10$ Plattenlänge kann die Schubverformung signifikant sein. Die von MINDLIN entwickelte Plattentheorie (MINDLIN Plate Theory) ist alternativ anzuwenden, denn sie berücksichtigt die Schubverformung [2].

Bei dünnwandigen Rohrleitungen und Behältern ist bei Anwendung der ,,Kesselformel“ das Verhältnis Wanddicke/Rohr- Behälterdurchmesser zu beachten. Die Annahme einer gleichmäßig verteilten Spannungsverteilung über die Wanddicke ist ab dem Verhältnis Wandstärke/Durchmesser $< 0,1$ nicht mehr zulässig. Ab dem Wandstärke/ Durchmesser-Verhältnis $> 0,1$ ist bei Anwendung der ,,Kesselformel“ der Fehler $> 10\%$ gegenüber der Lösung mit dickwandigen Rohrleitungen und Behältern.

6.10.4 Einführung in die iterative Lösungsmethode für nichtlineare Probleme

In Kapitel 6.9 wurde eine Kurzeinführung in die Quadraturformel von GAUß zur Ermittlung von Steifigkeitskomponenten und in die direkte numerische Integration von Zeitverläufen gegeben. In diesem Kapitel wird für nichtlineare Probleme, wie sie in der statischen Analyse vorkommen, eine Einführung in die numerische Integration gegeben.

Es gibt eine Anzahl von verschiedenen numerischen Verfahren zur Lösung nichtlinearer Probleme mit der FEM. Um das Verfahren erfolgreich einsetzen zu können, sind u.a. eine iterative Lösungsmethode, die gleichzeitig einen Satz nichtlinearer Gleichungen löst, eine Prozess-Steuerung, die das Systemgleichgewicht herstellt, und ein Konvergenzkriterium erforderlich. Das Inkrement der äußeren Kraft (Force Control) oder Verrückung/Weg (Displacement Control) steuert den Iterations-Prozess. Dabei wird diese äußere Belastung als Zeitfunktion eingegeben. Bei jedem Zeitschritt muss sich ein Gleichgewicht zwischen den äußeren und inneren Systemgrößen einstellen. Bei der Wegsteuerung kann der Snap-Back-Effekt und bei der Kraftsteuerung der Snap-Through-Effekt auftreten, die zum Abbruch der numerischen Berechnung führt (vgl. Bilder 6.44 und 6.46). Bei Knick- und Beulproblemen treten solche Effekte auf, diese lassen sich mit der Arc-Length-Control-Technik lösen. Für die Force-Control stehen i.d.R. das NEWTON-RAPHSON-, das Modified-NEWTON-RAPHSON- und Quasi-NEWTON-Verfahren zur Verfügung.

6.10.5 NEWTON-RAPHSON-Verfahren

In diesem Kapitel wird anhand einer geometrischen Nichtlinearität mit degressiver quadratischer Federkennlinie (vgl. Bild 6.44) das NEWTON-RAPHSON-Verfahren demonstriert. Beim NEWTON-RAPHSON-Verfahren wird zu jedem Iterationsschritt die Gesamtsteifigkeit neu berechnet. Beim Modified-NEWTON-RAPHSON-Verfahren wird die Gesamtsteifigkeit nur zu jedem Inkrement (Zeitschritt) neu berechnet, d.h. im Gegensatz zum NEWTON-RAPHSON-Verfahren bleibt innerhalb eines Zeitschrittes beim Modified-NEWTON-RAPHSON-Verfahren die Gesamtsteifigkeit während des Iterationsprozesses konstant.

Zu jedem Zeitschritt Δt muss bei der nichtlinearen statischen Analyse der Vektor der äußeren einwirkenden Knotenkräfte $\boldsymbol{f}_a^{(t+\Delta t)}$ mit den inneren generierten Knotenkräften $\boldsymbol{f}_e^{(t+\Delta t)}$

$$\boldsymbol{f}_a^{(t+\Delta t)} - \boldsymbol{f}_e^{(t+\Delta t)} = 0 \qquad (6.316)$$

im Gleichgewicht sein. Da zur Zeit $t + \Delta t$ die inneren Knotenkräfte $\boldsymbol{f}_e^{(t+\Delta t)}$ von der Knotenverschiebung $\boldsymbol{u}^{(t+\Delta t)}$ abhängen, ist ein iterativer Prozess nötig. Zu jedem Iterationsschritt i lässt sich der Fehler $\Delta\boldsymbol{R}_{(i)}$innerhalb eines Zeitschritts Δt berechnen.

$$\Delta R_{(i)} = \boldsymbol{f}_a^{(t+\Delta t)} - \boldsymbol{f}_{e(i)}^{(t+\Delta t)} \qquad (6.317)$$

In der nachfolgenden Herleitung des NEWTON-RAPHSON-Verfahrens wird wegen der Übersichtlichkeit auf die Zeitangabe $t + \Delta t$ verzichtet. Denn innerhalb eines Zeitschrittes Δt erfolgt der nachfolgend im Detail beschriebene iterative Prozess, dazu wurde das Beispiel mit einer quadratischen Federkennlinie gewählt (vgl. (6.316) und Bild 6.44). Ist dieser

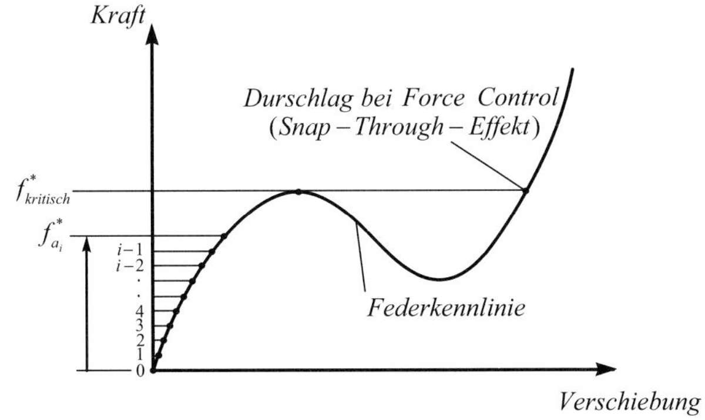

Bild 6.44: Iterative Force-Control-Lösungsmethode

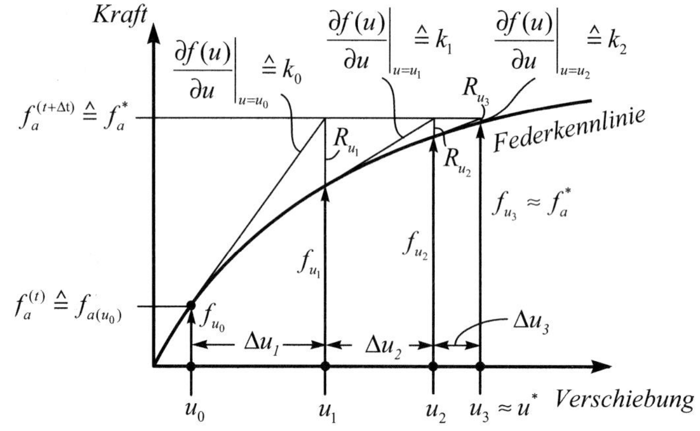

Bild 6.45: Stückweise Linearisierung einer nichtlinearen Federkennlinie

iterative Prozess in einem Zeitbereich erfolgreich abgeschlossen, dann erfolgt der nächste iterative Prozess im nächsten Zeitbereich usw. (vgl. Bild 6.45 und Tabelle 6.5).

Es wird angenommen, dass eine Zugfeder mit nichtlinearer Kennlinie an einem Ende eingespannt ist und am anderen Ende mit einer Zugkraft belastet wird. Es stellt sich die Frage, bei welchem Federweg u^* stellt sich ein Gleichgewicht zwischen der äußeren $\boldsymbol{f}_a^*$ mit der inneren $\boldsymbol{f}_e^*$ Zugkraft ein (vgl. (6.316))? Ausgehend von dem Startpunkt $u_{(0)}$ wird die Struktur mit einer Kraft $\boldsymbol{f}_e^*$ belastet und stückweise linearisiert (vgl. Bild 6.45).

Laut Vorgabe soll der nichtlineare Zusammenhang für den eindimensionalen Fall sein

$$f_a(u) = \alpha(u - \beta u^2) \tag{6.318}$$

Die Ableitung der Kraft f_a nach dem Weg u ergibt die Federsteifigkeit k, und es wird:

$$\frac{\partial f_a}{\partial u} = \alpha(1 - 2\beta u) = k \tag{6.319}$$

Entsprechend Bild 6.45 lässt sich für den ersten Iterationsschritt i schreiben:

$$f_a(u_0) + \frac{\partial f_a}{\partial u}|_{u=u_0}(u_1 - u_0) = f_{u_1} + R_{u_1} \tag{6.320}$$

oder allgemein

$$f(u_i - 1) + \frac{\partial f_a}{\partial u}|_{u_{i-1}}(u_i - u_{i-1}) = f_{u_i} + R_{u_i} \tag{6.321}$$

mit i = 1, 2, 3, ...

Die linke Seite von (6.321) entspricht der TAYLOR-Reihenentwicklung, die nach dem ersten bzw. linearen Glied abgebrochen wurde. Die höheren Glieder sind nicht berücksichtigt und sind im Rest R_{u_i} enthalten. Die Beziehung

$$\frac{\partial f_a}{\partial u}|_{u_{i-1}} = k_{(u_i-1)} \tag{6.322}$$

ist die Tangentensteifigkeit und entspricht im allgemeinen der Tangentialsteifigkeitsmatrix. (6.321) wird unter Beachtung von(6.322) nach dem Zuwachs des Federweges umgestellt.

$$\Delta u_i = u_i - u_{i-1} = \frac{1}{\frac{\partial f_a}{\partial u}|_{u_{i-1}}}[f_{u_i} + R_{u_i} - f_{(u_{i-1})}] = [k_{(u_{i-1})}]^{-1}[f_{u_i} + R_{u_i} - f_{(u_{i-1})}] \tag{6.323}$$

Nach Bild 6.45 ist $f_a^* = f_{u_i} + R_{u_i}$ und man erhält

$$\begin{aligned} &\Delta u_i = [k_{(u_{i-1})}]^{-1}[f_a^* - f_{(u_{i-1})}] \\ &\text{oder} \\ &u_i = u_{i-1} + [k_{(u_{i-1})}]^{-1}[f_a^* - f_{(u_{i-1})}] \end{aligned} \tag{6.324}$$

Wenn zu jedem Iterationsschritt i die Werte aus dem vorherigen Iterationsschritt i-1 bekannt sind, dann kann man mit (6.324) entweder den Zuwachs des Federwegs oder einen neuen Federweg berechnen.

Für den nichtlinearen Zusammenhang nach (6.318) und mit den gewählten Werten

$$\begin{aligned} \alpha &= 3300N/mm \\ \beta &= 0,803mm^{-1} \\ u_0 &= 0mm \\ f_0 &= 0N \quad \text{und} \\ f_{a1}^* &= 1000N \end{aligned}$$

soll für den ersten Zeitschritt der Weg $u_1^* \approx u_{i,1}$ bei einem möglichst kleinen Fehler bestimmt werden.

Zunächst sind noch neben den bekannten Startwerten u_0, f_0 und f_{a1}^* die noch unbekannte Tangentensteifigkeit mit (6.319) zu ermitteln.

$$k_0 = \alpha(1 - 2\beta u_0) = 3300\frac{N}{mm}\left(1 - 2\frac{0,803}{mm}0mm\right) = 3300\frac{N}{mm}$$

Mit diesen Werten lässt sich der Iterationsprozess mit $(6.324)_2$ starten.

<u>1. Iterationsschritt i = 1</u>

Mit $(6.324)_2$ wird:

$$u_1 = u_0 + [k_0]^{-1}[f_{a1}^* - f_0] = 0mm + \frac{1000N - 0N}{3300\frac{N}{mm}} = 0,303mm$$

Das Ergebnis wird in (6.318) eingesetzt, und man erhält:

$$f_1 = 3300\tfrac{N}{mm}(0,303mm - \frac{0,803}{mm}(0,303mm)^2) = 756N$$

Dies ergibt einen Fehler (vgl. (6.317))

$$\Delta R_1 = f_{a1}^* - f_1 = 1000N - 756N = 244N$$

Der Fehler ist zu groß, und es ist ein weiterer Iterationsschritt erforderlich. Berechnung der Tangentensteifigkeit

$$k_1 = 3300\tfrac{N}{mm}(1 - 2\frac{0,803}{mm}0,303mm) = 1694\frac{N}{mm}$$

<u>2. Iterationsschritt i = 2</u>

Mit $(6.324)_2$ und (6.318) wird

$$u_2 = u_1 + [k_1]^{-1}[f_{a1}^* - f_1] = 0,303mm + \frac{1000N - 756N}{1694\tfrac{N}{mm}} = 0,447mm$$

$$f_2 = \alpha(u_2 - \beta u_2^2) = 3300\frac{N}{mm}\left(0,447mm - \frac{0,803}{mm}(0,477mm)^2\right) = 945,5N$$

ergibt sich ein Fehler

$$\Delta R_2 = 1000N - 945,5N = 54,5N$$

$$k_2 = 3300\frac{N}{mm}\left(1 - 2\frac{0,803}{mm}0,447mm\right) = 930\frac{N}{mm}$$

Der Fehler ist immer noch zu groß. Ein neuer Iterationsschritt muss gestartet werden. Der Iterationsprozess wird so lange durchgeführt, bis der Fehler innerhalb der Iterationsschranke liegt, bzw. das vorgegebene Konvergenzkriterium erfüllt ist. In Tabelle 6.5 sind die Ergebnisse des gesamten Iterationsprozesses aufgelistet. Bild 6.46 stellt dies graphisch dar. Nach 7 Iterationsschritten ist der Iterationsprozess abgeschlossen, der Fehler $\Delta R_{(7)} \leq 0,000383N$. Nach dem Unterschreiten des Konvergenzkriteriums wird für den nächsten Zeitschritt der Iterationsprozess wieder gestartet. Dieser Vorgang wird bei gegebener Konvergenz so lange wiederholt, bis der Gesamtprozess abgeschlossen ist.

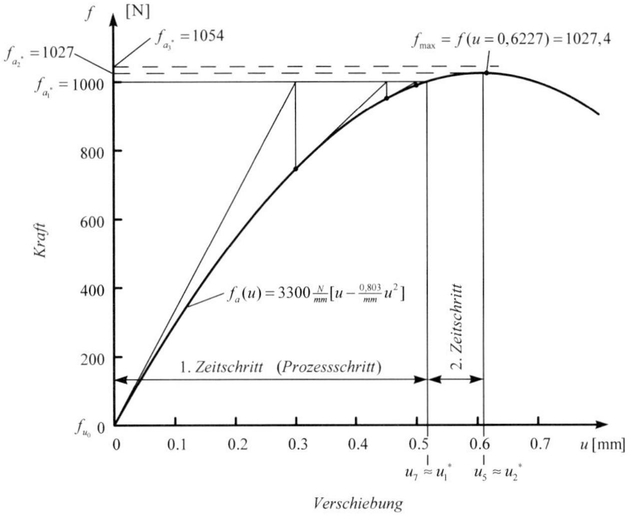

Bild 6.46: Iterationsprozess nach dem NEWTON-RAPHSON-Verfahren (vgl.Tabelle 6.5)

Mit den berechneten Endwerten des 1. Zeitschrittes liegen diese als bekannte Startwerte für den 2. Zeitschritt vor. Bei gewählter äußerer Belastung $f_{a2} = 2000N$ (gewählte Schrittweite $\Delta f_a = 1000N$) kann der iterative Prozess neu gestartet werden. Wie noch gezeigt wird, kann der iterative Prozess mit $\text{f}_{a2} = 2000$ N nicht konvergieren. Für die Fortführung des iterativen Prozesses wird nun der Belastungszuwachs reduziert, und zwar soll $\Delta\text{f}_a = 27$ N sein. Für die Fortführung des NEWTON-RAPHSON-Verfahrens sind die äußeren Knotenkräfte $f_{a2} = 1027N$, $f_{a3} = 1054N$ usw. Bei einem Fehler $\Delta R_{(5)} \leq 0,002N$ wird der 2. Zeitschritt beendet und der dritte Zeitschritt gestartet. Dieser wird bereits nach der ersten Iterationsschleife wegen berechneter negativer Federsteifigkeit abgebrochen. Die Ergebnisse sind in der Tabelle 6.5 zusammenstellt.

Die Ursache für den Abbruch liegt darin, daß die äußere Knotenkraft bei der Verschiebung $u = 0,622665$ mm ein Maximum mit $F_{max} = 1027,3972N$ hat. Ein Gleichgewicht zwischen der äußeren Knotenkraft $f_{a3}^* = 1054N$ und der inneren Knotenkraft ist nicht möglich (siehe Bild 6.46). Das Verfahren kann im dritten Zeitschritt nicht mehr konvergieren. Nach dem Verschiebungspunkt $u = 0,622665$ kommt es zu einem sogenannten Durchschlageffekt, und es sind andere Strategien anzuwenden (vgl. [Coo 95], [Wri 01], [Bat 86], [BKLM 01]).

Der hier gezeigte Iterationsprozess ist konstruiert und erreicht mit Taschenrechnergenauigkeit eine gute Konvergenz in den ersten zwei Zeitschritten.. Es sei noch darauf hingewiesen, dass nicht jeder Iterationsprozess konvergiert, auch wenn kein Durchschlageffekt auftritt. Insbesondere tritt dies ein, wenn bei deutlicher Steifigkeitsänderung die Zeitschritte (Lastzuwachs) zu groß gewählt werden. Eine nichtlineare Berechnung bedarf einer großen Erfahrung. Wenn eine nichtlineare Berechnung durchgeführt werden soll, dann sollte man grundsätzlich zuerst das Rechenmodell einer linear-elastischen Analyse hinsichtlich Modellierungsfehler und Grenzen des linear-elastischen Strukturverhaltens verifizieren. Dadurch lassen sich wertvolle Bearbeitungs- und Rechenzeiten einsparen.

Tabelle 6.5: Iterative nichtlineare Berechnung (vgl. (6.318)) mit dem NEWTON RAPHSON-Verfahren

1. Zeitschritt mit f^*_{a1} = 1000 N				
Iterationsschritt	u_{i-1} in mm	u_i in mm	f_i in N	k_i in N/mm
0	-	0	0	3300
1	0	0,303	756	1694
2	0,303	0,447	945,5	930
3	0,447	0,5056	991	620
4	0,5056	0,5201	999,477	543,574
5	0,5201	0,5211	1000,17	538,274
6	0,5211	0,520784	999,8915	539,94897
7	0,520784	0,52098436	1000,000382	538,8870889
Theo. Wert		0,520984236	1000,000000	538,8870889
Absoluter Fehler		$< 1{,}34\ 10^{-7}$	$< 3{,}83\ 10^{-3}$	$< 1{,}0\ 10^{-8}$

2. Zeitschritt mit f^*_{a2}= 1027 N				
Iterationsschritt	u_{i-1} in mm	u_i in mm	f_i in N	k_i in N/mm
0	-	0,52098436	1000,000382	538,8870889
1	0,52098436	0,572116	1020,36	272,935
2	0,572116	0,59776	1025,75	131,9915
3	0,59776	0,6072	1026,67	81,961
4	0,6072	0,611226	1027,0505	60,6244
5	0,611226	0,6103930	1026,99818	65,055078
Theo. Wert		0,610425	1027,000	64,869585
Absoluter Fehler		< 0,0008	< 0,00182	< 0,18549

3. Zeitschritt mit f^*_{a3}= 1054 N				
Iterationsschritt	u_{i-1} in mm	u_i in mm	f_i in N	k_i in N/mm
0	0	0,6103930	1026,99818	65,055078
1	0,6103930	1,0254539	2563,76401	-2134,700
Abbruch, da das iterative Verfahren nicht konvergiert und die Steifigkeitsmatrix negativ ist!				

7 Elementwahl, Transfer von CAD- und Messdaten in ein FE-Programm

Am Beginn der kommerziellen FE-Anwendung vor ca. 35 Jahren musste der Anwender die FE-Daten, wie z.B. Knoten, Elemente, Materialdaten usw. seines FE-Modells, mühsam per Lochkartenstanzer in Lochkarten einstanzen. Bei einem komplexen Modell konnten dies mehrere tausend Lochkarten sein. Die in die Lochkarten eingestanzten Informationen wurden dann mittels eines Lochkartenlesers in den Computer übertragen. Entsprechend der Auslastung des Rechners erhielt man dann nach geraumer Zeit seinen mehr oder weniger fehlerbehafteten Output und nach einigen Iterationsschleifen einen fehlerfreien Output. Meist musste man den Lochkartenstapel und den Output in einem extra dafür eingerichteten Raum im Rechenzentrum abholen. Mit der Einführung und Weiterentwicklung der Online-Technik, der CAD/CAE-Technik, wurde der Prozess der Modell-Datenaufbereitung, des Datentransfers zum und vom Rechner und die Aufbereitung der Rechenergebnisse wesentlich verkürzt und erleichtert. Auch der Datentransfer von Mess- und CAD-Daten in ein FE-Programm wurde möglich. In diesem Kapitel werden Hinweise zur Auswahl der Elementtypen gegeben. Ebenso soll exemplarisch an einigen Beispielen der Transfer von CAD- und Messdaten in ein FE-Programm, eine Formoptimierung eines Aneurysma-Prüfkörpers, das Strukturverhalten einer Stahlbaukonstruktion, die Beanspruchungsverteilung in einer mehrschichtigen Blattfeder und in einem gewichtsoptimierten gelochten Rechteckbalken mit Hilfe der FEM gezeigt werden.

Es wird in diesem Kapitel nicht, wie in den anderen Anwendungskapiteln, die Verknüpfung zwischen Theorie und FE-Anwendung hergestellt. Insbesondere zeigen die letzten Beispiele in diesem Kapitel den Einsatz der FEM in der Konstruktion. Dadurch werden kürzere Entwicklungszeiten verwirklicht, denn bereits zum Beginn des Konstruktionsprozesses lassen sich u.a. Aussagen zum Strukturverhalten der einzelnen Bauteile vorhersagen, teure Prüffelduntersuchungen werden minimiert oder gar eingespart und entsprechend der Aufgabenstellung lassen sich das Strukturverhalten und/oder die Werkstoffausnutzung optimieren.

7.1 Auswahl zwischen linearen Elementen (constant strain) und Elementen höherer Ordnung

Die gängigen FE-Programme haben in ihren Element-Bibliotheken eine große Auswahlmöglichkeit von Elementtypen. Wie am Stabelement gezeigt, lassen sich auch die Flächen-

und Volumen-Elemente entsprechend der Ansatzfunktionen in zwei Grundtypen und zwar in linearer (constant strain) und höherer Ordnung unterteilen. Der Anwender muss die Vorteile und Einschränkungen des jeweilig gewählten Grundtyps kennen, damit er für seine Problemstellung den best geeigneten Elementtyp bzw. die best geeigneten Elementtypen auswählt. Im nachfolgenden werden einige Auswahlkriterien dazu aufgeführt.

7.1.1 Linear-Elemente (constant strain elements)

Für die Strukturanalyse (technische Strukturmechanik) liefern Linear-Elemente (Knoten nur an Elementeckpunkten) mit besonderen Ansatzfunktionen (shape functions) meist sehr gute Lösungen innerhalb einer angemessenen Rechenzeit. Dabei ist darauf zu achten, dass in den kritischen Zonen (z.B. hohe Spannungskonzentrationen) keine stark verzerrten Elemente generiert werden. Ebenfalls ist darauf zu achten, dass die Linear-Elemente nicht übermäßig verformt werden. In der nichtlinearen Strukturanalyse erhält man gewöhnlich eine höhere Genauigkeit bei weniger Rechenaufwand, wenn anstelle eines gröberen FE-Netzes mit Elementen mit quadratischen Ansatzfunktionen (zusätzliche Zwischenknoten an den Elementkanten) ein vergleichbares verfeinertes FE-Netz mit constant strain Elementen generiert wird.

Bei der Modellierung von Strukturen gekrümmter Oberflächen (z.B. Rohre) ist zu entscheiden, ob die Struktur mittels Linear-Shell-Elemente (ebenes 3D-Flächenelement) oder durch gekrümmte, quadratische Shell-Elemente (gekrümmtes 3D-Flächenelement mit Zwischenknoten) modelliert werden soll. Jeder Elementgrundtyp hat hier seine Vorteile. Für die meisten praktischen Fälle lässt sich die Aufgabe mit ebenen Shell-Elementen mit einer hohen Genauigkeit bei einem Minimum an Rechneraufwand lösen. Dabei ist zu beachten, dass die Anzahl der ebenen Shell-Elemente groß genug ist, um die gekrümmte Struktur adäquat abzubilden. Es ist offensichtlich, je kleiner die Elemente, um so besser wird die Genauigkeit. Es wird empfohlen, dass bei Verwendung ebener 3D-Shell-Elemente die Elementkanten innerhalb eines Krümmungsbogens von 15° liegen. Bei konischen achsensymmetrischen Shell-Elementen sollen die Elementkanten einen Krümmungsbogen von 10° und in der Nähe der Rotationsachse von 5° nicht überschreiten.

Für die meisten Analysen außerhalb der Strukturmechanik (z.B. Wärmelehre, Elektromagnetik) liefern bei geringerem Rechenaufwand die Linear-Elemente ein ähnliches gutes Ergebnis wie bei Verwendung von Elementen mit höherer Ordnung.

7.1.2 Elemente mit Zwischenknoten (quadratic elements with midside nodes), Elemente höherer Ordnung

Bei einer linearen Strukturanalyse mit degenerierten 2D-Dreiecks- und 3D-Tetraeder- Elementen liefern vernetzte Elemente mit Zwischenknoten (quadratic elements) gewöhnlich ein besseres Ergebnis mit geringerem Rechenaufwand gegenüber den Linear-Elementen. Jedoch sind für die richtige Anwendung dieser Elemente einige Besonderheiten zu beachten:

- Die Elementknotenkräfte, die einer Last- und Druckverteilung an den Elementrändern

7.1 Auswahl zwischen linearen Elementen (constant strain) und Elementen höherer Ordnung

Element-grundtyp	Knotenkräfte einer resultierten Oberflächenkraft F bei gegebener konstanter Oberflächenbelastung		
	2D-Element	3D-Element	Dreieck
Linear	$F/2$ $F/2$	$F/4$	$F/3$, $F/3$, $F/3$
Quadratisch (gleichmäßige Knotenverteilung)	$F/6$ $2F/3$ $F/6$	$F/12$, $F/3$, $F/12$, $-F/3$ (Ecken), $F/3$ (Mitte)	$F/3$, 0, $F/3$, 0, $F/3$, 0

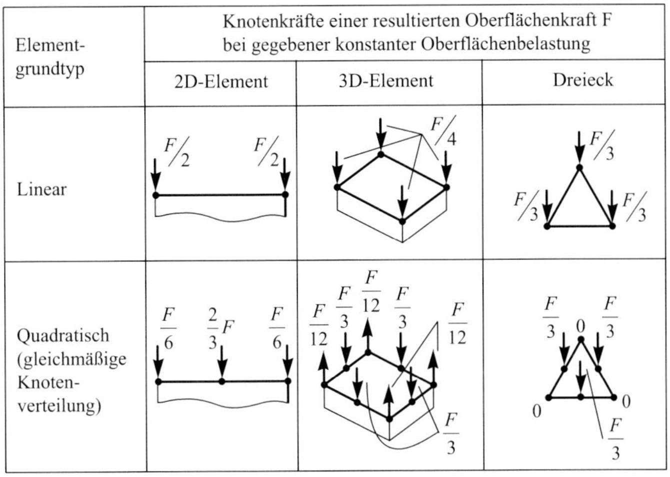

Bild 7.1: Verteilung einer konstanten Oberflächenbelastung auf die Elementknoten bei Linearelementen und quadratischen Elementen

entsprechen sind nicht gleich groß, wie dies bei den linearen Elementen gegeben ist. In Bild 7.1 ist exemplarisch die Verteilung einer konstanten Oberflächenbelastung (resultierende Druckkraft u.a.) auf die Knoten, die die Oberfläche begrenzen, angegeben. Entsprechend ist in Bild 7.2 die Gewichtsverteilung eines Elementes auf dessen begrenzenden Flächen-Elementknoten für einige Elementtypen zusammengestellt.

- Die Berechnung der äquivalenten Knotenkräfte aus Linien-, Flächen- und Volumenlasten und Temperaturlasten wird mit Hilfe von Ansatzfunktionen und in der Regel mit der numerischen Integration durchgeführt. Um die kinematische Äquivalenz zu gewährleisten, sind an den Eckknoten des Oberflächenvierecks negative Knotenkräfte nötig (vgl. Bild 7.2), was im Einzelfall sehr störend sein kann. Ist dies der Fall, dann lässt sich die statische Äquivalenz der Kraftsumme durch eine Verteilung der Element-Knotenkräfte herstellen, jedoch eine Momentenäquivalenz lässt sich bei nichtnegativen Knotenkräften nicht erreichen. Mit wachsender Netzdichte konvergiert die Diskretisierung gegen die exakte Lösung.

- Bei höherwertigen quadratischen Flächen- und Hexaeder-Elementen treten an den Eckknoten negative Punktmassen auf (vgl. Bild 7.2). D.h., auf der diagonalen Massenmatrix (lumped mass matrix) sind negative Elemente vorhanden und die Massenmatrix ist nicht mehr positiv definit. Das kann entweder durch eine konsistente Massenmatrix (ähnliche Struktur wie eine Tangentenmatrix) oder durch eine Massenaufteilung mit nur positiven Punktmassen umgangen werden. Da die Elementmassen an den Zwischenknoten größer und positiv sind als an den Eckknoten, empfiehlt es sich, für eine reduzierte Eigenwert-Analyse die Zwischenknoten als Master Degrees of Freedom zu wählen.

Element-grundtyp	Knotenkräfte einer resultierten Oberflächenkraft G bei gegebener konstanter Oberflächenbelastung		
	Quadratisches Flächenelement	Dreiecks-Flächenelement	Hexaeder-Volumenelement
Linear	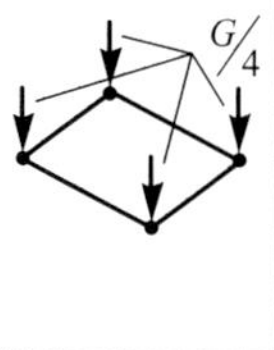	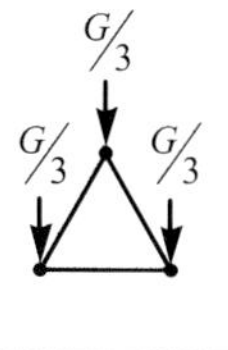	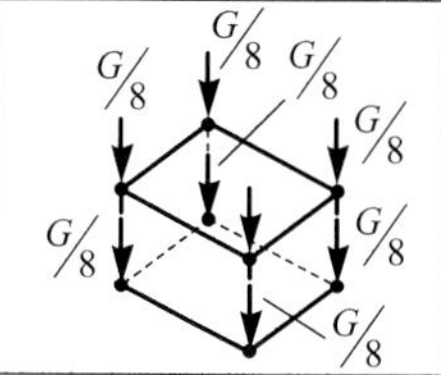
Quadratisch (gleichmäßige Knoten-verteilung)	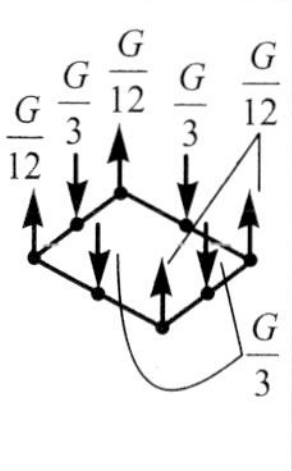	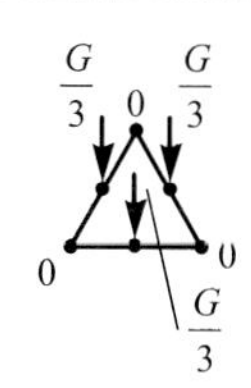	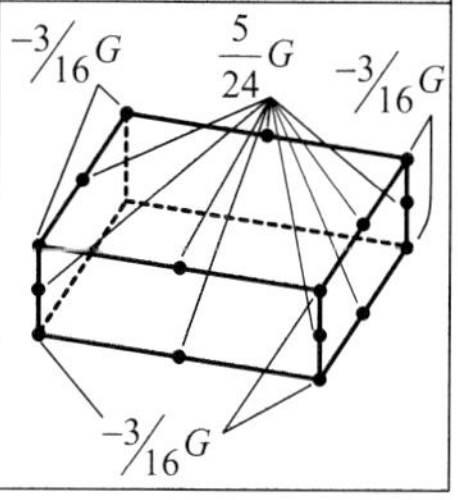

Bild 7.2: Verteilung der Elementgewichtskraft G auf dessen Elementknoten

- Soll mit Hilfe einer dynamischen Analyse die Fortpflanzung, die Aus- und Verbreitung von Wellen berechnet werden, dann sind Elemente mit Zwischenknoten wegen der ungleichen Massenverteilung weniger geeignet.

- Bei Kontaktproblemen (Gap-Elemente) eignen sich Elemente mit Zwischenknoten weniger, wenn möglich sollten die Zwischenknoten entfernt werden.

- Wenn erforderlich, dann sind alle Knoten an einer Elementkante, auch die Zwischenknoten einzuspannen.

- Es ist darauf zu achten, dass Eckknoten mit Eckknoten des Nachbarelements verbunden werden und nicht ein Eckknoten mit dem Zwischenknoten eines Nachbarelements.

- Elemente mit nur Eckknoten (Linear-Elemente) sollten mit höherwertigen Elementen (Elemente mit Zwischenknoten), wenn möglich nicht verbunden werden. Wenn jedoch nötig, dann soll der Zwischenknoten, der mit dem vernetzten Nachbarelement ohne Zwischenknoten nicht verschmolzen werden kann, entfernt werden. Manche Programme entfernen diesen Zwischenknoten automatisch, jedoch sind dabei die jeweiligen programmtypischen Vorgaben zu beachten.

- Ein quadratisches Element hat nicht mehr Integrationspunkte als ein Linear-Element. Aus diesem Grunde werden Linear-Elemente für die nichtlineare Analyse bevorzugt.

Weitere Informationen und Hinweise sind in den jeweiligen Manuals der FE-Programme und in der einschlägigen Literatur z.B. [Ast 92], [Coo 95], [Käm 90], [Kle 99], [Lin 90], [Ste 98], [Sto 98], [Wri 01], [F. 85], [Sch 84], [Bat 86], [BKLM 01] zu finden.

7.2 Transfer von CAD- und Messdaten in ein FE-Programm

Im allgemeinen bereitet es heute keine Probleme, CAD-Daten mit geeigneten Schnittstellen in ein FE-Programm zu übertragen. Das mit dem CAD-Programm erstellte Modell lässt sich z.B. als IGES-Datei speichern und in ein FE-Programm importieren. Die importierten Daten müssen evtl. nachbearbeitet werden und stehen dann für den weiteren Bearbeitungsprozess im FE-Programm zur Verfügung (vgl. Bild 7.3). Eine weitere Möglichkeit ist, dass bereits in das CAD-Programm ein FE-Analyse-Modul implementiert ist, und so während der CAD-Sitzung die FE-Analyse durchgeführt werden kann. Mit einem Netzgenerator lassen sich ebenfalls die FE- Modelle erstellen. Oder es lassen sich mit einem Netzgenerator aus CAD-Daten entsprechende FE-Netze für verschiedene FE-Programme generieren. D.h., das FE-Modell wird nicht mit einem FE-Programm-Editor generiert und optimiert. Nach der Netzgenerierung kann das erstellte FE-Netz, wenn nötig, bezüglich Netzdichte bearbeitet werden. Auch ohne ein CAD-System kann generell aus den vorliegenden geometrischen Grundkörpern ein FE-Netz mit einem FE-Netzgenerator generiert werden. Ein weitaus größeres Problem stellt sich, wenn für das FE-Modell keine CAD-Daten, sondern Messdaten benutzt werden sollen. Soll für eine Struktur, wie z.B. eine biologische Trägerstruktur, ein Fichtenzweig, ein menschlicher Ellbogen oder eine Ferse, anhand von Messdaten ein FE-Modell erstellt werden, dann müssen die Messdaten der unterschiedlichen Messverfahren so bearbeitet bzw. aufbereitet werden, dass sie für die FE-Analyse nutzbar sind (vgl. Bild 7.4). Je nach Aufbereitung und Software stehen sie entweder für eine Vernetzung oder als bereits erstelltes FE-Modell zur Verfügung.

Sollen beispielsweise Messdaten einer biologischen Trägerstruktur zur Generierung von FE-Modellen genutzt werden, dann müssen zunächst repräsentative Messpunkte an der realen Struktur festgelegt werden. Dabei ist darauf zu achten, dass die Messdatenmenge sinnvoll eingeschränkt wird. Mit einer 3D-Messvorrichtung lässt sich beispielsweise die betreffende Struktur abtasten. An den jeweiligen Messpunkten werden deren Koordinaten (räumliche Oberflächenkoordinatenpunkte) bezüglich eines ausgewählten Bezugsystems erfasst. Diese Koordinaten werden auf einem Datenträger des verwendeten Messgerätes im eigenen Datenformat abgespeichert. Diese gespeicherten Messdaten lassen sich in der Regel wegen unterschiedlicher Datenformate nicht ohne weiteres in ein FE-Programm übertragen. Nach einer entsprechenden Formatierung lassen sich diese Messdaten in das FE-Programm übertragen. Die übertragenen Messdaten in dem FE-Programm-Editor müssen meist nachbearbeitet werden. Danach kann für die Analyse das endgültige FE-Modell generiert werden. Beispielweise wurden aus 124 Magnetresonanz-Tomografie-Schnittbildern (Kernspin-Tomographie) einer Ferse mit der Software MIMICS die 3D-Modelle der verschiedenen Teilstrukturen wie Knochen, Muskeln und Fettgewebe mit Haut erstellt und das FE-Gesamtmodell mit ca. 150 000 Elementen generiert (vgl. Bild 7.4). Die mit MIMICS erzeugten Modelle lassen sich direkt in HYPERMESH importieren und stehen so für die

a)

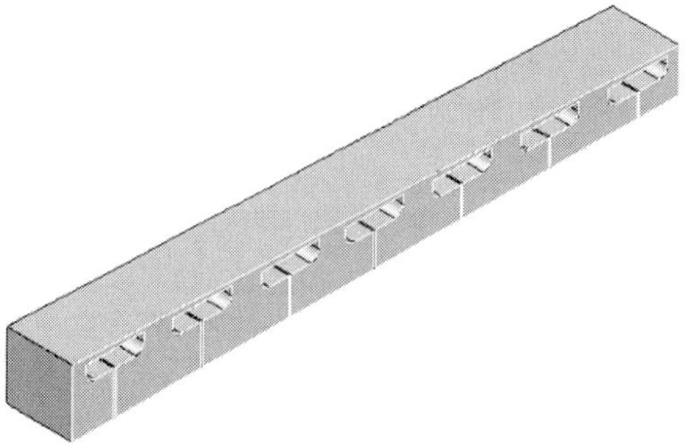

b)

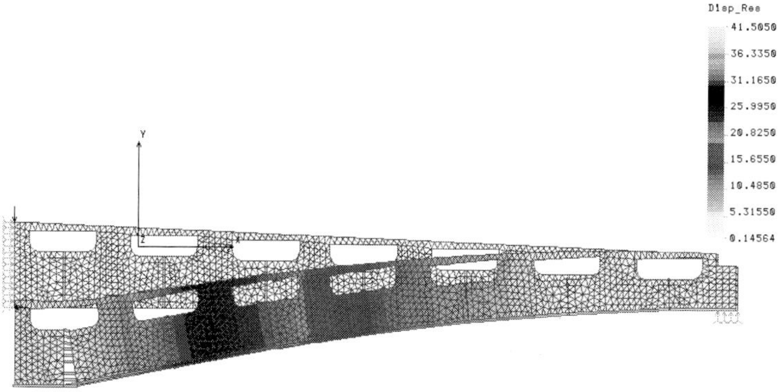

Bild 7.3: Datentransfer eines 3D-CAD-Modells in ein FE-Programma a. CAD-Modell, b. Generietes nichtlineares FE-Modell und berechnete Verschiebung

weitere FE-Analyse zur Verfügung.

Die hier gezeigten FE-Modelle sind extrem nichtlinear hinsichtlich Materialverhalten und geometrischer Nichtlinearität. Zusätzlich sind bei der Ferse Kontakt-Probleme zu beachten. Eine Modellierung und Berechnung eines solch komplexen Modells erfordert neben einem versierten FE-Anwender eine sehr leistungsfähige Soft- und Hardware.

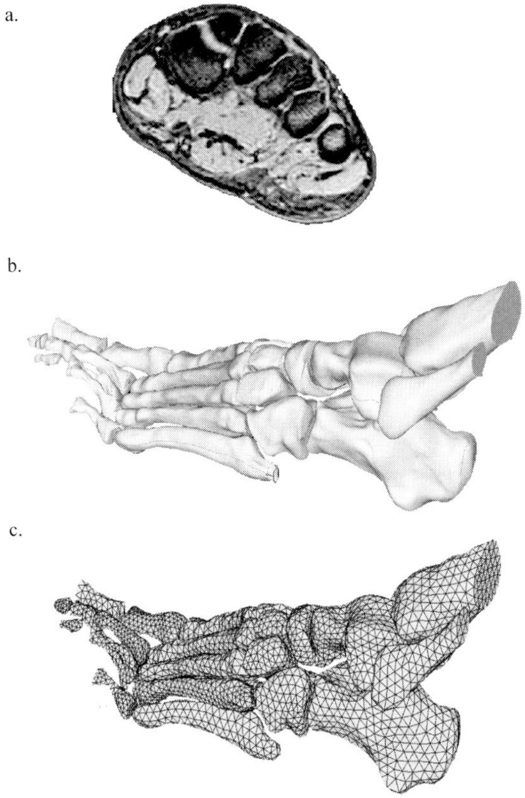

Bild 7.4: FE-Modell einer menschlichen Ferse, a. MRT-Schnittbild, b. Flächenmodell (Knochen) rekonstruiert mit MIMICS, c. Vernetzte Knochen erstellt mit HYPERMESH

7.3 Formoptimierung eines Aorten-Aneurysmen-Prüfkörpers

Bei einem Aorta-Aneurysma handelt es sich um eine z.T. erhebliche pathologische Erweiterung der Aorta respektive um eine krankhafte, örtliche begrenzte Erweiterung der menschlichen Hauptschlagader (Aorta). Wird während einer medizinischen Untersuchung an einer Person ein Aorten-Aneurysma vom Mediziner festgestellt, dann muss dieser entscheiden, ob und wann durch die pathologische Veränderung ein chirurgischer Eingriff nötig ist. Die Größe des Aneurysmen-Durchmessers ist allein kein hinreichendes Kriterium dafür. Für diese Entscheidung benötigt der Arzt Informationen über die Effekte der Aorten-Aneurysmen hinsichtlich deren zeitveränderlichen Festigkeit und biomechanischen Verhaltens der Aorten. Die Autoren M. L. Rachavan et.a.l. veröffentlichten u.a. in ihrem Beitrag "Ex Vico Biomechanical Behavior of Abdominal Aortic Aneurysm: Assessment Using a New Mathematical Model" und David A. Vorp et.a.l. mit dem Beitrag „Effect of Aneurysm on the Tensile Strength and Biomechanical Behavior of the Ascending Thoracic Aorta" ihre Forschungs-

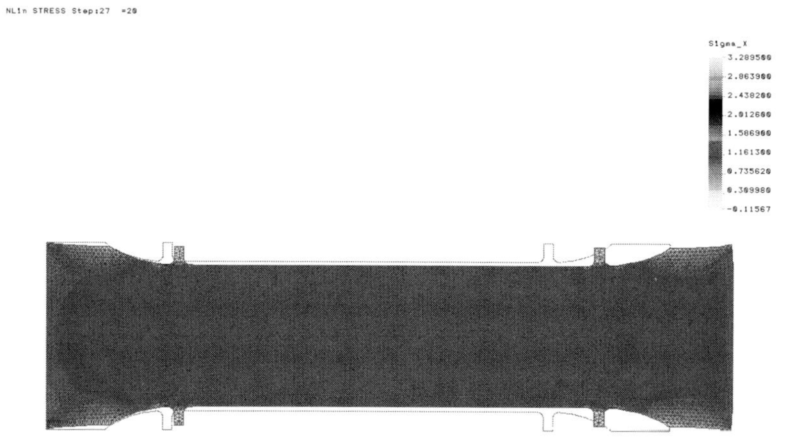

Bild 7.5: Spannungsverteilung des formoptimierten Aorten-Aneurysma-Prüfkörpers mit nichtlinearem Materialverhalten bei max. empirisch vorgebender Zugbelastung und mit überlagerter unbelasteter Struktur

ergebnisse. Anhand empirischer Daten wurde ein mathematisches Modell abgeleitet. Dabei wurden aus dem bei einem chirurgischen Eingriff entfernten pathologischen Aortengewebe rechteckige Probekörper hergestellt. Mit diesen Probekörpern aus Humangewebe wurden unter speziellen Prüfbedingungen jeweils Zugversuche durchgeführt. Hinsichtlich der Messunsicherheit, insbesondere der Einspannbedingungen und Längenmessung, sollen für zukünftige Untersuchungen diese Aorten-Aneurysmen-Prüfkörper optimiert werden. Insbesondere sollen die Einspannstöreinflüsse möglichst ausgeschlossen werden. Die Längenänderung soll berührungslos ohne eine aufwändige Proben-Präparierung optisch erfolgen. Die Querschnittsfläche des entnommenen Humangewebes soll möglichst erhalten bleiben. Das Bild 7.5 zeigt den rechnerisch formoptimierten Prüfkörper. Die verformte Struktur bei der empirisch ermittelten max. Zugbelastung ist der unbelasteten Struktur überlagert.

Der rechnerisch formoptimierte Prüfkörper erfüllt weitgehend die Vorgaben. Die Messpunkte zur Längenmessung (Zapfen im Kerbgrundauslauf) bleiben während der Belastung spannungsfrei und dienen als Entlastungskerben. Dadurch wird gewährleistet, dass zwischen den Messpunkten bei möglichst großer Messlänge und Querschnittsfläche ein störungsfreier Zustand hinsichtlich Krafteinleitung und Längenmesspunkte gewährleistet ist.

7.4 Strukturverhalten einer Stahlbaukonstruktion

Im nächsten Beispiel wird eine Loslager-Stütze gezeigt und soll als Lehrbeispiel dienen. In der Praxis werden häufig durch falsche Annahmen, die Einflüsse der Imperfektionen, der Verwölbungen usw. nicht beachtet und dies kann dann in Grenzsituationen zum unerwarteten Bauteilversagen führen. Wegen falscher Ersatzmodellbildung, Nichtbeachtung der Haftbedingungen im Gleitlager und ungeeigneter Software wurde die Verformung sowie Beanspruchung nicht richtig vorhergesagt und es kam zu einem gefährlichen Schadensfall. An der ausgefallenen Loslager-Stütze wurden starke Verformungen festgestellt und in der Gleitlagerung eine horizontale Verschiebung von ca. 6 mm gemessen. Ferner lässt sich mit Hilfe der FE-Methode auch das Verformungsverhalten von dünnwandigen zusammengesetzten Strukturen bereits in der Entwurfsphase gut analysieren. Signifikant ist die Modellbildung, die Elementwahl, das Setzen der Rand- und Übergangsbedingungen und die benutzte Software für die richtige Vorhersage der Verformung und Beanspruchung der Loslagerstütze. Für Stahlbauten nach DIN 18 800 muss beim Nachweisverfahren Elastisch-Elastisch die Beanspruchung deutlich unterhalb der Streckgrenze liegen. Wäre nach DIN 18 800 ein Nachweis Elastisch-Plastisch oder Plastisch-Plastisch zu führen, dann wären grundsätzlich auch die Tragwerksverformung, die geometrische Imperfektion, der Schlupf in den Verbindungen und die planmäßigen Außermittigkeiten zu berücksichtigen.

Die Stütze besteht aus zwei vertikal, symmetrisch angeordneten U-Profilen, dem eigentlichen Loslagerbolzen, Versteifungsblechen im Ankerplattenbereich und einem IP-Profil. In der Mitte der beiden vertikal angeordneten U-Profile ist das IP-Profil als Verbindungselement eingeschweißt und soll als Schubversteifung dienen. Im Loslager soll nach Überwindung der Haftkraft die hier nicht abgebildete Loslagerbuchse horizontal wandern bzw. rutschen. Bild 7.6 zeigt den rechnerisch simulierten Schadensfall des verformten Loslagers mit einer maximalen Horizontalverschiebung von 6 mm unter der sich einstellenden Maximalkraft $F_{axial,max}$.

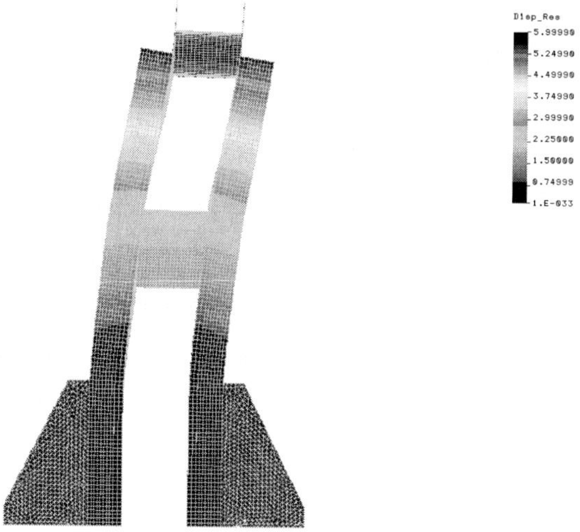

Bild 7.6: Verformtes Loslager bei horizontaler Maximalkraft $F_{\mathrm{axial,max}}$

Wie Bild 7.6 zeigt, ist die Schubversteifung durch das eine geschweißte IP-Profil ungenügend. Außerhalb der Ankerplattenversteifung und des eingeschweißten IP-Profils verformen sich die U-Profile wie Einzelbalken. Jedoch wurde im Auslegungsfall die Stütze im Gesamt-FE-Modell als ein Balken-Ersatzmodell abgebildet, das fälschlicherweise auch noch eine Schubsteifigkeit zwischen den beiden U-Profilen berücksichtigte. Das so generierte Balken-Ersatzmodell ist signifikant steifer als die Stütze tatsächlich ist. Dadurch wurde mit dem Balken-Ersatzmodell bei der maximalen Haftkraft rechnerisch eine wesentlich kleinere Verformung vorhergesagt als dies, wie auch das in Bild 7.6 abgebildete FE-Modell zeigt, tatsächlich der Fall war. Die Funktion des Gleitlagers wurde entgegen der Vorhersage durch die nicht erkannte Schrägstellung infolge der größeren Verformungen blockiert und so ein Rutschen der engtolerierten Lagerbuchse auf dem Lagerbolzen verhindert. Durch falsche Annahmen, Modellbildung und ungeeignete Software kam es zwangsläufig zu einem gefährlichen Ausfall der Loslager-Stütze und so der gesamten Anlage.

7.5 Blatt- bzw. Dreiecksfeder

Ein Kragträger (Dreiecksfeder) mit einem Rechteckquerschnitt und veränderlicher Breite soll als geschichtete Blattfeder raumsparend optimiert werden. Die Bedingung, einer konstanten Biegerandspannung $\sigma_b = 100MPa =$ konstant soll erfüllt werden. Am freien Ende greift eine Querkraft von 1000 N an. Für den vorgegebenen Kragträger mit einer Dreiecksgrundfläche, einer Länge von 500 mm, einer Höhe von 10 mm errechnet sich eine Grundbreite von 300 mm am Einspannort. Die berechnete Dreiecksfeder soll durch eine 5-lagige Blattfeder ersetzt werden, die möglichst das gleiche Verformungsverhalten bei konstanter

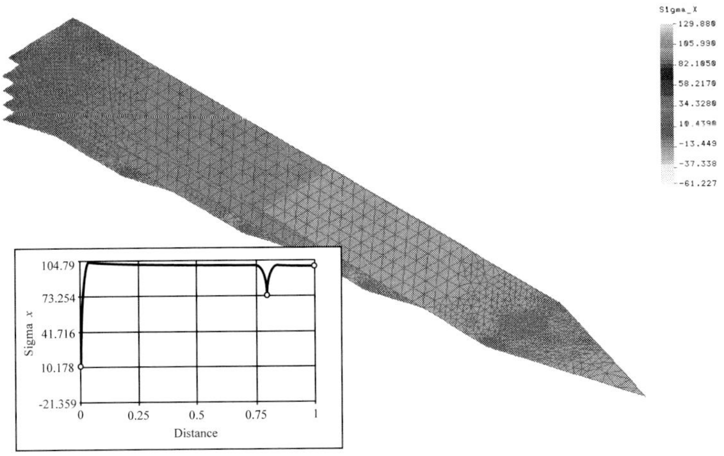

Bild 7.7: FE-Modell Blattfeder mit berechneter Biegerandspannung, theoretische Biegespannung $\sigma_b = 100$ MPa

Biegerandspannung aufweist. Dazu wird die Dreiecksfeder in entsprechende Bereiche zerlegt und zu einer geschichteten Blattfeder zusammengebaut. Die einzelnen Lagen lassen sich u.a. mittels fiktiv steifen Verbindungselementen, über Koppelbedingungen oder entsprechenden GAP-Elementen verbinden. Damit werden die freien Endknoten der darunterliegenden Blattfederlage mit dem direkt darüberliegenden Knoten der oberen Federlage verbunden. Die berechnete Durchbiegung der raumsparenden Blattfeder ist mit der Durchbiegung des äquivalenten Kragträgers mit Dreiecksgrundfläche identisch. Wie in Bild 7.7 der Spannungspfad entlang der Blattfeder Längsachse u.a. zeigt, sind die Biegespannungen bis in den kleinen Bereich der Übergangselemente und an dem Einspannort der geschichteten Blattfeder mit dem Modell der Dreiecksfeder praktisch gleich.

7.6 Gewichtsoptimierter gelochter Kragträger

Als ein weiteres Demonstrations-Beispiel für eine Bauteiloptimierung soll ein Kragbalken mit vorgegebenem Rechteckprofil hinsichtlich möglichst konstanter Biegerandspannung $\sigma_0 = 240$ MPa und Gewichtseinsparung gezeigt werden. Der Rechteckbalken mit konstanter Breite wird am freien Ende über die Balkenhöhe mit einer konstanten Flächenlast beaufschlagt. Die zulässige Vergleichsspannung $\sigma_v = 320$ MPa darf nicht überschritten werden. Anhand der bekannten Formzahlen für gelochte Flachproben lassen sich näherungsweise unter Beachtung der vorgegebenen Bedingungen die Lochungen bestimmen. Dabei ist zu beachten, dass eine ausreichende Schubsteifigkeit erhalten bleibt, die lokalen Spannungen infolge innerer Kerben unterhalb der zulässigen Werte bleiben und die Verformung innerhalb des zulässigen Bereichs liegt. Wie Bild 7.8 zeigt, erfüllt das optimierte FE-Modell die Vorgaben im Bereich der Einspannung bis zur Balkenmitte weitgehend. Jedoch am freien Balkenende müsste die Lochung hinsichtlich Erhöhung der Biegerandspannung vergrößert werden, dies führt jedoch zu einem unzulässigen Schubsteifigkeitsverlust und zum Überschreiten der zulässigen Vergleichsspannung. Bereits im Bereich Stegmitte des freien Balkenendes und anschließender Lochung liegen die Verformungen und die Spannungen im kritischem Bereich. Der Endquerschnitt ist im verformten Zustand nicht mehr eben! Dieser Konflikt lässt sich nur durch eine kleinere Lochung auf Kosten der Verletzung der vorgegebenen besseren Werkstoffausnutzung auflösen. Der optimierte gelochte Kragbalken (vgl. Bild 7.8) besitzt gegenüber einem äquivalenten nicht gelochten Balken eine Gewichtseinsparung von 38 %. Diese Gewichtseinsparung wird durch eine um 75 % größere Verformung erkauft. Laut Vorgabe sollte das Rechteckprofil erhalten bleiben, wird diese Vorgabe aufgegeben, dann lässt sich das Bauteil durch eine Bauteilgestaltung (z.B. Verstärkungsrippen und/oder –Bleche) weiter optimieren.

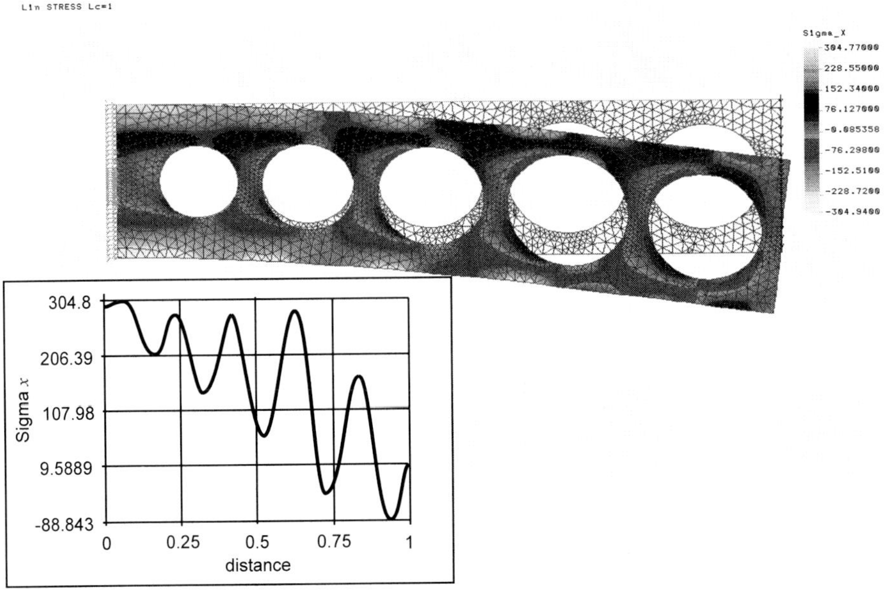

Bild 7.8: Gewichtsoptimierter Kragbalken mit Rechteckprofil und Querkraftbelastung am freien Ende

8 Viskoelastische Stab- und Balkentragwerke

Im Folgenden werden einige Anwendungsbeispiele aus der viskoelastischen Stab- und Balkentheorie näher erläutert und zwar zum einen, um dem Leser die bisher erarbeiteten Gleichungen und Methoden näher zu bringen und zum anderen, um die analytischen Ausdrücke für die späteren FE-Rechnungen bereitzustellen.

8.1 POYNTING-THOMSON-Stab bei wechselnder Dehnrate

Ein stabförmiges Bauteil aus viskoelastischem Material mit dem Querschnitt $A(x)$ soll durch das Dehnratenprogramm (vgl. Bild 8.1a)

$$\dot{\varepsilon}_{xx}(x,t) = \frac{\partial}{\partial t}\left[\frac{\partial u(x,t)}{\partial x}\right] = \begin{cases} 0, & t \leq 0 \\ \dot{\varepsilon}_{xx0}(x), & 0 < t \leq t_1 \\ -\dot{\varepsilon}_{xx0}(x), & t > t_1 \end{cases} \tag{8.1}$$

beansprucht werden. Danach wird das Bauteil mit der konstanten Dehnrate $\dot{\varepsilon}_{xx0} > 0$ verzerrt, bis die vorgegebene Dehnung ε_{xx1} zur Zeit t_1 erreicht ist. Anschließend erfolgt eine Stauchung mit der Dehnrate $-\dot{\varepsilon}_{xx0} < 0$. Gesucht ist die Antwort der Normalkraft bzw. der Längsspannung im Stab als Funktion des Ortes und der Zeit sowie das Dehnungs-Zeit- und Spannungs-Dehnungs-Verhalten, wenn das Bauteilverhalten mittels des POYNTING-THOMSON-Modelles modelliert wird.

8.1.1 Analytische Rechnungen

Dehnungs-Zeit-Kurve: Für die weitere Rechnung ist es von Vorteil, zunächst die Dehnungs-Zeit-Kurve zu ermitteln. Ausgehend von den Vorgaben gemäß (8.1) ergeben sich für die beiden Zeitintervalle $0 < t < t_1$ und $t > t_1$ durch entsprechende Integration nacheinander die Dehnungs-Zeit- bzw. unter Beachtung von (5.30) die Verschiebungsgradienten-Zeit-Funktionen wie folgt:

Bereich I: $0 < t < t_1$

$$\begin{aligned}\varepsilon^I_{xx}(x,t) &= \frac{\partial u^I(x,t)}{\partial x} = \int\limits_{\tau=0}^{t} \frac{\partial \varepsilon_{xx}(x,\tau)}{\partial \tau} d\tau \equiv \\ &= \int\limits_{\tau=0}^{t} \dot{\varepsilon}_{xx}(x,\tau)\, d\tau = \dot{\varepsilon}_{xx0}(x) \int\limits_{\tau=0}^{t} d\tau = \underline{\dot{\varepsilon}_{xx0}(x)\, t}\end{aligned} \tag{8.2}$$

Aus (8.2) ergibt sich jeweils wie folgt die Dehnung bei $t = 0$ sowie am Endzeitpunkt t_1 des Intervalles

$$\varepsilon^I_{xx}(x,t=0) = \frac{\partial u^I(x,t=0)}{\partial x} = 0, \quad \varepsilon_{xx1} := \varepsilon^I_{xx}(x,t=t_1) = \dot{\varepsilon}_{xx0}(x)\, t_1 \tag{8.3}$$

Bereich II: $t > t_1$

Da die Dehnrate bei $t = t_1$ springt, ist das Integral wie folgt aufzuspalten:

$$\begin{aligned}\varepsilon^{II}_{xx}(x,t) &= \frac{\partial u^{II}(x,t)}{\partial x} = \int\limits_{\tau=0}^{t} \frac{\partial \varepsilon_{xx}(x,\tau)}{\partial \tau} d\tau = \int\limits_{\tau=0}^{t} \dot{\varepsilon}_{xx}(x,\tau)\, d\tau = \\ &= \int\limits_{\tau=0}^{t_1} \dot{\varepsilon}_{xx}(x,\tau)\, d\tau + \int\limits_{\tau=t_1}^{t} \dot{\varepsilon}_{xx}(x,\tau)\, d\tau = \dot{\varepsilon}_{xx0}(x) \left(\int\limits_{\tau=0}^{t_1} d\tau - \int\limits_{\tau=t_1}^{t} d\tau \right) = \\ &= \dot{\varepsilon}_{xx0}(x)\,(2t_1 - t) \equiv \underline{\dot{\varepsilon}_{xx0}(x)\, t_1 \left(2 - \frac{t}{t_1}\right)}\end{aligned} \tag{8.4}$$

Unter Beachtung von $(8.3)_2$ entnimmt man (8.4) für $t = t_1$ den folgenden Zusammenhang:

$$\varepsilon^{II}_{xx}(x,t=t_1) = \varepsilon^I_{xx}(x,t=t_1) = \dot{\varepsilon}_{xx0}(x)\, t_1 =: \varepsilon_{xx1} \tag{8.5}$$

Mit (8.4) läßt sich unter Beachtung von $\dot{\varepsilon}_{xx0} t_1 \neq 0$ weiterhin wie folgt derjenige Zeitpunkt $t = t^*$ angeben, bei dem sich das Bauteil im dehnungslosen Zustand befindet, nämlich

$$\varepsilon^{II}_{xx}(x,t=t^*) = \dot{\varepsilon}_{xx0}(x)\, t_1 \left(2 - \frac{t^*}{t_1}\right) \stackrel{!}{=} 0 \quad \text{also} \quad t^* = 2t_1 \tag{8.6}$$

Die Dehnung steigt also gemäß (8.2) und (8.3) von Null beginnend linear auf den Wert ε_1 an, beschreibt dann gemäß (8.4) und (8.5) einen Knick, fällt anschließend linear ab, hat bei $t^* = 2t_1$ einen Nulldurchgang und wird negativ (vgl. die qualitative Darstellung in Bild 8.1b).

Normalkraft- bzw. Spannungs-Antwort:
Bereich I: $0 < t < t_1$
Da gemäß (8.1) die Dehnrate vorgegeben ist, ist zur Berechnung der Normalkraft-Antwort die schnittlastexplizite Material-Struktur-Gleichung der Form (5.34) zweckmäßig, also

$$N_I(x,t) = A\left\{R(t)\,\frac{\partial u^I(x,0)}{\partial x} + \int\limits_{\tau=0}^{t} R(t-\tau)\frac{\partial}{\partial \tau}\left[\frac{\partial u^I(x,\tau)}{\partial x}\right]d\tau\right\} \tag{8.7}$$

Mit der Relaxationsfunktion des POYNTING-THOMSON-Modelles (3.255) folgt zunächst (vgl. Unterabschnitt 3.3.5, b.)

$$R(t-\tau) = E_H^* + E_M e^{-\alpha_M(t-\tau)} \quad , \quad \alpha_M = \frac{E_M}{\eta_M} > 0 \tag{8.8}$$

Unter Beachtung von (5.30) und $(8.3)_1$ führt Einsetzen von (8.1) und (8.8) in (8.7) nach

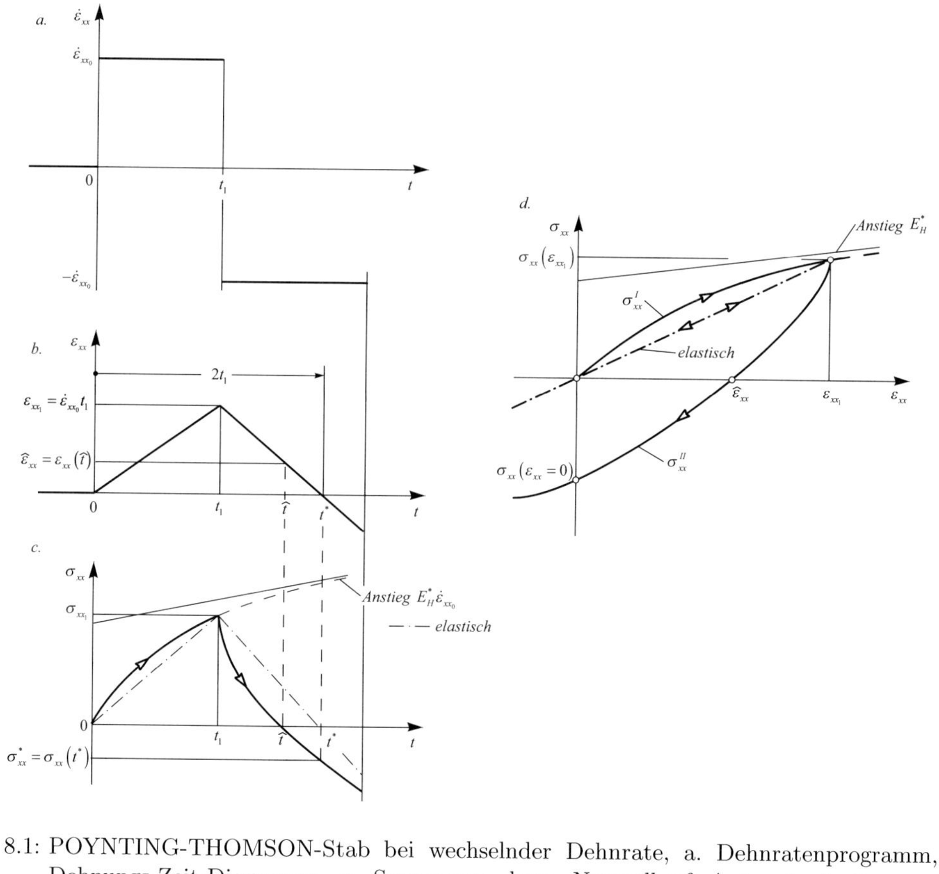

Bild 8.1: POYNTING-THOMSON-Stab bei wechselnder Dehnrate, a. Dehnratenprogramm, b. Dehnungs-Zeit-Diagramm, c. Spannungs- bzw. Normalkraft-Antwort, d. Spannungs-Dehnungs-Diagramm

anschließender Integration auf die Längsspannungs- bzw. Normalkraft-Antwort im Bereich I

$$\sigma_{xx}^{I}(x,t)=\frac{N_I(x,t)}{A}=\dot{\varepsilon}_{xx0}(x)\int\limits_{\tau=0}^{t}\left[E_H^*+E_M e^{-\alpha_M(t-\tau)}\right]d\tau=$$
$$=\dot{\varepsilon}_{xx0}(x)\left[E_H^* t+\frac{E_M}{\alpha_M}\,e^{-\alpha_M(t-\tau)}\Big|_{\tau=0}^{t}\right]=\underline{\dot{\varepsilon}_{xx0}(x)\left[E_H^* t+\eta_M\left(1-e^{-\alpha_M t}\right)\right]}\tag{8.9}$$

Bereich II: t > t₁

Hier ist ebenfalls die schnittlastexplizite Material-Struktur-Gleichung der Form (5.34) zweckmäßig, wobei jetzt aber zu beachten ist, daß über den Dehnraten-Sprung an der Stelle $t=t_1$ (8.1a) integriert werden muß. Damit ist die Integration von 0 bis t in zwei entsprechende Integrale aufzuspalten, so daß (5.34) zunächst übergeht in

$$\sigma_{xx}^{II}(x,t)=\frac{N_{II}(x,t)}{A}=R(t)\frac{\partial u^I(x,0)}{\partial x}+\int\limits_{\tau=0}^{t_1}R(t-\tau)\frac{\partial}{\partial\tau}\left[\frac{\partial u^I(x,\tau)}{\partial x}\right]d\tau+$$
$$+\int\limits_{\tau=t_1}^{t}R(t-\tau)\frac{\partial}{\partial\tau}\left[\frac{\partial u^{II}(x,\tau)}{\partial x}\right]d\tau\tag{8.10}$$

Unter Beachtung von $(8.3)_1$ liefert Einsetzen von (8.1) und (8.8) in (8.10) nach anschließender Integration die folgende Längsspannungs- bzw. Normalkraft-Antwort für den Bereich II

$$\sigma_{xx}^{II}(x,t)=\frac{N_{II}(x,t)}{A}=\dot{\varepsilon}_{xx0}(x)\int\limits_{\tau=0}^{t_1}\left[E_H^*+E_M e^{-\alpha_M(t-\tau)}\right]d\tau-$$
$$-\dot{\varepsilon}_{xx0}(x)\int\limits_{\tau=t_1}^{t}\left[E_H^*+E_M e^{-\alpha_M(t-\tau)}\right]d\tau=\dot{\varepsilon}_{xx}(x)\left[E_H^*\tau+\frac{E_M}{\alpha_M}e^{-\alpha_M(t-\tau)}\right]_{\tau=0}^{t_1}-$$
$$-\dot{\varepsilon}_{xx0}(x)\left[E_H^*\tau+\frac{E_M}{\alpha_M}e^{-\alpha_M(t-\tau)}\right]_{\tau=t_1}^{t}=$$
$$=\underline{\dot{\varepsilon}_{xx0}(x)\left\{E_H^*(2t_1-t)+\eta_M\left[\left(2-e^{-\alpha_M t_1}\right)e^{-\alpha_M(t-t_1)}-1\right]\right\}}\tag{8.11}$$

Mit (8.9) und (8.11) ergibt sich noch wie folgt zur Zeit $t=t_1$ die Gleichheit der Längsspannungen

$$\sigma_{xx1}:=\sigma_{xx}^{I}(x,t=t_1)=\sigma_{xx}^{II}(x,t=t_1)=\dot{\varepsilon}_{xx0}(x)\left[E_H^* t_1+\eta_M\left(1-e^{-\alpha_M t_1}\right)\right]\tag{8.12}$$

Mit der aus (8.11) fließenden Bedingung

$$\sigma_{xx}^{II}\left(x, t=\hat{t}\right) \stackrel{!}{=} 0 = \dot{\varepsilon}_{xx0}\left(x\right)\left\{E_H^*\left(2t_1 - \hat{t}\right) + \eta_M\left[\left(2 - e^{-\alpha_M t_1}\right)e^{-\alpha_M\left(\hat{t}-t_1\right)} - 1\right]\right\} \tag{8.13}$$

ergibt sich noch die Bestimmungsgleichung für die Zeit $\hat{t}$, bei welcher sich das Bauteil im spannungslosen Zustand befindet:

$$e^{-\alpha_M \hat{t}} - \frac{E_H^*}{\eta_M\left(2e^{\alpha_M t_1} - 1\right)}\hat{t} = \frac{1 - 2\frac{E_H^*}{\eta_M}t_1}{2e^{\alpha_M t_1} - 1} \tag{8.14}$$

Bei (8.14) handelt es sich um eine für $\hat{t}$ transzendente Gleichung, die numerisch oder grafisch zu lösen ist. Weiterhin ergibt Einsetzen von $(8.6)_2$ in (8.11) schließlich noch die Längsspannung im dehnungslosen Zustand des Bauteiles wie folgt:

$$\sigma_{xx}^* := \sigma_{xx}^{II}\left(x, t=t^*=2t_1\right) = \eta_M\dot{\varepsilon}_{xx0}\left(x\right)\left[\left(2 - e^{-\alpha_M t_1}\right)e^{-\alpha_M t_1} - 1\right] \tag{8.15}$$

Die Spannungs-Zeit-Verläufe sind gemäß (8.9) und (8.11) bis (8.15) in Bild 8.1c qualitativ dargestellt. Bemerkenswert ist dabei, daß die Längsspannung bei $t = \hat{t}$ einen Nulldurchgang besitzt und demnach (je nach Größe der Werte für α_M, η_M und E_H^* in (8.14)) bereits negative Werte annehmen kann, wenn die Dehnung noch positiv ist!

Spannungs-Dehnungs-Verhalten:

Im Folgenden soll das Spannungs-Dehnungs-Diagramm für die Dehnratenbeanspruchung gemäß (8.1) erzeugt werden. Dazu ist in den Spannungs-Zeit-Funktionen beider Zeit-Bereiche jeweils die Zeit t zu eliminieren. Für den Bereich $0 < t < t_1$ erhält man aus $(8.3)_2$ zunächst

$$t = \frac{\varepsilon_{xx}^I\left(t\right)}{\dot{\varepsilon}_{xx0}} \tag{8.16}$$

Einsetzen von (8.16) in das Endergebnis von (8.9) führt auf die Längsspannung bzw. die Normalkraft als Funktion der Dehnung wie folgt

$$\sigma_{xx}^I\left(\varepsilon_{xx}^I\right) = \frac{N_I\left(\varepsilon_{xx}^I\right)}{A} = E_H^*\varepsilon_{xx}^I + \eta_M\dot{\varepsilon}_{xx0}\left(1 - e^{-\alpha_M\frac{\varepsilon_{xx}^I}{\dot{\varepsilon}_{xx0}}}\right) \quad \left(0 < \varepsilon_{xx}^I < \varepsilon_{xx_1}\right) \tag{8.17}$$

Für den Bereich $t > t_1$ erhält man aus (8.4) unter Beachtung von $(8.3)_2$

$$t = 2t_1 - \frac{\varepsilon_{xx}^{II}\left(t\right)}{\dot{\varepsilon}_{xx0}} \equiv \frac{2\underbrace{t_1\dot{\varepsilon}_{xx0}}_{\varepsilon_{xx1}} - \varepsilon_{xx}^{II}\left(t\right)}{\dot{\varepsilon}_{xx0}} = \frac{2\varepsilon_{xx1} - \varepsilon_{xx}^{II}\left(t\right)}{\dot{\varepsilon}_{xx0}} \tag{8.18}$$

Einsetzen von (8.18) in das Endergebnis von (8.11) führt auf die Längsspannung bzw. die Normalkraft als Funktion der Dehnung wie folgt

$$\begin{aligned}\sigma_{xx}^{II}\left(\varepsilon_{xx}^{II}\right) &= \dot{\varepsilon}_{xx0}\left\{E_H^*\left(2\frac{\varepsilon_{xx1}}{\dot{\varepsilon}_{xx0}} - \frac{2\varepsilon_{xx1} - \varepsilon_{xx}^{II}}{\dot{\varepsilon}_{xx0}}\right) + \eta_M\left[\left(2e^{\alpha_M\frac{\varepsilon_{xx1}}{\dot{\varepsilon}_{xx0}}} - 1\right)e^{-\alpha_M\frac{2\varepsilon_{xx1} - \varepsilon_{xx}^{II}}{\dot{\varepsilon}_{xx0}}} - 1\right]\right\} \\ &= \underline{E_H^*\varepsilon_{xx}^{II} + \eta_M\dot{\varepsilon}_{xx0}\left[\left(2 - e^{-\alpha_M\frac{\varepsilon_{xx1}}{\dot{\varepsilon}_{xx0}}}\right)e^{-\alpha_M\frac{\varepsilon_{xx1} - \varepsilon_{xx}^{II}}{\dot{\varepsilon}_{xx0}}} - 1\right]} = \frac{N_{II}\left(\varepsilon_{xx}^{II}\right)}{A}\end{aligned} \tag{8.19}$$

Den Wert der Dehnung $\hat{\varepsilon}_{xx}$ im spannungslosen Zustand erhält man mit (8.19) aus der Bedingung

$$\sigma_{xx}^{II}\left(\varepsilon_{xx}^{II}=\hat{\varepsilon}_{xx}\right)\stackrel{!}{=}0=E_H^*\hat{\varepsilon}_{xx}+\eta_M\dot{\varepsilon}_{xx0}\left[\left(2-e^{-\alpha_M\frac{\varepsilon_{xx1}}{\dot{\varepsilon}_{xx0}}}\right)e^{-\alpha_M\frac{\varepsilon_{xx1}-\hat{\varepsilon}_{xx}}{\dot{\varepsilon}_{xx0}}}-1\right] \tag{8.20}$$

woraus man die folgende transzendente Gleichung für $\hat{\varepsilon}_{xx}$ folgert

$$e^{\alpha_M\frac{\hat{\varepsilon}_{xx}}{\dot{\varepsilon}_{xx0}}}+\frac{E_H^*}{\eta_M}\frac{e^{\alpha_M\frac{\varepsilon_{xx1}}{\dot{\varepsilon}_{xx0}}}}{2-e^{-\alpha_M\frac{\varepsilon_{xx1}}{\dot{\varepsilon}_{xx0}}}}\frac{\hat{\varepsilon}_{xx}}{\dot{\varepsilon}_{xx0}}=\frac{e^{\alpha_M\frac{\varepsilon_{xx1}}{\dot{\varepsilon}_{xx0}}}}{2-e^{-\alpha_M\frac{\varepsilon_{xx1}}{\dot{\varepsilon}_{xx0}}}} \tag{8.21}$$

Wie im Falle von (8.14) läßt sich für (8.20) wieder nur eine numerische oder grafische Lösung angeben. Schließlich läßt sich noch mit (8.19) wie folgt die Spannung im dehnungslosen Zustand des Bauteiles angeben:

$$\sigma_{xx}^{II}\left(\varepsilon_{xx}^{II}=0\right)=\eta_M\dot{\varepsilon}_{xx0}\left[\left(2-e^{-\alpha_M\frac{\varepsilon_{xx1}}{\dot{\varepsilon}_{xx0}}}\right)e^{-\alpha_M\frac{\varepsilon_{xx1}}{\dot{\varepsilon}_{xx0}}}-1\right] \tag{8.22}$$

Die Ergebnisse (8.17) bis (8.21 sind in Bild 8.1d qualitativ dargestellt, wobei zu beachten ist, daß die Längsspannung gemäß (8.17) bis zur maximalen Dehnung ε_{xx1} ansteigt und dann gemäß (8.19) in Entsprechung zu den in Bild 8.1b und 8.1c dargestellten Zeitverläufen mit abnehmender Dehnung wieder abfällt, bei $\hat{\varepsilon}_{xx}$ einen Nulldurchgang hat und dann negativ wird (Halbzyklus).

Spezialfall des MAXWELL-Stabes: Die obigen Ergebnisse lassen sich sofort für den Spezialfall des MAXWELL-Stabes angeben, indem überall $E_H^* \equiv 0$ sowie $\alpha_M \equiv \alpha$ bzw. $E_M \equiv E$ und $\eta_M \equiv \eta$ gesetzt wird. Insbesondere lassen sich für diesen Fall die beiden Größen $\hat{t}$ und $\hat{\varepsilon}_{xx}$ gemäß (8.14) und (8.21) wie folgt analytisch in geschlossener Form angeben:

$$\hat{t}=\frac{\eta}{E}\ln\left(2e^{\frac{E}{\eta}t_1}-1\right) \quad , \quad \hat{\varepsilon}_{xx}=\varepsilon_{xx1}-\dot{\varepsilon}_{xx0}\frac{\eta}{E}\ln\left(2-e^{-\frac{E}{\eta}\frac{\varepsilon_{xx1}}{\dot{\varepsilon}_{xx0}}}\right) \tag{8.23}$$

8.1.2 FE-Rechnungen

Für den gemäß der vorstehenden Ausführungen analytisch untersuchten einseitig eingespannten Stab soll nun mit Hilfe der FEM das Spannungs-Zeit- und Spannungs-Dehnungs-Verhalten auf Basis des Standard-Modelles berechnet werden. Für die Materialparameter dieses Modelles werden $E_H^* = 8MPa$, $E_M = 62MPa$ und $\eta = 62Ns/mm^2$ angesetzt. Der Stab habe eine Länge von $250mm$ und eine konstante Querschnittsfläche von $100mm^2$. Das FE-Modell wurde mit 160 Solid-Elementen generiert. Bild 8.2a zeigt zunächst die mittels FEM berechnete Dehnungs-Zeit-Kurve: Dabei steigt die Dehnung von $\varepsilon_{xx}(x, t = 0) = 0$ linear auf den Wert $\varepsilon_{xx_1}(x, t = t_1 = 10s) = 0,57140$ an und fällt von da wieder linear auf $\varepsilon_{xx_1}(x, t = t^* = 20s) = 0$ ab (vgl. hierzu auch den entsprechend qualitativ dargestellten Verlauf in Bild 8.1b). Bild 8.2b gibt die mittels FEM ermittelte Spannungs-Zeit-Antwort wieder, deren Verlauf mit dem in Bild 8.1c dargestellten qualitativen Verlauf sehr gut übereinstimmt.

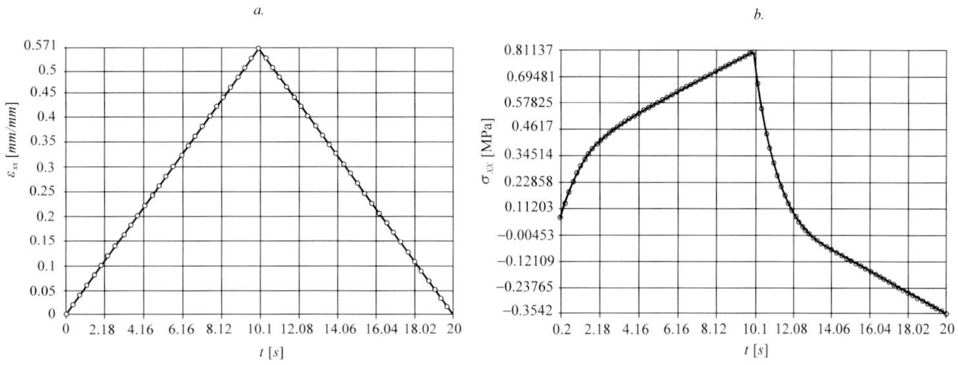

Bild 8.2: a. Dehnungs-Zeit-Verhalten und b. Spannungsantwort bei wechselnder Dehnrate (vgl. hierzu auch Bild 8.1c), rheologisches Modell: Standardköper

In Bild 8.3 ist der mittels FEM für die oben angegebenen Werte erzeugte Spannungs-Dehnungs-Verlauf (Halbzyklus) dargestellt, wobei dieser Verlauf in Einklang mit der in Bild 8.2d wiedergegebenen qualitativen Kurve steht.

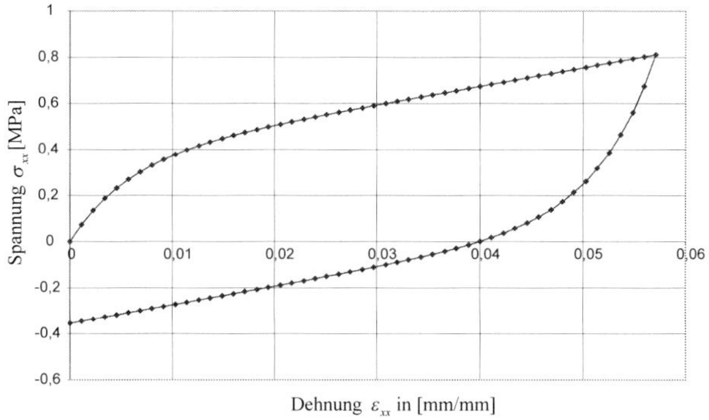

Bild 8.3: Spannungs-Dehnungs-Verhalten bei wechselnder Dehnrate (vgl. hierzu auch Bild 8.1d), rheologisches Modell: Standardköper

8.2 MAXWELL-Stab bei harmonischer Dehngeschichte

Im Folgenden soll das Schwingverhalten eines viskoelastischen Bauteiles (Stab) untersucht werden, welches durch die harmonische Dehngeschichte

$$\varepsilon_{xx}(x,t) = \varepsilon_{xx0}(x)\sin\Omega t \tag{8.24}$$

erregt wird (vgl. Bild 8.4a und b). Dabei bedeuten in (8.24) ε_{xx0} die Dehnamplitude und Ω die Erregerfrequenz. Letztere soll dabei so klein sein, daß Trägheitskräfte des Bauteiles vernachlässigt werden können. Gesucht ist die Antwort der Normalkraft bzw. der Längsspannung sowie das Spannungs-Dehnungs-Diagramm (Hysterese-Kurve) für den eingeschwungenen (*stationären*) Zustand, wenn der Stab als MAXWELL-Stoff ausgelegt wird.

8.2.1 Analytische Rechnungen

Normalkraft- bzw. Längsspannungs-Antwort: Prinzipiell kann die Antwort der Normalkraft mittels der Beziehungen (5.33) oder (5.34) gewonnen werden. Bei diesem Problem ist es jedoch zweckmäßiger von der Materialgleichung in differentieller Form (3.186) auszugehen, die mit (5.29) bis (5.31) unter Beachtung von $A = \text{const}$ zunächst lautet

$$\dot{N}(x,t) + \alpha N(x,t) = EA\dot{\varepsilon}_{xx}(x,t) \equiv EA\frac{\partial}{\partial t}\left[\frac{\partial u(x,t)}{\partial x}\right] \quad , \quad \alpha = \frac{E}{\eta} > 0 \tag{8.25}$$

Aus Gründen einer besseren Übersichtlichkeit soll im Folgenden nicht mit dem umständlichen Ausdruck der rechten Seite von $(8.25)_1$, sondern mit der Dehnrate $\dot{\varepsilon}_{xx}$ weiter gerechnet werden. Dann lautet zunächst mit (8.24) die Dehnrate

$$\dot{\varepsilon}_{xx}(x,t) = \frac{\partial}{\partial t}\left[\varepsilon_{xx0}(x)\sin\Omega t\right] = \Omega\varepsilon_{xx0}(x)\cos\Omega t \tag{8.26}$$

Einsetzen von (8.26) in (8.25) liefert

$$\dot{N}(x,t) + \alpha N(x,t) = EA\varepsilon_{xx0}\Omega\cos\Omega t \tag{8.27}$$

Die Lösung der DGL (8.27) für die Normalkraft N setzt sich generell aus der Lösung $N_h(x{,}t)$ der homogenen DGL und der partikulären Lösung $N_p(x{,}t)$ zusammen, so daß

$$N(x,t) = N_h(x,t) + N_p(x,t) \tag{8.28}$$

Die Lösung der homogenen DGL liegt bereits gemäß (3.190) vor, wobei jetzt analog zu schreiben ist

$$N_h(x,t) = Ce^{-\frac{E}{\eta}t} \tag{8.29}$$

Für die partikuläre Lösung wird zweckmäßigerweise der folgende Ansatz für die rechte Seite von (8.27) benutzt

$$N_P(x,t) = N_0\cos(\Omega t + \psi) \tag{8.30}$$

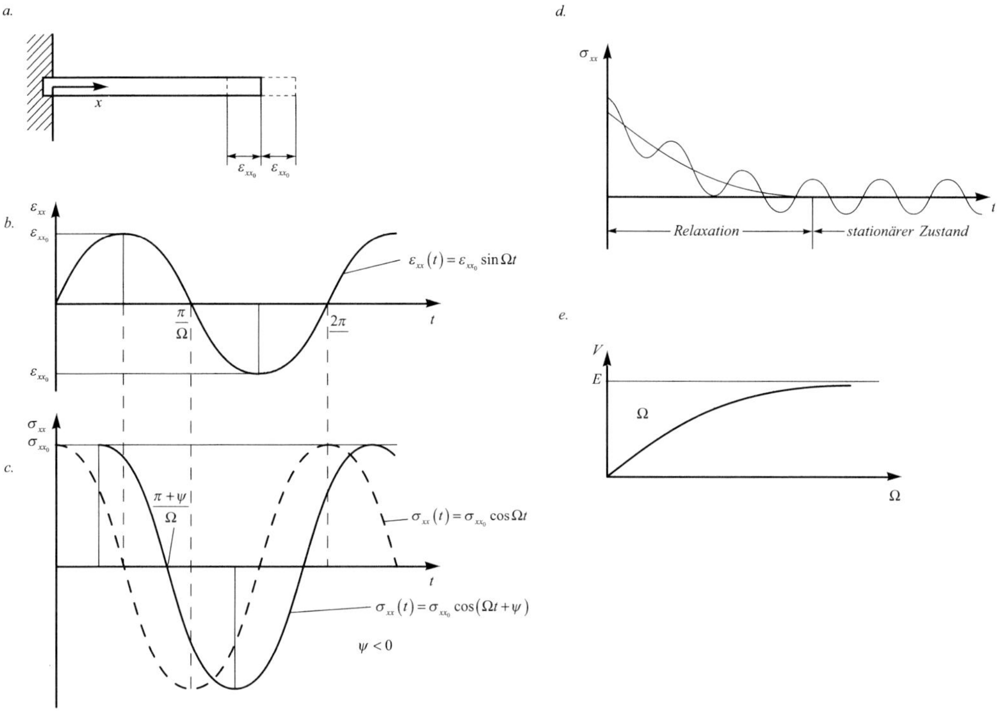

Bild 8.4: MAXWELL-Stab bei harmonischer Dehnungserregung, a. Stab, b. Dehnungsprogramm, c. Normalkraft-Antwort im stationären Zustand ("Dauerlösung"), d. Normalkraft-Antwort mit Einschwingvorgang (Relaxation)

womit für die Längsspannung gemäß (5.31) gilt

$$\sigma_{xx}(x,t) = \frac{N(x,t)}{A} = \sigma_{xx0}\cos(\Omega t + \psi) \quad \text{mit} \quad \sigma_{xx0} := \frac{N_0}{A} \tag{8.31}$$

In (8.30) bzw. (8.31) bedeuten N_0 bzw. σ_{xx0} die Antwortamplitude und ψ die Phasenverschiebung, wobei beide Größen zunächst noch unbekannt sind. Zweckmäßigerweise wird (8.30) noch mit Hilfe des Additionstheorems $\cos(x+y) = \cos x \cos y - \sin x \sin y$ in

$$N(x,t) = N_0(x)(\cos\psi\cos\Omega t - \sin\psi\sin\Omega t) \tag{8.32}$$

umgeformt, womit sich die zeitliche Ableitung

$$\dot{N}(x,t) = -\Omega N_0(x)(\cos\psi\sin\Omega t + \sin\psi\cos\Omega t) \tag{8.33}$$

ergibt. Einsetzen von (8.32) und (8.33) in (8.27) führt nach entsprechendem Ordnen auf

$$-(\alpha\sin\psi + \Omega\cos\psi)\sin\Omega t + (\alpha\cos\psi - \Omega\sin\psi)\cos\Omega t = \frac{EA}{N_0}\varepsilon_{xx0}\Omega\cos\Omega t \tag{8.34}$$

Da sin(•)und cos(•) voneinander unabhängige Funktionen sind, liefert der Koeffizientenvergleich in (8.34) die beiden folgenden Gleichungen

$$\alpha \sin\psi + \Omega\cos\psi = 0 \quad , \quad \alpha\cos\psi - \Omega\sin\psi = \frac{EA}{N_0}\varepsilon_{xx0}\Omega \tag{8.35}$$

Durch (8.35) liegen zwei Gleichungen für die beiden Unbekannten N_0 und ψ vor. Aus $(8.35)_1$ folgt sofort die *Phasenfunktion* $\tan\psi = -\Omega/\alpha = -\eta\Omega/E$

$$\boxed{\psi(\Omega) = \arctan\left(-\frac{\Omega}{\alpha}\right) \equiv \arctan\left(-\frac{\eta}{E}\Omega\right)} \tag{8.36}$$

Die Addition $(8.35)_2\cos\psi$ + $(8.35)_1\sin\psi$ liefert nach Umordnen unter Beachtung von $\alpha = E/\eta$ zunächst

$$N_0 = \eta A\varepsilon_{xx0}\Omega\cos\psi \tag{8.37}$$

Mit Hilfe des Additionstheorems $\cos x = 1/(1+\tan^2 x)^{1/2}$ sowie $(8.35)_1$ erhält man schließlich die *Antwortamplitude* in den folgenden nützlichen Alternativformen

$$\boxed{N_0(\Omega) = A\frac{\eta\Omega}{\sqrt{1+\left(\frac{\eta\Omega}{E}\right)^2}}\varepsilon_{xx0} \equiv A\frac{\eta\Omega}{\sqrt{E^2+(\eta\Omega)^2}}E\varepsilon_{xx0} \equiv A\frac{1}{\sqrt{1+\left(\frac{E}{\eta\Omega}\right)^2}}E\varepsilon_{xx0}} \tag{8.38}$$

Gemäß (8.36) und (8.38) hängen sowohl die Phasenfunktion ψ als auch die Antwortamplitude N_0 von der Erregerfrequenz Ω *und* von den Materialparametern E und η des MAXWELL-Modelles ab. Aus (8.38) erhält man noch den *Frequenzgang* in den folgenden Formen

$$\boxed{V(\Omega) := \frac{N_0}{A\varepsilon_{xx0}} = \frac{\eta\Omega}{\sqrt{1+\left(\frac{\eta\Omega}{E}\right)^2}} \equiv \frac{\eta\Omega E}{\sqrt{E^2+(\eta\Omega)^2}} \equiv \frac{E}{\sqrt{1+\left(\frac{E}{\eta\Omega}\right)^2}}} \tag{8.39}$$

Einsetzen von (8.29) und (8.30) in (8.28) liefert mit (8.38) und (8.39) die allgemeine Lösung der inhomogenen DGL (8.27) wie folgt:

$$N(x,t) = Ce^{-\frac{E}{\eta}t} + AV(\Omega)\,\varepsilon_{xx0}\cos(\Omega t + \psi) \tag{8.40}$$

Zur Bestimmung der Integrationskontante C in (8.40) wird die Anfangsbedingung $N(x,t = 0) = N_0^*$ gewählt, so daß sich aus (8.40)

$$C = N_0^* - AV(\Omega)\,\varepsilon_{xx0}\cos\psi$$

ergibt und damit sowie unter Beachtung von (5.31) die Normalkraft- bzw. Längsspannungsantwort (8.40) schließlich wie folgt lautet

$$\boxed{\sigma_{xx}(x,t) = \frac{N(x,t)}{A} = \underbrace{\left[\frac{N_0^*}{A} - V(\Omega)\,\varepsilon_{xx0}\cos\psi\right]e^{-\frac{E}{\eta}t}}_{\text{Einschwingvorgang}} + \underbrace{V(\Omega)\,\varepsilon_{xx0}\cos(\Omega t + \psi)}_{\text{Dauerlösung}}} \tag{8.41}$$

Die Lösung (8.41) setzt sich additiv aus dem ,,Einschwingvorgang" und der ,,Dauerlösung" zusammen, wobei Ersterer als ,,Relaxationsanteil" interpretiert werden kann, welcher nach hinreichend großer Zeit (t→ ∞) abklingt (vgl. Bild 8.4d).

Dauerlösung (stationäre Lösung): Die *stationäre* Lösung (eingeschwungener Zustand) ergibt sich aus (8.41) für $t \to \infty$ durch Wegfall des ersten Terms in eckigen Klammern, so daß als ,,Dauerlösung" unter Beachtung von $(8.31)_2$ und der linken Definition in (8.39) der folgende Ausdruck verbleibt (vgl. Bild 8.4c).

$$\boxed{\sigma_{xx}(x,t) = \frac{N(x,t)}{A} = V(\Omega)\,\varepsilon_{xx0}\cos(\Omega t + \psi) \equiv \sigma_{xx0}\cos(\Omega t + \psi)} \tag{8.42}$$

Mit Hilfe des letzten Ausdruckes auf der rechten Seite von (8.39) ergibt sich noch

$$\lim_{\Omega\to\infty} V(\Omega) = \lim_{\Omega\to\infty} \frac{E}{\sqrt{1 + \left(\frac{E}{\eta\Omega}\right)^2}} = E \tag{8.43}$$

und mit $(8.31)_2$ sowie der letzten Darstellung von (8.38)

$$\lim_{\Omega\to\infty} \sigma_{xx0} = \lim_{\Omega\to\infty} \frac{N_0}{A} = \lim_{\Omega\to\infty} \frac{1}{\sqrt{1 + \left(\frac{E}{\eta\Omega}\right)^2}} E\varepsilon_{xx0} = E\varepsilon_{xx0} \tag{8.44}$$

Demnach gehen für große Erregerfrequenzen der Frequenzgang $V(\Omega)$ gemäß (8.43) in den Elastizitätsmodul E und die Spannungsamplitude σ_{xx0} gemäß (8.44) in das HOOKEsche Gesetz über (vgl. Bild 8.4e).

Fazit:

Bei sehr großen Erregerfrequenzen Ω zeigt ein harmonisch angeregter MAXWELL-Stab elastisches Verhalten.

Spannungs-Dehnungs-Diagramm (Hysterese): Die Hysterese im eingeschwungenen Zustand entsteht grundsätzlich durch Elimination der Zeit t aus der Dehnungserregung (8.24) sowie aus der Spannungsantwort des stationären Zustandes (8.42). Wird (8.42) mit Hilfe des Additionstheorems $\cos(x+y) = \cos x \cos y - \sin x \sin y$ umgeformt, so hat man nacheinander die beiden Gleichungen

$$\varepsilon_{xx}(x,t) = \varepsilon_{xx0}\sin\Omega t \tag{8.45}$$

$$\sigma_{xx}(x,t) = \frac{N(x,t)}{A} = \sigma_{xx0}(\cos\psi\cos\Omega t - \sin\psi\sin\Omega t) \tag{8.46}$$

Mit der Identität $\cos^2 x = 1 - \sin^2 x$ läßt sich (8.46) weiter umformen in

$$\frac{\sigma_{xx}}{\sigma_{xx0}} = \sqrt{1 - \sin^2\Omega t}\cos\psi - \sin\Omega t\sin\psi \tag{8.47}$$

Aus (8.45) ergibt sich

$$\sin \Omega t = \frac{\varepsilon_{xx}}{\varepsilon_{xx0}} \tag{8.48}$$

womit (8.47) in den folgenden, von der Zeit t befreiten Ausdruck übergeht

$$\underline{\frac{\sigma_{xx}}{\sigma_{xx0}}} = \sqrt{1 - \left(\frac{\varepsilon_{xx}}{\varepsilon_{xx0}}\right)^2} \cos\psi - \underline{\frac{\varepsilon_{xx}}{\varepsilon_{xx0}} \sin\psi} \tag{8.49}$$

Es ist nun weiterhin zweckmäßig, (8.49) in eine solche Form zu bringen, die eine geometrische Interpretation leicht macht. Dies kann wie folgt bewerkstelligt werden: Bringt man die in (8.49) unterstrichen gekennzeichneten Terme auf eine Seite und quadriert anschließend beide Seiten, so ergibt sich

$$\left(\frac{\sigma_{xx}}{\sigma_{xx0}} + \frac{\varepsilon_{xx}}{\varepsilon_{xx0}} \sin\psi\right)^2 = \left[1 - \left(\frac{\varepsilon_{xx}}{\varepsilon_{xx0}}\right)^2\right] \cos^2\psi$$

bzw. durch Ausmultiplizieren

$$\left(\frac{\sigma_{xx}}{\sigma_{xx0}}\right)^2 + 2\frac{\sigma_{xx}}{\sigma_{xx0}}\frac{\varepsilon_{xx}}{\varepsilon_{xx0}} \sin\psi + \left(\frac{\varepsilon_{xx}}{\varepsilon_{xx0}}\right)^2 \sin^2\psi = \left[1 - \left(\frac{\varepsilon_{xx}}{\varepsilon_{xx0}}\right)^2\right] \cos^2\psi$$

und weiteres Umformen

$$\left(\frac{\sigma_{xx}}{\sigma_{xx0}}\right)^2 + 2\frac{\sigma_{xx}}{\sigma_{xx0}}\frac{\varepsilon_{xx}}{\varepsilon_{xx0}} \sin\psi + \left(\frac{\varepsilon_{xx}}{\varepsilon_{xx0}}\right)^2 \underbrace{(\sin^2\psi + \cos^2\psi)}_{1} = \cos^2\psi$$

Schließlich entsteht nach Division durch $\cos^2\psi$ der Ausdruck

$$\frac{1}{\cos^2\psi}\left[\left(\frac{\sigma_{xx}}{\sigma_{xx0}}\right)^2 + (2\sin\psi)\frac{\sigma_{xx}}{\sigma_{xx0}}\frac{\varepsilon_{xx}}{\varepsilon_{xx0}} + \left(\frac{\varepsilon_{xx}}{\varepsilon_{xx0}}\right)^2\right] = 1 \tag{8.50}$$

Der Ausdruck (8.50) stellt die *Normalform einer Ellipse* mit einer gegen die $\varepsilon_{xx}/\varepsilon_{xx0}$ –Achse gedrehten Hauptachse dar (vgl. geeignete mathematische Formel- und Tabellenwerke). Die Hysterese läßt sich anhand (8.50) wie folgt im Spannungs-Dehnungs-Diagramm konstruieren: Für die im Folgenden jeweils links stehenden, gewählten Terme ergeben sich nach (8.50) die jeweils rechts stehenden Ergebnisse (Stützstellen):

$$\frac{\varepsilon_{xx}}{\varepsilon_{xx0}} = 0: \qquad \left(\frac{\sigma_{xx}}{\sigma_{xx0}}\right)^2 = \cos^2\psi \quad \text{bzw.} \quad \frac{\sigma_{xx}}{\sigma_{xx0}} = \pm\cos\psi$$

$$\frac{\varepsilon_{xx}}{\varepsilon_{xx0}} = \pm\cos\psi: \qquad \frac{\sigma_{xx}}{\sigma_{xx0}}\left(\frac{\sigma_{xx}}{\sigma_{xx0}} \pm 2\sin\psi\cos\psi\right) = 0 \quad \text{bzw.}$$

$$\frac{\sigma_{xx}}{\sigma_{xx0}} = 0 \quad \text{und} \quad \frac{\sigma_{xx}}{\sigma_{xx0}} = \mp 2\sin\psi\cos\psi$$

$$\frac{\sigma_{xx}}{\sigma_{xx0}} = 0: \qquad \left(\frac{\varepsilon_{xx}}{\varepsilon_{xx0}}\right)^2 = \cos^2\psi \quad \text{bzw.} \quad \frac{\varepsilon_{xx}}{\varepsilon_{xx0}} = \pm\cos\psi$$

Eintragen der oben stehenden Wertepaare in das Spannungs-Dehnungs-Diagramm liefert dann prinzipiell die in Bild 8.6 dargestellte Hysterese. Für $\Omega t > 0$ wird die Kurve während des Schwingungsvorganges links herum durchlaufen. Die eingeschlossene Fläche ist proportional zu der in einem Umlauf dissipierten mechanischen Energie.

8.2.2 FE-Rechnungen

Für den gemäß der vorstehenden Ausführungen analytisch untersuchten einseitig eingespannten Stab mit harmonischer Dehngeschichte (vgl. Bild 8.4a) sollen nun mit Hilfe der FEM die harmonische Verschiebungsanregung, das Längsspannungs-Zeit-Verhalten und das Spannungs-Dehnungs-Verhalten mit Hilfe des MAXWELL-Modelles berechnet werden. Für die Materialparameter dieses Modelles werden $E = 70MPa$ und $\eta = 70Ns/mm^2$ gewählt. Der Stab habe eine Länge von $250mm$ und eine konstante Rechteckquerschnittsfläche von $100mm^2$. Das FE-Modell wurde mit 160 Solid-Elementen generiert. Bild 8.5 gibt die für das Stabende ($x = l = 250mm$) mittels FEM erzeugte harmonische Verschiebungsanregung $u(x = 250mm, t)$ sowie die Längsspannungs-Antwort $\sigma_{xx_1}(x = 250mm, t)$ für den eingeschwungenen Zustand wieder.

In Bild 8.6 ist das mittels FEM für die oben angegebenen Werte erzeugte Spannungs-Dehnungs-Verhalten dargestellt, wobei zu erkennen ist, daß der Einschwingvorgang nach einem Durchlauf bereits abgeschlossen ist. Der elliptische Kurvenzug stellt damit die Dauerlösung des Problems dar, wobei infolge des negativen Phasenwinkels ψ (man vgl. hierzu den Ausdruck (8.36) mit positiven Materialkoeffizienten E und η) die Ellipsen-Hauptachsen in der dargestellten Weise bezüglich des Koordinatensystems gedreht sind.

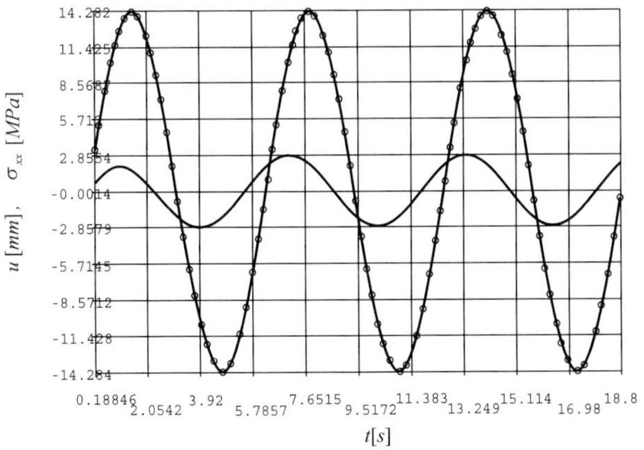

Bild 8.5: Harmonische Verschiebung $u(t)$ und numerisch berechnete Längsspannungsantwort $\sigma_{xx}(t)$ am Stabende des MAXWELL-Stabes

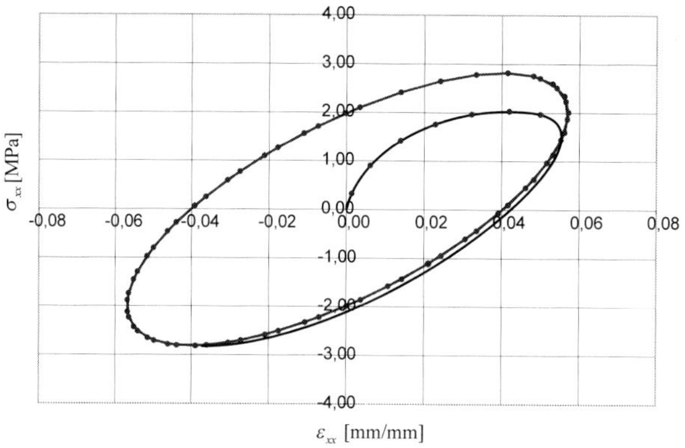

Bild 8.6: Spannungs-Dehnungs-Diagramm des MAXWELL-Stabes mit Einschwingvorgang und Dauerlösung

8.3 Stäbe unter zeitlich konstanter Last (Stab-Kriechen)

Abschließend sei noch ein für die Praxis interessanter Fall behandelt, bei dem ein prismatisches stabartiges Bauteil mit über der Stabachsenkoordinate x veränderlichem Querschnitt $A(x)$ für $t > 0$ durch eine zeitlich konstante Normalkraft $N(x)$ beansprucht wird (vgl. Bild 8.8). Zu ermitteln ist die Verschiebung u des Stabes als Funktion des Ortes x (Stabachse) und der Zeit t.

Da die Schnittlast $N(x)$ (Beanspruchung) bekannt ist, bietet sich zur Ermittlung der Längsverschiebung u die *verschiebungsexplizite* Material-Struktur-Gleichung der Form (5.36) an. Mit dieser ergibt sich für eine zeitlich konstante Normalkraft $N(x{,}t) = N(x{,}\tau) = N(x)$

$$\frac{\partial u\,(x,t)}{\partial x} = \frac{N\,(x)}{A\,(x)}\left[K\,(0) - \int\limits_{\tau=0}^{t} \underbrace{\dot{K}\,(t-\tau)\,d\tau}_{dK(t-\tau)}\right] = \frac{N\,(x)}{A\,(x)}\,[K\,(0) - K\,(0) + K\,(t)]$$

also

$$\boxed{\frac{\partial u\,(x,t)}{\partial x} = \Lambda_N\,(x)\,K\,(t)} \quad \text{mit} \quad \Lambda_N\,(x) := \frac{N\,(x)}{A\,(x)} = \sigma_{xx}\,(x) \qquad (8.51)$$

Durch den Quotienten Λ_N in $(8.51)_2$ wird gerade die (elastische) Längsspannung σ_{xx} repräsentiert. Nach $(8.51)_1$ kann also der Verschiebungsgradient $\partial u/\partial x$ eines durch eine zeitlich konstante Normalkraft beanspruchten viskoelastischen Stabes durch das Produkt aus der (elastischen) Längsspannung und einem *beliebigen* Kriechkern $K(t)$ bestimmt werden. Damit hat (8.51) Gültigkeit für *beliebige* (lineare) viskoelastische Modelle! Die Verschiebungsableitung läßt sich für diesen Fall also als Produkt aus der reinen Ortsfunktion $\Lambda_N(x)$ des *elastischen* Stabes und der reien Zeitfunktion $K(t)$ des *viskoelastischen* Stabes darstellen. Weiterhin folgt aus (8.51) mit der Kriechfunktion eines rein elastischen Mediums

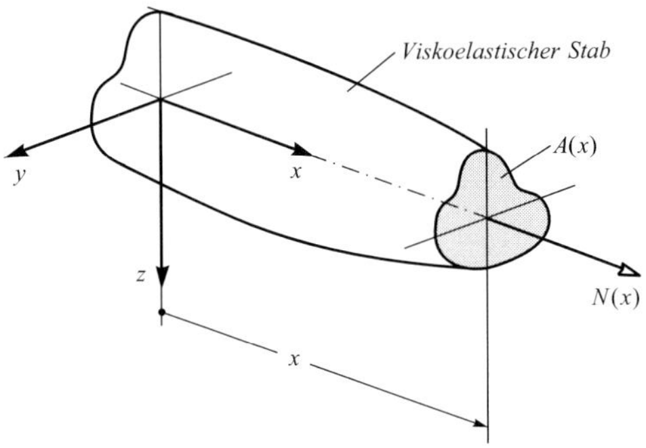

Bild 8.7: Durch eine *zeitlich* konstante Normalkraft beanspruchter viskoelastischer Stab

gemäß (3.176), also $K(t) = 1/E$ selbstverständlich sofort die Material-Struktur-Gleichung *elastischer* Stäbe gemäß (5.17) für homotherme Zustände ($T = T_0$). Diese Aussagen lassen sich wie folgt zusammenfassen:

> Die Verschiebungsableitung $\partial u/\partial x$ eines durch eine zeitlich konstante Normalkraft $N(x)$ belasteten viskoelastischen Stabes ist das Produkt aus der rein *elastischen* Ortsfuktion $\Lambda_N(x) = N(x)/A(x)$ und einer *beliebigen* Kriechfunktion $K(t)$. Danach ist $\Lambda_N(x)$ für das jeweilige *elastische* Problem und $K(t)$ für das jeweils gewählte *viskoelastische* Modell zu nehmen.

Diese Aussage taucht in allgemeinerer Weise im Zusammenhang mit dem *Korrespondenz-Prinzip* auf, welches mathematisch mittels der LAPLACE-Transformation beschrieben werden kann, aber aus Platzgründen in diesem Buch nicht behandelt wird.

Die Verschiebung u selbst erhält man wie folgt durch einmalige unbestimmte Integration von $(8.51)_1$ über die Stabachsenkoordinate x, wobei der von x unabhängige Kriechkern $K(t)$ vor das Integral gezogen werden darf:

$$\boxed{u\,(x,t) = K\,(t)\int \Lambda_N\,(x)\,dx + f\,(t)} \qquad \Lambda_N\,(x) := \frac{N\,(x)}{A\,(x)} \tag{8.52}$$

Die in $(8.52)_1$ durch die Integration entstehende Integrations-„Konstante" $f(t)$ kann selbstverständlich im Allgemeinen noch von der Zeit t abhängen und ist über eine geeignete Verschiebungs-Randbedingungen zu bestimmen.

Vergleich eines MAXWELL- und POYNTING-THOMSON-Stabes unter konstanter Einzellast: Ein fest eingespanntes stabartiges Bauteil der Länge l mit über der Balkenachsenkoordinate x konstantem Querschnitt A wird dem „Belastungsprogramm" (in (8.53) bedeutet H wieder die HEAVISIDE-Funktion)

$$F\,(t) = \begin{cases} 0, & t < 0 \\ F_0, & t \geq 0 \end{cases} \qquad \text{bzw.} \quad F\,(t) = F_0 H\,(t) \tag{8.53}$$

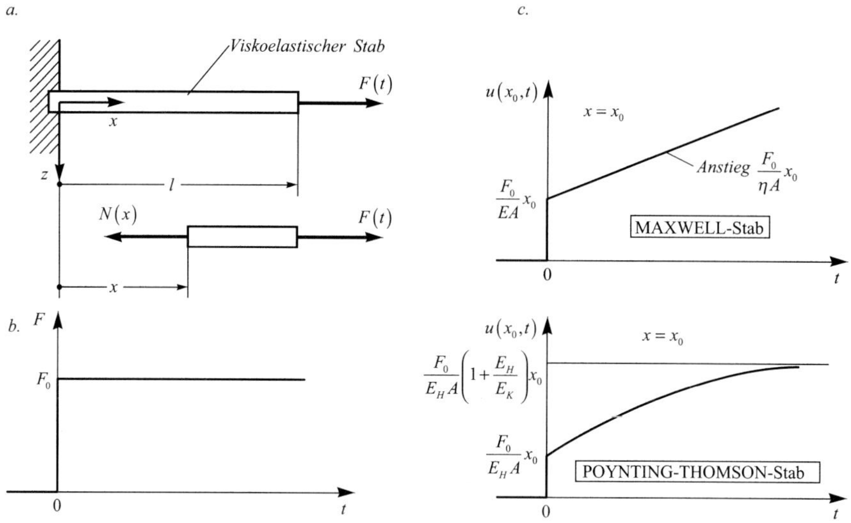

Bild 8.8: Durch zeitlich konstante Einzellast beanspruchtes viskoelastisches Bauteil, a. Stab mit Schnittufer, b. Lastprogramm und c. Verschiebungs-Zeit-Kurven (Verschiebungsantworten) bei festem x_0 für MAXWELL- und POYNTING-Thomson-Stab

mit der konstanten Einzellast F_0 unterzogen (vgl. Bild 8.6a und b). Zu ermitteln ist die Verschiebung u des Bauteiles als Funktion des Ortes x (Stabachse) und der Zeit t, wenn das Bauteil nach dem MAXWELL- bzw. POYNTING-THOMSON-Modell ausgelegt wird.

Durch Anwenden der Kraft-Gleichgewichts-Bedingung auf das freigeschnittene Stabende in Bild 8.8a ergeben sich unter Beachtung von (8.53) die Normalkraft N für $t > 0$ und damit weiter die gemäß $(8.52)_2$ definierte Zeitfunktion Λ_N wie folgt

$$N(x) = F(t) = F_0 \quad \text{und} \quad \Lambda_N(x) := \frac{F_0}{A} = const. \tag{8.54}$$

Die Verschiebung u erhält man durch Einsetzen von $(8.54)_2$ in $(8.52)_1$, so daß

$$u(x,t) = \frac{F_0}{A} x K(t) + f(t) \tag{8.55}$$

Gemäß Bild 8.8a gilt für den vorliegenden Fall an der Einspannstelle die Randbedingung $u(x=0) = 0$, so daß sich damit aus (8.55) $f(t) = 0$ ergibt und die Stabverschiebung für den eingespannten viskoelastischen Stab schließlich lautet

$$\boxed{u(x,t) = \Lambda_N x K(t) \equiv \frac{F_0}{A} x K(t)} \tag{8.56}$$

Nach (8.56) besteht unabhängig vom jeweiligen viskoelastischen Modell eine *linare* Abhängigkeit der Verschiebung von der Stabachsenkoordinate x. Mit den Kriechfunktionen (3.209)

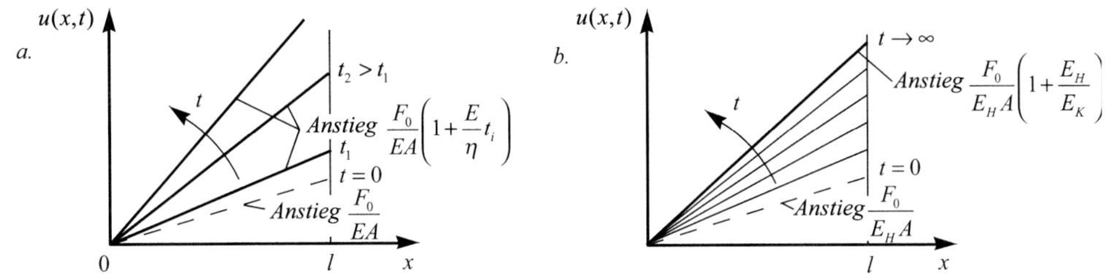

Bild 8.9: Verschiebung als Funktion der Stabachsenkoordinate x parametrisch in der Zeit eines durch eine konstante Längskraft belasteten Stabes, a. MAXWELL-Stab, b. POYNTING-THOMSON-Stab

für den MAXWELL-Stab und (3.256) für den POYNTING-THOMSON-Stab (bzw. für das Standard-Modell) ergeben sich schließlich mit (8.56) die speziellen Stabverschiebungsfunktionen:

$$u(x,t) = \begin{cases} \underbrace{\dfrac{F_0}{EA}x}_{\text{elastische Lösung}} \left(1 + \frac{E}{\eta}t\right), & \text{MAXWELL} \\ \underbrace{\dfrac{F_0}{E_H A}x}_{\text{elastische Lösung}} \left[1 + \frac{E_H}{E_K}\left(1 - e^{-\frac{E_K}{\eta_K}t}\right)\right], & \text{POYNTING - THOMSON} \end{cases} \tag{8.57}$$

Die beiden Verschiebungsfunktionen (8.57) sind in Bild 8.9 jeweils über der Stabachsenkoordinate x parametrisch in der Zeit t dargestellt. Dabei ist festzuhalten, daß zwar beide Funktionen linear mit der Stabachsenkoordinate x zunehmen, die Verschiebung des MAXWELL-Stabes für große Zeiten gemäß $(8.57)_1$ aber unendlich groß wird (Kriechbruch!), dagegen diejenige des POYNTING-THOMSON-Stabes gemäß $(8.57)_2$ dem endlichen Grenzwert

$$\lim_{t\to\infty} u(x,t) = \lim_{t\to\infty}\left\{\frac{F_0}{E_H A}x\left[1 + \frac{E_H}{E_K}\left(1 - e^{-\frac{E_K}{\eta_K}t}\right)\right]\right\} = \frac{F_0}{E_H A}\left(1 + \frac{E_H}{E_K}\right)x \tag{8.58}$$

zustrebt und daher *zeitlich* begrenzt bleibt (die Kriechkurve des MAXWELL-Modelles ist in einem anderen Zusammenhang bereits in Bild 3.13b dargestellt worden)! Diese beiden zeitlichen Phänomene sind ebenfalls in Bild 8.8b dargestellt, wobei die beiden Verschiebungsfunktionen (8.57) über der Zeitachse t für jeweils eine feste Stabachsenstelle x_0 wiedergegeben worden sind.

8.4 Balken unter konstanter Last (Biege-Kriechen)

Ein balkenartiges Bauteil mit über der Balkenachsenkoordinate x veränderlichem Querschnitt $A(x)$ und dem Flächenträgheitsmoment $I_{yy}(x)$ wird für $t > 0$ durch ein zeitlich konstantes Biegemoment $M_y(x)$ beansprucht (vgl. Bild 8.10). Gefragt wird nach der Durchbiegung $w(x,t)$ des Bauteiles als Funktion des Ortes (Balkenachse) x und der Zeit t.

8.4.1 Analytische Rechnungen

Da die Schnittlast M_y bekannt ist, bietet sich zur Ermittlung der Durchbiegung w die *verschiebungsexplizite* Material-Struktur-Gleichung der Form (5.50) an. Wird in diese das zeitlich konstante Moment $M_y(x,t) = M_y(x,\tau) = M_y(x)$ eingesetzt, so ergibt sich mit zu (8.50) analoger Rechnung der folgende Zusammenhang:

$$\boxed{\frac{\partial^2 w\,(x,t)}{\partial x^2} = -\Lambda_M\,(x)\,K\,(t)} \quad \text{mit} \quad \Lambda_M\,(x) := \frac{M_y\,(x)}{I_{yy}\,(x)} \tag{8.59}$$

Nach (8.59) kann also die Krümmung der Biegelinie $\partial^2 w/\partial x^2$ eines durch ein zeitlich konstantes Biegemoment beanspruchten viskoelastischen balkenartigen Bauteiles durch das Produkt aus der reinen Ortsfunktion $\Lambda_M(x)$ des *elastischen* Balkens und einer *beliebigen* Kriechfunktion $K(t)$ des *viskoelastischen* Balkens dargestellt werden. Damit ist die Form (8.59) wieder für *beliebige* viskoelastische (lineare) Modelle gültig! Es läßt sich wieder zusammenfassen:

> Die Krümmung $\partial^2 w/\partial x^2$ eines durch ein zeitlich konstantes Biegemoment $M_y(x)$ belasteten viskoelastischen balkenartigen Bauteiles ist das Produkt aus der rein *elastischen* Ortsfunktion $\Lambda_M(x) = M_y(x)/I_{yy}(x)$ und einer *beliebigen* Kriechfunktion $K(t)$. Danach ist $\Lambda_M(x)$ für das jeweilige *elastische* Problem und $K(t)$ für das jeweils gewählte *viskoelastische* Modell zu nehmen.

Die Biegelinie w selbst erhält man wie folgt durch zweimalige unbestimmte Integration von $(8.59)_1$ über die Balkenachsenkoordinate x, wobei der von x unabhängige Kriechkern

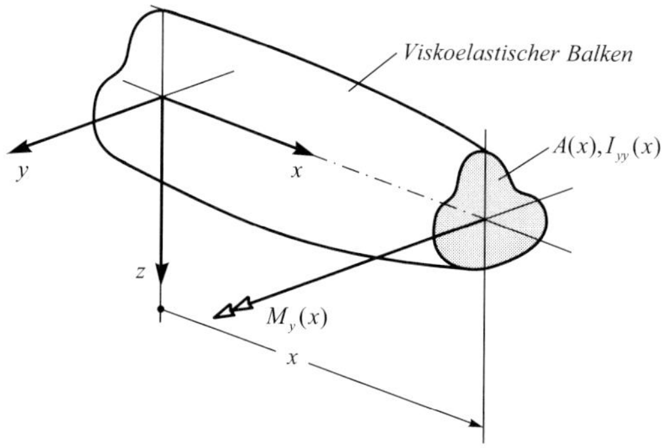

Bild 8.10: Durch ein konstantes Moment beanspruchter viskoelastischer Balken

$K(t)$ jeweils vor das Integral gezogen werden darf:

$$\boxed{w\,(x,t) = -K\,(t) \int \left[\int \Lambda_M\,(x)\,dx \right] dx + f_1\,(t)\,x + f_2\,(t)} \tag{8.60}$$

Die in (8.60) durch die Integration entstehenden zwei Integrations-„Konstanten" $f_1(t)$ und $f_2(t)$ können selbstverständlich im Allgemeinen noch von der Zeit abhängen und sind über zwei geeignete geometrische (Verschiebungs-)Randbedingungen zu bestimmen.

Vergleich des MAXWELL- und des KELVIN-VOIGT-Balkens unter konstanter Einzellast: Ein fest eingespanntes balkenartiges Bauteil der Länge l mit über der Balkenachsenkoordinate x konstantem Querschnitt A und konstantem Flächenträgheitsmoment I_{yy} wird dem „Belastungsprogramm"

$$F\,(t) = \begin{cases} 0, & t < 0 \\ F_0, & t \geq 0 \end{cases} \quad \text{bzw.} \quad F\,(t) = F_0 H\,(t) \tag{8.61}$$

mit der konstanten Einzellast F_0 unterzogen (vgl. Bild 8.11b). Zu ermitteln ist die Durchbiegung w des Bauteiles als Funktion des Ortes x (Balkenachse) und der Zeit t, wenn der Balken nach dem KELVIN- bzw. MAXWELL-Modell ausgelegt wird.

Die für diesen Lastfall einzige interessierende Schnittlast ist das Biegemoment M_y, welches sich anhand von Bild 8.12a mit der Momenten-Gleichgewichtsbedingung für $t > 0$ unter Beachtung von (8.61) wie folgt ergibt:

$$M_y\,(x,t) = -F\,(t)\,l \left(1 - \frac{x}{l}\right) = -F_0 l \left(1 - \frac{x}{l}\right) = M_y\,(x) \tag{8.62}$$

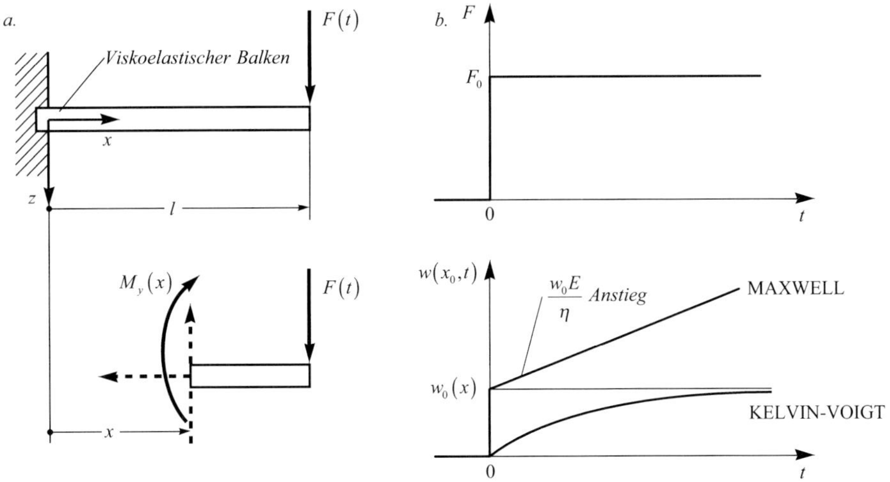

Bild 8.11: Duch ein zeitlich konstantes Biegemoment beanspruchter viskoelastischer Stab, a. Stab mit Schnittufer, b. Lastprogramm und Kriechkurven

Mit (8.62) lautet dann die Ortsfunktion $(8.59)_2$

$$\Lambda_M(x) = -\frac{F_0 l}{I_{yy}}\left(1 - \frac{x}{l}\right) \tag{8.63}$$

Einsetzen von (8.63) in $(8.59)_1$ bzw. (8.60) führt wie folgt nach zweimaliger unbestimmter Integration über die Balkenachse x auf die Durchbiegung w des Bauteiles:

$$\frac{\partial^2 w(x,t)}{\partial x^2} = \frac{F_0 l}{I_{yy}}\left(1 - \frac{x}{l}\right) K(t) \tag{8.64}$$

$$\frac{\partial w(x,t)}{\partial x} = \frac{F_0 l^2}{I_{yy}}\left(1 - \frac{1}{2}\frac{x}{l}\right)\frac{x}{l} K(t) + f_1(t) \tag{8.65}$$

$$w(x,t) = \frac{F_0 l^3}{2 I_{yy}}\left(1 - \frac{1}{3}\frac{x}{l}\right)\left(\frac{x}{l}\right)^2 K(t) + f_1(t)\,x + f_2(t) \tag{8.66}$$

Gemäß Bild 8.8a gelten für den vorliegenden Fall an der Einspannstelle die beiden Randbedingungen

$$w(x=0,t) = 0 \quad , \quad \left[\frac{\partial w(x,t)}{\partial x}\right]_{x=0} = 0 \tag{8.67}$$

Mit (8.66) und $(8.67)_1$ sowie (8.65) und $(8.67)_2$ ergeben sich für $t > 0$ die beiden Zeitfunktionen f_1 und f_2 sofort zu

$$f_1(t) = f_2(t) = 0 \tag{8.68}$$

Einsetzen von (8.68) in (8.66) führt schließlich wie folgt auf die *Biegelinie eines infolge einer konstanten Einzellast beanspruchten viskoelastischen Balkens*

$$\boxed{w(x,t) = w_0(x)\,E K(t)} \quad \text{mit} \quad w_0(x) := \frac{F_0 l^3}{6 E I_{yy}}\left(3 - \frac{x}{l}\right)\left(\frac{x}{l}\right)^2 \tag{8.69}$$

Anhand von (8.69) ist erkennbar, daß sich die *viskoelastische* Biegelinie $w(x,t)$ des vorliegenden Lastfalles als Produkt aus der dem Lastfall entsprechenden *elastischen* Biegelinie $w_0(x)$ (vgl. entsprechende Tabellenwerke oder Formelsammlungen) und aus einer noch beliebigen Kriechfunktion $K(t)$ darstellen läßt.

Mit den Kriechfunkionen des MAXWELL-Modelles gemäß (3.209) und des KELVIN-Modelles gemäß (3.217) ergeben sich aus (8.69) die jeweiligen Durchbiegungen wie folgt:

$$\boxed{w(x,t) = w_0(x)\begin{cases} 1 + \frac{E}{\eta}t, & \text{MAXWELL} \\ 1 - e^{-\frac{E}{\eta}t}, & \text{KELVIN - VOIGT}\end{cases}} \tag{8.70}$$

Anhand der beiden Darstellungen in (8.70) ist nochmals deutlich die jeweilige multiplikative Verknüpfung aus der elastischen Biegelinie und der jeweiligen Kriechfunktion zu erkennen. Die beiden Durchbiegungsfunktionen (8.70) sind bezüglich der Balkenachsenkoordinate x

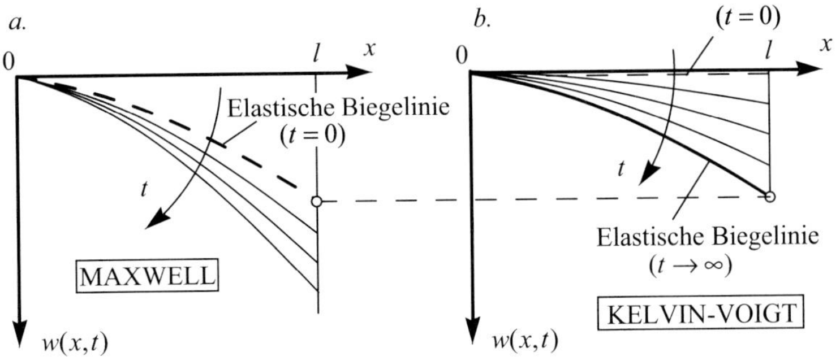

Bild 8.12: Durchbiegung des viskoelastischen Balkens gemäß Bild 8.11a als Funktion der Balkenachsenkoordinate x parametrisch in der Zeit t, a. MAXWELL-Balken, b. KELVIN-VOIGT-Balken

jeweils parametrisch von der Zeit t in Bild 8.12 dargestellt. Dabei ist offensichtlich, daß der MAXWELL-Balken für $t = 0$ spontan die *elastische* Biegelinie einnimmt, nämlich

$$w(x, t=0) = w_0(x) \left(1 + \frac{E}{\eta} t\right)\bigg|_{t=0} = w_0(x) \tag{8.71}$$

und die *viskoelastische* Biegelinie für wachsendes t über alle Grenzen wächst (Kriechbruch!). Dagegen ist die Durchbiegung des KELVIN-VOIGT-Balkens zur Zeit $t = 0$ an jeder Stelle x der Balkenachse Null und geht für große Zeiten $(t \to \infty)$ *asymptotisch* in die elastische Biegelinie über, nämlich

$$\lim_{t\to\infty} w(x,t) = \lim_{t\to\infty} w_0(x) \left(1 - e^{-\frac{E}{\eta}t}\right) = w_0(x) \tag{8.72}$$

und bleibt deshalb endlich! Die beiden Ausdrücke (8.71) und (8.72) sind gleich (sofern man bei dieser Betrachtung davon ausgeht, daß in beiden Modellen der *gleiche* Materialkoeffizient E auftritt, was allgemein natürlich *nicht* zutreffen muß!), so daß gilt

$$\lim_{t\to\infty} w(x,t)_{\text{KELVIN - VOIGT}} = w(x, t=0)_{\text{MAXWELL}} \tag{8.73}$$

und man sagen könnte: Wo der KELVIN-VOIGT-Balken aufhört zu kriechen, fängt der MAXWELL-Balken erst an (vgl. Bild 8.12)! Dieser Sachverhalt ist nochmals in Bild 8.11b verdeutlicht, wo die beiden Durchbiegungsfunktionen (8.70) für eine feste Stelle x_0 über der Zeit aufgetragen worden sind (in der Grafik ist ebenfalls davon ausgegangen worden, daß in beiden Modellen der gleiche Materialkoeffizient E auftritt!).

8.4.2 FE-Rechnungen

Für den in Bild 8.11 dargestellten Kragträger aus viskoelastischem Material soll mittels der FEM das Kriechverhalten am freien Balkenende sowie die Durchbiegung an jeder Stelle der Balkenachse als Funktion der Zeit auf Basis des KELVIN-VOIGT-Modelles berechnet werden. Im Einzelnen werden die folgenden Daten vorgegeben: Belastung $F(t) = F_0 H(t)$ mit $F_0 = 4000N$, $l = 250mm$, Querschnittshöhe und -breite $h = 40mm$ und $b = 10mm$, Elastizitätsmodul und Dämpfungskonstante $E = 2,1 \times 10^5 Pa$ und $\eta = 2,1 \times 10^5 Ns/mm^2$, Anfangsquerkontraktionszahl $\nu = 0,3$. Das FE-Modell wurde mit 328 8-Node-Plane-2D-Elementen generiert.

Das Kriechverhalten am freien Ende des Kragbalkens ist in Bild 8.13a wiedergegeben. Dabei wird der Vorgang zur Zeit $t = 0$ durch das flüssigkeitsartige Anfangsverhalten und nach $t > 80$ Sekunden durch ein festkörperartiges Endverhalten beschrieben. Dieses Endverhalten (Gleichgewichtsnachgiebigkeit) entspricht im wesentlichen dem Verhalten eines Festkörpers. Die numerisch ermittelte Absenkung am freien Balkenende (vgl. Bild 8.13a) zeigt eine gute Übereinstimmung mit der analytischen Lösung. Beispielsweise stehen die gemäß (8.70) berechneten theoretischen Werte $w_{th}(x = 250mm, t = 10s) = -1,14mm$ und $w_{th}(x = 250mm, t \to \infty) = 1,86mm$ (nach Abschluß des Kriechvorganges) den mittels der FEM berechneten Werten $w_{FEM}(x = 250mm, t = 10s) = -1,12mm$ und $w_{FEM}(x = 250mm, t \to \infty) = 1,87mm$ gegenüber. Bild 8.13b zeigt das mittels der FEM be-

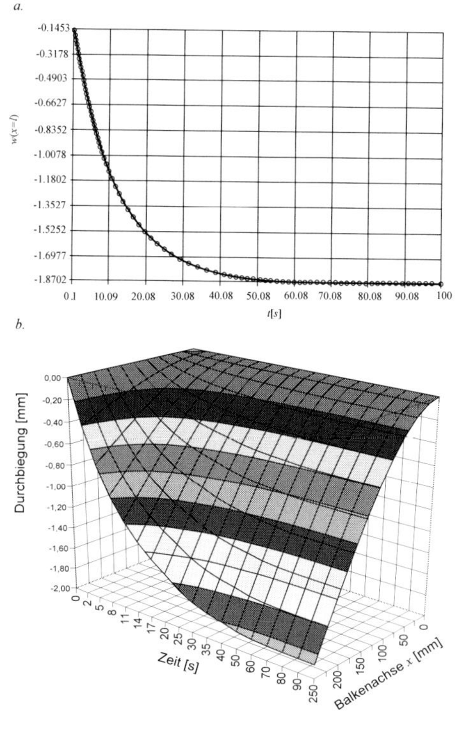

Bild 8.13: a. Kriechverlauf am freien Kragbalkenende ($x = l = 250mm$) mit KELVIN-VOIGT-Materialverhalten bei einer am freien Balkenende angreifenden Einzellast, b. Mittels FEM berechnete Durchbiegung des Kragbalkens gemäß Bild 8.11 als Funktion der Balkenachsenkoordinate und der Zeit im Falle des KELVIN-VOIGT-Modells

rechnete Kriechverhalten des Kragträgers für jede Stelle x der Balkenachse. Für $x = 250mm$ ist wieder die in Bild 8.13a dargestellte Kriechkurve des freien Balkenendes erkennbar. Dabei wird deutlich, daß zur Zeit $t = 0$ der Balken noch keine Verformung aufweist und die Endverformung (elastische Biegelinie) nach $90s$ des Kriechprozesses erreicht ist (vgl. hierzu auch Bild 8.12b).

8.5 Balken unter konstanter Verformung (Biege-Relaxieren)

Im Folgenden werden balkenartige Bauteile mit über der Balkenachse x veränderlichem Querschnitt $A(x)$ und Flächenträgheitsmoment $I_{yy}(x)$ betrachtet, die für $t > 0$ durch eine zeitlich konstante Verformung (Durchbiegung) $w(x)$ beansprucht werden. Gesucht ist die sich einstellende Last $M_y(x,t)$ als Funktion des Ortes (Balkenachse) x und der Zeit t.

Da die Verformung w vorgegeben ist, bietet sich zur Ermittlung des Biegemomentes M_y die *schnittlastexplizite* Material-Struktur-Gleichung der Form (5.46) an. Da weiterhin die Durchbiegung w nur noch von der Balkenachse x (und nicht mehr von der Zeit t) abhängt, läßt sich die folgende Vereinfachung einführen:

$$\frac{\partial^2 w(x)}{\partial x^2} = \frac{d^2 w(x)}{dx^2} := w''(x) \tag{8.74}$$

Einsetzen von (8.74) in (5.46) liefert nach zu (8.51) analoger Integration

$$M_y(x,t) = -\Theta(x)\, R(t) \qquad \text{mit} \qquad \Theta(x) := I_{yy}(x)\, w''(x) \tag{8.75}$$

Gemäß (8.75) kann also das Biegemoment $M_y(x,t)$ eines durch eine zeitlich konstante Verformung (Durchbiegung) beanspruchten viskoelastischen balkenartigen Bauteiles durch das Produkt aus der reinen Ortsfunktion $\Theta(x)$ des *elastischen* Balkens und einer *beliebigen* Relaxationsfunktion $R(t)$ des *viskoelastischen* Balkens dargestellt werden. Damit ist die Form (8.75) wieder für *beliebige* viskoelastische (lineare) Modelle gültig! Da jedoch im allgemeinen die Verformung w und nicht die zweite Verschiebungsableitung w“ vorgegeben ist, muß (8.75) weiter konturiert werden. Aus (8.75) ergibt sich zunächst durch Umstellen

$$w''(x) = -\frac{M_y(x,t)}{R(t)\, I_{yy}(x)} \tag{8.76}$$

In denjenigen Fällen, in denen sich das Biegemoment $M_y(x,t)$ gemäß

$$M_y(x,t) = g(x)\, L(t) \tag{8.77}$$

als Produkt aus einer zeitlich veränderlichen Last $L(t)$ und einer ,,Geometriefunktion“ $g(x)$ darstellen läßt (Ausnahmen bilden etwa solche Fälle, in denen verteilte Eigenlasten oder allgemeine Streckenlasten eine Rolle spielen), fällt (8.76) mit (8.77) wie folgt ebenfalls wieder als Produkt einer reinen Ortsfunktion $\Psi(x)$ und einer Zeitfunktion $Y(t)$ an

$$w''(x) = -\Psi(x)\, Y(t) \quad \text{mit} \quad \Psi(x) := \frac{g(x)}{I_{yy}(x)} \quad , \quad Y(t) := \frac{L(t)}{R(t)} \tag{8.78}$$

Zweifache unbestimmte Integration von $(8.78)_1$ über x liefert

$$w(x) = -Y(t) \int \left[\int \Psi(x) dx \right] dx + C_1 x + C_2 \tag{8.79}$$

so daß sich durch Umstellen aus (8.79) die Last $L(t)$ schließlich formal wie folgt ergibt:

$$\boxed{L(t) = \frac{C_1 x + C_2 - w(x)}{\int \left[\int \Psi(x) dx \right] dx} R(t)} \tag{8.80}$$

Die Integrationskonstanten C_1 und C_2 in (8.80) sind aus entsprechenden Randbedingungen zu berechnen.

Gemessene Randfaserdehnung: Eine andere Möglichkeit bietet sich dann, wenn anstatt der Verformung w die *Randfaserdehnung* (etwa durch Messung mittels DMS) vorgegeben wird. Bezeichnet man diese mit $\varepsilon_R(x)$, so kann wie folgt verfahren werden: Unter Beachtung von (8.74) erhält man aus (5.42) für den Rand $z = z_R$ des Bauteiles

$$\varepsilon_R(x) := \varepsilon_{xx}(x, z = z_R) = -z_R w''(x) \quad \text{bzw.} \quad w''(x) = -\frac{\varepsilon_R(x)}{z_R} \tag{8.81}$$

Einsetzen von $(8.81)_2$ in (8.76) führt auf

$$\boxed{M_y(x,t) = I_{yy}(x) \frac{\varepsilon_R(x)}{z_R} R(t)} \tag{8.82}$$

womit bei bekannter Randfaserdehnung $\varepsilon_R(x)$ und bekannter Geometrie (I_{yy} und z_R) des Bauteiles das Biegemoment $M_y(x,t)$ bzw. die darin enthaltene zeitveränderliche Last (vgl. die obenstehenden Ausführungen) für eine gewählte Relaxationsfunktion $R(t)$ berechnet werden kann.

Vergleich der Biege-Relaxation eines FINDLEY- und POYNTING-THOMSON-Kragträgers: Für den in Bild 8.14 dargestellten Kragträger ist die Zeitfunktion der Last $F(t)$ gesucht, die sich als Folge der konstant gehaltenen Durchbiegung $w(x)$ einstellt. Dazu kann die linke Form des Biegemomentes (8.62) übernommen werden, die sich mit den Definitionen (8.77) und (8.78) wie folgt schreiben läßt

$$M_y(x,t) = g(x) L(t) \quad \text{mit} \quad g(x) \equiv -l\left(1 - \frac{x}{l}\right), \quad L(t) \equiv F(t) \tag{8.83}$$

sowie

$$\Psi(x) := \frac{g(x)}{I_{yy}(x)} \equiv -\frac{l}{I_{yy}}\left(1 - \frac{x}{l}\right), \qquad Y(t) := \frac{L(t)}{R(t)} \equiv \frac{F(t)}{R(t)} \tag{8.84}$$

In $(8.83)_3$ bzw. $(8.84)_2$ ist jetzt allerdings die Zeitfunktion $F(t)$ der Kraft noch unbekannt und muß noch ermittelt werden. Einsetzen von (8.84) in (8.79) bzw. (8.80) führt auf

$$w(x) = \frac{F(t)}{R(t)} \frac{l}{I_{yy}} \int \left[\int \left(1 - \frac{x}{l}\right) dx \right] dx + C_1 x + C_2 \tag{8.85}$$

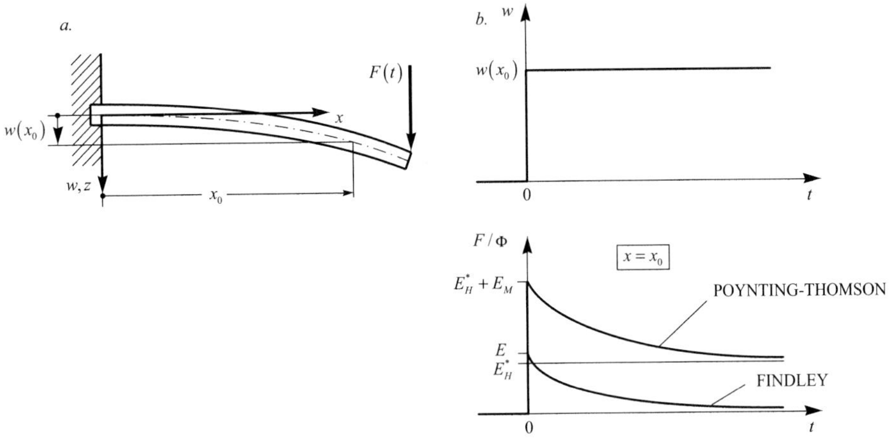

Bild 8.14: Zur Biege-Relaxation eines Kragträgers, a. Kragträger mit zeitlich konstanter Verformung $w(x)$, b. Verformungsprogramm und Antworten der Relaxationsfunktion eines FINDLEY- und eines POYNTING-THOMSON-Kragträgers im Vergleich (auf der senkrechten Achse ist die "normierte" Kraft F/Φ aufgetragen)

Ausführen der Integration in (8.85) führt zunächst auf (hier kann das Ergebnis (8.66) analog übernommen werden!)

$$w\,(x) = \frac{F\,(t)\,l^3}{2R\,(t)\,I_{yy}}\left(1-\frac{1}{3}\frac{x}{l}\right)\left(\frac{x}{l}\right)^2 + C_1 x + C_2 \tag{8.86}$$

Mit den beiden Randbedingungen an der Einspannstelle $w(x=0)=0$ und $w'(x=0)=0$ ergeben sich die beiden Integrationskonstanten in (8.86) zu $C_1 = C_2 = 0$, so daß sich schließlich aus (8.86) die gesuchte zeitveränderliche Last $F(t)$ wie folgt ergibt:

$$F\,(t) = \Phi\,(x)\,R\,(t) \quad \text{mit} \quad \Phi\,(x) := 6\frac{w\,(x)\,I_{yy}\,(x)}{l^3\left(3-\frac{x}{l}\right)\left(\frac{x}{l}\right)^2} \tag{8.87}$$

Hinweis:
Man beachte die formal-strukturelle Analogie von $(8.87)_2$ zu dem Ergebnis $(8.69)_2$, aus welchem sich durch Setzen von $F_0/E \equiv \Phi(x)$ sowie $w_0(x) \equiv w(x)$ nach Umstellen formal sofort $(8.87)_2$ ergeben hätte!

Mit den beiden Relaxationsfunktionen des FINDLEY- und POYNTING- THOMSON- Modelles gemäß (3.289) und (3.255) erhält man nach (8.87) schließlich das folgende Ergebnis:

$$F\,(t) = \Phi\,(x)\begin{cases} \frac{E}{1+(t/T)^{\alpha}} & \text{FINDLEY} \\ E_H^* + E_M e^{-\alpha_M t} & \text{POYNTING-THOMSON} \end{cases} \tag{8.88}$$

Anhand der beiden Darstellungen in (8.88) ist wieder eine multiplikative Verknüpfung aus dem elastischen Anteil $\Phi(x)$ gemäß $(8.87)_1$ und der jeweiligen Relaxationsfunktion zu erkennen. Die beiden ,,Antwortfunktionen" (8.88) sind in Bild 8.14 für eine feste Stelle x

$= x_0$ in Form der ,,normierten“ Kraft F/Φ über der Zeit t dargestellt. Dabei zeigt sich, daß die Kraft des FINDLEY-Balkens für große Zeiten auf Null zurückgeht und diejenige des POYNTING-THOMSON-Balkens dem endlichen Wert E_H^* zustrebt (aus Darstellungsgründen wurde davon ausgegangen, daß $E < E_H^* + E_M$ gilt).

8.6 Vier-Punkt-Biegung balkenförmiger Bauteile

Im Folgenden wird am Beispiel einer durch Vier-Punkt-Biegung beanspruchten biologischen Trägerstruktur gezeigt, wie deren viskoelastisches Materialverhalten modelliert und identifiziert werden kann (Materialidentifikation). Die Ergebnisse wurden den Untersuchungsprotokollen des Forschungsprojektes ,,Optimierung von Verbundmaterialien auf der Basis biomechanischer Materialgesetze (OBIMAT)“ entnommen. Für die Versuche dienten drei Jahre alte, frisch geschnittene Erlenstämme aus einer Baumschule, deren Äste abgeschnitten und die Schnittstellen in geeigneter Weise verklebt wurden. Der mittlere Durchmesser der Stämme betrug etwa $R = 6,4mm$, deren Länge $l = 235mm$. Zur Durchführung der Biege-Relaxations- und Biege-Kriechversuche wurde eine Vier-Punkt-Biege-Anordnung gewählt, wobei die Abmessungen $a = 58mm$ (Einspannhülsen), $b = 64mm$ und $c = 107mm$ betrugen (vgl. Bild 8.15). In der folgenden Rechnung werden die Einspannhülsen als *starr* behandelt. Infolge der unspezifisch gewählten Versuchsanordnung, kann die hier referierte Vorgehensweise selbstverständlich auch auf Bauteile aus anderen Materialien übertragen werden, sofern diese nur eine balkenartige Form besitzen.

Randwert-Problem: Da sowohl beim Biege-Relaxieren, als auch beim Biege-Kriechen gemäß (8.80) bzw. (8.60) pro Stetigkeits-Bereich jeweils zwei Integrations-Konstanten C_1, C_2 (bzw. Zeitfunktionen $f_1(t), f_2(t)$) anfallen, treten im vorliegenden Fall für die fünf Stetigkeitsbereiche insgesamt 10 Integrations-Konstanten auf, so daß zur Lösung dieses Randwert-Problems 10 Rand- und Übergangsbedingungen formuliert werden müssen. Anhand der in Bild 8.15 schematisch dargestellten Anordnung lauten diese wie folgt:

$$\begin{aligned}
&w_I\,(x=0,t)=0, && w_V\,(x=2a+b+2c,t)=0\\
&w_I\,(x=c,t)=w_{II}\,(x=c,t)\,, && w_{II}\,(x=a+c,t)=w_{III}\,(x=a+c,t)\\
&w_{III}\,(x=a+b+c,t)=w_{IV}\,(x=a+b+c,t)\\
&w_{IV}\,(x=2a+b+c,t)=w_V\,(x=2a+b+c,t)\\
&\left.\frac{\partial w_I\,(x,t)}{\partial x}\right|_{x=c}=\left.\frac{\partial w_{II}\,(x,t)}{\partial x}\right|_{x=c}, && \left.\frac{\partial w_{II}\,(x,t)}{\partial x}\right|_{x=a+c}=\left.\frac{\partial w_{III}\,(x,t)}{\partial x}\right|_{x=a+c}\\
&\left.\frac{\partial w_{III}\,(x,t)}{\partial x}\right|_{x=a+b+c}=\left.\frac{\partial w_{IV}\,(x,t)}{\partial x}\right|_{x=a+b+c}, && \left.\frac{\partial w_{IV}\,(x,t)}{\partial x}\right|_{x=2a+b+c}=\left.\frac{\partial w_V\,(x,t)}{\partial x}\right|_{x=2a+b+c}
\end{aligned} \tag{8.89}$$

Biege-Relaxation: Während des Relaxations-Versuches wurde die Durchbiegung w_{II} an der Stelle $x = a + c$ bzw. $x = a + b + c$ kontrolliert (konstant gehalten) und die Kraft $F(t)$ über der Zeit gemessen , so daß zur weiteren Auswertung allein das Biegemoment M_{yII} an dieser Stelle heranzuziehen ist. Insbesondere ergibt sich dann für den Bereich II (vgl. Bild

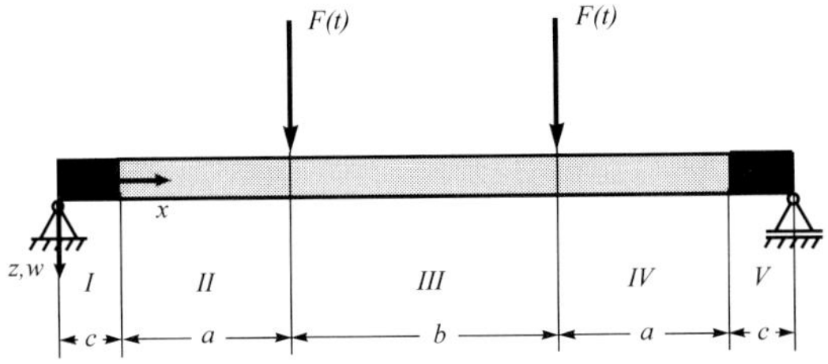

Bild 8.15: Vier-Punkt-Biegung eines Balkenträgers, schematisch (5-Feld-Problem)

8.12) unter Beachtung von (8.77) und $(8.78)_2$:

Bereich II: $c < x < a + c$

$$M_{yII}(x,t) = g_{II}(x)\, L_{II}(t) \quad \text{mit} \quad g_{II}(x) \equiv x \quad , \quad L_{II}(t) \equiv F(t) \tag{8.90}$$

$$\Psi_{II}(x) \equiv \frac{x}{I_{yyII}} \quad , \quad Y_{II}(t) \equiv \frac{F(t)}{R(t)} \tag{8.91}$$

Gemäß (8.79) lauten die Durchbiegungen w_i für die fünf Bereiche zunächst formal

$$w_i(x) = -Y_i(t) \int \left[\int \Psi_i(x) dx \right] dx + C_1^i x + C_2^i \quad (i = I, II, \ldots, V) \tag{8.92}$$

und speziell für den Bereich II unter Beachtung der Abkürzungen (8.91)

$$\begin{aligned} w_{II}(x) &= -Y_{II}(t) \int \left[\int \Psi_{II}(x)\, dx \right] dx + C_1^{II} x + C_2^{II} = \\ &= -\frac{F(t)}{R(t)\, I_{yyII}} \int \left[\int x dx \right] dx + C_1^{II} x + C_2^{II} = \\ &- \frac{F(t)}{6R(t)\, I_{yyII}} x^3 + C_1^{II} x + C_2^{II} \end{aligned} \tag{8.93}$$

Werden mit Hilfe der Randbedingungen (8.89) sämtliche Integrationskonstanten $C_i^j (i = 1, 2; j = I, \ldots V)$ (und damit auch die beiden in (8.93) auftretenden Konstanten) bestimmt, so führt Umstellen von (8.93) nach $F(t)$ unter Beachtung von $(8.90)_2$ zunächst auf die spezielle Form von (8.80)

$$F(t) = 6 \frac{w_{II}(x = a + c)}{(a+c)^2 \left[2(a+c) + 3b \right] - 2c^3} I_{yyII} R(t) \tag{8.94}$$

Das Relaxationsverhalten der Struktur wurde nun mit Hilfe des generalisierten MAXWELL-Modelles (3.270) abgebildet, wobei der Einzeldämpfer jedoch fortgelassen ($\eta_0 \equiv 0$) und die Reihe bei $N = 2$ abgebrochen wurde, so daß damit die Relaxationsfunktion $R(t)$ in (8.94) insgesamt fünf Materialparameter E_∞, E_1, E_2, α_1 und α_2 besitzt und wie folgt lautet

$$R(t) = E_\infty + \sum_{i=1}^{2} E_i e^{-\alpha_i t} \quad , \quad \alpha_i := \frac{E_i}{\eta_i} > 0 \tag{8.95}$$

Einsetzen von (8.95) in (8.94) führt unter Beachtung des Flächenträgheitsmomentes für Kreisquerschnitte $I_{yyII} = \pi R^4/4$ schließlich auf die folgende Zeitfunktion für die Belastung $F(t)$

$$F(t) = \frac{3}{2}\pi \frac{w_{II}(x = a + c) R^4}{(a+c)^2 [2(a+c) + 3b] - 2c^3} \left(E_\infty + \sum_{i=1}^{2} E_i e^{-\alpha_i t} \right) \tag{8.96}$$

Mit den eingangs angegebenen Daten für die Abstände a, b, c und den Radius R sowie den gemessenen Größen $w_{II}(x = a + c)$ und $F(t)$ wurden die im rechten Klammerausdruck in (8.96) stehenden Materialparameter E_∞, E_1, E_2, α_1 und α_2 mittels des numerischen Optimierungsalgorithmus Treshold Acceptance berechnet, wobei sich die folgenden Werte ergaben:

$$\begin{aligned} E_\infty &= 0.21144185E + 04 N/mm^2, & \alpha_1 &= 0.51630002E - 01 s^{-1} \\ E_1 &= 0.26141850E + 03 N/mm^2, & \alpha_2 &= 0.10326000E - 02 s^{-1} \\ E_2 &= 0.20927900E + 03 N/mm^2 \end{aligned} \tag{8.97}$$

Die mittels (8.96) und (8.97)) erzeugte Relaxationskurve ist in Bild 8.16 den Meßwerten (Kreise) gegenübergestellt, wonach die Modellierung mit der benutzten Materialgleichung offensichtlich als hinreichend zufriedenstellend bezeichnet werden kann.

Biege-Kriechen: Beim Biege-Kriech-Versuch wurden die beiden Einzelkräfte $F(t) = F_0$

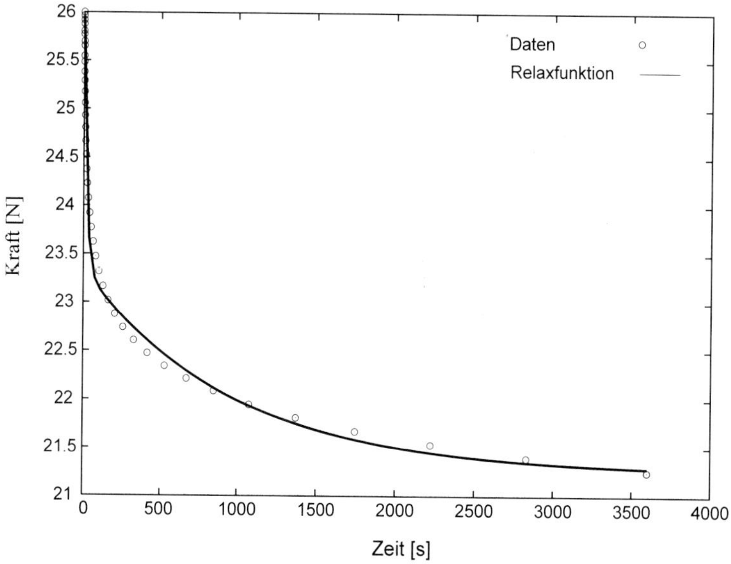

Bild 8.16: Relaxationsverhalten einer biologischen Trägerstruktur bei Vier-Punkt-Biegung , Meßwerte der Einzelkraft F (Kreise) und mittels der (8.96) optimierte Relaxationsfunktion im Falle eines generalisierten MAXWELL-Modells (durchgezogene Linie)

konstant gehalten (vgl. Bild 8.15) und die Durchbiegung w_{II} an der Stelle $x = a + c$ über der Zeit gemessen. Gemäß (8.60) lautet die Durchbiegung für die fünf Bereiche zunächst formal

$$w_i\left(x,t\right) = -K\left(t\right) \int \left[\int \Lambda_{M_i}\left(x\right) dx \right] dx + f_1^i\left(t\right) x + f_2^i\left(t\right) \qquad \left(i = I, II, \ldots, V\right) \tag{8.98}$$

Mit dem zu (8.90) analog berechneten Biegemoment M_{yII} (allerdings jetzt mit konstanter Einzellast!) ergibt sich die in (8.98) auftretende Ortsfunktion nach (8.59) zu

$$\Lambda_{M_{II}}\left(x\right) := \frac{M_{yII}\left(x\right)}{I_{yyII}\left(x\right)} \equiv \frac{F_0 x}{I_{yyII}} \tag{8.99}$$

so daß Einsetzen von (8.99) in (8.98) auf die folgende Durchbiegung für den Bereich II führt:

$$\begin{aligned} w_{II}\left(x,t\right) &= -\frac{F_0}{I_{yyII}} K\left(t\right) \int \left[\int x dx \right] dx + f_1^i\left(t\right) x + f_2^i\left(t\right) \\ &= -\frac{F_0}{6 I_{yyII}} x^3 K\left(t\right) + f_1^i\left(t\right) x + f_2^i\left(t\right) \end{aligned} \tag{8.100}$$

Da der Relaxationskern $R(t)$ nach (8.95) bereits festliegt, ist der Kriechkern $K(t)$ in (8.100) jetzt über die Integralgleichung (3.283) zu bestimmen: Mittels LAPLACE-Transformation (die hier nicht aufgeführt wird) ergibt sich dann mit (8.95) aus (3.283) der Kriechkern zu

$$K\left(t\right) = -\frac{1}{R_0} \left(\frac{s_1^2 - \left(\alpha_1 + \alpha_2\right) s_1 + \alpha_1 \alpha_2}{s_1 \left(s_1 - s_2\right)} e^{s_1 t} - \frac{s_2^2 - \left(\alpha_1 + \alpha_2\right) s_2 + \alpha_1 \alpha_2}{s_2 \left(s_1 - s_2\right)} e^{s_2 t} + \frac{\alpha_1 \alpha_2}{s_1 s_2} \right) \tag{8.101}$$

mit

$$s_{1,2} = \frac{1}{2R_0} \left(\Lambda \pm \sqrt{\Lambda^2 - 4 R_0 \alpha_1 \alpha_2 E_\infty} \right) \tag{8.102}$$

und (man beachte (8.95))

$$R_0 := R\left(t = 0\right) = E_\infty + E_1 + E_2, \quad \Lambda := R_0 (\alpha_1 + \alpha_2) - E_1 \alpha_1 - E_2 \alpha_2 \tag{8.103}$$

Werden die Integrations-„Konstanten“ in (8.100) wieder mit Hilfe der Randbedingungen (8.89) bestimmt, so liefert unter Beachtung der eingangs angegebenen Daten für die Abstände a, b, c und den Radius R sowie den gemessenen Größen $w_{II}(x = a + c)$ und $F(t)$ die numerische Berechnung der fünf Materialparameter E_∞, E_1, E_2, α_1 und α_2 in (8.101) mittels des numerischen Optimierungsalgorithmus Treshold Acceptance folgenden Werte:

$$\begin{aligned} E_\infty &= 0.23514226E + 04 N/mm^2, & \alpha_1 &= 0.11041452E - 01 s^{-1} \\ E_1 &= 0.15442265E + 03 N/mm^2, & \alpha_2 &= 0.86754264E - 03 s^{-1} \\ E_2 &= 0.19442265E + 03 N/mm^2 & & \end{aligned} \tag{8.104}$$

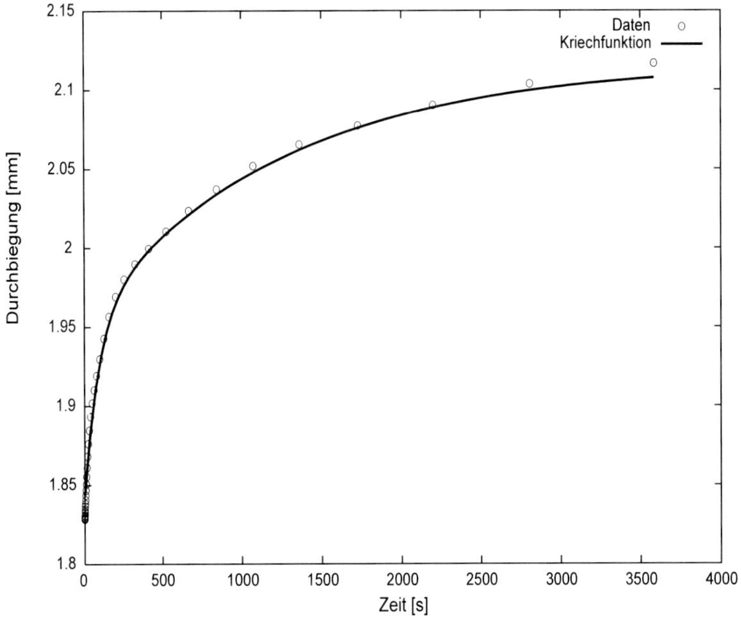

Bild 8.17: Kriechverhalten einer biologischen Trägerstruktur bei Vier-Punkt-Biegung, Meßwerte der Durchbiegung w_{II} (Kreise) und optimierte Kriechfunktion im Falle eines generalisierten MAXWELL-Modells (durchgezogene Linie)

Die mittels (8.100) unter Beachtung von (8.101) bis (8.103) erzeugte Kriechkurve ist in Bild 8.17 den Meßwerten (Kreise) gegenübergestellt, wonach die Modellierung mit der benutzten Materialgleichung offensichtlich wieder als hinreichend zufriedenstellend bezeichnet werden kann. Hierbei ist allerdings zu betonen, daß die Kriechkurve im Sinne einer *Materialidentifikation* strenggenommen mit den optimierten Materialparametern des Relaxationsversuches gemäß (8.97) abzubilden wäre, da ja die Materialparameter in beiden Fällen das gleiche Material charakterisieren und somit beide Prozesse -also Relaxieren *und* Kriechen- mit ein und demselben Parametersatz abgebildet werden müssen! Es kann dabei auch umgekehrt verfahren werden, nämlich, daß die fünf Materialparameter E_∞, E_1, E_2, α_1 und α_2 anhand des Kriechversuches numerisch optimiert und anschließend mit diesen die Experimentaldaten des Relaxationsversuches abgebildet werden. Allerdings kann hier abschließend gesagt werden, daß der Vergleich der beiden Parametersätze (8.97) und (8.104) zeigt, daß beide Sätze in der gleichen Größenordnung liegen und daher das Ergebnis als erste Näherung angesehen werden kann. Möglicherweise brächte eine jeweilige Mittelung der einzelnen Parameter bereits ein besseres Ergebnis.

9 Rotationssymmetrische linear-elastische Trägerstrukturen

Im Folgenden werden einige wichtige Spezialfälle der in Abschnitt 5.4 bereitgestellten Gleichungen behandelt, die im Rahmen praxisnaher Probleme eine wichtige Rolle spielen. Dabei sind *rotationssymmetrische* Probleme dadurch gekennzeichnet, daß eine

- Rotationssymmetrie des Bauteiles und eine
- Rotationssymmetrie der Belastung

vorliegt. Die Folge davon sind ein jeweils rotationssymmetrischer Verschiebungs- und Spannungszustand sowie infolge eines linear-elastischen und isotropen Materialverhaltens ein ebenfalls rotationssymmetrischer Verzerrungszustand (vgl. die nachfolgenden Ausführungen). Eine zusätzliche *Axialsymmetrie* liegt dann vor, wenn die Länge des Bauteiles sehr viel größer als dessen Querabmessungen ist.

9.1 Dickwandiger Hohlzylinder unter radialer Druckbelastung

9.1.1 Gleichungssatz

Ein sehr langer, dickwandiger Hohlzylinder mit kreisringförmigem Querschnitt (Innen- und Außenradius R_i und R_a) sei radial durch einen konstanten Innen- und Außendruck p_i und p_a *rotationssymmetrisch* belastet (vgl. Bild 9.1). Gesucht ist der vollständige Verschiebungs-, Verzerrungs- und Spannungszustand.

Verschiebungszustand, Verschiebungsdifferentialgleichung: Da die Länge des Bauteiles sehr viel größer als die Querschnittsabmessungen sein soll (unendlich langer Hohlzylinder), kann davon ausgegangen werden, daß in einem mittleren Bereich des Bauteiles hinsichtlich der Verschiebungen ein *ebenes* Problem vorliegt und sämtliche Verschiebungs-, Verzerrungs- und Spannungsgrößen nicht mehr von der Längskoordinate z abhängen (*Axialsymmetrie*). Weiterhin verschwindet aufgrund der rotationssymmetrischen Belastung die Verschiebungskoordinate v (hier kann allenfalls eine Starrkörper-Rotation auftreten) sowie jegliche Abhängigkeit von der Winkelkoordinate φ, so daß sich der Verschiebungszustand (5.60) wie folgt vereinfacht

$$u = u(r) \quad , \quad v = 0 \quad , \quad \frac{\partial w}{\partial z} = \varepsilon_{zz} = 0 \tag{9.1}$$

Mit (8.104) sowie unter Beachtung, daß wegen der rotationssymmetrischen Belastung auch sämtliche Ableitungen $\partial(\bullet)/\partial\varphi$ und wegen der Unabhängigkeit von z sämtliche Ableitungen

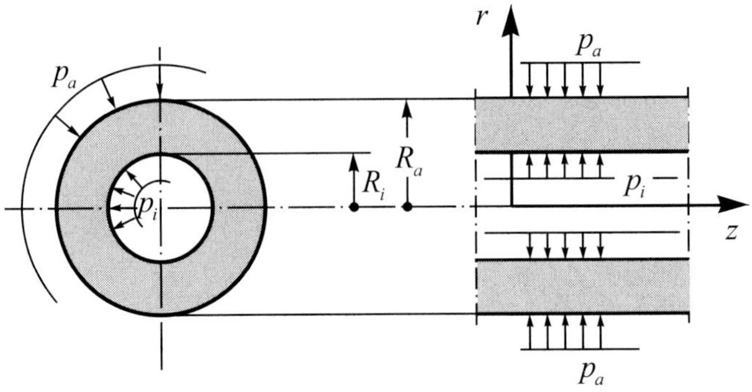

Bild 9.1: Hohlzylinder unter Innen- und Außendruckbelastung

$\partial(\bullet)/\partial z$ verschwinden, werden bei Vernachlässigung der Volumenkraft ($\boldsymbol{k}^V = \mathbf{0}$) im Falle der Statik ($\boldsymbol{v} = \mathbf{0}$) die zweite und dritte Gleichung von (5.71) identisch erfüllt und es verbleibt allein die erste Verschiebungsdifferentialgleichung $(5.71)_1$, die wegen $\partial(\bullet)/\partial r = d(\bullet)/dr$ und dem damit degenerierten LAPLACE-Operator $\Delta(\bullet) = d^2(\bullet)/dr^2 + (1/r)d(\bullet)/dr$ übergeht in

$$\frac{2(1-\nu)}{1-2\nu}\left(\frac{d^2u}{dr^2} + \frac{1}{r}\frac{du}{dr} - \frac{u}{r^2}\right) = 0 \tag{9.2}$$

Nach Division durch den Vorfaktor sowie anschließender Multiplikation mit r^2 geht (9.2) schließlich über in die *homogene EULERsche DGL.* zweiter Ordnung:

$$\boxed{r^2\frac{d^2u}{dr^2} + r\frac{du}{dr} - u = 0} \tag{9.3}$$

Verzerrungs- und Spannungszustand: Mit dem Verschiebungszustand (8.104) degenerieren die Verschiebungs-Verzerrungsgleichungen (5.67) zu

$$\boxed{\varepsilon_{rr} = \frac{du}{dr} \quad , \quad \varepsilon_{\varphi\varphi} = \frac{u}{r} \quad , \quad \varepsilon_{r\varphi} = \varepsilon_{rz} = \varepsilon_{\varphi z} = \varepsilon_{zz} = 0} \tag{9.4}$$

Hinweis:
Die beiden aus den allgemeinen räumlichen Gleichungen (5.67) gewonnenen Dehungen ε_{rr} und $\varepsilon_{\varphi\varphi}$ gemäß (9.4) für den rotationssymmetrischen Spezialfall lassen sich auch wie folgt anhand von Bild 9.2 ablesen: Die radiale Dehnung ε_{rr} ist der Quotient aus der Differenz der ,,momentanen Länge" $l = dr + u(r+dr) - u(r)$ (in der MKFG) und der ,,Ausgangslänge" $l_0 = dr$ dividiert durch die ,,Ausgangslänge", so daß sich $(9.4)_1$ auch wie folgt ergibt:

$$\varepsilon_{rr}(r) = \frac{l - l_0}{l_0} = \frac{dr + u(r+dr) - u(r) - dr}{dr} \equiv \frac{u(r) + \frac{du}{dr}dr - u(r)}{dr} \equiv \frac{du}{dr} \tag{9.5}$$

Die tangentiale Dehnung $\varepsilon_{\varphi\varphi}$ ergibt sich aus der Differenz aus dem ,,momentanen Bogenmaß" $b := [r + u(r)]d\varphi$ und dem ,,Ausgangsbogenmaß" $b_0 := rd\varphi$ dividiert durch das ,,Ausgangsbogenmaß", so daß

$$\varepsilon_{\varphi\varphi}(r) = \frac{b - b_0}{b_0} = \frac{[r + u(r)]\,d\varphi - rd\varphi}{rd\varphi} \equiv \frac{u(r)}{r} \tag{9.6}$$

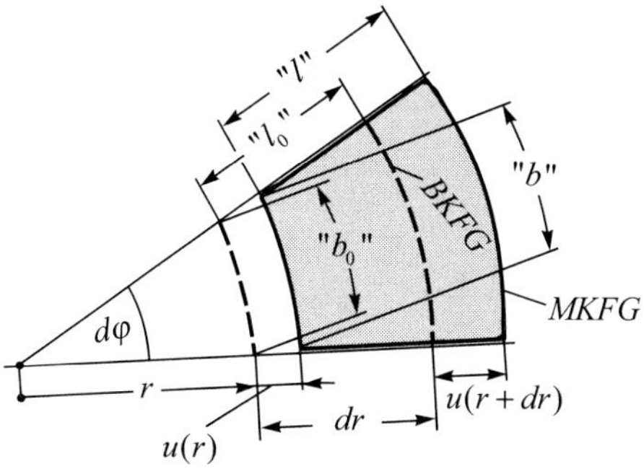

Bild 9.2: Zur Berechnung von radialer und tangentialer Dehnung am Flächenelement eines rotationssymmetrischen Hohlzylinders

Einsetzen von (8.104) in (5.68) liefert den folgenden Spannungszustand

$$\boxed{\begin{aligned} \sigma_{rr} &= \frac{2G}{1-2\nu}\left[(1-\nu)\frac{du}{dr} + \nu\frac{u}{r}\right] \\ \sigma_{\varphi\varphi} &= \frac{2G}{1-2\nu}\left[(1-\nu)\frac{u}{r} + \nu\frac{du}{dr}\right] \\ \sigma_{zz} &= \underline{\nu\left(\sigma_{rr} + \sigma_{\varphi\varphi}\right)} = 2G\frac{\nu}{1-2\nu}\left(\frac{du}{dr} + \frac{u}{r}\right) \\ \sigma_{r\varphi} &= \sigma_{rz} = \sigma_{z\varphi} = 0 \end{aligned}} \tag{9.7}$$

Hinweise:

- Nach (9.4) und (9.7) sind sowohl sämtliche Schubspannungen als auch Schubverzerrungen Null. Da zusätzlich auch noch die Längsdehnung ε_{zz} verschwindet, liegt zwar ein *ebener* Verzerrungszustand (EVZ) aber ein *räumlicher* (!) Spannungszustand vor. Der Spannungszustand ist ein reiner *Normal*-spannungszustand. Das Problem eines *unendlich* langen Zylinders führt stets auf einen EVZ.
- Wegen (8.104) ist der gesamte Verzerrungs- und Spannungszustand nur noch von der Querschnittskoordinate r abhängig, so daß man hinsichtlich von der einen verbleibenden unabhängigen Variablen von einem *eindimensionalen* Problem spricht.
- Der in $(9.7)_3$ unterstrichene Zusammenhang zwischen den drei Normalspannungen σ_{rr}, $\sigma_{\varphi\varphi}$ und σ_{zz} ergibt sich mit $\varepsilon_{zz} = 0$ gemäß $(9.4)_2$ und der zweiten Darstellung von $(5.66)_3$.

9.1.2 Randwertproblem

Bei dem vorliegenden Problem können nur Spannungsrandbedingungen, jedoch keine Verschiebungsrandbedingungen formuliert werden. Gemäß Bild 9.3 gelten für die Normalenvektoren $\boldsymbol{n}$ und Ortsvektoren $\boldsymbol{x}$ an einer beliebigen Stelle der inneren bzw. äußeren Mantelfläche des Hohlzylinders die folgenden Zusammenhänge:

$$\boldsymbol{n}_i = -\boldsymbol{n}_a = -\boldsymbol{e}_r \quad , \quad \boldsymbol{x}_i = R_i\boldsymbol{e}_r \quad , \quad \boldsymbol{x}_a = R_a\boldsymbol{e}_r \quad , \quad \boldsymbol{x} = r\boldsymbol{e}_r \tag{9.8}$$

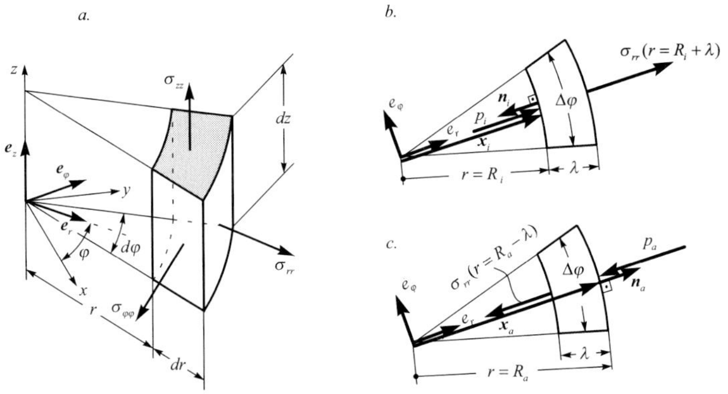

Bild 9.3: Zum Randwertproblem eines durch Innen- und Außendruck belasteten unendlich langen Hohlzylinders, a. Spannungszustand am Element, b. und c. zur Formulierung der Randwerte

Mit den in (9.8) definierten Bezeichnungen erhält man gemäß $(4.4)_2$ die beiden folgenden Zusammenhänge zwischen den Spannungsvektoren $\boldsymbol{t}_n$ auf der inneren und äußeren Mantelfläche des Hohlzylinders und dem Spannungstensor $\boldsymbol{S}$

$$\begin{aligned} \boldsymbol{t}_{n_i}(\boldsymbol{x}=\boldsymbol{x}_i,\boldsymbol{n}_i) &= \boldsymbol{n}_i\cdot\boldsymbol{S}(\boldsymbol{x}=\boldsymbol{x}_i) \stackrel{!}{=} -p_i\boldsymbol{n}_i \\ \boldsymbol{t}_{n_a}(\boldsymbol{x}=\boldsymbol{x}_a,\boldsymbol{n}_a) &= \boldsymbol{n}_a\cdot\boldsymbol{S}(\boldsymbol{x}=\boldsymbol{x}_a) \stackrel{!}{=} -p_a\boldsymbol{n}_a \end{aligned} \tag{9.9}$$

Unter Beachtung von (9.7) geht die tensorielle Darstellung des Spannungstensors (5.63) über in

$$\boldsymbol{S} = \sigma_{rr}\boldsymbol{e}_r\boldsymbol{e}_r + \sigma_{\varphi\varphi}\boldsymbol{e}_\varphi\boldsymbol{e}_\varphi + \sigma_{zz}\boldsymbol{e}_z\boldsymbol{e}_z \tag{9.10}$$

Einsetzen von (9.10) und der jeweils rechten Seiten von (9.8) in (9.9) liefert

$$\begin{aligned} \boldsymbol{t}_{n_i}(r=R_i,\boldsymbol{e}_r) &= -\boldsymbol{e}_r\cdot\boldsymbol{S}(r=R_i) = -\sigma_{rr}(r=R_i)\,\boldsymbol{e}_r = p_i\boldsymbol{e}_r \\ \boldsymbol{t}_{n_a}(r=R_a,\boldsymbol{e}_r) &= \boldsymbol{e}_r\cdot\boldsymbol{S}(r=R_a) = \sigma_{rr}(r=R_a)\,\boldsymbol{e}_r = -p_a\boldsymbol{e}_r \end{aligned} \tag{9.11}$$

Durch Koordinatenvergleich der jeweils letzten beiden Gleichungsseiten in (9.11) folgen die beiden Randbedingungen in noch allgemeiner Form:

$$\sigma_{rr}(r=R_i) = -p_i \quad , \quad \sigma_{rr}(r=R_a) = -p_a \tag{9.12}$$

Hinweis:
Die beiden Randbedingungen (9.12) lassen sich auch wie folgt aus Bild 9.3b bzw. 9.3c ablesen: ,,Kräfte-Gleichgewicht" in $\boldsymbol{e}_r$-Richtung am oberen Kreisringsegment liefert, wenn die Länge des Hohlzylinders hilfsweise mit L bezeichnet wird

$$p_iR_iL\Delta\varphi + \sigma_{rr}(r=R_i+\lambda)\,L\,(R_i+\lambda)\,\Delta\varphi = 0 \tag{9.13}$$

Nach Grenzübergang $\lambda\to 0$ sowie Division durch $LR_i\Delta\varphi$ folgt aus (9.13) sofort $(9.12)_1$. Die zweite Randbedingung $(9.12)_2$ ergibt sich mit der gleichen Vorgehensweise am unteren Kreisringsegment in Bild 9.3c.

Einsetzen der speziellen Radialspannungsfunktion $(9.7)_1$ in (9.12) liefert schließlich die beiden folgenden Randbedingungen für das vorliegende Problem:

$$\boxed{\begin{aligned} \frac{2G}{1-2\nu}\left[(1-\nu)\frac{du}{dr}+\nu\frac{u}{r}\right]\Bigg|_{r=R_i} &= -p_i \\ \frac{2G}{1-2\nu}\left[(1-\nu)\frac{du}{dr}+\nu\frac{u}{r}\right]\Bigg|_{r=R_a} &= -p_a \end{aligned}} \tag{9.14}$$

Gemäß (9.14) werden die beiden (Druck-)Spannungen am Rande mit den jeweiligen Verschiebungsausdrücken verknüpft. Damit kann zur Lösung der DGL (9.3) übergegangen werden.

9.1.3 Lösung der Verschiebungsdifferentialgleichung –radiale Verschiebungskoordinate

Mit Kenntnis der radialen Verschiebungskoordinate u als Funktion der Querschnittskoordinate r können sämtliche Spannungen und Verzerrungen gemäß (9.4) und (9.7) berechnet werden. Zur Lösung der homogenen EULERschen DGL. (9.3) wird der Ansatz

$$u(r) = Cr^{\alpha} \quad , \quad \alpha = const \tag{9.15}$$

in (9.3) eingesetzt, womit sich die folgende charakteristische Gleichung für den Exponenten α ergibt

$$\left[\alpha(\alpha-1)r^2r^{\alpha-2}+\alpha r r^{\alpha-1}-r^{\alpha}\right]C \equiv \underline{\left(\alpha^2-1\right)Cr^{\alpha}=0} \tag{9.16}$$

Für nicht-triviale Lösungen $C \neq 0$ ergeben sich aus (9.16) wegen $r^{\alpha} > 0$ die beiden Wurzeln $\alpha_1 = 1$ und $\alpha_2 = -1$, womit nach (9.15) die allgemeine Lösung von (9.3) wie folgt lautet

$$u(r) = C_1 r + C_2\frac{1}{r} \quad , \quad \frac{du}{dr} = C_1 - C_2\frac{1}{r^2} \tag{9.17}$$

so daß Einsetzen von $(9.17)_1$ und $(9.17)_2$ in (9.14) zunächst auf das folgende algebraische, inhomogene und lineare Gleichungssystem für die beiden Integrationskonstantanen C_1 und C_2 führt

$$\begin{aligned} C_1 - \frac{1-2\nu}{R_i^2}C_2 &= -\frac{1-2\nu}{2G}p_i \\ C_1 - \frac{1-2\nu}{R_a^2}C_2 &= -\frac{1-2\nu}{2G}p_a \end{aligned} \tag{9.18}$$

Mit Hilfe der beiden Rechenoperationen $(9.18)_1 - (9.18)_2$ und $(1/R_a^2)(9.18)_1 - (1/R_i^2)(9.18)_2$ erhält man die beiden Lösungen

$$C_1 = \frac{1-2\nu}{2G}\frac{p_iR_i^2-p_aR_a^2}{R_a^2-R_i^2} \quad , \quad C_2 = \frac{1}{2G}\frac{R_i^2R_a^2}{R_a^2-R_i^2}(p_i-p_a) \tag{9.19}$$

Einsetzen von (9.19) in $(9.17)_1$ führt nach entsprechendem Umformen schließlich auf die *radiale Verschiebungskoordinate* als Funktion der Querschnittskoordinate r wie folgt:

$$\boxed{u(r) = \frac{p_i R_i^2}{2G\left(R_a^2 - R_i^2\right)}\left[1 - 2\nu + \left(\frac{R_a}{r}\right)^2\right] r - \frac{p_a R_a^2}{2G\left(R_a^2 - R_i^2\right)}\left[1 - 2\nu + \left(\frac{R_i}{r}\right)^2\right] r} \tag{9.20}$$

Hinweis:
Unter Beachtung der Identität $(d/dr)(u/r) \equiv (1/r)du/dr$ - u/r^2 hätte sich die *Verschiebungsdifferentialgleichung* (9.3) auch in die kurze Form

$$\frac{d}{dr}\left[\frac{1}{r}\frac{d}{dr}(ru)\right] = 0 \tag{9.21}$$

bringen lassen, woraus sich durch sofortige zweimalige unbestimmte Integration über r die Lösung $(9.17)_1$ ergeben hätte (worin allerdings in$(9.17)_1$ statt C_1 nun $C_1/2$ gestanden hätte). Da jedoch solche „eleganten" Umformungen nicht immer gleich „gesehen" werden, wurde der oben ausgeführte, systematische Lösungsweg beschritten.

9.1.4 Verzerrungs- und Spannungskoordinaten

Einsetzen von (9.20) in (9.4) und (9.7) liefert nacheinander die Koordinaten der Verzerrungen und der Spannungen wie folgt:

$$\boxed{\begin{aligned}
\varepsilon_{rr}(r) &= \frac{p_i R_i^2}{2G\left(R_a^2 - R_i^2\right)}\left[1 - 2\nu - \left(\frac{R_a}{r}\right)^2\right] - \frac{p_a R_a^2}{2G\left(R_a^2 - R_i^2\right)}\left[1 - 2\nu - \left(\frac{R_i}{r}\right)^2\right]\\
\varepsilon_{\varphi\varphi}(r) &= \frac{p_i R_i^2}{2G\left(R_a^2 - R_i^2\right)}\left[1 - 2\nu + \left(\frac{R_a}{r}\right)^2\right] - \frac{p_a R_a^2}{2G\left(R_a^2 - R_i^2\right)}\left[1 - 2\nu + \left(\frac{R_i}{r}\right)^2\right]
\end{aligned}} \tag{9.22}$$

und

$$\boxed{\begin{aligned}
\sigma_{rr}(r) &= \frac{p_i R_i^2}{R_a^2 - R_i^2}\left[1 - \left(\frac{R_a}{r}\right)^2\right] - \frac{p_a R_a^2}{R_a^2 - R_i^2}\left[1 - \left(\frac{R_i}{r}\right)^2\right]\\
\sigma_{\varphi\varphi}(r) &= \frac{p_i R_i^2}{R_a^2 - R_i^2}\left[1 + \left(\frac{R_a}{r}\right)^2\right] - \frac{p_a R_a^2}{R_a^2 - R_i^2}\left[1 + \left(\frac{R_i}{r}\right)^2\right]\\
\sigma_{zz} &= \nu\left(\sigma_{rr} + \sigma_{\varphi\varphi}\right) = 2\nu\frac{p_i R_i^2 - p_a R_a^2}{R_a^2 - R_i^2} = const
\end{aligned}} \tag{9.23}$$

Qualitative Abschätzung der Spannungen: Die Differenzbildung der Tangential- und Radialspannung ergibt mit $(9.23)_1$ und $(9.23)_2$

$$\sigma_{rr} - \sigma_{\varphi\varphi} = \frac{2R_i^2 R_a^2}{R_a^2 - R_i^2}\frac{1}{r^2}\left(p_a - p_i\right) \tag{9.24}$$

Aus (9.24) ergeben sich sofort die folgenden Zusammenhänge:

$$\boxed{\begin{array}{lcl} p_a > p_i & \Rightarrow & \sigma_{rr} > \sigma_{\varphi\varphi} \\ p_a = p_i & \Rightarrow & \sigma_{rr} = \sigma_{\varphi\varphi} \\ p_a < p_i & \Rightarrow & \sigma_{rr} < \sigma_{\varphi\varphi} \end{array}} \tag{9.25}$$

Für die beiden Spezialfälle $p_i = 0$, $p_a = 1000MPa$ und $p_i = 100MPa$, $p_a = 0$ mit jeweils $R_i = 25mm$, $R_a = 50mm$ und $\nu = 0.2$ sind die qualitativen Verläufe der Radial-, Tangential und Längsspannung σ_{rr}, $\sigma_{\varphi\varphi}$ und σ_{zz} gemäß (9.23) in Bild 9.4 dargestellt. Den Verläufen in Bild 9.4 ist zu entnehmen, daß in beiden Fällen die Tangentialspannung $\sigma_{\varphi\varphi}$ nirgends null und betragsmäßig jeweils am größten ist! Die Längsspannung σ_{zz} ist für $p_i = 0$, $p_a \neq 0$ negativ konstant und für $p_a = 0$, $p_i \neq 0$ positiv konstant.

Vollzylinder: Für den Spezialfall des Vollzylinders ergeben sich mit $R_i = 0$ gemäß (9.20) und (9.23) die radiale Verschiebung und die Spannungen wie folgt:

$$u\,(r) = -\frac{1-2\nu}{2G}p_a r \tag{9.26}$$

und

$$\sigma_{rr}\,(r) = \sigma_{\varphi\varphi}\,(r) = -p_a = const \quad , \quad \sigma_{zz} = -2\nu p_a = const \tag{9.27}$$

Nach (9.26) ergibt sich für einen positiven Außendruck $p_a > 0$ erwartungsgemäß eine negative Radialverschiebung (nach innen), die linear über der Querschnittskoordinate (Zylinderradius) r verteilt ist. Für diesen Fall sind gemäß (9.27) sämtliche Spannungen über r negativ und konstant (nur Druckspannungen).

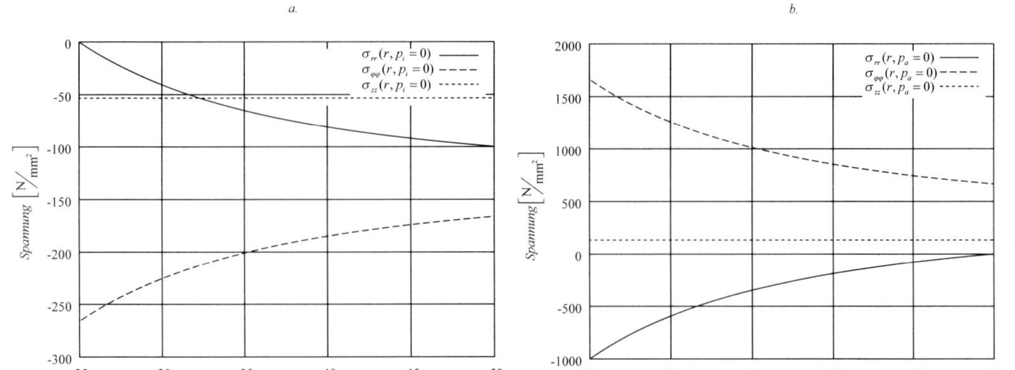

Bild 9.4: Radial- und Tangentialspannungsverläufe im Hohlzylinder bei unterschiedlicher Druckbelastung: a. $p_i = 0$, $p_a \neq 0$ und b. $p_a = 0$, $p_i \neq 0$

9.2 Geschlossener Hohlzylinder unter radialer Druckbelastung

9.2.1 Gleichungssatz

Im Folgenden wird ein *geschlossener* Behälter mit kreisringförmigem Querschnitt (Innen- und Außenradius R_i und R_a) untersucht, welcher radial durch einen konstanten Innen- und Außendruck p_i und p_a *rotationssymmetrisch* belastet wird (vgl. Bild 9.5).

Verschiebungszustand, Verschiebungsdifferentialgleichung: Im Unterschied zum offenen Hohlzylinder nach Abschnitt 9.1 wird jetzt im mittleren (bezüglich der Stirnflächen ungestörten) Bereich des Behälters von einer konstanten Längsdehnung ε_{zz} ausgegangen, so daß der Verschiebungszustand wie folgt lautet:

$$u = u(r) \quad , \quad v = 0 \quad , \quad \frac{\partial w}{\partial z} = \varepsilon_{zz} = K = const \tag{9.28}$$

Mit (9.28) werden wieder bei Vernachlässigung der Volumenkraft ($\boldsymbol{k}^V = \mathbf{0}$) im Falle der Statik ($\boldsymbol{v} = \mathbf{0}$) die zweite und dritte Gleichung der Grundgleichung der Elastokinetik (5.71) identisch erfüllt, so daß ebenfalls wie im vorigen Abschnitt 9.1 allein die erste Verschiebungsdifferentialgleichung $(5.71)_1$ in der Form (9.3) verbleibt. Damit gilt auch im vorliegenden Falle die allgemeine Lösung $(9.17)_1$, nämlich

$$u(r) = C_1 r + C_2 \frac{1}{r} \quad , \quad \frac{du}{dr} = C_1 - C_2 \frac{1}{r^2} \tag{9.29}$$

Verzerrungs- und Spannungszustand: Mit (9.28) erhält man aus (5.67) den folgenden Verzerrungszustand

$$\boxed{\varepsilon_{rr} = \frac{du}{dr} \quad , \quad \varepsilon_{\varphi\varphi} = \frac{u}{r} \quad , \quad \varepsilon_{zz} = K \quad , \quad \varepsilon_{r\varphi} = \varepsilon_{rz} = \varepsilon_{\varphi z} = 0} \tag{9.30}$$

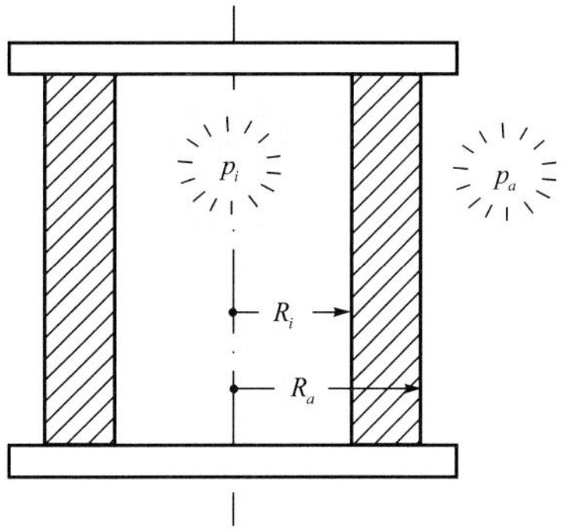

Bild 9.5: Geschlossener Hohlzylinder unter Innen- und Außendruckbelastung

der jetzt im Unterschied zu (9.4) nicht mehr eben, sondern *räumlich* ist! Weiterhin führt Einsetzen von (9.28) in (5.68) auf den folgenden Spannungszustand:

$$\boxed{\begin{aligned} \sigma_{rr} &= \frac{2G}{1-2\nu}\left[(1-\nu)\frac{du}{dr}+\nu\left(\frac{u}{r}+K\right)\right] \\ \sigma_{\varphi\varphi} &= \frac{2G}{1-2\nu}\left[(1-\nu)\frac{u}{r}+\nu\left(\frac{du}{dr}+K\right)\right] \\ \sigma_{zz} &= \frac{2G}{1-2\nu}\left[(1-\nu)K+\nu\left(\frac{du}{dr}+\frac{u}{r}\right)\right], \quad \sigma_{r\varphi}=\sigma_{rz}=\sigma_{z\varphi}=0 \end{aligned}} \tag{9.31}$$

Gemäß (9.31) liegt wieder ein räumlicher, reiner *Normal*-Spannungszustand vor, der sich abgesehen von den zusätzlichen K-Termen vor allem dadurch von (9.7) unterscheidet, daß der in (9.7) unterstrichen gekennzeichnete Zusammenhang zwischen den drei Normalspannungen σ_{rr}, $\sigma_{\varphi\varphi}$ und σ_{zz} hier *nicht* mehr gilt, da wegen $\varepsilon_{zz} \neq 0$ kein ebener Verzerrungszustand mehr vorliegt! Für die weitere Rechnung ist es noch zweckmäßig (9.29) in (9.31) einzusetzen, so daß damit folgt:

$$\begin{aligned} \sigma_{rr} &= \frac{2G}{1-2\nu}\left[C_1+\nu K-(1-2\nu)\frac{C_2}{r^2}\right] \\ \sigma_{\varphi\varphi} &= \frac{2G}{1-2\nu}\left[C_1+\nu K+(1-2\nu)\frac{C_2}{r^2}\right] \\ \sigma_{zz} &= \frac{2G}{1-2\nu}\left[2\nu C_1+(1-\nu)K\right]=const \end{aligned} \tag{9.32}$$

Anhand von $(9.32)_3$ wird deutlich, daß die Längsspannung σ_{zz} vor wie nach konstant ist, aber jetzt insgesamt *drei* freie Konstanten C_1, C_2 und K auftreten. In dem in Abschnitt 9.1 behandelten Problem traten allein die beiden Integrationskonstanten C_1, C_2 auf, die durch zwei Randbedingungen berechnet werden konnten. Damit ist eine weitere Bedingung zur Bestimmung von K erforderlich. An den Endflächen des Behälters gilt die folgende Äquivalenzbedingung zwischen der (noch näher zu bestimmenden) Normalkraft N und der Längsspannung σ_{zz} (vgl. Bild 9.6)

$$N = \int_A \sigma_{zz} dA \tag{9.33}$$

Einsetzen von $(9.32)_3$ in (9.33) liefert unter Beachtung der Kreisringfläche $A = \pi\left({R_a}^2 - {R_i}^2\right)$ und daß wegen σ_{zz} = const, der Integrand aus dem Integral herausgezogen werden darf

$$N = \sigma_{zz} A = \frac{2\pi G}{1-2\nu}\left[2\nu C_1+(1-\nu)K\right]\left(R_a^2-R_i^2\right) \tag{9.34}$$

Aus (9.34) erhält man zunächst durch Umstellen

$$(1-\nu)K = \frac{1-2\nu}{2G}\frac{N}{\pi\left(R_a^2-R_i^2\right)} - 2\nu C_1 \tag{9.35}$$

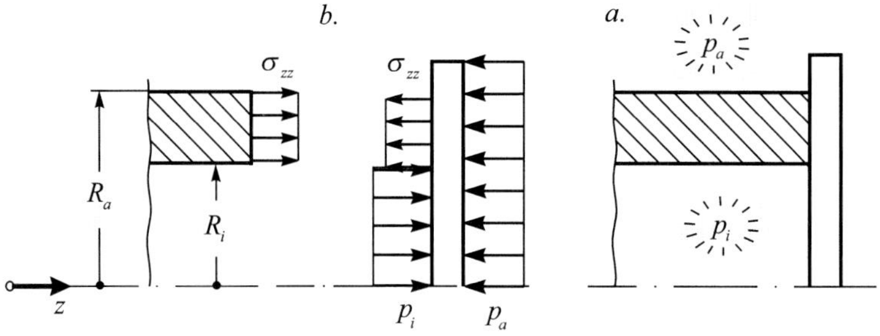

Bild 9.6: Zum Kräftegleichgewicht an den Behälterendflächen, a. Druckverhältnisse, b. Freischnitt

Einsetzen von (9.35) in $(9.32)_3$ liefert sogleich die Längsspannung

$$\sigma_{zz} = \frac{N}{\pi\,(R_a^2 - R_i^2)} \tag{9.36}$$

wobei sich die Integrationskonstante C_1 herausgekürzt hat und demnach σ_{zz} unabhängig von den Randbedingungen an den Rändern $r = \text{const}$ (innere bzw. äußere Zylindermantelfläche) ist!

9.2.2 Randwertproblem

Mit den auch für dieses Problem gültigen radialen Randbedingungen in allgemeiner Form (9.12) erhält man mit $(9.32)_1$ und zusätzlich mit (9.35) das folgende algebraische, inhomogene und lineare Gleichungssystem für die noch drei unbestimmten Konstanten C_1, C_2 und K

$$\begin{aligned}
C_1 - \frac{1-2\nu}{R_i^2}C_2 &+ \nu K = -\frac{1-2\nu}{2G}p_i \\
C_1 - \frac{1-2\nu}{R_a^2}C_2 &+ \nu K = -\frac{1-2\nu}{2G}p_a \\
2\nu C_1 &+ (1-\nu)K = \frac{1-2\nu}{2G}\frac{N}{\pi\,(R_a^2 - R_i^2)}
\end{aligned} \tag{9.37}$$

Die Lösung von (9.37) führt unter Beachtung der Identität $1\text{-}\nu\text{-}2\nu^2 \equiv (1\text{-}2\nu)(1+\nu)$ auf die Ausdrücke

$$\begin{aligned}
C_1 &= \frac{1-\nu}{2G}\frac{p_i R_i^2 - p_a R_a^2}{R_a^2 - R_i^2} - \frac{\nu}{2G\,(1+\nu)}\frac{N}{\pi\,(R_a^2 - R_i^2)}, \quad C_2 = \frac{1}{2G}\frac{R_i^2 R_a^2}{R_a^2 - R_i^2}(p_i - p_a) \\
K &= -\frac{1}{2G}\frac{p_i R_i^2 - p_a R_a^2}{R_a^2 - R_i^2} + \frac{1}{2G\,(1+\nu)}\frac{N}{\pi\,(R_a^2 - R_i^2)}
\end{aligned} \tag{9.38}$$

womit sich der noch für (9.32) zweckmäßige folgende Ausdruck ergibt:

$$C_1 + \nu K = \frac{1-2\nu}{2G} \frac{p_i R_i^2 - p_a R_a^2}{R_a^2 - R_i^2} \tag{9.39}$$

Anhand von Bild 9.6b läßt sich noch das folgende Kräftegleichgewicht in z-Richtung ablesen

$$-p_a \pi R_a^2 + p_i \pi R_i^2 - \underbrace{\sigma_{zz} \pi \left(R_a^2 - R_i^2\right)}_{N} = 0 \tag{9.40}$$

woraus sich unter Beachtung von (9.36) die Normalkraft wie folgt ergibt

$$N = \pi \left(p_i R_i^2 - p_a R_a^2\right) \tag{9.41}$$

9.2.3 Spannungs- und Verschiebungszustand

Da die Integrationskonstante C_2 gemäß $(9.38)_2$ identisch mit derjenigen gemäß $(9.19)_2$ ist, erkennt man durch zusätzliches Einsetzen von (9.39) in (9.32), daß die Radial- und Tangentialspannung σ_{rr} und $\sigma_{\varphi\varphi}$ des vorliegenden Falles mit denjenigen des vorigen Abschnittes gemäß (9.23) übereinstimmen.

Einsetzen von C_1 und C_2 gemäß (9.38) in $(9.29)_1$ führt unter Beachtung von (9.41) und (3.140) (diese Umrechnung ist hier zweckmäßig) wie folgt auf die radiale Verschiebungskoordinate als Funktion der Radiuskoordinate r

$$\boxed{\begin{aligned} u(r) = & \frac{p_i R_i^2}{E\left(R_a^2 - R_i^2\right)} \left[1 + \nu(1-\nu) + (1+\nu)\left(\frac{R_a}{r}\right)^2\right] r \\ & - \frac{p_a R_a^2}{E\left(R_a^2 - R_i^2\right)} \left[1 + \nu(1-\nu) + (1+\nu)\left(\frac{R_i}{r}\right)^2\right] r \end{aligned}} \tag{9.42}$$

Einsetzen von $(9.38)_3$ in $(9.30)_3$ führt nach unbestimmter Integration wie folgt auf die Längsverschiebung

$$\boxed{w(z) = Kz + K_0 = -\frac{\nu}{E} \frac{p_i R_i^2 - p_a R_a^2}{R_a^2 - R_i^2} z + K_0} \tag{9.43}$$

In (9.43) kann die Integrationskonstante K_0 als translatorische Verschiebung des gesamten Behälters interpretiert und daher auch Null gesetzt werden.

9.2.4 FE-Rechnungen

Dickwandiger Behälter: Der in Unterabschnitt 9.2.1 beschriebene dickwandige Behälter mit kreisringförmigem Querschnitt habe einen Innenradius $R_i = 75mm$ und eine Wandstärke/Innendurchmesser-Verhältnis $t/d_i \equiv t/2R_i = 0,1333$ und werde durch einen Innendruck $p_i = 10MPa$ belastet ($p_a \equiv 0$). An den beiden Zylinderenden seien dickwandige ebene Deckel mit einer Wandstärke von 20 mm und einem Außendurchmesser von $200mm$ angeschweißt. Für Behälter und Deckel wird ein Elastizitätsmodul $E = 210000MPa$ und eine Querkontraktionszahl $\nu = 0.3$ für Stahl angenommen. Die Deckelwandstärke betrage $20mm$ und der Deckelaußendurchmesser $200mm$. Bei der FE-Modellbildung wird die Symmetrie des Volumenkörpers hinsichtlich Geometrie und Belastung ausgenutzt (vgl. Bild 9.7). Die gewählten Flächenelemente besitzen achsensymmetrische Eigenschaften. Die berechnete Verformung (Bild 9.7, links oben) zeigt deutlich die Verformungsbehinderung im Übergang Deckel und Zylinder. In hinreichender Entfernung kann sich der Zylinder ungehindert radial aufweiten. Erst hier stimmen die ermittelten Spannungen mit den theoretischen Werten im Zylinder überein, wie dies Bild 9.7 b. bis d. zeigt. Dabei entspricht der geplottete Spannungsverlauf σ_{rr} (rechts oben) der Radialspannung, σ_{zz} der Normalspannung in der Zylinderlängsachse und $\sigma_{\varphi\varphi}$ der Tangentialspannung. Unter den gegebenen Verhältnissen ergibt sich analytisch im ungestörten Zylinderbereich ein Radialspannungsverlauf $\sigma_{rr}(R_i = 75mm) = -10MPa$ und $\sigma_{rr}(R_a = 95mm) = 0MPa$, eine Tangentialspannung $\sigma_{\varphi\varphi}(R_i = 75mm) = 43,09MPa$, $\sigma_{\varphi\varphi}(R_i = 75mm) = 33,09MPa$ sowie $\sigma_{\varphi\varphi}(R_a = 95mm) = 33,08MPa$ und eine Normalspannung in Zylinderlängsachse $\sigma_{zz} = 16,5MPa$. Die analytischen Spannungsverläufe stimmen mit den tatsächlich zu erwartenden Spannungsverläufen erst im ungestörten Verformungsbereich der Zylinderwand überein. Jedoch im Bereich des Deckelanschlusses treten durch die Verformungsbehinderung zwangsläufig sehr große Spannungsüberhöhungen auf.

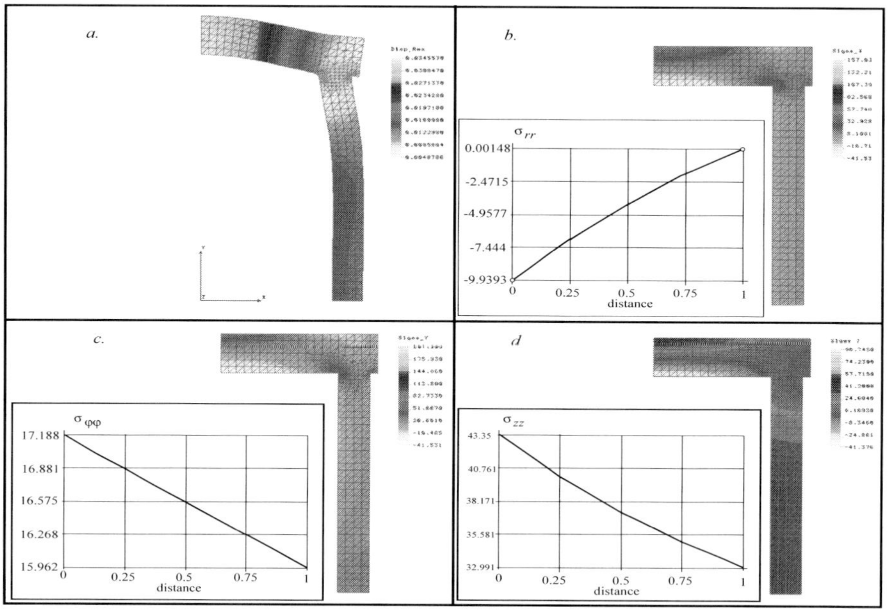

Bild 9.7: Verformungen und Spannungsverteilungen im dickwandigen Behälter bestehend aus Zylinder und geraden Deckeln bei reiner Innendruckbelastung; a. links oben: Verformungsplot, b. rechts oben: Radialspannung σ_{rr}, c. links unten: Normalspannung in Zylinderlängsachse σ_{zz}, d. rechts unten: Tangentialspannung $\sigma_{\varphi\varphi}$

Dünnwandiger Behälter: Als nächstes Problem soll das Verformungsverhalten eines dünnwandigen Behälters mit einer Wandstärke $t = 2mm$ untersucht werden. Dabei soll der zylindrische Behälter an den beiden Enden jeweils mit halbkugelförmigen Deckeln (mittlerer Durchmesser jeweils $100mm$) verschweißt sein. Der Innendruck betrage $p_i = 10Mpa$, wobei wieder ein Elastizitätsmodul $E = 210000MPa$ für Stahl und eine Querkontraktion von $\nu = 0.3$ angenommen werde. Der Verformungsplot des unter Ausnutzung der Symmetrieeigenschaften generierten FE-Flächenmodells zeigt im Übergang Halbkugel/Zylinder deutlich größere Verformung als in dem restlichen Bereich (vgl. Bild 9.8 oben). Anhand der Kesselformel (Membrantheorie) errechnet sich in den Halbkugeln (Deckel) eine Normalspannung von $\sigma_{rr} = \sigma_{\varphi\varphi} = 125MPa$ in radialer und tangentialer Richtung. Im Zylinder ergibt sich eine Tangentialspannung von $\sigma_{\varphi\varphi} = 250MPa$, eine Radialspannung und Normalspannung in Zylinderlängsachse von $\sigma_{zz} = 125MPa$. Damit verdoppelt sich im Übergangsbereich

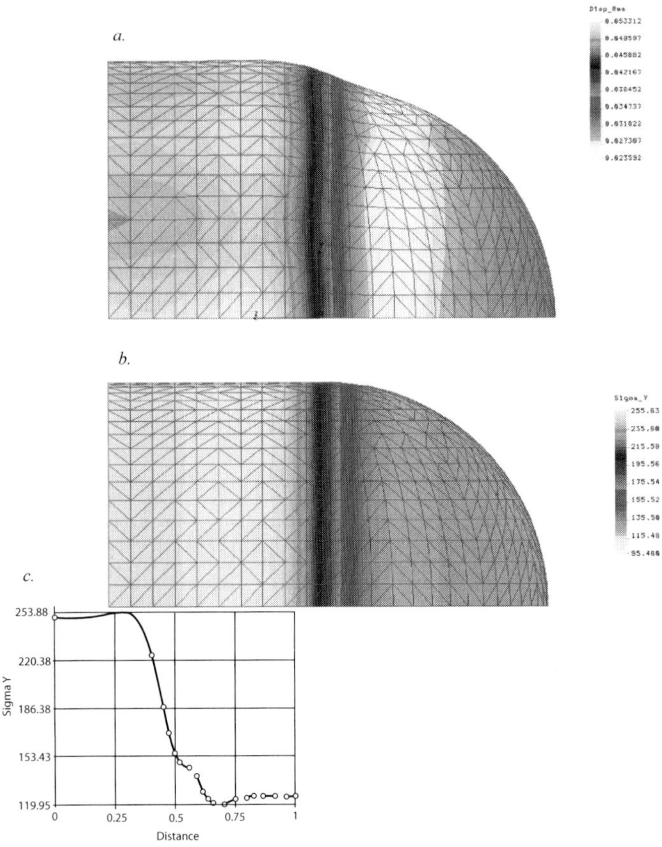

Bild 9.8: Verformungen und Spannungsverteilungen im dünnwandigen zylindrischen Behälter mit Halbkugeldeckel bei reiner Innendruckbelastung; a. oben: Verformungsplot, b. Mitte: Tangentialspannung, c. Tangentialspannungsverlauf im Übergang Zylinder-Halbkugel

von der Halbkugel zum Zylinder die Tangentialspannung (Ringspannung) von $125 MPa$ auf $250 MPa$ sprunghaft! Da sich die Verformung nicht sprunghaft ändern kann, darf auch im Spannungsverlauf kein Sprung auftreten womit in diesem Falle die Membrantheorie nicht mehr gültig ist. Durch das Aufbiegen der Kugelhälften wird am Übergang zum Zylinder der Membranspannungszustand durch eine Biegespannung überlagert, wobei der Einfluss der Biegespannung schnell wieder abklingt (vgl. Bild 9.8).

9.3 Rotierende Scheibe (Welle-Scheibe-Verbindung)

Eine kreisrunde dünne Scheibe der Dicke h mit Außenradius R_a ist durch eine *Preßpassung* auf einer Welle mit dem Radius R befestigt (vgl. Bild 9.9). Welle und Schcibe drehen sich mit konstanter Winkelgeschwindigkeit ω_0 = const um die eigene Achse. Unter der Voraussetzung, daß $h \ll R_a$ gilt, ist der Spannungszustand für den *eingeschwungenen* (stationären) Zustand in der Scheibe gesucht.

9.3.1 Gleichungssatz

Spannungs- und Verzerrungszustand: Bei diesem Problem können aufgrund $h \ll R_a$ die Längsspannung sowie wegen Schubspannungsfreiheit an den Außenflächen der Scheibe sämtliche Schubspannungen als vernachlässigbar angenommen werden, so daß

$$\sigma_{zz} = \sigma_{r\varphi} = \sigma_{rz} = \sigma_{z\varphi} = 0 \tag{9.44}$$

Nach (9.44) liegt also ein *ebener* Spannungszustand (ESZ) vor, womit sich gemäß (5.66) die Koordinatengleichungen des verzerrungsexpliziten HOOKEschen Materialgesetzes wie folgt

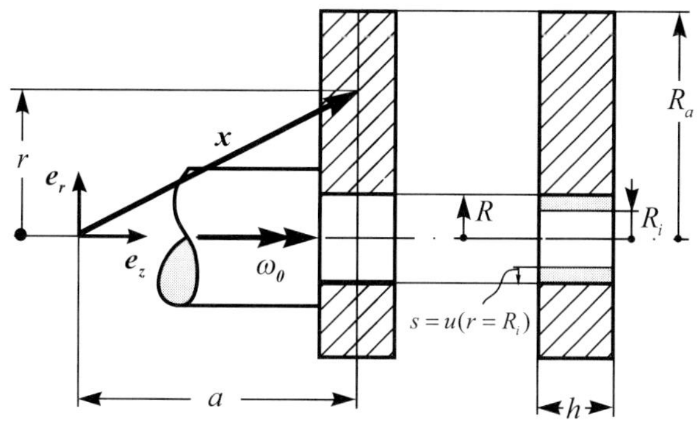

Bild 9.9: Zum Problem der rotierenden Scheibe, a. Scheibe-Welle-Verbindung, b. Übermaß (Schrumpfmaß)

ergeben (zweckmäßigerweise werden dort die jeweils zweiten Darstellungen benutzt):

$$\begin{aligned} \varepsilon_{rr} &= \frac{1}{E}\left(\sigma_{rr} - \nu\sigma_{\varphi\varphi}\right) \quad , \quad \varepsilon_{\varphi\varphi} = \frac{1}{E}\left(\sigma_{\varphi\varphi} - \nu\sigma_{rr}\right) \\ \varepsilon_{zz} &= -\frac{\nu}{E}\left(\sigma_{rr} + \sigma_{\varphi\varphi}\right) \quad , \quad \varepsilon_{r\varphi} = \varepsilon_{rz} = \varepsilon_{\varphi z} = 0 \end{aligned} \tag{9.45}$$

Durch Invertierung der ersten beiden Gleichungen von (9.45) erhält man die spannungsexpliziten Ausdrücke des HOOKEschen Materialgesetzes

$$\sigma_{rr} = \frac{E}{1-\nu^2}\left(\varepsilon_{rr} + \nu\varepsilon_{\varphi\varphi}\right) \quad , \quad \sigma_{\varphi\varphi} = \frac{E}{1-\nu^2}\left(\varepsilon_{\varphi\varphi} + \nu\varepsilon_{rr}\right) \tag{9.46}$$

Einsetzen von (9.46) in $(9.45)_3$ führt noch auf die für diesen Fall gültige spezielle Gestalt der Längsdehnung, nämlich

$$\varepsilon_{zz} = -\frac{\nu}{1-\nu}\left(\varepsilon_{rr} + \varepsilon_{\varphi\varphi}\right) \tag{9.47}$$

wonach im ESZ zwar eine Längsdehnung ε_{zz} auftritt, diese jedoch durch die radiale und tangentiale Dehnungen ε_{rr} und $\varepsilon_{\varphi\varphi}$ festgelegt ist (man vergleiche dazu den umgekehrten Fall von Abschnitt 9.1, wo ein ebener *Verzerrungs*zustand (EVZ) vorlag und die Längsspannung σ_{zz} durch die radiale und tangentiale Spannung festlag)!

Verschiebungszustand: Gemäß dem vorliegenden Problem (Rotationssymmetrie des Bauteiles und dessen Belastung) kann in Anlehnung an die Ausführungen der beiden vorstehenden Abschnitte 9.1 und 9.2 sowie unter Beachtung des Verzerrungszustandes (9.45) von dem folgenden Verschiebungszustand ausgegangen werden:

$$u = u(r) \quad , \quad v = 0, \quad \frac{\partial w}{\partial z} = \varepsilon_{zz} = const \tag{9.48}$$

Verschiebungs-Verzerrungs-Gleichungen und Spannungszustand als Funktion der Verschiebungskoordinate: Mit dem Verschiebungszustand (9.48) degenerieren die Verschiebungs-Verzerrungs-Gleichungen (5.67) unter Beachtung von (9.44) und (9.47) zu

$$\boxed{\begin{aligned} &\varepsilon_{rr} = \frac{du}{dr} \quad , \quad \varepsilon_{\varphi\varphi} = \frac{u}{r} \quad , \quad \varepsilon_{zz} = -\frac{\nu}{1-\nu}\left(\frac{du}{dr} + \frac{u}{r}\right) \\ &\varepsilon_{r\varphi} = \varepsilon_{rz} = \varepsilon_{\varphi z} = 0 \end{aligned}} \tag{9.49}$$

Einsetzen von (9.49) in (9.46) liefert unter Beachtung von (9.44) den folgenden Spannungszustand als Funktion der radialen Verschiebungskoordinate

$$\boxed{\begin{aligned} &\sigma_{rr} = \frac{E}{1-\nu^2}\left[\frac{du}{dr} + \nu\frac{u}{r}\right] \quad , \quad \sigma_{\varphi\varphi} = \frac{E}{1-\nu^2}\left[\frac{u}{r} + \nu\frac{du}{dr}\right] \\ &\sigma_{zz} = \sigma_{r\varphi} = \sigma_{rz} = \sigma_{z\varphi} = 0 \end{aligned}} \tag{9.50}$$

9.3.2 Bewegungsgleichung und deren Lösung

Verschiebungsdifferentialgleichung: Um nun für den vorliegenden Fall auf die Verschiebungsdifferentialgleichung zu kommen, ist zu beachten, daß sich das Bauteil bewegt (Rotation um die eigene Achse) und deshalb von den Koordinatendarstellungen der Impulsbilanz (CAUCHY I) (5.70) oder (5.71) auszugehen ist. Im Falle des hier vorliegenden ebenen Spannungszustandes ist es weiterhin zweckmäßig die Impulsbilanzgleichungen (5.70) zu benutzen. Für den Beschleunigungsterm auf der rechten Seite von (5.70) erhält man mit dem Ortsvektor $\boldsymbol{x}$ zu einem beliebigen Scheibenpunkt (vgl. Bild 9.9)

$$\boldsymbol{x} = r\boldsymbol{e}_r + a\boldsymbol{e}_z \tag{9.51}$$

zunächst unter Beachtung von $a = \text{const}$ und $\omega_0 = \text{const}$ sowie mit (A.157) bis (A.159) nach zweimaliger Zeitableitung nacheinander

$$\begin{aligned} \boldsymbol{v} = \dot{\boldsymbol{x}} &= \frac{d}{dt}(r\boldsymbol{e}_r) = \dot{r}\boldsymbol{e}_r + r\dot{\boldsymbol{e}}_r \equiv \dot{r}\boldsymbol{e}_r + r\omega_0\boldsymbol{e}_\varphi \\ \dot{\boldsymbol{v}} = \ddot{\boldsymbol{x}} &= \frac{d}{dt}(\dot{r}\boldsymbol{e}_r + r\omega_0\boldsymbol{e}_\varphi) = \ddot{r}\boldsymbol{e}_r + \dot{r}\dot{\boldsymbol{e}}_r + \dot{r}\omega_0\boldsymbol{e}_\varphi + r\omega_0\dot{\boldsymbol{e}}_\varphi \equiv \\ &\equiv \left(\ddot{r} - r\omega_0^2\right)\boldsymbol{e}_r + 2\dot{r}\omega_0\boldsymbol{e}_\varphi \end{aligned} \tag{9.52}$$

Für den eingeschwungenen (stationären) Zustand gilt $dr/dt = 0$, so daß aus (9.52) für den Beschleunigungsvektor der folgende Ausdruck verbleibt

$$\dot{\boldsymbol{v}} = -r\omega_0^2\boldsymbol{e}_r \tag{9.53}$$

Mit (9.53) ergibt sich weiterhin durch skalare Multiplikation mit den Basisvektoren $\boldsymbol{e}_r$, $\boldsymbol{e}_\varphi$ und $\boldsymbol{e}_z$

$$\dot{\boldsymbol{v}} \cdot \boldsymbol{e}_r = -r\omega_0^2 \quad , \quad \dot{\boldsymbol{v}} \cdot \boldsymbol{e}_\varphi = 0 \quad , \quad \dot{\boldsymbol{v}} \cdot \boldsymbol{e}_z = 0 \tag{9.54}$$

Durch Einsetzen von (9.44) und (9.54) in (5.70) verbleibt zunächst unter Vernachlässigung der Volumenkraft gegenüber Trägheitstermen ($\boldsymbol{k}^V = \boldsymbol{0}$) die einzig verbleibende Koordinatengleichung in $\boldsymbol{e}_r$-Richtung

$$\boxed{\frac{d\sigma_{rr}}{dr} + \frac{1}{r}\left(\sigma_{rr} - \sigma_{\varphi\varphi}\right) = -\rho r\omega_0^2} \tag{9.55}$$

Weiteres Einsetzen von (9.50) in (9.55) (*Methode der Elimination der Spannungen*) führt schließlich auf die Differentialgleichung für die radiale Verschiebungskoordinate (*Bewegungsgleichung*) (vgl. auch [Leh 84])

$$\boxed{r^2\frac{d^2u}{dr^2} + r\frac{du}{dr} - u = -\left(\frac{\omega_0}{c_0}\right)^2 r^3} \quad \text{mit} \quad c_0^2 := \frac{E}{\rho}\frac{1}{1-\nu^2} \tag{9.56}$$

Mit (9.56) steht eine inhomogene EULERsche Differentialgleichung zweiter Ordnung zur Berechnung der radialen Verschiebungskoordinate u zur Verfügung. Die allgemeine Lösung von (9.56) setzt sich gemäß

$$u(r) = u_h(r) + u_p(r) \tag{9.57}$$

additiv aus der Lösung der homogenen DGL u_h und der Partikulärlösung u_p zusammen. Die homogene DGL von (9.56) ist identisch mit der homogenen EULERschen DGL. (9.3), deren Lösung gemäß $(9.17)_1$ wie folgt lautet

$$u_h(r) = C_1 r + C_2 \frac{1}{r} \tag{9.58}$$

Für die Partikulärlösung wird für die rechte Seite von (9.56) der folgende Ansatz benutzt

$$u_p(r) = a_3 r^3 \tag{9.59}$$

worin die Konstante a_3 zu bestimmen ist. Einsetzen von (9.59) in (9.56) liefert

$$6a_3 r^3 + 3a_3 r^3 - a_3 r^3 \equiv \underline{8a_3 r^3 \stackrel{!}{=} -\left(\frac{\omega_0}{c_0}\right)^2 r^3} \tag{9.60}$$

woraus sich durch Koeffizientenvergleich des in (9.60) unterstrichenen Termes in die Konstante a_3 wie folgt ergibt

$$a_3 = -\frac{1}{8}\left(\frac{\omega_0}{c_0}\right)^2 \tag{9.61}$$

Einsetzen von (9.61) in (9.59) und weiteres Einsetzen in (9.56) führt schließlich zusammen mit (9.58) wie folgt auf die allgemeine Lösung von (9.56) sowie deren Ableitung nach r

$$u(r) = C_1 r + C_2 \frac{1}{r} - \frac{1}{8}\left(\frac{\omega_0}{c_0}\right)^2 r^3, \qquad \frac{du}{dr} = C_1 - C_2 \frac{1}{r^2} - \frac{3}{8}\left(\frac{\omega_0}{c_0}\right)^2 r^2 \tag{9.62}$$

Zur weiteren Auswertung liefert Einsetzen von (9.62) in (9.50) unter Beachtung der Rücksubstitution von c_0 gemäß $(9.56)_2$ die Spannungen in der folgenden zweckmäßigen Form:

$$\begin{aligned}
\sigma_{rr} &= \frac{E}{1-\nu} C_1 - \frac{E}{1+\nu} \frac{C_2}{r^2} - \frac{\rho(3+\nu)}{8} {\omega_0}^2 r^2 \\
\sigma_{\varphi\varphi} &= \frac{E}{1-\nu} C_1 + \frac{E}{1+\nu} \frac{C_2}{r^2} - \frac{\rho(1+3\nu)}{8} {\omega_0}^2 r^2 \\
\sigma_{zz} &= \sigma_{r\varphi} = \sigma_{rz} = \sigma_{z\varphi} = 0
\end{aligned} \tag{9.63}$$

Randwertproblem: Zur Bestimmung der beiden Integrationskonstanten C_1 und C_2 in (9.62) können zwei Randbedingungen formuliert werden (*gemischtes* Randwertproblem): Für einen *spannungsfreien Außenrand* der Scheibe ($r = R_a$) gilt die folgende *Spannungsrandbedingung*

$$\boxed{\sigma_{rr}(r = R_a) = 0} \tag{9.64}$$

Wegen des für eine Preßpassung erforderlichen Übermaßes (Schrumpfmaß) s (vgl. Bild 9.9b) gilt an der Bohrung der Scheibe (Innenradius $r = R_i$) die folgende *Verschiebungsrandbedingung*

$$\boxed{u(r = R_i) = s} \tag{9.65}$$

Anmerkung: Das zugrunde gelegte Übermaß s ist selbstverständlich nicht dasjenige Übermaß, welches die Welle gegenüber der Scheibe *vor* dem Aufpressen hatte. Würde man Letzteres (welches hier nicht bekannt ist) zugrundelegen wollen, so müßte ebenfalls noch die elastische Zusammendrückung der Welle mit in die Rechnung einbezogen werden!

Einsetzen von $(9.63)_1$ in (9.64) und von $(9.62)_1$ in (9.65) liefert das folgende lineare, inhomogene algebraische Gleichungssystem für die beiden Integrationskonstanten C_1 und C_2 (dabei wurde die erste Gleichung noch mit $(1\text{-}\nu)/E$ multipliziert und die zweite Gleichung durch R_i dividiert)

$$\begin{aligned} C_1 - \frac{1-\nu}{1+\nu}\frac{1}{R_a^2}C_2 &= \frac{\rho\,(3+\nu)\,(1-\nu)}{8E}\omega_0^2 R_a^2 \\ C_1 + \frac{1}{R_i^2}C_2 &= \frac{\rho\,(1-\nu^2)}{8E}\omega_0^2 R_i^2 + \frac{s}{R_i} \end{aligned} \tag{9.66}$$

Aus (9.66) lassen sich die beiden folgenden Lösungen erzeugen [Leh 84]:

$$\begin{aligned} C_1 &= \frac{\frac{\rho(1-\nu^2)}{8E}\left[1-\nu+(3+\nu)\left(\frac{R_a}{R_i}\right)^4\right]\left(\frac{R_i}{R_a}\right)^2 R_i^2\omega_0^2 + (1-\nu)\left(\frac{R_i}{R_a}\right)^2\frac{s}{R_i}}{1+\nu+(1-\nu)\left(\frac{R_i}{R_a}\right)^2} \\ C_2 &= \frac{\frac{\rho(1-\nu^2)}{8E}\left[1+\nu-(3+\nu)\left(\frac{R_a}{R_i}\right)^2\right] R_i^4\omega_0^2 + (1+\nu)\,R_i s}{1+\nu+(1-\nu)\left(\frac{R_i}{R_a}\right)^2} \end{aligned} \tag{9.67}$$

9.3.3 Spannungen, Dehnungen und radiale Verschiebung

Mit (9.67) können nun gemäß (9.62), (9.49) und (9.63) die radiale Verschiebung, die Dehnungen und Spannungen in der Scheibe vollständig berechnet werden. Einsetzen von (9.67) in $(9.62)_1$ führt auf die radiale Verschiebungskoordinate $u(r)$ und weiteres Einsetzen in (9.49) auf die Dehnungen. Einsetzen von (9.67) in (9.63) liefert die radiale und tangentiale Spannung σ_{rr} und $\sigma_{\varphi\varphi}$, wobei diese Ausdrücke aus Platzgründen hier nicht gesondert aufgeschrieben werden. In Bild 9.10 sind die beiden Spannungsverteilungen über dem Radius (Kreisring) der Scheibe für die speziellen Werte R_i = 100 mm, R_a = 400 mm, $E = 7{\cdot}10^4$ N/mm^2, ν = 0,3, $\rho = 2{,}7{\cdot}10^{-6}$ kg/mm^3, s = 0,2 mm und $\omega_0 = 400$ s^{-1}, grafisch dargestellt. Zum Vergleich wurden die Spannungsverteilungen ebenfalls für den Stillstand der Scheibe ($\omega_0 = 0$ s^{-1}) gegenübergestellt.

Speziell lassen sich nun auch die Kontakt-Spannungen zwischen Welle und Scheibe bei $r = R$ infolge des Schrumpfmaßes s dadurch bestimmen (vgl. hierzu auch Bild 9.10), indem in (9.63) $r = R$ gesetzt wird, so daß unter Beachtung von (9.67) die Ausdrücke $\sigma_{rr}(r = R)$, $\sigma_{\varphi\varphi}(r = R)$ und $\sigma_{zz}(r = R)$ entstehen, welche aus Platzgründen hier nicht aufgeführt werden.

Die radiale Verschiebung am Außenmantel der Scheibe ergibt sich durch Einsetzen von

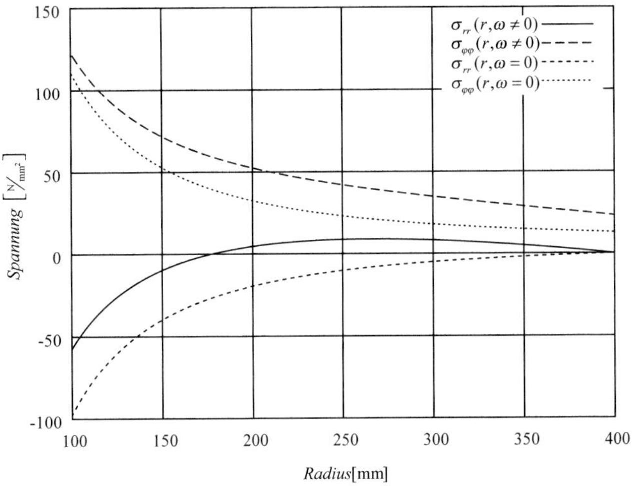

Bild 9.10: Spannungsverteilung in der Scheibe bei Rotation und Stillstand ($w_0 = 0$)

(9.67) in $(9.62)_1$ für $r = R_a$ wie folgt:

$$u\left(r=R_a\right)=\frac{\frac{\rho\left(1-\nu^2\right)}{8E}\left\{2+(3+\nu)\frac{R_a}{R_i}\left[\left(\frac{R_a}{R_i}\right)^2-1\right]\right\}R_i^2\omega_0^2+2\frac{s}{R_a}}{1+\nu+(1-\nu)\left(\frac{R_i}{R_a}\right)^2}R_i-\frac{\rho\left(1-\nu^2\right)}{8E}\omega_0^2R_a^3 \tag{9.68}$$

Schließlich ergibt sich noch mit $(9.49)_3$, $(9.62)_1$ und (9.67) die Längsdehnung als Funktion der Radiuskoordinate r zu [Leh 84]

$$\varepsilon_{zz}=\underbrace{-\frac{\frac{\rho\nu(1+\nu)}{4E}\left[1-\nu+(3+\nu)\left(\frac{R_a}{R_i}\right)^4\right]\left(\frac{R_i}{R_a}\right)^2R_i^2\omega_0^2+\nu\left(\frac{R_i}{R_a}\right)^2\frac{s}{R_i}}{1+\nu+(1-\nu)\left(\frac{R_i}{R_a}\right)^2}}_{const}+\frac{\rho\nu\left(1+\nu\right)}{2E}\omega_0^2r^2=\varepsilon_{zz}\left(r\right) \tag{9.69}$$

wobei dies allerdings im Widerspruch zur Annahme $(9.48)_3$ steht! Dies ist prinzipiell darauf zurückzuführen, daß die Annahme einer Längs- und Schubspannungsfreiheit gemäß (9.44) für eine rotierende Scheibe offenbar *nicht* exakt erfüllt werden kann. Es läßt sich aber zeigen, daß dieser Fehler für hinreichend dünne Scheiben vernachlässigbar ist.

Rotierende Vollscheibe: Für den Spezialfall einer rotierenden Vollscheibe (ohne Welle) lassen sich sämtliche Gleichungen des vorigen Abschnittes mit $R_i = 0$ sofort spezialisieren, was wegen $C_2 = 0$ zusammen mit (9.63) auf die folgenden Ausdrücke für die Radial- und

Tangentialspannung führt:

$$\sigma_{rr} = \frac{3+\nu}{8}\rho\omega_0^2 R_a^2 \left[1 - \left(\frac{r}{R_a}\right)^2\right] \tag{9.70}$$

$$\sigma_{\varphi\varphi} = \frac{3+\nu}{8}\rho\omega_0^2 R_a^2 \left[1 - \frac{1+3\nu}{3+\nu}\left(\frac{r}{R_a}\right)^2\right] \tag{9.71}$$

9.3.4 FE-Rechnungen

Rotierende Vollscheibe: Im folgenden soll zunächst mittels der FEM das Problem einer mit einer Drehzahl $n = 9000 min^{-1}$ rotierenden Vollscheibe berechnet werden. Für die Scheibenabmessungen gelte $h = 50mm$, $R_i = 0$ und $R_a = 230mm$ und für die Materialkoeffizienten $E = 210000MPa$ und $\nu = 0.3$. Unter Ausnutzung der Symmetrie lässt sich das FE-Modell mit achsensymmetrischen Flächenelementen generieren. Die generierte Fläche beschreibt dabei ein Volumen eines Kreisausschnittes mit dem Bogenmaß und konstanter Dicke h. In Bild 9.11 ist der numerisch berechnete Radial-Spannungsverlauf $\sigma_X \equiv \sigma_{rr}$ in Scheibenmitte über dem Scheibenradius dargestellt. Die mit Hilfe von (9.70) berechneten theoretischen Radialspannungen in Scheibenmitte $\sigma_{rr}(r = 0) = 3.854MPa$ und am Scheibenrand $\sigma_{rr}(r = R_a = 230mm) = 0$ zeigen eine gute Übereinstimmung mit den mittels FEM numerisch bestimmten Werten (vgl. Bild 9.11a). Bild 9.11b zeigt die numerisch ermittelte Tangentialspannung $\sigma_Z \equiv \sigma_{\varphi\varphi}$ und deren Verlauf in Scheibenmitte über dem Scheibenradius. Dabei stimmen die gemäß (9.71) berechneten theoretischen Tangentialspannungen $\sigma_{\varphi\varphi}(r = 0) = 3,854MPa$ in der Scheibenmitte und $\sigma_{\varphi\varphi}(r = R_a = 230mm) = 1,635MPa$ am Scheibenaußenrand mit den numerisch bestimmten Werten gut überein.

Schrumpfverbindung: Bei einer Schrumpfverbindung muß nach der sogenannten Materialsetzung bei minimalem Paßfugendruck (Mindestmaß bzw. kleinstes Übermaß) die Übertragungsfähigkeit der Schrumpfverbindung und bei maximalem Paßfugendruck (Höchstmaß bzw. größtes Übermaß) der Festigkeitsnachweis von Welle und Nabe bei gewählter Passung nachgewiesen werden. Hier soll anhand der FEM lediglich der Festigkeitsnachweis bei Höchstmaß gezeigt werden, da der Nachweis der Übertragungsfähigkeit prinzipiell mit einem weiteren FE-Modell nach dem gleichen Schema abläuft. Auf einem 56 mm langen Wellensitz mit einem Nenndurchmesser $D_W = 60mm$ soll eine $60mm$ lange Nabe, die einen gleichen Innen-Nenndurchmesser und einen Außendurchmesser $D_{N,a} = 120mm$ hat, aufgeschrumpft werden. Die gewählte ISO-Passung ist $H6/v5$ und die zu paarenden Oberflächen sollen dabei eine Oberflächenqualität $R_z = 3\mu m$ (R_z = gemittelte Rauhtiefe) besitzen. Bei dem Paarungs-Durchmesser $D = 60mm$ hat die Toleranzklasse H6 die Abmaße $19\mu m/0\mu m$ und die Toleranzklasse $v5$ die Abmaße $115\mu m/102\mu m$. Der Wellenwerkstoff hat eine Streckgrenze $R_e = 330MPa$ und der Nabenwerkstoff hat eine Streckgrenze $R_e = 600MPa$. Für beide Werkstoffe soll ein Elastizitätsmodul $E = 210000MPa$ angenommen werden.

Unter Berücksichtigung des Übermaßverlustes durch Materialsetzung ergibt sich folgendes Höchstmaß

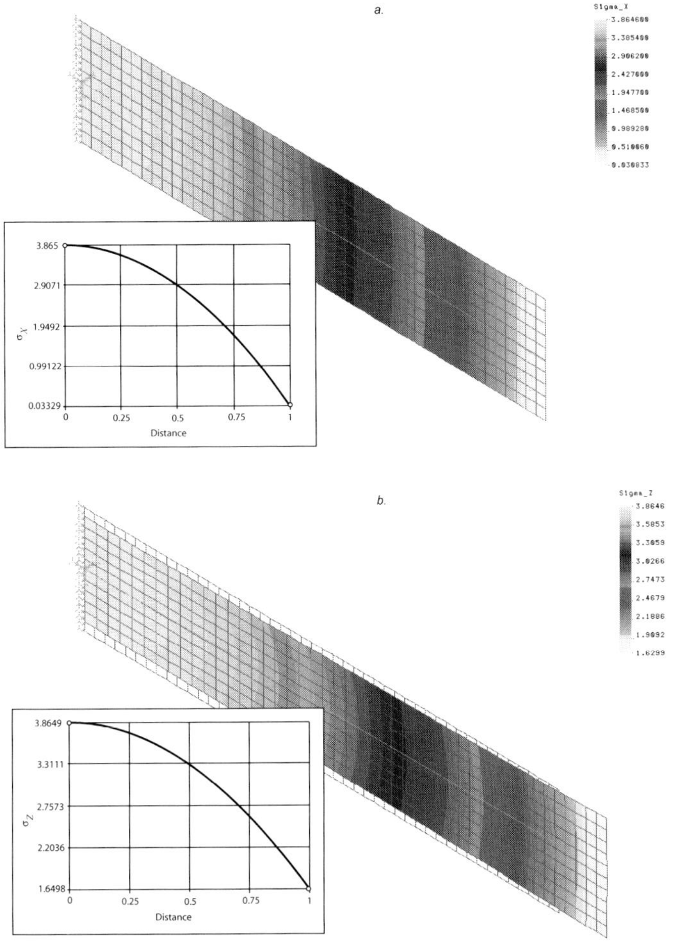

Bild 9.11: a. Radialspannung $\sigma_X \equiv \sigma_{rr}$ und deren Verlauf in Scheibenmitte über dem Scheibenradius, b. Tangentialspannung $\sigma_Z \equiv \sigma_{\varphi\varphi}$ und deren Verlauf in Scheibenmitte über dem Scheibenradius im verformten und unverformten Zustand

$$\Delta s_{\max} = \frac{0,115mm - 0mm}{2} - 0,4(0,003mm + 0,003mm) \approx 0,055mm \equiv 55\mu m \tag{9.72}$$

Bei dem Höchstmaß $\Delta s_{\max} = 55\mu m$ ergibt sich für die Vollwelle ein Wellenfugendruck p_{max} wie folgt:

$$p_{\max} = E\left(\frac{\Delta s_{\max}}{\frac{D_W}{2}}\right)\frac{1}{\frac{1+\left(\frac{D_W}{D_{N,a}}\right)^2}{1-\left(\frac{D_W}{D_{N,a}}\right)^2}+1} = 210000\frac{N}{mm^2}\left(\frac{0,055mm}{30mm}\right)\frac{1}{\frac{1+0,25}{1-0,25}+1} = 144,4\frac{N}{mm^2} \tag{9.73}$$

In der Vollwelle ist die Tangential- und Radialspannung $\sigma_{\varphi\varphi} = \sigma_r = -144,4MPa$ konstant und entspricht betragsmäßig dem Wellenfugendruck $p_{max.}$. In der Nabe ist an der Innenseite die Radialspannung $\sigma_{rr}(r = R_i) = -144,4MPa$ und an der Außenseite die Radialspannung $\sigma_{rr}(r = R_a) = 0MPa$ abgeklungen. Wie folgt ergibt sich eine Tangentialspannung $\sigma_{\varphi\varphi}$ in der Nabeninnenseite

$$\sigma_{\varphi\varphi,i} = p_{\max}\frac{1+\left(\frac{D_W}{D_{N,a}}\right)^2}{1-\left(\frac{D_W}{D_{N,a}}\right)^2} = 144,4\frac{N}{mm^2}\frac{1+0,25}{1-0,25} = 240,6\frac{N}{mm^2} \tag{9.74}$$

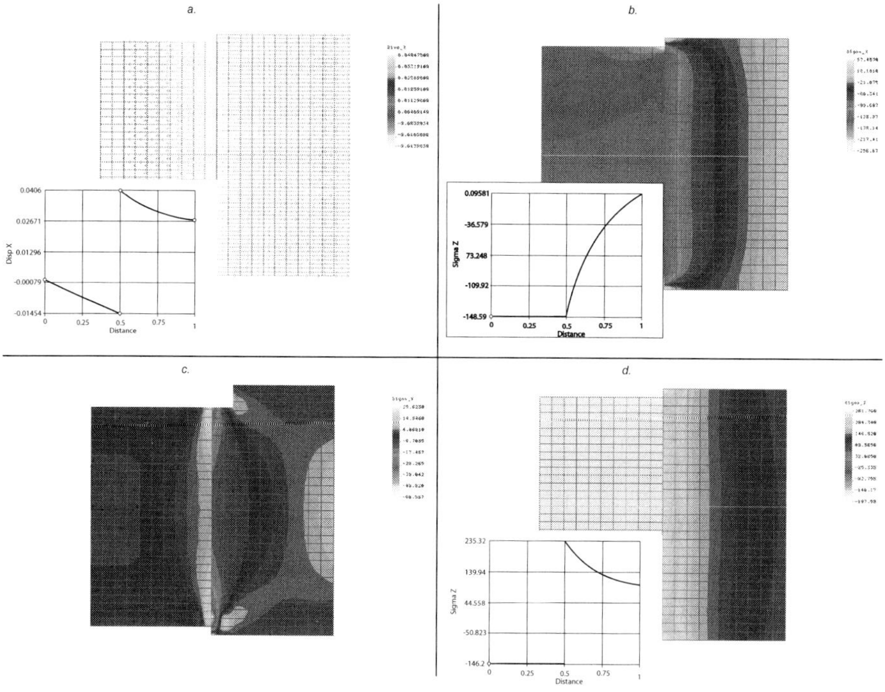

Bild 9.12: Berechnete Radialverformung und Spannungsverteilung einer Welle-Nabe-Schrumpfverbindung bei einem Höchstmaß von $55\mu m$; a. links oben: Radialverformung, b. rechts oben: Radialspannung, c. links unten: Spannung in Zylinderlängsachse, d. rechts unten: Tangentialspannung

und an der Nabenaußenseite

$$\sigma_{\varphi\varphi,a} = p_{\max} \frac{2 * \left(\frac{D_W}{D_{N,a}}\right)^2}{1 - \left(\frac{D_W}{D_{N,a}}\right)^2} = 144,64 \frac{N}{mm^2} \frac{2 * 0,25}{1 - 0,25} = 96,3 \frac{N}{mm^2} \qquad (9.75)$$

Das FE-Modell des nichtlinearen Kontaktproblems mit dem Höchstmaß von $55\mu m$ wurde mit achsensymmetrischen Flächenelementen und GAP-Elementen generiert. Bild 9.12 zeigt die berechnete Radialverformung und die Spannungsverteilung nach dem Aufschrumpfprozess. Die Ergebnisse mit der FE-Methode stimmen bis auf den Kerbeinfluss im Übergang Wellenende/Nabeninnenseite mit den analytischen Werten sehr gut überein.

9.4 Formoptimierung rotierender elastischer Scheiben

9.4.1 Optimierungsbedingung

Optimierungskriterium: Anhand der Ergebnisse von Abschnitt (9.3) ist zu erkennen, daß die Radial- und Tangentialspannungen σ_{rr} und $\sigma_{\varphi\varphi}$ einer rotierenden Scheibe über deren Radius ungleichmäßig verteilt sind und stets am inneren Scheibenrand ($r = R_i$) maximal werden (vgl. Bild 9.10). Eine Dimensionierung bezüglich der *maximalen* Spannungen würde somit zu einer *Materialverschwendung* führen. Hinsichtlich einer Formoptimierung für eine *Struktur gleicher Festigkeit* ist nun die Bedingung

$$\boxed{\sigma_{rr}(r) = \sigma_{\varphi\varphi}(r) = \sigma_0 \overset{!}{=} const \leq \sigma_{zul}} \qquad (9.76)$$

zu erfüllen, wonach Radial- und Tangentialspannung σ_{rr} und $\sigma_{\varphi\varphi}$ für alle Radien r mit $R_i \leq r \leq R_a$ gleich einer konstanten Spannung σ_0 sein sollen.

Optimierungsbedingung: Um auf die zugehörige Optimierungsbedingung zu kommen, ist die Aufstellung des Impulssatzes am Volumenelement einer Kreisscheibe (gleicher Festigkeit) zweckmäßig. Im Gegensatz zum vorigen Fall in Abschnitt 9.3 wird jetzt eine über der Radiuskoordinate r veränderliche Scheibendicke $h(r)$ zugelassen, womit sich dann die Querschnittsform dem Optimierungskriterium (9.76) entsprechend einstellen kann (vgl. Bild 9.13). Für den bezüglich $r =$ const-Linien senkrecht stehenden infinitesimalen Querschnitt dA wird über der Längenabmessung dr in erster Näherung eine Trapezform angenommen, so daß gemäß Bild 9.13b gilt

$$dA = \frac{1}{2}\left[h(r) + h(r + dr)\right] dr \qquad (9.77)$$

Mit (9.77) lautet unter Beachtung der Beschleunigung in radialer Richtung gemäß $(9.54)_1$ der Impulssatz am Volumenelement dV in $\boldsymbol{e}_r$-Richtung (vgl. Bild 9.13a):

$$\begin{aligned} &- r\sigma_{rr}(r)\, h(r)\, d\varphi + (r + dr)\, \sigma_{rr}(r + dr)\, h(r + dr)\, d\varphi - \\ &- \left[2\sigma_{\varphi\varphi}(r) \sin\frac{d\varphi}{2}\right] \underbrace{\frac{1}{2}\left[h(r) + h(r + dr)\right] dr}_{dA} = -\left(\dot{\boldsymbol{v}} \cdot \boldsymbol{e}_r\right) dm \end{aligned} \qquad (9.78)$$

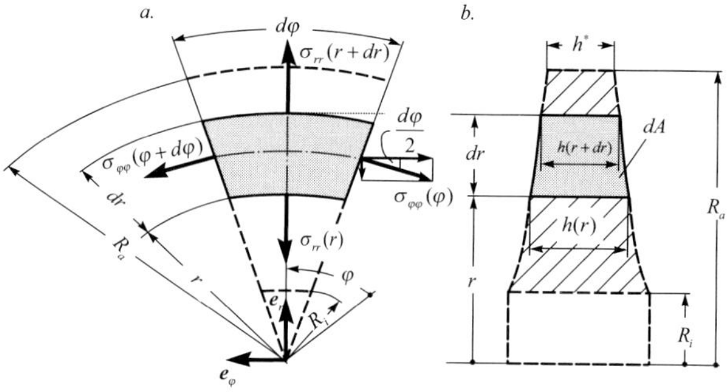

Bild 9.13: Volumenelement einer Kreisscheibe gleicher Festigkeit, a. angreifende Spannungen in der Draufsicht (Schnittreaktionen), b. Scheibenquerschnitt um 90° gedreht

Für das infinitesimale Massenelement dm gilt unter Beachtung von (9.77) die folgende Umrechnung mit anschließender Näherung infolge Vernachlässigung von Termen zweiter und dritter Ordnung $(dr)^2$ und $(dr)^3$ gegenüber dr selbst

$$\begin{aligned} dm = \rho dV = \rho\left(r+\frac{dr}{2}\right)d\varphi dA = \frac{\rho}{2}\left(r+\frac{dr}{2}\right)\left[h(r)+h(r+dr)\right]drd\varphi \equiv \\ \equiv \frac{\rho}{2}\left\{2rh(r)\,dr+\left[h(r)+r\frac{dh(r)}{dr}\right](dr)^2+\frac{1}{2}\frac{dh(r)}{dr}(dr)^3\right\}d\varphi \\ \approx \underline{\rho rh(r)\,drd\varphi} \end{aligned} \tag{9.79}$$

Für die Funktionen mit Zuwächsen dr lauten die ersten TAYLOR-Reihenglieder wie folgt

$$\sigma_{rr}(r+dr) = \sigma_{rr}(r)+\frac{d\sigma_{rr}(r)}{dr}dr, \qquad h(r+dr) = h(r)+\frac{dh(r)}{dr}dr \tag{9.80}$$

Einsetzen von (9.79) und (9.80) in (9.78) liefert

$$\begin{aligned} &-rh(r)\,\sigma_{rr}(r)\,d\varphi + rh(r)\,\sigma_{rr}(r)\,d\varphi + r\left[\sigma_{rr}(r)\frac{dh}{dr}+h(r)\frac{d\sigma_{rr}}{dr}\right]drd\varphi+ \\ &+h(r)\left[\sigma_{rr}(r)-\sigma_{\varphi\varphi}(r)\right]drd\varphi+ \\ &+\left[r\frac{d\sigma_{rr}}{dr}\frac{dh}{dr}+\sigma_{rr}(r)\frac{dh}{dr}+h(r)\frac{d\sigma_{rr}}{dr}-\frac{1}{2}\sigma_{\varphi\varphi}(r)\frac{dh}{dr}\right](dr)^2\,d\varphi+ \\ &+\frac{d\sigma_{rr}}{dr}\frac{dh}{dr}(dr)^3\,d\varphi = -\rho\omega_0^2 r^2 h(r)\,drd\varphi \end{aligned} \tag{9.81}$$

woraus wieder unter Vernachlässigung zweiter und dritter Potenzen in dr die Impulsbilanz für das Volumenelement schließlich in der folgenden Form verbleibt:

$$\sigma_{rr}(r)\frac{dh}{dr}+h(r)\frac{d\sigma_{rr}}{dr}+\frac{h(r)}{r}\left[\sigma_{rr}(r)-\sigma_{\varphi\varphi}(r)\right] = -\rho\omega_0^2 rh(r) \tag{9.82}$$

Hinweise:
Der Vergleich von (9.82) mit (9.55) zeigt, daß für eine über r konstante Scheibendicke $h = const$ die Form (9.82) nach Kürzen durch h unter Beachtung von $dh/dr = 0$ sofort in (9.55) übergeht.

Mit dem Optimierungskriterium (9.76) erhält man wegen $d\sigma_{rr}/dr = 0$ aus (9.82) schließlich die *Optimierungsbedingung für rotierende Scheiben gleicher Festigkeit* wie folgt (vgl. auch [Göl 89])

$$\boxed{\frac{dh(r)}{dr} = -\frac{\rho\omega_0^2}{\sigma_0} r h(r)} \quad \text{bzw.} \quad \boxed{\frac{h'(r)}{h(r)} = -\frac{\rho\omega_0^2}{\sigma_0} r} \quad \text{mit} \quad h' \equiv \frac{dh}{dr} \tag{9.83}$$

9.4.2 Formoptimierte Scheibendicke

Mit Hilfe der „Methode der Trennung der Variablen" läßt sich (9.83) wie folgt umformen und anschließend unbestimmt integrieren

$$\frac{dh}{h(r)} = -\frac{\rho\omega_0^2}{\sigma_0} r dr \quad \text{bzw.} \quad \ln h(r) = -\frac{\rho\omega_0^2}{2\sigma_0} r^2 + C \tag{9.84}$$

Delogarithmieren von $(9.84)_2$ führt unter Beachtung von $C_0 := e^C$ weiter auf

$$h(r) = C_0 e^{-\frac{\rho\omega_0^2}{2\sigma_0} r^2} \tag{9.85}$$

Die Integrationskonstante C_0 in (9.85) kann beispielsweise durch Vorgabe der Scheibendicke h^* an deren äußerem Umfang $r = R_a$ festgelegt werden (vgl. Bild 9.13b): Mit der entsprechenden Randbedingung $h(r = R_a) = h^*$ folgt dann aus (9.85) zunächst $C_0 = h^* exp\rho((\omega_0 R_a)^2/2\sigma_0)$, womit sich schließlich die folgende optimierte Querschnittskontur ergibt:

$$h(r) = h^* e^{-\frac{\rho\omega_0^2 R_a^2}{2\sigma_0}\left[\left(\frac{r}{R_a}\right)^2 - 1\right]} \tag{9.86}$$

Hinweise:

- Nach der Vorschrift (9.86) ist im Falle einer *Scheibe gleicher Festigkeit* der Scheibenquerschnitt gemäß einer Exponentialfunktion zu gestalten.
- Gedanklich läßt sich das vorliegende Problem auch dahingehend interpretieren, daß der exponentialförmige Scheibenquerschnitt als „Drucksäule" aufgefaßt werden kann, auf welche die „Druckkraft" $\rho(\omega_0 r)^2 h(r) dr d\varphi$ einwirkt (vgl. Bild 9.13b).

9.4.3 FE-Rechnungen

Die vorstehend beschriebene elastische Scheibe mit veränderlicher Höhe habe einen Außenradius $R_a = 250mm$ und rotiere mit einer Drehzahl $n = 9000 min^{-1}$ um ihre Hochachse. Dabei soll in der Scheibe eine konstante Radial- und Tangential-Spannung $\sigma_{rr} = \sigma_{\varphi\varphi} = \sigma_0 = 250MPa$ herrschen (vgl. (9.76)). Bei dem Durchmesser $r = 60mm$ soll die Scheibenhöhe $60mm$ betragen. Mit (9.86) lassen sich die Stützstellen für das entsprechende FE-Modell

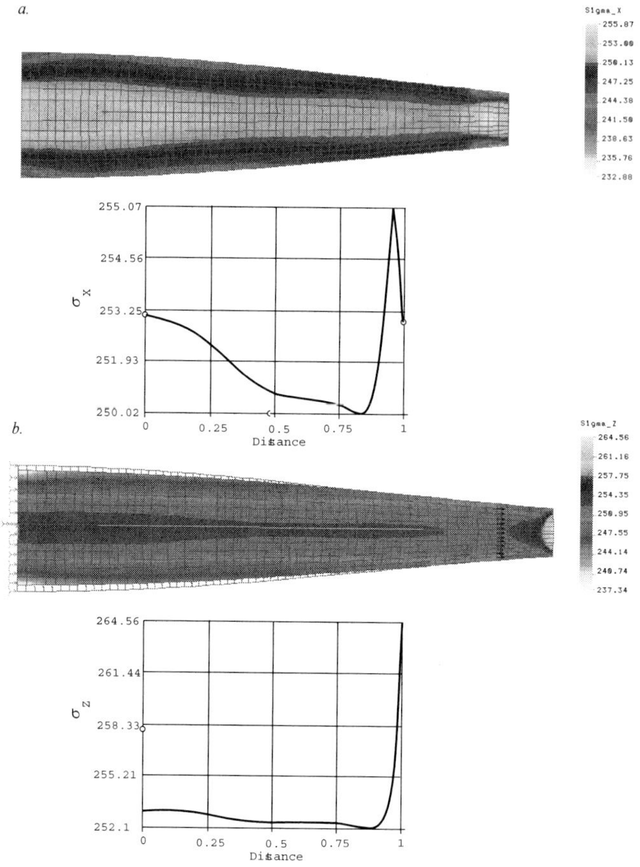

Bild 9.14: a. Radialspannung $\sigma_X \equiv \sigma_{rr}$ und deren Verlauf in Scheibenmitte über dem Scheibenradius, b.Tangentialspannung $\sigma_Z \equiv \sigma_{\varphi\varphi}$ und deren Verlauf in Scheibenmitte über dem Scheibenradius in verformtem und unverformtem Zustand

berechnen, welches unter Ausnutzung der Symmetrie als Flächenmodell mit achsensymmetrischen Elementen generiert wird. Entsprechend der Bedingung (9.76) muss über die Außenrandhöhe eine Spannung von $250 MPa$ als Belastung eingegeben werden (vgl. Bild 9.14). Diese Randspannung simuliert beispielsweise die Fliehkraft eines am Radumfang befestigten Schaufelrades. Die numerisch berechnete Radialspannung $\sigma_X \equiv \sigma_{rr}$ und deren Verlauf in Scheibenmitte über dem Radius zeigt Bild 9.14a. Die dazu gehörige Tangentialspannung $\sigma_Z \equiv \sigma_{\varphi\varphi}$ mit entsprechendem Verlauf im verformten Zustand gibt Bild 9.14b wieder. An dem überlagerten unverformten Elementplot sind die entsprechenden Randbedingungen eingetragen. Die Spannungsverteilungen stimmen bis auf die zu erwartenden Abweichungen im Bereich der Übergangsbedingungen (Einspannung und Belastungseinleitung) sehr gut mit der vorgegebenen konstanten Radial- und Tangentialspannungen von $250 MPa$ überein.

9.5 Viskoelastische Dämmschicht

Dieses Kapitel abschließend soll im Folgenden noch ein einfaches Beispiel eines rotationssymmetrischen Bauteiles aus viskoelastischem Material behandelt werden, wobei vor allem die Handhabung der Gleichungen rotationssymmetrischer Trägerstrukturen im Falle der dreidimensionalen Viskoelastizität im Vordergrund steht. Betrachtet wird eine sich zwischen zwei sehr langen Rohren mit kreisringförmigen Querschnitten befindende Zwischenschicht aus viskoelastischem Material (etwa Dämmschicht), die infolge Einpressens durch die beiden am Innen- und Außenrand entstandenen Übermaße s_i und s_a gehalten wird (vgl. Bild 9.15a). Gefragt wird nach den sich einstellenden Spannungen in der Dämmschicht als Funktion des Ortes und der Zeit.

9.5.1 Randwertproblem

Vor dem Einpressen (also in der BKFG) war der Innenradius der Dämmschicht gleich dem Außenradius des Innenrohres R_i und der Außenradius gleich dem Innenradius des Außenrohres R_a. Nach dem Einpreßvorgang (also in der MKFG) ist der Innenradius des Außenrohres R_a um das Maß s_a kleiner und der Außenradius des Innenrohres R_i um das Maß s_i größer geworden (vgl. Bild 9.15). Damit ergeben sich für die Dämmschicht die beiden Verschiebungsrandbedingungen wie folgt (man beachte dabei Bild 9.15b sowie die Definition des Verschiebungsvektors über die Lagevektoren in der BKFG und der MKFG gemäß (2.32)!):

$$\begin{aligned}
\boldsymbol{u}_i &:= \boldsymbol{u}\,(r = R_i, t) = \underline{u\,(r = R_i, t)\,\boldsymbol{e}_r} \overset{!}{=} \tilde{\boldsymbol{R}}_i - \boldsymbol{R}_i = (R_i + s_i)\,\boldsymbol{e}_r - R_i\boldsymbol{e}_r = \underline{s_i\boldsymbol{e}_r} \\
\boldsymbol{u}_a &:= \boldsymbol{u}\,(r = R_a, t) = \underline{u\,(r = R_a, t)\,\boldsymbol{e}_r} \overset{!}{=} \tilde{\boldsymbol{R}}_a - \boldsymbol{R}_a = (R_a - s_a)\,\boldsymbol{e}_r - R_a\boldsymbol{e}_r = \underline{-s_a\boldsymbol{e}_r}
\end{aligned} \tag{9.87}$$

Durch Kordinatenvergleich in $\boldsymbol{e}_r$-Richtung der in (9.87) unterstrichen gekennzeichneten Terme erhält man schließlich die beiden Randwerte

$$u\,(r = R_i, t) = s_i = const. \quad , \quad u\,(r = R_a, t) = -s_a = const. \tag{9.88}$$

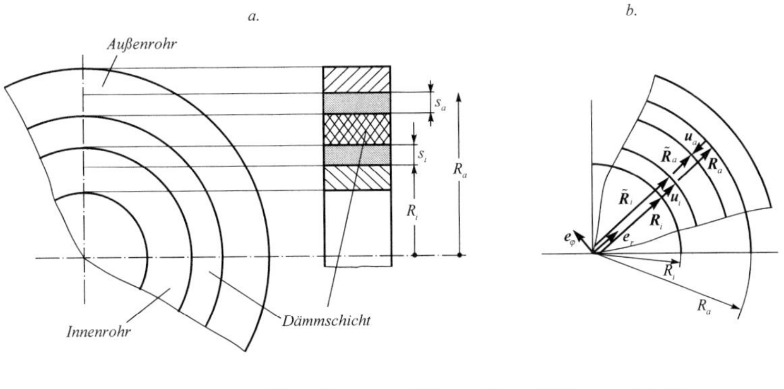

Bild 9.15: Zum Randwertproblem einer Dämmschicht

Es wird von einem nach Erreichen der beiden Übermaße (infolge des jeweils dann als starr angenommenen Innen- und Außenrohres) „eingefrorenen" Verschiebungszustand ausgegangen, so daß das Verschiebungsfeld als *zeitunabhängig* zu sehen ist und deshalb eine *Spannungsrelaxation* die Folge sein wird. Da es sich um ein rotationssymmetrisches Problem handelt, wird weiterhin von den Verschiebungskoordinaten gemäß (9.1) ausgegangen, so daß sich der Verschiebungszustand wie folgt schreiben läßt

$$\boldsymbol{u}(\boldsymbol{x},t) \overset{!}{=} \boldsymbol{u}(\boldsymbol{x}) \quad \text{und} \quad u = u(r), \quad v = 0, \quad \frac{\partial w}{\partial z} = \varepsilon_{zz} = 0 \tag{9.89}$$

9.5.2 Gleichungssatz

Materialgleichung: Da Verschiebungsrandbedingungen vorgegeben sind und nach den Spannungen gefragt wird, ist es zweckmäßig, von der Materialgleichungsform (4.11) auszugehen. Infolge des oben für den vorliegenden Fall angenommenen *zeitunabhängigen* Verschiebungsfeldes lassen sich wegen $(9.89)_1$ zunächst sämtliche Verschiebungsterme aus dem Integral in (4.11) herausziehen, so daß

$$\begin{aligned} \boldsymbol{S}(\boldsymbol{X},t) = \boldsymbol{S}\langle\boldsymbol{u}\rangle &= \left[M(0) - \int\limits_{\tau=0}^{t} \dot{M}(t-\tau)\,d\tau\right]\left[\boldsymbol{u}(\boldsymbol{X})\boldsymbol{\nabla} + \boldsymbol{\nabla}\boldsymbol{u}(\boldsymbol{X})\right] + \\ &+ \left[\Lambda(0) - \int\limits_{\tau=0}^{t} \dot{\Lambda}(t-\tau)\right](\nabla\cdot\boldsymbol{u})\,\boldsymbol{I} \end{aligned} \tag{9.90}$$

entsteht und nach Ausführen der Integration die folgende Materialgleichung verbleibt:

$$\boldsymbol{S}(\boldsymbol{X},t) = \boldsymbol{S}\langle\boldsymbol{u}\rangle = M(t)\left[\boldsymbol{u}(\boldsymbol{X})\boldsymbol{\nabla} + \boldsymbol{\nabla}\boldsymbol{u}(\boldsymbol{X})\right] + \Lambda(t)(\boldsymbol{\nabla}\cdot\boldsymbol{u})\,\boldsymbol{I} \tag{9.91}$$

Hinweise:

- Die Gleichungsform (9.91) ist identisch mit derjenigen des (isothermen) elastischen Falles (4.6) (mit $T = T_0$), wobei die beiden Materialfunktionen $M(t)$ und $\Lambda(t)$ in (9.91) als zeitabhängige LAME-„Konstanten" interpretiert werden können (vgl. hierzu auch (3.138)).
- An die Stelle der zwei Material*konstanten* G und ν in (4.5) treten im vorliegenden viskoelastischen Problem nun die zwei Material*funktionen* $M(t)$ und $\Lambda(t)$. Letztere stellen im vorliegenden Fall Relaxationsfunktionen dar.

Unter Beachtung von $(9.89)_2$ erhält man aus (9.91) mit Hilfe von Anhang A.2.6 zunächst den Spannungstensor

$$\boldsymbol{S}(\boldsymbol{X},t) = \boldsymbol{S}(r,t) = 2M(t)\left[\frac{du(r)}{dr}\boldsymbol{e}_r\boldsymbol{e}_r + \frac{u(r)}{r}\boldsymbol{e}_\varphi\boldsymbol{e}_\varphi\right] + \Lambda(t)\left[\frac{du(r)}{dr} + \frac{u(r)}{r}\right]\boldsymbol{I} \tag{9.92}$$

und schließlich durch Koordinatenvergleich in den Basisdyaden $\boldsymbol{e}_r\boldsymbol{e}_r$ und $\boldsymbol{e}_\varphi\boldsymbol{e}_\varphi$ die zu den Gleichungen des elastischen Falles (9.7) analogen Spannungskoordinaten für den vorliegenden Fall:

$$\boxed{\begin{aligned}
&\sigma_{rr}(r,t) = [2M(t) + \Lambda(t)]\frac{du(r)}{dr} + \Lambda(t)\frac{u(r)}{r}\\
&\sigma_{\varphi\varphi}(r,t) = [2M(t) + \Lambda(t)]\frac{u(r)}{r} + \Lambda(t)\frac{du(r)}{dr}\\
&\sigma_{zz}(r,t) = \Lambda(t)\left[\frac{du(r)}{dr} + \frac{u(r)}{r}\right] \equiv \frac{1}{2}\frac{\Lambda(t)}{M(t)+\Lambda(t)}(\sigma_{rr}+\sigma_{\varphi\varphi})\\
&\sigma_{r\varphi} = \sigma_{rz} = \sigma_{z\varphi} = 0
\end{aligned}} \tag{9.93}$$

Verschiebungsdifferentialgleichung: In analoger Weise zum obigen Materialgesetz erhält man aus der Grundgleichung der linearen Visko-Elastokinetik (4.9) für den statischen und volumenkraftfreien Fall ($\ddot{\boldsymbol{u}} = \boldsymbol{0}, \boldsymbol{k}^V = \boldsymbol{0}$) unter Beachtung von $(9.89)_1$ durch Herausziehen der Verschiebungsterme aus dem Integral die nachstehende Differentialgleichung für den Verschiebungsvektor

$$M(t)\,\Delta\boldsymbol{u}(\boldsymbol{X}) + [M(t) + \Lambda(t)]\,\boldsymbol{\nabla\nabla}\cdot\boldsymbol{u}(\boldsymbol{X}) = 0 \tag{9.94}$$

Unter Beachtung von $(9.89)_2$ verbleibt aus der Vektorgleichung (9.94) mit Hilfe von Anhang A.2.6 die einzige folgende Koordinatengleichung für die radiale Verschiebung u (diese erhielte man ebenso allein durch Analogiebetrachtung aus den elastischen Varianten (5.71)!)

$$M(t)\left[\Delta u(r) - \frac{u(r)}{r^2}\right] + [M(t) + \Lambda(t)]\frac{d}{dr}\left[\frac{du(r)}{dr} + \frac{u(r)}{r}\right] = 0 \tag{9.95}$$

bzw. mit dem für diesen Fall degenerierten LAPLACE-Operator $\Delta(\bullet) = d^2(\bullet)/dr^2 + (1/r)d(\bullet)/dr$

$$\boxed{[2M(t) + \Lambda(t)]\left(\frac{d^2u}{dr^2} + \frac{1}{r}\frac{du}{dr} - \frac{u}{r^2}\right) = 0} \tag{9.96}$$

Die DGL (9.96) ist demnach identisch mit der elastischen Variante (9.2), allerdings mit einem anderen „Vorfaktor", der sich jetzt aus den beiden Materialfunktionen $M(t)$ und $\Lambda(t)$ zusammensetzt. Da jedoch die DGL die gleiche ist, gilt auch für den vorliegenden Fall die allgemeine Lösung $(9.17)_1$ und deren Ableitung $(9.17)_2$, also

$$u(r) = C_1 r + C_2\frac{1}{r}, \qquad \frac{du}{dr} = C_1 - C_2\frac{1}{r^2} \tag{9.97}$$

Für die spätere Rechnung ist es noch zweckmäßig (9.97) in (9.93) einzusetzen, so daß

$$\begin{aligned}
&\sigma_{rr}(r,t) = 2[M(t) + \Lambda(t)]C_1 - 2M(t)\frac{C_2}{r^2}\\
&\sigma_{\varphi\varphi}(r,t) = 2[M(t) + \Lambda(t)]C_1 + 2M(t)\frac{C_2}{r^2}\\
&\sigma_{zz}(r,t) = 2\Lambda(t)C_1 = \sigma_{zz}(t), \quad \sigma_{r\varphi} = \sigma_{rz} = \sigma_{z\varphi} = 0
\end{aligned} \tag{9.98}$$

9.5.3 Radiale Verschiebungskoordinate und Spannungskoordinaten

Zur Berechnung der beiden Integrationskonstanten C_1 und C_2 in (9.97) und (9.98) ist $(9.97)_1$ in die beiden Randbedingungen (9.88) einzusetzen, so daß damit das folgende algebraische, inhomogene und lineare Gleichungssystem entsteht:

$$C_1 + \frac{1}{R_i^2} C_2 = \frac{s_i}{R_i} \quad , \quad C_1 + \frac{1}{R_a^2} C_2 = -\frac{s_a}{R_a} \tag{9.99}$$

Aus (9.99) ergeben sich die beiden Integrationskonstanten wie folgt

$$C_1 = -\frac{s_a R_a + s_i R_i}{R_a^2 - R_i^2} \quad , \quad C_2 = \frac{R_i R_a}{R_a^2 - R_i^2} \left(s_i R_a + s_a R_i \right) \tag{9.100}$$

Einsetzen von (9.100) in (9.97) und (9.98) führt nach entsprechendem Umformen schließlich nacheinander auf die radiale Verschiebungskoordinate und die Spannungskoordinaten wie folgt:

$$\boxed{u(r) = -\frac{s_a R_a}{R_a^2 - R_i^2} \left[1 - \left(\frac{R_i}{r} \right)^2 \right] r - \frac{s_i R_i}{R_a^2 - R_i^2} \left[1 - \left(\frac{R_a}{r} \right)^2 \right] r} \tag{9.101}$$

und

$$\begin{aligned}
\sigma_{rr}(r,t) &= -\frac{2 s_a R_a}{R_a^2 - R_i^2} \left\{ \Lambda(t) + M(t) \left[1 - \left(\frac{R_i}{r} \right)^2 \right] \right\} - \frac{2 s_i R_i}{R_a^2 - R_i^2} \left\{ \Lambda(t) + M(t) \left[1 - \left(\frac{R_a}{r} \right)^2 \right] \right\} \\
\sigma_{\varphi\varphi}(r,t) &= -\frac{2 s_a R_a}{R_a^2 - R_i^2} \left\{ \Lambda(t) + M(t) \left[1 + \left(\frac{R_i}{r} \right)^2 \right] \right\} - \frac{2 s_i R_i}{R_a^2 - R_i^2} \left\{ \Lambda(t) + M(t) \left[1 + \left(\frac{R_a}{r} \right)^2 \right] \right\} \\
\sigma_{zz}(t) &= -2\Lambda(t) \frac{s_a R_a + s_i R_i}{R_a^2 - R_i^2} = \frac{1}{2} \frac{\Lambda(t)}{M(t) + \Lambda(t)} \left(\sigma_{rr} + \sigma_{\varphi\varphi} \right) \\
\sigma_{r\varphi} &= \sigma_{rz} = \sigma_{z\varphi} = 0
\end{aligned} \tag{9.102}$$

Hinweise:

- Voraussetzungsgemäß hängt die radiale Verschiebungskoordinate u gemäß (9.101) *nicht* von der Zeit ab. Im Unterschied zu (9.20), wo Spannungsrandbedingungen vorgegeben waren, treten im vorliegenden Fall, wo Verschiebungsrandbedingungen gegeben sind, in (9.101) keine Materialfunktionen auf!
- Bei den Spannungskoordinaten ist es dagegen genau umgekehrt: Im Gegensatz zu (9.23) treten in vorliegenden Fall in (9.102) Materialfunktionen auf.
- Die Radial- und Tangentialspannungen σ_{rr} und $\sigma_{\varphi\varphi}$ fallen jeweils als Funktionen von Ort und Zeit an, die Längsspannung σ_{zz} fällt dagegen als reine Zeitfunktion an.
- Die beiden Materialfunktionen $M(t)$ und $\Lambda(t)$ stellen im vorliegenden Problem zwei voneinander unabhängige Relaxationsfunktionen dar, welche grundsätzlich aus Standardversuchen (Zug, Scherung etc.) zu bestimmen und anschließend zur Berechnung der Spannungsrelaxation in (9.102) einzusetzen sind! Prinzipiell können für $M(t)$ und $\Lambda(t)$ die in Abschnitt 3.4 angegebenen Relaxationsfunktionen der dreidimensionalen Viskoelastizität gesetzt werden, also etwa die MAXWELL-Versionen (3.323) und (3.324) oder die verallgemeinerten Darstellungen gemäß (3.365) und (3.366).
- Werden in (9.102) $\Lambda \equiv \lambda = 2G\nu/(1-2\nu)$ und $M \equiv \mu = G$ gemäß (3.139) gesetzt und als die LAME-Koeffizienten aufgefaßt, so geben die Gleichungen (9.102) den *elastischen* Fall wieder.

Dämmschicht als MAXWELL-Material: Wird die Dämmschicht beispielsweise als MAXWELL-Material modelliert, so geht (9.102) mit den Relaxationsfunktionen (3.323) und (3.324) nach entsprechendem Umordnen über in die folgenden Ausdrücke:

$$
\begin{aligned}
\sigma_{rr}(r,t) = &-\frac{2\kappa}{R_a^2 - R_i^2}\left(s_a R_a + s_i R_i\right) e^{-\beta t} - \\
&-\frac{2G}{R_a^2 - R_i^2}\left\langle\left\{ s_a R_a \left[1 + \left(\frac{R_i}{r}\right)^2\right] + s_i R_i \left[1 + \left(\frac{R_a}{r}\right)^2\right]\right\} - \frac{2}{3}\left(s_a R_a + s_i R_i\right)\right\rangle e^{-\lambda t} \\
\sigma_{\varphi\varphi}(r,t) = &-\frac{2\kappa}{R_a^2 - R_i^2}\left(s_a R_a + s_i R_i\right) e^{-\beta t} - \\
&-\frac{2G}{R_a^2 - R_i^2}\left\langle\left\{ s_a R_a \left[1 - \left(\frac{R_i}{r}\right)^2\right] + s_i R_i \left[1 - \left(\frac{R_a}{r}\right)^2\right]\right\} - \frac{2}{3}\left(s_a R_a + s_i R_i\right)\right\rangle e^{-\lambda t} \\
\sigma_{zz}(t) = &-2\frac{s_a R_a + s_i R_i}{R_a^2 - R_i^2}\left(\kappa e^{-\beta t} - \frac{2}{3} G e^{-\lambda t}\right) \\
\sigma_{r\varphi} = &\ \sigma_{rz} = \sigma_{z\varphi} = 0
\end{aligned}
\tag{9.103}
$$

Die Spannungsverteilungen gemäß (9.103) sind in Bild 9.16 für die Werte $R_i = 150mm$, $R_a = 210mm$, $s_i = 3mm$, $s_a = 3mm$, $G = 0,211MPa$, $E = 0,55MPa$, $\kappa = 0,458MPa$, $\beta = 0,01s^{-1}$, $\lambda = 0,05s^{-1}$ und $\nu = 0,3$ dargestellt. Anhand der in Bild 9.16 dargestellten und mittels (9.103) berechneten Spannungsverläufe ist zu erkennen, daß die beiden Spannungen $\sigma_{\varphi\varphi}$ und σ_{zz} nach den jeweiligen Spontanreaktionen (elastische Antworten bei $t = 0$) zunächst (betragsmäßig) ansteigen und erst nach Erreichen eines Wendepunktes relaxieren. Dieses Verhalten hängt in starkem Maße von den Werten der Materialparameter β und λ der Exponentialfunktionen in (9.103) ab, wobei etwa durch vertauschen der beiden Werte keine Wendepunkte mehr auftreten und sämtliche Kurven einen zu σ_{rr} ähnlichen, qualitativen Verlauf zeigen!

9.5.4 FE-Rechnung

Im Folgenden soll das Problem der Dämmschicht mit Hilfe des FE-Programmes COSMOS/M verifiziert werden, wobei für die dort erforderlichen Angaben zunächst eine Umrechnung zu erfolgen hat: Ausgehend von den in COSMOS/M angegebenen Formen (3.364) bis (3.366) sind dort für den Fall $N_G = 1$ und $N_\kappa = 1$ die Größen G_0, g_1, κ_0, κ_1, $\tau_1^G \equiv 1/\alpha_1^G$ und $\tau_1^\kappa \equiv 1/\alpha_1^\kappa$ einzugeben. Zwischen den für die Materialgleichung (9.90) zugrundeliegenden Formen (3.328) bzw. (3.331) und (3.337) bestehen zunächst die folgenden Zusammenhänge (diese erhält man durch Vergleich von (3.323) mit $(3.333)_1$ und von (3.324) mit $(3.333)_2$)

$$
\Phi_1(t) \equiv M(t) = G e^{-\lambda t}, \qquad \Phi_2(t) \equiv \Lambda(t) + \frac{2}{3} M(t) = \kappa e^{-\beta t} \tag{9.104}
$$

Gemäß Hinweis zu (3.364) ist in (3.337) u. a. $\Phi_1(t) \equiv G(t)$ und $\Phi_2(t) \equiv \kappa(t)$ zu setzen, so daß sich weiterhin mit (3.365) bis (3.370) für $N_G = 1$ und $N_\kappa = 1$ und (9.104) die folgenden Ausdrücke ergeben

$$
\Phi_1(t) = \underline{G e^{-\lambda t} \overset{!}{=} G_\infty + G_1 e^{-\alpha_1^G t}}, \qquad \Phi_2(t) = \underline{\kappa e^{-\beta t} \overset{!}{=} \kappa_\infty + \kappa_1 e^{-\alpha_1^\kappa t}} \tag{9.105}
$$

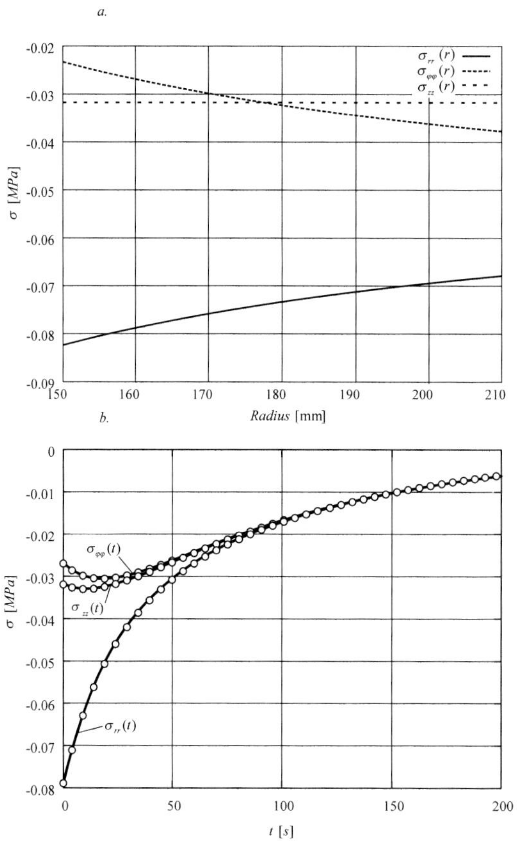

Bild 9.16: Spannungsverteilung in der Dämmschicht im Falle eines MAXWELL-Materiales, a. Spannungsverteilung über dem Radius zu einer festen Zeit $t = 0$, b. Spannungsrelaxation an einer (festen) Stelle $r = r_0 = 160mm$, analytische Kurven (durchgezogene Linien) und mittels FE berechnete Verläufe (Kreise)

mit

$$G_\infty = G_0 \left(1 - g_1\right), \qquad \kappa_\infty = \kappa_0 \left(1 - k_1\right) \tag{9.106}$$

Durch Vergleich der in (9.105) unterstrichenen Gleichungsterme muß gelten

$$G_\infty = k_\infty \overset{!}{=} 0, \quad G_1 \equiv G, \quad \kappa_1 \equiv \kappa, \quad \alpha_1^G \equiv \lambda, \quad \alpha_1^\kappa \equiv \beta \tag{9.107}$$

Mit $(9.107)_1$ folgert man weiter aus (9.106)

$$g_1 = k_1 \overset{!}{=} 1 \tag{9.108}$$

so daß sich zusammen mit (9.107) und (9.108) unter Beachtung von (3.369) die für das Programm COSMOS/M erforderlichen Angaben wie folgt ergeben:

$$g_1 = k_1 = 1, \quad G_0 = G_1 \equiv G, \quad \kappa_0 = \kappa_1 \equiv \kappa, \quad \tau_1^G = \frac{1}{\alpha_1^G} \equiv \frac{1}{\lambda}, \quad \tau_1^\kappa = \frac{1}{\alpha_1^\kappa} = \frac{1}{\beta} \tag{9.109}$$

Im Rahmen der FE-Modellierung wurden 2D-plane-strain-Elemente mit 8 Knoten (höherwertige Elemente) verwendet. Die Struktur wurde mit entsprechenden Randbedingungen unter Ausnutzung der $^1/_4$-Symmetrie mit 288 Elementen und 973 Knoten abgebildet (vgl. Bild 9.17). Ferner wurden $R_i = 150mm$, $R_a = 210mm$, $s_i = s_a = 3mm$ sowie $\nu = 0,3$, $\kappa = 0.458MPa$ bzw. $G = 0.211MPa$ bzw. $E = 0,55MPa$ (hierbei ist die Identität (3.161) zu beachten!), $\beta = 0,01s^{-1}$ und $\lambda = 0,05s^{-1}$ gesetzt. Die mit diesen Werten in Bild 9.16 wiedergegebenen Spannungsverläufe stimmen sehr gut mit denjenigen der analytischen Kurven überein. Auffallend dabei ist, daß die drei Spannungen σ_{rr}, $\sigma_{\varphi\varphi}$ und σ_{zz} ab etwa $t = 120s$ gleiches Abklingverhalten zeigen.

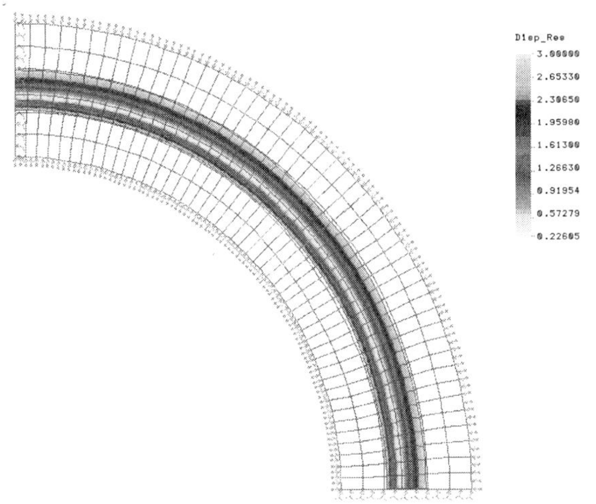

Bild 9.17: FE-Modell der Dämmschicht (die Verschiebungen wurden hierbei übertrieben dargestellt)

10 Polymere Weichschaumstoffe

10.1 Motivation

Beispielsweise im Rahmen neu zu entwickelnder Sitz- und Liegesysteme mit Schaumstoffmaterialien (KFZ, LKW, Flugzeug, Pflegebereich) ist es äußerst wichtig, das Materialverhalten polymerer Weichschaumstoffe hinreichend gut beschreiben zu können. Hierfür ist etwa in dem FE-Programm ABAQUS eine geeignete Verzerrungsenergiefunktion w angegeben, die in Unterabschnitt 3.2.2 bereits gemäß (3.126) und (3.127) notiert wurde. Im Folgenden wird gezeigt, wie mit Hilfe dieses Vorschlages ein passendes Materialgesetz zur Beschreibung polymerer Weichschäume determiniert werden kann.

10.2 Materialgesetz

Ausgegangen wird von dem CAUCHYschen Spannungstensor $\boldsymbol{S}$ in Spektralform (3.124) sowie von der bereits in [Sto 86] vorgeschlagenen Verzerrungsenergiefunktion w hochkompressibler hyperelastischer Materialien (HyperFoam) (3.126) und (3.127), also

$$\boldsymbol{S} = J^{-1} \sum_{i=1}^{3} \lambda_i \frac{\partial w}{\partial \lambda_i} \boldsymbol{n}_i \boldsymbol{n}_i \quad \text{mit} \quad J = \det \boldsymbol{F} = \lambda_1 \lambda_2 \lambda_3 \tag{10.1}$$

$$w = \sum_{k=1}^{N} 2 \frac{\mu_k}{\alpha_k^2} \left[\lambda_1^{\alpha_k} + \lambda_2^{\alpha_k} + \lambda_3^{\alpha_k} - 3 + f(J) \right], \quad f(J) = \frac{1}{\beta_k} \left(J^{-\alpha_k \beta_k} - 1 \right) \tag{10.2}$$

Der Summand in $(10.1)_1$ entsteht aus (3.132) durch Multiplikation mit λ_i wie folgt

$$\lambda_i \frac{\partial w}{\partial \lambda_i} = 2 \sum_{k=1}^{N} \frac{\mu_k}{\alpha_k} \left[\lambda_i^{\alpha_k} + \frac{1}{\alpha_k} J \frac{\partial f\,(J)}{\partial J} \right] \quad (i = 1, 2, 3) \tag{10.3}$$

Der zweite Term in den eckigen Klammern von (10.3) ergibt sich mit $(10.2)_2$ zu

$$\frac{1}{\alpha_k} J \frac{\partial f(J)}{\partial J} = -J^{-\alpha_k \beta_k} \tag{10.4}$$

so daß Einsetzen von (10.4) in (10.3) und weiteres Einsetzen in (10.1) nach Ausführen der Summation über i auf die folgende Materialgleichungsform führt:

$$\boldsymbol{S} = 2J^{-1}\sum_{k=1}^{N}\left[\frac{\mu_k}{\alpha_k}\left(\lambda_1^{\alpha_k} - J^{-\alpha_k\beta_k}\right)\boldsymbol{n}_1\boldsymbol{n}_1 + \frac{\mu_k}{\alpha_k}\left(\lambda_2^{\alpha_k} - J^{-\alpha_k\beta_k}\right)\boldsymbol{n}_2\boldsymbol{n}_2 + \frac{\mu_k}{\alpha_k}\left(\lambda_3^{\alpha_k} - J^{-\alpha_k\beta_k}\right)\boldsymbol{n}_3\boldsymbol{n}_3\right] \tag{10.5}$$

Sofern der Spannungstensor $\boldsymbol{S}$ ebenfalls bezüglich der Hauptrichtungen $\boldsymbol{n}_i$ dargestellt wird, lassen sich mit Hilfe eines Koordinatenvergleiches aus (10.5) die folgenden Koordinatengleichungen für die drei CAUCHYschen Spannungen σ_{ii} als (nicht-lineare) Funktionen der Streckungen λ_k entnehmen:

$$\boxed{\sigma_{ii}(\lambda_k) = 2J^{-1}\sum_{k=1}^{N}\frac{\mu_k}{\alpha_k}\left(\lambda_i^{\alpha_k} - J^{-\alpha_k\beta_k}\right), \quad (i=1,2,3), \quad J = \lambda_1\lambda_2\lambda_3} \tag{10.6}$$

Hinweise:

- In (10.5) bzw. (10.6) treten insgesamt $3N$ Materialkoeffizienten α_k, β_k und μ_k ($k = 1,2,...,N$) auf, die, nachdem N festgelegt ist, prinzipiell über geeignete Versuche zu bestimmen sind.
- Die Materialgleichungen (10.6) gelten ausschließlich für die Darstellung bezüglich der Eigenrichtungen $\boldsymbol{n}_i$ des linken Streckungstensors $\boldsymbol{V}$.
- Man beachte, daß bezüglich der im ABAQUS-Manuel angegebenen Koordinatengleichungen in (10.6) der Index 1 durch 3 zu vertauschen wäre!

10.3 Materialidentifikation am Beispiel der uniaxialen Stauchung

10.3.1 Kraft-Streckungs-Relation

Wird eine quaderförmige Probe einer *uniaxialer Stauchung* unterzogen (vgl. auch Bild (2.19) in Beispiel 2.13), so lautet gemäß Beispiel 2.8 der Deformationsgradient wie folgt

$$\boldsymbol{F}(t) = \lambda_1(t)\,\boldsymbol{e}_1\boldsymbol{e}_1 + \lambda_2(t)\,\boldsymbol{e}_2\boldsymbol{e}_2 + \lambda_3(t)\,e_3e_3 \quad , \tag{10.7}$$

mit den Streckungen

$$\lambda_1(t) := \frac{a(t)}{a_0}, \quad \lambda_2(t) := \frac{b(t)}{b_0}, \quad \lambda_3(t) := \frac{h(t)}{h_0} \tag{10.8}$$

Da $\boldsymbol{F}$ nach (10.7) eine reine Zeitfunktion ist, stellt die uniaxiale Stauchung eine *homogene Deformation* dar (die Impulsbilanz, also $\boldsymbol{\nabla}\cdot\boldsymbol{S} = \boldsymbol{0}$ für quasistatische Prozesse, wird identisch erfüllt). Mit (10.7) liegt a priori eine Spektraldarstellung vor, so daß es sich bei den λ_i wegen (3.114) bereits um die in der Darstellung (10.1) stehenden Hauptstreckungen des rechten Streckungstensors $\boldsymbol{U}$ und bei den gemäß Beispiel 2.8 (vgl. dort Bild 2.13) vereinbarten Basisvektoren $\boldsymbol{e}_i$ des „Labor-Basissystems“ um die Hauptrichtungen $\boldsymbol{n}_i$ bzw. $\boldsymbol{m}_i$, handelt. Für den Fall, daß als Probe ein Würfel mit der Kantenlänge $a_0 \equiv b_0 \equiv h_0$ (in der BKFG!)

dient, so gehen mit der Annahme $a(t) = b(t)$ für alle Zeiten t die Streckungen (10.8) über in (vgl. hierzu Bild 2.13 in Beispiel 2.8 bzw. Bild 2.19 in Beispiel 2.13)

$$\lambda_1 = \lambda_2 = \frac{a(t)}{h_0}, \quad \lambda_3 = \frac{h(t)}{h_0}, \quad J = \lambda_1^2 \lambda_3 \tag{10.9}$$

Wird die Probe nur in 3-Richtung gestaucht, so sind die Spannungen in 1- und 2-Richtung (am jeweiligen Rand und wegen der homogenen Deformation auch überall im Feld) Null und die (Druck-) Spannung σ_{33} läßt sich gemäß (b) aus Beispiel 2.13 durch die Druckkraft K substituieren, so daß gilt (vgl. auch die Beispiele 3.3 und 3.4)

$$\sigma_{11} = \sigma_{22} = 0 \quad \text{und} \quad \sigma_{33} = -\frac{K}{a(t)\,b(t)} \equiv -\frac{K}{a^2(t)} \tag{10.10}$$

Einsetzen der ersten Gleichung von $(10.9)_1$ sowie von $(10.9)_3$ in (10.6) führt unter Beachtung von (10.10) (nachdem die beiden ersten Gleichungen von (10.6) für $i = 1{,}2$ noch mit $\lambda_1^2\lambda_3$ multipliziert worden sind) zunächst auf

$$\begin{aligned} 0 &= \sum_{k=1}^{N} \frac{\mu_k}{\alpha_k} \left[\lambda_1^{\alpha_k} - \left(\lambda_1^2\lambda_3\right)^{-\alpha_k\beta_k} \right] \\ \frac{K}{a^2(t)} &= -2\left(\lambda_1^2\lambda_3\right)^{-1} \sum_{k=1}^{N} \frac{\mu_k}{\alpha_k} \left[\lambda_3^{\alpha_k} - \left(\lambda_1^2\lambda_3\right)^{-\alpha_k\beta_k} \right] \end{aligned} \tag{10.11}$$

Mit Hilfe der Bedingung $(10.11)_1$ kann nun prinzipiell die Streckung λ_1 durch λ_3 ausgedrückt und damit in $(10.11)_2$ eliminiert werden. Nachstehend wird dies für den Fall $N = 1$ gezeigt, wofür (10.11) unter Beachtung von $\alpha_1 := \alpha$, $\beta_1 := \beta$, $\mu_1 := \mu$ zunächst übergeht in

$$\lambda_1^{\alpha} - \left(\lambda_1^2\lambda_3\right)^{-\alpha\beta} = 0 \quad , \quad \frac{K}{a(t)^2} = -2\frac{\mu}{\alpha}\left(\lambda_1^2\lambda_3\right)^{-1}\left[\lambda_3^{\alpha} - \left(\lambda_1^2\lambda_3\right)^{-\alpha\beta}\right] \tag{10.12}$$

Aus (10.12) läßt sich λ_1 wie folgt berechnen

$$\lambda_1 = f(\lambda_3) = \lambda_3^{-\frac{\beta}{1+2\beta}} \quad \text{und damit auch} \quad \lambda_1^2\lambda_3 = \lambda_3^{\frac{1}{1+2\beta}} \tag{10.13}$$

Weiterhin gilt mit $(10.9)_1$ und $(10.13)_1$ die folgende Umrechnung

$$a^2 = (\lambda_1 h_0)^2 = \left(\lambda_3^{-\frac{\beta}{1+2\beta}} h_0\right)^2 \equiv \lambda_3^{-\frac{2\beta}{1+2\beta}} h_0^2 \tag{10.14}$$

Einsetzen von $(10.13)_2$ und (10.14) in $(10.12)_2$ liefert schließlich nachdem noch nach K umgestellt worden ist, die folgende *Kraft-Streckungs-Relation* für den Fall eines mit einer Kraft K gestauchten Würfels

$$\boxed{K(h) = 2\tfrac{\mu}{\alpha} h_0^2 \left[\left(\tfrac{h}{h_0}\right)^{-\alpha\frac{1+3\beta}{1+2\beta}} - 1\right]\left(\tfrac{h}{h_0}\right)^{\alpha-1}} \tag{10.15}$$

Durch (10.15) besteht ein funktionaler Zusammenhang zwischen der Druckkraft K und der momentanen Höhe h des Probewürfels mit den drei noch freien Materialparametern α, β, und μ. Diese können beispielsweise im Rahmen eines uniaxialen Druckversuches derart bestimmt werden, indem Meßwertpaare (K_i, h_i) aufgenommen und dann α, β, und μ mittels geeigneter numerischer Optimierungsalgorithmen berechnet werden.

10.3.2 Bestimmung der Materialparameter

Da ein zulässiges Materialgesetz stets auch den Ersten Hauptsatz erfüllen muß, können die Materialparameter in (10.15) nicht beliebige Werte annehmen, sondern müssen bestimmte Restriktionen erfüllen. Solche Restriktionen lassen sich aus *Stabilitätsaussagen* herleiten, von denen unterschiedliche Vorschläge in der einschlägigen Literatur angegeben sind. Beispielsweise wird in [ABA] vom DRUCKERschen Stabilitätskriterium ausgegangen. Weiterhin können die in [Sto 86] vorgeschlagenen Restriktionen benutzt werden, nämlich

$$\beta > -\frac{1}{3}, \quad \mu_k \alpha_k > 0, \quad (k = 1, 2, ..., N) \tag{10.16}$$

Dabei ist besonders die von STORAKERS angegebene Bedingung $(10.16)_1$ im Zusammenhang mit der Stoffgleichungsform (10.15) augenfällig, da letztere für $\beta = -1/3$ für beliebiges h auf $K(h) = 0$ führen und somit ein physikalisch unsinniges Resultat entstehen würde!

Für die numerische Identifikation der in (10.15) drei auftretenden Materialparameter μ, α und β (Materialidentifikation) wurde eine einer Anti-Dekubitus-Matratze entnommene Schaumstoffprobe (PU-Weichschaumstoff) mit einer Kantenlänge von $a_0 = b_0 = 200mm$ und einer Höhe von $h_0 = 50mm$ unter kontrollierten Klimabedingungen im Klimaschrank in der im Institut für Materialwissenschaften (ifm) der Fachhochschule Frankfurt am Main vorhandenen Universalprüfmaschine ZWICK 010 bis zu 60 % gestaucht. Dabei wurden die elastischen von den anelastischen Eigenschaften des Schaumstoffes mittels eines definierten zyklischen Probentrainings [Jam 75], [VdB 94], [HSH 03], [Lio 96] sowie einer nachgeschalteten, auf sogenannten *Relaxationsabbruchpunkten* basierenden Versuchstechnik getrennt. Die numerische Optimierung mit Hilfe einer SIMPLEX-Strategie nach [Nel 80] führte für den Fall $N = 1$ mit Hilfe von (10.15) auf Basis der oben beschriebenen experimentellen Daten eines uniaxialen Druckversuches schließlich auf die folgenden Materialparameter:

$$\mu = 0,17537 \times 10^{-1}\text{MPa}, \qquad \alpha = 0,194014 \times 10^{2}, \qquad \beta = 0,763557 \times 10^{-2} \tag{10.17}$$

Die mit (10.15) unter Beachtung von (10.17) erzeugte Kurve (durchgezogene Linie) ist in Bild 10.1 dem experimentellen Befund gegenübergestellt, wobei die theoretischen mit den experimentellen Daten sehr zufriedenstellend übereinstimmen. Der Kurvenverlauf repräsentiert das rein elastische Materialverhalten des Weichschaumstoffes innerhalb des durch die Relaxationsabbruchpunkte entstehenden elastischen "Korridores".

Für $N \geq 2$ kann λ_1 nicht mehr in einer geschlossenen Form der Art $(10.13)_1$ durch λ_3 ausgedrückt werden, so daß dann im Rahmen einer numerischen Bestimmung der jeweiligen N Materialparameter mit Hilfe von $(10.11)_2$ die Relation $(10.11)_1$ als *Nebenbedingung* bei der Optimierungsprozedur stets zu erfüllen ist.

Querkontraktionszahl

Für $N = 1$ liegt mit $(10.13)_1$ prinzipiell bereits ein Zusammenhang zwischen den beiden „Quer-Streckungen" $\lambda_1 = \lambda_2$ und der „Längs-Strecknung" λ_3 vor, weshalb der in $(10.13)_1$

auftretende Exponent $-\beta/(1+2\beta)$ auch als *verallgemeinerte Querkontraktionszahl* ν bezeichnet wird [Sto 86], [ABA]. Damit kann $(10.13)_2$ auch wie folgt geschrieben werden:

$$\lambda_1 = f(\lambda_3) = \lambda_3^{-\nu} \quad \text{mit} \quad \nu := \frac{\beta}{1+2\beta} \tag{10.18}$$

Logarithmieren beider Seiten von (10.18) führt wie folgt unter Beachtung des Zusammenhanges $\lambda_i = 1 + \varepsilon_i$ zwischen der Streckung λ_i und der (linearisierten) Ingenieurdehnung ε_i sowie der Definition der *Logarithmischen* oder *HENCKYschen Verzerrung*

$$\varepsilon_i^H := \ln \lambda_i \tag{10.19}$$

auf die verallgemeinerte Querkontraktionszahl

$$\nu = -\frac{\ln \lambda_1}{\ln \lambda_3} \equiv -\frac{\ln(1+\varepsilon_1)}{\ln(1+\varepsilon_3)} \quad \text{bzw.} \quad \varepsilon_1^H = \varepsilon_2^H = -\nu\varepsilon_3^H \tag{10.20}$$

Hinweise:

- Der Zusammenhang $(10.20)_2$ ist identisch mit $(3.153)_3$, allerdings jetzt mit den HENCKYschen Dehnungen $ln\lambda_i$!
- Setzt man in $(10.20)_1$ die Reihenentwicklung $ln(1+\varepsilon) = \varepsilon - \varepsilon^2/2 + \varepsilon^3/3\varepsilon^4/4 + -...$ ein und linearisiert in ε , so entsteht mit $ln(1+\varepsilon) \approx \varepsilon$ die Querkontraktion des linearen Falles gemäß $(3.153)_3$!
- Für den Fall $\lambda_1 = \lambda_2 = 1$ bzw. $\varepsilon_1 = \varepsilon_2 = 0$ folgt aus $(10.20)_1$ wegen $ln1 = 0$ sofort $\nu = 0$, also wieder das für den linearen Fall geltende Ergebnis, wenn die Querdehnungen Null sind.

Für N $\geq$ 2 liegen die Verhältnisse komplizierter, wobei ein Zusammenhang der Art (10.20) in jedem Falle aus der Relation $(10.11)_1$ zu extrahieren ist.

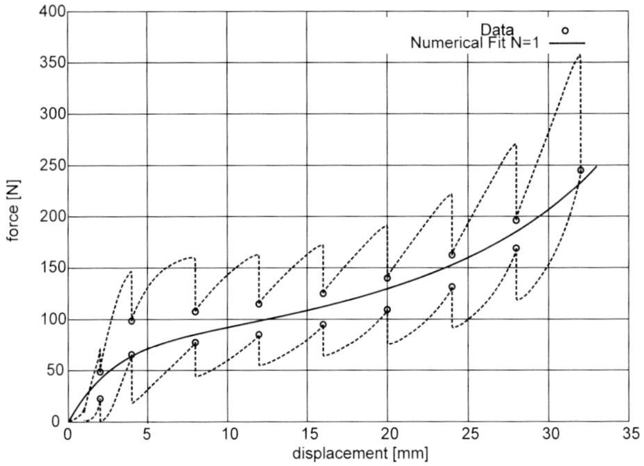

Bild 10.1: Spannungs-Stauchungs-Kurve eines Weichschaumstoffes bei uniaxialer Kompresssion: Meßdaten (gestrichelte Linie), Relaxationsabbruchpunkte (offene Kreise) und optimierte Kurve für $N = 1$ (durchgezogene Linie)

10.4 FE-Simulation

Indenter-Versuch: Zur Simulation eines räumlichen Verzerrungs- und Spannungszustandes im Hinblick auf die Beschreibung eines durch einen beliebigen Körper belasteten Schaumstoffmateriales, ist es zweckmäßig einen sogenannten Indenterversuch durchzuführen. Dabei wird ein (starrer) Stempel mit einer Halbkugel am Ende (Indenter) in einen Probekörper aus Schaumstoff (mit den oben angegebenen Abmessungen) quasistatisch eingedrückt und die Druckkraft K sowie die Eindringtiefe gemessen. Bild 10.2a gibt die (wieder auf den Relaxationsabbruchpunkten basierenden) experimentellen Daten sowie den mittels des FE-Programmes ABAQUS mit Hilfe der Materialparameter (10.17) berechneten theoretischen Verlauf wieder. Die Übereinstimmung zwischen Experiment und Rechnung kann wieder als zufriedenstellend bezeichnet werden. Die entsprechende FE-Simulation des in die Probe eindringenden Indenters ist in Bild 10.2b mit der sich einstellenden Spannungsverteilung dargestellt.

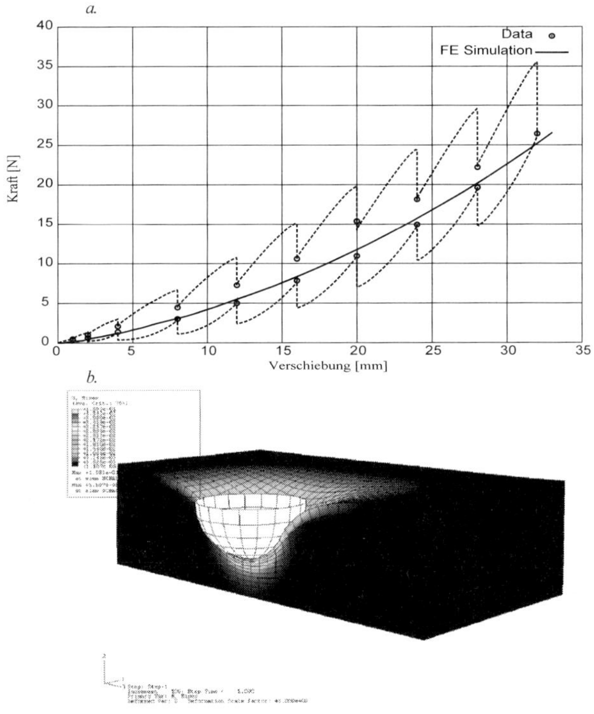

Bild 10.2: Indenterversuch eines Weichschaumstoffes: a. Kraft über Eindringtiefe: Meßwerte (gestrichelte Linie), Relaxationsabbruchpunkte (offene Kreise) und mittels FEM berechnete Kurve (durchgezogene Linie), b. Snap shot einer FE-Simulation des eindringenden Indenters mit Spannungsverteilung

A Mathematische Grundlagen

In diesem Kapitel wird der notwendige mathematische Formelapparat für die in diesem Buch benutzte Vektor- und Tensorrechnung bereitgestellt. Dabei wird die elementare Vektorrechnung weitestgehend vorausgesetzt und bei der Tensorrechnung lediglich auf die wichtigsten im Text vorkommenden Anwendungen beschränkt. Die folgenden Ausführungen sind wegen der gebotenen Kürze von vornherein nicht vollständig, zeigen nur einen kleinen Ausschnitt aus den genannten Disziplinen und sind eher im Sinne einer Formelsammlung für den behandelten Stoff zu verstehen. Sie sollen aber den Leser trotzdem in die Lage versetzen, den angebotenen Stoff ohne großen theoretischen überbau rechnerisch nachvollziehen zu können. Daher wird auch kein Wert auf mathematische Feinheiten gelegt und auf Beweise gänzlich verzichtet. Für eine diesbezügliche Vertiefung sei der interessierte Leser auf ergänzende und/oder weiterführende Abhandlungen in [Bet 93], [Tro 93], [Tro 97], [Tru 65] verwiesen. Es werden zunächst Regeln zur Vektor- und Tensoralgebra in symbolischer Schreibweise (koordinateninvariante Form) gebracht die dann anschließend bezüglich kartesischer Koordinaten dargestellt werden. Danach folgen einige Rechenregeln zur Vektor- und Tensoranalysis sowie wichtige Darstellungen bezüglich Zylinderkoordinaten.

A.1 Vektor- und Tensoralgebra

Im Folgenden werden Skalare mit kursiven mageren Buchstaben s, λ, usw., Vektoren mit fetten Kleinbuchstaben $\boldsymbol{a}$, $\boldsymbol{b}$, $\boldsymbol{c}$ usw. und Tensoren mit fetten Großbuchstaben $\boldsymbol{A}$, $\boldsymbol{B}$, $\boldsymbol{C}$ usw. sowie die entsprechenden Matrizenformen gemäß $[\boldsymbol{a}]$ bzw. $[\boldsymbol{A}]$ bezeichnet. Bezüglich der Rechenregeln wird versucht, einen konsequenten Rhythmus insofern einzuhalten, als daß zunächst die Rechenoperation erklärt wird (also etwa die Addition) und anschließend deren Eigenschaften aufgelistet werden (also etwa Kommutativität, Assoziativität etc.). Sämtliche Ausführungen beziehen sich auf den dreidimensionalen Raum mit rechtsorientierten (orthogonalen) Koordinatensystemen.

Im Unterschied zu einem Vektor $\boldsymbol{a}$, der durch drei Zahlenangaben (auch Maßzahlen, vgl. etwa (A.84) festgelegt ist, wird ein Tensor (zweiter Stufe) $\boldsymbol{A}$ durch *neun* Zahlenangaben (Maßzahlen, vgl. etwa (A.91) beschrieben. In diesem Kontext läßt sich die folgende Verallgemeinerung angeben, nach welcher sich auch Skalare und Vektoren als Tensoren entsprechender Stufe einordnen lassen, nämlich (dabei werden Tensoren ab dritter Stufe mit einer über dem Buchstabensymbol angeordneten Zahl in runden Klammern gekennzeichnet)

Skalar λ Tensor 0. Stufe $3^0 = 1$ Maßzahlen

Vektor	$\boldsymbol{a}$	Tensor 1. Stufe	$3^1 = 3$ Maßzahlen
Tensor	$\boldsymbol{A}$	Tensor 2. Stufe	$3^2 = 9$ Maßzahlen
	$\overset{(3)}{\boldsymbol{A}}$	Tensor 3. Stufe	$3^3 = 27$ Maßzahlen
	$\overset{(n)}{\boldsymbol{A}}$	Tensor n-ter Stufe	3^n Maßzahlen

Danach entspricht die Stufe des Tensors stets dem Exponenten der jeweiligen Maßzahl. Bis auf den dreistufigen Epsilon-Tensor werden nachfolgend lediglich Tensoren zweiter Stufe betrachtet, so daß der Zusatz „zweite Stufe“ oder „zweistufig“ fortan weggelassen wird.

A.1.1 (Einige) Rechenregeln für Vektoren

Vektoraddition: Die *Addition* zweier Vektoren $\boldsymbol{a}$ und $\boldsymbol{b}$ ergibt wieder einen (neuen) Vektor $\boldsymbol{d}$, also

$$\boldsymbol{a} + \boldsymbol{b} =: \boldsymbol{d} \tag{A.1}$$

wobei die folgenden Rechenregeln gelten:

$$\boldsymbol{a} + \boldsymbol{b} = \boldsymbol{b} + \boldsymbol{a} \qquad \text{Kommutativität} \tag{A.2}$$

$$\boldsymbol{a} + (\boldsymbol{b} + \boldsymbol{c}) = (\boldsymbol{a} + \boldsymbol{b}) + \boldsymbol{c} \qquad \text{Assoziativität} \tag{A.3}$$

$$\boldsymbol{a} + \boldsymbol{0} = \boldsymbol{a} \quad \text{bzw.} \quad \boldsymbol{a} + (-\boldsymbol{a}) = \boldsymbol{0} \qquad \text{Null- oder neutrales Element} \tag{A.4}$$

Multiplikation eines Vektors mit einem Skalar: Die Multiplikation eines Vektors $\boldsymbol{a}$ mit einem Skalar λ ergibt einen neuen Vektor $\boldsymbol{d}$, also

$$\lambda \boldsymbol{a} = \boldsymbol{d} \qquad \text{(lies: Lambda mal a)} \tag{A.5}$$

Diese Multiplikationsoperation wird durch kein gesondertes Verknüpfungszeichen (Malpunkt) gekennzeichnet und es gelten die folgenden Regeln (μ ist ebenfalls ein Skalar):

$$\lambda (\mu \boldsymbol{a}) = \mu (\lambda \boldsymbol{a}) \qquad \text{Assoziativität} \tag{A.6}$$

$$(\lambda + \mu) \boldsymbol{a} = \lambda \boldsymbol{a} + \mu \boldsymbol{a} \qquad \text{(Erste) Distributivität} \tag{A.7}$$

$$\lambda (\boldsymbol{a} + \boldsymbol{b}) = \lambda \boldsymbol{a} + \lambda \boldsymbol{b} \qquad \text{(Zweite) Distributivität} \tag{A.8}$$

Ist in (A.5) $\lambda > 1$ bzw. $\lambda < 1$, so wird $\boldsymbol{a}$ verlängert bzw.- verkürzt. Speziell ergibt sich aus (A.5) für $\lambda = 0$, $\lambda =$ -1 und $\lambda = 1$ wie folgt nacheinander das *Nullelement* (Definition des Nullvektors), der zu $\boldsymbol{a}$ *inverse Vektor* -$\boldsymbol{a}$ (Umkehrung des Richtungssinnes) und das *neutrale Element* (Identität) bezüglich der Multiplikation mit einem Skalar:

$$0\boldsymbol{a} =: \boldsymbol{0} \quad , \quad -1\boldsymbol{a} = -\boldsymbol{a} \quad , \quad 1\boldsymbol{a} = \boldsymbol{a} \tag{A.9}$$

Skalarprodukt: Als *Skalarprodukt* bezeichnet man diejenige Multiplikation zweier Vektoren $\boldsymbol{a}$ und $\boldsymbol{b}$, die einen Skalar s ergibt, also

$$\boldsymbol{a} \cdot \boldsymbol{b} = s \qquad \text{(lies: a skalar b)} \tag{A.10}$$

Diese Multiplikationsform wird mit einem Punkt „·“ gekennzeichnet und deshalb auch als *Punktprodukt* oder *Überschiebung* oder *inneres Produkt* bezeichnet. Es gelten die folgenden Rechenregeln:

$$\boldsymbol{a} \cdot \boldsymbol{b} = \boldsymbol{b} \cdot \boldsymbol{a} \qquad \text{Kommutativität} \quad (A.11)$$

$$\lambda\,(\boldsymbol{a} \cdot \boldsymbol{b}) = (\lambda \boldsymbol{a}) \cdot \boldsymbol{b} = \boldsymbol{a} \cdot (\lambda \boldsymbol{b}) = \lambda \boldsymbol{a} \cdot \boldsymbol{b} \qquad \text{Assoziativität} \quad (A.12)$$

$$(\boldsymbol{a} + \boldsymbol{b}) \cdot \boldsymbol{c} = \boldsymbol{a} \cdot \boldsymbol{c} + \boldsymbol{b} \cdot \boldsymbol{c} \qquad \text{Distributivität} \quad (A.13)$$

Mit Hilfe des Skalarproduktes lassen sich noch wie folgt der (stets positiv semi-definite) *Betrag* und die (stets positiv semi-definite) *Norm* (Quadrat des Betrages) eines Vektors definieren:

$$|\boldsymbol{a}| := \sqrt{\boldsymbol{a} \cdot \boldsymbol{a}} \geq 0 \quad \text{(Betrag)} \quad , \quad \|\boldsymbol{a}\| := \boldsymbol{a} \cdot \boldsymbol{a} \geq 0 \quad \text{(Norm)} \qquad (A.14)$$

Kreuzprodukt: Als *Kreuzprodukt* bezeichnet man diejenige Multiplikation zweier Vektoren $\boldsymbol{a}$ und $\boldsymbol{b}$, die wieder einen neuen Vektor $\boldsymbol{d}$ ergibt, also

$$\boldsymbol{a} \times \boldsymbol{b} = \boldsymbol{d} \qquad \text{(lies: a Kreuz b)} \quad (A.15)$$

Diese Multiplikationsform wird mit einem Kreuz „×“ gekennzeichnet und auch als *Vektorprodukt* oder *äußeres Produkt* bezeichnet. Es gelten die folgenden Rechenregeln:

$$\boldsymbol{a} \times \boldsymbol{b} = -\boldsymbol{b} \times \boldsymbol{a} \qquad \text{Anti-Kommutativität} \quad (A.16)$$

$$\lambda\,(\boldsymbol{a} \times \boldsymbol{b}) = (\lambda \boldsymbol{a}) \times \boldsymbol{b} = \boldsymbol{a} \times (\lambda \boldsymbol{b}) = \lambda \boldsymbol{a} \times b \qquad \text{Assoziativität} \quad (A.17)$$

$$(\boldsymbol{a} + \boldsymbol{b}) \times \boldsymbol{c} = \boldsymbol{a} \times \boldsymbol{c} + \boldsymbol{b} \times \boldsymbol{c} \qquad \text{Rechts-Distributivität} \quad (A.18)$$

$$\boldsymbol{c} \times (\boldsymbol{a} + \boldsymbol{b}) = \boldsymbol{c} \times \boldsymbol{a} + \boldsymbol{c} \times \boldsymbol{b} \qquad \text{Links-Distributivität} \quad (A.19)$$

A.1.2 Definition des Tensors (Dyade)

Im Folgenden wird der mathematisch sauberen eine „intuitiv-formale“ Begriffsdefinition des *Tensors* vorgezogen. Im vorstehenden Unterabschnitt wurden gemäß (A.10) und (A.15) zwei verschiedene Verknüpfungen zwischen Vektoren definiert, nämlich das Skalar- und das Kreuzprodukt. Bei Ersterem entstand eine reelle Zahl (Skalar), während das Ergebnis des zweiten Produktes wieder ein Vektor war. Es sei an dieser Stelle darauf hingewiesen, daß diese Produktdefinitionen durchaus willkürlich sind und letztlich aus der Zweckmäßigkeit entstanden sind, physikalische Sachverhalte allgemeiner darstellen zu können. So kann mittels des Skalarproduktes beispielsweise die Arbeit einer Kraft (oder eines Momentes) und mit Hilfe des Kreuzproduktes etwa das Moment einer Einzelkraft in allgemeiner Form dargestellt werden. Beispielsweise im Hinblick auf die Darstellung des dreidimensionalen Spannungs- oder Verzerrungszustandes in einem Körper ist es nun zweckmäßig das *Tensor-* oder *dyadische Produkt* zweier Vektoren $\boldsymbol{a}$ und $\boldsymbol{b}$ zu definieren, welches wie folgt einen *Tensor* $\boldsymbol{A}$ ergibt:

$$\boldsymbol{A} := \boldsymbol{a}\boldsymbol{b} \qquad \text{(lies: a dyadisch b)} \quad (A.20)$$

Hinweise:

- Es sei darauf hingewiesen, daß es sich bei (A.20) um eine *lineare* und *keine* ,,vollständige" Dyade handelt! Für letztere müßte das Produkt $\boldsymbol{a}_i\boldsymbol{b}_i$ lauten, womit sichergestellt wäre, daß bei skalarer Multiplikation von $\boldsymbol{A}$ mit einem Vektor $\boldsymbol{u}$ der Ergebnisvektor im Raum der Vektoren $\boldsymbol{b}_i$ liegen würde (vgl. hierzu etwa (A.21)). Aus Gründen einer besseren Übersichtlichkeit wird aber für die weiteren Betrachtungen die Darstellung (A.20) zugrundegelegt.
- In (A.20) wird für die dyadische Verknüpfung zwischen den beiden Vektoren $\boldsymbol{a}$ und $\boldsymbol{b}$ kein extra Multiplikationszeichen verwendet. Es sei aber darauf hingewiesen, daß in der Literatur manchmal auch $\boldsymbol{a}\otimes\boldsymbol{b}$ oder $\boldsymbol{a}\circ\boldsymbol{b}$ geschrieben wird.

Abbildungseigenschaft von Tensoren: Mit (A.20) läßt sich nun wie folgt die skalare Multiplikation eines Tensors mit einem Vektor definieren, wobei allerdings jetzt zwischen einer Multiplikation von links und von rechts unterschieden werden muß, so daß

$$\boldsymbol{u}\cdot\boldsymbol{A} = \boldsymbol{u}\cdot(\boldsymbol{a}\boldsymbol{b}) := (\boldsymbol{u}\cdot\boldsymbol{a})\,\boldsymbol{b} \equiv \boldsymbol{v} \qquad \text{Links-Skalarmultiplikation} \quad (A.21)$$

$$\boldsymbol{A}\cdot\boldsymbol{u} = (\boldsymbol{a}\boldsymbol{b})\cdot\boldsymbol{u} := \boldsymbol{a}\,(\boldsymbol{b}\cdot\boldsymbol{u}) \equiv \boldsymbol{w} \qquad \text{Rechts-Skalarmultiplikation} \quad (A.22)$$

Gemäß (A.21) ist diese Multiplikation derart auszuführen, daß der dem Vektor $\boldsymbol{u}$ nächststehende Vektor der Dyade, also $\boldsymbol{a}$, mit $\boldsymbol{u}$ skalar verknüpft wird und der zweite Vektor der Dyade, nämlich $\boldsymbol{b}$,,unberührt" bleibt. Man könnte sagen, daß bei dieser Operation die Dyade $\boldsymbol{a}\boldsymbol{b}$ durch $\boldsymbol{u}$,,aufgebrochen" wird und ein resultierender Vektor $\boldsymbol{v} = s\boldsymbol{b}$ mit $s \equiv \boldsymbol{u}\cdot\boldsymbol{a}$ entsteht. Dadurch wird nun deutlich, daß gemäß (A.21) mit Hilfe des Tensors $\boldsymbol{A}$ der Vektor $\boldsymbol{u}$ in einen (anderen) Vektor $\boldsymbol{v}$ überführt oder besser *abgebildet* wird (vgl. Bild. A.1): Mathematisch vornehmer ausgedrückt heißt das ,,der Operator $\boldsymbol{A}$ vermittelt eine lineare Abbildung des Vektorraumes auf sich selbst" (Abbildungseigenschaft von Tensoren). Die hierzu analogen Aussagen gelten dann in entsprechender Weise für die Rechtsmultiplikation gemäß (A.22). Da die skalare Multiplikation eines Tensors mit einem Vektor auf einen Vektor führt, spricht man auch von einer *Verjüngung* des Tensors $\boldsymbol{A}$.

Für (A.20) und (A.21) bzw. (A.22) gelten die folgenden Distributiv-Gesetze:

$$\boldsymbol{u}\cdot(\boldsymbol{A}+\boldsymbol{B}) = \boldsymbol{u}\cdot\boldsymbol{A} + \boldsymbol{u}\cdot\boldsymbol{B} \qquad \text{Links-Distributivität} \quad (A.23)$$

$$(\boldsymbol{A}+\boldsymbol{B})\cdot\boldsymbol{u} = \boldsymbol{A}\cdot\boldsymbol{u} + \boldsymbol{B}\cdot\boldsymbol{u} \qquad \text{Rechts-Distributivität} \quad (A.24)$$

$$\boldsymbol{a}\,(\boldsymbol{b}+\boldsymbol{c}) = \boldsymbol{a}\boldsymbol{b} + \boldsymbol{a}\boldsymbol{c} \qquad \text{Links-Distributivität} \quad (A.25)$$

$$(\boldsymbol{a}+\boldsymbol{c})\,\boldsymbol{b} = \boldsymbol{a}\boldsymbol{b} + \boldsymbol{c}\boldsymbol{b} \qquad \text{Rechts-Distributivität} \quad (A.26)$$

Transponierter Tensor: Mit (A.20) bis (A.22) läßt sich der zu $\boldsymbol{A}$ *transponierte Tensor* $\boldsymbol{A}^T$ wie folgt definieren:

$$\boldsymbol{A}^T = (\boldsymbol{a}\boldsymbol{b})^T := \boldsymbol{b}\boldsymbol{a} \quad \text{mit} \quad \boldsymbol{A} \neq \boldsymbol{A}^T \quad \text{und} \quad \left(\boldsymbol{A}^T\right)^T \equiv \boldsymbol{A}^{TT} = \boldsymbol{A} \qquad (A.27)$$

Gemäß $(A.27)_2$ ist das dyadische Produkt *nicht* kommutativ und gemäß $(A.27)_3$ der transponierte Tensor des transponierten Tensors wieder der Tensor selbst.

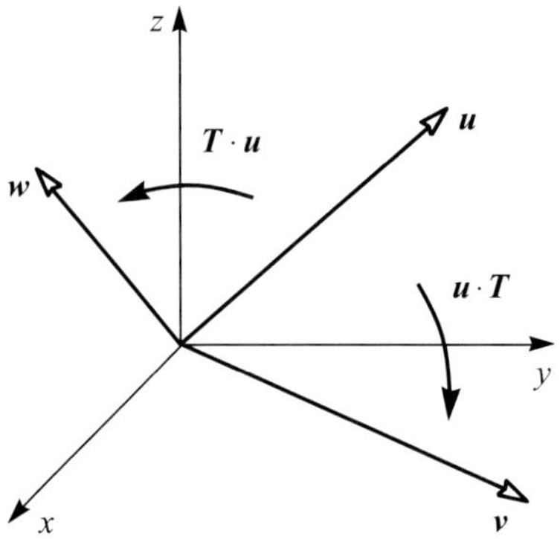

Bild A.1: (Lineare) Abbildung des Vektors $\boldsymbol{u}$ in den Vektor $\boldsymbol{v}$ bzw. $\boldsymbol{w}$ mit Hilfe des Tensors $\boldsymbol{T}$

A.1.3 Wichtige Rechenregeln für Dyaden und Tensoren

Im Folgenden sind wichtige Rechenregeln aus der Algebra von Dyaden bzw. Tensoren zusammengestellt, die prinzipiell bis auf Ausnahmen strukturell mit denjenigen der Vektoralgebra übereinstimmen. Dabei wird, wenn erforderlich, zunächst auf die ,,Dyade“ und anschließend auf Tensoren Bezug genommen.

Tensoraddition: Die Addition zweier Tensoren $\boldsymbol{A}$ und $\boldsymbol{B}$ ergibt wieder einen (neuen) Tensor $\boldsymbol{D}$

$$\boldsymbol{A} + \boldsymbol{B} =: \boldsymbol{D} \tag{A.28}$$

wobei gilt

$$\boldsymbol{A} + \boldsymbol{B} = \boldsymbol{B} + \boldsymbol{A} \qquad \text{Kommutativität} \tag{A.29}$$

$$\boldsymbol{A} + (\boldsymbol{B} + \boldsymbol{C}) = (\boldsymbol{A} + \boldsymbol{B}) + \boldsymbol{C} \qquad \text{Assoziativität} \tag{A.30}$$

$$\boldsymbol{A} + \boldsymbol{0} = \boldsymbol{A} \quad \text{bzw.} \quad \boldsymbol{A} + (-\boldsymbol{A}) = \boldsymbol{0} \qquad \text{Null- oder Neutrales Element} \tag{A.31}$$

Multiplikation einer Dyade bzw. eines Tensors mit einem Skalar: Die Multiplikation einer Dyade $\boldsymbol{ab}$ mit einem Skalar λ ist assoziativ

$$\lambda\,(\boldsymbol{ab}) = (\lambda\boldsymbol{a})\,\boldsymbol{b} = \boldsymbol{a}\,(\lambda\boldsymbol{b}) = (\boldsymbol{ab})\,\lambda = \lambda\boldsymbol{ab} \qquad \text{Assoziativität} \tag{A.32}$$

Die Multiplikation eines Tensors $\boldsymbol{A}$ mit einem Skalar λ ergibt einen (neuen) Tensor $\boldsymbol{B}$

$$\lambda\boldsymbol{A} = \boldsymbol{B} \tag{A.33}$$

Weiterhin gelten für (A.33) analog zu (A.7) und (A.8) die erste und zweite Distributivität.

Kreuzprodukt einer Dyade (Tensor) mit einem Vektor: Das Kreuzprodukt eines

Tensors $\boldsymbol{A}$ mit einem Vektor $\boldsymbol{u}$ kann von links und rechts gebildet werden und ergibt jeweils einen (neuen) Tensor $\boldsymbol{B}$ bzw. $\boldsymbol{C}$

$$\boldsymbol{u} \times \boldsymbol{A} = \boldsymbol{u} \times (\boldsymbol{ab}) := \underbrace{(\boldsymbol{u} \times \boldsymbol{a})}_{\boldsymbol{v}} \boldsymbol{b} \equiv \boldsymbol{vb} \equiv \boldsymbol{B} \qquad \text{Links-Kreuzprodukt} \quad (A.34)$$

$$\boldsymbol{A} \times \boldsymbol{u} = (\boldsymbol{ab}) \times \boldsymbol{u} := \boldsymbol{a} \underbrace{(\boldsymbol{b} \times \boldsymbol{u})}_{\boldsymbol{w}} \equiv \boldsymbol{aw} \equiv \boldsymbol{C} \qquad \text{Rechts-Kreuzprodukt} \quad (A.35)$$

Gemäß (A.34) ist das Kreuzprodukt derart auszuführen, daß der dem Vektor $\boldsymbol{u}$ nächststehende Vektor der Dyade, also $\boldsymbol{a}$, mit $\boldsymbol{u}$,,gekreuzt" wird und der zweite Vektor der Dyade, also $\boldsymbol{b}$,,unberührt" bleibt; Im Falle des rechten Kreuzproduktes gemäß (A.35) ist entsprechend umgekehrt zu verfahren.

Unter Beachtung von (A.16), (A.21) und (A.35) gilt noch die folgende, für die Drehimpulsbilanz (vgl. Unterabschnitt 2.5.3) wichtige identische Umrechnung:

$$\underline{\boldsymbol{w} \times \overbrace{(\boldsymbol{u} \cdot \boldsymbol{A})}^{\boldsymbol{v}}} = \boldsymbol{w} \times \boldsymbol{v} = -\boldsymbol{v} \times \boldsymbol{w} \equiv -(\boldsymbol{u} \cdot \boldsymbol{A}) \times \boldsymbol{w} \equiv \underline{-\boldsymbol{u} \cdot (\boldsymbol{A} \times \boldsymbol{w})} \equiv -\boldsymbol{u} \cdot \boldsymbol{A} \times \boldsymbol{w} \quad (A.36)$$

Skalarprodukt von Dyaden bzw. Tensoren: Das Skalarprodukt zweier Dyaden $\boldsymbol{ab}$ und $\boldsymbol{cd}$ ergibt wieder eine (neue) Dyade $\boldsymbol{ef}$

$$(\boldsymbol{ab}) \cdot (\boldsymbol{cd}) := \boldsymbol{a} \underbrace{(\boldsymbol{b} \cdot \boldsymbol{c})}_{s} \boldsymbol{d} = s\boldsymbol{ad} \equiv \boldsymbol{ef} \quad (A.37)$$

Gemäß (A.37) ist dieses Skalarprodukt derart auszuführen, daß die zueinander am nächsten stehenden ,,dyadischen" Vektoren -also die inneren beiden Vektoren $\boldsymbol{b}$ und $\boldsymbol{c}$- gemäß der Vorschrift (A.10) skalar zu multiplizieren sind und die beiden äußeren ,,dyadischen" Vektoren -also $\boldsymbol{a}$ und $\boldsymbol{d}$- davon unberührt bleiben und eine neue Dyade $\boldsymbol{ad}$ bilden. Mit $\boldsymbol{ab} =: \boldsymbol{A}$, $\boldsymbol{cd} =: \boldsymbol{B}$ und $\boldsymbol{ef} =: \boldsymbol{C}$ gilt entsprechend

$$\boldsymbol{A} \cdot \boldsymbol{B} =: \boldsymbol{C} \quad (A.38)$$

mit den Eigenschaften

$$\boldsymbol{A} \cdot \boldsymbol{B} \neq \boldsymbol{B} \cdot \boldsymbol{A} \qquad \text{i.A. \textit{keine} Kommutativität} \quad (A.39)$$

$$\lambda (\boldsymbol{A} \cdot \boldsymbol{B}) = (\lambda \boldsymbol{A}) \cdot \boldsymbol{B} = \boldsymbol{A} \cdot (\lambda \boldsymbol{B}) = \lambda \boldsymbol{A} \cdot \boldsymbol{B} \qquad \text{Assoziativität} \quad (A.40)$$

$$\boldsymbol{A} \cdot (\boldsymbol{B} \cdot \boldsymbol{C}) = (\boldsymbol{A} \cdot \boldsymbol{B}) \cdot \boldsymbol{C} = \boldsymbol{A} \cdot \boldsymbol{B} \cdot \boldsymbol{C} \qquad \text{Assoziativität} \quad (A.41)$$

$$(\boldsymbol{A} + \boldsymbol{B}) \cdot \boldsymbol{C} = \boldsymbol{A} \cdot \boldsymbol{C} + \boldsymbol{B} \cdot \boldsymbol{C} \qquad \text{Rechts-Distributivität} \quad (A.42)$$

$$\boldsymbol{C} \cdot (\boldsymbol{A} + \boldsymbol{B}) = \boldsymbol{C} \cdot \boldsymbol{A} + \boldsymbol{C} \cdot \boldsymbol{B} \qquad \text{Links-Distributivität} \quad (A.43)$$

Transponieren von Mehrfachprodukten:

$$(\boldsymbol{A} \cdot \boldsymbol{B} \cdot \boldsymbol{C} \cdot \ldots)^T = \ldots \cdot \boldsymbol{C}^T \cdot \boldsymbol{B}^T \cdot \boldsymbol{A}^T \quad (A.44)$$

Doppelt-Skalar-Produkt von Dyaden bzw. Tensoren (Zweifache Verjüngung): Das Doppelt-Skalarprodukt zweier Dyaden $\boldsymbol{ab}$ und $\boldsymbol{cd}$ ergibt einen Skalar s

$$(\boldsymbol{ab}) \cdot\cdot (\boldsymbol{cd}) := \underbrace{(\boldsymbol{a} \cdot \boldsymbol{d})}_{s_1} \underbrace{(\boldsymbol{b} \cdot \boldsymbol{c})}_{s_2} \equiv s \tag{A.45}$$

Gemäß (A.45) ist das doppelte Skalarprodukt derart auszuführen, daß die zueinander am nächsten stehenden „dyadischen" Vektoren -also die inneren beiden Vektoren $\boldsymbol{b}$ und $\boldsymbol{c}$- sowie die äußeren beiden „dyadischen" Vektoren -also $\boldsymbol{a}$ und $\boldsymbol{d}$- jeweils gemäß der Vorschrift (A.10) skalar zu multiplizieren sind. Mit $\boldsymbol{ab} =: \boldsymbol{A}$ und $\boldsymbol{cd} =: \boldsymbol{B}$ gilt entsprechend

$$\boldsymbol{A} \cdot\cdot \boldsymbol{B} = s \tag{A.46}$$

mit den Eigenschaften

$$\boldsymbol{A} \cdot\cdot \boldsymbol{B} = \boldsymbol{B} \cdot\cdot \boldsymbol{A} = \boldsymbol{A}^T \cdot\cdot \boldsymbol{B}^T = \boldsymbol{B}^T \cdot\cdot \boldsymbol{A}^T \qquad \text{Kommutativität} \tag{A.47}$$

$$\lambda (\boldsymbol{A} \cdot\cdot \boldsymbol{B}) = (\lambda \boldsymbol{A}) \cdot\cdot \boldsymbol{B} = \boldsymbol{A} \cdot\cdot (\lambda \boldsymbol{B}) = \lambda \boldsymbol{A} \cdot\cdot \boldsymbol{B} \qquad \text{Assoziativität} \tag{A.48}$$

$$\boldsymbol{C} \cdot\cdot (\boldsymbol{A} + \boldsymbol{B}) = \boldsymbol{C} \cdot\cdot \boldsymbol{A} + \boldsymbol{C} \cdot\cdot \boldsymbol{B} \qquad \text{Distributivität} \tag{A.49}$$

Einheitstensor: Der Einheitstensor $\boldsymbol{I}$ stellt das *Neutrale Element* bezüglich der skalaren Multiplikation mit einem Vektor bzw. Tensor dar, so daß gilt

$$\boldsymbol{I} \cdot \boldsymbol{a} = \boldsymbol{a} \cdot \boldsymbol{I} = \boldsymbol{a} \quad \text{mit} \quad \boldsymbol{I} = \boldsymbol{I}^T \qquad \text{Identische Abbildung} \tag{A.50}$$

$$\boldsymbol{I} \cdot \boldsymbol{A} = \boldsymbol{A} \cdot \boldsymbol{I} = \boldsymbol{A} \qquad \text{Identische Abbildung} \tag{A.51}$$

Spur eines Tensors: Mit Hilfe des Einheitstensors $\boldsymbol{I}$ wird die „Spur-Operation" an einem Tensor $\boldsymbol{A}$ mit Hilfe des Doppelt-Skalarproduktes wie folgt definiert

$$Sp\boldsymbol{A} := \boldsymbol{I} \cdot\cdot \boldsymbol{A} \tag{A.52}$$

Mit (A.52) gelten die folgenden Regeln für Doppelt-Skalarprodukte von Tensoren bzw. Dyaden

$$Sp(\boldsymbol{A} \cdot \boldsymbol{B}) = Sp(\boldsymbol{B} \cdot \boldsymbol{A}) = \boldsymbol{I} \cdot\cdot (\boldsymbol{A} \cdot \boldsymbol{B}) = \boldsymbol{I} \cdot\cdot (\boldsymbol{B} \cdot \boldsymbol{A}) \equiv \boldsymbol{A} \cdot\cdot \boldsymbol{B} \tag{A.53}$$

$$Sp(\boldsymbol{A} \cdot \boldsymbol{B} \cdot \boldsymbol{C} \cdot \boldsymbol{D} \cdot \ldots) = Sp(\boldsymbol{B} \cdot \boldsymbol{C} \cdot \boldsymbol{D} \cdot \boldsymbol{A} \cdot \ldots) = Sp(\boldsymbol{C} \cdot \boldsymbol{D} \cdot \boldsymbol{A} \cdot \boldsymbol{B} \cdot \ldots) = \ldots \tag{A.54}$$

$$Sp(\boldsymbol{ab}) \equiv \boldsymbol{I} \cdot\cdot (\boldsymbol{ab}) = \boldsymbol{a} \cdot \boldsymbol{b} = \boldsymbol{b} \cdot \boldsymbol{a} \tag{A.55}$$

$$Sp\boldsymbol{I} \equiv \boldsymbol{I} \cdot\cdot \boldsymbol{I} = 3 \tag{A.56}$$

Mit Hilfe von (A.27), (A.44) und (A.47) bis (A.54) erhält man noch die für (3.68) und (3.120) folgenden wichtigen Umrechnungen

$$\underline{\boldsymbol{A}^T \cdot\cdot \boldsymbol{B}^T \cdot \boldsymbol{C} \cdot \boldsymbol{D}} \equiv Sp\left(\underbrace{\boldsymbol{A}^T \cdot \boldsymbol{B}^T}_{\boldsymbol{X}} \cdot \underbrace{\boldsymbol{C} \cdot \boldsymbol{D}}_{\boldsymbol{Y}}\right) = Sp\,(\boldsymbol{X} \cdot \boldsymbol{Y}) = Sp\left(\boldsymbol{X}^T \cdot \boldsymbol{Y}^T\right) =$$
$$Sp\left[\left(\boldsymbol{A}^T \cdot \boldsymbol{B}^T\right)^T \cdot (\boldsymbol{C} \cdot \boldsymbol{D})^T\right] \equiv Sp\boldsymbol{B} \cdot \boldsymbol{A} \cdot \boldsymbol{D}^T \cdot \boldsymbol{C}^T \equiv \underline{\boldsymbol{B} \cdot \boldsymbol{A} \cdot \boldsymbol{D}^T \cdot\cdot \boldsymbol{C}^T} \tag{A.57}$$

und

$$\underline{\boldsymbol{u} \cdot \boldsymbol{A} \cdot \boldsymbol{w}} = \boldsymbol{u} \cdot \underbrace{(\boldsymbol{ab})}_{\boldsymbol{A}} \cdot \boldsymbol{w} \equiv (\boldsymbol{u} \cdot \boldsymbol{a})\underbrace{(\boldsymbol{b} \cdot \boldsymbol{w})}_{s} \equiv s\,(\boldsymbol{u} \cdot \boldsymbol{a}) \equiv s\boldsymbol{I} \cdot\cdot \boldsymbol{ua} \equiv \boldsymbol{I} \cdot\cdot (\boldsymbol{u}s\boldsymbol{a}) \equiv$$
$$\equiv \boldsymbol{I} \cdot\cdot [\boldsymbol{u}\underbrace{(\boldsymbol{b} \cdot \boldsymbol{w})}_{s}\boldsymbol{a}] \equiv \boldsymbol{I} \cdot\cdot [\boldsymbol{u}\underbrace{(\boldsymbol{w} \cdot \boldsymbol{b})}_{s}\boldsymbol{a}] \equiv \boldsymbol{I} \cdot\cdot [(\boldsymbol{uw}) \cdot \underbrace{(\boldsymbol{ba})}_{\boldsymbol{A}^T}] \equiv \underline{\boldsymbol{uw} \cdot\cdot \boldsymbol{A}^T} \tag{A.58}$$

Allgemeine Regel für k-fach Skalarprodukte: Das k-fache Skalarprodukt (k-fache Überschiebung) eines Tensors m-ter Stufe mit einem Tensor n-ter Stufe ergibt einen Tensor $(m + n - 2k)$-ter Stufe, also

$$\overset{(m)}{\boldsymbol{A}} \underbrace{\dots \quad \dots}_{\text{k-fach skalar}} \overset{(n)}{\boldsymbol{B}} = \overset{(m+n-2k)}{\boldsymbol{C}} \qquad \text{mit} \qquad m + n \geq k \tag{A.59}$$

Damit lassen sich die Stufen der Ergebnis-Tensoren sämtlicher bisherigen sowie der nachfolgenden Produkte sofort angeben. *Beispiel* (A.21): $m = 1$, $n = 2$, $k = 1$, also entsteht mit $m + n - 2k = 1 + 2 - 2 = 1$ als Ergebnis ein Vektor (Tensor erster Stufe).

Inverser Tensor: Aus der zu $\boldsymbol{v} = \boldsymbol{u} \cdot \boldsymbol{A}$ inversen Transformation $\boldsymbol{u} = \boldsymbol{v} \cdot \boldsymbol{A}^{-1}$ wird der zu $\boldsymbol{A}$ *inverse Tensor* $\boldsymbol{A}^{-1}$ definiert mit den Eigenschaften

$$\boldsymbol{A} \cdot \boldsymbol{A}^{-1} = \boldsymbol{A}^{-1} \cdot \boldsymbol{A} = \boldsymbol{I} \quad , \quad \left(\boldsymbol{A}^{-1}\right)^T = \left(\boldsymbol{A}^T\right)^{-1} = \boldsymbol{A}^{-T} \tag{A.60}$$

Sonderfall: Ist $\boldsymbol{A} = \boldsymbol{I}$, so folgt wegen (A.51) aus (A.60) $\boldsymbol{I} \cdot \boldsymbol{I}^{-1} = \boldsymbol{I}^{-1} = \boldsymbol{I}$, also $\boldsymbol{I}^{-1} = \boldsymbol{I}$.

Die Berechnung von $\boldsymbol{A}^{-1}$ kann beispielsweise über die bekannte Vorschrift inverser Matrizen bewerkstelligt werden. Es wird aber hier angeregt, deren Berechnung über die CAYLEY-HAMILTON-Gleichung vorzunehmen (vgl. (A.79)).

Für die Inverse eines Mehrfachproduktes gilt

$$(\boldsymbol{A} \cdot \boldsymbol{B} \cdot \boldsymbol{C} \cdot \dots)^{-1} = \dots \cdot \boldsymbol{C}^{-1} \cdot \boldsymbol{B}^{-1} \cdot \boldsymbol{A}^{-1} \tag{A.61}$$

Determinante eines Tensors: Die *Determinante* eines Tensors $\boldsymbol{A}$ wird mit $\det \boldsymbol{A}$ bezeichnet und nach den üblichen Matrizenregeln gebildet, wobei die folgenden Regeln gelten

$$\det\,(\boldsymbol{A} \cdot \boldsymbol{B} \cdot \boldsymbol{C} \cdot \dots) = (\det \boldsymbol{A} \cdot \boldsymbol{B})\,(\det \boldsymbol{C}) \dots = (\det \boldsymbol{A})\,(\det \boldsymbol{B})\,(\det \boldsymbol{C}) \dots \tag{A.62}$$

$$\det \boldsymbol{A}^T = \det \boldsymbol{A} \quad , \quad \det \boldsymbol{A}^{-1} = (\det \boldsymbol{A})^{-1} \tag{A.63}$$

Symmetrischer und antimetrischer Anteil eines Tensors: Jeder Tensor $\boldsymbol{A}$ läßt sich identisch in die additive Zerlegung

$$\boldsymbol{A} \equiv \frac{1}{2}\left(\boldsymbol{A} + \boldsymbol{A}^T\right) + \frac{1}{2}\left(\boldsymbol{A} - \boldsymbol{A}^T\right) \stackrel{!}{=} \boldsymbol{A}_S + \boldsymbol{A}_A \tag{A.64}$$

umformen, worin $\boldsymbol{A}_S$ als *symmetrischer* und $\boldsymbol{A}_A$ als *antimetrischer Anteil* von $\boldsymbol{A}$ bezeichnet wird, also

$$\boldsymbol{A}_S := \frac{1}{2}\left(\boldsymbol{A} + \boldsymbol{A}^T\right) \quad , \quad \boldsymbol{A}_A := \frac{1}{2}\left(\boldsymbol{A} - \boldsymbol{A}^T\right) \tag{A.65}$$

mit

$$\boldsymbol{A}_S = \boldsymbol{A}_S^T \quad , \quad \boldsymbol{A}_A = -\boldsymbol{A}_A^T \tag{A.66}$$

Der Epsilon- oder Permutationstensor: Für diverse Anwendungen in der Kontinuumsmechanik ist noch der dreistufige *Epsilon-Tensor* hilfreich, der mit Hilfe des Einheitstensors $\boldsymbol{I}$ gemäß

$$\overset{(3)}{\boldsymbol{\varepsilon}} := -\boldsymbol{I} \times \boldsymbol{I} \tag{A.67}$$

definiert wird. Mit dem Epsilon-Tensor läßt sich beispielsweise der antimetrische Anteil eines (zweistufigen) Tensors unter Beachtung von $(A.65)_2$ wie folgt schreiben

$$\boldsymbol{A}_A \equiv \frac{1}{2}\left(\boldsymbol{A} - \boldsymbol{A}^T\right) = -\frac{1}{2}\boldsymbol{I} \times \boldsymbol{a}^* \quad , \quad \boldsymbol{a}^* := -\overset{(3)}{\boldsymbol{\varepsilon}} \cdot\cdot\, \boldsymbol{A} \tag{A.68}$$

wobei $\boldsymbol{a}^*$ als der „Vektor des Tensors" bezeichnet wird. Ferner ergibt das Doppelt-Skalarprodukt eines (beliebigen) symmetrischen Tensors $\boldsymbol{A}_S$ mit dem Epsilon-Tensor Null (man beachte, daß dabei gemäß (A.59) mit $m = 3$, $n = 2$, $k = 2$ ein $m + n - 2k = 3 + 2 - 2{\cdot}2 = 1$ ein einstufiger Tensor, also ein Null-*Vektor* entsteht!), also

$$\overset{(3)}{\boldsymbol{\varepsilon}} \cdot\cdot\, \boldsymbol{A}_S = \boldsymbol{A}_S \cdot\cdot \overset{(3)}{\boldsymbol{\varepsilon}} = \boldsymbol{0} \quad \text{mit} \quad \boldsymbol{A}_S = \boldsymbol{A}_S^T \tag{A.69}$$

Weiterhin läßt sich das Kreuzprodukt zweier Vektoren $\boldsymbol{a}$ und $\boldsymbol{b}$ gemäß (A.16) wie folgt als Doppelt-Skalarprodukte mit dem Epsilon-Tensor darstellen:

$$\boldsymbol{a} \times \boldsymbol{b} = -\overset{(3)}{\boldsymbol{\varepsilon}} \cdot\cdot\, (\boldsymbol{ab}) = -(\boldsymbol{ab}) \cdot\cdot \overset{(3)}{\boldsymbol{\varepsilon}} = \overset{(3)}{\boldsymbol{\varepsilon}} \cdot\cdot\, (\boldsymbol{ba}) = (\boldsymbol{ba}) \cdot\cdot \overset{(3)}{\boldsymbol{\varepsilon}} \tag{A.70}$$

A.1.4 Invarianten

Skalare Größen (Tensoren nullter Stufe, wie etwa Temperatur, Masse, Energie usw.) sind Maßzahlen, die von einem Koordinatensystem unabhängig sind. Die Koordinaten (Maßzahlen) eines Vektors (Tensor erster Stufe) dagegen hängen vom jeweiligen Koordinatensystem ab, wobei allein der Betrag bzw. die Norm eines Vektors (vgl. (A.14) jeweils eine koordinatenunabhängige Größe darstellt und deshalb auch als die *Invariante* eines Vektors bezeichnet wird. Invarianten sind skalare Gebilde, die gegenüber *Orthogonalen Transformationen* unempfindlich sind. Darunter versteht man ,,Drehungen" und ,,Inversionen" bzw. ,,Spiegelungen", die mittels eines *orthogonalen Tensors* $\boldsymbol{Q}$ ausgeführt werden, welcher die folgenden Eigenschaften besitzt:

$$\boldsymbol{a}^* = \boldsymbol{Q}\cdot\boldsymbol{a} \quad \text{mit} \quad \boldsymbol{Q}\cdot\boldsymbol{Q}^T = \boldsymbol{Q}^T\cdot\boldsymbol{Q} = \boldsymbol{I} \quad , \quad det\boldsymbol{Q} = \pm 1 \tag{A.71}$$

Gemäß $(A.71)_1$ wird der Vektor $\boldsymbol{a}$ in den Vektor $\boldsymbol{a}^*$ überführt (vgl. Bild A.2 und die zugehörigen Rechnungen gemäß (A.111) bis (A.115)!), wobei in $(A.71)_3$ $\det\boldsymbol{Q} = +1$ Drehungen und $\det\boldsymbol{Q}$ = -1 Inversionen bzw. Spiegelungen bedeuten. Indem nun mit $(A.71)_1$ gemäß $(A.14)_2$ die Norm des transformierten Vektors $\boldsymbol{a}^*$ gebildet wird, kann durch anschließende identische Umformungen mit Hilfe von (A.50) und $(A.72)_2$ sowie unter Beachtung von $\boldsymbol{a} = \boldsymbol{a}^T$ und $\boldsymbol{a}^{*T} = (\boldsymbol{Q}\cdot\boldsymbol{a})^T = \boldsymbol{a}^T\cdot\boldsymbol{Q}^T = \boldsymbol{a}\cdot\boldsymbol{Q}^T$ deren Gleichheit mit der Norm des nicht-tranformierten Vektors $\boldsymbol{a}$ (und damit die Invarianz gegenüber orthogonalen Transformationen) wie folgt gezeigt werden:

$$\begin{aligned}\|\boldsymbol{a}^*\| &= \boldsymbol{a}^*\cdot\boldsymbol{a}^* = (\boldsymbol{Q}\cdot\boldsymbol{a})\cdot(\boldsymbol{Q}\cdot\boldsymbol{a}) = \left(\boldsymbol{a}\cdot\boldsymbol{Q}^T\right)\cdot(\boldsymbol{Q}\cdot\boldsymbol{a}) \equiv \boldsymbol{a}\cdot\underbrace{\left(\boldsymbol{Q}^T\cdot\boldsymbol{Q}\right)}_{\boldsymbol{I}}\cdot\boldsymbol{a} = \\ &= \boldsymbol{a}\cdot\boldsymbol{I}\cdot\boldsymbol{a} = \boldsymbol{a}\cdot\boldsymbol{a} \equiv \|\boldsymbol{a}\|\end{aligned} \tag{A.72}$$

Ein Tensor (zweiter Stufe) $\boldsymbol{A}$ besitzt die drei nachfolgenden voneinander unabhängigen Invarianten, die auch als *Grundinvarianten* bezeichnet werden (für nicht symmetrische Tensoren kommen drei weitere Invarianten hinzu, die jedoch selten eine Rolle spielen und hier nicht aufgeführt werden!):

$$\begin{aligned}A_I &= Sp\boldsymbol{A} = \boldsymbol{I}\cdot\cdot\boldsymbol{A} \quad , \quad A_{II} = \frac{1}{2}\left(A_I^2 - Sp\boldsymbol{A}^2\right) = \frac{1}{2}\left[(\boldsymbol{I}\cdot\cdot\boldsymbol{A})^2 - \boldsymbol{A}\cdot\cdot\boldsymbol{A}\right] \\ A_{III} &= \det\boldsymbol{A} \equiv \frac{1}{3}\left(A_I A_{II} - A_I Sp\boldsymbol{A}^2 + Sp\boldsymbol{A}^3\right)\end{aligned}$$

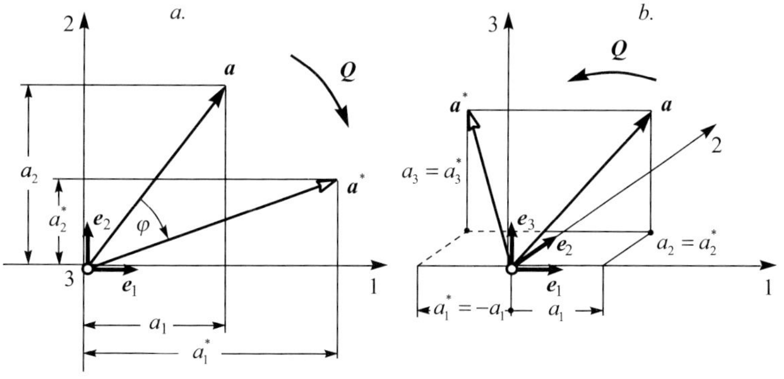

Bild A.2: Zur orthogonalen Transformation eines Vektors, a. Drehung um die 3-Achse, b. Spiegelung an der 2,3-Ebene

(A.73)

Die zweite Form von A_{III} gemäß $(A.73)_3$ entsteht sofort aus der anschließend folgenden Beziehung $(A.77)_1$, indem diese nach A_{III} aufgelöst, die "Spur" gebildet und noch durch 3 dividiert wird. Im Falle der ersten Invariante eines Tensors $\boldsymbol{A}$ ergibt sich mit $(A.71)_1$ und $(A.71)_2$ sowie $\boldsymbol{b} = \boldsymbol{b}^T$ und $\boldsymbol{b}^{*T} = (\boldsymbol{Q}\cdot\boldsymbol{b})^T = \boldsymbol{b}^T\cdot\boldsymbol{Q}^T = \boldsymbol{b}\cdot\boldsymbol{Q}^T$ zunächst die zu (A.20) orthogonal transformierte Dyade

$$\boldsymbol{A}^* = \boldsymbol{a}^*\boldsymbol{b}^* = (\boldsymbol{Q}\cdot\boldsymbol{a})(\boldsymbol{Q}\cdot\boldsymbol{b}) \equiv (\boldsymbol{Q}\cdot\boldsymbol{a})\left(\boldsymbol{b}\cdot\boldsymbol{Q}^T\right) \equiv \boldsymbol{Q}\cdot\underbrace{(\boldsymbol{ab})}_{A}\cdot\boldsymbol{Q}^T \equiv \boldsymbol{Q}\cdot\boldsymbol{A}\cdot\boldsymbol{Q}^T \quad (A.74)$$

Indem die erste Invariante A_I^* des transformierten Tensors $\boldsymbol{A}^*$ durch Einsetzen von (A.74) in $(A.73)_1$ erzeugt wird, kann wieder durch identische Umformungen unter Beachtung von (A.51), (A.54) und $(A.71)_2$ deren Gleichheit mit der Invarianten A_I des nicht-transformierten Tensors $\boldsymbol{A}$ (und damit wieder die Invarianz gegenüber orthogonalen Transformationen) wie folgt gezeigt werden:

$$A_I^* = Sp\boldsymbol{A}^* = Sp\left(\boldsymbol{Q}\cdot\boldsymbol{A}\cdot\boldsymbol{Q}^T\right) \overset{(A.54)}{=} Sp\left(\boldsymbol{A}\cdot\underbrace{\boldsymbol{Q}^T\cdot\boldsymbol{Q}}_{\boldsymbol{I}}\right) = Sp\,(\boldsymbol{A}\cdot\boldsymbol{I}) = Sp\boldsymbol{A} = A_I \quad (A.75)$$

Diese Eigenschaft läßt sich auf analoge Weise ebenfalls für die beiden anderen Invarianten A_{II} und A_{III} eines Tensors $\boldsymbol{A}$ zeigen.

A.1.5 CAYLEY-HAMILTON-Gleichung (Arthur CAYLEY, engl. Math., 1821-1895, Sir William Rowan HAMILTON, irischer Math., 1805-1865)

Wird ein Tensor $\boldsymbol{A}$ mit sich selbst skalar multipliziert so entstehen Potenzen in $\boldsymbol{A}$, wobei gemäß (A.38) wieder Tensoren (zweiter) Stufe entstehen. Definiert man die nullte, erste , zweite, dritte usw. Potenz eines Tensors $\boldsymbol{A}$ über

$$\boldsymbol{A}^0 := \boldsymbol{I} \quad , \quad \boldsymbol{A}^1 := \boldsymbol{A} \quad , \quad \boldsymbol{A}^2 := \boldsymbol{A}\cdot\boldsymbol{A} \quad , \quad \boldsymbol{A}^3 := \boldsymbol{A}\cdot\boldsymbol{A}\cdot\boldsymbol{A} \quad \text{usw.} \quad (A.76)$$

so lassen sich Tensorpotenzen für $n \geq 3$ mit Hilfe der *CAYLEY-HAMILTON-Gleichung*

$$\boldsymbol{A}^3 - A_I\boldsymbol{A}^2 + A_{II}\boldsymbol{A} - A_{III}\boldsymbol{I} = \boldsymbol{0} \quad \text{bzw.} \quad \boldsymbol{A}^3 = A_I\boldsymbol{A}^2 - A_{II}\boldsymbol{A} + A_{III}\boldsymbol{I} \quad (A.77)$$

durch die niedrigeren Potenzen $\boldsymbol{A}^2$, $\boldsymbol{A}$ und $\boldsymbol{A}^0 = \boldsymbol{I}$ ausdrücken.

Hinweise:

- Gleichung (A.77) stellt einen *algebraischen* Zusammenhang zwischen der nullten bis dritten Potenz eines beliebigen Tensors (zweiter Stufe) $\boldsymbol{A}$ dar. Es ist bemerkenswert, daß ein derartiger Zusammenhang für Vektoren nicht existiert!
- Allein für Tensoren geradzahliger Stufe $2n$ konnte die Aussage (A.77) von TROSTEL in [Tro 93] verallgemeinert werden!
- In (A.77) handelt es sich bei A_I bis A_{III} um die gemäß (A.73) definierten Grundinvarianten von $\boldsymbol{A}$.

Skalare Multiplikation von $(A.77)_2$ mit dem Tensor $\boldsymbol{A}^{p-3}$ führt auf die Verallgemeinerung

$$\boldsymbol{A}^p = A_I \boldsymbol{A}^{p-1} - A_{II} \boldsymbol{A}^{p-2} + A_{III} \boldsymbol{A}^{p-3} \tag{A.78}$$

wonach sich die p-te Potenz eines Tensors $\boldsymbol{A}$ durch die nächsten drei niedrigeren Potenzen $\boldsymbol{A}^{p-1}$, $\boldsymbol{A}^{p-2}$ und $\boldsymbol{A}^{p-3}$ ausdrücken läßt. Weiterhin liefert die skalare Multiplikation von $(A.77)_2$ mit $\boldsymbol{A}^{-1}$ nach anschließendem Umstellen nach $\boldsymbol{A}^{-1}$ (sofern $A_{III} \neq 0$) die wichtige Rechenvorschrift für den zu $\boldsymbol{A}$ inversen Tensor

$$\boldsymbol{A}^{-1} = \frac{1}{A_{III}} \left(\boldsymbol{A}^2 - A_I \boldsymbol{A} + A_{II} \boldsymbol{I} \right) \tag{A.79}$$

Folgerung: Da sich jede Potenz n ≥ 3 eines Tensors $\boldsymbol{A}^n$, also $\boldsymbol{A}^3$, $\boldsymbol{A}^4$ usw. gemäß (A.77) und (A.78) stets auf zweite und niedrigere Potenzen in $\boldsymbol{A}$, also $\boldsymbol{A}^2$, $\boldsymbol{A}$ und $\boldsymbol{I}$, reduzieren läßt, läßt sich jedes Tensorpolynom auf den Grad zwei zurückführen (vgl. Abschnitt 3.2 und dort (3.50))!

A.1.6 Darstellung von Vektoren und Tensoren bezüglich kartesischer Koordinaten

Nachstehend werden die wichtigsten vektoriellen und tensoriellen Beziehungen aus den vorhergehenden Unterabschnitten bezüglich kartesischer Koordinaten dargestellt und dem Leser die dafür notwendigen *indizistischen* Rechenoperationen verdeutlicht. Dabei wird nicht wie sonst üblich mit den Indizes x, y und z gearbeitet, sondern aus rechen-ökonomischen Gründen auf mit den Zahlen 1, 2 und 3 indizierte (orthonormierte) Basisvektoren $\boldsymbol{e}_1$, $\boldsymbol{e}_3$ und $\boldsymbol{e}_3$ Bezug genommen. Für die drei Basisvektoren gelten die folgenden Eigenschaften

$$\boldsymbol{e}_1 \perp \boldsymbol{e}_2 \perp \boldsymbol{e}_3 \quad , \quad |\boldsymbol{e}_1| = |\boldsymbol{e}_2| = |\boldsymbol{e}_3| = 1 \quad , \quad \boldsymbol{e}_i \cdot \boldsymbol{e}_j = \delta_{ij} = \begin{cases} 1 \ , & \text{falls} \quad i = j \\ 0 \ , & \text{falls} \quad i \neq j \end{cases} \tag{A.80}$$

worin δ_{ij} auch als *KRONECKER-Symbol* bezeichnet wird (Leopold KRONECKER, dt. Mathematiker 1823 – 1891), welches bei gleichen Indizes den Wert Eins annimmt und sonst Null ist. Für das Kreuzprodukt zwischen den drei Basisvektoren gilt die Vorschrift

$$\boldsymbol{e}_i \times \boldsymbol{e}_j = \begin{cases} \boldsymbol{e}_k & \text{falls} \quad i,j,k \quad \text{zyklisch:} \quad 1,2,3 \quad 2,3,1 \quad 3,1,2 \\ -\boldsymbol{e}_k & \text{falls} \quad i,j,k \quad \text{antizyklisch:} \quad 2,1,3 \quad 1,3,2 \quad 3,2,1 \\ \boldsymbol{0} & \text{falls} \quad i = j \quad \text{oder / und} \quad i = k \quad \text{oder / und} j = k \end{cases} \tag{A.81}$$

bzw.

$$\boldsymbol{e}_i \times \boldsymbol{e}_j = \varepsilon_{ijk} \boldsymbol{e}_k \quad \text{mit} \quad \varepsilon_{ijk} = \begin{cases} 1 & \text{falls} \quad i,j,k \quad \text{zyklisch:} \quad 1,2,3 \quad 2,3,1 \quad 3,1,2 \\ -1 & \text{falls} \quad i,j,k \quad \text{antizyklisch:} \quad 2,1,3 \quad 1,3,2 \quad 3,2,1 \\ 0 & \text{falls} \quad i = j \quad \text{oder / und} \quad i = k \quad \text{oder / und} j = k \end{cases} \tag{A.82}$$

worin ε_{ijk} als *LEVI-CIVITA-* oder *Permutations-Symbol* bezeichnet wird (Tullio LEVI-CIVITA, 1873 – 1941) und dieses bei zyklischer Reihenfolge der Indizes (also etwa ε_{123}) den

Wert Eins, bei antizyklischer Reihenfolge (also etwa ε_{132}) den Wert minus Eins annimmt und sonst (also etwa ε_{113}) null ist.

Vektoren: Ein beliebiger Vektor $\boldsymbol{a}$ hat die folgende Darstellung

$$\boldsymbol{a} = a_1\boldsymbol{e}_1 + a_2\boldsymbol{e}_2 + a_3\boldsymbol{e}_3 = \sum_{i=1}^{3} a_i\boldsymbol{e}_i \stackrel{!}{\equiv} a_i\boldsymbol{e}_i \qquad \text{(A.83)}$$

wobei gemäß der *EINSTEINschen Summationskonvention* vereinbart wird, daß über zwei gleiche Indizes (im vorliegenden Falle i) stets von 1 bis 3 zu summieren ist und das Summenzeichen (aus ökonomischen Gründen) fortgelassen werden kann. In (A.83) werden die jeweils drei Größen a_1, a_2, a_3 als die (kartesischen) *Koordinaten* und $a_1\boldsymbol{e}_1$, $a_2\boldsymbol{e}_2$, $a_3\boldsymbol{e}_3$ als die kartesischen *Komponenten* des Vektors $\boldsymbol{a}$ bezeichnet. In Matrizenschreibweise läßt sich ein Vektor $\boldsymbol{a}$ bezüglich kartesischer Koordinaten wie folgt als Spaltenmatrix angeben (um Verwechslungen auszuschließen, wird dabei hinter der Spalte stets in spitzen Klammern noch die kartesische Basis angegeben):

$$[\boldsymbol{a}] = \begin{bmatrix} a_1 \\ a_2 \\ a_3 \end{bmatrix} \langle \boldsymbol{e}_i \rangle \qquad \text{(A.84)}$$

Skalarprodukt zweier Vektoren: Unter Beachtung von (A.12), (A.80)$_3$ und (A.83) erhält man für das gemäß (A.10) angegebene Skalarprodukt zweier Vektoren $\boldsymbol{a}$ und $\boldsymbol{b}$ den folgenden Ausdruck, worin a_ib_i als *indizistische Schreibweise* bezeichnet wird:

$$\begin{aligned} \boldsymbol{a}\cdot\boldsymbol{b} &= (a_i\boldsymbol{e}_i)\cdot(b_j\boldsymbol{e}_j) = a_ib_j \overbrace{\boldsymbol{e}_i\cdot\boldsymbol{e}_j}^{\delta_{ij}} = a_ib_j\delta_{ij} = a_ib_i \\ \boldsymbol{a}\cdot\boldsymbol{b} &= a_1b_1 + a_2b_2 + a_3b_3 \end{aligned} \qquad \text{(A.85)}$$

Kreuzprodukt zweier Vektoren: Für das gemäß (A.15) angegebene Kreuzprodukt zweier Vektoren $\boldsymbol{a}$ und $\boldsymbol{b}$ ergibt sich unter Beachtung von (A.82) und (A.83) der folgende Ausdruck (dabei wurden diejenigen ε_{ijk} mit jeweils doppelt gleichen Indizes, also ε_{112} usw. nicht notiert, da diese ohnehin null sind!):

$$\boldsymbol{a}\times\boldsymbol{b} = (a_i\boldsymbol{e}_i)\times(b_j\boldsymbol{e}_j) = a_ib_j \underbrace{\boldsymbol{e}_i\times\boldsymbol{e}_j}_{\varepsilon_{ijk}\boldsymbol{e}_k} = \underline{a_ib_j\varepsilon_{ijk}\boldsymbol{e}_k} \stackrel{!}{=} \boldsymbol{d} = \underline{d_i\boldsymbol{e}_i}$$

$$\boldsymbol{d} = a_ib_j\varepsilon_{ij1}\boldsymbol{e}_1 + a_ib_j\varepsilon_{ij2}\boldsymbol{e}_2 + a_ib_j\varepsilon_{ij3}\boldsymbol{e}_3 = \left(a_2b_3 \underbrace{\varepsilon_{231}}_{1} + a_3b_2 \underbrace{\varepsilon_{321}}_{-1} \right) \boldsymbol{e}_1 +$$

$$+ \left(a_3b_1 \underbrace{\varepsilon_{312}}_{1} + a_1b_3 \underbrace{\varepsilon_{132}}_{-1} \right) \boldsymbol{e}_2 + \left(a_1b_2 \underbrace{\varepsilon_{123}}_{1} + a_2b_1 \underbrace{\varepsilon_{213}}_{-1} \right) \boldsymbol{e}_3 =$$

$$= (a_2b_3 - a_3b_2)\,\boldsymbol{e}_1 + (a_3b_1 - a_1b_3)\,\boldsymbol{e}_2 + (a_1b_2 - a_2b_1)\,\boldsymbol{e}_3 \stackrel{!}{=} d_1\boldsymbol{e}_1 + d_2\boldsymbol{e}_2 + d_3\boldsymbol{e}_3 \qquad \text{(A.86)}$$

Aus (A.86) lassen sich durch Koordinatenvergleich in den Basisvektoren $\boldsymbol{e}_i$ bzw. $\boldsymbol{e}_1$, $\boldsymbol{e}_2$ und $\boldsymbol{e}_3$ die Koordinaten des Ergebnisvektors $\boldsymbol{d}$ wie folgt identifizieren (man beachte die in (A.86) unterstrichenen Gleichungsteile):

$$d_i = a_i b_j \varepsilon_{ijk} \qquad \text{(indizistische Schreibweise)} \tag{A.87}$$

bzw.

$$d_1 \equiv a_2 b_3 - a_3 b_2 \quad , \quad d_2 \equiv a_3 b_1 - a_1 b_3 \quad , \quad d_3 \equiv a_1 b_2 - a_2 b_1 \tag{A.88}$$

Das Ergebnis (A.88) kann auch durch ausrechnen der folgenden Determinante gewonnen werden:

$$\boldsymbol{a} \times \boldsymbol{b} = \det(\boldsymbol{a} \times \boldsymbol{b}) = \begin{vmatrix} \boldsymbol{e}_1 & \boldsymbol{e}_2 & \boldsymbol{e}_3 \\ a_1 & a_2 & a_3 \\ b_1 & b_2 & b_3 \end{vmatrix} \tag{A.89}$$

Tensoren: Ein beliebiger Tensor $\boldsymbol{A}$ hat in Anlehnung an (A.83) unter Beachtung der *EINSTEINschen Summationskonvention* die folgende tensorielle bzw. matrizielle Darstellung (wobei wieder hinter der Matrize stets in spitzen Klammern noch die kartesische Basis angegeben wird)

$$\begin{aligned} \boldsymbol{A} &= A_{11}\boldsymbol{e}_1\boldsymbol{e}_1 + A_{12}\boldsymbol{e}_1\boldsymbol{e}_2 + A_{13}\boldsymbol{e}_1\boldsymbol{e}_3 + A_{21}\boldsymbol{e}_2\boldsymbol{e}_1 + A_{22}\boldsymbol{e}_2\boldsymbol{e}_2 + A_{23}\boldsymbol{e}_2\boldsymbol{e}_3 \\ &+ A_{31}\boldsymbol{e}_3\boldsymbol{e}_1 + A_{32}\boldsymbol{e}_3\boldsymbol{e}_2 + A_{33}\boldsymbol{e}_3\boldsymbol{e}_3 = \sum_{i=1}^{3}\sum_{j=1}^{3} A_{ij}\boldsymbol{e}_i\boldsymbol{e}_j \overset{!}{\equiv} A_{ij}\boldsymbol{e}_i\boldsymbol{e}_j \end{aligned} \tag{A.90}$$

bzw.

$$[\boldsymbol{A}] = \begin{bmatrix} A_{11} & A_{12} & A_{13} \\ A_{21} & A_{22} & A_{23} \\ A_{31} & A_{32} & A_{33} \end{bmatrix} \langle \boldsymbol{e}_i\boldsymbol{e}_j \rangle \tag{A.91}$$

worin die jeweils neun Größen A_{11}, A_{12} bis A_{33} als die kartesischen *Koordinaten* und $A_{11}\boldsymbol{e}_1\boldsymbol{e}_1$, $A_{12}\boldsymbol{e}_1\boldsymbol{e}_2$ bis $A_{33}\boldsymbol{e}_3\boldsymbol{e}_3$ als die kartesischen *Komponenten* des Tensors bezeichnet werden und letztere jeweils dyadische Produkte darstellen. Der gemäß (A.50), (A.51) definierte Einheitstensor $\boldsymbol{I}$ hat unter Beachtung von $(A.80)_3$ die tensorielle bzw. matrizielle Darstellung

$$\boldsymbol{I} = \delta_{ij}\boldsymbol{e}_i\boldsymbol{e}_j \equiv \boldsymbol{e}_i\boldsymbol{e}_i = \boldsymbol{e}_1\boldsymbol{e}_1 + \boldsymbol{e}_2\boldsymbol{e}_2 + \boldsymbol{e}_3\boldsymbol{e}_3 \quad \text{bzw.} \quad [\boldsymbol{I}] = \begin{bmatrix} 1 & 0 & 0 \\ 0 & 1 & 0 \\ 0 & 0 & 1 \end{bmatrix} \langle \boldsymbol{e}_i\boldsymbol{e}_j \rangle \tag{A.92}$$

Für den gemäß $(A.66)_1$ definierten symmetrischen Tensor $\boldsymbol{A} = \boldsymbol{A}^T$ gilt unter Beachtung von (A.27)

$$\boldsymbol{A} = \underline{A_{ij}\boldsymbol{e}_i\boldsymbol{e}_j} = \boldsymbol{A}^T = A_{ij}\boldsymbol{e}_j\boldsymbol{e}_i \equiv \underline{A_{ji}\boldsymbol{e}_i\boldsymbol{e}_j} \tag{A.93}$$

woraus durch Koordinatenvergleich in den Dyaden $\boldsymbol{e}_i\boldsymbol{e}_j$ die Gleichheit der Diagonalelemente gefolgert wird, also

$$A_{ij} = A_{ji} \quad \text{(indizistische Schreibweise)} \tag{A.94}$$

bzw.

$$A_{12} = A_{21} \qquad A_{13} = A_{31} \qquad A_{23} = A_{32} \tag{A.95}$$

Die entsprechende matrizielle Darstellung lautet

$$[\boldsymbol{A}] = \begin{bmatrix} A_{11} & A_{12} & A_{13} \\ A_{21} & A_{22} & A_{23} \\ A_{31} & A_{32} & A_{33} \end{bmatrix} \langle \boldsymbol{e}_i \boldsymbol{e}_j \rangle = \left[\boldsymbol{A}^T\right] = \begin{bmatrix} A_{11} & A_{21} & A_{31} \\ A_{12} & A_{22} & A_{32} \\ A_{13} & A_{23} & A_{33} \end{bmatrix} \langle \boldsymbol{e}_i \boldsymbol{e}_j \rangle \tag{A.96}$$

woraus durch Elementenvergleich wieder (A.95) gefolgert wird. Für die gemäß (A.20) definierte (lineare) Dyade ergibt sich die tensorielle Darstellung

$$\boldsymbol{A} := \boldsymbol{a}\boldsymbol{b} = (a_i \boldsymbol{e}_i)(b_j \boldsymbol{e}_j) \equiv a_i b_j \boldsymbol{e}_i \boldsymbol{e}_j \overset{!}{=} A_{ij} \boldsymbol{e}_i \boldsymbol{e}_j \quad , \quad A_{ij} := a_i b_j \tag{A.97}$$

Skalarprodukt eines Tensors mit einem Vektor: Für die Rechts-Skalarmultiplikation eines Tensors mit einem Vektor gemäß (A.22) ergibt sich

$$\begin{aligned} \boldsymbol{A} \cdot \boldsymbol{u} &= (A_{ij} \boldsymbol{e}_i \boldsymbol{e}_j) \cdot (u_k \boldsymbol{e}_k) = A_{ij} u_k (\boldsymbol{e}_i \boldsymbol{e}_j) \cdot \boldsymbol{e}_k = A_{ij} u_k \boldsymbol{e}_i \overbrace{(\boldsymbol{e}_j \cdot \boldsymbol{e}_k)}^{\delta_{jk}} = A_{ij} u_k \delta_{jk} \boldsymbol{e}_i = \\ &= \underline{A_{ij} u_j \boldsymbol{e}_i} \overset{!}{=} \boldsymbol{w} = \underline{w_i \boldsymbol{e}_i} \\ \boldsymbol{w} &= A_{1j} u_j \boldsymbol{e}_1 + A_{2j} u_j \boldsymbol{e}_2 + A_{3j} u_j \boldsymbol{e}_3 = (A_{11} u_1 + A_{12} u_2 + A_{13} u_3)\, \boldsymbol{e}_1 + \\ &+ (A_{21} u_1 + A_{22} u_2 + A_{23} u_3)\, \boldsymbol{e}_2 + (A_{31} u_1 + A_{32} u_2 + A_{33} u_3)\, \boldsymbol{e}_3 = \\ &\overset{!}{=} w_1 \boldsymbol{e}_1 + w_2 \boldsymbol{e}_2 + w_3 \boldsymbol{e}_3 \end{aligned} \tag{A.98}$$

woraus nach Koordinatenvergleich in den Dyaden $\boldsymbol{e}_i \boldsymbol{e}_j$ die nachstehenden Zusammenhänge zwischen den Koordinaten des Ergebnisvektors $\boldsymbol{w}$ und denjenigen von $\boldsymbol{A}$ und $\boldsymbol{u}$ gefolgert werden (man beachte dabei die unterstrichenen Gleichungsteile!):

$$w_i \equiv A_{ij} u_j \quad \text{(indizistische Schreibweise)} \tag{A.99}$$

bzw.

$$\begin{aligned} &w_1 \equiv A_{11} u_1 + A_{12} u_2 + A_{13} u_3 \qquad w_2 \equiv A_{21} u_1 + A_{22} u_2 + A_{23} u_3 \\ &w_3 \equiv A_{31} u_1 + A_{32} u_2 + A_{33} u_3 \end{aligned} \tag{A.100}$$

Das Ergebnis (A.98) erhält man ebenso mit (A.84) und (A.91) mit Hilfe der üblichen Matrizenmuliplikation und anschließendem Vergleich in den Elementen (dabei sind nacheinander die Zeilen der Matrix von $\boldsymbol{A}$ mit dem Spaltenvektor $\boldsymbol{u}$ entsprechend der Matrizenmultiplikation zu multiplizieren und die so erzeugten Elemente mit denjenigen des Ergebnis-Spaltenvektors $\boldsymbol{w}$ zu vergleichen):

$$[\boldsymbol{A}] \cdot [\boldsymbol{u}] = \begin{bmatrix} A_{11} u_1 + A_{12} u_2 + A_{13} u_3 \\ A_{21} u_1 + A_{22} u_2 + A_{23} u \\ A_{31} u_1 + A_{32} u_2 + A_{33} u_3 \end{bmatrix} \langle \boldsymbol{e}_i \rangle \overset{!}{=} [\boldsymbol{w}] = \begin{bmatrix} w_1 \\ w_2 \\ w_3 \end{bmatrix} \langle \boldsymbol{e}_i \rangle \tag{A.101}$$

Skalarprodukt zweier Tensoren: Für das gemäß (A.38) definierte Skalarprodukt zweier Tensoren ergibt sich gemäß tensorieller Rechnung

$$\begin{aligned}
\boldsymbol{A}\cdot\boldsymbol{B} &= (A_{ij}\boldsymbol{e}_i\boldsymbol{e}_j)\cdot(B_{kn}\boldsymbol{e}_k\boldsymbol{e}_n) = A_{ij}B_{kn}\,(\boldsymbol{e}_i\boldsymbol{e}_j)\cdot(\boldsymbol{e}_k\boldsymbol{e}_n) = A_{ij}B_{kn}\,\overbrace{(\boldsymbol{e}_j\cdot\boldsymbol{e}_k)}^{\delta jk}\,e_ie_n = \\
&= A_{ij}B_{kn}\delta_{jk}\boldsymbol{e}_i\boldsymbol{e}_n = \underline{A_{ij}B_{jn}\boldsymbol{e}_i\boldsymbol{e}_n} \overset{!}{=} \boldsymbol{C} = \underline{C_{in}\boldsymbol{e}_i\boldsymbol{e}_n} \\
\boldsymbol{C} &= A_{1j}B_{jn}\boldsymbol{e}_1\boldsymbol{e}_n + A_{2j}B_{jn}\boldsymbol{e}_2\boldsymbol{e}_n + A_{3j}B_{jn}\boldsymbol{e}_3\boldsymbol{e}_n = \\
&= (A_{11}B_{1n} + A_{12}B_{2n} + A_{13}B_{3n})\,\boldsymbol{e}_1\boldsymbol{e}_n + (A_{21}B_{1n} + A_{22}B_{2n} + A_{23}B_{3n})\,\boldsymbol{e}_2\boldsymbol{e}_n + \\
&+ (A_{31}B_{1n} + A_{32}B_{2n} + A_{33}B_{3n})\,\boldsymbol{e}_3\boldsymbol{e}_n = \\
&= (A_{11}B_{11} + A_{12}B_{21} + A_{13}B_{31})\,\boldsymbol{e}_1\boldsymbol{e}_1 + (A_{11}B_{12} + A_{12}B_{22} + A_{13}B_{32})\,\boldsymbol{e}_1\boldsymbol{e}_2 + \\
&+ (A_{11}B_{13} + A_{12}B_{23} + A_{13}B_{33})\,\boldsymbol{e}_1\boldsymbol{e}_3 + (A_{21}B_{11} + A_{22}B_{21} + A_{23}B_{31})\,\boldsymbol{e}_2\boldsymbol{e}_1 + \\
&+ (A_{21}B_{12} + A_{22}B_{22} + A_{23}B_{32})\,\boldsymbol{e}_2\boldsymbol{e}_2 + (A_{21}B_{13} + A_{22}B_{23} + A_{23}B_{33})\,\boldsymbol{e}_2\boldsymbol{e}_3 + \\
&+ (A_{31}B_{11} + A_{32}B_{21} + A_{33}B_{31})\,\boldsymbol{e}_3\boldsymbol{e}_1 + (A_{31}B_{12} + A_{32}B_{22} + A_{33}B_{32})\,\boldsymbol{e}_3\boldsymbol{e}_2 + \\
&+ (A_{31}B_{13} + A_{32}B_{23} + A_{33}B_{33})\,\boldsymbol{e}_3\boldsymbol{e}_3
\end{aligned} \tag{A.102}$$

woraus nach Koordinatenvergleich in den Dyaden $\boldsymbol{e}_i\boldsymbol{e}_n$ die nachstehenden Zusammenhänge zwischen den Koordinaten des Ergebnistensors $\boldsymbol{C}$ und denjenigen von $\boldsymbol{A}$ und $\boldsymbol{B}$ gefolgert werden (man beachte dabei die unterstrichenen Gleichungsteile !):

$$C_{in} \equiv A_{ij}B_{jn} \qquad \text{(indizistische Schreibweise)} \tag{A.103}$$

bzw.

$$\begin{aligned}
C_{11} &\equiv A_{11}B_{11} + A_{12}B_{21} + A_{13}B_{31} & C_{12} &\equiv A_{11}B_{12} + A_{12}B_{22} + A_{13}B_{32} \\
C_{13} &\equiv A_{11}B_{13} + A_{12}B_{23} + A_{13}B_{33} & C_{21} &\equiv A_{21}B_{11} + A_{22}B_{21} + A_{23}B_{31} \\
C_{22} &\equiv A_{21}B_{12} + A_{22}B_{22} + A_{23}B_{32} & C_{23} &\equiv A_{21}B_{13} + A_{22}B_{23} + A_{23}B_{33} \\
C_{31} &\equiv A_{31}B_{11} + A_{32}B_{21} + A_{33}B_{31} & C_{32} &\equiv A_{31}B_{12} + A_{32}B_{22} + A_{33}B_{32} \\
C_{33} &\equiv A_{31}B_{13} + A_{32}B_{23} + A_{33}B_{33}
\end{aligned} \tag{A.104}$$

Die Ergebnisse (A.104) können analog zu (A.101) auch mit Hilfe der Matrizenmultiplikation erzeugt werden.

Doppelt-Skalarprodukt und Spur: Für das gemäß (A.46) bzw. (A.53) definierte Doppelt-Skalarprodukt zweier Tensoren gilt die folgende tensorielle Rechnung, worin $A_{ij}B_{ji}$ wieder die idizistische Schreibweise bedeutet:

$$\begin{aligned}
Sp\,(\boldsymbol{A}\cdot\boldsymbol{B}) &\equiv \boldsymbol{A}\cdot\cdot\boldsymbol{B} = (A_{ij}\boldsymbol{e}_i\boldsymbol{e}_j)\cdot\cdot(B_{kl}\boldsymbol{e}_k\boldsymbol{e}_l) = A_{ij}B_{kl}\,(\boldsymbol{e}_i\boldsymbol{e}_j)\cdot\cdot(\boldsymbol{e}_k\boldsymbol{e}_l) = \\
&= A_{ij}B_{kl}\,\underbrace{(\boldsymbol{e}_j\cdot\boldsymbol{e}_k)}_{\delta_{jk}}\underbrace{(\boldsymbol{e}_i\cdot\boldsymbol{e}_l)}_{\delta_{il}} = A_{ij}B_{kl}\delta_{jk}\delta_{il} = A_{ij}B_{ji}
\end{aligned} \tag{A.105}$$

$$\begin{aligned}
Sp\,(\boldsymbol{A}\cdot\boldsymbol{B}) &= A_{1j}B_{j1} + A_{2j}B_{j2} + A_{3j}B_{j3} = A_{11}B_{11} + A_{12}B_{21} + A_{13}B_{31} \\
&+ A_{21}B_{12} + A_{22}B_{22} + A_{23}B_{32} + A_{31}B_{13} + A_{32}B_{23} + A_{33}B_{33}
\end{aligned}$$

Für die nach (A.52) definierte Spur eines Tensors ergibt sich unter Beachtung von $\delta_{ij}\delta_{ik} = \delta_{jk}$

$$\begin{aligned} Sp\boldsymbol{A} &\equiv \boldsymbol{I}\cdot\cdot\boldsymbol{A} = (\boldsymbol{e}_i\boldsymbol{e}_i)\cdot\cdot(A_{jk}\boldsymbol{e}_j\boldsymbol{e}_k) = A_{jk}(\boldsymbol{e}_i\boldsymbol{e}_i)\cdot\cdot(\boldsymbol{e}_j\boldsymbol{e}_k) = \\ &= A_{jk}\underbrace{(\boldsymbol{e}_i\cdot\boldsymbol{e}_j)}_{\delta_{ij}}\underbrace{(\boldsymbol{e}_i\cdot\boldsymbol{e}_k)}_{\delta_{ik}} = A_{jk}\underbrace{\delta_{ij}\delta_{ik}}_{\delta_{jk}} = A_{jk}\delta_{jk} = A_{kk} \\ Sp\boldsymbol{A} &= A_{11} + A_{22} + A_{33} \end{aligned} \tag{A.106}$$

Epsilon-Tensor: Der gemäß (A.67) definierte Epsilon-Tensor lautet unter Beachtung von (A.82) in kartesischen Koordinaten

$$\begin{aligned} \overset{(3)}{\boldsymbol{\varepsilon}} &= -(\boldsymbol{e}_i\boldsymbol{e}_i)\times(\boldsymbol{e}_j\boldsymbol{e}_j) = -\boldsymbol{e}_i\overbrace{(\boldsymbol{e}_i\times\boldsymbol{e}_j)}^{\varepsilon_{ijk}\boldsymbol{e}_k}\boldsymbol{e}_j = -\boldsymbol{e}_i(\varepsilon_{ijk}\boldsymbol{e}_k)\boldsymbol{e}_i = -\varepsilon_{ijk}\boldsymbol{e}_i\boldsymbol{e}_k\boldsymbol{e}_j \equiv \\ &\equiv \varepsilon_{ikj}\boldsymbol{e}_i\boldsymbol{e}_k\boldsymbol{e}_j \equiv \varepsilon_{ijk}\boldsymbol{e}_i\boldsymbol{e}_j\boldsymbol{e}_k \\ \overset{(3)}{\boldsymbol{\varepsilon}} &= \boldsymbol{e}_1\boldsymbol{e}_2\boldsymbol{e}_3 - \boldsymbol{e}_1\boldsymbol{e}_3\boldsymbol{e}_2 - \boldsymbol{e}_2\boldsymbol{e}_1\boldsymbol{e}_3 + \boldsymbol{e}_2\boldsymbol{e}_3\boldsymbol{e}_1 + \boldsymbol{e}_3\boldsymbol{e}_1\boldsymbol{e}_2 - \boldsymbol{e}_3\boldsymbol{e}_2\boldsymbol{e}_1 \end{aligned} \tag{A.107}$$

Die Aussage (A.69), daß nämlich das Doppelt-Skalarprodukt des Epsilon-Tensors mit einem symmetrischen Tensor $\boldsymbol{A}_S$ mit $\boldsymbol{A} = \boldsymbol{A}^T$ Null ergibt, kann unter Beachtung von (A.81), (A.95) und (A.107) wie folgt gezeigt werden:

$$\begin{aligned} \overset{(3)}{\boldsymbol{\varepsilon}}\cdot\cdot\boldsymbol{A} &= (\varepsilon_{ijk}\boldsymbol{e}_i\boldsymbol{e}_j\boldsymbol{e}_k)\cdot\cdot(A_{mn}\boldsymbol{e}_m\boldsymbol{e}_n) = \varepsilon_{ijk}A_{mn}(\boldsymbol{e}_i\boldsymbol{e}_j\boldsymbol{e}_k)\cdot\cdot(\boldsymbol{e}_m\boldsymbol{e}_n) = \\ &= \varepsilon_{ijk}A_{mn}\underbrace{(\boldsymbol{e}_k\cdot\boldsymbol{e}_m)}_{\delta_{km}}\underbrace{(\boldsymbol{e}_j\cdot\boldsymbol{e}_n)}_{\delta_{jn}}\boldsymbol{e}_i = \varepsilon_{ijk}A_{mn}\delta_{km}\delta_{jn}\boldsymbol{e}_i = \underline{\varepsilon_{ijk}A_{kj}\boldsymbol{e}_i} = \\ \overset{(3)}{\boldsymbol{\varepsilon}}\cdot\cdot\boldsymbol{A} &= \varepsilon_{1jk}A_{kj}\boldsymbol{e}_1 + \varepsilon_{2jk}A_{kj}\boldsymbol{e}_2 + \varepsilon_{3jk}A_{kj}\boldsymbol{e}_3 = \left(\underbrace{\varepsilon_{123}}_{1}A_{32} + \underbrace{\varepsilon_{132}}_{-1}A_{23}\right)\boldsymbol{e}_1 + \\ &+ \left(\underbrace{\varepsilon_{231}}_{1}A_{13} + \underbrace{\varepsilon_{213}}_{-1}A_{31}\right)\boldsymbol{e}_2 + \left(\underbrace{\varepsilon_{312}}_{1}A_{21} + \underbrace{\varepsilon_{321}}_{-1}A_{12}\right)\boldsymbol{e}_3 \\ &= (A_{32} - A_{23})\boldsymbol{e}_1 + (A_{13} - A_{31})\boldsymbol{e}_2 + (A_{21} - A_{12})e_3 \overset{A_{ij}=A_{ji}}{\equiv} \boldsymbol{0} = \underline{0\boldsymbol{e}_i} \end{aligned} \tag{A.108}$$

Aus (A.108) ergibt sich durch Koordinatenvergleich der unterstrichen gekennzeichneten Terme die Aussage (A.69) wie folgt in indizistischer Schreibweise:

$$\varepsilon_{ijk}A_{kj} = 0 \tag{A.109}$$

Grundinvarianten eines Tensors: Mit (A.105) und (A.106), indem in (A.105) $B_{ji} = A_{ji}$ gesetzt wird, ergeben sich gemäß (A.73) die drei Grundinvarianten wie folgt:

$$\begin{aligned} A_I &= Sp\boldsymbol{A} = A_{11} + A_{22} + A_{33} \\ A_{II} &= \frac{1}{2}\left(A_I^2 - Sp\boldsymbol{A}^2\right) = A_{11}A_{22} + A_{11}A_{33} + A_{22}A_{33} - (A_{12}A_{21} + A_{13}A_{31} + A_{23}A_{32}) \\ A_{III} &= \det\boldsymbol{A} = A_{11}A_{22}A_{33} + A_{12}A_{23}A_{31} + A_{13}A_{21}A_{32} - \\ &\quad - (A_{11}A_{23}A_{32} + A_{12}A_{21}A_{33} + A_{13}A_{22}A_{31}) \end{aligned} \tag{A.110}$$

Drehungen und Spiegelung eines Vektors: Die Drehung eines Vektors $\boldsymbol{a}$ um einen Winkel φ um die 3-Achse wird durch den orthogonalen Tensor

$$\boldsymbol{Q}_3 = \cos\varphi\,(\boldsymbol{e}_1\boldsymbol{e}_1 + \boldsymbol{e}_2\boldsymbol{e}_2) + \sin\varphi\,(\boldsymbol{e}_1\boldsymbol{e}_2 - \boldsymbol{e}_2\boldsymbol{e}_1) + \boldsymbol{e}_3\boldsymbol{e}_3 \tag{A.111}$$

bzw.

$$[\boldsymbol{Q}_3] = \begin{bmatrix} \cos\varphi & \sin\varphi & 0 \\ -\sin\varphi & \cos\varphi & 0 \\ 0 & 0 & 1 \end{bmatrix} \langle \boldsymbol{e}_i\boldsymbol{e}_j\rangle \quad \text{mit} \quad \det\boldsymbol{Q}_3 = +1 \tag{A.112}$$

vermittelt. Einsetzen von (A.83) und (A.111) in $(A.71)_1$ liefert den gedrehten Vektor $\boldsymbol{a}^*$ wie folgt (vgl. Bild A.2a):

$$\begin{aligned} \boldsymbol{a}^* &= \boldsymbol{Q}_3 \cdot \boldsymbol{a} = \\ &= [\cos\varphi\,(\boldsymbol{e}_1\boldsymbol{e}_1 + \boldsymbol{e}_2\boldsymbol{e}_2) + \sin\varphi\,(\boldsymbol{e}_1\boldsymbol{e}_2 - \boldsymbol{e}_2\boldsymbol{e}_1) + \boldsymbol{e}_3\boldsymbol{e}_3] \cdot (a_1\boldsymbol{e}_1 + a_2\boldsymbol{e}_2 + a_3\boldsymbol{e}_3) = \\ &= (a_1\cos\varphi + a_2\sin\varphi)\,\boldsymbol{e}_1 + (a_2\cos\varphi - a_1\sin\varphi)\,\boldsymbol{e}_2 + a_3\boldsymbol{e}_3 \stackrel{!}{=} a_i^*\boldsymbol{e}_i \end{aligned} \tag{A.113}$$

Indem $\boldsymbol{Q}_3^T$ statt $\boldsymbol{Q}_3$ genommen wird, kehrt sich die Drehrichtung um. Die Spiegelung eines Vektors $\boldsymbol{a}$ an der 2,3-Ebene wird durch den orthogonalen Tensor

$$\boldsymbol{Q}_{2,3} = -\boldsymbol{e}_1\boldsymbol{e}_1 + \boldsymbol{e}_2\boldsymbol{e}_2 + \boldsymbol{e}_3\boldsymbol{e}_3 \quad \text{bzw.} \quad [\boldsymbol{Q}_{2,3}] = \begin{bmatrix} -1 & 0 & 0 \\ 0 & 1 & 0 \\ 0 & 0 & 1 \end{bmatrix} \langle \boldsymbol{e}_i\boldsymbol{e}_j\rangle \tag{A.114}$$

mit $\det\boldsymbol{Q}_{2,3}$ = -1 vermittelt. Einsetzen von (A.83) und (A.114) in $(A.71)_1$ liefert den gespiegelten Vektor $\boldsymbol{a}^*$ wie folgt (vgl. Bild A.2b):

$$\begin{aligned} \boldsymbol{a}^* &= \boldsymbol{Q}_{2,3} \cdot \boldsymbol{a} = [-\boldsymbol{e}_1\boldsymbol{e}_1 + \boldsymbol{e}_2\boldsymbol{e}_2 + \boldsymbol{e}_3\boldsymbol{e}_3] \cdot (a_1\boldsymbol{e}_1 + a_2\boldsymbol{e}_2 + a_3\boldsymbol{e}_3) = \\ &= -a_1\boldsymbol{e}_1 + a_2\boldsymbol{e}_2 + a_3\boldsymbol{e}_3 \stackrel{!}{=} a_i^*\boldsymbol{e}_i \end{aligned} \tag{A.115}$$

Man beachte, daß gemäß (A.113) und (A.115) die transformierten Vektoren $\boldsymbol{a}^*$ jeweils im gleichen Basissystem $\boldsymbol{e}_1$, $\boldsymbol{e}_3$ und $\boldsymbol{e}_3$ wie die nicht-transformierten Vektoren $\boldsymbol{a}$ dargestellt sind und sich daher lediglich die Koordinaten von $\boldsymbol{a}^*$ und $\boldsymbol{a}$ unterscheiden. Eine andere Möglichkeit besteht darin, ein und denselben Vektor in zwei zueinander gedrehten Koordinatensystemen darzustellen, womit ebenfalls die Invarianz gegenüber orthogonalen Transformationen gezeigt werden kann! Im ersten Fall wird der komplette Vektor gedreht und im zweiten Fall das Koordinaten- bzw. Basissystem.

A.2 Vektor- und Tensoranalysis

A.2.1 Ableitung einer skalarwertigen Tensorfunktion nach der Zeit

Gesucht ist die Zeitableitung einer skalarwertigen Funktion f eines (beliebigen) Tensors $\boldsymbol{A}$, welcher von der Zeit t abhängen kann. Mit der Darstellung (A.90) läßt sich zunächst schreiben

$$f(\boldsymbol{A}) = f(A_{ij}\boldsymbol{e}_i\boldsymbol{e}_j) \tag{A.116}$$

Setzt man im Folgenden (o.B.d.A.) voraus, daß die Basisvektoren $\boldsymbol{e}_i$ ein zeitlich konstantes Basissystem bilden und nur die Koordinaten A_{ij} von der Zeit abhängen, so gilt mit (A.116) unter Beachtung der Kettenregel zunächst:

$$\dot{f}(\boldsymbol{A}) = \frac{df(\boldsymbol{A})}{dt} = \frac{df(A_{ij}\boldsymbol{e}_i\boldsymbol{e}_j)}{dt} = \frac{\partial f(A_{ij}\boldsymbol{e}_i\boldsymbol{e}_j)}{\partial A_{ij}}\frac{dA_{ij}}{dt} \equiv \frac{\partial f(A_{ij}\boldsymbol{e}_i\boldsymbol{e}_j)}{\partial A_{ij}}\dot{A}_{ij} \tag{A.117}$$

Führt man aus Gründen einer besseren Übersichtlichkeit die beiden Abkürzungen

$$\boldsymbol{M} = M_{ij}\boldsymbol{e}_i\boldsymbol{e}_j \quad , \quad \boldsymbol{N} = N_{ij}\boldsymbol{e}_i\boldsymbol{e}_j \quad \text{mit} \quad M_{ij} := \frac{\partial f(A_{ij}\boldsymbol{e}_i\boldsymbol{e}_j)}{\partial A_{ij}} \quad , \quad N_{ij} := \dot{A}_{ij} \tag{A.118}$$

ein, so ergibt sich unter Beachtung von (A.32), (A.47), (A.93) und (A.105) aus (A.117) die folgende weitere Rechnung, wenn zum Schluß wieder gemäß (A.118) Rücksubstituiert wird:

$$\begin{aligned}
\dot{f}(\boldsymbol{A}) &= M_{ij}N_{ij} \equiv M_{kl}N_{ij}\delta_{ik}\delta_{jl} = M_{kl}N_{ij}\overbrace{(\boldsymbol{e}_i \cdot \boldsymbol{e}_k)}^{\delta_{ik}}\overbrace{(\boldsymbol{e}_j \cdot \boldsymbol{e}_l)}^{\delta_{jl}} = \\
&= M_{kl}N_{ij}(\boldsymbol{e}_j\boldsymbol{e}_i)\cdot\cdot(\boldsymbol{e}_k\boldsymbol{e}_l) = M_{kl}N_{ij}(\boldsymbol{e}_k\boldsymbol{e}_l)\cdot\cdot(\boldsymbol{e}_j\boldsymbol{e}_i) = \underbrace{(M_{kl}\boldsymbol{e}_k\boldsymbol{e}_l)}_{M}\cdot\cdot\underbrace{(N_{ij}\boldsymbol{e}_j\boldsymbol{e}_i)}_{\boldsymbol{N}^T} = \\
&= \boldsymbol{M}\cdot\cdot\boldsymbol{N}^T = \boldsymbol{M}^T\cdot\cdot\boldsymbol{N} = Sp\left(\boldsymbol{M}^T\cdot\cdot N\right) \\
&= \frac{\partial f(\boldsymbol{A})}{\partial \boldsymbol{A}}\cdot\cdot\dot{\boldsymbol{A}}^T = \left[\frac{\partial f(\boldsymbol{A})}{\partial \boldsymbol{A}}\right]^T\cdot\cdot\dot{\boldsymbol{A}} \equiv Sp\left\{\left[\frac{\partial f(\boldsymbol{A})}{\partial \boldsymbol{A}}\right]^T\cdot\dot{\boldsymbol{A}}\right\}
\end{aligned} \tag{A.119}$$

Dieses Ergebnis gilt für beliebige Tensoren $\boldsymbol{A}$ und damit auch für beliebige Darstellungen in beliebigen Koordinatensystemen! Die in (A.119) auftretende partielle Ableitung $\partial f/\partial \boldsymbol{A}$ ist gemäß der folgenden Vorschrift (A.121) zu bilden.

A.2.2 Ableitung einer skalarwertigen Tensorfunktion nach dem Argumenttensor

Gesucht ist die Ableitung einer skalarwertigen Tensorfunktion f gemäß (A.116) nach dem Argumenttensor $\boldsymbol{A}$. In Anlehnung an den Ableitungsbegriff der reellen Analysis für eine

Funktion $f(x)$ der Gestalt

$$\frac{df(x)}{dx} \equiv f'(x) = \lim_{\Delta x \to 0} \frac{f(x+\Delta x) - f(x)}{\Delta x} = \lim_{h \to 0} \frac{1}{h}\left[f(x+h) - f(x)\right]$$

hat die entsprechende Erweiterung für skalare Funktionen f einer tensorwertigen Variablen $\boldsymbol{A}$ die Form

$$\delta f\left(\boldsymbol{A}; \bar{\boldsymbol{A}}\right) := \lim_{\lambda \to 0} \frac{1}{\lambda}\left[f\left(\boldsymbol{A} + \lambda \bar{\boldsymbol{A}}\right) - f(\boldsymbol{A})\right] \tag{A.120}$$

wobei die (partielle) Ableitung von f nach $\boldsymbol{A}$ über die folgende Vorschrift zu berechnen ist:

$$\delta f\left(\boldsymbol{A}; \bar{\boldsymbol{A}}\right) = \frac{d}{d\lambda}\left[f\left(\boldsymbol{A} + \lambda \bar{\boldsymbol{A}}\right)\right]\Big|_{\lambda=0} \stackrel{!}{=} \left(\frac{\partial f}{\partial \boldsymbol{A}}\right)^T \cdot\cdot\, \bar{\boldsymbol{A}} \tag{A.121}$$

In (A.120) bzw. (A.121) heißt δf *Richtungsdifferential* (auch *GATEAUX-Differential*) der Funktion f in Richtung (Zuwachs) $\bar{\boldsymbol{A}}$ an der „Stelle“ $\boldsymbol{A}$. Da δf linear im zweiten Argument(-Tensor) $\bar{\boldsymbol{A}}$ ist, wird die Ableitung $\partial f / \partial \boldsymbol{A}$ derart erzeugt, daß stets $\bar{\boldsymbol{A}}$ wie in (A.121) dargestellt (im Falle einer skalarwertigen Tensorfunktion) aus dem Doppelt-Skalarprodukt „herauszuziehen“ ist. Die Rechenvorschrift (A.121) soll am nachfolgenden Beispiel verdeutlicht werden.

Beispiel: Für $f(\boldsymbol{A}) = \alpha \boldsymbol{I} \cdot\cdot\, \boldsymbol{A} \equiv \alpha Sp \boldsymbol{A}$ ergibt sich nach (A.121) unter Beachtung von (A.49)

$$\begin{aligned} \delta f\left(\boldsymbol{A}; \bar{\boldsymbol{A}}\right) &\equiv \frac{d}{d\lambda}\left[f\left(\boldsymbol{A} + \lambda \bar{\boldsymbol{A}}\right)\right]\Big|_{\lambda=0} = \frac{d}{d\lambda}\left[\alpha \boldsymbol{I} \cdot\cdot \left(\boldsymbol{A} + \lambda \bar{\boldsymbol{A}}\right)\right]\Big|_{\lambda=0} = \\ &= \frac{d}{d\lambda}\left(\alpha \boldsymbol{I} \cdot\cdot\, \boldsymbol{A} + \alpha\lambda \boldsymbol{I} \cdot\cdot\, \bar{\boldsymbol{A}}\right)\Big|_{\lambda=0} = \underline{\alpha \boldsymbol{I} \cdot\cdot\, \bar{\boldsymbol{A}} \stackrel{!}{=} \left(\frac{\partial f}{\partial \boldsymbol{A}}\right)^T \cdot\cdot\, \bar{\boldsymbol{A}}} \end{aligned} \tag{A.122}$$

Durch Vergleich in der beliebigen Richtung $\bar{\boldsymbol{A}}$ des in (A.122) unterstrichenen Gleichungsteiles entnimmt man den folgenden Ausdruck für die gesuchte Ableitung

$$\left(\frac{\partial f}{\partial \boldsymbol{A}}\right)^T = \alpha \boldsymbol{I} \quad \text{also mit} \quad \boldsymbol{I} = \boldsymbol{I}^T \quad \text{schließlich} \quad \frac{\partial f}{\partial \boldsymbol{A}} = \alpha \boldsymbol{I} \tag{A.123}$$

A.2.3 Ableitung einer vektorwertigen Vektorfunktion nach dem Argumentvektor

Gesucht ist die Ableitung einer vektorwertigen Vektorfunktion $\boldsymbol{f}$ nach dem Argumentvektor $\boldsymbol{a}$. In Anlehnung an (A.121) gilt dann für die partielle Ableitung von $\boldsymbol{f}$ nach dem Argument $\boldsymbol{a}$

$$\delta \boldsymbol{f}\left(\boldsymbol{a}; \bar{\boldsymbol{a}}\right) = \frac{d}{d\lambda}\left[f\left(\boldsymbol{a} + \lambda \bar{\boldsymbol{a}}\right)\right]\Big|_{\lambda=0} \stackrel{!}{=} \frac{\partial \boldsymbol{f}}{\partial \boldsymbol{a}} \cdot \bar{\boldsymbol{a}} \tag{A.124}$$

worin jetzt die partielle Ableitung $\partial \boldsymbol{f} / \partial \boldsymbol{a}$ einen Tensor zweiter Stufe darstellt, welcher durch skalare Multiplikation mit $\bar{\boldsymbol{a}}$ wieder die Vektorfunktion $\boldsymbol{f}$ (also einen *Vektor*) ergibt. Dies soll am folgenden Beispiel verdeutlicht werden.

Beispiel: Für $\boldsymbol{f}(\boldsymbol{a}) = \beta\boldsymbol{a} \equiv \beta\boldsymbol{I}\cdot\boldsymbol{a}$ ergibt sich gemäß (A.124) unter Beachtung von (A.50)

$$\begin{aligned}\delta\boldsymbol{f}(\boldsymbol{a};\bar{\boldsymbol{a}}) &\equiv \frac{d}{d\lambda}\left[\boldsymbol{f}(\boldsymbol{a}+\lambda\bar{\boldsymbol{a}})\right]\big|_{\lambda=0} = \frac{d}{d\lambda}\left[\beta(\boldsymbol{a}+\lambda\bar{\boldsymbol{a}})\right]\big|_{\lambda=0} = \\ &= \frac{d}{d\lambda}(\beta\boldsymbol{a}+\beta\lambda\bar{\boldsymbol{a}})\big|_{\lambda=0} = \beta\bar{\boldsymbol{a}} \equiv \underline{\beta\boldsymbol{I}\cdot\bar{\boldsymbol{a}} \stackrel{!}{=} \frac{\partial\boldsymbol{f}}{\partial\boldsymbol{a}}\cdot\bar{\boldsymbol{a}}}\end{aligned} \tag{A.125}$$

Durch Vergleich in der beliebigen Richtung $\bar{\boldsymbol{a}}$ des in (A.125) unterstrichenen Gleichungsteiles entnimmt man den folgenden Ausdruck für die gesuchte Ableitung

$$\frac{\partial\boldsymbol{f}}{\partial\boldsymbol{a}} = \beta\boldsymbol{I} \tag{A.126}$$

Identifiziert man nun beispielsweise mit $\boldsymbol{a} \equiv \boldsymbol{X}$ den Lagevektor in der BKFG und mit $\boldsymbol{f}(\bullet) \equiv \boldsymbol{\chi}(\bullet) = \boldsymbol{x}$ die Bewegung, so stellt das Ergebnis (A.126) den Deformationsgradienten $\boldsymbol{F}$ für die spezielle Bewegung $\boldsymbol{x} = \boldsymbol{\chi}(\boldsymbol{X}) = \beta\boldsymbol{X}$ dar!

A.2.4 Rechenoperationen mit dem NABLA-Opcrator

In der dreidimensionalen Kontinuumsmechanik sind sämtliche Größen (etwa Verschiebungsvektoren, Verzerrungs- und Spannungstensoren) prinzipiell vom Ort $\boldsymbol{x}$ und damit (beispielsweise im Falle kartesischer Darstellungen) von drei Ortskoordinaten x_1, x_2 und x_3 abhängig (hier soll nicht zwischen den Ortsvektoren $\boldsymbol{x}$ und $\boldsymbol{X}$ in der Bezugs- bzw. Momentankonfiguration unterschieden werden). Deshalb spricht man dann auch von sogenannten ,,Feld"-Größen. Zur Berechnung von räumlichen änderungen der Feldgrößen wird zweckmäßigerweise ein *vektorwertiger* Differentialoperator -welcher auch als *NABLA-Operator* bezeichnet wird- analog zu der Vektordarstellung (A.83) wie folgt definiert (aus Gründen einer besseren übersichtlichkeit wird zunächst auf eine kartesische Darstellung unter Beachtung der EINSTEINschen Summationskonvention beschränkt):

$$\boldsymbol{\nabla} = \frac{\partial}{\partial x_1}\boldsymbol{e}_1 + \frac{\partial}{\partial x_2}\boldsymbol{e}_2 + \frac{\partial}{\partial x_3}\boldsymbol{e}_3 \equiv \frac{\partial}{\partial x_i}\boldsymbol{e}_i \tag{A.127}$$

Bei der Anwendung des NABLA-Operators ist auf dessen gleichzeitige Vektor- und Differentialoperatoreigenschaft zu achten! Nachfolgend sind einige wichtige NABLA-Operationen aufgelistet, wobei die Summationen (über die jeweiligen doppelten Indizes) aus Platzgründen (bis auf Ausnahmen) nicht ausgeführt wurden, aber entsprechend der Ausführungen des vorhergehenden Abschnittes leicht ausgeschrieben werden können:

Gradient eines Skalares: Ergebnis ist ein Vektor

$$grad s := \boldsymbol{\nabla}s \equiv \frac{\partial s}{\partial x_i}\boldsymbol{e}_i = \frac{\partial s}{\partial x_1}\boldsymbol{e}_1 + \frac{\partial s}{\partial x_2}\boldsymbol{e}_2 + \frac{\partial s}{\partial x_3}\boldsymbol{e}_3 \tag{A.128}$$

Gradient eines Vektors: Ergebnis ist eine Dyade bzw. ein Tensor (mit *neun* Komponenten)

$$grad\boldsymbol{a} := \boldsymbol{\nabla}\boldsymbol{a} = \left(\frac{\partial}{\partial x_i}\boldsymbol{e}_i\right)(a_j\boldsymbol{e}_j) \equiv \frac{\partial a_j}{\partial x_i}\boldsymbol{e}_i\boldsymbol{e}_j \tag{A.129}$$

mit dem Transponierten

$$(grad\boldsymbol{a})^T = grad^T\boldsymbol{a} = \boldsymbol{a}\boldsymbol{\nabla} = \frac{\partial a_j}{\partial x_i}\boldsymbol{e}_j\boldsymbol{e}_i \equiv \frac{\partial a_i}{\partial x_j}\boldsymbol{e}_i\boldsymbol{e}_j \tag{A.130}$$

Gradient eines Tensors: Ergebnis ist ein Tensor dritter Stufe (mit $3^3 = 27$ Komponenten)

$$grad\boldsymbol{A} := \boldsymbol{\nabla}\boldsymbol{A} = \left(\frac{\partial}{\partial x_i}\boldsymbol{e}_i\right)(A_{kl}\boldsymbol{e}_k\boldsymbol{e}_l) \equiv \frac{\partial A_{kl}}{\partial x_i}\boldsymbol{e}_i\boldsymbol{e}_k\boldsymbol{e}_l \tag{A.131}$$

Divergenz eines Vektors bzw. eines Tensors (Verjüngung): Ergebnis ist ein Skalar bzw. ein Vektor

$$div\boldsymbol{a} := \boldsymbol{\nabla}\cdot\boldsymbol{a} = \left(\frac{\partial}{\partial x_i}\boldsymbol{e}_i\right)\cdot(a_j\boldsymbol{e}_j) \equiv \frac{\partial a_j}{\partial x_i}\underbrace{\boldsymbol{e}_i\cdot\boldsymbol{e}_j}_{\delta_{ij}} = \frac{\partial a_i}{\partial x_i} = \frac{\partial a_1}{\partial x_1}+\frac{\partial a_2}{\partial x_2}+\frac{\partial a_3}{\partial x_3} \tag{A.132}$$

bzw.

$$div\boldsymbol{A} := \boldsymbol{\nabla}\cdot\boldsymbol{A} = \left(\frac{\partial}{\partial x_i}\boldsymbol{e}_i\right)\cdot(A_{kl}\boldsymbol{e}_k\boldsymbol{e}_l) \equiv \frac{\partial A_{kl}}{\partial x_i}\boldsymbol{e}_l\underbrace{(\boldsymbol{e}_i\cdot\boldsymbol{e}_k)}_{\delta_{ik}} = \frac{\partial A_{kl}}{\partial x_k}\boldsymbol{e}_l \tag{A.133}$$

Rotation eines Vektors: Ergebnis ist ein Vektor

$$rot\boldsymbol{a} := \boldsymbol{\nabla}\times\boldsymbol{a} = \left(\frac{\partial}{\partial x_i}\boldsymbol{e}_i\right)\times(a_j\boldsymbol{e}_j) \equiv \frac{\partial a_j}{\partial x_i}\underbrace{\boldsymbol{e}_i\times\boldsymbol{e}_j}_{\varepsilon_{ijk}\boldsymbol{e}_k} = \varepsilon_{ijk}\frac{\partial a_j}{\partial x_i}\boldsymbol{e}_k \tag{A.134}$$

LAPLACE-Operator: Dieser entsteht durch skalare Multiplikation des NABLA-Operators mit sich selbst (zweifache Anwendung): Ergebnis ist ein *skalarer* Differential-Operator

$$\Delta := \boldsymbol{\nabla}\cdot\boldsymbol{\nabla} = divgrad = \left(\frac{\partial}{\partial x_i}\boldsymbol{e}_i\right)\cdot\left(\frac{\partial}{\partial x_j}\boldsymbol{e}_j\right) = \frac{\partial}{\partial x_i}\left(\frac{\partial}{\partial x_j}\right)\underbrace{\boldsymbol{e}_i\cdot\boldsymbol{e}_j}_{\delta_{ij}} = \frac{\partial^2}{\partial x_i\partial x_i}$$

$$\Delta = \frac{\partial^2}{\partial x_1^2}+\frac{\partial^2}{\partial x_2^2}+\frac{\partial^2}{\partial x_3^2} \tag{A.135}$$

Gradient der Divergenz eines Vektors: Ergebnis ist ein Vektor

$$grad\,(div\boldsymbol{a}) = \boldsymbol{\nabla}\,(\boldsymbol{\nabla}\cdot\boldsymbol{a}) = \left(\frac{\partial}{\partial x_i}\boldsymbol{e}_i\right)\left(\frac{\partial a_k}{\partial x_k}\right) = \frac{\partial}{\partial x_i}\left(\frac{\partial a_k}{\partial x_k}\right)\boldsymbol{e}_i \equiv \frac{\partial^2 a_k}{\partial x_i\partial x_k}\boldsymbol{e}_i \tag{A.136}$$

Divergenz des Gradienten eines Vektors: Ergebnis ist ein Vektor (*Achtung*: grad(div$\boldsymbol{a}$) $\neq$ div(grad**a**)!)

$$div\,(grad\boldsymbol{a}) := \boldsymbol{\nabla}\cdot(\boldsymbol{\nabla}\boldsymbol{a}) \equiv \Delta\boldsymbol{a} = \left(\frac{\partial}{\partial x_i}\boldsymbol{e}_i\right)\cdot\left(\frac{\partial a_j}{\partial x_k}\boldsymbol{e}_k\boldsymbol{e}_j\right) =$$
$$\frac{\partial^2 a_j}{\partial x_i\partial x_k}\boldsymbol{e}_j\underbrace{(\boldsymbol{e}_i\cdot\boldsymbol{e}_k)}_{\delta_{ik}} = \frac{\partial^2 a_j}{\partial x_k\partial x_k}\boldsymbol{e}_j \equiv \underbrace{\frac{\partial^2}{\partial x_k\partial x_k}}_{\Delta}\underbrace{(a_j\boldsymbol{e}_j)}_{\boldsymbol{a}} \tag{A.137}$$

Divergenz des Transponierten Gradienten eines Vektors: Ergebnis ist ein Vektor

$$div\,(grad\boldsymbol{a})^T := \boldsymbol{\nabla}\cdot(\boldsymbol{a}\boldsymbol{\nabla}) = \left(\frac{\partial}{\partial x_i}\boldsymbol{e}_i\right)\cdot\left(\frac{\partial a_j}{\partial x_k}\boldsymbol{e}_j\boldsymbol{e}_k\right) = \frac{\partial^2 a_j}{\partial x_i \partial x_k}\boldsymbol{e}_k\overbrace{(\boldsymbol{e}_i\cdot\boldsymbol{e}_j)}^{\delta_{ij}} =$$
$$= \frac{\partial^2 a_i}{\partial x_i \partial x_k}\boldsymbol{e}_k \tag{A.138}$$

Produktregeln: Die folgenden Regeln können mit den o. g. Ausführungen leicht bewiesen werden.

$$\boldsymbol{\nabla}\cdot(s\boldsymbol{A}) = (\boldsymbol{\nabla}s)\cdot\boldsymbol{A} + s\boldsymbol{\nabla}\cdot\boldsymbol{A} \quad \text{bzw.} \quad div\,(s\boldsymbol{A}) = (grad s)\cdot\boldsymbol{A} + s div\boldsymbol{A} \tag{A.139}$$

$$\boldsymbol{\nabla}\cdot(\boldsymbol{S}\times\boldsymbol{x}) = (\boldsymbol{\nabla}\cdot\boldsymbol{S})\times\boldsymbol{x} + \overset{(3)}{\boldsymbol{\varepsilon}}\cdot\cdot\,\boldsymbol{S} \equiv -\boldsymbol{x}\times(\boldsymbol{\nabla}\cdot\boldsymbol{S}) + \overset{(3)}{\boldsymbol{\varepsilon}}\cdot\cdot\,\boldsymbol{S} \tag{A.140}$$

$$\boldsymbol{\nabla}\cdot(\boldsymbol{S}\cdot\boldsymbol{v}) = (\boldsymbol{\nabla}\cdot\boldsymbol{S})\cdot\boldsymbol{v} + \boldsymbol{S}\cdot\cdot\,(\boldsymbol{v}\boldsymbol{\nabla}) \tag{A.141}$$

Aus (A.139) ergibt sich speziell für $s = \mathrm{div}\,\boldsymbol{a}$ und $\boldsymbol{A} \equiv \boldsymbol{I}$ die folgende Identität

$$div\,[(div\boldsymbol{a})\,\boldsymbol{I}] = \boldsymbol{\nabla}\cdot[(\boldsymbol{\nabla}\cdot\boldsymbol{a})\,\boldsymbol{I}] = \left(\frac{\partial}{\partial x_j}\boldsymbol{e}_j\right)\cdot\left(\frac{\partial a_k}{\partial x_k}\boldsymbol{e}_i\boldsymbol{e}_i\right) =$$
$$= \frac{\partial}{\partial x_j}\left(\frac{\partial a_k}{\partial x_k}\right)\boldsymbol{e}_i\underbrace{(\boldsymbol{e}_j\cdot\boldsymbol{e}_i)}_{\delta_{ij}} = \frac{\partial^2 a_k}{\partial x_i \partial x_k}\boldsymbol{e}_i \equiv grad\,(div\boldsymbol{a}) = \boldsymbol{\nabla}\,(\boldsymbol{\nabla}\cdot\boldsymbol{a}) \tag{A.142}$$

Beispiel: Ortsvektor $\boldsymbol{x} = x_i\boldsymbol{e}_i = x_1\boldsymbol{e}_1 + x_2\boldsymbol{e}_2 + x_3\boldsymbol{e}_3$, mit Hilfe von (A.129), (A.131) und (A.134) folgt

$$\begin{aligned} div\boldsymbol{x} &= \frac{\partial x_i}{\partial x_i} = \delta_{ii} = 3 \quad , \quad grad\boldsymbol{x} = \frac{\partial x_j}{\partial x_i}\boldsymbol{e}_i\boldsymbol{e}_j = \delta_{ji}\boldsymbol{e}_i\boldsymbol{e}_j = \boldsymbol{I} \\ rot\boldsymbol{x} &= \varepsilon_{ijk}\frac{\partial x_j}{\partial x_i}\boldsymbol{e}_k = \varepsilon_{ijk}\delta_{ij}\boldsymbol{e}_k = \varepsilon_{iik}\boldsymbol{e}_k = \boldsymbol{0} \end{aligned} \tag{A.143}$$

A.2.5 GAUSSscher Integralsatz (Carl Friedrich Gauß, dt. Mathematiker, 1777 – 1855)

Bedeuten $A(V)$ die geschlossene Oberfläche des Volumens V eines Körpers, $\boldsymbol{n}$ der stets nach außen gerichtete Normalenvektor von $A(V)$, $\overset{(n)}{\boldsymbol{B}}$ eine tensorielle Feldgröße n-ter Stufe ($n =$ 0,1,2,...) und „$\otimes$“ eine beliebige Verknüpfung (Skalar-, Kreuz- oder dyadisches Produkt für $n \geq 1$), so läßt sich wie folgt das Oberflächenintegral in ein Volumenintegral (und umgekehrt) umwandeln (*GAUSSscher Integralsatz*):

$$\int\limits_{A(V)} \boldsymbol{n}\oplus\overset{(n)}{\boldsymbol{B}}\,dA = \int\limits_{V} \boldsymbol{\nabla}\oplus\overset{(n)}{\boldsymbol{B}}\,dV \tag{A.144}$$

Beispiel: $n = 2$, „$\oplus$“ $\equiv$ „$\cdot$“, $\overset{(2)}{\boldsymbol{B}} \equiv \boldsymbol{B}$

$$\int\limits_{A(V)} \boldsymbol{n} \cdot \boldsymbol{B} dA = \int\limits_{V} \nabla \cdot \boldsymbol{B} dV \equiv \int\limits_{V} div \boldsymbol{B} dV \qquad \text{(A.145)}$$

A.2.6 Vektor- und Tensorfelder in Zylinderkoordinaten

Nachstehend werden die für Abschnitt 5.4 und Kapitel 9 wichtigsten Darstellungen bezüglich Zylinderkoordinaten aufgelistet. Dabei wird auf Zylinderkoordinaten r, φ und z Bezug genommen, denen das *orthonormierte* Basissystem $\boldsymbol{e}_r$, $\boldsymbol{e}_\varphi$ und $\boldsymbol{e}_z$ zugeordnet wird. Für die Basisvektoren gelten analog zu (A.80) die folgenden Eigenschaften

$$\boldsymbol{e}_r \perp \boldsymbol{e}_\varphi \perp \boldsymbol{e}_z \quad , \quad |\boldsymbol{e}_r| = |\boldsymbol{e}_\kappa| = |\boldsymbol{e}_z| = 1 \quad , \quad \boldsymbol{e}_i \cdot \boldsymbol{e}_j = \delta_{ij} = \begin{cases} 1 \ , & \text{falls} \quad i = j \\ 0 \ , & \text{falls} \quad i \neq j \end{cases} \qquad \text{(A.146)}$$

sowie zusätzlich

$$\frac{\partial \boldsymbol{e}_r}{\partial r} = \frac{\partial \boldsymbol{e}_\varphi}{\partial r} = \frac{\partial \boldsymbol{e}_z}{\partial r} = \frac{\partial \boldsymbol{e}_z}{\partial \varphi} = \frac{\partial \boldsymbol{e}_r}{\partial z} = \frac{\partial \boldsymbol{e}_\varphi}{\partial z} = \frac{\partial \boldsymbol{e}_z}{\partial z} = \boldsymbol{0} \quad , \quad \frac{\partial \boldsymbol{e}_r}{\partial \varphi} = \boldsymbol{e}_\varphi \quad , \quad \frac{\partial \boldsymbol{e}_\varphi}{\partial \varphi} = -\boldsymbol{e}_r \qquad \text{(A.147)}$$

Analog zu (A.83) und (A.90) lauten jetzt die Darstellungen eines Vektors $\boldsymbol{a}$ bzw. eines Tensors $\boldsymbol{A}$ bezüglich Zylinderkoordinaten

$$\boldsymbol{a} = a_r \boldsymbol{e}_r + a_\varphi \boldsymbol{e}_\varphi + a_z \boldsymbol{e}_z \qquad \text{(A.148)}$$

bzw.

$$\begin{aligned} A = {} & A_{rr} \boldsymbol{e}_r \boldsymbol{e}_r + A_{r\varphi} \boldsymbol{e}_r \boldsymbol{e}_\varphi + A_{rz} \boldsymbol{e}_r \boldsymbol{e}_z + A_{\varphi r} \boldsymbol{e}_\varphi \boldsymbol{e}_r + A_{\varphi\varphi} \boldsymbol{e}_\varphi \boldsymbol{e}_\varphi + A_{\varphi z} \boldsymbol{e}_\varphi \boldsymbol{e}_z + \\ & + A_{zr} \boldsymbol{e}_z \boldsymbol{e}_r + A_{z\varphi} \boldsymbol{e}_z \boldsymbol{e}_\varphi + A_{zz} \boldsymbol{e}_z \boldsymbol{e}_z \end{aligned} \qquad \text{(A.149)}$$

mit

$$a_i = a_i\,(r, \varphi, z) \quad \text{bzw.} \quad A_{ij} = A_{ij}\,(r, \varphi, z) \quad , \quad (i, j = r, \varphi, z)$$

Für den NABLA- bzw. LAPLACE-Operator gelten jetzt die Darstellungen

$$\boldsymbol{\nabla} = \frac{\partial}{\partial r} \boldsymbol{e}_r + \frac{1}{r} \frac{\partial}{\partial \varphi} \boldsymbol{e}_\varphi + \frac{\partial}{\partial z} \boldsymbol{e}_z \quad , \quad \Delta = \frac{\partial^2}{\partial r^2} + \frac{1}{r} \frac{\partial}{\partial r} + \frac{1}{r^2} \frac{\partial^2}{\partial \varphi^2} + \frac{\partial^2}{\partial z^2} \qquad \text{(A.150)}$$

Beispiel: Zum besseren Verständnis soll anhand der Operation $\boldsymbol{\nabla} \cdot \boldsymbol{b} = \mathrm{div} \boldsymbol{b}$ mit $\boldsymbol{b} = b(r,\varphi) \boldsymbol{e}_r$ die Umgehensweise mit Zylinderkoordinaten gezeigt werden: Mit $(A.150)_1$ erhält man unter Beachtung von (A.143) und (A.147) die folgende Rechnung:

$$\begin{aligned}\boldsymbol{\nabla}\cdot\boldsymbol{b} &= \left(\frac{\partial}{\partial r}\boldsymbol{e}_r+\frac{1}{r}\frac{\partial}{\partial\varphi}\boldsymbol{e}_\varphi+\frac{\partial}{\partial z}\boldsymbol{e}_z\right)\cdot(b\boldsymbol{e}_r)=\left(\frac{\partial}{\partial r}\boldsymbol{e}_r\right)\cdot(b\boldsymbol{e}_r)+\\ &+\left(\frac{1}{r}\frac{\partial}{\partial\varphi}\boldsymbol{e}_\varphi\right)\cdot(b\boldsymbol{e}_r)+\underbrace{\left(\frac{\partial}{\partial z}\boldsymbol{e}_z\right)\cdot(b\boldsymbol{e}_r)}_{0}=\frac{\partial b}{\partial r}\underbrace{\boldsymbol{e}_r\cdot\boldsymbol{e}_r}_{1}+b\boldsymbol{e}_r\cdot\underbrace{\frac{\partial\boldsymbol{e}_r}{\partial r}}_{\boldsymbol{0}}+\\ &+\frac{1}{r}\frac{\partial b}{\partial\varphi}\underbrace{\boldsymbol{e}_\varphi\cdot\boldsymbol{e}_r}_{\boldsymbol{0}}+\frac{b}{r}\boldsymbol{e}_\varphi\cdot\underbrace{\frac{\partial\boldsymbol{e}_r}{\partial\varphi}}_{\boldsymbol{e}_\varphi}=\frac{\partial b}{\partial r}+\frac{b}{r}\underbrace{\boldsymbol{e}_\varphi\cdot\boldsymbol{e}_\varphi}_{1}=\underline{\frac{\partial b}{\partial r}+\frac{b}{r}}\end{aligned} \tag{A.151}$$

Mit (A.146) bis (A.151) erhält man dann die folgenden Operationen:

Gradient eines Skalares $s(r,\varphi,z)$:

$$\boldsymbol{\nabla}s\equiv grad s=\frac{\partial s}{\partial r}\boldsymbol{e}_r+\frac{1}{r}\frac{\partial s}{\partial\varphi}\boldsymbol{e}_\varphi+\frac{\partial s}{\partial z}\boldsymbol{e}_z \tag{A.152}$$

Divergenz eines Vektors $\boldsymbol{a}(r,\varphi,z)$:

$$\boldsymbol{\nabla}\cdot\boldsymbol{a}\equiv div\boldsymbol{a}=\frac{\partial a_r}{\partial r}+\frac{a_r}{r}+\frac{1}{r}\frac{\partial a_\varphi}{\partial\varphi}+\frac{\partial a_z}{\partial z} \tag{A.153}$$

Gradient eines Vektors $\boldsymbol{a}(r,\varphi,z)$:

$$\begin{aligned}\boldsymbol{\nabla}\boldsymbol{a}\equiv grad\boldsymbol{a} &= \frac{\partial a_r}{\partial r}\boldsymbol{e}_r\boldsymbol{e}_r+\frac{\partial a_\varphi}{\partial r}\boldsymbol{e}_r\boldsymbol{e}_\varphi+\frac{\partial a_z}{\partial r}\boldsymbol{e}_r\boldsymbol{e}_z+\\ &+\frac{1}{r}\left(\frac{\partial a_r}{\partial\varphi}-a_\varphi\right)\boldsymbol{e}_\varphi\boldsymbol{e}_r+\frac{1}{r}\left(\frac{\partial a_\varphi}{\partial\varphi}+a_r\right)\boldsymbol{e}_\varphi\boldsymbol{e}_\varphi++\frac{1}{r}\frac{\partial a_z}{\partial\varphi}\boldsymbol{e}_\varphi\boldsymbol{e}_z+\\ &+\frac{\partial a_r}{\partial z}\boldsymbol{e}_z\boldsymbol{e}_r+\frac{\partial a_\varphi}{\partial z}\boldsymbol{e}_z\boldsymbol{e}_\varphi+\frac{\partial a_z}{\partial z}\boldsymbol{e}_z\boldsymbol{e}_z\end{aligned} \tag{A.154}$$

Divergenz eines Gradienten eines Vektors $\boldsymbol{a}(r,\varphi,z)$:

$$\begin{aligned}\Delta\boldsymbol{a}\equiv\boldsymbol{\nabla}\cdot(\boldsymbol{\nabla}\boldsymbol{a})\equiv div\,(grad\boldsymbol{a}) &= \left[\Delta a_r-\frac{1}{r^2}\left(a_r+2\frac{\partial a_\varphi}{\partial\varphi}\right)\right]\boldsymbol{e}_r+\\ &+\left[\Delta a_\varphi-\frac{1}{r^2}\left(a_\varphi-2\frac{\partial a_r}{\partial\varphi}\right)\right]\boldsymbol{e}_\varphi+\Delta a_z\boldsymbol{e}_z\end{aligned} \tag{A.155}$$

Divergenz eines Tensors $\boldsymbol{A}(r,\varphi,z)$:

$$\begin{aligned}\boldsymbol{\nabla}\cdot\boldsymbol{A}\equiv div\boldsymbol{A} &= \left[\frac{\partial A_{rr}}{\partial r}+\frac{1}{r}\frac{\partial A_{\varphi r}}{\partial\varphi}+\frac{\partial A_{zr}}{\partial z}+\frac{1}{r}\left(A_{rr}-A_{\varphi\varphi}\right)\right]\boldsymbol{e}_r+\\ &+\left[\frac{\partial A_{r\varphi}}{\partial r}+\frac{1}{r}\frac{\partial A_{\varphi\varphi}}{\partial\varphi}+\frac{\partial A_{z\varphi}}{\partial z}+\frac{1}{r}\left(A_{r\varphi}+A_{\varphi r}\right)\right]\boldsymbol{e}_\varphi+\\ &+\left[\frac{\partial A_{rz}}{\partial r}+\frac{1}{r}\frac{\partial A_{\varphi z}}{\partial\varphi}+\frac{\partial A_{zz}}{\partial z}+\frac{A_{rz}}{r}\right]\boldsymbol{e}_z+\end{aligned} \tag{A.156}$$

Zeitableitungen von Basisvektoren:

Für die gemäß (A.146) definierten Basisvektoren gilt grundsätzlich

$$\dot{\boldsymbol{e}}_i \equiv \frac{d\boldsymbol{e}_i}{dt} = \boldsymbol{\omega} \times \boldsymbol{e}_i \quad \text{mit} \quad \boldsymbol{\omega} = \omega \boldsymbol{e}_z \equiv \dot{\varphi} \boldsymbol{e}_z \tag{A.157}$$

Unter Beachtung von $\boldsymbol{e}_i = \boldsymbol{e}_i(\varphi) = \boldsymbol{e}_i[\varphi(t)]$ gilt auch

$$\dot{\boldsymbol{e}}_i \equiv \frac{d\boldsymbol{e}_i}{dt} = \frac{d\boldsymbol{e}_i}{d\varphi} \underbrace{\frac{d\varphi}{dt}}_{\dot{\varphi}} \equiv \dot{\varphi} \frac{d\boldsymbol{e}_i}{d\varphi} \equiv \omega \frac{d\boldsymbol{e}_i}{d\varphi} \tag{A.158}$$

Mit (A.147) erhält man dann unter Beachtung von (A.157), (A.158) schließlich

$$\dot{\boldsymbol{e}}_r = \omega \boldsymbol{e}_\varphi, \qquad \dot{\boldsymbol{e}}_\varphi = -\omega \boldsymbol{e}_r \tag{A.159}$$

Literaturverzeichnis

[ABA] ABAQUS: Theorie Manual, Version 6.1

[Ali 01] Alizadeh, M.: Eine Randwertsystematik für Gradientenfluide vom Grade drei auf Basis von Porositätstensoren. Dissertation, TU Berlin 2001

[Alt 94] Altenbach, J.;Altenbach, H. (Hrsg.): Einführung in die Kontinuumsmechanik. Teubner 1994

[Ast 92] Astley, R. (Hrsg.): Finite Elements in Solids and Structurs. Chapman & Hall 1992

[Bat 76] Bathe, K.-J.; Wilson, E. L. (Hrsg.): Numerical Methods in Finite Element Analysis. Prentice-Hall Inc. 1976

[Bat 86] Bathe, K.-J. (Hrsg.): Finite Elemente Methoden. Springer Verlag 1986

[Bec 90] Becker, G. W.; Braun, D. (Hrsg.): Kunststoff Handbuch, Bd. 1 Die Kunststoffe. Hanser-Verlag 1990

[Bet 93] Betten, J. (Hrsg.): Kontinuumsmechanik, -Elasto-, Plasto- und Kriechmechanik. Springer 1993

[Big 64] Biggs, J. M. (Hrsg.): Introduction to Structual Dynamics. McGraw-Hill 1964

[BKLM 01] Belytschko, T.; Kam Liu, W.; Moran, B. (Hrsg.): Nonlinear Finite Elements for Continua and Structures. John Wiley & Sons, Ltd. 2001

[Clo 60] Clough, R.: The finite element in plane stress analysis. In: A. S. of Civil Engineers (Hrsg.), *Second conference on electronic computation.* 1960 S. 345–77

[Clo 80] Clough, R.: The finite element method after twenty-five years. A personal View. Computers and Structures **12** (1980) 361–70

[Coo 95] Cook, R. D. (Hrsg.): Finite Element Modeling for Stress Analysis. Wiley & Sons 1995

[COS] COSMOS/M: Manual, Volume 4

[EM 96] Engeln-Müllges, G.; Reutter, F. (Hrsg.): Numerik-Algorithmen, Entscheidungshilfe zur Auswahl und Nutzung. VDI-Verlag 1996

[Eri 76] Eringen, A. C.: Polar and nonlocal filed-theories. J. Continuum Physics **IV** (1976)

[F. 85] F., S. (Hrsg.): Konstruieren im Maschinenwesen, Von der Konstruktionsvorgabe bis zur Bauvorlage. Prentice Hall 1985

[Fre 95] Freudenthal, A. M. (Hrsg.): Inelastisches Verhalten von Werkstoffen. VEB Verlag Technik Berlin 1995

[Ger 99] Gere, J.M.; Tiomoshenko, S. (Hrsg.): Mechanics of Material. Stanley Thornes Ltd. 1999

[GHSW 95] Gross; Hauger; Schnell; Wrigger (Hrsg.): Technische Mechanik 4. Springer-Verlag 1995

[Gie 94] Giesekus, H. (Hrsg.): Phänomenologische Rheologie -Eine Einführung. Springer 1994

[Göl 89] Göldner, H.; Holzweißig, F. (Hrsg.): Leitfaden der Technischen Mechanik. VEB Fachbuchverlag Leipzig 1989

[Göl 91] Göldner, H. (Hrsg.): Lehrbuch Höhere Festigkeitslehre, Band 1. Fachbuchverlag Leipzig 1991

[Göl 92] Göldner, H. (Hrsg.): Lehrbuch Höhere Festigkeitslehre, Bd. 2. Fachbuchverlag Leipzig - Köln 1992

[Gum 86] Gummert, P.; Reckling, K.-A. (Hrsg.): Mechanik. Vieweg 1986

[Hol 00] Holzapfel, G. (Hrsg.): Nonlinear Solid Mechanics -A Continuum Approach for Engineering. Wiley & Sons, Ltd. 2000

[HSG 86] Hauger;; Schnell;; Gross (Hrsg.): Technische Mechanik, Band 1 bis 3. Springer-Verlag 1986

[HSH 03] Hartmann, S.; Tschöpe, T.; Schreiber; Haupt: Finite deformations of a carbonblack-filled rubber. Experiment, optical measurement and material parameter identification using finite elements. European Journal of Mechanics A/Solids **22** (2003)

[Jam 75] James, A.; Green, A.: Strain Energy Functions of Rubber. II The Characterization of filled Vilcanisates. J. Appl. Plym. Sci. **19** (1975)

[Ḱ56] Kármán, T. v.: Das Gedächtnis der Materie, Collected Works of Theodore von Kármán 1956. Vol. II

[Küh 00] Kühhorn, A.; Silber, G. (Hrsg.): Technische Mechanik für Ingenieure. Hüthig Verlag 2000

[Kle 99] Klein, B. (Hrsg.): FEM, Grundlagen und Anwendungen der Finite-Elemente-Methode. Vieweg-Verlag 1999

[Käm 90] Kämmel, F. (Hrsg.): Einführung in die Methode der finiten Elemente. VEB Fachbuchverlag Leipzig 1990

[Lap 14] Laplace, P. S.: Essai philosophique sur les probabilités. Paris 1814

[Leh 84] Lehmann, T. (Hrsg.): Elemente der Mechanik II: Elastostatik, Studienbücher Naturwissenschaft und Technik. Vieweg 1984

[Lin 90] Link, M. (Hrsg.): Finite Elemente in der Statik und Dynamik. Teubner-Verlag 1990

[Lio 96] Lion, A.: A constitutive model fo carbon black filled rubber: Experimental investigations and mathematical representation. Continuum. Mech. Thermodyn **8** (1996)

[Min 65] Mindlin, R. D.: Int. J. Solids and Structures **1** (1965)

[Nel 80] Nelder, J.; Mead, R.: A simplex method for function minimization. Comp. J. 7, 308-313 **34** (1980)

[Now 65] Nowacki, W. (Hrsg.): Theorie des Kriechens, Lineare Viskoelastizität. Franz Deuticke 1965

[RB 03] Rösler, J.; Harders, H.; Bäker, M. (Hrsg.): Mechanisches Verhalten der Werkstoffe. Teubner 2003

[Ree 94] Reese, S.: Theorie und Numerik des Stabilitätsverhaltens hyperelastischer Festkörper. Dissertation, TH Darmstadt 1994

[Roa 75] Roark, R. J.; Young, W. C. (Hrsg.): Formulas for Stress and Strain, fifth edition.

McGraw-Hill 1975

[Sch 84] Schwarz, H. R. (Hrsg.): Methode der finiten Elemente. Teubner-Verlag 1984

[Sch 90] Schwarzl, F. R. (Hrsg.): Polymer-Mechanik, Struktur und mechanisches Verhalten von Polymeren. Springer 1990

[Sil 86] Silber, G.: Eine Systematik nicht-lokaler kelvinhafter Fluide vom Grade drei auf der Basis eines klassischen Kontinuummodelles. VDI-Fortschrittsberichte, Reihe 18 **26** (1986)

[Sil 89] Silber, G.: Ein Beitrag zur Anwendung nicht-lokaler nicht-polarer Theorien in der Mechanik. Habilitationsschrift 1989

[Spe 88] Spencer, A. J.: Theories of invariants. J. Continuum Physics Part III **1** (1988)

[Ste 97] Steinwender, F.; Christian, E. (Hrsg.): Konstruieren im Maschinenwesen, Von der Konstruktionsvorgabe bis zur Bauvorlage. Prentice Hall 1997

[Ste 98] Steinbuch, R. (Hrsg.): Finite Elemente - Ein Einstieg. Springer-Verlag 1998

[Sto 86] Storakers, B.: On The Material Representation And Constitutive Branching In Finite Compressible Elasticity. J. Mech. Phy. Solids No. 2 **34** (1986)

[Sto 98] Stojek, M.; Stommel, M. K. W. (Hrsg.): FEM zur mechanischen Auslegung von Kunststoff- und Elastomerbauteilen. Springer VDI-Verlag 1998

[Sza 75] Szabó, I. (Hrsg.): Einführung in die Technische Mechanik. Springer-Verlag 1975

[Sza 77] Szabó, I. (Hrsg.): Höhere Technische Mechanik. Springer-Verlag 1977

[Tim 74] Timoshenko, S.; Young, D. H. W. J. W. (Hrsg.): ibration Problems in Engineering. John Wiley & Sons 1974

[Tim 82] Timoshenko, S. P.; Goodier, J. (Hrsg.): Theory of Elasticity, Third Edition. McGraw-Hill 1982

[Tro 85] Trostel, R.: Gedanken zur Konstruktion mechanischer Theorien, Beiträge zu den Ingenieurwissenschaften. Universitäts-Bibliothek der TU Berlin 1985

[Tro 93] Trostel, R. (Hrsg.): Vektor- und Tensor-Algebra -Mathematische Grundlagen der Technischen Mechanik I. Vieweg-Verlag 1993

[Tro 97] Trostel, R. (Hrsg.): Vektor- und Tensor-Analysis -Mathematische Grundlagen der Technischen Mechanik II. Vieweg-Verlag 1997

[Tro 99] Trostel, R. (Hrsg.): Materialmodelle in der Ingenieurmechanik, Mathematische Grundlagen der Technischen Mechanik III. Vieweg-Verlag 1999

[Tru 65] Truesdell, C.; Noll, W. (Hrsg.): The non-linear field theories of mechanics, Handbuch der Physik, Vol. III/3. Flügge 1965

[VdB 94] Van den Bogert, P. A. J.; de Borst, R.: On the Behaviour of Rubberlike Materials in Compression and Shear. Arch. Appl. Mech. **64** (1994)

[Wri 01] Wriggers, P. (Hrsg.): Nichtlineare Finite-Element-Methoden. Springer-Verlag 2001

[ZRF 84] Zurmühl; R.; Falk, S. (Hrsg.): Matrizen und ihre Anwendungen, Band 1 und 2. Springer-Verlag 1984

Index